国家电网有限公司
STATE GRID
CORPORATION OF CHINA

国家电网有限公司
技能人员专业培训教材

通信运维检修

上册

国家电网有限公司　组编

中国电力出版社
CHINA ELECTRIC POWER PRESS

图书在版编目（CIP）数据

通信运维检修：全 2 册 / 国家电网有限公司组编. 一北京：中国电力出版社，2020.9
国家电网有限公司技能人员专业培训教材
ISBN 978-7-5198-4314-4

Ⅰ. ①通… Ⅱ. ①国… Ⅲ. ①电力系统通信–维修–技术培训–教材 Ⅳ. ①TM73

中国版本图书馆 CIP 数据核字（2020）第 026223 号

出版发行：中国电力出版社
地　　址：北京市东城区北京站西街 19 号（邮政编码 100005）
网　　址：http://www.cepp.sgcc.com.cn
责任编辑：马首鳌（010-63412396）
责任校对：黄　蓓　常燕昆　朱丽芳
装帧设计：郝晓燕　赵姗姗
责任印制：杨晓东

印　　刷：三河市百盛印装有限公司
版　　次：2020 年 9 月第一版
印　　次：2020 年 9 月北京第一次印刷
开　　本：710 毫米×980 毫米　16 开本
印　　张：82.75
字　　数：1595 千字
印　　数：0001—2000 册
定　　价：258.00 元（上、下册）

本书编委会

前　言

为贯彻落实国家终身职业技能培训要求，全面加强国家电网有限公司新时代高技能人才队伍建设工作，有效提升技能人员岗位能力培训工作的针对性、有效性和规范性，加快建设一支纪律严明、素质优良、技艺精湛的高技能人才队伍，为建设具有中国特色国际领先的能源互联网企业提供强有力人才支撑，国家电网有限公司人力资源部组织公司系统技术技能专家，在《国家电网公司生产技能人员职业能力培训专用教材》（2010 年版）基础上，结合新理论、新技术、新方法、新设备，采用模块化结构，修编完成覆盖输电、变电、配电、营销、调度等 50 余个专业的培训教材。

本套专业培训教材是以各岗位小类的岗位能力培训规范为指导，以国家、行业及公司发布的法律法规、规章制度、规程规范、技术标准等为依据，以岗位能力提升、贴近工作实际为目的，以模块化教材为特点，语言简练、通俗易懂，专业术语完整准确，适用于培训教学、员工自学、资源开发等，也可作为相关大专院校教学参考书。

本书为《通信运维检修》分册，共分为上、下两册，由李伟、徐威、李敏、张希子、程晓翀、李晓东、苏丹、赵修旻、曹爱民、战杰、高澈、曹晖编写。在出版过程中，参与编写和审定的专家们以高度的责任感和严谨的作风，几易其稿，多次修订才最终定稿。在本套培训教材即将出版之际，谨向所有参与和支持本书籍出版的专家表示衷心的感谢！

由于编写人员水平有限，书中难免有错误和不足之处，敬请广大读者批评指正。

目　录

上　册

第一部分　传输系统运维检修

第二部分　交换系统的运维检修

下　册

第三部分　网络系统的运行检修

第四部分　通信基础设施的维护

第五部分　生 产 管 理 系 统

第六部分　通信运维检修规程规范

第一部分

传输系统运维检修

第一章

SDH 设备的运维检修

模块 1　SDH 设备的硬件结构（Z37E1001Ⅱ）

【模块描述】本模块包含 SDH 设备的硬件组成。通过对机柜的组成结构和安装方式以及 SDH 设备中的交叉、主控、线路、支路等单元模块作用的介绍，熟悉 SDH 设备机柜结构以及 SDH 设备的硬件及各组成单元间的相互关系。

【模块内容】

SDH 硬件主要包括 SDH 机柜和 SDH 设备。

机柜是 SDH 设备的载体，具有对设备固定支撑和防护的功能。其中，防护又分为机械防护和电磁干扰防护。

一、机柜的组成结构及安装

（一）机柜的组成结构

SDH 机柜包括内骨架、两个侧门、一个前门和一个后门。内骨架为整个机柜的支撑体，具有机柜定型和承重作用。机柜门用螺栓、旋轴安装在内骨架相应的孔位上，SDH 设备安装在内骨架的安装立柱上。

安装立柱上安装孔的水平间距常见的为 19in 或 21in（1in=2.54cm）。安装孔到机柜侧门之间还有一定的距离，通常作为预留的走线空间。设备安装的高度一般用 U 表示，$1U=44.45\text{mm}$。

机柜前门和后门一般是镂空的，以增强空气流通性，利于设备散热。侧门一般为密闭结构。内骨架、机柜门用接地线进行连接，便于机柜整体接地。整个机柜接地后，在闭合状态可有效达到电磁屏蔽效果，保护柜体内设备不受外界电磁干扰，同时保证柜内设备不对柜外的设备进行电磁干扰。

（二）机柜的安装

机柜安装要求及标准应满足下列条件：

（1）规范施工。机柜安装位置应遵从设计要求，机柜标识应正确、清晰、齐全。

（2）固定牢固。槽钢安装一般采用拱丝安装，水泥地面一般采用膨胀螺栓固定方式，在防静电地板上一般采用专用安装支架固定方式。各紧固部分应牢固无松动，符合防震设计要求。安装支架、机柜间等各种连接螺丝及各部件安装螺丝都需要加平垫、弹垫并拧紧。如需绝缘，应增加相应的绝缘垫片。

（3）平整度好。机柜四个立面应该与水平面垂直，机柜顶部和底部平面要与同一水平面平行，整个机柜不扭曲。并柜安装时，相邻机柜应紧密靠拢，并用并柜组件进行固定连接，机柜间连接件应全部安装并紧固。

（4）绝缘、接地可靠。机柜需要可靠地连接机房接地排。同时，机柜在未连接接地排前，要与大地绝缘。接地电阻要符合相关规范，除接地线外，机柜无其他对地导通点。

二、SDH 设备硬件结构

SDH 设备种类繁多，但硬件结构大致相同，主要由子架和各种功能单元构成。有些低端设备采用一体化设计，将几个功能单元设计在一起，在这里不做描述，本模块以华为 OptiX OSN 3500 为例进行描述。

（一）SDH 设备子架介绍

OptiX OSN 3500 子架不含挂耳的尺寸为：722mm（高）×497mm（宽）×295mm（深），单个空子架的重量为 23kg。

OptiX OSN 3500 子架采用双层子架结构，如图 1-1-1 所示。分为出线板区、风扇区、处理板区和走纤区。出线板区可以插各种出线板，如 2M 出线板、100Base-T 出线板等。风扇区安装风扇，用以在必要时对设备进行风冷散热。处理板区可以插各种功能处理板。走纤区作为尾纤的安装通道，可以对尾纤进行保护。

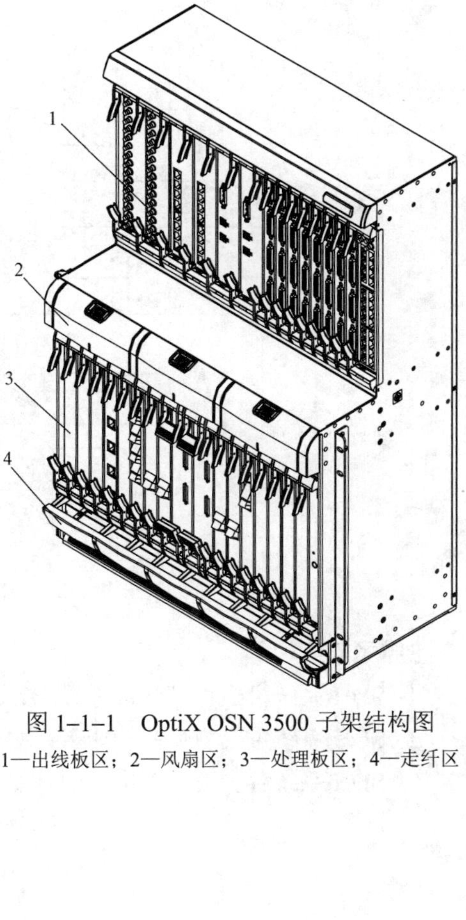

图 1-1-1　OptiX OSN 3500 子架结构图

1—出线板区；2—风扇区；3—处理板区；4—走纤区

（二）SDH 设备组成单元介绍及单元间的相互关系

SDH 设备由功能单元组成，主要包括线路接口单元、支路接口单元、交叉连接单元、同步定时单元、系统控制与通信单元、辅助功能单元等。各功能单元具体作用见表 1-1-1。

表 1-1-1 **SDH 功能单元的组成及作用**

功能单元	功能单元作用
线路接口单元	在接收方向对 SDH 信号进行解复用成 VC4 级别，送入交叉连接单元；在发送方向将 VC4 信号复用成 STM-N 级别，送入光缆线路。同时还有上报光路故障告警等功能
支路接口单元	对业务信号进行映射、定位和复用成 VC 级别，以及逆过程的处理。具有对业务信号的保护功能，以及上报支路故障告警等功能。业务包括 PDH 业务、SDH 业务（主要指 STM-1 电信号）、以太网业务、ATM 业务等
交叉连接单元	完成业务的高低阶交叉连接功能
同步定时单元	为设备提供时钟功能
系统控制与通信单元	提供系统控制和通信功能，提供网管接口
辅助功能单元	实现电源的引入和防止设备受异常电源的干扰；处理 SDH 信号的开销；为设备提供风冷散热；为设备提供辅助接口

各功能单元的相互关系如图 1-1-2 所示。

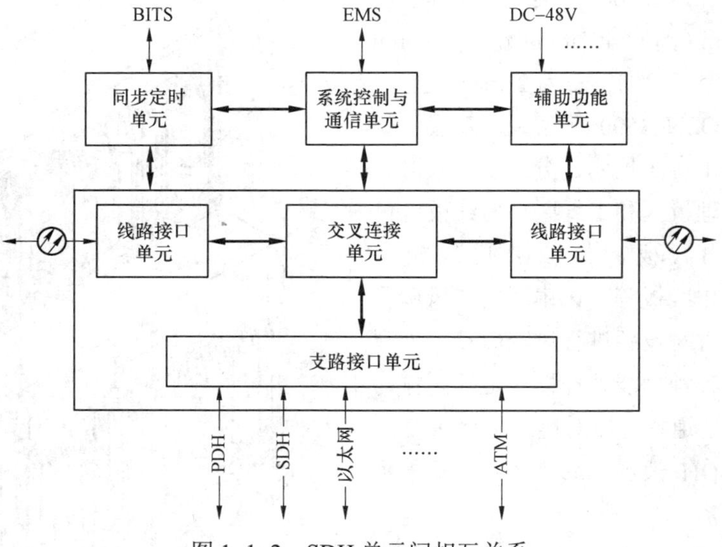

图 1-1-2 SDH 单元间相互关系

【思考与练习】

1. SDH 系统机柜由哪几部分组成？
2. SDH 系统主要由哪些功能单元构成？
3. SDH 系统各主要功能单元的功能是什么？

模块2 SDH设备的板卡及其功能（Z37E1002Ⅱ）

【模块描述】本模块包含SDH设备组成板件及其功能描述。通过SDH设备主控板、交叉板、线路板、支路板等各组成板件作用及特性的介绍，熟悉SDH设备各板件的功能及其相互关系。

【模块内容】

SDH设备由子架和功能单元组成，功能单元由相应的板件组成。不同设备的板件设计不同，下面介绍常见的板件类型。

一、线路接口单元板件

线路接口单元由各种SDH光板、光放板和色散补偿板等板件组成，所以也称为SDH接口单元。

1. SDH光板

SDH光板在接收方向进行光/电转换，将STM–N的SDH光信号进行解复用成VC4级别，送入交叉连接单元，进行内部处理；在发送方向进行电/光转换，将VC4信号复用成STM–N级别的SDH光信号，送入光缆线路。同时，SDH光板还有上报光路故障告警等功能。

SDH光板的工作模式一般为单模，工作波长一般为1310nm或1550nm。SDH光板根据传输速率可以分为STM–1、STM–4、STM–16和STM–64四种；根据光口的数量可以分为单光口光板和多光口光板；根据传输距离可分为局间（I口）光板、短距（S口）光板、长距（L口）光板。

2. 光放板

光放板用于提升发光的光功率和接收灵敏度，配合SDH光板进行长距离传输时使用。光放板根据安装在光板的发端、收端和中间，分别称为功放（BA）、预放/前放（PA）和线放（LA）。

3. 色散补偿板

色散补偿板用于抵消色散效应，配合SDH光板进行长距离传输时使用。色散补偿板分为不可调色散量色散补偿板和可调色散量色散补偿板，常见的是使用色散补偿光纤技术实现的不可调色散量色散补偿板。

二、支路接口单元板件

支路接口单元由各种PDH业务板、SDH业务板、以太网业务板、ATM业务板等组成。

1. PDH 业务板

PDH 业务板对 PDH 的信号（E1/T1、E3/T3…）进行映射、定位和复用成 VC1、VC2、VC3、VC4 级别，送入交叉连接单进行交叉处理，以及逆过程的处理。PDH 业务板具有对 PDH 业务信号的保护功能，以及上报 PDH 支路故障告警等功能。

PDH 业务板的保护一般采用 1:*N* 业务保护倒换（TPS）来实现。其工作原理是用保护槽位上的一块业务板来保护工作槽位上的 *N* 个业务板，当某个工作槽位上的业务板故障，保护槽位上的业务板立即介入进行替代工作，达到保护支路板的作用，如图 1–2–1 所示。

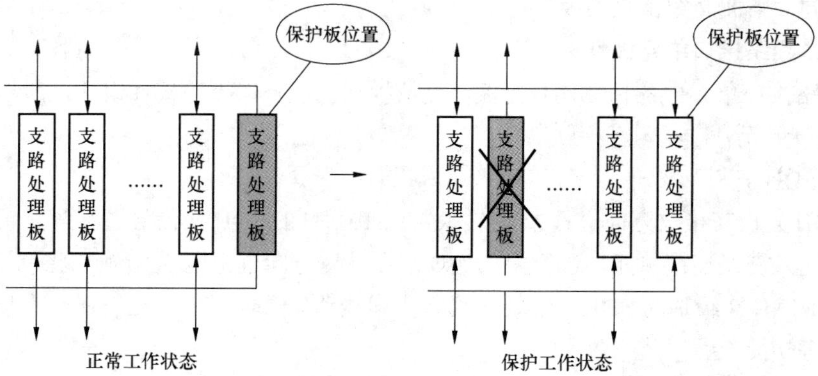

图 1–2–1 1:*N* 业务保护倒换（TPS）示意图

PDH 业务板一般由 PDH 处理板、PDH 接线板、PDH 保护倒换板组成，也可能这三块板件集成为一块板件。处理板进行业务处理（如映射、定位和复用等）。接线板不进行信号的处理，仅仅对信号进行传递和转接。保护倒换板配合处理板和接线板进行 TPS 保护。

PDH 业务板中，2M 业务板的阻抗分为 75Ω 非平衡式和 120Ω 平衡式两种。

2. SDH 业务板

SDH 业务板一般特指处理 STM–1 电信号的 SDH 业务板。SDH 业务板对 STM–1 电信号的 SDH 业务进行映射、定位和复用成 VC4 级别，送入交叉连接单进行交叉处理，以及逆过程的处理。SDH 业务板具有对 SDH 业务信号的 TPS 保护功能，以及上报 SDH 支路故障告警等功能。

SDH 业务板一般由 SDH 处理板、SDH 接线板、SDH 保护倒换板组成，也可能这三块板件集成为一块板件。处理板进行业务处理（如映射、定位和复用等）。接线板不进行信号的处理，仅仅对信号进行传递和转接。保护倒换板配合处理板和接线板，进行 TPS 保护。

3. 以太网业务板

以太网业务板对以太网的信号（10Base–T/100Base–T/1000Base–T，电口/光口等）进行以太网处理，并映射、定位和复用成 VC12/VC4 级别，送入交叉连接单元进行交叉处理，以及逆过程的处理。以太网业务板具有对以太网业务信号的 TPS 保护功能，以及上报以太网支路故障告警等功能。

以太网业务板一般由以太网处理板、以太网接线板、以太网保护倒换板组成，也可能这三块板件集成为一块板件。处理板进行业务处理（如映射、定位和复用等）。接线板不进行信号的处理，仅仅对信号进行传递和转接。保护倒换板配合处理板和接线板，进行 TPS 保护。

以太网单板根据支持的功能和协议，可以分为透传以太网板、二层交换以太网板和以太环网板等，根据速率可以分为百兆以太网板、千兆以太网板、万兆以太网板等，根据接口类型可以分为电口以太网板、多模光口以太网板、单模光口以太网板等。

4. ATM 业务板

ATM 业务板目前使用得较少，目前 SDH 设备主要支持 155Mbit/s 和 622Mbit/s 两种 ATM 光板，在本模块不展开描述。

三、交叉连接单元板件

交叉连接单元由交叉板组成，作用是对线路板和支路板送过来的 VC 信号进行高低阶交叉连接，从而实现业务的连通与调度功能。

交叉板是 SDH 设备的关键板件之一，一般情况下，设备均支持交叉板的 1+1 热保护，就是一台设备上同时插两块交叉板，一主一备。当主用交叉板故障后，备用交叉板立即启动代替主用交叉板工作，从而达到不间断运行的目的。

交叉板的交叉功能分为高阶交叉和低阶交叉，分别表示对 VC4 和 VC12 的交叉连接能力（VC3 的交叉使用较少）。

交叉板的最主要技术指标是交叉能力，一般用 G 或 VC 表示，比如“高阶 200G、低阶 20G”和“高阶 1280×1280VC4、低阶 8064×8064VC12”的描述是同一个意思。

四、同步定时单元板件

同步定时单元由时钟板组成，作用是从外接时钟提取时钟信息，自身晶体时钟提供时钟同步信息，给其他设备提供时钟同步信息，以及这些时钟同步信息的处理。

时钟板是 SDH 设备的关键板件之一，一般设备均支持 1+1 热保护。

五、系统控制与通信单元板件

系统控制与通信单元由主控板组成，作用是提供系统控制和通信功能，同时提供网管接口功能。

主控板对于 SDH 设备来说，不属于关键板件，只有在网管需要下发配置和读取网元相关信息的时候，主控板才起作用。如果主控板故障，不会影响 SDH 网络业务的运行，所以一般无须配置 1+1 热保护。

六、辅助功能单元板件

辅助功能单元主要由电源板、开销板、辅助接口板、风扇等组成。

电源板实现电源的引入和防止设备受异常电源的干扰功能，属于关键板件，一般设备均支持 1+1 热保护。

开销板作用是利用闲置开销字节实现一些辅助功能，不属于关键板件，一般无须配置 1+1 热保护。

辅助接口板作用是为设备提供辅助接口，不属于关键板件，一般无须配置 1+1 热保护。

风扇的作用是在需要的时候，对 SDH 设备进行风冷降温。

【思考与练习】

1. SDH 线路单元板件有哪些板件？
2. 时钟板是否为关键板件？
3. 如果支路接口单元板件采用 1+1 的热保护缺点是什么？

模块 3　SDH 设备的板卡配置（Z37E1003Ⅱ）

【模块描述】本模块包含 SDH 设备各种板卡配置方法。通过对主控板、交叉板、时钟板、线路板、支路板、电源板等板卡配置方法的介绍，掌握网络开局时 SDH 各种板卡配置的方法。

【模块内容】

SDH 设备硬件安装后，还需要通过网管系统进行一定的软件配置。SDH 设备的软件配置大致可以分为板卡配置、业务配置和辅助功能配置。板卡配置主要作用是让板卡软件正确地运行，做好传递业务的准备。业务配置是根据业务需求在网络中进行相应的业务传送的软件设置。辅助功能配置是为了保障业务正确传送或网络更好运行而进行的其他软件设置，如时钟同步设置、公务电话设置、网管通道设置等。

常见 SDH 设备的板卡配置主要有两个步骤：单板就位操作和单板开工操作。单板就位操作就是在网管侧将设备上的板卡进行正确的加载，使网管侧和设备侧数据一致，为下一步在网管上进行软件设置操作做好准备。单板就位操作完成后，安装好的板卡即处于在位状态。单板开工操作就是对相应的板卡的单板软件进行启动，完成板卡的自检。单板开工操作结束后，板卡配置即完成，可以进行业务配置和辅助功能配置了。需要说明的是，不同设备、不同板件的板卡配置过程是不同的，比如有些单板安装加电后，就自动开工，无须人工设置。

下面以华为 OptiX OSN 3500 为例对 SDH 的单板设置进行描述。

一、主控板配置

网管系统通过连接网络中某个网元的主控板进行全网的管理，要使用网管系统对 SDH 设备进行软件设置，首先必须对主控板进行正确的软件设置。除了主控板必须先进行软件配置外，其余板卡的配置顺序没有明确要求。

OptiX OSN 3500 的主控板经过正确的硬件安装并加电后，默认就位，同时主控板软件自动运行完成开工操作。主控板的软件开始运行后，就可以通过网管登录到网元对其他板卡的进行配置了。

二、交叉板配置

第一步：单板就位操作。

首先，在 T2000 网管主视图上双击网元打开板位图，在第 9 槽位单击鼠标右键弹出快捷菜单，菜单显示的单板类型为此槽位能添加安装的单板，选择“添加 GXCSA”命令，如图 1–3–1 所示。

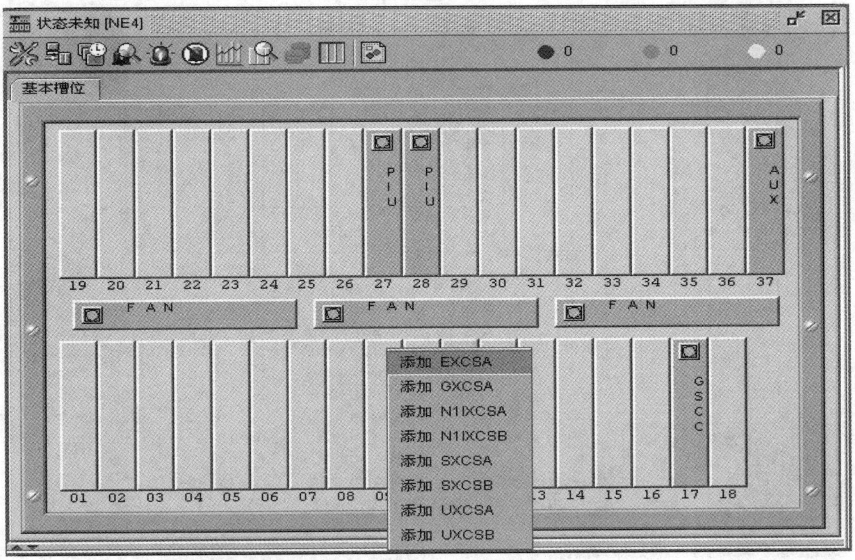

图 1–3–1　添加 GXCSA 单板

如果错误选择了不同类型的交叉板，网管会报单板类型错误的提示。

操作完成后，交叉板未开工时在网管上对应槽位显示蓝色，表示单板就位操作完成。

第二步：单板开工操作。

单板就位操作完成后，GXCS 交叉板自动进行单板开工操作。通过双击网元打开板位图查看单板在板位图上是否显示变为绿色，可以确认 GXCS 交叉板单板是否开工。

三、时钟板配置

华为设备的时钟板基本上都是集成在交叉板上的，交叉板开工后，时钟板也同时开工，所以在网管不需要进行专门的配置操作。

四、电源板、风扇、辅助接口板等板卡配置

单板正确硬件安装并加电运行后，电源板、风扇、辅助接口板自动就位并开工，不需在网管上进行任何配置操作。

五、线路板配置

以 Optix OSN 3500 在 8 槽位安装一块 N1SL16 为例，板卡配置步骤如下：

第一步：单板就位操作。

首先，在 T2000 网管主视图上双击网元打开板位图，在第 8 槽位右击弹出快捷菜单，选择“添加 N1SL16”命令，如图 1–3–2 所示。

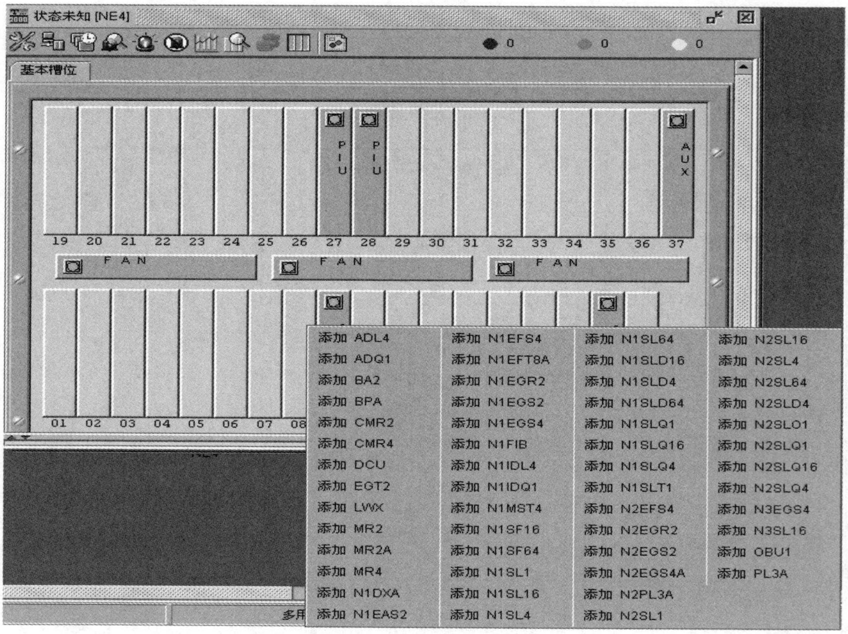

图 1–3–2 添加 N1SL16 单板

操作完成后，N1SL16 板在网管上对应槽位是蓝色的，单板就位操作完成。

第二步：单板开工操作。

单板就位操作完成后，N1SL16 线路板软件自动运行，完成自检和开工操作。通过双击网元打开板位图查看单板在板位图上是否显示是绿色的，可以确认 N1SL16 单板是否开工。如果此单板未收到对端光板发送的光信号，单板开工后单板会上报 R–LOS（光信号丢失）紧急告警。

六、支路板配置

支路板的配置方法与线路板配置方式基本一致，但支路板开工后不会产生告警。

【思考与练习】

1. SDH 设备的板卡配置两个步骤分别是什么？
2. 请按照本节描述进行一台 SDH 设备的板卡设置。
3. 交叉板配置时要注意哪些？

模块 4　SDH 设备光接口的光功率测试（Z37E1004Ⅱ）

【模块描述】本模块包含光接口光功率指标的测试。通过对光接口收、发光功率的测试步骤及测试仪表使用方法的介绍，熟悉 SDH 设备光功率的测试方法。

【模块内容】

光功率是指光的强度，是光传输设备中光板的重要指标之一。SDH 设备光板上的光口由发送机和接收机组成，发光功率是发送机的指标，接收灵敏度、过载光功率是接收机的指标。收光功率是工程的一个重要的实测值，不属于指标范畴。光功率和所发送的数据信号中“1”占的比例有关，“1”越多，光功率也就越大。当发送伪随机信号时，“1”和“0”大致各占一半，这时测试得到的功率就是平均发送光功率。

光功率测试一般使用光功率计等专用仪器进行测试。现在也有些 SDH 设备的光板支持在线检测光功率功能，这样可以使用网管查看光功率数值而无须中断业务。下面主要描述用光功率计测试的方法、注意事项等。

一、测试目的

通过光接口的收、发光功率测试，可以检测光板、光缆的故障情况。结合光接收灵敏度的数值，可以计算光板传送距离。

二、危险点分析及控制措施

1. 尽量避免中断网上的业务

用光功率计测试收、发光功率时，需中断光路，若网络没有配置环网保护会引起业务中断。建议选择在业务量较少时进行测试，或办理停役手续后进行测试。

2. 防止灼伤人眼及皮肤

有些光模块发光功率很强，在测量光功率时，应避免眼睛直视发光器件或长时间照射皮肤，否则很容易将眼睛和皮肤灼伤。对于测量发光不强的短距光模块也应避免此类问题。

3. 避免光功率计损坏

所测量光接口的收、发光功率如果超过光功率计的最大量程，就有可能损坏光功率计。因此测量前需先根据光板型号及经过的光缆距离估计光功率大小，若可能超出光功率计的最大量程，则需加入一定光衰耗器再进行测量。

4. 测试结束后恢复光路连接应可靠

测试完成后要对相应的光接口、尾纤头擦拭除尘后再插入设备光板，并可靠连接，否则容易造成衰减过大，严重时会造成光路不通，导致业务中断。

三、测试前准备工作

（1）被测试设备需要完成硬件安装并加电运行、单站调试。

（2）准备好光功率计和测试用尾纤。

（3）准备好记录表，准备进行测试并随时记录测试结果。

四、测试的步骤及要求

要测试光接口收、发光功率，首先要了解光传输的系统连接模型，如图 1–4–1 所示，光接口的发光功率指的是 S 点的光强度，收光功率指的是 R 点的光强度。

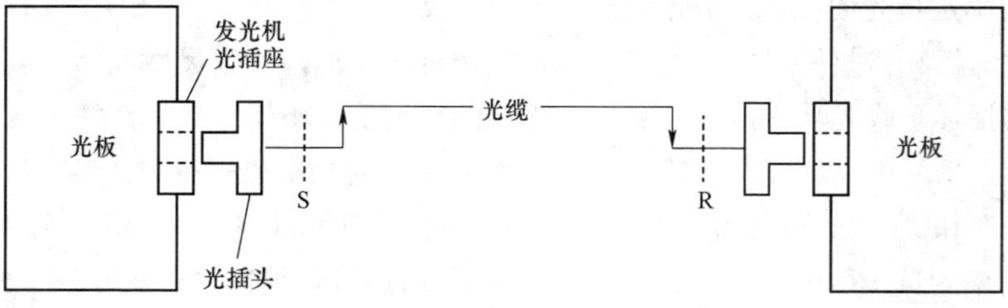

图 1–4–1 光传输系统光板单向连接示意图

以用光功率计测试发光功率为例，就是要通过光功率计测试 S 点的光强度，测试的系统连接图如图 1–4–2 所示。

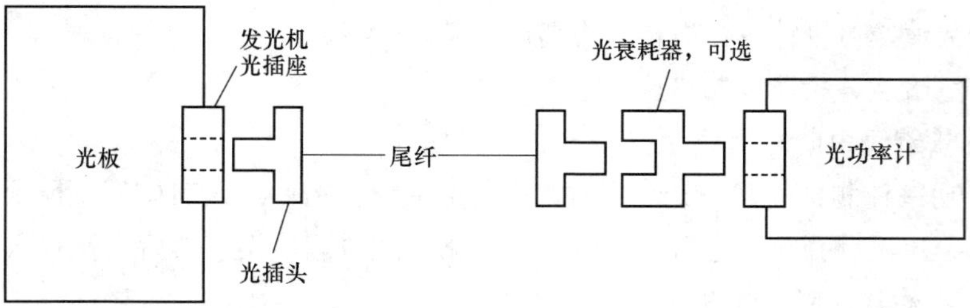

图 1–4–2 用光功率计测试发光功率示意图

测试的步骤如下：

（1）查询被测光板厂家标称发光功率及工作波长。

（2）查看光功率计最大量程，比较光板标称发光功率是否在量程内，若超出了光功率计的量程，则在接入光功率计前需加入相应的光衰耗器。

（3）将光板发光机光插座接口经测试用尾纤引出后接入光功率计，设置光功率计的波长参数与光模块工作波长一致，待输出功率数值稳定后，读出发送光功率。

（4）如增加了光衰耗器，则光功率计的读出数值加上光衰耗器的衰耗值即为光口的发光功率。

（5）恢复原来光纤连接关系。

（6）填写测试报告，完成测试工作。

用光功率计测试收光功率和测试发光功率的不同之处是测试的位置位于 R 点。选择合适的光功率计时，需要估算光缆通道产生的衰耗，其他的步骤和测试发光功率相同。

五、测试结果分析及测试报告的编写

测试出发光功率后，需要和设备厂家标称发光功率值进行对比，如果相差较大，可能是板件已经损坏或即将损坏，需要考虑维修或更换光板。定期测试发光功率数值，根据其数值的变化可以预测光板的老化程度。

测试出收光功率后，需要和设备厂家标称的接收灵敏度值进行对比，如果富裕度不够，需要考虑减少光缆通道的衰耗或更换长距光板、光放。测试出收光功率还需要和设备厂家标称的过载点进行对比，如果已经接近甚至超过厂家标称的过载点，必须要在收端增加相应的光衰耗器，否则会导致收光侧光板损坏。接收灵敏度的知识可参见模块 Z37E1005Ⅱ（SDH 设备的接收灵敏度测试）。

测试出发光功率、收光功率后，两者的差值即为整个光缆通道的衰耗值，此数值如果和光缆厂家提供的衰耗值差别较大，说明光缆通道有故障，需要对光缆进行进一步的检测以排除故障。定期测试发光功率、收光功率数值，其差值的变化还可以预见光缆的老化程度。

编写测试报告的形式可以灵活设定，但内容应包含测试设备板件信息、测试时间、测试人员、测试模型示意图、光板工作波长、测试结果、测试结论等内容。

六、测试注意事项

（1）在连接光功率计之前应该检查光板光接口、光功率计光接口以及测试用尾纤接头是否清洁，必要时用专用擦纤纸或酒精棉擦拭，擦完后等酒精干后再连接，否则会引入较大衰耗导致测试得出的光功率偏低；

（2）光功率计到光板的尾纤连接要牢靠，如松动会引入较大衰耗导致测试得出的光功率偏低；

（3）光功率计的波长参数设置一定要与光模块工作波长一致，否则会影响测试结果的准确性；

（4）测试用尾纤在使用之前要测量其准确衰耗值，如果衰耗过大将导致测试得出的光功率偏低，需要增加尾纤带来的衰耗值对测试结果进行修正；

（5）ITU–T 规范的 S 点是位于尾纤的光插头之后，R 点是位于尾纤的光插头之前，这种方法测量得出的发送光功率数值还受到从 S 点到光功率计之间的插头带来的衰耗值影响。一般一个插头会带来 0.5dB 左右的衰耗，如果增加多个光衰耗器的情况下，就需要增加插头带来的衰耗值对测试结果进行修正。

【思考与练习】

1. SDH 光模块发光功率测试为什么能够预见光板的老化程度？
2. SDH 光接口光功率测试危险点有哪些？
3. SDH 光接口光功率测试报告应包含哪些项目？

◢ 模块 5 SDH 设备的接收灵敏度测试（Z37E1005Ⅱ）

【模块描述】本模块包含光接收灵敏度指标的测试。通过对光接口收光灵敏度的测试步骤及测试仪表使用方法的介绍，熟悉 SDH 设备收光灵敏度的测试方法。

【模块内容】

接收灵敏度是接收机在达到规定的比特差错率所能接收到的最低平均光功率，是光传输设备中光板的重要指标之一。接收灵敏度测试只能使用专用仪器进行测试。

一、测试目的

通过光板的接收灵敏度测试，可以检测光板的故障情况，同时在进行光路连接时可避免因光功率过小而导致光板无法工作。结合发光功率数值，可以计算光板传送距离。

二、危险点分析及控制措施

1. 尽量避免中断网上的业务

测试接收灵敏度时，需中断光路并配置测试业务，若网络没有配置环网保护会引起业务中断。建议选择在业务量较少时进行测试，或办理停役手续后进行测试。

2. 防止灼伤人眼及皮肤

有些光模块发光功率很强，在测量接收灵敏度时，应避免眼睛直视发光器件或长时间照射皮肤，否则很容易将眼睛和皮肤灼伤。对于测量发光不强的短距光模块也应避免此类问题。

3. 避免测试仪器、光板的损坏

测量接收灵敏度时，SDH光板的发光需要经过可变衰耗器接入光功率计和光板的接收口，需要注意经过衰耗的光功率不能超过光功率计的最大量程和光板的光功率过载点，否则可能损坏光功率计和光板。特别是长距光板，如果在连接时可变衰耗器没有进行足够衰耗，环回接入光板接收端时极易造成光板损坏，要特别注意。因此测量前需先根据光板型号的标称发光功率，选择合适的可变衰耗器并调整到合适的衰耗度，才能插入光板接收端。

4. 测试结束后恢复光路连接应可靠

测试完成后要对相应的光接口、尾纤头擦拭除尘后再插入设备光板，并可靠连接，否则容易造成衰减过大，严重时会造成光路不通，导致业务中断。

三、测试前准备工作

（1）被测试设备需要完成硬件安装并加电运行、单站调试。

（2）准备好光功率计、SDH测试仪或2M误码仪、可变衰耗器、活结头（法兰盘）和测试用尾纤。

（3）准备好记录表，准备进行测试并随时记录测试结果。

四、测试的步骤及要求

接收灵敏度的测试方法较多，比如用SDH测试仪直接测试，或用2M误码仪直接测量，或者用外推法测量。外推法测量是进行一系列的测试（测试不同的比特差错率和相应的最低平均光功率）并用坐标图进行推算。这里介绍用SDH测试仪直接测试的方法，系统连接图如图1–5–1所示。

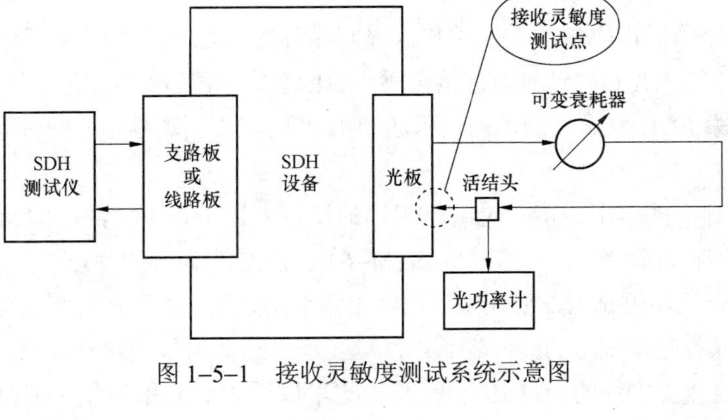

图1–5–1　接收灵敏度测试系统示意图

测试的步骤如下：

（1）查询被测厂家标称的光口发光功率、接收灵敏度及工作波长。

（2）按照图1–5–1，调整好可变衰耗器的衰耗度，按照活结头连接光板的方式接好仪表和线缆。

（3）将 SDH 业务配置成 SDH 测试仪发出并通过光板环回后再进入 SDH 测试仪。

（4）调节可变衰耗器的衰耗，使 SDH 测试仪处于无误码状态。

（5）缓慢增加可变衰耗器的衰耗，同时观察 SDH 测试仪误码情况，直至误码率为 $1e^{-10}$ 为止。由于配置的测试业务速率不同，为了达到误码为 $1e^{-10}$，观察时间的长短也不同。比如 140Mbit/s 业务，观察的时间约为 719s，如果是 2.5Gbit/s 约为 1min 就行了。

（6）将活结头接入光功率计，读出光功率数值，此数值即为接收灵敏度。

（7）恢复原来网络连接关系，并删除测试的业务。

（8）填写测试报告，完成测试工作。

五、测试结果分析及测试报告的编写

测试出接收灵敏度后，需要和设备厂家标称接收灵敏度值进行对比，如果相差较大，可能是板件已经损坏或即将损坏，需要考虑维修或更换光板。另外，测试出接收灵敏度后还需要和对端光板发过来的收光功率值进行对比，如果富裕度不够，需要考虑减少光缆通道的衰耗或更换长距光板、光放。收光功率的知识可参见模块 Z37E1004Ⅱ（SDH 设备光接口的光功率测试）。

编写测试报告的形式可以灵活设定，但内容应包含测试设备板件信息、测试时间、测试人员、测试模型示意图、光板工作波长、测试结果、测试结论等内容。

六、测试注意事项

（1）在连接光功率计之前应该检查光板光接口、光功率计光接口以及测试用尾纤接头是否清洁，必要时用专用擦纤纸或酒精棉擦拭，擦完后等酒精干后再连接，否则会引入较大衰耗影响测试结果。

（2）拆掉光板接收端的连接并接入光功率计时，注意不要触动可变衰耗器的连接，同时保证接入光功率计时要连接可靠，否则会影响测试结果。

（3）观察 SDH 测试仪测试的误码达到 $1e^{-10}$ 时，需要观察相应的时间，否则会影响测试结果。

（4）注意不同速率的接收灵敏度规定的比特差错率是不同的，STM–1、STM–4 和 STM–16 比特差错率一般取 $1e^{-10}$，STM–64 比特差错率一般取 $1e^{-12}$。

（5）由于这种测试方法要调整到比特差错率正好是 $1e^{-10}$ 或 $1e^{-12}$，这样用低速业务作为测试业务时，观察的时间较长。所以工程中通常调整到开始有误码的时候，就将读出的数值作为大约的接收灵敏度。这时也可以用 2M 误码仪代替昂贵的 SDH 测试仪进行测试。

【思考与练习】

1. 接收灵敏度的含义是什么？

2. 进行接收灵敏度测试时有哪些注意事项？

3. 画出用2M误码测试进行接收灵敏度测试的系统连线图。

模块6 查看SDH的告警信息（Z37E1006Ⅱ）

【模块描述】本模块包含SDH网络中常见告警及相互抑制关系。通过对告警产生的原因及引起网络故障现象的介绍，掌握通过网管或查看现场设备获知告警信息分析告警类型的方法。

【模块内容】

SDH网络在运行过程中，由于环境、人为因素等原因，会出现各种各样的故障。为了及时发现这些问题，SDH帧结构中加入了大量的维护字节，可对SDH网络的运行状况进行层层监控。对SDH告警的定期查询及分析可掌握网络运行情况，对网络是否安全做出判断。

SDH设备具有自动上报故障告警信息的功能，网管会及时收到SDH设备上报的告警信息。通过对告警信息的分析能及时发现并定位网络上存在的问题，排除故障，规避可能出现的严重网络风险。

一、SDH告警查询的方法

SDH告警信息一般可以在设备上或网管上进行查看或查询。设备上一般用单板指示灯指示是否有告警，比如用指示灯闪烁频率或颜色变化来显示正常状态或故障状态。如果SDH设备产生了告警，还可以通过蜂鸣器、机柜指示灯提示现场工程维护人员设备有告警产生，需尽快处理。受制于指示灯显示模式数量较少，通过设备查看SDH告警只能了解到是否有告警以及告警的级别，详细的告警信息需要在网管上进行查询。使用网管查询SDH告警信息，可以查询到全网所有SDH设备的各种告警，告警信息包括告警种类、告警位置、告警数量、告警产生的时间等。网管通过配置相应的设备可以发出声光报警信号进行提示。

SDH告警一般分为三类：紧急告警、主要告警和次要告警（一般告警）。告警信息可以根据需要自行定义其级别，通常分类如下：紧急告警是指SDH网络产生了已影响到网络安全、大面积业务中断的故障，如光信号接收失败、网元通信故障等。主要告警是指部分业务中断或受保护的业务发生了倒换的故障告警。主要告警可能是由于某块业务单板故障或某条业务配置错误引起的，只对部分业务产生影响，如时钟源丢失、2M板不在位故障、2M信号接收失败、2M业务倒换和2M业务配置错误等。次要告警是指可能即将引起业务中断的一些故障告警，如字节失配、误码越限和时钟源劣化等。

二、SDH 告警查询的一般步骤

由于在设备上只能查看有限的 SDH 告警信息，因此本模块以下内容主要描述在网管上进行告警查询的方法、步骤等。

在 SDH 网络中，高级别的告警通常会关联引发低级别的告警，或者传递给相邻网元引发相邻网元产生告警，导致在网管上查询告警时，往往会面对种类、数量庞大的告警信息，使得告警分析和故障定位无从下手。这时候可以通过合适的查询步骤，尽快实现告警分析和故障定位，同时也不会遗漏某些危险告警。某些网络级/子网级 SDH 网管可以支持各种告警信息进行自动的相关分析并过滤处理，可以大大减少人工处理时间。SDH 告警查询的步骤可以根据实际需要进行灵活调整，下面描述的是常见的告警查询步骤：

（1）对全网告警进行核对，确保网管上显示内容与 SDH 设备上产生的告警相一致。

（2）查询紧急告警。通过故障处理，直至消除所有的紧急告警。如果某个紧急告警不是由于网络不正常而产生的，比如光板的某个光口没有使用而引起的紧急告警，这种紧急告警可以不用处理或进行屏蔽。

（3）对全网告警进行再次核对后，查询主要告警。通过故障处理，直至消除所有的主要告警。同样，也可以忽略或屏蔽某些不是由于网络不正常而产生的主要告警。若有网络倒换提示告警，应尽快处理。虽然网络倒换时并不引起业务中断，但表明已有故障产生，而且网络的安全级别已经下降。

（4）对全网告警进行再次核对后，查询次要告警。通过故障处理，直至消除所有的次要告警。同样，也可以忽略或屏蔽某些不是由于网络不正常而产生的次要告警。次要告警虽然不影响业务的传送，但次要告警往往预示着网络已经产生故障，并可能随时产生可以中断业务的故障。

三、华为 SDH 设备常见告警及告警抑制关系

SDH 设备的告警信息种类非常多，各厂家定义的告警名称也略有不同。以华为公司命名为例，常见告警有单板不在位、光信号接收失败、光信号帧失步、2M 信号接收失败、2M 业务配置错误、以太网信号接收失败、倒换告警、字节失配、时钟源丢失、时钟源劣化等，下面逐一进行描述。

1. “BD_STATUS” 单板不在位

表示设备没有识别到本单板，为主要告警。产生此告警的常见原因为单板未插、单板故障、单板与母板之间通信故障或单板正在复位重启中。BD_STATUS 产生后，将影响本板上所有业务，一般可能产生 PS、TU-AIS 等关联告警。

2. “R–lOS” 光信号接收失败

表示光板的接收机没有收到可识别的光信号，为紧急告警。产生此告警的常见原因为本端接收机故障、尾纤或光缆中断、对端发送机故障、线路光衰耗大导致收光功率低于接收机的接收灵敏度。R–lOS 产生后，对应的光缆通道将会失效，一般还会关联引发 PS、TU–AIS、LTI 等关联告警。

3. “R–lOF” 光信号帧失步

表示光板的接收机连续 5 帧未收到可识别的光信号，为紧急告警。产生此告警的常见原因为光信号处于接收失败的前期阶段，或收光功率接近或超过接收机的临界值（接收灵敏度、过载点等）。R–lOF 产生后，对应的光缆通道将会失效或不稳定，一般情况会关联引发 PS、TU–AIS、LTI 等关联告警。

4. “T–ALOS” 2M 信号接收失败

表示 2M 接口没有检测到对端设备送来的信号，为主要告警。2M 接口一般与对端的 PCM 设备、SDH 设备、程控交换机、路由器等相连，产生此告警的常见原因有 2M 板未接对端设备、用户侧设备无信号发出、对接线缆中断或 2M 板故障。T–ALOS 产生后，对应的 2M 通道将会失效，一般无关联告警产生。

5. “TU–AIS” 2M 业务配置错误

表示在配置过程中出现时隙没有对应或业务路由不完整现象（有收无发或有发无收等），为主要告警。产生此告警的常见原因为配置时隙没有对应、2M 板故障、交叉板故障。TU–AIS 产生后，对应的 2M 通道将会失效，一般情况会关联引发 PS 告警。

6. “ETH–lOS” 以太网信号接收失败

表示以太网接口没有收到对接设备发送过来的以太网信号，为紧急告警。SDH 以太网接口一般与交换机、路由器等网络设备的接口相连，产生此告警的常见原因为用户侧设备无信号发出、对接线缆中断或 SDH 设备以太网口故障。ETH–lOS 产生后，对应的以太网通道将会失效，一般无关联告警产生。

7. “PS” 倒换告警

此告警表示业务通道发生了保护倒换或热备份板件发生了主备用切换，为主要告警。产生此告警的常见原因为没保护的网络光板/光路中断、主用板件故障、主用时隙配置错误等。PS 产生后，业务暂时不受影响，一般无关联告警产生。

8. “J0–MM” J0 字节失配、“HP–TIM” J1 字节失配、“HP–SLM” C2 字节失配

表示两端 SDH 设备所收到 J0、J1、C2 标识字节不一致，为次要告警。产生此告警的常见原因为对端与本端设置的标识字节不一致。由于 J0、J1、C2 仅仅为标识字节，不同厂家对此告警处理也有不同：有的会中断会业务，有的不影响任何业务。字节失配告警产生后，一般无关联告警产生。

9. “LTI” 跟踪时钟源丢失

表示设备提取不到应跟踪的时钟基准源，为主要告警。产生此告警的常见原因为被跟踪时钟源故障、光缆中断、时钟跟踪方向配置错误、时钟跟踪方向链路故障等。一般 SDH 设备会设置时钟保护，所以 LTI 出现后业务暂时不受影响。如果时钟源丢失后，SDH 设备的时钟劣化严重，则会影响业务的质量，甚至导致业务失效。LTI 一般无关联告警产生。

10. “SYNC–BAD” 时钟源劣化

表示 SDH 设备的时钟由高级别切换到了低级别，为次要告警。产生此告警的常见原因为时钟进行了保护倒换，跟踪了低级别的时钟源。PS 产生后，业务不受影响或业务质量下降，一般无关联告警产生。

一般情况下，高级别告警的产生往往会关联引发低级别的告警，低级别告警则不会关联引发高级别告警。例如发生了光缆中断故障，设备会上报 R–LOS 告警，伴随着也会关联引发 LTI 和 SYNC–BAD 告警。同时处于保护配置状态的业务类型会关联引发 PS 告警信息，而没有保护配置的业务因为此时业务的双向路径变得不完整而关联引发 TU–AIS 告警、字节适配告警等相关告警。由于告警的这些抑制关系，所以对 SDH 网络产生的告警信息应综合分析，优先解决高级别的告警，再处理低级别告警。

四、危险点分析

查看告警属于查询类操作，仅仅是提取网元上的告警信息以显示到网管上来，不会对设备造成任何影响，也不会改变业务配置，所以不存在危险操作。但需注意以下情况：

（1）告警时间要保证准确。

（2）告警产生时间提取的是网元本身的时间，所以要将所有网元的时间设置为和实际时间一致，这样当有告警上报时才能反映出实际的故障时间，有利于分析处理。

（3）告警确认、删除要慎重。

当有告警产生时，表明网络出现了问题，若没有找出故障原因不允许对告警进行确认或删除操作，否则将为处理故障带来不便。建议将维护人员的操作权限进行分级，平时监控网管的值班人员给予低权限，使之只有查看权利而没有删除权利。

五、SDH 告警查询应用

下面以华为设备和网管为例，进行查询 SDH 设备告警操作。华为的 T2000 网管支持全网、单台设备、单个板件三个范围的告警查询，操作如下所示。

（一）查询全网告警信息

（1）首先同步全网告警，在主视图中的“故障”菜单栏中选择“同步全网告警”命令，如图 1–6–1 所示。

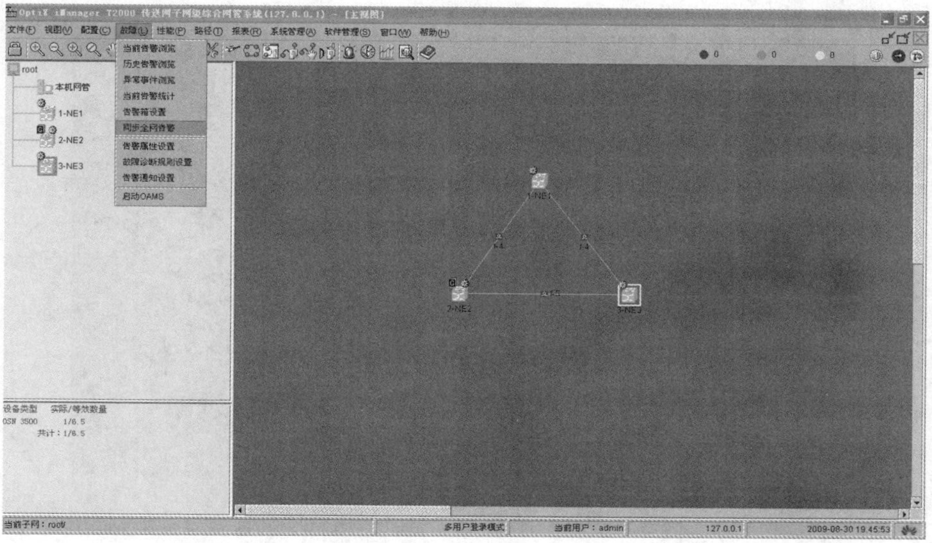

图 1–6–1　同步全网的告警信息

（2）当出现的“操作进度”对话框中进度条达到 100%后会出现“操作结果”对话框。如果提示操作成功则单击“关闭”按钮即可。若提示操作失败，可单击“详细信息”按钮查看出现什么错误，排除故障后再次进行步骤 1 的操作。

（3）在主视图中的“故障”菜单栏中选择“当前告警浏览”命令，即可查询全网所有告警。

（4）在出现的告警列表中点选某条告警，在视图中部就会出现相应的文字提示，在视图最下部也可进行相应的“同步”“核对”“确认”“删除”等操作。其中，“同步”表示重新查询全网所有的告警并在网管上显示出来；“核对”表示将网管上选中的告警与相应的设备上的告警重新对比，并将网管上的告警按照网元上的实际告警进行刷新；“确认”表示操作人员已看到该告警，如果该告警已经结束，则该告警会在视图中消失，进入历史告警库；“删除”表示在网管上删除该告警，但设备上此告警信息依然存在。

（二）查询单个网元的告警信息

（1）在主视图中右键单击某网元，在出现的下拉菜单中单击“同步当前告警”命令，如图 1–6–2 所示，进行告警同步操作。

（2）告警同步顺利完成后，右键单击该网元，在出现的下拉菜单中单击“当前告警浏览”命令，查询此网元所有告警。

（3）选中某条告警，在视图中部的“告警的详细信息”和“告警原因”窗口中会对告警信息和产生原因进行说明，在视图最下部也可进行相应的“同步”“核对”“确认”“删除”等操作。

图 1–6–2 查询单个网元的告警信息

（三）查询单板的告警信息

以查询某网元的 GSCC 板的告警信息为例进行描述：

（1）在主视图中双击打开该网元的面板图。

（2）右键单击 GSCC 板，在出现的下拉菜单中单击“告警浏览”命令，如图 1–6–3 所示，即可查询此单板的所有告警，并根据提示进行后续操作。

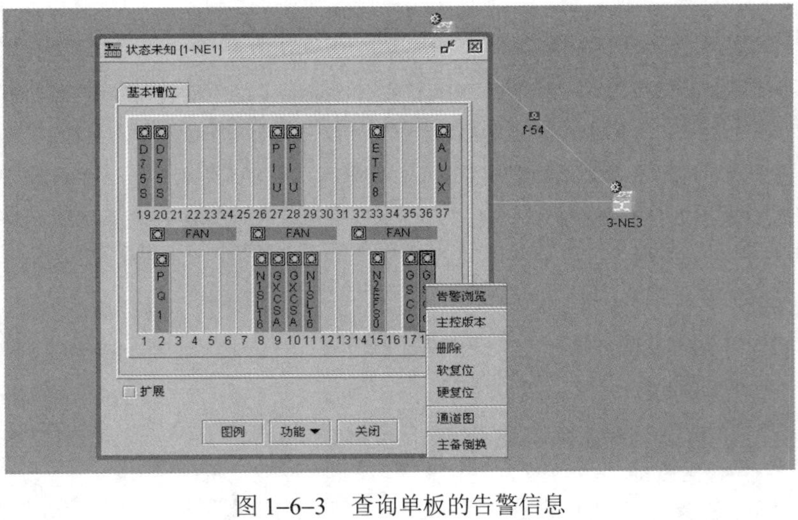

图 1–6–3 查询单板的告警信息

【思考与练习】

1. SDH 设备告警查询的方法有哪两种方式？
2. 查看 SDH 的告警信息是否会对设备业务配置产生影响？
3. 如何查询 SDH 网元上某块单板的告警？

模块 7 SDH 2M 业务的配置（Z37E1007Ⅱ）

【模块描述】本模块包含 SDH 设备 2M 业务的配置。通过对实际组网中 2M 业务路径配置方法和 SDH 层配置方法的介绍，掌握开通、删除 SDH 网络 2M 业务的方法和技能。

【模块内容】

一、基本概念

2M 业务又称 E1 业务，即基本传输速率为 2Mbit/s 的双向链路通道，是 SDH 网络中最常见的业务之一。在 SDH 网络中开通一条 2M 业务时需要确定源端口、宿端口、业务时隙、业务路由及保护方式等基本信息。

2M 业务的配置目前一般有路径配置法和 SDH 层配置法两种方式。路径配置法只需指定业务的源端和宿端、业务速率，采用端到端的方式，网管自动完成路由的确定、源宿网元的业务上下和所经网元的业务穿通等设置。SDH 层配置法又称作单站业务配置法，配置业务时需要按照业务流向，在业务经过的每个站点进行业务上下或穿通配置。采用 SDH 层配置法来配置全网业务，业务路径和时隙可控，但比较烦琐且容易操作出错，路径配置法来配置业务需要网管支持，但相对简单。对于 2M 业务的配置或删除，每个厂家可能有所不同，下面以华为设备为例进行介绍。

二、2M 业务配置的基本步骤

（一）路径配置法

（1）首先设置网络保护方式。

（2）创建 2M 业务所有涉及网元之间的 VC4 服务层路径。

（3）选择源宿网元的 2M 板端口，选择 VC4 服务路径，系统将自动完成业务创建工作。

（4）业务验证。

（二）SDH 层配置法

（1）根据源端口、宿端口、线路时隙、组网方式设计业务路由时隙图。

（2）对照业务路由时隙图逐站进行配置。

（3）业务验证。

三、2M 业务删除的基本步骤

业务的删除是创建的逆过程，所以 2M 业务的删除有两种方式：路径删除法和 SDH 层删除法。

（一）路径删除法

（1）通过路径搜索确认所需删除的业务路径。

（2）对选中的需要删除业务进行“去激活”操作。

（3）对已完成去激活的业务进行“删除”操作，完成具体业务的删除。

值得注意的是，只有对业务进行“去激活”操作后才能进行“删除”操作，激活状态下的业务无法直接删除，这样设计是为了防止误操作。业务的“激活”状态表示本条业务已下发到设备侧，设备运行时本条业务可用。“去激活”表示本条业务已从设备侧数据中删除，但还保留在网管数据中且业务已不可用，“去激活”后业务还可通过“激活”命令重新使业务在设备侧数据中快速恢复。

（二）SDH 层删除法

（1）查找 2M 业务经过的所有网元的占用时隙。

（2）按照业务路由对网元逐个进行时隙删除操作后完成具体业务的删除。

四、2M 业务创建实例

假设网元 1–NE1、2–NE2 和 3–NE3 组成 2.5G 两纤单向通道保护环，主环方向为逆时针方向，环上未开通业务，单板配置、网络保护方式已经设置完成，拓扑图如图 1–7–1 所示，网元面板图如图 1–7–2 所示。现要求从 1–NE1 的支路板的第一个端口到 3–NE3 的支路板的第一个端口开通一条 2M 业务。

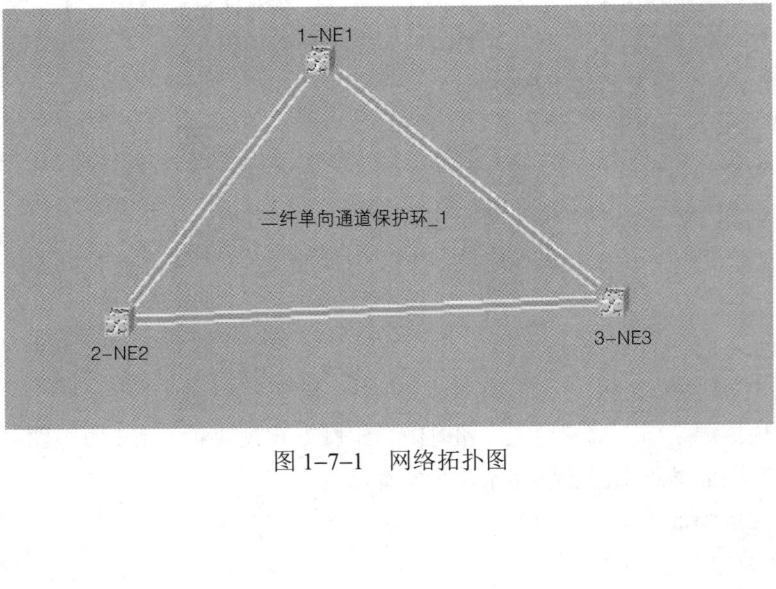

图 1–7–1 网络拓扑图

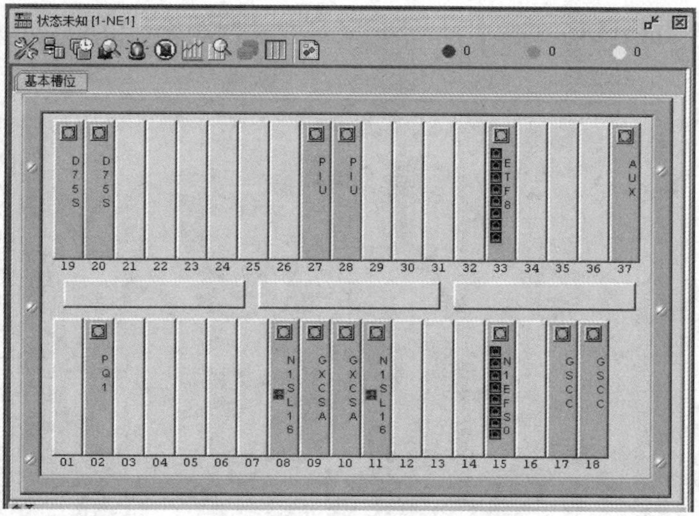

图 1–7–2　网元面板图

（一）使用路径配置法创建 2M 业务

路径可分为服务层路径和客户层路径，低级别路径被称为客户层路径，而承载网元间低级别路径的上一级路径称为服务层路径。一般来说，VC12/VC3 路径为客户层路径，VC4 路径为服务层路径。在配置各站点的 VC12/VC3 业务前，需要在站点间首先建立 VC4 级别的服务层路径。而在删除 VC4 服务层路径前，需要先删除该路径上承载的所有低级别业务路径。

1. 创建各网元间的 VC4 服务层路径

通道保护环创建服务层路径时必须按同一方向（顺时针或逆时针）依次创建相邻网元间的服务层路径，直至闭合为环，而且服务路径占用的 VC4 序号要一致，否则VC12、VC3 路径不能创建成功。

在主视图主菜单栏中选择"路径"菜单，在下拉菜单中单击"SDH 路径创建"命令进入路径创建视图。

服务路径参数设置：在"方向"下拉列表中选择"双向"，在"级别"下拉表选择"VC4 服务层路径"，"资源使用策略"和"路径优先策略"采取默认设置。

服务路径源端和宿端选择：双击 1–NE1，网元图标上会出现一个向上的箭头，表示 1–NE1 为业务源端。再双击 2–NE2，网元图标上会出现一个向下的箭头，表示 2–NE2 为业务宿端。在路由信息栏内会显示相应的路由信息，如图 1–7–3 所示。

选中左下方的"激活"复选框，并单击左下角的"应用"按钮，出现"操作成功"的提示框，1–NE1 到 2–NE2 之间的服务层路径就创建好了。

用同样方法依次创建 2–NE2 到 3–NE3 之间和 3–NE3 到 1–NE1 之间的服务层路径。

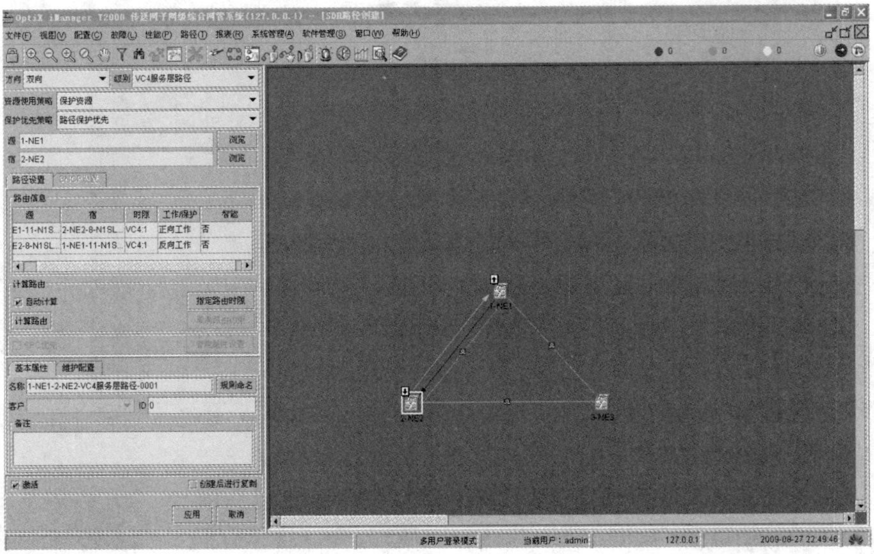

图 1–7–3 源宿网元选择

2. 创建 2M 业务路径

在主视图主菜单栏中选择“路径”菜单，在下拉菜单中单击“SDH 路径创建”命令进入路径创建视图。

（1）路径参数设置。在“方向”下拉列表中选择“双向”，在“级别”下拉列表中选择“VC12”，“资源使用策略”和“路径优先策略”均采取默认设置，“计算路由”栏中选中“自动计算”复选框。

（2）源端口选择。双击 1–NE1，在弹出的端口选择对话框中“板位图”一栏单击 2 槽位 PQ1，在“支路端口”栏中选中“1”的单选按钮，单击右下角的“确定”按钮，表示选取了 1–NE1 的第一个 2M 端口，如图 1–7–4 所示。

（3）宿端口选择。参照源端口选择的步骤选择 3–NE3 的第一个支路端口作为宿端口。

（4）路由建立。选择完宿端口后路由信息会立即体现在左侧“路由信息”一栏中。在网元图标之间会出现不同颜色的箭头表示主用业务方向和备用业务方向，如图 1–7–5 所示。

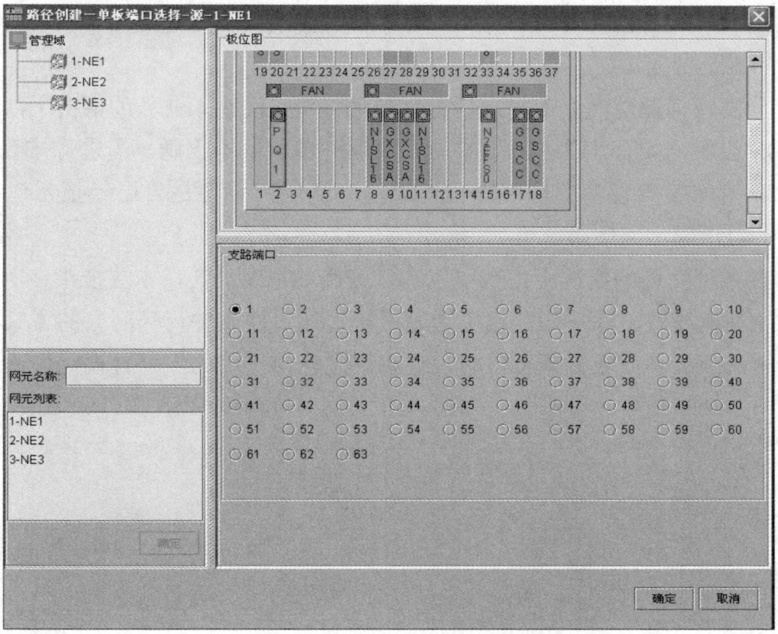

图 1–7–4 2M 端口选择

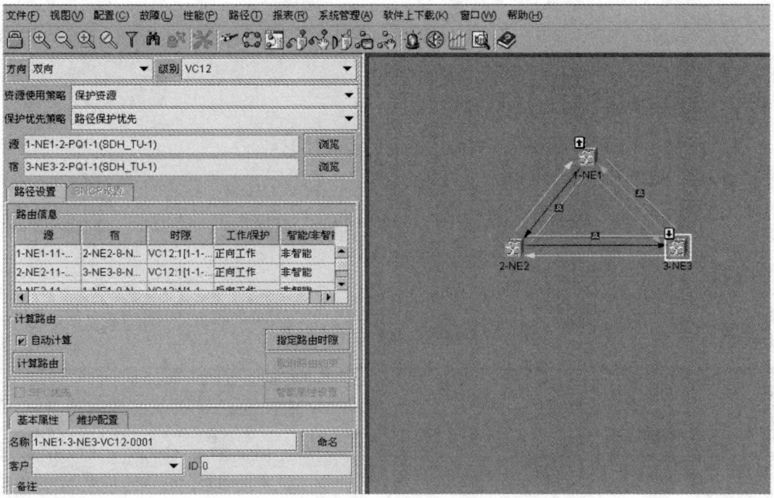

图 1–7–5 路由信息

（5）数据下发。选中左下方的“激活”复选框，并单击左下角的“应用”按钮，出现“操作成功”的提示，此时 1–NE1 到 3–NE3 之间的一条 2M 业务就创建完成。

3. 业务配置成功确认

配置完成后可通过查询相关网元告警信息、用户设备运行情况、仪表测试等方式确认业务配置是否成功。

（1）分别查询源网元、宿网元是否有异常告警，没接入业务的情况下，网元应只有 T–ALOS 告警，如有 TU–AIS 告警时，表明业务配置不正确，需进行排查处理。

（2）在接入用户设备的情况下也可通过确认用户设备是否已经正常运行来确认业务配置是否正确。

（3）在条件允许的情况下，也可以通过使用 2M 误码仪在本端挂接，对端 2M 端口做环回（可现场做硬件环回，也可通过网管对端口做软件内环回）的方式对新配置业务进行测试确认。业务配置正常时，误码仪没任何告警的，并且误码值为“0”。测试连接如图 1–7–6 所示。

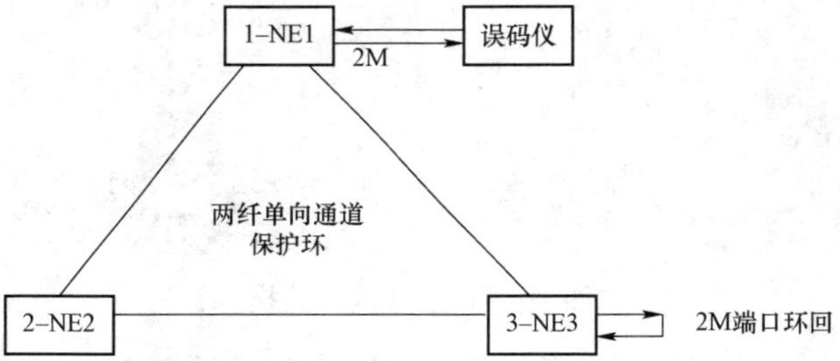

图 1–7–6　误码仪测试业务连接图

（二）SDH 层配置法创建 2M 业务

使用 SDH 层配置法配置和上例相同的一条 2M 业务。

使用 SDH 层配置法，不需要创建服务层路径，VC4 序号的选择是在时隙选择中直接完成的，但需要知道网元间的光纤连接关系。通过查询网管，得知它们之间的光纤连接关系如表 1–7–1 所示。

表 1–7–1　　光纤连接关系表

序号	源网元	源端口	宿网元	宿端口
1	1–NE1	11 槽 2.5G 板	2–NE2	8 槽 2.5G 板
2	2–NE2	11 槽 2.5G 板	3–NE3	8 槽 2.5G 板
3	3–NE3	11 槽 2.5G 板	1–NE1	8 槽 2.5G 板

根据光纤连接关系和 2M 业务的需求，画出 2M 业务经历相关网元的路由时隙图，如图 1–7–7 所示。

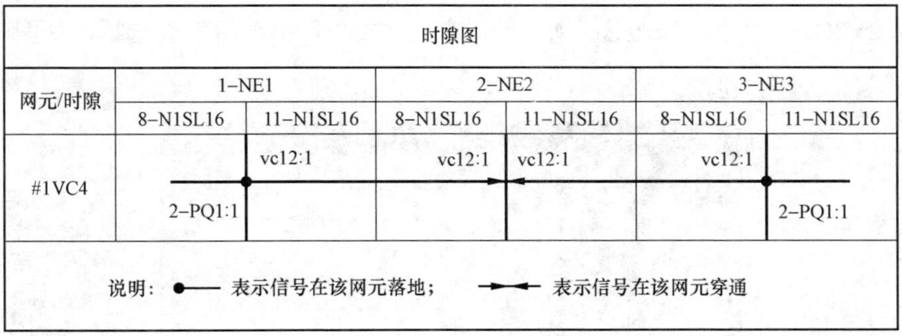

图 1–7–7　业务路由时隙图

从时隙图中，可以很清晰地看出业务源端口、宿端口、线路时隙、穿通站点等信息。在 SDH 层配置法配置时，可以根据业务路由时隙图，有条不紊地逐个网元进行配置。

1. 配置 1–NE1 的上下业务

单向通道保护环业务类型为双发选收，所以配置业务时需要创建从支路向环的两个方向光口的双发业务，同时还要创建环的两个方向光口到支路的选收业务。

注意：双发选收业务都是单向业务，配置业务时“方向”要选择为“单向”。

在主视图中选中 1–NE1，然后单击右键，在弹出快捷菜单中选择“业务配置”命令，进入“1–NE1 的 SDH 业务配置”视图。单击下方“新建”按钮，弹出“新建 SDH 业务”对话框。

发端业务参数设置：在对话框的“等级”下拉表中选择“VC12”，在“方向”下拉表中选择“单向”，在“源板位”下拉表中选择“2–PQ1”，在“源时隙范围”文本输入框中输入“1”，在“宿板位”下拉表中选择“8–N1SL16–1”，在“宿 VC4”下拉表中选择“VC4–1”，在“宿时隙范围”文本输入框中输入“1”，在“立即激活”下拉表中选“是”，单击“应用”按钮完成支路板 2–PQ1–1 到线路板 8–SL16 方向的单向业务，如图 1–7–8 所示。

重复上述操作，参数设置时把“宿板位”选择“11–N1SL16–1”，其他参数不变，单击“应用”按钮。此时有两条业务出现在“交叉连接”列表内，双发业务配置完成。

选收业务配置：在 SDH 业务配置界面，单击“新建 SNCP 业务”按钮，弹出“新建 SNCP 业务”对话框。在对话框中“业务类型”下拉表中选择“SNCP”，在“方向”下拉表中选择“单向”，在“等级”下拉表中选择“VC12”，“拖延时间”默认为“0”，在“恢复模式”下拉表中选择“恢复”，“等待恢复时间”默认值“600”，“工作业务”栏中的“源板位”选择“8–N1SL16–1”，“保护业务“栏中的“源板位”选择“11–N1SL16–1”，“源 VC4”都选择“VC4–1”，“源时隙范围”都输入“1”，“宿板位”

选择“2–PQ1”，“宿时隙范围”输入“1”，选中“立即激活”复选框，如图 1–7–9 所示。

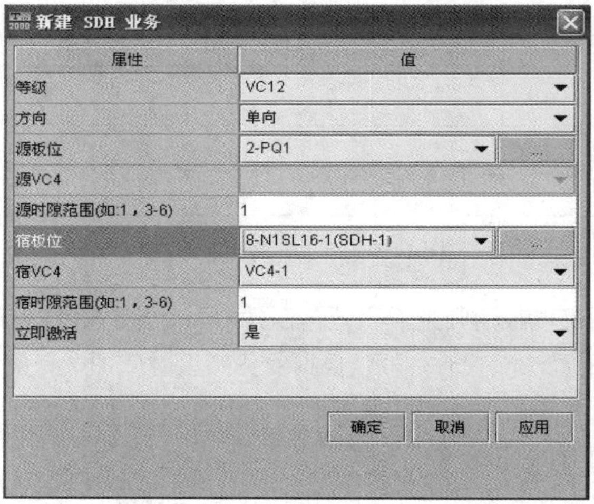

图 1–7–8　双发业务配置

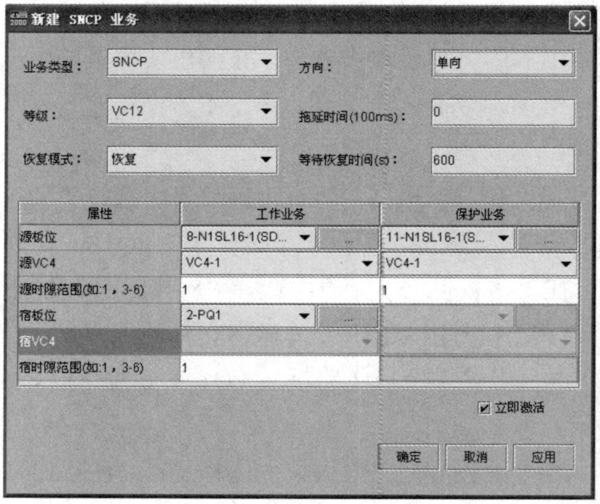

图 1–7–9　选收业务配置

数据下发：单击“确定”按钮，向网元下发配置，到此 1–NE1 的双发选收业务配置完成。

2. 配置 2–NE2 的穿通业务

配置由“8–N1SL16”到“11–N1SL16”的双向穿通业务，具体配置方法可参考模块 Z37E1010Ⅱ（穿通业务的配置）相关内容。

3. 配置宿网元 3–NE3 的上下业务

按照 1–NE1 的配置方法进行。通过对以上三个步骤的配置，就完成了一条 1–NE1 到 3–NE3 的 2M 业务的配置。

4. 业务配置成功确认

参考本模块“路径配置法”相关内容进行。

五、2M 业务的删除实例

业务的删除是业务配置的逆过程，下面通过路径删除法和 SDH 层删除法两种方法对本模块前面所创建的业务进行删除操作描述。

（一）路径删除法

（1）选择业务。在主视图界面右键单击 1–NE1、2–NE2 和 3–NE3 中任意一网元，在弹出的快捷菜单中选择“查询相关路径”命令，即可看到所有经过本站点的业务路径和服务层路径。查看“级别”“源端”和“宿端”，找到“级别”为“VC12”，“源端”为“1–NE1–2–PQ1–1（SDH–TU1）”，“宿端”为“3–NE3–2–PQ1–1（SDH–TU1）”的 2M 业务路径，即创建的那条 2M 业务。右键单击本条业务，弹出快捷菜单，如图 1–7–10 所示。

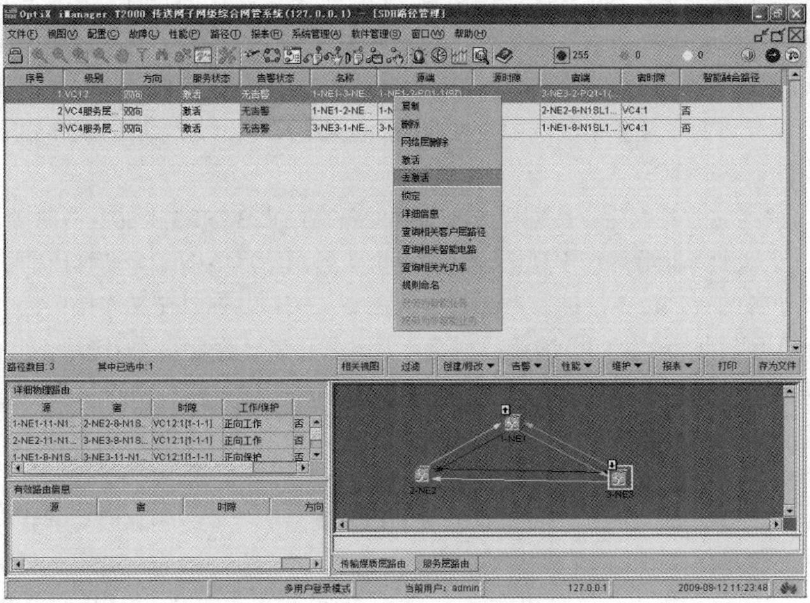

图 1–7–10　路径查询及选择

（2）去激活业务路径。选择快捷菜单中的“去激活”命令，会出现两次操作确认提示，均选择【确定】按钮。提示去激活路径成功后，本条路径的“服务状态”会变成“未激活”。

（3）删除业务路径。右键选择本条路径，在弹出的快捷菜单中选择“删除”命令，也会出现两次操作确认提示，均选择“确定”按钮。提示删除成功后本条路径从路径列表中删除。此时不仅将业务路径源、宿站点的业务进行了删除，业务路径穿通的站点业务也同时进行了删除。

（4）服务路径是否删除要根据具体情况而定，若服务路径上还承载其他电路时，不允许删除。

（5）业务删除成功确认。在主视图中右键单击站点 1–NE1，在弹出的快捷菜单中选择“业务配置”命令，出现“SDH 业务配置”窗口，进入“SDH 业务配置”窗口，在“交叉连接”栏中查看“源板位”为“2–PQ1”“源时隙/通道”为“1”的业务是否存在。成功删除后业务应从“交叉连接”栏中消失，原来业务占用的时隙得到释放。同样的方法确认 2–NE2、3–NE3 上的原来业务占用的时隙得到释放。

（二）SDH 层删除法

SDH 层删除法比较烦琐，删除业务时需按业务经历相关网元的时隙逐个网元进行删除操作。

（1）源网元业务删除。在主视图中右键单击业务源站点 1–NE1，在弹出的快捷菜单中选择“业务配置”命令，进入“SDH 业务配置”窗口，在“交叉连接”栏中，找到“源板位”为“2–PQ1”“源时隙/通道”为“1”的所有业务列表。本例中有两条业务，拖动鼠标将两条业务全部选中，按照先“去激活”再“删除”的次序删除业务路径源站点的业务时隙。

（2）宿网元业务删除。用同样方法删除业务宿站点 3–NE3 上的业务时隙。

（3）穿通业务删除。在主视图中右键单击业务源站点 2–NE2，在弹出的快捷菜单中选择“业务配置”命令，进入“SDH 业务配置”窗口，在“交叉连接”栏中，找到“宿时隙/通道”为“VC4:1:1”的业务列表，本例中只有一条业务。右键单击此条业务，在弹出快捷菜单中依次进行“去激活”命令和“删除”命令即可删除穿通站点业务。

此例中的穿通站点只有 2–NE2 一个，实际组网中穿通站点可能会有很多，因此每个站点都要仔细核对穿通时隙才能进行业务删除。

（4）业务删除成功确认。参考本模块中路径删除法“业务删除成功确认”部分。

六、注意事项

（1）对网元数据进行操作更改后建议在网管上进行数据备份，具体可参考模块 Z37E1015Ⅲ（网元数据备份）。

（2）通道保护环在创建服务层路径时，必须按同一方向（顺时针或逆时针）依次创建相邻网元间的服务层路径，直至闭合为环，而且服务路径占用的 VC4 序号要一致，否则 VC12、VC3 路径不能创建成功。

（3）使用 SDH 层配置法配置穿通业务时，由于时分交叉资源有限，尽量少用时分交叉功能，具体可参考模块 Z37E1010Ⅱ（穿通业务的配置）。

（4）路径法删除业务时，服务路径是否删除要根据具体情况而定，若服务路径上还承载其他电路时，不允许删除。

（5）SDH 层配置法进行业务的配置和删除过程中，每一步操作基本都会产生相应的告警（如 T–ALOS、TU–AIS、PS 等），在操作过程中需随时观察网管告警，这样不仅能确认每一步操作是否正确，而且能避免恰在此时发生的网络故障被忽略。

【思考与练习】

1. 服务层路径和客户层路径是什么关系？

2. 用路径配置法进行 2M 业务配置有哪些基本步骤？

3. 用 SDH 层配置法进行 2M 业务配置时，为什么要先画出 2M 业务经历相关网元的路由时隙图？

4. SDH 层配置法进行业务的配置和删除过程中，为什么要随时观察网管告警？

模块 8　SDH 以太网业务的配置（Z37E1008Ⅱ）

【模块描述】本模块包含 SDH 设备以太网业务的配置。通过对实际组网中以太网业务路径配置方法和 SDH 层配置方法的介绍，掌握开通、删除及测试 SDH 以太网业务的方法和技能。

【模块内容】

一、基本概念

以太网业务是 SDH 设备传送的重要业务，在掌握 SDH 网络中配置以太网业务的方法之前，需要简单了解一些 SDH 网络上以太网业务的基本概念与知识。

1. SDH 网络上的以太网业务类型

根据 IUT–T 规范，SDH 网络中有四种以太网业务类型，如图 1–8–1 所示，目前使用较多的是 EPL 业务和 EPLAN 业务。

（1）EPL（以太网专线）。EPL 有两个业务接入点，实现对用户以太网 MAC 帧进行点到点的透明传送。不同用户不需要共享 SDH 带宽，因此具有严格的带宽保障和用户隔离，不需要采用其他的 QoS 机制和安全机制。由于是点到点传送，因此不需要 MAC 地址学习。

（2）EVPL（以太网虚拟专线）：EVPL 与 EPL 的主要区别是不同的用户需要共享 SDH 带宽，因此需要使用 VLAN ID 或其他机制来区分不同用户的数据。如果还需要对不同用户提供不同质量的服务，则需要采用相应的 QoS 机制。如果配置足够多的带宽资源，则 EVPL 可以提供类似 EPL 的业务质量。

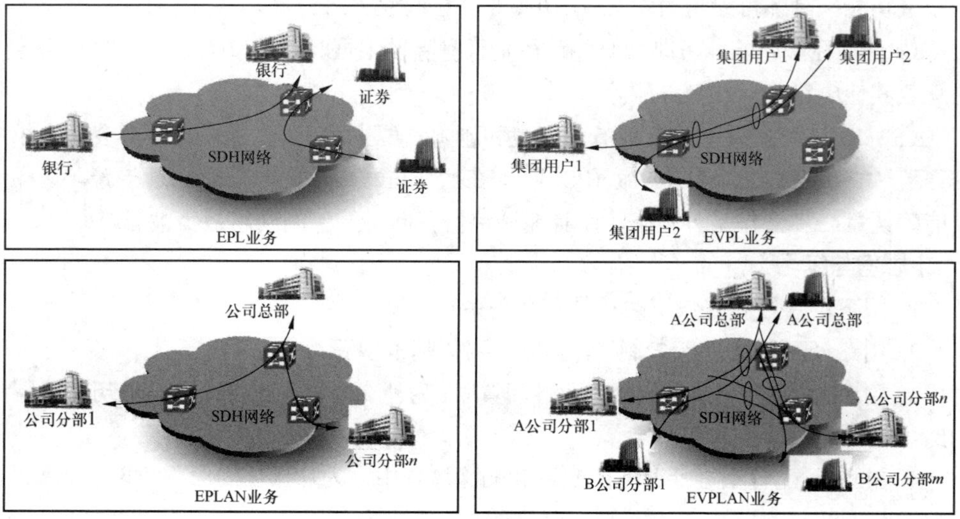

图 1–8–1 以太网业务类型

（3）EPLAN（以太网专用局域网）：EPLAN 至少具有两个业务接入点。不同用户不需要共享 SDH 带宽，因此具有严格的带宽保障和用户隔离，不需要采用其他的 QoS 机制和安全机制。由于具有多个节点，因此需要基于 MAC 地址进行数据转发并进行 MAC 地址学习。

（4）EVPLAN（以太网虚拟专用局域网）：EVPLAN 与 EPLAN 的主要区别是不同的用户需要共享 SDH 带宽。因此需要使用 VLAN ID 或其他机制来区分不同用户的数据。如果需要对不同用户提供不同质量的服务，则需要采用相应的 QoS 机制。

2. 以太网板的工作原理

以基于 SDH 的 MSTP 基本功能模型（见图 1–8–2）为例。

从上图可以看出，以太网板实现的是以太网接口到 VC 映射的诸多功能，当完成 VC 映射后，SDH 设备对于以太网业务的处理将和对 PDH 业务（如 E1、E3 等）处理方法相同。

为了能够实现 EPL、EPLAN、EVPL 和 EVPLAL 四种业务，以太网板一般具有外部端口和内部端口。外部端口就是以太网板上的实际以太网端口，内部端口是虚拟端口，用于和 SDH 内部的 VC 相连接从而实现以太网数据在 SDH 网络上的传送。通过灵活设置外部端口和内部端口的连接关系、内部端口和 VC 之间的连接关系，同时结合标签、QOS 等技术，即可以方便地实现上述业务。以具有 4 个外部端口、8 个内部端口的以太网板为例，EPL、EPLAN、EVPL 业务连接示意如图 1-8-3 所示，EVPLAN 业务可以认为是 EPLAN 和 EVPL 的结合，不进行展开描述。

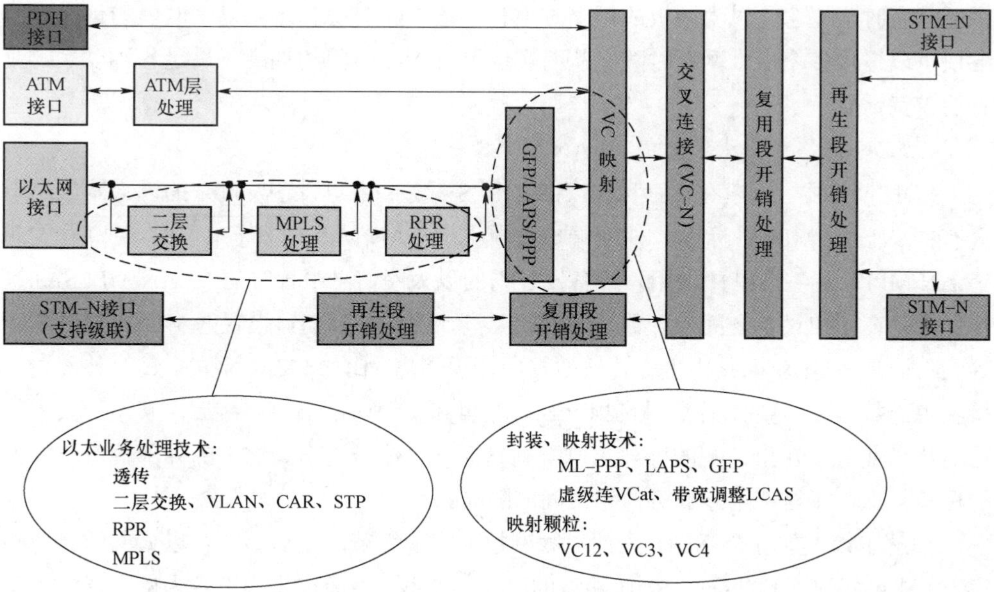

图 1-8-2　MSTP 基本功能模型

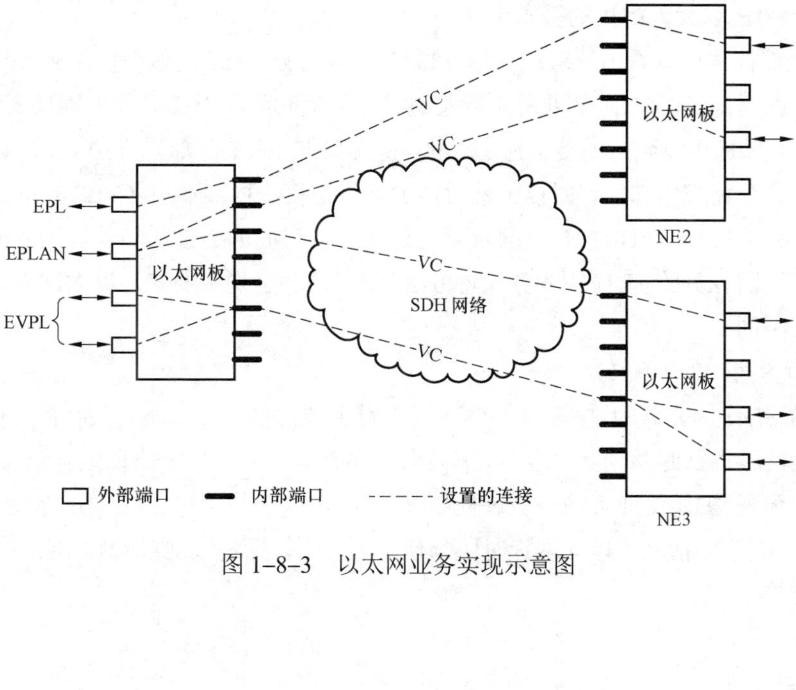

图 1-8-3　以太网业务实现示意图

需要注意的是，上图仅供理解以太网配置原理时使用。

3. SDH 网络中以太网板的时隙

SDH 的以太网板是通过内部端口连接 VC 的，为了实现以太网带宽的控制，以太网板具有时隙概念，以太网板的每个时隙和一条 VC 时隙相连，以太网板的每个内部端口可以连接多个以太网板时隙，从而实现了对 VC 时隙的捆绑，满足各种以太网业务的带宽需要。

4. SDH 网络中以太网板的 VLAN/MPLS 标签

SDH 网络中，一般存在三种 VLAN/MPLS 标签：用户设备发过来的以太网信息中含有的 VLAN/MPLS 标签，外部端口设置的 VLAN/MPLS 标签，内部端口设置的 VLAN/MPLS 标签。其中，用户设备发过来的以太网信息中含有的 VLAN/MPLS 标签的作用是在用户设备之间进行数据的标识隔离，内、外部端口设置的 VLAN/MPLS 标签的作用是在 SDH 网络中进行传输数据的标识隔离。比如 EVPL 业务，每个外部端口接收用户数据后，要打上 VLAN/MPLS 标签再和一个内部端口连接后，共享一条内部通道传送业务，在出口侧的外部端口再剥离标签将信号送出。这里的外部端口所打上的标签就保证了这些用户业务数据之间的隔离。

理解了以上的几个 SDH 上的以太网技术实现细节，还需要结合以太网的其他知识，才能更好地理解和配置 SDH 网络的以太网业务。下面以华为设备为例进行以太网业务配置的描述。

二、SDH 以太网配置的基本步骤

从上面描述可以看出，SDH 以太网业务配置可分为 SDH 侧业务配置和以太网侧业务配置两个部分。SDH 侧业务主要实现以太网板时隙和 VC 时隙的连接、VC 的通道建立，可以提供点到点的传输通道，其配置方法与 E1 业务配置方法类似。以太网侧的业务配置是完成内部端口对以太网时隙的捆绑连接、内部端口（VCTRUNK 口）属性设置、外部端口（PORT 口）属性设置、内外端口间的连接和相关协议的配置。不同类型以太网业务的 SDH 侧业务配置方法基本一致，区别主要在于以太网侧业务配置操作方法不同。

（一）SDH 侧业务配置

配置 SDH 侧业务的过程，可以看作是线路到支路的上下业务，也可看作是线路时隙和以太网板内部时隙的穿通业务，和 2M 业务配置一样，也有路径配置法和 SDH 层配置法。配置 SDH 侧业务的一般过程如下：

（1）确定源/宿网元以太网板时隙须使用的 VC 数量和级别，分配相应的以太网板时隙并连接。

（2）配置 VC 的 SDH 传递业务，可以使用路径配置法或 SDH 层配置法方法。

（二）以太网侧业务配置

以太网侧业务处理是 SDH 实现不同种类以太网业务传送的关键过程，根据不同的业务类型，需要配置的参数和协议也不同。常用的配置过程如下：

（1）配置内部端口和以太网板时隙的捆绑和连接。内部端口捆绑的以太网板时隙是根据以太网业务带宽要求设定的，捆绑对应的 VC 数量越多或 VC 颗粒越大，相应的以太网业务的实际可用带宽越大。

（2）配置内部、外部端口之间的连接关系。

（3）配置源网元、宿网元以太网板内部、外部端口的各项属性参数。

三、SDH 以太网业务配置实例

下面在华为设备上演示最常见的 EPL 业务和 EPLAN 业务的创建过程，通过此示例可以掌握不同类型以太网业务的一般配置步骤，完成实际工作中以太网业务的配置过程。

假设网络拓扑如图 1–8–4 所示，为 2.5G 两纤单向通道保护环，主环方向为逆时针方向，网元添加、单板配置、光纤连接、网络保护方式等已经设置完成。各站设备面板图如图 1–8–5 所示。

（一）EPL 业务配置

EPL（以太网专线）业务是点到点的业务形式，即常说的透传业务。本例中配置一条 1–NE1 第 15 槽以太网板 PORT1 口到 2–NE2 第 15 槽以太网板 PORT1 口带宽为 2M 的以太网业务，用于 PC 互联。

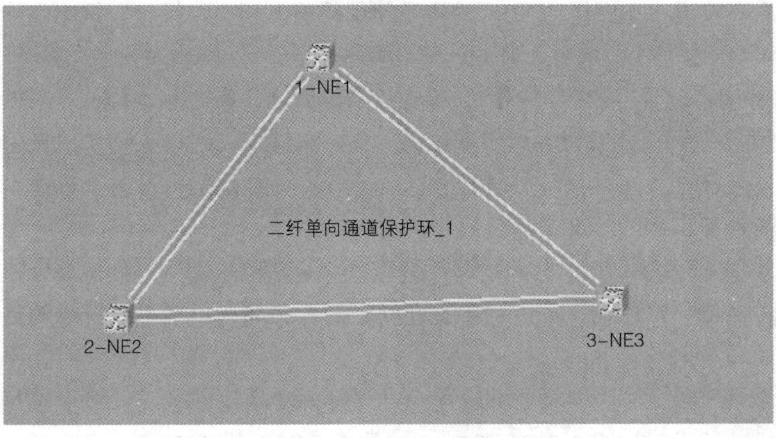

图 1–8–4　网络拓扑图

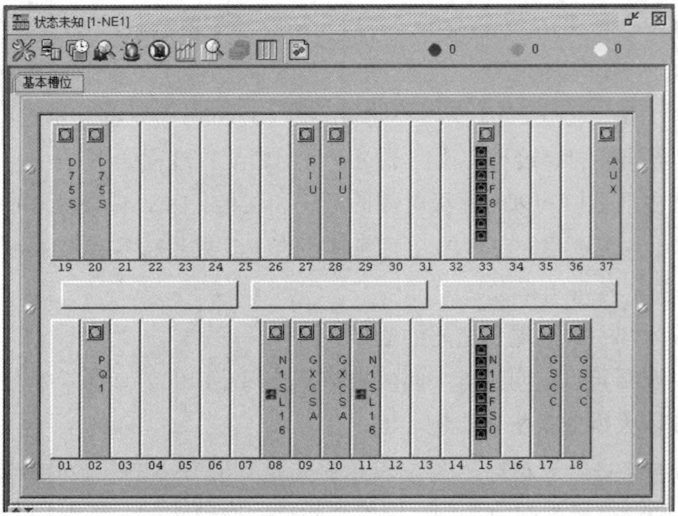

图 1–8–5 设备面板图

1. SDH 侧业务配置

以下按照路径配置法为例，描述配置 1–NE1 以太网板到 2–NE2 以太网板的 SDH 侧业务的过程。SDH 侧业务配置过程和 2M 业务配置过程类似，按先创建服务路径再创建 2M 路径的操作顺序进行。

（1）在主视图主菜单栏中选中“路径”菜单，在下拉菜单中单击“SDH 路径创建”命令进入“SDH 路径创建”视图。

（2）路径参数设置。在“SDH 路径创建”视图中的“方向”下拉表中选择“双向”，在“级别”下拉表中选择“VC12”，“资源使用策略”和“路径优先策略”均采取默认设置，“计算路由”栏中选中“自动计算”复选框。

（3）源端口选择。双击 1–NE1，弹出设备面板图，在“基本槽位”一栏中单击选中 15 槽位 N1EFS0，此时“端口”默认为“1”，“高阶”默认为“4”，“低阶”时隙默认为“1”（“低阶”时隙可任意选择，这里选择第 1 个时隙）。单击“确定”按钮，完成源端口的选择，如图 1–8–6 所示。

（4）宿端口选择。双击 2–NE2，作同样选择完成“宿端口”的选择。路由信息会立即体现在左侧“路由信息”一栏中。在网元图标之间会出现不同颜色的箭头表示主用业务方向和备用业务方向。

（5）数据下发。选中左下方的“激活”复选框，并单击左下角的“应用”按钮。出现操作成功的提示说明 1–NE1 到 2–NE2 的以太网业务 SDH 侧业务配置完成。

用 SDH 层配置法配置以太网的 SDH 侧业务，和 2M 业务的 SDH 层配置法类似，仅仅是板件选择不同，可以参考模块 Z37E1007Ⅱ（2M 业务配置）操作，不做赘述。

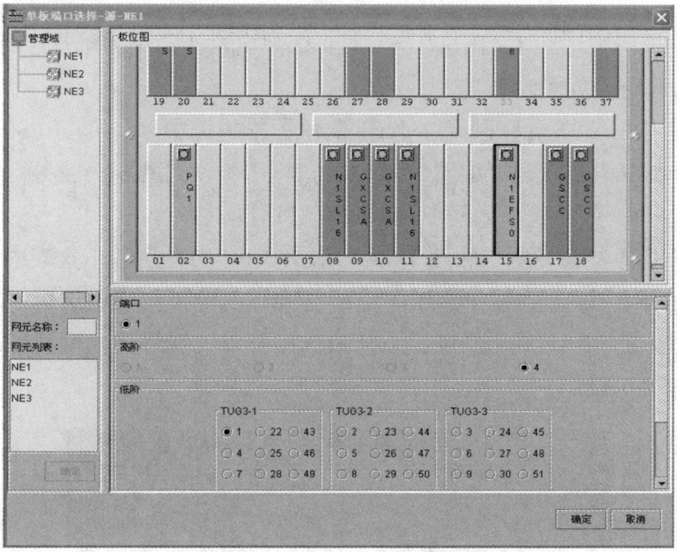

图 1–8–6　业务端口选择

2. 以太网侧业务配置

配置以太网侧业务之前，先了解一下端口属性的相关定义。端口属性一般有“Tag Aware”“Access”和“Hybrid”三种方式。

Tag Aware：对于这种方式的端口接收和发送的报文都是带 VLAN 标签的，如果接收的帧带 VLAN 标签则直接转发，并丢弃不带 VLAN 标签的信息帧。如果明确知道用户设备发送的数据是带 VLAN 标签的，外部端口选择此属性。

Access：这种方式的端口接收和发送的报文都是不带 VLAN 标签的。如果这种端口进来的帧带 VLAN 标签就丢弃，收到不带 VLAN 标签的帧就加上本端口的默认 VLAN ID 进行发送。如果明确知道用户设备发送的数据是不带 VLAN 标签的（如 PC、二层交换机），外部端口选择此属性。

Hybrid（混合型）：这种方式的端口属性是 Tag Aware 和 Access 的组合，有无 VLAN 标签的帧均允许接收和发送。接收时，如果帧不带 VLAN 标签，就为它加上本端口的默认 VLAN ID；发送时，如果帧的 VLAN ID 和端口的默认 VLAN ID 一致，则把 VLAN ID 去掉再发送出去，否则直接发送。这种端口组网连接的设备相对灵活，但是这种端口的微码处理效率却因此而降低了，所以这种属性的端口较少使用。

对于外部端口，可以根据用户配成 Tag Aware 方式或 Access 方式，对于内部端口一般设置为 Tag Aware 方式。

配置以太网侧业务包括配置内外部端口挂接和端口属性设置等参数，以下是具体操作步骤。

（1）在主视图中选中 1–NE1 单击右键，在弹出快捷菜单中选择“网元管理器”命令，进入网元管理器页面。

（2）创建 EPL 业务。在网元 1–NE1 的单板栏中选中“15–N1EFS0”单板，在功能树文件夹列表中逐级打开“配置”“以太网业务”“以太网专线业务”文件夹，单击“新建”按钮，弹出“新建以太网专线业务”对话框。

（3）EPL 业务参数设置。如图 1–8–7 所示，在“方向”的下拉表中选择“双向”，在“源端口”的下拉表中选择“PORT1”，在“宿端口”的下拉表中选择“VCTRUNK1”，“端口属性”框中的“TAG 标识”中，VCTRUNK 端口的属性选择默认的“Tag Aware”，PORT 口选择“Access”。

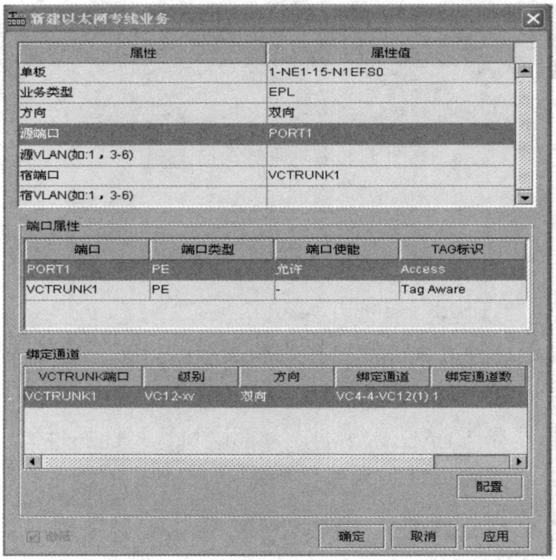

图 1–8–7　EPL 业务参数设置

（4）通道绑定配置。单击“配置”按钮，弹出“绑定通道配置”对话框，如图 1–8–8 所示。在“可配置端口”下拉表中选择“VCTRUNK1”，在“级别”下拉表中选择“VC12–xv”，在“方向”下拉表中选择“双向”，“可选时隙”选择在配置 SDH 侧业务时所选的以太网板的低阶端口号，此处选择“VC12–1”，然后单击“>>”按钮将其选到右侧“已选绑定通道”窗口。单击“确定”按钮，确认修改正确后返回到“新建以太网专线业务”对话框界面，单击“确定”按钮，即可完成 1–NE1 的以太网侧的业务配置。

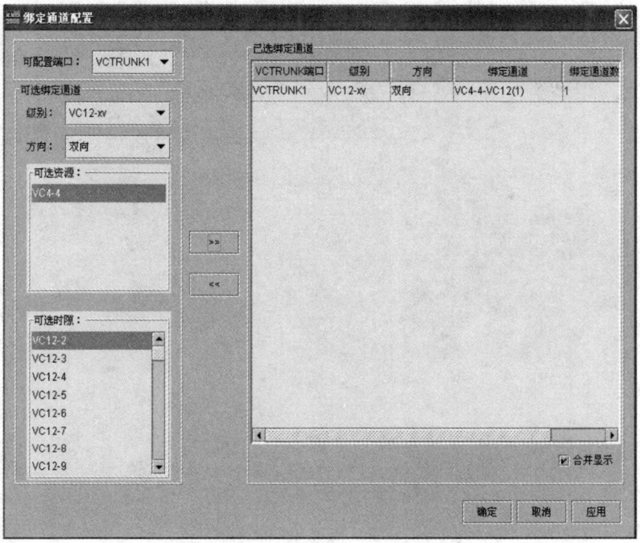

图 1–8–8 带宽绑定

（5）根据以上步骤对 2–NE2 进行同样操作，完成 2–NE2 以太网单板带宽绑定。这样就完成了 1–NE1 到 2–NE2 以太网板第一个口的 EPL 业务配置。

3. EPL 业务验证

（1）可以通过查看网管告警信息，确认以太网业务配置情况，业务配置正确时网元是没有 AIS 类告警的。

（2）以太网单板具有“以太网测试”功能时，可以在网管上使用该项功能进行以太网业务测试。在主视图中 1–NE1 上单击右键，在弹出快捷菜单中选择“网元管理器”命令，进入网元管理器页面，在网元 1–NE1 的单板栏中选中“15–N1EFS0”单板，在功能树文件夹列表中逐级打开“配置”“以太网维护”“以太网测试”文件夹。在“以太网测试列表”中选择相应的以太网内部端口“VCTRUNK”，在“发送模式”下拉表中选择“continue 模式”，单击“应用”按钮。观察“发送测试帧个数”与“收到的应答测试帧个数器”的数值，业务配置正确时，观察“发送测试帧个数”与“收到的应答测试帧个数器”的数值是基本一致的（允许有轻微的偏差），如图 1–8–9 所示。

（3）使用 ping 命令初步验证以太网业务，在业务的源、宿两端，分别通过交叉网线连接以太网单板端口与计算机。设置两台计算机的 IP 地址，并确保它们的 IP 地址在同一网段内。在其中一台计算机上执行命令 ping x.x.x.x–n 60，ping 的目的地址设置为另一台计算机，如果没有丢包，证明业务通道可用（对于 Port+VLAN 的业务，验证之前需将与计算机相连接的以太网板的外部端口的端口类型设置为“Access”）。

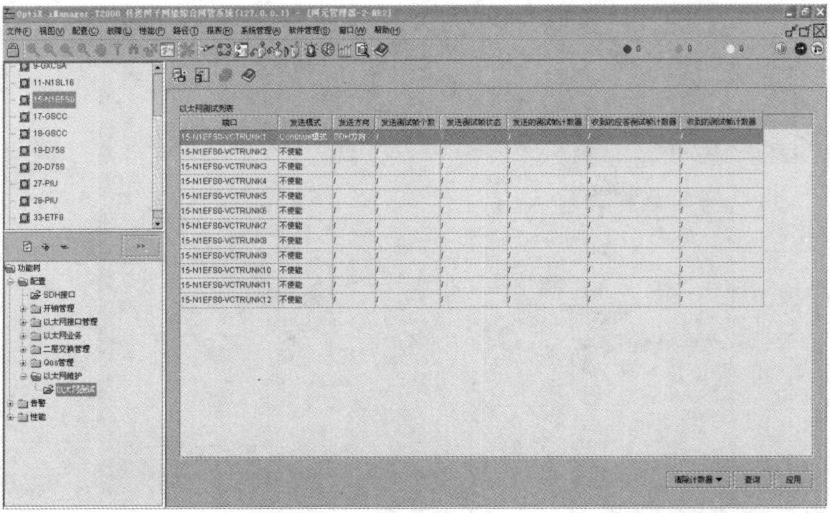

图 1–8–9 以太网业务测试

（二）EPLAN 业务配置

EPLAN 业务是一点到多点的业务形式，即常说的汇聚型业务。主要用于星型业务，可节约汇聚站点以太网板的 PORT 端口。

下面用上例中的网络，开通 1–NE1 到 2–NE2 和 3–NE3 各一条 2M 带宽的以太网业务，在 1–NE1 共用 PORT1 口，在 2–NE2 和 3–NE3 均用 PORT1 口，也用于 PC 互联。

1. SDH 侧业务配置

SDH 侧业务配置方法和配置 EPL 时的一样，但需要从 1–NE1 到 2–NE2 和 3–NE3 各创建一条 2M 通道。由于线路时隙、以太网板内部时隙和内部端口是不可重复利用的，所以 1–NE1 到 2–NE2 用第 1 个时隙，1–NE1 到 3–NE3 用第 2 个时隙。1–NE1 的 VCTRUNK1 对 2–NE2 的 VCTRUNK1，1–NE1 的 VCTRUNK2 对 3–NE3 的 VCTRUNK1。

2. 以太网侧配置

EPLAN 业务以太网侧需要配置以太网单板的带宽绑定、端口属性设置、内外部端口挂接和添加 VLAN 过滤表等。

（1）在主视图中 1–NE1 上单击右键，在弹出快捷菜单中选择“网元管理器”命令，进入“网元管理器–1–NE1”页面。在单板栏中选中“15–N1EFS0”单板，在功能树文件夹列表中逐级打开“配置”“以太网业务”“以太网 LAN 业务”文件夹，单击“新建”按钮，弹出“创建以太网 LAN 业务”对话框。

（2）EPLAN 业务参数设置。在弹出的“创建以太网 LAN 业务”对话框中“VB 名称”输入框输入 VB 名称。VB 名称为随意设置，一般写明本条业务的用途，这里命名为“EVPLAN 业务”。

（3）VB 挂接端口配置。单击“配置挂接端口”按钮，弹出“VB 挂接端口配置”对话框，如图 1–8–10 所示。在对话框中的“可选挂接端口”栏内选中 PORT1、VCTRUNK1 和 VCTRUNK2，分别通过单击“>>”按钮选到“已选挂接端口”栏中。单击“确定”按钮，返回到“创建以太网 LAN 业务”对话框界面。

汇聚型业务是共用 PORT 端口，而对于 VCTRUNK 端口有几个站点汇聚就需要挂接几个。1–NE1 对 2–NE2 和 3–NE3 都要开通业务，所以 1–NE1 有两个业务方向，必须使用两个 VCTRUNK。

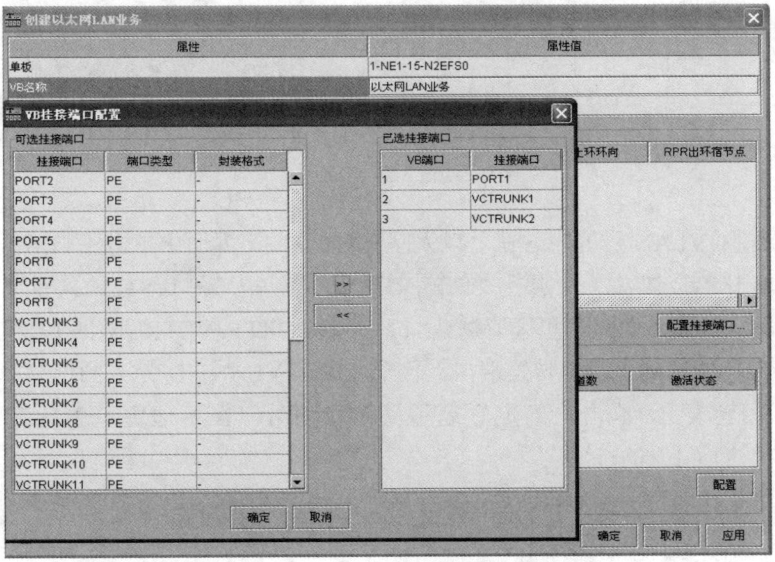

图 1–8–10　端口挂接

（4）绑定通道配置。单击“配置”按钮，弹出“绑定通道配置”对话框，如图 1–8–11 所示。在“可配置端口”下拉表中选择“VCTRUNK1”，在“级别”下拉表中选择“VC12–xv”，在“方向”下拉表选择“双向”，“可选时隙”选择“VC12–2”并单击“>>”按钮将其选到右侧“已选绑定通道”窗口中。更改“可配置端口”为“VCTRUNK2”，并将“VC12–2”选到“已选绑定通道”窗口。（单个 VCTRUNK 可绑定带宽是任意的，这里绑定了一个 2M 时隙，带宽即为 2M。若需 10M 带宽，可将 5 个 2M 时隙绑定到一个 VCTRUNK 中，同时必须保证这 5 个 2M 时隙的 SDH 侧业务已配置）。

（5）单击“确定”按钮并确认修改正确，返回到“创建以太网 LAN 业务”对话框界面。单击“确定”按钮即完成了端口挂接和通道绑定配置。

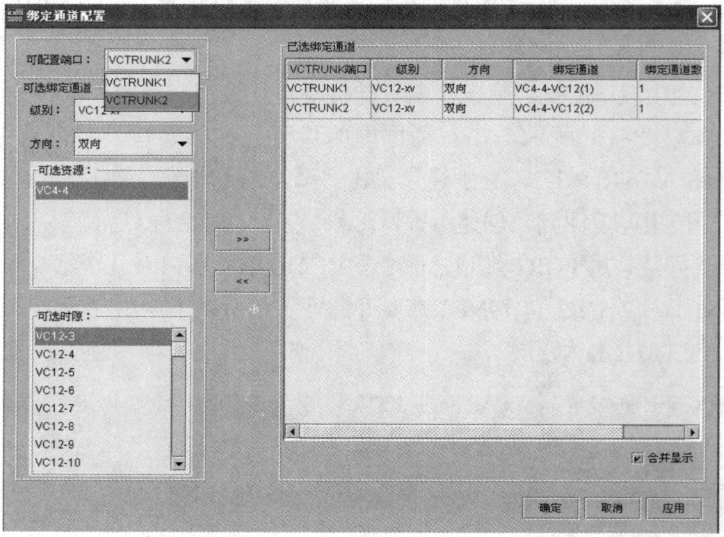

图 1–8–11 绑定通道配置

（6）添加 VLAN 过滤表。在“以太网 LAN 业务”界面中单击“VLAN 过滤表”标签，再单击“新建”按钮，弹出“创建 VLAN”对话框（图 1–8–12）。在“VLAN ID”输入框中输入 VLAN ID，这里采取默认“1”，并将 PORT1、VCTRUNK1 和 VCTRUNK2 通过“>>”按钮选到“已选转发端口”栏中（表示 VLAN ID 为 1 的信息在这三个端口中可互相转发）。单击“确定”提示操作成功后，在下边窗口中就会出现一条“VLANID”为“1”的过滤表。

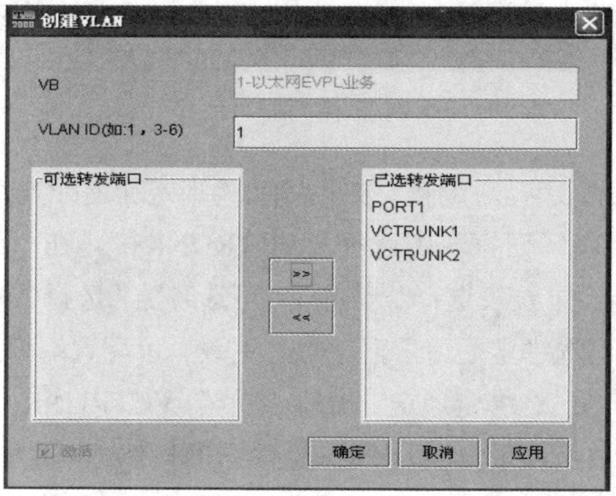

图 1–8–12 “VLAN 过滤表”添加

（7）外部端口属性设置。在“网元管理器–1–NE1”视图中选择“15–N2EFS0”，在功能树文件夹列表中逐级打开“配置”“以太网业务接口管理”“以太网接口”文件夹。在右侧视图中选择“外部端口”单选按钮，单击“基本属性”标签，根据实际情况可设置相应PORT的“工作模式”，在此默认值为“自协商”。单击“TAG属性”标签，在PORT1的“TAG标识”的下拉表中选择“Access”，“默认VLANID”选用默认的“1”，其他选项取默认值，单击“应用”按钮。到此1–NE1网元的以太网侧业务配置完成。

（8）2–NE2和3–NE3的设置与1–NE1的设置大致相同。由于2–NE2和3–NE3只是对1–NE1有业务，所以只有一个业务方向，只用一个VCTRUNK即可。2–NE2带宽绑定时选择“VC12–1”，3–NE3带宽绑定时选择“VC12–2”；端口属性同样设置为“Access”。“VLAN过滤表”中的VLANID必须和1–NE1保持一致。

3. EPLAN业务验证

EPLAN业务的验证方法与EPL的一样，详细操作请参考本模块“EPL业务验证”部分。

四、以太网业务的删除实例

（一）SDH侧业务删除

SDH侧业务删除可参考模块Z37E1007Ⅱ（SDH 2M业务配置）中2M业务的删除方法进行。

在删除了SDH侧业务之后，以太网业务已经为不可用了，但在以太网侧，端口挂接、带宽绑定及VLAN过滤表还存在，还需将这些配置进行删除，这些操作只需在业务源、宿站点进行。

（二）EPL以太网侧业务删除

（1）在主视图中右键单击网元1–NE1弹出快捷菜单，选择“网元管理器”命令，进入“网元管理器–1–NE1”视图。

（2）选择左上“1–NE1”单板列表中的“15–N1EFS0”，在功能树文件夹列表中逐级打开“配置”→“以太网业务”→“以太网专线业务”文件夹。

（3）在窗口可看到一条“业务类型”为“EPL”“方向”为“双向”“源端口”为“PORT1”“宿端口”为“VCTRUNK1”的以太网业务。选中本条业务，单击窗口右下的“删除”按钮，根据提示操作后删除操作成功。

（4）对业务宿网元2–NE2进行相同操作，即可将宿网元的端口挂接和带宽绑定删除，至此完成EPL业务的删除。

（三）EPLAN 以太网侧业务删除

（1）进入“网元管理器–1–NE1”中，在功能树文件夹列表中逐级打开“配置”“以太网业务”“以太网 LAN 业务”。

（2）在右侧窗口的“VB 挂接端口”项中可看到“挂接端口”下有 PORT1、VCTRUNK1 和 VCTRUNK2 三个端口，即为创建的 EPLAN 业务 VB 挂接端口信息。

（3）选择“VLAN 过滤表”，找到“转发物理端口”为“PORT1，VCTRUNK（1–2）”的过滤表，选中后单击“删除”按钮，确认后删除操作成功。只有完全删除 VLAN 过滤表后才能删除 EPLAN 业务。

（4）单击“VB 挂接端口”标签，选中挂接端口为“PORT1、VCTRUNK1 和 VCTRUNK2”中的任意一项业务，单击窗口右下的“删除”按钮，确认后删除操作成功。至此 1–NE1 侧的 EVPLAN 业务就删除成功了。

（5）对 2–NE2 和 3–NE3 操作与 1–NE1 相同。

（四）业务删除验证

以太网删除后，需对网元进行查询验证，以保证所占用的时隙已经释放，具体验证方法请参考模块 Z37E1007Ⅱ（2M 业务配置）中的“业务删除成功确认”部分。

【思考与练习】

1. 以太网业务分哪几种？
2. 以太网点到点 EPL 业务配置过程有哪些步骤？
3. 删除 EPL 业务和删除 EVPLAN 业务有什么不同？

模块 9　高次群业务的配置（Z37E1009Ⅱ）

【模块描述】本模块包含 SDH 设备高次群业务的配置。通过对实际组网中 E3/T3、E4 等高次群业务路径配置方法和 SDH 层配置方法的介绍，掌握 SDH 网络高次群业务的开通、删除的方法和技能。

【模块内容】

一、高次群的基本概念

高次群是 PDH 体系中的高速信号。同 SDH 体系一样，PDH 体系中的高速信号也是由低速信号复用而来，比如欧洲标准中一次群的速率为 E1（2Mbit/s），通过逐级复用，可形成二次群 E2（8Mbit/s）、三次群 E3（34Mbit/s）、四次群 E4（139Mbit/s）等高次群。

在 ITU–T 规范的 SDH 复用路线中，SDH 并不支持高次群业务进行解复用得到低次群或一次群业务，所以对于 SDH 设备来说，处理高次群业务和处理一次群业务的方法一样，都是作为完整的、不可分割的业务进行处理，仅仅是适配时选择较大的虚容器即可。

二、高次群配置的基本步骤

高次群业务和与 2M 业务的配置基本步骤相同，同样有路径配置法和单站业务配置法（SDH 层配置法）两种方法，具体如下：

（一）路径配置法

（1）首先设置网络保护方式。

（2）创建 2M 业务所有涉及网元之间的 VC4 服务层路径。

（3）选择源宿网元的 2M 板端口，选择 VC4 服务路径，系统将自动完成业务创建工作。

（4）业务验证。

（二）单站业务配置法

（1）根据源端口、宿端口、线路时隙、组网方式设计业务路由时隙图。

（2）根据业务路由时隙图对单站逐个配置业务。

（3）业务验证。

三、配置实例

下面以华为设备为例演示高次群业务的创建过程。

假设组网图如图 1–9–1 所示，为 2.5G 的两纤单向通道保护环，网元添加、单板配置、光纤连接、网络保护方式已经设置完成，单站配置如图 1–9–2 所示。如现要创建一条从 1–NE1 到 2–NE2 的 E3 业务。

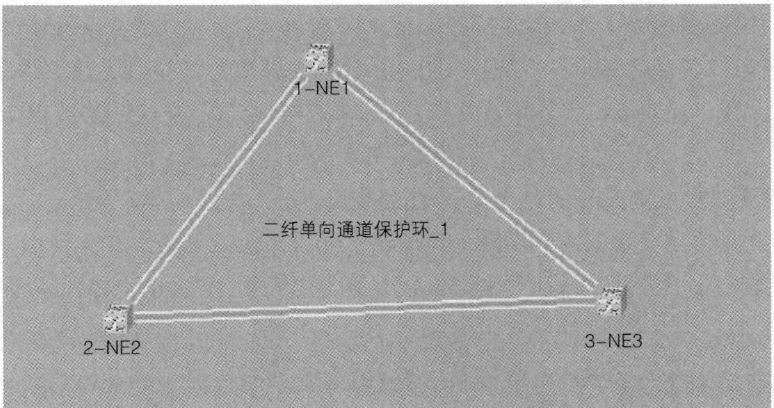

图 1–9–1 网络拓扑图

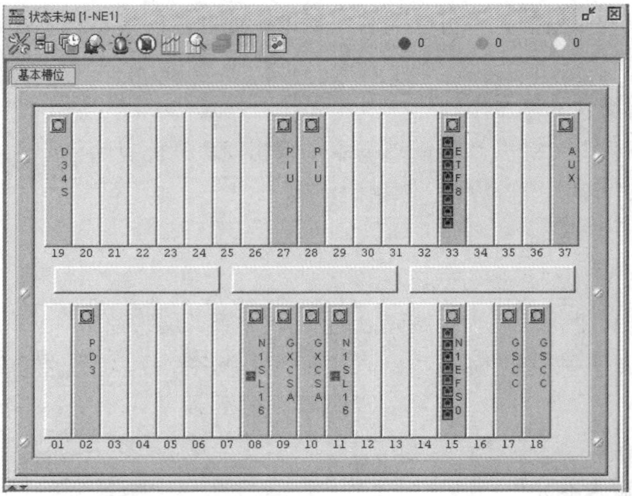

图 1–9–2 单站配置面板图

（一）路径创建法创建 E3 业务

在主视图的主菜单中单击“路径”菜单，在下拉菜单中单击“SDH 路径创建”命令，进入路径创建视图。

（1）创建服务路径：创建各网元间的“VC4 服务层路径”。

（2）创建 VC3 路径：在主视图主菜单栏中单击“路径”菜单，在下拉菜单中单击“SDH 路径创建”命令进入路径创建视图。在“方向”下拉表中选择“双向”，在“级别”下拉表中选择“VC3”，“资源使用策略”和“路径优先策略”均采取默认设置。“计算路由栏”中选中“自动计算”复选框。注意，这一步是和 2M 配置有所不同的，2M 选择的是 VC12 路径。

（3）源、宿端端口选择：双击 1–NE1 图标，在弹出的源端口选择对话框中单击 2 槽位 PD3，在“支路端口”栏中选中“1”的单选按钮（见图 1–9–3）。单击“确定”完成源端口选择。用同样的方法，完成 2–NE2 的宿端口选择。注意，这一步是和 2M 配置有所不同的，2M 选择的是 PQ1 板件的端口。

（4）选择完源宿端口后，网管上自动显示业务路由，见图 1–9–4。

（5）选中左下方的“激活”复选框，并单击“应用”按钮，根据提示完成 E3 业务配置。

（6）业务配置成功确认。确认方法同 2M 业务确认，不再赘述。

（二）单站功能配置法创建 E3 业务

使用单站配置功能进行 E3 业务配置和 2M 业务配置步骤类似，不同点在于业务级别为“VC3”、板件选择 PD3，具体的配置步骤在本模块中不再描述说明，可参考模块

Z37E1007Ⅱ（SDH 2M 业务配置）中的描述。

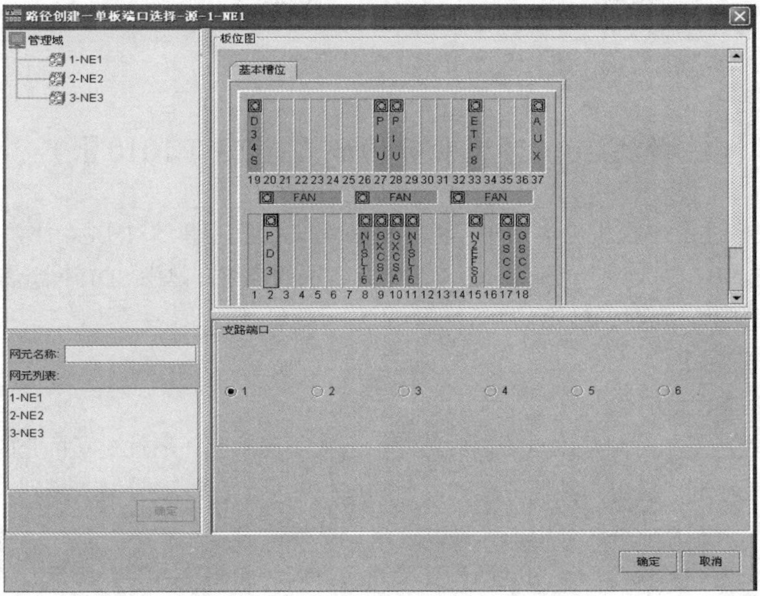

图 1–9–3　业务端口选择

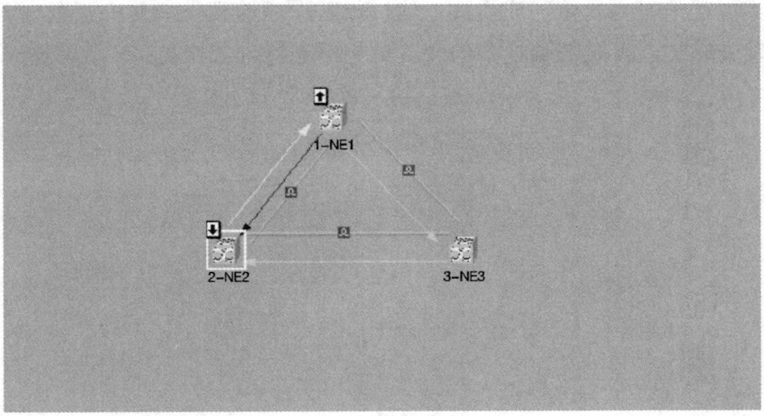

图 1–9–4　路由信息

四、高次群业务的删除

高次群业务删除也分为从路径删除和从单站业务删除两种方式，具体操作可参考模块 Z37E1007Ⅱ（SDH 2M 业务配置）中的描述。

【思考与练习】

1. 高次群业务指的是什么业务？

2. 高次群业务配置与2M业务有哪些不同？

3. 使用单站配置法，进行高次群业务的实际配置。

模块10 穿通业务的配置（Z37E1010Ⅱ）

【模块描述】本模块包含SDH设备穿通业务的配置。通过对实际组网中单网元上E1、E3/T3、E4等业务穿通业务SDH层配置方法的介绍，熟悉SDH网元穿通业务的开通、删除的方法和技能。

【模块内容】

一、基本概念

穿通业务是指时隙从站点一侧线路端口进入交叉单元，经过交叉单元的处理后，从另一侧线路端口送出一种业务形式，在此过程中不改变时隙的VC级别。穿通业务一般只是一条完整业务路径中的一部分，很少单独使用。

穿通业务的实现一般会用到两种交叉连接方式，如图1–10–1所示。空分交叉不改变VC的序号，能够满足大部分的业务连接需求，是最常用的一种交叉连接方式。时分交叉改变了VC的序号，一般只有在SDH网络中时隙资源已经匮乏时才会使用。时分交叉实现起来较为复杂，成本高，所以设备厂家的交叉单元中一般只有部分交叉资源支持时分交叉，甚至低端设备的交叉单元不支持时分交叉。

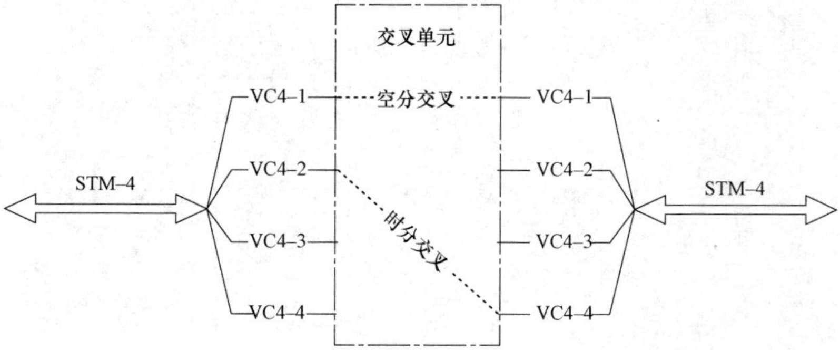

图1–10–1 交叉示意图

在SDH的业务配置中，除了源宿网元，此业务经过的网上其他网元进行的都是穿通操作，但穿通业务的配置较为简单。用路径法配置业务时，穿通业务是系统自动完成的，在SDH层配置方法配置业务时，需要对业务经过网元进行穿通业务的配置。下面将描述用 SDH 层配置方法进行穿通业务的配置和删除的方法。

二、穿通业务配置基本步骤

（1）在穿通业务所在网元上，选择源网元通过线路送来的业务级别、时隙序号。

（2）在穿通业务所在网元上，选择宿网元通过线路接收的业务级别、时隙序号。

（3）在穿通业务所在网元上完成交叉连接。

（4）业务验证。

三、配置举例

下面以华为设备为例演示穿通业务的创建过程。

如图 1–10–2 和图 1–10–3 所示，假设此网络的网元添加、单板配置、光纤连接、网络保护方式等这些基本条件已经设置完成，要求配置第一个 VC4 第 10 个 VC12 时隙在 2–NE2 的穿通业务。光纤连接关系表如表 1–10–1 所示。

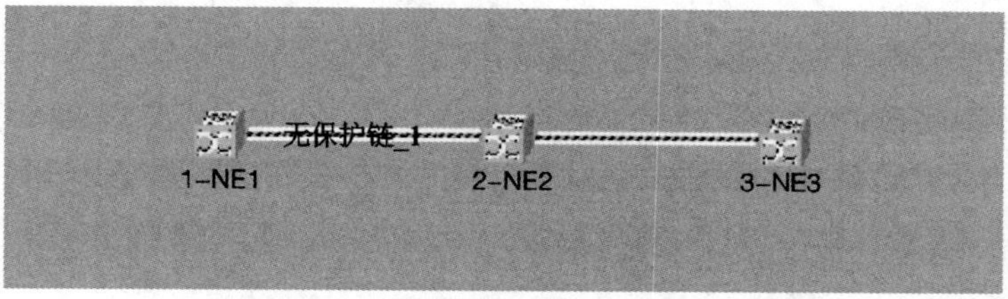

图 1–10–2　链状拓扑结构

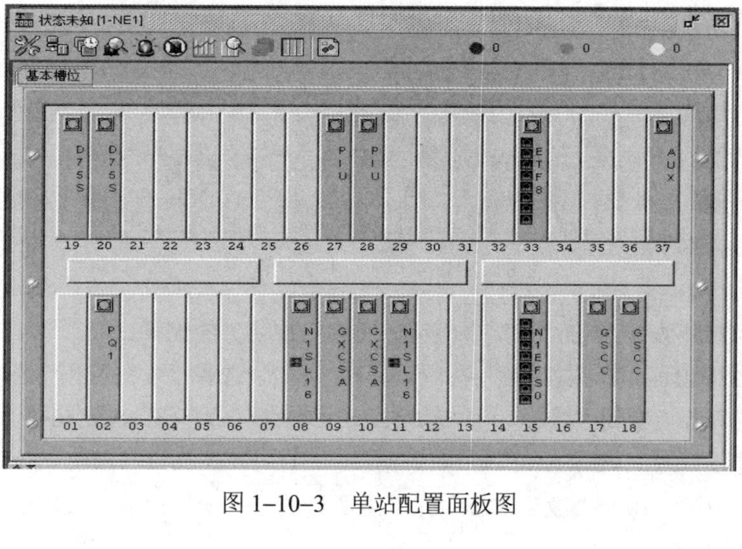

图 1–10–3　单站配置面板图

表 1–10–1 光纤连接关系表

序号	源网元	源端口	宿网元	宿端口
1	1–NE1	11 槽	2–NE2	8 槽
2	2–NE2	11 槽	3–NE3	8 槽

在主视图中选中 2–NE2，单击右键在弹出快捷菜单中选择“业务配置”命令，进入“2–NE2 的 SDH 业务配置”视图，单击下方“新建”按钮，弹出“新建 SDH 业务”对话框，如图 1–10–4 所示。

（1）参数配置。在对话框中“等级”下拉表中选择“VC12”，在“方向”下拉表中选择“双向”，在“源板位”下拉表中选择“8–N1SL16–1（SDH–1）”，在“源 VC4”下拉表中选择“VC4–1”，在“源时隙范围”文本输入框中输入“10”，在“宿板位”下拉表中选择“11–N1SL16–1（SDH–1）”，在“宿 VC4”下拉表中选择“VC4–1”，在“宿时隙范围”文本输入框中输入“10”，在“立即激活”下拉表中选“是”。

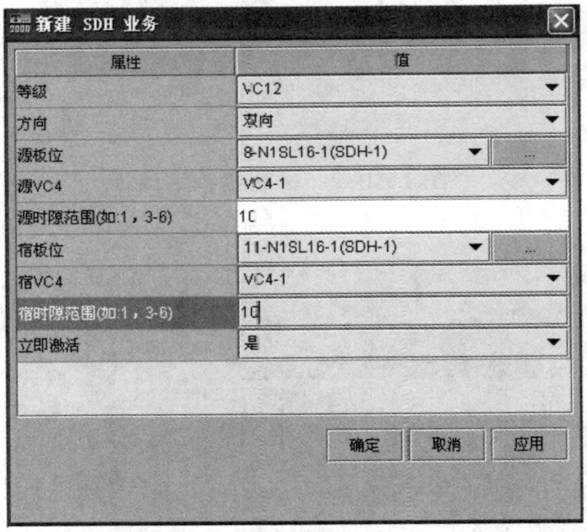

图 1–10–4 穿通业务的配置

（2）数据下发。单击“确定”按钮，完成穿通业务的配置。

（3）业务验证。在主视图中右键单击网元 NE2，选择“业务配置”选项，在“交叉连接”窗口若能看到“等级”为“VC12”、“源板位”为“8–N1SL16–1（SDH–1）”、“源时隙/通道”为“VC4:1:10”、“宿板位”为“11–N1SL16–1（SDH–1）”、“宿时隙/通道”为“VC4:1:10”、“激活状态”为“激活”的这样一条业务，表明所穿通业务创建成功。

由于穿通业务只是一条完整业务路径中的一部分，所以穿通业务的也可在完整业务路径验证中得到验证。

四、穿通业务的删除

穿通业务的删除是配置的逆过程，操作可参考模块 Z37E1007Ⅱ（2M 业务配置）中的“SDH 层删除法”的描述。

五、注意事项

（1）源网元通过线路送来的业务级别、时隙序号，在穿通业务所在网元上的进入线路侧不会变化，注意选择的正确性，因为光缆不做任何业务处理。宿网元的也一样。

（2）如无特殊需要，尽量少用时分交方式。

【思考与练习】

1. 什么叫穿通业务？
2. 为什么要尽量少用时分交叉？
3. 穿通业务的配置时进入时隙由什么决定，与送出时隙是否需保持相同？

模块 11　板卡的故障处理（Z37E1011Ⅲ）

【模块描述】本模块包含 SDH 设备板卡故障的定位和处理。通过对 SDH 设备主控、交叉、电源、时钟、线路和支路等板卡常见故障的现象描述和故障定位原则的介绍，掌握 SDH 设备板卡故障的处理方法。

【模块内容】

一、SDH 故障的概况

SDH 故障往往会导致部分或全部业务中断、业务质量下降、网络安全级别降低等后果，严重时会造成较大的经济损失和社会影响。

SDH 故障一般可以分为硬件故障、软件故障和外围设备故障三大类。硬件故障主要指 SDH 设备的板卡、子架发生了硬件损坏；软件故障主要是指板卡的系统软件损坏或设置的数据不当；外围设备故障主要是指和 SDH 设备对接的设备发生了故障，如线路板连接的光缆中断、给 SDH 供电的电源故障、支路板连接的线缆断裂等。严格地说，外围设备故障不属于 SDH 故障，但在实际应用中，这类外围设备的故障往往可能导致 SDH 业务中断，而且此类故障的排除也往往需要 SDH 系统进行配合，所以在这里将外围设备故障也纳入 SDH 故障范畴。

SDH 故障排除的关键是准确地定位故障点，一般可以参照以下原则进行逐步操作：

（1）先恢复，后排除：出现业务故障后，先用其他资源（如设备上的其他通道、其他设备的通道）进行业务恢复，再进行故障的处理。

（2）先易后难：遇到较为复杂的故障时，先从简单的操作或配置着手排除，再转向复杂部分的分析排除。

（3）先外部，后传输：先排除外围设备故障，再排除传输设备故障。

（4）先软件，后硬件：先排除设置错误、系统软件损坏的故障，如果排除了软件故障，基本就可以认定为是硬件故障。

（5）先网络，后网元：先全网查询有哪些故障现象，通过全网的故障现象综合判断，逐步缩小故障范围到单个网元，再排除相关网元的故障。

（6）先高速，后低速：高速信号故障会引起所承载的低速信号的故障，因此在故障排除时应先排除高速信号的故障，高速信号故障排除后低速信号故障现象往往就会自动消失。

（7）先高级，后低级：高级别告警常常会关联引发低级别告警，所以在分析告警时先分析高级别的告警，然后再分析低级别的告警。往往引起高级别告警的故障排除后，低级别告警自动消除。

SDH 故障排除是一项复杂的工作，应综合考虑各方面因素，灵活运用上述原则进行快速处理。平时也应注意多积累此方面的案例并加以分析总结，提高故障处理的能力。

二、板卡故障的概况

板卡故障是一种常见的 SDH 故障。SDH 设备由不同的板卡相互配合而工作，任意一种板卡故障都有可能引起 SDH 系统的故障。不同板件的故障可能导致故障范围的不同，比如关键单板（电源板、交叉板、时钟板等）故障将影响本网元的所有业务，线路板件或支路板件出现故障将影响本板所承载的所有业务。

为了防止板卡故障而导致的业务中断或业务质量下降，SDH 设备做了完善的设计，比如采取关键单板的热备份、环网保护、支路板件 1:N 保护等措施，可极大地提高 SDH 设备的安全性。虽然 SDH 的这些设计能降低因板卡故障引起的 SDH 网络故障，但板卡故障后 SDH 设备的安全级别会降低，如再出现备用板卡故障将不可避免地导致业务中断或业务质量下降。

三、板卡故障定位思路及方法

不同板卡的故障会导致不同的故障现象，而板卡的不同故障也会产生不同的故障现象。定位板卡故障可以针对故障现象结合告警信息进行分析，查出故障原因进而予以排除。定位板卡故障，需要维护人员熟悉板卡的功能特性以及在网络中的作用，才能做出正确的分析判断。

四、常见板卡故障类型及处理方法

板卡的故障类型一般分为硬件故障、软件故障和外围设备故障三类，根据不同板件，这三类故障类型引发的故障现象也不同。

（一）主控板故障现象及处理方法

故障现象一：

业务未中断，但网元无法远程登录，无法在网管远程对网元进行操作。

处理方法：

（1）用网管直接连接故障网元主控板进行登录。若能登录，查看主控板软件是否完好，若有部分软件丢失可重新下载相应软件。

（2）如软件文件完好但仍不能远程登录，将主控板掉电重启。如仍无法解决，判断为硬件故障，更换主控板。

（3）如在本站不能登录网元，直接判断为硬件故障，更换主控板。

故障现象二：

网管连接不到任何网元。

处理方法：

（1）检查网管配置，查看网管计算机的 IP 地址和其他参数设置是否和网关网元相匹配。如无问题则把网管与其他网元或计算机相连，如能通信表明网管系统正常。

（2）如网管配置检查无问题而故障依旧，软复位网关网元主控板。

（3）软复位主控板后如故障依旧，则将主控板拔出后再插回设备机框。

（4）重启后如故障仍然存在则可以判断是主控板硬件故障，更换主控板。

（二）交叉板故障处理

故障现象一：

单板不在位。

处理方法：

（1）首先排除硬件安装故障。检查交叉板是否插紧，是否与子架母板接触良好。

（2）若硬件安装正常但故障现象依然存在，可将板件更换到备用槽位，更换槽位后如交叉板仍不在位可判断为交叉板硬件故障，更换交叉板。

（3）若更换槽位后单板正常可判断为子架母板问题（如母板倒针、断针等），转入处理子架母板问题。

故障现象二：

单板在位，但经过此交叉板的业务中断。

处理方法：

（1）首先排除业务配置错误。重新配置业务后，如故障消失说明交叉板正常。

（2）如业务配置正确而故障仍然存在，重新加载单板软件。

（3）如重新加载单板软件后故障仍存在可判断为硬件故障，更换交叉板。

（三）电源板故障处理

故障现象：

设备掉电，业务中断。

处理方法：

（1）首先排除或处理外部故障（电源系统故障、电源系统和电源板的连接故障）。可测量电源柜输出端子到 SDH 设备所在机柜电源分配盘电压是否正常，如不正常就进行处理。

（2）如排除外部故障后故障仍然存在，用完好的电源板替换疑似故障板件，设备若能启动则判断为硬件故障，更换电源板。

（3）如替换完好的电源板后故障仍存在，判断为母板或其他板件故障，转入处理母板和其他板件故障处理。

（4）将所有单板拔出查看母板是否有倒针，若有倒针需进行处理或更换母板。若无倒针需将单板逐一插回机框，定位是否有某一块单板出现短路。若全部板件均完好而故障依旧则更换设备子架。

（四）时钟板故障处理

故障现象：

单板跟踪不到时钟。

处理方法：

（1）排除时钟配置错误。重新配置时钟，如故障排除说明时钟配置正确。

（2）如时钟配置正确而故障仍然存在，复位时钟板。

（3）复位时钟板后如故障仍在，拔插时钟板。

（4）拔插时钟板后故障依旧，可以判断为单板硬件故障，更换时钟板。

（五）线路板故障处理

故障现象：

出现 R–LOS 告警，业务中断。

处理方法：

（1）排除光缆及对端设备原因。使用光功率计测试对端发送过来的光，如光功率正常说明对端设备与光缆都正常。如测试不到光，则排查是否是光缆中断或者是对端设备发送故障，然后进行相关的处理。

（2）如果光缆与对端设备正常，则对疑似故障光板进行复位。

（3）光板复位后如果故障现象消失，说明故障是由光板软件吊死引起的。

（4）光板复位后告警还存在则更换槽位，如果告警消失说明槽位存在故障。

（5）如果更换槽位后故障仍存在，则说明光板故障，更换单板。

（六）支路板故障处理

故障现象一：

支路端口出现 T–ALOS 告警，2M 业务中断。

处理方法：

（1）首先排除外部硬件故障。可在 DDF 侧将相应支路端口进行硬件自环，若 LOS 告警不消失，查看 2M 端子是否插牢或有虚焊。

（2）若插接和焊接没问题，拔插支路板。

（3）支路板复位后，若故障仍存在，复位交叉板。

（4）复位交叉板后故障仍存在，更换支路板槽位并重新配置业务。

（5）更换支路槽位后故障仍存在说明支路板故障，更换支路板。

故障现象二：

支路端口出现 TU–AIS 告警，2M 业务中断。

处理方法：

（1）检查有无高级别告警，如有，先排除。

（2）检查业务路径是否完整，若业务路径不完整对缺失业务进行添加。

（3）若业务路径完好则查看网络是否发生了保护倒换动作。若发生了保护倒换，查看 2M 业务保护路径是否完好，若保护路径不完整则对缺失部分进行添加。

（4）若保护路径完整，检查本站交叉板是否有故障。

（5）若交叉板无故障，更换支路板槽位或替换支路板，直到排除故障。

【案例】

案例一：A 站和 B 站为通过 STM–16 光口以链状拓扑相连，某日 A 站光口上报 RDI 告警，而且业务全部中断。

（1）故障分析

RDI 是个对告告警，提示对端收光失败。在网管查看 B 站相应光口，发现有 LOS 告警，可断定故障出现在 A 站发送模块到 B 站接收模块之间。

（2）处理过程

1）在 A 站将光口收发自环，发现光口无告警。同样在 B 站将光口收发自环，光口也无告警，说明两站点光板无故障。故障应出现在光缆。

2）用 OTDR 对光缆纤芯进行测试，发现原 A 站发往 B 站的光缆纤芯出现中断，找到故障原因。

3）将中断纤芯重新熔接后故障解决，业务恢复。

（3）故障总结

如光板上报 RDI 对告类告警时，可以结合对端站的告警信息快速地对故障进行分析及初步定位。

案例二：NE1、NE2 和 NE3 三个站点以 STM–1 速率相连组成环状拓扑结构，配置为两纤单向通道保护环，主环方向为逆时针。三个站点之间均有业务。NE1 为网关网元，某天 NE2 站点在网管无法登录，且 NE2 和 NE3 有业务倒换指示，三个站点再无其他任何告警。如图 1–11–1 所示。

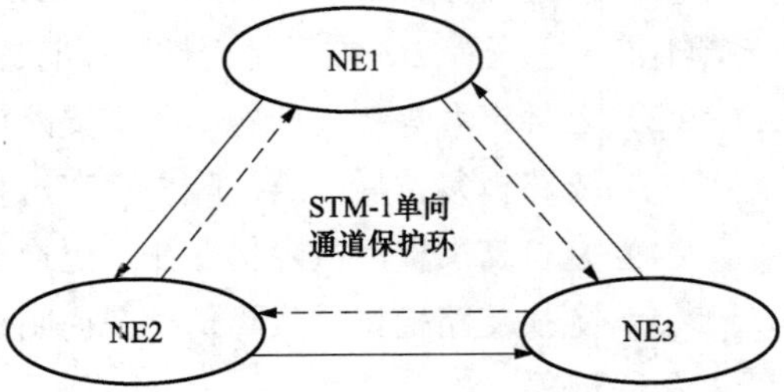

图 1–11–1 STM–1 单向通道保护环

（1）故障分析

1）业务发生倒换指示但没有 LOS 告警，说明可能是板件故障。

2）NE2 无法登录，可能是 NE2 到 NE1 方向光板的 ECC 通道禁止。需到 NE2 现场处理。

（2）故障处理

1）到 NE2 现场登录到 NE2，查询告警信息，查询得知 NE1 方向光板的 ECC 状态正常。

2）查询主控软件状态，发现主控软件状态异常。

3）重新加载主控软件，重启后故障恢复。

（3）故障总结

单板软件异常会引起异常告警现象，处理此类故障时应先处理其他告警现象。如本例中的 NE2 无法远程登录，处理时先解决登录故障就可能会找到其他故障原因。

【思考与练习】

1. SDH 网络故障定位原则是什么？
2. 怎样处理光口板出现 LOS 告警？
3. 怎样处理支路板出现 AIS 告警？

模块 12 网元失联的故障处理（Z37E1012Ⅲ）

【模块描述】本模块包含 SDH 设备网元失联的故障处理。通过对 SDH 设备网元脱离网管管理故障现象的描述以及根据相应告警信息的分析来定位故障点的介绍，掌握 SDH 设备网元失联的故障处理方法。

【模块内容】

一、网元失联故障概述

网管要对网络设备进行管理，必须要和被管理的网元进行通信。根据 ITU–T 的相关规范，非网关网元通过光路连接网关网元，网管系统通过连接网关网元实现对整个 SDH 网络的统一管理。其中非网关网元和网关网元通过 ECC 通道通信，网管和网关网元通过 TCP/IP 协议通信。

网元失联是指此网元已经和网管失去了联系。网元失联时，该网元的网络数据将得不到上报和转发，网管将无法对该网元进行管理。若是网关网元出现失联故障则网管将失去对整个网络的管理。虽然网络脱管后业务不受影响，但此时维护人员无法得知网络的运行状态，出现紧急事件时也无法进行及时处理，带来的故障隐患不容小觑。

二、网元失联故障定位思路及方法

处理网元失联故障，可以按照通信链路、主控板、网管系统三个方面着手，逐段排查故障。

（一）网关网元失联故障处理方法

排除网管计算机与网关网元的硬件连接故障：网管计算机与网关网元之间通过以太网连接。如果硬件连接成功的话，网管计算机的网卡状态应为“已连接”。如果不是应排除网线、网卡的故障。如仍未解决，判断为网关网元主控板网口故障，更换主控板。

1. 排除网管计算机与网元的软件连接故障

查看网元的 IP 地址和网管 IP 地址是否在同一网段内，若不在需设置成同一网段。

2. 排除主控板故障

请参考模块 Z37E1011Ⅲ（板卡的故障处理）中的“主控板故障处理”部分。

3. 排除网管系统故障

依次重装网管软件、重装操作系统、更换网管硬件，直至故障排除。

（二）非网关网元失联故障

1. 排除非网关网元与网关网元光路连接故障

查看光路是否异常，相应光口是否有 LOS、RDI 告警。若有则可能为光板或光缆问题，转入排除光板或光缆故障。

2. 排除非网关网元与网关网元 ECC 通道故障

查询相应 ECC 端口是否为禁止状态，若是禁止，需进行使能操作。

3. 排除主控板故障

请参考模块 Z37E1011Ⅲ（板卡的故障处理）中的“主控板故障处理”部分。

【案例】

案例一：某日网络上所有的网元忽然脱管，所有网元均不能登录。

（1）故障分析

网络中所有网元全部脱管很可能是网关网元和网管电脑之间的通信出现了故障。

（2）故障处理

1）查看网管电脑和网关网元的 IP 设置，均为 129.9.X.X 网段。

2）在网管电脑上用“Ping”命令对网关网元进行 Ping 测试，发现网络不通。

3）查看连接网线，发现网线有断裂处，重新制作一条网线替换掉原有网线，故障排除。

（3）故障总结

网管电脑与网关网元使用 TCP/IP 协议通信，可将网关网元主控板上 ETH 口看作为计算机的网口。网管电脑和网关网元之间的连接设置需满足局域网的连接关系。

案例二：某环网中一非网关网元忽然变为不可登录，查询网管后发现网络有倒换保护告警且下游站点相应光口有 LOS 告警，上游站点无告警。

（1）故障分析

其余网元能够正常登录，说明网管、网关网元均无故障。下游站点有 LOS 告警，说明到下游站点的光路中断，通往下游的 ECC 通道也随之中断。上游站点无告警，说明上游光路未中断，但网管不能登录，说明通往上游的 ECC 通道也有问题，上下游的 ECC 链路全部中断造成了本站点无法在网管登录。

（2）故障处理

1）使用 OTDR 仪表测试到下游的光缆，确认光缆中断并排除故障。

2）光缆正常后，到下游的 ECC 链路已经恢复，网元已能顺利登录。

3）查询连接上游站光口的 ECC 状态，发现为禁止，使能后故障排除。

（3）故障总结

非网关网元与网管电脑之间的通信是靠网关网元转发的，而网关网元和非网关网元之间是靠 ECC 链路进行通信的，ECC 链路信息是靠 SDH 帧结构中的 DCC 字节进行传送的。所以如果 SDH 设备不能正常接收 SDH 帧，就会发生 ECC 不通故障。ECC 链路也支持手工禁止和使能功能，正常情况下都需要设置为“使能”。

案例三：某网络在调测中发现网关网元配置有错误，所以把网关网元进行删除，重建网关网元后，发现其他网元都登录不上。

（1）故障分析

因为 SDH 传输网络与网管的通信是通过网关网元进行的，所以要与某一传输网络通信，首先要创建好网关网元，其他非网关网元一定要从属于某一网关网元才能和网管进行通信。当把网关网元删除后再新建，原来的从属关系就发生了改变（即非网关网元的所属网关已变成未配置）。

（2）故障处理

在网管主菜单中选择“系统管理”菜单，在下拉菜单中选“DCN 管理”命令，进入“DCN 管理”窗口。在“网元”标签下，把其他网元所属的网关进行相应的设置，故障解决。

（3）故障总结

非网关网元和网管的通信是经过网关网元转发的，所以非网关网元必须要配置其所从属的网关网元才能被正常管理。

【思考与练习】

1. 网管电脑和网关网元之间如何相连，网关网元和非网关网元之间如何相连？
2. 非网关网元失联故障如何处理？
3. 网关网元失联故障如何处理？

◢ 模块 13　2M 失联的故障处理（Z37E1013Ⅲ）

【模块描述】本模块包含 2M 业务故障的定位和处理。通过对 SDH 设备 2M 业务常见故障现象的描述以及根据相应告警信息的分析来定位故障点的介绍，掌握对 SDH 设备 2M 业务故障的处理方法。

【模块内容】

一、2M 失联故障概述

由于 2M 业务是 SDH 最重要的业务之一，应用数量相当多，所以 2M 失联故障发生的概率较高。SDH 设备的 2M 接口由同轴电缆引至 DDF 单元，为其他设备提供 2M 通道端口。若 2M 业务失联，则该端口下挂设备的业务将中断。一般 2M 承载的用户业务都是重要业务，如继电保护、远动信息、调度交换机互联、调度电话的 PCM 延伸等，如果承载这些用户业务的 2M 发生故障，很可能影响电网的安全运行，产生巨大的经济损失和社会影响。

二、2M 失联故障定位的基本思路及方法

当一条 2M 业务出现故障时，大致可以从 SDH 侧、用户侧和接地三个主要方面对故障进行分析定位，逐段排查故障。SDH 侧和用户侧一般以 DDF 为界。故障排除方法主要使用告警分析法、逐段环回法和替代法。

（一）排除 SDH 侧业务故障

2M 业务在 SDH 侧开通正常时，在未接入用户设备的情况下该端口应有 LOS（信号丢失）告警，而无 AIS（业务配置错）告警。如有 AIS 告警，则需排除业务配置错误故障。

（1）检查该端口在 DDF 单元上与用户设备连接是否正确。

（2）若连接没有问题，但 2M 信号还是失联，则在 DDF 侧将传输侧信号自环，在网管上查看相应端口 LOS 告警是否消失，若消失表明传输侧没问题，转入排除用户侧业务故障。

（3）LOS 告警若不消失，排除中继线的线序接错、焊接问题、线缆断裂等线缆故障。

（4）上述问题排除后若 LOS 告警仍然存在，需查看 2M 接口板和业务板，如果有问题则更换完好的板件进行处理。

（5）若故障仍未排除，可以依次更换交叉板、母板，直至故障排除。

（二）排除用户侧业务故障

（1）用户侧 2M 端口接口类型（平衡或非平衡）要和传输侧接口一致，

（2）用户侧 2M 端口发信号接传输侧的收信号，传输侧的发信号接用户侧的收信号，收发不能接反。

（三）排除接地故障

接地不当也有可能是产生故障的原因，所以在排查故障时需注意检查 DDF 单元、ODF 单元、SDH 设备各自接地是否良好且共地。

【案例】

案例一：某机房内一台 PCM 设备从同机房内一台 SDH 设备引入 1 个 2M 业务，某日这个 2M 时隙忽然中断，网管上相应支路端口上报 LOS 告警，无 AIS 告警。

（1）故障分析

有 LOS 告警而无 AIS 告警，说明 2M 端口配置数据没有问题，应为 SDH 和 PCM 连接通道故障。

（2）故障处理

1）在 DDF 上将这条电路的端口分别向 SDH 侧和 PCM 侧自环。

2）在 SDH 网管查看本 2M 端口告警，发现自环后告警消失，说明传输侧正常。

3）在 PCM 网管或 PCM 的 2M 板上查看 2M 端口告警，发现自环后告警未消失。判断故障位于 PCM 到 DDF 侧。

4）进一步查看交换侧相应 2M 端口中继线接头，发现 2M 接头的发芯有虚焊现象。将发芯重新焊接后恢复 2M 对接，设备恢复正常。

（3）故障总结

SDH 设备 2M 时隙是使用中继线缆由支路板上引出的，并将中继线缆布放到数字配线架上与其他设备对接。在配线架处需要制作相应的 2M 端子，在制作过程中就会由于人为原因引发故障点。

案例二：某日对其中一站进行扩容，要在其第 3 板位插入一块支路板，增加 2M 接口。从网管下发配置成功，但是有 WRG_BDTYPEE 告警上报，即有单板类型错误，配置的 2M 业务不通。

（1）故障分析

由于上报单板类型错误，所以可能是由于单板软件和主机软件之间的配套问题，或者由于单板故障引起。

（2）故障处理

首先查看主机版本、单板软件版本是否配套，核对版本配套表发现各版本配套正常。

1）更换相同型号支路板后问题依旧，将单板更换槽位。

2）更换槽位后单板能正常开工，说明原槽位应该存在问题，可能是母板故障或者是单板和母板失配的原因。

3）检查原槽位处母板和单板接口是否有倒针或者歪针现象，经检查并无倒针。

4）检查单板插入情况，发现单板拉手条稍微高于相邻单板，应该是单板并未完全插入。

5）用力将单板完全推入槽位，再查实际插板情况，WRG_BDTYPE 告警消失，业务开通正常。

（3）故障总结

在插入单板的时候，不要强行用力插入，避免出现倒针。另外，也要注意观察单板有没有插到位，可以通过观察插入单板的拉手条和其他单板的拉手条是否在同一平面上进行判断。

【思考与练习】

1. 2M 业务失联原因有哪三个方面？
2. 若 2M 端口有 LOS 告警，应如何处理？
3. 若 2M 断开没有告警但业务不通，应如何排查？

◢ 模块 14　以太网业务的故障处理（Z37E1014Ⅲ）

【模块描述】本模块包含以太网业务故障的定位和处理。通过对 SDH 设备以太网业务常见故障现象的描述以及根据相应告警信息的分析来定位故障点的介绍，掌握SDH设备以太网业务故障的处理方法。

【模块内容】

一、以太网业务故障概述

以太网业务已经成为SDH的重要常见业务，发生故障的概率也随之增加。以太网业务故障将影响到本业务传递的用户业务中断。一般来说，SDH上的以太网业务是提供给数据网络主用通道使用的，数据网上承载着大量不同类型的用户业务。当一条以太网业务故障时，往往影响这条链路上数据网承载的所有用户业务，影响面很大。另外，以太网业务承载的业务越来越重要，比如调度数据网、电能采集、故障录播等。承载这些业务的以太网如果发生故障，会造成严重的后果，比如影响电网的安全运行、造成经济损失等。

二、以太网业务故障定位的基本思路及方法

要排除以太网故障，首先要了解SDH网络上以太网实现的工作原理，这部分详细内容可以参考Z37E1008Ⅱ（SDH以太网业务的配置）。大体说来，SDH是通过以太网板实现以太网业务的，以太网板的功能是将以太网帧进行相应处理后，转换成标准的SDH帧结构在SDH网络上进行传输，也就是SDH网络中的以太网业务可分为SDH侧处理和以太网侧处理两部分。以太网故障处理首先需要定位到SDH侧故障、以太网侧故障和外围设备故障，再进行相应的处理。处理以太网故障，需要灵活的使用告警分析法、逐段环回法、替换法等方法，以下是常见的处理步骤。

1. 排除SDH侧故障

如果SDH侧发生故障，在网管中可以观察到以太网业务所占用的时隙一般有AIS告警。若有AIS告警，说明SDH提供给以太网使用的时隙工作不正常，需进行排除。AIS告警可能是光板故障、光缆故障、交叉板故障等引起的，这些故障一般会引起这条路径上的所有业务AIS告警，而且会有高级别告警产生。

如果仅仅是以太网所占用的时隙产生AIS告警，这些告警一般是由业务配置错误引起的，需要排除。以太网板的时隙配置和2M的配置基本相同，但以太网板有时隙概念，配置时需要遵循以太网板的时隙配置原则，具体可以参考相应厂家的说明书。

华为设备支持以太网业务测试，可以快逗排除SDH侧故障。它从本站的VCTRUNK发送测试帧到对端VCTRUNK，并在对端的VCTUNK环回后检测收发字节是否一致。如果字节一致，则只需要确认时隙绑定正确，就可以确认SDH侧没有问题。

2. 排除外围设备故障

外围设备包括外围设备到以太网板的连接线路和外围设备本身两部分。连接线路一般由配线架、尾纤、网线等构成，一般可用替换法排除（配线架可以替换端口）。外围

设备种类很多，其故障排除的通用方法是：让外围设备使用相同的端口用非故障以太网通道或其他以太网通道和对端设备连接，如果通信正常，则可以排除外围设备本身问题。

另外还要排除外部设备和以太网板的匹配问题。比如单模和多模不能匹配，10M和100M不能匹配，半双工和全双工不能匹配等，出现匹配问题需要更换匹配的板件或者更改双方的参数设置。

3. 排除以太网侧故障

由于以太网侧业务配置较为复杂，容易出现配置错误的情况出现。不同的以太网类型业务（EPL、EPLAN、EVPL、EVPLAN）需要设定的参数不同，需要逐段、逐个参数进行检查，排除由设置错误引起的故障。

（1）检查内部端口和外部端口的连接设置是否正确，如有错误，重新设置排除故障。

（2）检查内部端口的属性设置，如有错误，重新设置排除故障。

（3）检查外部端口的属性设置，如有错误，重新设置排除故障。注意，外部端口连接的是外围用户设备，参数的设置需要根据用户设备的设定进行，比如半双工/全双工、速率、最大帧长等。

（4）检查数据的过滤模式是否正确，如有错误，重新设置排除故障。

4. 排除以太网板硬件故障

如果以上操作完成，故障仍然存在，基本可以定位为板件硬件故障，更换板件排除故障。

总的来说，以太网故障的排除比较困难，处理时间较长，需要维护人员有良好的SDH基础和以太网基础，很多以太网故障往往是由于兼容性或者以太网协议设置错误引起的，并不是SDH以太网业务通道的问题。这样就需要维护人员在平时工作中养成日志记录的习惯，多分析、多统计、多归纳总结，找到故障产生的共同点，提高故障排除的能力。

【案例】

某一网络组网图如图1-14-1所示，需要配置NE2和NE3分别到NE1的EPLAN以太网业务，并将原有承载在公网上的业务割接为承载在这张自建SDH网上，配置完成业务割接后发现业务中断。

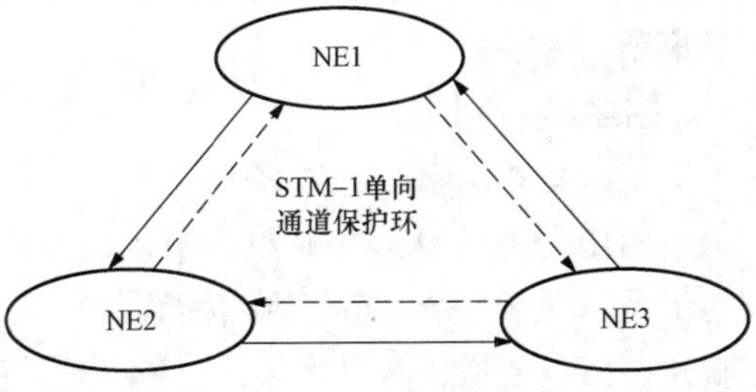

图1-14-1 环形组网结构

（1）故障分析

原来业务承载在公网上正常，基本可判断外围设备无故障，先从SDH侧和以太网侧进行故障排除。

（2）故障处理

1）查询 SDH 侧 AIS 告警情况，发现业务无告警，排除 SDH 侧故障。

2）根据 EPLAN 业务特点，检查内部端口和外部端口的连接设置，VB 挂接没有问题。

3）根据 EPLAN 业务特点，检查内部端口属性，均为 Tag Aware，没有问题。

4）咨询用户业务模式，确认外部设备没有启用 VLAN，检查外部端口属性，均为 Access，没有问题。

5）进一步检查默认的 VLAN ID，发现 NE1 中外部端口默认 VLAN_ID 为 100，NE2、NE3 中外部端口默认 VLAN_ID 为 1，将 NE1 默认 VLAN_ID 修改为 1，故障排除，用户业务恢复。

（3）故障总结

以上案例中，可以看出，排除以太网业务故障一定要对 SDH 处理以太网业务的工作原理很熟悉：外部端口模式为 ACCESS 时，系统会加上 VLAN 标签，VLAN_ID 使用默认值（可人工修改），对端网元的外部端口在出端口时检测 VLAN_ID 是否和本默认 VLAN ID 一致，若一致就去除 VLAN 标签进行发送，若不一致就会将信号丢弃。另外，还可以看出，业务割接等操作，一定要严格按照规范实施。

【思考与练习】

1. 为什么说以太网业务故障会造成严重的后果？
2. 排除以太网故障时，常见的步骤是什么？
3. 排除以太网故障需要具备哪两方面的技术基础？

模块 15　SDH 配置的备份（Z37E1015Ⅲ）

【模块描述】本模块包含 SDH 设备配置数据的备份保存。通过对典型设备网管系统中网元脚本及数据库备份方法的介绍，掌握 SDH 网元数据备份的操作步骤及注意事项。

【模块内容】

一、基本概念

SDH 网络在实际运行过程中，设备和网管都有可能损坏而导致配置数据的丢失，为了保障网络安全，就需要对配置数据进行备份。另外，网络运行时经常要进行业务新建、站点新增、网络优化和故障处理等操作，也需要对配置数据及时进行备份。有了备份的配置数据，可以快速将网络配置数据恢复到最近的备份状态，尽可能减少业务中断时间和损失。

一般来说，配置数据是网管通过主控板加载到具体的业务板件（包括交叉板）上的，业务板按照设定的配置数据进行工作，所以配置数据可以存在于业务板、主控板和网管上。其中，业务板上的配置数据是在运行配置数据，主控板和网管侧的都是备份数据。SDH 设备可在一定周期内把对业务板配置的数据自动保存于主控板上的掉电不丢失库中，用于设备重启后数据的重新加载。这种备份方式所形成的数据仅包含单站网元侧数据，不可查看也无法转移。为了增加主控板上配置数据的安全性，一些厂家也支持主控板热备份。为了增加网管侧配置数据的安全性，网管一般支持配置数据的导出冷备份和在线/异地双机热备份。目前配置数据的备份和恢复一般主要针对网管侧数据的操作，本章内容主要描述网管侧配置数据的备份与恢复。

二、SDH 数据备份的方法

网管侧配置数据可分为网络层数据和网元层数据，其中网络层数据主要包括光口连接关系、网络保护方式、路径路由信息等。网元层数据主要包括单板配置信息、业务配置、光口使用情况等。

对于在线/异地双机热备份的网管系统，网管侧配置数据的备份和恢复是同步软件自动完成的。冷备份方法是将网管侧数据以文件形式输出并妥善保存。当然，对于在线/异地双机热备份的网管系统，也可以增加冷备份的操作，进一步加强配置数据的安全性。

三、SDH 数据备份的步骤

下面以华为设备为例，进行 SDH 配置数据的备份操作。华为设备对网管侧数据的备份有三种方法：MO 文件备份法、数据库备份法和脚本导出法。

（1）MO 文件备份法：备份时只需运行网管系统数据库程序即可，不需运行网管软件。MO 文件备份后生成的是一系列的文件，备份的数据包含全网所有的配置数据。MO 文件备份法用时较长但生成文件所占空间较小，备份的文件只能在相同版本的网管系统中进行恢复操作。

（2）数据库备份法：数据库备份法和 MO 文件备份法基本相同，不同的仅仅是数据库备份用时较短但生成文件所占空间较大。

（3）脚本导出法：备份时需要完整运行网管软件，每个站点配置数据生成一个 txt 文件。备份的数据不包含告警信息、以太网侧业务信息（所以用导出脚本进行数据恢复后需立即进行全网站点上载操作，从设备上读取告警信息和以太网侧业务信息，保证网管侧数据与网元侧数据同步）。脚本导出法用时较短，生成文件所占空间最小，且备份的配置数据文件对于网管版本可以向下兼容，比如低版本的网管系统中备份的数据，可以在高版本的网管系统中进行恢复操作。

根据不同的应用场合，可以对以上三种备份方法进行组合使用，以达到对配置数据最全面备份的目的。下面对这三种方法逐一进行描述。

（一）MO 文件备份法和数据库备份法

MO 文件备份法和数据库备份法实际上是用数据库管理工具进行操作的，具体步骤如下：

（1）运行 T2000DM 软件。在 X:\T2000\server\database（X 指 T2000 软件安装的目录盘，下同）目录下，找到文件“T2000DM.exe”。双击运行“T2000DM.exe”，弹出“数据库管理工具”对话框。

（2）在“数据库管理工具”左边框内单击“T2000DBServer”，弹出的“请输入密码”对话框。在“用户名”文本框中输入“sa”，“密码”文本框中为空，单击“确定”按钮，进入“数据库管理工具”界面。在界面中可看到“备份恢复”“数据库维护”“配置数据库服务器”三个页面标签。在“备份恢复”页面标签内有“备份 MO”“恢复 MO”“备份数据库”“恢复数据库”四个按钮，如图 1–15–1 所示。

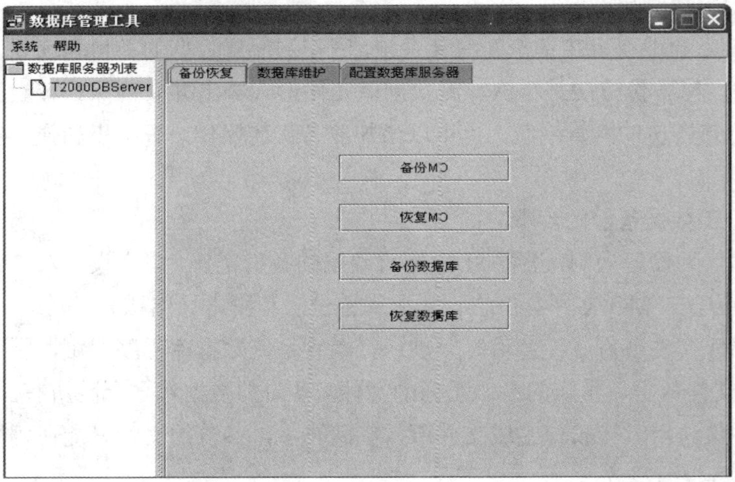

图 1–15–1 数据库管理工具

（3）如进行 MO 文件备份法备份数据，就单击“备份 MO”按钮，弹出“MO 备份说明”对话框，MO 文件默认保存路径为 X:\T2000\server\database\dbbackup，单击 … 按钮，可改变 MO 备份的路径，如图 1–15–2 所示。

（4）单击“备份”按钮，弹出“备份 MO”对话框，备份完成后在提示框最底部会显示备份文件的存放路径以及备份文件名称（MO 文件备份法生成的是一个文件夹，文件夹的名称自动按照“年月日时分秒”来命名，备份的文件后缀为“.DAT”）。

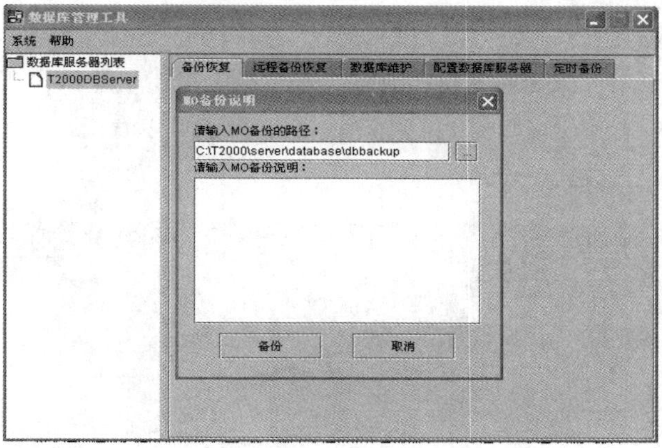

图 1–15–2　MO 备份说明

（5）如使用数据库备份法备份数据，就要单击“备份数据库”按钮，后续操作步骤与 MO 文件备份法相同，但数据库备份法生成的文件后缀为“.BAK”。

（二）脚本导出法

（1）运行网管软件。运行 T2000 网管软件，具体操作方法参考模块 Z37E1017Ⅲ（添加网元）中“运行网管软件”的描述。

（2）选择操作类型。在网管主视图主菜单中单击“系统管理”菜单，在下拉菜单中选择“脚本导入导出”命令，进入“脚本导入导出”界面，在“脚本文件类型”下拉表中选择“全网配置文件”，选中“导出”单选按钮，如图 1–15–3 所示。

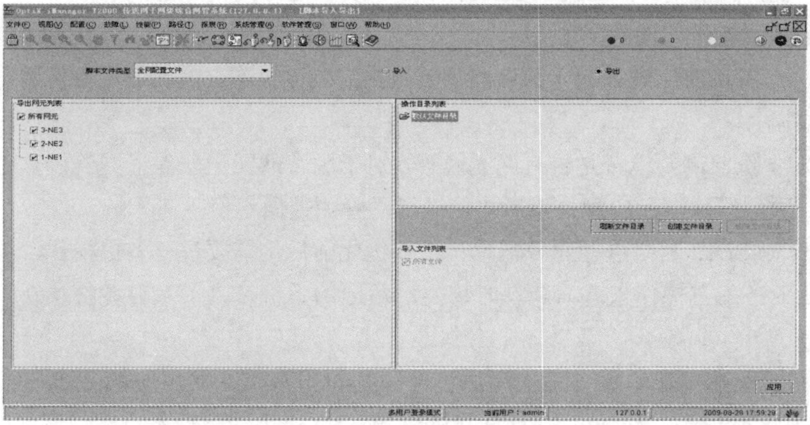

图 1–15–3　全网配置文件导出

（3）创建备份文件目录。单击“创建文件目录”，弹出“输入”对话框，在“请输入新建目录名”文本框输入文件名（默认新建目录名为：“年–月–日–时–分–秒”形式），单击“确认”按钮后在“操作目录列表”内新增了一个文件夹。选中该文件夹，单击右下角的“应用”按钮，弹出“确认”提示框，单击“确认”按钮后即开始对配置数据进行导出脚本备份，如图 1–15–4 所示。从视图可以看出，脚本导出法可以单独支持部分站点的配置数据备份。

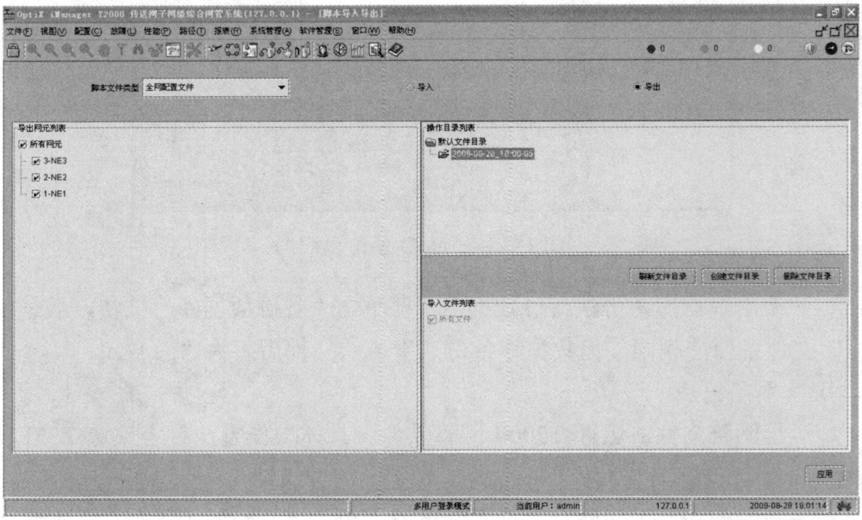

图 1–15–4 创建文件目录

（4）导出成功后，弹出“操作结果”提示框，提示“操作成功”并显示导出数据保存的路径，默认为：X:\T2000\server\script，文件后缀为“.TXT”。

四、数据备份的注意事项

（1）在备份前应进行网元侧和网管侧数据的同步操作，以保证所备份数据为最新的网络数据。

（2）备份前需要检查是否有网元脱管，对于脱管网元无法保证网管侧数据和网元侧数据一致，排除网元脱管故障后才能进行网管侧数据备份。

（3）对 SDH 网络进行业务配置、扩容优化前后均需要进行备份操作，前面的备份是防止业务配置操作失败后能及时恢复，后面的备份是为了及时备份最新网络配置数据。

（4）设备本身在经过一定周期后也能自动备份数据（这个时间各个厂家不尽相同，比如华为设备为 30min），但自动备份不能替代手工的定期备份网管侧数据。

【思考与练习】

1. SDH 配置数据一般存在于哪几个地方？
2. 进行数据备份有哪些注意事项？
3. 用脚本导出法进行一次备份的操作。

模块 16 SDH 配置的恢复（Z37E1016Ⅲ）

【模块描述】本模块包含 SDH 设备配置数据的恢复。通过对典型设备网管系统中网元脚本及数据库备份恢复方法的介绍，掌握 SDH 网元数据恢复的操作步骤及注意事项。

【模块内容】

一、SDH 配置数据恢复的目的

SDH 配置数据恢复是备份的逆过程，同时数据恢复也是数据备份的目的所在。通过备份和恢复两个操作的灵活运用，可以尽量避免各种情况引起的配置数据丢失，尽快恢复网络，从而提高网络的安全性。

二、SDH 配置数据恢复的步骤

SDH 数据恢复需要两个步骤。第一步恢复网管侧数据，将备份的配置数据恢复到网管上。第二步恢复设备侧数据，将已恢复的网管数据下发到 SDH 设备上，使 SDH 设备工作于备份时的状态。

三、恢复网管侧数据的方法与操作步骤

以华为设备为例，恢复网管侧数据也有 MO 文件恢复法、数据库恢复法和脚本导入法。

（一）MO 文件恢复法和数据库恢复法

（1）将准备恢复的 MO 文件夹拷贝到 X:\T2000\server\database\dbbackup 目录下。

（2）运行数据库管理工具 T2000DM.exe，输入用户名和密码，进入主界面。

（3）选择“恢复 MO”按钮，弹出“选择备份的 MO”对话框，选择要恢复的 MO 数据文件夹，单击“恢复”按钮。

（4）在弹出的“确认恢复 MO”对话框中单击“确定”按钮，开始恢复 MO 文件。

（5）出现恢复成功的提示，表示已将备份数据恢复到网管中。

（6）数据库恢复法操作参照 MO 文件恢复法进行，只是在第 3 步操作中选择“恢复数据库”按钮。

（二）脚本导入法

将准备导入的脚本文件夹拷贝到本机 X:\T2000\server\script 目录下。

（1）运行网管软件。运行 T2000 网管软件，具体操作方法参考模块 Z37E1017Ⅲ（添加网元）中“运行网管软件”的描述。

（2）选择操作类型。在网管主视图主菜单中单击“系统管理”菜单，在下拉菜单中选择“脚本导入导出”命令，进入“脚本导入导出”界面，在“脚本文件类型”下拉表中选择“全网配置文件”，选中“导入”单选按钮，如图 1–16–1 所示。

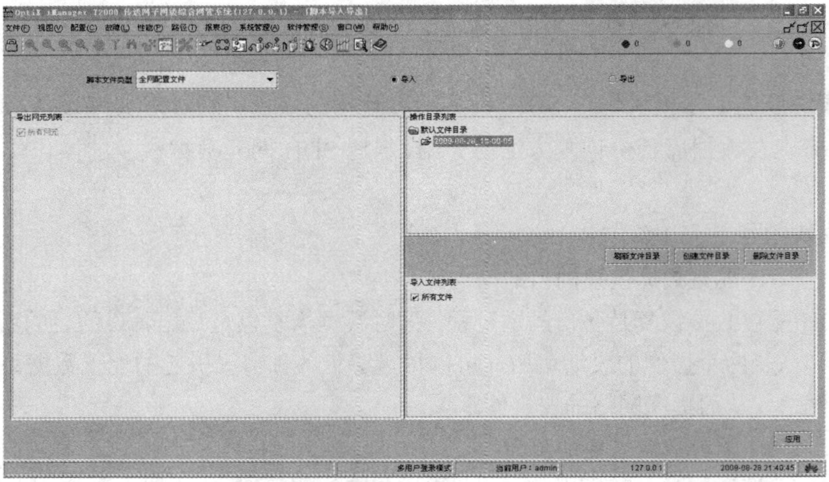

图 1–16–1 全网配置文件导入

（3）在操作目录列表中选中要恢复数据的文件夹，单击右下角的【应用】按钮，弹出“确认”提示框，如图 1–16–2 所示。

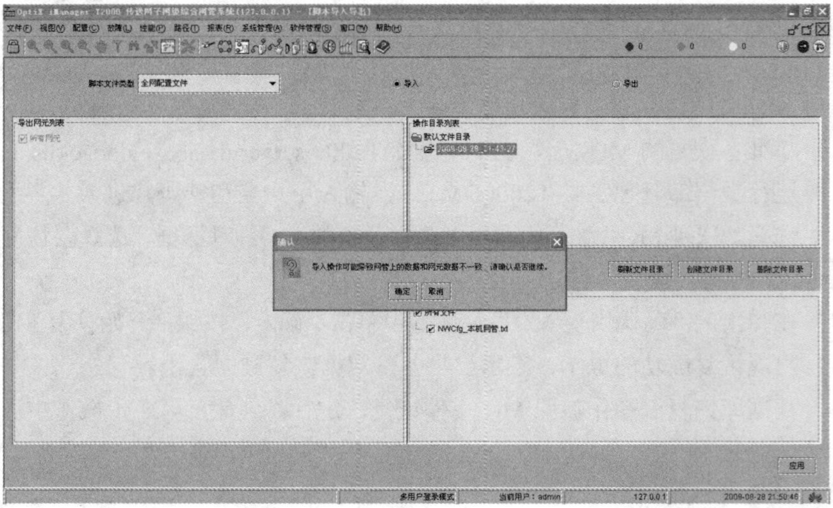

图 1–16–2 选择相应脚本文件进行恢复

（4）单击“确认”按钮，此时会弹出“再次确认”对话框，单击“确认”按钮后弹出“导入全网配置文件”对话框，并出现操作进度条。等待进度为 100%后会提示操作成功，表示已将备份数据恢复到网管中。

四、恢复设备侧数据的操作步骤

（1）进入网元管理器。在 T2000 网管主视图主菜单中单击“配置”，在弹出的下拉菜单中选择“配置数据管理”命令，进入“配置数据管理”窗口，如图 1–16–3 所示。

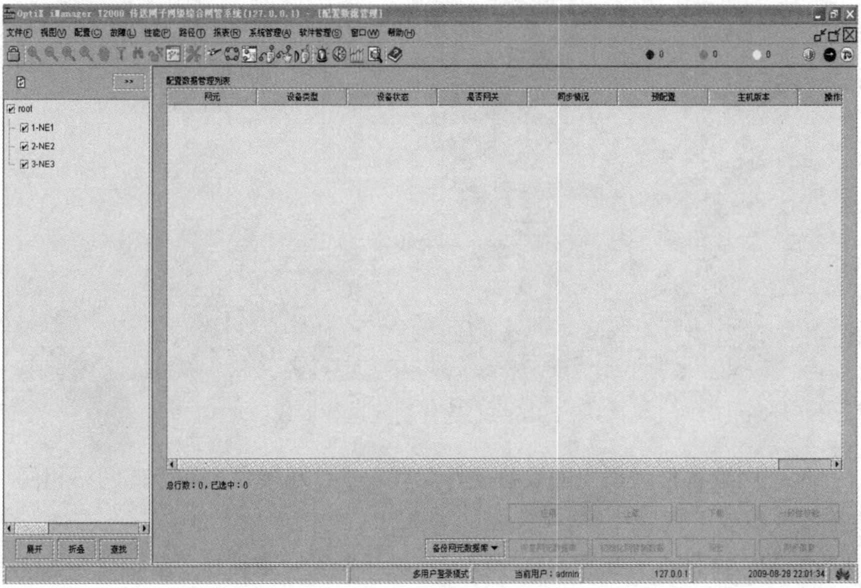

图 1–16–3　配置数据管理

（2）网元下载。在窗口左侧网元列表中选中需要下载网元的复选框，单击>>按钮将网元选到右侧“配置数据管理列表”中。在列表中选中相应网元，单击“下载”按钮，弹出“确认”提示框，单击“确定”按钮，弹出“再次确认”提示框后再单击“确定”。

（3）此时弹出“下载”对话框，并出现“进度提示”条。当进度完成至 100%时，弹出“操作结果”对话框。

（4）如提示“操作成功”，表示网元数据恢复成功。如提示“操作部分成功”，则单击“详细信息”按钮，根据提示信息解决出现的问题，再从第二步开始重新操作直至下载成功。

五、注意事项

SDH 数据恢复是一个非常危险的操作，数据下发后设备上运行的业务将会被替换掉。即使备份数据和当前网元数据一致，也会由于设备重启而使业务发生片刻中断，此时会弹出提示框，如图 1–16–4 所示。而且 SDH 数据恢复往往是针对全网进行的，业务中断的影响面很大，所以做数据恢复操作一定要慎重，严格按照相关管理规范来实施。以下是一些恢复的注意事项。

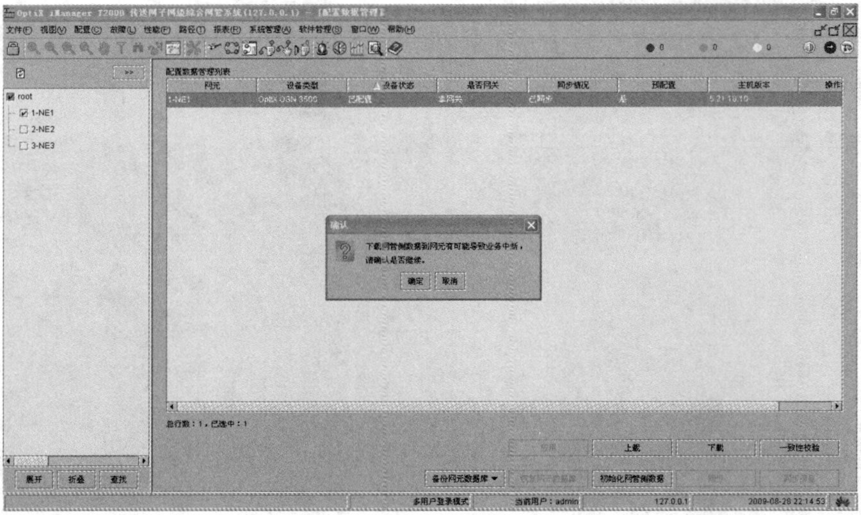

图 1–16–4　选择网元进行下载

（1）保证所选备份数据中的设备硬件配置、光纤连接关系和当前网络相同，否则将导致下载失败或下载后业务不通。

（2）用 MO 文件恢复法和数据库恢复法进行网管侧数据恢复时，要求备份时所用的网管版本和进行恢复操作的网管版本保持一致，否则无法恢复。

（3）用不同的数据备份法备份的数据也只能通过相应的数据恢复法进行恢复，比如 MO 文件备份法备份的数据无法用数据库恢复法进行恢复。

（4）恢复设备侧数据进行数据下载时，要保证相关网元未脱管，否则下载失败。

（5）下载过程结束后设备会有一个重新启动的过程，在这段时间内业务将中断。

【思考与练习】

1. SDH 数据恢复分为哪两步？
2. 可以用 MO 文件恢复法恢复脚本导出法备份的数据吗？
3. SDH 数据恢复要注意些什么？

模块 17　添加网元（Z37E1017Ⅲ）

【模块描述】本模块包含在网管上创建 SDH 网元。通过对 SDH 设备 ID 设置、类型选择、名称描述、网关设置、登录账号等操作方法的介绍，掌握在 SDH 网管上创建网元的方法。

【模块内容】

SDH 网管系统一般由客户端和服务器端两部分组成，网管侧网络数据存放于服务器端，客户端是操作维护终端。网管对网元的操作，是通过客户端先配置修改服务器端网络数据，再由服务器下发到网元侧实现的，这就要求服务器侧必须有网元侧的相关信息数据，比如网络拓扑、网元参数、光纤连接关系、业务配置数据等。

网管获取网元侧的数据途径有两种，一种是手工添加，另一种是通过网管通道上载。根据 ITU–T 相关规范，完整的网管通道包含两段：网管系统连接网关网元的以太网通道、非网关网元连接网关网元的 ECC 通道。与网管系统相连的网元称为网关网元，其他网元称为非网关网元，非网关网元与网管系统的通信是通过网关网元转发的。需要说明的是，网关网元和非网关网元仅仅是为了网管通信进行人为设置的网管通道路由信息，网元本身并没有区别。

在网管系统上添加网元时需先添加网关网元，再添加非网关网元。网元添加完成后，网管通道也相应地建立完毕，其他的数据就可以采用上载的方式进行了。目前也有部分厂家 SDH 网管支持只手工添加网关网元，其他网络信息均可以自动上载的方式。

下面以华为设备为例，介绍网关网元和非网关网元的添加方法及步骤。

一、运行网管软件

网管系统有两种安装模式，一种是服务器端和客户端安装于同一台电脑上，另一种是服务器端和客户端安装于两台联网电脑上，分别介绍如下。

1. 服务器端和客户端安装于同一台电脑上

（1）运行“T2000Server”，运行结束后会弹出“用户登录”对话框。在“用户名”输入框中输入用户名“admin”，在“密码”输入框中输入默认密码“T2000”，“服务器”默认为“Local”，单击“登录”按钮。

（2）在出现的系统监控客户端进程表中有 10 个进程，当这 10 个进程的“进程状态”都为“运行”时，服务器端启动完成，可最小化窗口并运行客户端。

（3）运行“T2000Client”客户端软件，在弹出的“用户登录”对话框中的“用户名”输入框中输入“admin”，在“密码”输入框中输入“T2000”，“服务器”默认为“local”，单击“登录”按钮，等运行结束后网管软件即启动成功。

2. 服务器端和客户端安装于不同电脑上

服务器端和客户端安装于不同电脑上，但两台电脑可通过网络互相通信。此时需进行以下操作步骤：

（1）运行“T2000Client”，在弹出的“用户登录”对话框界面中输入用户名和密码。

（2）单击“服务器”输入框右侧的按钮，弹出“设置”对话框。如图 1–17–1 所示。

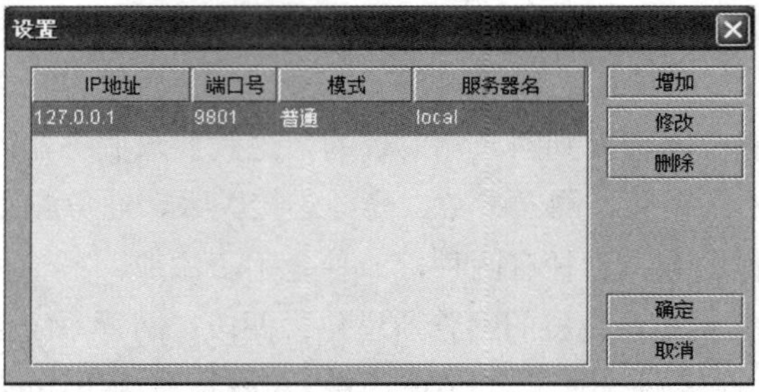

图 1–17–1 服务器地址设置

（3）单击“增加”按钮，弹出新的“设置”对话框。在“IP 地址”输入框输入服务器端所在电脑的 IP 地址，“端口号”和“模式”输入框采用默认选项，“服务器名”输入框可输入服务器的名字（如输入“上海”）。若服务器 IP 地址为 192.168.0.220，则输入后如图 1–17–2 所示。

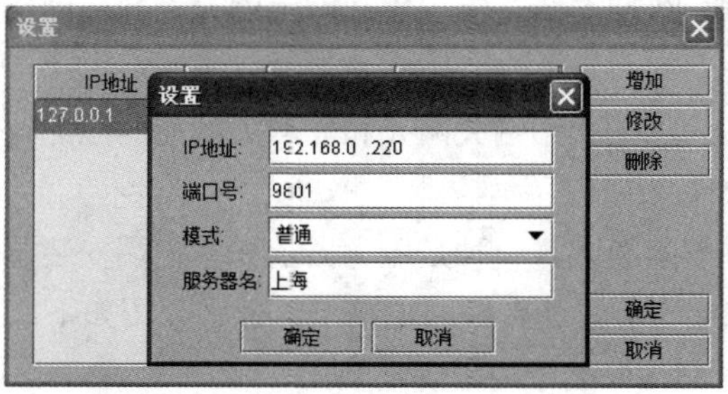

图 1–17–2 添加新的服务器端 IP 地址

（4）单击“确定”按钮，可以看到新的服务器端 IP 地址已添加好了，如图 1–17–3 所示。

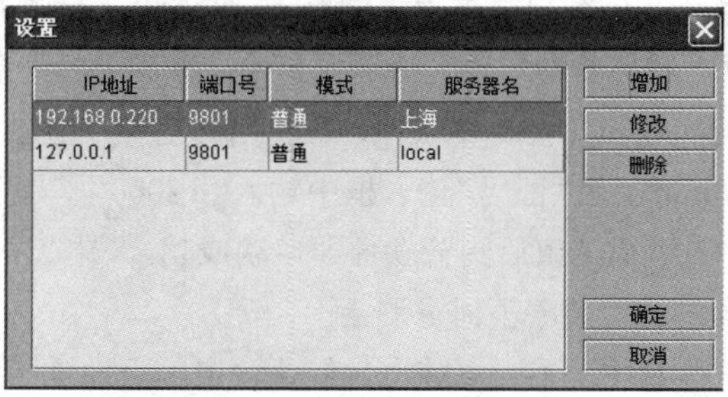

图 1–17–3 服务器端 IP 地址添加成功

（5）单击“确定”按钮，保存所作的设置修改并关闭“设置”对话框。

（6）此时可在“用户登录”对话框中的“服务器”输入框中可选择到刚才添加的“上海”服务器，如图 1–17–4 所示。

（7）单击“登录”按钮，即可登录到服务器端并成功运行网管软件。

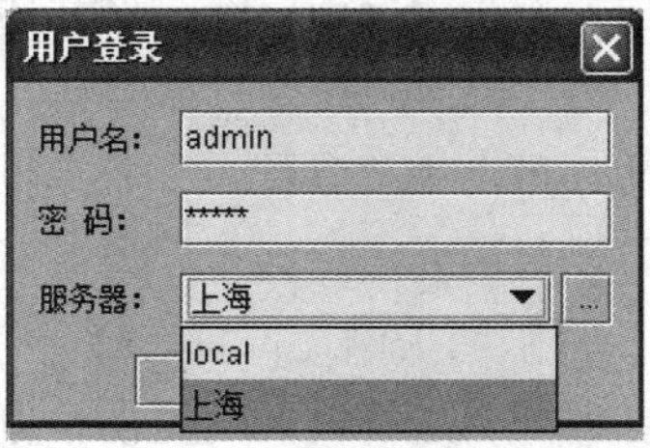

图 1–17–4 选择异地服务器进行登录

3. 客户端密码修改

在客户端登录完成后在主视图主菜单中单击“文件”菜单，在下拉菜单中单击“修改用户口令”命令，弹出“设置新口令”对话框。输入“旧口令”“新口令”和“确认新口令”。单击“确定”即完成客户端密码的修改。

二、网关网元创建

（1）在主视图任意位置单击右键弹出快捷菜单，把鼠标指针移到快捷菜单中“新建”上，在子菜单中单击“拓扑对象”命令，弹出“创建拓扑对象”对话框。

（2）网关网元类型选择。根据实际网元类型，在对象类型树中选择相应的网元类型，以新建华为 Optix OSN3500 为例，在“对象类型”树中选择“OSN 系列”“Optix OSN3500”，右边弹出网元属性参数设置表，如图 1–17–5 所示。

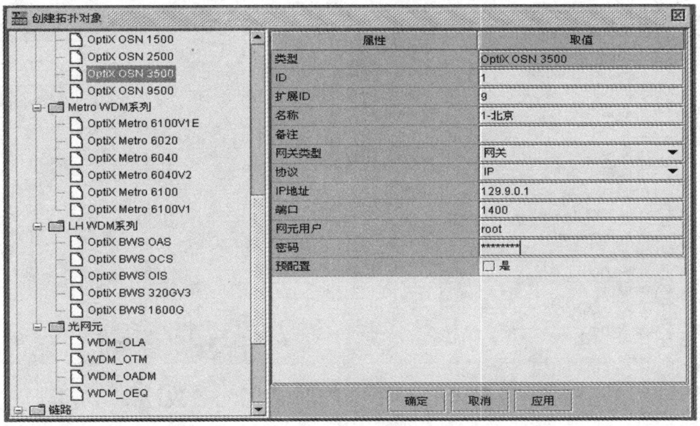

图 1–17–5 网关网元类型和参数设置表

（3）网关网元基本参数设置。在“ID”输入文本框中输入网元 ID 号，在“扩展 ID”输入文本框中默认为 9（如果人工设置了扩展 ID，就要填人工设置的扩展 ID 号），在“名称”输入文本框中填写本网元名称（一般采用“ID–地名”的命名方式）。在“网关类型”下拉表中选择“网关”，此时下一行的设置栏中会展开 IP 地址栏，一般选默认值，不需要修改。在“网元用户”输入框中输入用户名“root”，在“密码”框中输入密码“password”，“预配置”复选框默认为空（若该网元配置的数据不需下发到设备侧，可选中“预配置”复选框，弹出“主机版本”选默认值无须修改，然后在网管上可以对网元进行虚拟配置）。

（4）网关网元位置选择。单击“确定”按钮，鼠标指针变为十字光标。拖动鼠标，在主视图上选择网元放置的位置，单击鼠标左键，就会在该位置生成网元，网关网元到此添加完成。（正确创建的网元在网管上显示为绿色，如创建网元有误或网管与该网元通讯不正常时，网元显示为灰色）。

三、非网关网元创建

（1）在主视图任意位置单击右键弹出快捷菜单，把鼠标指针移到快捷菜单中“新建”上，在子菜单中单击“拓扑对象”命令，弹出“创建拓扑对象”对话框，如图 1–17–6 所示。

（2）网元类型选择。在“对象类型”树中选择“OSN 系列”“Optix OSN3500”，弹出网元属性参数设置表。

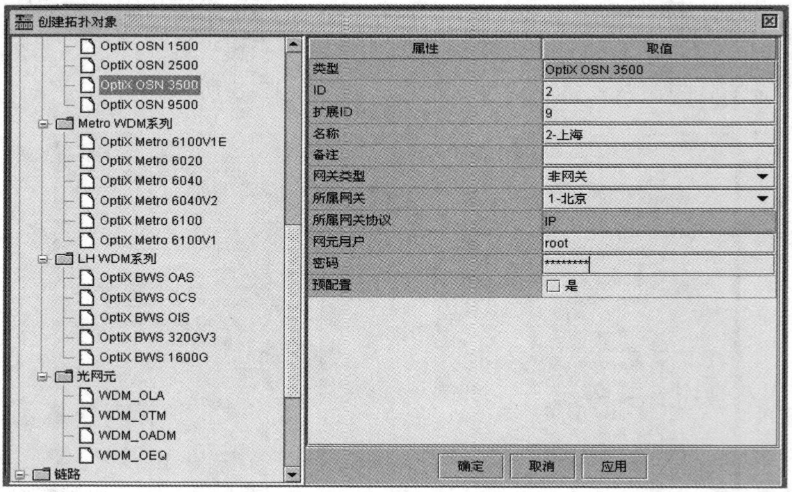

图 1–17–6　网元类型和非网关网元参数设置

（3）非网关网元基本参数设置。在“ID”输入文本框中输入网元 ID 号，在“扩展 ID”输入文本框中默认为 9（如果人工设置了扩展 ID，就要填人工设置的扩展 ID 号），在“名称”输入文本框中填写本网元名称（一般采用“ID–地名”的命名方式），在“网关类型”下拉列表中选择“非网关”，在“所属网关”的下拉列表中选择本网元所属的网关网元；在“网元用户”输入框中输入用户名“root”，在“密码”框中输入密码“password”，“预配置”复选框默认为空，如图 1–17–6 所示。

（4）非网关网元位置选择。单击“确定”按钮，鼠标指针变为十字光标。拖动鼠标，在主视图上选择网元放置的位置，单击鼠标左键，就会在该位置生成网元，网元添加完成（正确创建的网元在网管上显示为绿色，如创建网元有误或网管与该网元通信不正常时，网元显示为灰色）。

也可以通过网管软件自带的设备搜索功能批量创建非网关网元。

（1）在主视图主菜单中选择“文件”，在下拉菜单中选择“设备搜索”，弹出“设备搜索”窗口。

（2）单击“增加”按钮，弹出“搜索域输入”对话框。

（3）选择地址类型为“网关网元 IP 地址”或“NSAP 地址”或“网关网元所在 IP 网段”，输入“搜索地址”，如图 1–17–7 所示，单击“确定”按钮。

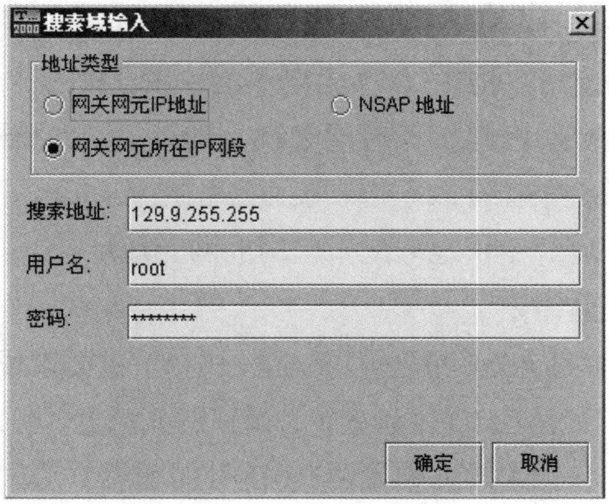

图 1–17–7　增加搜索条件

（4）单击“开始搜索”按钮进行网元搜索。

（5）搜索完毕后，在“搜索到的网元”列表中选择尚未创建的网元。单击“创建网元”按钮，弹出“创建网元”对话框。

（6）输入“用户名”和“密码”，选中“所有网元使用相同的用户名和密码”同时创建多个网元。

（7）单击“确定”按钮。被创建的网元图标就会显示在主拓扑中。

【思考与练习】

1. 如何正确启动 T2000 网管？

2. SDH 网络中的低端设备能否设置为网关网元？

3. 实际操作在网管上添加网关网元以及非网关网元的过程。

模块 18 网元地址的配置（Z37E1018Ⅲ）

【模块描述】本模块包含 SDH 网元的网元地址的设置。通过对典型设备网元地址设置方法和原则的介绍，掌握设置 SDH 网元地址的方法。

【模块内容】

一、网元地址的概念和配置原则

为了能够进行有效的网络管理，任何 SDH 网元在网络中都要有唯一的地址作为标识。有了网元地址，网管才能识别上报的信息是属于哪个网元的，同样网管下发的命令才能正确地到达相应的网元。

网元地址的配置一般要遵循以下的原则：

（1）每个网元只能有唯一的网元地址。

（2）同一台网管管理的网络中，不能把多个网元设置为同一个网元地址。

在 SDH 网络建设初期应同步考虑规划网元地址。比如相同类型的设备分配为同一段可用网元地址，或者根据行政区域、设备级别进行划分。网元地址使用情况需及时记录并更新，防止扩容时错误地分配了已用的网元地址。

二、网元地址的设置方法

每个厂家的网元地址的定义和设置方法是不同的，下面以华为设备为例进行描述。

华为设备的网元地址是由 ID 号确定的，设置网元地址，也就是设置网元的 ID 号。华为设备支持硬件拨码设置或软件设置两种 ID 号的配置方法。

1. 硬件拨码设置 ID 号

华为设备拨码开关都设计在主控板上，由一排或两排二进制拨码组成。当右手拿拉手条时，右下侧拨码为最低位，左上侧拨码为最高位，拨码向上拨代表本位数值为“1”，向下拨代表本位数值为“0”。将规划好的 ID 号换算成二进制，再将拨码按照换算后的数值进行拨“0”或“1”，拨好后插回机框等主控板复位开工后新的 ID 号就生效了。

2. 软件设置 ID 号

软件设置 ID 号需要主控板支持，需要用华为 Optix Navigator 软件进行设置，输入命令“：cm-set-neid：0x9XXXX”，其中“XXXX”表示十六进制的 ID 号。设置后主控板将自动复位，复位开工后 ID 号即设置成功。

三、华为网元 IP 地址的概念和设置方法

网管和主控板是通过以太网协议进行通信的，以太网通信的双方必须设置 IP 地

址、子网掩码和默认网关等信息。这样，网管计算机网卡和网关网元的主控板配置口均需要做相应的设置。为了描述方便，下面用网管 IP 地址表示网管计算机网卡 IP 地址，用网元 IP 地址表示网关网元主控板的配置口 IP 地址。

为了方便起见，华为设备在出厂时都会有一个默认的 ID，而网元 IP 地址是根据 ID 号进行换算得出的，并随着 ID 号设置不同随时更新。两者换算关系如下：将 ID 号换算为二进制，在高位补 0 凑足 16 位后得出数值为 X，网元 IP 地址默认为 129.9.Y.Z，其中 Y 为 X 的高 8 位换算成十进制的数值，Z 为 X 的低 8 位换算成十进制的数值。比如某个网元的 ID 号为 566，换算成二进制后凑足 16 位后为 0000001000110110，高 8 位（00000010）换算成十进制的数值为 2，低 8 位（00110110）换算成十进制的数值为 54，此网元 IP 地址默认 129.9.2.54。

在网管和网关网元用网线直连的时候，因为网元有了默认 IP，只需要将网管的 IP 地址和网元 IP 地址设置在同一网段即可，无须再设置默认网关。如果网管和网关网元通过 DCN 通道连接，则需要按照 DCN 网络分配的 IP 地址分别设置网管 IP 地址和网元 IP 地址，此时就需要更改网元的默认 IP 地址了。

更改网元的默认 IP 地址需要使用华为 Optix Navigator 软件进行设置，具体命令如下：

（1）设置 IP 地址：“:cm–set–ip:XX.XX.XX.XX”，其中“XX.XX.XX.XX”表示 IP 地址（十进制）。

（2）设置子网掩码：“:cm–set–submask:YY.YY.YY.YY”，其中“YY.YY.YY.YY”表示子网掩码（十进制）。

（3）设置默认网关：“:cm–set–gateway:ZZ.ZZ.ZZ.ZZ”，其中“ZZ.ZZ.ZZ.ZZ”表示默认网关（十进制）。

更改网元的默认 IP 地址后，网元 IP 地址将不再跟随 ID 号进行变化，建议在文档中进行记录，以免遗忘。如果人工设置的 IP 地址遗忘，则只能通过其他相连网元，以 ECC 通信的方式登录到该网元上，通过网管系统查询获得 IP 地址。或者将电脑 IP 地址设置 129.9.X.X 网段，并使用网线将电脑和该设备直接相连，运行“Optix Navigator”软件，在“NE IP Address”文本框内可自动查询到网元的 IP 地址。

【思考与练习】

1. 网元地址的作用是什么？
2. 网元地址的配置有哪些原则？
3. 华为设备 ID 号为 780 的默认 IP 地址是多少？

模块 19 网络保护方式的设定（Z37E1019Ⅲ）

【模块描述】本模块包含网络保护方式的设定。通过对网络中两纤单向通道保护环、两纤双向复用段保护环、1+1 保护环、无保护链等保护方式设定步骤的介绍，掌握在 SDH 网络中设定保护方式的方法。

【模块内容】

在 SDH 网络中，网元在网管上按实际光纤连接关系进行连接就形成了网络拓扑。网络拓扑设置保护类型后就形成了保护网，如两纤单向通道保护环、两纤双向复用段共享保护环、1+1 保护环、无保护链等。各种网络保护方式的设定是根据实际资源情况和业务需求来确定的。

（1）两纤单向通道保护环网。光缆资源满足网络成环的条件，业务级别为 STM–1 及以上。两纤单向通道保护环是 1+1 业务保护方式，采用“首端桥接，末端倒换”结构。相比复用段保护环，通道保护倒换无须协议参与，倒换时间快，但是网络带宽利用率较低。适用于网络对业务容量要求较低，大部分业务为集中性业务的网络。

（2）两纤双向复用段共享保护环网。光缆资源满足网络成环的条件，业务级别为 STM–4 及以上。利用网络后一半时隙保护前一半时隙，例如在 STM–4 的网络中，采用东向光板的#3～#4 VC4 保护西向光板的#1～#2 VC4。复用段保护环需要运行复用段协议（ASP）才能实现保护，网络带宽利用率高，所以适用于业务容量需求大或分散业务较多的网络。

（3）1+1 保护环网，又称其为复用段线性保护 1+1。适用于网元与网元两点间有两个不同路由的光缆资源的情况下使用，相当于两点组成环。网元在源端双发业务，宿端选收业务，从而实现对重要业务的保护。

（4）无保护链。在不需要对链上业务进行保护时，可以配置成无保护链。

各种保护方式的基础知识可以参考模块 Z37B2010Ⅱ（网络保护机理）。

下面以华为为例，介绍这些常用保护方式的设置方法。

假设 1–NE1、2–NE2、3–NE3 三套设备类型为华为 Optix OSN 3500，网元的基本配置如下：STM–16 线路板 2 块、PQ1 支路板 1 块、GXCS 交叉板 1 块、EFS 以太网板 1 块、GSCC 主控板 1 块，网元添加与单板配置在网管上已经完成。

一、创建两纤单向通道保护环

1. 创建网络拓扑

在网管主视图中将三个网元光口按实际环网拓扑依次连接好光纤。

2. 进入保护视图

在主视图主菜单中单击“配置”菜单，在下拉菜单中单击“保护视图”命令，进入保护视图界面。

3. 保护子网类型选择

在保护视图空白处单击右键弹出快捷菜单，把鼠标指针移到快捷菜单中“SDH 保护子网创建”上，在弹出的子菜单中单击选择“二纤单向通道保护环”，如图 1–19–1 所示。

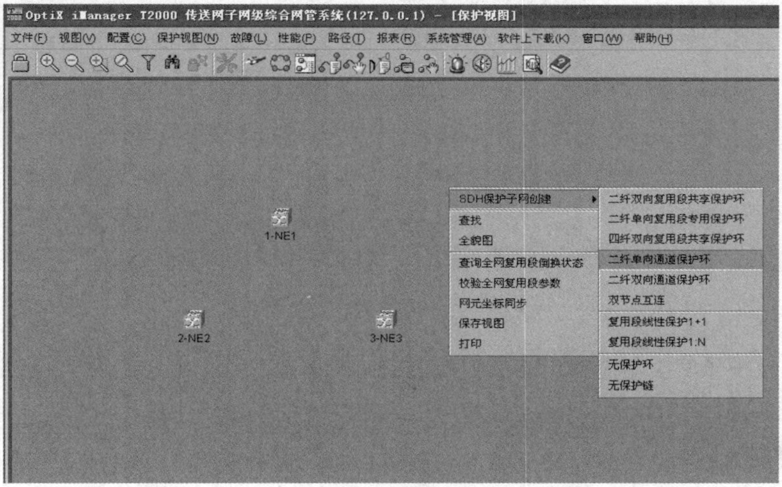

图 1–19–1　保护子网类型选择

4. 节点选择

左侧弹出“二纤单向通道保护环创建向导”对话框，“名称”一般采取默认值，在“容量级别”下拉表中选择与光口级别相同的选项，这里选择“STM–16”，然后按环的方向依次双击网元 1–NE1、2–NE2、3–NE3，“节点属性”默认为“PP 节点”，如图 1–19–2 所示。

5. 链路选择

单击创建向导左下方的“下一步”按钮，进入下一页面，单击“完成”按钮，弹出“操作结果”提示框提示“保护创建成功”。至此，“两纤单向通道保护环”保护子网创建完成。

两纤单向通道保护环创建成功后，保护子网在保护视图中显示为绿色线条。

二、创建两纤双向复用段共享保护环

（1）重复创建二纤单向通道保护环中的第 1、2 步。

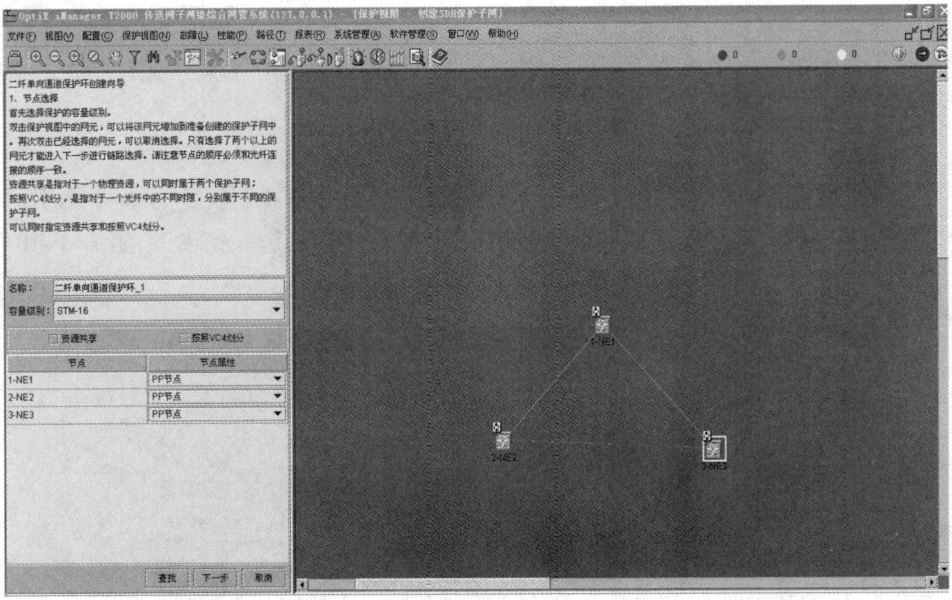

图 1–19–2 设置保护子网属性

（2）保护子网类型选择。在保护视图空白处单击右键弹出快捷菜单，把鼠标指针移到快捷菜单中“SDH 保护子网创建”上，在弹出的子菜单中单击选择“二纤双向复用段共享保护环”。

（3）节点选择。左侧弹出“二纤双向复用段共享保护环创建向导”对话框，“名称”采取默认值，在“容量级别”下拉列表中选择“STM–16”，然后按环的方向依次单击网元，“节点属性”为默认值“MSP 节点”。

（4）链路选择。单击创建向导下方的“下一步”按钮，进入下一页面，单击“完成”按钮，弹出“操作结果”提示框提示“保护创建成功”。至此，“二纤双向复用段共享保护环”保护子网创建完成。

两纤双向复用段共享保护环创建成功后，保护子网在保护视图中显示为蓝色线条。

三、创建 1+1 保护环

（1）创建网络拓扑。在网管主视图中将 NE1 和 NE2 用两条光纤进行连接（此时需要在设备上将 NE1 连接 NE3 的光缆切换到连接 NE2）。

（2）进入保护视图。在主视图主菜单中单击“配置”菜单，在下拉菜单中单击“保护视图”命令，进入保护视图界面。

（3）保护子网类型选择。在保护视图空白处单击右键弹出快捷菜单，把鼠标指针移到快捷菜单中“SDH 保护子网创建”上，在弹出的子菜单中单击选择“复用段线性保护1+1”。

（4）节点选择。左侧弹出“复用段线性1+1保护链创建向导”对话框，在“容量级别”下拉表中选择“STM–16”，选中“恢复模式”栏中“恢复式”的单选按钮（“恢复式”是指故障恢复正常后，业务自动倒换恢复到工作通道上。“非恢复式”与之相反）。选中“保护模式”栏中“单端倒换”的单选按钮（“单端倒换”是指倒换发生在故障产生端，另一端不进行倒换，从而使业务得到保护。“双端倒换”是指无论是那端产生故障，两端都同时发生倒换，从而使业务得到保护），如图1–19–3所示。

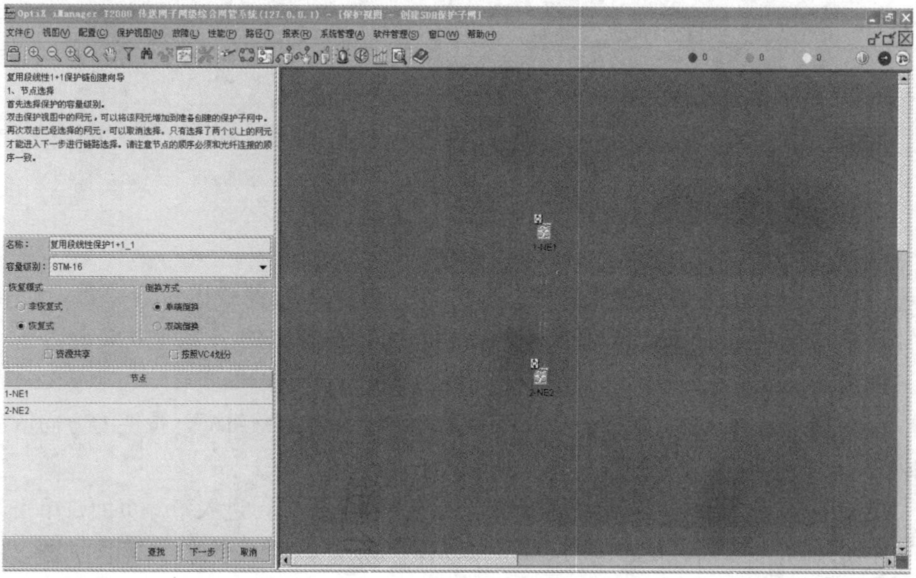

图1–19–3　设置保护属性

（5）链路选择。单击创建向导左下方的“下一步”按钮，进入下一页面，单击“完成”按钮，弹出“操作结果”提示框提示“保护创建成功”。至此，“复用段线性保护1+1”保护子网创建完成。

1+1线性复用段保护创建成功后，保护子网在保护视图中显示为蓝色的点划线，单击“*”号线条展开后，蓝色点划线为工作通道，淡蓝色的点划线为保护通道，如图1–19–4所示。

四、创建无保护链

（1）创建网络拓扑。

（2）进入保护视图。在主视图主菜单中单击“配置”菜单，在下拉菜单中单击“保护视图”命令，进入保护视图界面。

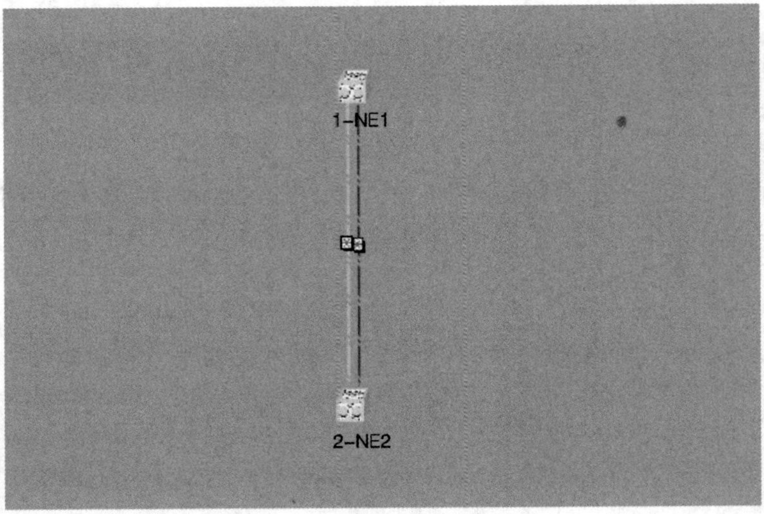

图 1–19–4 1+1 环的保护子网

（3）保护子网类型选择。在保护视图空白处单击右键弹出快捷菜单，把鼠标指针移到快捷菜单中“SDH 保护子网创建”上，在弹出的子菜单中单击选择“无保护链”。

（4）节点选择。在“容量级别”下拉列表中选择“STM–16”，按链的方向依次单击网元。

（5）链路选择。单击创建向导下方的“下一步”按钮，进入下一页面，单击“完成”按钮，弹出“操作结果”提示框提示“保护创建成功”。至此，“无保护链”保护子网创建完成。

无保护链创建成功后，保护子网在网管保护视图中显示为黑色的虚线。

【思考与练习】

1. 实际操作创建一个两纤单向通道保护环。
2. 实际操作创建两纤双向复用段共享保护环。
3. 测试两纤双向复用段共享保护环时，在光路中断时发生了哪些倒换？

模块 20 时钟的配置（Z37E1020Ⅲ）

【模块描述】本模块包含 SDH 网络中的时钟配置。通过对网络中环形、树形、链型等拓扑时钟跟踪设置方法和原则的介绍，掌握 SDH 网络中时钟跟踪配置的方法。

【模块内容】

一、基本概念

同步是保证SDH网络通信质量的关键因素，其重要特征之一就是失步时业务质量会受损甚至中断。选择合适的同步方法并进行相应的时钟配置，是保证SDH网同步的重要手段。

二、配置方法及原则

为了达到SDH网络同步的目的，必须要有一个高精度的时钟源供全网使用，或者是多个同步的高精度时钟源。SDH 网络设备可使用的时钟源一般有外部时钟、线路时钟、支路时钟和设备自振荡晶体时钟。一般来说，外部时钟一般为BITS、高级局设备时钟等，精度较高，设备自振荡晶体时钟精度较低，线路时钟和支路时钟精度和对端站点使用时钟的精度基本相同，但会有劣化。由于支路时钟在支路业务适配时的指针调整，会有较大损伤，如不经过特殊的技术处理，劣化较为严重，一般很少使用。所以SDH设备时钟源的优先级一般是外部时钟、线路时钟、设备自振荡晶体时钟。

有了高精度的时钟源，还要选择合适的同步方式才能保证SDH网的同步。一般小型SDH网络可采取主从同步法，大型SDH网可采用混合同步法（伪同步+主从同步），以避免某些站点跟踪路由过长而造成时钟精度下降。

时钟配置原则是根据不同的网络，设计合适的同步方式，并在每个站点设计不同时钟源的跟踪优先级，尽最大努力使得网络出现各种故障时，整个网络仍然保持同步，并且时钟级别是可以使用的最高时钟精度的时钟。

时钟的设置操作本身是比较简单的，只需要根据设计的结果在每个站设定不同时钟源的跟踪优先级即可。关键是如何设计同步方式和每个站的时钟源优先级列表，以达到最好的同步效果，这是比较复杂的，特别是大型网络更是如此。有关时钟和同步的基础知识可以参考模块Z37B2011Ⅱ（SDH网的同步方式）和模块Z37B2012Ⅱ（SDH网络时钟保护倒换原理）。

现在也有设备支持智能时钟系统，无须手工设置，系统自动选择最合理的时钟同步方式，大大简化了人工设计的困难，减低了因为时钟同步原因导致的网络故障。

三、华为SDH设备时钟配置步骤

（一）设置时钟优先级表

网络拓扑如图1–20–1所示，为2.5G两纤单向通道保护环，主环方向为逆时针方向。网元添加、单板配置、光纤连接、网络保护方式等已经设置完成，时钟未配置。各站设备面板图如图1–20–2所示。

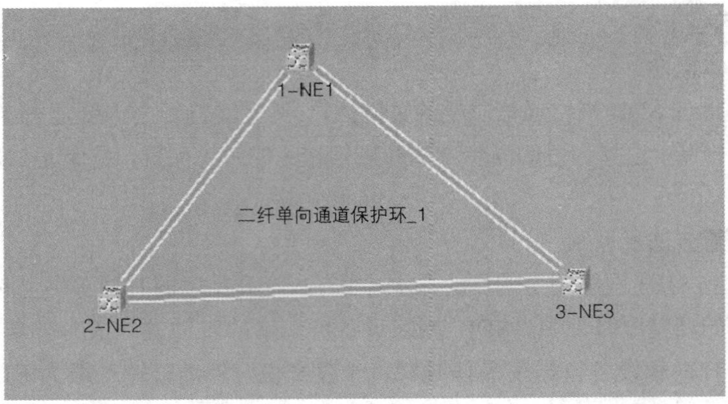

图 1–20–1 网络拓扑图

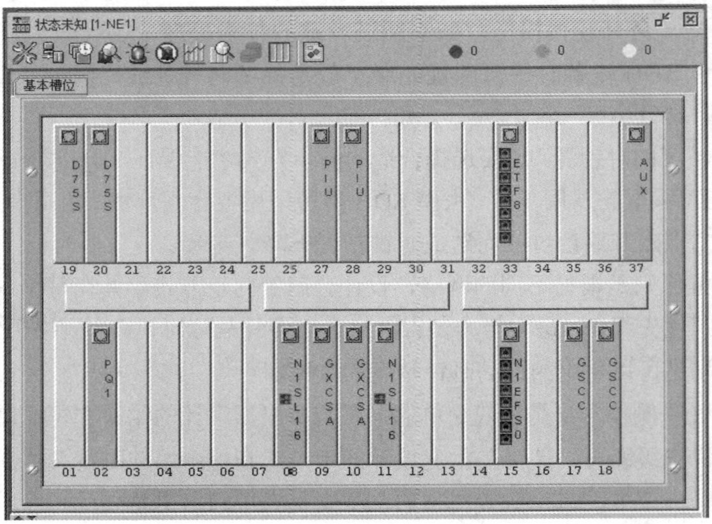

图 1–20–2 单站面板图

假设 2–NE2 为 8 槽位光板和 1–NE1 相连，3–NE3 为 11 槽位光板和 1–NE1 相连，要求将 1–NE1 的内部时钟源设为主时钟，2–NE2 和 3–NE3 分别跟踪 1–NE1 方向的线路时钟。

（1）1–NE1 时钟设置。在主视图中选中 1–NE1，单击右键，在弹出快捷菜单中选择“网元管理器”命令，进入“网元管理器–1–NE1”窗口。在窗口左侧功能树文件夹列表中逐级打开“配置”→“时钟”→“时钟优先级表”文件夹，在“系统时钟源优先级表”标签下系统默认网元的时钟为“内部时钟”，故 1–NE1 无须设置。

（2）2–NE2 增加时钟源设置。在主视图中选中 2–NE2，单击右键，在弹出快捷菜单中选择“网元管理器”命令，进入“网元管理器–2–NE2”页面。在页面左侧功能树文件夹列表中逐级打开“配置”→“时钟”→“时钟优先级表”文件夹，在“系统时钟源优先级表”标签下单击“新建”按钮，在弹出的“增加时钟源”对话框中选择“8–N1SL16–1（SDH–1）”，如图 1–20–3 所示。

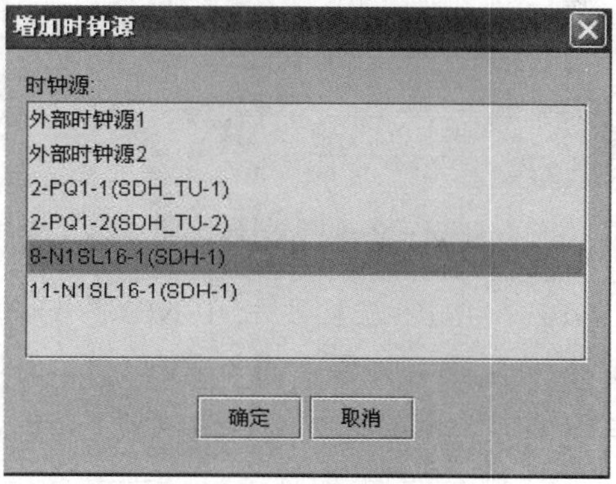

图 1–20–3　选择线路时钟

单击“确定”按钮，则在“系统时钟优先级表”标签的窗口中会新增一个“8–N1SL16–1（SDH–1）”的时钟源，并位于最上方，表明优先级最高，内部时钟源位于下方，优先级次之。

单击窗口右下角的“应用”按钮，将配置数据下发到网元。2–NE2 时钟优先级别设置完成。

（3）3–NE3 增加时钟源设置。对 3–NE3 增加时钟源设置步骤同 2–NE2，不同的只是选择“增加时钟源”时选择“11–N1SL16–1（SDH–1）”。

（二）时钟跟踪关系

在主视图主菜单中选择“配置”菜单，在下拉菜单选择“时钟视图”命令，由于时钟关系已经发生变化，因此在进入“时钟视图”窗口会弹出提示框，单击“是”按钮，系统自动进行时钟跟踪关系刷新，并在“时钟视图”窗口中出现新的时钟跟踪关系图，箭头所指的方向为时钟传递的方向，如图 1–20–4 所示。

（三）设置时钟保护

为避免网元跟踪低级别的时钟源，在环形网络中需要配置时钟保护。时钟保护设置的关键是全网所有参与动作的网元都要启动 SSM 协议（同步状态信息）。启动 SSM 协议，网元就可以提取时钟质量信息，判断当前时钟源质量是否发生变化，从而决定是否需要倒换到其他时钟源实现时钟保护。

下面以华为 T2000 网管为例，介绍启用 SSM 协议进行时钟保护的配置方法。

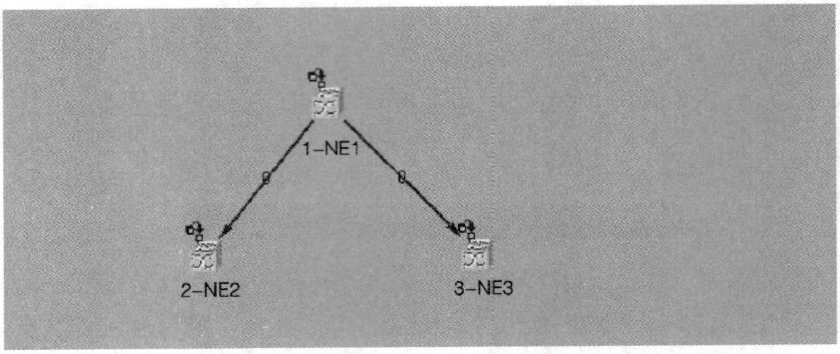

图 1–20–4 时钟跟踪图

假设有 1–NE1、2–NE2、3–NE3 三个网元，1–NE1 的 11 槽位光板和 2–NE2 的 8 槽位相连，2–NE2 的 11 槽位光板和 3–NE3 的 8 槽位相连，3–NE3 的 11 槽位光板和 1–NE1 的 8 槽位相连，组成两纤双向复用段保护环。规划 1–NE1 为内部时钟源，2–NE2 和 3–NE3 分别跟踪从 1–NE1 过来的线路时钟。

1. 1–NE1 时钟设置

参考本模块中设置时钟优先级表设置方法，设置 1–NE1 为内部时钟源。

启动 1–NE1 的 SSM 协议。在主视图中选中 1–NE1 网元，单击右键，在弹出的快捷菜单选择“网元管理器”命令，进入“网元管理器–1–NE1”页面。在功能树文件夹列表中逐级打开“配置”→“时钟”→“时钟子网设置”文件夹，弹出“时钟子网设置”对话框。“时钟子网设置”栏中“所属子网”取默认值“0”，选中“启动标准 SSM 协议”单选按钮，如图 1–20–5 所示。单击窗口右下角的“应用”按钮，将配置数据下发到网元。

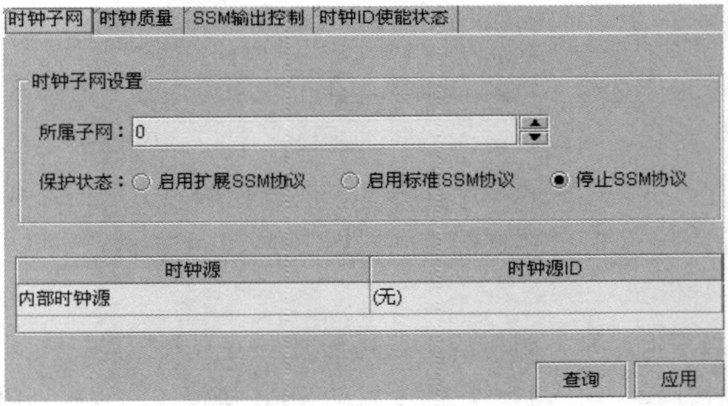

图 1–20–5 时钟子网设置

2. 2–NE2 时钟源优先级别设置

在主视图中选中 2–NE2，单击右键，在弹出快捷菜单中选择“网元管理器”命令，进入“网元管理器–2–NE2”页面。在页面左侧功能树文件夹列表中逐级打开“配置”→“时钟”→“时钟优先级表”文件夹，在“系统时钟源优先级表”标签下单击“新建”按钮，设置 2–ME2 的时钟源优先级别为：8 槽位光板/11 槽位光板/内部时钟源；2–NE2 的 SSM 协议启动方法与 1–NE1 的相同。

3. 3–NE3 时钟源优先级别设置

3–NE3 时钟优先级表操作方法与 2–NE2 的相同，只是优先级别不同，其优先级别为：11 槽位光板/8 槽位光板/内部时钟源；3–NE3 的 SSM 协议启动方法与 1–NE1 的相同。

以上时钟优先级别设置完成后，在“时钟视图”中可以查看到时钟跟踪关系以及优先级别，如图 1–20–6 所示。

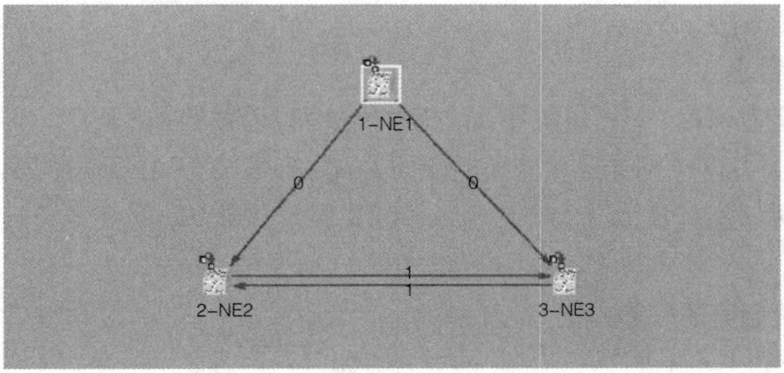

图 1–20–6　时钟跟踪关系图

（四）时钟同步状态查询

时钟配置完成后，在主视图主菜单中选择“配置”菜单，在下拉菜单选择“时钟视图”命令进入时钟视图界面，在时钟视图界面的空白处单击右键，在弹出的快捷菜单选择“全网时钟同步状态查询”命令来查询时钟跟踪状态，以确认各个网元时钟跟踪状态是否正确。如图 1–20–7 所示。

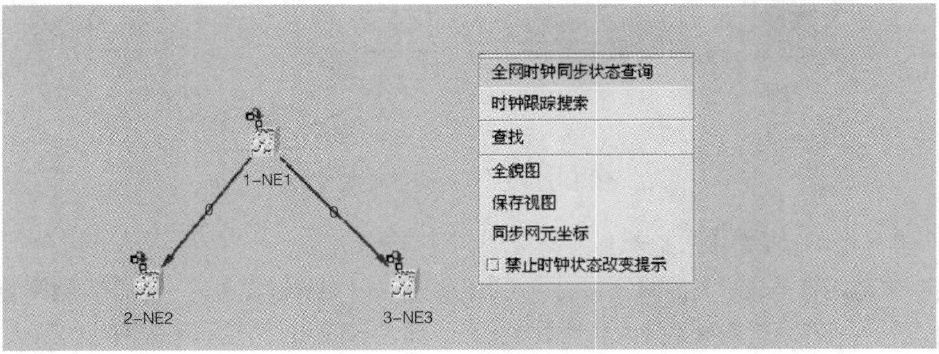

图 1–20–7　查询时钟同步状态

【思考与练习】

1. 时钟配置的关键点是设计还是操作?
2. 实际操作一次时钟的配置。
3. 光路中断后各网元的时钟如何倒换?

模块21 网管通道的配置(Z37E1021Ⅲ)

【模块描述】本模块包含SDH网络上网管通道的配置。通过对网管电脑和网关网元之间通信方法和DCN视图下网关网元的更改方法的介绍,掌握网管电脑和SDH网络连接配置的方法。

【模块内容】

网管通道有两种,一种是网管系统连接网关网元的TCP/IP通道(以下简称TCP/IP通道),一种是非网关网元连接网关网元的ECC通道,TCP/IP通道的配置原则是保证网管和网关网元之间IP可达,ECC通道的配置原则是每个非网关网元选择正确的网关网元。

一、网管通道的配置方法

SDH网管对网络进行管理常见的方式有两种:一种是网管可以与SDH网络网关网元通过网线直接通信的,即本地网管;另一种是网管是通过DCN通道连接需要管理的SDH网络网关网元从而实现对SDH网络进行管理,即异地网管,如图1–21–1所示。下面以华为设备为例进行描述。

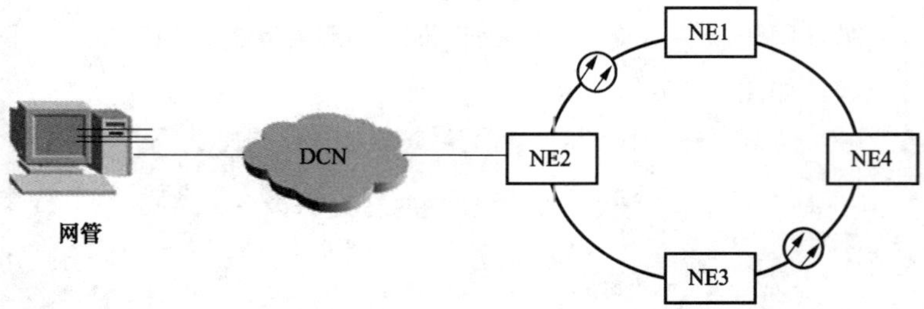

图1–21–1 异地网管示意图

(一)本地网管的配置方法

本地网管是最常见的网管方式,通道的配置方法也比较简单。一般在本地网管的模式下,网管系统本身不接入其他数据网络,将网管的IP地址和网关网元的默认IP地址设置为同一网段,两者即能通信,TCP/IP通道也就配置好了。再配置ECC通道:

将其他网元的所属网关网元选择为所设置的网关网元，整个网管通道的配置就完成了。网元所属网关网元的配置方法如下：

（1）在 T2000 网管主视图主菜单中选择“系统管理”菜单，在下拉菜单中单击“DCN 管理”命令，进入“DCN 管理”窗口。

（2）在“网元”标签页面中，在网元“主用网关”栏的下拉列表中选择网元所属的主用网关“2–NE2”，单击屏幕右下角的“应用”按钮完成网元所属网关设置，如图 1–21–2 所示。

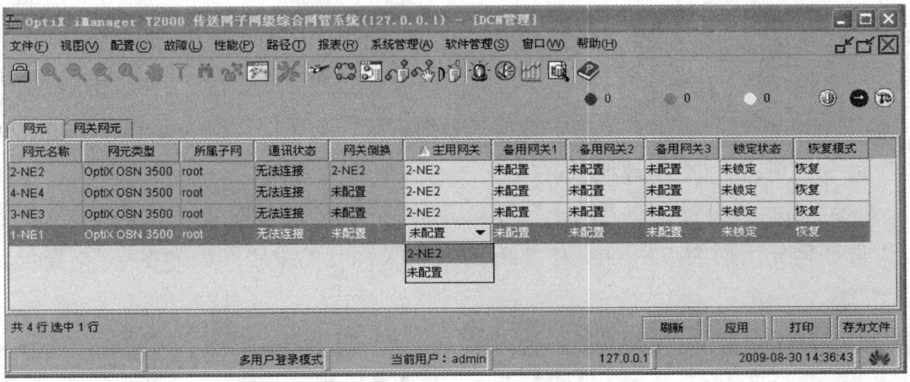

图 1–21–2　网元所属网关设置

（二）异地网管的配置方法

异地网管和本地网管的配置方法区别在于 TCP/IP 通道设置不同，ECC 通道设置完全一样。由于经过 DCN 通道，网管 IP 地址和网关网元 IP 必须使用 DCN 分配的 IP 地址、子网掩码和默认网关，由 DCN 保证两者之间的 IP 可达。网关网元 IP 地址配置方法请参见模块 Z37E1018Ⅲ（网元地址的配置）。

（三）本地网管方式主用，异地网管方式做备份的配置方法

为了提高大型网络的网管安全性，可以采用本地网管主用，异地网管做备份的配置方法，以避免光缆多处中断引起的远端网元脱管的故障，如图 1–21–3 所示。

此种方法在网管上需要把 2–NE2 和 4–NE4 都设置成网关网元，2–NE2 的备用网关设置为“4–NE4”，4–NE4 的备用网关设置成“2–NE2”，使这两个网关网元在网管上形成主备关系。再设置其他网元的“主用网关”和“备用网关”分别为“2–NE2”和“4–NE4”。这样当其中任意一个网关网元通信故障或两处光缆同时中断时，网管还能对全网所有网元进行统一管理。配置方法如下：

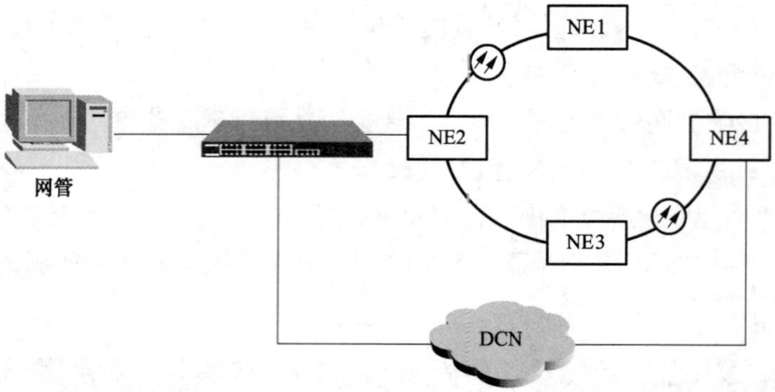

图 1–21–3　备份方式网管示意图

在 T2000 网管主视图主菜单中选择“系统管理”菜单，在下拉菜单中单击“DCN 管理”命令，进入“DCN 管理”窗口。

（1）主用网关设置。在“网元”标签页面中，在非网关网元“主用网关”栏的下拉表中选择网元所属的主用网关为“2–NE2”（网关网元的主用网关为本身，不需设置），如图 1–21–4 所示。

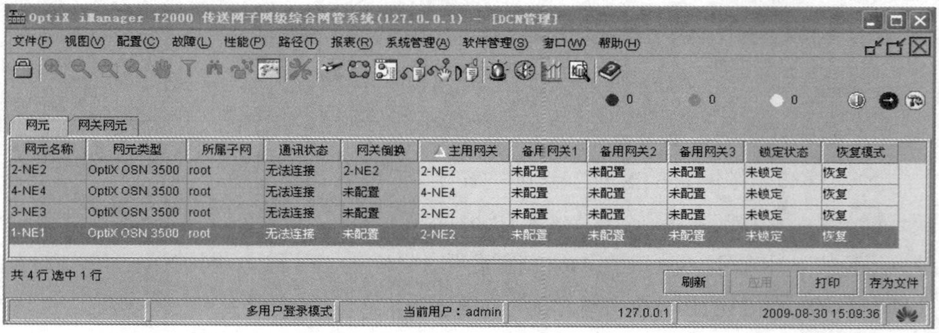

图 1–21–4　主用网关设置

（2）备用网关设置。在“网元”标签页面中“备用网关 1”栏的下拉表中选择网元的相应的备用网关，网关网元 2–NE2 的“备用网关 1”为“4–NE4”，网关网元 4–NE4 的“备用网关 1”为“2–NE2”（两网关网元互做主备），非网关网元的“备用网关 1”选择“4–NE4”，如图 1–21–5 所示。

单击屏幕右下角的“应用”按钮完成网元主备网关的设置。

通过以上的设置，就能实现本地网管和异地网管之间的备份。

（四）更换网关网元的配置方法

实际工作中，往往会遇到更改网关网元的情况，比如网管中心搬迁，工程临时网管等。由于非网关网元是通过 ECC 通道和网关网元进行通信从而实现和网管的通信的，当网关网元发生变化后，网管如要对网络继续进行管理，就需要对非网关网元进行 ECC 通道的重新配置。

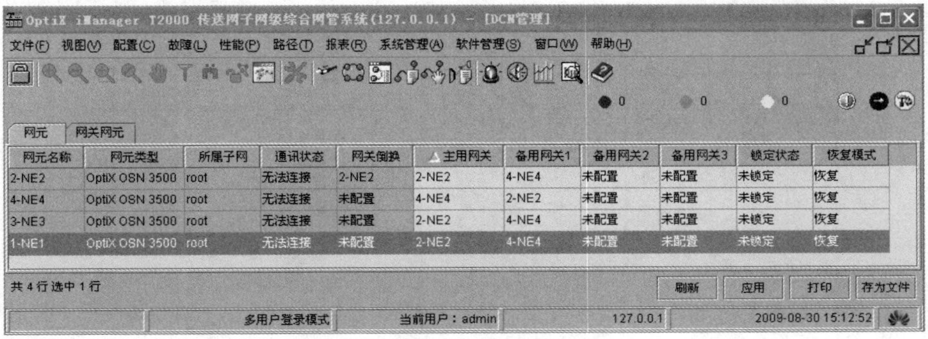

图 1–21–5　备用网关设置

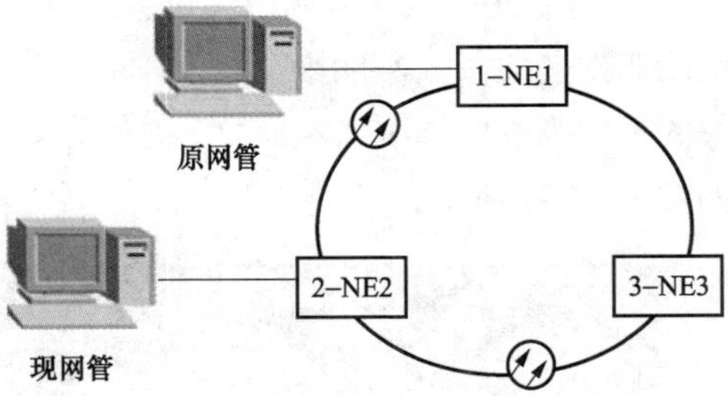

图 1–21–6　更换网关网元示意图

如图 1–21–6 所示，网管系统搬迁后，网关网元由原来的 1–NE1 改变为 2–NE2，如不需要删除现有的拓扑，就能完成监控任务，那么就需要在网管上做如下相应的更改。

在 T2000 网管主视图主菜单中选择“系统管理”菜单，在下拉菜单中单击“DCN 管理”命令，进入“DCN 管理”窗口。

（1）删除原有网关。单击“网关网元”标签，右键单击“网关名称”为“1–NE1”的所在行，在弹出快捷菜单中选择“删除网关”命令，经过提示确认后操作成功，此时可以看到 1–NE1 在网关网元列表中已经没有了，如图 1–21–7 所示。

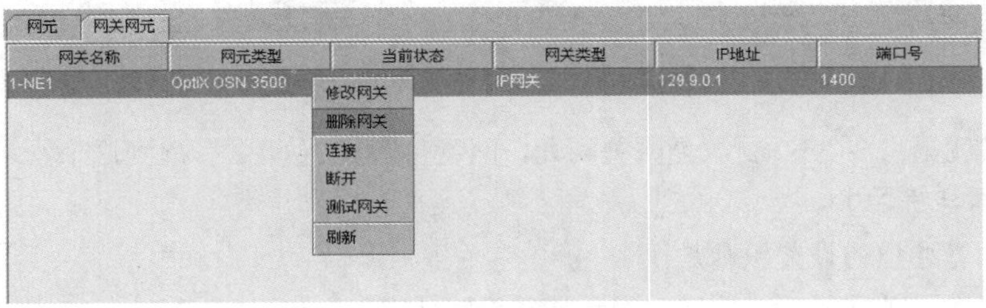

图 1–21–7　删除原网关网元

（2）转换网关。单击“网元”标签。选中“2–NE2”，单击右键，在弹出的快捷菜单中选择“转换成网关”命令，弹出“转换成网关”对话框，参数取默认值，单击“确定”按钮，提示“转换成功”，此时 2–NE2 就出现在“网关网元”标签列表中，如图 1–21–8 所示。

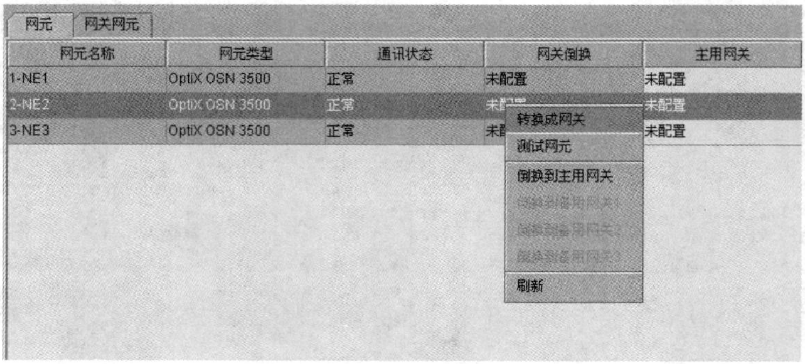

图 1–21–8　转换为网关网元

（3）非网关网元所属网关设置。在“网元”标签下，可以看到网元 2–NE2 的“主用网关”变成了“2–NE2”，而 1–NE1 和 3–NE3 的主用网关为“未配置”，在主用网关的下拉列表中选中“2–NE2”更改为“2–NE2”，单击屏幕右下角的“应用”按钮，如图 1–21–9 所示。

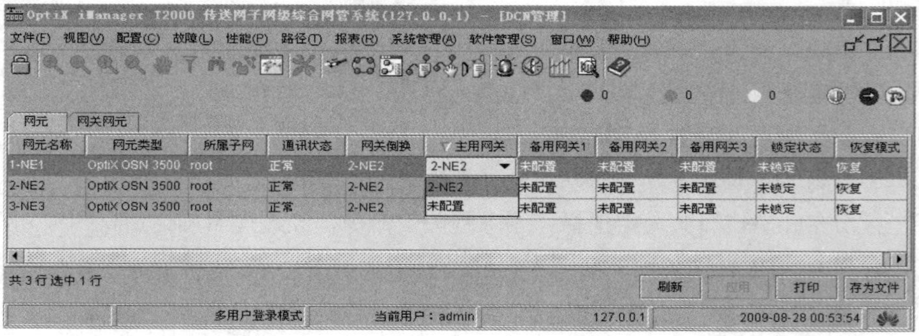

图 1–21–9　修改主用网关

此时就已将 2–NE2 更改为网关网元，网管可通过 2–NE2 管理到这个网络了。

【思考与练习】

1. 网管通道的设置原则是什么？

2. 更改网关网元后，非网关网元需要设置什么？

3. 观察光路中断对网管通道有什么影响。

第二章

PCM 设备的运维检修

模块 1　PCM 设备的硬件结构（Z37E2001Ⅰ）

【模块描述】本模块包含 PCM 设备的机框介绍和机框上各出线端子的介绍，通过对 PCM 设备硬件框架组成的介绍，掌握 PCM 的硬件结构。

【模块内容】

一、PCM 设备的概念

PCM 设备是运用脉冲编码调制（PCM，Pulse Coding Modulation）技术，将模拟信号（如话音信号）经过抽样、量化和编码三个过程变换为数字信号再传给对方；对收到的数字信号经过再生、解码和低通滤波，把数字信号还原为原来的模拟信号的通信设备。

PCM 设备按时隙交叉功能分类，可分为带时隙交叉功能和不带时隙交叉功能的两类。早期的一些 PCM 设备，或者是当前考虑到不同市场需求而设计的一些 PCM 设备，它们都不带时隙交叉功能，属于不带时隙交叉功能的 PCM 设备。目前，很多专网都使用带时隙交叉功能的 PCM 设备，如法国 SAGEM 公司生产的 FMX12 数字交叉连接设备等。

二、带时隙交叉功能的 PCM 设备的基本功能

（1）连接设备内部结构接口的转换。

（2）数据和信令的交叉连接。

（3）同步。

（4）设备与网络的监控和管理。

其系统功能方框图如图 2–1–1 所示。

三、FMX12 设备简介

本培训课程所有章节的实例都是以 FMX12（P4.3B）数字交叉连接设备为例来编写的。FMX12 设备是法国 SAGEM 集团公司生产的智能 PCM 终端和 DXC 设备，该设备具有集成化程度高、功耗低、接口丰富、配置灵活、可靠性高，网管功能强及系统组网灵活先进等优点。FMX12 设备是一种集终端复用，上下电路，交叉连接为一体的智能化多业务接入设备，具有强大的时隙交叉功能。交叉功能由先进的高集成芯片完成，能完成 26×2Mbit/s 或 780×64Kbit/s 业务的无阻全交叉连接，能够很好地满足组网的要求。

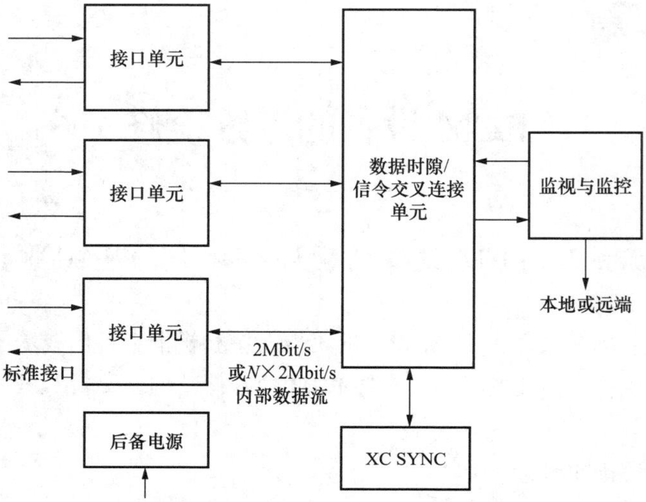

图 2–1–1 PCM 系统功能方框图

四、FMX12 设备的硬件结构

FMX12 设备机框如图 2–1–2 所示，可在 19 英寸或 M3 机架上安装，整个机框为 6+3U 前连接接入框，具体尺寸为：440mm×420mm×270mm。

图 2–1–2 FMX12 设备机框图

FMX12 设备机框插槽示意图如图 2–1–3 所示，公用板只能各自插在固定的插槽位，槽位具体分配如下：

（1）CNVR 板。电源变换板，可插两块配成 1+1 备份（1、2 插槽互为备份）。

（2）GIE 板。管理接口板，只插一块（15 插槽）。

（3）COB 板。交叉连接同步板，可插两块配成 1+1 备份（16 插槽为主用、17 插槽为备用）。

（4）接口板。插槽 3 至插槽 14 共 12 个插槽位未被分配，可以用来安装任何用户接口板或者空闲不用。其中常用的接口板有：4×2048Kbit/s 接口板（A2S 板）、V.24/V.28 板、6 路可编程音频接口板（6PAFC 板）、6 路用户板（Subscr 板）和 12 路交换板（Exch12 板）等。

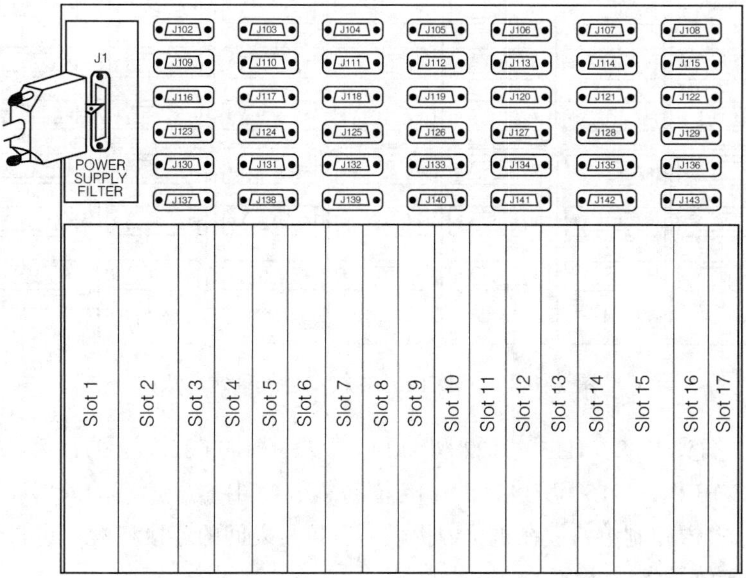

图 2–1–3　FMX12 设备机框插槽示意图

FMX12 设备接口连线区域示意图如图 2–1–4 所示，电源滤波板用来接电源输入和主、次告警的输出。从第 3～14 槽，每个插槽对应 3 个 26 芯插头，对应情况如下具体分配为：

（1）J102、J109 和 J116 对应插槽 3。

（2）J123、J130 和 J137 对应插槽 4。

（3）J103、J110 和 J117 对应插槽 5。

（4）J124、J131 和 J138 对应插槽 6。

（5）J104、J111 和 J118 对应插槽 7。

（6）J125、J132 和 J139 对应插槽 8。

（7）J105、J112 和 J119 对应插槽 9。

（8）J126、J133 和 J140 对应插槽 10。

（9）J106、J113 和 J120 对应插槽 11。

（10） J127、J134 和 J141 对应插槽 12。

（11） J107、J114 和 J121 对应插槽 13。

（12） J128、J135 和 J142 对应插槽 14。

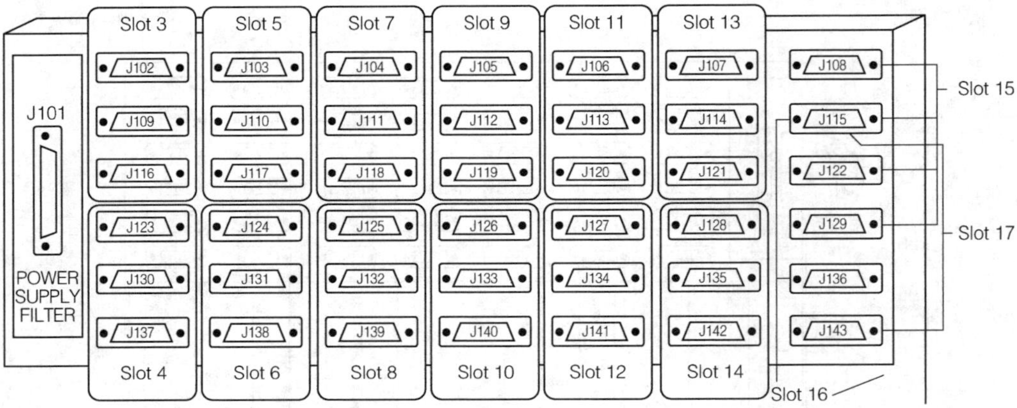

图 2-1-4 FMX12 设备接口连线区域示意图

另外，插头 J108、J115、J122 和 J129 对应 15 槽的 GIE 板，J115 和 J136 对应 16 槽的主用 COB 板，J115 和 J143 对应 17 槽的备用 COB 板。所有的外部连接都在机框前面进行，多层印制电路板在机框内提供所有信号之间的连接和板之间的连接。

【思考与练习】

1. 带时隙交叉功能的 PCM 设备一般都可以提供哪些基本功能？

2. FMX12 设备的管理接口板、交叉连接同步板和电源板应分别插在哪些槽位？

3. FMX12 设备有哪些常用板卡？

◢ 模块 2 PCM 设备的板卡及其功能（Z37E2002Ⅰ）

【模块描述】本模块包含 PCM 设备各板卡及其功能的介绍，通过对公用板卡功能、各接口板卡接口参数、接口功能的介绍，掌握 PCM 设备各种板卡的功能。

【模块内容】

一、PCM 设备常用板卡及功能

随着科技进步，电子设备集成化程度也越来越高。不同厂家生产的 PCM 设备的集成化程度不一样，模块结构也不相同，但接口板卡功能大同小异。常用的接口板卡有 2Mbit/s 板（有些厂家把它和定时单元、线路接口单元、控制单元和告警监控等单元集成在一块板卡上，叫作 2Mbit/s 群路板）、FXS 板、FXO 板、E/M 板和数据接口板等。各种板卡的功能分别是：

（1）2Mbit/s 接口板。它的功能是控制和协调各种接口板的通信，将各种话路或数据接口送来的信息汇集成帧送到对端设备，或者将对端送来的信息分接到每个话路或数据接口，对系统进行监测并提供告警信息。

（2）FXS 接口板。用户线模拟接口，在用户端使用，出口主要用于接普通模拟电话机。

（3）FXO 接口板。用户交换机模拟中继接口，主要用于接程控交换机，一般在局端使用，出口接交换机用户线。

（4）E/M 接口板。它又分 2W E/M 板和 4W E/M 板。

1）2W E/M 接口板可用于 2 线音频或 2 线话带数据的传输，也可用于连接两台交换机的 2 线 EM 接口。

2）4W E/M 接口板可用于 4 线音频或 4 线话带数据的传输，也可用于连接两台交换机的 4 线 EM 接口。

E/M 接口方式是一种话音和信号分开的信号系统，其话音通道是独立的透明通道，不论 E、M 线的状态如何，音频信号都能在 E/M 接口的话音通道中传输。在电力系统中，PCM 设备的音频 E/M 接口可以用来传输远动、继电保护等自动化信息，4W E/M 接口可以分别传一路远动信号的上行数据和一路远动信号的下行数据。

（5）数据接口板。随着电力通信系统的发展，越来越多的用户采用数据通道传输远动信号。根据数据信息传输速率和距离的不同，可使用不同种类的数据接口板来完成这些信息数据的传送。

二、FMX12 设备常用板卡及功能

FMX12 数字交叉连接设备的配置包括公用部分的交叉连接同步板（COB），管理接口板（GIE）和电源变换板（CNVR）。另外还包括用户接口板，常用的接口板有 A2S 板（4×2Mbit/s 板）、V.24/V.28 数据接口板、6PAFC 板（E/M 板）、Subscr 板（FXS 板）和 Exch12 板（FXO 板）。各种板卡的功能分别是：

1. 交叉连接同步板（COB 板）

交叉连接同步板的功能有：① 数据和信令的交叉连接，由时分接线器完成数据流的交叉连接，其能力为 26×2Mbit/s 或 780×64bit/s 业务的无阻全交叉连接；② 为设备提供同步。可以提供外部同步输入、内部振荡器和从 2048kbit/s G.703/G.704 支路或复接信号中提取时钟等备用同步定时源，锁定在活动同步源上的 2048kHz 外部信号由 FMX12 设备连续生成。一旦检测出有源时钟源的故障状况，设备将自动转换至下一个可用的时钟源。

2. 管理接口板（GIE 板）

管理接口板的功能有配置管理、性能管理、故障和误码管理、安全管理、维护管理和接口管理。

（1）配置管理包括所有设备对正常操作的基本功能，它包括设备基本参数配置，如时钟源和系统参数的选择和复位功能；物理配置包含硬件插板及功能的输入、添加和删除；逻辑配置包括处理接口激活与交叉连接选择。

（2）性能管理包括误码性能的检测。

（3）故障与误码管理包括故障和误码检测、告警解除和管理接口相应动作，包括告警的指示、LED 显示及向远端管理系统的报告。

（4）安全管理包括配置数据的保护和备份，故障后的恢复、公用设备单元的插入与拆除。

（5）维护管理功能提供远端状态监控，环回控制和远端控制单元的处理。

（6）接口管理提供本端终端操作、公用设备单元 LED 显示和中央管理接口的所有功能。

管理接口板的功能方框示意图如图 2-2-1 所示。

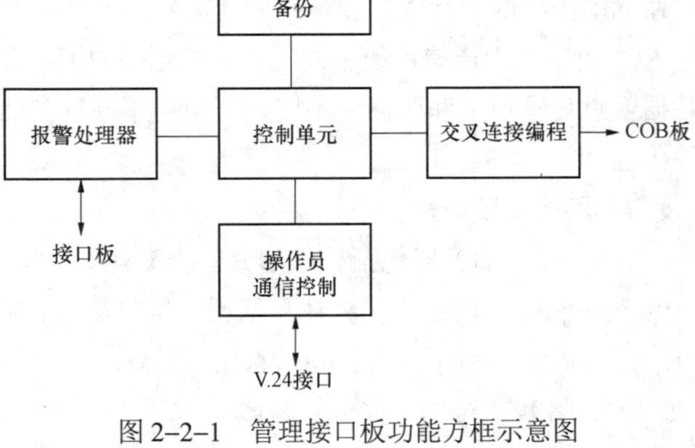

图 2-2-1　管理接口板功能方框示意图

3. 电源变换板（CNVR 板）

电源变换板可配成一块或者配成两块互为备份。它们从一个 48V DC 电源上为各个单元和分机线路 FXS 接口（48V）或 ISDN 网（96V）提供+5V 和–5V 的直流电压。

4. A2S 板（4×2M 板）

A2S 板支持 4 个符合 ITU–T G.703 和 G.704 标准的 2Mbit/s HDB3 接口。它提供传输性能监控，向通用设备单元提供误码块（2Mbit/s 速率的 2048bit 组）信息。输入阻抗为 120Ω 平衡或 75Ω 非平衡（跳针可选）。

A2S 板卡提供下列操作模式：

（1）I.431 用于连接 30 个（包括 29 个有用的信道）B+D ISDN 设备。

（2）G.732 用于连接国内或国际链路上的数字 PABX。

（3）G.736–G.704 用于不使用时隙 16 的传输设备。

（4）TR2G 用于公用 PCM 线路网络（法国电信传输）。

5. V.24/V.28 数据接口板

V.24/V.28 板提供 4 个独立的标准的 DCE 或 DTE 接口，用来连接 1200bit/s 至 64kbit/s 同步终端，也可以连接 50～38 400bit/s 异步终端。

4 个独立的 V.24/V.28 接口可用于点对点用户，每块板可占用 4 个时隙，即每个接口占用一个时隙，也可根据传输速率把 1 个、2 个或者 3 个以上的链路并入一个时隙。

6. 6PAFC 板（E/M 板）

6PAFC 板可提供 6 个 2 线/4 线音频和 E/M 通道。

（1）4 线模拟接口方式时，4 线端口电平为：

额定发送（输入）–14dB；额定接收（输出）+4dB。

电平调节范围为：

发送（输入）端口–0.5～–16dBr；接收（输出）端口+7～–8.5dBr，以 0.5dB 为步长可调。

（2）2 线模拟接口方式时，2 线端口电平为：

额定发送（输入）13dB；额定接收（输出）4dB。

电平调节范围为：

发送输入+2.5～–13dBr；接收（输出）端口–2.0～–17.5dBr，以 0.5dB 为步长可调。

7. Subscr 板（FXS 板）

Subscr 板支持 6 个独立的接口、可连接具有 FXS 接口数据终端、3 级传真机以及音频调制解调器。每个接口均为 2 线型接口，带有标准 48V 电源和回路断开信令。此板有两种操作模式，一种是交换机分机延伸方式，它提供一个通过 2Mbit/s 连接的交换机接入用户终端，要求在远端使用交换板（如 Exch12）。另一种为热线方式，提供两个分机之间的直接连接，它要求远端使用用户板（Subscr）。

电平范围：发送为–5～0dBr，接收为–7.5～–2dBr，以 0.5dB 为步长可调。

8. Exch12 板（FXO 板）

Exch12 板支持 12 个独立的可提供与带有标准 FXO 接口的专用自动小交换机连接的接口。每个接口均为 2 线型接口，带有标准 48V 直流电源和回路断开信令。当与用户板结合使用时，此交换板可提供交换机与延伸电话之间的连接。

电平范围：发送为–7.5～–2dBr，接收为–5～0dBr，以 0.5dB 为步长可调。

【思考与练习】

1. 2Mbit/s 接口板的基本功能是什么？

2. FMX12 设备的交叉连接同步板（COB 板），管理接口板（GIE 板）的功能有哪些？

3. 6PAFC 板、Subscr 板和 Exch12 板的电平可调节范围分别是多少？

4. Subscr 板有哪几种操作模式？

◢ 模块 3 PCM 设备的板卡配置（Z37E2003 Ⅰ）

【模块描述】本模块包含 PCM 设备板卡硬件配置和软件配置，通过对板卡硬件跳线的介绍和板卡端口参数软件配置的介绍，掌握常用的硬件跳线和板卡参数的设置方法。

【模块内容】

一、PCM 设备板卡配置

为了适应用户的需求，很多 PCM 设备的板卡上都设计有可供 2Mbit/s 接口阻抗、时钟类型（主时钟和从时钟）和软件版本等选择的小跳线。在设备调试之前，可先可根据电路的具体要求，对设备各种板卡的跳线做必要的跳接处理。

1. 2Mbit/s 接口板的配置

硬件方面，需要选择 2Mbit/s 接口输入阻抗（120Ω 平衡和 75Ω 非平衡）的物理跳线。软件配置上，除了与硬件跳线相匹配的阻抗选择外，有些 PCM 设备还有 2Mbit/s 接口运行状态（是否激活）、接口标准和接口名称等参数设置。

2. 2W/4W E/M 接口板的配置

选择适当的接口方式（2W 或 4W），输入电平以及输出电平。

3. 用户接口板（FXS）的配置

选择输入电平和输出电平，有些 PCM 设备的用户接口板还有线路阻抗、输入阻抗和工作方式（用户延伸方式或用户热线方式）的选择。

4. 交换接口板卡（FXO）的配置

选择输入电平、输出电平、线路阻抗和输入阻抗。

5. 数据接口板卡的配置

根据实际情况选择数据的传输方式（同步或异步）、传输速率、内部交换电路、流量控制和字符格式（长度、停止位和奇偶校验）等。

FMX12 设备的 A2S 板在调试前需要进行的跳线选择处理。

A2S 板的 2Mbit/s 接口的输入阻抗有 120Ω 平衡和 75Ω 非平衡方式可供选择。A2S 板上的 4 个输入阻抗选择开关是 S1～S4，开关出厂默认的是“off”状态，表示 4 个 2Mbit/s 接口的输入阻抗都为 120Ω。当开关 S1～S4 中的某位开关置“on”状态时，表示相应的 2Mbit/s 接口的输入阻抗为 75Ω。另外，A2S 板上还有版本选择跳线 J301，跳线出厂默认位 1–2 相连（4.1c 版本），如果是 2–3 相连，表示工作在 4.3 版本状态下。在设备调试之前，注意先选择好 A2S 板的输入阻抗和版本。否则，以后如果想修改其中任意一项，都需要拔出板卡调整，造成板卡拔出期间所有经过此 A2S 板卡的业务都会中断。

二、登录和退出 FMX12 设备操作系统的方法

在介绍 FMX12 设备板卡的具体配置方法以前，先介绍一下登录和退出设备操作系统的方法。首先在电脑上安装 FMX12 设备的调试软件，然后用调试线缆正确地连接本地终端（RS232 口）和 PCM 设备（GIE 板前面板 25 芯插头）。

双击调试软件“FMX–LT 图标”，单击主菜单“Management network（网络管理）”下拉菜单中的“Open network port（打开网络端口）”，如图 2–3–1 所示。

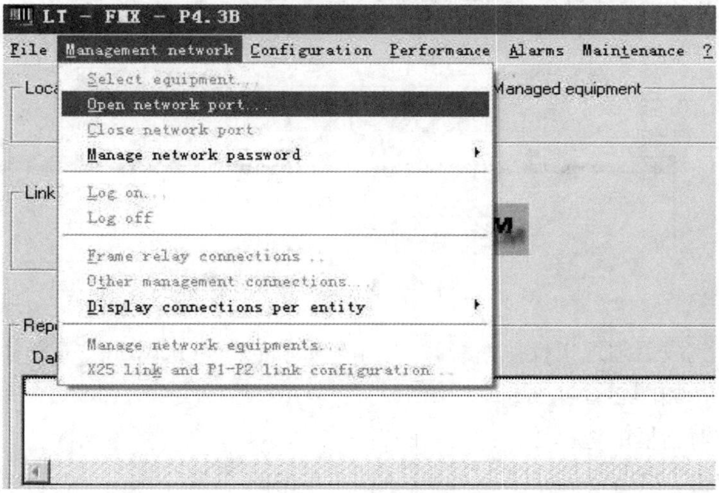

图 2–3–1　打开网络端口

在画面显示“processing in progress”几秒钟后与设备连接成功，如图 2–3–2 所示。再次单击“Management network”下拉菜单中“Log on（登录）”，如图 2–3–3 所示，之后可以对设备进行数据配置操作。

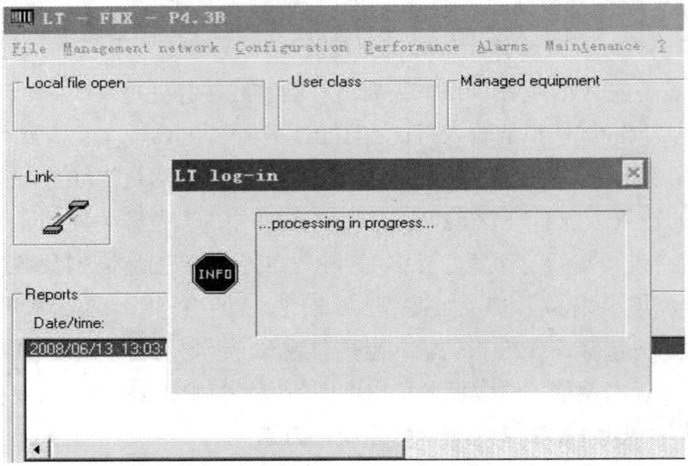

图 2–3–2　网络端口打开进程

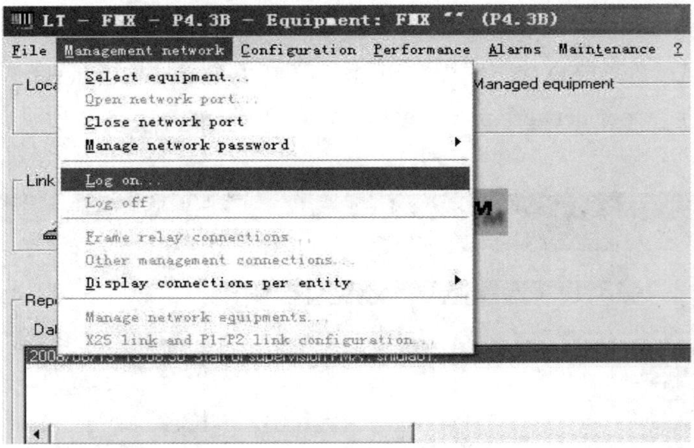

图 2–3–3　登录系统

当操作完成后须退出操作系统时，单击“Management network”下拉菜单中的“Log off（中止）”，如图 2–3–4 所示。

然后在对话框中选择“Yes”，如图 2–3–5 所示。

再次单击“Management network”下拉菜单中的“Close network port（关闭网络端口）”，如图 2–3–6 所示。

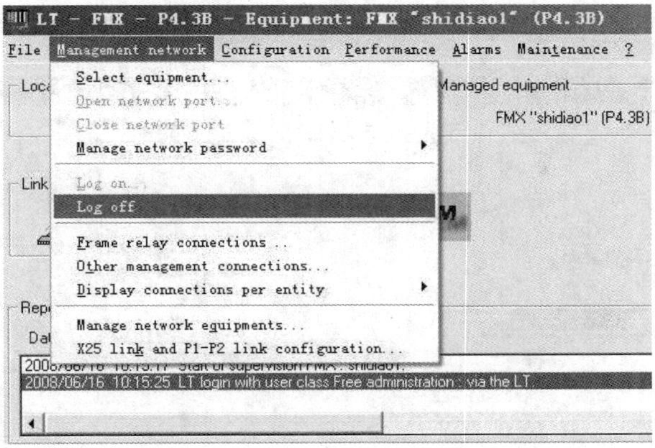

图 2–3–4 退出系统

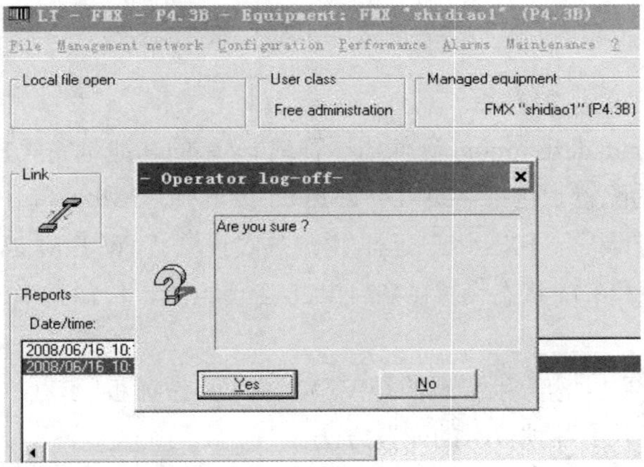

图 2–3–5 退出系统确认

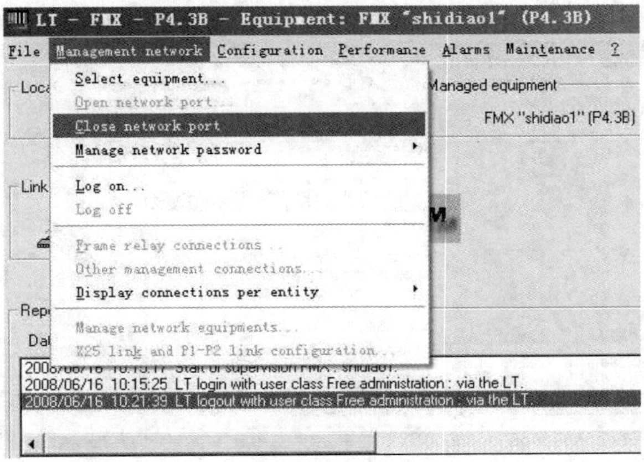

图 2–3–6 关闭网络端口

单击“File（文件）”下拉菜单中“Quit（退出）”即可退出操作软件，如图2–3–7所示。

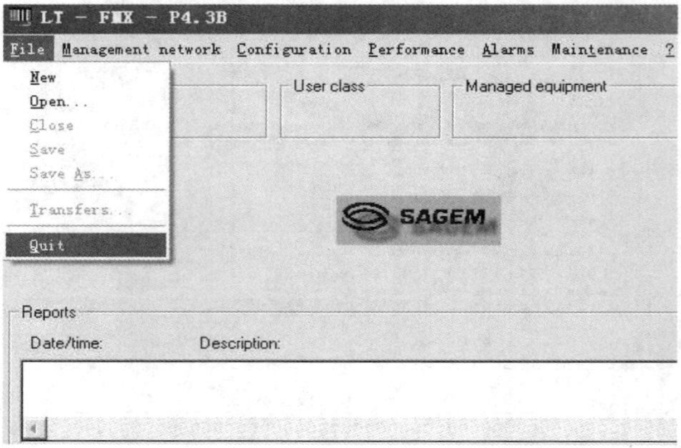

图2–3–7　退出操作软件

三、PCM板卡的配置方法

Manage hardware description（硬件描述管理）菜单的功能是完成FMX12子框从3～14插槽上接口板的配置。包括A2S（4×2Mbit/s接口板）2Mbit/s口的输入阻抗设置；FXS/FXO接口电平调整，FXS用户延伸/用户热线设置；4W E/M 2W/4W工作方式设置、接口电平调整和EM状态设置；V.24/V.28工作方式、传输速率、控制状态等数据格式的设置等。

假设在10槽至14槽分别配置的是V24/V28板、E/M板、FXO板、FXS板和A2S板，下面介绍的是以上各种板卡的配置方法。

首先单击“Configuration”下拉菜单中的“Manage hardware description”，如图2–3–8和图2–3–9所示。

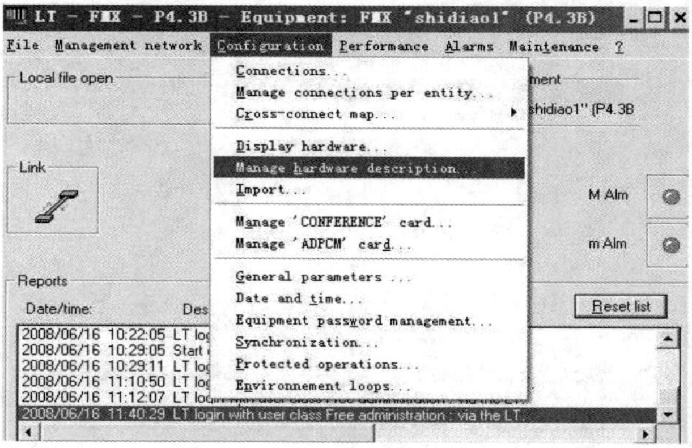

图2–3–8　主菜单配置的下拉菜单

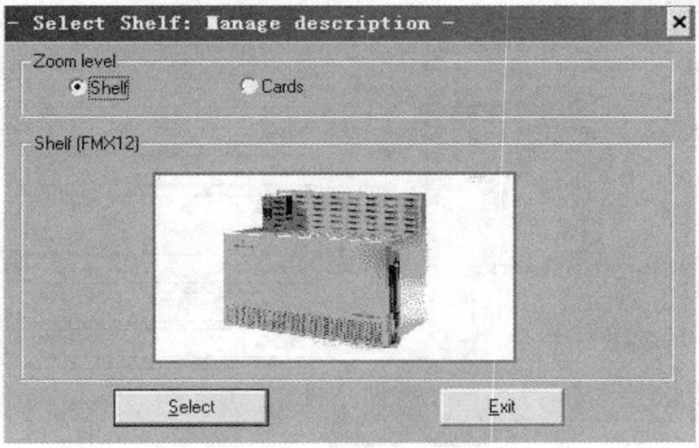

图 2–3–9 机框管理选项

单击“Cards（插板）”选项，进入下一个界面，如图 2–3–10 所示。

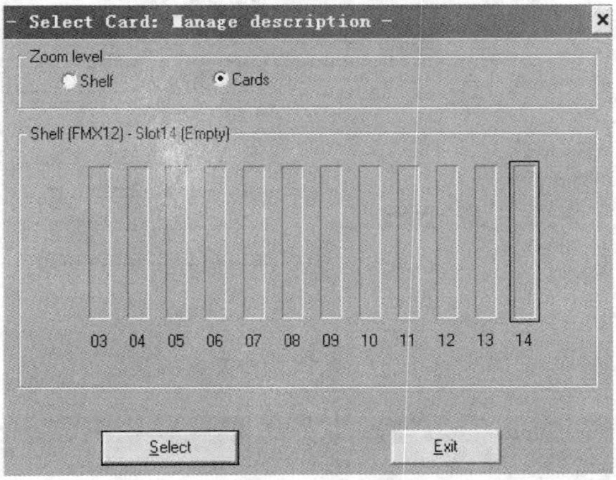

图 2–3–10 机框槽位显示

（1）A2S 板（4×2Mb/s 接口板）的配置：

单击 14 插槽的位置，再单击“Select”，显示如图 2–3–11 所示。

选择“A2S”，使“Card type”框中显示为 A2S，单击“Add”进入下一个界面，如图 2–3–12 所示。

单击“Yes”确定，进入下一个界面，如图 2–3–13 所示。

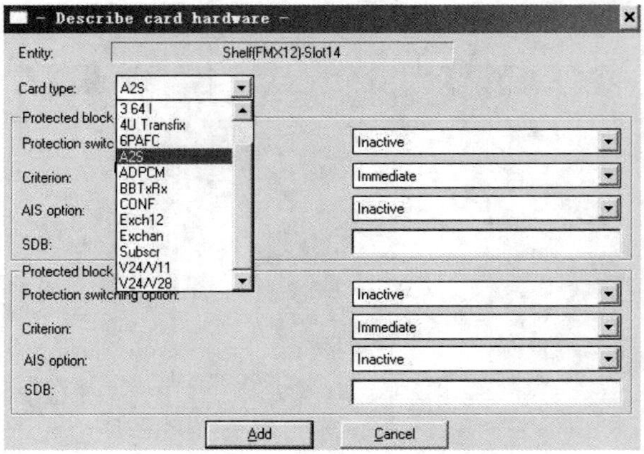

图 2–3–11　板块类型选项

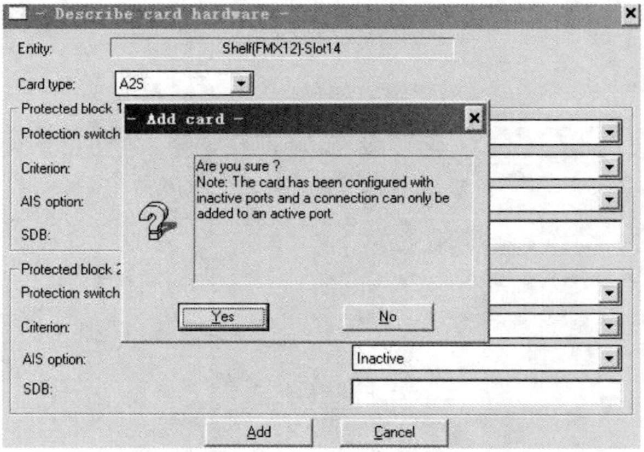

图 2–3–12　板卡槽位配置确认

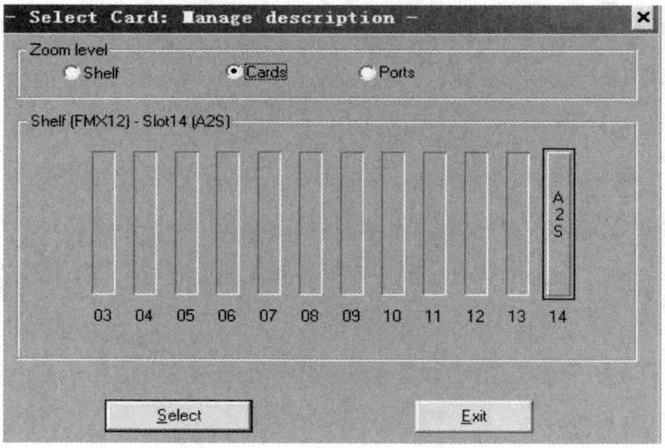

图 2–3–13　板卡槽位选择

单击图中“Ports”选项，进入下一个界面，如图 2–3–14 所示。

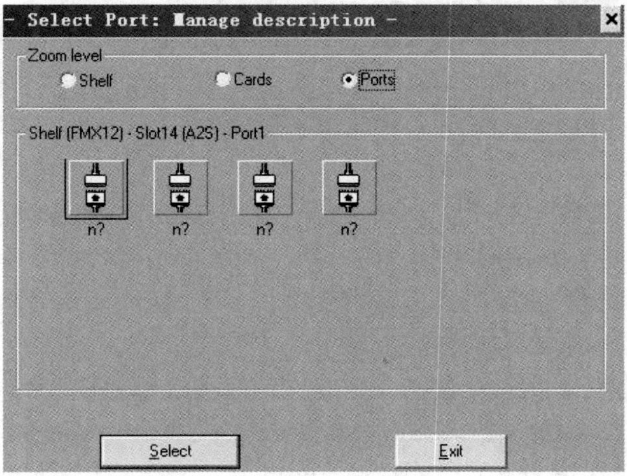

图 2–3–14　A2S 板卡端口选择

框选任意一个 2Mbit/s 口（如 Port1），单击“Select”进入下一个界面，如图 2–3–15 所示。

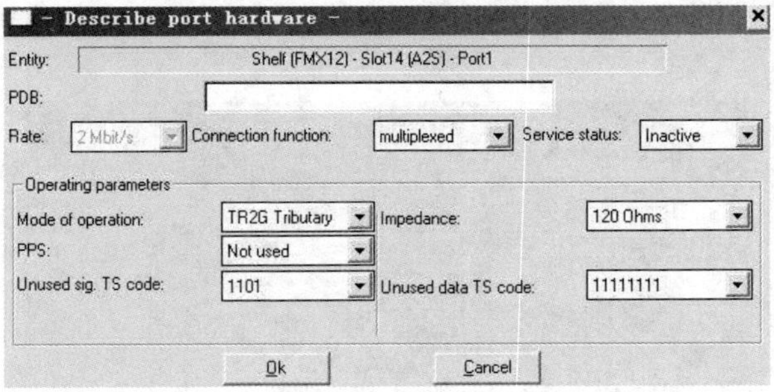

图 2–3–15　A2S 板卡端口描述

一般情况下需要修改的地方有：

Connection function（连接功能）：cross–connected（交叉连接）。

Service status（运行状态）：active（激活）。

Impedance（阻抗）：75Ohms。

单击“OK”进入下面对话框，如图 2–3–16 所示。

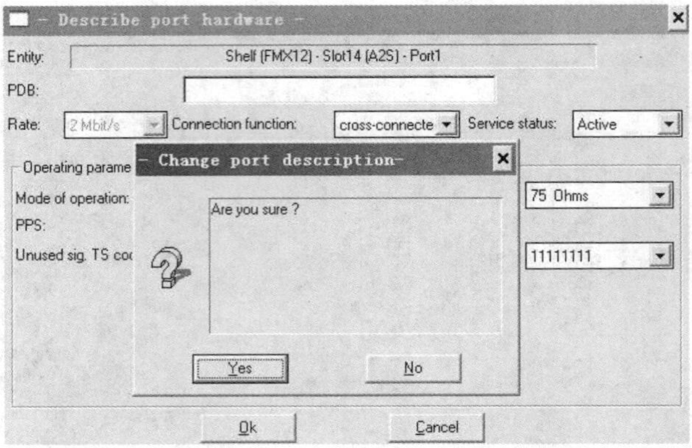

图 2-3-16　A2S 板卡端口参数修改确认

再单击“Yes”，这样就完成了一个 2Mbit/s 接口设置，其余 2Mbit/s 口的配置方法相同。

（2）Subscr（用户接口）板的配置：

同 A2S 板的配置方法类似。在如图 2-3-10 所示界面中选择 13 插槽，在如图 2-3-11 所示界面下选择“Subscr”，单击“Add”，再单击“Yes”确定，进入下一个界面，如图 2-3-17 所示。

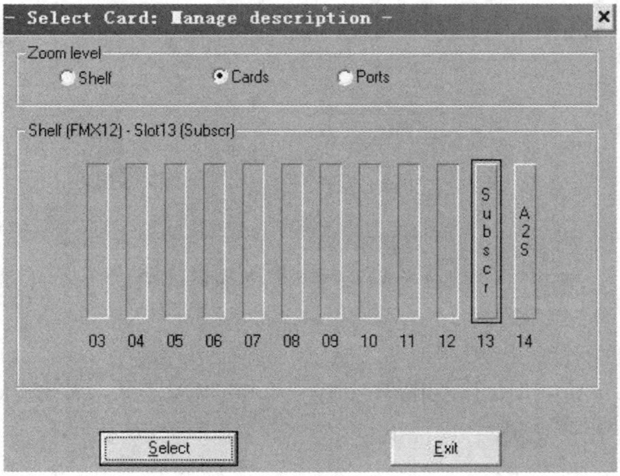

图 2-3-17　板卡槽位选择

单击图中“Ports”，进入下一个界面，如图 2-3-18 所示。

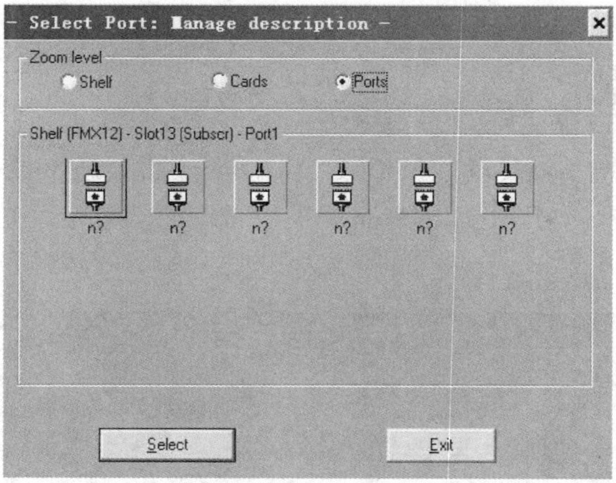

图 2–3–18 Subscr 板卡端口选择

框选任意一个接口（如 Port1），单击“Select”，进入下一个界面，如图 2–3–19 所示。

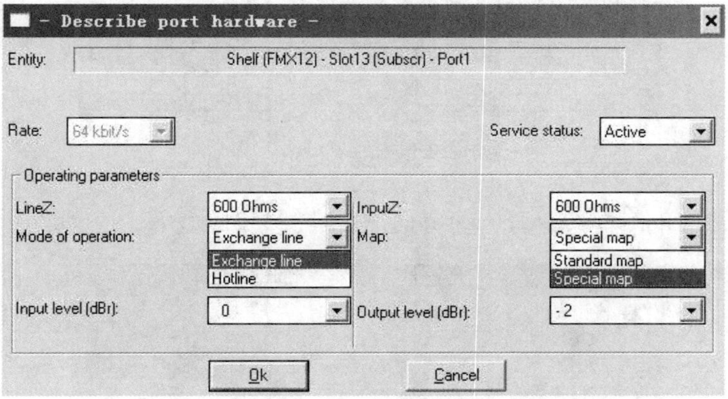

图 2–3–19 Subscr 板卡端口描述

根据实际情况，可供修改的地方有：

1）Service status（运行状态）：Active（激活）。

2）LineZ（线路阻抗）：600Ohms；InputZ（输入阻抗）：600Ohms。

3）Mode of opration（工作方式）：Exchang line（用户延伸）/Hotline（用户热线）。

4）Map（电平图）：在选择“Special map（特殊电平图）”后，才能调整输入输出电平，如果没有特殊要求，也可不调整。

5）Input level（输入电平 dBr）：–5～0，0.5dB 步长可调。

6）Output level（输出电平 dBr）：–7.5～–2，0.5dB 步长可调。

设置完成后，点“OK”，再单击“Yes”确认，这样就完成了一个接口的设置，其余接口的配置方法相同。

（3）Exch12（12 路交换接口）板配置：

同 A2S 板的配置方法类似。在如图 2–3–10 所示界面中选择 12 槽，在如图 2–3–11 所示界面下选择“Exch12”，单击“Add”，再单击“Yes”确定，进入下一个界面，如图 2–3–20 所示。

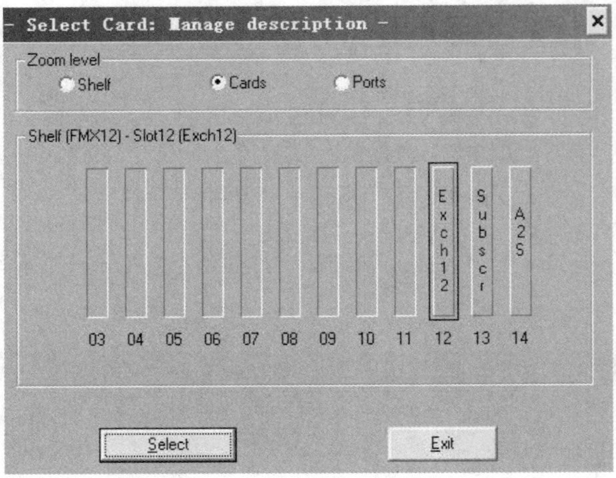

图 2–3–20 板卡槽位选择

单击图中“Ports”，进入下一个界面，如图 2–3–21 所示。

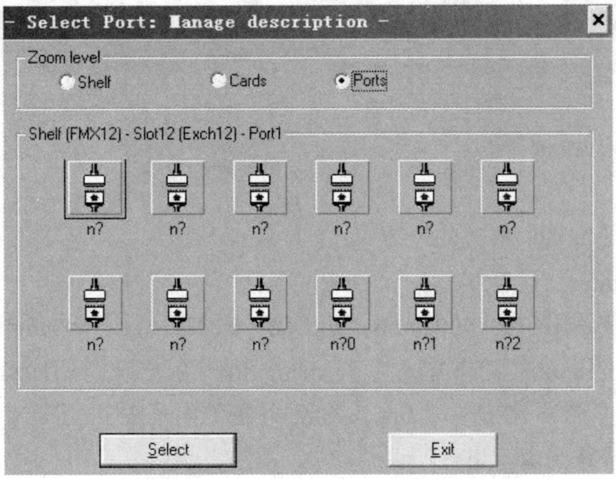

图 2–3–21 Exch12 板卡端口选择

框选任意一个接口（如 Port1），并单击“Select”，进入下一个界面，如图 2–3–22 所示。

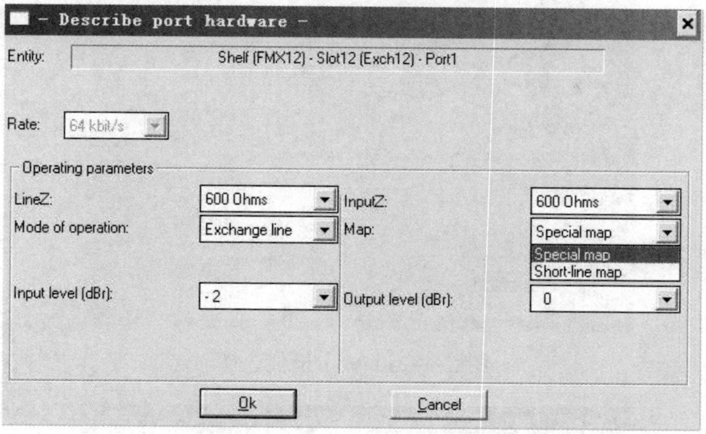

图 2–3–22 Exch12 板卡端口描述

根据实际情况，可供修改地方有：

1）LineZ（线路阻抗）：600Ohms；InputZ（输入阻抗）：600Ohms。

2）Map（电平图）：在选择“Special map（特殊电平图）”后，才能调整输入输出电平，如果没有特殊要求，也可不调整。

3）Input level（输入电平 dBr）：–7.5～–2，0.5dB 步长可调。

4）Output level（输出电平 dBr）：–5～0，0.5dB 步长可调。

设置完成后，点“OK”，再单击“Yes”确认，这样就完成了一个接口的设置，其余接口的配置方法相同。

（4）6PAFC（2W/4W E/M 接口）板配置：

同 A2S 板的配置方法类似。在如图 2–3–10 所示界面中选择 11 槽，在如图 2–3–11 所示界面下选择 6PAFC，单击“Add”，再单击“Yes”确定，进入下一个界面，如图 2–3–23 所示。

单击图中“Ports”，进入下一个界面，如图 2–3–24 所示。

框选任意一个接口（如 Port1），并单击“Select”，进入下一个界面，如图 2–3–25 所示。

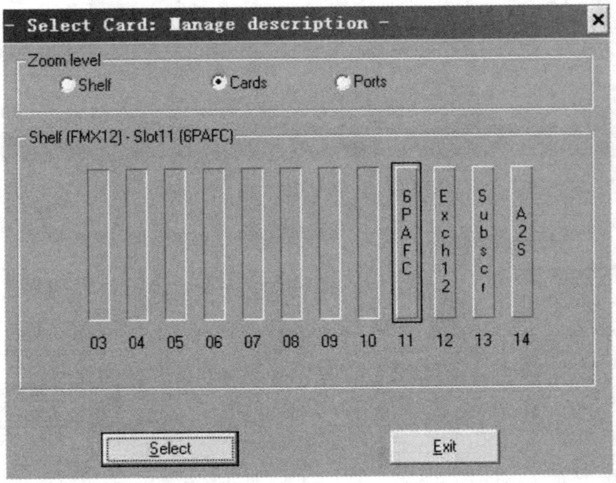

图 2–3–23 板卡槽位选择

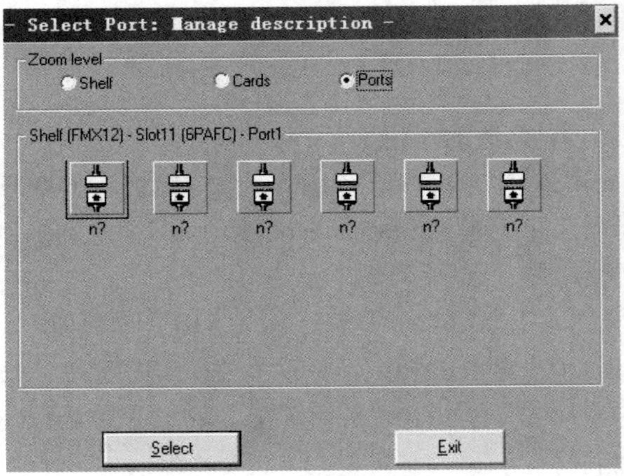

图 2–3–24 6PAFC 板卡端口选择

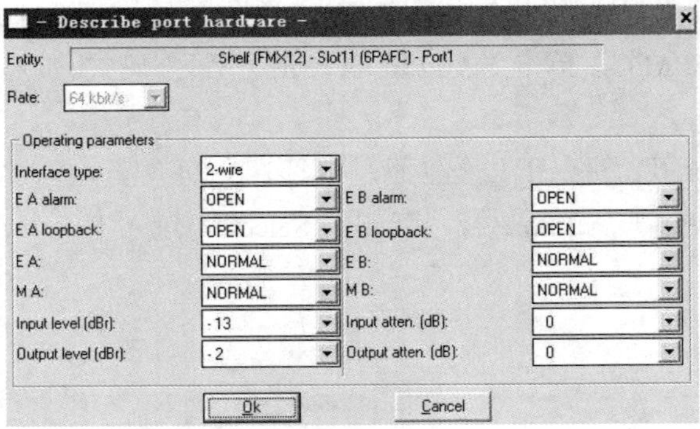

图 2–3–25 6PAFC 板卡端口描述

根据实际情况，需要修改地方有：

1）Interface type（接口类型）：2W/4W。

2）Input level（输入电平 dBr）：–13～2.5，0.5dB 步长可调。

3）Output level（输出电平 dBr）：–17.5～–2，0.5dB 步长可调。

设置完成后，点“OK”，再单击“Yes”确认，这样就完成了一个接口的设置，其余接口的配置方法相同。

（5）V.24/V.28 数据接口板配置：

同 A2S 板的配置方法类似。在如图 2–3–11 所示界面中选择 10 槽，在如图 2–3–12 所示界面下选择 V24/V28，单击“Add”，再单击“Yes”确定，进入下一个界面，如图 2–3–26 所示。

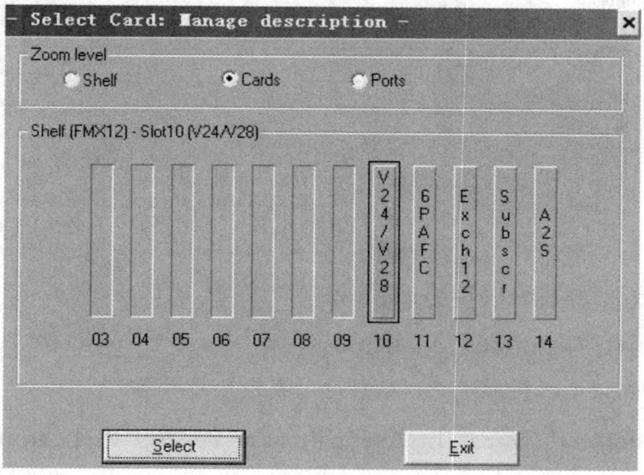

图 2–3–26 板卡槽位选择

单击图中“Ports”，进入下一个界面，如图 2–3–27 所示。

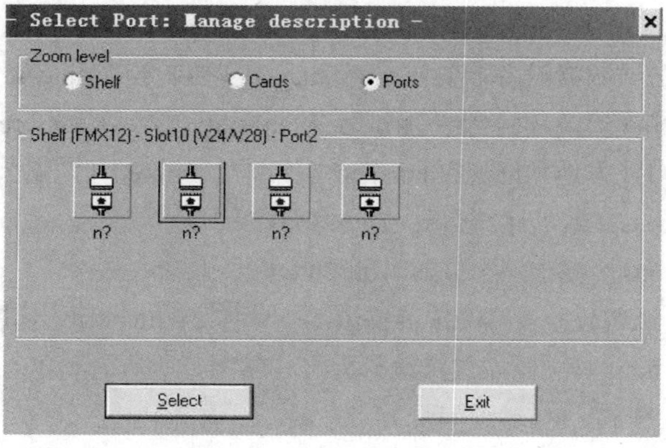

图 2–3–27 V.24/V.28 数据接口板卡端口选择

框选任意一个接口（如 Port2），并单击“Select”，进入下一个界面，如图 2–3–28 所示。

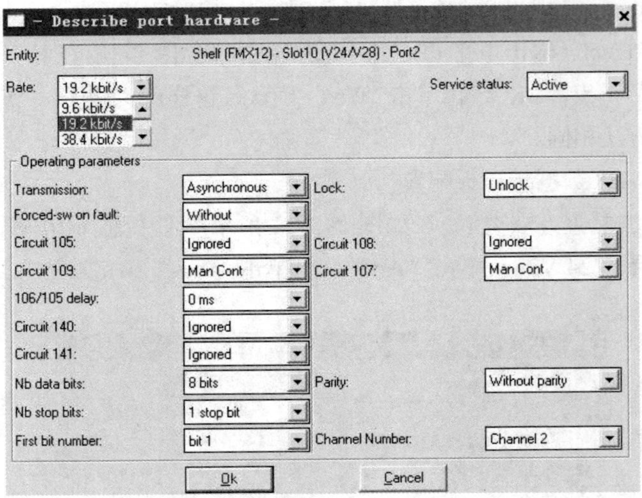

图 2–3–28　V.24/V.28 数据接口板卡端口描述

根据实际情况，需要修改地方有：

1）Rate（传输速率）：0.6～38.4Kbit/s（异步）；1.2～64Kbit/s（同步）。

2）Service status（运行状态）：Active（激活）。

3）Transmission（传输方式）：Asynchronous（异步）/Synchronous（同步）。

4）Circuit 105（请求发送）：Managed（控制）/Ignored（忽略）。

5）Circuit 108（数据终端准备好）：Managed（控制）/Ignored（忽略）。

6）Circuit 109（数据信道接收线路信号检测）：Managed（控制）/Man cont（人工控制）。

7）Circuit 107（数据设备准备好）：Managed（控制）/Man cont（人工控制）。

8）Circuit 140（远端环回/维护测试）：Managed（控制）/Ignored（忽略）。

9）Circuit 141（本地环回）：Managed（控制）/Ignored（忽略）。

10）Nb data bits（数据比特数）：7bits/8bits。

11）Nb stop bits（数据停止位）：1bit/2bits。

12）Parity（奇偶校验）：Without parity（不用）/With parity（使用）。

13）Frist bit number（开始比特编号）：1（常用）。

14）Channel Number（通道编号）：1～4。

设置完成后，点“OK”，再单击“Yes”确认，这样就完成了一个接口的设置，其余接口的配置方法相同。

【思考与练习】

1. A2S 板卡的硬件设置应该注意什么？

2. A2S 板卡软件配置的方法是怎样的？

3. 6PAFC 板卡软件配置的方法是怎样的？

模块4 PCM二线通道的测试（Z37E2004Ⅰ）

【模块描述】本模块包含 PCM 二线通道常用特性指标的测试。通过对电平、频率特性等测试方法的介绍，掌握正确使用 PCM 综合测试仪测试二线通道特性指标的方法。

【模块内容】

一、测试目的

为了保证 PCM 通信质量，测试的 PCM 话路特性指标必须符合国际电信联盟远程通信标准化组 ITU–T 的建议。所以，在日常维护中，要定期对 PCM 设备的话路特性指标进行测试，确保其指标合格。

二、测试前的准备工作

1. 了解被试设备现场情况及试验条件

测试现场的温度、湿度等条件要符合设备及仪表正常工作的条件。

2. 测试仪器、设备准备

1 台话路特性测试仪、测试线、接地线、2 端 PCM 终端设备（带 FXS 接口和 FXO 接口）。

三、测试步骤及要求

（1）话路特性测试仪和两端 PCM 设备可靠接地（共地）。

（2）按图 2–4–1 所示，测试线的一头分别接话路特性测试仪的收、发接口，另一头分别接两端 PCM 设备对应的 FXS 接口和 FXO 接口。

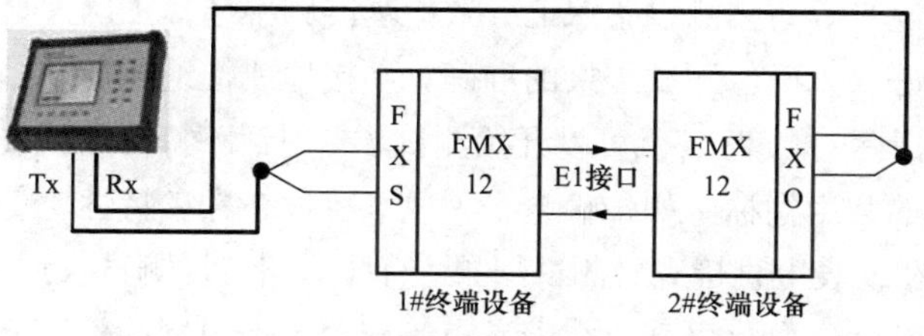

图 2–4–1 二线话路通道测试连线示意图

（3）启动话路特性测试仪，选择要测试项目进行测试（如电平、电平特性、频率特性、量化失真和空闲噪声等指标）。

（4）根据仪表显示记录测试结果。

四、测试结果分析及测试报告编写

1. 测试结果分析

把每一项测试结果与标准参数比较，不合格的部分需对设备进行相应的调试。

2. 测试报告编写

将测试结果填入相应的测试表格中。

五、测试注意事项

（1）话路特性测试仪和 PCM 设备可靠接地（共地）。

（2）测试线插头无氧化及油污，保证测试线与话路特性测试仪和 PCM 设备可靠接触。

（3）保证测试现场的温度、湿度符合设备及仪表正常工作的条件。

以上几点都可能影响测试数据的准确性。

（4）测试前，注意看清楚接线排资料，将测试线连接到正确的位置。错误地将测试线连接到非被测的接口上，会造成正常运行电路中断。

六、FMX12 设备二线通道的测试方法

以前测试 FXO、FXS 的二线环路通道，需要外加电路才能实现。随着科技的进步，现在有很多话路特性测试仪采用了内置直流环路馈电电路和直流环路保持电路，不仅可测二/四线 E&M 接口，还可直接测 FXO 和 FXS 接口。内置直流环路馈电电路为 FXO 接口馈电，直流环路保持电路启动 FXS 接口，以保证二线环路通道的启动。

对二线话路通道进行 FXO（Exch12）–FXS（Subscr）测试时，必须先建立话音通道，才能通过仪表测试话路通道的各项指标，测试连线示意图如图 2–4–1 所示。

将 1#和 2#两端 FMX12 设备的二线电路数据配置好后，把仪表的 Rx 测试接头并接在 1#FMX12 设备的二线用户线上，同时将仪表的 Tx 测试接头并接在 2# FMX12 设备的二线用户线上。根据话路特性测试仪的使用说明，把仪表的接口类型、输入（输出）阻抗和相对电平等与被测设备保证一致，基准频率选择正确，把仪表的地与设备的地共地连接良好（以确保测试结果的准确。不接地或接地不良，经常会影响量化失真、空闲噪声等指标的测量），就可以开始测试了。用话路特性测试仪能十分方便地自动测试二线接口的常用指标，如传输电平、电平特性、频率特性、量化失真和空闲噪声等指标，并可在仪表上直接观看测试结果。有些话路特性测试仪还能分别选择电平、频率特性、电平特性、量化失真、空闲噪声等选项，使用标准模板分析结果，判定测试结果是否合格。

如果要对 FXS（Subscr）–FXS（Subscr）热线方式的二线通道进行测试，只要将图 2–4–1 中的 FXO 接口板换成 FXS 接口板，话路特性测试仪设置接口类型时注意将其中一边的 FXO 接口改为 FXS 接口即可，其余的不变。

另外，按照图 2–4–2 的方法将 3 台普通电话机连接分别连接到需要测试的二线用户接口上，可进行二线接口的振铃、通话测试，步骤如下：

1. FXS–FXS 热线方式

电话机 A 摘机，电话机 B 振铃后，将电话机 B 提机，并确认话路通道连通；反过来再试一次，确认电话机 A 也振铃。

2. FXO–FXS 用户延伸方式

电话机 A 摘机，听到拨号音后，拨相应的号码呼通电话机 C，电话机 C 振铃后，将电话机 C 提机，并确认话路通道连通；反过来再试一次，确认电话机 A 也振铃。

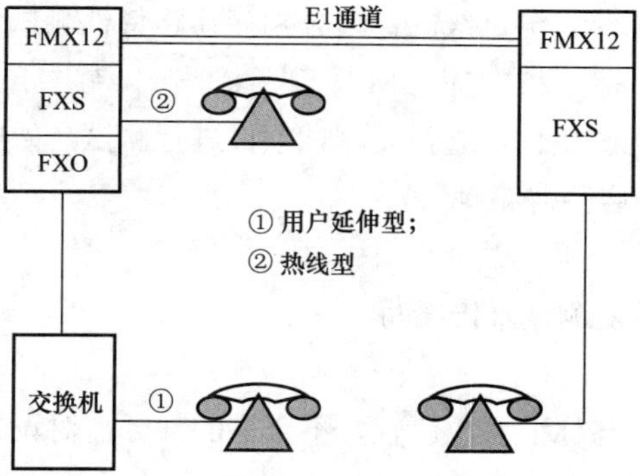

图 2–4–2　二线话路通道通话测试连线示意图

【思考与练习】

1. 二线通道振铃、通话测试时，为何要对两个传输方向各进行一次？
2. 二线接口的常用指标有哪些？
3. 二线话路通道如何进行 FXO（Exch12）–FXS（Subscr）测试？

模块 5　PCM 四线通道的测试（Z37E2005 Ⅰ）

【模块描述】本模块包含 PCM 四线通道常用特性指标的测试。通过对电平、频率特性等测试方法的介绍，掌握正确使用 PCM 综合测试仪测试四线通道特性指标的方法。

【模块内容】

一、测试目的

为了保证 PCM 通信质量，测试的 PCM 话路特性指标必须符合国际电信联盟远程通信标准化组 ITU–T 的建议。所以，在日常维护中，要定期对 PCM 设备的话路特性指标进行测试，确保其指标合格。

二、测试前的准备工作

1. 了解被试设备现场情况及试验条件

测试现场的温度、湿度等条件要符合设备及仪表正常工作的条件。

2. 测试仪器、设备准备

1 台话路特性测试仪、测试线、接地线、2 端 PCM 终端设备（带 4W E/M 接口）。

三、测试步骤及要求

（1）话路特性测试仪和两端 PCM 设备可靠接地（共地）。

（2）按图 2–5–1 所示，测试线的一边分别接话路特性测试仪的收、发接口，另一边分别接两端 PCM 设备对应的 4W E/M 接口。

（3）启动话路特性测试仪，选择要测试项目进行测试（如电平、电平特性、频率特性、量化失真和空闲噪声等指标）。

（4）根据仪表显示记录测试结果。

四、测试结果分析及测试报告编写

1. 测试结果分析

把每一项测试结果与标准参数比较，不合格的部分需对设备进行相应的调试。

2. 测试报告编写

将测试结果填入相应的测试表格中。

五、测试注意事项

（1）话路特性测试仪和 PCM 设备可靠接地（共地）。

（2）测试线插头无氧化及油污，保证测试线与话路特性测试仪和 PCM 设备可靠接触。

（3）保证测试现场的温度、湿度符合设备及仪表正常工作的条件。

以上几点都可能影响测试数据的准确性。

（4）测试前，注意看清楚接线排资料，将测试线连接到正确的位置。错误地将测试线连接到非被测的接口上，会造成正常运行电路中断。

六、FMX12 设备四线通道的测试方法

要对四线话路通道进行 4W E/M（6PAFC）—4W E/M（6PAFC）测试时，同样需要先建立四线通道，才能通过仪表测试话路通道的各项指标，测试连线示意图如

图 2–5–1 所示。

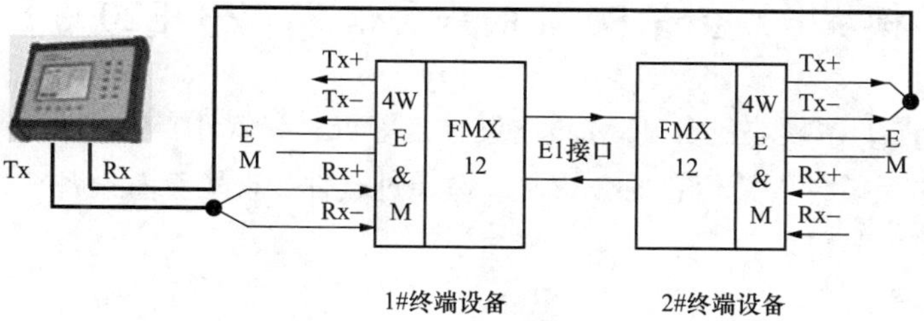

图 2–5–1　四线话路通道测试连线示意图（一）

把 1#和 2#两端 FMX12 设备的四线电路数据配置好，把仪表的地与设备的地共地连接良好，将仪表的 Rx 测试接头并接在 2 # FMX12 设备的四线用户线的 Tx 上，同时将仪表的 Tx 测试接头并接在 1# FMX12 设备的四线用户线的 Rx 上。根据话路特性测试仪的使用说明，把仪表的接口类型、输入（输出）阻抗和相对电平等与被测设备保证一致就可以开始测试。用话路特性测试仪能十分方便地自动测试四线接口的常用指标，如传输电平、电平特性、频率特性、量化失真和空闲噪声等指标，并可在仪表上直接观看测试结果。还可以分别选择传输电平、频率特性、电平特性、量化失真、空闲噪声等选项，使用标准模板分析结果，判定测试结果合格与否。

第一次测试完成后，整个四线通道的测试实际上只完成了一半。还需要将测试连线按图 2–5–2 的方法连接起来再测试一次。把仪表的 Rx 测试接头并接在 1# FMX12 设备的四线用户线的 Tx 上，同时将仪表的 Tx 测试接头并接在 2# FMX12 设备的四线用户线的 Rx 上。

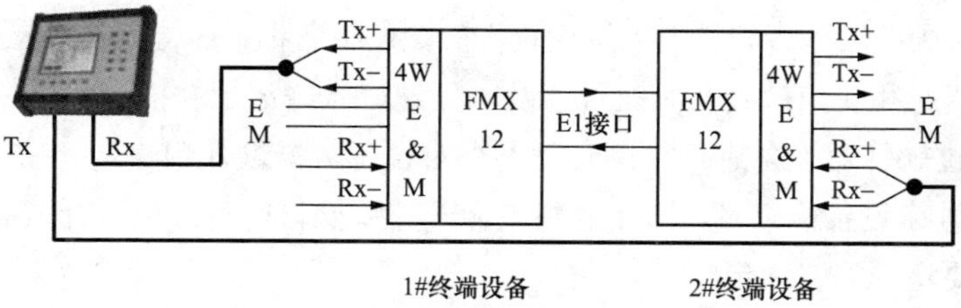

图 2–5–2　四线话路通道测试连线示意图（二）

【思考与练习】

1. 四线通道测试时，为何要对同一条电路两边接口的发送和接收都要测试一次？
2. 怎样测试四线通道？
3. 简述四线通道测试的注意事项。

模块 6 查看 PCM 的告警信息（Z37E2006Ⅰ）

【模块描述】本模块包含 PCM 设备硬件告警查看和软件告警分析。通过对硬件告警指示灯状态及软件告警信息的介绍，掌握通过软件或现场查看设备获知告警信息及分析告警类型的技能。

【模块内容】

一、查看 PCM 设备告警的目的

查看 PCM 设备告警的目的是为了监视和掌握设备的运行情况，及时发现和消除设备缺陷，预防事故发生，确保设备安全运行。

二、查看 PCM 设备告警的方法

巡视人员在巡视中一般通过看、听、摸、测的方法对设备进行检查。看是指观察设备告警灯的状态；听是指听设备有无异常噪声；摸是指通过触摸设备机框来判断设备的温度是否有过热等异常现象；测是指通过软件检测设备有无告警指示。

三、设备巡视的注意事项及危险点预控

（1）设备巡视的人员名单应经企业领导书面批准。

（2）设备巡视时，做到不漏巡、错巡，不断提高设备巡视质量，防止设备事故的发生。

（3）设备巡视时，不得进行与设备巡视无关的其他工作。

（4）巡视人员应按规定认真巡视检查设备，填写巡视表格。表格的内容应包含机房的温度、湿度检查、设备的外观及接地检查、板卡配置检查、同步性能检查、通话质量检查、四线环回检查、历史告警检查、被检设备名称、巡检人及巡检时间等项目。对设备异常状态和缺陷做到及时发现，及时处理，做好记录并按程序进行汇报。

（5）通过软件对设备进行检测时，不得对设备数据进行删改。

（6）在触摸设备检查时，防止发生电源开关误操作行为（电源开关有防误操作锁死开关的，要将开关置锁定状态）。

四、FMX12 设备公用板和常用接口板的面板示意图

当 FMX12 设备出现故障时，设备相应的板卡会做出相应的动作，包括告警的指示、LED 显示以及向远端管理系统的报告。下面是设备公用板以及常用的接口板的面板示意图。图中三种不同的图形分别表示三种不同颜色的 LED，其中◍代表红灯，◕代表绿灯，⊕代表黄灯。

图 2–6–1（a）是管理接口板（GIE）的面板示意图。当 GIE 板卡面板上的两个小开关置正常向上位置时情况下，FMX12 机框内任意板卡产生主要告警时，此板上面的

主要告警红灯亮。任意板卡产生次要告警时，此板下面的次要告警红灯亮。设备工作正常时，两个红灯都不亮。

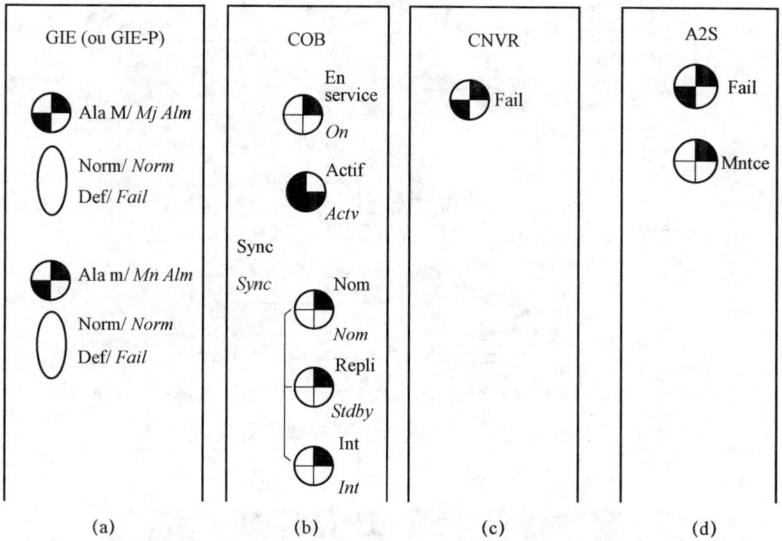

图 2–6–1　FMX12 设备部分板卡面板示意图（一）

（a）管理接口板；（b）交叉连接同步板；（c）电源变换板；（d）A2S 板

图 2–6–1（b）是交叉连接同步板（COB）的面板示意图。当设备正常工作时，只有最上面 3 个灯等亮（设备使用强制时钟时最上面 2 个灯亮）。“On”黄灯不亮，说明此板没运行。“Actv”绿灯不亮，说明设备工作在备用 COB 板上。如果时钟切换到备用时钟源上，主同步源时钟“Nom”黄灯灭，备用时钟“Stdby”黄灯亮。当设备时钟失步时，工作在内钟，最下面的“Int”黄灯亮。

图 2–6–1（c）是电源变换板（CNVR）的面板示意图。此板没有输出电压时或者电源板开关关闭时，“Fail”告警红灯亮。电源板工作正常时应该是开关开启，“Fail”红灯不亮。

图 2–6–1（d）是 A2S 板（4×2Mbit/s 板）的面板示意图。当主菜单“Alarms”下的“Fault parameter selection and disable”菜单中，按出厂默认的故障配置参数，凡是图 2–6–2 和图 2–6–3（“Fault severity”选项为次要告警“Minor”或者为主要告警“Major”）中的任意一项或多项出现告警时，此板的“Fail”红灯亮。当此板卡上任意一个 2Mbit/s 端口或者和与此板相连的远端设备的 2Mbit/s 端口处于维护环回状态，此板的“Mntce”黄灯亮。

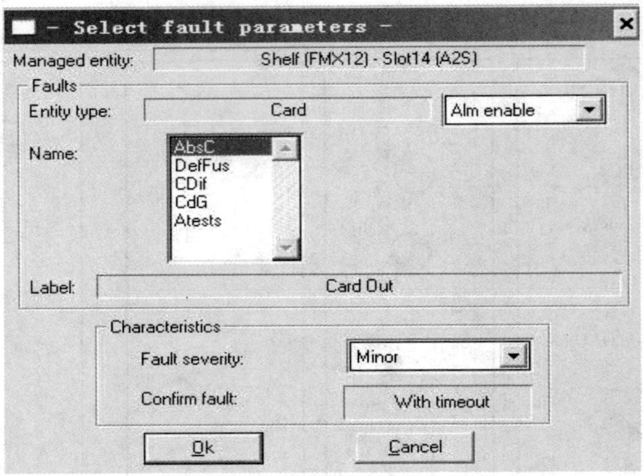

图 2–6–2 A2S 板卡告警参数设置选项

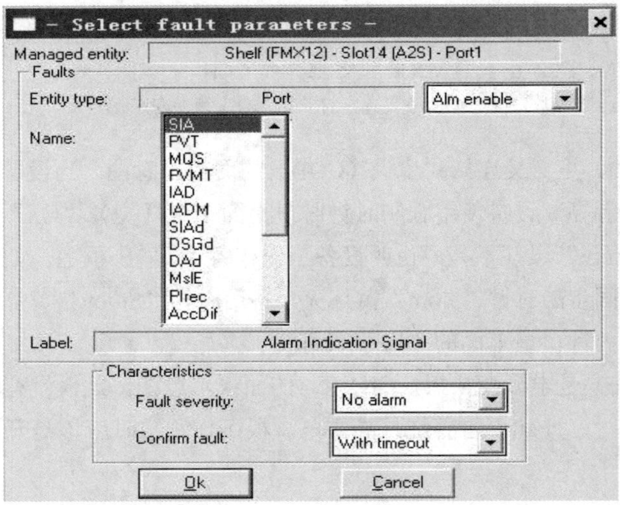

图 2–6–3 A2S 板卡端口告警参数设置选项

图 2–6–4（a）是 V.24/V.28 数据接口板的面板示意图。主菜单“Alarms”下的“Fault parameter selection and disable”菜单中，按出厂默认的 Cards 故障配置参数，凡是图 2–6–5（“Fault severity”选项为次要告警“Minor”或者为主要告警“Major”）中的任意一项或多项出现告警时，此板的“Fail”红灯亮。此板任意接口做接口环回，“Test”绿灯和“Loop”黄灯亮。板上任意接口做设备环回，“Loop”黄灯亮。

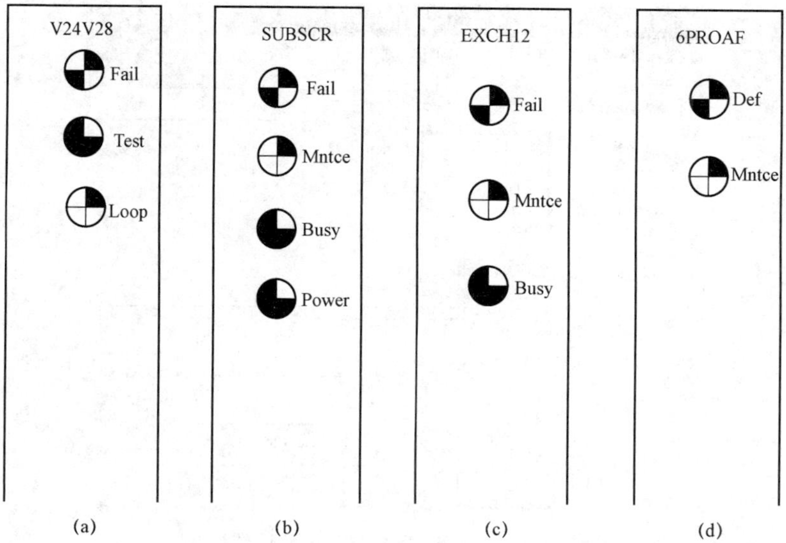

图 2–6–4　FMX12 设备部分板卡面板示意图（二）

（a）V.24/V.28 数据接口板；（b）Subscr 板；（c）Exch12 板；（d）6PAFC 板

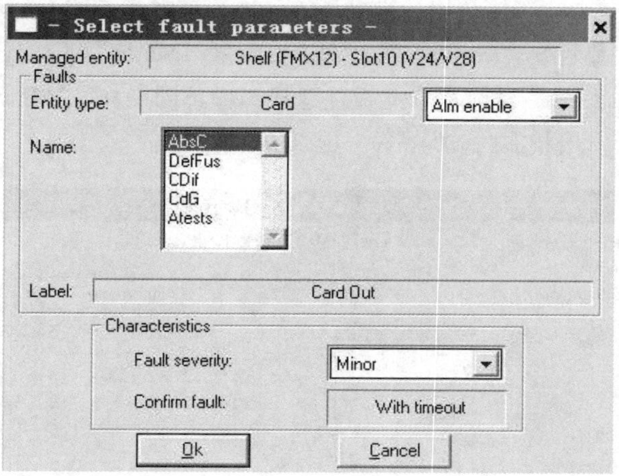

图 2–6–5　V.24/V.28 数据接口板卡告警参数设置选项

图 2–6–4（b）是 Subscr 板的面板示意图。主菜单“Alarms”下的“Fault parameter selection and disable”菜单中，按出厂默认的 Cards 故障配置参数，凡是图 2–6–6（“Fault severity”选项为次要告警“Minor”或者为主要告警“Major”）中的任意一项或多项出现告警时，此板的“Fail”红灯亮。此板任意接口做环回操作，“Mntce”黄灯亮。此板任意端口处于摘机呼叫或者通话占用状态时，“Busy”绿灯亮。只要在机框中添加配置了此板，“Power”绿灯亮。

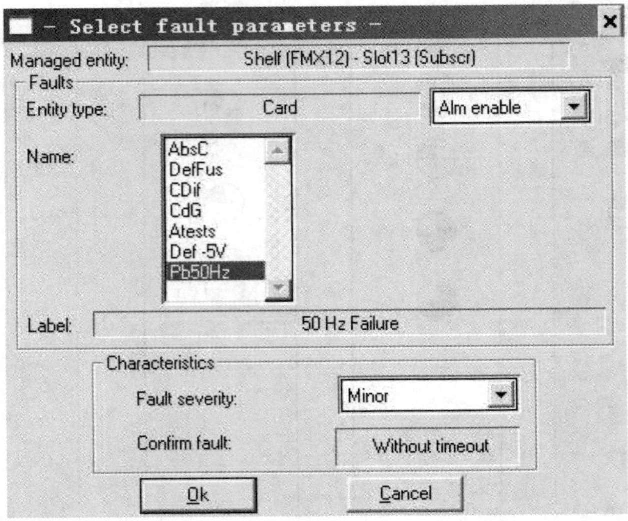

图 2–6–6 Subscr 板卡告警参数设置选项

图 2–6–4（c）是 Exch12 板的面板示意图。主菜单“Alarms”下的“Fault parameter selection and disable”菜单中，按出厂默认的 Cards 故障配置参数，凡是图 2–6–7（“Fault severity”选项为次要告警“Minor”或者为主要告警“Major”）中的任意一项或多项出现告警时，此板的“Fail”红灯亮。此板任意接口做环回操作，“Mntce”黄灯亮。此板任意端口处于通话占用状态时，“Busy”绿灯亮。

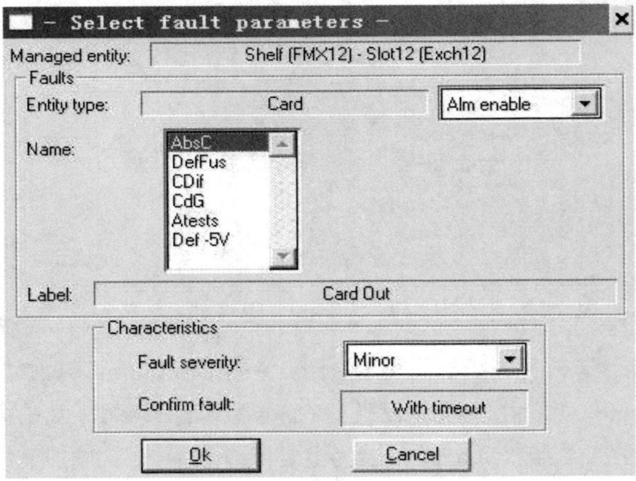

图 2–6–7 Exch12 板卡告警参数设置选项

图 2–6–4（d）是 6PAFC 板的面板示意图。主菜单“Alarms”下的“Fault parameter

selection and disable”菜单中，按出厂默认的 Cards 故障配置参数，凡是图 2–6–8（Fault severity 选项为次要告警“Minor”或者为主要告警“Major”）中的任意一项或多项出现告警，以及“Ports”选项中的“DR”出现故障时，此板的“Fail”红灯亮。此板任意端口或者和与此板相连的远端设备的相应端口处于维护环回状态，“Mntce”黄灯亮。

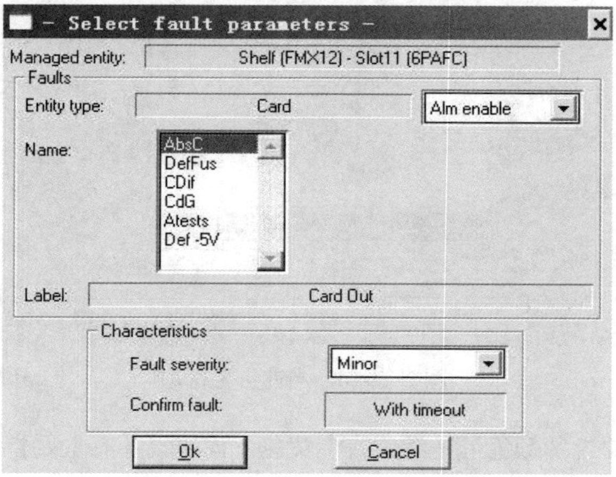

图 2–6–8　6PAFC 板卡告警参数设置选项

五、FMX12 设备告警查看的步骤

通过主菜单“Alarms”的下拉菜单选项“Display current fault（显示当前告警）”，除了可以查 Shelf 的告警外，也可通过单击“Cards”选项来查看机框中配置的所有用户接口板的告警状况。查看的具体步骤如下：

登录 FMX12 设备后，选择主菜单“Alarms”下拉菜单“Display current fault”，如图 2–6–9 所示。

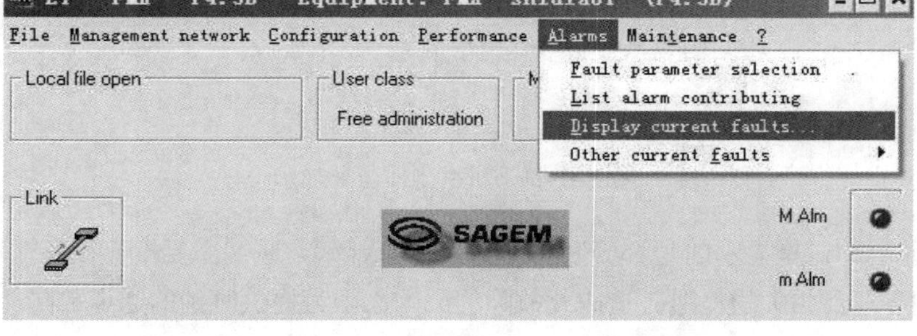

图 2–6–9　设备告警下拉菜单

单击“Display current fault”进入下一个界面，如图 2–6–10 所示。

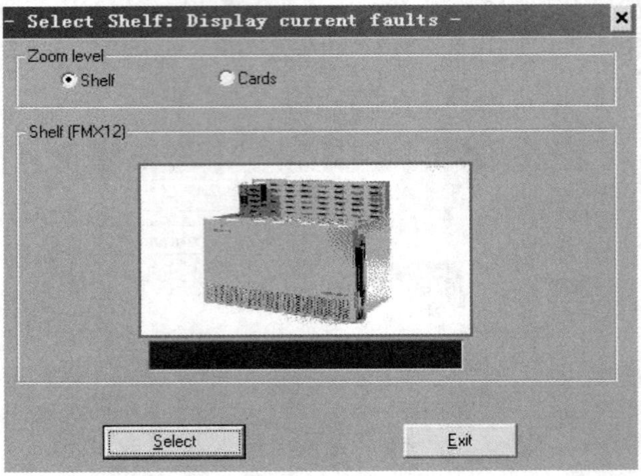

图 2–6–10　当前告警选项

如果 Shelf 的告警颜色框是红色或者黄色，说明设备有主要告警或者次要告警产生。首先查看设备机框的告警，单击“Shelf”，进入下一个界面，如图 2–6–11 所示。

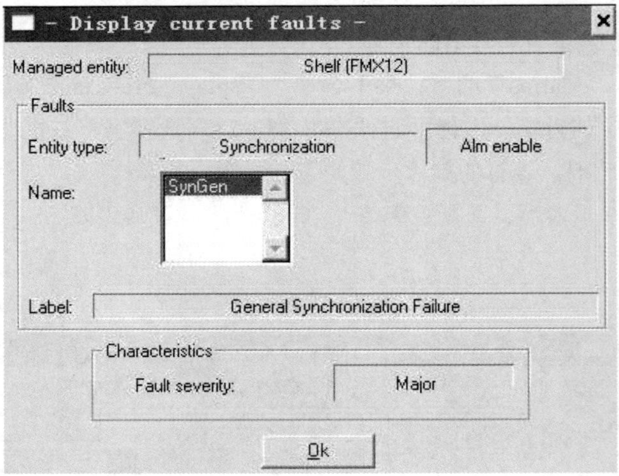

图 2–6–11　机框当前告警显示

当前故障栏里显示的是 SynGen 告警（同步故障），通常需要检查设备提取时钟源的 2Mbit/s 口及相关的信道，造成此故障的原因大多为提供时钟的通道故障。

如果要查看设备的用户接口板，在图 2–6–10 中单击“Cards”进入下一个界面，如图 2–6–12 所示。

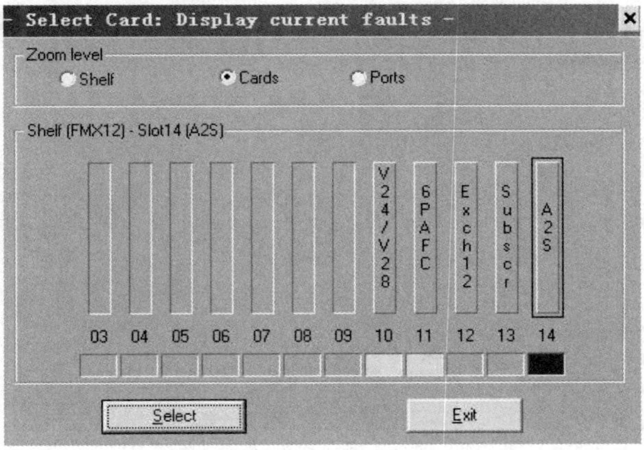

图 2–6–12 板卡当前告警显示

选择想要查看的板卡（如告警框有主要告警颜色红色的 A2S 板），单击 14 槽的 A2S 板，进入下一个界面，如图 2–6–13 所示。

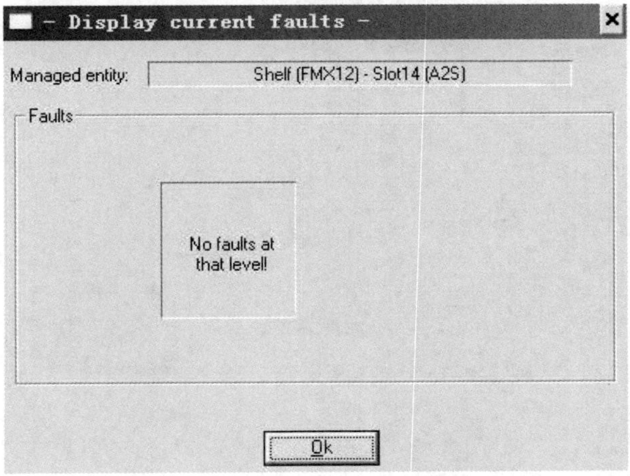

图 2–6–13 A2S 板卡当前告警显示

故障栏显示 A2S 板没有告警，返回图 2–6–12，单击 14 槽的 A2S 板，再选中 Ports，进入下一个界面，如图 2–6–14 所示。

选择告警框有告警颜色端口（如 Port1），进入下一个界面，如图 2–6–15 所示。

故障栏里的“MQS”告警表示 Port1 端口没有收到信号，信号丢失。造成此故障告警的原因大多为相应 2M 线与信道的 DDF 接触不好，或者信道不通等。故障栏里的“Plrec”告警一般和“MQS”告警是成对出现的，指接收到的无效周期。

要查看其他接口板的告警信息，重复上面的步骤即可。

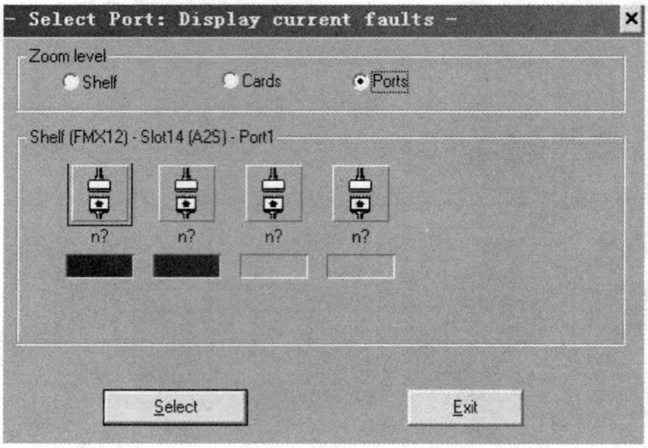

图 2–6–14　A2S 板卡当前告警端口选项

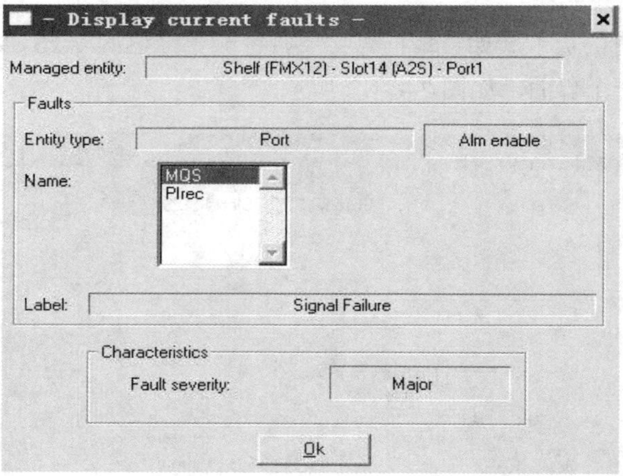

图 2–6–15　A2S 板卡端口当前告警显示

【思考与练习】

1. 管理接口板（GIE）告警灯亮是否说明 GIE 板出故障？
2. A2S 板产生“MQS”告警的原因主要有哪些？
3. 简述 PCM 设备巡视的注意事项。

模块 7　PCM 的故障处理（Z37E2007Ⅱ）

【模块描述】本模块包含 PCM 设备常见业务故障的处理方法。通过二线业务故障、四线业务故障和数据业务故障处理步骤和方法的介绍，掌握 PCM 常见业务故障的处理方法。

【模块内容】

一、故障的类型及危害

PCM 设备故障一般可以分为硬件故障和软件故障两大类，发生故障主要来源于设备自身的软硬件或外部环境的影响以及人为操作不当等。发生故障时，有可能是一个站点的某一条信号丢失，但如果是集控站或者主站的公用板卡的硬件或软件数据发生故障，可能同时造成多个站点的信号丢失，严重影响电力系统的安全生产。

二、故障发生的原因

（1）设备自身的硬件故障（比如板卡上的元器件损坏、印制线路损坏等）。

（2）设备自身的软件故障（比如软件不能正常工作，丢失数据）。

（3）外部环境的影响（比如温度、湿度）。

（4）人为误操作。

三、故障现象

（1）通信中断或者误码超过正常范围。

（2）设备告警指示灯亮。

（3）设备机框温度过热。

（4）设备有异常噪声。

四、FMX12 设备的故障处理

当 FMX12 设备的电路出现故障时，需要及时对涉及的站点设备进行检查，并对设备故障进行判断和处理，见表 2-7-1。先观察设备里各种板卡的故障灯状态是否正常。当 FMX12 设备子框内的板卡出现故障时，首先反映到各自面板的 LED 上。除电源板和 COB 板的告警信号直接送到 GIE 板外，3～12 槽位置接口板的告警信号根据告警配置可以送或者不送到 GIE 板上（建议使用告警的出厂默认配置，将告警信息传到 GIE 板上）。如果板卡故障灯亮，可根据这些板卡对设备正常运行的影响程度，分先后进行故障检查。

在外接–48V 直流电源正常的情况下，首先查看电源面板上的告警指示灯状态。正常情况下故障告警灯 Fail 灯（红色）应该熄灭。如果 Fail 灯亮，检查电源开关是否放在“ON”的位置上（包括机顶电源分配单元），如果电源开关放在“OFF”关闭状态，打开开关即可。如果 Fail 灯还亮，在电源面板测试端口+5V，–5V，+53V，–53V 检测电压是否正常，如果不正常，更换电源板；如果正常，需检查 FMX12 设备子框到机顶电源分配单元之间的电源线、电源分配单元等，找出故障点并排除。

在电源板工作正常的情况下，利用 FMX12 设备操作软件“Alarms”菜单中的“Display current faults（现实告警显示）”选项和“Maintenance”菜单中的“Test control（测试控制）”选项，根据故障栏里的告警提示，可对有告警故障的板卡进行详细分析，帮助确定故障点并予以排除。

表 2–7–1 FMX12 设备机框和几种常用接口板的常见故障及处理方法

板子类型	板子和端口常见故障名称		参考处理方法
	缩写	含义	
Exch12 板	AbsC	Card Out	更换板卡
	DefFus	Fuse Fault	更换板子（不能自行更换保险）
	CDif	Card Different	板卡种类配置有误，重配数据
	Atests	Selftest	更换板卡
	Def–5V	–5V Failure	更换板卡
	DR	Network Fault	检查电路经过的 2M 电路是否中断及转接点 TS 是否正确
	DLp	local extension failure	检查远端设备相应端口
A2S 板	AbsC	Card Out	更换板卡
	DefFus	Fuse Fault	更换板卡
	CDif	Card Different	板卡种类配置有误，重配数据
	Atests	Selftest	更换板卡
	SIA	Alarm Indication Signal	检查远端设备相应 2M 端口线缆的接收部分
	MQS	Signal Failure	检查 2M 端口线缆的接收部分
	IAD	Remote Alarm Indication	检查远端设备相应 2M 端口线缆的发送部分
	SIAd	Remote Alarm Indication Signal	检查 2M 端口线缆的发送部分
	AccDif	Different Port	2M 端口阻抗的硬件开关选择与软件配置的阻抗不同，调整
6PAFC 板	AbsC	Card Out	更换板卡
	DefFus	Fuse Fault	更换板子（不能自行更换保险）
	CDif	Card Different	板卡种类配置有误，重配数据
	Atests	Selftest	更换板卡
	Def–5V	–5V Failure	更换板卡
	DR	Network Fault	检查电路经过的 2M 电路是否中断及转接点 TS 是否正确
Subscr 板	AbsC	Card Out	更换板卡
	DefFus	Fuse Fault	更换板子（不能自行更换保险）
	CDif	Card Different	板卡种类配置有误，重配数据
	Atests	Selftest	更换板卡
	Def–5V	–5V Failure	更换板卡

续表

板子类型	板子和端口常见故障名称		参考处理方法
	缩写	含义	
Subscr 板	DR	Network Fault	检查电路经过的 2M 电路是否中断及转接点 TS 是否正确
	DLp	local extension failure	检查远端设备相应端口
	DefTer	earth to line failure	检查外线、更换端口确认或更换板卡
V24V28 板	AbsC	Card Out	更换板卡
	DefFus	Fuse Fault	更换板子（不能自行更换保险）
	CDif	Card Different	板卡种类配置有误，重配数据
	Atests	Selftest	更换板卡
	DefDeb	rate adaption fault	端口速率与外线速率不匹配，调整
	V110	V.110 frame alignment loss	检查数据设备或数据设备到本端设备之间的链路

可利用 FMX12 设备操作软件的告警显示菜单来检查设备故障，其操作流程可参考图 2–7–1 进行。

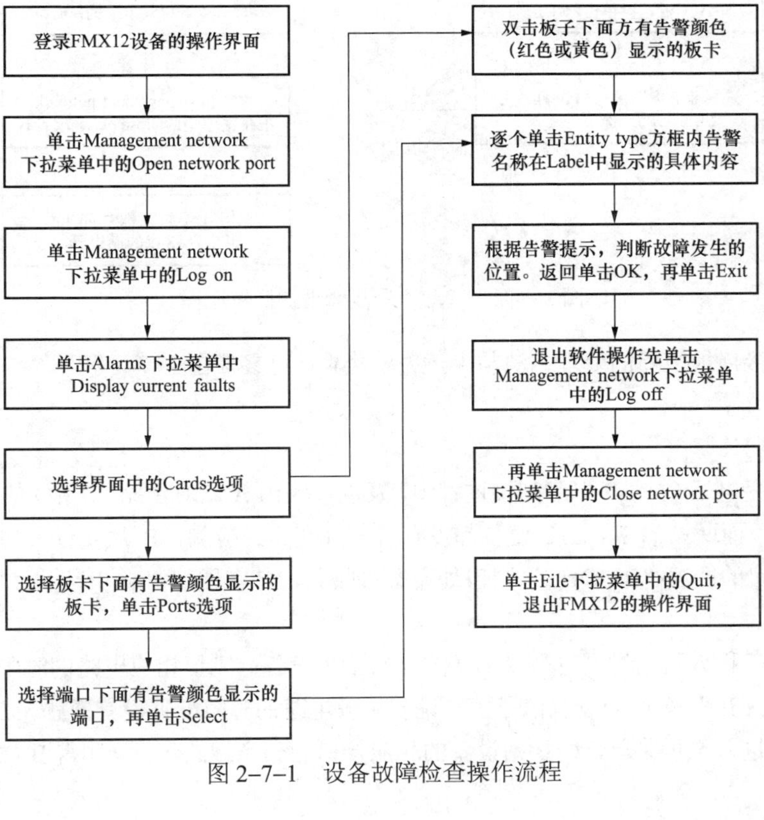

图 2–7–1　设备故障检查操作流程

如果上述的告警查询方法还不能准确判断故障位置，需结合维护操作，进行综合分析，判断出故障点。假设有一条 RTU 业务中断，而 FMX12 设备没显示任何告警，维护的操作流程可参考图 2–7–2 进行。

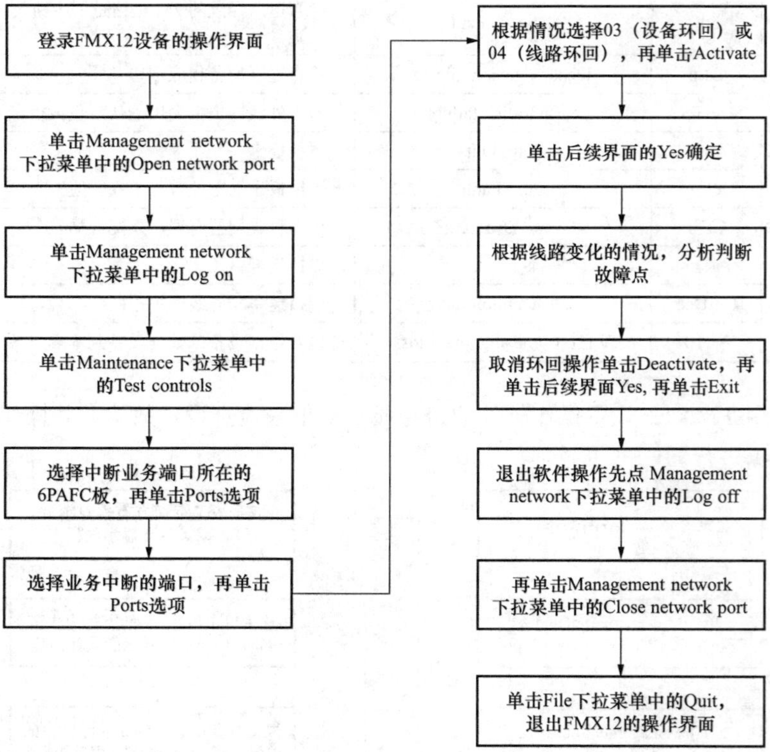

图 2–7–2 远动信号故障维护操作流程

其他接口板故障的处理方法与上述方法类似，可参考图 2–7–1 和图 2–7–2 综合分析判断。

【案例】

在某变电站（A 站）电路割接过程中，发现一条由 A 站对主站（B 站）的四线 RTU 电路不通，而两站的 FMX12 设备都没有告警灯亮。经检测，B 站发过去的信号在 A 站相应接口的四线“Rx/OUT”端口处没有接收到，却在四线“Tx/IN”端口处收到有信号。

（1）工程人员通过网管登录 B 站的 FMX12 设备，删掉相应电路的时隙，A 站相应电路“Tx/IN”端口处没有信号了，说明这条电路的时隙配置没有问题。

（2）进入维护菜单，对 B 站设备的相应接口做一个线路环回，测得 B 站设备的信号自发自收没有问题。

（3）登录 A 站 FMX12 设备，进入维护菜单，对相应接口做一个设备环回，由 B 站设备发出去的信号在 B 站设备相应接口的“Rx/OUT”端口处没有接收到，说明故障在 A 站一侧，而且是在设备部分，而非外线部分。

（4）检查 A 站相应板卡接口的参数配置，发现本应配置为四线方式的接口类型选项中，错误地配置为二线方式。接口类型改为四线方式后，RTU 信号收发正常，故障排除。

【思考与练习】

1. PCM 设备故障一般分为哪几类？
2. 维护操作的大致流程是怎样的？
3. 如果一条远动信号的电路出现故障，怎样判断故障点？

模块 8 PCM 配置的备份（Z37E2008Ⅱ）

【模块描述】本模块包含 PCM 设备配置数据的备份方法。通过对 PCM 设备配置数据备份方法的介绍，掌握 PCM 设备配置数据备份的方法。

【模块内容】

一、PCM 设备配置备份的概念和必要性

PCM 设备配置备份是指对 PCM 设备在某一个时间点上的所有数据进行的一个完全拷贝。

通常情况下，重要站点 PCM 设备的数据量较大，配置也相对复杂。如果数据因意外情况丢失后，要完整而准确地重新配置数据，难度大，耗时长，会极大地影响通信的恢复速度。为了防止 PCM 设备的配置数据意外丢失，设备调试开通前，应先对存储数据的板卡的硬件（很多智能 PCM 设备都有对数据存储器进行数据保存和释放的跳线）做正确的连通选择外，在调试完成后，还应该做好 PCM 设备所有配置数据的备份工作。这样，一旦发现是因 PCM 数据丢失造成的通信中断，可以利用备份的数据恢复配置，很快地恢复通信。

二、FMX12 设备配置备份的方法

首先，在设备调试前，先对管理接口板（GIE 板）上的电池做正确连通选择。

打开 FMX12 设备操作软件，单击主菜单“Management network”下拉菜单中的“Open network port”，然后单击“Log on”，登录 FMX12 设备后，选择“File”下拉菜单中的“Transfers（传输）”功能，如图 2-8-1 所示。

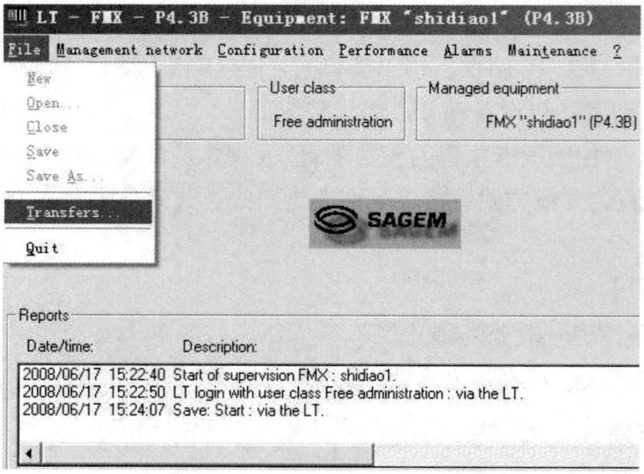

图 2–8–1 设备操作软件文件下拉菜单

单击“Transfers”，进入下一个界面，如图 2–8–2 所示。

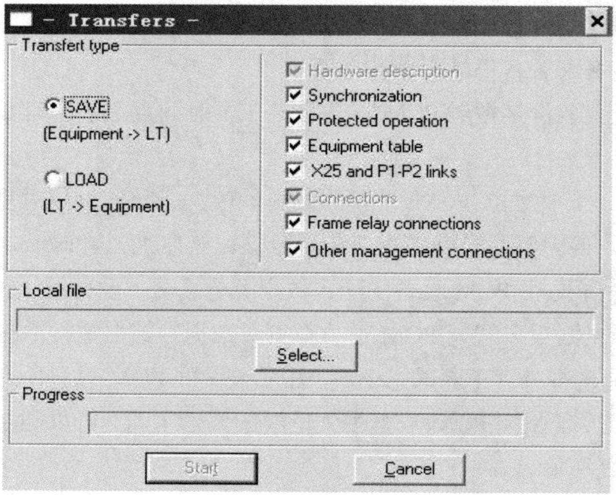

图 2–8–2 传送内容选项

选中“SAVE”，然后对所需存储的数据种类进行勾选。一般使用默认选项，全部选择。再单击“Select”进入下一个界面，如图 2–8–3 所示。

选择适当的路径，把设备当前配置存储在计算机某个文件名下或者磁盘中。注意文件名（长度不超过 8 个字符）不能与其他站点设备已存储的文件名一样，否则会覆盖其他站点设备的数据。如果前期已保存过该设备数据，只需选中相应站名覆盖即可。单击“确定”进入下一个界面，如图 2–8–4 所示。

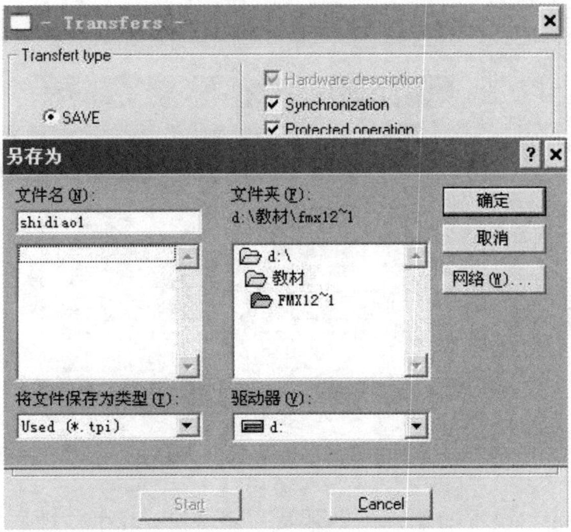

图 2–8–3 存储路径及文件名

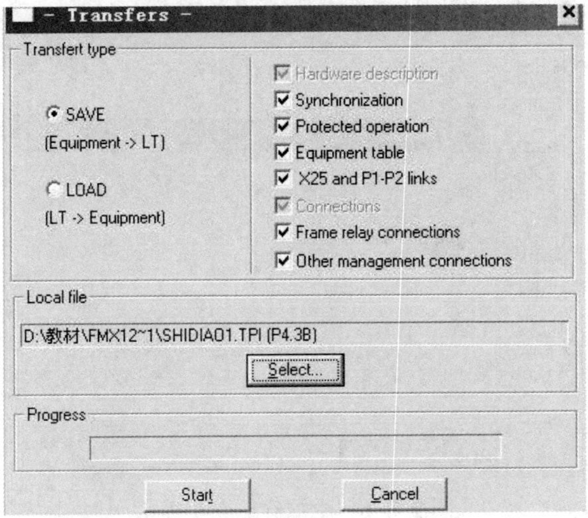

图 2–8–4 确认存储路径及文件名

单击“Start”，进入下一个界面，询问是否确认需要保存数据，如图 2–8–5 所示。

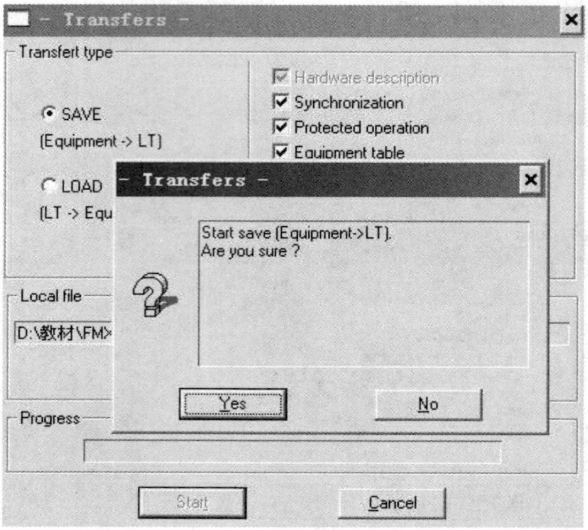

图 2–8–5 确认数据保存

单击“Yes”确定，设备的配置数据开始存储备份，几十秒钟后（数据量大小不同，存盘时间长短也有所不同），进入下一个界面，如图 2–8–6 所示。

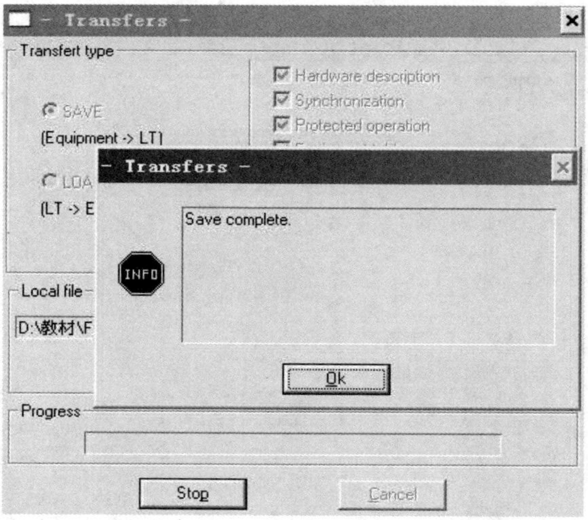

图 2–8–6 数据存储完毕提示

这时数据备份工作完成，单击“Ok”，该 PCM 设备的配置数据就完全备份下来了。

【思考与练习】

1. PCM 设备配置为何需要及时备份数据？

2. FMX12 设备数据备份的过程是怎样的？

3. 备份文件名有什么要求？

模块 9　PCM 配置的恢复（Z37E2009 Ⅱ）

【模块描述】本模块包含 PCM 设备配置数据的恢复。通过对 PCM 设备配置数据恢复方法的介绍，掌握 PCM 设备配置数据恢复的方法

【模块内容】

一、PCM 设备配置数据恢复的概念

PCM 设备配置数据的恢复是指当 PCM 设备的数据因异常情况出错或丢失后，把 PCM 设备的数据恢复到某一个时间点上的过程。采取数据导入的方法，可快速而准确地恢复 PCM 设备的配置数据，把对通信的影响降到最低限度。

二、FMX12 设备配置数据恢复的方法

打开 FMX12 设备操作软件，单击主菜单“Management network”下拉菜单中的“Open network port”，再单击“Log on”，登录 FMX12 设备后，选择“File”下拉菜单中的“Transfers（传输）”功能，如图 2–9–1 所示。

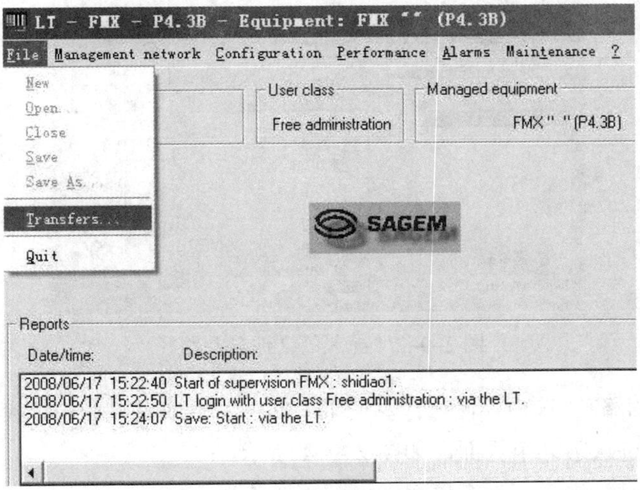

图 2–9–1　设备操作软件文件下拉菜单

单击“Transfers”，进入下一个界面，如图 2–9–2 所示。

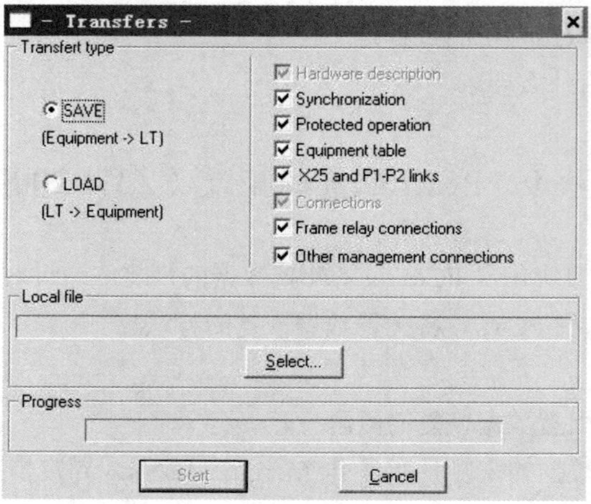

图 2–9–2 传送内容选项

选中“LOAD”，单击“Select”进入下一个界面，如图 2–9–3 所示。

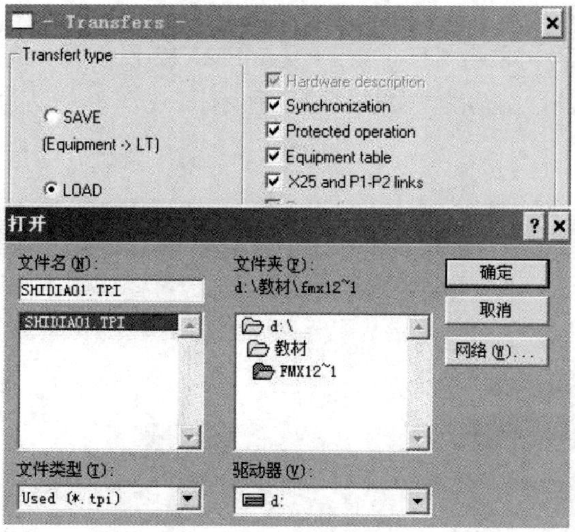

图 2–9–3 导入的文件名及路径

选择适当的路径，选中存储在计算机某个文件名下或者磁盘中该设备的配置文件，单击“确定”，进入下一个界面，如图 2–9–4 所示。

单击“Start”，进入下一个界面，如图 2–9–5 所示。

单击“Yes”确定，进入下一个界面，如图 2–9–6 所示。

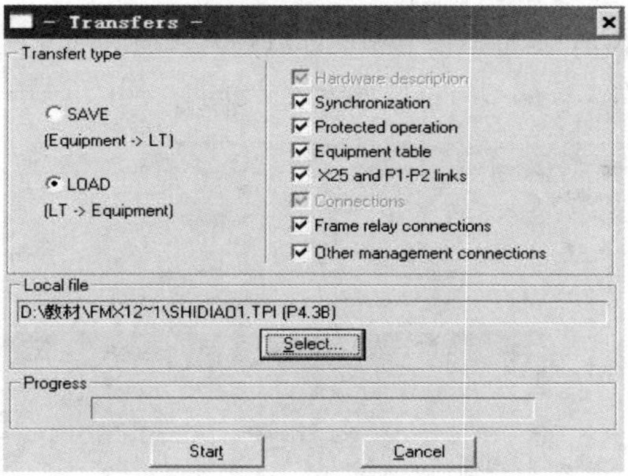

图 2–9–4　确认导入的文件名及路径

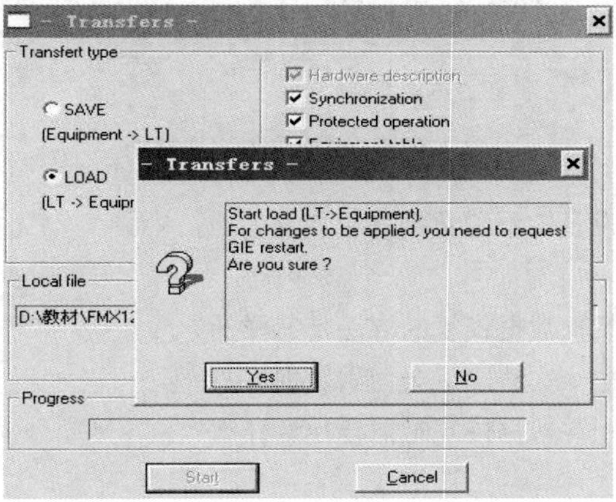

图 2–9–5　确认数据导入

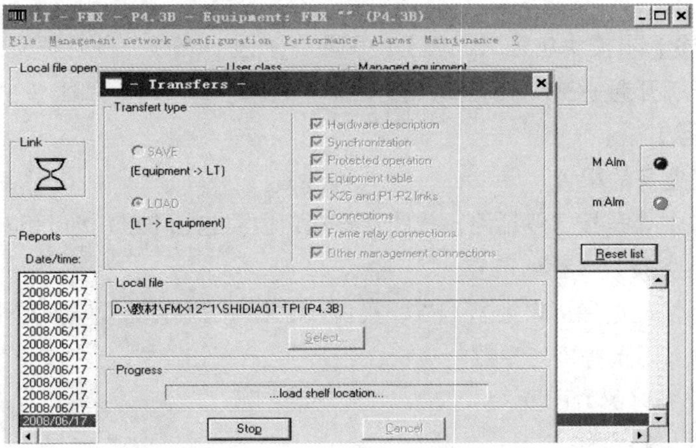

图 2–9–6　数据导入进程

计算机开始向 PCM 设备上传数据，此过程大约需要几分钟（数据量大小不同，上传时间不同），数据上传成功后，出现下一个界面，如图 2–9–7 所示。

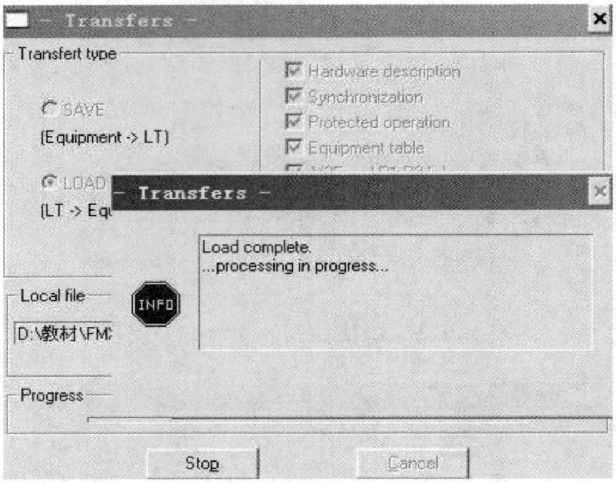

图 2–9–7 数据导入完毕提示

这样，该 PCM 设备的配置数据完全恢复。

【思考与练习】

1. FMX12 设备配置数据恢复的方法是怎样的？
2. FMX12 设备在什么情况下会使用数据恢复？
3. FMX12 设备配置数据恢复时需要注意什么？

模块 10 二线业务的配置（Z37E2010Ⅱ）

【模块描述】本模块包含二线业务的配置。通过对二线业务时隙交叉连接方法的介绍，掌握正确开通 PCM 二线业务的方法。

【模块内容】

一、二线业务的配置

二线业务主要是指二线话路，二线话路接口主要包括 FXO 接口和 FXS 接口。

1. 二线业务接口参数的配置

根据实际情况选择接口类型（FXO 接口或 FXS 接口），配置输入电平、输出电平、线路阻抗和输入阻抗等接口参数。

2. 二线业务时隙的配置

（1）输入电路名称。

（2）选择需要连接的二线业务接口。

（3）选择需要连接的2Mbit/s接口的时隙。

二、FMX12设备二线业务板的工作方式

常用的二线业务板有6路的用户接口板Subscr和12路的交换接口板Exch12。其中Subscr板有Exchange line（用户延伸）和Hotline（用户热线）两种工作方式，所以PCM二线业务的配置包括Subscr（FXS）连接到Exch12（FXO）用户延伸方式的配置和Subscr接口连接到Subscr接口用户热线的配置两种方式。

三、FXS–FXS（用户热线）业务的配置方法

假设要把第13槽Subscr板的第1个接口分配到第14槽A2S板的第1个2Mbit/s口的第1个时隙上去，配置方法如下：

1. 修改Subscr板接口的工作方式

登录PCM设备后，首先进入设备的硬件描述管理菜单“Manage hardware description”，选择需要配置的Subscr板的相应接口，把工作参数选项里的工作方式由默认的Exchange line（用户延伸）方式修改为Hotline（用户热线）方式，配置界面如第一章第3个模块的图2–3–20所示。

2. 时隙连接

在“Configuration”下拉菜单中选择“Connections”，进入接口的时隙连接配置功能，如图2–10–1所示。

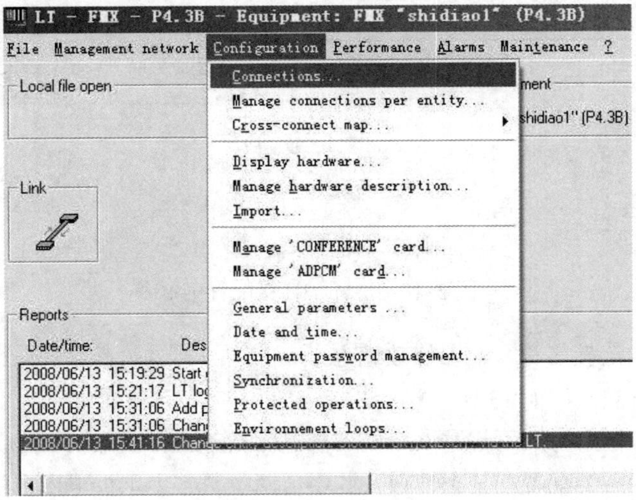

图2–10–1 主菜单配置的下拉菜单

单击“Connections”，进入下一个界面，如图2–10–2所示。

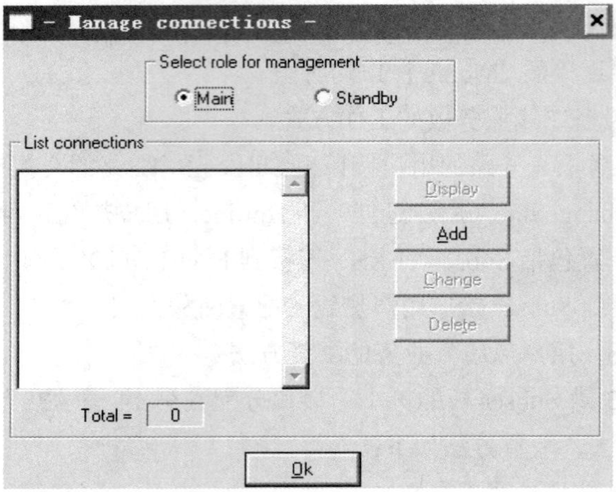

图 2–10–2 连接管理菜单

单击“Add”，进入下一个界面，如图 2–10–3 所示。

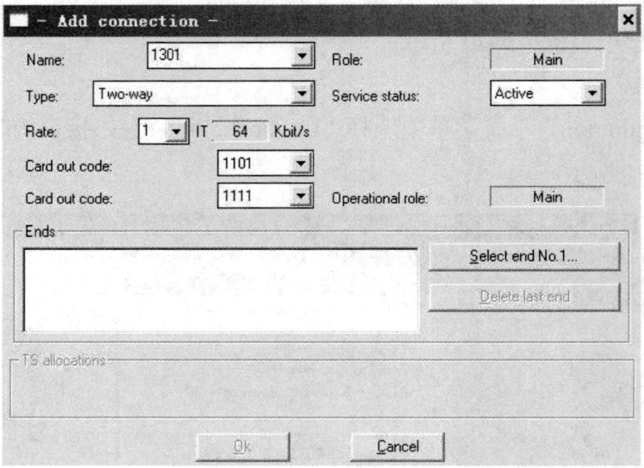

图 2–10–3 添加连接配置菜单

填写电路的连接名称，需要修改地方：

Name（名称）：例如 1301。

在 Name 方框中写入不超过 12 个字符长度的连接名，为了方便检查，一般习惯用 4 位数字来表示所要配置的某个端口，其中前两位数字表示板卡所在的槽位，后两位数字表示接口的路序。比如在这里输入 1301，表示的是第 13 槽的第 1 路。

（1）选择用户板卡的端口。

单击“Select end No.1”进入下一个界面，如图 2–10–4 所示。

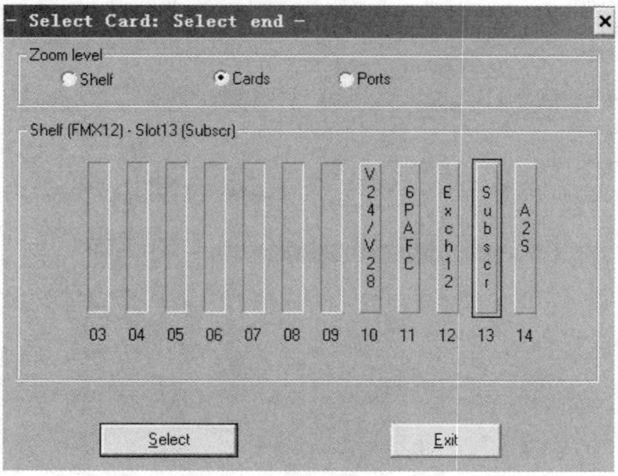

图 2–10–4　选择需要配置的 Subscr 板卡

选择第 13 槽位置 Subscr 用户接口板，选中“Ports”项进入下一个界面，如图 2–10–5 所示。

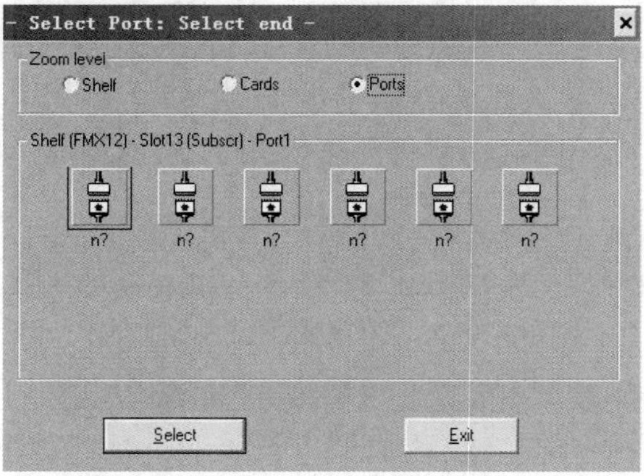

图 2–10–5　选择需要配置的 Subscr 板卡的端口

选择需要配置的接口（例如 Port1），单击“Select”进入下一个界面，如图 2–10–6 所示。

（2）选择 A2S 板卡接口的时隙。

单击“Select end No.2”进入下一个界面，如图 2–10–7 所示。

选择第 14 槽位置 A2S 接口板，再选中“Ports”进入下一个界面，如图 2–10–8 所示。

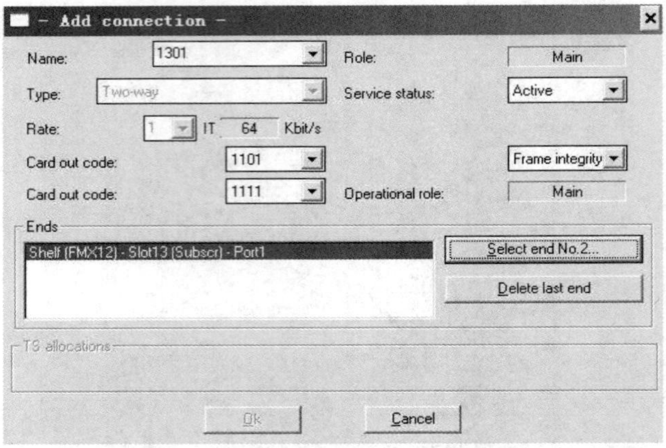

图 2–10–6 添加连接配置菜单

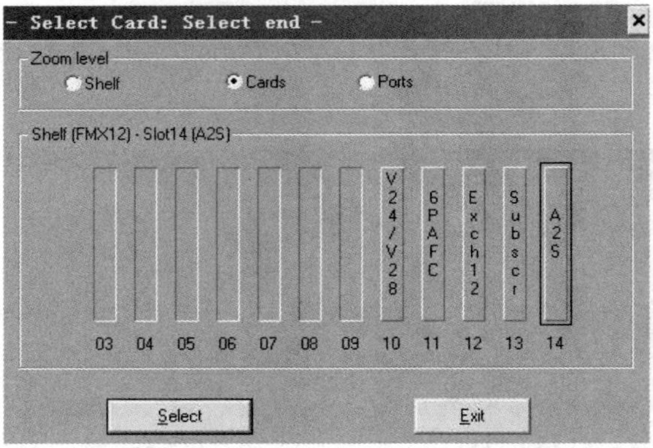

图 2–10–7 选择需要配置的 A2S 板卡

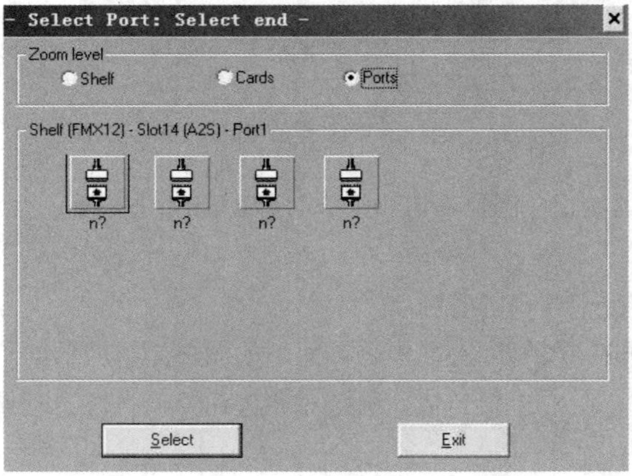

图 2–10–8 选择需要配置的 A2S 板卡的 2Mbit/s 端口

选择要连接的端口（例如 Port1），单击“Select”进入时隙分配的界面，如图 2–10–9 所示。

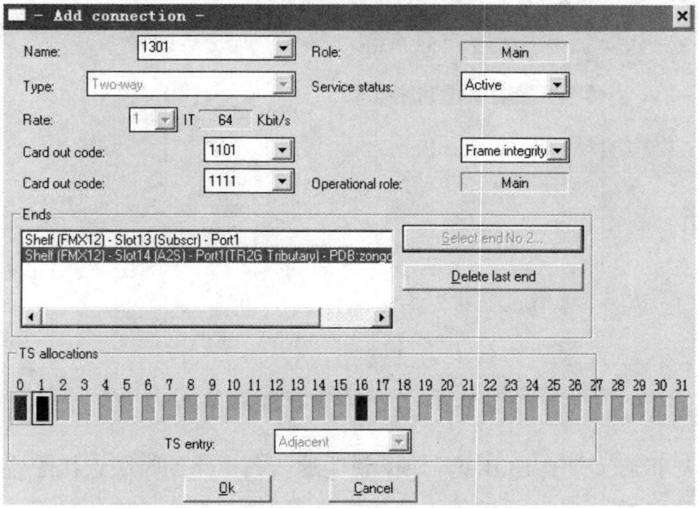

图 2–10–9　选择需要连接的 2Mbit/s 端口时隙

TS0 和 TS16 两个时隙是被固定占用的，时隙对应的小方格为红色。其余的 TS1～TS15 和 TS17～TS31 共 30 个时隙，深灰色的小方格表示时隙被占用，浅灰色小方格表示时隙空闲可用。单击使这个连接所想占用的任意空闲时隙小方格（例如 1）变黑色，单击“OK”进入下一个界面，如图 2–10–10 所示。

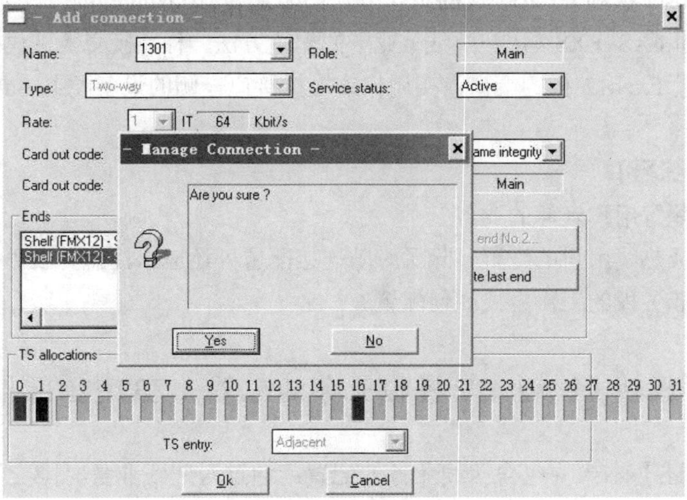

图 2–10–10　确认连接配置

单击“Yes”确认，进入下一个界面，如图 2–10–11 所示。

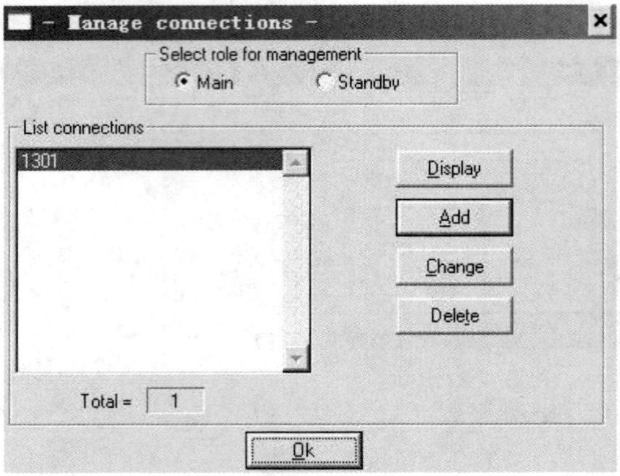

图 2–10–11 返回连接管理菜单

连接列表里显示有了 1301 这一项，说明这一条电路的时隙连接配置操作成功。以上操作是把第 13 槽 Subscr 板的第 1 个接口分配到第 14 槽 A2S 板的第 1 个 2Mbit/s 口的第 1 个时隙上。其余连接操作可重复以上步骤。

如果把另一个站点 PCM 设备的 Subscr 板的某一个接口按上面同样的方法配置到相应 2Mbit/口的同一个时隙 TS1 上，这样就完成了一条 FXS–FXS（用户热线）业务的配置。

四、FXS–FX0（用户延伸）业务的配置方法

先把 Subscr 板和 Exch12 板的工作方式都配置为 Exchange line（用户延伸）方式，其余的步骤和 FXS–FXS（用户热线）业务的配置方法一样。接交换机模拟中继接口一侧的设备配置 Exch12 板的端口，接用户线模拟接口一侧的设备配置 Subscr 板的端口即可。

【思考与练习】

1. 如何配置用户延伸的业务？
2. 要完成热线用户的配置，除了时隙连接配置外还应该注意什么？
3. 二线业务板的工作方式如何配置？

模块 11 2/4W 模拟业务的配置（Z37E2011 Ⅱ）

【模块描述】本模块包含四线业务的配置。通过对四线业务时隙交叉连接方法的介绍，掌握正确开通 PCM 四线业务的方法。

【模块内容】

一、2/4W 模拟业务的配置

2/4W 模拟业务主要是指 2W E/M 接口和 4W E/M 接口。2/4W E/M 模拟中继接口是局间模拟中继接口，可用于局间交换机或 PCM 终端设备之间的音频转接，也可作为透明的话路通道使用。在电力系统中，4W E/M 接口可以同时分别传送一路远动信号的上行数据和一路远动信号的下行数据。

1. 2/4W E/M 模拟中继接口参数的配置

根据实际情况选择接口方式（2W 或 4W），输入电平以及输出电平。

2. 2/4W 模拟业务时隙的配置

（1）输入电路名称。

（2）选择需要连接的 2W 或 4W E/M 接口。

（3）选择需要连接的 2Mbit/s 接口的时隙。

二、FMX12 设备 2/4W 模拟业务的配置

6PAFC（2/4W E/M 接口）是 6 路可编程音频接口板（E/M 板），假设要把第 11 槽 6PAFC 板的第 1 个接口分配到了第 14 槽 A2S 板的第 1 个 2Mbit/s 口的第 8 个时隙上去，配置方法如下：

登录 PCM 设备，在“Configuration”下拉菜单中选择“Connections”，单击“Connections”，进入如图 2–11–1 所示的界面。

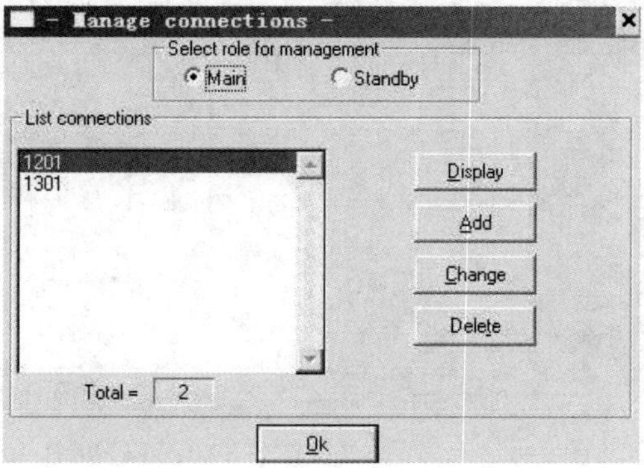

图 2–11–1 连接管理菜单

单击“Add”，进入下一个界面，如图 2–11–2 所示。

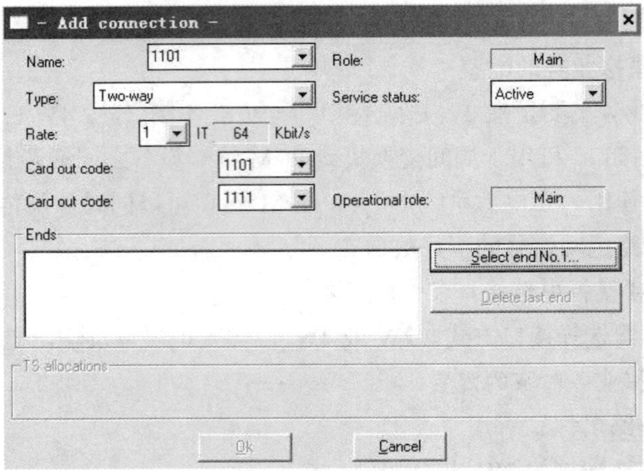

图 2–11–2 添加连接配置菜单

在“Name”方框中写入不超过 12 个字符长度的连接名，为了方便检查，一般用 4 位数字来表示所要配置的某个端口，其中前两位数字表示板卡所在的槽位，后两位数字表示接口的路序。比如在这里输入 1101，表示的是第 11 槽的第 1 路。

单击“Select end No.1”进入下一个界面，如图 2–11–3 所示。

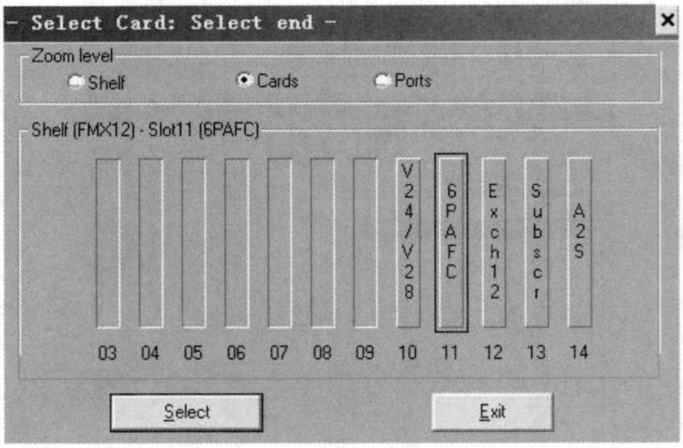

图 2–11–3 选择需要配置的 6PAFC 板卡

选择第 11 槽位置 6PAFC 接口板，再选中“Ports”进入下一个界面，如图 2–11–4 所示。

选择对应接口（例如 Port1），单击“Select”进入下一个界面，如图 2–11–5 所示。

单击“Select end No.2”进入下一个界面，如图 2–11–6 所示。

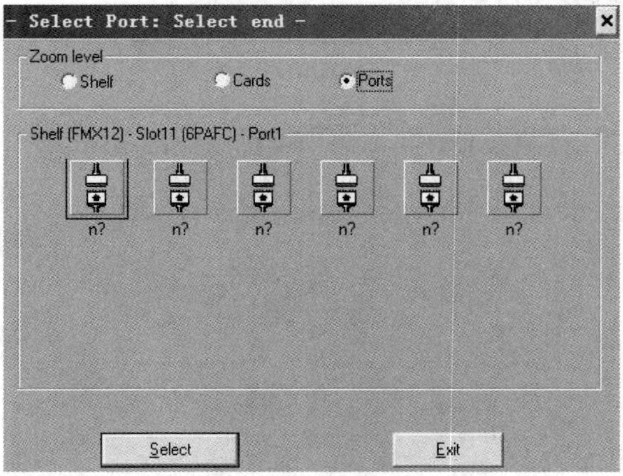

图 2–11–4　选择需要配置的 6PAFC 板卡的端口

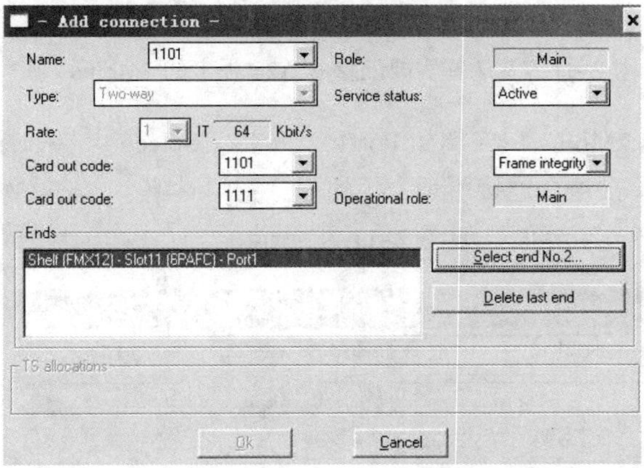

图 2–11–5　添加连接配置菜单

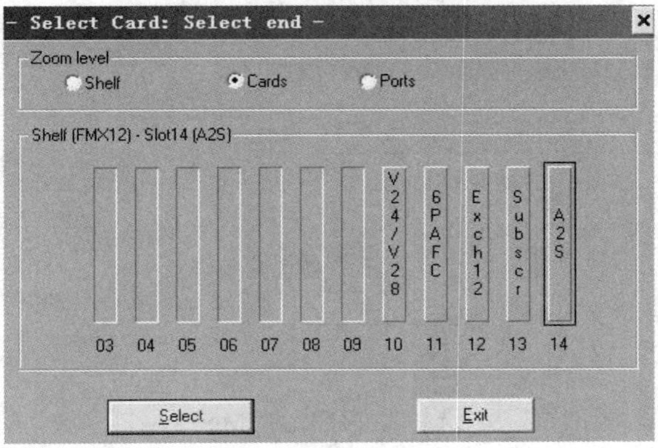

图 2–11–6　选择需要配置的 A2S 板卡

选择第 14 槽位置 A2S 接口板，再选中“Ports”进入下一个界面，如图 2–11–7 所示。

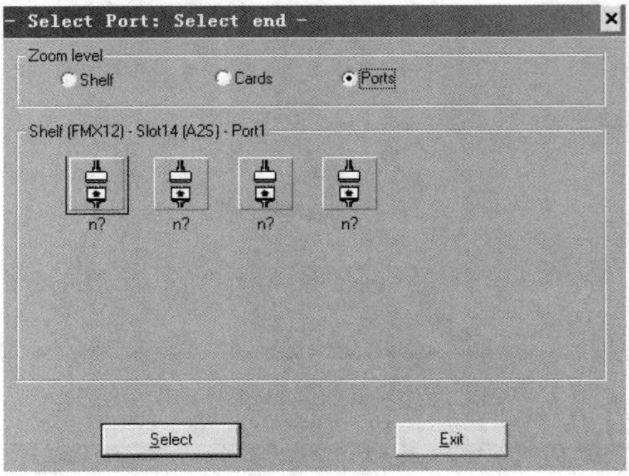

图 2–11–7 选择需要配置的 A2S 板卡的 2Mbit/s 端口

选择要连接的 2Mbit/s 口（例如 Port1），单击“Select”进入时隙分配的界面，如图 2–11–8 所示。单击这个连接所想占用的任意空闲时隙小方格（例如 8）使其变黑，单击“OK”进入下一个界面，如图 2–11–9 所示。

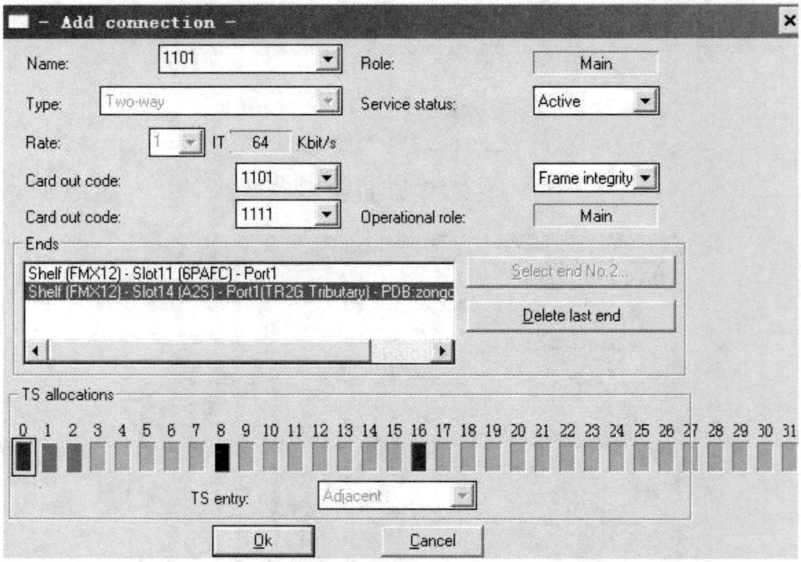

图 2–11–8 选择需要连接的 2Mbit/s 端口时隙

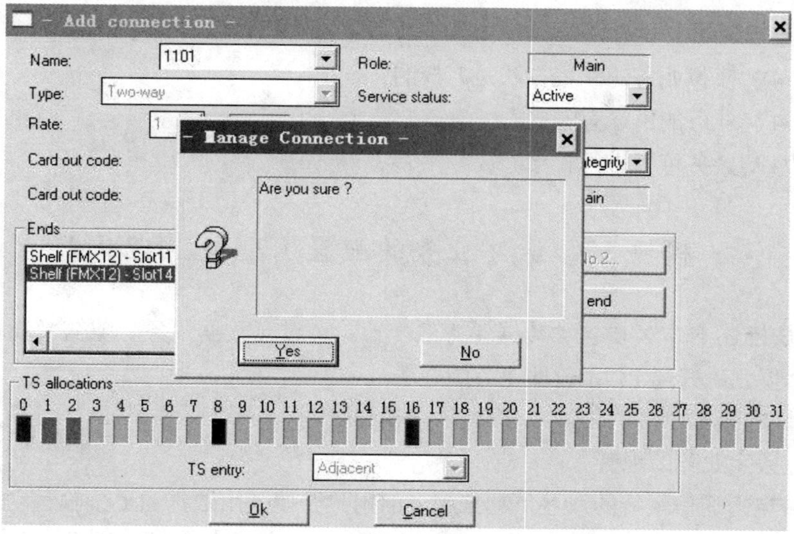

图 2–11–9　确认连接配置

单击“Yes”确认，进入下一个界面，如图 2–11–10 所示。

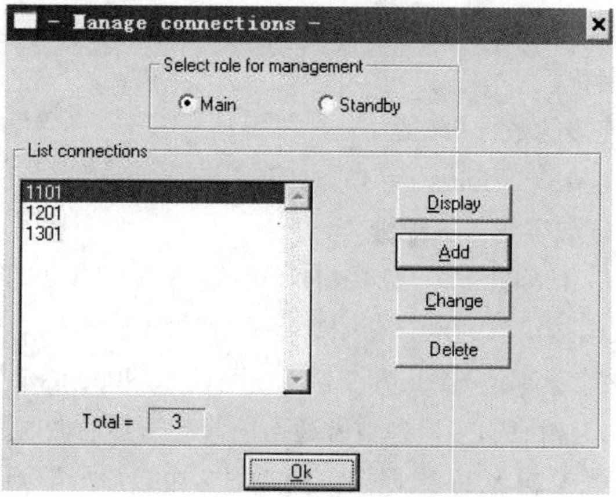

图 2–11–10　返回连接管理菜单

连接列表里显示有了 1101 这一项，说明这一条电路的时隙连接配置操作成功。以上操作是把第 11 槽 6PAFC 板的第 1 个接口分配到了第 14 槽 A2S 板的第 1 个 2Mbit/s 口的第 8 个时隙上。如果把另外一个站点 PCM 设备的 6PAFC 板的某一个接口，按上面同样的方法配置到相应 2Mbit/s 口的同一个时隙 TS8 上，这样就完成了一条 2/4W 模拟业务的配置。

【思考与练习】

1. 2/4W 模拟业务的配置方法是怎样的？

2. 2/4W 业务的用途有哪些？

3. 2/4W 业务可否进行转接？

模块 12 数字业务的配置（Z37E2012Ⅱ）

【模块描述】本模块包含数据业务的配置。通过对数据业务时隙交叉连接方法的介绍，掌握正确开通 PCM 数据业务的方法。

【模块内容】

一、数字业务的配置

随着电力通信系统的发展，越来越多的用户开始采用数据通道传输远动信号。数字业务的配置一般是指数据接口板业务的配置，数字业务的配置方法是：

1. 数据接口板接口参数的配置

根据实际情况选择数据的传输方式（同步或异步）、传输速率、内部交换电路、流量控制和字符格式（长度、停止位和奇偶校验）等。

2. 数字业务时隙的配置

（1）输入电路名称。

（2）选择需要连接的数据接口。

（3）选择需要连接的 2Mbit/s 接口的时隙。

二、FMX12 设备数字业务的配置

FMX12 设备提供 3×64kbit/s、V.24/V.11（V.10）和 V.24/V.28 等数据接口板，这里，我们以 V.24/V.28 数据接口板为例来介绍数字业务的配置方法。V.24/V.28 数据接口板的接口数为 4 个，同步速率达 64kbit/s，异步速率达 38 400bit/s。首先，需要根据用户数字业务的数据格式对相应的接口参数做适当的修改，然后做时隙的连接。

假设要把第 10 槽 V.24/V.28 数据接口板的第 2 个接口分配到了第 14 槽 A2S 板的第 1 个 2Mbit/s 口的第 14 个时隙上去，配置方法如下：

登录 PCM 设备后，在“Configuration”下拉菜单中选择“Connections”，单击“Connections”，进入如图 2–12–1 所示的界面。

单击“Add”，进入下一个界面，如图 2–12–2 所示。

在“Name”方框中写入不超过 12 个字符长度的连接名。为了方便检查，一般习惯用 4 位数字来表示所要配置的某个端口，其中前两位数字表示板子所在的槽位，后两位数字表示接口的路序。比如在这里输入 1002，表示的是第 10 槽的第 2 路。

单击“Select end No.1”进入下一个界面，如图 2–12–3 所示。

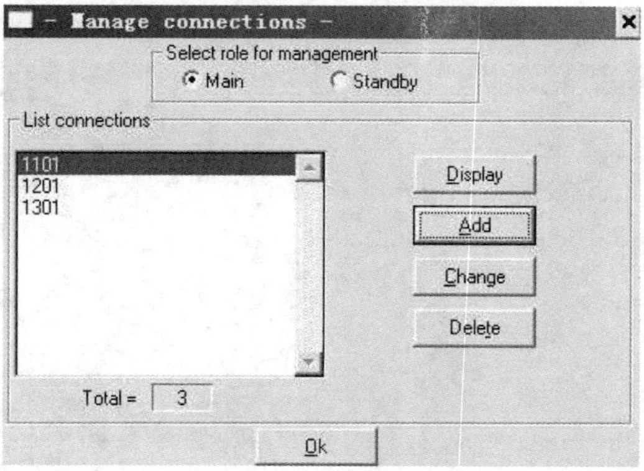

图 2–12–1 连接管理菜单

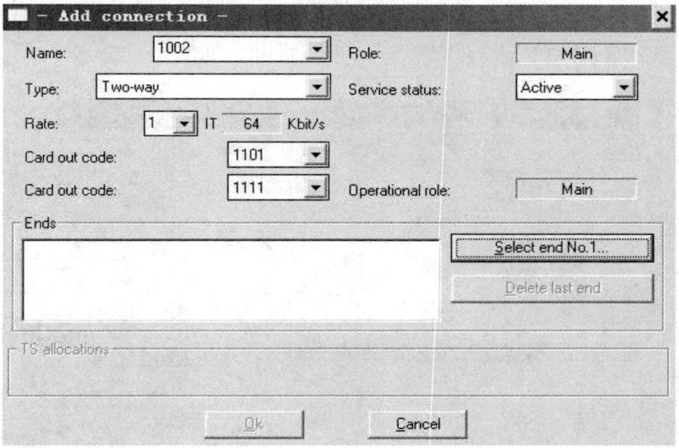

图 2–12–2 添加连接配置菜单

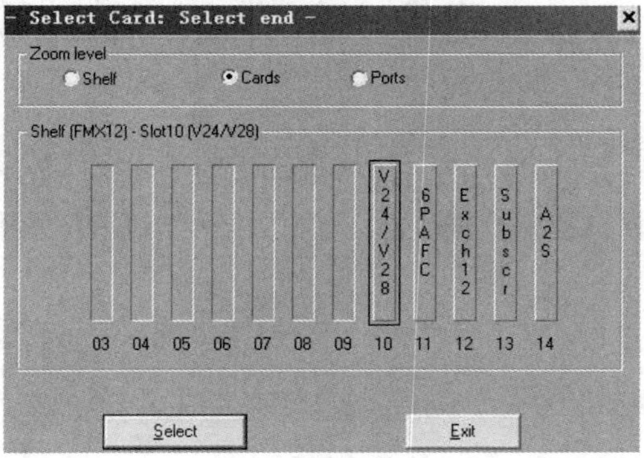

图 2–12–3 选择需要配置的 V.24/V.28 接口板卡

选择第 10 槽位置 V.24/V.28 接口板，再选中“Ports”进入下一个界面，如图 2–12–4 所示。

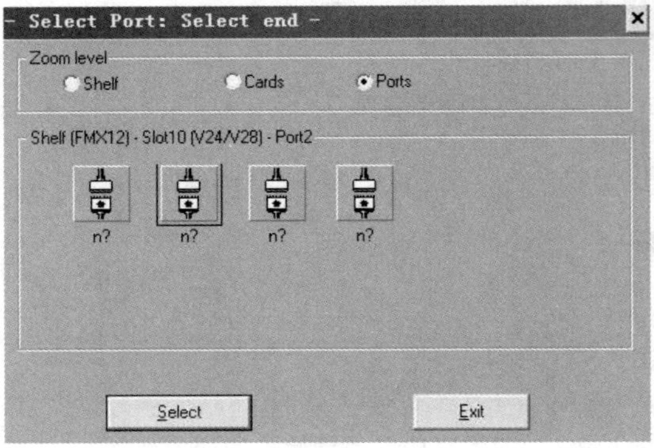

图 2–12–4　选择需要配置的 V.24/V.28 接口板卡的端口

选择对应接口（例如 Port2），进入下一个界面，如图 2–12–5 所示。

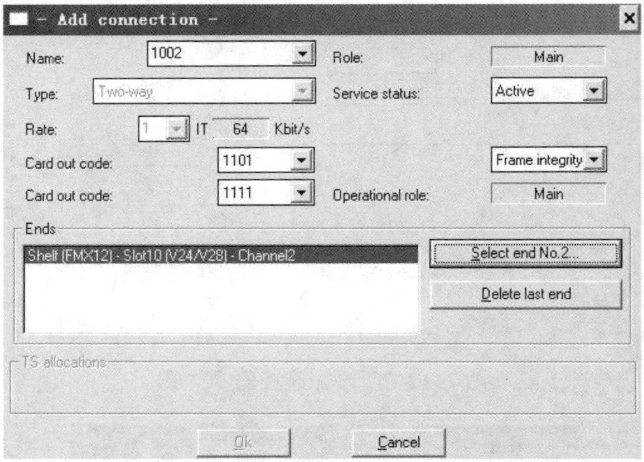

图 2–12–5　添加连接配置菜单

单击“Select end No.2”进入下一个界面，如图 2–12–6 所示。

选择第 14 槽位置 A2S 接口板，再选中“Ports”进入下一个界面，如图 2–12–7 所示。

选择要连接的 2Mbit/s 口（例如 Port1），单击“Select”进入时隙分配的界面，如图 2–12–8 所示。

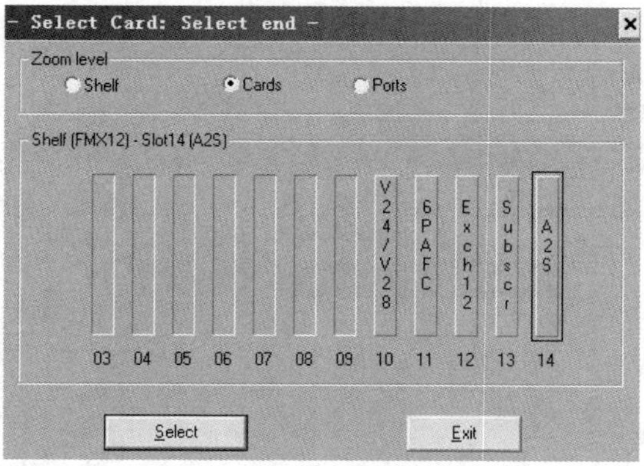

图 2–12–6　选择需要配置的 A2S 板卡

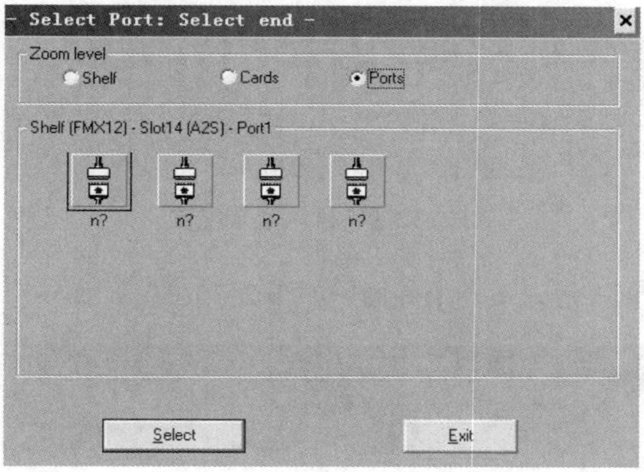

图 2–12–7　选择需要配置的 A2S 板卡的 2Mbit/s 端口

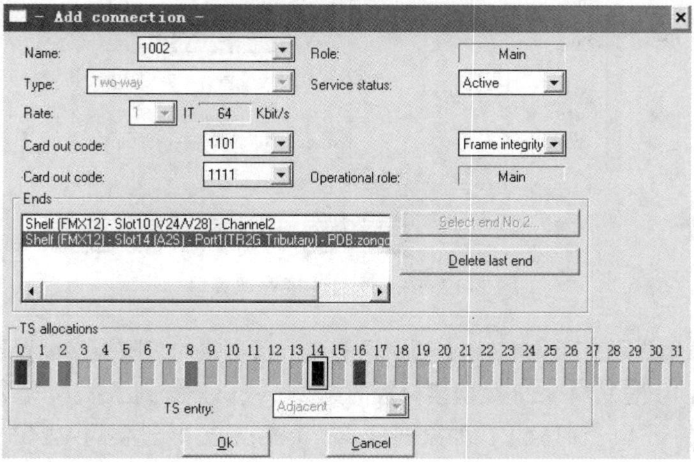

图 2–12–8　选择需要连接的 2Mbit/s 端口时隙

点黑这个连接所想占用的任意空闲时隙小方格（例如 14），单击“OK”进入下一个界面，如图 2–12–9 所示。

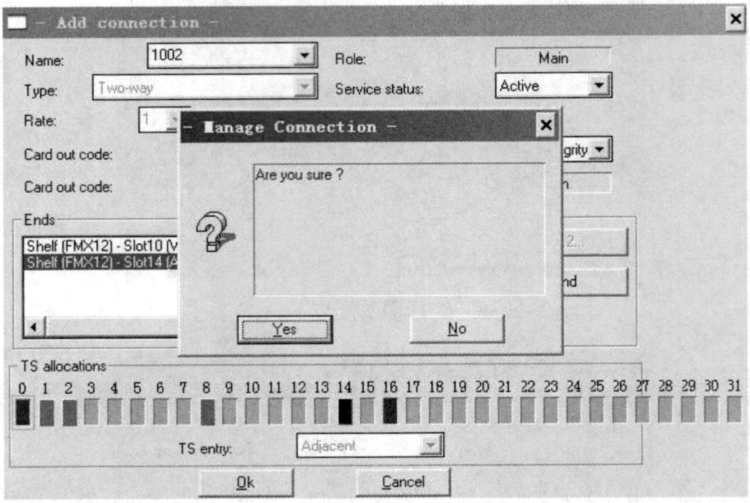

图 2–12–9　确认连接配置

单击“Yes”确认，进入下一个界面，如图 2–12–10 所示。

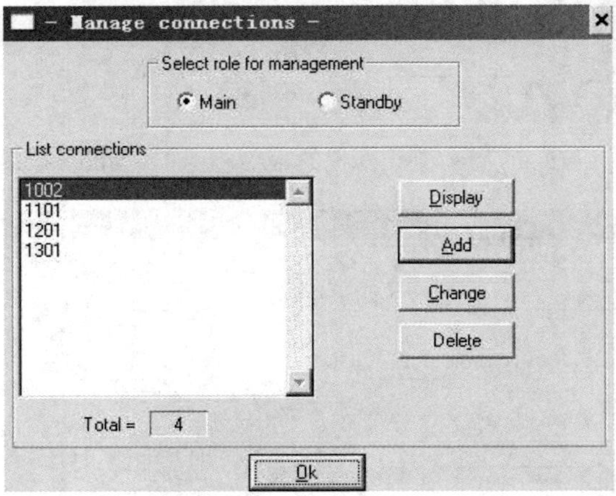

图 2–12–10　返回连接管理菜单

连接列表里显示有了 1002 这一项，说明这一条电路的时隙连接配置操作成功。以上操作是把第 10 槽 V.24/V.28 数据接口板的第 2 个接口分配到了第 14 槽 A2S 板的第 1 个 2Mbit/s 口的第 14 个时隙上。如果把另外一个站点 PCM 设备的 V.24/V.28 数据接口板的某一个接口（要连接的两个接口参数的配置要相同）按上面同样的方法配置到相应 2Mbit/s 口的同一个时隙 TS14 上，这样就完成了一条数字业务的配置。

【思考与练习】

1. 数字业务配置的方法是怎样的?
2. 数字业务的用途有哪些?
3. 数字业务可否进行转接?

模块 13 机框地址的设置（Z37E2013Ⅱ）

【模块描述】本模块包含 PCM 机框地址的设置。通过对 PCM 设备机框地址设置步骤的介绍，掌握 PCM 设备机框地址的正确设置方法。

【模块内容】

一、PCM 设备机框地址的参数设置

为了有效地进行 PCM 设备的远程管理，在同一个网段中，PCM 设备机框的地址必须是唯一的。不同厂家生产的 PCM 设备，其机框地址的设置方法有所不同。一类是通过硬件开关设置机框的地址（有些设备是通过机框母板上的拨码开关进行设置，有些设备是通过控制板上的拨码开关进行设置），另一类设备是通过软件对机框的地址进行设置，比如 FMX12 设备。

二、FMX12 设备机框地址的参数设置

FMX12 设备机框地址的设置规定，同一个网络里不同设备前两段地址码 network ID 和 Depth 必须分别相同，后面 4 段地址码（Level1，Level2，Level3 和 Level4）中至少有一位不同，以保证同一个网络中每端设备的地址不同，否则会因地址冲突而无法实施远程监控。地址的设置还规定 network ID 的取值为 1 到 255 之间，Depth，Level1，Level2，Level3 和 Level4 的取值在 0 到 255 之间。设备中添加的被管理设备地址不能相同（地址相同时设备会出现 IP 地址告警提示，如图 2–13–1 所示）。

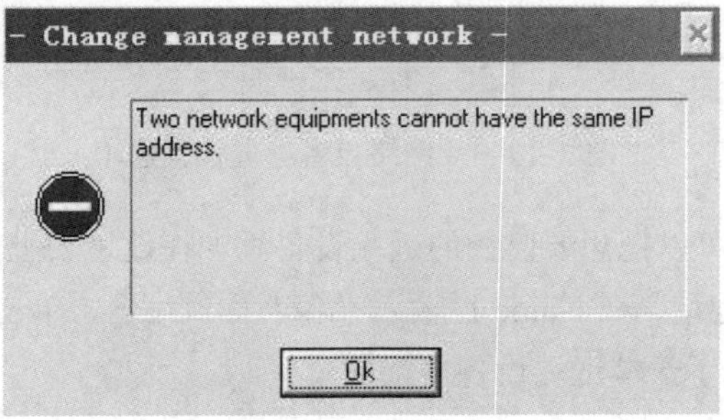

图 2–13–1 设备网络地址冲突提示

三、机框地址的设置方法

选择下拉菜单“Management network（管理网络）”，如图 2–13–2 所示。

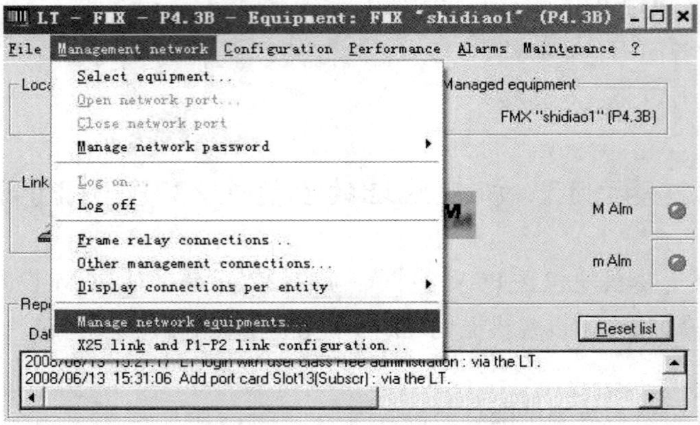

图 2–13–2 主菜单管理网络的下拉菜单

选择“Management network”下拉菜单中的“Manage network equipments（网络设备管理）”，进入下一个界面，如图 2–13–3 所示。

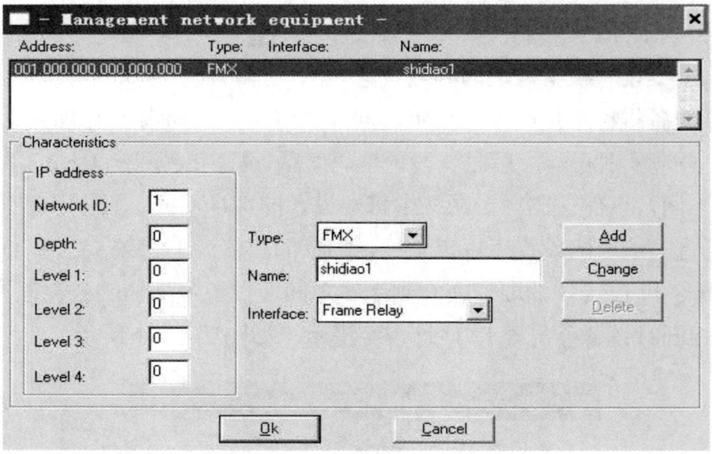

图 2–13–3 网络设备管理设置选项

在图 2–13–3 中可以把想要监控的远端设备添加在地址表上，方法是：在 IP address 栏中输入设备的 IP 地址，在 Name 栏输入设备名称或站名，单击“Add”，在后续图中单击“Yes”，即完成了一端远端设备地址的设置。

本端设备的地址默认为“1.0.0.0.0.0”，假设要修改为“1.0.1.0.0.0”，只需把 Level1 由 0 改为 1，进入下一个界面，如图 2–13–4 所示。

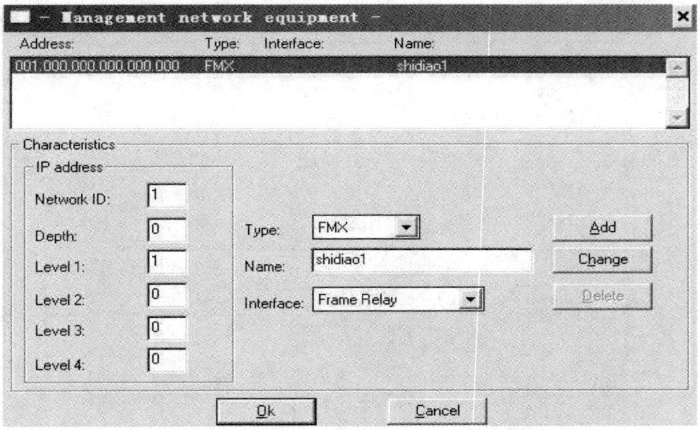

图 2–13–4 网络设备管理参数修改

然后单击“Change”，进入下一个界面，如图 2–13–5 所示。

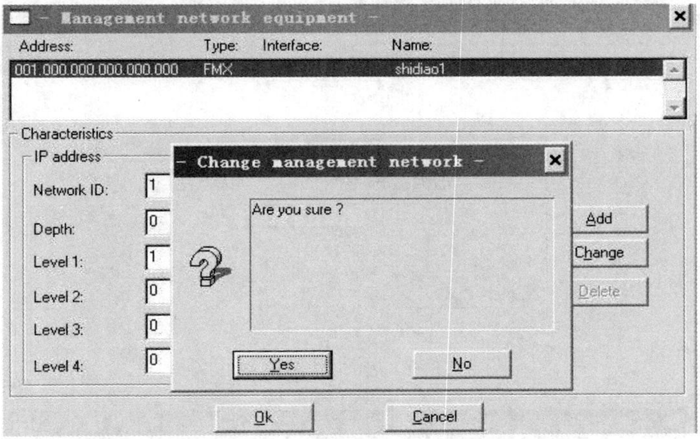

图 2–13–5 网络设备管理参数修改的确认

单击“Yes”，完成了地址由“1.0.0.0.0.0”到“1.0.1.0.0.0”的修改，进入下一个界面，如图 2–13–6 所示。

如果要增加一端被监控的远端设备到地址栏中，在 IP address 栏输入设备的 IP 地址（如 1.0.1.1.0.0），在 Name 栏输入设备名称（如 zongdiao2），如图 2–13–7 所示。

单击“Add”，再单击“Yes”，进入下一个界面，完成一端被管理设备的设置，如图 2–13–8 所示。如果还要添加其他被管理的网络设备，重复以上步骤即可。

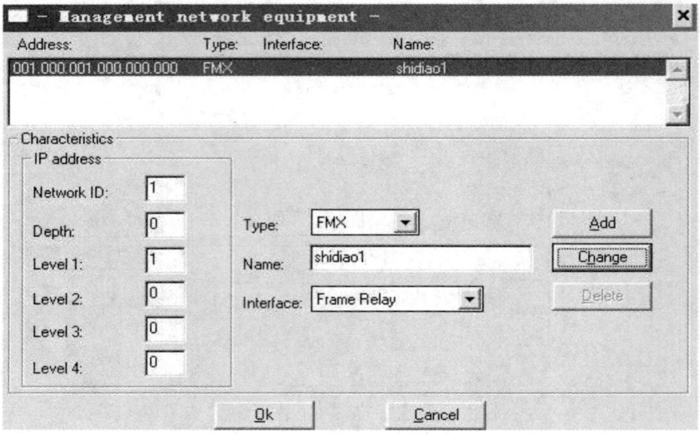

图 2–13–6 返回网络设备管理设置选项

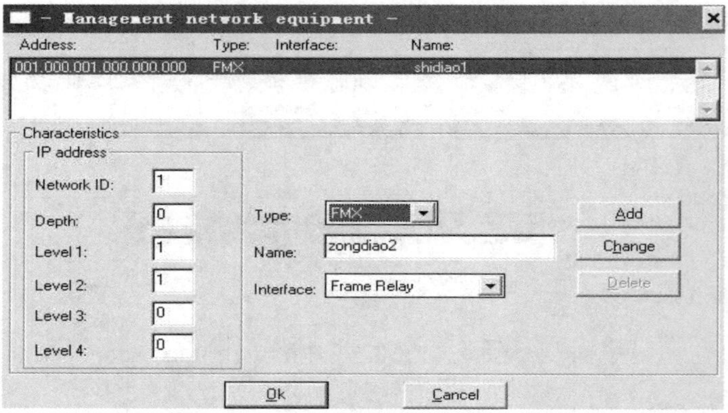

图 2–13–7 添加受控网络设备

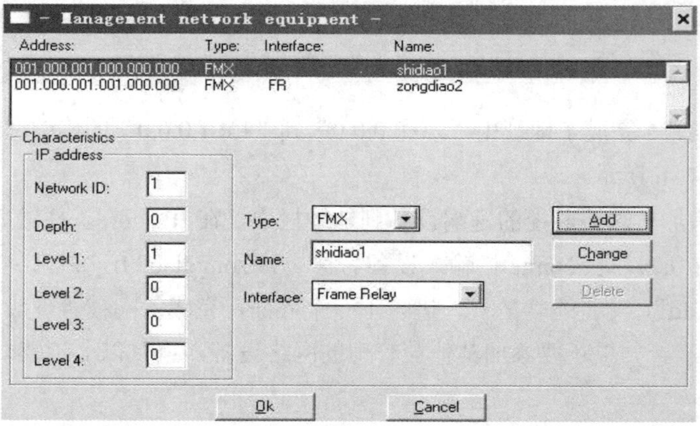

图 2–13–8 返回网络设备管理设置选项

最后单击“OK”，确认数据修改成功。如果单击“Cancel”，则以上的数据没有被确认保存下来。

【思考与练习】

1. FMX12 设备机框地址的设置方法是怎样的？
2. PCM 设备机框的地址有什么要求？
3. PCM 设备机框的地址设置方法有哪几种？

模块 14　板卡物理位置的设置（Z37E2014Ⅱ）

【模块描述】本模块包含 PCM 设备公用板卡物理位置的设定。通过对 PCM 设备公用板卡物理位置设置的介绍，掌握 PCM 各公用板卡物理位置设置的方法。

【模块内容】

一、PCM 设备公用板卡物理位置的设置

PCM 设备公用板卡在机框中的物理位置一般是固定的。不同厂家生产的 PCM 设备，公用板卡都有各自固定的物理位置，设置的方法就是将不同种类的公用板卡配置到该 PCM 设备规定的相应插槽中即可。

二、FMX12 设备公用板卡物理位置的设置

根据 FMX12 设备插槽位的设计使用规定，公用部分的电源板应插在插槽 01 或/和 02 中，管理接口板（GIE）只能插在插槽 15 中，交叉连接同步板（COB）插在插槽 16 中，用作保护的 COB 板插在插槽 17 中。在公用板卡物理位置的设置中，除了交叉连接同步板的插槽位是可选择的以外，其他相应插槽位中的公用板卡都是默认配置好的。

假设 FMX12 设备的 17 插槽没有配置用作保护的 COB 板，需要在设备参数设置时对其进行修改，修改方法如下：

登录 PCM 设备后，单击“Configuration”下拉菜单，再单击“Protected operations（保护操作）”，进入如图 2-14-1 所示的界面。

单击“Disable operations”，再单击“OK”确认，即可完成第 17 插槽位置的关闭配置。

查看第 17 插槽位是否处于关闭状态，可再次选择“Configuration”下拉菜单中的“Protected operations”，进入下一个界面，如图 2-14-2 所示。

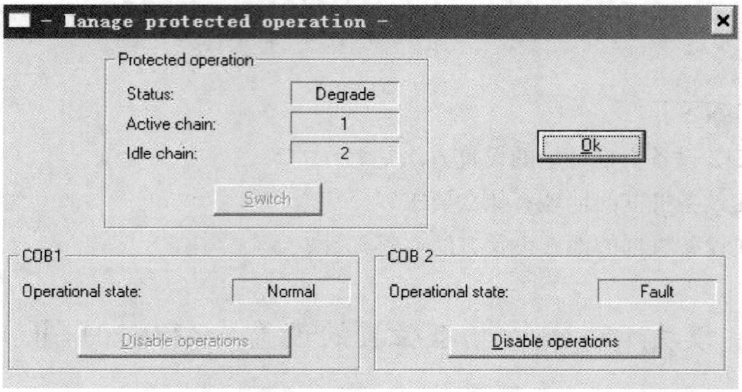

图 2–14–1 COB 板卡保护配置开启状态

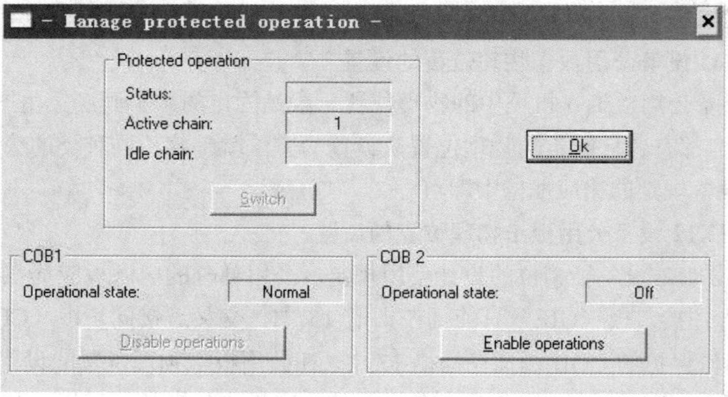

图 2–14–2 COB 板卡保护配置关闭状态

界面显示用作 COB 保护的 17 插槽位处于 Off（关闭）状态。

【思考与练习】

1. 当 FMX12 设备的 17 插槽没插 COB 板时，如果使用设备的默认配置，对设备会有何影响？

2. 怎样关闭 FMX12 设备的 17 插槽位？

3. FMX12 设备的公用板卡分别插在哪些槽位上？

模块 15 时钟的设置（Z37E2015Ⅱ）

【模块描述】本模块包含 PCM 设备时钟设置。通过对 PCM 设备时钟同步及其设置方法的介绍，了解时钟同步的重要性，掌握 PCM 时钟同步的设置方法。

【模块内容】

一、PCM 设备的定时和同步

PCM 设备将各话路信号按一定的时间顺序分别安排在不同的时间进行抽样、量化和编码，然后送到接收端依次解码、分路恢复出原来的语音信号，整个过程需要有严格的定时系统来完成。为了保证接收端和发送端定时系统的同步工作，让设备处于稳定的同步工作状态，实现正确的通信，还需要有同步系统做保障。

很多智能 PCM 设备提供了内时钟、外时钟和提取时钟，主用时钟和备用时钟的分配和删除选项。实际操作中，可根据网络实际情况对 PCM 设备的时钟进行设置。

（1）主用时钟源的选择。

（2）备用时钟源的选择，有多级备用时钟源的可根据实际需要进行备用时钟源设置。

（3）时钟源切换方式的选择（自动模式或人工模式）。

二、FMX12 设备提供的同步定时源

FMX12 设备提供三种同步定时源：外部同步输入、内部振荡器和从支路或复接信号中提取时钟，适用一个主同步源和最多两个按递减顺序排列优先等级的备用同步源。在正常操作过程中主同步源是一个同步源，如果所有其他配置的同步源发生故障，FMX12 将与其内部时钟同步（自动运行模式）。使用从业务中还原的外部定时源或定时信号，只需输入相应的板插槽号码和接口号进行选择。一旦检测出有源时钟源的故障状况，设备将自动转换至下一个可用的时钟源。

三、FMX12 设备时钟设置的方法

1. 添加时钟源的方法

登录 FMX12 设备，选择“Configuration”下拉菜单，单击“Synchronization”，进入如图 2-15-1 所示的界面。

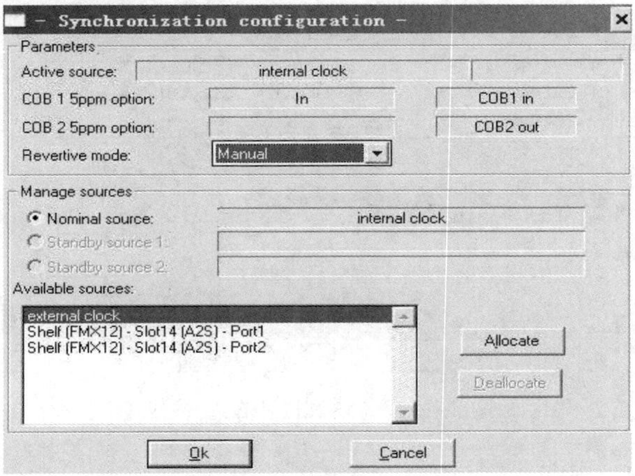

图 2-15-1　同步配置参数

凡是激活的 2Mbit/s 端口都会在 Available sources 列表栏里列出。时钟的 Revertive mode 一般都需要由人工模式（Manual）调整为自动模式（Automatic），根据具体情况选择合适的主同步源端口（如 14 槽第 1 个 2Mbit/s 端口），单击“Allocate”分配，再点“OK”进入下一个界面，如图 2–15–2 所示。

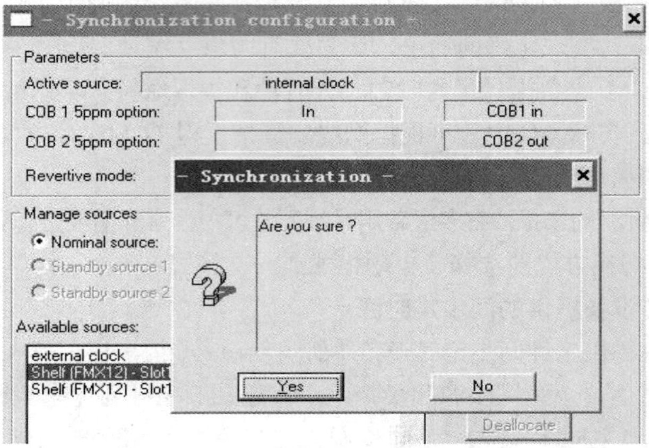

图 2–15–2　同步配置确认

单击“Yes”进入下一个界面，如图 2–15–3 所示。

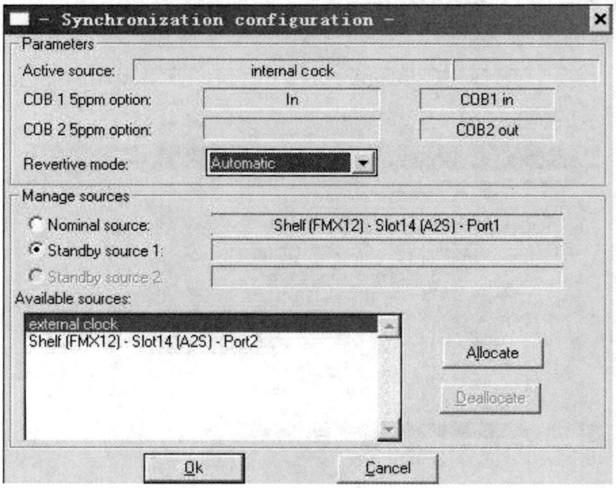

图 2–15–3　返回同步配置参数

如果还需分配备用同步源（如 14 槽第 2 个 2Mbit/s 端口），重复上面的步骤即可，最终显示为下一个界面，如图 2–15–4 所示。

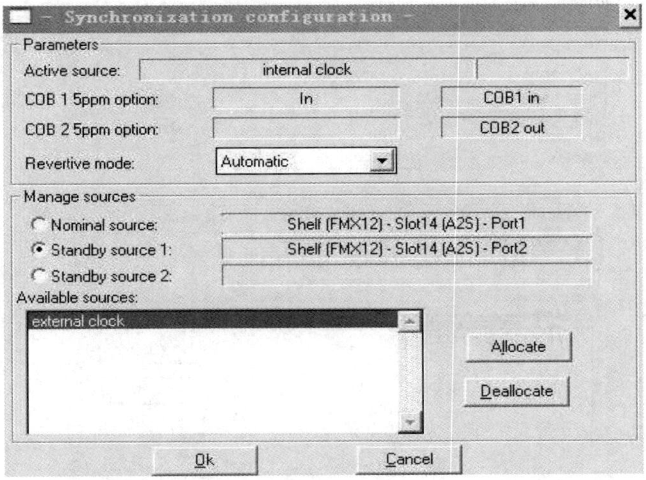

图 2–15–4　添加同步源后的同步配置参数

2. 删除时钟源的方法

如果要删除备用时钟源(如图 2–15–5 中 14 槽的第 2 个 2Mbit/s 端口),选中"Standby source 1",单击"Deallocate",进入下一个界面,如图 2–15–5 所示。

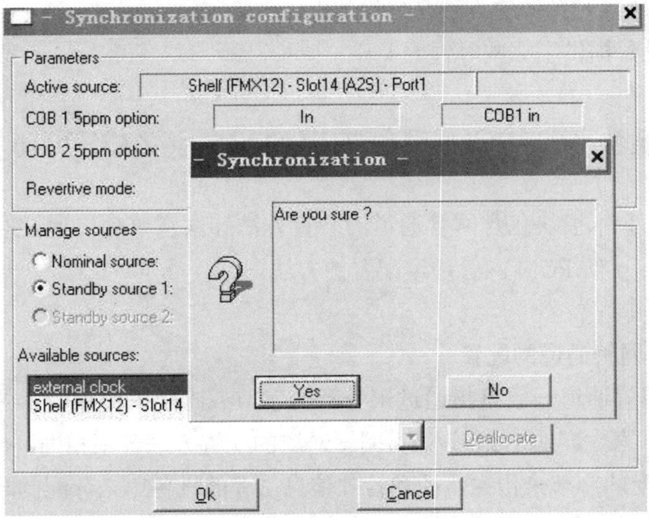

图 2–15–5　删除备用时钟源确认

单击"Yes"确定,可删掉第一级备用时钟源,如图 2–15–6 所示。

这样,就可以完成 FMX12 设备时钟源的删除。要删除其他时钟源,重复上面的步骤即可。

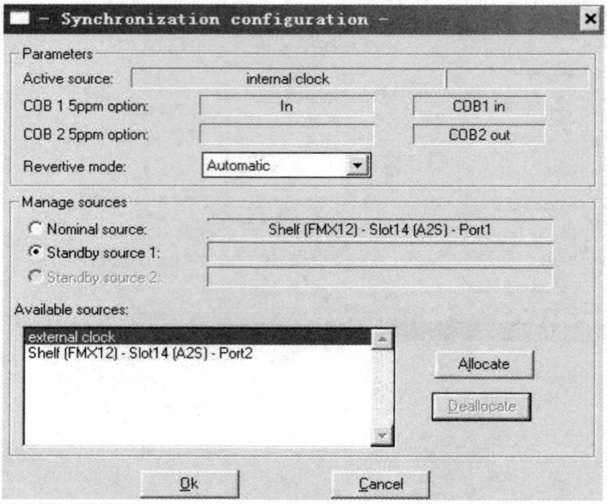

图 2-15-6 删除备用时钟源后的同步配置参数

【思考与练习】

1. 当 FMX12 设备有源时钟源出故障时，要想自动转换至下一个可用的时钟源，配置时钟源时应该注意些什么？

2. 添加和删除时钟源的方法是怎样的？

3. PCM 设备提供了哪些时钟？

模块 16 PCM 网管通道的配置（Z37E2016Ⅱ）

【模块描述】本模块包含网管通道的配置方法和注意事项。通过对帧中继及其配置方法的介绍，了解 PCM 网管通道配置的方法。

【模块内容】

一、PCM 网管通道的配置

PCM 的网管通道一般是指通过未分配的字节或时隙来传输设备的监控与管理功能通道。不同厂家生产的 PCM 设备，网管通道的配置方法各不相同。有的设备用帧结构 TS0 中未分配的字节来传送监控和管理信息，有的设备用未分配的时隙来传送监控和管理信息，还有的设备能同时用多种方式来传送监控和管理信息。

二、FMX12 设备网管通道的配置

FMX12 设备可通过本地操作系统进行集中管理控制，包括与 FMX12 连接的远端设备单元。可与管理接口板直接连接，具有远程监控功能，且不另外占用话路时隙。所有维护通道的帧中继功能通过 COB 板实施，维护通道的帧中继功能支持下面最多

10 个维护通道：

（1）通过奇数帧 TS0 时隙的 2 个字节负载 8 个 8Kbit/s 信道。

（2）由未分配的时隙负载 64Kbit/s 通道。

（3）用于 GIE 板的 64Kbit/s 信道。

通过维护通道的帧中继功能，FMX12 设备可通过控制通道达到切换不同被控设备的目的，网管通道的具体配置方法如下。

首先登录 FMX12 设备，选择主菜单“Management network”下拉菜单中的“Frame relay connections”，如图 2–16–1 所示。

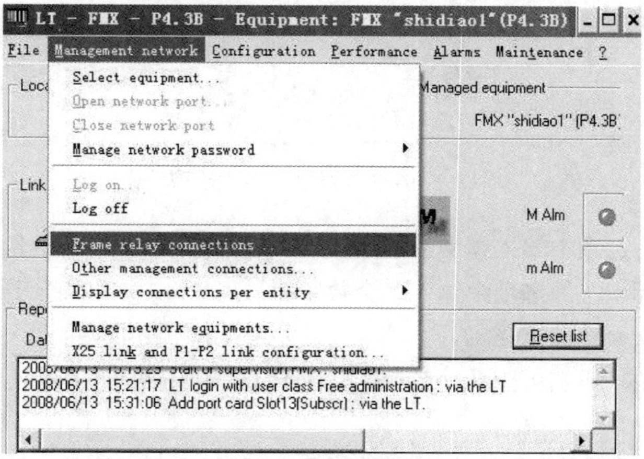

图 2–16–1　网络管理下拉菜单

单击后，进入下一个界面，如图 2–16–2 所示。

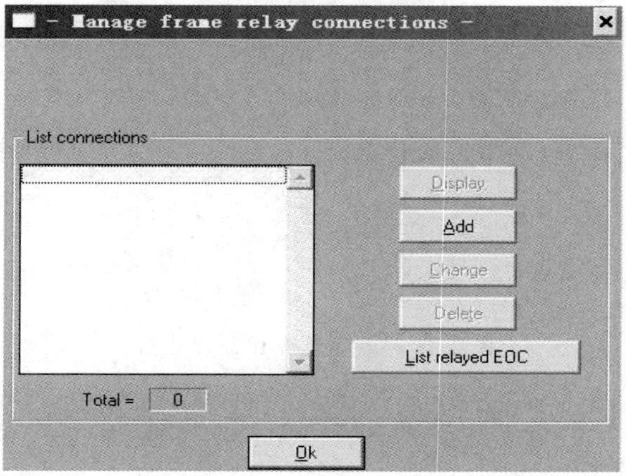

图 2–16–2　帧中继连接管理

单击“Add”，进入下一个界面，如图 2–16–3 所示。

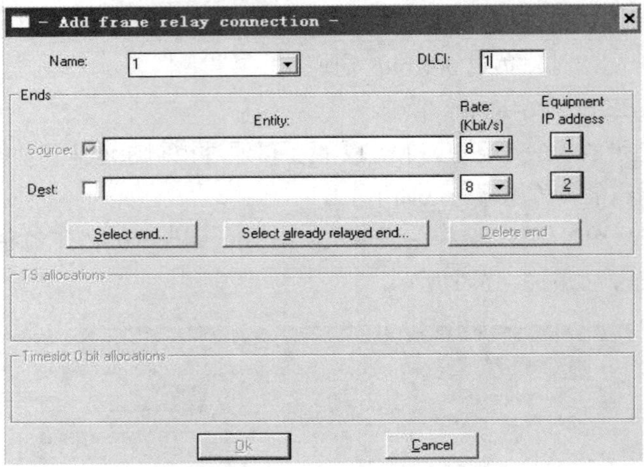

图 2–16–3　帧中继连接选项

在“Name”选项中输入帧中继的名字（长度最多 12 个字符，例如 1），在 DLCI（数据链路连接标识符）选项中输入一个数字编号（1 到 1024 的任意数，例如 1）。

（一）点对点帧中继连接

单击“Equipment IP address”（设备 IP 地址）下面按钮 1 进入下一个界面，如图 2–16–4 所示。

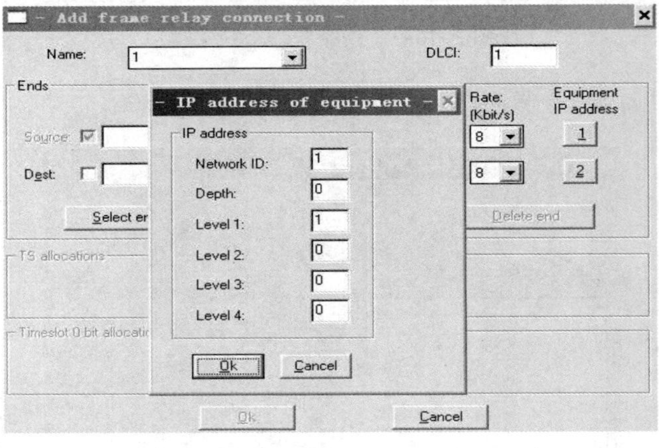

图 2–16–4　源设备 IP 地址设置

在图 2–16–4 的六个方框中根据要求输入本端设备的 IP 地址（如 1.0.1.0.0.0），单击“OK”返回图 2–16–3 界面。

单击“Equipment IP address（设备 IP 地址）”下面按钮 2 进入下一个界面，如

图 2–16–5 所示。在六个方框中根据要求输入被监控设备 IP 地址（如 1.0.1.1.0.0），单击“OK”返回图 2–16–3。

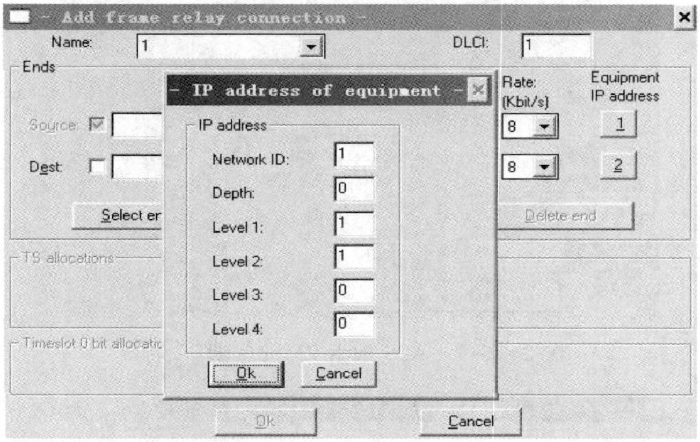

图 2–16–5　目标设备 IP 地址设置

在 Source（源）右小方框打钩情况单击“Select end”，进入下一个界面，如图 2–16–6 所示。

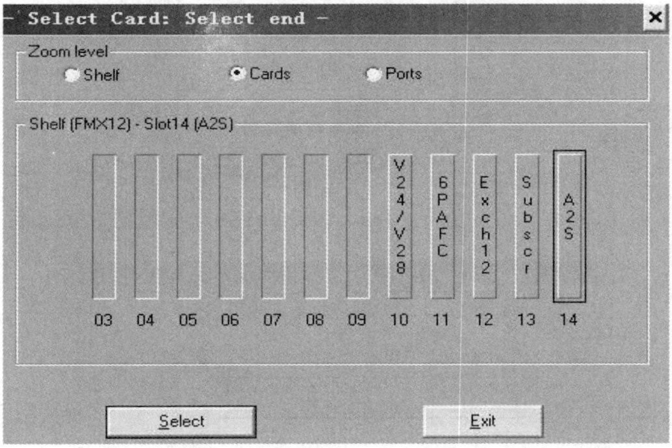

图 2–16–6　A2S 板卡选择

选择与被监控设备连接 2Mbit/s 口所在的 A2S 板，并选中“Ports”进入下一个界面，如图 2–16–7 所示。

选择与被监控设备连接的 2Mbit/s 口（如 14 槽 Port1），单击“Select”进入下一个界面，如图 2–16–8 所示。

点黑 TS0 的第 7、8 比特位，如图 2–16–9 所示。

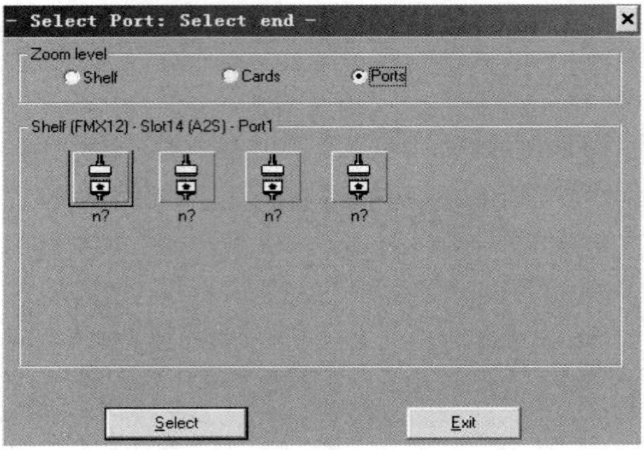

图 2–16–7 A2S 板卡 2Mbit/s 端口选择

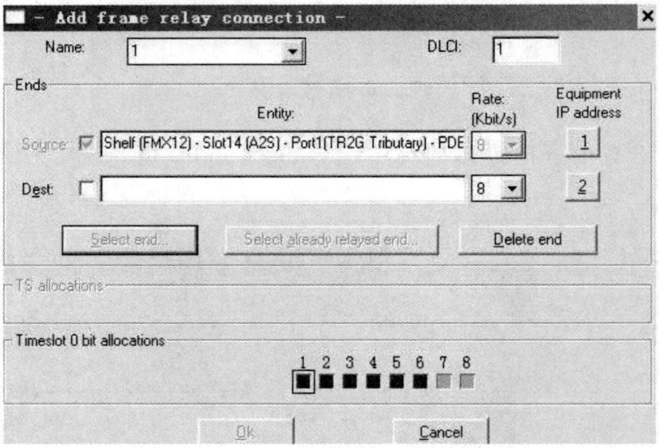

图 2–16–8 A2S 板卡 2Mbit/s 端口的 TS0 未分配比特位选择

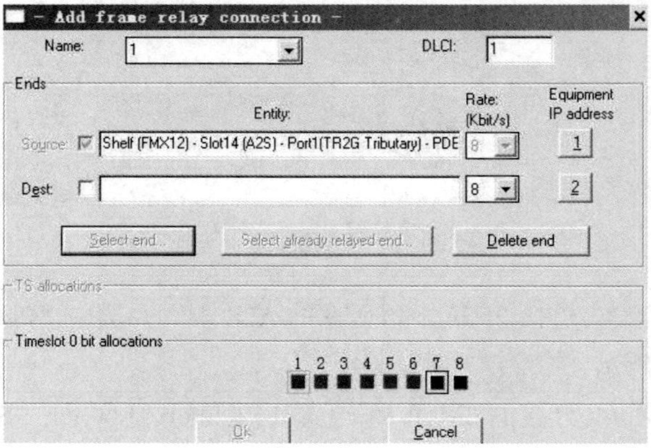

图 2–16–9 2Mbit/s 端口 TS0 的第 7、8 比特位占用

选中“Dest（目的）”右边的小方框（打钩），如图 2–16–10 所示。

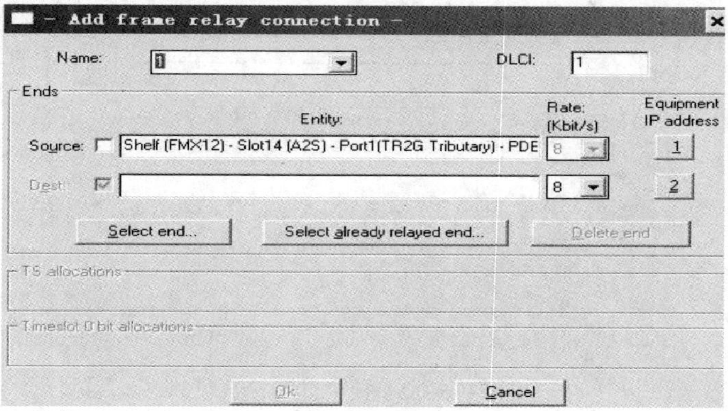

图 2–16–10 帧中继连接选项

单击“Select already relayed end（已使用帧中继端点选择）”，进入下一帧中继连接选项界面，如图 2–16–11 所示。

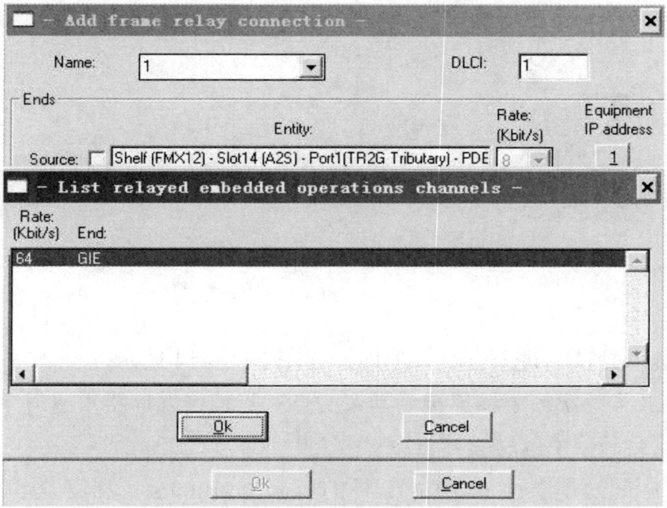

图 2–16–11 EOC 信道的列表

选中 64 GIE 并单击“OK”进入下一个界面，如图 2–16–12 所示。

单击“OK”进入下一个界面，如图 2–16–13 所示。

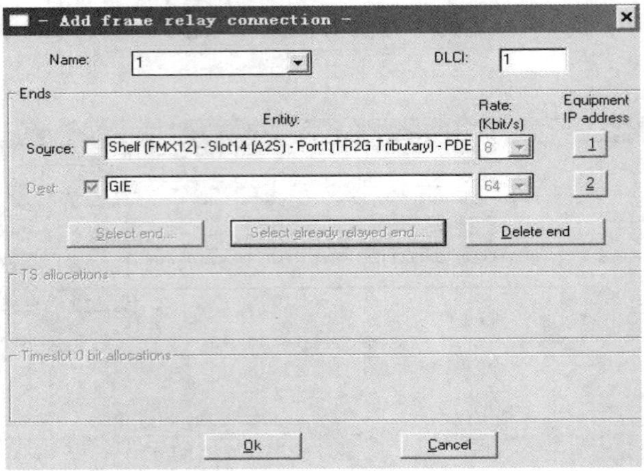

图 2–16–12 帧中继连接选项

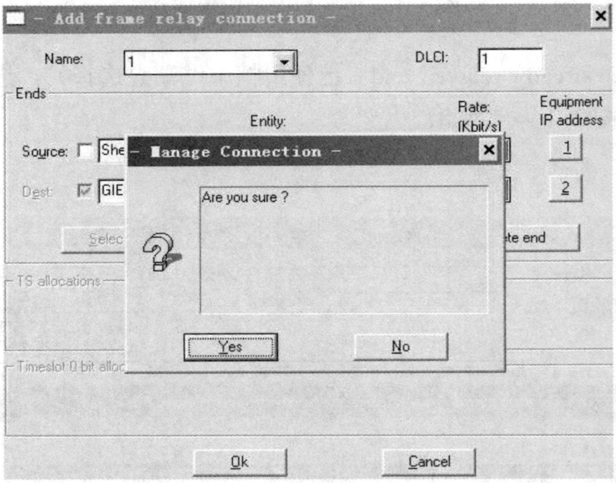

图 2–16–13 帧中继连接确认

单击“Yes”确认，进入下一个界面，如图 2–16–14 所示。

这样就完成了一次帧中继连接，其余的点对点帧中继连接重复以上步骤即可。

（二）中间站的帧中继转接连接

假设这个中间站是通过 14 槽 A2S 板的第 3 个 2Mbit/s 口和第 4 个 2Mbit/s 口与其他设备相连，在图 2–16–14 中单击“Add”，进入下一个界面，如图 2–16–15 所示。

在 Name 中输入连接名称（如 AtoB），在 DLCI 中输入数据链路连接标识符编号（如 2），用与图 2–16–4 和图 2–16–5 相同的方法，单击设备 IP 地址下“1”按钮，输入监控设备的 IP 地址（如：1.0.6.0.0.0），单击“2”按钮输入被监控设备的 IP 地址（如：

1.0.9.0.0.0）。单击“Select end”进入下一个界面，如图 2–16–16 所示。

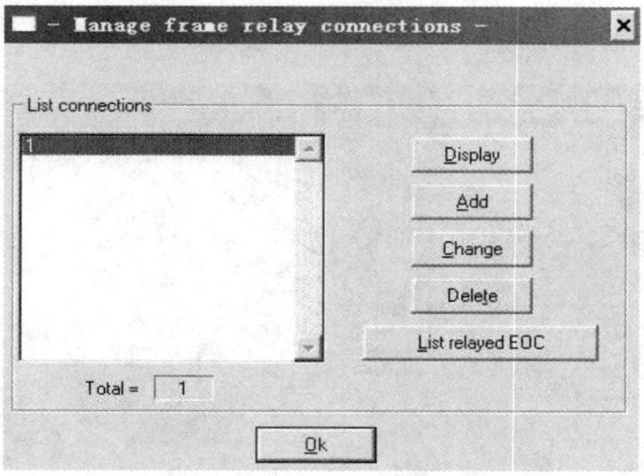

图 2–16–14　帧中继连接管理

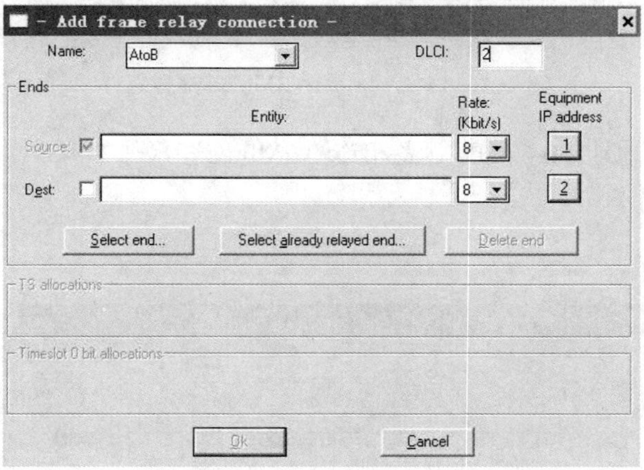

图 2–16–15　帧中继连接选项

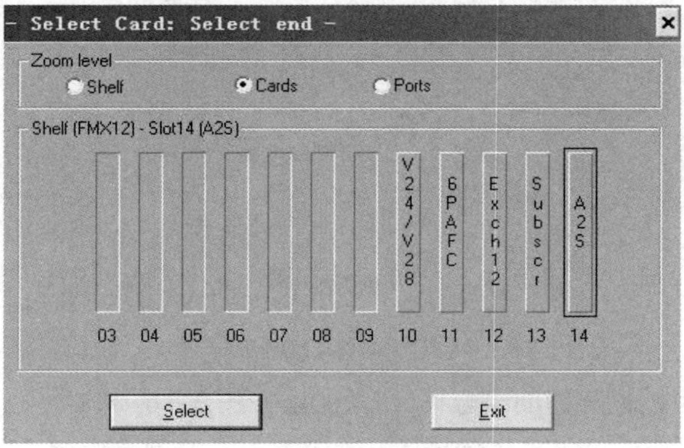

图 2–16–16　A2S 板卡选择

选择 14 槽并单击“Ports”，进入下一个界面，如图 2–16–17 所示。

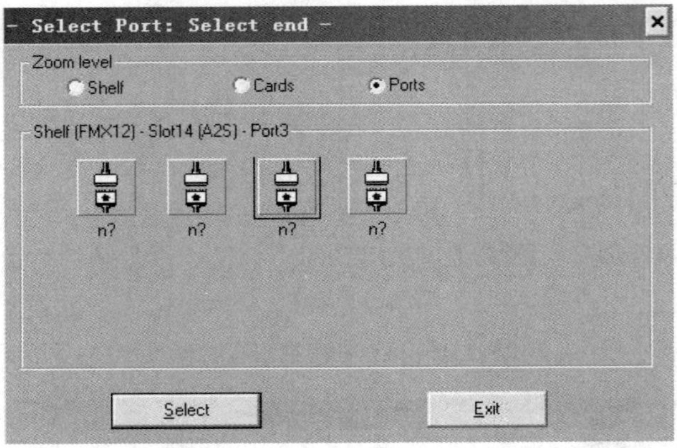

图 2–16–17　A2S 板卡 2Mbit/s 端口选择

选择与源 IP 地址 1.0.6.0.0.0 设备相连的 2Mbit/s 口（如 Port3），进入下一个界面，如图 2–16–18 所示。

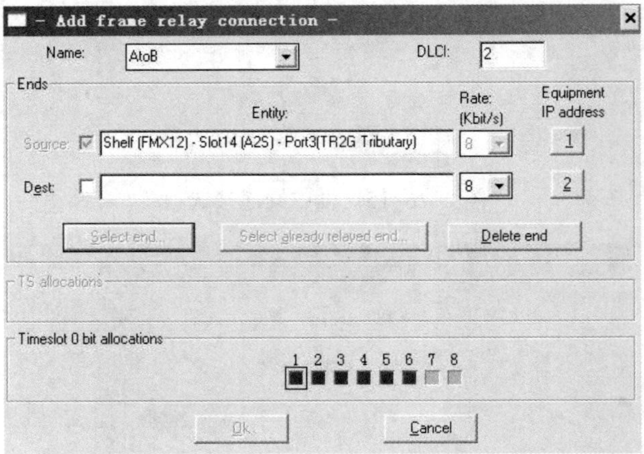

图 2–16–18　A2S 板卡 2Mbit/s 端口的 TS0 未分配比特位选择

点黑 TS0 的第 7、8 比特位，如图 2–16–19 所示。

选中 Dest（目的）右边的小方框（打钩），如图 2–16–20 所示。

单击“Select end”进入下一个界面，如图 2–16–21 所示。

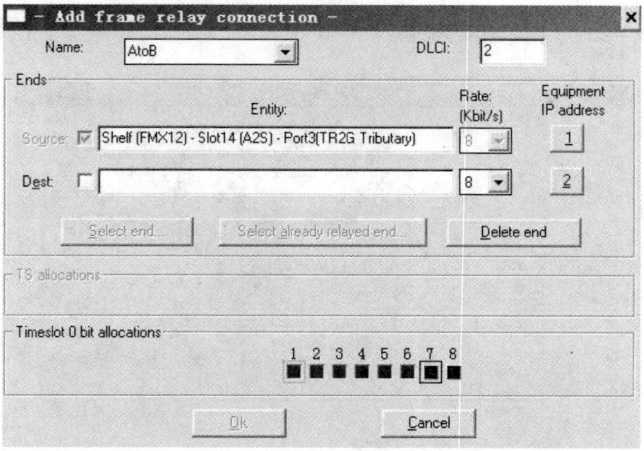

图 2–16–19　2Mbit/s 端口 TS0 的第 7、8 比特位占用

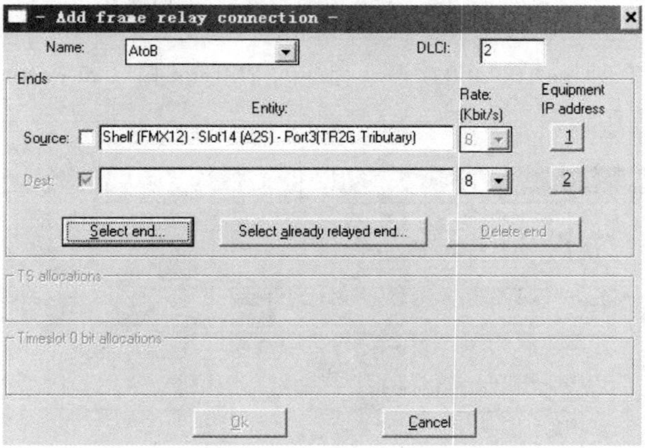

图 2–16–20　帧中继连接选项

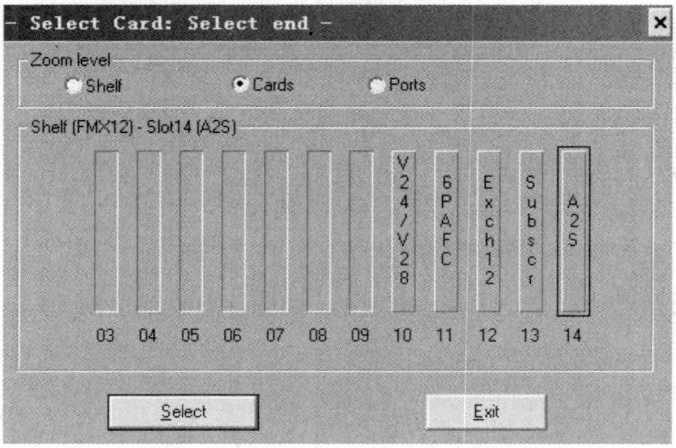

图 2–16–21　A2S 板卡选择

选择 14 槽并单击“Ports”，进入下一个界面，如图 2–16–22 所示。

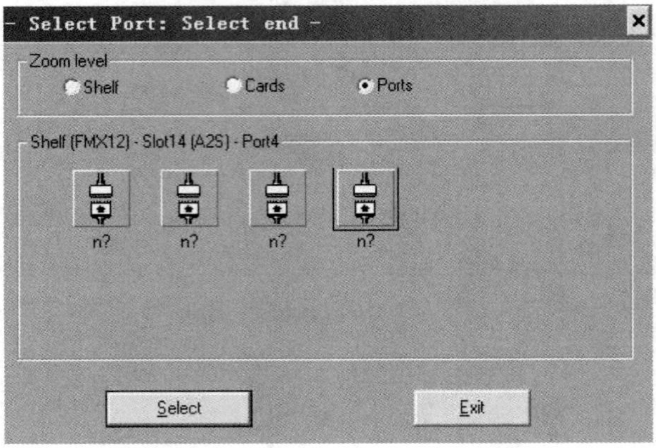

图 2–16–22　A2S 板卡 2Mbit/s 端口选择

选择与目标 IP 地址 1.0.9.0.0.0 设备相连的 2Mbit/s 口（如 Port4），进入下一个界面，如图 2–16–23 所示。

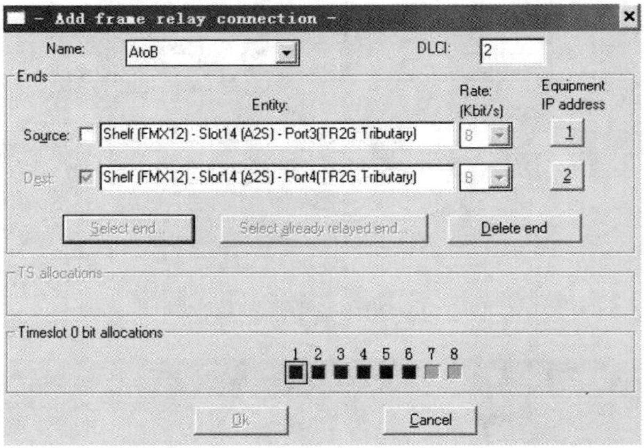

图 2–16–23　A2S 板卡 2Mbit/s 端口的 TS0 未分配比特位选择

点黑 TS0 的第 7、8 比特，如图 2–16–24 所示。

单击“OK”进入下一个界面，如图 2–16–25 所示。

再单击“Yes”确认，进入下一个界面，如图 2–16–26 所示。

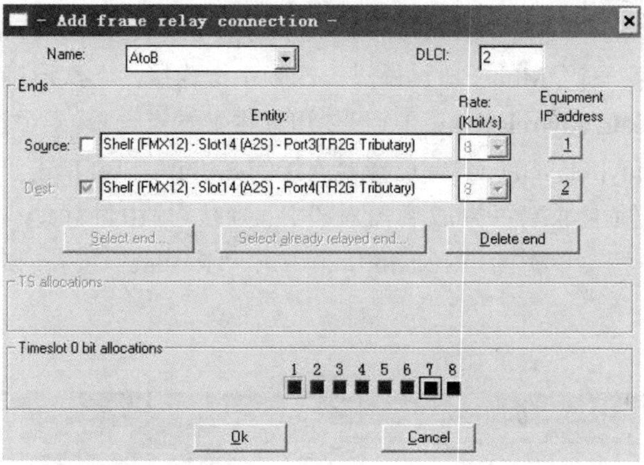

图 2–16–24　2Mbit/s 端口 TS0 的第 7、8 比特位占用

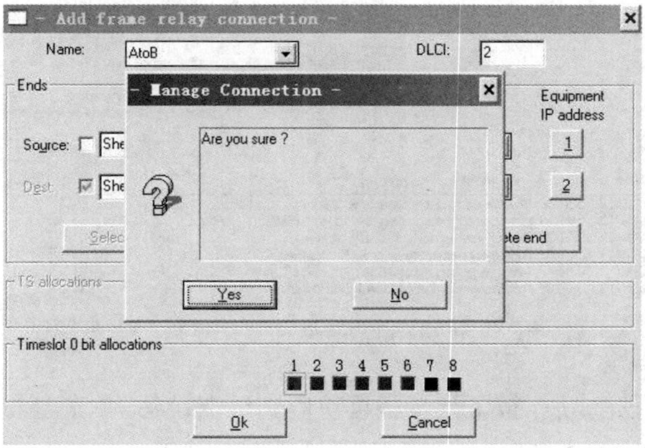

图 2–16–25　帧中继连接确认

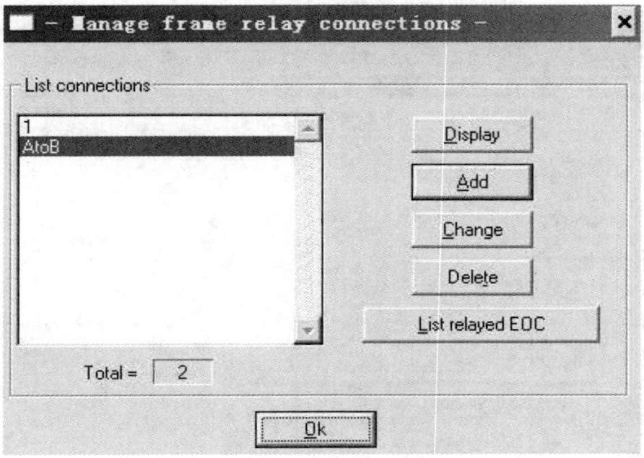

图 2–16–26　帧中继连接管理

这样就完成一次帧中继的转接连接，其余的帧中继转接连接方法相同，重复以上步骤即可。如果某一个 2Mbit/s 口已做过一次帧中继连接，下次连接选择该 2Mbit/s 口时，可在“Select already relayed end（已使用帧中继端点选择）”中选择，具体操作是单击“Select already relayed end”，选择要连接的 2Mbit/s 口并单击“OK”。

另外，所有帧中继配置完成后需对设备重启，帧中继才能生效。方法是选择“Maintenance”下拉菜单中的“System”，再单击“Restart”重新启动，如图 2–16–27 所示。

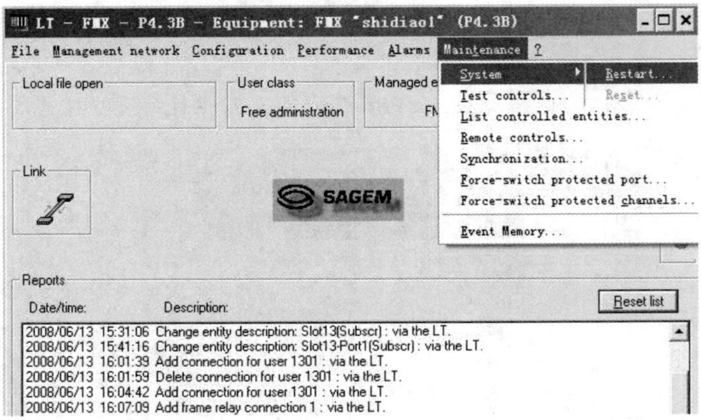

图 2–16–27 软件复位重启

网管通道设置完成后，按下列步骤可访问到远端设备。单击“Management network”下拉菜单，如图 2–16–28 所示。

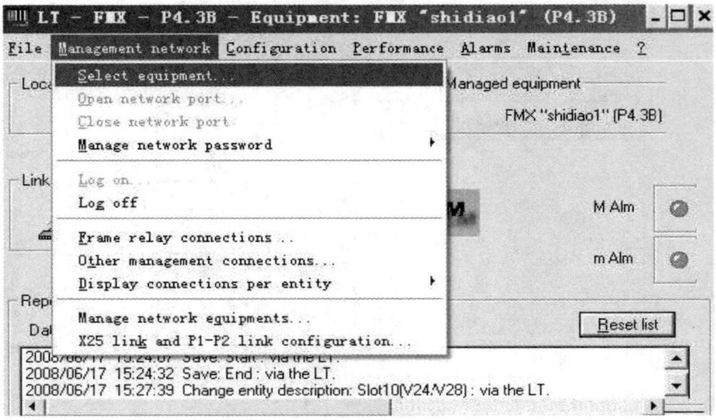

图 2–16–28 网络管理下拉菜单

单击“Select equipment”进入下一个界面，如图 2–16–29 所示。

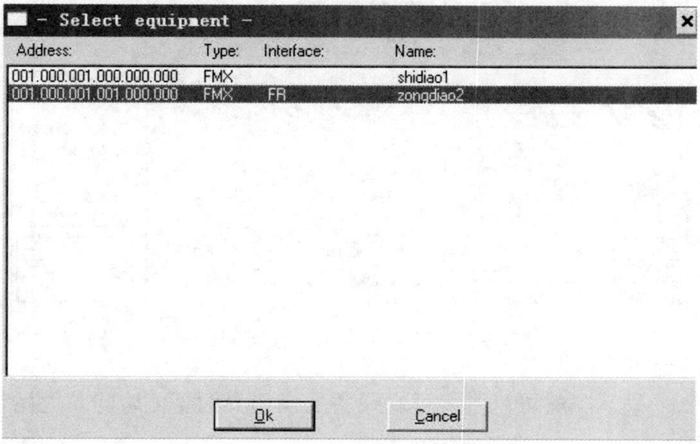

图 2–16–29　选择被访问设备

选中想要访问的远端站点的地址行，单击“OK”键，进入下一个界面，如图 2–16–30 所示。

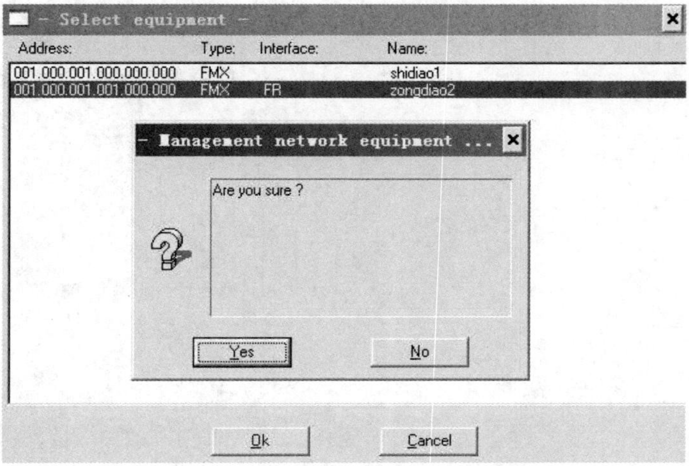

图 2–16–30　确认被访问设备

单击“Yes”，进入下一个界面，如图 2–16–31 所示。

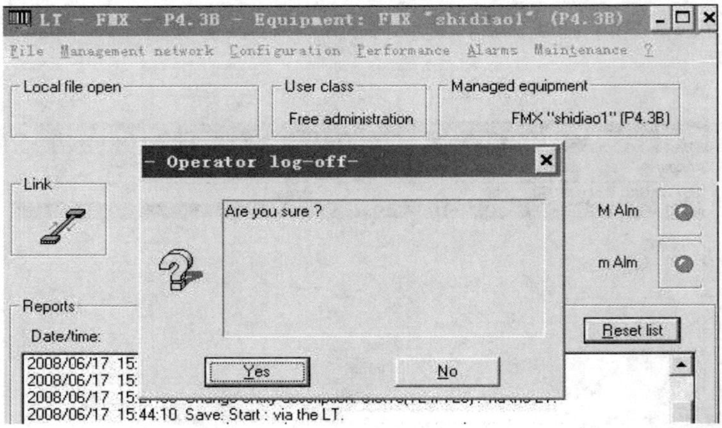

图 2–16–31　再次确认被访问设备

单击"Yes"确认，就可以进入远端设备的操作界面了。访问其他站点设备，重复以上步骤即可。

【思考与练习】

1. 所有维护通道的帧中继功能通过哪种板卡实施的？
2. 怎样配置点对点帧中继连接？
3. 怎样配置帧中继转接？
4. 帧中继配置完成后需要注意什么？

第三章

OTN 设备的运维检修

模块 1 OTN 传送网（Z37E3001Ⅲ）

【模块描述】本模块包含 OTN 传送网通用功能构架，通过要点讲解，掌握 OTN 的分层、帧结构、维护信号和各个层次的功能。

【模块内容】

一、概述

光传送网络（OTN，Optical Transport Network）是一种全新的光传送网络，它构建于 OTH（Optical Transport Hierarchy）技术体制的基础上。OTH 技术体制使得 OTN 可以支持各种结构的光网络的运行和管理，如点对点，环形网和网状网。其特点包括：

（1）满足数据带宽爆炸性的增长需求。

（2）通过波分功能满足每光纤 Tb/s 传送带宽需求。

（3）提供 2.7Gb/s、10.7Gb/s 乃至 43Gb/s 高速接口。

（4）透明传送各种客户数据，如 SDH/SONET、以太网、ATM、IP、MPLS、甚至 OTN 信号自身（ODUk）。

（5）提供独立于客户信号的网络监视和管理能力，有效解决国际以及运营商之间网络争端问题。

（6）提供多级嵌套重叠的 TCM 连接监视。

（7）支持灵活的网络调度能力和组网保护能力。

（8）满足未来骨干网节点的 Tb/s 以上的大容量调度。

（9）具有与 SDH/SONET 同样的健壮性，对于 SDH 信号完全的透传能力，包括 SDH 开销和定时。

（10） 支持虚级联传送方式，以完善和优化网络结构。

（11） 后向兼容能力：使运营商充分利用现有网络资源。

（12） 前向兼容能力：提供对未来各种协议的高度适应能力（完全透明）。

（13） 提供强大的带外 FEC 功能，有效地保证了线路传送性能。

OTN 的可扩展的容量很大，最适合组骨干的 MESH 网络。未来的理想情况，传送网络应该是全 OTN 的网络。相对于 SDH 来说，OTN 属于下一带的光传输网。

OTN 的发展（见图 3–1–1）来自于 ITU 国际电信联盟，OTN 的网络体系框架首先在 ITU 的 G.872 《Architecture for the Optical Transport Network（OTN）》中定义。

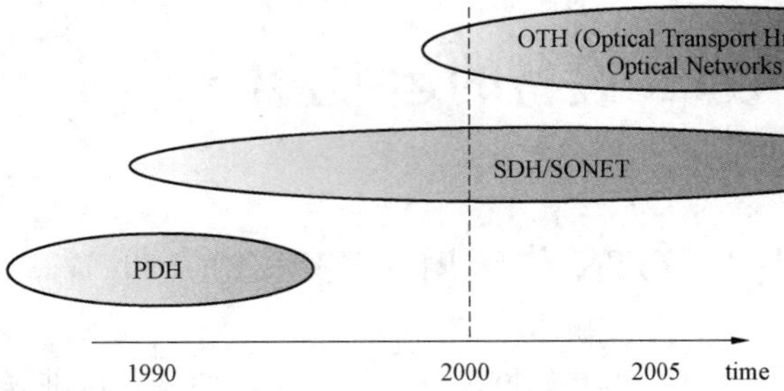

图 3–1–1 光网络的发展

ITU 国际电信联盟为 OTN 的发展指定了很多标准，可以参考 G.709、G.871、G.798、G.872 等 OTN 系列建议。这些 OTN 建议的发展进程如图 3–1–2 所示。

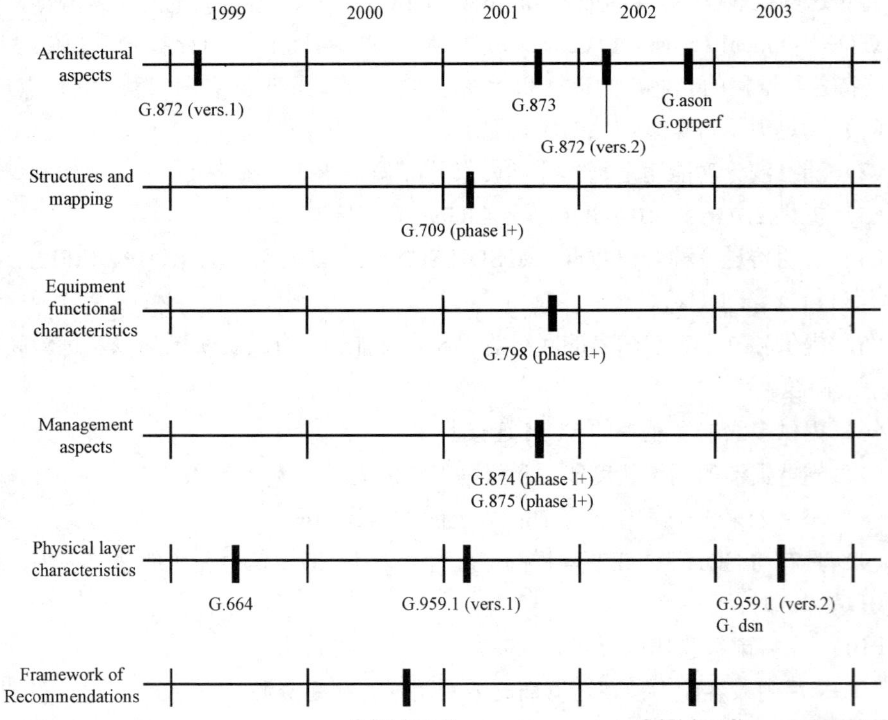

图 3–1–2 OTN 标准的历史进程

各个标准建议之间的关系如图 3–1–3 所示。

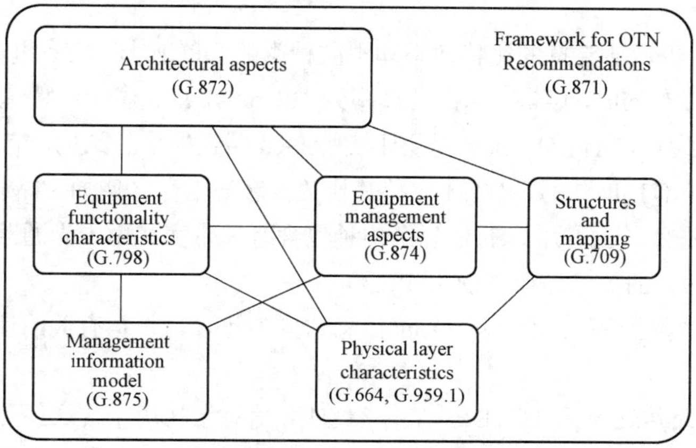

图 3–1–3 各标准之间的关系

二、术语与定义

（1）光传送模块（OTM–n［r］. m）。OTM 是经过 ONNI 被传送的信息结构。系数 n 和 m 定义了所支持的波长和比特速率。

有两种 OTM 结构：

1）全功能的 OTM（OTM–n.m）。OTM–n.m 包括最多可复用到 n 个波长通路，一个 OTM 开销信号可以支持非随路开销。

在信息结构中用于支持 OTN 中的光传送段（OTS）层连接。光传送段层（OTS_CI）的信息特性包含有信息净荷（OTS_CI_PLD）和光传送段开销信息区域（OTS_CI_OH）。OTM 开销信号（OOS）信息结构包含着光传送段开销（OTS_OH）信息域。一个 OTM–n 的阶数由它所支持的 OMU–n 的阶数所决定。

2）简化功能的 OTM（OTM–0.m，OTM–nr.m）。OTM–0 由单个光通路组成，不需要特定的波长。OTM–nr.m 最多可以包含 n 个复用的光通路，不支持非随路开销。

OTM–nr.m/OTM–0 用于支持 OTN 中光物理段（OPS）层连接的信息结构。光物理段层信息特性（OPS_CI）信息特性包含信息净荷（OPS_CI_PLD）。不支持非随路开销。一个 OTM–nr 的阶数由它所支持的 OCG–nr 的阶数所决定。

n：系数 n 表示 OTM，OTS，OMS，OPS，OCG，OMU 的阶数。n 代表了波长数目，这些波长承载着最低比特速率的信号。随着比特速率的增加，n 可能会减少。n=0 表示单个通路上不需要指配特定的波长。

r：系数 r 表示简化功能的 OTM，OCG，OCC 和 Och（不支持非随路开销）。n=0 时就不再需要 r。

m：系数 m 表示接口所支持的比特速率和多种比特速率。m 可以取值为 1，2，3，12，123，23。

k：系数 k 表示所支持的比特速率和不同种类的 OPUk，ODUk 和 OTUk。k=1 表示比特速率为 2.5Gbit/s，k=2 表示比特速率为 10Gbit/s，k=3 表示比特速率为 40Gbit/s。

（2）光通路（OCh［r］）。OCh 是用于支持 Och 路径的信息结构。定义了两种 Och：Och 客户信号是 OTUk 信号，OTM 支持其他数字客户信号（例如 STM–n，GbE）。

全功能光通路（OCh）：Och 信息结构种包含有关带宽和用于光通路管理的非随路开销（OCh_OH）的信息净荷（OCh_PLD）。

简化功能的光通路（OChr）：Ochr 信息结构中包含与带宽有关的信息净荷，不支持非随路开销。

（3）光通路传送单元（OTUk［V］）。OTUk 信息结构用于传送经过多个光通路连接的 ODUk。包括光通路数据单元和 OTUk 相关开销（FEC 和光通路连接管理开销），具有帧结构，比特速率和带宽等特点。

有两种版本的 OTUk：完全标准化的 OTUk（OTUk），完全标准的 OTUk，用于 OTM IrDIs 或 OTM IaDIs；功能标准化的 OTUk（OTUkV），部分标准化的 OTUk，用于 OTM IaDIs 光通路数据单元（ODUk）：ODUk 信息结构包括信息净荷（OPUk）和与开销相关的 ODUk。ODUk 的容量可以反映在 k 上，k 可以定义为 1，2，3。

ODUk 通道（ODUkP）：光通路数据单元 k 通道（ODUkP）是用于支持端到端 ODUk 路径的信息结构。

ODUk TCM（ODUkT）：光通路数据单元 k TCM（ODUkT）是用于支持 TCM 路径的信息结构，最多可以支持 6 个 TCM 子层。

（4）光通路净荷单元（OPUk）。OPUk 信息结构是用于适配客户信息，以便在光通路上进行传送。将客户信息和所需开销结合在一起，对客户信号速率和 OPUk 净荷速率，以及其他 OPUk 开销进行适配，以支持客户信号传送。这些开销是为适配而特定的，OPUk 的容量可以反映在 k 上，k 可以定义为 1，2，3。

（5）光通路载波（OCC［r］）。光通路载波代表 OTM–n 中的支路时隙。定义有两种 OCC 结构。

1）全功能 OCC：OCC 包含 OCC 净荷（OCCp）和 OCC 开销（OCCo）。OCCp 承载 OCh_CI_PLD，并被指配到 WDM 中的某一个波长。OCCo 承载 OCh_CI_OH，并且在 OOS 信息结构中被传送。

2）简化功能的 OCC：OCC 包含 OCC 净荷（OCCp）。OCCp 承载 OCh_CI_PLD，并被指配到 WDM 中的某一个波长。不支持非随路开销。

（6）n 阶光载波群（OCG–n［r］）。n 个光通路载波占据 OTM 固定的、确定的位置，称为光载波群（OCG［r］)。有两种结构的 OCG：

1）全功能 OCG（OCG–n)：OCG–n 包含最多 n 个 OCC 净荷（OCCp）和 OCC 开销（OCCo)。

2）简化功能的 OCG（OCG–nr)：OCG–nr 包含最多 n 个 OCC 净荷（OCCp)。不支持非随路开销。

（7）光复用单元（OMU–n，n=1)。OMU–n 信息结构用于支持 OTN 中的光复用段（OMS）层连接。光复用段层特性信息（OMS_CI）包含信息净荷（OMS_CI_PLD）和光复用段开销信息（OMS_CI_OH)。OMS_CI_PLD 包含 OCG–n 净荷，OMS_CI_OH 包含 OCG–n 开销和 OMS 特定开销，并且在 OOS 信息结构中进行传送。OMU 的阶数由所支持的 OCG 阶数定义。

（8）n 阶光物理段（OPSn)。分层网络提供在不同种类光介质上的多个波长传送（如 G.652，G.653，G.655 光纤)。将 OMS 和 OTS 层的传送功能结合在一起，不需要监控信息，定义了 n=0 和 n=16 的 OPSn 能力。

（9）光传送网节点接口（ONNI)。光传送网节点的接口用于与其他光传送网节点接口互联。

（10） OTM 开销信号（OOS)。OOS 信息结构用于在光监控信道上传送与 OTM 非随路开销。非随路开销包括光传送段开销，光复用段开销和光通路非随路开销。主要特性包括帧结构，比特速率和带宽。

（11） 光监控通路（OSC)。在光放大器带宽外的物理载波，传送 OTM 开销信号。

（12） 光传送系列（OTH)。OTH 系列包括数字传送结构，标准化的净荷映射方式，以便在光传送网络上传送。OTH 复用：光通路复用进程。

（13） 非随路开销（naOH)。在 OOS 中传送监控信息。无损伤激活/去激活连接监视器：应用于 TC–CMEPs。在两个 TC–CMEPs 之间可以建立/释放一个 CM，同时不影响净荷数据或其他不相关的 OH 信息。不相关的管理功能同时应不受到影响。当激活/去激活一个新的/旧的 CM 时，先前建立起来的 CMs 不应当反映瞬间误码或统计。

三、约定

ITU–T G.872 规定了光传送网络功能结构，可推广到 ONNI。根据 ITU–T G.805 描述的各层适配和特性信息来规范 ONNI。

1. 传送顺序

传输信息的顺序是从左到右、从上到下，在每个字节内部，最高位比特最先发送。最高位的比特（比特 1）在所有图表的左侧。

2. 预留比特的值

开销比特的值，预留或预留给国际标准化暂定义为 0。未定义比特的值：

其未定义的比特也应为0。

3. 开销分配

开销主要是指OTUk、ODUk和OPUk的开销，开销分配如图3-1-4所示。

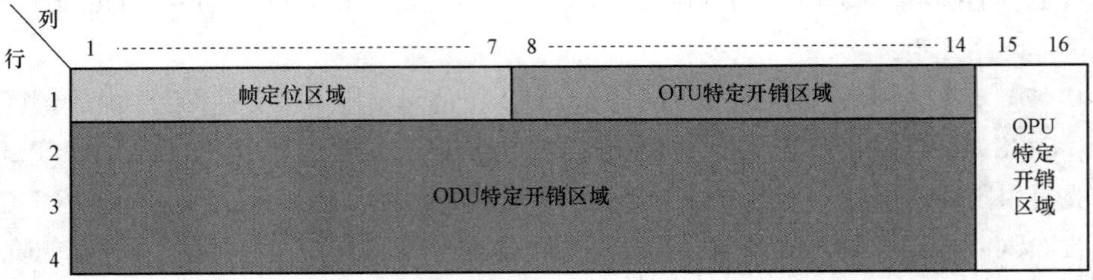

图3-1-4 开销区分配

四、OTN分层的结构

（1）ITU-T G.872规范的光传送网定义了两种接口：域间接口（IrDI）和域内接口（IaDI）。

（2）OTN IrDI接口在每个接口终端应具有3R处理功能。

（3）光传送模块n（OTM-n）信息结构用于支持OTN接口，定义了两种结构：全功能的OTM接口（OTM-n.m）和简化功能的OTM接口（OTM-0.m，OTM-nr.m）。简化功能OTM接口在每个接口终端应具有3R处理功能，以支持OTN IrDI接口。

（4）在ITU-T G.872中定义了用于网络连接2类OTN的接口：

1）Inter-domain interface（IrDI）。

2）Intra-domain interface（IaDI）。

（5）OTN IrDI接口的每个末端使用了3R处理。IrDI接口适用于不同运营商（Operators）网络之间的连接，而IaDI接口应用于同一个运营商网络内部连接。Optical Transport Module-n（OTM-n）是一种信息结构用于支持OTN接口。两种OTM-n结构定义如下：

1）OTM interfaces with full functionality（OTM-n.m）。

2）OTM interfaces with reduced functionality（OTM-0.m，OTM-nr.m）。

（6）Reduced functionality OTM接口被定义接口的每个末端使用3R处理，以此来支持OTN IrDI接口。

OTN网络划分了很多层次，按功能和载体不同，可以分为电层和光层。最上面进入的是客户信号，包括很多种如SDH/SONET、以太网、ATM、IP、MPLS、甚至OTN信号自身（ODUk）。OTN按照层次的顺序逐步把这些客户信号封装成可以在光纤传输的信号。各个层之间的结构关系如图3-1-5所示，其并联如图3-1-6所示。

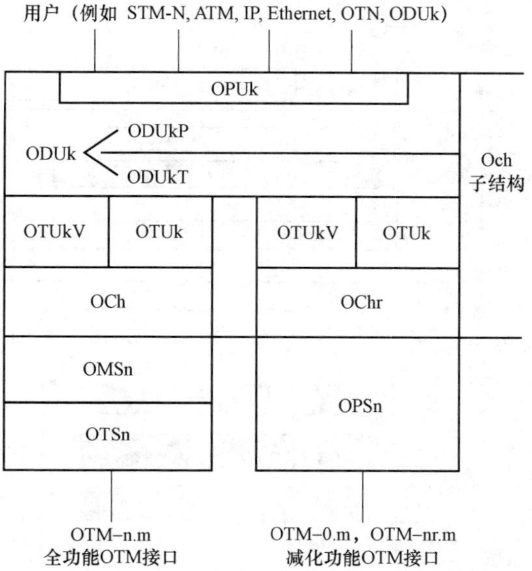

图 3–1–5 OTN 网络层次

从图 3–1–5 中可以看出，在 OUT 到 OTM 的过程中，出现两个模式：全功能 OTM 接口和简化功能 OTM 接口。一个是把 OUT 封装成 OTM–n.m，另一个是把 OUT 封装成 OTM–0/OTM–nr.m。两者的区别是后者没有光监控信道（Optical Supervisory Channel，OSC）以及在此信道上传递的 OOS（OTM Overhead Signal）开销信号，所以说它们是简化功能接口。OTM–0–m 表示只有一个单独的光通道组成，不带波分复用。

（1）OPUk（optical channel payload unit）：OPUk 用于适配需在光通道上传输的客户信息。它由以下部分组成：客户信息（包含用于适配客户信号速率和 OPUk 净荷速率的开销）和其他的用于支持客户信号传输的 OPUk 开销。OPUk 的容量按 k=1，k=2，k=3 定义。

（2）ODUk（optical channel data unit）：ODUk 的成分有 OPUk 和有关 ODUk 的开销。ODUk 的容量按 k=0，k=1，k=2，k=3 定义。其中 ODU0 目前为厂商支持特性，尚未标准化。ODU0 是为了解决千兆以太网（Gigabit–Ethernet）数据包在封装到 ODU1 时浪费大量空间的问题而提出的。

（3）ODUkP（ODUk path）：用于支持端到端 ODUk 跟踪。

（4）ODUkT（ODUk TCM）：用于支持 TCM 跟踪。最多支持 6 个 TCM 子层。

（5）OTUk［V］（optical channel transport unit）：OTUk 是一个用于在一个或多个光通道连接上传输 ODUk 的信息结构。它由 ODUk 和有关 OTUk 的开销（FEC 和用于光通道连接管理的其他开销）。OTUk 的容量按 k=1，k=2，k=3 定义。OTUk 分为两个版本：

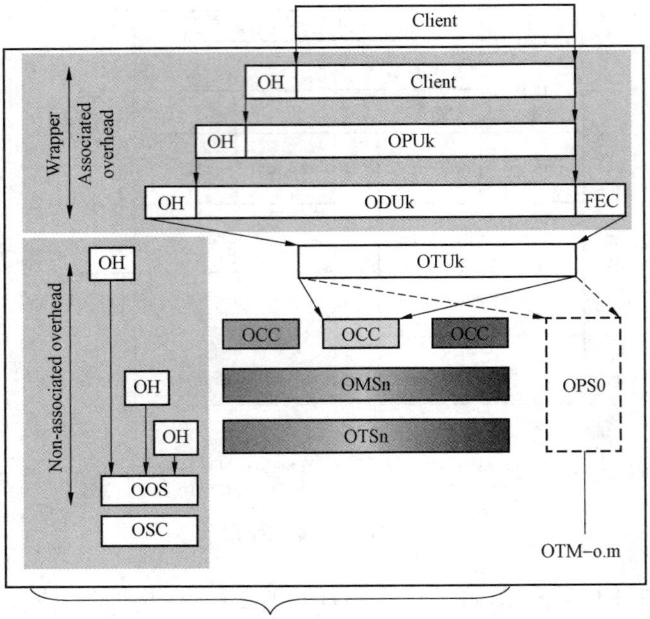

图 3-1-6　OTN 结构关联关系

1）OTUk（completely standardized OTUk）：完全标准的 OTUk，它用于 OTM IrDI，也可能用于 OTM IaDI。

2）OTUkV（functionally standardized OTUk）：部分标准的 OTUk，用于 OTM IaDI。

（6）OCC［r］（optical channel carrier）：即光通道载波。OCC 表示 OTM–n 中的一个 tributary slot。定义了两种 OCC：

1）OCC（OCC with full functionality）：OCC 包含 OCC 净荷（OCCp）和 OCC 开销（OCCo）。OCCp 承载 OCh_CI_PLD，然后 OCCp 被分配到波分复用组（WDM group）的一个 wavelength/frequency slot。OCCo 承载 OCh_CI_OH，然后放在 OOS 信息结构中传输。

2）OCCr（OCC with reduced functionality）：OCC 只包含 OCC 净荷（OCCp）。OCCp 承载 OCh_CI_PLD，然后 OCCp 被分配到波分复用组（WDM group）的一个 wavelength/frequency slot。不支持非关联开销 naOH。

（7）OTM–n［r］. m（optical transport module）：它是一种在 ONNI 上交叉传输的信息结构。“n”和“m”指示支持的波长和比特率的数量。

（8）OTM–n.m：OTM–n.m 属于全功能 OTM，由 n 个复用的光通道和 1 个支持非关联开销（non–associated overhead）的 OTM 开销信号组成。它通常用于支持 OTS（optical transmission section）层的连接。OTS 层的特性（OTS_CI）主要包括：信息净荷（OTS_CI_PLD）和 OTS 开销信息域（OTS_CI_OH）。OTS 开销信息域（OTS_CI_OH）被包含在 OTM 开销信号（OOS）的信息结构中。

（9）OTM–0.m，OTM–nr.m：OTM–0.m，OTM–nr.m 属于简化功能 OTM，OTM–0 由一个单独光通道组成。OTM–nr.m 由 n 个复用的光通道组成。它们都不支持非关联开销 naOH（non–associated overhead）。OTM–nr.m/OTM–0 是用于支持 OPS（optical physical section）层的连接。OPS 层的特性只包括信息净荷（OPS_CI_PLD）。

1）n：标记“n”用于描述波长的最大数。可能在较高比特率下出现较小的波长数量。n=0 表示单通道。

2）r：当出现“r”标记时，表示 reduced functionality 的 OTM，OCG，OCC and OCh（不支持 non–associated）。

3）overhead）。当 n=0 时，省略了 r 的标记。

4）m：标记“m”用于表示支持的比特率。它可以理解为 1 个或多个 k 组成。每个 k 表示一个特征的比特率。m 的有效值是 1，2，3，12，123，23。

5）k：标记“k”用于表示一个支持的比特率和不同的 OPUk、ODUk、OTUk 版本。k=0 表示比特率大约为 1.2Gbit/s，k=1 表示比特率大约为 2.5Gbit/s，k=2 表示比特率大约为 10Gbit/s，k=3 表示比特率大约为 40Gbit/s。

（10）OOS（OTM overhead signal）：OOS 是一种用于在光监测通道上传送 OTM 的信息结构。这种 OTM 非关联开销由光传输段开销，光复用段开销和光通道非关联开销组成。

（11）OSC（optical supervisory channel）：提供 OTM 开销信号传输的物理载波通道。

（12）OCh 子结构的作用：

1）OCh 或 OChr 在 OTN 中的 3R 再生点之间提供透明的网络连接。

2）OTUk/OTUkV 在 OTN 中的 3R 再生点之间提供用于传输的监测和调节信号。

3）ODUk 提供。

4）串连接监视 ODUkT。

5）端到端的监视 ODUkP、通过 OPUk 到达的客户信号的适配。

五、基本的复用映射原理和速率

图 3–1–7 显示了各种信息结构的映射和复用关系，包括时分复用和波分复用。

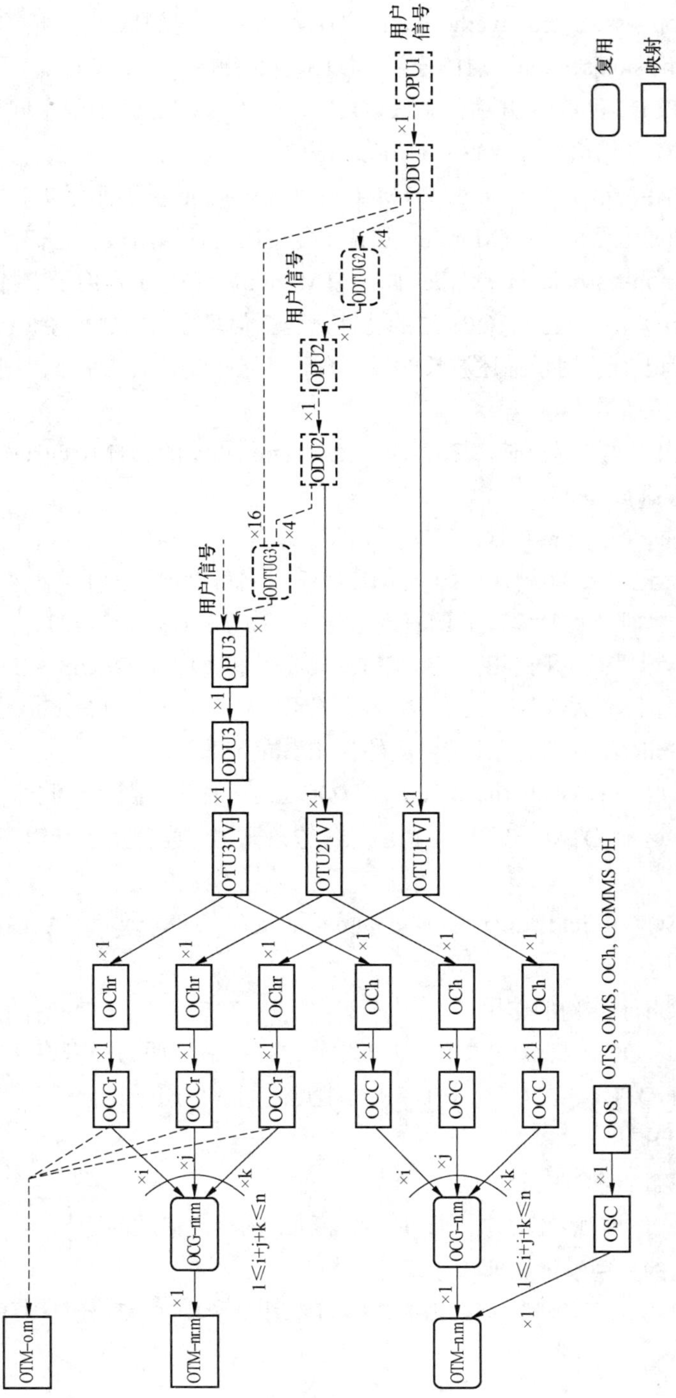

图 3-1-7 OTM 复用和映射示意图

1. 映射

客户信号或一个 ODTUGk 被映射到 OPUk 结构。OPUk 被映射到一个 ODUk，然后 ODUk 被映射到一个 OTUk [V]。OTUk [V] 继续映射到一个 OCh [r]，OCh [r] 最后在 OCC [r] 基础上被调制。

在 ITU–T G.709 标准中并未定义 ODU0，但此通道级别是由华为等厂商提出并已在设备中实现。目前的实现方式是在使用两个 ODU0 构建一个 ODU1，随后继续使用 ODU1 完成 OTM 的映射，映射过程亦继续依照 G.709 标准执行。

2. 波分复用

最多 n（n≥1）个 OCC [r] 使用波分复用到一个 OCG–n [r]. m。OCG–n [r]. m 的支隙 OCC [r] 可以是不同的类型。OCG–n [r]. m 通过 OTM–n [r]. m 传输。为了实现 full functionality OTM–n.m，OSC 会通过波分复用进入 OTM–n.m。

3. 时分复用

上图中显示了各个时分复用的关系和流程，ODTUG2 由 4 个 ODU1 信号时分复用形成，然后 ODTUG2 被映射到 OPU2。ODTUG3 由 j 个（j4）ODU2 和（16–4j）个 ODU1 信号时分复用形成，然后 ODTUG3 被映射到 OPU3。

图 3–1–8 显示了这些复用过程是如何进行的。

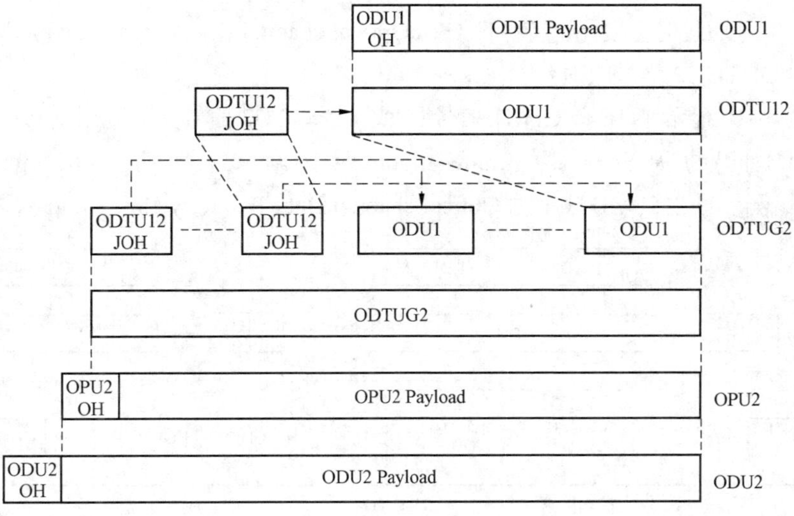

图 3–1–8 ODU1 复用到 ODU2 的方法

图 3–1–9 显示了 ODU0 到 ODU1 的映射过程，这一过程尚未被国际标准化组织所认可，因此并未写入任何的国际/国家标准中，在各厂商的实现中实现方式亦有所不同，但过程大致可以概况为千兆以太网（GE）数据包封装为 OPU0、OPU0 添加 ODU0 开

销、将 OPU1 承载时隙一分为二并将两个 ODU0 映射到 OPU1，最终构建出包含两个 ODU0 的 ODU1。

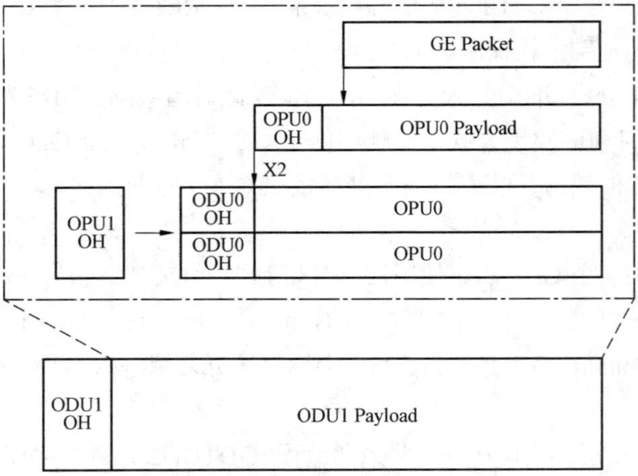

图 3–1–9 ODU0 到 ODU1 的映射过程

一个 ODU1 信号扩展 FA 开销（frame alignment overhead）后利用 JOH（justification overhead）异步映射到 ODTU12（Optical channel Data Tributary Unit 1 into 2）。4 个 ODTU12 信号通过时分复用到 ODTUG2（Optical channel Data unit Tributary Unit Group 2），此后 ODTUG2 信号映射到 OPU2。

图 3–1–10 显示了 16 个 ODU1 信号和/或 4 个 ODU2 信号如何复用到 OPU3 信号。1 个 ODU1 信号扩展 FA 开销（frame alignment overhead）后利用 JOH（justification overhead）异步映射到 ODTU13（Optical channel Data Tributary Unit 1 into 3）。

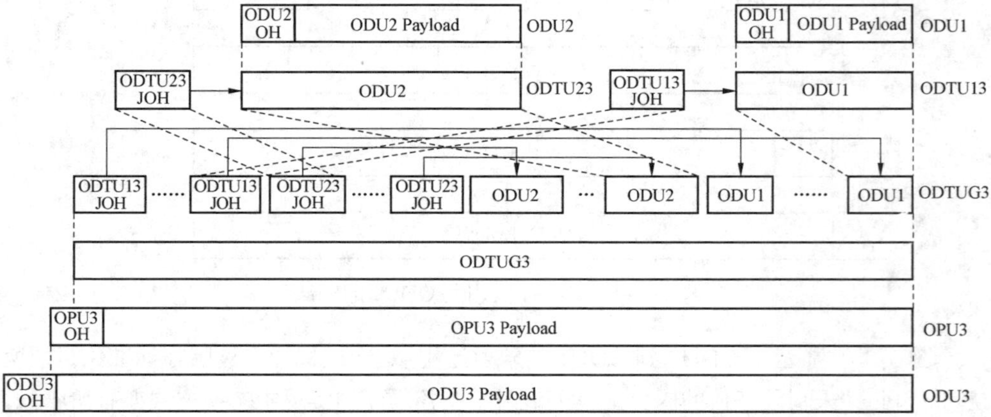

图 3–1–10 ODU1 和 ODU2 复用到 ODU3 的方法

一个 ODU2 信号扩展 FA 开销（frame alignment overhead）后利用 JOH（justification overhead）异步映射到 ODTU23（Optical channel Data Tributary Unit 2 into 3）。“x”个 ODTU23（0×4）信号和“16–4x”个 ODTU13 信号通过时分复用到 ODTUG3（Optical channel Data unit Tributary Unit Group 3），此后 ODTUG3 信号映射到 OPU3。

4. 速率

根据 OPUk/ODUk/OTUk 中 k 的不同（k=0，1，2，3），比特率也相应分为 4 个层次，见表 3–1–1～表 3–1–4。

表 3–1–1　　/G.709/Y.1331　OTU 模式和容量

OTU type	OTU 标称比特率	OTU 比特率波动量
OTU1	2.66Gbps	±20ppm
OTU2	10.70Gbps	
OTU3	43.01Gbps	

表 3–1–2　　/G.709/Y.1331　ODU 模式和容量

ODU type	ODU 标称比特率	ODU 比特率波动量
ODU0	1.244 16Gbps	±20ppm
ODU1	2.498 775 126 050 42Gbps	
ODU2	10.037 273 924 050 6Gbps	
ODU3	40.319 218 983 050 9Gbps	

表 3–1–3　　/G.709/Y.1331　OPU 模式和容量

OPU type	OPU 标称承载比特率	OPU 承载比特率波动量
OPU1	2 488 320kbit/s	±20ppm
OPU2	238/237×9 953 280kbit/s	
OPU3	238/236×39 813 120kbit/s	
OPU1–Xv	X×2 488 320kbit/s	±20ppm
OPU2–Xv	X×238/237×9 953 280kbit/s	
OPU3–Xv	X×238/236×39 813 120kbit/s	

表 3–1–4　　/G.709/Y.1331　OTUk/ODUk/OPUk 帧时隙

OTU/ODU/OPU 模式	时隙（Note）
OTU1/ODU1/OPU1/OPU1–Xv	48.971μs　20 420f/s
OTU2/ODU2/OPU2/OPU2–Xv	12.191μs　82 027f/s
OTU3/ODU3/OPU3/OPU3–Xv	3.035μs　329 489f/s

本表中所列时隙值是在精确微秒数基础上四舍五入保留三位小数得出的近似值

ODU0 时隙在 G.709 标准中未定义，实际设备中约为 OTU1/ODU1/OPU1/OPU1–Xv 时隙的 1/2

六、OTN 服务层路径模型

在 WDM 路径管理中，提供了基于端到端的 WDM 路径的创建、浏览、合并、分离、删除等功能，并且还提供了路径的信号流图，直观的表现了路径的信号流向，提高了操作和维护的效率，降低了维护成本。

目前 U2000 提供了基于 ITU-T G.872 建议的 OTN 路径模型，它们分别是：

（1）Client trail：光通道客户层路径。

（2）ODUk trail：光通道数据单元路径。

（3）OTUk trail：光通道传送单元路径。

（4）OCh trail：光通道层路径。

（5）OMS trail：光复用段路径。

（6）OTS trail：光传送段路径。

（7）OSC trail：光监控通道路径。

其中前六种的路径均与业务相关，而 OSC 路径只与监控信号相关。OTS 路径不支持网管侧的删除功能，必须通过删除光纤连接才能删除 OTS 路径。1 ODUk/OTUk 根据 k 的不同，具有不同的速率级别，具体如表 3-1-5 所示，其中 ODU5G/OTU5G 为华为公司自定义级别。

表 3-1-5 ODUk 速率级别

路径级别	速率（bit/s）	路径级别	速率（bit/s）
ODU0	1.25G	ODU3/OTU3	40G
ODU1/OTU1	2.5G	ODU4/OTU4	100G
ODU5G/OTU5G	5G	ODUflex	N×ODU0，N=3～7
ODU2/OTU2	10G		

图 3-1-11 和图 3-1-12 表示了各种类型路径的关系及其在网络中所处的位置。

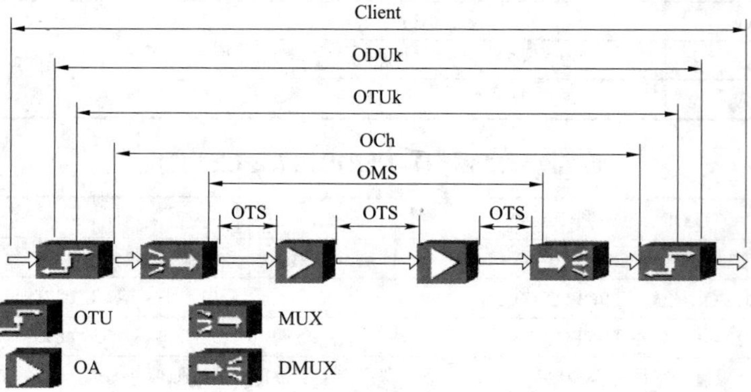

图 3-1-11 WDM 路径

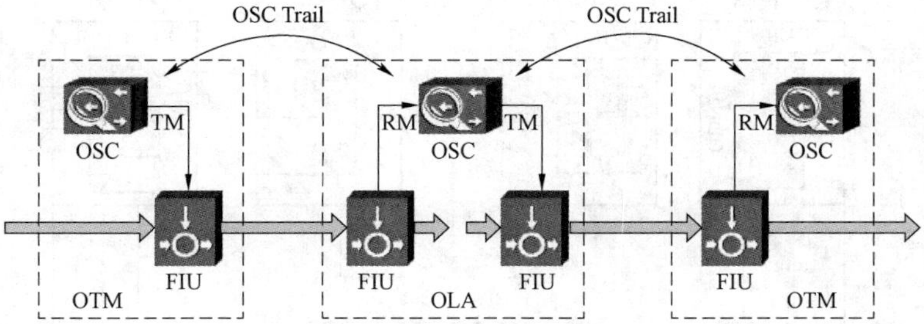

图 3-1-12 OSC 路径

ODUk 路径模型。ODUk/OTUk 路径和其他路径不同，其源端和宿端建立在 OTU 单板、支路板或者线路单板内部端口上。图 3-1-13 表示了一种以 NS2 和 TQS 单板内部端口为源宿的典型的 ODUk 路径模型。

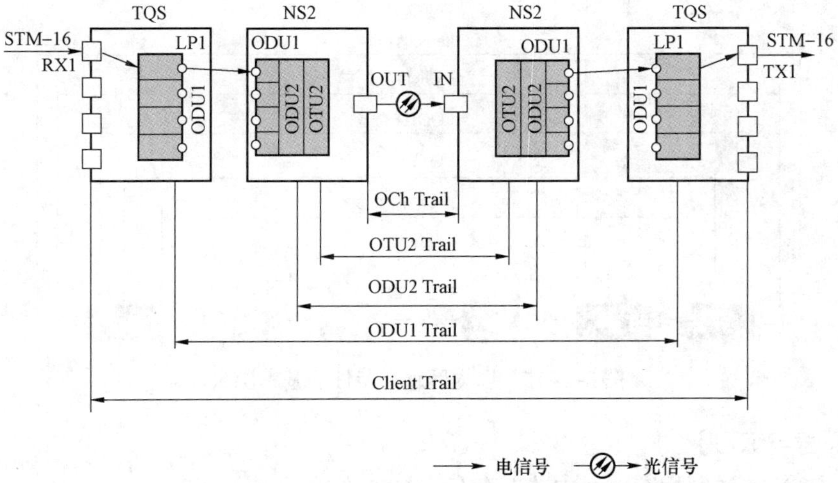

图 3-1-13 ODUk（k=1，2，…）路径

图 3-1-14 显示了 ODUk（k=0，1，2，…）路径的组建方式。

七、OTN 客户层路径模型

OTN 客户层路径以以太网路径为例，目前的以太网路径功能基于 EOW（Ethernet Over WDM）技术，即以太网业务的承载路径为 WDM 路径。如图 3-1-15 所示，以太网路径以 Client 路径为服务层。

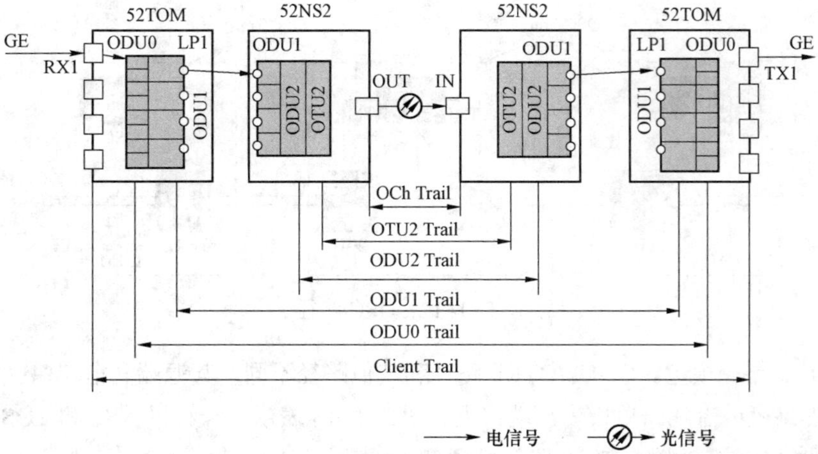

图 3-1-14　ODUk（k=0，1，2，…）路径

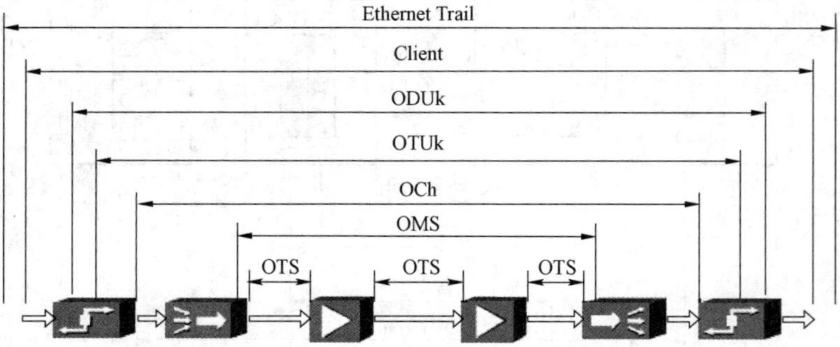

图 3-1-15　以太网路径特性的基本层次

【思考与练习】

1. OTN 传送网标准体系中的专有名词 OCh 的含义是什么？
2. OTN 传送网可以支持的速度等级有哪些？它们各自的传输速度是多少？
3. OTN 传送网中以太网路径和 Client 路径间的关系是什么？

模块 2　OTN 设备的产品硬件（Z37E3002Ⅲ）

【模块描述】本模块包含 OTN 设备的产品硬件组织架构和特性，通过要点讲解，掌握 OTN 设备硬件功能、网络应用和设备类型。OTN 各单板的功能特点、接入能力和常见告警。

【模块内容】

一、概述

本模块以 OTN 网络典型设备华为 OptiX OSN 系列中的一种型号为例，对 OTN 设备的产品硬件进行讲述。

OptiX OSN 8800 I 是根据以 IP 为核心的长途骨干网、支持光电一体、混合调度的 OTN 设备。光层调度的方案基于 PLC ROADM、WSS；电层调度的颗粒有 ODU2/ODU1/ODU0，其系统架构如图 3–2–1 所示。

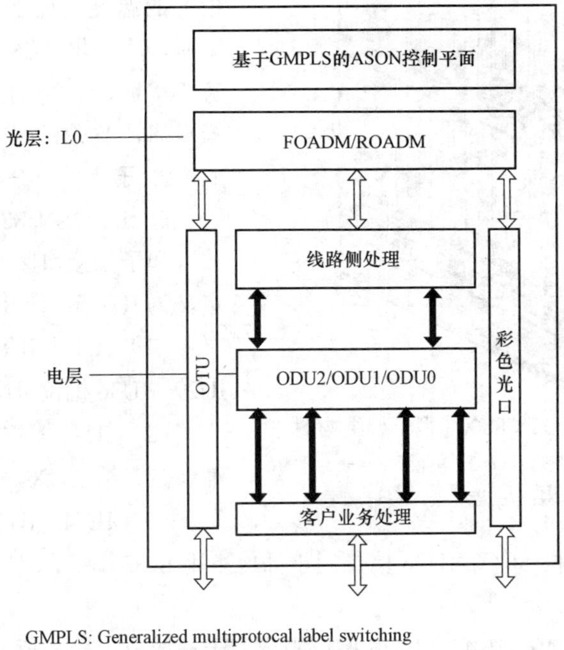

图 3–2–1 OptiX OSN 8800 I 系统架构图

二、硬件结构

1. 子架

OptiX OSN 8800 以子架为基本工作单位。子架结构图如图 3–2–2 所示。

子架温度的调整通过风扇完成，设备通过风扇强制散热实现降温。子架提供了可插拔的风机盒，进行维护操作时可以在不影响业务的情况下，将风机盒拔出，但拔出的时间不能太长。

若环境控制系统（风机盒）失效，子架温度将迅速上升，因此更换风机盒速度需要尽可能快。但只要温度能维持在设备正常运行温度范围内时，系统不会上报告警，

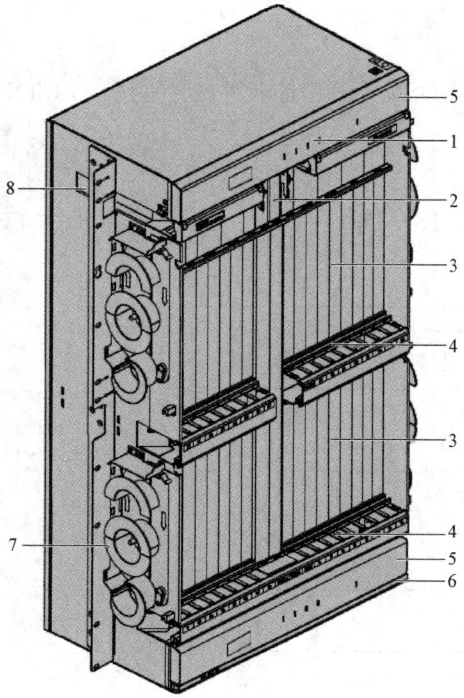

图 3–2–2 OptiX OSN 8800 I 型子架结构图

1—子架指示灯；2—子架接口区；3—单板区；4—走纤槽；5—风机盒；6—防尘网；7—盘纤架；8—子架挂耳

且 MTBF 值将不受影响。当风机盒被拔出后，将有 BD_STATUS 告警上报。若风扇故障，将有 FAN_FAULT 告警上报；当故障被排除后，相应的告警将自动消失。

当环境控制系统失效时，可能产生的现象包括：单板（尤其对于 OTU 板）的温度迅速上升，当单板温度越限时，将上报 TEMP_OVER 告警；业务不受影响，但有误码上报；单板频繁重启，业务将被中断。

2. 子架槽位分布

OptiX OSN 8800 I 子架的单板插放区和子架接口区共提供 48 个槽位，定义为 IU1 至 IU48。

（1）IU1～IU8、IU12～IU27、IU29～IU36 槽位可用于插放业务单板。

（2）IU41 槽位固定用于插放系统辅助接口板 AUX。

（3）IU11、IU28 槽位固定用于插放系统控制与通信板 SCC。IU28 槽位用于插放主用 SCC 单板，IU11 槽位用于插放备用 SCC 单板。

（4）IU39、IU40、IU45～IU46 槽位固定用于插放电源接入板 PIU。IU39 和 IU45 槽位的 PIU 互为备份，IU40 和 IU46 槽位的 PIU 互为备份。

（5）IU9～IU10 槽位固定用于插放交叉连接板 XCH/XCM。IU9 槽位用于插放主用交叉单板，IU10 用于插放备用交叉单板。

（6）IU37 槽位固定用于插放 EFI2 单板。

（7）IU38 槽位固定用于插放 EFI1 单板。

（8）IU48 槽位固定用于插放 ATE 单板。

（9）IU42、IU44 槽位固定用于插放 STG 单板。IU42 槽位用于插放主用 STG 单板，IU44 槽位用于插放备用 STG 单板。

（10） IU43 槽位为预留槽位。

OptiX OSN 8800 I 子架槽位分布如图 3–2–3 所示。

子架工作指标如表 3–2–1 所示。

表 3–2–1　　子架工作指标

项目	OSN 8800 I 子架参数
外形尺寸	498mm（宽）×295mm（深）×900mm（高）
质量（空子架 a）	35kg
子架最大功耗 b	4800W
额定电流	100A（采用分区供电方式，每个区各 50A）
标准工作电压	–48V/–60V DC
工作电压范围	–40V～–72V DC

注　空子架是指子架单板区没有安装单板，并且没有安装风机盒和防尘网。子架最大功耗表示子架能承受的最大功耗配置及子架具备的最大散热能力。实际应用时的典型配置的功耗要远小于此值。

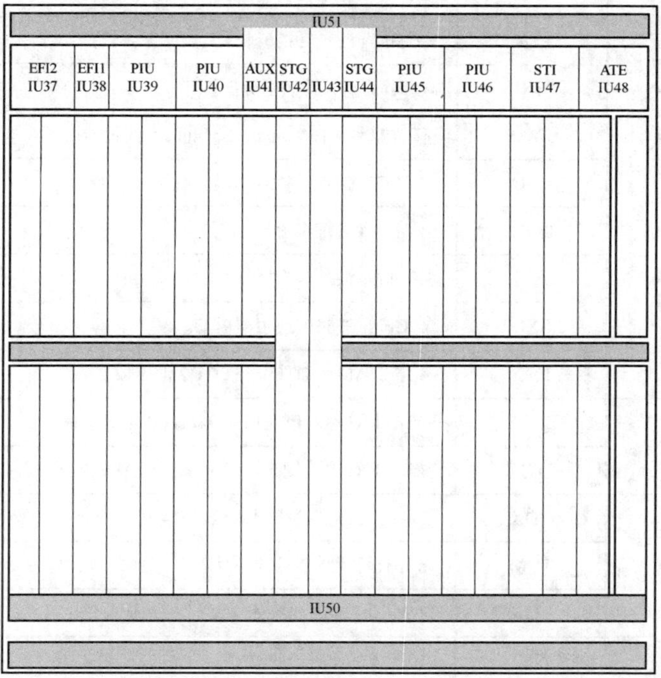

图 3–2–3　OptiX OSN 8800 I 子架槽位分布图

3. 功能单板分类

OptiX OSN 8800 I 提供多种功能单元，包括光波长转换单元、支路单元、线路单元、SDH 处理单元、光合波和分波单元和光保护单元等。

OptiX OSN 8800 I 的各种单板按其实现的功能可以划分为 19 个功能单元，如表 3–2–2 所示。

表 3–2–2　　功 能 单 元 分 类

功能单元	单板名称	单板描述
光波长转换单元	LQMD	双发选收 4 路任意速率业务汇聚波长转换板
	LQMS	单发单收 4 路任意速率业务汇聚波长转换板
	LQM	4 路任意速率业务汇聚波长转换板
	LDMD	双发选收 2 路任意速率业务汇聚波长转换板
	LDMS	单发单收 2 路任意速率业务汇聚波长转换板
	LDM	2 路任意速率业务汇聚波长转换板
	LDX	2 路 10Gbit/s 波长转换板
	LSX	10Gbit/s 波长转换板
	LSXR	10Gbits 波长转换中继板
	LWXS	任意速率（16Mbit/s～2.5Gbit/s）波长转换板（单发单收）
	LOG	8 路 GE 业务汇聚&波长转换板
	LOM	8 路多业务汇聚板
	LSXL	40Gbit/s 波长转换板
	LSXLR	40Gbit/s 波长转换中继板
	TMX	4 路 STM–16/OTU1 到 OTU2 汇聚板
PID 单元	ELQX	带 4×10G 客户侧光口的 4×OTU2 电处理板
	PTQX	带 4×10G 客户侧光口的 12 路光电集成单板
支路单元	TDX	2 路 10G 支路业务处理板
	TOM	8 路任意速率支路业务处理板
	TQX	4 路 10G 支路业务处理板
线路单元	NS2	10G 线路业务处理板
	ND2	双路 10G 线路业务处理板
	NS3	40G 线路业务处理板
	NQ2	4 路 10G 线路业务处理板

续表

功能单元	单板名称	单板描述
交叉单元	XCH	高阶交叉连接处理板
	XCM	高低阶合一交叉连接处理板
光合波和分波单元	ITL	梳状滤波器
	BMD4	PID 梳状滤波器（C 波段）
	BMD8	PID 梳状滤波器
	FIU	光纤线路接口板
	ACS	OADM 接入板
	D40	40 波分波板
	D40V	40 波自动可调光衰减分波板
	M40	40 波合波板
	M40V	40 波自动可调光衰减合波板
静态光分插复用单元	CMR2	2 路 CWDM 光分插复用板
	CMR4	4 路 CWDM 光分插复用板
	DMR1	1 路双向 CWDM 光分插复用板
	MB2	可扩容双路光分插复用板
	MR2	2 路光分插复用板
	MR4	4 路光分插复用板
	MR8V	8 路自动可调光分插复用板
	MR8	8 路光分插复用板
	SBM2	CWDM 单纤双向双路分插复用板
动态光分插复用单元	RDU9	9 端口 ROADM 分波板
	RMU9	9 端口 ROADM 合波板
	ROAM	动态波长接入板
	WSD9	9 端口波长选择性倒换分波板
	WSM9	9 端口波长选择性倒换合波板
	WSMD2	2 端口波长选择性分合波板
	WSMD4	4 维可配置光分插复用板
光纤放大器单元	CRPC	光放大板
	OAU1	光功率放大板
	OBU1	光功率放大板

续表

功能单元	单板名称	单板描述
光纤放大器单元	OBU2	大功率放大板
	HBA	盒式 C 波段 Raman 驱动单元
	ROP	泵浦单元
系统控制与通信单元	AUX	系统辅助接口板
	SCC	系统控制与通信板
光监控信道单元	SC1	单路光监控信道单元
	SC2	双路光监控信道单元
	HSC1	大功率单向光监控信道板
时钟单元	STI	时钟出线板
	STG	集中时钟板
光保护单元	DCP	双路光通道保护板
	OLP	光线路保护板
	SCS	同步光通信分离板
光谱分析单元	MCA4	4 通道光谱分析板
	MCA8	8 通道光谱分析板
	WMU	波长检测单元
光可调衰减单元	VA1	1 路可调光衰减板
	VA4	4 路可调光衰减板
色散均衡类单板	DCU	色散补偿单元
	GFU	增益平坦单元
	TDC	单通道可调色散补偿板
辅助单元	EFI2	双槽位出线板
	EFI1	单槽位出线板
	PIU	电源接入板
	ATE	开关量出线板

三、指示灯及其含义

下面对 OSN 系列设备业务板卡上主要指示灯的名称和含义加以详细说明。

（1）STAT 灯：表示单板当前的工作状态。

1）亮（绿色）：单板工作正常。

2）亮（红色）：单板硬件故障或无接口板以及接口板故障。

3）100ms 亮 100ms 灭（红色）：单板硬件不匹配（例如业务板与接口板不匹配）。

4）灭：单板没有上电。

（2）PROG 灯：表示加载程序的状态。

1）亮（绿色）：FLASH 中单板软件或 FPGA 存储加载正常；或者单板软件初始化正常。

2）100ms 亮 100ms 灭（绿色）正在向 FLASH 或 FPGA 中加载单板软件。

3）300ms 亮 300ms 灭（绿色）：单板软件正在初始化，正处在 BIOS 引导阶段。

4）亮（红色）：FLASH 中单板软件或 FPGA 丢失，加载不成功，初始化不成功。

（3）SRV 灯：service 的缩写，业务状态指示，类似我们以前的告警灯，但不闪烁，用颜色区别告警的级别。

1）亮（绿色）：业务工作正常，没有任何业务告警产生。

2）亮（红色）：业务有危急或主要告警。线路板有 LOS 告警时也会点亮该灯。

3）亮（黄色）：业务有次要和远端告警。

4）灭：没有配置业务

注意：nscc、gxcsa、excs 的 SRV 灯指示的意思略有不同，详见表 3–2–3。

（4）ACT 灯：该灯为业务激活状态指示灯，同时也是主/备状态、工作/保护状态的指示灯。它用来指示当前本板上的业务是否处于激活态，若该灯亮则表示业务是正在被使用的工作业务；若设备曾发生单板 1+1 保护倒换，保护板的 ACT 灯则会被点亮亮，与 TPS、主/备无关的线路板配置了有效业务后 ACT 灯也会被点亮，因为这些板上的业务是正在被用户使用的业务。

1）亮（绿色）：

- 业务板的业务处于激活状态。
- 在 TPS 保护模式下，如果发生倒换，保护板工作，则保护板点亮该灯；无 TPS 倒换时，工作板处于工作状态，工作板点亮该灯。
- 对主备交叉/主控板而言，当前的主板亮灯，可以用这个灯来判断主备关系。

2）灭：业务处于非激活态或该板是备板，可以拔板。

对于其他板卡上的指示灯，含义见表 3–2–3。

表 3–2–3 非业务板卡指示灯含义

指示灯	指示灯状态	状态描述
ACT（XCS，SCC）	亮（绿色）	主用
	灭	备用
SRV（XCS）	亮（绿色）	业务工作正常，没有任何业务告警产生
	亮（红色）	发生页面倒换，发生严重告警。例如：PS
	亮（黄色）	出现页面溢出等其他告警、温度越限、对板不在位等次要告警
SRV（SCC）	亮（绿色）	业务工作正常，没有任何业务告警产生
	亮（红色）	子架有危急和重要告警
	亮（黄色）	子架有次要和远端告警
ETN（SCC）		通过网口指示灯指示
		网口关断时，指示灯一直灭
SYNC（XCS）	亮（绿色）	时钟工作正常
	亮（红色）	时钟源丢失、时钟源倒换
PWRA	亮（绿色）	A 路–48V 电源正常
	亮（红色/灭）	A 路–48V 电源故障（丢失或防雷失效）
PWRB	亮（绿色）	B 路–48V 电源正常
	亮（红色/灭）	B 路–48V 电源故障（丢失或防雷失效）
PWRC	亮（绿色）	系统 3.3V 保护电源正常
	亮（红色）	系统 3.3V 保护电源丢失
ALMC	亮	机顶告警声音被关闭（长按 ALMC 按钮关闭告警声音，再次长按则打开，短按 ALMC 一次仅关闭已有告警的机顶声音，下次告警来了，机顶告警声音还有）
	灭	机顶告警声音没有关闭

【思考与练习】

1. OptiX OSN 8800 I 型子架上可插业务单板的槽位有哪些？
2. OptiX OSN 8800 可用的线路单板有哪些型号，各自的速率是多少？
3. XCH 和 XCM 属于哪一类板卡，他们的区别是什么？

◢ 模块 3 OTN 设备的组网和保护（Z37E3003Ⅲ）

【模块描述】本模块包含 OTN 设备各种保护的原理；通过要点讲解，掌握 OTN 设备各种保护特点及其应用场景；掌握根据网络特点选择合适的保护方式的方法。

【模块内容】

一、OTN网络的组成

OTN系统最基本的组网方式为点到点方式、链形组网方式、环形组网方式，由这三种方式可组合出其他较复杂的网络形式。与STM–16设备组合，可组成十分复杂的光传输网络。

1. 点到点组网

点到点组网（见图3–3–1）是最简单的一种组网形式，用于端到端的业务传送。点到点也是最基本的组网形式，其他组网方式以此为基础。点到点组网一般用于常见的语音业务、数据专线业务和存储业务。

图3–3–1 WDM的点到点组网示意图

2. 链形组网

当部分波长需要在本地上下业务，而其他波长继续传输时，就需要采用光分插复用设备组成的链形组网（见图3–3–2）。链形组网应用的业务类型与点到点组网类似，且更加灵活，可用于点到点业务，也可运用于简单组网形式下的汇聚式业务和广播业务。

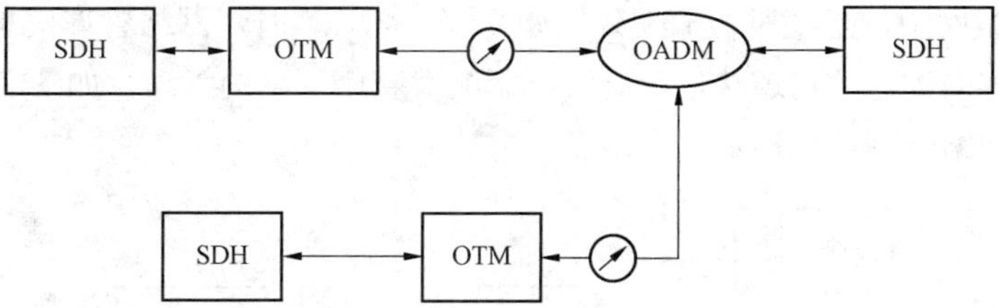

图3–3–2 WDM的链形组网示意图

点到点和链形组网结构相对简单，但在硬件层面在仅用双纤连接时不具备冗余通信通道，无法在正常工作时建立备用通信通道，以至于难以从通信线路中断等严重故障中恢复。因而在电力系统中不会应用在已投运的通信网络中。

3. 环形组网（一般是城域组网）

在电力系统对通信可靠性要求严苛的应用中，网络的安全是必须得到保障的，为了提高传输网络的保护能力，在电力通信系统的规划中，绝大多数都采用环形组网。环形组网适用范围最广，可用于点到点业务，汇聚式业务和广播业务。环形组网还可以衍生出各种复杂网络结构。例如两环相切、两环相交、环带链等。用户根据需要可以由 DWDM 的光分插复用设备构成环形网。环形网一般都是由 SDH 自己进行通道环或复用段保护，DWDM 设备没有必要提供另外的保护，但也可以根据用户需要进行波长保护。环形组网如图 3–3–3 所示。

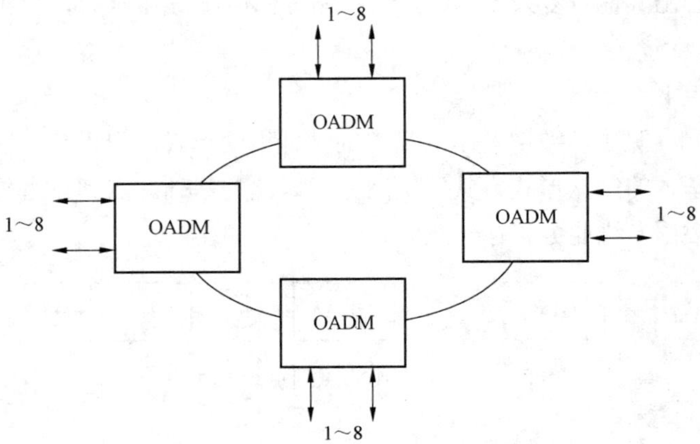

图 3–3–3 DWDM 的环形组网示意图

采用 DWDM 的光传输网络要求具有高可靠性。在传输网中，网络管理信息是通过监控信道传送的，通常监控信道与主信道采用统一物理通道，这样在主信道失效时，监控信道也往往同时失效，所以必须提供网络管理信息的备份通道。

在环形组网中，当某段传输失效（如光缆损坏等）时，网络管理信息可以自动改由环形另一方向的监控信道传送，这时不影响对整个网络的管理，如图 3–3–4 所示为环形组网时网络管理信息通道的自动备份方式。

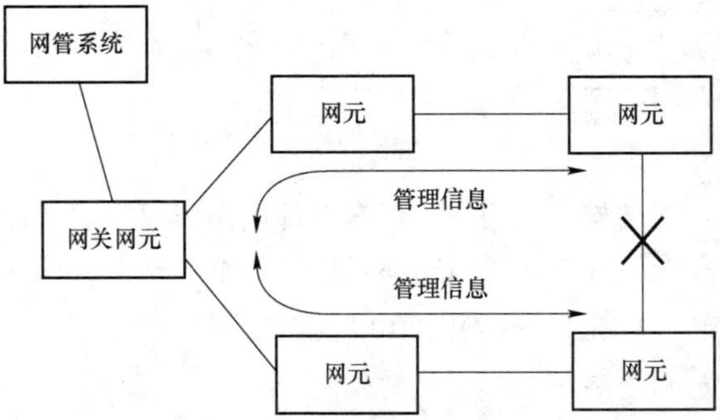

图 3–3–4 环形组网时网络管理信息通道备份示意图（某段传输失效时）

但是，当某光纤段中某站点两端都失效时，或者是在点对点和链形组网中某段传输失效时，网络管理信息通道将失效。这样网络管理者就不能获取失效站点的监控信息，也不能对失效站点进行操作。为防止这种情况出现，网络管理信息应该选择使用备份通道。网元可以通过数据通信网，提供备份网络管理信息通道。（两级备份保护）

在需要进行保护的两个网元之间，通过路由器接入数据通信网，建立网络管理信息备份通道。在网络正常时，网络管理信息通过主管理信道传送，如图 3–3–5 所示。

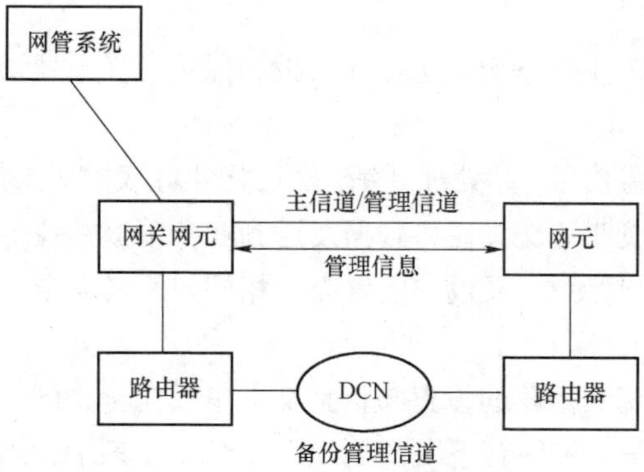

图 3–3–5　网络管理信息通道备份示意图（正常时）

当主信道发生故障时，网元自动切换到备份通道上传送管理信息，保证网络管理系统对整个网络的监控和操作。整个切换过程是不需要人工干预自动进行的。网络管理信道备份示意如图 3–3–6 所示。

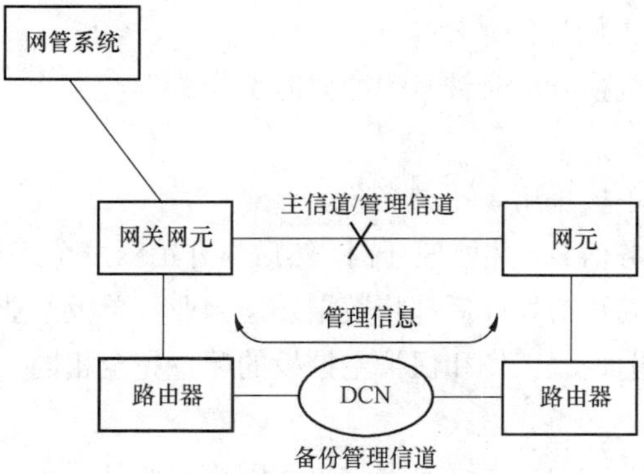

图 3–3–6　网络管理信息通道备份示意图（主信道失效时）

值得注意的是：在网络规划中，备份管理信道和主信道应选择不同的路径，这样才能起到备份的作用。

二、OTN 网络的保护机制

了解保护配置的倒换原理和触发条件，便于正确配置波分常用保护。

OTN 设备可以提供设备级保护和网络级保护。

（一）设备级保护

OptiX OSN 8800 提供主控 1+1 保护、交叉板 1+1 保护、时钟 1+1 保护、输入电源保护、风扇冗余保护和光监测/性能监测板冗余保护。

1. 交叉 1+1 保护

集中交叉板采用 1+1 热备份。工作交叉板和保护交叉板建议采用相同类型的交叉单板。

业务单板接收业务信号，并处理开销，然后将业务双发至工作和保护两块交叉板。工作和保护交叉板完成业务交叉后将数据发送到业务单板，业务单板在接受交叉侧数据时进行选收。工作和保护交叉板的配置完全相同，两者完全独立，互不干涉。可实现两者间的无损强制倒换。

工作交叉单板的交叉矩阵的设置与保护交叉单板完全相同。当保护交叉单板收到工作单元工作异常的信息或网管下发的倒换命令时，立刻接管工作交叉单板的工作，将自己设置为工作模式，并上报倒换事件。

交叉 1+1 保护倒换的执行共有两种倒换方式：

（1）自动倒换。当业务板检测到交叉板状态或总线状态异常时，会自动启动倒换。这种倒换是不需要人为控制的。

（2）人工倒换。当工作和保护交叉板均没有异常时，但是需要人为的测试能否正常倒换，此时可以通过人工倒换来实现。

注意：当交叉板倒换时，时钟板也会同时倒换。

2. 主控 1+1 保护

系统控制与通信单板采用 1+1 热备份。

业务单板接收业务信号，并处理开销，然后将开销双发至工作和保护两块主控板。工作和保护主控板完成开销处理后都将数据发送到业务单板，业务单板根据主控板送来的主控板状态进行选收。工作和保护主控板的配置完全相同，两者完全独立，互不干涉。

主控板与系统其他的单板主要是通过以太网进行通信。正常工作时，业务单板和保护主控板的数据均来源于工作主控板，保护主控板与业务单板的板间通信没有使用。仅当保护主控板处于工作模式时，保护主控板的板间通信有效。

在工作主控板处于正常工作方式时，保护主控板处于保护工作方式。当保护主控板在收到工作主控板工作异常的信息或网管下发的倒换命令时，立刻接管工作主控板的工作，将自己设置为工作模式，并上报倒换事件。

主控 1+1 保护倒换的执行共有两种倒换方式：

（1）自动倒换。主控板通过硬件或软件检测的方法来检测主控板本板状态是否正常，当发生异常时自动启动倒换。倒换过程完成是由单板来完成，不需要人为参与。

（2）人工倒换。当工作和保护主控板均没有异常时，但是需要人为的测试能否正常倒换，此时可以通过人工倒换来实现。

3. 时钟1+1保护

时钟板采用1+1热备份。两块STG单板互为备份，正常工作时，一个是主时钟板、一个备时钟板。业务单板根据STG的主备状态选择时钟源。当工作STG故障时，发生主备倒换，原来的备时钟单板成为主时钟单板，业务单板根据新的主备状态切换到新的主用STG系统时钟上。

工作和保护时钟板的配置完全相同，两者完全独立，互不干涉。当工作时钟板出现故障时可以自动倒换到备用时钟板继续工作，不影响设备的正常工作。

时钟1+1保护倒换的执行共有两种倒换方式：

（1）自动倒换。时钟板通过硬件或软件检测的方法来检测时钟板本板状态是否正常，当发生异常时自动启动倒换。倒换过程完成是由单板来完成，不需要人为参与。

（2）人工倒换。当工作和保护时钟板均没有异常时，但是需要人为的测试能否正常倒换，此时可以通过人工倒换来实现。

注意：当时钟板倒换时，交叉板也会同时倒换。

光监测/性能监测板冗余保护。系统提供冗余的MCA4/MCA8板，支持光监测和性能监测。可监测的参数包括中心波长、光功率、OSNR、光信号波长数等。MCA4/MCA8板对信号进行穿通处理，单板故障不会对业务造成影响，因此可以不配置光监测/性能监测板冗余保护。

（二）网络级保护

OptiX OSN 8800提供完善的网络保护机制，包括：WDM保护、光线路保护、光通道保护、客户侧1+1保护、板内1+1保护、SNCP保护、ODUk SNCP保护、支路SNCP保护、ODUk环网保护、光波长共享保护。

网络级保护方式均可由网管软件方便地进行配置。

三、保护子网相关配置

（一）保护子网配置的相关概念

1. 保护子网

保护子网是指具有完整自保护功能的网络结构，它是构成光传送网络的网络单元。

在U2000中，保护子网是一个网络级的概念。它的组成要素包括网元设备、纤缆连接。只有创建了网元，对网元做了基本配置，并且网元之间的纤缆连接已正确建立后才有足够的资源来创建保护子网。这些都是创建保护子网的前提。

2. 孤立节点

孤立节点不是指孤立的网元，而是指一类特殊的逻辑系统。孤立节点不属于任何保护子网。

孤立节点是在网元侧有配置，但无法（或者还未）与其他节点组成相应保护子网的节点。目前 WDM 设备支持 1:N 光通道保护子网和 ODUk 环型保护子网，在网元侧配置了 1:N 光通道保护组或者 ODUk 环网保护组而不从属于任何一个相应保护子网的网络节点就是孤立节点。

一个正常运行的传输网络中不应该出现孤立节点。如果存在孤立节点，可能的原因有：

（1）网元侧配置有误。

（2）未创建连接该节点的纤缆。

（3）该节点的纤缆连接错误。

（4）该节点没有 WDM 路径。

（二）搜索保护子网

通过搜索保护子网，可以将网管网元层已配置的保护属性同步到网管网络层，在 U2000 上自动生成保护子网。

操作步骤如下：

步骤 1：在主菜单中选择“业务”→“WDM 保护子网”→“WDM 保护子网搜索”。

步骤 2：单击“下一步”，进行保护子网的一致性校验。

如果校验不成功，保护子网出现异常态，搜索菜单将灰化，需从网络层删除异常的保护子网后重新搜索。

步骤 3：单击“搜索”开始搜索保护子网，搜索到的保护子网自动在界面中显示出“子网名称”“节点一致性”及“子网类型”。

搜索时可根据需要勾选“搜索扩展保护子网”复选框。

扩展保护子网：即形如 ADM–ADM–TM 或者 ADM–ADM–ADM 型的无保护链。链的端点网元是 ADM 类型，由于此种保护子网是可能会延伸下去的，因此叫作扩展保护子网。

步骤 4：在弹出的提示框中单击“关闭”。

步骤 5：单击“下一步”，查询搜索到的孤立节点信息。

若搜索出孤立节点，可将没形成保护子网的孤立节点删除。可予以删除。

步骤 6：单击“完成”，搜索出的保护子网在主拓扑中显示。

（三）配置 1:N 波长保护子网

通过 1:N 光通道保护组的配置和保护子网的搜索来形成 1:N 波长保护子网，从而实现在网络层对保护资源的集中管理功能，简化网络的维护难度。

1. 创建 1:N 光通道保护

1:N（N≤8）光通道保护组是建立 1:N（N≤8）光通道保护的基础。为实现 1:N（N≤8）光通道保护，需逐个对 1:N（N≤8）光通道保护组网中的节点创建 1:N（N≤8）光通道保护组。

操作步骤如下：

步骤 1：在网元管理器中单击网元，在功能树中选择“配置>1:N 光通道保护”，如图 3–3–7 所示。

步骤 2：单击“查询”，从网元上查询 1:N（N≤8）光通道保护组的信息。

步骤 3：单击“新建”，弹出“新建”对话框。

步骤 4：双击“工作通道数”，在下拉菜单中选择对应工作通道数目。其他参数设置，参考 1:N 光通道保护。

步骤 5：按照步骤 4 设置“保护通道”和“工作通道”的对应“OTU 光口号”，以及“工作通道”的“保护优先级”。

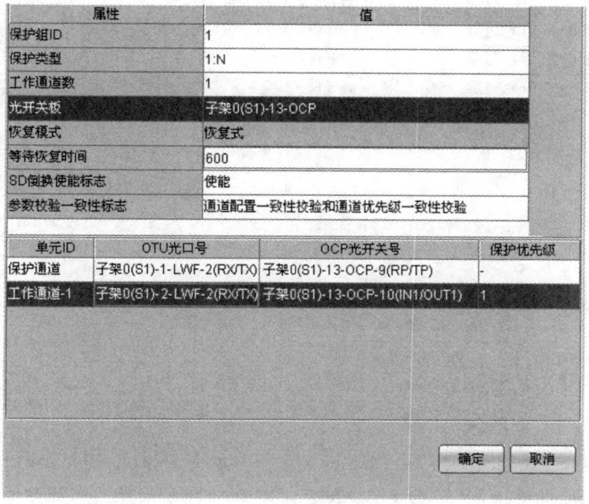

图 3–3–7　1:N 光通道保护配置

作为工作通道和保护通道的 OTU 必须配置在相同网元上。

OCP 单板和作为工作通道和保护通道的 OTU 单板必须配置在相同的子架上。

如果需要进行参数一致性校验，则需要设置“参数校验一致性标志”。步骤 6 单击“确定”，界面中显示已经创建的 1:N（N≤8）光通道保护组。步骤 7 重复步骤 1～6 配置对端网元上的 1:N（N≤8）光通道保护组。

2. 搜索 1:N 波长保护子网

在创建 1:N 光通道保护组和搜索 WDM 路径后，需执行搜索 1:N 波长保护子网操作，实现将 1:N 波长保护作为一个保护子网进行管理。

操作步骤如下：

步骤 1：在主菜单中选择"业务"→"WDM 保护子网"→"WDM 保护子网搜索"。

步骤 2：单击"下一步"，进行保护子网的一致性校验。

步骤 3：单击"搜索"搜索保护子网。界面中显示搜索到的 1:N 波长保护子网图，如图 3–3–8 所示。

步骤 4：单击"下一步"。【可选】

步骤 5：单击"完成"。

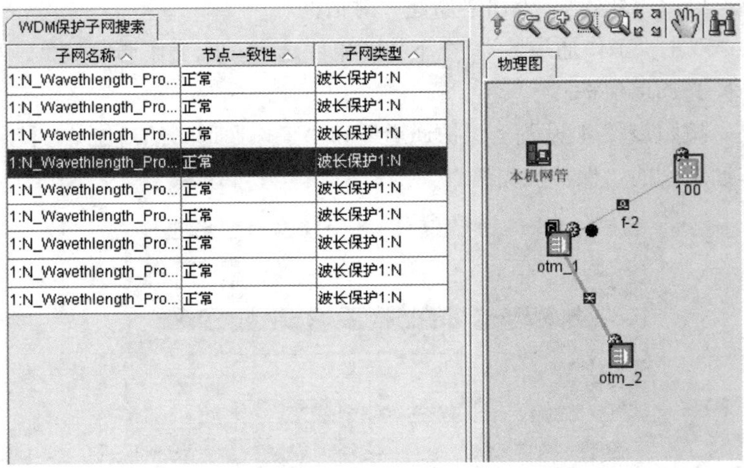

图 3–3–8　搜索 1:N 波长保护子网

3. 设置 1:N 波长保护子网参数

1:N 波长保护子网通过一条保护路径保护 N 条工作路径，但是同一时间只能保护一条路径，保护子网参数包括 SD 触发条件、倒换恢复时间、倒换优先级等。当一条或多条工作路径出现故障时，保护子网根据设置的参数决定是否执行倒换，同时根据优先级优先保护优先级高的路径。因此，需要根据实际情况设置保护子网参数。

操作步骤如下：

步骤 1：在主菜单中选择"业务"→"WDM 保护子网"→"WDM 保护子网管理"，进入"WDM 保护子网管理"界面。

步骤 2：选中一条保护子网，单击右键，在弹出的快捷菜单中选择"保护子网属性"，进入"保护子网属性"界面，单击"保护子网参数"选项卡。

步骤 3：设置保护子网的参数。

步骤 4：单击"应用"，下发配置。

4. 验证 1:N 波长保护倒换

在搜索出 1:N 波长保护子网并进行相关参数设置后，可以通过执行倒换和查询倒换状态来验证该保护子网的工作是否正常。

操作步骤如下：

步骤 1：在主菜单中选择“业务”→“WDM 保护子网”→“WDM 保护子网维护”。

步骤 2：进入“保护子网属性”界面，选择保护子网，单击“保护子网维护”选项卡。

步骤 3：单击“查询”，查询 1:N 波长保护子网的各节点倒换状态和协议启动状态。对于没有启动协议的节点，需要先启动协议。

步骤 4：依次选择该保护子网的各节点，进行相应方向上的人工或强制倒换操作。

1）人工倒换，单击“局向 1 维护”或者“局向 2 维护”，在下拉菜单中选择“人工倒换”，然后根据 OCP 光开关号选择需倒换到的通道。

2）强制倒换，单击“局向 1 维护”或者“局向 2 维护”，在下拉菜单中选择“强制倒换”，然后根据 OCP 光开关号选择需倒换到的通道。

当执行倒换、维护或者锁定时，不能同时对局向 1 和局向 2 进行操作。

步骤 5：在“保护属性”对话框中单击“是”。弹出“提示”对话框提示操作成功。单击“确定”。

步骤 6：单击“查询”，查询 1:N 波长保护子网的各节点的业务是否已经倒换到保护通道上。

步骤 7：依次选择该保护子网的各节点，单击“局向 1 维护”→“清除”和“局向 2 维护”→“清除”，清除各节点的倒换。

步骤 8：在“保护属性”对话框中单击“是”。弹出“提示”对话框提示操作成功。单击“确定”。

（四）配置 ODUk 环形保护子网

通过 ODUk 保护组的配置和保护子网的搜索来形成 ODUk 环形保护子网，从而实现在网络层对保护资源的集中管理功能，简化网络的维护难度。

1. 创建 ODUk 环网保护

ODUk 环网保护主要应用于配置分布式业务的环型组网，通过占用两个不同的 ODUk 通道实现对所有站点间多条分布式业务的保护。

操作步骤如下：

步骤 1：在网元管理器中单击网元，在功能树中选择“配置”→“ODUk 环网保护”。

步骤 2：单击“新建”，弹出“新建 ODUk 环网保护”对话框。

步骤 3：设置保护组 ID，根据需要选择“级别”，“选择映射方向”分别选为“西向工作单元”“西向保护单元”“东向工作单元”和“东向保护单元”，从“可选通道”中选择一个，单击 >> ，如图 3–3–9 所示。

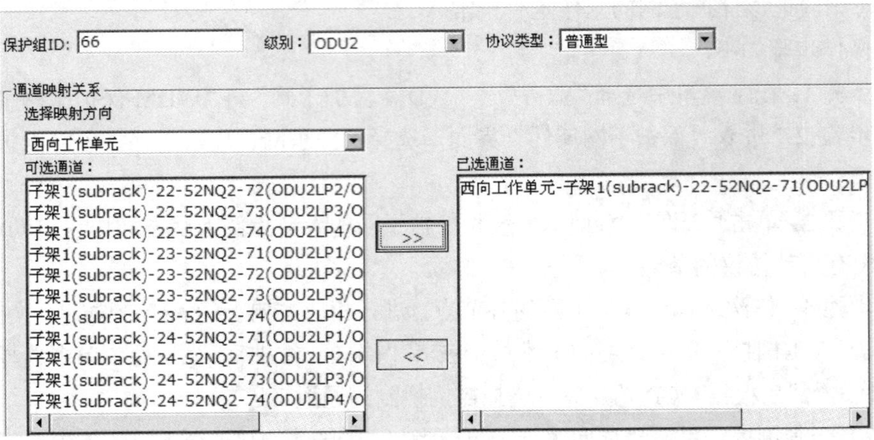

图 3–3–9 为保护组选择映射方向

注意：

1）东西向业务必须配置在不同的线路单板上。

2）“已选通道”中至少存在“东向保护单元”和“西向保护单元”才可以创建保护组。

3）标准模式与兼容模式的区别请参见标准和兼容模式下单板通道的区别。

4）标准模式与兼容模式配置操作的区别请参见标准模式对 U2000 网管操作的影响。

5）只有当环网上的所有网元都支持“硬件”协议时，创建保护组时才能选择“硬件”协议。

步骤 4：单击“确定”，操作成功后在弹出的“操作结果”对话框中单击“关闭”。

步骤 5：选中一条保护组，在“通道映射关系”中，分别选择“西向工作单元”和“东向工作单元”，单击右键，选择“绑定区段 ID”。

注意：

1）绑定区段 ID 前，应保证对应方向保护组工作单元到上下业务的单板之间的双向交叉创建成功。

2）绑定区段 ID 操作只需要对有业务上下的站点进行，没有业务上下的站点可以不进行设置。

步骤 6：在弹出的“输入区段 ID”窗口中设置“区段 ID”，单击“确定”。将刷新“区段 ID”。

步骤7：在“保护组”中选中一条保护组，双击“是否为管理结点”，选择“是”并单击“应用”。将刷新显示“是否为管理节点”。ODUk 环网保护组中，管理节点有且只有一个。

设置管理节点时，东、西向工作单元至少一个方向绑定区段ID。

步骤8：在“保护组”中选中一条保护组，可设置“等待恢复时间”、“SD使能标志”等相应的参数。在“通道映射关系”中，双击“拖延时间”设置其拖延时间。建议设置保护单元拖延时间比工作单元时间长。

步骤9：进入环上其他站点的网元管理器，参见步骤1～8，创建该站点网元的ODUk环网保护，完成该保护环的创建。

步骤10：当该保护环全部创建完成之后，在“保护组”中，选中一条保护组，单击“启动协议”，使该保护组生效。

2. 搜索ODUk环形保护子网

在创建ODUk保护组和搜索WDM路径后，需执行搜索ODUk环形保护子网操作，实现将ODUk环网作为一个保护子网进行管理。

操作步骤如下：

步骤1：在主菜单中选择“业务”→“WDM保护子网”→“WDM保护子网搜索”。

步骤2：单击“下一步”，进行保护子网的一致性校验。

步骤3：单击“搜索”搜索保护子网。界面中显示搜索到的ODUk环形保护子网。

步骤4：单击“下一步”，查询搜索到的孤立节点信息。

步骤5：单击“完成”。

3. 设置ODUk环形保护子网参数

操作步骤如下：

步骤1：在主菜单中选择“业务”→“WDM保护子网”→“WDM保护子网管理”，进入“WDM保护子网管理”界面。

步骤2：选中一条保护子网，单击右键，在弹出的快捷菜单中选择“保护子网属性”，进入“保护子网属性”界面，单击“保护子网参数”选项卡。

步骤3：单击“查询”，从网元侧查询保护子网参数。

步骤4：根据需要设置“倒换恢复等待时间（秒）”“SD触发条件”和“管理节点”。

步骤5：单击“计算区段ID”，在“区段ID”中显示计算出来的区段ID。

步骤6：单击“应用”下发配置，操作成功后在弹出的“操作结果”对话框中单击“关闭”。

步骤7：单击“关闭”回到保护视图。

4. 验证 ODUk 环网保护倒换

在开局调测时，执行外部倒换操作来测试 ODUk 环网倒换是否工作正常，检查是否具有保护倒换能力。

操作步骤如下：

步骤 1：在主菜单中选择“业务”→“WDM 保护子网”→“WDM 保护子网维护”。

步骤 2：进入“保护子网属性”界面，选择保护子网，单击“保护子网维护”选项卡。

步骤 3：单击“查询”，从网元侧查询保护子网的协议控制器，局向 1，局向 2 的状态。

步骤 4：依次选择该保护子网的各节点，进行相应方向上的人工、强制或练习倒换操作。

1）人工倒换，单击“局向 1 维护”或者“局向 2 维护”，在下拉菜单中选择“人工环倒换到保护”。

2）强制倒换，单击“局向 1 维护”或者“局向 2 维护”，在下拉菜单中选择“强制环倒换到保护”。

3）练习倒换，单击“局向 1 维护”或者“局向 2 维护”，在下拉菜单中选择“练习环倒换”。

当执行倒换、维护或者锁定时，不能同时对局向 1 和局向 2 进行操作。

步骤 5：在“保护属性”对话框中单击“是”。弹出“提示”对话框提示操作成功。单击“确定”。

步骤 6：单击“查询”，查询 ODUk 环形保护子网的各节点的业务是否已经倒换到保护通道上。

步骤 7：依次选择该保护子网的各节点，单击“局向 1 维护”→“清除全部”或“局向 2 维护”→“清除全部”，清除各节点的倒换。

步骤 8：在“保护属性”对话框中单击“是”。弹出“提示”对话框提示操作成功。单击“确定”。

（五）维护保护子网

1. 查找保护子网

当网络中存在大量保护子网时，通过查找保护子网功能可以快速定位保护子网。

操作步骤如下：

步骤 1：首先选中主拓扑右上角的“保护”复选框。在主拓扑视图中单击右键，选择“查找 WDM 保护子网”，弹出“查找保护子网”对话框，如图 3–3–10 所示。

步骤 2：设置查找条件，输入查找关键词。

步骤 3：单击“查找”，视图将定位到查找到的保护子网上。

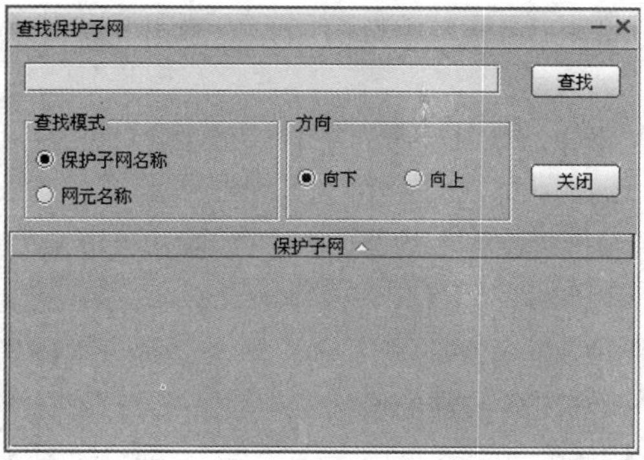

图 3-3-10　查找保护资源

2. 查询保护子网资源

搜索到保护子网后，通过查询其资源使用情况，可指导用户更好的规划和管理保护子网。操作步骤

步骤 1：在主菜单中选择“业务”→“WDM 保护子网”→“WDM 保护子网管理”，进入“WDM 保护子网管理”界面。

步骤 2：选中一条保护链路，单击右键，在弹出的快捷菜单中选择“保护子网属性”进入“保护子网属性”界面，单击“资源描述”选项卡。

步骤 3：单击“查询”，查询保护子网的资源使用情况。

3. 执行 1:N 波长保护倒换

在开局调测时，执行外部倒换操作测试 1:N 波长保护倒换是否工作正常，检查是否具有保护倒换能力；在故障维护时，执行该操作进行故障定位

操作步骤如下：

步骤 1：在主菜单中选择“业务”→“WDM 保护子网”→“WDM 保护子网维护”。

步骤 2：进入“保护子网属性”界面，选择保护子网，单击“保护子网维护”选项卡。

步骤 3：单击“查询”，查询 1:N 波长保护子网的各节点倒换状态和协议启动状态。

步骤 4：启动或者停止协议。单击“启动协议”，在下拉菜单中选择“启动”或“停止”。当需要对整个保护子网进行启动或者停止协议的时候，可以选择“全网启动”或“全网停止”。

步骤 5：依次选择该保护子网的各节点，进行相应方向上的人工或强制倒换操作。

1）人工倒换。单击“局向 1 维护”或者“局向 2 维护”，在下拉菜单中选择“人工倒换”，然后根据 OCP 光开关号选择需倒换到的通道。

2）强制倒换。单击“局向 1 维护”或者“局向 2 维护”，在下拉菜单中选择“强制倒换”，然后根据 OCP 光开关号选择需倒换到的通道。

注意：当执行倒换、维护或者锁定时，不能同时对局向 1 和局向 2 进行操作。

步骤 6：在“保护属性”对话框中单击“是”。弹出“提示”对话框提示操作成功。单击“确定”。

步骤 7：执行锁定操作。选择需要进行锁定的节点，单击“局向 1 锁定”或“局向 2 锁定”，选择“锁定保护”。

步骤 8：在“保护属性”对话框中单击“是”。弹出“提示”对话框提示操作成功。单击“确定”。

步骤 9：依次选择该保护子网的各节点，单击“局向 1 维护”→“清除”和“局向 2 维护”→“清除”，清除各节点的倒换。

步骤 10：在“保护属性”对话框中单击“是”。弹出“提示”对话框提示操作成功。单击“确定”。

4. 执行 ODUk 环网保护倒换（删除了下面两个小书的图标）

在开局调测时，执行外部倒换操作来测试 ODUk 环网倒换是否工作正常，检查是否具有保护倒换能力；在故障维护时，执行该操作可定位故障。

操作步骤如下：

步骤 1：在主菜单中选择“业务”→“WDM 保护子网”→“WDM 保护子网维护”。

步骤 2：进入“保护子网属性”界面，选择保护子网，单击“保护子网维护”选项卡。

步骤 3：单击“查询”，从网元侧查询保护子网的协议控制器，局向 1，局向 2 的状态。

步骤 4：启动或者停止协议。单击“启动协议”，在下拉菜单中选择“启动”或“停止”。

说明：当需要对整个保护子网进行启动或者停止协议的时候，可以选择“全网启动”或“全网停止”。

步骤 5：依次选择该保护子网的各节点，进行相应方向上的人工或强制倒换操作。

1）人工倒换。单击“局向 1 维护”或者“局向 2 维护”，在下拉菜单中选择“人工环倒换到保护”。

2）强制倒换。单击“局向 1 维护”或者“局向 2 维护”，在下拉菜单中选择“强制环倒换到保护”。

3）练习倒换。单击“局向 1 维护”或者“局向 2 维护”，在下拉菜单中选择“练习环倒换”。

说明：当执行倒换、维护或者锁定时，不能同时对局向 1 和局向 2 进行操作。

步骤 6：在“保护属性”对话框中单击“是”。弹出“提示”对话框提示操作成功。单击“确定”。

步骤 7：执行锁定操作。选择需要进行锁定的节点，单击“局向 1 锁定”或“局向 2 锁定”，选择“锁定保护环”。

步骤8：在“保护属性”对话框中单击“是”。弹出“提示”对话框提示操作成功。单击“确定”。

步骤9：依次选择该保护子网的各节点，单击“局向1维护”→“清除全部”或“局向2维护”→“清除全部”，清除各节点的倒换。

步骤10：在“保护属性”对话框中单击“是”。弹出“提示”对话框提示操作成功。单击“确定”。

（六）删除孤立节点

删除孤立节点可以释放被孤立节点占用的保护资源。

操作步骤如下：

步骤1：在主菜单中选择“业务”→“WDM保护子网”→“WDM孤立节点管理”。

步骤2：选择需要删除的孤立节点，单击右键，选择“删除”，弹出操作提示对话框。

步骤3：单击“是”。

（七）删除保护子网

当已有的保护子网不再适用时，可以将其删除。

操作步骤如下：

步骤1：主菜单中选择“业务”→“WDM保护子网”→“WDM保护子网管理”。

步骤2：在待删除的保护子网上单击右键，在弹出的快捷菜单中选择“从网络层删除”或“从网元侧删除”或“从网络层删除全部”。

1）“从网络层删除”：删除保护子网与网元侧各个逻辑系统之间的关联关系，使之允许删除光纤、重新上载等。该命令不下发到网元，不影响业务。从网络层删除了保护子网之后，可以执行搜索保护子网，U2000将根据网元层的保护信息把保护子网重新搜索出来。

2）“从网元侧删除”：删除保护子网、网元侧的逻辑系统以及保护子网中的所有业务。删除后无法恢复，只能重新建立。

3）“从网络层删除全部”：删除网管网络层中除光纤外的所有数据。该命令不下发到网元，不影响业务。删除后，需要执行路径搜索和保护子网搜索操作，把数据重新搜索出来。该方式将删除大量的数据，不推荐使用。

步骤3：在弹出的“操作提示”对话框中单击“是”。如果步骤2中选择了“从网元侧删除”，则还需再次进行确认。

步骤4：在弹出的操作结果对话框中单击“关闭”，完成操作。

【思考与练习】

1. OTN设备的典型组网方式有哪些，各自的特点是什么？

2. OTN设备提供的设备级保护方式有哪些？

3. OTN设备提供的网络级保护方式有哪些？

模块4 OTN网管软件的应用和业务配置（Z37E3004Ⅲ）

【模块描述】本模块包含OTN网管软件的应用和业务配置技术，通过要点讲解，掌握添加OTN网元的方法，网元地址的配置方法，掌握网络保护方式的设定，OTN光层业务调度配置方法；掌握OTN电层业务调度配置；OTN端到端业务调度配置；OTN配置备份；OTN配置恢复方法。

【模块内容】

一、网络管理软件介绍

（一）概述

网络管理软件是指安装于网络管理终端，通过特定的网络管理信息传输通道向网络设备下发指令，调整设备运行方式并监控设备运行状态的软件系统。在网络应用的不同场合，会有包括Telnet终端、图形界面网管、Web界面网管等多种表现形式。在本模块中，使用iManager U2000为例对网管软件的操作方法进行讲解。

被称为统一网络管理系统的iManager U2000实现了ALL IP和FMC融合管理方案，能够实现传送、接入、IP设备（路由器与安全、城域以太）的统一管理，具备强大的网元层、网络层管理功能。该系统使用C/S架构，能够安装于Windows、Linux等多种主流操作系统上，支持数据库系统、业务处理系统和前台应用系统的分布化和层次化，支持多客户端操作，能适应复杂、大型网络的管理需求。

1. U2000网管系统的基本功能

（1）安全管理：安全管理实现对网管系统本身的安全控制，通过对用户、用户组、权限和操作集等管理，保证U2000的安全。

（2）拓扑管理：拓扑管理是指以拓扑图方式显示被管网元及其之间连接的状态，提供子网、视图等管理方式。用户可通过浏览拓扑视图来实时了解整个网络的运行情况。

（3）告警管理：告警管理是对网络中的异常运行情况进行实时监视，通过告警统计、定位、提示、重定义、相关性分析、告警远程通知等手段，便于网络管理员及时采取措施，恢复网络正常运行。

（4）性能管理：U2000可以对网络的关键性能指标进行监控，并对采集到的性能数据进行统计。通过可视化的操作界面，方便用户对网络性能进行管理。

（5）存量管理：为了提供给用户针对物理资源、逻辑资源统一的查询和统计功能，U2000提供存量管理功能。

（6）日志管理：日志管理包括网管安全日志管理、网管操作日志管理和网元安全日志管理。通过定期查询和保存日志信息，有助于网络管理人员及时发现非法登录、非法操作或进行故障分析。通过浏览日志，可查询网管用户登录服务器端时所使用的客户端和登录后进行的操作，还可转储或打印日志数据。

（7）数据库管理：U2000 提供了数据库备份与恢复工具，减轻了网管数据库的维护难度，为网管系统稳定、安全运行提供了保障。数据库管理包括网元数据库管理和网管数据库管理。为保证数据安全，应定期进行数据库的备份。

（8）网元通讯参数管理：配置网管与网元的通信参数可以保证网管和网元间正常交互。

（9）DCN 管理：MSTP，WDM，RTN，PTN 产品支持 DCN 管理功能。

（10）网元软件管理：U2000 实现了对网元软件和数据的管理功能，如软件升级，打补丁，周期配置数据备份，手动数据恢复等功能。

（11）报表管理：U2000 提供 iWeb 报表功能，为用户提供针对告警、日志、资源方面的报表。用户在浏览数据的同时可以进行打印或存为文件。表格形式的报表支持按设备类型过滤，同时还可以存为 Excel 格式。

（12）系统监控：U2000 提供图形化的系统监控工具，用于管理网管系统和查询系统信息。

2. 在 OTN 传送网中，主要应用的是 U2000 的 WDM 管理功能

（1）WDM 网元管理：网元管理是指对每个网元的属性、业务、保护、时钟等方面的配置管理。配置对象是单个网元，数据保存在 U2000 侧网元数据库和网元侧主机数据库。

（2）WDM 保护子网管理：保护子网是具有完整自保护功能的网络结构，管理保护子网是为了完成网络保护的配置和显示，具体包括：浏览、删除、修改、搜索保护子网，以及孤立节点管理。

（3）WDM 端到端管理：网络端到端管理也称为路径管理，其配置数据可通过搜索 U2000 的网元层数据构建起来，也可直接在 U2000 的网络层进行配置，同时将数据下发到涉及的所有网元上。与单个网元逐一配置的方式相比较，通过路径的方式来进行配置的速度更快、更方便。

（4）WDM ASON 网络管理：ASON（Automatically Switched Optical Network），即自动光交换网络，是一种由用户动态发起业务请求，自动选路，并由信令控制实现连接的建立、拆除，能自动、动态完成网络连接，融交换、传送为一体的新一代光网络。智能网元是指具备智能能力的设备，它不仅具有传统 WDM 设备的特性，而且具有智能特性。在 U2000 上，采用智能网管特性与 WDM 特性结合的方式管理 ASON。

（二）网管软件部署方式

U2000 在网管主机侧的部署形式包括单机集中式部署模式［图 3–4–1（a）］以及热备份高可用性系统集中式部署模式［图 3–4–1（b）］。

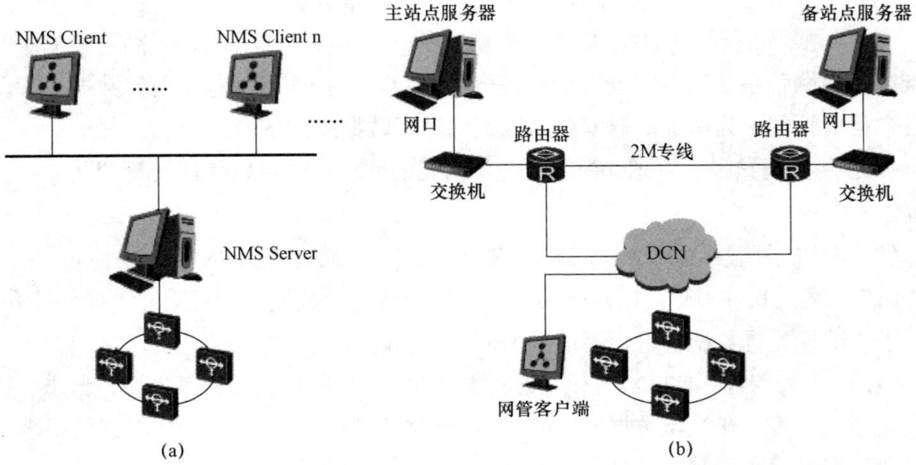

图 3–4–1 U2000 网管系统部署方式

（a）单机集中式部署模式；（b）热备份高可用性系统集中式部署模式

其中，双机热备份高可用性系统集中式部署模式允许网管系统在单台服务器故障停用时立即切换至备用服务器运行，保障网管系统对网元的监视和指令下发不中断，保障网络管理稳定性。通常建议在实际工作中使用这种部署模式以提高网络可靠性。

（三）网管软件与网元的组网方式

网管软件部署至服务器后，会通过管理网络与网元相连接，管理网络中包含若干条管理通道，用于下发网管指令，接受设备反馈的监控信息和指令执行结果等。管理网络的组建方式分为带内组网和带外组网。

带内组网是指 U2000 利用被管设备提供的业务通道对网络中的设备实现管理的组网方式，如图 3–4–2 所示。在这种方式下，网管交互信息通过被管设备的业务通道传送，例如 SDH 设备中使用 STM 开销字节构建的 ECC 通道等。在实现中，U2000 服务器只需要和被管网络中就近的网元连接，其他网元都已连接到与 U2000 服务器相连的网元上，通过配置相关路由，就可以管理到网络中的各个网元。

U2000 连接到被管网络的方式取决于 U2000 和就近的网元的位置关系。如果在同一个机房，可以以局域网的方式进行组网，或使用网元提供的管理通道；如果距离较远，可以通过专线方式进行组网，此组网方式和带外组网类似。

组网优点：组网灵活，不用附加其他设备，节约用户成本。

组网缺点：当网络发生故障时，由于与被管网络的信息通道被中断，通过 U2000 无法开展维护工作。

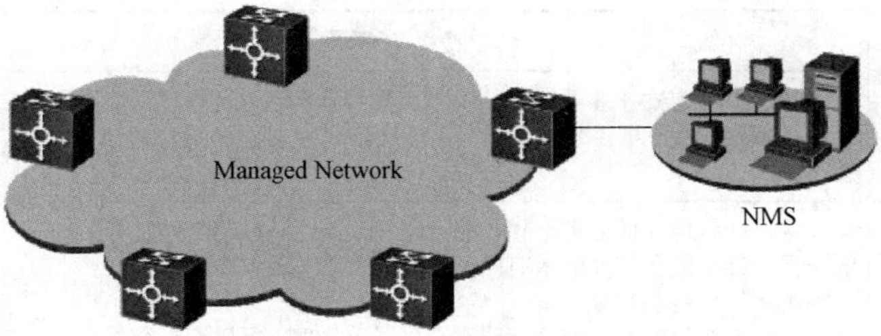

图 3–4–2　U2000 与网元的带内组网方式

带外组网是指 U2000 利用被管设备以外的其他设备所提供的通信通道来传送网管信息，从而实现网络管理的组网方式。一般情况下，使用被管设备主控板上的管理口作为接入口。

在带外组网方式下，U2000 可以通过多种方式与被管设备建立连接，例如独立的管理用数据通信网 DCN。带外组网图如图 3–4–3 所示。

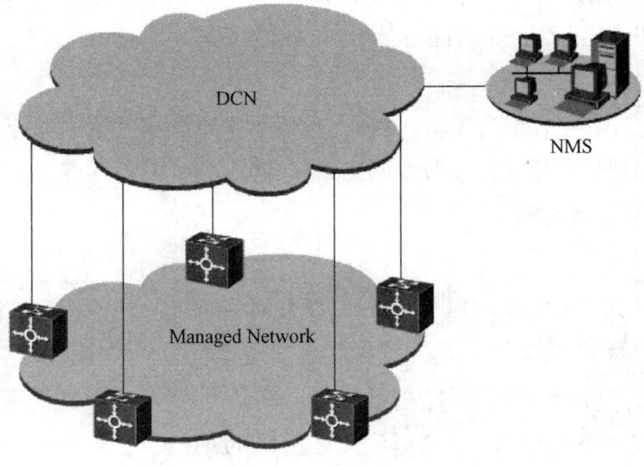

图 3–4–3　U2000 与网元的带外组网方式

二、WDM 路径相关配置

（一）路径创建方式

U2000 提供了多种路径创建方式，以满足不同用户操作习惯、不同业务场景下的需要。在 U2000 上成功创建一条路径的前提是：

（1）路径经过的各网元上有足够的空闲资源。

（2）网管侧与网元侧数据一致。

（3） 网管上光纤连接正确。路径创建的方式、特点及应用场景如表 3–4–1 所示。

表 3–4–1 不同路径创建方式的比较

路径创建方式	创建特点	应用场景
以搜索方式创建路径	先通过单站方式在业务通过的各节点配置业务后，再通过网络层的路径搜索功能，将各节点上的交叉连接组合成端到端的路径进行管理	适用于单站业务已经完成配置的情况
以自动方式创建路径	直接在网络层完成业务配置，激活路径后，U2000 将把路径相关的交叉连接下发到涉及的所有网元上。 路由计算可自动完成。 当所选取路径的源端与宿端间存在多条路由时，可以通过设置必经链路和必经节点、不经节点的方式来选择路由	适用于创建大多数的普通路径和跨层路径
以复制方式创建路径	直接在网络层完成业务配置，激活路径后，U2000 将把路径相关的交叉连接下发到涉及的所有网元上。 路由计算是自动完成的。 只能以 U2000 上已存在的路径为模板进行有相同路由的路径的批量创建	适用于批量创建路径，复制的路径与已创建的 WDM 路径具有相同的级别、源宿网元

（二）创建 WDM 路径

在 U2000 通过搜索方式得到相关路径信息后，可以通过指定路径源和宿的方式，创建 OCh、ODUk 或者 Client 层路径。

1. 搜索 WDM 路径

WDM 设备完成了光纤连接后，在网管侧网络层并没有相关的路径信息。为实现对 WDM 路径的管理，需要通过搜索网络中的交叉连接和光纤连接数据，在网管侧网络层形成端到端 WDM 路径。

操作步骤如下：

步骤 1：在主菜单中选择“业务”→“WDM 路径”→“WDM 路径搜索”。

步骤 2：在“高级设置”中设置搜索的各种处理策略，如图 3–4–4 所示。

步骤 3：单击“下一步”，开始搜索路径。等待进度条更新到结束。

步骤 4：单击“下一步”，可浏览到搜索出来的路径。

选择一条或多条路径，单击右键，选择“设置/取消管理标志”，可以设置/取消管理标志。在步骤 5 会从网络层删除搜索出来的没有设置管理标志的路径，该操作并不影响实际网元的业务和单个网元的网管侧网元层数据。

步骤 5：单击“下一步”，可以查看网络中所有离散业务。

如果存在没有设置管理标志的路径，会提示继续操作会删除这些路径，单击“确定”。

步骤 6：搜索结束，单击“完成”。

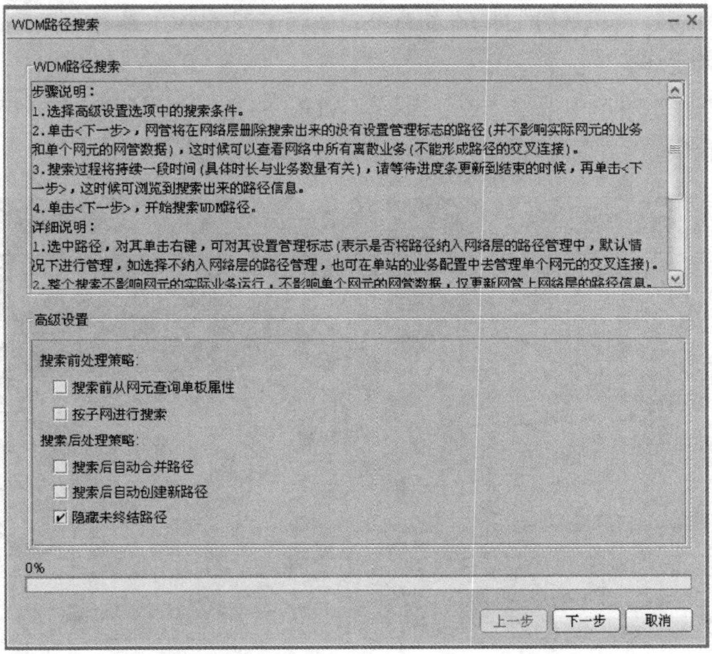

图 3-4-4　选择搜索策略

步骤 7：在弹出的提示框中单击“确定”。

刷新“WDM 路径管理”界面，可以看到搜索出的 WDM 路径。

OCh 及以上级别的路径，对于源宿端相反的两条单向路径，搜索结果显示为一条双向路径，其名称按照路径命名规则重新命名。对于两条单向路径的调度单号、备注、自定义信息，如果某项属性相同，则搜索后的双向路径会保留，否则不保留。

对于源宿端相反的两条单向路径，如有下情况则无法通过搜索合并成双向路径：

1）在“客户”“源/宿波长”“速率”“承载速率”“铂金业务组 ID”“铂金业务组状态”属性中有一项或多项内容不一致。

2）含有锁定状态的单向路径。

搜索过程中，如果新搜索出来的路径和网管上已经存在的路径配置冲突，则将网管上已经存在的路径称为冲突路径搜索过程会自动删除冲突路径。

2. 创建 OCh 路径

U2000 支持以端到端方式创建 OCh 路径。在用户指定业务的源宿后，U2000 能够直接生成 OCh 路径。波分路径创建功能可以有效简化业务配置过程，提高操作的正确性。同时，在开局或扩容等场景中能够灵活地对业务进行调度和部署。在创建 EAPE 对时，首先要创建 OCh 路径，EAPE 功能采用 OCh 路径来识别 EAPE 对。若设备中有动态光交叉单板，可以通过 U2000 的路径功能手工创建 OCh 路径。

操作步骤如下：

步骤 1：在主菜单中选择“业务”→“WDM 路径”→“创建 WDM 路径”。进入“创建 WDM 路径”界面，如图 3–4–5 所示。

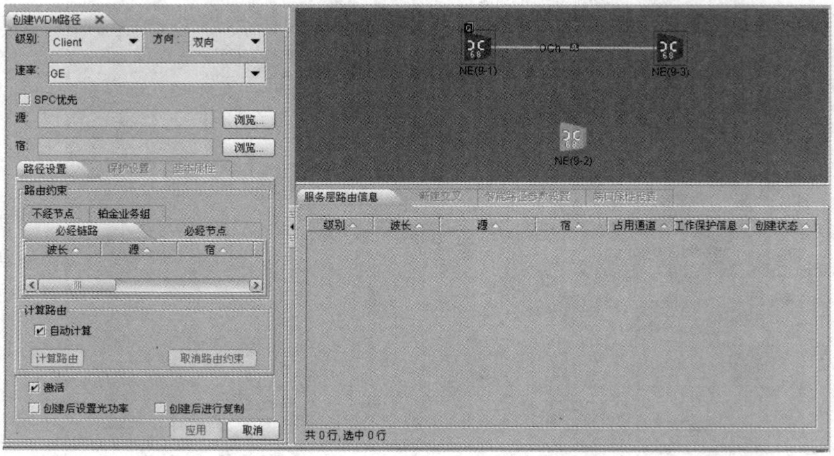

图 3–4–5　创建 WDM 路径界面

步骤 2：设置业务的级别和方向。级别选择 OCh，方向根据组网而定，如图 3–4–6 所示。

图 3–4–6　选择级别和方向

步骤 3：设置源/宿。单击“浏览”，弹出“单板端口选择–源/宿”对话框，依次选择网元、单板、端口，单击“确定”。

步骤 4：设置路由约束，如图 3–4–7 所示。

图 3–4–7　设置路由约束

步骤 5：计算路由成功之后，拓扑视图底部会显示出待创建路径的服务层路由列表和端口属性列表。可以根据需要执行下面操作。

1）单击“服务层路由信息”选项卡，如图 3–4–8 所示。右键单击列表中的一条路径，选择“浏览相关路径”，跳转到“WDM 路径管理”窗口，可以查看待创建路径的服务层路径的详细信息。

2）单击“端口属性设置”选项卡，可以查看并修改待创建路径的端口属性。各参数详细解释请参见端口属性。

3）如果路径经过智能域，选中“SPC”复选框，单击“智能属性设置”选项卡，可以设置智能属性。

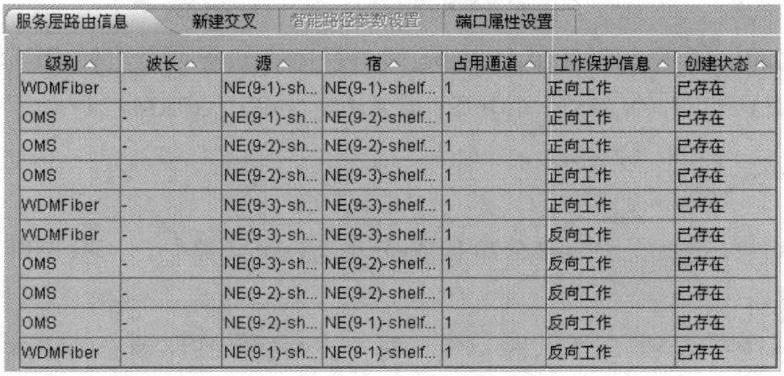

服务层路由信息 新建交叉 智能路径参数设置 端口属性设置

级别	波长	源	宿	占用通道	工作保护信息	创建状态
WDMFiber	-	NE(9-1)-sh...	NE(9-1)-shelf...	1	正向工作	已存在
OMS	-	NE(9-1)-sh...	NE(9-2)-shelf...	1	正向工作	已存在
OMS	-	NE(9-2)-sh...	NE(9-2)-shelf...	1	正向工作	已存在
OMS	-	NE(9-2)-sh...	NE(9-3)-shelf...	1	正向工作	已存在
WDMFiber	-	NE(9-3)-sh...	NE(9-3)-shelf...	1	正向工作	已存在
WDMFiber	-	NE(9-3)-sh...	NE(9-3)-shelf...	1	反向工作	已存在
OMS	-	NE(9-3)-sh...	NE(9-2)-shelf...	1	反向工作	已存在
OMS	-	NE(9-2)-sh...	NE(9-2)-shelf...	1	反向工作	已存在
OMS	-	NE(9-2)-sh...	NE(9-1)-shelf...	1	反向工作	已存在
WDMFiber	-	NE(9-1)-sh...	NE(9-1)-shelf...	1	反向工作	已存在

图 3–4–8　服务层路由和端口属性设置列表

步骤 6：设置基本属性。选择“基本属性”选项卡，设置路径的名称、ID 等基本属性。

步骤 7：在应用业务之前，可以根据需要执行下面操作。

1）单击“功率调节模式”，弹出“功率调节模式”对话框，设置待创建 OCh 路径的光功率调节模式为“自动”或“人工”。

2）选择“激活”复选框，路径创建成功之后会下发到网元层。否则，路径配置数据只会保存在网管侧。

3）选择“创建后设置光功率”复选框，路径创建成功之后会跳转到“光功率管理”窗口，可以查看相关光功率。

步骤 8：单击“应用”，完成 OCh 路径创建。弹出对话框提示操作成功，单击“关闭”。

如果需要查看创建出的路径，在“操作结果”对话框中单击“浏览”，跳转到“WDM 路径管理”窗口并显示出新建的路径。

如果不继续创建路径，单击“取消”退出“创建 WDM 路径”窗口。

操作结果：

在创建路径过程中，计算路由或者创建路径失败之后，客户端会弹出失败原因的提示框。单击“路由分析”，弹出“路由分析”对话框，可以查看失败的详细原因。

3. 创建 ODUk 路径

U2000 支持以端到端方式创建 ODUk 路径。在用户指定业务的源宿后，U2000 能够在搜索的服务层路径基础上，生成 ODUk 路径。WDM 路径创建功能可以有效简化业务配置过程，提高操作的正确性。同时，在开局或扩容等场景中能够灵活地对业务进行调度和部署。

ODUflex 速率可变，大约以 1.25Gbit/s 为基数，相当于多个 ODU0 的虚级联，时隙之间不要求连续。直接服务层是 ODU2 或者 ODU3 路径，客户层是 Client 路径。假设将某个单板的带宽划分为 N 个 ODU0，则客户侧的业务类型对应 ODUflex 占用的时隙数分别为：PACKET（N=18）、InfiniBand 2.5G（N=3）、CPRI4（N=3）、FC800（N=7）、3GSDI（N=3）、FC400（N=4）。

注意：

1）目前 OTN 设备上只有部分单板支持创建 ODU4 路径，请参见厂商提供的板卡说明书。

2）没有安装交叉板（如 XCS 单板）时，支路板和线路板必须在同一子架上的对偶板位上。

3）安装交叉板（如 XCS 单板）时，支路板和线路板必须在同一子架上。

操作步骤如下：

步骤 1：在主菜单中选择“业务”→“WDM 路径”→“创建 WDM 路径”。进入“创建 WDM 路径”界面。

步骤 2：设置业务的级别、速率和方向，如图 3–4–9 所示。

路径级别为 ODUflex 时，需要在“业务类型”下拉列表中选择业务类型（必须和网元管理器中设置的业务类型一致）。如果业务类型是“PACKET”，还需要在“时隙”文本框中输入路径占用的时隙数，如图 3–4–10 所示。

图 3–4–9 设置业务级别、速率和方向

图 3–4–10 设置业务时隙

设置时隙之前必须已经在网元管理器中设置了端口的工作模式和业务类型。

步骤 3：设置源/宿。单击“浏览”，弹出“单板端口选择–源/宿”对话框，依次选择网元、单板、端口、工作模式，单击“确定”。

1）设置端口的工作模式。源宿端口在 52TOM、54TOA 等单板上时，单击“工作模式”，在弹出的对话框中设置端口的工作模式，单击“应用”。

2）单击“查询”可以查看端口的实际工作模式。其中 52TOM 单板的工作模式，必须已经设置为级联或非级联。

3）设置路径的源/宿端之后，U2000 会对路径的源宿端口进行校验。如果路径的源宿端口存在离散交叉，会出现提示框，根据实际情况确认是否继续。

4）单击“继续”，忽略该校验结果，继续创建路径，但是源宿端口存在的离散交叉可能会造成路径下发失败。

5）单击“取消”，取消本次创建任务。

步骤 4：设置保护。选择“保护设置”选项卡，设置 SNCP 保护路由。

1）设置双发点和选收点。在双发选收列表中单击右键，选择“增加”。在弹出的对话框中选择“双发点”和“选收点”，单击“确定”。

2）修改保护属性。在双发选收列表中单击右键，选择“设置 SNCP 参数及保护级别”。在弹出的对话框中设置“保护级别”SNCP 类型”和“OTN 级别”，如图 3–4–11 所示，单击“确定”。

U2000 自动生成对应的 ODUk SNCP，如果自动生成的 ODUk SNCP 参数和保护级别与规划的不同，可以修改 SNCP 保护的级别、类型，以及 OTN 级别。参数解释请参见设置 SNCP 参数及保护级别。

指定必经链路。在“必经链路”区域，单击右键，选择“增加”。在弹出的“增加必经链路”窗口中通过查找，可以将已有的服务层路径设置为待创建的保护路径的必经链路。选中“选择通道”复选框之后，可以继续选择必经链路的通道。否则，路由通道由 U2000 自动计算，如图 3–4–12 所示。

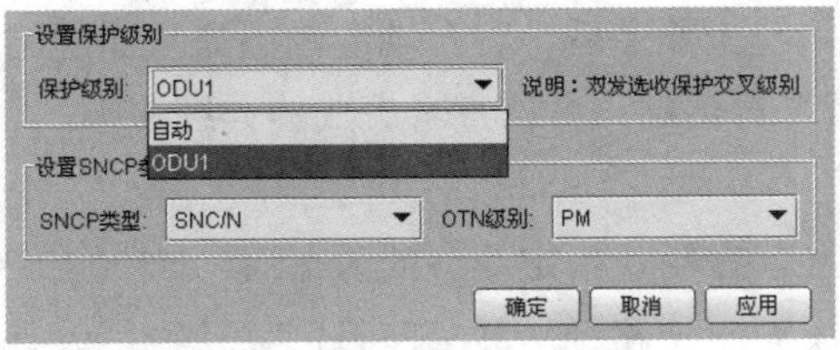

图 3–4–11　设置保护选项

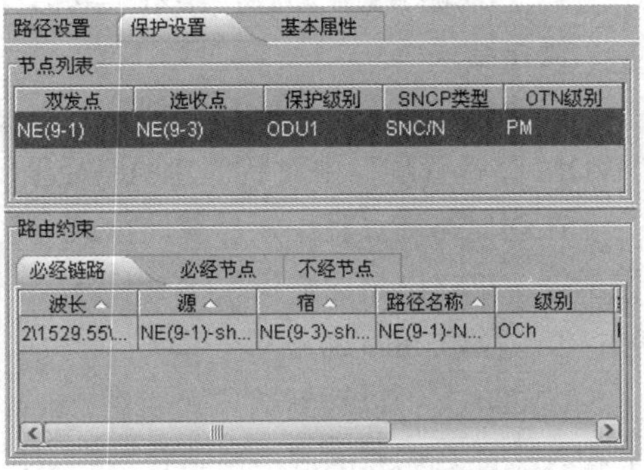

图 3–4–12　自动计算保护路径

步骤 5：计算路由成功之后，拓扑视图底部会显示出待创建路径的服务层路由列表、新建的动态交叉列表和端口属性列表，如图 3–4–13 所示。

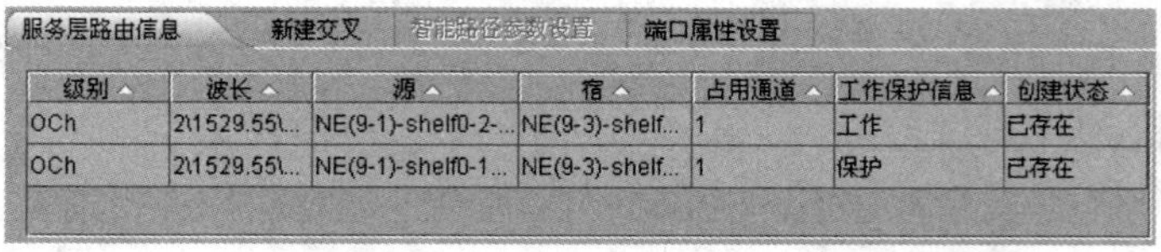

服务层路由信息 新建交叉 智能路径参数设置 端口属性设置

级别	波长	源	宿	占用通道	工作保护信息	创建状态
OCh	2\1529.55\...	NE(9-1)-shelf0-2-...	NE(9-3)-shelf...	1	工作	已存在
OCh	2\1529.55\...	NE(9-1)-shelf0-1...	NE(9-3)-shelf...	1	保护	已存在

图 3–4–13 服务层路径和端口属性设置列表

1）单击“服务层路由信息”选项卡，查看工作路径和保护路径的服务层路由信息。

右键单击一条路径，选择“浏览相关路径”，跳转到“WDM 路径管理”窗口，可以查看待创建路径的服务层路径的详细信息。光纤不支持该功能。

右键单击一条路径，选择“通道设置”，可以修改服务层路径的通道。或者单击各服务层路径的“占用通道”参数列，在下拉列表中选择各服务层路径的通道。

2）单击“新建交叉”选项卡，可以查看新建的动态交叉。在“指定穿通级别”下拉列表中可以修改中间穿通节点的穿通交叉级别。中间穿通的交叉级别默认为最小粒度。

3）单击“端口属性设置”选项卡，可以查看并修改待创建路径及其服务层路径的端口属性，不包括 OMS 路径和 OTS 路径的端口。

如果路径经过智能域，选中“SPC”复选框，单击“智能属性设置”选项卡，可以设置智能属性。

步骤 6：单击“应用”，完成 ODUk 路径创建。弹出对话框提示操作成功，单击“关闭”。

如果需要查看创建出的路径，在“操作结果”对话框中单击“浏览”，跳转到“WDM 路径管理”窗口并显示出新建的路径。

如果不继续创建路径，单击“取消”退出“创建 WDM 路径”窗口。

操作结果：

修改端口属性不影响路径创建。如果下发端口属性失败，弹出的对话框会提示在“WDM 路径管理”中对新创建的路径重新设置端口属性。

在创建路径过程中，计算路由或者创建路径失败之后，客户端会弹出失败原因的提示框。单击“路由分析”，弹出“路由分析”对话框，可以查看失败的详细原因。

4. 创建 Client 路径

U2000 支持以端到端方式创建 Client 路径。在用户指定业务的源宿后，U2000 能够在搜索或者创建的服务层路径基础上，生成 Client 路径。波分路径创建功能可以有效简化业务配置过程，提高操作的正确性。同时，在开局或扩容等场景中能够灵活地对业务进行调度和部署。

操作步骤如下：

步骤 1：在主菜单中选择“业务”→“WDM 路径”→“创建 WDM 路径”。进入“创建 WDM 路径”界面。

步骤 2：设置业务的级别、速率和方向，如图 3–4–14 所示。

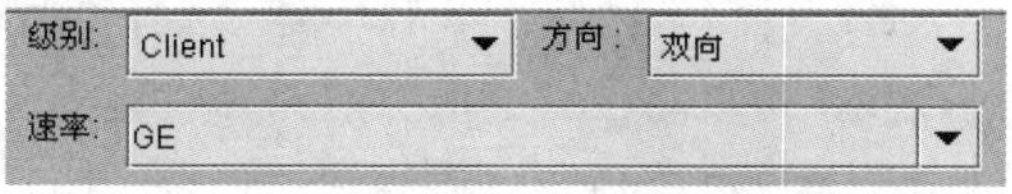

图 3–4–14　设置业务级别、速率和方向

步骤 3：设置源/宿。单击“浏览”，弹出“单板端口选择–源/宿”对话框，依次选择网元、单板、端口、工作模式，单击“确定”。

1）设置端口的工作模式。源宿端口在 52TOM、54TOA 等单板上时，单击“工作模式”，在弹出的对话框中设置端口的工作模式，单击“应用”。

2）单击“查询”可以查看端口的实际工作模式。其中 52TOM 单板的工作模式，必须已经设置为级联或非级联。

3）设置路径的源/宿端之后，U2000 会对路径的源宿端口进行校验。如果路径的源宿端口存在离散交叉，或者待创建路径的业务类型和源宿端口当前的业务类型不一致，会出现提示框，根据实际情况确认是否继续。

4）单击“继续”，忽略该校验结果，继续创建路径。但是源宿端口存在的离散交叉可能会造成路径下发失败，待创建路径的业务类型和源宿端口当前的业务类型不一致可能会造成业务中断。

5）单击“取消”，取消本次创建任务。

步骤 4：设置保护。选择“保护设置”选项卡，设置 SNCP 保护路由。

1）设置双发点和选收点。在双发选收列表中单击右键，选择“增加”。在弹出的对话框中选择“双发点”和“选收点”，单击“确定”。

2）修改保护属性。在双发选收列表中单击右键，选择“设置 SNCP 参数及保护级别”。在弹出的对话框中设置“保护级别”“SNCP 类型”和“OTN 级别”，如图 3–4–15 所示，单击“确定”。

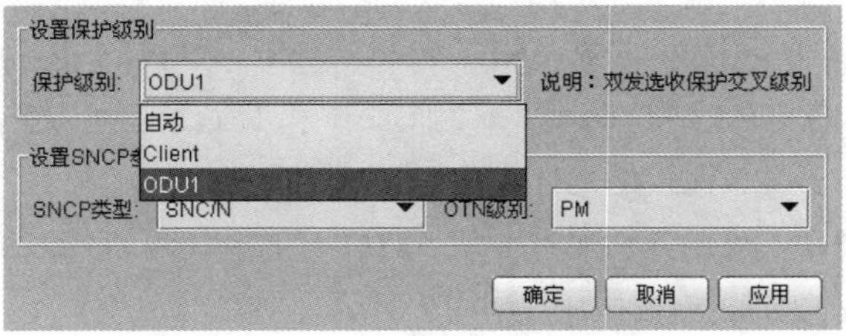

图 3–4–15　保护参数设置

U2000自动生成对应的ODUk SNCP，如果自动生成的ODUk SNCP参数和保护级别与规划的不同，可以修改SNCP保护的级别、类型以及OTN级别。参数解释请参见设置SNCP参数及保护级别。

指定必经链路。在“必经链路”区域，单击右键，选择“增加”。在弹出的“增加必经链路”窗口中通过查找，可以将已有的服务层路径设置为待创建的保护路径的必经链路。选中“选择通道”复选框之后，可以继续选择必经链路的通道。否则，路由通道由U2000自动计算。

步骤5：单击“应用”，完成Client路径创建。弹出对话框提示操作成功，单击“关闭”。如果需要查看创建出的路径，在“操作结果”对话框中单击“浏览”，跳转到“WDM路径管理”窗口并显示出新建的路径。

如果不继续创建路径，单击“取消”退出“创建WDM路径”窗口。

5. 创建单点路径

在同一网元内创建的路径为单点路径。单点路径基于板间交叉创建路径，对于不支持板间交叉的情况，则基于光纤创建路径。

操作步骤如下：

步骤1：在主菜单中选择“业务”→“WDM路径”→“创建WDM路径”。

步骤2：设置业务的级别、速率和方向。

步骤3：设置源/宿。单击“浏览”，弹出“单板端口选择–源/宿”对话框，依次选择网元、单板、端口、工作模式，单击“确定”。

步骤4：单击“应用”，完成单点路径创建。弹出对话框提示操作成功，单击“关闭”。如果需要查看创建出的路径，在“操作结果”对话框中单击“浏览”，跳转到“WDM路径管理”窗口并显示出新建的路径。

如果不继续创建路径，单击“取消”退出“创建WDM路径”窗口。

6. 应用示例：以跨层路径方式配置GE业务（OptiX OSN 6800）

本配置示例以OptiX OSN 6800为例，介绍带SNCP保护的GE业务的配置过程。

（1）配置组网图。

单板配置信息：

在如图3–4–16所示的网络中，NE1、NE2、NE3和NE4共四个光网元构成环型组网，各站点均是OADM站。业务需求为User1和User2之间进行通信，NE1和NE4之间有一条双向带SNCP保护的GE业务。

本例中NE1、NE4网元分别配置一块52TOM单板和两块52NS2单板，NE2、NE3网元分别配置两块52NS2单板如图3–4–17所示。

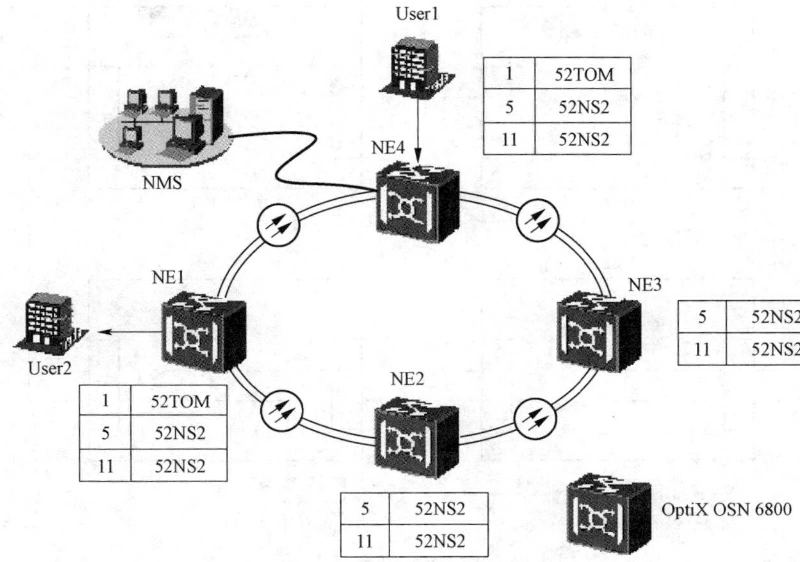

图 3-4-16　GE 业务的配置组网图

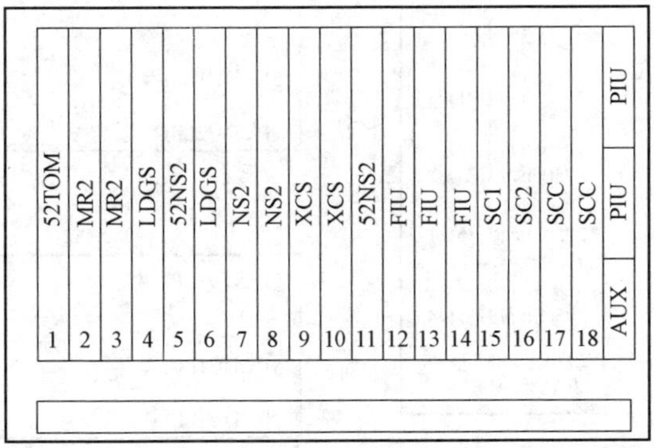

图 3-4-17　单板配置

（2）业务信号流和参数规划。

介绍配置 GE 业务信号流和各路径的参数规划。

业务信号流：

1）NE1 和 NE4 之间有一路双向带 SNCP 保护的 GE 业务。

2）工作路由为 NE1–>NE4，保护路由为 NE1–>NE2–>NE3–>NE4。

3）NE1 和 NE4 之间的业务信号流如图 3-4-18 所示。

4）NE1、NE4 单站内信号流如图 3-4-19 所示。

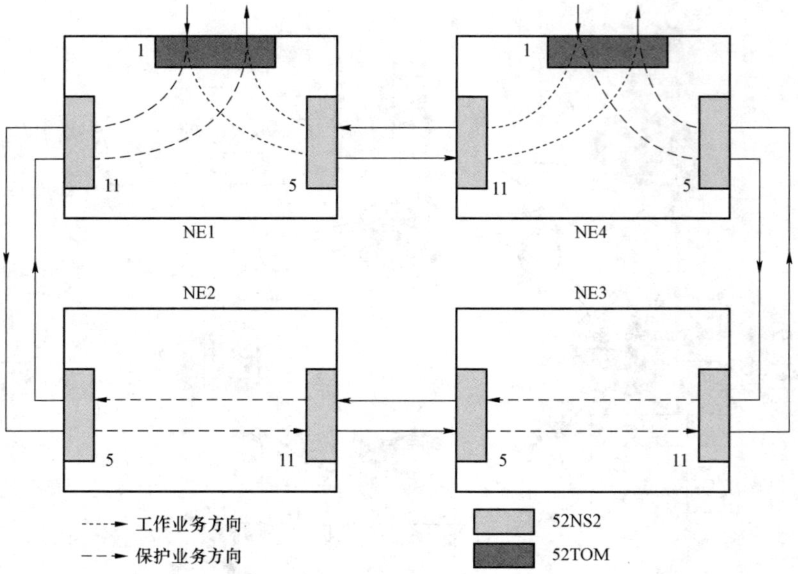

图 3–4–18 GE 业务信号流

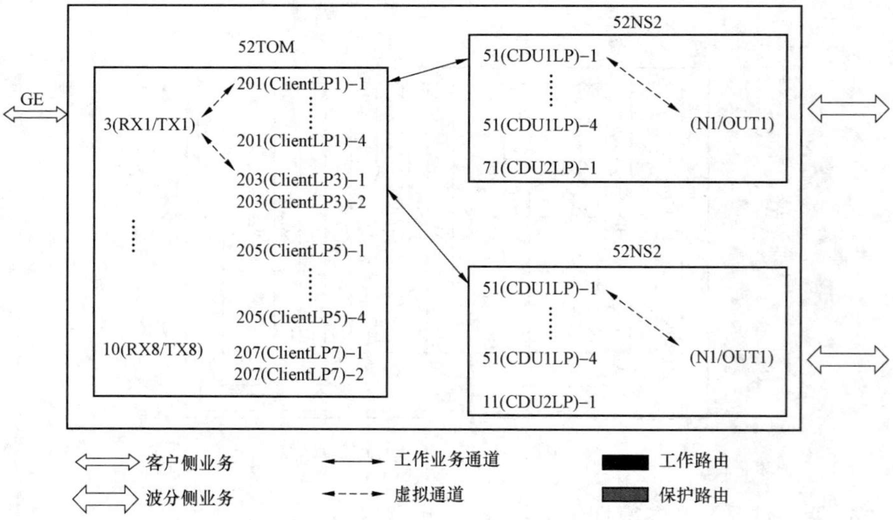

图 3–4–19 NE1、NE4 单站内业务信号流

参数规划：

用跨层方式创建 GE 业务，可以直接在 OCh 服务层链路上创建，中间 ODU2、ODU1 服务层路径会在创建 GE 业务时自动生成。根据该示例中组网，其服务层路径包括 OMS、OCh、OTUk、ODU2、ODU1，其中 OCh 路径支持跨层创建。因此，只需要创建 OCh 路径和 GE 业务即可，如表 3–4–2 和表 3–4–3 所示。

由于该 GE 业务在发送端双发，在接收端选收，存在工作路由和保护路由。因此，除了创建该 GE 业务，还需要分别创建其工作路由和保护路由的服务层路径。下面用"trail–1"表示工作路由的服务层路径，"trail–2""trail–3"和"trail–4"表示保护路由的服务层路径。

该 GE 业务包括工作路由和保护路由，工作路由为 NE1→NE4，保护路由为 NE1→NE2→NE3→NE4。

1）工作路由经过的 OCh 路径为 OCh–trail–1。

2）保护路由经过三段 OCh 路径，分别为 OCh–trail–2、OCh–trail–3 和 OCh–trail–4，即 NE1→NE2、NE2→NE3、NE3→NE4。

创建 OCh 路径时，OTU 单板的波长必须和合波板/分波板匹配。

1）对于静态的合波板/分波板，如 M40、MR2 等，OTU 单板的波长必须设置为和相连合波板/分波板的端口的波长相同。

2）对于动态的合波板/分波板，如 WMS9、RMU9 等，OTU 单板的波长与相连合波板/分波板的波段必须匹配。

3）该示例中，WSM9、WSD9 的波段为偶波段，因此 NS2 单板的波长选择为偶数波。

表 3–4–2　　OCh 路径参数规划

名称	级别	方向	源网元–子架–槽位–单板–端口	宿网元–子架–槽位–单板–端口	波长
OCh–trail–1	OCh	双向	NE1–shelf3–5–52 NS2–（IN/OUT）	NE4–shelf3–11–52 NS2–（IN/OUT）	2\1529.55\196.000
OCh–trail–2	OCh	双向	NE1–shelf3–11–52 NS2–（IN/OUT）	NE2–shelf3–5–52 NS2–（IN/OUT）	2\1529.55\196.000
OCh–trail–3	OCh	双向	NE2–shelf3–11–52 NS2–（IN/OUT）	NE3–shelf3–5–52 NS2–（IN/OUT）	2\1529.55\196.000
OCh–trail–4	OCh	双向	NE3–shelf3–11–52 NS2–（IN/OUT）	NE4–shelf3–5–52 NS2–（IN/OUT）	2\1529.55\196.000

表 3–4–3　　GE 业务参数规划

名称	级别	方向	业务类型	源网元–子架–槽位–单板–端口	宿网元–子架–槽位–单板–端口	工作模式	双发/选收网元	工作路由的服务层链路	保护路由的服务层链路
GE–trail–1	Client	双向	GE	NE1–shelf3–1–52TOM–3（RX/TX）	NE4–shelf3–1–52TOM–3（RX/TX）	ODU1 模式（OTU1/Any ODU1）	NE1、NE4	OCh1–trail–1	OCh–trail–2、OCh–trail–3、OCh–trail–4

（3）配置过程。

以创建带 SNCP 保护的 GE 业务为例，介绍根据跨层方式，创建 GE 业务的具体过程。即直接在 OCh 服务层链路上创建 GE 业务。

1）52TOM 共有 12 种应用场景，在此应用场景中，采用 ODU1 模式（OTU1/Any->ODU1）。

2）每组 ClientLP 端口接入的业务速率总和不能大于 1.25Gbit/s。

3）对于 GE 业务，每组 ClientLP 口只支持最多 1 路信号的接入。

4）此应用场景中，将 52TOM 板客户侧的内部逻辑端口分为 4 组：ClientLP1–ClientLP2、ClientLP3–ClientLP4、ClientLP5–ClientLP6、ClientLP7–ClientLP8。

每组 ClientLP 口不可同时使用。如配置了 RX/TX 到 201（ClientLP1/ClientLP1）–1 的交叉，就不能再配置 RX/TX 到 202（ClientLP2/ClientLP2）–1 的交叉。其他组以此类推。

5）客户侧 8 对光口输入的业务速率总和不能大于 10Gbit/s。

操作步骤如下：

步骤 1：配置 NE1、NE4 网元中上下 GE 业务的 52TOM 单板的工作模式（见表 3–4–4）。

表 3–4–4　　52TOM 单板工作模式配置

类型	名称	工作模式	配置方法
单板	52TOM	非级联	在网元管理器中选择 52TOM 单板，在功能树中选择“配置”→“工作模式”，选择 OTU1

步骤 2：配置 52TOM 单板 WDM 接口的业务模式（见表 3–4–5）。

表 3–4–5　　52TOM 单板业务模式配置

单板–光口–通道	业务模式	配置方法
52TOM–3（RX1/TX1）–1	Client 模式	在网元管理器中选择需要设置的单板，在功能树中选择“配置”→“WDM 接口”

步骤 3：创建四条双向的 OCh 路径。在主菜单中选择“业务”→“WDM 路径”→“创建 WDM 路径”，具体操作请参见前述中“创建 OCh 路径”部分。

a）如果 OCh 路径不存在动态交叉，即其全部交叉都是静态交叉，则不需要手工创建，直接搜索即可。

b）如果 OCh 路径的源宿单板具有板内 1+1 保护功能，如 LDGD、LQMD 等单板，则OCh路径创建之后，必须执行路径搜索，搜索出OTUk路径。否则会影响跨层创建Client路径，创建的Client路径和搜索后的路径不一致。

步骤4：创建一条双向带SNCP保护的GE业务。在主菜单中选择"业务"→"WDM路径"→"创建WDM路径"，具体操作请参见前述中"创建Client路径"的内容。

三、WDM路径浏览与维护

（一）浏览WDM路径

介绍如何在U2000上查看WDM设备各单板的连接关系。

1. 浏览WDM路径路由信息

U2000提供路径的传输媒质路由图。用户通过查询传输媒质路由图，可以了解承载路径的传输媒质。

操作步骤如下：

步骤1：在主菜单中选择"业务"→"WDM路径"→"WDM路径管理"。

步骤2：在弹出的"设置路径浏览过滤条件"对话框中设置过滤条件，在路径列表中得到需要的路径。

步骤3：选择一条路径，在界面底部选择"传输媒质层路由"选项卡，视图显示承载整条路径的传输媒质。

步骤4：选中"显示物理拓扑路由"复选框，查看路径的物理拓扑路由。

1）如果全部网元在同一子网下，拓扑视图直接显示这些网元。

2）如果部分网元分布在一个或多个子网下，拓扑视图会同时显示子网和网元。右键单击空白位置，在弹出的菜单中选择"返回"、"全部展开"或"全部收缩"可以方便浏览物理拓扑。

2. 浏览WDM路径信号流图

U2000提供路径的信号流图。用户通过查询WDM路径信号流图，可以了解路径上各网元单板之间的光纤连接关系，直观地显示了光信号的流向，提高了U2000对业务传输的可维护性。

操作步骤如下：

步骤1：在主菜单中选择"业务"→"WDM路径"→"WDM路径管理"。

步骤2：在弹出的"设置路径浏览过滤条件"对话框中设置过滤条件，在路径列表中得到需要的路径。

步骤3：选择一条路径，在界面底部选择"信号流图"选项卡，界面中显示整条路径上的光信号流向，如图3–4–20所示。

步骤4：信号流图的左侧使用树表方式显示该路径及服务层路径。从左侧选择一条路径，信号流图中高亮显示区域就是对应路径的信号流，如图3–4–21所示。

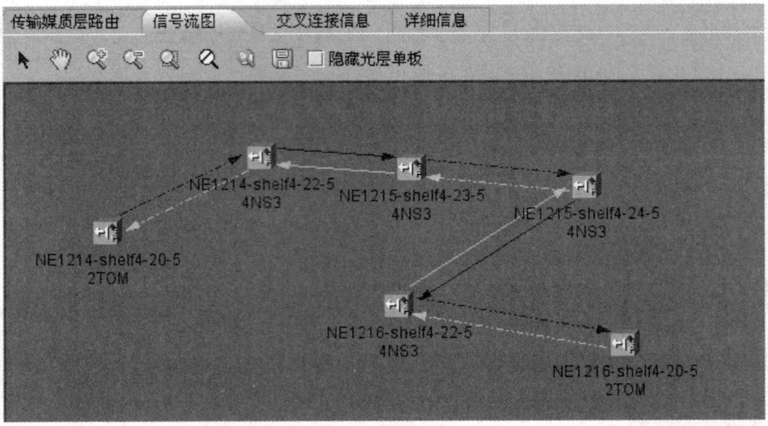

图 3–4–20 信号流图

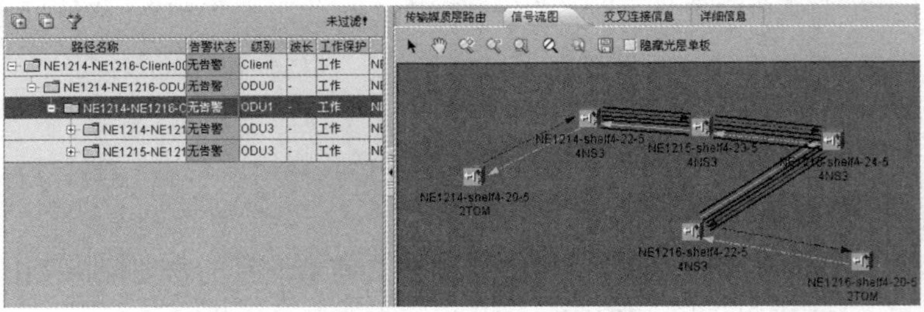

图 3–4–21 选择性显示路径信息

1）选中路径组时，树表显示为空。

2）单击可展开树表；单击可折叠树表；单击可刷新树表。

3）单击，过滤树表显示的路径。

4）自定义树表的表头。右键单击表头，可以设置树表显示的参数列以及调整参数列的顺序。

操作结果：

在“信号流图”中的各种操作，如自定义显示的名称、保存视图等，仅对当前客户端生效，其他客户端不受影响。

3. 查询交叉连接信息

U2000 提供 OCh 级别以上路径的交叉连接信息，可以查看这些路径及其服务层路径的动态交叉。

操作步骤如下：

步骤 1：在主菜单中选择“业务”→“WDM 路径”→“WDM 路径管理”。

步骤 2：在弹出的“设置路径浏览过滤条件”对话框中设置过滤条件，在路径列表中得到需要的路径。

1）如果需要过滤网管上所有的路径，则单击“全量过滤”。

2）如果需要在现有路径基础上增加符合新条件的路径，则单击“增量过滤”。

3）如果需要在现有路径基础上再次按照新条件过滤，则单击“二次过滤”。

步骤 3：选择一条路径，在界面底部选择“交叉连接信息”选项卡，列表显示该路径的动态交叉连接信息，如图 3–4–22 所示。

交叉类型	网元	级别	激活状态	源端信息	宿端信息
路径层	NE30001	Client	激活	NE30001-shelf0-1-LDGS-3-RX1/...	NE30001-shelf0-1-LDGS-201-LP-1
路径层	NE30001	Client	激活	NE30001-shelf0-1-LDGS-201-L...	NE30001-shelf0-1-LDGS-3-RX1/TX1-1
路径层	NE30000	Client	激活	NE30000-shelf0-1-LDGS-3-RX1/...	NE30000-shelf0-1-LDGS-201-LP-1
路径层	NE30000	Client	激活	NE30000-shelf0-1-LDGS-201-L...	NE30000-shelf0-1-LDGS-3-RX1/TX1-1

图 3–4–22　动态交叉连接信息列表

1）选择“服务层”复选框，列表还会显示其服务层路径的动态交叉。

2）部分激活的路径，其动态交叉的激活状态可能有三种类型，激活、未激活、已删除。

3）激活：激活状态的动态交叉。

4）未激活：未激活状态的动态交叉。

5）已删除：未激活状态的动态交叉在单站中被删除，且尚未进行路径搜索，其路径在网管侧依然存在，被删除交叉的状态即为已删除。

4. 浏览相关客户层路径

客户层路径是指位于服务层路径之上，用来承载业务的路径。通过网管，可以查看指定路径的客户层路径信息。

操作步骤如下：

步骤 1：在主菜单中选择“业务→WDM 路径→WDM 路径管理”。

步骤 2：在弹出的“设置路径浏览过滤条件”对话框中设置过滤条件，单击“全量过滤”。列表中显示出各路径。

1）“全量过滤”将刷新显示所有符合条件的路径。

2）“二次过滤”将根据过滤条件在已显示的路径中进行过滤。

3）“增量过滤”不刷新已显示的路径，只会把新过滤的结果补充在已显示路径之后。

步骤 3：选中一条路径，单击右键，选择“浏览相关客户层路径”，路径列表显示出该路径及其客户层路径。

5. 浏览相关服务层路径

U2000 提供相关服务层路径的查询功能。用户通过查询相关服务层路径，可以了解与该路径相关的服务层路径的状态、属性等信息。

操作步骤如下：

步骤 1：在主菜单中选择“业务”→“WDM 路径”→“WDM 路径管理”。

步骤 2：在弹出的“设置路径浏览过滤条件”对话框中设置过滤条件，在路径列表中得到需要的路径。

步骤 3：可以分别在“WDM 路径管理”窗口和树表中查看服务层路径。

1）在“WDM 路径管理”窗口中浏览服务层路径。

选择一条路径，单击右键，选择“浏览相关服务层路径”，界面中显示该路径及与该路径相关的服务层路径。

2）通过树表查看各服务层路径。选择一条路径，窗口底部左侧的树表显示出该路径及其各务层路径，如图 3–4–23 所示。

路径名称	告警状态	级别	波长	工作/保护	源	宿
NE(9-44321)-NE(9-44324)-Client-28	[illegible]	Client	-	-	NE(9-44321)-shelf...	NE(9-44324)-shelf0-1-TD...
NE(9-44321)-NE(9-44324)-ODU	无告警	ODU1	-	工作	NE(9-44321)-shelf...	NE(9-44324)-shelf0-1-TD...
NE(9-44321)-NE(9-44324)-C	无告警	ODU2	-	工作	NE(9-44321)-shelf...	NE(9-44324)-shelf0-2-12...
NE(9-44324)-NE(9-4432	无告警	OTU2	-	工作	NE(9-44324)-shelf...	NE(9-44321)-shelf0-2-12...
NE(9-44321)-NE(9-4	无告警	OCh		工作	NE(9-44321)-shelf...	NE(9-44324)-shelf0-2-12...

图 3–4–23　路径管理树状表

6. 浏览路径光功率

U2000 支持路径的光功率查询，为用户提供了一种与网元分布、拓扑结构、路由选择相关的光功率管理途径。

操作步骤如下：

步骤 1：在主菜单中选择“业务→WDM 路径→WDM 路径管理”。

步骤 2：在弹出的“设置路径浏览过滤条件”对话框中设置过滤条件，单击“全量过滤”。列表中显示出各路径。

步骤 3：选择一条路径，右键单击，选择“查询相关光功率”。

步骤 4：在弹出的“光功率管理”窗口中单击“端口光功率”选项卡，单击“查询”。在弹出的“操作结果”提示框中单击“关闭”。

步骤 5：单击“光谱分析信息”选项卡，单击“查询”。在弹出的提示框中单击“关闭”。

1）如果路径经过的合波板或分波板的 MON 口连接有光谱分析单元，选择“光谱分析”→“源端”或“光谱分析”→“宿端”，可以跳转到网元管理器的光谱分析界面，查看光谱的详细信息。光谱分析单元存在时，该功能才可用。

2）仅 OCh 级别的路径支持查询单波光功率。

3）通过查询单波光功率，用户可在 U2000 界面上清楚地了解整条路径的单波光功率状态。

4）由于光谱分析单板存在分光比、光口衰减等原因，其各通道光谱分析得到的光功率值与真实值之间存在一个固定的偏差，用户可通过设置“补偿功率（dBm）”以使 U2000 界面的显示值和真实值保持一致。

步骤 6：单击“图形”选项卡，可查看端口的光功率信息的图形，如图 3–4–24 所示。

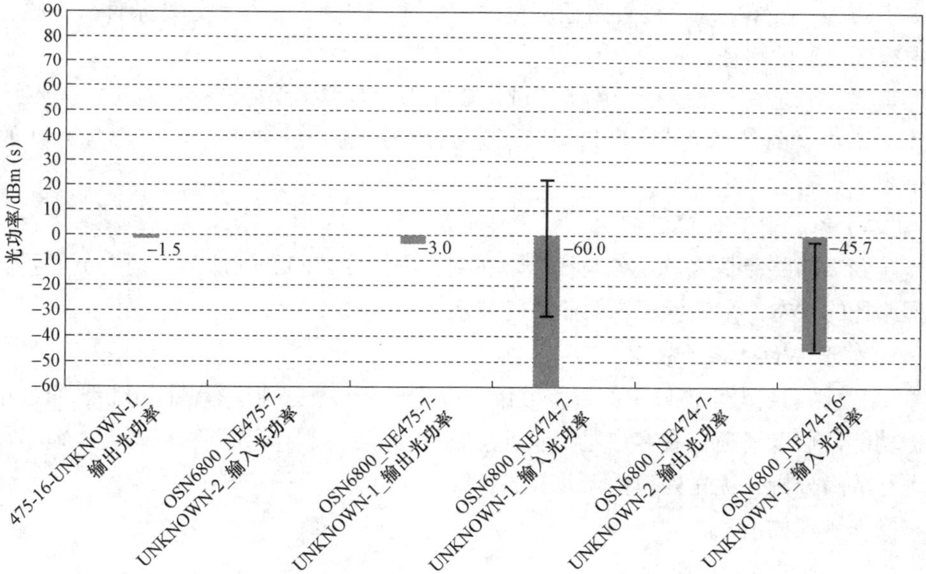

图 3–4–24 端口光功率信息图形

1）右侧绿色表示当前光功率在正常范围内。

2）中间橙色表示当前功率值超出基准偏差，有异常。

3）中间柱状图中黑色线段 E 形表示光功率允许的偏差范围。

7. 浏览相关工作/保护路径

U2000 提供了查询某条 OCh 路径的相关工作或保护路径的功能。用户通过查询 WDM 路径，可以在路径列表中了解与该路径相关联的其他工作及保护的路径。

操作步骤如下：

步骤 1：在主菜单中选择“业务”→“WDM 路径”→“WDM 路径管理”。

步骤 2：在弹出的“设置路径浏览过滤条件”对话框中设置过滤条件，在路径列表中得到需要的路径。

步骤 3：选择一条 OCh 路径，右键选择“浏览关联工作/保护路径”。

如果查询到路径，在路径管理器中跳转到相应的路径，包括被查询的路径本身，如果没有查询到，则只显示路径本身。

8. 浏览路径光纤信息

在业务规划或故障定位时，需要查询或统计某条路径经过的光纤。U2000 提供了查询路径所经过的光纤信息的功能。

操作步骤如下：

步骤 1：在主菜单中选择“业务”→“WDM 路径”→“WDM 路径管理”。

步骤 2：在弹出的“设置路径浏览过滤条件”对话框中设置过滤条件，在路径列表中得到需要的路径。

步骤 3：选中一条路径，单击右键，在弹出的右键菜单中选择“浏览相关光纤”。

步骤 4：“纤缆管理”窗口显示出该路径经过的光纤列表，可以查看光纤的详细信息。

（二）维护 WDM 路径

端到端的路径是客户业务的载体。在例行维护中，网络管理和维护人员需要实时掌握路径的状态，来确保用户的业务能被正确的传输。

1. 处理 WDM 路径故障

“浏览当前告警”窗口中的告警数量一般比较多，不方便进行故障分析。通过路径维护功能，可以清晰查看客户层和服务层路径的告警，告警数量和范围大大缩小，便于进行故障分析并优先处理重点业务的告警。

操作步骤如下：

步骤 1：过滤告警路径。

1）在“WDM 路径管理”界面单击“过滤”，弹出“设置路径浏览过滤条件”对话框。

2）选择过滤条件，业务级别选择“Client”、告警状态取消选中“无告警”，如图 3–4–25 所示。

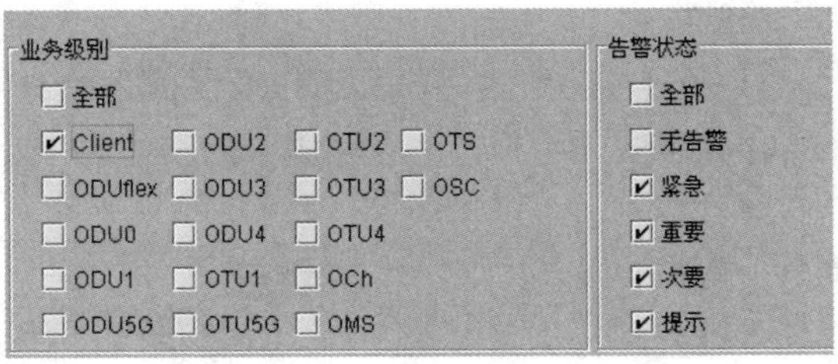

图 3–4–25 过滤条件选项

3）单击“全量过滤”，“WDM 路径管理”窗口仅显示告警的 Client 路径。

步骤 2：选择一条路径，单击“维护”→“路径维护”，进入该路径的维护窗口。

步骤 3：从树表中选择一条路径，“详细信息”选项卡显示该路径的详细信息。

步骤 4：查看并分析告警。

1）单击“告警”选项卡。

2）从树表中选择一条路径，“告警”列表显示相应路径的告警信息，如图 3–4–26 所示。

图 3–4–26　浏览告警信息

步骤 5：清除根源告警。查看该告警详细信息中记录的维护经验，并根据故障处理经验清除该告警。

步骤 6：记录故障维护经验，方便后续故障处理时作为参考。

操作结果：

清除告警之后，左侧树表中“路径状态”显示为“无告警”，“告警”列表显示告警的清除时间。

2. 处理性能劣化路径

WDM 网络在运行时，由于内部或外部原因，如各种噪声源，色散，光纤的弯折等，可能会影响传输质量，包括误码、抖动、漂移、延时等，这些损伤在 U2000 上的体现就是各种类型的性能事件。上报性能事件时业务并没有发生中断，因此可能不会出现告警，但是传输质量已经劣化，只是由于设备自身的纠错机制，如 FEC，暂时弥补了这些劣化。但是这些因素逐步积累，可能最终将导致性能越限甚至告警。可以通过查看路径的性能事件，以及各光口功率是否正常分析并排查问题，保障业务的质量。操作步骤如下：

步骤 1：在“WDM 路径管理”窗口中选择一条 Client 路径，单击“维护”→“路径维护”，进入该路径的维护窗口。

步骤 2：查看性能事件。

1）单击“性能误码”页签。

2）“监视周期”选择“15 分钟”或“24 小时”。

3）可选：如果查看监视周期内无性能值的性能事件，即当前性能值显示为“0”，选择“显示零数据”。

4）单击“查询”，弹出“操作结果”对话框。

5）单击“关闭”，“性能误码”列表显示出性能事件，如图 3–4–27 所示。

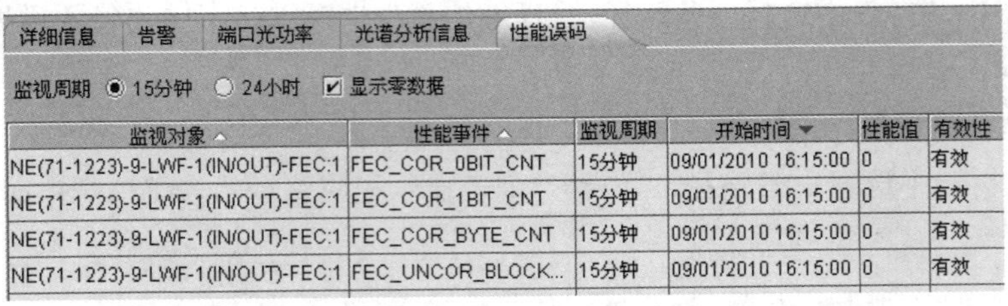

监视对象	性能事件	监视周期	开始时间	性能值	有效性
NE(71-1223)-9-LWF-1(IN/OUT)-FEC:1	FEC_COR_0BIT_CNT	15分钟	09/01/2010 16:15:00	0	有效
NE(71-1223)-9-LWF-1(IN/OUT)-FEC:1	FEC_COR_1BIT_CNT	15分钟	09/01/2010 16:15:00	0	有效
NE(71-1223)-9-LWF-1(IN/OUT)-FEC:1	FEC_COR_BYTE_CNT	15分钟	09/01/2010 16:15:00	0	有效
NE(71-1223)-9-LWF-1(IN/OUT)-FEC:1	FEC_UNCOR_BLOCK...	15分钟	09/01/2010 16:15:00	0	有效

图 3–4–27 性能事件列表

6）从树表中选择各级别路径，单击“查询”，查看相应路径的性能事件。

步骤 3：从树表中选择 Client 级别的路径，单击“端口光功率”页签，查看路径经过的客户侧光口和波分侧光口的光功率信息。

“输入功率基准值”、“输出功率基准值”表示设置的发送、接收端口的光功率基准值。如果数值为空，右键单击信号流图中的单板，选择“查询光功率”进入网元管理器，根据端口的标称光功率值设置基准值，具体操作请参见设置单板光功率基准值。

1）显示为“正常”，无底色：光功率和基准值的差值小于 2dB，状态正常。

2）显示为“一般预警”：光功率和基准值的差值大于 2dB 小于 4dB。

3）显示为“严重预警”：光功率和基准值的差值大于 4dB。

步骤 4：从树表中选择 OCh 级别的路径，单击“光谱分析信息”页签，查看“输入单波光功率”、“输出单波光功率”。

3. 激活/去激活 WDM 路径

去激活 WDM 路径可以将 WDM 路径所对应的业务从网元侧删除，只在网管上保存其相关数据，从而释放被占用的通道资源。与此相反，激活路径可以根据网管上保留的路径数据，使能该 WDM 路径上的业务。

操作步骤如下：

步骤 1：在主菜单中选择“业务”→“WDM 路径”→“WDM 路径管理”。

步骤 2：在弹出的“设置路径浏览过滤条件”对话框中设置过滤条件，在路径列表中得到需要的路径。

1）如果需要过滤网管上所有的路径，则单击“全量过滤”。

2）如果需要在现有路径基础上增加符合新条件的路径，则单击“增量过滤”。

3）如果需要在现有路径基础上再次按照新条件过滤，则单击“二次过滤”。

步骤 3：选择一条或多条未激活路径，单击右键，选择“激活”。如果被激活的路径存在未激活或部分激活的服务层路径，则其服务层路径会同时被激活。

步骤 4：选择一条或多条激活路径，单击右键，选择“去激活”。如果去激活的路径承载了激活或部分激活的客户层路径，则需先去激活其客户层路径再去激活该路径。

步骤 5：在弹出的“确认”和“再次确认”的窗口中单击“确定”，弹出“操作结果”对话框提示操作成功。

步骤 6：单击“关闭”。

步骤 7：如需进行定时激活、去激活路径操作，可在主菜单中选择“系统→任务计划→集中任务管理”。在界面中选择“激活 WDM 路径”并创建定时任务，完成 WDM 路径的激活、去激活操作。

4. 在 OCh 路径上配置 OTU 开销

U2000 可以通过端到端方式对 OCh 路径对应的 OTU 层的开销进行管理，配置路径节点的开销字节。

操作步骤如下：

步骤 1：在主菜单中选择“业务→WDM 路径→WDM 路径管理”。

步骤 2：在弹出的“设置路径浏览过滤条件”对话框中设置过滤条件，在路径列表中得到需要的路径。

1）如果需要过滤网管上所有的路径，则单击“全量过滤”。

2）如果需要在现有路径基础上增加符合新条件的路径，则单击“增量过滤”。

3）如果需要在现有路径基础上再次按照新条件过滤，则单击“二次过滤”。

步骤 3：选择一条 OCh 路径，单击“维护”，选择“开销管理”。弹出“OTU 开销”窗口。

步骤 4：在对象列表中选择端口，右键单击“应收 TTI”或“应发 TTI”参数栏。选择开销字节输入模式，如图 3–4–28 所示。

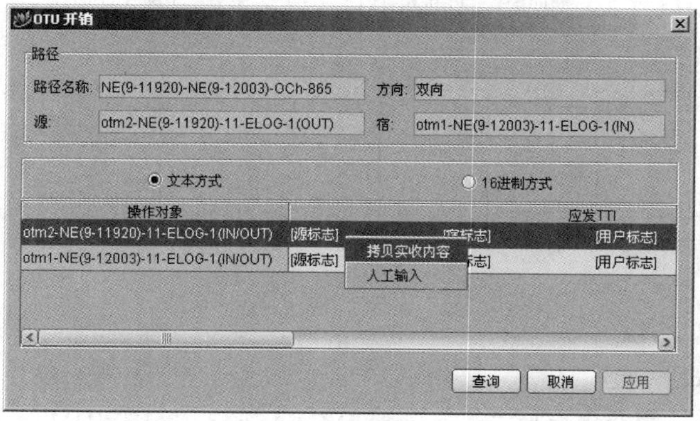

图 3–4–28 配置 OUT 开销

1）选择“拷贝实收内容”，将把当前实收开销字节的内容自动复制到表格中。

2）选择“人工输入”，可以自定义开销字节的内容。

3）“实收 TTI”的值需要与“应收 TTI”的值相同，否则会上报 OTUk_TIM 告警。

步骤 5：单击“应用”。弹出“确认”对话框。

步骤 6：单击“确定”。弹出对话框提示操作成功。

步骤 7：单击“关闭”。

5. 环回路径

介绍如何在 U2000 上对 WDM 路径进行环回设置。环回路径是测试和维护 WDM 设备常用的一种故障定位方式。通过环回 WDM 路径能判断源节点与环回节点间的节点（包括源节点和环回节点）及光纤是否正常，宿节点与环回节点间的节点（包括宿节点和环回节点）及光纤是否正常。

路径环回方式包括向源环回和向宿环回。

1）向源环回表示网元接收到的路径源端发来的业务被返回至源端，如图 3–4–29 所示。它能判断源节点与环回节点间的节点（包括源节点和环回节点）是否正常。

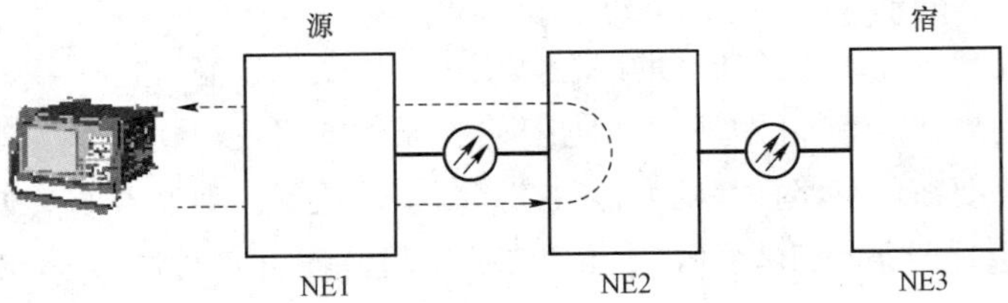

图 3–4–29 向源环回

2）向宿环回表示网元接收到的路径宿端发来的业务被返回至宿端，如图 3–4–30 所示。它能判断宿节点与环回节点间的节点（包括宿节点和环回节点）是否正常。

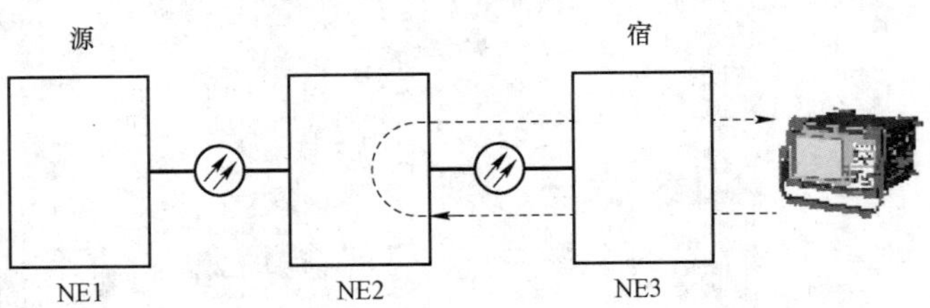

图 3–4–30 向宿环回

操作步骤如下：

步骤 1：在主菜单中选择“业务”→“WDM 路径”→“WDM 路径管理”。

步骤 2：在弹出的“设置路径浏览过滤条件”对话框中设置过滤条件，单击“全量过滤”。列表中显示出各路径，如图 3–4–31 所示。

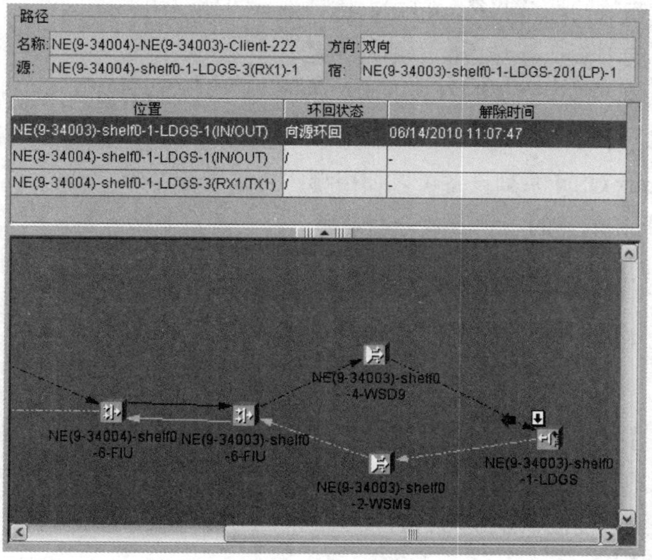

图 3–4–31　查看环回状态

步骤 3：选中一条路径，单击“维护”，选择“环回”。弹出“环回”对话框。

步骤 4：选择需要环回的光口或电口。双击“环回状态”参数列，选择环回方式。

步骤 5：双击“解除时间”，输入或选择该环回的解除时间。

步骤 6：单击“应用”。在弹出的“确认”对话框中单击“是”。设置环回状态时，环回位置显示预设图标⇦，下发应用之后，显示环回图标⬅。

步骤 7：关闭“环回”对话框，弹出提示框要求确认是否清除环回。

步骤 8：根据实际需要单击“是”或“否”。

6. 删除 WDM 路径

当创建好的 WDM 路径有更新或者更改时，需要先将原有的路径删除。

操作步骤如下：

步骤 1：在主菜单中选择“业务”→“WDM 路径”→“WDM 路径管理”。

步骤 2：在弹出的“设置路径浏览过滤条件”对话框中设置过滤条件，在路径列表中得到需要的路径。

步骤 3：从网元层删除路径数据。

1）选择待删除的波分路径，单击右键，选择“删除”。

2）在弹出的“确认”对话框中单击“是”。

3）在弹出的“操作结果”对话框中单击“关闭”完成操作。

步骤 4：从网络层删除路径数据。

1）选择要删除的波分路径，单击右键，选择“网络层删除”。

2）在弹出的“确认”对话框中单击“是”。

3）在弹出的“操作结果”对话框中单击“关闭”完成操作。

【思考与练习】

1. 华为 Optix OSN 系列设备可以使用哪些协议进行 DCN 组网。

2. WDM 路径创建的三种方式分别是哪三种？各自的特点是什么？

3. 请简述创建 OCh 路径的必需步骤。

模块 5 OTN 设备的告警查看及故障分析（Z37E3005Ⅲ）

【模块描述】本模块包含 OTN 设备的告警查看及故障分析。通过要点讲解，掌握 OTN 电层功能的告警和性能事件的处理方法等。掌握 OTN 设备光接口光功率测试；OTN 设备接收灵敏度测试以及 OTM、OLA 和 OADM 站点的光功率调测方法

【模块内容】

一、告警级别

本节分别介绍了四个级别的告警的定义、影响和指示灯闪烁情况。

告警级别用于标识一条告警的严重程度和重要性、紧迫性，按严重程度递减的顺序可以将告警分为四种：紧急告警、重要告警、次要告警、提示告警。

（1）紧急告警。需要紧急处理，否则系统会有瘫痪危险。

（2）重要告警。需要及时处理，否则会影响重要功能实现。

（3）次要告警。提醒维护人员及时查找告警原因，消除故障隐患。

（4）提示告警。不需处理，只要对设备的运行状态有所了解即可。

四种告警级别的定义和单板上相应的指示灯闪烁情况请参见表 3–5–1。

表 3–5–1　　告　警　级　别

告警级别	定　义	指示灯闪烁情况
紧急告警	带有全局性的、会导致主机瘫痪的故障告警	单板业务告警指示灯 SRV 亮（红色）
重要告警	局部范围内的单板或线路故障告警	单板业务告警指示灯 SRV 亮（红色）
次要告警	一般性的、描述各单板或线路工作是否正常工作的故障告警，如单板复位、公用资源申请失败/占用超时等	单板业务告警指示灯 SRV 亮（黄色）
提示告警	提示性故障告警	告警指示灯不亮

二、告警分类

本节介绍了告警的不同类别的定义和涉及的范围。告警分为6类，请参见表3–5–2。

表3–5–2 告 警 分 类

告警类别	定义	举例
通信告警	有关网元通信、ECC通信、光信号通信等的告警	网元通信中断、光信号丢失
处理告警	有关软件处理和异常情况的告警	数据库错误、网元处于安装态
设备告警	有关设备硬件的告警	激光器故障、光口环回
服务告警	有关业务状态和网络服务质量的告警	线路层信号劣化
环境告警	有关电源系统、机房环境的告警	电源模块温度过高
安全告警	有关网管、网元安全性的告警	网元用户未登录

三、告警管理

介绍了告警的上报过程。告警的上报过程如下：

（1）单板检测到告警，并上报给主机软件。

（2）主机软件将告警上报给网管服务器。

（3）用户通过网管客户端从网管服务器中查询告警。

在这个过程中，告警需要通过三层处理，才最终被网管保存下来，这三层处理分别是：告警抑制、告警自动上报、告警屏蔽除以上处理外，告警抑制和告警反转也会影响告警的上报。

（1）告警抑制。在网络中，异常事件或故障直接触发的根源告警常常会衍生出一些低级别的告警，干扰用户对告警进行定位和处理。通过预先设置告警相关性规则，可以屏蔽非根源告警，减少主机上报给网管的告警数量，便于用户快速定位并排除故障。

（2）告警自动上报。在网元上设置了允许告警的自动上报，则设备侧告警产生后立即上报给网管。网管上弹出告警板，用户可在告警板中查看此条告警信息，不需要主动进行查询。对一些不必要的告警可以设置为不自动上报，以减少大量的告警信息对网管性能产生影响。

（3）告警屏蔽。对网元或网元的某块单板，可以设置所有告警的屏蔽状态。如果某告警被设为屏蔽状态，相应的网元或单板将不再监视该告警。

（4）告警过滤。告警过滤是在网管上实现的，不会影响网元侧告警。根据告警过滤的配置，对上报的告警进行接收或丢弃。对告警过滤的设置是针对某个网元进行的。

如果设置告警过滤的状态为“使能”，则网管将丢弃该告警，不记入网管数据库中；如果设置为“禁止”状态，则接收该告警并记入网管告警数据库中。

（5）告警反转。对于未开通业务的端口，告警反转用来避免产生相关告警信息，从而避免告警干扰。通过该功能设置端口的告警状态与实际状态相反，即实际有告警时不上报告警，实际没有告警时上报告警。

告警反转有三种模式：不反转、自动恢复、人工恢复。

（1）不反转模式即告警正常监视状态，为默认值。在该模式下，无法设置端口的告警反转。

（2）自动恢复模式即仅对当前有告警的端口才能设置告警反转。设置使能后进入反转模式，该端口不上报告警。若当前告警结束，自动退出反转模式，端口上报的告警状态恢复到与实际告警状态一致。

（3）人工恢复模式即无论端口当前是否存在告警，都可以对端口设置告警反转。

设置使能后进入反转模式，该端口上报的告警状态与实际告警状态相反。

设置禁止后恢复到不反转模式，该端口上报的告警状态与实际告警状态一致。设置告警反转需要注意以下问题：

1）单板告警状态不变（包括告警灯），指示设备实际运行状态。

2）告警反转是在网元主机上完成的，主机和网管的数据保持一致，均为告警反转后的告警状态。

四、性能事件分类

根据性能事件监测的功能将性能事件分为类。其中高阶通道误码类性能事件、低阶通道误码类性能事件和指针调整类性能事件仅 OptiXOSN8800 支持。

性能事件是反映设备工作性能的重要参数。了解和掌握性能事件的产生原理、相关单板和相关告警，有利于在日常维护中及时发现隐患，有利于在发生故障时进行故障分析，性能事件类型分类如表 3–5–3 所示。

表 3–5–3　　性能事件类型分类

性能事件类型	定　义
校验、纠错类性能事件	有关单板进行业务校验或误码纠错的性能事件
指针调整类性能事件	有关单板出现指针调整的性能事件
设备功能类性能事件	有关设备单板运行环境，激光器光功率越限，激光器工作电流越限等的性能事件
复用段误码类性能事件	有关单板波分侧或客户侧信号的 SDH 帧中复用段出现误码的性能事件
再生段误码类性能事件	有关单板波分侧或客户侧信号的 SDH 帧中再生段出现误码的性能事件

续表

性能事件类型	定　义
高阶通道误码类性能事件	有关高阶通道出现误码的性能事件
低阶通道误码类性能事件	有关低阶通道出现误码的性能事件
OTN 类性能事件	OTN 业务的 PM 段、TCM 段、SM 段误码等性能事件
RMON 性能事件	有关单板接收或发送数据包方式，接收或发送不同字节长度的包总数，质量等性能事件
FC 业务类性能事件	有关 FC 通道的对应的性能事件

性能事件和告警是相关的，当性能事件值超过预先设定的门限时，就会引发相关的告警。因此当发生性能事件时，请注意查看相关告警是否出现，并参考相关告警的处理方法处理性能事件。

OptiXOSN8800/OptiXOSN6800/OptiXOSN3800 提供远程监视（Remote Monitoring），用以实现网络监视数据在不同网段间的传送。远程监视（下文简称：RMON）提供了灵活自由的检测模式和控制机制以适应各种类型网络的需要。RMON 定义一系列的统计形式及功能用以在各个符合 RMON 标准的控制站点与检测站点进行数据交换。RMON 还提供了全网错误诊断，规划和性能事件信息接收等功能。

五、故障判断与定位的常用方法

本节介绍故障判断与定位的常用方法。对于一般性的硬件故障，一般采用分析、环回、换板的方法。

当故障发生时，首先通过对信号流向、告警事件和性能数据进行分析，初步判断故障点范围。然后通过逐段测量光功率和分析光谱，排除光纤跳线或光缆故障，并最终将故障定位到单板。最后通过更换单板或更换光纤，排除故障问题。

1. 信号流分析法

先分析业务信号流向，根据业务信号流向逐点排查故障是波分系统中故障定位的常用方法。通过业务信号流的分析，可以较快地定位到故障点。

下面通过举例，对信号流分析法给予说明。

应用一：各站点均使用光波长转换类或支线路合一单板

故障现象：

组网结构如图 3–5–1 所示。A 站到 B 站其中一路客户业务中断，B 站该路客户设备接收无光或接收到大量误码。

分析判断：

B 站客户设备接收无光或接收到大量误码，如图 3–5–1 所示，B 站客户设备接收的业务信号流向为：A 站客户设备→A 站 OTU→A 站 MUX→A 站 OA→B 站 OA→B 站 DEMUX→B 站 OTU→B 站客户设备，可能的故障原因包括：

- A 站信号发送部分有问题。
- 光路问题（包括光纤和光纤接头）。
- B 站信号接收部分有问题。

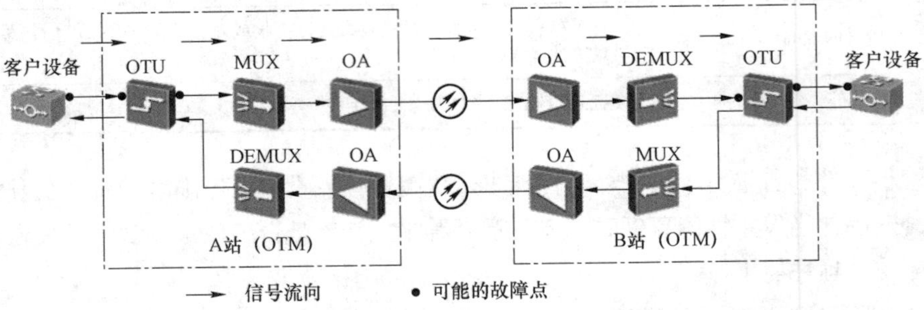

图 3–5–1　各站点均使用光波长转换类或支线路合一单板应用示意图

处理流程：

1）先对 A 站的 OTU 单板告警和性能进行分析，如果 OTU 单板客户侧接口有接收无光告警或接收光功率过低时，则故障点可能出在 A 站客户设备的光发送端或客户设备到 OTU 单板的光纤跳线，或是 OTU 单板的客户侧接收模块。

2）如果 A 站 OTU 单板客户侧的输入光功率正常，再检测输出光功率是否正常，如不正常则故障点在 OTU 单板。

3）如果 A 站 OTU 单板的输出光功率也没有问题，观察 A 站 MUX 板的输出光功率是否有很大的变化。如果 A 站上的波数比较多的话，丢失其中的一波不会使功率发生大的变化，所以需要把 MUX 板的 MON 口信号接入 MCA 板，查询是否发生掉波告警。

4）由于 MUX 板主要工作器件是无源器件，损坏的可能性不大，因此如果 MCA 板检测到该波信号丢失，最可能出故障的地方是连接 OTU 单板和 MUX 板的光纤跳线。

5）OA 板有输入、输出光功率检测功能。如果出现故障，受到影响的业务不会仅是其中一波，所以故障出在 OA 板的可能性很小。

6）在 B 站，按此信号流向进行分析：B 站 OA→B 站 DEMUX→B 站 OTU 单板→B 站客户设备。B 站的信号流分析方法与 A 站的分析方法类似。

应用二：各站点均使用支路板+交叉板+线路板

故障现象：组网结构如图 3–5–2 所示。A 站到 B 站其中一路客户业务中断，B 站该路客户设备接收无光或接收到大量误码。

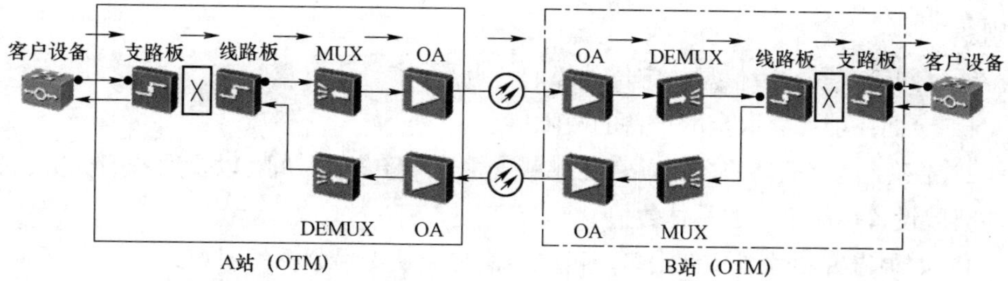

图 3–5–2　各站点均使用支路板+交叉板+线路板应用示意图

分析判断：

对于支线路分离的情况，参考图 3–5–2，B 站客户设备接收的业务信号流向为：A 站客户设备→A 站支路板→A 站交叉板→A 站线路板→A 站 MUX→A 站 OA→B 站 OA→B 站 DEMUX→B 站线路板→B 站交叉板→B 站支路板→B 站客户设备，可能的故障原因包括：

- A 站信号发送部分有问题。
- 光路问题（包括光纤和光纤接头）。
- B 站信号接收部分有问题。

处理流程：

1）先对 A 站支路板的告警和性能进行分析，如果支路板客户侧接口有接收无光告警或接收光功率过低，则故障点可能出在 A 站客户设备的光发送端或客户设备到支路板的光纤跳线，或是支路板的客户侧接收模块。

2）如果 A 站支路板客户侧的输入光功率正常，则检查交叉配置是否正确。若正确根据交叉找到对应的线路板；对 B 站的支路板、线路板的告警和性能进行分析，是否有 BUS_ERR 告警。若存在 BUS_ERR 告警，故障可能出现在支路板、交叉板、线路板，可根据更改配置法和替换法逐个排查。

3）若没有 BUS_ERR，再检测线路板输出光功率是否正常，如不正常则故障点在线路板。

4）其他与 OTU 或支线路合一单板的分析方法类似。

2. 告警和性能数据分析法

当系统发生故障时，一般会伴随有大量的告警事件和异常性能数据的产生，通过对这些信息的分析，可大概判断出所发生故障的类型和位置。

获取告警和性能事件信息的方式有以下两种：

1）通过网管查询传输系统当前或历史发生的告警和性能事件数据。

2）通过设备机柜和单板的指示灯的状态，了解设备当前的运行状况或存在告警的级别。

通过网管获取故障信息，定位故障的特点是：

1）全面：能够获取全网设备的故障信息。

2）准确：能够获取设备当前存在哪些告警、告警发生时间，以及设备的历史告警；能够获取设备性能事件的具体数值。

3）如果告警和性能事件太多，可能会面临无从着手分析的困难。

4）完全依赖于计算机、软件、通信三者的正常工作，一旦以上三者之一出问题，通过该途径获取故障信息的能力将大大降低，甚至于完全失去。

5）不同 OTU 单板接入不同类别信号时，告警的产生、检测、传递有所不同。通过告警信号流的分析，可以较快地定位到故障点。

应用：非汇聚 OTU 类单板处理 SDH 标准信号的信号流分析。

以本站非汇聚类 OTU 单板处理 SDH 业务时，产生 R_LOS 告警为例，介绍告警信号流分析方法，如图 3–5–3 和图 3–5–4 所示。

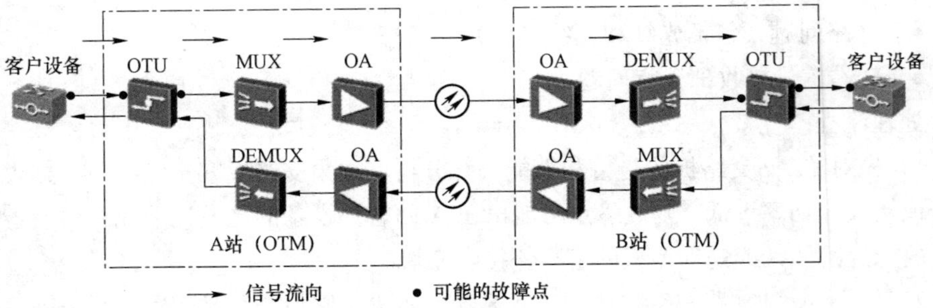

图 3–5–3 非汇聚 OTU 类单板处理 SDH 信号组网图

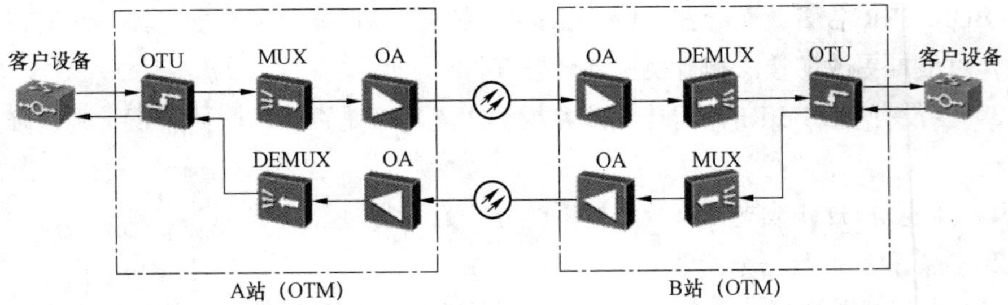

图 3–5–4 非汇聚型 OTU 处理 SDH 信号的告警信号流

参考 Z37E3005Ⅲ–4，A 站 OTU 单板的客户侧接收 R_LOS 信号，A 站 OTU 单板的波分侧对该告警进行处理后，传到 B 站。在 B 站的 OTU 单板客户侧将检测到 REM_SF 告警。该告警继续传送到 B 站下游的客户端设备，并向客户端设备上报 R_LOF 告警。

若通过U2000查询到A站OTU单板客户侧上报R_LOS告警，B站客户设备上报R_LOF告警，可判断为A站OTU单板的客户侧输入信号有问题。

3. 仪表测试法

仪表测试法一般用于排除传输设备外部问题以及与其他设备的对接问题。通过仪表测试法分析定位故障，说服力比较强。缺点是对仪表有需求，同时对维护人员的要求也比较高。

WDM系统常用测试仪表包括：光功率计、光谱分析仪、SDH测试仪、数据业务测试仪、通信信号分析仪、万用表等。最常用光功率计和光谱分析仪进行测试。

光功率测试虽然从网管上的性能数据中可以得出各点的光功率，但是为了得到精确的值，用光功率计再次测量该点光功率也是非常必要的。

当光合波板的输出光功率、光分波板的输入光功率、光放大板的输入和输出光功率异常时，如果断开线路进行测试，将会中断所有业务，所以不到万不得已的情况，不可以随意断开线路测试主信号的光功率。

对于主信号的光功率，可以通过检测“MON”口的输出光功率，根据不同的单板“MON”口信号与主信号的功率比例关系，计算得到主信号的光功率。

用光谱分析仪测试单板的“MON”口输出信号的光谱，直接从仪表上读出光功率、信噪比、中心波长，分析光放大板的增益平坦度。将得到的数据和原始数据比较，检查是否出现比较大的性能劣化（原始数据见工程文档）。检查项如下：

- 单波光功率是否正常，平坦度是否正常。
- 信噪比是否符合设计要求。
- 中心波长偏移是否超出指标要求。

4. 环回法

环回法是故障定位中最常用、最直接的方法。它不依赖于对大量告警和性能数据的深入分析。作为设备维护人员，应该熟练掌握。

环回操作分为软件、硬件两种，这两种方式各有所长。硬件环回是用光纤对物理端口（光接口）的环回操作。硬件环回相对于软件环回而言环回更为彻底，但它操作不是很方便，需要到设备现场才能进行操作；另外，光接口软件环回虽然操作方便，但它定位故障的范围和位置不如硬件环回准确。比如，在单站测试时，若通过光口的软件内环回，业务测试正常，并不能确定该光板没有问题；但若通过尾纤将光口自环后，业务测试正常，则可确定该光板是好的。

注意：

1）当通过进行合波部分的光路环回来定位故障时，需要确保信噪比和色散满足OTU单板的要求。

2）环回法会中断业务信号。因此它一般应用在开局调测或业务已经中断时的定位故障。

3）配置保护后，建议不要进行环回操作，否则可能导致异常倒换。如果必须环回，请先将业务锁定在当前通道，再进行环回。环回任务结束后，取消锁定。

环回法适合于已知故障的范围，将故障范围分成两段，分别进行排除。它排除的故障可以为板件故障、线路故障。举例如图 3–5–5 所示。

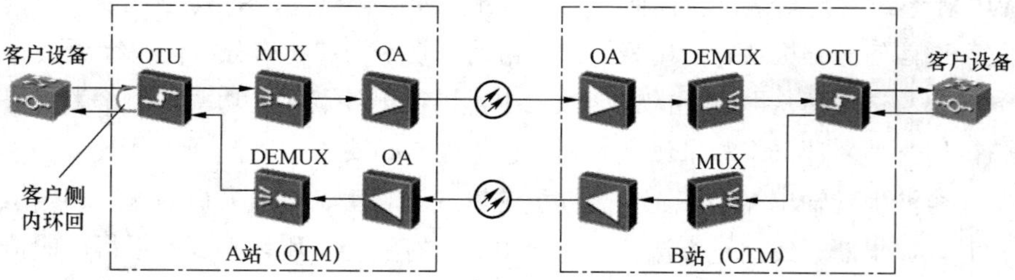

图 3–5–5　环回法故障解决示意图

图 3–5–7 中，A 站 OTU 单板客户侧上报 R_LOS 告警，波分侧无告警；B 站 OTU 单板的波分侧和客户侧均无告警，客户设备上报 LOF 告警。

1）对 A 站 OTU 单板的客户侧按图 3–5–7 所示进行客户侧内环回。

2）若 A 站和 B 站的告警都消失，可以判断 A 站 OTU 单板未接收到来自 A 站客户设备的信号，故障点为 A 站客户设备或 A 站客户设备与 A 站 OTU 单板之间的连纤。

3）若 A 站和 B 站的告警依然存在，可以判断 A 站 OTU 单板故障。

5. 替换法

替换法就是使用一个工作正常的部件去替换一个怀疑工作不正常的部件，从而达到定位故障、排除故障的目的。这里的部件，可以是一段光纤跳线、一块单板、一个法兰盘或一个衰减器。

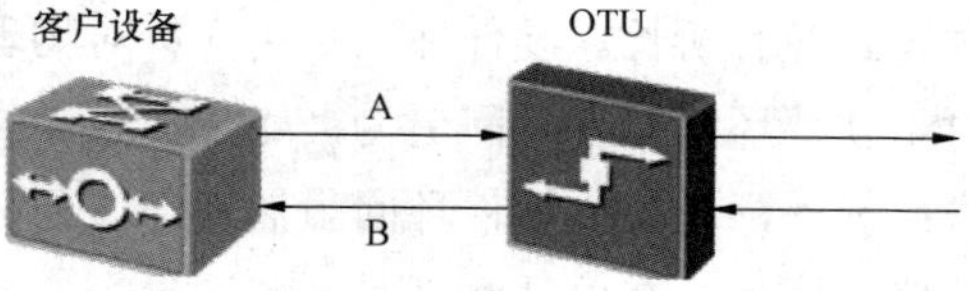

图 3–5–6　尾纤替换法故障解决示意图

替换法适用于排除传输外部设备的问题，如光纤、法兰盘、接入客户设备、供电设备等；或故障定位到单站后，用于排除单站内单板或模块的问题，举例如图 3–5–6 和图 3–5–7 所示。

替换法的优势是可以将故障定位到较细的位置，且对维护人员的要求不高，因此是一种比较实用的方法。但该方法对备件有要求，且操作起来没有其他方法方便。插拔单板时，若不小心，还可能导致板件损坏等其他问题的发生。

图 3–5–6 中的 OTU 或支线路单板上报 R_LOS 告警，而客户设备接收没有发生告

警，则可以调换光纤 A 和 B，观察单板和客户设备的告警情况。如果 OTU 或支线路单板仍然有 R_LOS 告警，则可以判断客户设备的发送模块或 OTU 或支线路单板的接收模块有故障；但如果 OTU 单板没有告警，而客户设备产生 R_LOS 告警，则说明光纤 A 故障。

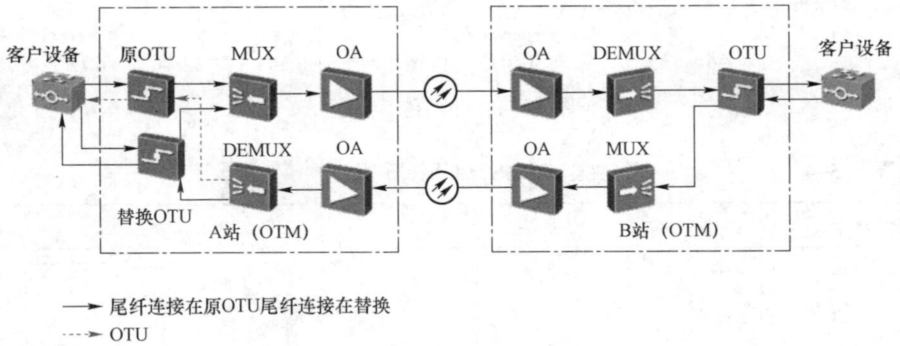

图 3–5–7　单板替换法故障解决示意图

图 3–5–7 中 A 站的 OTU 或支线路单板上报 R_LOS 告警，而客户设备接收没有发生告警，可以用相同规格的备用单板替换原单板，观察单板和客户设备的告警情况。如果单板替换后告警消除，说明该单板故障。

如怀疑支路板的某些通道或某一块支路板有问题，可以更改时隙配置将业务配置到另外的通道或另一块支路板；

若怀疑某个槽位有问题，可通过更改板位配置进行排除；

若怀疑某一个 VC–4 有问题可以将时隙调整到另一个 VC–4。

6. PRBS 测试

对于还未开通业务的新建网络或网络运维阶段，现场没有调测仪表，可以通过单板的 PRBS（Pseudo Random Bit Sequence）功能进行自发自收测试，逐段环回判断各段链路是否正常。

如图 3–5–8 所示，PRBS 应用时，由支持 PRBS 功能的单板发送 PRBS 信号，并分析从远端环回来的 PRBS 信号，通过对环回来的 PRBS 码和理论推算出来应该接收的 PRBS 码的比较，可以判断设备或传输线路是否正常。PRBS 测试应用组网形式有两种，如表 3–5–4 所示。

在同一个网络中，使用客户侧 PRBS 测试比波分侧 PRBS 测试，可以实现更大范围的检测。若启动 PRBS 测试的单板没有收到本单板发出的 PRBS 测试码流，则上报 PRBS_LSS 告警。

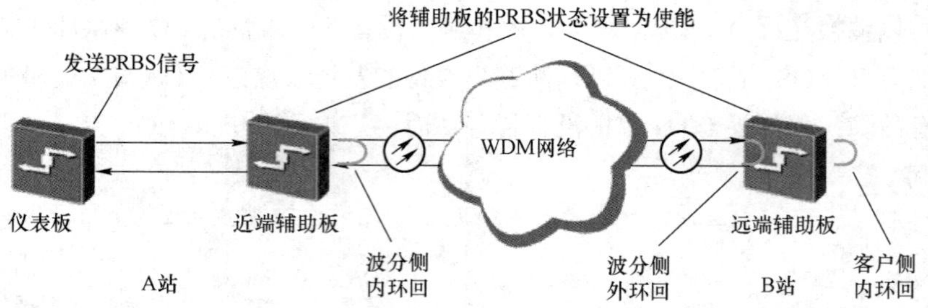

图 3–5–8 PRBS 应用图

表 3–5–4 **PRBS 组网拓扑**

测试方式	业务类型	组网图
客户侧启动 RPBS 测试	标准的 OTN 帧 信号，SDH 业务	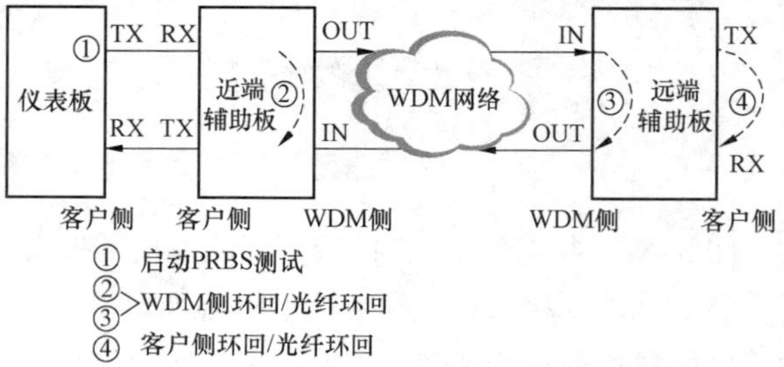
波分侧启动 PRBS 测试	—	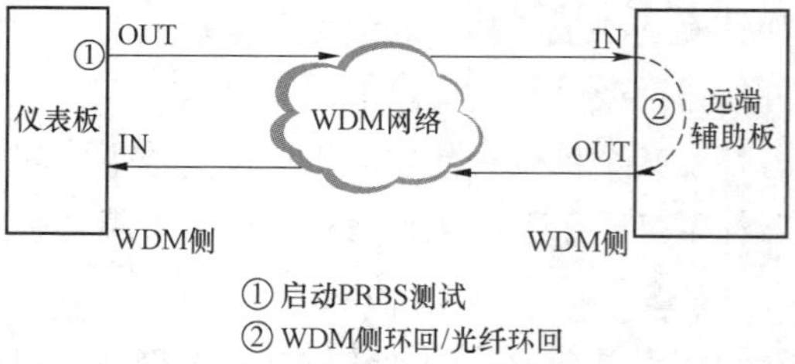

仪表板：用来产生 PRBS 测试码流，以及监视从远端环回来的 PRBS 测试码流，将两者进行比较，从而判断链路或者设备是否工作正常。

辅助板：作为仪表板和被测网络的接口，透传 PRBS 测试码流。客户侧接入业务类型为 SDH 业务时需要设置近端辅助板的“PRBS 测试状态”为“使能”。客户侧接入标准 OTN 帧信号时无须设置辅助板。

对于支路板或线路板充当仪表板或辅助板时，需要配置交叉形成完整的业务路径

7. 更改配置法

更改配置法适用于故障定位到单站后，排除由于配置错误导致的故障。最典型的应用就是用来排除指针调整问题。更改配置法所更改的配置内容可以包括：时隙配置、板位配置、单板参数配置等。

由于更改配置法操作起来比较复杂，对维护人员的要求较高。因此，通常只在没有备板的情况下，为了临时恢复业务而使用；或在定位指针调整问题时使用。此外在

使用该方法前，应保存好原有配置，同时对所进行的步骤予以详细记录，以便于故障定位。

（1）如怀疑支路板的某些通道或某一块支路板有问题，可以更改时隙配置将业务配置到另外的通道或另一块支路板。

（2）若怀疑某个槽位有问题，可通过更改板位配置进行排除。

（3）若怀疑某一个 VC–4 有问题可以将时隙调整到另一个 VC–4。

（4）在升级扩容改造中，若怀疑新的配置有错，可以重新下发原来的配置来定位是否配置问题。

（5）应用更改配置法在定位指针调整问题时，可以通过更改时钟的跟踪方向以及时钟的基准源进行定位。

但需要注意的是，我们通过更改时隙配置，并不能将故障确切地定位到是哪块单板的问题——线路板、支路板、交叉板还是母板问题。此时，需进一步通过“替换法”或“环回法”进行故障定位。因此，该方法适用于没有备板的情况下，初步定位故障类型，并使用其他业务通道或板位暂时恢复业务。

8. 测试帧法

测试帧是用来对承载以太网业务的网络连通状态进行测试用的数据报文。

在现场缺少仪表或仪器时，可通过接入以太网业务的单板发送测试帧，观察对端接收到的测试帧和本端接收的响应报文数量来检测网络连通状态，帮助操作人员在开局或维护阶段完成业务调试或定位故障。

测试帧检测传输网络链路连通性的过程如图 3–5–9 所示。

将网络分为接入网络和传输网络。接入网络为 OptiX OTN 产品单板的客户侧与客户侧设备对接时所组成的网络，传输网络为 OptiX OTN 产品单板的波分侧上下游对接所组成的网络。

测试帧有三个计数器，分别用来计数发送测试帧（即图 3–5–9 所示的 Step1 中 Board A 发送测试帧数目）、接收测试帧（即图 3–5–11 所示的 Step2 中 Board B 接收测试帧数目）、接收响应报文（即图 3–5–9 所示的 Step2 中 Board B 发送响应报文数目）。

根据业务流向，测试帧使用场景如下：

（1）双向业务。

步骤 1：发送端单板 A 向接收端单板 B 发送测试帧；

步骤 2：接收端单板 B 收到测试帧后向发送端单板 A 发送响应报文；

步骤 3：单板 A 所在网元对比测试帧与响应报文的数量。

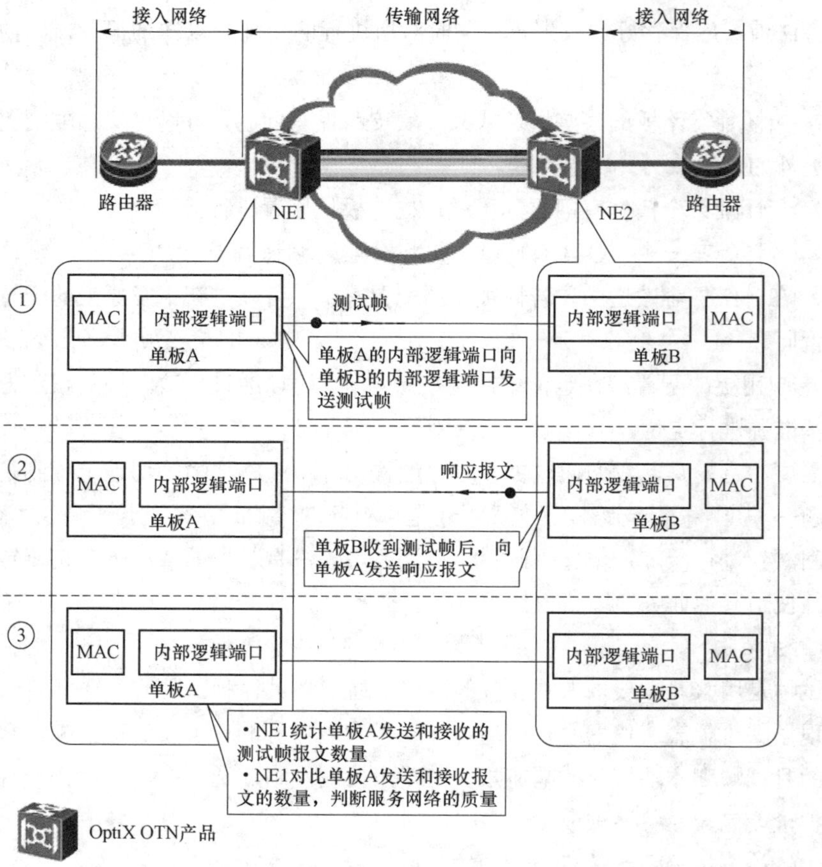

图 3-5-9 测试帧检测网络链路过程示意图

如果数据相同，说明该条传输网络链路正常。如果不等，说明该条传输网络链路存在丢包，可能存在故障。

（2）单向业务。

发送端单板 A 向接收端单板 B 发送测试帧，查询接收端单板 B 接收到的测试帧数量。如果测试帧无丢失，说明该条传输网络链路正常。如果测试帧丢失，说明该条传输网络链路存在丢包，可能存在故障。

9. RMON 性能分析法

以太网业务中断或性能劣化后，可以在 U2000 中使用 RMON 功能，结合以太网 OAM、环回、Ping 等操作，定位业务中断或性能劣化的位置。

RMON（Remote Monitoring）即远程监控，用以实现网络监视数据在不同的网段间的传送。

以太网端口的管理需要对端口的各种性能统计、数据进行管理。RMON 自定义了一系列的统计形式和功能，用以在各个符合 RMON 标准的控制站点和检测站点进行数据交换，实现以太网端口的管理。RMON 提供灵活自由的检测模式和控制机制以适用于各种类型网络的需要。同时，RMON 还提供了全网错误诊断，规划和性能事件信息接收等功能。

RMON 性能管理可以实现以下目的：

1）所有统计数据存储在 agent 端，支持 manager 的离线操作。

2）历史数据存储，有利于故障诊断。

3）错误检测与报告。

4）提供更有价值的数据。

5）支持多个管理站。

RMON 的功能通过下列两个模块体现出来。

1）以太网统计组（statistic group）。查询以太网端口的当前实时性能统计数据。支持的性能项分为，不同长度的包统计、整体性能统计、错误和冲突、FC 性能。

2）以太网历史组（history group）。查询历史采样周期内的以太网端口统计数据，其支持的性能项和以太网统计组相同。

以太网汇聚型业务为例，介绍在常规的告警手段不能定位问题时，使用 RMON 功能定位数据业务故障。如图 3–5–10 所示，R 项目站点 A 至站点 C 之间有一条以太网业务 GE1。A 站、B 站、D 站分别使用了以太网单板 1、2、3，业务连接如图 3–5–11 所示。Router1 到 Router2 的数据业务异常（中断或丢包）。

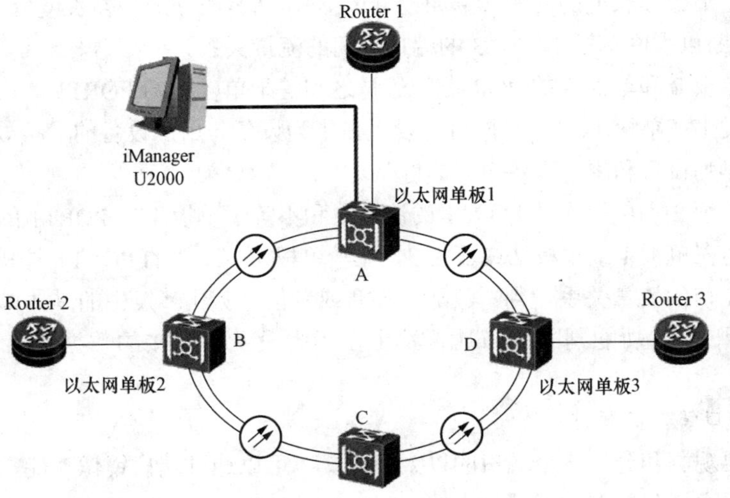

图 3–5–10　以太网汇聚业务

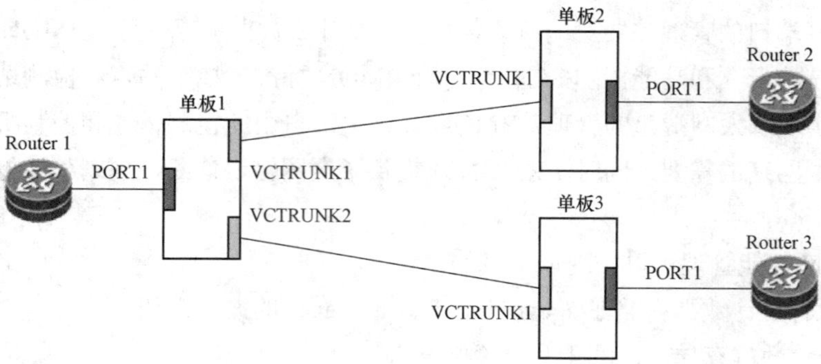

图 3–5–11　业务连接

启用 RMON 功能实现 C 站点和 A 站点间的远程监控。通过查询 C 站点对应以太网业务单板的 RMON 性能，即可了解发端（即 A 站）以太网单板的业务性能信息。当业务出现中断或者信号劣化后，可采用如下步骤定位问题。

1）设置以太网端口的 RMON 性能监视参数，包括监视对象（以太网单板端口），以及事件的监视周期。

2）参考以太网端口的历史组性能和统计组性能，分别查询以太网单板 1、2、3 的 PORT1 在某一相同时间段的性能。

3）分析 RMON 性能，判断数据是否异常。

如果有 PAUSE 帧，请用 Ping 功能判断故障是否发生在华为设备和对接的数据通信设备之间的链路。

如果是 FCS 错误、冲突或碎片，请参考“RMON 模块性能值高于上限”事件处理。

如果是最大帧长度的问题（例如设置过小），请修改“最大帧长度”。

4）判断以太网单板 1、2、3 的端口之间的流量关系。

如果单板 2 和单板 3 的 PORT1 的流量之和等于单板 1 的 PORT1 的流量，则表示故障不是发生在单板 1、2、3，而可能发生在华为设备与用户设备的对接处。使用 Ping 功能检测华为设备和用户设备之间的链路。

如果单板 2 和单板 3 的 PORT1 的流量之和不等于单板 1 的 PORT1 的流量，则表示故障发生在单板 1 或单板 2 或单板 3。比较单板 1、2、3 的 PORT1 与其各自对应的 VCTRUNK 口的流量关系，判断故障（拥塞或者信号劣化）发生的具体单板。

5）使用 Ping 功能判断故障是否发生在华为设备和对接的数据通信设备之间的链路。

10. 端口镜像分析法

当需要观测和分析某个端口的以太网报文，可以通过端口镜像功能，将端口接收或发送的报文“复制”到另外一个以太网端口进行输出，该端口连接的以太网测试仪即可对报文进行观测和分析。

通过镜像端口可以方便地进行监视报文、日常维护、在线调测等功能。端口镜像具有如下特点：

1）应用于在线故障定位，通过端口镜像功能将一个或多个端口的流量复制到另一个端口，借助仪表定位网络问题。

2）借助一些分析仪能够对流量进行深层次的实时监控。

端口镜像法主要通过对端口数据报文进行复制分析来定位故障，该方法不影响正常业务，如图 3–5–12 所示。但该方法定位故障的时间相对较长，且对维护人员的要求非常高。一般只有对设备非常熟悉、且经验非常丰富的维护人员才使用。

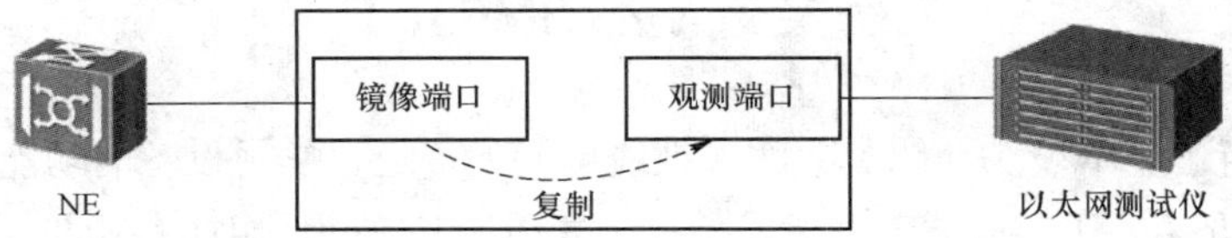

图 3–5–12　以太网端口镜像示意图

为了观察端口上不同方向的数据，端口镜像的方向分为 Ingress 方向和 Egress 方向两种方式。

1）Ingress 方向，也称上行方向。配置 Ingress 方向的端口镜像时，设备将镜像端口接收到的报文复制到观测端口，并从观测端口发送到以太网测试仪。

2）Egress 方向，也称下行方向。配置 Egress 方向的端口镜像时，设备将镜像端口发送的报文复制到观测端口，并从观测端口发送到以太网测试仪。

支持端口镜像的单板如表 3–5–5 所示。

表 3–5–5　　支持端口镜像的单板

单板类型	适用的设备
TBE、L4G	OptiX OSN 6800 OptiX OSN 3800
LEX4、LEM24、TEM28	OptiX OSN 6800 OptiX OSN 8800
EG16、EX2、PND2	OptiX OSN 8800

【思考与练习】

1. OTN 设备产生的告警可分为哪四个级别，各级别的定义是什么？
2. OTN 设备告警抑制原则是什么？
3. OTN 传送网中使用测试帧法测试双向通道的步骤是什么？

第四章

微波通信设备的运维检修

模块1　微波系统的硬件结构和系统架构（Z37E4001Ⅰ）

【模块描述】本模块介绍了微波天馈线单元、信道、复用设备的功能，通过结构分析和功能介绍，了解微波天馈线、信道、复用设备的硬件组成和功能，了解微波传输系统的架构。

【模块内容】

一、微波系统架构

（一）微波系统机房外观

典型的微波系统机房外观如图4–1–1所示。其中微波机房用于微波系统室内设备；自立塔为利用自重固定在地面的铁塔；拉线塔为通过拉线固定的天线塔；水泥塔为主要结构是钢筋混凝土结构的天线支撑体；屋顶塔为利用建筑物高度在屋顶安装微波天线。

图4–1–1　微波系统机房外观图

（二）微波系统硬件结构

微波系统在硬件上通常由天馈系统、收发信系统、复用系统三部分硬件构成，如图 4–1–2 所示。

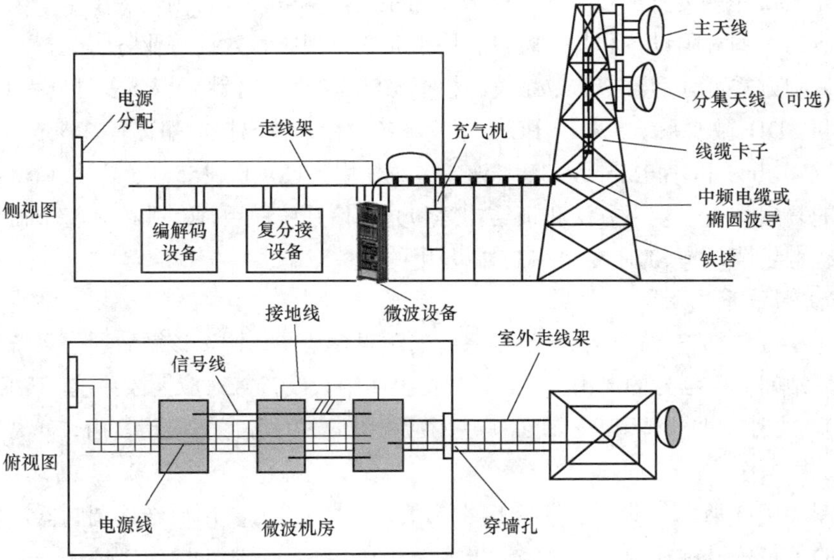

图 4–1–2　微波系统硬件结构图

1. 微波天馈系统

微波天馈系统主要指微波天线和馈线。图 4–1–2 中充气机及铁塔、天线等设备均属微波天馈系统。抛物面天线和椭圆波导管是微波天馈系统中应用最多的天线和馈线。天线增益 G 是天线的主要性能参数，馈线传输损耗是衡量馈线的主要参数。微波设备通过馈线同天线相连。驻波 VSWR 测试是检查天馈系统的主要测试项目。

天馈系统工作在室外，受环境影响的因素较多，是整个系统中容易发生故障的部分。常见的故障现象有天线位置变动导致的信号降低，波导管进水，天线蒙皮损坏，外力导致的天线外形变形等。

常用椭圆微波波导管是空心的铜管。潮湿空气会导致波导氧化，增加馈线损耗。微波充气机给波导提供干燥空气以隔离水汽。通常要求充气机运行安静可靠。波导管密闭性不佳会导致管壁内容易存结水汽而产生微波传输衰落，同时会使充气机反复启动。

2. 微波收发信系统

图 4–1–2 中的微波设备属于微波收发信系统。微波收发信系统一般包括调制解调器（MODEM）、微波发射接收机（TRP）、分支电路（BR CKT）。微波通信设备中普

遍采用的技术手段包括交叉极化干扰对消（XPIC）、自动功率控制（ATPC）、自适应调制（AMR）以及 64/128/256QAM 调制解调技术等。

3. 微波复用系统

图 4–1–2 中的复分解设备属于微波复用系统，编解码设备则是多用于广电行业，作前端应用。编解码设备和复分解设备用于完成音视频和数据等业务的配置。微波系统按其调制方式可分为数字微波系统和模拟微波系统，按时钟同步要求可分为 PDH 微波系统和 SDH 微波系统。对于 PDH 微波设备，标准输出接口配置有 2Mbps（E1）、8Mbps、34Mbps 和 140Mbps，SDH 设备多数使用 STM–1（155Mbps）接口。微波复用系统的复用类型、复用方法和帧结构等和光通信系统通用，有关内容将不在本章中涉及，有意者请参考 SDH 复用和 PDH 复用的相关章节。

（三）微波系统逻辑结构

图 4–1–3 是两终端站间微波通信系统的逻辑模块图，通过该微波通信系统可以完成两终端站间业务信号的自由上下。在图 4–1–3 中天线符号对应天馈系统，双工器（分支电路）、发射接收机和调制解调器模块对应微波收发信系统，多路复用、分离模块对应微波复用系统。

如图 4–1–3 所示，业务信号经多路复用模块进行信号复用后送往调制器，调制器将送来的基带信号进行调制，再经过上变频和功率放大后通过馈线系统送给天线发往对端站点。两站点的天线间通过微波进行互联。对端站点的天线接收到微波信号后通过馈线系统送给接收系统，接收系统将天线系统收到来自对方天线微弱信号进行低噪声放大、下变频和解调，并将解调后的基带信号送至多路解复用（分离）模块，多路分离模块将基带信号还原为原始的业务信号，从而实现了两站点间业务信号的微波通信。由于系统收发信共用一面天线，因此需要在收发信系统和天馈系统间还需使用双工器完成收发信号的合并和分离。

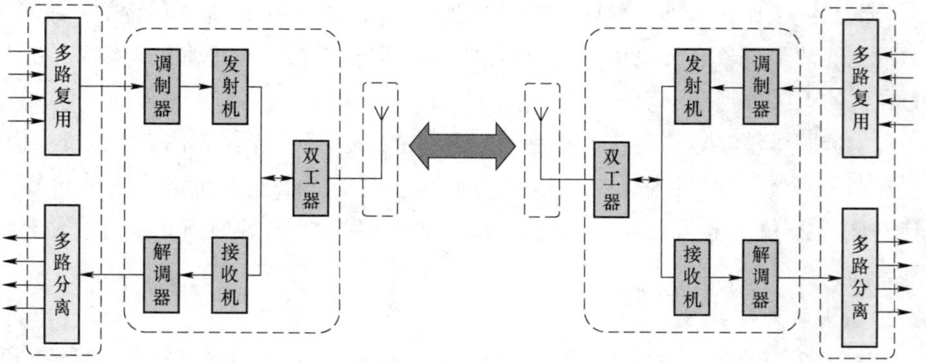

图 4–1–3　两终端站间微波通信系统的逻辑模块图

（四）典型微波系统框图

本节将结合 NEC SDH3000S 数字微波传输设备，分模块介绍微波设备的硬件结构、日常维护、指标测试、故障处理和网管操作。NEC 3000s 微波传输设备是 NEC 公司生产的数字微波通信设备，其工作频段可以是 4、5、6、7、8、11GHz 等 ITU–R 所规定的多个微波传输频段，其产品可利用频率双极化技术实现一个波道传输 2×STM–1 的比特速率。根据微波波道带宽的不同，可以选用 64QAM 或 128QAM 多电平编码调制（MLCM）方式，前者所需波道（射频）带宽为 40MHz，后者要求的波道（射频）带宽约为 28MHz。在 40MHz 波道带宽时，除传输 STM–1 主信号流外，还可传输 2×2.048Mbits/s 的路旁业务（WS）；在 28MHz 波道带宽时，还可传输一个 2.048Mbits/s 的路旁业务。对于微波传输频段安排，它可以和原有的准同步数字微波传输系统（PDH）兼容。该设备使用无损伤切换、空间分集、交叉极化干扰抵消、正交时域均衡等微波传输的高新技术，适用于长距离大容量的微波传输。NEC SDH3000s 微波传输设备在国家电网公司中应用广泛。

图 4–1–4 是 NEC SDH3000S 1+1 微波传输系统的模块图。在图 4–1–4 中，MODEM 是调制解调单元，TRP 是收发信单元，BR CKT 是收发分支电路。DATA 是需要传输的数字信号，连接到 INTF 接口单元。调制解调 MODEM 和收发信机 TRP 之间通过 IF 中频电缆连接。

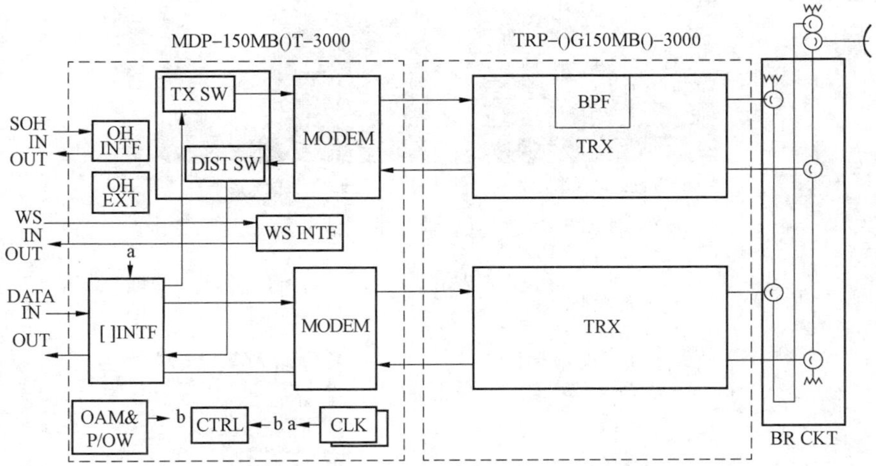

图 4–1–4　NEC SDH3000S 1+1 微波传输系统模块图

通常将调制解调 MODEM、收发信机 TRP 和收发分支电路 BR CKT 全部安装在机房内的微波系统是全室内型微波系统。而将 IF 中频电缆延长，将 TRP 和 BR CKT 一体化后直接同天线对接的微波系统是分离式微波系统，分为室内单元（IDU）和室外单元（ODU）。将 MODEM，TRP，BR CKT 全部移到室外直接同天线连接的微波系统是全室外型微波系统。

二、微波天馈线硬件结构

天线一般由馈源、反射面和安装结构组成。天线围边用于改善天线的抗干扰指标，抑制杂散辐射；防风罩布用于保护馈源，减少天线风阻，以适应恶劣的工作环境。图 4–1–5 中列出了几种典型的天线外观。图 4–1–6 是典型的天线结构图。图 4–1–7 指明了微波天线各部件的位置和样式。

座式卡塞格兰天线

挂式前馈同轴振子栅格天线

座式前馈弯波导天线

挂式高性能天线

挂式高性能天线

图 4–1–5　几种典型的天线外观

- 天线
  - 馈源
    - 前馈同轴振子
    - 前馈弯波导
    - 前馈极化分离器
    - 后馈卡塞格兰
  - 反射面
    - 板状
    - 栅格
  - 防护罩（高性能天线）
  - 架子
    - 座式
    - 挂式

图 4–1–6　典型的天线结构

微波传输系统中天线主要参数包括天线增益（度量天线方向性集中辐射强度，是天线相对于全方向性天线的相对增益）、波瓣宽度（天线主辐射波的角度）、天线与馈线匹配度（VSWR）、天线间的寄生耦合（F/B）、交叉极化去耦（XPD）。

图 4–1–7　微波天线各部件实物图

图 4–1–8 是微波传输系统中应用最多的椭圆波导的实物图。需要注意的是，在微波传输系统中天线、馈线以及微波收发信设备相互间的连接有严格的标准。不同工作频段的设备连接硬件型号，外形都有很大差别，不能混淆。例如 154–IEC PDR70 接口法兰盘名称的各个符号数字所代表意义如下：第一个字母代表压力，即 P 表示可密封，U 表示不可密封；第二个字母代表法兰盘的型号，A 表示圆形法兰盘，B 表示方形法兰盘，D 表示矩形法兰盘；第三个字母代表法兰盘波导截面，如 R 表示波导截面为矩形；最后的数字 70 表示用于 7G 频段。

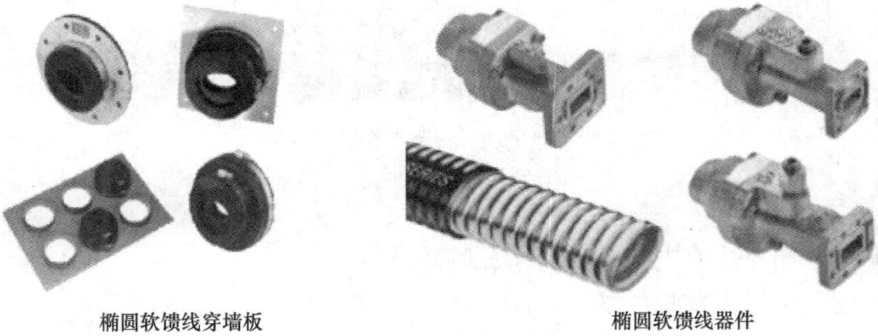

图 4–1–8　微波传输系统椭圆波导实物图

三、微波信道设备硬件结构

图 4–1–9 是典型的微波信道设备硬件板卡图，其中微波收发信机 TRP、调制解调器 MODEM、双工器（分支电路）BR CKT 构成微波通信系统的三个主要部分。

微波收发信机是微波发射机和接收机的简称。微波发射机包含本振、混频、滤波和功率放大器。接收机主要由本振、低噪声放大、混频以及滤波部分组成。

调制解调器的作用是基带信号的调制和解调。调制器将需要传输的基带数字信号调制到中频载波，解调器将中频载有的基带信号数字基带信号解调出来。

多数微波系统是收发双工系统。微波收发信设备通过天线公用设备（BR CKT）经波导同天线连接。杂散信号抑制，发射频谱成型也在微波中的滤波系统实现。

微波信道设备中还包括：DC–DC CONV 是设备供电模块，为设备提供电源；接口单元是外部信号同设备的输入输出接口；提供系统通话的公务电话 OW，监控设备单元运行的 NMS 网管系统等。

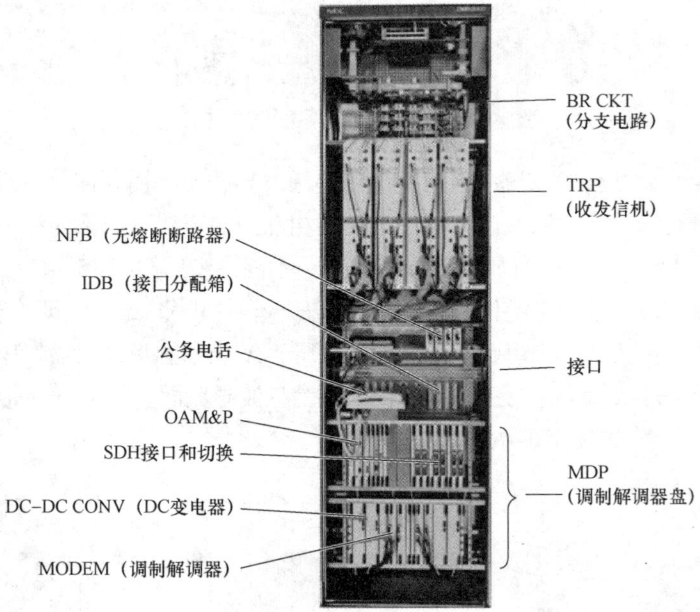

图 4–1–9　微波信道设备硬件实物图

【思考与练习】

1. 微波天馈系统的主要组成部分包括哪些内容？
2. 微波发射机有哪些主要功能？
3. 波导充气机的作用有哪些？

模块 2　微波设备的日常维护（Z37E4002 Ⅰ）

【模块描述】本模块介绍微波铁塔、天馈线、信道、复用设备的日常巡视、现场告警查看、检查和维护工作，通过操作过程和对信道设备、复用设备、充气机设备的告警灯状态详细介绍，掌握微波设备的日常维护技能要求。

【模块内容】

一、微波设备的日常维护

（一）设备维护的一般规定

设备维护的目的是保证设备正常运行，及时发现运行隐患，在故障发生之前对问题进行必要的处置。设备维护应以预防为主，按计划检查测试，根据运行状况进行检修，把技术维护管理的重点放在日常维护工作中去。设备每年至少安排一次系统巡检。平时维护周期不做要求，但是需要加强恶劣气象条件下设备维护和巡检。DL/T 545—2012《电力系统微波通信运行管理规程》对数字微波电路和模拟微波电路年检项目做了详细规定，具体可以参见 DL/T 545—2012 中的 4.2.3 章节。

日常维护重点关注设备机架和设备面板告警情况，并且通过 NMS 网管系统监控设备运行状况，特别要注意 Rx 接收电平的变动范围，保证每个信道 Rx 接收电平都满足系统设计要求。正常 Rx 接收电平可以通过收信机面板的 Rx 收信告警监视，具体数值可以通过相关设备网管系统读取。在对端设备满功率发射情况下，测试值通常高于设备误码门限 30～35dB（正常的 Rx 接收电平按照 30～35dB 的衰落储备设计）。对于启动 ATPC 自动增益控制功能的微波系统，要考虑对端实际发射功率变化对本端 Rx 接收电平的影响。例如：系统 ATPC 启动，对方发射功率降低 5dBm，本端相应系统的收信电平也会降低 5dBm。

对于天馈系统，也要定期进行巡视。在天线调整好后，一定要锁紧，防止天线松动发生变化。调整丝杠和螺母处需要加上黄油，以防生锈。座架和钢件每 2～3 年要涂一次油漆。天线的抛物面不得有任何碰伤，表面涂层完好。馈线系统必须充干燥气体，可以通过检查一定时间内充气机的启动次数来大致判断馈线系统的密闭性。在维护中同时要注意，由于椭圆软波导不能承受冲击负荷，不能在软波导上用工具敲击，更不允许手抓着软波导上下铁塔。

本地维护终端 LCT 是帮助本地维护人员在发生告警时，进一步查找设备故障的主要操作手段，因此本地运维人员需要熟练掌握。

对于无人值守机房，还需要检查内容：

（1） 检查紧固天线安装螺钉。

（2） 天线防风罩检查，天线外观完好无破损。

（3）记录周边可能对路由造成的阻挡的新建房屋，杆塔树木情况。

（4）铁塔接地系统完好，地线连接可靠，接头防水处理完好。

（5）波导馈线卡无缺失，无松脱。

（6）波导馈线表面无损伤，接头牢固。

（7）空调运行正常，室温正常；充气机运行正常，干燥剂颜色正常。

（8）门窗完好，门锁开启顺畅，馈线窗密封完好，机房无漏水。

（9）收集微波相关备件，设备，交运维中心。

（10）机房清扫。

（二）设备维护的操作流程

对于本地维护人员，设备面板告警显示正常时，只需对设备做清洁维护。清洁时不允许使用可能损坏设备的清洁剂，并注意不要损坏设备连接线缆。当设备出现告警时，需要通过网管确定故障站点，准备维修备件。对于损坏部件一般不做现场修理，替换后交由厂家进行维修。

（三）设备维护的维护点及危险点分析

单板替换前准确分析故障现象，做好业务通道保护，避免或者减少维护对传输业务的影响。

任何可能导致业务中断的错误操作都要避免。特别是设备硬件变化需要对设备数据更改下载时，需要反复核实数据是否已经正确生成，下载操作步骤是否正确无误。在设备正常工作情况下，不对设备参数做更改。

二、微波设备现场告警的查看

微波设备的现场告警查看主要是通过设备架顶和板卡的告警指示灯来识别故障等级，并将相应信息通知上级通信调度。现场告警巡视是日常维护工作的重要组成部分。下面以 3000S 为例介绍常见的板卡告警。

典型的机架顶部告警显示板（ALM BOARD）如图 4–2–1 所示。

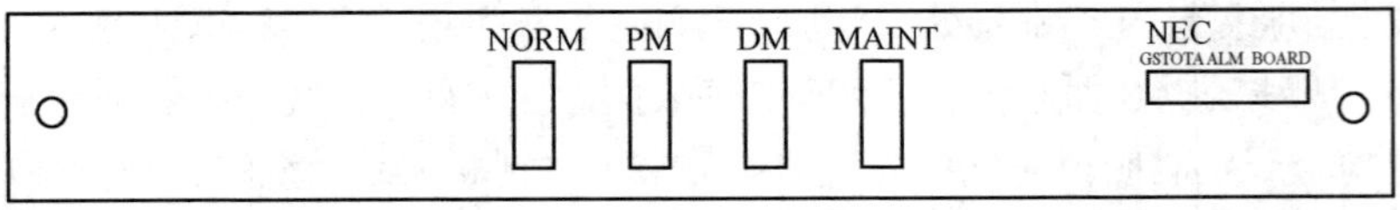

图 4–2–1 微波信道设备硬件实物图

其中 NORM 绿色显示灯表示所有设备处于正常运行状态；PM 红色显示灯表示设备中有紧急维护告警；DM 红色显示灯表示设备中有延迟维护告警；MAINT 琥珀色显示灯表示设备处于维护状态。

NEC3000S 中其他板卡的告警灯和架顶告警灯类似，如收发信机板卡（TRX UNIT）ALM 红色显示灯表示收发信机单元有告警（不分告警等级）；调制解调模块（MODEM）

ALM 红色显示灯表示调制解调模块有告警（不分告警等级），LOW BER ALM 红色告警灯表示段间误码率低于误码率告警门限。

三、微波设备板卡的更换配置

对于信道设备和复用设备，由于故障或扩容等原因有时会需要对其板卡进行更换。更换板卡前需要仔细查看故障板卡硬件开关和跳线的设置，对替换板卡也做同样设置。对有软件数据下载要求的板卡设置操作，需要按照说明书对板卡做数据下载。

（一）操作原则及注意事项

操作一般原则：

（1）在更换设备板卡前，需要提前发出故障处理通知并制定完整的维护作业指导书。一般要求维护涉及的两个微波端站都要有人。

（2）操作前首先需要检查 OW 公务通话正常。然后核对需要替换的板卡型号，规格，设置正确无误。特别注意同频率有关板卡的应用频率范围。不能确定时，可以联系生产厂家进行核实。对于可能影响传输业务的替换升级，应按通信检修流程履行相关手续后进行。

（3）设备板卡更换后，每个系统的电源需要依次加电。当设备出现异常要及时关断电源。不允许频繁，短时间间隔的启动或关断设备电源，否则会导致敏感器件的损坏。在操作光纤接口单元时，需要注意避免直视光口，避免灼伤。

（4）在需要插拔线缆进行业务配置前，一定要仔细核实，确认操作正确。除必要的 OW 公务电话通话需要外，不要触动机架开关，线缆。

（5）整个更换过程中，特别注意不要随意关闭与操作无关系统电源。不要随意插拔，替换设备板卡做试探性维修。不要随意拨动面板开关。不要触摸板卡电子元件。

（二）操作要求

为防止静电对板卡的损坏，通常要求操作人员要佩戴连接到机架的防静电手腕。明确设备板卡上的单元是否允许带电插拔。对于通过线缆供电的微波单元，替换前需要关断系统电源，避免操作短路损坏设备。操作前需要注意设备上警示提示，记录设备当前运行数据，线缆连接位置，故障现象。操作后确认故障消除，业务运行正常。板卡替换后如果原有故障没有消除同时导致更多问题，检查软硬件仍然不能确定故障原因的，尽快恢复旧板卡。进一步分析原因，制定新的故障处理方案。

（三）案例

下面以日常运维中常见的信道干扰为例介绍日常维护的工作思路。

某微波设备首先发现设备面板严重告警。登录 LCT 检查系统接收电平都在正常范围。但是其中一个系统出现高低 BER。怀疑存在信道干扰。操作对方站对应信道发射机电源关闭，本站发现–50dBm 的不明干扰收信电平。考虑到备件库有可用备件，决定变换工作频点。

操作步骤如下：

步骤 1：准备备件。

步骤 2：上载设备 LMS 和 CTRL 板卡的配置数据，备份、修改并生成新的数据。

步骤 3：更换 BR CKT 板卡对应滤波器件。

步骤 4：更新 CTRL 和 LMS 盘配置文件。

步骤 5：检查新的工作频点干扰电平。

步骤 6：检查新频点工作状态。

检查收信电平正常是保证设备正常工作的关键参数。但是也要注意监测到的收信电平是否真实的由对方发射机发出，特别是设备稳定运行相当长时间后，系统中个别信道工作异常，其他信道正常。这时，需要注意来自外界的干扰。方法是关闭对端微波设备故障系统电源，检测本站收信电平。

四、公务电话的操作

OW（公务）模块部件在运行、管理、维护以及预置（OAM&P）上为微波设备提供了一个工程电话用以进行联络。公务电话的使用和日常电话的使用一致，通常用于各微波站之间的联系。一般它提供了以下功能：使用 DTMF（双音多频电话）可以提供 ALL CALL 全线呼叫、SELECTIVE CALL 选择性呼叫以及 GROUP 群呼；支持 SDH E1/E2 字节的 64K 数字接口；可以连接到有数字汇接功能的 DIG HYB（数字汇接）盘；配备了 4W 型话机。

【思考与练习】

1. 无人值守微波站巡检内容？
2. 架顶告警显示板上各告警灯分别有什么含义？
3. 微波设备上的 OW 公务电话有哪些功能？

模块 3 微波系统性能指标的测试（Z37E4003 Ⅱ）

【模块描述】本模块包含天馈线驻波比测试、发信功率测试、本振频率测试、收信电平测试、收信机 AGC 曲线测试、系统误码性能测试、公务传输及保护倒换功能测试、监控系统功能检查。根据日常运维需要，本模块对微波设备误码率、发信频率、发信输出功率、自动增益控制、空间分集、天馈系统驻波比等六个测试项目进行了详细介绍。通过操作过程详细介绍和技能训练，掌握微波天馈线、微波信道设备、微波复用设备性能测试技能。

【模块内容】

一、微波设备 BER 测试

（一）测试目的、危险点分析及控制措施、准备工作

设备误码率 BER 是数字微波通信系统的关键指标，一般在设备安装验收阶段完

成。BER 门限指标的测试，在对端站和本端站搭建 SDH 系统分析仪，影响测试信道传输板卡的运行。注意此测试需要与对站协调进行。

（二）现场测试步骤及要求

（1）连接测试设备（见图 4–3–1）。

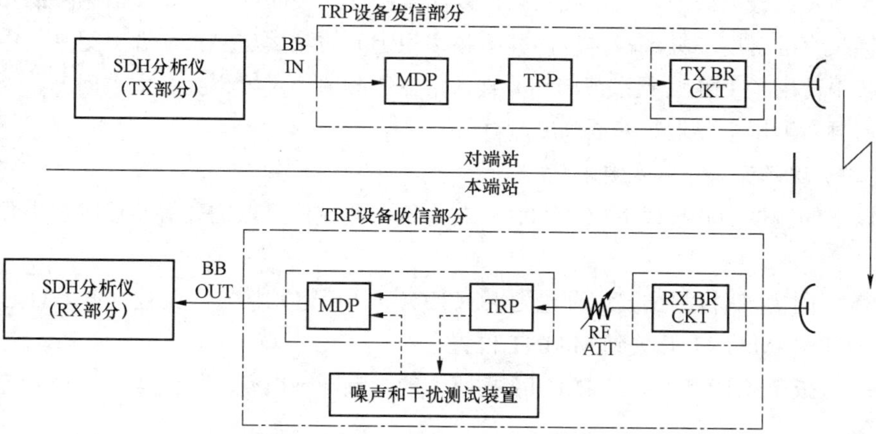

图 4–3–1　微波设备 BER 测试连接图

（2）将 SDH 信号送到相关的接口盘。

（3）利用可变射频衰耗器，改变射频衰耗从而减低 Rx 接收电平到门限。

（4）确认在一定的误码率（10^{-6}～10^{-3}）时得到满足要求的衰耗值。验证设备 BER 解调门限满足要求。

（5）恢复测试中所有的选择项。

（6）恢复测试中所有的电缆连接和开关。

（三）测试结果分析及测试报告编写

微波设备误码率测试表见表 4–3–1。

表 4–3–1　　微波设备误码率测试表

微波设备误码率测试								
站名：		测试日期：				测试人：		
设备名	BER 测试项	参考值	单位	测试值				
	BER 1E^{-6}	≤–70.7dBm	dBm					
	BER 1E^{-3}	≤–76.7dBm	dBm					
	BER 1E^{-3}	≤–73.2dBm	dBm					
	BER 1E^{-3}	≤–76.2dBm	dBm					

二、发信频率测试

(一)测试目的、危险点分析及控制措施、准备工作

微波设备的 RF 频率和输出功率均是系统运行的关键指标。频率的测试在发射机 RF OUT 口进行。由于 IF 调制信号可能造成测试结果误差，因此需要通过操作 LCT 维护终端将发射改为载波，形成线状频谱以测试保证结果的准确性。发信频率的相关指标包括频率准确度和频率稳定度，其中频率稳定度的测试需要长期观察记录，由于现行设备中使用了 PLL（频率锁相环）技术，一般频率稳定度不会有太大问题，因此现在发信频率测试主要指频率准确度测试。

(二)现场测试步骤及要求

以下的测试步骤按以 NEC3000S 设备为例，测试值录取需要等待设备加电预热读数稳定。

(1) 用 LCT 将测试波道设置为 LOCKOUT（锁定）状态，并且设置 CTRL 模块上的 NORM–MAINT 开关到 MAINT 位置。

(2) 拔下 TRP 单元 TX INF IN 插座上的中频同轴电缆。如图 4–3–2 所示连接测试设备。

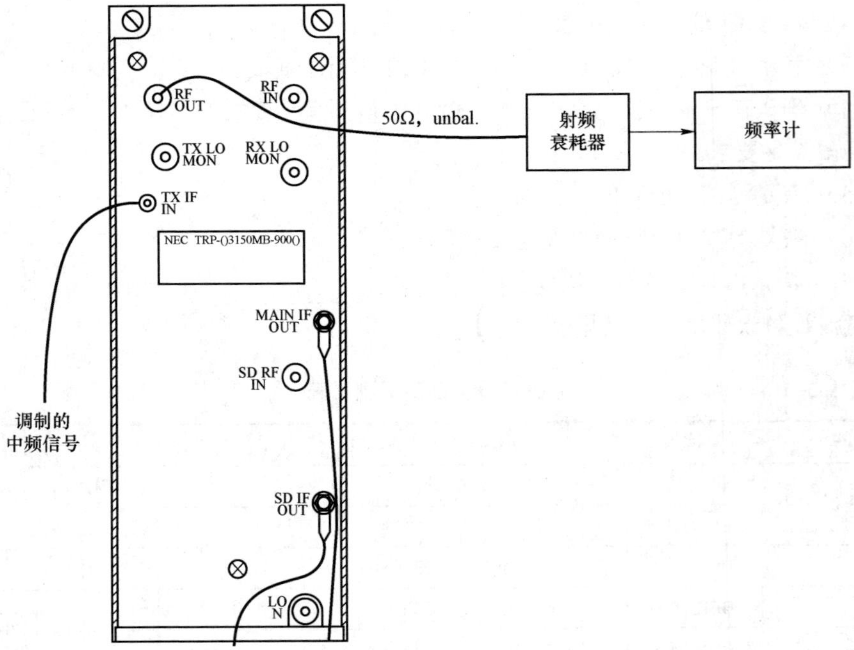

图 4–3–2 微波设备发信频率测试连接图

（3）在 Maintenance 菜单里的 Test 里将相应的波道选择为 MOD Carrier Output 操作目的去除 IF 中频调制信号，形成纯载波线谱，如图 4–3–3 所示。

（4）将中频电缆连接到 TRP 的 TX IF IN 端口。

（5）检查在 RF OUT 端口频率计的读数。要求：ft（标称频率）±5ppm。

（6）重置 MODEM Test Carrier Output Control Panel Select 和关闭维护菜单。

（7）恢复所有在测试中使用的电缆连接和开关。

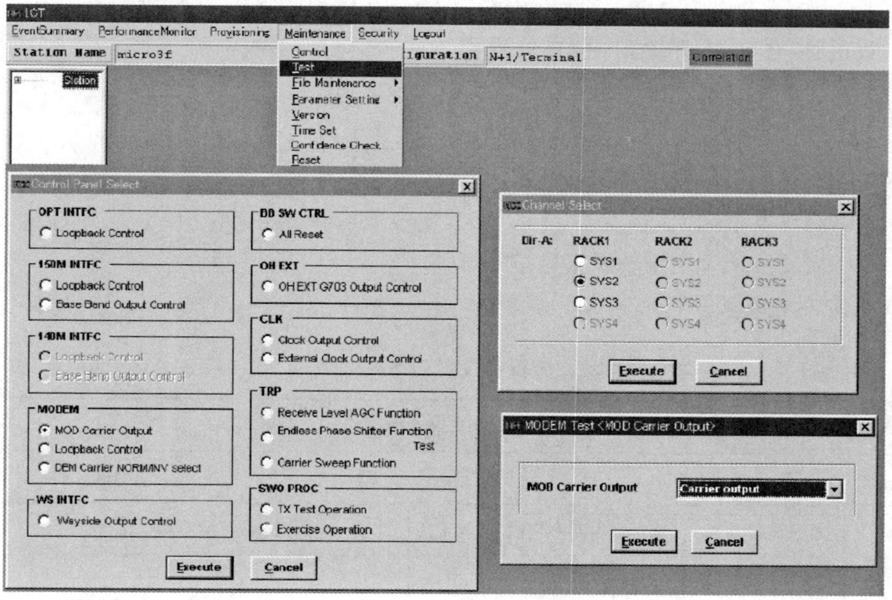

图 4–3–3　微波设备发信频率测试的 LCT 设置图

（三）测试结果分析及测试报告编写

表 4–3–2　　　　微波设备发射频率测试表

微波设备发射频率准确度测试									
站名：　测试日期：　测试人：									
设备名	标称发射频率	实际发射频率均值	单位	实际发射频率测量值					
			MHz						
			MHz						
			MHz						
			MHz						

三、发信输出功率

(一)测试目的、危险点分析及控制措施、准备工作

发射功率的测试板卡和测试方法和发射频率测试类似，不同的只是测试目标。注意不要在测试信道加电情况下连接测试线缆，待设备预热后读取测试读数。由于测试需要中断微波传输设备的运行，一般在设备故障时进行。

(二)现场测试步骤及要求

(1) 用 LCT 将测试波道设置为 LOCKOUT（锁定）状态，并且设置 CTRL 模块上的 NORM–MAINT 开关到 MAINT 位置。

(2) 拔下 TRP 上 TX IF IN 端口的中频同轴电缆。

(3) 测试连接框图同频率测试相同。

(4) 将调制信号提供到 TRP 上的 TX IF IN 端口。

(5) 测试发信输出功率。

(6) 恢复测试中所用的所有电缆和开关。

(三)测试结果分析及测试报告编写

表 4–3–3 微波设备发射功率测试表

微波设备发射功率测试								
站名：			测试日期：				测试人：	
设备名	标称发射功率	实际发射功率均值	单位	实际发射功率测量值				
			dBm					
			dBm					
			dBm					
			dBm					

四、收信 AGC 功能

(一)测试目的、危险点分析及控制措施、准备工作

自动增益控制 AGC 测试一般是厂家工程验收时的测试项目，由于测试较为复杂，不做日常设备维护测试要求。

(二)现场测试步骤及要求

(1) 用 LCT 将测试波道设置为 LOCKOUT（锁定）状态，并且设置 CTRL 模块上的 NORM–MAINT 开关到 MAINT 位置。

(2) 如图 4–3–4 所示连接测试设备，检查中频输出电平。

（3）改变射频发生器的输出电平，确认中频输出电平的变换。当收信输入电平从−15dBm 到−75dBm 变化时，中频输出电平的变换应保持在±1dB 之内。

（4）恢复测试中所使用的所有连接电缆和开关。

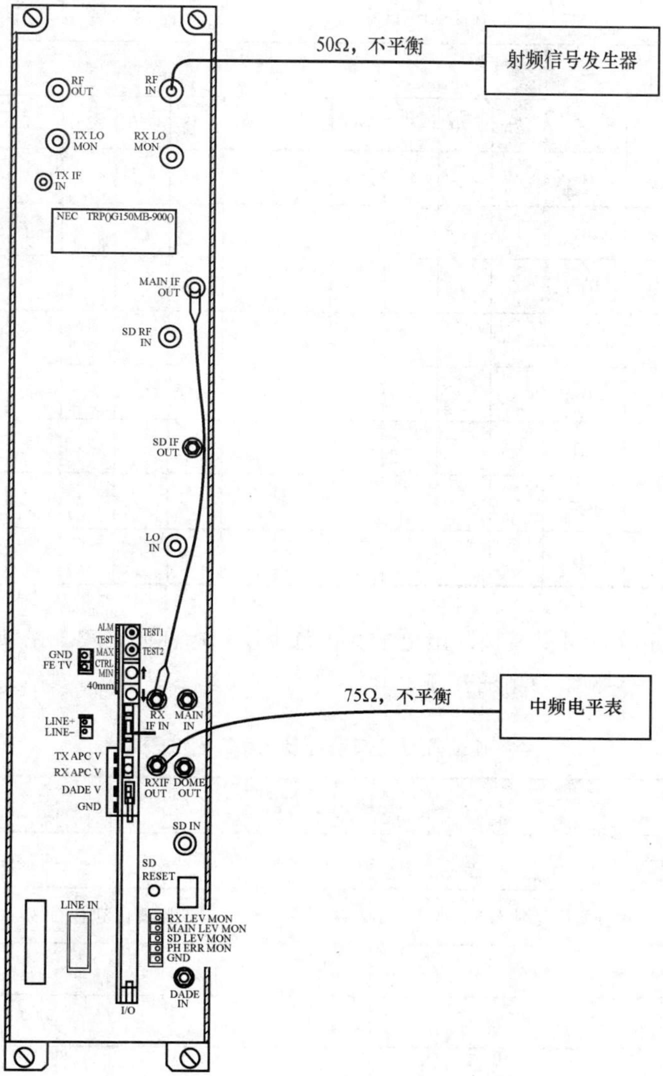

图 4–3–4　微波设备收信 AGC 功能测试连接图

（三）测试结果分析及测试报告编写

表 4–3–4　　　　微波设备收信 AGC 功能测试表

微波设备 ACG 测试															
站名：						测试日期：							测试人：		
设备名	中频输出电平	单位	实际发射功率测量值												
			−75	−70	−65	−60	−55	−50	−45	−40	−35	−30	−25	−20	−15
	实际值	dBm													
	偏移率	dB													
	实际值	dBm													
	偏移率	dB													
	实际值	dBm													
	偏移率	dB													
	实际值	dBm													
	偏移率	dB													

较新的测量仪器可以直接读出电平变化范围以和标称值比较，无须另外计算。此时可以使用表 4–3–5 作为测试表。

表 4–3–5　　　　微波设备自动增益控制 AGC 测试表

微波 AGC 测试		
站名：	测试日期：	测试人：
设备名	标称变化范围（dB）	实际变化范围（dB）

五、空间分集 DADE 调整

（一）测试目的、危险点分析及控制措施、准备工作

本测试依据不同厂家产品区别很大。以 NEC SDH3000S 为例，系统 DADE 的调整需要借助 LCT 来执行。此调整将与对端站在 SD 接收范围内一起进行。只有带有 SD 空间分集的微波系统才有本测试项目要求，通常在设备安装开通时测试，由于测试较为复杂，不做日常设备维护测试项目要求。注意本测试需要在对端发射设备上设置扫频信号，而在本端接收设备上做调整。DADE 测试中，测试结果为时间（ns），趋近于 0 最好，但由于需要另外添加一个较贵的时延模块来补偿延时，增加了设备成本，所以一般不随意改动，而是通过增加天馈线长度或是中频电缆的方式来补偿延时，工程中通常按 5ns/m 来进行补偿。

（二）现场测试步骤及要求

（1） 用 LCT 将测试波道设置为 LOCKOUT（锁定）状态，并且设置 CTRL 模块上的 NORM–MAINT 开关到 MAINT 位置。

（2） 如图 4–3–5 所示连接测试设备。

（3） 在对端站，选择 Sweep for DADE V 项来启动 TRP 载波扫频功能，如图 4–3–6 所示。

（4） 在本端站，将数字万用表连接到 DADE V 监测端子。

（5） 将 TEST1 开关打到 6 的位置。

（6） 按上下箭头键，直到万用表显示最小值。

（7） 在数字外用表指示得到最小值后，将 TEST1 开关打到 0 的位置。

（8） 以每秒间隔按上下箭头键，固定 DADE 值。

（9） 恢复测试中所有的选择项。

（10） 恢复在测试中所有的电缆连接和开关。

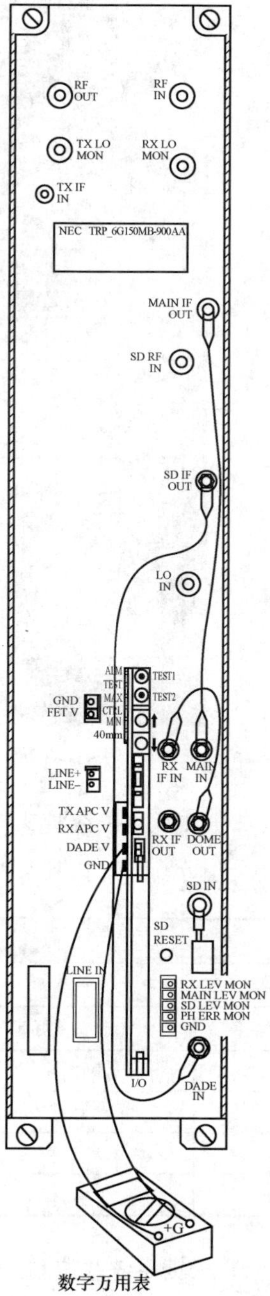

图 4–3–5　微波设备空间分集 DADE 调整连接图

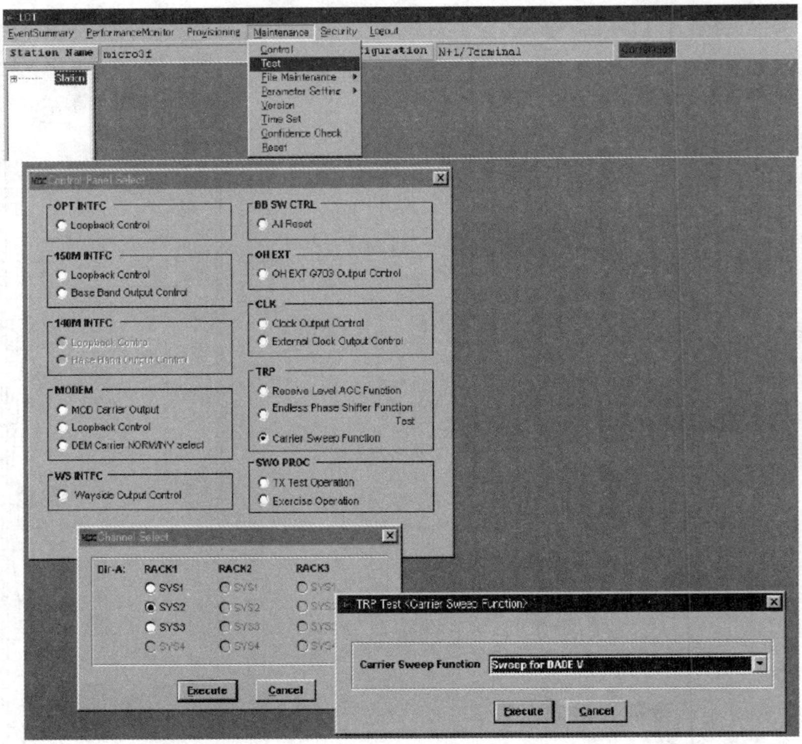

图 4–3–6　微波设备空间分集 DADE 调整 LCT 设置图

（三）测试结果分析及测试报告编写

表 4–3–6　　　　　　微波设备 DADE 调整测试表

微波 DADE 调整		
站名：	测试日期：	测试人：
设备名	补偿前实际延时（ns）	补偿后实际延时（ns）

六、天馈系统驻波测试

本测试通常在设备安装完毕进行。当链路出现故障，系统电平降低时，本测试也是判断系统故障点的有效方法。由于测试需要中断微波传输设备的运行，因此不做日常设备维护测试项目要求。测试主要需要掌握微波器件驻波比测试仪表的使用。典型的 VSWR 测试仪表有安利公司 Site Master。注意使用前需要进行仪表校准。一般驻波比理想值为 1，回波损耗以 1%（–20dB）为好，0.1%（–30dB）为最佳，通常以 1.5～1.5%为正常。

测试工具 Site Master 的使用方法可以参看该仪器的使用手册，本模块不再重复。

【思考与练习】

1. 什么情况下需要测试天馈系统 VSWR？
2. 天馈系统驻波比的理想值是多少？
3. 发信输出功率测试需要注意哪些问题？

模块 4 微波系统的故障处理（Z37E4004Ⅲ）

【模块描述】本模块包含因微波天线问题造成微波收信电平偏低的调整方法，现场板卡更换配置的方法、业务故障（155M、34M、2M、64K）现象、分析、消除方法。通过天线调整，信道设备板卡、复用设备板卡、充气机更换，业务故障分析和消除方法的详细介绍和技能训练，掌握天线调整、现场板卡更换配置和业务故障处理的技能。

【模块内容】

一、微波系统故障处理的一般应对方案

在电力系统中，如果网管、监控显示微波设备运行异常，且有大量传输的业务告警；站内运行人员发现两个波道均有收发信告警或复接设备告警。可按以下方法进行处理：

通过拨打调度电话、询问远动（101 专线）运行状态等方式确认电路中断点。在确认中断的两站通信运行人员立即检查设备状态。记录好故障发生时间，微波站的设备告警指示，中断地区的天气情况并通知微波设备专职处理。

根据故障影响范围，向本级通调领导和上级通调汇报相关设备状态，并保持上级通调的汇报、联系和确认工作。

如果天馈线部分发生明显偏离或弯折，或有大风、大雾、打雷等影响微波传输的恶劣天气。则应立即向上级通信调度汇报相关情况。必要时通知天线安装的单位前往中断站点配合检查并应派专人携带 LCT 终端赶往现场进一步做现场故障分析。

在确认天馈线系统工作正常后，可以通过对微波自环、更换站上其他方向设备上的板卡、部件来确认故障点，并情况进一步处理。若两站的信道设备正常，则通知甲站进一步检查其复接设备状态。通过检查电源、线缆、拔插接口板卡来排查、解决故障。若以上方法都无效，则应安排专人立即赶往现场做进一步抢修。并向上级通信调

度汇报故障现象和处理进度。

当微波传输设备工作正常，告警消失，相关业务正常传输后，通知相关负责人和部门、单位，形成完整的故障处理报告，填写故障处理记录。

二、收信单元接收电平偏低故障

（一）故障现象

微波收信单元有收信电平低告警，本站和对端站解调器均有误码告警，网管显示收信单元接收功率偏低。

（二）故障原因

引起该故障可能的原因有：收发信单元故障；调制解调器故障；天线故障引起收信电平低；馈线老化或进水引起；本振频率飘移。

（三）故障处理

故障处理流程见图 4–4–1。

（1）首先检查本站和对端站的收发信单元的工作状态，排除收发信单元故障。

（2）检查本站和对端站的调制解调器的工作状态排除收发信单元故障。

（3）在软件或仪表显示两站点设备的发信功率没有异常的情况下，可以通过万用表测量接收电压（AGC）或软件查看收信功率，如果两站点 AGC 电压都低，则可断定天线出现异常，也可结合当时的天气条件进行判断。天线吹偏后采取的检修措施是派有资质的天线安装调试人员上塔与对侧调整天线角度，使其接收电压（AGC）达到最大值。

（4）检查馈线有无损伤或进水，必要时需使用驻波比测试仪进行测试。如收信功率正常，说明天线正常，应首先检查馈线和接头部分。

（5）检查收发信机本振频率并观察是否存在飘移现象。

三、解调器误码率偏高故障

（一）故障现象

解调器有误码产生，但是对端站解调器无误码产生。

（二）故障原因

引起该故障可能的原因有：本端收信单元故障引起或者对端站发信单元故障；解调器故障。

（三）故障处理

（1）检查收信单元时，可以用频率计测量收信单元的本振频率，若频率偏离中心频率就说明收信单元有问题。检查发信单元时，可以通过软件查看或功率计测量发信功率是否正常。

（2）检查解调器和调制器可用替换法或中频自环法检查是否为调制解调问题。

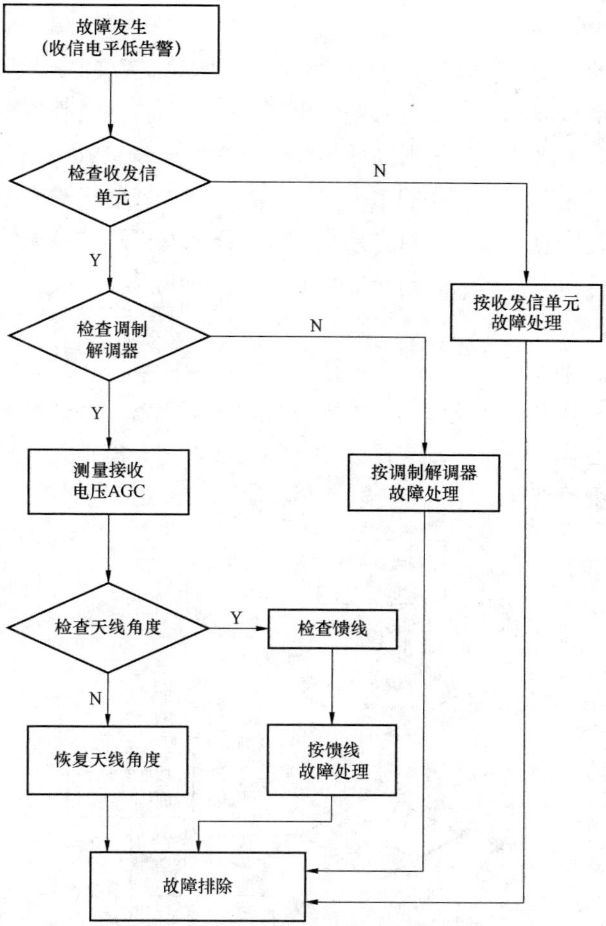

图 4–4–1　收信单元接收电平偏低故障处理流程

四、天线故障

（一）故障现象

微波信号无法发送，对端无法接收到信号。或者系统出现 BER 误码，接收电平连续几天低位徘徊。

（二）故障原因

天线的作用是用来发射和接收电磁波，一旦发射天线移位、中间有遮挡物会影响微波信号接收质量或者中断。由于微波系统是点对点的传输，其天馈系统工作的环境比较恶劣，在强风等自然灾害面前就难免出问题，容易造成天线吹偏，引起微波设备的工作不正常。

天线馈源故障、受损或异物进入馈源，以及天线振子进水引起微波信号劣变。

（三）故障分析

通过网管系统查看近期设备 PM 性能参数，近期 Rx 接收电平接近门限，部分时间低于设备门限，确认故障现象在所有系统出现，链路两端问题基本相同，因此判断问题点在天馈系统。衰落造成的电平降低不会长时间对 Rx 接收电平造成影响。单端接收系统问题同时发生在两个站点的概率很小。检查两端发射机输出功率是否正常，证明信号输出，但是没有如期到达对方接收点。中间的共同环节是天馈系统。故障出现同风雨气象记录时间吻合。因此判断安装不牢固，导致天线在风雨天气移动。

（四）故障处理

处理流程见图 4–4–2。

判断是否由于强风影响天线移位。如果位置角度正常，确认时候微波站之间是否有后期建设的遮挡物。必要时要安排计划升高天线以避开遮挡物，重新建立链路。若馈源受损则更换受损部件。

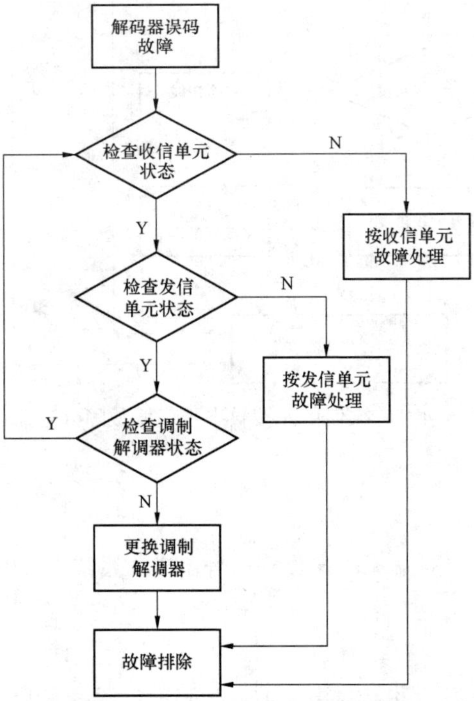

图 4–4–2 误码故障处理流程

五、馈线故障

（一）故障现象

设备的发信和接收正常，但微波出现误码告警，通信经常不稳定。发信功率降低造成接收也相应变低。

（二）故障原因

引起该故障可能的原因有：充气机故障引起馈线进水；馈线老化馈线头连接不正常；馈线受损变型，引起微波信号劣变。

（三）故障处理

流程见图 4–4–3 和图 4–4–4。

（1）检查充气机是否正常、检查馈线是否进水。做除湿处理。测量误码率，收信正常。故障排除。

（2）检查馈线连接是否正常，馈线是否完好无损。

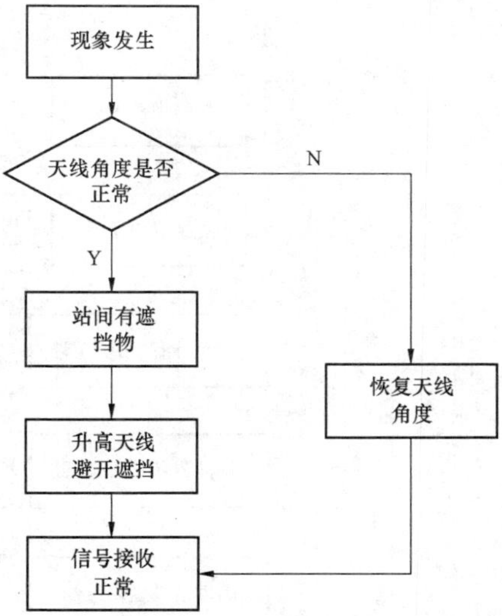

图 4–4–3　收信单元接收电平偏低故障处理流程（一）

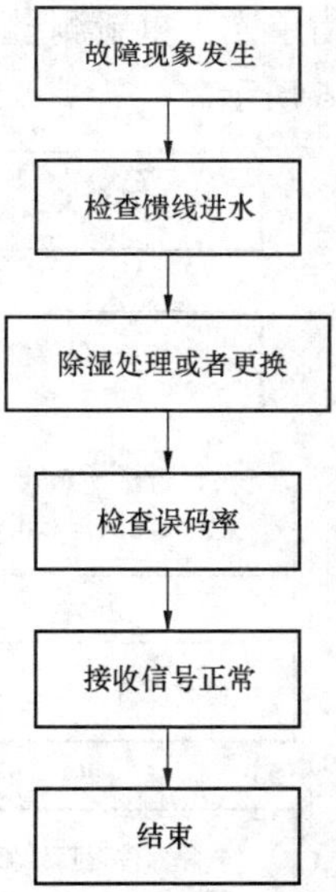

图 4–4–4　收信单元接收电平偏低故障处理流程（二）

六、发信单元故障

（一）故障现象

发信单元告警指示灯告警，本端发信电压降低，对端接收电压降低。

（二）故障原因

微波发信单元的作用是将中频信号上变频为射频信号，并利用功放将信号功率提高至所需水平。当发信单元发生故障时，无法输出符合频率或功率要求的射频信号，导致对端站无信号接收，直接影响微波通信。

（三）故障处理

测量发信单元电压，电压值过低，更换新发信单元，重新测量正常，故障排除，有故障发信单元返厂维修。

七、收信单元故障

（一）故障现象

信号无法接收或接收信号功率过低。

（二）故障原因

微波收信单元将射频信号变为中频信号，并将信号功率提高到所需水平。收信单元发生故障时收信功率偏低或解调器无输入信号。直接影响微波通信。

（三）故障处理

测量收信单元本振频率，偏离中心频率确定由于收信单元故障引起微波通信故障，更换新收信单元，重新测量正常，故障排除，有故障发信单元返厂维修，如图 4–4–5 和图 4–4–6 所示。

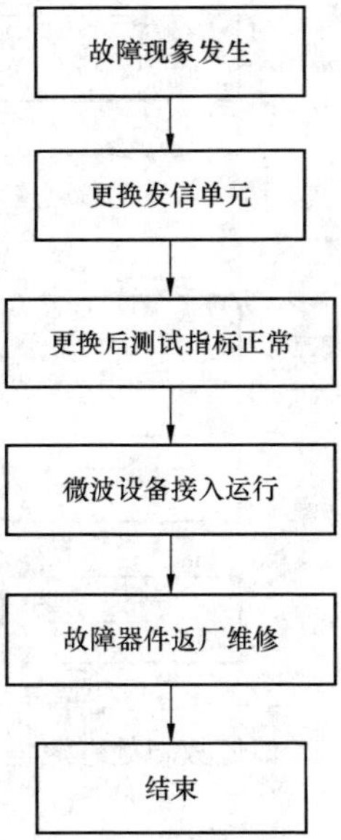

图 4–4–5 收信单元接收电平偏低故障处理流程（一）

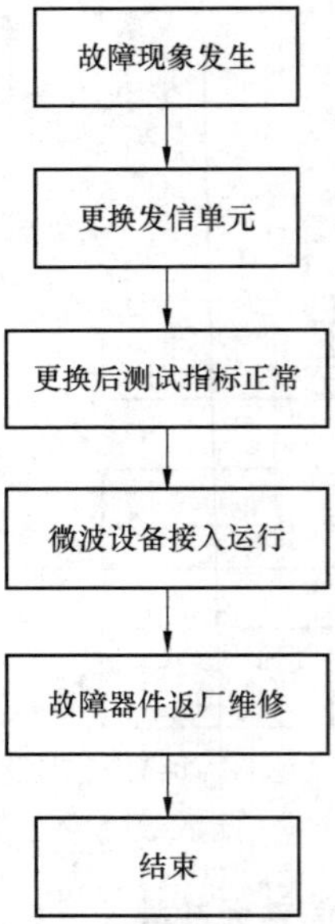

图 4–4–6 收信单元接收电平偏低故障处理流程（二）

八、调制解调器故障

（一）故障现象

微波通信中断，排除天线、馈线、收发信单元故障外，测试调制解调器功能参数或查看网管告警信息后，发现调制解调器故障引起。

（二）故障原因

调制解调器作为微波设备的数据处理部分，处理的是把基带信号传输到发信单元，解调器是收信单元把对端调制过来的基带信号解出来的过程。调制解调器实现基带信号与中频信号之间的转换。当调制器故障时将无法实现基带信号与中频信号之间的转换，从而导致发信单元无发射信号，造成信号中断。

（三）故障处理

多数情况下每套设备的调制和解调板是有在线备份的，由于板件是通用型的，就可以采用交叉互换的办法来判定板件的好坏，这是比较常用的处理方法。也可采用中频自环的方法来检查是否为调制解调问题。确认调制解调板卡故障后，要更换相应的板卡，有故障设备返厂维修，如图 4–4–7 所示。

图 4–4–7 收信单元接收电平偏低故障处理流程

九、波导充气系统故障

（一）故障现象

巡检发现 A 站点充气机启动频繁，造成充气机计数告警。

（二）故障分析

波导密封劣化。

（三）故障处理

单独检查充气机，充气机正常。分别断开充气机气体 4 个输出口，利用合适方法堵塞输出气嘴。发现操作到输出 1 口时，充气机读数稳定，充气电机停止运转。确定漏气波导口是 1 口。在该波导接头机房侧气密位置涂抹 704 胶水，胶水出现汽泡缓慢浮现现象时，拆开该接头，重新制作，故障排除。

注意：充气机长期频繁启动会造成干燥剂失效，因此注意检查是否需要更换新的干燥剂。通过干燥剂颜色判断可以确定是否需要做干燥剂更换操作。

十、信道设备故障

（一）故障现象

网管发现某站点设备 TRP 告警，定位到收发单元输出功率降低 6dB。

（二）故障分析

比较同机架其他系统发射功率，确认本系统输出降低。检查问题系统设备设置，发射已经在正常设置，同其他系统设置无区别。确认发射单元故障。

（三）故障处理

更换发射单元。故障消除。

注意：做发射单元更换务必核实损坏单元型号，高低站类型。操作时小心插拔有关线缆，保证连接正确。注意不要在发射机输出开路情况下给单元上电。

十一、不规范安装导致 SMA 接头损坏

（一）故障现象

SD 系统接收电平低于设计值。

（二）故障分析

微波设备典型的射频连接多采用 SMA 接口。由于现场安装人员没有使用标准力矩扳手安装接头，导致这个型号接头的连接问题较多。接头不能完好连接造成电平降低问题不是很明显，因此往往被现场忽视。本故障检查发现 SMA 接头没有安装到位，重新安装发现螺纹滑丝。

（三）故障处理

更换新的 BR CKT SMA 座，重新安装线缆，SD 系统电平达到设计，故障消除。

注意：系统的整体指标不仅来自设备生产制造过程中的质量控制，同样和设备安装的水平密切相关。因此要强调安装中每个细微处都要严格执行安装规范。

十二、NEC SDH3000S TRP 故障板卡更换操作

（一）NEC SDH3000S 故障处理通用流程

NEC SDH3000S 的故障处理流程如图 4–4–8 所示，在确定了是 NEC SDH3000S 设备故障后可照此流程处理。

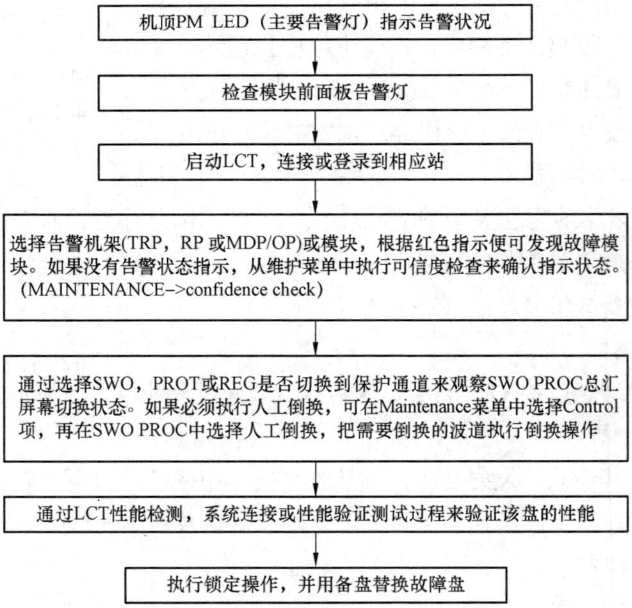

图 4–4–8　NEC SDH3000S 故障处理流程图

（二）板卡拆卸

（1）戴好防静电手镯，并与机架上的接地插孔相连。

（2）用 LCT 对需要拆卸的波道进行倒换操作。

（3）将 CTRL 盘上 MAINT–NORM 开关设置到 MAINT 位置上。

（4）关掉机架故障系统的电源。

（5）等待 30 分钟，让 TPR 单元冷却。

（6）松掉 TRP 单元前面板上下 4 个螺钉。

（7）断开 TX IF IN 处的同轴电缆。

（8）断开 TX OUT 和 RF IN 两处的 SJ 电缆。

（9）断开所有与其相连的电缆。

（10）断开与 TRP 单元前面板 LINE IN 端口和 I/O 端口相连的电源电缆和控制电缆。

（11）用手将 TRP 单元从机架上取下。

（三）板卡安装

（1）检查备用 TRP 的 Rx 和 Tx 是否与所更换的 TRP 单元一致。

（2）将新的 TRP 单元插入机架。

（3）拧紧 TRP 单元前面板上下 4 个螺钉。

（4）连好与 LINE IN 端口和 I/O 端口相接的电源电缆和控制电缆。

（5）连好与 TX IF IN 插座相接的同轴电缆。

（6）连好与 TX OUT 和 RF IN 插座相接的 SJ 电缆。

（7）打开相应的电源开关。

（8）检查告警灯是否熄灭。将所有开关从 MAINT 复位到 NORMAL 位置。

【思考与练习】

1. 什么情况下需要更换充气机干燥剂？
2. 收信单元接收电平偏低的主要原因有哪些？
3. 天线故障的一般分析过程包括哪几步？

◢ 模块 5　微波系统的参数和业务的配置（Z37E4005Ⅲ）

【模块描述】本模块包含通过微波网管进行系统参数设置和业务配置的复杂操作，通过操作过程详细介绍和技能训练，掌握微波系统的参数和业务的配置的技能。根据日常运维需要，本模块着重对微波网管基本操作、告警观测和告警抑制操作进行了介绍。

【模块内容】

一、微波设备网管基本操作

对于 NEC 微波设备，由于传输部分和复用部分分别由桂林 NEC 和武汉 NEC 两家厂商制造，因此使用不同的网管进行管理。下面以 NEC SDH3000S 设备的网管为例介绍微波传输设备网管。网管系统包含的内容很多，对于日常设备维护人员而言，最常用的是系统性能监控。要求维护人员熟悉设备网管软件的登录，退出方法。掌握查看设备当前和历史性能参数的技能。

（一）启动与退出

1. LCT 的启动

在 LCT 启动界面上（见图 4–5–1），选择“LCT System Configuration”并单击“Execute”键，显示主菜单。

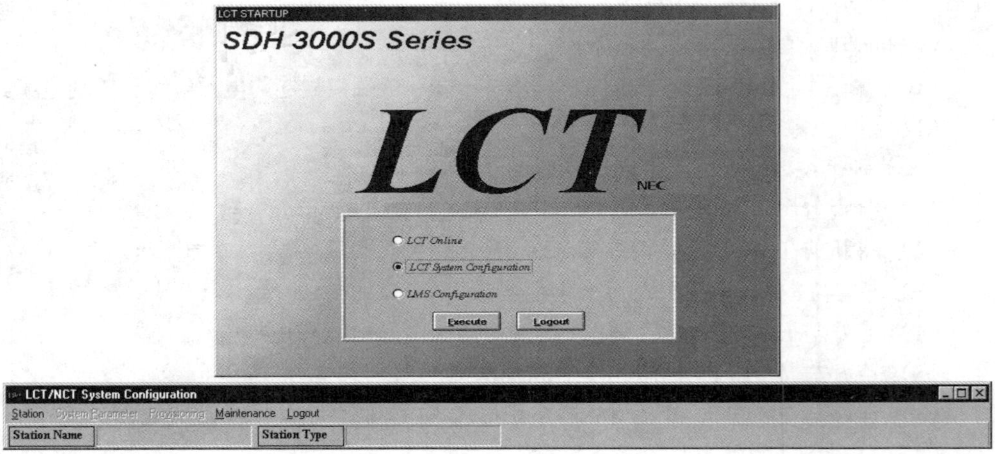

图 4–5–1　LCT 的启动

系统配置管理功能被激活，但是如果没有指定所要配置的站，“System Parameter”和“Provisioning”菜单为不可使用状态。

2. LCT 的退出

结束系统配置功能后，选择主菜单中的“Logout”项，单击确认对话框的“yes”键，如图 4–5–2 所示。

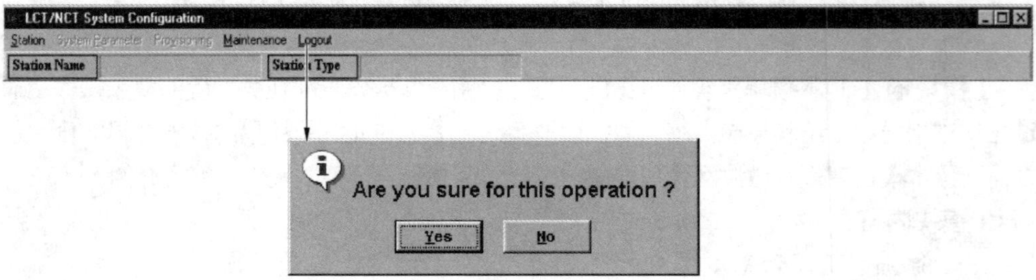

图 4–5–2　LCT 的退出

（二）创建 LMS 的数据库文件

执行完系统配置管理功能后，定义后的配置必须通过下载 LMS 数据库文件写入设备和 LMS/RMCI 盘中。创建/更新 LMS 的数据库文件，选择“System Parameter”菜单中的“Create LMS Database”项，如图 4–5–3 所示。

系统配置一旦被修改，就必须执行本操作来更新 LMS 的数据库文件。更新后的文件也必须下载到 LMS/RMCI 以相应改变监测控制功能的操作。

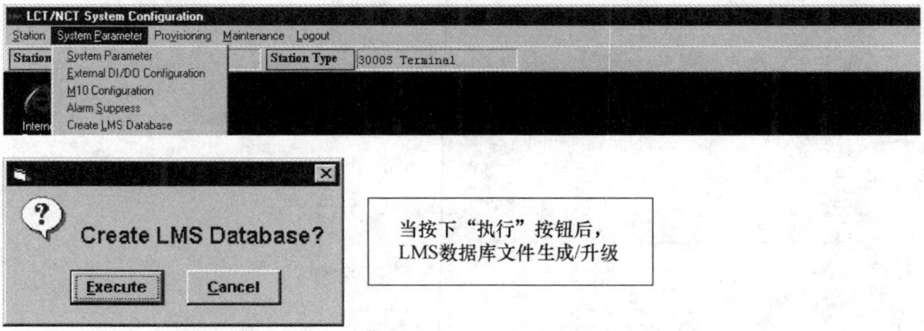

图 4–5–3　创建 LMS 的数据库文件

二、微波设备网管告警查看

选择 Performance Monitor 选项，选择相应系统（SYS1 或 SYS2）来监视设备性能，如图 4–5–4 所示。

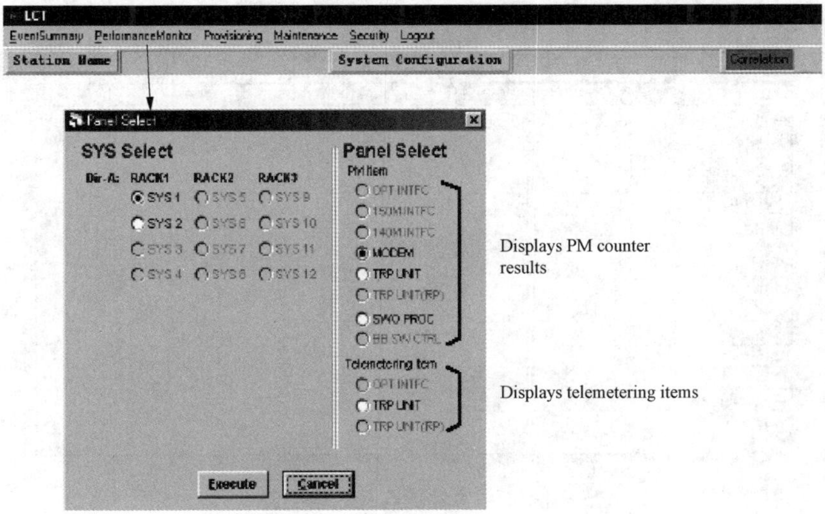

图 4–5–4　监视系统的选择

监视内容选择。选择关心的监视项目，建议全选。监控统计时间分 15 分钟统计的当前监控数据。选择 15Min（Current）反映的是设备当前每间隔 15 分钟记录的运行性能参数。如果希望了解设备历史性能运行参数，可以查看设备以往 1 周内按天的统计数据，选择 1Day（7Days），如图 4–5–5 所示。

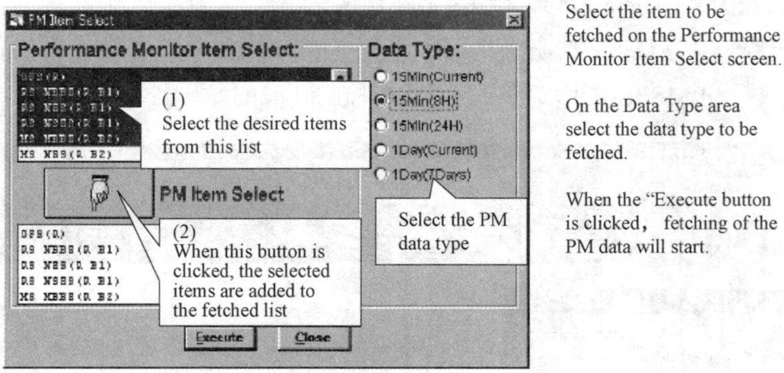

图 4–5–5 监视性能的选择

图 4–5–6 输出的是 SYS2 150M 接口的 PM15 分钟统计数据。检查时注意查看全部的记录数据，当所有记录项目为零，表明设备运行正常。如果其中某个项目出现记录数据，具体查看该项记录的具体含义。记录中出现统计数字，并不一定会导致设备运行故障，比如设置了接收机最小接收电平统计的情况下，当 Rx Level 低于设定值时会出现性能记录。当记录行颜色为粉红色或者星号，表明数据统计不完全。

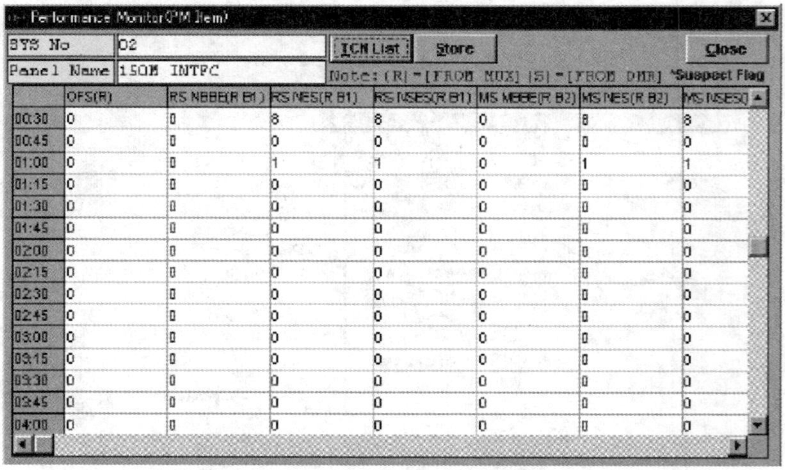

	OFS(R)	RS NBBE(R B1)	RS NES(R B1)	RS NSES(R B1)	MS NBBE(R B2)	MS NES(R B2)	MS NSES(
00:30	0	0	8	8	0	8	8
00:45	0	0	0	0	0	0	0
01:00	0	0	1	1	0	1	1
01:15	0	0	0	0	0	0	0
01:30	0	0	0	0	0	0	0
01:45	0	0	0	0	0	0	0
02:00	0	0	0	0	0	0	0
02:15	0	0	0	0	0	0	0
02:30	0	0	0	0	0	0	0
02:45	0	0	0	0	0	0	0
03:00	0	0	0	0	0	0	0
03:15	0	0	0	0	0	0	0
03:30	0	0	0	0	0	0	0
03:45	0	0	0	0	0	0	0
04:00	0	0	0	0	0	0	0

图 4–5–6 性能监视数据实例

图 4–5–7 是典型的微波设备收发信电平检查项。其中 Rx LEV MON 是合成接收信号电平。Main1 LEV MON 是系统 1 的主天线接收电平。SD1 LEV MON 是 SD 分集天

线的接收电平。对于没有 SD 分集天线的系统，没有 Rx LEV MON 显示。

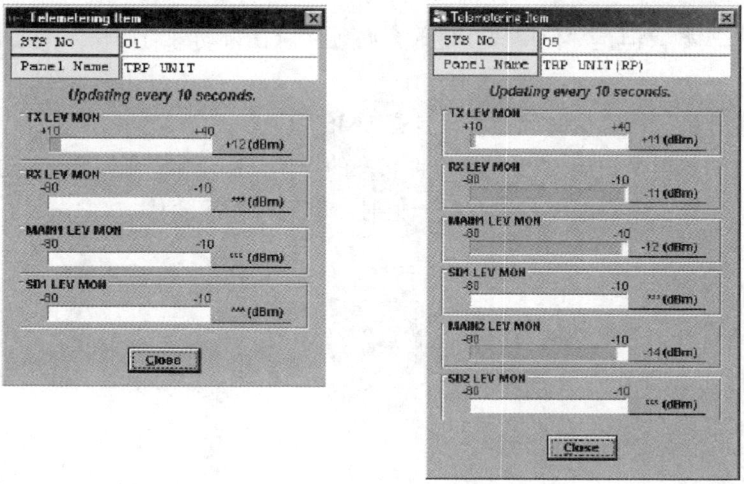

图 4–5–7　典型的微波设备收发信电平检查项

三、告警抑制的设置与修改

该操作仅适用于站的监测告警模式设定为 OSI 模式。告警抑制功能被用于限制向上级告警监测设备发送信息的更新频率。抑制周期就是循环查询告警信息周期的总数。要定义抑制周期，请选择“System Parameter”菜单中的“Alarm Suppress”项。

该功能仅能抑制事件信息发送到上级设备，但不能抑制事件信息发送到 LCT。

通常，抑制计数值被设定为默认值“1”（见图 4–5–8）。在这种情况下，LMS 每次从 CTRL 收到事件信息都会向上级设备发送更新的告警/状态信息。

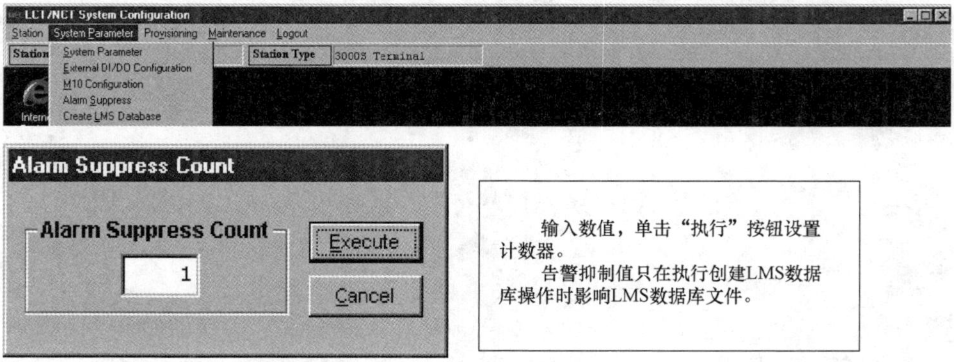

图 4–5–8　告警抑制的设置

该功能告知上级设备，当一个事件信息由 CTRL 发送到 LMS 并且在设定的抑制周期内没有改变。该功能可以抑制当衰落发生时告警状态频繁改变而向上级设备发送信息的次数。但是，使用该功能时，必须注意在自动练习操作中的事件信息同时也被抑制。

上述设置是设置确认时间并被设定在 LMS 中。

这个值的单位是访问 CTRL 盘告警状态的周期。由 LMS 到特定 CTRL 盘的周期根据机架的配置改变而改变。设定同一值时，时间则相应变化。

【思考与练习】

1. 如何启动和退出 LCT？
2. 检查性能监视数据时有哪些注意点？
3. 如何在 LCT 中进行告警抑制？

第五章

载波通信设备的运维检修

模块 1　载波通道设备的接线与测试（Z37E5001Ⅱ）

【模块描述】本模块包含电力线载波通道的结合滤波器、耦合电容器、阻波器的一次接线方式及结合滤波器、阻波器的测试。通过对实际接线和测试电路、测试方法的介绍，掌握工作中的安全注意事项、危险点及结合滤波器、阻波器性能指标对载波通道衰减的影响，并掌握载波通道全程测试方法。

【模块内容】

一、电力线载波通信概述

在大力发展光纤接入通信网的今天，载波通信依然是应用最为普遍的电力通信方式，全世界几乎所有国家都使用电力线载波在高压电力线上传输信息。电力线在 40～500kHz 频率范围内传输信号的衰耗较低，是一种理想的中长距离（20～500km）的传输介质。在 80kHz 附近或以下的频率范围内，无中继电力线载波的最长距离可达到 800km，其他通信方式（电缆、金属、光纤或微波等）如果不设中继器或中继站是无法达到的。

（1）电力线载波通信具有以下优点：

1）载波通信利用电力线，不需另外架设通信电缆，建造费用低。

2）通道运行不受断路器、隔离刀闸的操作影响。

3）线路衰耗较低，在正常天气情况下相对比较稳定，长期噪声电平不高。

（2）载波通信系统主要由载波机、高频电缆、结合滤波器、耦合电容器、高频阻波器、电力线组成。其中，电力线载波通道由高频电缆、结合滤波器、耦合电容器、高频阻波器、电力线组成，包括两种耦合方式：相–地耦合与相–相耦合，分别如图 5–1–1 和图 5–1–2 所示。

相–地耦合方式将载波设备连接在一根相导线和大地之间。它的特点是只需一个耦合电容器和一个阻波器，在设备的使用上比较经济，因而得到了广泛的应用。但这种方式所引起的衰减比相–相耦合方式大，而且在相导线发生接地故障时高频衰减增加很多。需要指出的是，这种方式虽然耦合是一相对地，但实际的信号传输却包括其他两相在内，以复杂的相间波方式进行着。

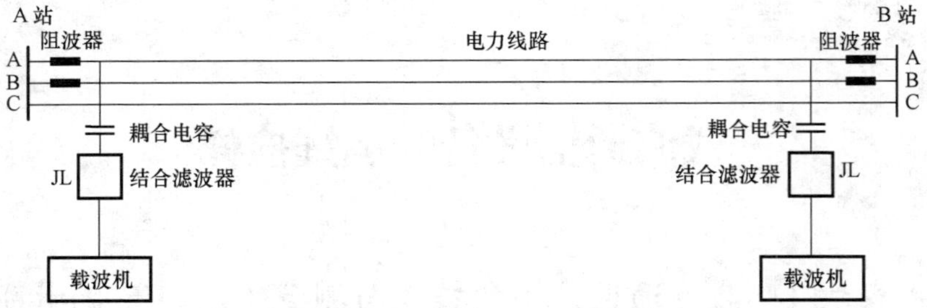

图 5-1-1 相-地耦合方式

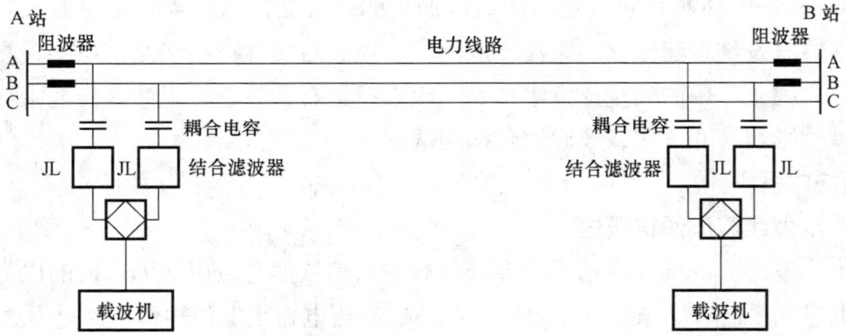

图 5-1-2 相-相耦合方式

相-相耦合方式需要两个耦合电容器和两个阻波器，耦合设备费用约为相-地耦合方式的两倍。但相-相耦合方式的优点是高频衰减小，并且当电力线路故障时，由于80%的故障属于单相故障，所以具有较高的安全性。

载波机将需发送的话音、远动和保护信号通过频率变换，经过高频电缆，结合滤波器和耦合电容器将信号送到电力线路上，经过线路的传输到达收信端。在收信端，信号经过耦合电容器，结合滤波器，高频电缆进入载波机，在载波机中进行频率反变换，这样被还原的信号经音频电缆送到话音、远动和保护信号的接收装置，实现了信息的传输。

二、电力线载波通道

载波通信的正常与否，除取决于载波收发信机能否正常工作外，还与高频载波通道的工作状况有关。当通道水平不理想，遇到天气不好或其他因素干扰时，出现故障的可能性就较大，尤其是复用高频保护信号的载波系统。高频保护能否正确动作，是否产生保护误动或拒动，与高频载波通道的运行状况有着直接关系。

高频载波通道由结合设备和加工设备组成，以下分别对载波通道的技术参数和主要部件的结构、功能进行简要介绍。

（一）高频载波通道主要技术参数

（1）通信频带：40～500kHz（根据“中国无线电委员会”的规定）；

（2）耦合方式：相–地耦合，相–相耦合；

（3）通道衰耗：≤22～23dB（相–地耦合 200km，相–相耦合 400km）；

（4）标称阻抗：400/300/200Ω（输电线路）、100/75Ω（高频同轴电缆、载波机、收发信机）。

（二）结合设备

1. 耦合电容器

如图 5–1–3 所示，耦合电容器接在结合滤波器与高压导线之间，它是一个耐高压的瓷瓶油浸（十二烷基苯）纸介绝缘电容，其容量随电压等级的不同而不同。

（1）作用：将载波设备与电力线上的高电压、操作过电压及雷电过电压等隔离开，防止高电压进入通信设备，同时与结合滤波器一道构成高频带通滤波器，实现阻抗匹配（注意：在结合滤波器原理分析和试验时，高压耦合电容器应视为结合滤波器的 1 个部件）。

图 5–1–3　耦合电容器

（2）型式：专用高压耦合电容器（CK）、线路电压抽取装置（YDR）、线路 CVT。

（3）耦合电容量：3300pf/4500pf/7000pf/10 000pf。

（4）注意事项：

1）根据高压耦合电容器（含线路电压抽取装置或线路 CVT）的有关规定，由高压试验人员进行绝缘、耐压、电容量、介质损耗角试验。通信专业人员应掌握电容量的实测值。电容量要求与标称值相差不大于±10%。

2）要注意加强对接地刀闸的维护，防止生锈，操作要灵活，接地要可靠。

2. 高频电缆

（1）作用：连接载波机（收发信机）与结合滤波器，传输高频信号。

（2）型号规格：SYV–100–7 型、SYV–75–9 型、HZQ–2 型等。目前使用最多是 SYV–75–9 型，即标称阻抗 ZSR=75Ω，芯线线径 0.9mm。

（3）构造：由塑料外壳、屏蔽层、塑料网、铜芯线组成。

（4）频率范围：40～500kHz。

（5）衰耗特性如表 5–1–1 所示。

表 5–1–1　　各种高频电缆衰耗 β 参考值（单位：dB/km）

工作频率（kHz） 电缆型号	50	100	150	200	300	400	500
SYV–100–7（RK–2）	2.17	2.43	2.78	3.30	3.47	4.32	5.20
SYV–75–9（PK–3）	1.56	1.82	2.35	2.60	2.95	3.47	4.34
HZQ–2（QKB）	1.30	1.74	2.08	2.43	3.65	4.78	6.08

注　SYV–75–9 型高频电缆直流电阻 RSR=50Ω/km。

3. 结合滤波器

结合滤波器如图 5–1–4 所示。

（1）作用：连接高频同轴电缆（收发信机）与输电线路，与高压耦合电容器一道构成高频带通滤波器，实现阻抗变换，传输高频信号。

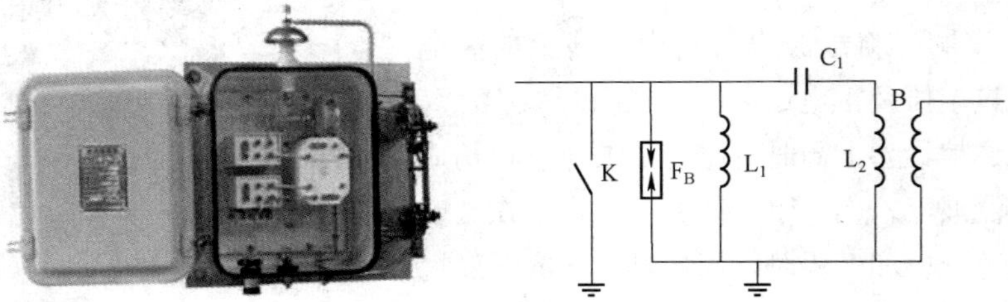

图 5–1–4　结合滤波器

（2）构造：由变量器、电感线圈、电容器、放电器等组成。

电力线高频通道的输入阻抗，相–相耦合方式为 600Ω，相–地耦合方式为 400Ω；而载波机输出阻抗为 75Ω（或 100Ω），这就需要滤波器中的匹配变量器 B 来完成阻抗变换。

当耦合电容器下端开路时，对地即呈现一个相当于输电电压的静电位。为了降低这个威胁人身安全的电位，在结合滤波器中接有一个排流线圈 L1。L1 对 50Hz 的工频电流阻抗很低，可以使耦合电容器下端对地工频电压限制在几伏范围内，而对高频载波信号有很高的阻抗，不会把载波信号旁路入地。

（3）结构类型：

1）补偿网络式：分为单调节式、双调节式，易失谐，很少使用。

2）滤波器式：就是一个真正的 LC 带通滤波器。

3）变压器式：自耦变压器式、不易失谐，目前应用最广。

（4） 频率范围：40～500kHz，分带通型、窄带型、带通带阻型、特殊型等。

（5） 标称阻抗：75/400Ω、75/300Ω、100/400Ω、100/300Ω。

（6） 包络功率：≥400W。

（7） 型号规格：JL–400–XX–B5 型、JL–400–XX–5–B8Z 型（北京发电设备总厂制造）；JL–400–XX–H 型（湖南津市通信设备技术有限公司制造）等；天津、山东、辽宁锦州等也生产相同规格的结合滤波器。

注：型号中“XX”表示所配的高压耦合电容器电容量。如 3.3（3300pf）、4.5（4500pf）、6.6（6600pf）、7.0（7000pf）、10（10 000pf）等。

（8） 工作衰减：工作衰减小（对工频电流呈现高阻抗，高频传输频带内，工作衰耗足够小、回波衰耗足够大、谐波衰耗足够大）。各型结合滤波器在不同频段内的衰耗值不一定相同，在实用上只能保证工作频率 f0 下的衰耗值合格，其值为 1.6～2.0dB。

（9） 放电器：一般采用 FS–0.22 阀式避雷器，其放电击穿电压为 1300～1600V。用于保证雷击过电压和其他过电压时可靠动作。

（三）加工设备（阻波器，如图 5–1–5 所示）

（1）作用：阻止高频信号流向变电站母线，减少高频信号的分流衰耗。

高频阻波器的强流线圈的电感量必须控制在一定的范围内，一般不超过本线路工频阻抗的 5%。如强流线圈的电感量为 1mH，则工频阻抗为：$Z1L=\omega 1H=2\times 3.14\times 50\times 10^{-3}=0.314$（Ω）。

阻波器串联在输电线路，它必须能通过高压，强电流。当电力线发生短路故障时，电力线中的电流非常大。其瞬间的冲击电流是短路电流的 2.5 倍。在设计阻波器时应考虑到短路电流出现时，不应该损坏。

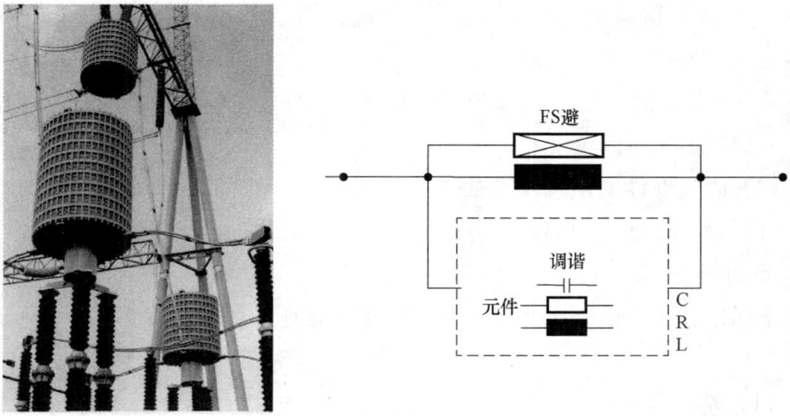

图 5–1–5　阻波器

（2）结构及部件：由强流线圈及支架、调谐盒（电容器，电阻，电感线圈）、避雷器组成。

带宽型调谐盒，除展宽电阻 R 以外，是一个具有双调谐回路的电路，实际上具有两个中心频率 f_{01}、f_{02}，由此组成带宽 $\Delta f=\Delta f_{01}+\Delta f_{02}$。

（3）阻波器型号：如 GZK–600、GZK–800、GZK–1000 等，其强流线圈的电感大多为 1mH，也有 2mH 的，体积较大，其重量有的超过 0.5T。

（4）阻波器安装方式：悬吊式、基座式。

（5）频率范围：40～500kHz，分宽带型、窄带型、单频型、单频展宽型等（典型标准带宽型 Δf=52～86kHz，82～128kHz，126～286kHz，284～400kHz）。

（6）电阻分量：阻波器必须有阻性分量，该阻性分量的大小由变电站介入损耗决定。由于变电站的输入阻抗是非常复杂的，可能是容性，也可能是感性，在最坏的情况下可能为完全容性。阻波器的阻抗如果没有阻性分量为纯感性，这时就会产生谐振，从而不能起到阻波高频信号的作用。而阻波器阻性分量的加入就会避免这种现象。要求在 Δf 两边频处电阻分量 $R_{SR}\geqslant 800\Omega$（窄带型），$R_{SR}\geqslant 500\Omega$（宽带型）。

（7）分流衰耗：各型阻波器在不同频段内的衰耗值不相同，在实用上只要保证工作频率 f_0 下的分流衰耗值合格，其值为 1.6～2.0dB 之内。

（8）放电器：一般采用 FS 型阀式避雷器（或氧化锌避雷器）。宽带型采用 35kV 避雷器，窄带型采用 10.5kV 避雷器。作用是保护雷击过电压，同时当强流线圈流过最大短路电流时将不致击穿。

（9）需要注意的两个问题：

1）阻波器的调谐盒是关键部件，如果调谐盒损坏，高频通道将增加 3dB 的衰耗，可通过对收信电平的测试值变化量分析，发现阻波器失调问题，及时处理。

2）阻波器的避雷器出问题难于发现，只能停电检查。因此，雷雨季节前后需组织检查。

上述两项检查，对于此类设备较多的单位，可适当准备一些调谐盒、避雷器备品，随时换上，缩短停电时间。

三、载波通道部件的检验及测试

（一）预备知识：电平及衰耗

1. 电平的概念

电平是通信技术中的一个量度，表示两电气量比值的对数关系。一般有两种表示单位：

（1） 以自然对数的 1/2 为单位，称为奈培（用 N 表示）。

（2） 以常用对数的 10 倍为单位，称为分贝（用 dB 表示）。

（3）奈培与分贝的换算关系：1N=8.686dB，1dB=0.115N。

（4）各种电平之间的转换关系。

1）电平的基准量：基准功率 P_0=1mW（10–3W）；基准负载 R_0=600Ω。从这两个基准量可导出基准电压 U_0、基准电流 I_0。各种典型负载下的电压、电流值，如表 5–1–2 所示。

表 5–1–2　各种典型负载下的电压、电流值

基准负载 R_0	600Ω	400Ω	200Ω	100Ω	75Ω
基准电压 U_0	0.775V	0.632V	0.548V	0.316V	0.274V
基准电流 I_0	1.29mA	1.58mA	1.82mA	3.16mA	3.65mA

注意：基准电压 0.775V 经常用到，应熟记。

2）功率绝对电平：即任意功率 P_1 与基准功率 P_0 之比的常用对数乘上 10 倍，写成关系式为：

$$p_G = 10\lg\frac{P_1}{P_0}\text{（dBm）} \tag{5–1–1}$$

3）功率相对电平：即任意功率 P_1 与另一任意功率 P_2 之比的常用对数乘上 10 倍，写成关系式为：

$$p_G = 10\lg\frac{P_1}{P_2}\text{（dB）} \tag{5–1–2}$$

4）功率相对电平与功率绝对电平互化：将式（5–1–2）稍做数学运算：

$$p_G = 10\lg\frac{P_1/P_0}{P_2/P_0} = 10\lg\frac{P_1}{P_0} - 10\lg\frac{P_2}{P_0} = p_{G1} - p_{G2}\text{（dB）} \tag{5–1–3}$$

即：两功率相对电平为这两功率绝对电平之差。

5）功率绝对电平与电压电平的互化：由式（5–1–1），设 P_1 的电压为 U_1，负载为 R_1，则：

$$\begin{aligned} p_G &= 10\lg\frac{P_1}{P_0} = 10\lg\frac{U_1^2/R_1}{U_0^2/R_0} = 10\lg\frac{U_1^2}{U_0^2} + 10\lg\frac{R_0}{R_1} \\ &= 20\lg\frac{U_1}{0.775} + 10\lg\frac{600}{R_1}\text{（dBm）} \end{aligned} \tag{5–1–4}$$

式（5–1–4）中前半部分 $20\lg\frac{U_1}{0.775}$ 为电压绝对电平 pU，即为选频电平表的读数；

$10\lg\frac{600}{R_1}$ 为修正值 Δp，若 R_1=75Ω，那么修正值 Δp=9dB，余类推。

2. 衰耗的概念

衰耗是一种能量的损耗，是功率之间的相对电平，用 b 表示，单位 dB。

高频通道衰耗的种类：固有衰耗、工作衰耗、传输衰耗、分流（介入）衰耗、跨越衰耗、反射衰耗、回波衰耗、终端衰耗，驻波等。

传输衰耗：

典型的四端网络，如图 5–1–6 所示。

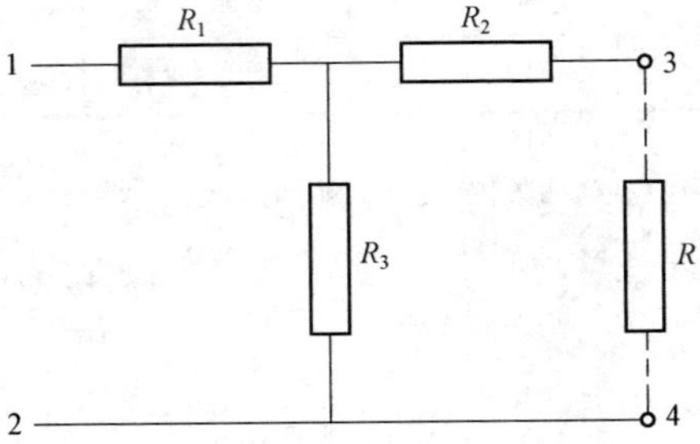

图 5–1–6 四端网络

高频信号在传输过程中（经过多个四端网络后），输入功率 P_1 与负载 R 上得到的功率 P_2 的相对电平，用 b_C 表示。传输衰耗公式：

$$b_C=10\lg\frac{P_1}{P_2}=P_1-P_2\text{（dB）} \quad (5\text{–}1\text{–}5)$$

分流衰耗（介入衰耗）：

即无网络介入时负载 R 上吸收的功率 P_1 与有网络介入时负载 R 上吸收的功率 P_2 的相对电平，用 b_F 表示。分流衰耗公式：

$$b_F=10\lg\frac{P_1}{P_2}=P_1-P_2\text{（dB）} \quad (5\text{–}1\text{–}6)$$

（二）通道巡视及检验测试

1. 高频通道的日常巡视要点

（1）高频阻波器正常巡视项目如下。

1）检查导线有无断股，接头有无发热现象，阻波器有无异常响声。

2）高频阻波器安装是否牢固。

3）高频阻波器上部与导线间悬挂的绝缘子是否良好。

4）阻波器上有无杂物，构架有无变形。

（2）耦合电容器正常巡视项目如下。

1）耦合电容器瓷瓶有无破损，渗漏油现象。

2）耦合电容器引线有无松动、过热，经结合滤波器接地是否良好，有无放电现象，接地刀闸瓷瓶有无破损。

3）耦合电容器内部有无异常声音。

（3）结合滤波器正常巡视检查项目如下。

1）引线连接牢固，接地线接触是否良好。

2）瓷瓶有无裂纹和破损。

3）外壳能否盖严，有无锈蚀和雨水渗入。

4）接地刀闸安装是否牢固，连接线是否正确，高频电缆的保护管是否牢固。

2. 检验说明

（1）测试目的：对通道的输入阻抗和传输衰耗进行测试可以帮助我们了解载波通道在各个频率上对信号的衰减程度，从而使我们掌握对载波机的配置要求及整体通信水平。

（2）测试衰耗可用电压表法、选频电平表法。

（3）测试工具

高频振荡器	50Hz～2MHz	1台	用于模拟载波机信号
选频电平表	50Hz～2MHz，≤30dBm	1台	用于测试电平值
高频频率计	50Hz～2MHz	1台	用于测试高频信号频率
数字万用表	1块	用于测量电压、电流	
负载电阻	75Ω/120Ω	若干	用于匹配收发信侧阻抗，构建测试电路

（4）测试通道衰耗之前，先应对总的衰耗值进行估算，以便心里有底。相–地耦合方式总衰耗 b_Σ 的经验计算式为：

$$\begin{aligned} b_\Sigma &= b_L + 2b_d + 2(b_J + b_Z) + \beta(l_M + l_N)\ (\mathrm{N}) \\ &= 8.686\times[K\sqrt{f_0 L} + 0.9 + \beta(l_M + l_N)]\ (\mathrm{dB}) \end{aligned} \quad (5\text{–}1\text{–}7)$$

式中 K——取决于线路类型的系数（35kV 线路，K=1.4×10^{-3}，110kV 线路，K=1.0×10^{-3}，220kV 线路，K=0.75×10^{-3}，500kV 线路，K=0.83×10^{-3}）；

b_L——输电线衰耗值，$b_L = K\sqrt{f_0 L}$（N）；

f_0——高频保护的工作频率（以 kHz 为单位）；

L——输电线实际长度（以 km 为单位）；

b_d——终端衰耗值，110～220kV 线路每端取 0.15N，35kV 和 500kV 每端取 0.2N；

b_J——结合滤波器的衰耗，≤0.15N；

b_Z——阻波器的衰耗，≤0.15N；

β——电缆的每公里衰耗值，SVY–100–7 型（原 PK–2 型）的公里衰耗计算可采用表 5–1–1 数据；

l_M、l_N——两端分别敷设的高频电缆长度（km）。

注：如果通道中还配有分频滤波器（或差接网络）等，总的衰耗值中还应加上相应元件的衰耗标称值。

3. 高频通道设备的整组性能测试

（1） 危险点分析。

结合滤波器的线路侧与耦合电容器下端相连。当耦合电容器下端开路时，对地即呈现一个相当于输电电压的静电位。在结合滤波器中接有一个排流线圈 L1，其对 50Hz 的工频电流阻抗很低，可以使耦合电容器下端对地工频电压限制在几伏范围内，但仍应视为高压，工作时应采取必要的安全措施。

（2） 高频通道衰耗和输入阻抗的测试步骤及要求（注：以下单位均为 Ω、dB、V）。

1）单侧通道的测试。

这是用来测定高频电缆+结合滤波器（包括耦合电容器）的工作衰耗和输入阻抗，试验接线如图 5–1–7 所示。测试得到的衰耗应为相同频率下高频电缆衰耗与结合滤波器衰耗之和。

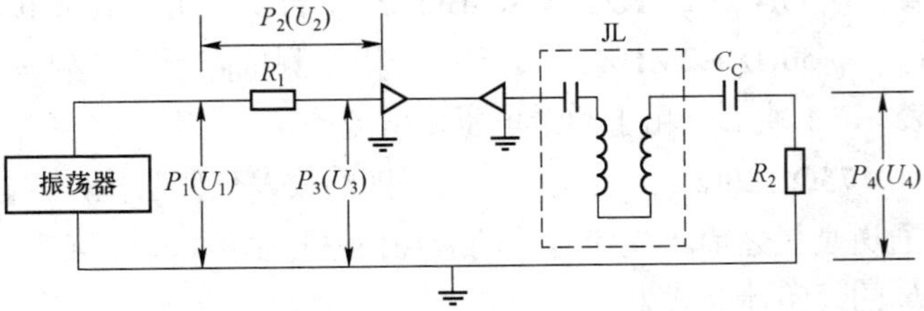

图 5–1–7 单侧通道测试接线图

图 5–1–7 中，振荡器采用低阻挡与电阻 R_1 串联，接于高频电缆上；电压表或选频电平表用高阻挡分别测量 U_1、U_2、U_3、U_4 或 P_1、P_2、P_3、P_4，其中 U_2（P_2）须用平衡式电压表（选频电平表用平衡输入），其他测试点用不平衡档测量。频率为 40～500kHz，每隔 20～40kHz 左右测一点。在工作频率（f0±1）kHz、±2kHz、±3kHz 各测一次。

R_1 为载波机模拟阻抗，取 75Ω；JL 为结合滤波器；C_C 为耦合电容器，其上桩头与线路分离，并对地连接电阻 R_2；R_2 为模拟线路阻抗，取 400Ω（或与线路阻抗相应的阻值）。为给以后的统调试验及保护投运后查找通道可能出现的异常现象做准备，宜进

一步录取 R_2 为不同的电阻值（0、∞、150、200，250、300、400、450、500Ω）时的输入阻抗值。

注：定期检验 R_2 电阻值为 400Ω 或 300Ω 下的试验。

用电压表法的计算公式：

$$b_p = 20\lg\frac{U_1}{U_4} + 10\lg\frac{R_2}{2R_1} \tag{5-1-8}$$

$$Z_{in} = \frac{U_3}{U_2} \times R_1 \tag{5-1-9}$$

用电平表法的计算公式：

$$P_b = P_1 - P_4 + 10\lg\frac{R_2}{2R_1} \tag{5-1-10}$$

$$Z_{in} = 10^{(P_3-P_2)/20} \times R_1 \tag{5-1-11}$$

2）高频通道总衰耗和输入阻抗的测试。

试验接线如图 5-1-8 所示，R_1、R_2 均模拟载波机阻抗，故均取 100Ω（或 75Ω）；U_2（P_2）须用平衡式电压表（选频电平表用平衡输入），其他测试点用不平衡挡测量。频率为 40～500kHz，每隔 20～40kHz 左右测一点。在工作频率（f0±1）kHz、±2kHz、±3kHz 各测一次。为防止干扰信号侵入影响试验结果，测量应用选频表的选频挡进行。

$$b_{p\Sigma} = P_1 - P_4 - 10\lg 2 \tag{5-1-12}$$

$$Z_{in} = 10^{(P_3-P_2)/20} \times R_1 \tag{5-1-13}$$

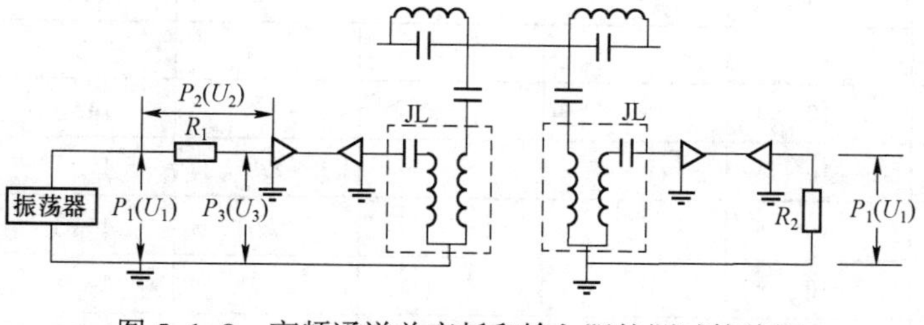

图 5-1-8　高频通道总衰耗和输入阻抗测试接线图

（3）测试报告示例。

仅以全程通道衰减测试为例。

载波机的工作频带：160–164/176–180kHz，载波机阻抗和高频电缆特性阻抗均为 75Ω。线路为 220kV 电压等级，全长 56kM，两侧高频电缆均为 SYV–75–9，分别为 150m 和 230m。

由于测试的通道全程衰耗，因此需在通道两侧进行配合测试，一侧使用高频振荡器，输出电平为 10dB，零阻挡；另一侧使用选频电平表进行测量。测试接线如图 5–1–8 所示，测试结果如表 5–1–3 所示。

表 5–1–3　　　　高频载波通道传输衰耗测试报告

设备（通道）名称和编号：××××××　　　　试验人员：×××、×××

试验时间：××××.××.××　　　　报告时间：××××.××.××

测试频率（kHz）	P_1（dB）U_1（V）	P_2（dB）U_2（V）	P_3（dB）U_3（V）	P_4（dB）U_4（V）	b_p（dB）	Z_{in}（Ω）
40	10			–10.24	17.24	
60	10			–10.01	17.01	
80	10			–9.88	16.88	
100	10			–9.5	16.5	
120	10			–9.1	16.1	
140	10			–9.61	16.61	
160	10			–8.53	15.53	
161	10			–8.3	15.3	
162	10			–8.43	15.43	
163	10			–8.05	15.05	
164	10			–8.85	15.85	
170	10			–8.38	15.38	
176	10			–7.5	14.5	
177	10			–8.4	15.4	
178	10			–7.93	14.93	
179	10			–8.15	15.15	
180	10			–7.63	14.63	
200	10			–7.28	14.28	
220	10			–7.72	14.72	
240	10			–8.11	15.11	
260	10			–9.17	16.17	
280	10			–10.04	17.04	
300	10			–9.85	16.85	
320	10			–10.75	17.75	
340	10			–11.1	18.1	

续表

测试频率（kHz）	P_1（dB）U_1（V）	P_2（dB）U_2（V）	P_3（dB）U_3（V）	P_4（dB）U_4（V）	b_p（dB）	Z_{in}（Ω）
360	10			−11.64	18.64	
380	10			−12.1	19.1	
400	10			−12.95	19.95	
420	10			−12.4	19.4	
440	10			−13.79	20.79	
460	10			−15.48	22.48	
480	10			−15.49	22.49	
500	10			−17.09	24.09	
测试结论	温度：　℃　湿度：　%　测试负载 R_2 选择值为：　75Ω 测试仪表：高频振荡器、选频电平表 测试结论：全程衰耗在 40～500kHz 范围内较为平坦，基本满足要求。 在载波机使用的频率范围内衰耗值均在 14～16dB 之内，满足载波机传输。 的灵敏度要求，与理论估算值接近，测试结果通道合格，可以使用					

（4）测试注意事项。

试验所用电子仪器在接线时，都应使仪器的地端子与设备的地端子相连接。凡试验中使用的电阻若有高频信号通过时均应使用无感电阻。收发信机的负载电阻 R（即 75Ω 电阻），如不是无感的均应换成无感电阻。

定期检验时，先测试整个通道的总衰耗值。如与前次试验结果相符，就不要分别测试各通道元件的输入阻抗和衰耗值了。只有在不相符时再分别对各单个通道元件（即加工设备）进行检验。新安装试验则要求通道的总衰耗值和各通道元件的输入阻抗和衰耗值都须作检验。

4. 载波通道结合加工设备的检验

（1）结合滤波器的检验。

1）放电器检验。

可用 2500V 摇表及能测量 2500V 直流的电压表测试。放电时电压表指示值不再上升时的电压值即为放电电压。要求直流放电电压在 1700～2100V 之间，否则应进行调整或更换。

注：一般情况下，此项目交由高试部门作放电电压试验。摇测时应通知有关人员停止在回路上的一切工作，断开高频电缆与载波机的连接。

2）结合滤波器特性阻抗测试。

测试目的：测试掌握结合滤波器在频带范围内的特性阻抗值，与标称阻抗比较是否满足要求。

电缆侧与线路侧试验方法相似。以电缆测特性阻抗测试为例，试验接线如图 5–1–9 所示。刀闸 K 合上，使高频振荡器频率为工作频率 f0，输出电压电平为 10dB，分别对 K 合、K 断两种情况下，测得 P_{2D}、P_{3D} 和 P_{2K}、P_{3K}，然后用式（5–1–14）计算电缆侧特性阻抗 ZDL 值，要求与阻抗标称值相差不大于±30%。然后，在 f0=±2kHz 和 40～500kHz 内每隔 20kHz 一点，照同样的方法作出结合滤波器的特性阻抗。

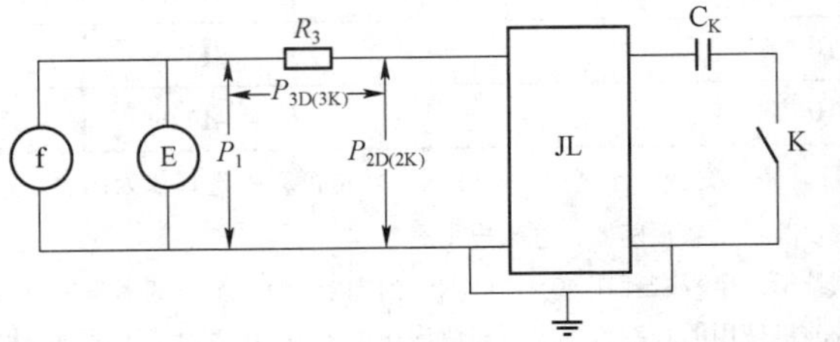

图 5–1–9 结合滤波器的电缆侧特性阻抗测试接线图

JL—结合滤波器；E—高频振荡器；f—高频频率表；

R_3—75Ω 无感电阻；K—刀闸；C_K—模拟高压耦合电容器

$$Z_{DL}=R_3\times 10^{(P_{2D}+P_{2K}-P_{3D}-P_{3K})/40}\ (\Omega) \tag{5–1–14}$$

3）结合滤波器的输入阻抗特性测量。

电缆侧和线路侧的输入阻抗特性试验方法相似。以电缆侧输入阻抗测试为例，试验接线如图 5–1–10 所示。试验时，使高频振荡器频率为工作频率 f0，输出电压为 10dB 左右，测量 P_2 和 P_3，然后用式（5–1–15）计算电缆侧的输入阻抗 ZDL 值，要求与标称值相差不大于±10%。然后，在 f0=±2kHz 和 40～500kHz 内每隔 20kHz 一点，照同样的方法作出结合滤波器的输入阻抗特性。

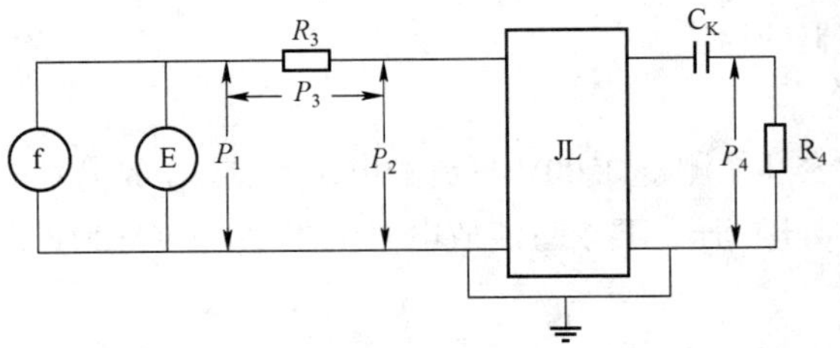

图 5–1–10 结合滤波器的电缆侧输入阻抗和工作衰耗测试接线图

R_4—400/300Ω 无感电阻；JL—结合滤波器；E—高频振荡器；

f—高频频率表；P—电平表；R_3—75Ω 无感电阻；C_K—模拟高压耦合电容器

$$Z_{DL}=R_3\times10^{(P_2-P_3)/20}\,(\Omega)\qquad(5\text{–}1\text{–}15)$$

4）测量结合滤波器的工作衰耗特性 $b=F(f)$。

电缆侧工作衰耗特性的试验接线与图 5–1–10 相同。试验时，使高频振荡器频率为工作频率 f0，输出电压为 10dB 左右，测量 P_1 和 P_4，然后用式（5–1–16）计算电缆侧工作衰耗 b_{DL}，要求 b_{DL} 不大于 1.3dB。然后，在 f0=±2kHz 和 40～500kHz 内每隔 20kHz 一点，照同样的方法作出结合滤波器的工作衰耗特性。

$$b_{DL}=P_1-P_4+10\lg(R_4/2R_3)\,(\mathrm{dB})\qquad(5\text{–}1\text{–}16)$$

注：结合滤波器输入阻抗特性和工作衰耗特性，在定期全部检验时只作工作频率 f0 下的检验。

5）结合滤波器地刀的检查。

在新安装与定期检验时，应对结合滤波器外附的地刀进行外观检查。检查地刀是否有锈蚀，触头接触是否紧密，标示是否清晰，接地线是否牢固可靠，上端头引线是否正确等。

6）测试报告示例。

仅以结合滤波器工作衰耗测试为例：

载波机的工作频带：160～164/176～180kHz，载波机阻抗和高频电缆特性阻抗均为 75Ω。

测试接线如图 5–1–11 所示，测试结果如表 5–1–4 所示。

表 5–1–4　　结合滤波器特性阻抗、输入阻抗、工作衰耗测试报告

设备（通道）名称和编号：××××××　　试验人员：×××、×××

试验时间：2006.××.××　　报告时间：2006.××.××

测试频率（kHz）	P_{2D}（dB）/ P_1（dB）	P_{3D}（dB）/ P_2（dB）	P_{2K}（dB）/ P_3（dB）	P_{3K}（dB）/ P_4（dB）	Z_{DL}［Z_{XL}］（Ω）/ b_{DL}［b_{XL}］（dB）
40	10			7.32	2.68
60	10			7.86	2.14
80	10			8.24	1.76
100	10			8.61	1.39
120	10			9.08	0.92
140	10			9.31	0.69
160	10			9.16	0.84
161	10			9.04	0.96
162	10			8.97	1.03

续表

测试频率（kHz）	P_{2D}（dB）/ P_1（dB）	P_{3D}（dB）/ P_2（dB）	P_{2K}（dB）/ P_3（dB）	P_{3K}（dB）/ P_4（dB）	Z_{DL} [Z_{XL}]（Ω）/ b_{DL} [b_{XL}]（dB）
163	10			8.95	1.05
164	10			8.94	1.06
170	10			8.93	1.07
176	10			8.9	1.1
177	10			8.9	1.1
178	10			8.89	1.11
179	10			8.89	1.11
180	10			8.87	1.13
200	10			8.82	1.18
220	10			8.74	1.26
240	10			8.78	1.22
260	10			8.83	1.17
280	10			8.9	1.1
300	10			8.97	1.03
320	10			9.06	0.94
340	10			9.13	0.87
360	10			9.25	0.75
380	10			9.31	0.69
400	10			9.19	0.81
420	10			9.06	0.94
440	10			8.93	1.07
460	10			8.79	1.21
480	10			8.67	1.33
500	10			8.54	1.46
测试结论	高频电缆标称阻抗值：75 Ω 测试仪表：高频振荡器、选频电平表 测试结论：结合滤波器衰耗在 100～460kHz 范围内基本满足＜1.3dB 的要求。在载波机使用的频率范围内衰耗值均在 0.84～1.13dB 之内.测试结果显示该结合滤波器合格，可以使用				

衰减频率特性曲线如图 5–1–11 所示。

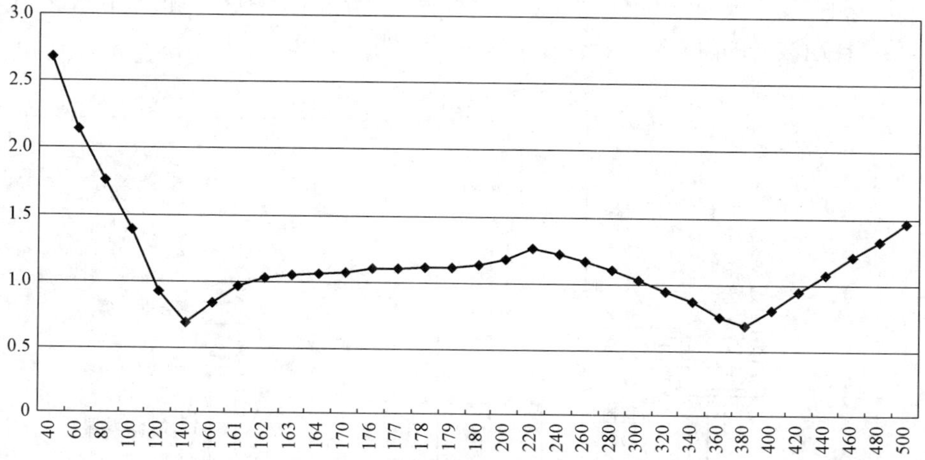

图 5–1–11 结合滤波器衰减频率特性曲线

7）注意事项。

结合滤波器检验、测试前将结合滤波器接地刀闸合上，然后将结合滤波器与耦合电容器连接线拆除，用模拟电容器、模拟电阻进行测试。

（2）高频阻波器的检验。

1）外部及机械部分检查。

检查阻波器强流线圈和调谐元件的状态是否良好，它们之间的相互连接是否正确。清除阻波器上的灰尘和污物。检查各零件是否完好，各螺丝是否拧紧、各焊接点有无假焊观象。检查调谐元件盒是否严密、放电器固定是否牢靠等。注意强流线圈部分要干净，保证接触良好。

2）绝缘与耐压试验（注：定期全部检验的交流耐压试验每 6 年进行 1 次或根据需要进行）。

在检查调谐元件时应将强流线圈断开，用 2500V 摇表测定绝缘电阻。将摇表的接地端子接在调谐元件的外壳上，另一端依次接到不接外壳的端子上。所测得的绝缘电阻应大于 100MΩ。

3）避雷器放电电压试验（注：一般情况下，此项目交由高试部门作放电电压试验）。

4）阻波器阻塞阻抗特性 ZC=F（f）试验。

方法一：专用测试仪法

在停电但不吊下设备的条件下进行阻塞性能的测试。将阻波器后面的隔离开关打开，接地刀闸合上，同时解开阻波器上端与线路的连接线，使阻波器上端悬空。拆线时应严格遵守有关在高压设备上作业的安全规定，高压线路停电并挂接地线。

其试验接线方式如图 5–1–12 所示。调整专用测试仪，使频率步长为 10kHz，测试完毕后打印阻波器的阻塞阻抗特性和阻塞电阻特性。

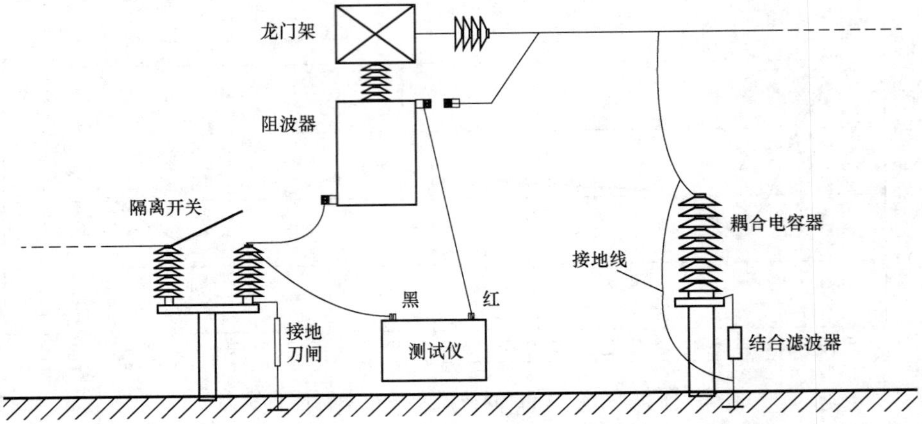

图 5–1–12 阻波器阻塞阻抗特性专业仪表法测试接线图

根据阻波器的铭牌参数，对于 R 型，要求在工作频带内阻塞阻抗电阻分量不小于 570Ω；对于 Z 型，要求在工作频带内阻塞阻抗不小于 800Ω。

方法二：电平表法

将阻波器吊下，放在干燥的绝缘板上或木板上，利用选频电平表检验阻抗特性。

试验接线见图 5–1–13。试验时，使高频振荡器频率为工作频率 f_0，输出电压为 10dB 左右，测量 P_1 和 P_2，然后用下式计算阻波器的阻塞阻抗（Z_{SR}）。然后，在 f_0=±2kHz 和阻波器的阻塞频带范围内每隔 20～40kHz 一点，照同样的方法作出结合滤波器的工作衰耗特性。要求阻塞频带范围内的阻塞阻抗 Z_{SR} ≥600Ω。

计算公式：

$$Z_{SR} = R_2 \times [10^{(p_1-p_2)/20} - 1]\,(\Omega) \tag{5-1-17}$$

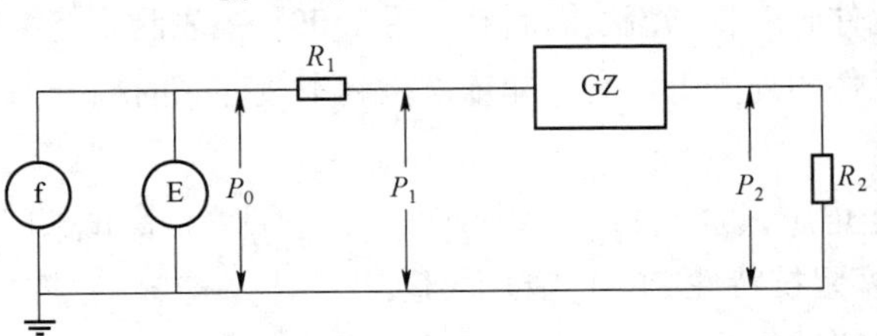

图 5–1–13 阻波器阻抗特性试验接线图

GZ—高频阻波器；E—高频振荡器；f—高频频率表；

R_1—大于 500Ω 无感电阻；R_2—100Ω 无感电阻

5）阻波器分流衰耗测试。

试验接线如图 5–1–14 所示。

试验时，以 F=40kHz 作为参考点，开关 K 断开时调节振荡器输出，使选频表的计数为 0dB。此时，保持振荡器输出电平值不变，合上开关 K，振荡器以 20kHz 的频率间隔在 40～500kHz 频率范围内逐点改变输出频率；逐点测量并记录电平表的读数，所测值的绝对值即为分流损耗 bF。

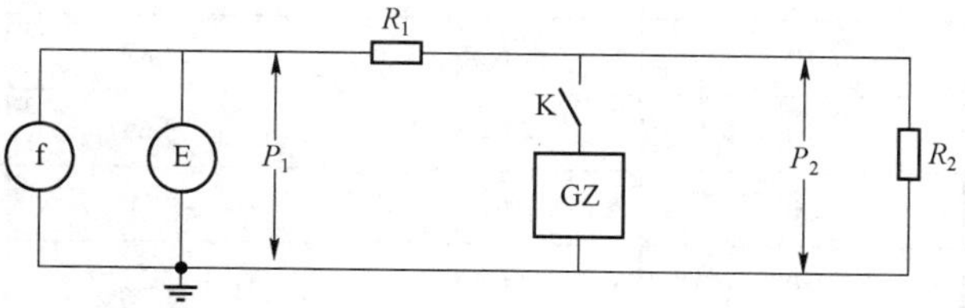

图 5–1–14　阻波器分流衰耗测试接线图

GZ—高频阻波器；E—高频振荡器；f—高频频率表；K—开关

6）测试报告示例。

仅以阻波器阻塞阻抗电平发测试为例，测试报告见表 5–1–5。

表 5–1–5　　**阻波器阻塞阻抗测试报告**

设备（通道）名称和编号：××××××　　试验人员：×××、×××

试验时间：2006.××.××　　报告时间：2006.××.××

测试频率（kHz）	p_0（dB）	p_1（dB）	p_2（dB）	Z_{SR}（Ω）
40	10	6.6	1.07	89
60	10	6.62	–4.18	246
80	10	6.91	–7.76	441
100	10	6.94	–10.47	642
120	10	6.72	–13.79	960
140	10	6.71	–16.12	1285
160	10	6.69	–15.43	1176
161	10	6.69	–15.15	1136
162	10	6.69	–15.04	1120
163	10	6.69	–14.87	1097
164	10	6.69	–14.8	1087

续表

测试频率（kHz）	p_0（dB）	p_1（dB）	p_2（dB）	Z_{SR}（Ω）
170	10	6.68	−14.66	1067
176	10	6.67	−14.07	989
177	10	6.67	−13.9	968
178	10	6.67	−13.86	963
179	10	6.66	−13.82	957
180	10	6.66	−13.69	941
200	10	6.63	−13.4	903
220	10	6.63	−13.22	883
240	10	6.62	−13.31	892
260	10	6.62	−13.95	968
280	10	6.62	−14.43	1028
300	10	6.61	−15.03	1108
320	10	6.61	−15.68	1202
340	10	6.6	−16.29	1295
360	10	6.6	−16.94	1403
380	10	6.6	−17.55	1513
400	10	6.59	−18.18	1632
420	10	6.59	−17.5	1501
440	10	6.59	−16.66	1354
460	10	6.59	−15.73	1206
480	10	6.59	−14.3	1008
500	10	6.59	−12.4	790
测试结论	测试仪表：高频振荡器、选频电平表。 测试结论：阻塞阻抗在 100～500kHz 范围内均基本满足>600Ω 的要求。 在 400kHz 处达到了 1632Ω，另外一个中心频率点在 140kHz 左右，阻塞阻抗值达到了 1285Ω。测试结果显示在载波机使用的频率范围内合格，可以使用。 的灵敏度要求，测试结果通道合格，可以使用			

阻波器阻塞阻抗频率特性曲线如图 5-1-15 所示。

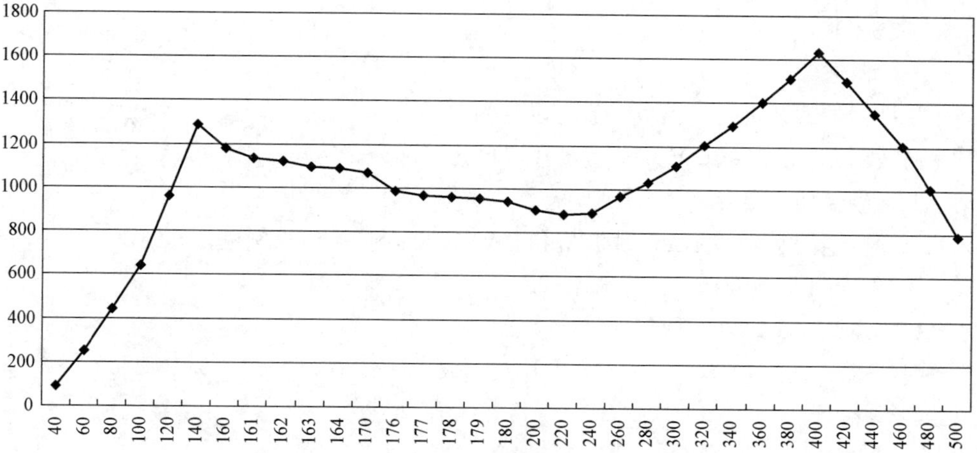

图 5-1-15　阻波器阻塞阻抗频率特性曲线

7）阻波器定期部分检验方法推荐。

定期部分检验时，可采用拉合线路两侧接地刀闸的方法对阻波器的阻塞性能进行判断。断开线路两侧的开关及隔离刀闸，分别在线路侧接地刀闸合上与断开的两种情况下测试结合滤波器线路侧的收发信电平。在本侧高频通道其他结合加工设备均正常的情况下，该电平值前后相差不大于 3.0dB 时，可认为阻波器阻塞性能完好，不必对其进行单元件的检验。

【思考与练习】

1. 载波机高频通道口都安装避雷器，其作用是什么？
2. 载波通信设备的音频端口阻抗是多少？
3. 载波通道主要是由哪些部分组成？
4. 高频阻波器的基本功能是什么？
5. 耦合电容器和结合滤波器配套使用，基本功能是什么？
6. 结合滤波器由哪些基本元件组成？

模块 2　载波机的硬件结构介绍（Z37E5002Ⅱ）

【模块描述】本模块包含载波机具体工作原理、硬件介绍以及继电保护信号在载波机上的复用。通过对整机工作原理和硬件结构的介绍，掌握各部分电路的功能及运行维护中的巡视要点和操作方法。通过对继电保护系统及组成、对接口和通道的基本要求等的介绍，掌握继电保护与通信的关系和具体复用过程。

【模块内容】

一、概述

复用保护载波机硬件组成一般可以分为电源模块、主控单元、功率放大单元、收发信滤波单元、音频接口模块、保护接口单元等部分。

二、硬件功能简介

下面以西门子 PowerLink 载波机和 SWT3000 保护接口为例进行介绍。

（一）西门子 PowerLink 载波机

1. PowerLink 可以传输信号

（1）保护信号。

（2）话音。

（3）传真。

（4）数据。

（5）视频监视。

2. PowerLink 特点

（1）采用单边带载频抑制（SSB）传输，直接数字合成（DDS）的一步频率转换方式。

（2）8kHz 带宽可提供 2～3 路话音通道。

（3）使用自动串音消除（AXC）取代传统载波机的差接网络。

（4）可以内置集成 2 套独立的 SWT3000 保护接口，工作频带若采用 4kHz 可以实现 2～4+2 个命令方式，若采用 8kHz 可以实现 2～4+2～4 个命令方式。

（5）采用模块化结构，仅测试 HF 通道一点即可。

（6）告警模块可以选配 1 或 2 块，告警继电器可以用软件任意定义为总告警、发送告警、接收告警或解除闭锁。

（7）配备了标准的 TCP/IP 网络协议，可以接入内部局域网，管理人员在管辖范围内的任何地点通过维护软件访问任意一套 PowerLink 系统。

（二）西门子 SWT3000 保护接口

对于允许式保护，当线路故障后出现功率倒相时，要求保护接口在对端保护停信后立即停止输出（即不能有展宽或拖尾），否则会造成保护误动。国内已经多次发生因保护接口输出展宽或拖尾造成保护误动。SWT3000 采用脉冲噪声抑制（INC）技术，保护接口的输入输出展宽时间可以设置为 0ms，实现无展宽或拖尾。

SWT3000 设备具有模拟、数字和光纤通道接口：通过模拟通道传输时，工作频率范围 0～4kHz；与数字通道接口的类型有 X.21、G703.1（64kbit/s）或 G703.6（2Mbit/s）；可以直接通过专用光纤传输。

当 SWT3000 保护接口单纯采用数字路由传输时，可以透明传输完全独立的 8 个保护命令信号到远端，在远端这些信号能够按任何所需的组合要求（通过软件预设），交叉连接至信号输出。采用 2Mbps 口传输保护信号时，端到端的传输时间小于 3ms。当光传输网络内采用多台 SWT3000 保护接口时，该设备的地址编码识别功能，防止两端设备在数字网络重构时可能出现的错误连接。针对保护系统的特点，可以使用冗余电源方式，输出电压可监视。

三、系统原理框图

西门子 PowerLink 载波机和 SWT3000 保护接口复用保护载波通信系统原理框图如图 5–2–1 所示。

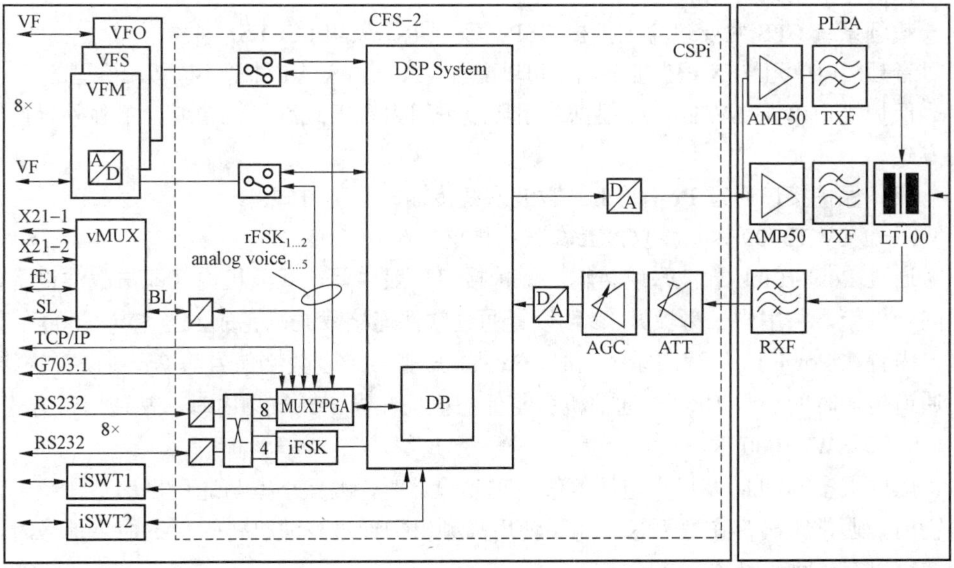

图 5–2–1　西门子 PowerLink 载波通信系统原理框图

各功能模块对应关系如表 5–2–1 所示。

表 5–2–1　　PowerLink 载波机各功能模块对应关系表

VF 音频频率	iSWT 内置保护接口	CFS–2 载频单元
VFO 音频接口 FXO	vMUX 内置复接器	PLPA 功放单元
VFS 音频接口 FXS	iFSK 内置 FSK 通道	channel CSPi 主控单元
VFM 音频接口 E&M	DP 数据泵 AMP50	AMP50 功率放大 50W
X.21–x 同步数字接口	AGC 自动增益控制	RXF 收信滤波器
RS232 异步数字接口	ATT 衰减器	TXF 发信滤波器

从图 5–2–1 中可以看出，西门子复用保护载波机可以简单划分为功放单元 PLPA、载频系统 CFS、音频接口单元 VFX、保护接口 SWT、内置复接器 vMUX 等五部分。

其中功放单元 PLPA 包含功率放大 AMP50、收信滤波 TXF、发信滤波 TXF、线路匹配 LT100 等模块单元；

Powerlink 采用单边带载频抑制（SSB）传输，直接数字合成（DDS）的一步频率转换方式，音频信号经过一次调试后转换到高频信号，经过功率放大和发信滤波器后到达高频通道；

收信支路接收到对侧设备通过高频通道发送来的信号后，经过线路匹配单元、收信滤波器后到达载频部分，在这里经过衰耗器、自动增益控制电路后通过一次解调，将高频信号解调到音频信号。

载频系统 CFS 主要包含主控板 CSP、载频电源模块 PSCFS；

音频接口单元 VFX 根据业务需求可以配置 VFO、VFS、VFM 等不同接口类型的板卡；

保护接口单元 SWT 可以根据使用环境采用内置于载波机机箱或者单独外置使用的方式。

四、保护接口通过 PowerLink 载波系统传输的几种方式

（一）SWT3000 保护接口内置在载波机中

通过 PowerLink 载波系统传输，保护接口一般内置在载波机内（即与载波设备使用同一机箱，共用同一母板），参数设置通过软件连接载波机完成。当 SWT3000 保护接口内置在 PowerLink 载波系统内时，SWT3000 直接通过数字信号与 PowerLink 连接，使通道传输时间小于 10ms。通信机房与保护机房在同一建筑物内时，常使用该方式。

（二）SWT3000 保护接口外置

国内很多 500kV 及以上电压等级变电站设计时，继保小室与通信机房不在统一建筑物内，通常距离都在数百米，如果使用高频保护通过载波机传输保护命令信号时，通常可以有 4 种设计方案。

（1）外置的保护接口安装在载波设备或与载波设备同一屏体，并安装在通信机房。继保小室内的高频保护通过控制电缆直接与通信机房的保护接口连接，此时控制电缆长度较长，并且通常还要经过一次高压场地，控制电缆极易受到干扰。不建议采用此方案。如图 5–2–2 所示。

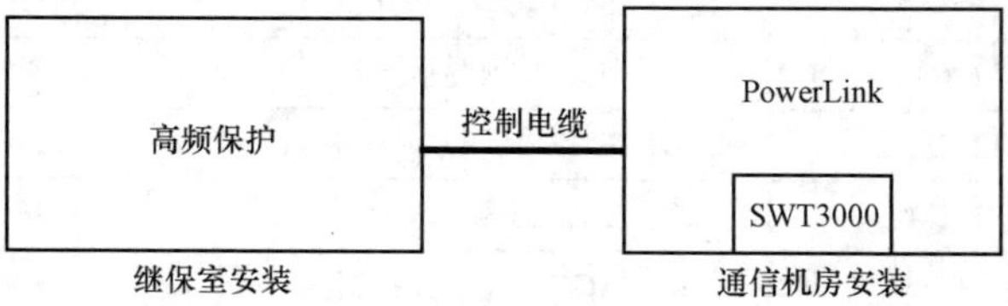

图 5–2–2 通信机房安装方式

（2）将载波设备及保护接口安装在继保小室，通过控制电缆与同一机房内的高频保护设备连接。此方式虽然解决了控制电缆的抗干扰问题，但载波设备安装在继保小室给通信人员维护设备带来了极大的不变，并且话音、远动通道铺设及维护困难。此方式在国内较少应用。如图 5–2–3 所示。

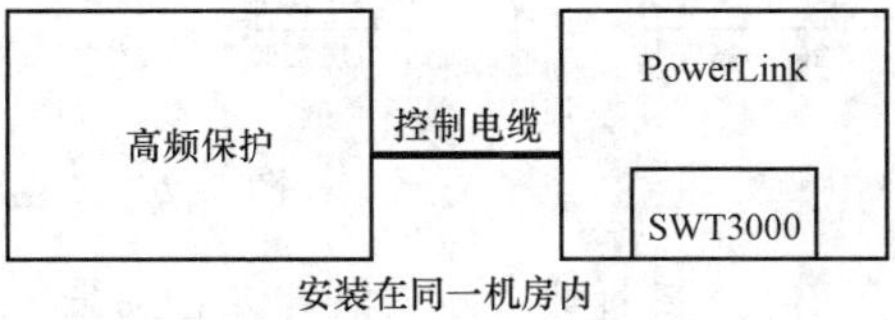

图 5–2–3　保护机房安装方式

（3）载波设备及保护接口安装在通信机房。保护输出的接点信号通过转换装置转为光信号，通过光缆连接至通信机房，在通信机房内安装光信号转接点信号的转换装置，然后再将接点信号送至保护接口。此方式需在每端站内都增加两个转换装置，增加故障点的同时，增加了保护通道的传输时间（两端设备增加 10ms 以上的传输时间），降低了高频保护的快速性。此方式在国内有一定应用。如图 5–2–4 所示。

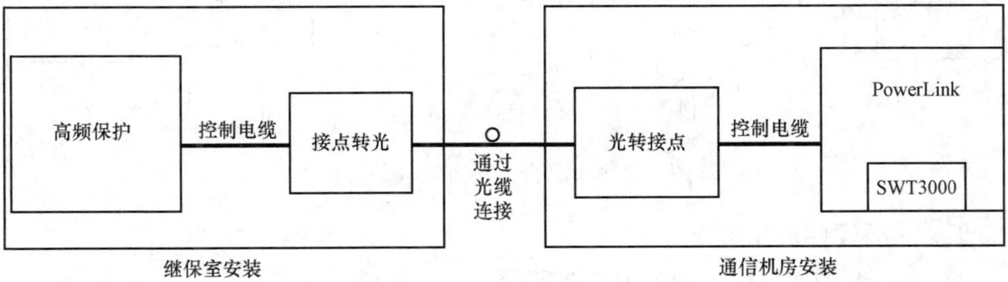

图 5–2–4　光电转换连接方式

（4）载波设备安装在通信机房，保护接口安装在继保小室（保护接口使用 19 英寸 3U 机型，通常安装在保护屏体内），载波设备与保护接口内置光收发器，直接通过光缆连接。由于此方式采用光纤连接，解决了方案 1 中的抗干扰问题。因无须增加转接设备，同时也解决了方案 3 中的增加设备增加故障点的问题，并且此时的通道传输时间与保护接口内置在载波设备的传输时间相同，即 10ms 以内。极大的提供了保护通道的快速性和安全性。保护接口的参数设置、告警及事件记录等信息可以直接在通信机房内的载波设备上读取，解决了方案 2 中通信人员对设备维护不变的问题。并且当一端的光纤出现收信或发信告警时，对端站的设备也同样输出告警，使两端保护同时由 2 取 2 方式转为 2 取 1 方式。由此方式在国内有一定应用。见图 5–2–5。两端站也可使用不同配置，如一端采用光缆连接，另一端采用内置保护接口方式。

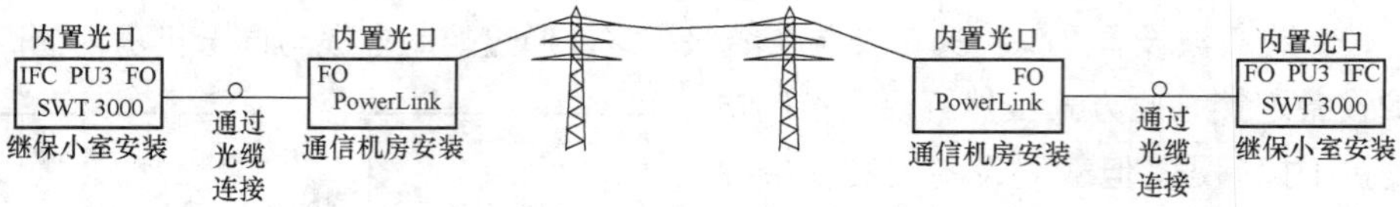

图 5-2-5 光缆连接方式（外置）

（三）通过载波机及数字路由传输（X.21、G703.1（64kbit/s）或 G703.6（2Mbit/s））的综合应用

与高频保护配合，通过载波机及数字通道联合传输保护信号。每套保护接口可以传输 8 个完全独立单独保护信号。可以采用单数字路由或双数字路由传输（两条路由一主一备，两条路由同时传输信号，当主路由出现故障时，接收端自动无间隙的切换到从路由上）。

图 5-2-6 为保护接口安装在继保小室，通过光缆分别与通信机房的载波设备及 SDH 设备连接，实现双通道传输。

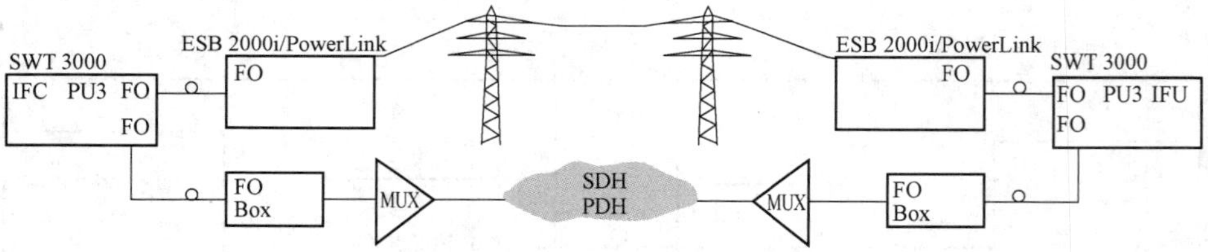

图 5-2-6 混合传输方式（外置）

五、主要硬件单元简介

PowerLink 的实物照片如图 5-2-7 所示。

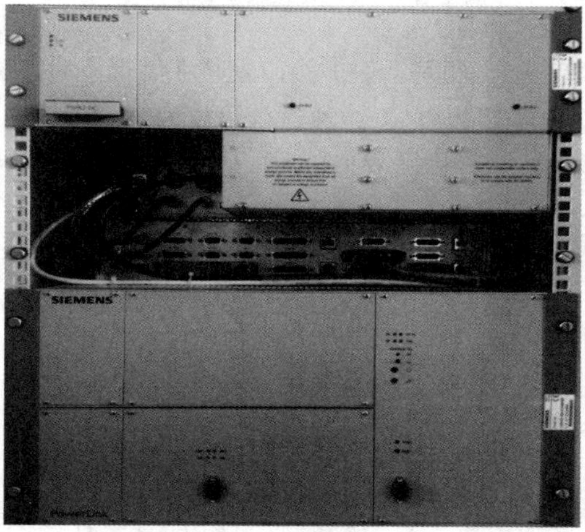

图 5-2-7 PowerLink 载波机的前视图

针对设备巡视和运行维护的要求，下面选取主控单元 CSP、保护接口 SWT、功放单元 PLPA 等三部分进行介绍。其中重点介绍了相关指示灯的不同状态，根据指示灯的状态，可以直观的判断设备运行状态是否正常和故障时对故障原因进行初步的分析判断。

（一）主控单元 CSP

CSP 模块如图 5-2-8 所示。

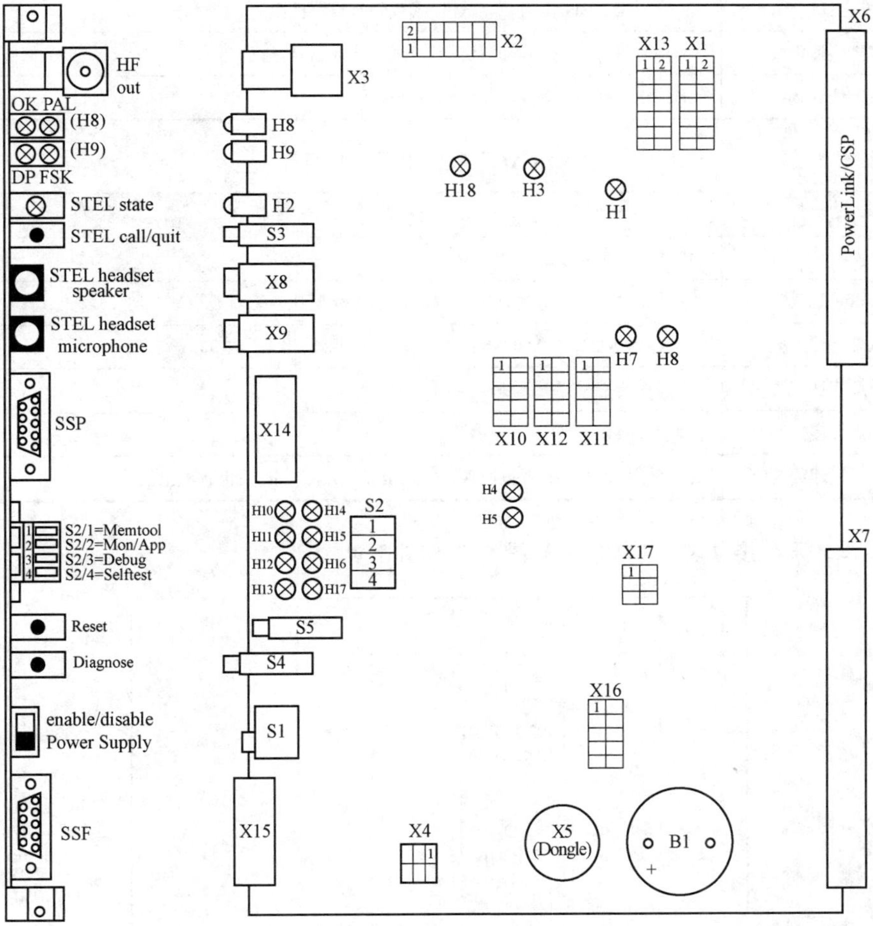

图 5-2-8　CSP 模块

相关指示灯状态注释见表 5-2-2 和表 5-2-3。

表 5–2–2　　“OK/BGAL”硬件运行指示灯状态表

状态	原　因
不亮	电源关闭或系统故障
亮绿灯	系统正常，非测试模式或临时设置被激活
绿灯缓慢闪亮	系统正常但是任何测试模式或临时设置被激活
绿灯快速闪亮	诊断模式
亮红灯	插件告警（BGAL），非测试模式或临时设置被激活
红灯缓慢闪亮	插件告警（BGAL），而且任何测试模式或临时设置被激活
红灯快速闪亮	插件告警（BGAL），而且在诊断模式下

表 5–2–3　　“RX–AL”收信指示灯状态表

状态	原　因
不亮	电源关闭或系统故障
亮绿灯	接收正常，没有导频告警、AGC 告警、信噪比告警
绿灯缓慢闪亮	AGC 到达极限（AGC 告警在非紧急告警继电器上产生）。
绿灯快速闪亮	信噪比告警
红灯缓慢闪亮	导频过低
红灯快速闪亮	ADC 溢出，在服务程序<Adjustment–RX levelling>中也有溢出的显示。

（二）保护接口 SWT 单元（如图 5–2–9 所示）

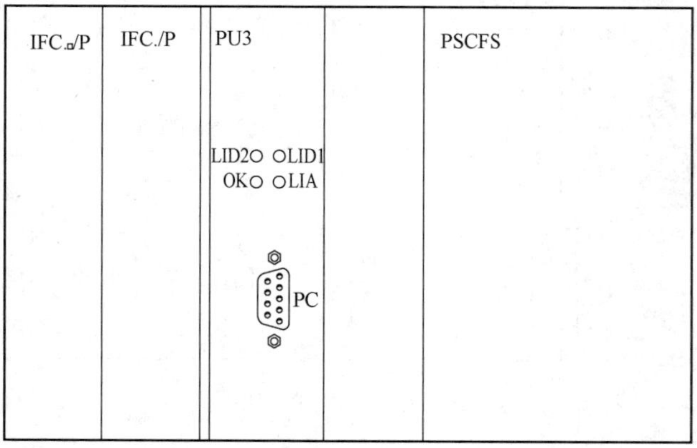

图 5–2–9　保护接口 SWT 单元面板图

从图 5–2–9 中可以看出，保护接口 SWT 单元包含 PU3、IFC./P 等板卡。其中 PU3

是保护接口主控板，IFC./P 是命令输入输出板。

PSCFS 为载频电源模块。

相关指示灯状态注释见表 5–2–4～表 5–2–7。

表 5–2–4　“LIA”模拟通道状态指示灯状态表

指示灯状态	含　义
灯灭	没有配置 LIA 接口
红灯	LIA 不能正常工作
红灯闪烁	LIA 工作在不正常情况下（如收信告警情况）
绿灯	LIA 正常工作
绿灯闪烁	试验模式或工作在第 2 路由

表 5–2–5　“LID–1”数字通道 1 指示灯状态表

指示灯状态	含　义
灯灭	没有配置 LID–1
红灯	LID–1 不能正常工作
红灯闪烁	LID–1 工作在不正常情况下（如收信告警情况）
绿灯	LID–1 正常工作
绿灯闪烁	试验模式或工作在第 2 路由

表 5–2–6　“LID–2”数字通道 2 指示灯状态表

指示灯状态	含　义
灯灭	没有配置 LID–2
红灯	LID–2 不能正常工作
红灯闪烁	LID–2 工作在不正常情况下（如收信告警情况）
绿灯	LID–2 正常工作
绿灯闪烁	试验模式或工作在第 2 路由

表 5–2–7　“OK/BGAL”硬件运行指示灯状态表，用于显示 PU3 模块的工作状态

指示灯状态	含　义
灯灭	没有通电或模块故障
红灯	模块不能正常工作
红灯闪烁	一般告警
绿灯	正常工作
绿灯闪烁	试验模式

（三）功放单元

功放面板如图 5–2–10 所示。

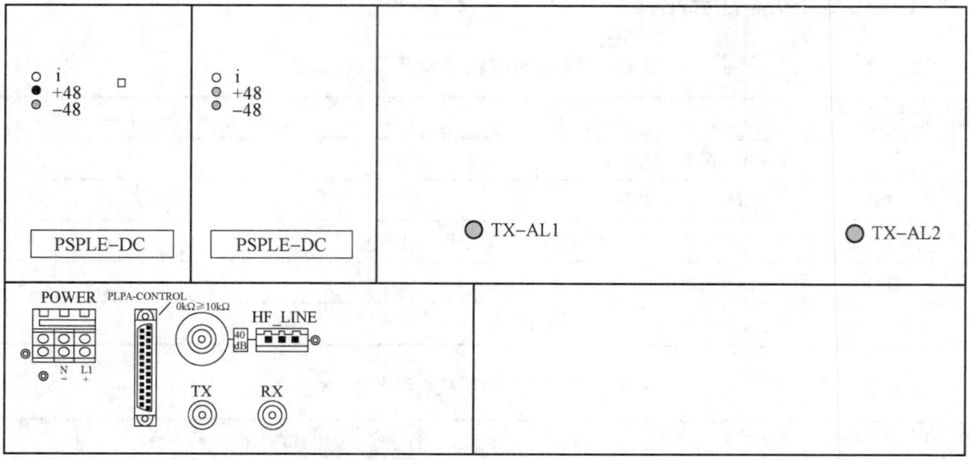

图 5–2–10　功放部分的面板图

相关指示灯状态注释如表 5–2–8 所示。

表 5–2–8　　功放部分相关指示灯状态表

指示灯	正常工作状态	备注
i	绿灯常亮	设备电源–48V 输入状态显示
+48	绿灯常亮	功放电源+48V 输出状态显示
–48	绿灯常亮	功放电源–48V 输出状态显示
TX–AL1	不亮	第一块功放信号输出告警显示
TX–AL2	不亮	第二块功放信号输出告警显示

【思考与练习】

1. 根据在通道上传输信号类型的不同，通信方式可分为哪两种方式？

2. 载波通道的衰减可能会发生较大的变化，为保证电力系统通信不中断，电力线载波机应具有什么样的特性？

3. 保护接口从音频带宽的角度可分为宽带和窄带工作方式，当使用内、外置两套保护接口实现 2 快 2 慢方式时，内置保护接口和外置保护接口分别属于哪种工作方式？

4. 电力线载波系统基本载波频带是多少？

模块3 载波机的维护（Z37E5003Ⅱ）

【模块描述】本模块包含载波机维护软件的使用方法、载波机测试方法及通道联调的具体手段。通过对维护软件安装、登录、查询、配置等功能的介绍，掌握载波机的日常维护和故障处理时对应软件功能的使用方法。通过对载波机各点信号或载频的测试方法及通道联调的介绍，掌握载波机的日常维护和故障处理时的测试手段。

【模块内容】

一、维护软件

在载波设备运行维护过程中，经常需要用到网管软件，通过它可以实现载波机硬件配置、业务配置、参数调整、告警信息查看、保护事件记录读取等功能。掌握维护软件的使用方法。对载波机的日常维护和故障处理能起到很大的作用。

下面以西门子公司PowerLink载波机网管软件为例进行介绍。

（一）软件简介

在调试、维护和诊断西门子 PowerLink 或 SWT 3000 时，需要用到维护程序PowerSys。下述内容适用于程序版本≥P3.3.1xx 时。安装维护程序的计算机必须满足以下要求：

（1）操作系统：Windows 2000 or Windows XP。

（2）串口：RS 232。

维护软件刻在一张 CD–ROM 上，请运行 Setup.exe，程序会引导你完成安装。PowerSys 安装程序的开始界面如图5–3–1所示。

图5–3–1 PowerSys安装程序的开始界面

(二) 使用方法简介

启动维护软件之后，会出现如图 5–3–2 的窗口。

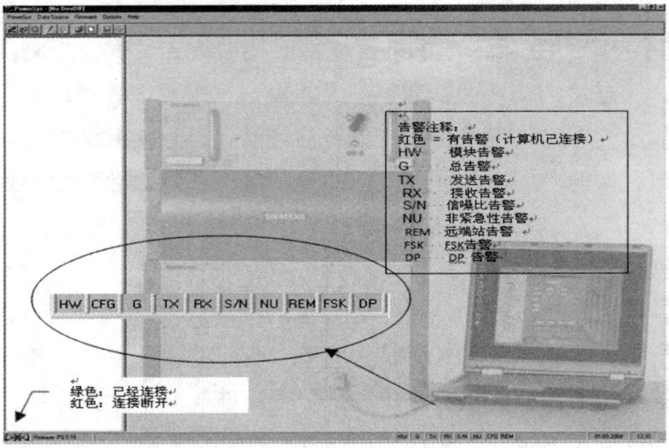

图 5–3–2 PowerSys 服务程序

常用的快捷按钮如图 5–3–3 所示，用这些快捷按钮可以执行如下功能。

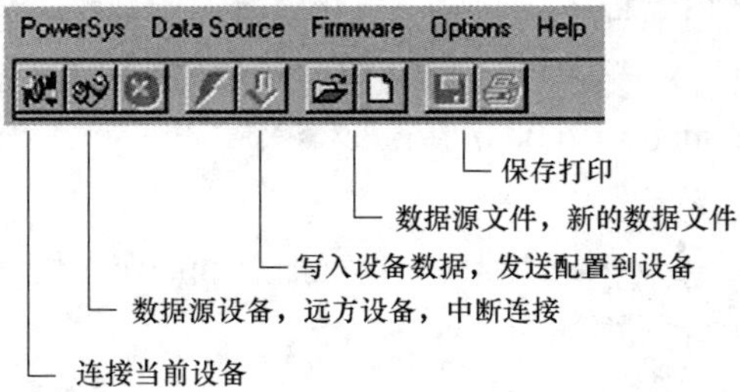

图 5–3–3 PowerSys 快捷按键的功能

PowerSys 菜单如图 5–3–4 所示。

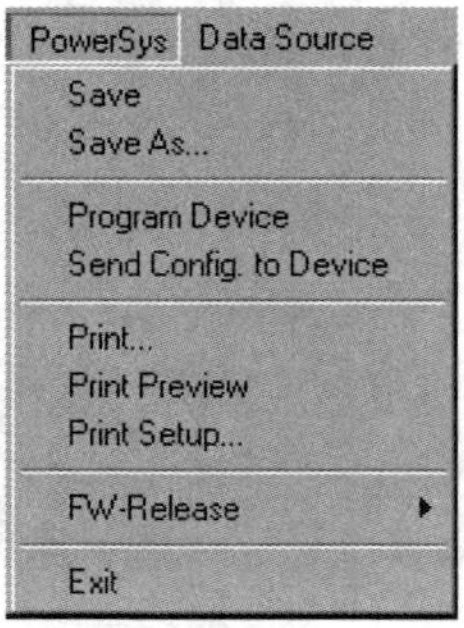

图 5–3–4 PowerSys 菜单

各菜单项功能如表 5–3–1 所示。

表 5–3–1　　PowerSys 菜单功能

选　项	功　能
Save	保存设备配置到已存在的文件
Save As	保存设备配置到新文件
Program device	把调整保存到设备
Send Config.to Device	把配置文件灌入设备
Print	打印完整的设备日志文件
Print Preview	打印预览，可将内容存储到一个文件
Print Setup	修改打印机的安装
FW–Release	为程序升级导入固件包
Exit	退出服务程序

图 5–3–5 所示是数据从 PowerLink 下载或打开一个 PowerLink 文件，或者建立一个新的 PowerLink 配置文件的示意图。如果相应的设备是 SWT 3000，会出现名称为 SWT 3000 的类似窗口。

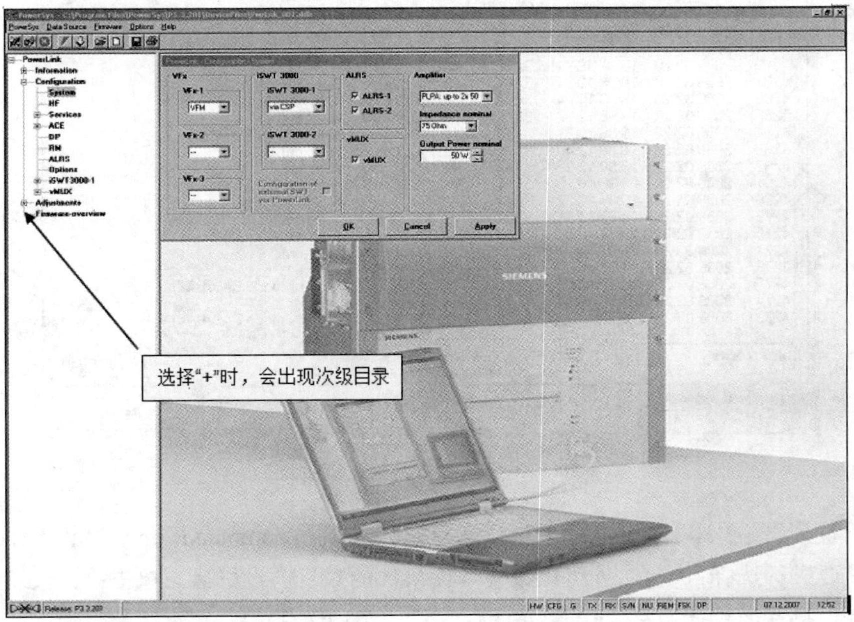

图 5–3–5　载入 PowerLink 设备配置文件的举例

下面的定义适用于所有的菜单。

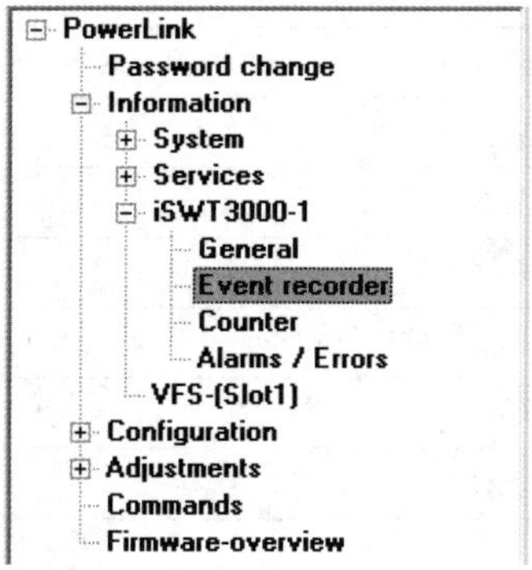

图 5–3–6　事件记录器

OK：接受调整关闭菜单；Cancel：放弃调整关闭菜单；Apply：接受调整不关闭菜单。

4. 软件使用

针对设备运行维护的要求，下面选取事件记录器的读取与保存、实时告警信息的读取两个经常使用的功能进行介绍。掌握这两项操作后，有助于我们及时获取设备的相关数据，以便对故障原因进行深入的分析判断。

（1）事件记录器的读取与保存，如图 5–3–6 所示。

双击“Information\iSWT3000–1\Event recorder”会弹出一个窗口，如图 5–3–7 所示。

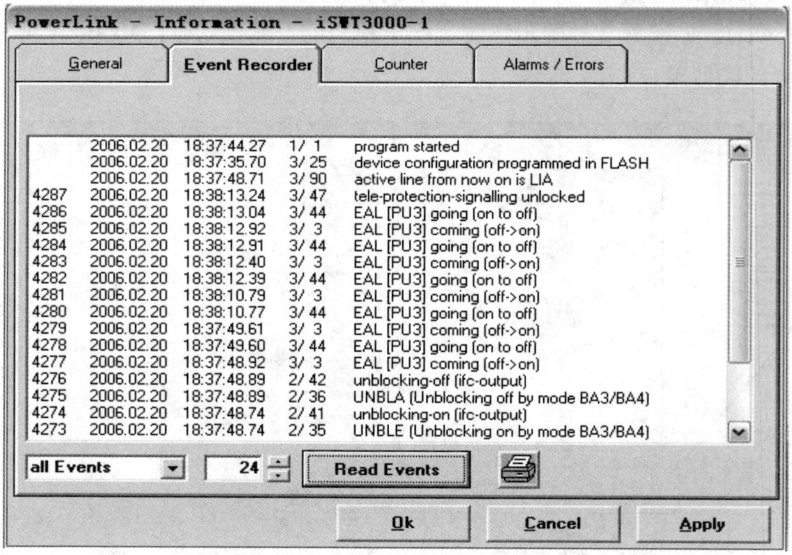

图 5–3–7　事件记录读取界面

下拉列表中“all Events”处下拉后还有两种选项：“commands only”“alarms only”，根据需要进行选择；“24”处可以设置要读事件的数目。设好后，单击“Read Events”按钮读取最新的事件记录。“”用来打印读出的事件记录。

固定的事件记录有 3 条，位于事件记录文件的最前面三行：

- Program started：事件记录文件第 1 条数据，记录维护程序的启动时间。
- device configuration programmed in FLASH：事件记录文件第 2 条数据，记录最后一次软件配置修改时间。
- active line from now on is LIA：事件记录文件第 3 条数据，记录最后一次载波通道激活时间。

常见的事件记录有 3 种：收信告警、闭锁告警、总告警。每一个告警事件都具有开始和结束两个状态，结束和开始之间的时间差就是告警持续时间。目前西门子保护接口事件记录可以精确到 1ms。

- RXAL［PU3］coming（off–>on）：通道收信告警开始。
- RXAL［PU3］going（on to off）：通道收信告警结束。
- general alarm on：总告警开始。
- general alarm off：总告警结束。
- unblocking–on：通道闭锁开始。
- unblocking–off：通道闭锁结束。

如果保存的话，单击图 5–3–4 中的“Print Preview”项进行保存。

（2）告警/故障信息的查看。

1）查看载波机的告警/故障信息时，双击“Information\System\Alarms/Errors”会弹出如图 5–3–8 所示窗口。

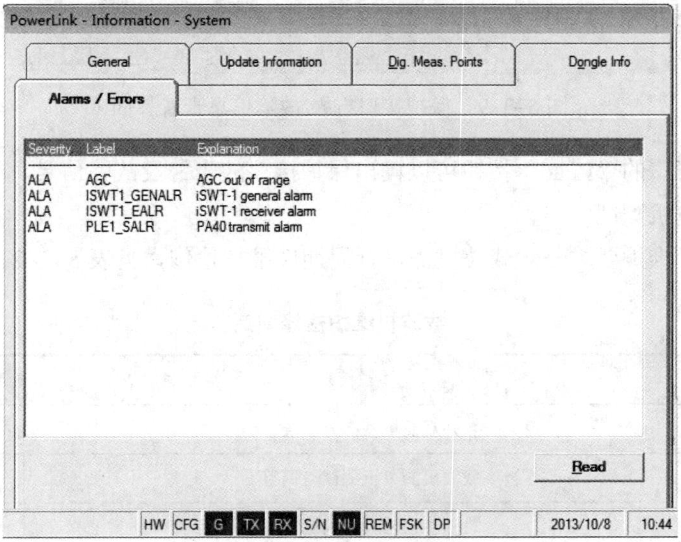

图 5–3–8 载波机告警/故障信息查看界面

通过此窗口的“Read”按钮可以读出载波机的告警及故障信息。

常见的告警信息有：

- AGC out of range：AGC 功能异常，一般对应收信告警 RX。
- iSWT–1 general alarm：载波机内置保护接口总告警。
- iSWT–1 receiver alarm：载波机内置保护接口接收告警。
- PA40 transmit alarm：功放单元 PA40 发信告警，一般对应发信告警 TX。

2）查看保护接口的告警/故障信息时，双击“Information”→“iSWT3000–1System”→“Alarms/Errors”会弹出如图 5–3–9 所示窗口。

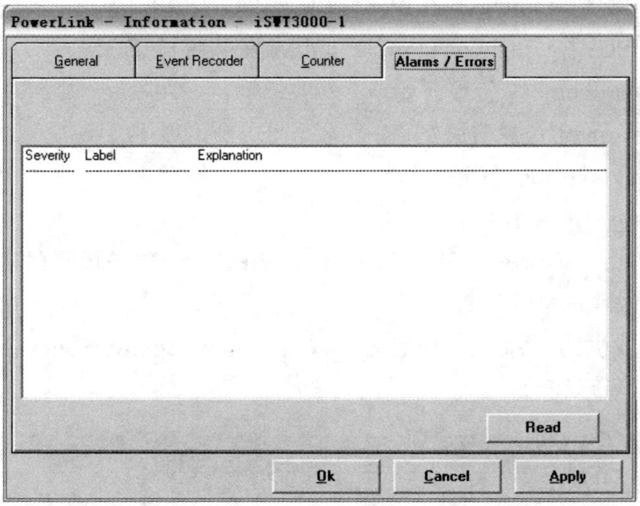

图 5–3–9 保护接口告警/故障信息查看界面

通过此窗口的“Read”按钮可以读出保护接口的告警及故障信息。

二、载波机测试

根据运行维护要求，对载波机需进行周期性维护检修，见表 5–3–2。

表 5–3–2 载波机维护检修周期

序号	项　目	周期
1	外观及机械部分检查	2 次/年
2	载波机的单机测试与调整	1 次/年
3	保护信号设备的测试	1 次/年
4	终端站与终端站之间的测试与调整	1 次/年

载波机的单机测试需测量其工作电压、外线收信和发信电平，载频电平，业务接口电平等来判断载波的工作状态和对高频通道状态进行评估。

下面以西门子公司 PowerLink 为例介绍其外线收发信电平的测试方法。

1. 测试仪表及工具

（1）电平振荡器	频率范围：0.2～620kHz	1 台
	输出电平：–60～+10dB	
	输出阻抗：75，150，600Ω	
（2）选频电平表	频率范围：0.2～620kHz	1 台
	测量范围：–115～+40dB	
	输出阻抗：75，150，600，∞Ω	
（3）数字万用表	测量范围：0～300V（直流）	1 块
	精　　度：2‰以上	
（4）测试线		1 套
（5）衰耗器	不小于 40dB	1 个
（6）假负载	100Ω/75Ω	2 个

2. 所需文件资料

（1）PowerLink 电力线载波机产品说明书。

（2）SWT3000（或 SWT2000F6）保护接口产品说明书。

3. 测试注意事项

（1）检查装置安装的正确性，确定电源接线无误。

（2）测试前要正确掌握专用测试线及测试板的使用方法。

（3）除特别说明外，选频电平表一般均采用高阻跨接测试。

（4）运行设备测试时防止影响正常业务，尤其是保护业务。若有可能造成影响，须申请将保护退出。

4. 外线收发信电平测试位置

（1）PoweLink40/80 机型外线收发信电平测试位置如图 5–3–10 所示。

（2）PoweLink50/100 机型外线收发信电平测试位置如图 5–3–11 所示。

在图中所指的同轴端口处，选频表选择 25Hz 带宽、高阻阻抗档位进行测量。

测试频率：

- 发信：Fg=FL 发（发送频率的低端）+3.81kHz–0.24kHz。
- 收信：Fg=FL 收（接收频率的低端）+3.81kHz–0.24kHz。

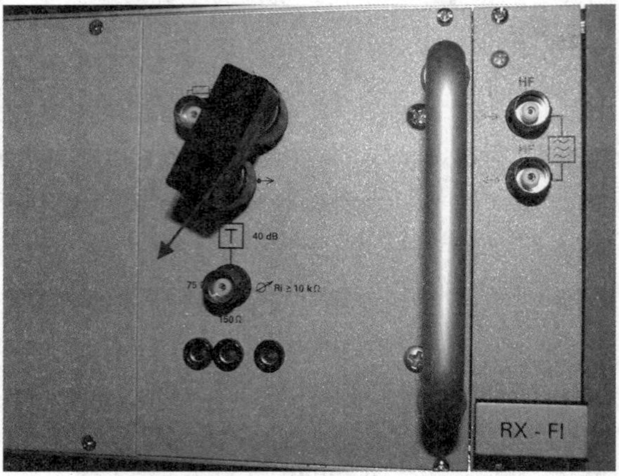

图 5–3–10 PoweLink40/80 机型测试位置示意图

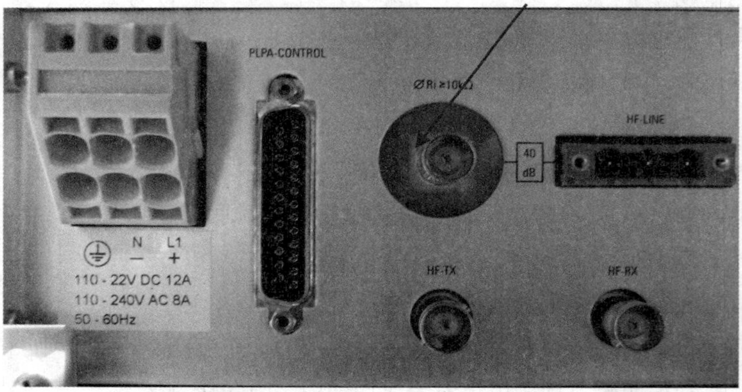

图 5–3–11 PoweLink50/100 机型测试位置示意图

5. 测试报告示例

华东某 500KV 线路正在运行的复用保护设备，配备内、外置保护接口各一套，其中内置保护接口传输 2 个快速命令，外置保护接口传输 2 个慢速命令。

（1） 快速命令导频测量频率计算如下，其中导频为 3810Hz。

发信：140+3.81–0.24=143.57kHz 收信：144+3.81–0.24=147.57kHz

（2） 慢速命令监频测量频率计算如下，其中监频为 3284Hz。

发信：140+3.284–0.24=143.044kHz 收信：144+3.284–0.24=147.044kHz

测试报告如表 5–3–3 所示。

表 5–3–3　　西门子载波机测试报告

站点名称	Xxx 变	设备名称	xxx 线 xxx 西门子载波机
一、电源电压测试			
序号	测试部位	测试端子	测试结果
1	外部电源	X9An–1、X9An–41	–53.5V
二、发信导频测试（频率：140+3.81–0.24kHz）			
序号	测试点	参考标准	测试结果
1	CSP HF（同轴孔）	–24.0±0.5dB 或–27.0±0.5dB	–23.7dB
2	外线+40dB	–10.0±2dB 或–13.0±2dB	–9.8dB
三、收信导频测试（频率：144+3.81–0.24kHz）			
序号	测试点	参考标准	测试结果
1	外线+40dB	>–40dB	–20.5dB
四、音频信号电平测试（频率：发信 140+0.8–0.24kHz，收信 144+0.8–0.24kHz）			
序号	测试点	发信参考标准	测试结果
1	CSP HF（同轴孔）	–24.0±0.5dB 或–27.0±0.5dB	发–23.8dB
2	外线+40dB	–10.0±2dB 或–13.0±2dB	发–9.9dB，收–19.4dB
五、数据信号电平测试（频率：发信 140+2.88–0.24kHz，收信 144+2.88–0.24kHz）			
序号	测试点	发信参考标准	测试结果
1	CSP HF（同轴孔）	–28.0±0.5dB 或–31.0±0.5dB	发–27.6dB
2	外线+40dB	–14.0±2dB 或–17.0±2dB	发–13.3dB，收–20.2dB
六、保护信号电平测试（频率：发信 140+2–0.24kHz，收信 144+2–0.24kHz）			
序号	测试点	参考标准	测试结果
1	CSP HF（同轴孔）	–18.0±0.5dB	发–17.7dB
2	外线+40dB	–4.0±2dB	发–3.8dB，收–19.9dB

七、保护命令测试				
序号	命令 1	命令 2	命令 3	命令 4
1	11.3ms	11.3ms	29.4ms	29.3ms
2	11.2ms	11.2ms	29.2ms	29.3ms

续表

七、保护命令测试				
序号	命令 1	命令 2	命令 3	命令 4
3	11.3ms	11.2ms	29.2ms	29.2ms
4	11.3ms	11.3ms	29.3ms	29.3ms
5	11.2ms	11.1ms	29.2ms	29.3ms
6	11.2ms	11.3ms	29.3ms	29.2ms
7	11.3ms	11.3ms	29.4ms	29.2ms
8	11.3ms	11.2ms	29.3ms	29.2ms
9	11.2ms	11.2ms	29.3ms	29.2ms
10	11.3ms	11.2ms	29.2ms	29.2ms
八、测试结论				
测试结果合格，可以投运。				
测试人：×××、×××		测试日期：××××.××.××		

【思考与练习】

1. 载波机日常维护需要做些什么？
2. 维护软件显示的告警信息分别代表什么含义？
3. 载波机测试需要注意些什么？

模块 4 载波通道的故障处理（Z37E5004Ⅲ）

【模块描述】本模块包含载波通道常见故障及处理方法。通过对阻波器故障、耦合电容器故障、结合滤波器故障及高频电缆故障处理方法的介绍，掌握载波通道常见故障的处理方法。

【模块内容】

一、概述

电力线载波是利用电力线作传输媒介的载波通信，不需另外架设通信线路。电力线结构坚固，作为通信媒介使用可靠性很高。

高频通道示意图如图 5-4-1 所示。

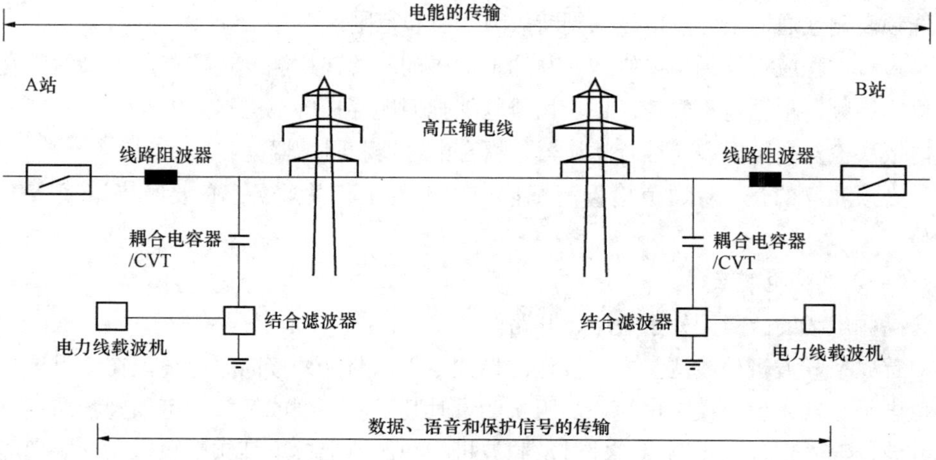

图 5–4–1　载波高频通道图

为使电力线兼用于载波通信目的，需要装设耦合装置，包括耦合电容器（或电容分压器）、线路阻波器、结合设备及高频电缆等。

二、载波通道故障定位原则

载波通道故障定位的关键是将故障点准确得定位到单站。故障定位的一般原则：

（1）先外部，后设备。即在定位故障时，应先排除外部的可能因素，如线路是否停电、对端设备故障或电源问题等，再定位为设备。

（2）先定位载波机，后定位通道设备。

（3）先定位高频电缆，之后定位结合滤波器，再定位耦合电容器，最后定位阻波器。

三、载波通道故障处理原则

（1）以尽快恢复业务为原则，如有备用路由，先将业务切换到备用路由。

（2）切勿盲目操作，否则有可能导致故障扩大。

（3）对处理过程做好记录，以备分析总结。

四、载波通道故障及处理

载波通信中高频通道故障的概率不大，但对通信质量的影响却十分显著，因为这部分的故障现象不明显，它们检修往往被忽略掉，就给通信留下了很多隐患。

维护中当遇载波机收不到对方导频、衰耗急剧增大、频响突然变差的现象时，首先应排除载波机故障，然后检查高频通道。检查前，要确认电力线路近期有无施工、改道、割接、T 接，天气有无打雷等外界条件变化，如有多台载波机并机，应根据一台、多台、全部不通或特性不好的现象判断是哪一段高频通道的问题。具体的方法是用选频表测量通道中各点电平来判断故障性质和范围。

检查过程应根据通信网络图，从通道的中间开始，检测通过该点所连接的所有载波机的导频，根据电平数值高低，用排除法把问题存在的范围尽量缩小，然后在小范围内依次检查高频电缆、结合滤波器、耦合电容器和阻波器。

必须注意的是，对通道检查测试前应申请退出相关业务，必要时申请线路停电检修。

（一）高频电缆故障

高频电缆的故障无外乎短路、开路两种。

首先在载波机外线测量本端发送的导频电平，断开外接高频电缆，在低阻抗档位测量电平正常，但是接上电缆在高阻抗测量时几乎测不到或很低，可以判断高频电缆或滤波器输入部分有短路点，此时从载波机和滤波器上拆下高频电缆，在一端把屏蔽线和芯线短路，测另一端它们之间的电阻，如果很小则证明电缆短路，如果无穷大，还需判断芯线是否接地。

如果在低阻抗状态电平正常，而高阻抗状态电平有所升高，可以判断电缆有开路故障，同样用上边的方法检查，正常时芯线和屏蔽线之间电阻很小，如果为无穷大则要检查高频电缆中间接头是否断开、接头是否氧化、电缆沟内是否有被老鼠咬断的地方、地表工作是否把地埋线弄断等情况。

（二）结合滤波器和耦合电容器故障

若检查高频电缆没有问题，应将选频表移到结合滤波器下面，高低阻抗测量本端发送电平，如有电平则测量对端发送导频。如果测不到，则判断包括结合滤波器以后的高频通道有问题。

在结合滤波器线路侧并接选频表。此时要注意安全，必须在有经验的人监护下由2～3人共同完成。先打开滤波器，听听内部有无连续的“啪、啪、啪”放电声，如有放电声，则证明耦合电容器、结合滤波器的输入没有问题，结合滤波器的排流线圈、变压器次级开路。此时十分危险，千万不能接选频表，如果听不到放电声，也要用验电器测一下输入端是否有强电，在确保安全的前提下，才能把选频表跨接在结合滤波器的线路侧进行测量。

如测不到本端导频，而能测到对端导频，则证明结合滤波器可能损坏，应该再并接一只进行验证，确认其是否损坏。如果确认结合滤波器损坏，需申请办理各种安全手续后进行更换。

若本端电平正常而对端电平测不到，故障范围在该点之后。如果本端、对端的导频都测不到，应该检查输入部分是否短路接地。先将接地刀闸推上，再松开结合滤波器线路侧螺丝，将与耦合电容器的连线断开，然后检查悬空的结合滤波器是否有短路故障。若结合滤波器检查正常，应在结合滤波器线路侧端子上测本端发送电平，如果正常则说明结合滤波器没有问题，问题在耦合电容器以后。如果结合滤波器设备侧有信号而线路侧没有，则可以肯定结合滤波器损坏。

若确定本侧结合滤波器正常，应该在对侧站用上述相同的方法检查高频电缆和结合滤波器。当两侧高频电缆和结合滤波器均正常时，可判断耦合电容器故障（概率很小）。在办好相关手续和做好安全措施后，用绝缘棒拉开接地刀闸，用验电器检测耦合电容器下端是否带电，以测试耦合电容器是否损坏。

（三）阻波器故障

线路阻波器故障一般不会造成载波机完全不通，常见的故障一是散架，这种情况在外观上就可以看到；二是调谐元件损坏。调谐元件（主要是调谐电容）击穿，常用测量结合滤波器输入阻抗的方法判别。如果高频电缆只有数十米，就可在机房里测量高频电缆的输入阻抗来判断。

将电平表置 75Ω 后与振荡器连接，将振荡器的输出电平调到 5dB。然后将电平表置高阻挡，接入高频电缆，在 20～500kHz 范围内变化振荡器频率，如果电平变化范围＜2.6dB，则基本证明本侧线路阻波器良好，否则说明有可能击穿。此时就需要更换阻波器或者把调谐元件取掉继续运行。

五、案例分析

（一）案例一

110kV××线 A 站侧高频电缆短路导致衰耗增大，且通道中断。

（1） 故障现象。

A 站～B 站载波通道中断，通信话音、远动信息中断，两侧载波机导频告警。

（2） 故障分析及处理。

根据故障现象中两侧载波机导频告警，说明双方均收不到导频，需要判断故障是发生在载波机，还是载波通道上。

在 A 侧载波机外线选测本机发送导频电平：断开高频电缆，终接 75Ω 电阻，用选频电平表跨接在电阻上测量。若导频电平正常，说明载波机发信支路正常；在运行接线方式下，测得导频很低，说明高频电缆有可能出现了短路。经检查高频电缆，发现在高频电缆接入结合滤波器处，高频电缆芯线与屏蔽线短接在一起，造成了高频电缆短路。将高频电缆取下，重新接入。故障消失，通道恢复正常。

（3） 结论与建议。

造成上述故障的原因：在接高频电缆时，当其外皮剥开后，未将屏蔽线绕开，而直接将屏蔽线往后压在一起，虽使芯线与屏蔽线保持了一定距离，但随着时间的推移，热胀冷缩，慢慢地屏蔽线像弹簧一样又恢复了原有的长度，与芯线靠在一起，造成了芯线与屏蔽线的短路。建议今后施工时，一定要将高频电缆的屏蔽线绕开至外皮剥开处，再进行包扎处理接入，且芯线与屏蔽线之间要留有足够长的距离以实现可靠的物理隔离。

（二）案例二

110kV××线载波通道结合设备阻抗不匹配，导致衰耗增大，影响通道质量。

（1）故障现象。

110kV××线载波通道一直有杂音，且整个通道衰耗很大，但还能维持基本通信。

（2）故障分析及处理。

由故障现象可以初步判定为载波通道问题，根据载波通道故障定位的基本原则，先后检查顺序为高频电缆、结合滤波器、耦合电容器、线路阻波器。

在检查 110kV××线 A 站侧高频电缆时发现，该电缆多有破损痕迹，其阻抗不是75Ω，而是100Ω；且检查结合滤波器时发现，该器件是1982年生产的，外表很旧，里面电感、电容、变量器已经严重老化，且设备侧阻抗为100Ω（而非 75Ω），对其进行回波损耗测试，结果低于 12dB（电力通信规程要求通信用结合滤波器回波损耗≥12dB）。

通过上述测试发现，载波机外线侧阻抗是 75Ω，而高频电缆和结合滤波器设备侧阻抗均为100Ω，出现严重阻抗不匹配现象，再加上结合滤波器组成耦合回路的各部分之间匹配程度的回波损耗量值很小，不符合规程要求，也影响了设备的匹配。将高频电缆和结合滤波器更换为75Ω后，通道杂音消失，衰耗减小21dB。

（3）结论与建议。

该电力线路由于投运已有20多年之久，与之一起配套建设的载波通信设备也已严重老化，其中与这些结合滤波器、高频电缆配合使用的老一代载波机（线路侧阻抗100Ω）早已退出运行，替代为新一代载波机（线路侧阻抗75Ω），然而仍未被更换的结合滤波器、高频电缆成为上述故障的根源。建议今后在对通信设备改造时，必须要考虑设备间的匹配问题（因为以前老设备阻抗多采用100Ω），避免类似的故障现象发生。

（三）案例三

35kV××变载波通道的结合滤波器故障导致通道中断。

（1）故障现象。

35kV××变载波通道建成后，在电力线路未带电的情况下，载波通道运行正常，但当线路带电，载波通道里即刻充满电晕噪声，使载波通信几乎中断。

（2）故障分析及处理。

由故障现象可以初步判定为载波通道的问题，根据载波通道故障定位的基本原则，先检查结合滤波器，再检查耦合电容器，最后检查线路阻波器。

在线路带电的情况下，检查结合滤波器时发现，在结合滤波器、耦合电容器处发出“吱吱”的放电声，用验电器在结合滤波器线路侧测试验电，验电器发出有电的蜂鸣声，将结合滤波器的接地刀闸合上，“吱吱”的放电声消失，同时用验电器验电测量，显示没有电压，由此可以判断为结合滤波器出现了故障。

用仪器测试结合滤波器的回波损耗，发现回波损耗也不满足要求，由于该结合滤波器内部结构为全密封式，目测看不出什么故障，将密封塑料打开发现排流线圈断裂，且里面也没有专门用于接地的端子，整个结合滤波器没有一个接地点，导致耦合电容器末端处于悬空状态，出现高电压，造成线路在带电的情况下，整个载波通道出现电流噪声，严重影响了通道运行。通过更换该结合滤波器，放电声消失，故障排除，通道恢复正常。

（3）结论与建议。

该故障的原因是由于安装结合滤波器时，未对其进行安装前的测量，因此没有及时发现该设备根本不合格。建议今后在施工中，对即将投运的新设备一定要进行安装前的指标测试，符合相应的指标要求，避免出现上述类似的故障。

【思考与练习】

1. 载波通道故障处理时需要哪些仪表？
2. 载波通道故障处理时应该按照什么顺序处理？
3. 载波通道故障处理时要注意哪些安全措施？

模块 5　载波机的故障处理（Z37E5005Ⅲ）

【模块描述】本模块包含载波机常见故障及处理方法。通过对低频电路故障、高频调制发送电路故障、收信滤波电路故障、自动电平调整电路故障及自动盘故障现象及处理方法的介绍，掌握载波通道常见故障的处理方法。

【模块内容】

一、概述

复用保护载波机硬件组成一般可以分为电源模块、主控单元、功率放大单元、收发信滤波单元、音频接口模块、保护接口单元等部分，对载波机故障处理时，也可以参照其硬件模块划分进行故障定位及快速恢复运行。以下的故障种类分析和案例分析均以西门子 PowerLink 载波机为例。

二、处理原则

（1）先检查外观接线和测量工作电源，再检查网管软件程序，后检查载波机硬件板卡。

（2）先检查电源模块，之后检查功率放大模块，再检查滤波器，最后检查主控板和保护接口板卡。

（3）以尽快恢复业务为原则，如有备用路由，先将业务切换到备用路由。

（4）切勿盲目操作，否则有可能导致故障扩大。

（5）对处理过程做好记录，以备分析总结。

（6）故障处理前，应先申请退出保护业务后，再进行操作。

三、故障种类

（一）电源模块故障

1. 影响分析

载波机电源模块是保证载波机保护接口模块、中央处理器模块、功放放大模块、收发信滤波模块、音频接口模块等正常运行的基础。电源故障将导致载波设备运行不正常或无法运行。当载波机出现故障时应该首先判断电源模块是否正常运行。

2. 故障影响及判断方法

载波机电源模块突发故障有：保险丝熔断、元器件烧毁、元器件老化、电源端子排或连接线缆氧化导致接触不良等情况。

当保险丝熔断、元器件烧毁时，可以通过电源模块±48V、±12V、±5V 等电压指示灯和载波机其他模块运行状态直观的判断出来。如果载波机采用双电源、双功率放大模块运行，当单电源故障时，载波设备仍能正常运行，可以通过分析上述电压指示灯、测量载波机收发信电平等手段判断出故障模块。

当元器件老化、电源端子排或连接线缆氧化导致接触不良时，载波机会出现运行不稳定现象，需要较长时间观察、分析故障现象，通过分析上述电压指示灯、测量载波机收发信电平、交替更换可能的故障模块或线缆，通过综合判断来定位故障模块。

3. 处置方法及流程

当电源模块故障定位后，可以迅速更换相应故障器件，经过测试载波机各项指标正常，各业务正常传输后，载波机可以重新投入运行，相关故障器件送厂家维修。

（二）CSP（中央处理器）模块故障

1. 影响分析

目前各厂家载波机均为数字式设备，具备 DPLC（数字载波机）和 APLC（模拟载波机）双重功能，均设计有 CSP（中央处理器）模块。该模块通过网管软件可以对载波机应用方式、硬件配置、软件功能、数据参数等进行配置。故该模块故障将导致载波机运行紊乱，不能正常传输相关业务。

2. 故障影响及判断方法

中央处理器模块突发故障有：CSP 死机导致功率放大模块无输出，载波机整体工作不正常或者 CSP 网管接口电路锁死导致设备虽然运行正常，但是网管软件无法进行操作或者 CSP 硬件损坏等情况。

通过测量载波机相关测试点电平和利用网管软件平台，可以迅速判断并定位到故障 CSP 模块。

3. 处置方法及流程

当 CSP 模块软件故障时，就可以通过操作设备 RESET 复位键或者重新开关载波机工作电源，对 CSP 模块进行快速复位。

当 CSP 模块硬件损坏时，需要及时更换备件，并按照投运时保存的配置参数通过网管对其进行正确配置。

经过测试载波机各项指标正常，核实软件配置参数无误，各业务正常传输后，载波机可以重新投入运行，相关故障器件送厂家维修。

以下列出 CSP 板 RX–AL 指示灯状况所可能的原因及处置方法：

（1）绿灯快闪，S/N 告警。

（2）信噪比低于告警门限值。原因可能是电力线噪声电平过高，或线路衰减过大。此时可以检查测试电力线通道，同时询问对端载波机发信功率电平，检查高频电缆，结合滤波器等，针对检查出的问题进行相应处理。

（3）绿灯慢闪，AGC 告警。

（4）接收电平过高，可登录软件调整接收电平，一般可调整为 70。

（5）红灯常亮，无接收信号。

（6）检查测试电力线通道，同时询问对端载波机发信功率电平，检查高频电缆，结合滤波器等，针对检查出的问题进行相应处理。

（7）红灯快闪，ADC 溢出。

（8）无接收信号或电平告警，检查通道，保证收信电平正常。

（三）功率放大模块故障

1. 影响分析

功率放大模块的作用是放大信号，提高信噪比，确保载波信号传输的可靠性和安全性。由于其运行时散发大量热量，可能会出现功放芯片烧毁等突发故障。当功率放大模块故障时，故障侧载波机将出现发信告警，对侧载波机将出现收信告警，直接造成通道中断。

2. 故障影响及判断方法

功率放大模块故障可以通过观察面板载波机面板指示灯、测量载波机收发信电平等手段快速定位。如果载波机采用双电源、双功率放大模块运行，当单功率放大模块故障时，载波设备仍能正常运行，此时可以通过对比分析指示灯状态、测量载波机收发信电平等手段判断出故障模块。

3. 处置方法及流程

更换故障芯片或更换故障模块，经过测试载波机各项指标正常，各业务正常传输后，载波机可以重新投入运行，相关故障器件送厂家维修。

（四）收发信滤波模块故障

1. 影响分析

收发信滤波模块起到将载波机载频信号调制到规定的收发信工作频段的作用。其通过插接网络板卡与外部高频电缆连接，处于载波机工作的最前沿。收发信滤波模块故障，将造成载频信号无法正常传输，对侧载频信号无法正确接收，将导致话音、数据和保护信号不能正常传输。

2. 故障影响及判断方法

收发信滤波模块起到带通滤波器作用，主要由 LC 回路构成，包含诸多电容、电感元器件。在遭遇来自高频电缆的瞬时或持续的强电干扰时，可能会出现电容或电感元器件被击穿而导致收发信滤波模块无法正常工作等突发故障。可以通过观察面板载波机面板指示灯、测量相关测试点工作电平等手段快速定位。

3. 处置方法及流程

更换故障元器件或更换故障模块，参照故障板卡设置相关跳线，调整其工作频段到当前线路分配频段。该工作可能需要现场对收发信滤波模块进行频率调整，技术含量较高，需要及时与厂家沟通。

经过测试载波机各项指标正常，各业务正常传输后，载波机可以重新投入运行，相关故障器件送厂家维修。

（五）保护接口模块故障

1. 影响分析

保护接口模块是复用保护载波机与继电保护设备、安全稳定控制装置之间的保护接口设备。根据实际应用方式，保护接口模块可以内置在载波机机箱内部，与载波机载频部分共用机箱、电源。保护接口模块也可以外置于载波机，单独机箱、单独供电，与载波机之间采用音频电缆或者光接口连接。

保护接口模块直接接入继电保护信号或者安全稳定控制信号，故该模块故障将可能直接导致继电保护设备或者安全稳定控制装置动作异常，直接影响到电网稳定运行。

2. 故障影响及判断方法

保护接口模块包括命令控制板、命令接入板、命令录波板等板卡。其突发故障有命令控制板故障、命令接入板继电器故障等。

判断方法有测量监频或跳频等信号电平、通过网管分析保护接口事件记录、通过分析保护专业命令事件记录或录波数据等。

3. 处置方法及流程

更换板卡，参照故障板卡设置相关跳线，并按照投运时保存的配置参数通过网管对命令控制板进行正确配置，配合保护专业人员进行保护或安稳信号传动试验。

经过测试保护接口各项指标正常，核实软件配置参数无误，各业务正常传输后，载波机可以重新投入运行，相关故障器件送厂家维修。

以下列出 SWT3000 保护接口几种运行指示灯状况所可能的原因及处置方法：

（1）OK 红灯常亮。

（2）模块不能正常工作，应更换模块。

（3）LIA 绿灯闪烁。

（4）SWT3000 处于测试状态或备用路由。一般单机调试更改为测试模式，或者 2M 光通道和高频通道双路由时会产生这种状况。

（5）LIA 红灯闪烁。

（6）代表操作受限而产生部分告警。需检查收信告警情况，并进行处理。

（7）LIA 红灯常亮，通道故障。

（8）进行保护通道测试，保护接口电平需满足（−18.8±0.5）dB。

（六）音频接口模块故障

1. 影响分析

音频接口模块是话音、数据等业务的载体，当该模块故障时，将直接造成话音或数据业务中断，对于交替复用方式下传输保护信号的机型，还会造成保护或安稳信号动作异常。

2. 故障影响及判断方法

音频接口模块故障率较低，当出现话音、数据等业务通道中断时，可以通过振荡器和选频表对每一个音频路由进行测试，来判断其是否故障。对于复用保护机型，音频接口模块一般是在定位故障时最后才考虑的环节，容易忽视其存在，需要特别注意。

3. 处置方法及流程

更换板卡，参照故障板卡设置相关跳线，经过测试载波机各项指标正常，各业务正常传输后，载波机可以重新投入运行，相关故障器件送厂家维修。

四、故障处理常用方法与适用范围

1. 告警、性能分析法

该方法适用于多种场合，可通过维护终端查看设备告警和性能参数，从而初步定位故障点。这种方法对正常业务基本没有影响。

2. 环回法

环回法是对整个通信回路进行逐级环回测试，可以分离外部故障，将故障定位到电路板。这种方法可以不依赖于告警、性能事件的分析。

3. 替换法

根据故障现象，初步分析故障可能位置后，采用替换法，用备品备件对疑似故障板卡进行替换处理。这种方法简便易行，有时需与其他方法同时使用。

4. 配置数据分析、调整法

根据故障现象，使用维护终端对设备配置数据进行检查、调整，从而将故障准确定位到电路板，有利于彻底查明故障原因。但这种方法故障定位时间长，并存在一定的风险，一旦配置修改不当，会对正常业务造成影响，因此对维护人员要求较高，需要有丰富的经验和清晰的思路，同时要熟练操作维护软件。

5. 仪表测试法

使用测试仪表对设备各点电平、电源电压值进行测试。该方法适用于各种故障情况，对故障判断准确性高，有说服力。

6. 经验处理法

对于某些特殊状况，经验丰富的维护人员可能根据故障现象、故障时间、故障关联性等多种因素的判断，很快就能定位故障的位置和原因，这需要相当的功力。这就要求我们运行维护人员平时在工作中主动分析各种细节，勤于记录，不断积累经验，防止因误判造成故障处理延迟，甚至扩大故障。

五、案例分析

（一）某电厂载波机电源模块故障

1. 故障现象

某电厂载波机出现总告警和发信告警，如图 5–5–1 所示。

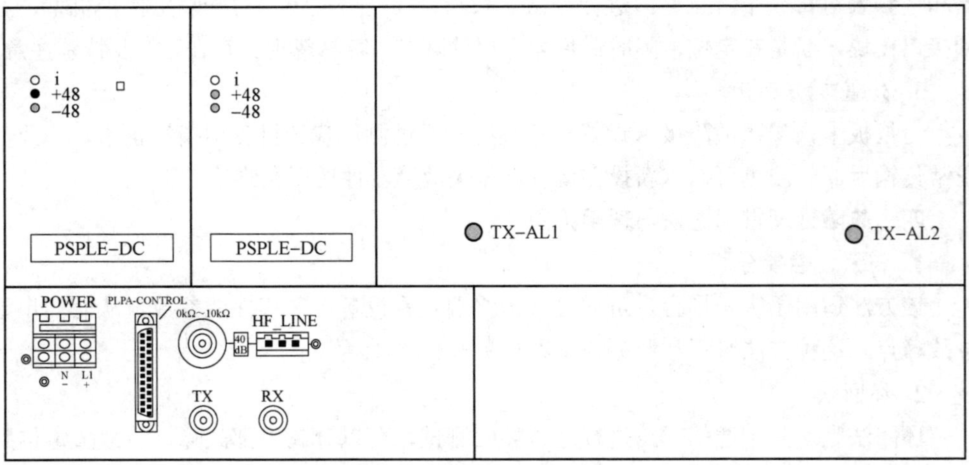

图 5–5–1　功放部分的面板图

2. 故障分析思路

第一步：分析指示灯状态，通过表 5–5–1 功放部分相关指示灯状态及含义可以判断出电源模块中间的一个+48V 指示灯异常。

表 5–5–1　　功放部分相关指示灯状态表

指示灯	正常工作状态	备注
i	绿灯常亮	设备电源–48V 输入状态显示
+48	绿灯常亮	功放电源+48V 输出状态显示
–48	绿灯常亮	功放电源–48V 输出状态显示
TX–AL1	不亮	第一块功放信号输出告警显示
TX–AL2	不亮	第二块功放信号输出告警显示

第二步：鉴于电源模块相对较高的故障概率，首先更换该模块。

3. 总结

由于指示灯有常亮、快速闪烁、慢速闪烁、红色、绿色、黄色、不亮等不同的指示状态。需要运维人员特别细心，留意每一个指示灯的具体状态，可以快速解决一些简单问题。

（二）某 500KV 线路载波机频发告警及发信滤波器损坏

1. 故障现象

载波机频发告警信号，载波通道退出运行，进行现场抢修。

现场维护人员调取的保护接口事件记录如下所示：

1　2009.08.03　20:29:37.81　2/22　UNBLA（Unblocking off by mode BA3/BA4）
2　2009.08.03　20:29:37.66　2/21　UNBLE（Unblocking on by mode BA3/BA4）
3　2009.08.03　20:28:18.19　2/22　UNBLA（Unblocking off by mode BA3/BA4）
4　2009.08.03　20:28:18.05　2/21　UNBLE（Unblocking on by mode BA3/BA4）
5　2009.08.03　20:25:29.86　2/22　UNBLA（Unblocking off by mode BA3/BA4）
6　2009.08.03　20:25:29.71　2/21　UNBLE（Unblocking on by mode BA3/BA4）
7　2009.08.03　20:23:33.04　2/22　UNBLA（Unblocking off by mode BA3/BA4）
8　2009.08.03　20:23:32.89　2/21　UNBLE（Unblocking on by mode BA3/BA4）

从上面的事件记录可以看出，载波机保护接口频发 Unblocking 信号，间隔时间几分钟不等，每次持续时间约 150ms，然后载波通道又恢复正常。

2. 现场处理

对载波机进行了测量，判断出载波机各项电平指标符合要求，载波机正常工作。

当检查载波机高频电缆接入处的放电管时，发现其频频放电，放电管灯光频频闪烁，而且当载波机内置保护接口发出 Unblocking 信号时，每次都能观察到放电管正处于放电状态。

通过上述处理步骤，可以认定该线路载波机频发 Unblocking 告警信号的原因来自线路干扰信号。而且由于干扰信号强烈，载波机放电管无法完全释放，残留电压对载波机产生干扰。

上报故障现象，申请线路工作人员巡线及消缺。

在此期间，高频电缆接入处放电管依旧频频放电，可以观察到 4 个放电管灯光依旧频频闪烁，也可以听到放电电流的滋滋响声；认为如此高的干扰信号也是后来导致其中一台载波机功放发信滤波器元件损坏的主要原因。

3. 故障分析

综合分析过上述故障现象和处理经过，初步认定导致载波机频发告警信号和发信滤波器损坏的主要原因是线路放电噪声干扰，由于该干扰信号强烈，载波机放电管无法完全释放，残留电压对载波机产生干扰。结合以往现场经验，如不及时处理，载波机功放部分依旧存在被击穿损坏的风险。

（三）某 500KV 变电站载波机软件故障

1. 故障现象

载波机总告警红灯常亮、载波收信指示灯 RX_AL 红灯慢闪、外置慢速保护接口载波通道指示灯 LIA 红灯常亮，已自动切换到 2M 路由运行。

2. 故障分析思路

第一步：通过分析载波机指示灯状态，可以确定载波机收信支路故障。

第二步：需要测试载波机收信电平，如果正常，则能判断出对侧设备发信正常和通道状况良好，问题出在本次设备收信支路；如果异常，则能初步判断问题出在高频通道环节或者对侧设备。

第三步：按照先软件后硬件的原则，进行软件检查。

第四步：如果软件正常，最后检查硬件。

3. 现场故障处理

（1） 首先测量载波机线路侧收发信电平值，数据如表 5–5–2 所示。

表 5–5–2　　××电路载波机线路侧收发信电平值表 1

××电路载波机	发信		收信	
	快速	慢速	快速	慢速
工作频率（kHz）	115.57	115.044	119.57	119.044
工作电平（dB）	–9.3	–9.1	–21.4	–21.5

分析该数据，与投运时数据基本一致，可以判断出对侧设备发信正常、本次设备发信正常、高频通道参数正常。

（2）用维护终端连接载波机，发现载波机存在以下告警事件：

AGC out of range.

System Pilot level out of range.

初步判断问题出在载波机AGC（自动增益控制）电路。

（3）对载波机收信支路AGC进行调整，如图5–5–2所示，通过调整右侧滑动按钮，发现左侧绿柱始终处于满格，无变化。初步判断出载波机AGC电路已经失效。

（4）对载波机进行一次软件重启后，载波机故障消失，收信支路AGC功能恢复正常，左侧绿柱恢复到投运时状态，如图5–5–3所示。

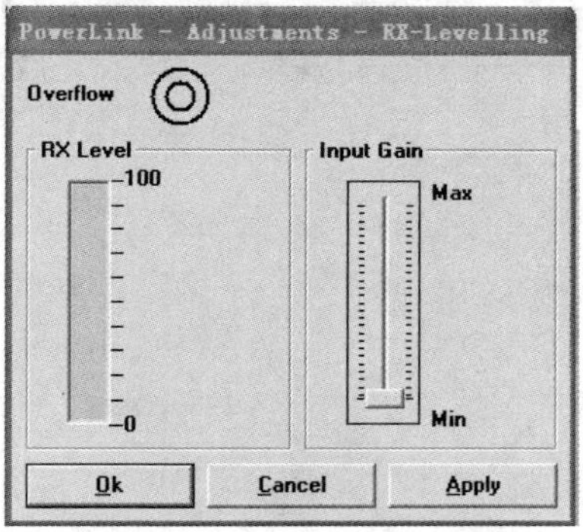

图5–5–2　收信支路AGC进行调整1

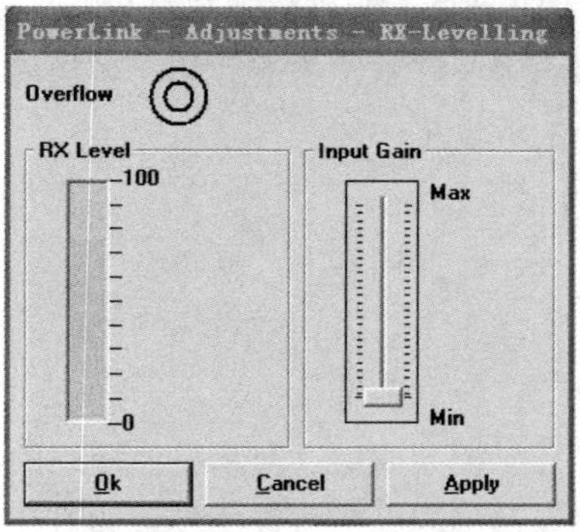

图5–5–3　收信支路AGC进行调整2

（5）重新测量载波机线路侧收发信电平值，数据没有变化，详见表5–5–3。

表5–5–3　××电路载波机线路侧收发信电平值表2

××电路载波机	发信		收信	
	快速	慢速	快速	慢速
工作频率（kHz）	115.57	115.044	119.57	119.044
工作电平（dB）	–9.3	–9.1	–21.4	–21.5

至此，载波机工作正常，可以投入运行。

【思考与练习】

1. 设备出现告警后如何检查？
2. 设备出现RX–AL接收告警的主要原因？
3. 保护通道中断可能是因为哪些原因造成？

第六章

光缆的运维检修

模块1　局内光缆的敷设（Z37E6001Ⅰ）

【模块描述】本模块包括局内光缆的敷设。通过对局内光缆敷设的要求、方法、安装固定及注意事项的介绍，掌握局内光缆敷设的基本方法和要点，能正确完成局内光缆的敷设工作。

【模块内容】

一、作业内容

本部分主要讲述敷设局内光缆的步骤、要求以及安全注意事项等。

二、作业前准备

在光缆架设前，对光缆所通过的区域需要进行清理。

三、局内光缆敷设的步骤和方法

（一）局内光缆敷设、安装一般要求

1. 光缆的选用

局内光缆目前主要有两种：一种为普通室外光缆，可直接进局（站）放至机房ODF架；另一种为阻燃性光缆，它具有防火性能，但需在进线室内增加一个接头。目前，一般采用阻燃性光缆。

2. 进局光缆的预留

进局光缆的长度预留包括测试、接续、成端用长度的预留和按规定余留长度的预留。进局光缆的预留长度目前规定为15～20m，对于特殊情况，应按设计长度预留。

3. 光缆路由走向和标志

局内光缆由局前人孔进入进线室，然后通过爬梯、机房光缆走道至ODF架或光端机。

光缆由局前人孔按照设计要求的管孔穿越至进线室或室内走线架或走线槽内；光缆进线管孔应堵严密，避免渗漏。在爬梯上，由于光缆悬垂受力，应绑扎牢固；其他位置，如走道上，光缆亦应进行绑扎，并应注意排列整齐。光缆拐弯时，弯曲部分的曲率半径应符合规定，一般不小于光缆直径的 15 倍。

进线室、机房内，有两根以上的光缆时，应标明来去方向及端别。在易动、踩踏等不安全部位，应对光缆作明显标志，如缠绕有色胶带，提醒人们注意，避免外力损伤。

（二）局内光缆的敷设步骤

1. 局内光缆的布放

局内光缆的布放一般只能采用人工布放方式。

（1）一般由局前人孔通过管孔内预放的铁线牵引至进线室，然后向机房内布放。

（2）上下楼层间，一般可采用绳索由上一层沿爬梯放下，与光缆系在一起，然后牵引上楼。引上时应注意位置，避免与其他电缆（光缆）交叉。

（3）同一层布放，应由多人接力牵引布放。

2. 局内光缆的安装和固定

（1）进线室的光缆安装、固定。

采用阻燃光缆，在进线室内曾设一个光缆接头，图中为成端后的状态。在敷设安装时，室外光缆按图作盘留后固定好，并留出 3m 接续用光缆；局内阻燃光缆留 3m 置于接头位置作接头用，其余按图 6–1–1 所示的方式固定后由爬梯上楼。如受进线室位置的限制，预留光缆亦可采用盘成圆圈的方式，但应注意光缆的曲率半径不宜过小。

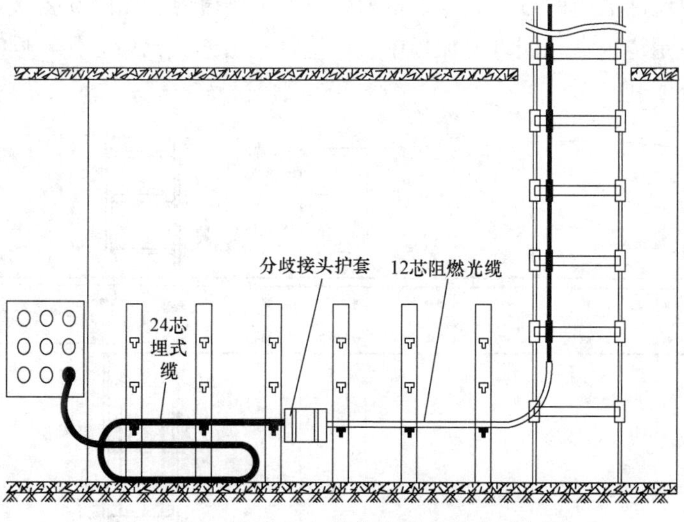

图 6–1–1　进线室光缆安装固定方式示意图

（2）光缆引上安装、固定。

光缆由进线室至机房 ODF 架，往往从地下室或半地下室由楼层间光缆预留孔引上走道（即爬梯）引至机房所在楼层。有些局（站）引上爬梯直接通至机房楼层，有些不能直接到机房楼层，如先由进线室爬至二楼，然后通过二楼平行走道至上一层上楼爬梯；有些局要经几次拐弯才能到达。其路由上不可少的是引上爬梯，光缆引上不能光靠最上一层拐弯部位受力固定，而应进行分散固定，即要沿爬梯引上，并作适当绑扎。对于通信楼内，一般均有爬梯可利用。若原来没有爬梯，则应安装简易走道或直接在墙上预埋直立光缆支架，以便光缆固定，不应让光缆在大跨度内自由悬挂。

光缆在爬梯上，在可见部位应在每支横铁上用尼龙扎带或棉线绳绑扎，对于无铠装光缆，每隔几档衬垫一胶皮后扎紧，拐弯受力部位还应套一胶管加以保护。

对于同一楼层内，一般平行铺设在光（电）缆槽道内时可不绑扎，但光缆在槽道内应呈松弛状态，并应尽量靠旁边放置。

（3）机房内光缆的安装、固定。

1）槽道方式。

对于大型机房，光（电）缆一般均在槽道内敷设。由于机房大，光缆进主槽道、列槽道往往几经拐弯。在槽道内的位置尽量靠边走，以免减少今后布放其他缆线是移动、踩踏。光缆在槽道内一般不需要绑扎，但在拐弯部位，为防止拉动造成曲率半径过小，而应作适当绑扎。

这类机房内光缆的余留，一般光缆留 3～5m 供终端连接用，其余正式预留的光缆，应采取槽道内迂回盘放的方式放置于本列或附近主槽道内，如图 6–1–2 所示。图中，可在本列或主走道内盘几圈以增加预留量。这种预留方式比较方便，同时当今后需要改接时也十分便利。

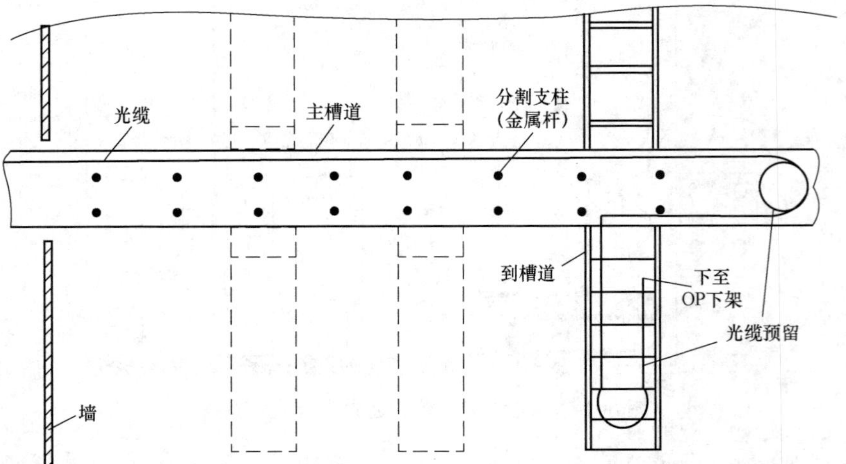

图 6–1–2 光缆在槽道内预留方式示意图

2）走道方式。

中小机房，多数采取走道方式供光缆走向、固定。光缆预留一般采取在适当位置将光缆盘成圆圈，并固定于靠墙或靠机架侧的走道上，尽量隐蔽一些。也可以在进入机房入口处，用一预留盒将光缆固定于墙上。在机房内预留光缆，需考虑整齐，美观，同时预留位置及固定方式便于今后的使用。

机房内光缆在走道上应按机房电缆要求进行绑扎固定。但必须注意，拐弯时应首先保证光缆曲率半径，然后才考虑如何尽量使光缆走向美观。

至 ODF 架或光端机的光缆成端预留长度应盘好，并临时固定于安全位置，供成端时使用。

机房内光缆在进行测量后，光纤应剪去并作简易包扎。如还需测量不能剪去开剥的光纤时，应作妥善放置并提醒别人注意，避免其他人员拉动光缆造成光纤断裂，给成端工作带来困难。

（4）临时固定。

在光缆敷设时，人力紧张不能作正式固定时，应作临时固定，并注意安全。正式固定工作可安排在成端时一并进行。

有时由于暂时不能将光缆布放至机房，必须复核长度，确保条件成熟后放至 ODF 架，以满足长度的要求。

当光缆暂时在室外放置时，光缆端头应作密封处理，避免浸潮。

四、注意事项

（1）布放光缆时拐弯处应有专人传递，避免死弯，并确保光缆的曲率半径。

（2）光缆在布放过程中应避免在有毛刺或尖锐的硬物上拖拉，防止光缆外护层受损。

（3）布放过程中光缆要保持松弛状态，避免光缆的损伤。

【思考与练习】

1. 局内光缆敷设、安装一般有哪些要求？
2. 局内光缆应如何引上安装、固定？
3. 光缆敷设时有哪些注意事项？

模块 2　尾纤的接续（Z37E6002 Ⅰ）

【模块描述】本模块包含尾纤接续操作。通过对尾纤接续的具体步骤和方法的介绍，掌握正确使用熔接机的方法，并能熟练进行单根尾纤的熔接操作。

【模块内容】

一、作业内容

本部分主要讲述用熔接机进行尾纤接续的操作步骤和质量标准以及安全注意事项等。

二、危险点分析与控制措施

（1）当切割和开剥光缆时，施工人员应戴上合适的安全眼镜和手套，避免施工人员受伤。

（2）在光纤或光缆截断、光纤端面制备切割或划刻过程中，切下的小光纤段应扔入标有“小心玻璃纤维碎片”的容器里，以免损伤眼镜或插入皮肤。

（3）在熔接加热后，热缩套管表面温度很高，不要立即用手触摸。

三、作业前准备

在光纤接续中首先要做的工作就是准备必要的材料和工具，主要包括：待熔接的光纤、光纤熔接机、OTDR 测试仪表、剥纤钳、剪刀、裸纤切刀、95%酒精、棉签、带加强芯的热缩套管。

另外光纤接续应有良好的工作环境，以防止灰尘影响。在雨雪、沙尘等恶劣天气接续，应避免露天作业；当环境温度低于零度时，应采取升温措施，确保光纤的柔软性和熔接设备的正常工作以及施工人员的正常操作。

四、操作步骤及质量标准

（一）光纤端面处理

光纤端面处理，习惯上称端面制备。这是光纤连接技术中的一项关键工序。光纤端面处理主要包括剥覆、清洁和切割三个环节。

1. 光纤涂面层的剥除

光纤涂面层的剥除，要掌握平、稳、快三字剥纤法。“平”即持纤要平。左手拇指和食指捏紧光纤，使之成水平状，所露长度以 5cm 为准，余纤在无名指、小拇指之间自然打弯，以增加力度，防止打滑。“稳”即剥纤钳要握得稳。“快”即剥纤要快，剥纤钳应与光纤垂直，上方向内倾斜一定角度，然后用合适的钳口轻轻卡住光纤，右手随之用力，顺光纤轴向平推出去，整个过程要自然流畅，一气呵成。

2. 光纤包层的剥除

光纤包层的剥除方法与光纤涂面层的剥除相同，只是要注意光纤的包层很薄，剥除时要非常小心，不能损伤纤芯。

3. 裸纤的清洁

裸纤的清洁，应按下面的两步操作：

（1）观察光纤剥除部分的涂覆层和包层是否全部剥除，若有残留，应重新剥除。

如有极少量不易剥除的涂覆层，可用绵球沾适量酒精，一边浸渍，一边逐步擦除。

（2）将棉花撕成层面平整的扇形小块，沾少许酒精（以两指相捏无溢出为宜），折成V形，夹住以剥覆的光纤，顺光纤轴向擦拭，力争一次成功，一块棉花使用2～3次后要及时更换，每次要使用棉花的不同部位和层面，这样即可提高棉花利用率，又防止了裸纤的两次污染。

4. 裸纤的切割

裸纤的切割是光纤端面制作中最为关键的部分，精密、优良的切刀是基础，而严格、科学的操作规范是保证。

（1）切刀的选择。

切刀有手动和电动两种。前者操作简单，性能可靠，随着操作者水平的提高，切割效率和质量可大幅度提高，且要求裸纤较短，但该切刀对环境温差要求较高。后者切割质量较高，适宜在野外寒冷条件下作业，但操作较复杂，工作速度恒定，要求裸纤较长。熟练的操作者在常温下进行快速光缆接续或抢险，采用手动切刀为宜；反之初学者或在野外较寒冷条件下作业时，采用电动切刀。

（2）操作规范。

操作人员应经过专门训练掌握动作要领和操作规范。首先要清洁切刀和调整切刀位置，切刀的摆放要平稳，切割时动作要自然、平稳、勿重、勿急，避免断纤、斜角、毛刺及裂痕等不良端面的产生。另外学会“弹钢琴”，合理分配和使用自己的右手手指，使之与切口的具体部件相对应、协调，提高切割速度和质量。

（二）光纤熔接

光纤熔接是接续工作的中心环节，因此高性能熔接机和熔接过程中科学操作十分必要。

1. 熟悉熔接机

阅读熔接机的操作手册，熟悉熔接机显示屏、各按键和各接口的功能，掌握熔接机各种参数的设置。

2. 熔接程序

（1）接通熔接机电源，并根据光纤的材料和类型，确认并选择接续及加热条件，并进行放电试验。

（2）打开防尘防风罩，清洁熔接机V形槽、电极、物镜、熔接室等。

（3）将已制作好端面的裸纤放入熔接机的V形槽，盖好防尘防风罩；在把光纤放入熔接机V形槽时，要确保V形槽底部无异物且光纤紧贴V形槽底部。

（4）启动熔接机的熔接程序，自动熔接机器开始熔接时，首先将左右两侧V形槽中光纤相向推进，在推进过程中会产生一次短暂放电，其作用是清洁光纤端面灰尘，接着会把光纤继续推进，直至光纤间隙处在原先所设置的位置上，这时熔接机测量切割角度，并把光纤端面附近的放大图像显示在屏幕上，熔接机会在 X 轴 Y 轴方向上同时进行对准，并且把轴向、轴心偏差参数显示在屏幕上，如果误差在允许范围之内就开始熔接。

（5）连接质量的评价。光纤完成熔接连接后，应及时对其质量进行评价，确定是否需要重新接续。光纤接头的场合、连接损耗的标准等不同，具体要求亦不尽相同。但评价的内容、方法基本相似。

1）外观目测检查。

光纤熔接完毕，在显微镜内或显示器上，观察光纤熔接部位是否良好。如发现有无气泡、过细、过粗、虚熔、分离等不良状态，应分析其原因并进行重新连接，具体处理方法可参考表 6–2–1 中各项措施。

2）连接损耗估计。

从熔接指示器上看读数是否在规定的合格范围内；自动熔接机显示器上的连接损耗值是否符合要求。

3）连接损耗测量。

对于正式工程中的光纤接头，只靠目测、估计是不够的，自动熔接机上显示的连接损耗值，由于微处理机是按经验公式计算的，连接损耗产生的部分因素未考虑。因此，应用 OTDR 进行连接损耗测量。

表 6–2–1　　目测不良接头的状态及处理

不良状态	原因分析	处理措施
痕迹	1. 熔接电流太小或时间过短； 2. 光纤不在电极组中心或电极组错位、电极损耗严重	1. 调整熔接电流； 2. 调整或更换电极
变粗	1. 光纤馈送（推进）过长； 2. 光纤间隙过小	1. 调整馈送参数； 2. 调整间隙参数
变细	1. 熔接电流过大； 2. 光纤馈送（推进）过少； 3. 光纤间隙过大	1. 调整熔接电流参数； 2. 调整馈送参数； 3. 调整间隙
轴偏	1. 光纤放置偏离； 2. 光纤端面倾斜； 3. V 形槽内有异物	1. 重新设置； 2. 重新制备端面； 3. 清洁 V 形槽
气泡	1. 光纤端面不平整； 2. 光纤端面不清洁	1. 重新制备端面； 2. 端面熔接前应清洗
球状	1. 光纤馈送（推进）驱动部件卡住； 2. 光纤间隙过大，电流太大	1. 检查驱动部件； 2. 调整间隙及熔接电流

（6）小心拿出熔接好的光纤，移动热缩套管，使熔接点处于热缩套管的中间，放入熔接机的加热器中央，进行接续部位的加热补强。操作时，由于温度很高，不要触摸热缩管和加热器的陶瓷部分。

（7）取出光纤并保管好。

至此完成了尾纤的接续工作。

五、注意事项

（1）热缩套管应在剥覆前穿入，严禁在端面制作后穿入。

（2）裸纤的清洁、切割和熔接的时间应紧密衔接，不可间隔过长，特别是以制作好的端面，切勿放在空气中。移动时要轻拿轻放，防止与其他物件擦碰。

（3）在切割和熔接光纤时，应垫一个黑色、无反射的表面，可以为看到小的光纤碎片提供一个最好的对比度。

（4）在接续中应根据环境，对切刀V形槽、压板、刀刃进行清洁，谨防端面污染。

【思考与练习】

1. 选择切刀时应注意哪些？
2. 简述尾纤接续的操作步骤。
3. 接续不良时应分别作哪些处理？

模块3 光缆的终端接续（Z37E6003 Ⅰ）

【模块描述】本模块包括光缆终端接续操作，通过对光缆终端接续的方法介绍，掌握光缆的切割，光缆终端的密封盒保护，光缆包层的剥除，纤芯清洁和切割，纤芯颜色识别，接头盒的结构和盘纤的方法，熔接后线缆的固定方法。

【模块内容】

一、概述

本文主要讲授光缆终端接续方法，包括光纤熔接机的使用、光纤熔接前的准备，熔接步骤，盘纤的方法，熔接后熔接点及光纤损耗的检测。

二、光纤熔接

1. 所需设备、工具

（1）待熔接的光纤	2根
（2）光纤熔接机	1台
（3）OTDR测试仪表	1台
（4）盘纤架	1个
（5）剥纤钳	1把

（6）剪刀　　　　　　　　　　　　　　1 把
（7）裸纤端面切割器　　　　　　　　　1 台
（8）95%酒精、棉签　　　　　　　　　若干
（9）带加强芯的热缩套管　　　　　　　1 根

2. 熔接原理图

熔接原理图如图 6–3–1 所示。

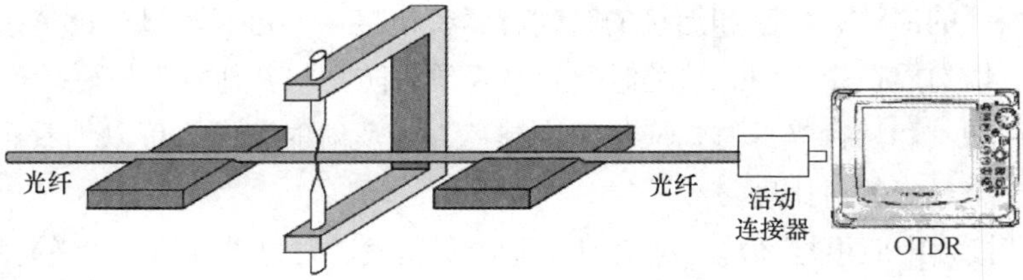

图 6–3–1　电弧法熔接光纤示意图

3. 熔接前的准备

光纤熔接前的准备主要是端面的制作包括剥覆、清洁和切割这几个环节。合格的光纤端面是熔接的必要条件，端面质量直接影响到熔接质量。

（1） 光纤涂面层的剥除。

光纤涂面层的剥除，要掌握平、稳、快三字剥纤法。

（2） 光纤包层的剥除。

光纤包层的剥除方法与光纤涂面层的剥除相同，只是要注意光纤的包层很薄，剥除时要非常小心，不能损伤纤芯。

（3） 裸纤的清洁。

裸纤的清洁，应按下面的两步操作：

1）观察光纤剥除部分的涂覆层和包层是否全部剥除，若有残留，应重新剥除。如有极少量不易剥除的涂覆层，可用棉球沾适量酒精，一边浸渍，一边逐步擦除。

2）将棉花撕成层面平整的扇形小块，沾少许酒精（以两指相捏无溢出为宜），折成 V 形，夹住以剥覆的光纤，顺光纤轴向擦拭，力争一次成功，一块棉花使用 2～3 次后要及时更换，每次要使用棉花的不同部位和层面，这样即可提高棉花利用率，又防止了裸纤的两次污染。

（4） 裸纤的切割。

裸纤的切割是光纤端面制作中最为关键的部分，精密、优良的切刀是基础，而严格、科学的操作规范是保证。

1）切刀的选择。

切刀有手动（如日本 CT—07 切刀）和电动（如爱立信 FSU—925）两种。前者操作简单，性能可靠，随着操作者水平的提高，切割效率和质量可大幅度提高，且要求裸纤较短，但该切刀对环境温差要求较高。后者切割质量较高，适宜在野外寒冷条件下作业，但操作较复杂，工作速度恒定，要求裸纤较长。熟练的操作者在常温下进行快速光缆接续或抢险，采用手动切刀为宜；反之初学者或在野外较寒冷条件下作业时，采用电动切刀。

2）操作规范。

操作人员应经过专门训练掌握动作要领和操作规范。首先要清洁切刀和调整切刀位置，切刀的摆放要平稳，切割时，动作要自然、平稳、勿重、勿急，避免断纤、斜角、毛刺及裂痕等不良端面的产生。另外学会“弹钢琴”，合理分配和使用自己的右手手指，使之与切口的具体部件相对应、协调，提高切割速度和质量。

3）谨防端面污染。

热缩套管应在剥覆前穿入，严禁在端面制作后穿入。裸纤的清洁、切割和熔接的时间应紧密衔接，不可间隔过长，特别是以制作好的端面，切勿放在空气中。移动时要轻拿轻放，防止与其他物件擦碰。在接续中应根据环境，对切刀 V 形槽、压板、刀刃进行清洁，谨防端面污染。

4. 光纤熔接

光纤熔接是接续工作的中心环节，因此高性能熔接机和熔接过程中科学操作十分必要。

（1）熟悉熔接机。

阅读熔接机的操作手册，熟悉熔接机显示屏、各按键和各接口的功能，掌握熔接机各种参数的设置。

（2）熔接程序。

1）接通融接机电源。

2）根据光纤的材料和类型，确认并选择接续及加热条件，并进行放电试验。

3）打开防尘防风罩，清洁熔接机 V 形槽、电极、物镜、熔接室等。

4）将已制作好端面的裸纤放入熔接机的 V 形槽，盖好防尘防风罩。

5）启动熔接机的熔接程序。熔接过程中还应及时，随时观察熔接中有无气泡、过细、过粗、虚熔、分离等不良现象，及时分析产生上述不良现象的原因，采取相应的改进措施。

6）小心拿出熔接好的光纤，移动热缩套管，使熔接点处于热缩套管的中间，放入熔接机的加热器中央，进行接续部位的加热补强。

7）取出光纤并保管好。

5. 盘纤

盘纤是一门技术，也是一门艺术。科学的盘纤方法，可使光纤布局合理、附加损耗小、经得住时间和恶劣环境的考验，可避免因挤压造成的断纤现象。

（1）盘纤规则。

1）沿松套管或光缆分歧方向为单元进行盘纤，前者适用于所有的接续工程；后者仅适用于主干光缆末端且为一进多出。分支多为小对数光缆。该规则是每熔接和热缩完一个或几个松套管内的光纤、或一个分支方向光缆内的光纤后，盘纤一次。优点是避免了光纤松套管间或不同分支光缆间光纤的混乱，使之布局合理、易盘、易拆，更便于日后维护。

2）以预留盘中热缩管安放单元为单位盘纤，此规则是根据接续盒内预留盘中某一小安放区域内能够安放的热缩管数目进行盘纤。避免了由于安放位置不同而造成的同一束光纤参差不齐、难以盘纤和固定，甚至出现急弯、小圈等现象。

（2）盘纤的方法。

1）先中间后两边，即先将热缩后的套管逐个放置于固定槽中，然后再处理两侧余纤。优点：有利于保护光纤接点，避免盘纤可能造成的损害。在光纤预留盘空间小、光纤不易盘绕和固定时，常用此种方法。

2）从一端开始盘纤，固定热缩管，然后再处理另一侧余纤。优点：可根据一侧余纤长度灵活选择铜管安放位置，方便、快捷，可避免出现急弯、小圈现象。

3）特殊情况的处理，如个别光纤过长或过短时，可将其放在最后，单独盘绕；带有特殊光器件时，可将其另一盘处理，若与普通光纤共盘时，应将其轻置于普通光纤之上，两者之间加缓冲衬垫，以防止挤压造成断纤，且特殊光器件尾纤不可太长。

4）根据实际情况采用多种图形盘纤。按余纤的长度和预留空间大小，顺势自然盘绕，且勿生拉硬拽，应灵活地采用圆、椭圆、“CC”“～”多种图形盘纤（注意 R≥4cm），尽可能最大限度利用预留空间和有效降低因盘纤带来的附加损耗。

三、光纤配线架的使用

GPXJ–A 型光纤配线架主要由左右立柱、顶框、底框焊接成主机架，配上左右侧板，前后门组成，如图 6–3–2 所示。

（一）GPXJ–A 型光纤配线的安装

1. 拼架

GPXJ–A 型光纤配线架在多台机架拼架时，只需用附件中配备的拼架连接板和 M5 螺钉连接紧固即可，连接位置有 4 处，如图 6–3–3 所示。

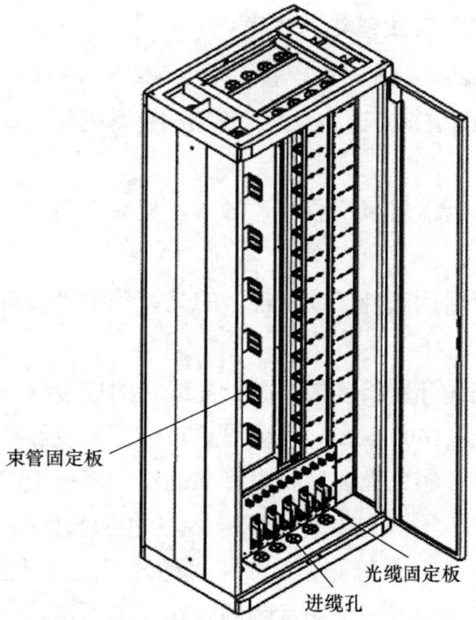

图 6–3–2　光纤配线架结构示意图

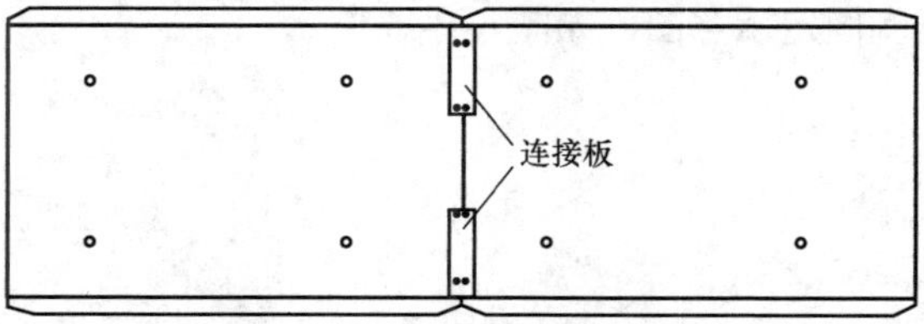

图 6–3–3　多架相拼示意图

2. 顶、底固定

光缆进入光纤配线架的弯曲半径不小于光缆直径的 15 倍。机房不设静电地板时，架体底部用 M10 的膨胀螺栓固定在机房的地坪上，顶部用 M10 的螺栓与线槽连接，光缆由配线架顶部进缆孔引入；机房敷设静电底板时，需制作与底板相同高度的角铁架，角铁架先固定在地坪上，机架底部用 M10 的螺栓固定在角铁架上，光缆可由配线架底部进缆孔引入；若从光缆上面线槽引入机架，机架顶部用 M10 的螺栓与线槽连接。图 6–3–4 为顶、底部安装孔示意图。

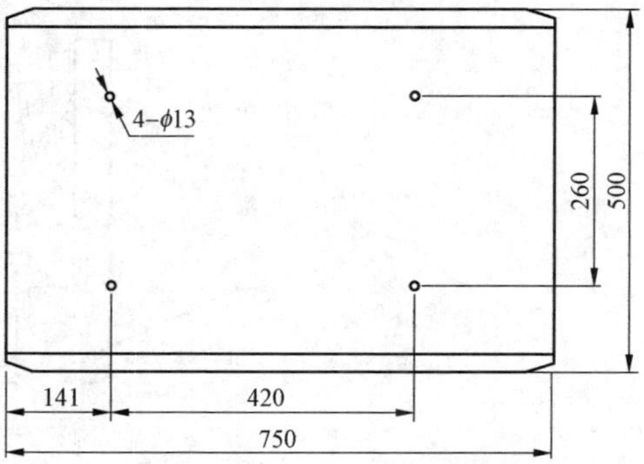

图 6–3–4　安装孔示意图

（二）GPXJ–A 型光纤配线架施工步骤

GPXJ–A 系列光纤配线架是一种配置灵活的配线架，根据所配置的配线箱的不同，可实现前后、上下不同的进缆方式，现以 GPXX–A 系列配线箱（后进缆）为例说明使用步骤：

（1）机架安装固定后，若机房小，可卸下机架前后门（门上转轴为弹簧式拉销）进行施工。

（2）将光缆从机架后侧底部（或顶部）的光缆孔中引入机架，并将光缆端部去除 1 米。

（3）开剥光缆。光缆开剥长度根据光纤配线箱的安装高度确定，计算公式为开剥长度=（220×N 个配线箱+1600）mm。参见光缆开剥固定示意图。

（4）束管的保护。开剥完光缆后将束管上的油膏擦拭干净。根据光纤配线箱的安装高度，将进入箱体部分的束管剥离出光纤，套上相应长度的 PVC 保护软管，并在靠近光缆开剥处用扎带将 PVC 软管扎紧，参见光缆开剥固定示意图。

（5）光缆固定及接地。将光缆用喉箍固定在光缆固定座（板）上，并将光缆加强芯固定在钢丝座上（如需护层接地，则应预先在光缆端部插入接地夹，接地线连接在固定板上）。光缆开剥固定示意图，如图 6–3–5 所示。

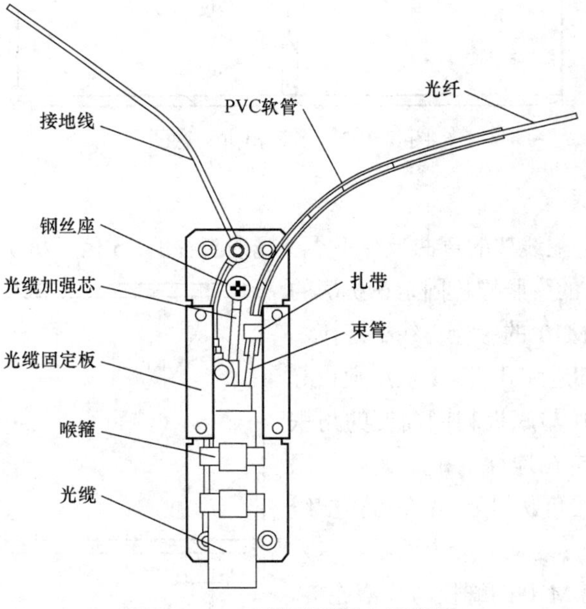

图 6–3–5 光缆开剥固定示意图

（6）束管初固定。将用 PVC 软管保护好的束管初固定在光缆固定板上。

（7）光纤配线箱的安装。将光纤配线箱由上至下安装于机架上。

（8）光纤熔接。光纤熔接的详细步骤请参阅相关光纤配线箱的使用说明。

（9）束管最终固定。光纤熔接结束后，将束管按进光纤配线箱的相应位置固定在机架的束管固定板上，余长收容于光纤配接箱内，如图 6–3–6 所示。

（三）GPXJ–A 型光纤配线架跳线方式

GPXJ–A 光纤配线架采用单侧走线方式，走线简单，清晰。

1. 本架跳线

取适当长度的光纤连接器（跳线），将光纤连接器两头插入预定适配器后，从配线箱左面单侧引出，经过垂直走线槽向下，经过底部水平走线槽，根据余长的长短，挂入合适的挂线环，如图 6–3–7 所示。

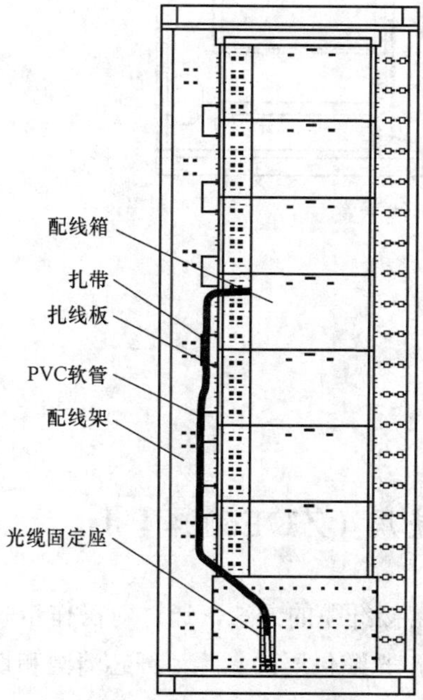

图 6–3–6　束管的固定

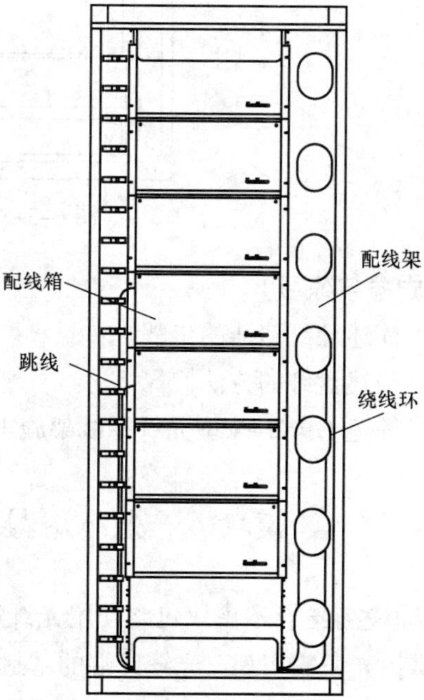

图 6–3–7　本架跳线示意

2. 跨架跳线

对于多架相拼的光纤配线架，其前后左右侧板可脱卸。跳线不需从架外走纤，直接在架间通过顶底水平走线槽走纤，如图 6–3–8 所示。

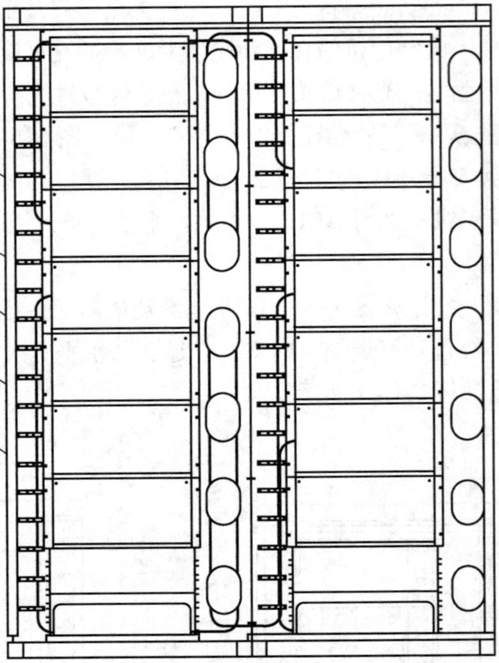

图 6–3–8 跨架跳线示意

【思考与练习】

1. 简述裸纤清洁的步骤。
2. 简述盘纤的方法。
3. 简述 GPXJ–A 型光纤配线架施工步骤。

◢ 模块 4 光纤熔接机的使用（Z37E6004Ⅰ）

【模块描述】本模块包含使用光纤熔接机熔接纤缆的方法，通过对操作步骤的讲解，掌握光缆的切割，光缆终端的密封盒保护，光缆包层的剥除，纤芯清洁和切割，纤芯颜色识别，接头盒的结构和盘纤的方法，掌握熔接后线缆的固定方法。

【模块内容】

一、概要

小型纤芯直视型光纤融接机 TYPE–37SE、TYPE–37SEB 是低损耗接续单芯光纤的设备。本说明书介绍了机器的开箱、安装及操作方法。

提示：在接续现场初次使用本机前，请仔细阅读本说明书并进行几次试接续。

本机是针对以下几种光纤的接续进行设计的：

（1）单模光纤（SMF）。

（2）纯石英单模光纤（PSCF）。

（3）非零色散位移光纤（NZ–DSF）。

（4）多模光纤（MMF）。

（5）大口径非零色散位移光纤（LCF）。

（6）截止位移光纤（CSF）。

（7）色散位移光纤（DSF）。

本机是从 X、Y（直角交叉的 2 轴）两角度观测一对光纤并自动对芯（MMF 除外），而后通过放电产生的热进行低损耗融接。机器附带的 HDCM（高性能纤芯直视法）图像处理软件系统可进行纤芯对准和接续损耗的推定。接续完成后，为确认接续部位的强度和可靠性，还可进行张力试验。最后，将热缩套管移动到接续部位，使用本机内藏的加热器即可进行加热补强。

二、基本构造

光纤熔接机基本构造如图 6–4–1 所示。

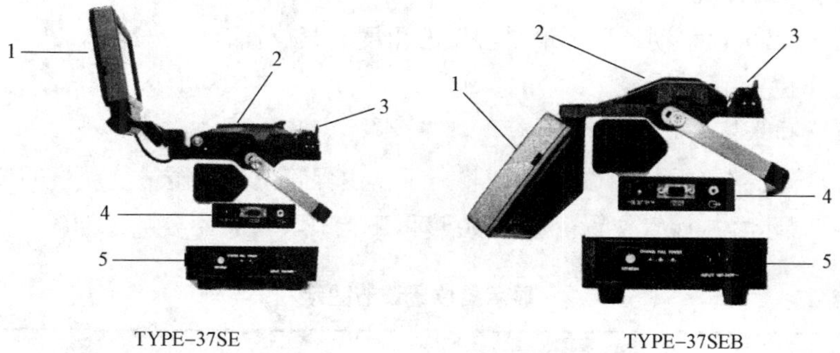

图 6–4–1　光纤熔接机基本构造

1—显示器；2—防风盖；3—加热器；4—输入输出面板；5—电源组插入部

（1）主机。

（2）输入输出面板。

输入输出面板在融接机主机右侧面下方，如图 6–4–2 所示。

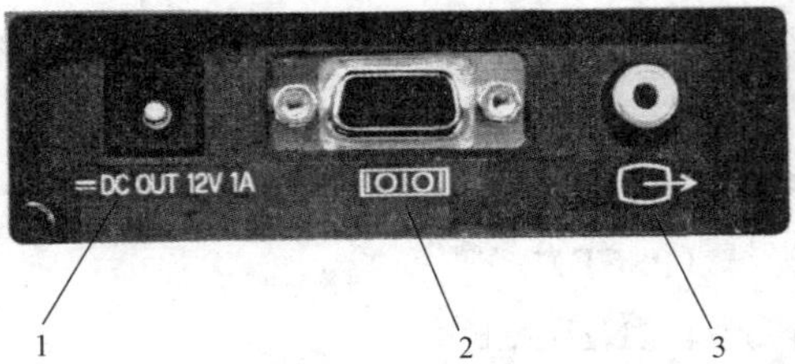

图 6–4–2 输入输出面板

1	DC12V 输出端口	给相关机器提供 DC12V 电源的输出端口
2	串行接口（RS–232C）	和电脑连接用于将记录的接续损耗数据存入电脑或进行自我诊断
3	图像输出端口	NTSC 图像信号输出端口。用于外部显示器

三、接续作业时的准备

1. 使用工具

接续前，请准备好以下工具。

（1） 光纤切割刀。

（2） 剥线钳。

（3） 酒精（99%）及不起毛的砂布等清洁光纤的用具，光纤保护套管。

2. 显示器的位置

(1) 显示器可以移动调节至最易观察的角度。其位置有以下 2 种。

1）工作位置。

2）保管位置。

（2） 如表 6–4–1 所示，工作时请将显示器由保管位置抬至最易观察的位置。

提示：显示器从保管位置可进行 90 度以下抬升。注意不要超过 90°。

表 6–4–1　　显示器位置调节图示

显示器位置	TYPE–37SE	TYPE–37SEB
保管位置		

续表

显示器位置	TYPE-37SE	TYPE-37SEB
易观察位置	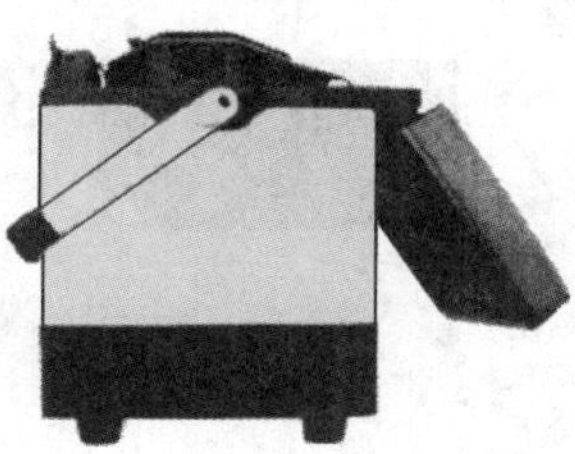	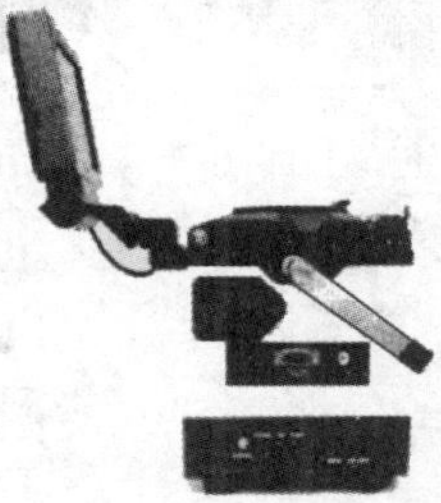

3. AC 电源的使用

AC 电源如图 6-4-3 所示。

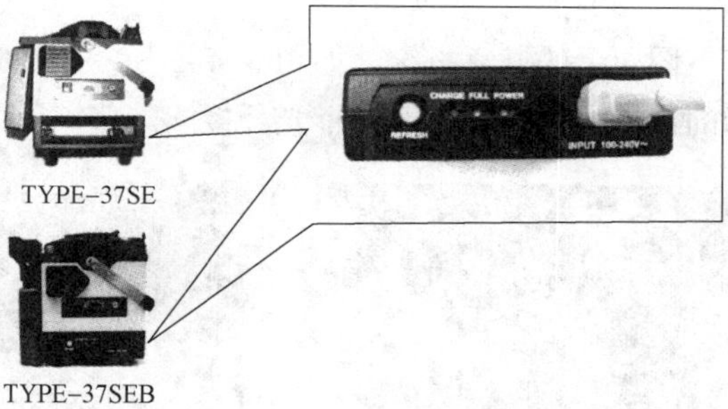

图 6-4-3　使用 AC 电源

（1） 将电源线一端插入 AC 电源的 AC 输入端口，再将电源线的另一端与 AC 插头连接。

（2） 按下上部键盘右侧的 | 键，机器初始化后，会显示“接续模式”画面。

4. 使用蓄电池（选件）

本机使用充满电的蓄电池工作时，可进行 40 次左右包括热缩套管补强在内的融接接续。

注意：不使用本机时请将电池取出。

（1） 安装电池。

1）将专用蓄电池插入本机侧面的电源插入接口，直至听到“咔”机器咬合声。

2）按下上部键盘右侧的 | 键，待机器初始化完了后，会显示“接续模式”画面。

（2） 取出电池。

1）按下本机背面的 RELEASE 按键，电池即会弹出。

2）按着 RELEASE 键，将专用蓄电池从电源插人部完全取出，如图 6-4-4 所示。

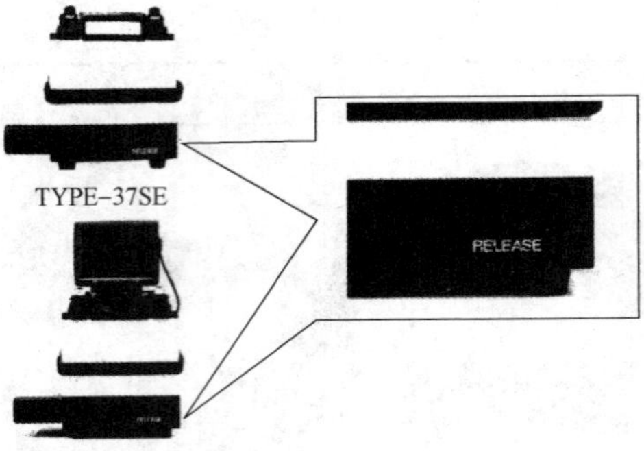

TYPE-37SE

TYPE-37SEB

图 6-4-4 取出电池

5. 键盘的操作方法

（1） 各键的功能。

在本机上部，有下图所示的键盘按键，如图 6-4-5 所示。通过操作各按键，可以从显示器画面所显示的菜单中选择项目，进行光纤接续。

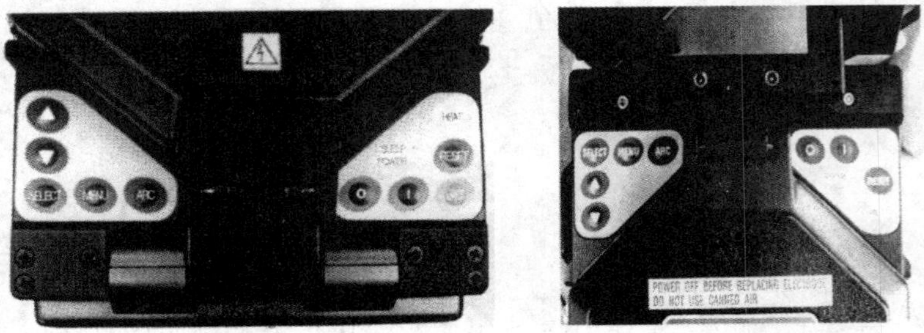

TYPE-37SE　　TYPE-37SEB

图 6-4-5 操作键盘

按键功能见表 6-4-2。

表 6-4-2 按键功能表

按键	功能
▲	在菜单画面中选择项目时，向画面上方移动*光标在各项目中将反白区移动至要设定的选择项上
▼	在菜单画面中选择项目时，向画面下方移动*光标在各项目中将反白区移动至要设定的选择项上
MENU（菜单）	在显示「模式选择」画面时按此键，进入各种模式后，一按此键，即可返回前一阶段（例：输入数值时）

续表

按键	功　能
ARC（放电）	接续完成后，手动追加放电时使用
SELECT（选择）	决定所选的功能，进入下一阶段时使用。有反白项目时，一按此键，即可对反白项目所示内容进行调整或选择
O（OFF）	切断电源。融接机运转中不要进行电源操作
|（ON）	接通电源
SET（设定）	开始接续或放电试验
RESET（复位）	返回初始画面。中止接续操作时使用
HEAT（加热）	开始给热缩套管加热。加热中，绿色的 LED 灯亮起

注意：显示器画面左下方电池状态显示标记右侧出现黄色的读取标记符号时，表明正在向存储卡读入数据，此时注意不要切断电源，以免损坏存储卡。

提示：节电模式运行时，右键盘上的 SLEEP（节电）LED 绿灯亮起。此时，按|（ON）O（OFF）以外的任何键，即可重新接通电源。

（2）反白区的选择和更改。

如图 6–4–6 所示，菜单画面用［］圈起的部分，是在菜单操作中选择项目或输入数值时使用的。将此部分称为反白区。例如，在“加热模式”画面中更改项目内容为如下操作。

1）按 SELECT 键，使选择项反白，如图 6–4–6 所示。

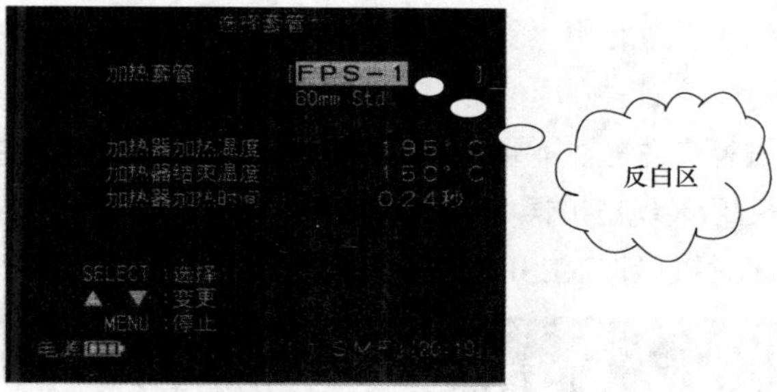

图 6–4–6　反白区

2）按▲、▼箭头键、移动项目。

3）出现需要选择的项目时，按 SELECT 键。此时按 MENU 键将返回前一步骤。

提示：用反白区进行项目选择或输入数值，如要取消操作时，按 RESET 键，画面将返回接续模式菜单。

（3） 输入数值。

输入数值的方法同反白区的操作基本相同。例如更改参数数值时，操作顺序如下。

1）如图 6–4–7 所示，可更改反白区的数值。不改变当前反白区的数值，想要向相邻右侧列移动时，按 SELECT 键。

2）用▲、▼箭头键选择需要的数值。

3）按 SELECT 键，将反白区移至相邻右侧列，重复顺序 2、3，输入数值至最后一列。

图 6–4–7 输入数值

4）最后一列输入完后，按 SELECT 键，会显示输入的参数画面，如图 6–4–7 所示。

提示：数值输入有误时，按 MENU 键，返回左邻行。选择到最左端的行后，按 MENU 键即返回上一画面。

6. 启动信息

（1） 软件使用许可。

使用本融接机时需要同意软件使用许可内容。不同意时本融接机无法启动。请仔细阅读本说明书卷头的软件使用许可条款。同意时用箭头键将*光标移动至“同意”，按 SELECT 键。之后此确认画面不会再出现。不同意时用箭头键将*光标移动至“不同意”处，电源会切断。

（2） 自我诊断功能。

本融接机在接通电源进行原点复位动作之前，为诊断机器的硬件状态会如图 6–4–8 所示自动进行简易自我诊断。画面的各“□”标记表示检查项目，检查过的项目会被涂上颜色。自我诊断进行完之前请不要打开防风盖。如果检测到异常情况，自我诊断就会停止，如图 6–4–9 所示显现出错误信息并将该项目标记涂为红色以告之。不进行自我诊断直接进入下一程序时可以按 RESET 键。自我诊断结束后融接机开始进行原点复位。

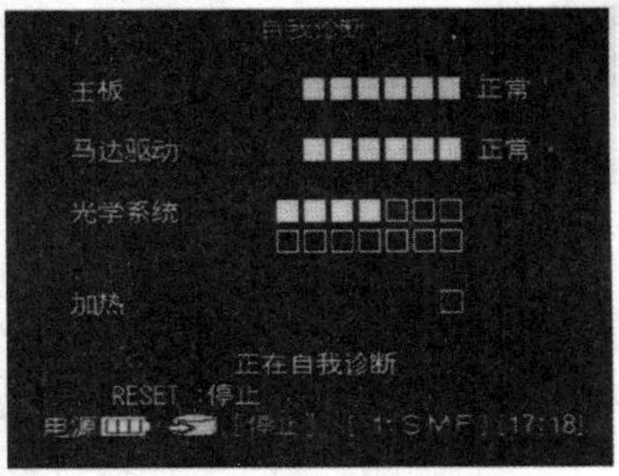

图 6–4–8 自我诊断画面

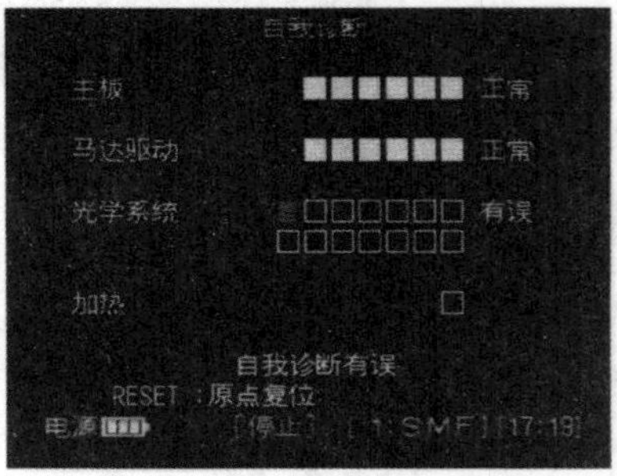

图 6–4–9 检查到自我诊断有误的情况

提示：一打开防风盖，光学系统部件的检查就无法正常进行，此时机器会显示出错误信息。请将防风盖关闭重新接通电源或者按 RESET 键直接进行下一步。

提示：机器异常处可以通过检查项目进行推定。请参阅本说明书卷末的错误信息一览表，当调整后仍不能修复时请与维修点联系。

四、接续操作

1. 接续顺序

请准备好待融接的光纤，并将光纤涂敷层清洁干净。之后使用本机进行以下融接接续步骤。

（1）接通融接机电源。

（2）确认并选择接续及加热条件与准备融接的光纤一致。

（3）进行放电试验。

（4）将 2 根光纤中的一根穿过热缩保护套管。

（5）除去光纤涂敷。

（6）清洁裸光纤。

（7）将裸光纤以适当的切断长切断。

（8）将光纤安放到融接机里。

（9）另一根光纤也进行和以上相同的准备。

（10）关闭防风盖，开始自动接续。

（11）将光纤接续部位从夹具里拿出。

（12）使热缩保护套管滑移至接续部位。

（13）将接续部位和热缩套管放置在加热器中央，进行接续部位的加热补强。

（14）取出光纤并保管好。

2. 接续模式菜单功能

将本机电源接通时或按 RESET 键时画面会显示“接续模式”菜单。在此菜单下可选择与接续光纤种类一致的设定好的接续条件。对应各种接续条件，本机存储有 48 种接续程序可以使用。在各个接续程序下可指定 5 个标准放电参数（放电强度、放电时间、予放电时间、端面间隔、光纤推进量）等。另，各程序的数据即使关闭机器电源仍可保存在机器内。

用“接续模式”可以进行的操作：

（1）放电试验。通过测定光纤端面的融化量来修正环境变化，将机器调节至最佳放电强度。

（2）接续（自动）。开始自动接续，显示推定损耗。

（3）选择光纤。按照接续光纤种类，选择接续设定项，可进行设定。最多可选择、设定 48 种接续程序。

3. 选择光纤种类

选择与将要接续的光纤种类相一致的接续条件类别。接通本机电源或按 RESET 键时，会显示出最后一次所选择的接续条件。选择与已选程序不同的接续条件（SMF、MMF、DSF、掺饵光纤等）或要查看接续条件类别时，其操作方法如下。

（1）按▲、▼箭头键，将*光标移动至“选择光纤”项，再按 SELECT 键。

（2）按▲、▼箭头键，选择将要接续的光纤种类，按 SELECT 键，如图 6–4–10 所示。

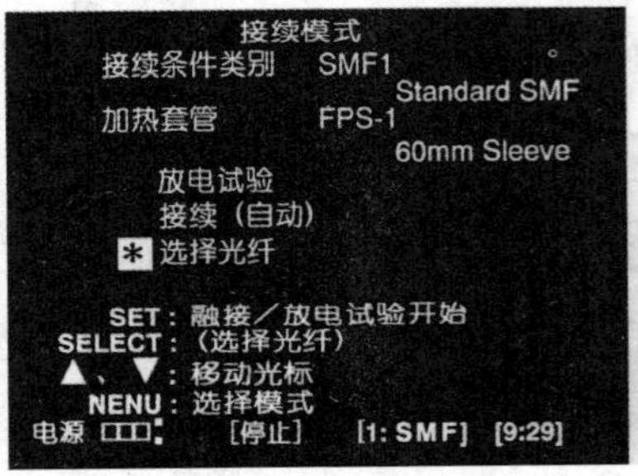

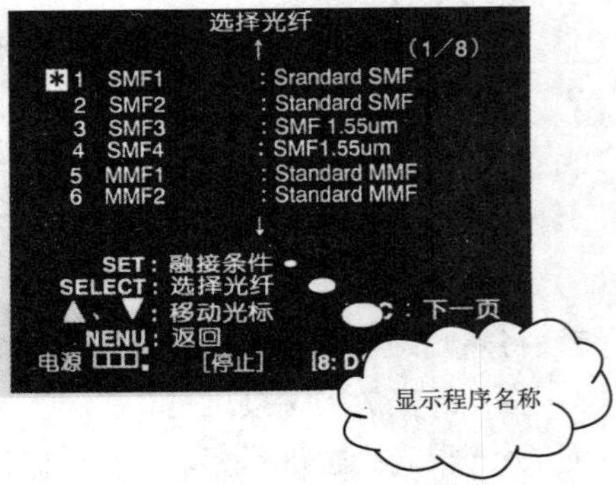

图 6–4–10 选择光纤种类

提示：程序名称可由用户自己决定。

4. 套上保护套管

请在除去光纤涂敷和切断光纤前，将热缩保护套管（FPS–1 等，见图 6–4–11）套在待接续光纤的其中一根上。

5. 准备光纤

（1）用剥线钳将光纤涂敷除去 40mm。此工序请只进行一次。

（2）用沾了纯酒精的无屑砂布擦拭裸光纤 1、2 次，清除涂敷碎屑。

（3）使用光纤切割刀切断光纤。请将切断长控制在［1–2 项（1）］所记载的范围内，如图 6–4–12 所示。

注意：清洁光纤要在切断光纤前进行。为避免损伤或污染光纤端面，请将准备好的光纤立即安放在融接机内。

（4）要注意切断的光纤碎屑。请用透明胶带将光纤碎屑沾起并将使用过的胶带以适当方式处理掉。

注意：光纤碎屑极其锐利，请注意不要刺伤手指。

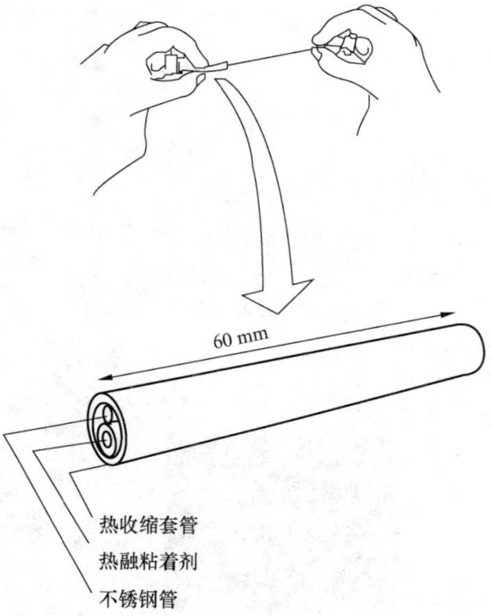

图 6–4–11　光纤保护套管（FPS–1）

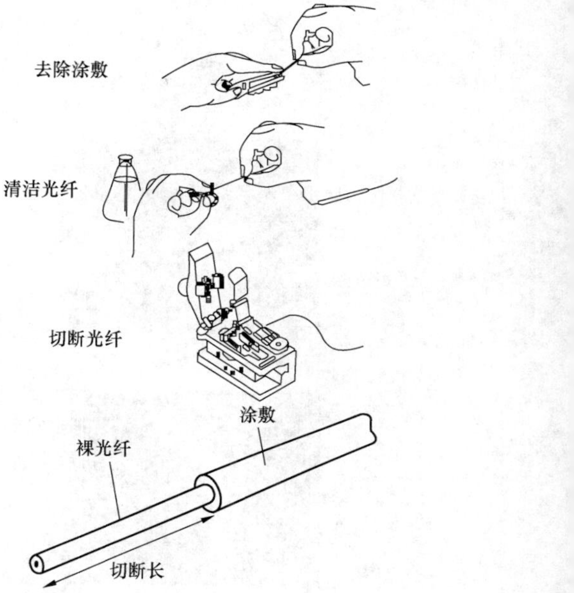

图 6–4–12　准备光纤

6. 安放光纤

（1）在进行下述操作前，请先选择好接续程序，并做好光纤安放前的准备工作。在此介绍的是标准的接续操作方法，也可用其他方法进行操作。

（2）打开位于本机上部中央的防风盖。

（3）将机器提手放到机器后部，打开裸光纤夹具，抬起涂敷层夹板。

（4）参照图 6–4–13，在 V 形槽内放入光纤。此时应将光纤切断端面部分伸出 V 形槽至放电部位。

参照图 6–4–14，应将安放的光纤端面置于电极棒和 V 形槽边缘间约一半左右的地方。

注意：请不要碰到光纤端面或让端面在 V 形槽上滑动，光纤端面受损或污浊都会影响接续效果。

（5）将光纤涂敷层夹具轻轻合上至完全卡住光纤，此时光纤嵌入 V 形槽，光纤端面应位于 V 形槽内侧边缘与电极棒尖端之间约一半左右的位置。合上裸光纤夹具，使裸光纤准确嵌入 V 形槽。

（6）准备好待接续的另一根光纤，以同样方式安放在融接机里。

（7）关闭防风盖。确认光纤未被防风盖夹住。

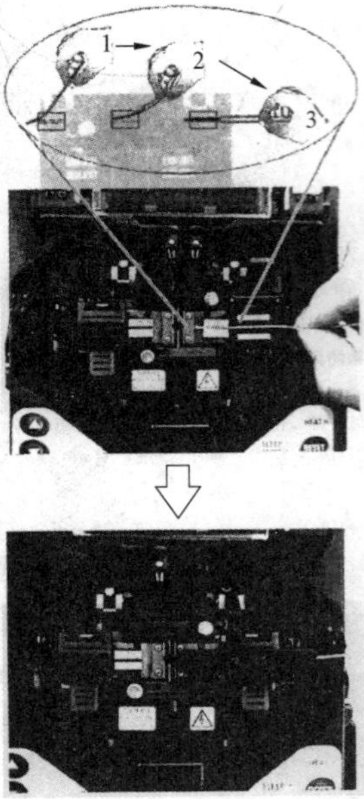

图 6–4–13　光纤安放进 V 型槽

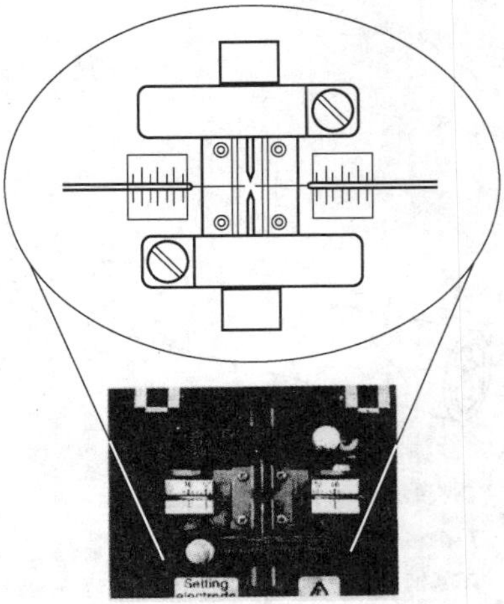

图 6–4–14　光纤的位置

7. 开始自动接续

(1) 请按照第 9 章的操作顺序将光纤放人融接机内。

1）如图 6–4–15 所示，将*光标移动至“接续模式”画面的［接续（自动）］项上。

提示：接续方法有 3 种可选择。

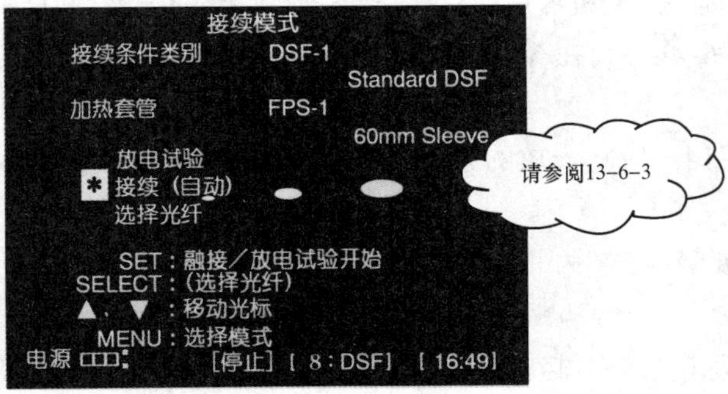

图 6–4–15　开始自动接续

2）按 SET 键，开始自动接续（见图 6–4–16）。

（2） 开始自动接续后，融接机立即会自动将光纤端面调整至所设定好的位置。显示屏将显示出光纤端面的扩大图。

（3） 为实现高质量接续，融接机会在自动检查完光纤状态后再进行融接，并显示出推定损耗。

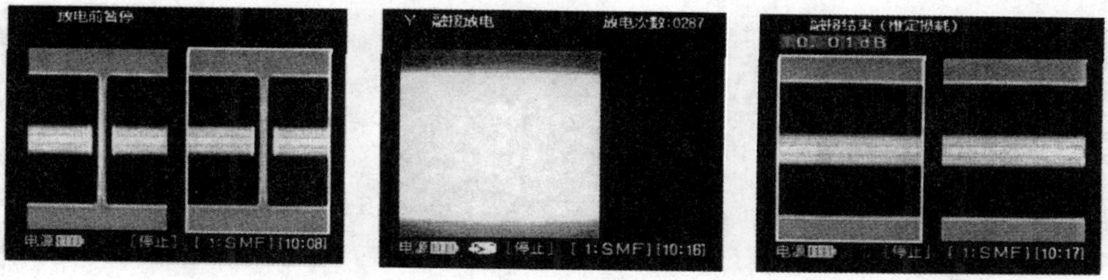

图 6–4–16　自动接续的顺序

（4）融接后，按照画面上的提示信息，可以看到光纤接续及光纤检查的全部数据和图像。

（5）为确认接续部位的可靠性，融接后机器全自动或手功（按 RESET）键对接续部位进行张力试验。

8. 评价接续质量

（1）融接结束后，按 SELECT 键，机器会分别切换至 X 画面或 Y 画面观察接续部位。

（2）推定损耗过大或接续部位产生气泡或膨胀等不良现象时，请重新进行接续。

（3）接续部位附近出现灰色或白色线时，按 ARC 键追加放电通常可以改善融接效果。但一次接续最多可追加两次放电，融接效果依旧无改善时，请重做放电试验后再进行接续。

提示：按 MENU 菜单即可得到如图 6–4–17 所示的数据及画面作为参考，如图 6–4–18 所示。

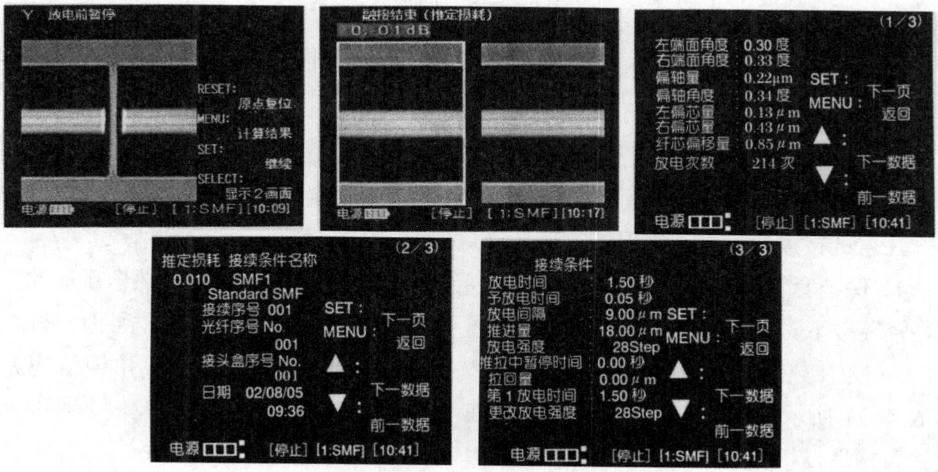

图 6–4–17　参照接续数据

提示：接续完成后，最大可输入 18 个文字的记录内容。

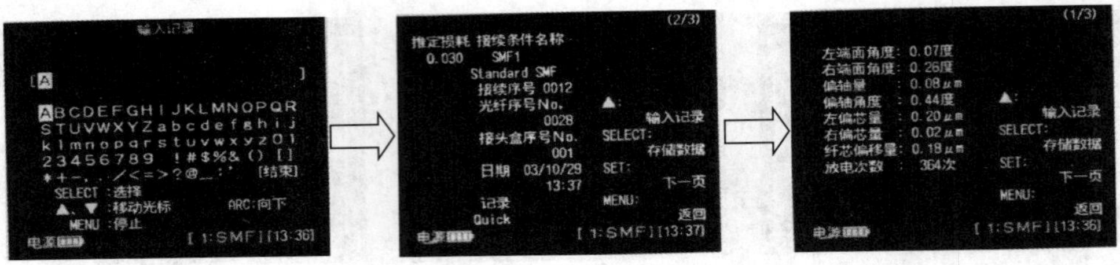

图 6–4–18 接续数据记录

9. 接续部位的补强

（1） 将接续部位放入加热器。

如图 6–4–19 所示，加热器在融接机的上部后侧（B 型在前侧）。其右侧（B 型在左侧）的光纤夹具内藏有弹簧拉伸机构，进行加热补强时，此机构会对接续部位施加约 0.49N（50gf）的拉力，以使光纤在加热过程中始终处于平直状态。

TYPE–37SE　　TYPE–37SEB

图 6–4–19 加热器

1）打开位于加热器两侧的加热器压板，其中一边的压板直接同加热器上盖连接，所以加热器上盖也会被一起打开。

2）打开防风盖和光纤夹具，取出接续后的光纤。

3）将热缩保护套管移动至接续部位中央，如图 6–4–20 所示。

注意：接续后的光纤请保持笔直，避免弯曲。

4）保护套管应套于接续部位中央，轻拉光纤两侧，将光纤置于加热器压板的压杆上，轻轻按下。光纤的拉伸压力作用于同压板相连的压杆上，加热器压板即可被闭合。

5）为使热缩过程中保护套管内部的光纤不松驰，右侧压板内藏弹簧结构。如图 6–4–21 所示。打开右侧的夹具（B 型在左侧），边向右侧（B 型向左侧）拉伸光纤使弹簧构造发挥作用，边关闭夹具。

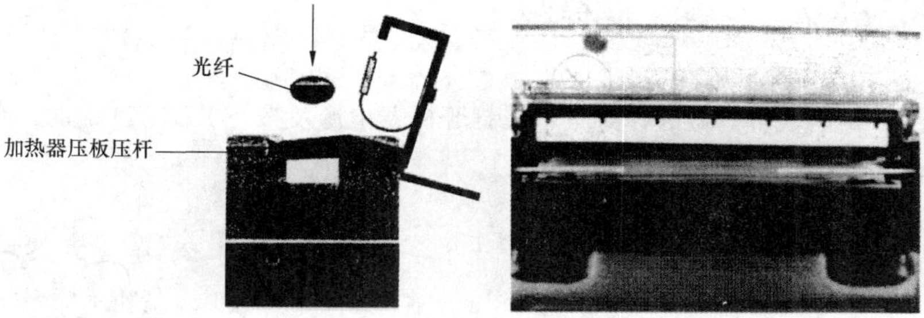

图 6–4–20 夹具杆保护套管的设置位置

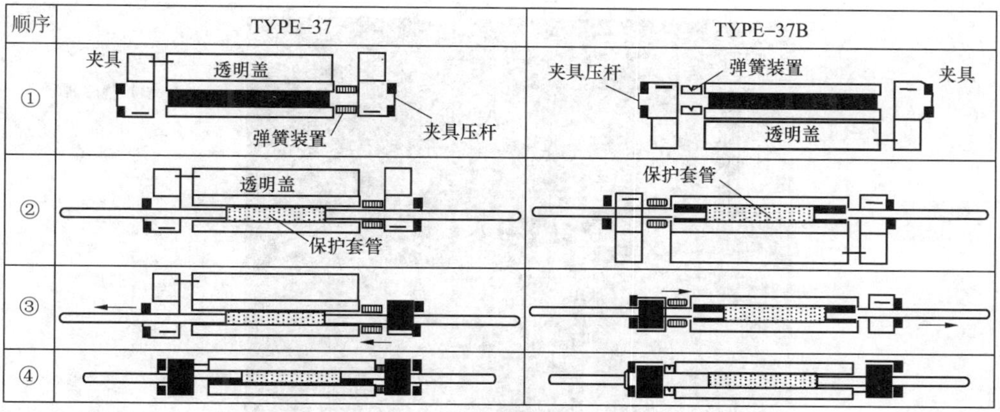

图 6–4–21 光纤的固定方法

注意：开始加热前，请确认裸光纤位于保护套管的中央，套管应放于加热器内部中央位置。

（2） 保护套管的加热/收缩。

1）按键盘上的 HEAT 键，开始加热，保护套管开始收缩。位于 HEAT 键上方的绿色 LED 亮起，显示正在加热。如要停止加热，请再按一次 HEAT 键。

2）加热开始后，请开始进行下一接续的准备工作。

提示：融接和加热可同时进行。

3）约 50 秒后，警报音会响起，加热作业结束。

提示：加热时间根据选择的加热条件而不同。

4）打开加热器两端的夹具，边轻轻拉着光纤使其两端保持笔直，边将其取出。目测套管的状态（参照图 6–4–22）。

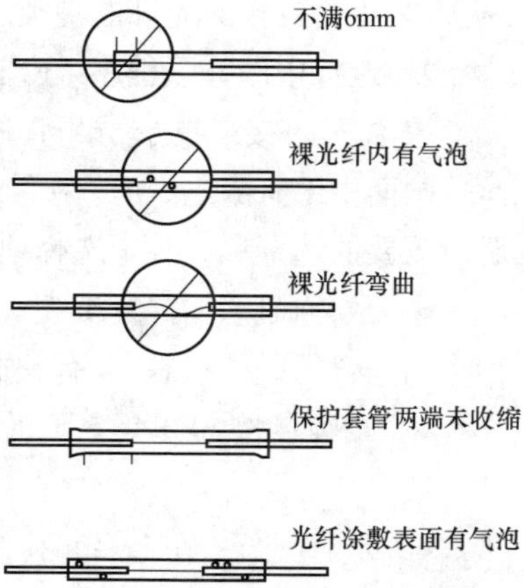

图 6–4–22 保护套管的热缩检查

注意：套管有时会很热，操作时请注意。

10. 菜单功能和操作方法

如图 6–4–23 所示，接续模式菜单在打开机器电源及按下 RESETJ 键时，或在模式选择画面选择“接续模式”菜单时显示。

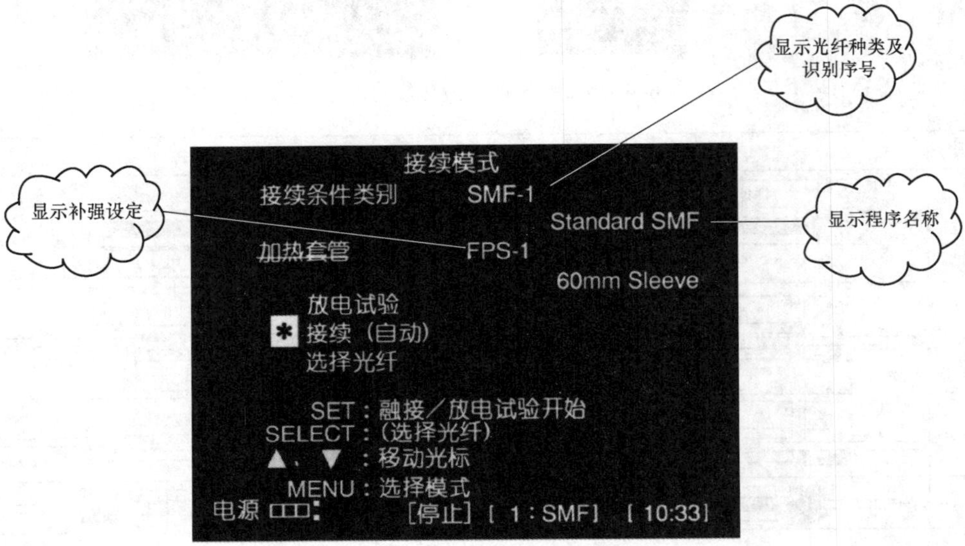

图 6–4–23 接续模式菜单画面

接续条件种类/补强套管：

在接续模式菜单画面的上部，显示有以下数据（见图 6–4–24）：

1）将要融接的光纤的种类：SMF–1。

2）运行中的补强程序：FPS–1。

放电试验/接续/选择光纤：

画面中部有放电试验、接续、选择光纤 3 个选择项。使用上下箭头健将*光标移动至所需要的选择项。各个选择项的功能如下：

- 放电试验：按 SET 键。自动进行放电调整，使机器调整到与环境条件和光纤种类相吻合的最佳状态。（有关放电试验的详细内容请参阅第 10 章）
- 接续：按 SET 键。开始接续。如图 6–4–24 所示，如显示（自动），则进行自动接续。
- 选择光纤：在选择与待接光纤种类一致的接续程序时使用。另，变更接续条件时也可使用。选定好项目时，按 SELECT 键。

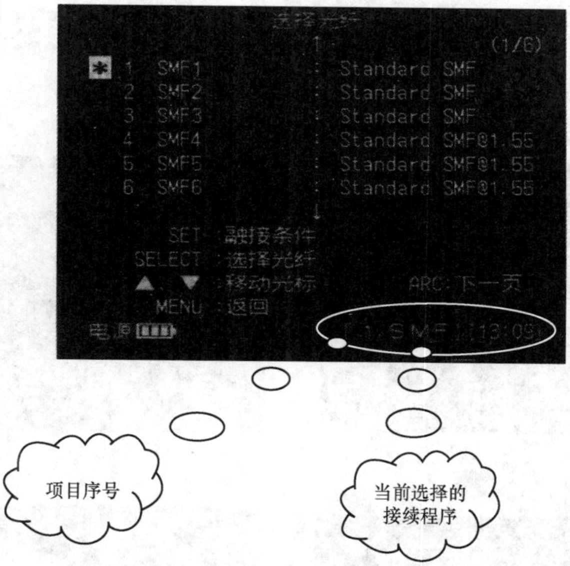

图 6–4–24　光纤选择界面

1）选择光纤。

本机可以从显示菜单里选择接续光纤的接续条件。当前选择的接续条件可以和程序序号一起显示在显示器下方。选择与当前所选程序不同的接续程序的操作方法如下。

- 按箭头▲、▼键，将*光标移动至将要接续的光纤种类上，按 SELECRT 键。
- 翻页时请按 ARC 键。

2）接续条件的显示与变更。

显示各接续程序的设定条件或变更程序条件时操作如下。

- 在图 6–4–24 所示的选择光纤画面中，按▲、▼箭头键将*光标移动至想要表示的接续条件上后按 SET 键。
- 图 6–4–25（a）所示的 5 个放电参数（放电时间、予放电时间、端面间隔、推进量、放电强度）会显示在最初的画面里。4 个选择参数会出现在下一画面。
- 在图 6–4–25（b）所示的接续条件画面里，按▲、箭头键将*光标移动至想要变更的放电参数上，按 SELECT 键。
- 屏幕显示出图 6–4–25（c）所示的输入密码画面，依顺序按以下键输入密码。

上箭头（▲）→ARC→下箭头（▼）→SELECT

- 进入接续条件画面，如图 6–4–25（d）所示的参数数值会以反白块形式显示出来。
- 在“输入数值”改变参数，按 SELECT 键决定选项。

提示：● 变更参数值之前请记下当前数值。

- 数值输入有误时，按 MENU 键返回可重新输入新数值。
- 不改变现在的设定返回接续条件画面时，按 RESET 键。

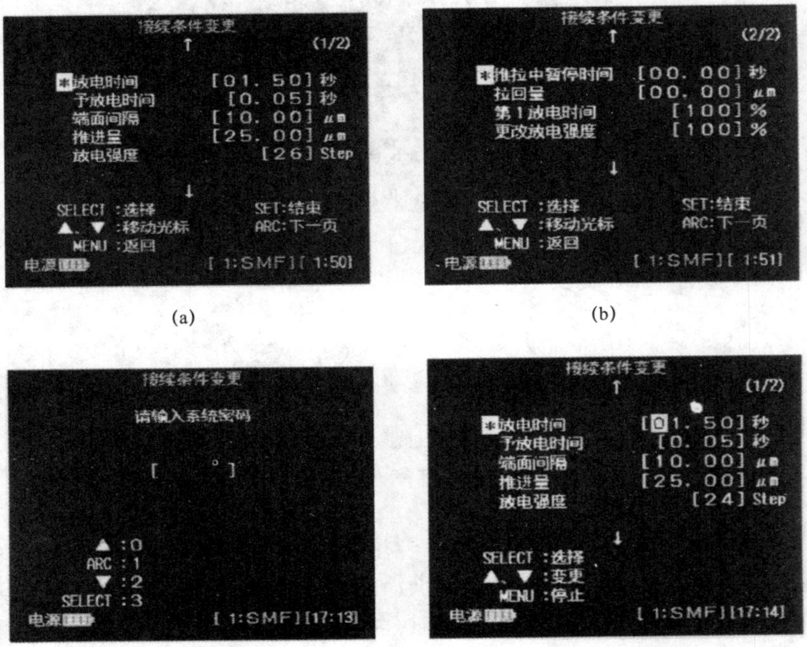

(a) (b)

(c) (d)

图 6–4–25 接续条件画面

注意：选择 AIAS 对准方式时，接续条件不能变更。

3）设定接续条件。

标准放电参数有以下 5 项。

- 放电时间（秒）：从开始放电到结束放电的时间。
- 予放电时间（秒）：从开始放电到开始推进之间的时间。
- 端面间隔（um）：接续前左右光纤端面间隔（见图 6–4–26）。
- 推进量（um）。
- 放电过程中右光纤推进与左光纤重叠的量（见图 6–4–27）。

放电强度（Step 值）

放电中的热量，用 Step 值表示，数值越大放电就越强。

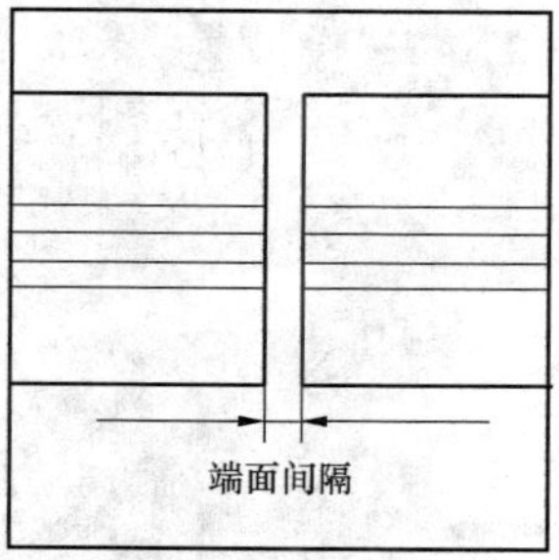

图 6–4–26　端面间隔

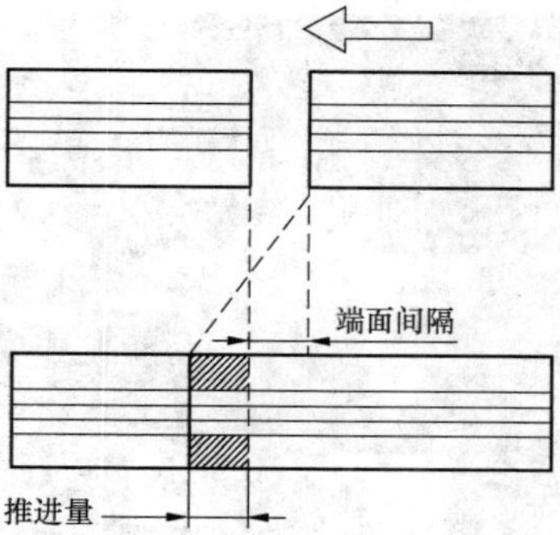

图 6–4–27　推进

提示：以下为 4 个选择放电参数的内容。

a）推拉中暂停时间（秒）放电中推进结束后到开始拉回的停止时间。

b）拉回量（um）放电中推进的光纤的拉回量。

c）第 1 放电时间。显示放电时间中保持最初放电强度的时间比例。

d）变更放电强度显示放电中从最初放电强度到变更强度的比例。

五、维修

1. V 形槽和夹具的清洁

在此介绍 V 形槽和夹具的清洁顺序。请准备好纯酒精（纯度 99.5%以上）和 V 形槽清扫刷（本机附带，见图 6–4–28）、紧密的不起毛棉棒。

图 6–4–28　V 形槽清洁工具

提示：V 形槽是排列裸光纤的精密主导部件，裸光纤夹具是将光纤整齐按压在 V 形槽中的压具。V 形槽或夹具的压板上即使附着少量灰尘或涂敷碎屑，都可能造成光纤偏轴，不能正常接续。

（1）V 形槽的清洁。

用沾了酒精的 V 形槽清扫刷从电极棒侧向外侧扫拭 V 形槽。灰尘有可能会落在显微镜镜头上，所以清洁时请务必向外侧清扫，如图 6–4–29 所示。

（2）夹具的清洁。

用粘了酒精的棉棒充分擦拭裸光纤夹具，如图 6–4–30 所示。

用干棉棒擦拭同一部位，将多余酒精除去。

注意：吹气囊会污损电极棒，请勿用于本机的清洁。

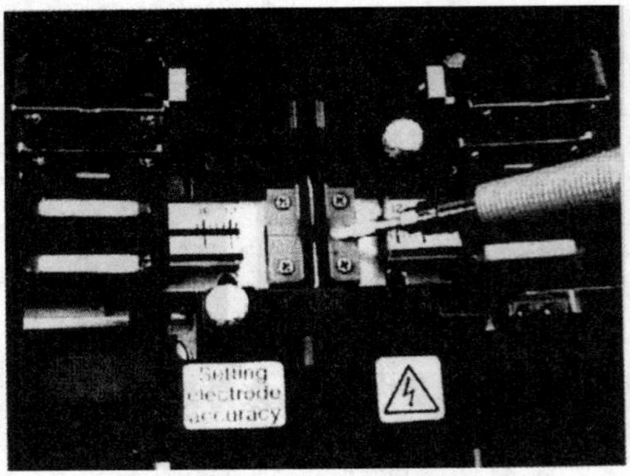

图 6–4–29 V 形槽的清洁

图 6–4–30 裸光纤夹具的清洁

（3）LED 保护镜片的清洁。

本节介绍防风盖内 LED 保护镜片的清洁顺序。请准备好纯度在 99.5%以上的纯酒精和不起毛棉棒。

1）防风盖内的 LED 保护镜片不干净时，会产生黑影或降低照明水平，从而导致机器不能正常接续。请用粘了纯度在 99.5%以上纯度酒精的棉棒轻轻擦拭镜片表面进行清洁，如图 6–4–31 所示。最后再用干棉棒擦拭，以去掉多余酒精。

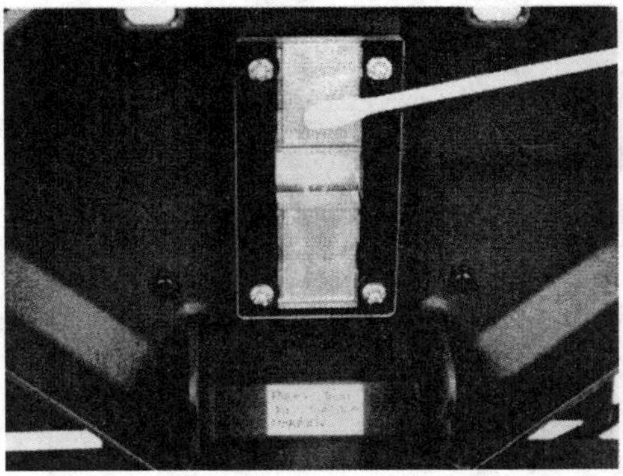

图 6–4–31 LED 保护镜片的清洁

2）灰尘严重酒精棉棒无法清洁掉时，请用螺丝刀取下螺丝（4 个）后，更换附属的新保护镜片。

（4）电极棒的更换。

在此介绍电极棒的更换方法。为保证接续质量，通常情况下建议电极棒在进行约 1500～2000 次放电后进行更换。

1）更换电极棒。

（a）确认目前使用中的电极棒放电次数，先按 MENU 键显示模式选择画面，选择电极模式如图 6–4–32 所示。

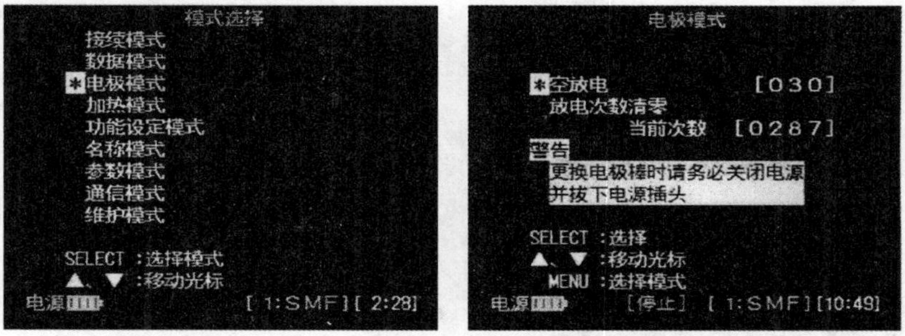

图 6–4–32 “电极模式”画面的显示内容

（b）更换电极棒前，按 RESET 键，等待机器复位后切断木机电源，拔下电源线。

（c）用手将电极棒固定用旋钮螺丝扭松，取下电极棒罩板，如图 6–4–33 所示。

（d）取下旧电极棒。

提示：取下电极棒时请注意确认一下显微镜镜头上有无污损。

注意：安装电极棒时注意手指不要接触到电极棒的金属部分。电极棒上附着有皮脂会造成接触不良。手指接触到电极棒时，请用粘了酒精的纱布清洁，电极棒的尖端非常尖锐，安装时要特别注意。

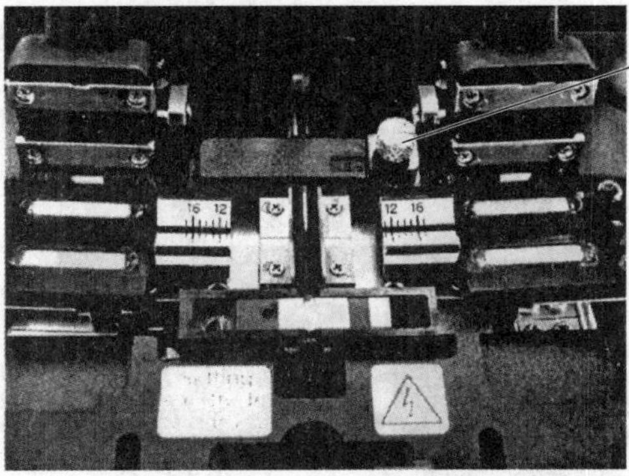

图 6–4–33　取下电极棒罩板

（e）安装新电极棒前，请用粘了纯酒精的纱布清洁电极棒。

（f）拿着电极棒的塑料部分，将电极棒放进槽内。

（g）安装电极棒罩板时，为使电极棒尖端达到正确距离，应推着电极棒塑料部分使其顶到夹具壁板处。

另外，电极棒罩板的倾斜边缘应分别对准内侧。

（h）轻轻扭紧旋钮螺丝。注意不要扭过。

2）电极捧更换后，请进行如下所示的电极棒老化操作（空放电）和放电次数清零。提示：电极棒需通过高压电进行适当老化以适应放电状态使其特性安定。

顺序：电极棒的习惯放电

（a）将 AC 电源线连接至电源，打开本机电源。

（b）按 MENU 键。

（c）参照图 6–4–32，选择“电极模式”，按 SELECT 键。

（d）在“电极模式”画面中选择“放电次数清零”，按 SELECT 键。放电次数恢复到 0。

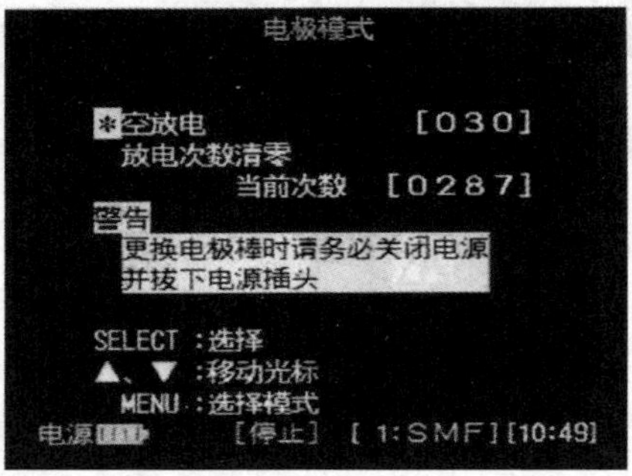

图 6–4–34 电极模式

（e）如图 6–4–34 所示，选择“空放电”，按 SELECT 键，开始空放电。约 15 分钟后结束。

（f）电极棒的空放电自动重复进行 30 次后，会恢复到图 6–4–34 所示的“电极模”画面。

2. 显微镜镜头的清洁

在本机的接续作业台部分的左右 V 型槽之间，有 2 个观察接续光纤用的显微镜。显微镜镜头如附着灰尘，会造成光纤检测不准确，不能良好接续。

在此介绍显微镜物镜镜头的清洁方法。请准备好纯度在 99.5%以上的纯酒精。

（1） 切断机器电源，打开防风盖。

（2） 取下前后的电极棒，显微镜镜头可显现出来。两个镜头分别以 45。角安放在电极棒下方。

（3） 用粘有少量酒精的棉棒轻轻擦拭镜头。从镜头中心向外侧以螺旋方式擦拭到镜头边缘。然后，用干棉棒将多余酒精擦去，注意镜头上不要留下污痕，如图 6–4–35 所示。

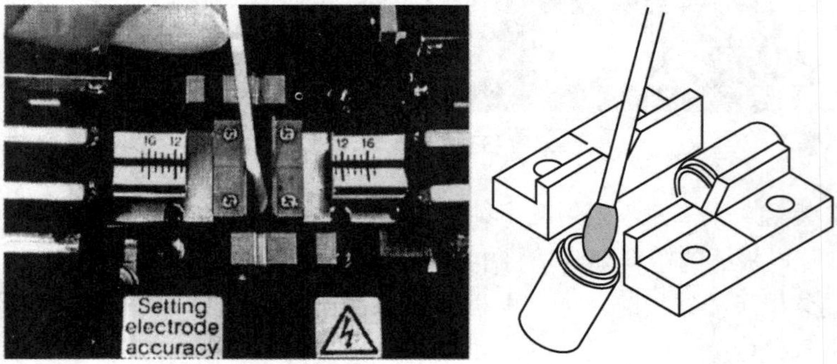

图 6–4–35 显微镜镜头的清洁

（4）安上电极棒，为避免位置偏移，请进行放电试验。

3. 加热器部位的清洁

加热器表面附着灰尘时，使用绵棒进行清洁，如图 6–4–36 所示。

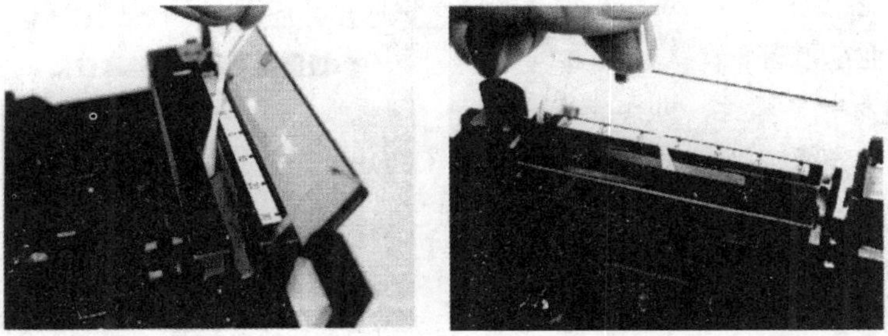

图 6–4–36　加热器部位的清洁

注意：必须使用干绵棒。

用带酒精或水的绵棒的绵棒清洁时，会引发加热器故障。加热器进行清洁时不得进行补强加热，以免烫伤。加热补强中接触加热器表面时会引发加热器故障。

【思考与练习】

1. 简述使用光纤熔接机进行自动熔接的步骤。
2. 如何清洁显微镜镜头？
3. 标准放电参数分别是哪五项？各自的含义是？

模块 5　光缆的接续（Z37E6005Ⅱ）

【模块描述】本模块包含光缆接续操作。通过对光缆接续的步骤和注意事项的介绍，掌握光缆接续的方法和工艺要求，并能正确完成光缆的接续操作。

【模块内容】

光缆接续是光缆施工过程中技术含量最高、要求极为严格的一道重要工序，它的质量好坏将直接影响着系统的传输指标、线路的可靠性和光缆的寿命，决定着整个工程的进程。下面就对光缆接续的有关内容进行介绍。

一、作业内容

本部分主要讲述光缆接续所需工器具和材料的选择、制作的工艺流程和质量标准以及安全注意事项等。

二、危险点分析与控制措施

（1）当切割和开剥光缆时，施工人员应戴上合适的安全眼镜和手套，避免施工人员受伤。

（2） 在光纤或光缆截断、光纤端面制备切割或划刻过程中，切下的小光纤段最好应扔入标有“小心玻璃纤维碎片”的容器里，以免损伤眼镜或插入皮肤。

（3） 在熔接加热后，热缩套管表面温度很高，不要立即用手触摸。

三、作业前准备

1. 光缆材料、器材、机具准备

待熔接的光缆、接头盒、光纤熔接机、OTDR 测试仪表、盘纤架、剥纤钳、剪刀、裸纤端面切割器、95%酒精、棉签、带加强芯的热缩套管。

2. 场地准备

光缆接续应有良好的工作环境，以防止灰尘影响。在雨雪、沙尘等恶劣天气接续，应避免露天作业；当环境温度低于零度时，应采取升温措施，确保光纤的柔软性和熔接设备的正常工作以及施工人员的正常操作。现场有市电或汽油发电机供电。

四、操作步骤及质量标准

1. 光缆护层的开剥处理

按接头盒内光纤最终余长不小于 60cm 的规定，根据实际余长及不同结构的光缆接头盒所需的接续长度，确定开剥点，在光缆外护层上作好标记，然后用专用工具（如光电缆横切刀、纵刨刀等）开剥。注意控制好进刀深度，防止缆芯损伤。

光缆接头处开剥后，光纤应按序作出色谱记录。光缆的端别的规定：即面对光缆断面，红色松套管为起始色，绿色松套管为终止色。常用光纤色谱：蓝、橙、绿、棕、灰、白、红、黑、黄、紫、粉红、青绿。

2. 加强芯、金属护层等接续处理

加强芯、金属护层的连接方法，应按选用接头盒的规定方式进行。金属护层和加强芯在接头盒内电气性能连通、断开或引出应根据设计要求实施。

需要强调的是：光缆在接头盒内固定时一定要进行较好的打毛、清洁，并恰当地缠绕自粘胶带，以实现光缆根部与接头盒之间的密封；加强芯在盒内的固定一定要牢固、可靠。

3. 单纤接续

具体步骤详见模块 Z37G2001 Ⅰ，直至完成光缆中所有光纤的接续。

4. 盘纤

（1） 盘纤规则。

1）沿松套管或光缆分歧方向为单元进行盘纤，前者适用于所有的接续工程；后者仅适用于主干光缆末端且为一进多出。分支多为小对数光缆。该规则是每熔接和热缩完一个或几个松套管内的光纤、或一个分支方向光缆内的光纤后，盘纤一次，避免了光纤松套管间或不同分支光缆间光纤的混乱，使之布局合理、易盘、易拆，更便于日后维护。

2）以预留盘中热缩管安放单元为单位盘纤，此规则是根据接续盒内预留盘中某一小安放区域内能够安放的热缩管数目进行盘纤，避免了由于安放位置不同而造成的同一束光纤参差不齐、难以盘纤和固定，甚至出现急弯、小圈等现象。

（2）盘纤的方法。

1）先中间后两边，即先将热缩后的套管逐个放置于固定槽中，然后再处理两侧余纤，可有利于保护光纤接点，避免盘纤可能造成的损害。常用于光纤预留盘空间小、光纤不易盘绕和固定的情况下。

2）从一端开始盘纤，固定热缩管，然后再处理另一侧余纤。这样可根据一侧余纤长度灵活选择铜管安放位置，方便、快捷，可避免出现急弯、小圈现象。

3）特殊情况的处理，如个别光纤过长或过短时，可将其放在最后，单独盘绕；带有特殊光器件时，可将其另一盘处理，若与普通光纤共盘时，应将其轻置于普通光纤之上，两者之间加缓冲衬垫，以防止挤压造成断纤，且特殊光器件尾纤不可太长。

4）根据实际情况采用多种图形盘纤。按余纤的长度和预留空间大小，顺势自然盘绕，且勿生拉硬拽，应灵活地采用圆、椭圆、“CC”“～”多种形状盘纤（注意 R≥4cm），尽可能最大限度利用预留空间和有效降低因盘纤带来的附加损耗。

5）每次盘纤后，用 OTDR 对所盘光纤进行例检，以确定盘纤带来的附加损耗。

5. 光缆接头盒密封

不同结构的接头盒，其密封方式也不同。具体操作中，按接头盒的规定方法，严格按操作步骤和要领进行。对于密封部位的光缆外护层，应作清洁和打磨，以提高光缆与防水密封胶带间可靠的密封性能。注意：打磨砂纸不宜太粗，打磨方向应沿光缆垂直方向旋转打磨，不宜与光缆平等方向打磨。接头盒密封胶条的使用量一定要恰当，填充太多，可能适得其反。

光缆接头盒封装完成后，用 OTDR 对所有光纤进行最后监测，以检查封盒是否对光纤有损害。

五、注意事项

（1）在光缆接续工作开始前，必须清楚接续指标、基本要求。

（2）要熟练进行熔接机和工具的操作使用。

（3）熟悉所用的光缆接头盒的性能、操作方法和质量要点，对于第一次采用的接头盒（指以往未操作过的），应按接头盒附带的操作说明和接续规范编写出操作规程，必要时进行预先业务培训，避免盲目作业。

（4）准备好接续时登记用的表格、现场监测记录表格等相应的资料。

【思考与练习】

1. 盘纤时应注意哪些？
2. 简述光缆接续的步骤。
3. 光缆接续有哪些注意事项？

模块 6 光缆线路衰减的测试（Z37E6006Ⅱ）

【模块描述】本模块包含光缆线路衰减测试。通过对光缆线路衰减的定义、测量方法的介绍，掌握光缆线路维护中衰减测试的方法。

【模块内容】

中继段光缆线路衰减是指中继段由 ODF 架外侧连接插件之间，包括光纤的衰减和固定接头损耗。通常一个光缆中继段中的总衰减定义为：

$$A=\sum_{n=1}^{m}a_{\mathrm{n}}L_{\mathrm{n}}+a_{\mathrm{s}}X+a_{\mathrm{c}}Y \quad (\mathrm{dB})$$

式中：a_{n}为中继段中第 n 根光纤的衰减系数（dB/km）；L_{n}中继段中第 n 根光纤的长度（km）；a_{s}固定接头的平均损耗（dB）；X为中继段中固定接头的数量；a_{c}为连接器的平均插入损耗（dB）；Y为中继段中连接器的数量［光发送机至光接收机数字配线架（ODF）间的活接头］。

一、测试目的

光缆线路衰减测试是光缆线路技术维护的重要组成部分，是判断光缆线路工作状态的主要手段之一。通过对光缆线路的衰减测试，可以了解光缆的工作状态，掌握光缆线路实际运行状况，正确判断可能发生的障碍的位置和时间，为光缆线路提供可靠的技术资料。

二、测试前准备工作

材料准备：光纤跳线或尾纤 1 根，裸光纤适配器 1 个

测试仪器：光时域反射仪即 OTDR

三、现场测试步骤及要求

（一）测量方法

中继段光缆线路的衰减测量方法有截断法、插入损耗法和后向散射法。

截断法精度高但有破坏性；插入损耗法是非破坏性，精度不如截断法；而后向散射法，即用光时域反射仪（OTDR）测量，功能全、精度高和无破坏性，测量数据可直接打印出来。

用光时域反射仪（OTDR）测试只需在光纤的一端进行，用这种仪表不仅可以

测量光纤的衰减系数，还能提供沿光纤长度衰减特性的详细情况，检测光纤的物理缺陷或断裂点的位置，测定接头的衰减和位置，以及被测光纤的长度，这种仪器带有打印机，可以把测绘的曲线打印出来。但由于一般的 OTDR 仪都有盲区，使近端光纤连接器插入损耗、成端连接点接头损耗无法反映在测量值中；同样对成端的连接器尾纤的连接损耗由于离尾部太近也无法定量显示。因此，用 OTDR 仪所得到的测量值实际上是未包括连接器在内的光缆线路损耗。为了按光缆线路衰减的定义测量，可以通过假纤测量或采用对比性方法来检查局内成端质量。在实际工作中常采用这种方法。

（二）测试步骤及要求

（1）如果被测光纤没有连接起来，剥开光缆，并将被测光纤露出 2m。清洁和切断被测光纤。

（2）测试接线。通过光纤跳线或尾纤和裸光纤适配器，将被测光纤与 OTDR 连接起来。与此同时，如需要，添加一根盲区光纤（参见图 6–6–1）。盲区光纤是一小盘长度为 1km 的光纤（参阅 OTDR 技术规范），将它插入 OTDR 和被测光纤之间。一些 OTDR 使用盲区光纤是将受试光纤从 OTDR 的盲区移出，即注入盲区移到 OTDR 的 1km 以外。如果光纤事件发生在这个盲区，在光纤衰减谱中看不到光纤事件。一些 OTDR 不需要使用盲区光纤，详见 OTDR 使用说明书。

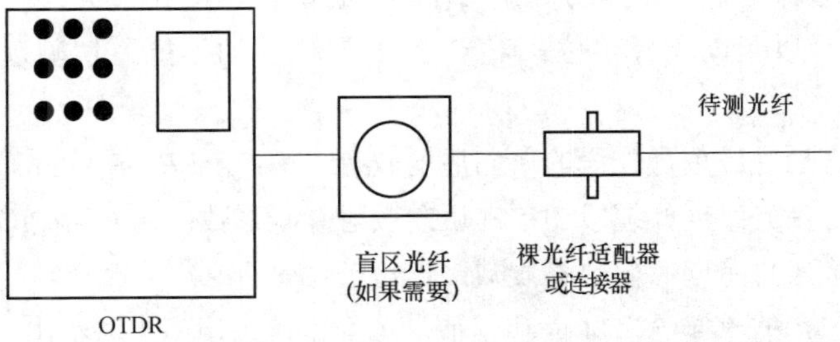

图 6–6–1　光纤衰减测量连接示意图

（3）确保光源没有连接到被测光纤的其他端。

（4）接通 OTDR 且将它加热到稳定的工作温度。

（5）为了使 OTDR 工作，输入正确的 OTDR 参数，包括波长、被测光纤的折射率和脉冲长度（参阅 OTDR 操作说明书）。

（6）开始 OTDR 测量，使 OTDR 得到平均测量长度，以求呈现一个光滑的光纤衰减谱。

（7）调整分辨率以显示出整个被测光纤。为给出最好的分辨率，保持脉冲宽度尽可能窄。

（8）测量所有异常事件、接头、连接器和整个光纤衰减：将光标移到所测事件点位置；并使用相应的功能键设定标记；查看标记点的连接损耗。如图 6–6–2 所示，将光标置于始端反射脉冲上升边缘的一点，确定 Z_0（如试样前无光纤或光缆段，则 Z_0 为零）。

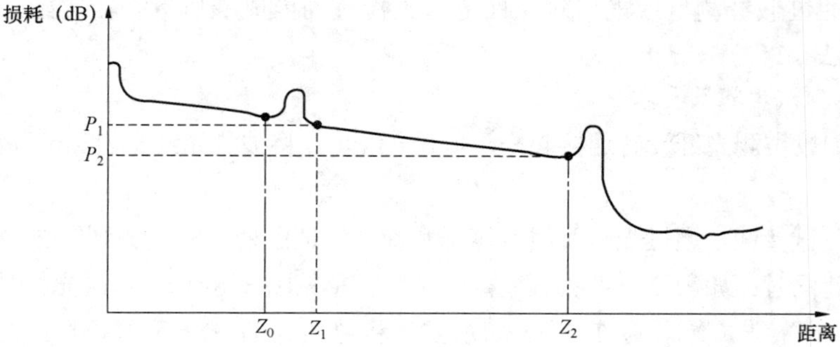

图 6–6–2　OTDR 衰减曲线

将光标置于试样曲线线性始端（紧挨近端）。确定 Z_1，P_1；将同一光标或另一光标置于末端反射脉冲上升边缘的一点，确定 Z_2，P_2。

如果因不连续性极小而不易确定 Z_0 和 Z_2 的位置，就在该处加一个绷紧的弯曲并改变弯曲半径以帮助光标定位；对于 Z_2 的定位，如可能，切割远端，使那里产生反射。

始于盲区之后光纤或光缆段的单向后向散射衰减：$A=(P_1-P_2)$（dB）

始于盲区之后光纤或光缆段的单向后向散射衰减系数：$\alpha=(P_1-P_2)/(Z_2-Z_1)$（dB/km）

光纤或光缆段总单向后向散射衰减：$A=\alpha(Z_2-Z_0)$（dB）

通常，OTDR 能直接给出 A 值和 α 值。该数据可以用两点法给出，也可以用最小二乘（LSA）法拟合曲线给出。LSA 法得出的结果可能与两点法得出的结果不同，但 LSA 法的重复性更好。

（9）测量光纤总的端到端的损耗（dB）和光纤的衰减系数（dB/km）。

（10）在 OTDR 上存储测得的结果和光纤衰减谱在并打印测试结果

（11）对所需要测量的各个波长重复步骤（1）～（10）。

四、测试结果分析及测试报告编写

1. 测试结果分析

OTDR 测量结果可以反映光缆线路的实际损耗水平，通过后向散射信号曲线可发现光缆连接部位是否可靠、有无异常、光纤损耗随长度分布是否均匀、光缆全程有无微裂部位、非接头部位有无“台阶”等。

2. 测试报告编写

测试报告填写应包括以下项目：测试时间、测试人员、仪表名称、型号、光缆型号、芯数、测试起点、终点、测试参数（测试范围、测试波长、脉冲宽度、折射率）、测试值等。

五、测试注意事项

（1）在测试时应选择在没接设备的光缆（纤芯）上进行测试。

（2）光纤活接头接入 OTDR 前，必须认真清洗，包括 OTDR 的输出接头和被测活接头，否则插入损耗太大、测量不可靠、曲线多噪音甚至使测量不能进行，它还可能损坏 OTDR。避免用酒精以外的其他清洗剂或折射率匹配液，因为它们可使光纤连接器内粘合剂溶解。

（3）测量前应仔细阅读 OTDR 的使用说明。

（4）在测量过程中应合理选择 OTDR 参数，如：量程范围、脉冲宽度、折射率、平均化处理时间、光标位置等。

1）量程范围：操作者应结合测试的光缆长度选择比较恰当的量程，使测试曲线尽量显示在屏幕中间，这样读数才能准确，误差才会小。

2）脉冲宽度：在脉冲幅度相同的条件下，脉冲宽度越大，脉冲能量就越大，此时 OTDR 的动态范围也越大，能够测试较长距离，但相应盲区也就大，误差较大。因此，操作者应该结合待测光纤的长度选择适当的脉冲宽度，使其在保证精度的前提下，能够测试尽可能长的距离。

3）折射率：由于不同厂家光纤选用的材质不同，造成光在光纤中传输速度不同，即不同的光纤有不同的折射率，因此在测试时应选择适当的折射率，这样在测量光纤长度时才能准确。

4）光标位置：光纤活动连接器、机械接头和光纤中的断裂都会引起损耗和反射，光纤末端的破裂端面由于末端端面的不规则性会产生各种菲涅尔反射峰或者不产生菲涅尔反射。如果光标设置不够准确，也会产生一定误差。

5）平均处理时间：OTDR 测试曲线是将每次输出脉冲后的反射信号采样，并把多次采样做平均处理以消除一些随机事件，平均时间越长，噪声电平越接近最小值，动态范围就越大，测试精度越高，但达到一定程度时精度不再提高。为了提高测试速度，缩短整体测试时间，一般测试时间可在 0.5～3min 内选择。

【思考与练习】

1. 在光缆线路衰减测试中使用后向散射法有什么优缺点？

2. 在使用 OTDR 测量时，选择参数应注意哪些问题？

3. 如果光缆长度超过 80kM，用 OTDR 测量时要怎样设置？

模块 7 光缆线路的故障及其处理（Z37E6007Ⅱ）

【模块描述】本模块包含光缆线路常见故障现象及其产生原因、故障处理方法。通过对光缆故障抢修程序、故障原因分析、故障点定位以及故障修复方法的介绍，掌握光缆线路故障点定位和抢修处理的方法。

【模块内容】

一、光缆线路常见障碍原因分析

根据统计资料分析，光纤通信系统中使通信中断的主要原因是光缆障碍，它约占统计障碍的 2/3。光缆障碍的产生原因与光缆的敷设方式有很大的关系。光缆的敷设形式主要有地下（直埋和管道）和架空两种。引起光缆线路障碍的原因主要有：

（1）挖掘。挖掘是光缆线路损坏的最主要原因，在建筑施工、维修地下设备、修路、挖沟等工程时均可直接对光缆产生威胁。

（2）车辆损伤。主要是对架空光缆的损伤。一般有两种情况，一种是车辆撞到电杆使光缆拉断；另一种是在光缆下面通过的车辆拉（挂）断了吊线和光缆。其中大多是由于吊线、挂钩或电杆的损坏引起光缆下垂，或穿过马路的架空光缆高度不够或车辆超高引起的。

（3）火灾。光缆受火灾损伤也很多。其中以光缆路由下方堆积的柴草、杂物等起火造成线路损坏，引发光缆障碍最为常见。

（4）鼠害。各类啮齿动物啃咬光缆造成光缆破裂或光缆断纤。无论地下、架空还是楼内的光缆同样受鼠害的威胁。

（5）射击。架空光缆因受各类枪支射击、子弹爆炸和冲击，造成部分光缆部位或光纤损坏。这类障碍一般不会使所有光纤中断，但这类障碍查找起来比较困难。

（6）温度的影响。温度过低或过高到一定程度，光缆各部分因材料收缩（扩张）系数不同而对光缆造成压力，产生弯曲使衰耗增大，甚至导致光缆断芯或断裂。

（7）洪水。由于洪水冲断光缆或光缆长期浸泡水中进水引起光缆衰减增大。

（8）雷击。当光缆线路上或其附近遭受雷击时，在光缆上容易产生高电压，从而损坏光缆。

（9）技术操作错误。技术操作错误是由技术人员在维修、安装和其他活动中引起的人为障碍。其中在对光缆维护的过程中，由于技术人员不小心引起的障碍占多数。

如：在光纤接续时，光纤被划伤、光纤弯曲半径太小，接续不牢靠；在切换光缆时错误地切断正在运行的光缆等。

从以上原因分析，架空光缆线路易受车辆、射击和火灾、冰灾的伤害；地下光缆线路不易受到车辆、射击和火灾的损坏，但受挖掘的影响很大。在日常工作中，大部分障碍是属于人为性质的，而因光缆本身的质量问题和由自然灾害引起的障碍所占比例相对较少。

二、光缆线路障碍处理一般程序

在光缆线路抢修前应准确掌握辖属光缆线路资料，制定和完善抢修方案，熟练掌握光缆线路障碍点的测试方法，能准确低分析确定障碍点的位置，并经常保持一定的抢修力量，熟练掌握线路抢修作业程序，加强抢修材料、工器具、车辆管理，随时做好抢修准备。

光缆线路障碍抢修处理的一般程序为：

1. 障碍发生后的处理

光纤通信系统发生障碍后，应首先判断是站内障碍还是光缆线路障碍，同时应及时实现系统倒换。对 SDH 已建立网管系统，可实现自动切换。当建成自愈环网后，则光纤传输网具有自愈功能，即自动选取通路迂回。当未建成自愈环网或 SDH 未建成网管系统时，则需要人工倒换或调度通路。

2. 障碍测试判断

如确定是光缆线路障碍时，则应迅速判断障碍发生于那一个中继段内和障碍的具体情况，并携带抢修工器具和材料迅速出发，赶赴障碍点进行查修，必要时应进行抢代通作业。如果在端末站未能测出障碍点位置，则传输站人员应到相关中继站配合查修。查修人员必须带齐相关光缆线路的原始资料。光缆线路抢修的基本原则是先干线后支线，先主用后备用，先抢通后修复。

3. 建立通信联络系统

抢修人员到达障碍点后，应立即与通信调度（或机房）建立通信联络系统，联络手段可因地制宜，采取光缆线路通信联络系统、移动通信联络系统、长距离无线对讲机通行联络系统以及附近的其他通信联络系统等。

4. 光缆线路的抢修

当找到障碍点时，一般使用应急光缆或其他应急措施，首先将主用光纤通道抢通，迅速恢复通信。同时认真观察分析现场情况，并做好记录，必要时应进行现场拍照。在接续前，应先对现场进行净化。在接续时，应尽量保持场地干燥、整洁。

5. 抢修后的现场处理

在抢修工作结束后，清点工具、器材，整理测试数据，填写有关登记，并对现场进行处理。对于废料、残余物（尤其是剧毒物），应收集袋装，统一处理，并留守一定数量的人员，保护抢代通现场。

6. 修复及测试

（1）光缆线路障碍修复以介入或更换光缆方式处理时，应采取与障碍光缆同一厂家同一型号的光缆，并要尽可能减少光缆接头和尽量减小光纤接续损耗。

（2）修复光缆进行光纤接续时要进行接头损耗的测试。有条件时，应进行双向测试，严格把接头损耗控制在允许的范围之内。

（3）当多芯光纤接续后，要进行中继段光纤通道衰减测试，并记录好测试结果，测试数据合格后即可恢复正常通信。

7. 线路资料更新

修复作业结束后，整理测试数据，填写有关表格，及时更补线路资料，总结抢修情况。

三、光缆线路障碍处理

1. 光缆线路障碍点的定位

（1）光缆线路常见障碍现象及原因。

1）光缆线路的全部纤芯在某处中断，通信受阻。这种全阻障碍的危害性极大，尤其是对于没有物理双路由传输的局向，可能会造成该方向的系统传输完全中断。一条光缆线路发生全阻断，往往伴随着的是严重障碍或重大通信阻断障碍。全阻障碍多为外力作用造成的，如挖掘、钻孔、车挂等。其特点是障碍现场有明显的痕迹，较容易被发现。

2）光纤传输链路在某处出现问题造成系统传输严重无码或中断的情况。造成系统障碍的原因是很多的，例如：外施工铲挖、风钻破路等擦伤、挤断光缆内的部分光纤；管道内的其他电信线路施工踩伤、锯坏光缆的部分光纤；接头老化，受到振动而松动进水，使光纤接头异化，损耗增大或中断；自然断纤；局内尾纤与跳线的活动接头松动造成光路阻断；尾纤和跳线的余长盘放不当，久而久之，自然下坠，造成在某点弯曲过大而使传输中断等。在一般情况下，这种障碍相对来说对通信的影响较全阻障碍要小得多，但障碍点的隐蔽性较强。

（2）光缆线路障碍的测试与查找步骤。

通信系统出现故障，一般情况下机线障碍不难分清。确认为线路障碍后，在端站或传输站使用 OTDR 仪对线路进行测试，以确定线路障碍的性质和部位。其方法步骤大致如下：

1）用 OTDR 仪测试出故障点到测试端的距离。

在 ODF 架上将故障纤外线端活动连接器的插件从适配器中拔出，做清洁处理后插入 OTDR 仪的光输出口，观察线路的向后散射信号曲线。OTDR 仪的显示屏上通常显示如下 4 种情况。

（a）显示屏上没有曲线。

这说明故障点在仪表的盲区内，包括局外光缆与局内软光缆的固定接头和活动连接器插件部分。这时可以串接一段（长度应大于 1000m）测试纤，并减少 OTDR 仪输出的光脉冲宽度以减少盲区范围，从而可以细致分辨出故障点的位置。

（b）曲线远端位置与中继段总长明显不符。

此时，向后散射曲线的远端点即为故障点。如该点在光缆接头点附近，应首先判定为接头处断纤。如故障点明显偏离接头处，应准确测试障碍点与测试端之间的距离，然后对照线路维护明细表等资料，判定障碍点在那两个标识之间（或那两个接头之间），距离最近的标识多远，再由现场观察光缆路由的外观予以证实。

（c）后向散射曲线的中部无异常，但远端点又与中继段总长相符。

在这种情况下，应注意观察远端点的波形，可能有如下 3 种情况之一出现。

- 如图 6–7–1（a）所示，远端出现强烈的菲涅尔反射峰，提示该处光纤应成为端点，不是断点。障碍点可能是终端活动连接器松脱或污染。
- 如图 6–7–1（b）所示，远端无反射峰，说明该处光纤端面为自然断纤面。最大可能是户外光缆与局内软光缆的连接处出现断纤或活动连接器损坏。
- 如图 6–7–1（c）所示，远端出现较小的反射峰，呈现一个小突起，提示该处光纤出现裂缝，造成损耗很大。可打开终端盒或 ODF 架检查，剪断光纤插入匹配液中，观察曲线是否变化以确定故障点。

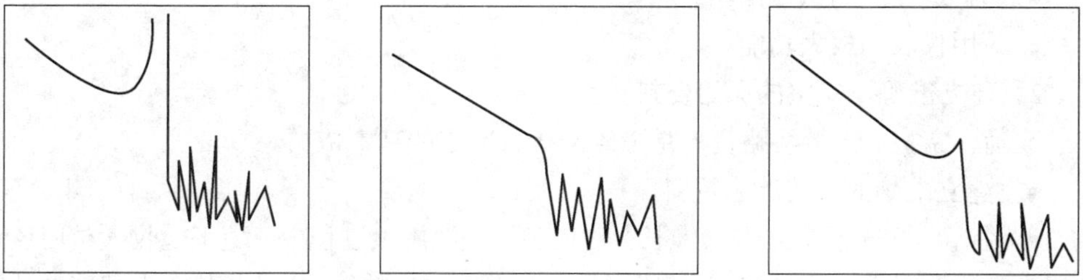

(a)　(b)　(c)

图 6–7–1　远端点的波形

（d）显示屏上曲线显示高衰耗点或高衰耗区。

高衰耗点一般与个别接头部位相对应。它与菲涅尔反射峰明显不同，如图 6–7–2 所示。该点前面的光纤仍然导通，高衰耗点的出现表明该处的接头损耗变大，可打开接头盒重新熔接。高衰耗区表现为某段曲线的倾斜明显增大，如果必须修理只有将该段光缆更换掉。

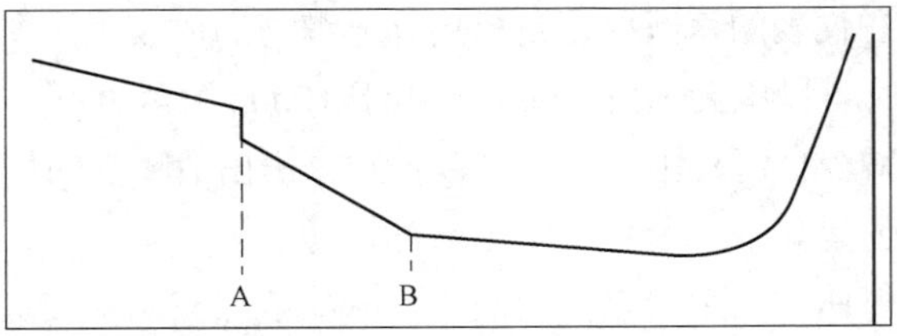

图 6–7–2 高衰耗点和高衰耗区的曲线显示

2）查找光缆线路障碍点的具体位置。

当遇到自然灾害或外界施工等外力影响造成光缆线路阻断时，查修人员要根据测试人员提供的故障现象和大致地段沿光缆线路路由巡查，一般比较容易找到障碍点。如非上述情况，巡查人员就不容易从路由上的异常现象找到障碍地点。这时，必须根据 OTDR 仪测出的障碍点到测试端的距离，与原始资料进行核对，查出障碍点是在那两个标识（或那两个接头）之间，通过必要的换算后，再精确丈量其间的地面距离，直到找到障碍点的具体位置。若无条件，可以进行双向测试，更有利于准确判断障碍点的具体位置。

（3）光缆线路障碍点的准确判定。

1）正确、熟练掌握仪表的使用方法

- 准确设置 OTDR 仪的参数。
- 选择适当的测试范围档。
- 应用仪表的放大功能。

2）建立准确、完整的原始资料。

准确、完整的光缆线路资料是障碍测量、判定的基本依据。

- 建立准确的线路路由资料。
- 标识（杆号）—纤长（缆长）对应表。光缆施工过程中，随工验收人员应该详细记录每一个标识（或光缆余留处杆号）对应的光缆皮长，并以此数据为基础，计算出各标识（或光缆余留处杆号）之间光缆皮长及端站 ODF 架尾纤至各标识（杆号）的累积长度，填入“标识（杆号）—纤长（缆长）对应表”，作为换算故障点路由长度的原始资料。

●“光纤长度累计”及“光纤衰减”记录。在光缆接续监视时，将测试端至每个接头点的光纤累计长度及中继段光纤总衰减值填入光缆线路维护图。同时，也应将测试仪表型号测试时折射率的设定值及被测光纤纤芯序号进行登记。

在建立“光纤长度累计”资料时，应从两端分别测出端站至各接头的距离。为了测试结果准确，测试时应采用引导纤。

● 准确记录各种光缆的余留。随工验收人员还应详细记录每个接头坑、特殊地段、S 形敷设和进线室等处光缆盘留长度以及接头盒、终端盒和 ODF 架等部位光纤盘留长度，以便在换算故障定路由长度时予以扣除。特别是接头盒内余纤的盘留长度，登记的越仔细，障碍判断的误差就越小。

● 建立完整、准确的线路资料。建立线路资料不仅包括线路施工中的许多数据、竣工技术文件、图纸、测试记录和中继段光纤后向散射信号曲线图片等，还应保留光缆出厂时厂家提供的光缆及光纤的一些原始数据资料（比如光缆的绞缩率、光纤的折射率等）。这些资料时日后障碍测试时的基础和对比依据。

● 进行正确的换算。有了准确、完整的原始资料，便可将 OTDR 仪测出的故障光纤长度与原始资料对比，迅速查出故障点是发生在那两个接头（或那两个标识）之间。但是要准确判断故障点位置，还必须把测试的光纤长度换算为测试端（或某接头点）至故障点的地面长度。

3）保持障碍测试与资料上测试条件的一致性。

障碍测试时应尽量保证测试仪表型号、操作方法及仪表参数设置等的一致性。因为光学仪表十分精密，如果有差异，就会影响到测试的精度，从而导致两次测试本身的差异，使得测试结果没有可比性。因此，各次测试仪表的型号、键钮位置及测试参数的设置要详细记录，以便于以后利用。

4）灵活测试，综合分析。

障碍点的测试要求操作人员一定要有清晰的思路和灵活处理问题的方法。一般情况下，可在光缆线路两段进行双向故障测试，并结合原始资料，计算出故障点的位置。再将两个方向的测试和计算结果进行综合分析、比较，以使故障点的具体位置的判断更加准确。当障碍点附近路有没有明显特点、具体障碍点现场无法确定时，也可采用在就近接头处测量等方法，也可在初步测试的障碍点处开挖，端站测试仪表处于实时测量状态。

2. 障碍的处理

障碍点的处理分两种情况：实施障碍点的应急抢代通或障碍点的直接修复。

抢代通就是迅速地用应急光缆代替原有的障碍光缆，实现通信临时性恢复。实施抢代通的条件：光缆线路障碍产生后，为了缩短通信中断时间，可以实施光缆线路抢代通作业。

线路障碍的排除是采用直接修复，还是先布放应急光缆实施抢代通，日后再进行原线路修复，取决于光缆线路修复所需要的时间和障碍现场的具体情况。

一般当网络具有自愈功能、可临时调度通路满足通信需要、障碍点在接头处且接头处的余缆和盒内余纤够用、障碍点直接修复比较容易、直接修复与抢代通作业所用时间差不多时应直接进行修复。而在下列情况时，需要先布放光缆实施抢代通，然后再做正式修复。

1）线路的破坏因素尚未消除时，如遭遇连续暴雨、地震、泥石流和洪水等严重自然灾害的情况下。

2）原线路的正式修复无法实行时。

3）光缆线路修复所需要的时间较长时。如光缆线路遭遇严重破坏，需要修复路由、管道或考虑更改路由时。

4）线路障碍情况复杂，障碍点无法准确定位时。

5）主干线或通信执行重要任务期间。

3. 光缆线路障碍点的修复

光缆线路障碍点的修复分为直接修复和正式修复两种情况。操作方法基本相同，但程序上有区别。

直接修复应首先完成主用光纤的熔接、端站测试，合格后即可将业务开通或倒换回来，然后再进行其他光纤熔接。

正式修复时，则应尽量保持重要通信不中断。一般应先熔接光缆中未抢代通的光纤，端站测试合格后，即可将业务倒换到已修复的光纤上，再进行其他光纤的修复，完成后再将业务倒换到原主光纤上。

光缆线路障碍点的修复根据障碍点的位置的不同，作业方法也不同。

（1） 障碍在接头盒内的修复。

接头盒内最常见的障碍现象如下：

1）余纤盘放收容时发生跳纤，跳纤易导致跳纤在收容盘边缘或盘上螺丝处被压，严重时会压伤或压断。压断处未发生位移时，测试到该处连接损耗偏大，时间增长、环境变化会使得该处的断点显露出来。

2）接头盒内的余纤在盘放收容时出现局部弯曲半径过小或光纤扭绞严重，产生较大的弯曲损耗和静态疲劳。

3）热缩保护管的热缩效果不好，热缩保护管未能对裸纤段实施有效保护，在外部因素影响下发生断纤。

4）制备光纤端面时，裸纤太长或热缩保护管加热时光纤保护位置不当，造成一部分裸纤在保护管之外，接头盒受外力作用时引起裸纤断裂。

5）剥除涂覆层时裸纤受伤，长时间后损伤扩大，使得接头损耗增大，严重时会造成断纤。

6）接头盒进水，导致光纤损耗增大，甚至发生断纤。

其修复方法较为简单。松开接头点附近的余留光缆，将接头盒外部及余留光缆做清洁处理。端站建立OTDR远端监测。将接头盒两侧光缆在操作台上作临时绑扎固定，打开接头盒，寻找光纤障碍点。在OTDR的监测下，利用接头盒内的余纤重新制作端面和熔接，并用热缩保护管予以增强保护后重新盘纤。用OTDR做中继段全程衰耗测试，测试合格后装好接头盒并固定。整理现场，修复完毕。

注意：要先仔细检查接头两边的光缆有无伤痕，把余留光缆理顺后看障碍是否消除，而后再考虑打开接头盒检查光纤。千万不要不检查就贸然打开接头盒。虽然OTDR测试判断障碍点在接头盒里，但由于OTDR的测试误差，也可能障碍点不在接头盒内而在接头盒外2m或3m的范围内。

（2） 障碍在接头处，但不在盒内的修复。

线路障碍在接头处，但不在盒内时，要充分利用接头点预留的光缆，取掉原接头，重新做接续即可。当预留的光缆长度不够用时，按非接头部位的修复处理。

（3） 障碍在非接头部位的修复。

当光缆障碍不在接头处时，障碍点的修复需根据现场情况、障碍位置、光缆障碍范围、线路衰耗富裕度、以及修理的费时程度等多方面因素综合考虑。

通常对障碍在非接头部位的处理方法有以下两种

1）利用线路上光缆的预留进行修复。这种修复方式适用于光缆障碍点附近有预留且预留缆放出比较容易的情况下。例如架空光缆线路障碍的修复，就非常适合采用此种方法。直埋光缆是否利用余缆修复，取决于障碍点的位置及放出余缆的难易程度。

利用线路上的光缆预留进行修复的方法，不增加光缆线路的长度，但要增加一个接头。所以，光缆线路工程设计时，在一些特殊地点、危险地段和经过适当距离后需要做一定的光缆预留。因此这种方法在实际中应用较多。

2）更换光缆进行修复。当光缆受损为一个较长的段落，或者原盘长光缆出现特性劣化等，需要更换光缆处理时，可进行更换光缆修复。更换光缆时，最好采用与障碍缆同一厂家、同一型号的光缆。

更换可以是整盘长光缆，也可以是更换一段光缆。前一种方式不增加接头数量，不会增加线路段的总衰耗，但施工工作量较大，需要较长的光缆。后一处理方式一般会增加两个接头，但可以节省光缆，减少修复工作量。考虑到以后测试时两点分辨率的要求，更换光缆的最小长度应大于 100m。

【思考与练习】

1. 引起光缆线路障碍主要有哪些原因？
2. 如何进行非接头部位的障碍修复？
3. 在使用 OTDR 测量时，如果发现波形末端没有反射峰，最有可能是什么情况？

模块 8 电力特种光缆的常见故障及处理（Z37E6008Ⅱ）

【模块描述】本模块介绍了常见的电力特种光缆故障现象，常见故障原因，通过对故障处理技术的介绍，掌握检查和定位故障的方法，排除故障源点和危险点的方法。

【模块内容】

电力特种光缆，包括 OPGW 光缆与 ADSS 光缆。本文将从电力特种光缆的日常维护工作、电力特种光缆故障排查和检修等方面展开讲述。

一、长途光缆线路的故障及其查修

（一）障碍定位

1. 光缆线路障碍的定义

由于光缆线路原因造成通信业务阻断叫做光缆线路障碍（不包括联络线、信号线和备用线）。

2. 造成光缆线路障碍的原因分析

（1）挖掘。

（2）技术操作错误。

（3）鼠害。

（4）车辆损伤。

（5）火灾。

（6）射击。

（7）洪水。

（8）温度的影响。

（9）电力线的破坏。

（10）雷击。

3. 光缆线路障碍的统计与计算

（1）光缆线路障碍统计。

（2）障碍计算。

$$平均每均每百系统千米次数=\frac{障碍总次数（次）}{系统总长度（系统千米）}\times 100（系统千米）$$

$$平均每均每百系统千米历时=\frac{障碍总历时（分）}{系统总长度（系统千米）}\times 100（系统千米）$$

4. 光缆线路障碍处理要求

光缆抢（维）修中心应熟悉光缆线路资料，熟练掌握线路抢修作业程序、障碍测试方法和光缆接续技术，加强抢修车辆管理，随时做好抢修准备。

5. 光缆线路障碍修复程序

详见图 6–8–1。

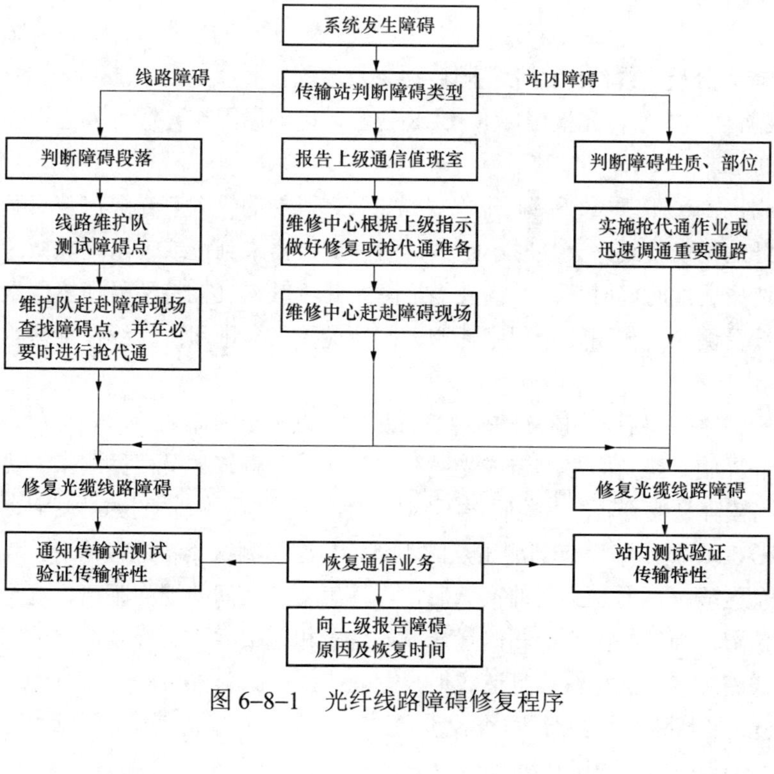

图 6–8–1　光纤线路障碍修复程序

6. 光缆线路障碍点的定位

在光传输系统故障处理中故障定位的一般思路为：先外部、后传输，即在故障定位时，先排除外部的可能因素，如光纤断裂、电源中断等，然后再考虑传输设备故障。

光缆线路的常见障碍现象及原因：

1）线路全部中断：光板出现 R–LOS 告警，可能原因有光缆受外力影响被挖断、炸断或拉断等。

2）个别系统通信质量下降。出现误码告警，可能的原因有光缆在敷设和接续过程中造成光纤的损伤使线路衰耗时小时大，活动连接器未到位或者出现轻微污染，或者其他原因造成适配时好时坏；光纤性能下降，其色散和衰耗特性受环境因素影响产生波动；光纤受侧应力作用，全程衰耗增大；光缆接头盒进水；光纤在某些特殊点受压（如收容盘内压纤）等。

7. 光缆线路障碍点的定位

在光传输系统故障处理中故障定位的一般思路为：先外部、后传输，即在故障定位时，先排除外部的可能因素，如光纤断裂、电源中断等，然后再考虑传输设备故障。

（1） 首先分析光缆线路的常见障碍现象及原因。

1）线路全部中断，光板出现 R–LOS 告警，可能原因有光缆受外力影响被挖断、炸断或拉断等。

2）个别系统通信质量下降，出现误码告警，可能的原因有光缆在敷设和接续过程中造成光纤的损伤使线路衰耗时小时大，活动连接器未到位或者出现轻微污染，或者其他原因造成适配时好时坏；光纤性能下降，其色散和衰耗特性受环境因素影响产生波动；光纤受侧应力作用，全程衰耗增大；光缆接头盒进水；光纤在某些特殊点受压（如收容盘内压纤）等。

在确定线路障碍后，用 OTDR 对线路测试，以确定障碍的性质和部位，当遇到自然灾害或外界施工等外力影响造成光缆线路阻断时，查修人员根据测试人员提供的位置，一般比较容易找到。但有些时候不容易从路由上的异常现象找到障碍地点，这时，必须根据 OTDR 测出障碍点到测试点的距离，与原始测试资料进行核对，查出障碍点处于个哪个区段，再通过必要的换算后，再精确丈量其间的地面距离，直至找到障碍点的具体位置。但往往障碍点与测量计算的位置相差很大，这样既浪费人力物力，更由于光缆线路障碍未能尽快修复造成很大影响或损失。

（2） 光缆线路障碍的测试与查找步骤。

1）用 OTDR 仪测试出故障点到测试端的距离。

2）查找光缆线路障碍点的具体位置。

（3） 光缆线路障碍点的准确判定。

1）影响光缆线路障碍点准确判定的主要因素。

- OTDR 仪存在固有偏差。
- 测试仪表操作不当产生的误差。
- 计算误差。
- 光缆线路竣工资料不准确造成的偏差。

2）提高光缆线路故障定位准确性的方法。

- 正确、熟练掌握仪表的使用方法。
- 准确设置 OTDR 仪的参数。
- 选择适当的测试范围档。
- 应用仪表的放大功能。
- 建立准确、完整的原始资料。
- 建立准确的线路路由资料。
- 标石（杆号）——纤长（缆长）对应表。
- “光纤长度累计”及“光纤衰减”记录。
- 准确记录各种光缆的余留。
- 建立完整、准确的线路资料。
- 进行正确的换算。
- 保持障碍测试与资料上测试条件的一致性。
- 灵活测试，综合分析。

（4） 减少光缆故障最有效的方法。

- 记住光缆的强度系数，不可大力拖拽光缆，不可过度弯曲光缆。
- 按照厂商的要求在安装过程中清洁连接器。
- 用视频放大镜检查连接器的洁净度和划伤情况。
- 使用可视故障定位仪（VFLs）VFL 检验光缆的方向。
- 按照标准，使用光功率损耗测试包（OLTS）OLTS 和 OTDR 测试安装的光缆。
- 当测试光缆链路时，使用清洁的跳线，并始终保持其清洁。
- 所有连接器都要安装防尘罩套。
- 使用视频放大镜检查跳线的端接面。
- 在清洁光缆端口之前咨询设备厂商。

出现故障时使用合适的工具可以减少故障诊断的时间并节省用户的费用。配线架后面将光缆的适配器拆下，检查端接面，重新连接适配器，该过程的平均时间是 10 分钟左右。即使如此，还寄希望于安装人员不会意外地接触到光缆端接面以造成光缆端接面更大的损伤。

（二）障碍的处理

障碍点的处理分两种情况：实施障碍点的应急抢代通或障碍点的直接修复。

1. 光缆线路障碍点的应急抢代通

实施抢代通的条件：抢代通就是为了缩短通信中断时间，迅速地用应急光缆代替原有的障碍光缆，实现通信临时性的恢复。

2. 光缆线路障碍点的修复

光缆线路障碍点的修复分为直接修复和正式修复两种情况。

直接修复应首先完成主用光纤的熔接、端站测试，合格后即可将业务开通或倒换回来，然后再进行其他光纤的熔接。

正式修复时，则应尽量保持重要通信不中断。一般应先熔接光缆中未抢代通的光纤，端站测试合格后，即可将业务倒换到已修复的光纤上，再进行其他光纤的修复，完成后再将业务倒换到原主用光纤上。

二、长途光缆线路的维护管理

（一）质量管理

光缆线路维护质量检查，包括包线员之间的相互检查，维护单位之间的联合检查和各级领导干部对所属各维护单位，包线员的检查以及包线员在维修过程中的自查。

（二）技术管理

（1）线务站（局）应备有的资料。

（2）光缆段应备有的资料。

（3）光缆包线员应具备的资料。

（4）光缆仪表及工具的使用管理。

三、ADSS 光缆的故障

在我国大面积推广应用 ADSS 光缆的过程中，无论是进口还是国内生产的产品，在安装和运行中出现了一些故障案例甚至发生了断缆，不免令人担忧并产生了困惑和疑虑。

大部分的 ADSS 光缆用于老线路通信改造，安装在原有的电力杆塔上。ADSS 光缆对原有的电力杆塔是一种“添加物”，而原有的杆塔在设计时并不考虑有任何其他物体的添加。因此，ADSS 光缆只能适应原有的杆塔条件，尽量去寻找有限的安装空间。

这些“空间”主要包括：杆塔强度、空间电位强度（与导线的间距和位置）和与地面或交越物的间距。

一旦这些相互关系失配，ADSS 光缆就容易出现各类故障，其中最主要的是电腐蚀故障。

统称为电腐蚀的现象主要包含三种基本模式，分别为击穿、电痕和腐蚀。这三种模式往往与金具同时发生综合故障，要严格区分有时候是不容易的。

（一）击穿

由于各种原因，在 ADSS 光缆表面发生了足够能量的电弧、产生了足够大的热量，使光缆护套发生击穿。产生的击穿通常有熔融状边缘的穿孔，常伴有同时烧断纺纶而使光缆强度急剧下降，到维持不了张力的那一刻致使断缆。击穿是一种故障，在安装后发生的时间较短。

（二）电痕

电弧在护套表面形成放射（电树枝）状碳化通道称为电痕，然后不断加深，在张力的作用下开裂并露出纺纶，有时转换成击穿模式。电痕也是一种故障，在安装后发生的时间比击穿模式要长。

（三）腐蚀

由于通过护套的泄漏电流产生了热量，使聚合物慢慢失去结合力并最终失效。表现在表面粗糙、护套减薄，这种现象称为腐蚀。腐蚀是缓慢发生的，在光缆寿命期间是必然要发生的正常现象。

ADSS 光缆虽然为全介质结构，但是光缆处于铁塔高压导线附近，导线周围空间存在电场，光缆对导线和地之间的电容耦合使光缆处于一个空间电位的位置。在污秽地区，天气雾、露或下小雨时，潮湿的污秽在光缆表面形成一个电阻层。在空间电位的作用下，光缆表面对铁塔上的光缆接地金具之间产生电流，称为接地漏电流。此时，电流生热造成水分蒸发，水分蒸发到一定程度在光缆表面形成小段的干燥带，阻断了电流。这干燥带上承受了光缆表面对地的感应电压，这个感应电压值足够高，超过空气击穿场强时，便发生放电形成电弧。这就是人们常说的干带电弧。电弧放电，电流又产生，这样反复来回发生。干带电弧形成树枝状的碳化通道即电痕，可导致聚合物的破坏。干带电弧产生的热可以使交联聚合物的结合力慢慢失去而形成腐蚀。如果电弧的热量足够，护套会熔成洞。这些过程称为护套电腐蚀或电痕。其现象是新护套材料开始表面失去憎水性，接着表面出现树枝状的刻痕，随后是材料破坏性的松弛和熔化过程。最终护套被腐蚀暴露出纺纶层，不等光纤露出，光缆在机械应力的作用下便发生断裂。

电腐蚀发生的基本条件是要有一定的漏电流和足够高的空间电位。

【思考与练习】

1. 光缆线路障碍处理要求是什么？
2. 形成电腐蚀故障的主要原因是什么？
3. 简述光缆障碍处理的基本步骤。

第二部分

交换系统的运维检修

第七章

语音交换核心设备的运维检修

模块1　程控交换机的硬件结构（Z37F1001Ⅰ）

【模块描述】本模块包含典型程控交换机的硬件结构。通过对典型程控交换机机柜结构、模块组成的介绍，熟悉典型程控交换机的硬件结构。

【模块内容】

一、概述

程控交换机的硬件一般采用模块化结构，可分为话路系统和中央控制系统两大部分。控制系统主要由中央处理机、程序/数据存储器、输入/输出设备等组成，话路系统主要由用户接口电路、中继接口电路、交换网络、信令设备等组成。

程控交换机一般由控制机柜和外围接口柜组成。中央处理器（CPU）、交换网络、存储器、信令协议处理、信号音板、输入/输出接口等安装在控制机柜；用户接口板、中继接口板等用于与用户终端设备或交换机之间连接的接口电路板安装在外围机柜。不同生产厂家所生产的交换机在硬件结构上有很大差异，本模块以 Harris 数字程控交换机为例介绍程控交换机的硬件结构。

二、程控交换机的硬件结构

Harris 程控交换机根据系统容量的不同分为 MAP、LH、M、LX 等机型。MAP 型系统容量为 128–896 端口，采用 19 英寸标准机架，常作为用户容量较少的变电站调度交换机使用。LH 型系统容量为最大容量为 1920 端口，主要作为行政交换机使用。M 型系统最大容量为 816 端口。LX 型系统最大容量为 9216 端口。

下面以 Harris MAP 型交换机为例介绍交换机硬件结构。

MAP 型交换机有 2 种机框，一种是公共设备/接口（CE/Interface）机框，另一种是接口（Interface）机框。CE/Interface 机框如图 7–1–1 所示。

CE/Interface 机框的左半框为系统控制部分，右半框为接口部分，可提供 8 个槽位安装用户或中继接口板。每个槽位提供 16 个端口，共计 128 个端口。Interface 机框提供 16 个槽位，用于安装接口板，可提供 256 个端口。

交换机按照控制系统的不同配置分为冗余和非冗余两种配置结构。

1. 控制系统冗余配置

控制系统冗余配置系统需要配置两个CE/Interface机框，最多可连接3个Interface机框。两个CE/Interface机框中的公共控制部分互为主备用方式运行。2个CE/Interface机框可提供256个端口。3个Interface机框中的2个机框为满配置，各提供256个用户端口，另1个Interface机框只能提供128个用户端口。因此Harris 20–20MAP型交换机采取控制系统冗余配置时，系统最大容量为896端口。机柜安装如图7–1–2所示。128端口的Interface机框接口板安装在5–12槽位。

图7–1–1　MAP CE/Interface机框

2. 控制系统非冗余配置

控制系统非冗余配置只需要配置1个CE/Interface机框，1–3个Interface机框。CE/Interface机框提供128端口，每个Interface机框提供256端口，系统最大容量为896端口。机柜安装如图7–1–3所示。

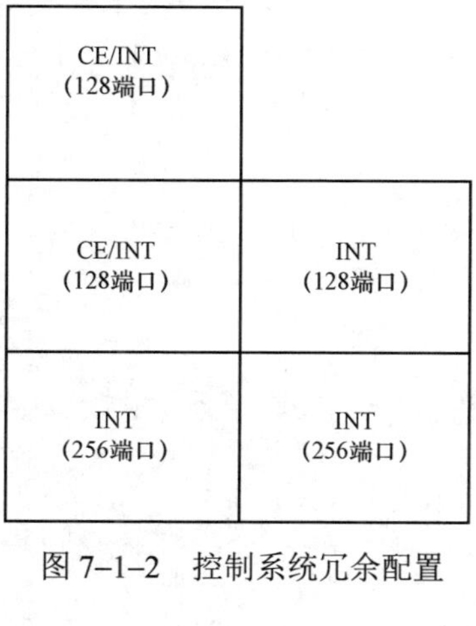

图7–1–2　控制系统冗余配置

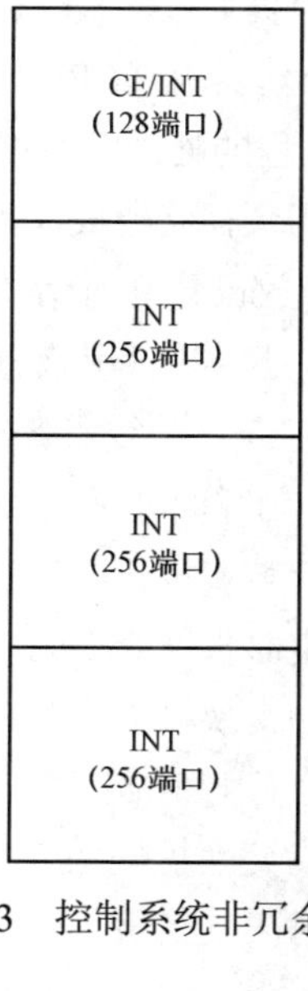

图7–1–3　控制系统非冗余配置

【思考与练习】

1. Harris MAP 型交换机有哪 2 种机框类型，其作用是什么？
2. Harris MAP 控制系统冗余配置的机框是如何组成的？
3. Harris MAP 接口部分有多少槽位？共计多少端口？

模块 2 程控交换机的板卡及其功能（Z37F1002 Ⅰ）

【模块描述】本模块包含典型程控交换机各种板卡及其功能；通过对公共控制板卡、电话控制板卡和电话接口板卡功能的介绍，掌握程控交换机各种板卡的基本功能。

【模块内容】

一、概述

程控交换机的控制系统和话路系统是由完成不同功能的各类板卡组成的。控制系统主要有中央处理器板、存储器板等板卡；电话控制板卡是用于控制系统与话路接口板卡之间连接作用的一些板卡，这些板卡为系统所公用，主要有时隙交换板、会议板等板卡；电话接口板卡是用户与交换机、交换机与交换机之间连接的接口电路板，分为用户电路板卡和中继电路板卡两大类。

二、Harris 程控交换机的板卡及其功能

1. 公共控制板卡

（1）中央处理器板（CPU）。

中央处理器板（CPU）是程控交换机的控制核心，负责呼叫控制、呼叫跟踪、呼叫接续等过程的处理及数据库管理。

（2）冗余存储器板（RMU）。

用于存放已建立对话的端口的话音或数据信息，并把这些信息写到备用机框，保证备用机框处于热备用状态。

（3）高速 C 总线服务器板（HCSU）。

HCSU 为呼叫处理器和电话控制设备之间提供通信接口。

2. 电话控制板卡

（1）定时板（TTU）。

TTU 为交换机提供时钟信号，是公共控制和电话控制子系统的接口点。

（2）会议和信号音板（CTU）。

CTU 为交换机提供 64 个会议端口，并产生 64 种信号音。

（3）时隙交换板。

TSU 包含时隙交换电路，在电话接口之间建立话音或数据连接。时隙交换电路是

无阻塞的，交换机的所有电话端口都有一时隙电路与其对应。

（4）扫描和信号板。

SSU 是呼叫处理器和所有接口板间的接口，处理各种信号及控制功能。每块 SSU 可为 512 个端口提供信令接口，实现端口间的话音或数据交换。

3. 电话接口板卡

（1）模拟用户板。

H20–20 可提供三种类型的模拟用户板：普通模拟用户板、具有反极能力的模拟用户板、具备反极能力且提供 12 或 16kHz 计费脉冲信号的板。

（2）数字用户板。

Harris 交换机提供 1B+D 和 2B+D 两种类型的数字用户电路板。DLU 是 1B+D 数字用户板，有 8 路和 16 路两种型号，每个端口可传送 16Kbit/s 信令和 64Kbit/s 的话音/数据，用于连接数字电话机和交换机维护终端。2B+D 数字用户板有 DDU 和 DBRI 板两种板卡，可提供 8 个/16 个接口，用于连接调度台。

（3）信令协议处理板（PCU）。

用于控制在七号信令系统链路上传送的协议。PCU 板与 CPU 和 DTU 共同组成中国 7 号信令中继电路。中国 7 号信令的消息传递部分 MTP 是在 PCU 板上运行的。

（4）环路中继板（LS）。

LS 中继板可提供与来自其他交换机的模拟用户线相连的接口，每块 LS 中继板提供 8 个端口。

（5）EM 中继板。

Harris 交换机提供 2 线和 4 线两种 EM 中继板，记发器信号可采用 DTMF、DP、MFC 等方式。启动方式有闪烁启动、延时拨号、拨号音启动、立即启动四种。每个板有 8 个电路。

（6）数字中继板（DTU）。

数字中继板用于交换机之间的数字中继连接。数据率为 2.048Mbps，支持 32 个数字信道，每个信道的数据率为 64Kbps。DTU 板可设置为中国 1 号信令、Q 信令和中国 7 号信令中继电路。

（7）DTMF 接收器。

双音多频接收器接收 DTMF 拨号，并将 DTMF 码解码成数字格式。DTMF 接收器还包含拨号音检测电路，用于检测远端交换机提供的二次拨号音。DTMF 板有 4 端口、8 端口和 16 端口三种板卡。

（8）多频互控信号接收器板（MFR2）。

完成多频互控记发器信号（MFC）的接收，用于中国 1 号信令中继电路和 EM 中继电路。

（9） ASG 板。

ASG 板接收 FSK 信号，用于模拟分机来电显示。有 8 端口和 16 端口两种板卡。

【思考与练习】

1. Harris 交换机提供哪几种类型的数字用户板？主要作用是什么？

2. Harris 交换机的冗余存储器板作用是什么？

3. 典型的程控交换机主要有哪些板卡组成？

模块 3 程控交换机的告警管理（Z37F1003 Ⅰ）

【模块描述】本模块包含典型程控交换机告警管理。通过对告警类型以及查看告警常用命令的介绍，掌握典型程控交换机告警查看的方法。

【模块内容】

一、告警管理的目的

程控交换机系统运行程序中包含系统监视、故障诊断和故障处理程序，对交换机运行状态进行实时监视，一旦某些硬件或软件出现故障，系统将产生一系列告警信息，提示维护人员进行必要的处理，保障交换设备的正常运行。

故障诊断又分为定期诊断测试和随机诊断测试两种：① 定期诊断，交换机在运行过程中，可以通过人机命令在交换机话务负荷空闲时，对系统作一次全面测试，并把测试结果存放在存储器中，随时可由维护人员调用查阅。② 随机诊断测试是在交换设备运行中进行诊断测试，发现故障后，按照其级别、类型和影响范围产生相应的告警信息。

反映交换机系统运行、操作和故障状况的告警信息可通过打印机、告警显示器等形式输出，以便操作人员及时掌握系统状况。维护人员可以根据打印出的故障资料，进行分析判断。必要时可通过人一机命令再对系统作追踪性主动测试，重点测试，以得到准确的判断，迅速地排除故障。

二、告警类型

Harris 程控交换机告警管理系统根据故障对设备的影响程度、重要性及紧迫性分为严重告警、主要告警、次要告警、信息告警与诊断告警，其中严重告警影响交换机系统运行，需要立即处理。主要告警、次要告警不影响整个系统的运行，但也应该马上排除，以确保系统处于正常运行状态。信息告警与诊断告警可用于查错，在系统工作时.可以关闭此类告警。

1. 严重告警

当系统出现严重故障无法正常运行时，产生严重告警信息。交换机主控板、硬盘驱动器、交换网络、系统再启动、数字中继电路等发生故障时都会产生严重告警。

2. 主要告警

当系统中部分功能或部分用户无法通信、通信质量严重下降时，发出主要告警。模拟用户板、数字用户板、模拟中继板、双音多频记发器等设备故障时将产生主要告警。

3. 次要告警

通常是一个端口或一块电话板有故障，但不影响呼叫处理。

4. 信息告警

表示在呼叫处理中有软件错误，通常关闭此种告警，不送到告警输出设备。

5. 诊断告警

为解决服务问题提供有用信息，通常关闭此种告警。

三、告警输出设备

程控交换机一般都配置了声、光告警设备，以便通知运行维护人员，进行故障处理。通常在话务台上就有告警信息。

（1） Harris 数字程控交换机设有告警服务单元。

（2） 外接声光告警输出设备，当告警发生时可产生声光告警。

（3） 话务台（AW），在屏幕上显示 Major 及 Minor 告警。

（4） 告警历史文件记录系统产生的告警。

四、查看告警信息常用命令

交换机维护通过维护终端查看告警信息，对交换机所产生的故障和异常进行分析、判断和处理。各类交换机都设置了查看告警信息的相关命令。HARRI 交换机通过以下常用命令管理和查看告警信息：

- CATegories——显示系统本身的告髻种类。
- DISAble——关闭某类告警。
- ENAble——开放某类告警。
- DISPlay——显示历史告警记录。
- DXEnable——开放或关闭诊断告警。
- LIST——显示某种告警的说明内容。
- MODify——修改某类告警的文本。
- SCHedule——设置、修改、清除汇总报告时间。
- SET——开放或关闭送告警输出设备的告警。

- SHOW——显示 SET 后的状态。
- STAtus——显示系统的当前状态。
- SUMmary——显示经 SCH 设置后，最近产生的告警汇总报告。

【思考与练习】

1. 交换机告警管理的目的是什么？
2. 交换机告警类型有哪些？
3. Harris 交换机查看告警信息的常用命令有哪些？

模块 4 程控交换机的基本命令（Z37F1004 Ⅰ）

【模块描述】本模块包括典型程控交换机的基本命令。通过对典型交换机联机步骤、常用命令、登录用户名命令的介绍，掌握交换机基本维护的方法和技能。

【模块内容】

Harris 程控交换机数据配置及日常维护均通过维护终端进行。维护终端需配置为 8 位传输位、1 位停止位、无校验、速率为 9600bit/s。维护终端可与 CPU 的串口连接，也可通过 DCA 适配器与数字用户电路相连。在初次装机或紧急状况下，可直接使用 CPU 的串口直接与维护终端连接。在交换机正常运行后，为了系统安全建议维护终端采用通过 DCA 适配器与数字用户电路相连的方式连接。

一、进入系统管理

维护终端进入交换机系统管理应使用自己的终端用户名和密码。交换机系统预置了系统管理用户（ADMIN）和登录密码（ADMIN）。交换机安装时使用系统预置的 ADMIN 用户登录，随后增加相应的终端用户名，以便不同权限的用户登录系统。

维护终端联机操作如下：

（1）按 CTRL+C 键，登录屏幕出现（本模块图的文字大小格式都变了，需要从老版本中重新拷过来）。

```
Welcome to the Harris
System Administration Monitor
Copyright Harris Corporation 1984，1985，1986，1987，1988，1989，
1990，1991，1992，1993，1994，1995，1996
Username...?
```

（2）在用户名提示符处输入用户名。

（3）在口令提示符处输入口令。

```
Password...?
```

输入口令时，口令不在屏幕上显示，以利于保密。

如果输入了一个错误的用户名或口令，将会得到如下错误信息，此时可从第 1 步重新开始。

＊＊＊PASSWORD AUTHORIZATION FAILURE＊＊＊

如果输入的用户名和口令正确，系统将显示状态报告和系统管理程序提示符，联机成功。

```
Good Morning，ADMIN，it is 4–JUL–2005 09：05：48 MON
Welcome to Harris Administration System，ECPU Version G28.00.12 beta
You are logged onto shelf CC–1
The system status is ACTIVE/STANDBY
...Enter 'HELP' for a menu...
ADMIN...? edt
```

（4）新增用户。

ADD 命令用来建立一个新的维护用户，设置登录的密码和维护权限。该命令只能由系统管理员（ADMIN）使用。系统预置了两个用户名和口令。

使用 ADD 命令可新增一个用户名、口令和相应的权限。

```
EDT...? PAS
Enter your password before proceeding...?
PAS...? ADD
Username...? SMITH
password [No Modify]...?
Verify password...?
Command to allow access to [ALL]...?
Command to be disallowed [END]...?
...ADDING USERNAME 'SMITH'...
```

（5）删除用户名（DELETE）。

使用 DELETE 命令可删除用户名，但不能删除由 Harris 提供的两个用户名。

```
EDT...？ pas
Enter your password before proceeding...？
PAS...？ del
Username...？ smith
Please confirm the deletion of username 'ADMIN'（Y/N）...？ y
...DELETING USERNAME 'SMITH'...
```

二、系统管理程序

Harris 程控交换机系统的管理程序，采用分层结构。只要在 ADMIN...？提示下，输入“HELP”请求帮助，就能显示本系统的管理菜单了。

```
ADMIN...？ help
                    HARRIS SYSTEM ADMINISTRATION MENU
________________________________________________________________________
|COMMAND|                         DESCRIPTION                          |
|----------------------------------------------------------------------|
|                  SYSTEM ADMINISTRATION COMMANDS：                    |
|ACD| Automatic Call Distribution                                      |
|ACM| Accommodator Monitor                                             |
|ALM| Alarms Control                                                   |
|CDR| Call Detail Recording                                            |
|CSM| Conference Status Monitor                                        |
|EDT| Configuration Editor                                             |
|LTM|Line Test Monitor                                                 |
|MHC| Maintenance History Control                                      |
|NCF| Network Control Facilities                                       |
|SMM| System Soft Meter Monitor                                        |
|SPM| System Performance Monitor：CPU & System Traffic Statistics      |
|STS| System Traffic Statistics                                        |
|TDD| Telephony Device Diagnostics                                     |
|                                                                      |
```

```
|                    GENERAL–PURPOSE COMMANDS:                    |
|ABOrt| Abort terminal                                            |
|INFo| Displays general system information                        |
|SAR|Schedule Automatic Reboot                                    |
|SET DATe|Sets the system date（in dd–mmm–yy or mm–dd–yy format）  |
|SET TIMe|Sets the system time（in hh：mm：ss format）             |
|STAtus|Displays system status                                    |
|WHO|Displays active users                                        |
|EXIt|Exit system administration program and log off the system.  |
|EDT| Configuration Editor                                        |
|LTM| Line Test Monitor                                           |
|MHC| Maintenance History Control                                 |
|NCF| Network Control Facilities                                  |
|SMM| System Soft Meter Monitor                                   |
|SPM| System Performance Monitor：CPU & System Traffic Statistics |
|STS| System Traffic Statistics                                   |
|TDD| Telephony Device Diagnostics                                |
|                                                                 |
|                    GENERAL–PURPOSE COMMANDS:                    |
|ABOrt| Abort terminal                                            |
|INFo| Displays general system information                        |
|SAR|Schedule Automatic Reboot                                    |
|SET DATe|Sets the system date（in dd–mmm–yy or mm–dd–yy format）  |
|SET TIMe|Sets the system time（in hh：mm：ss format）             |
|STAtus|Displays system status                                    |
|WHO|Displays active users                                        |
|EXIt|Exit system administration program and log off the system.  |
```

管理程序分为四层结构，在任意菜单下，输入各种命令时，均可以只输入前面的三个字母或更少字母。层次结构如图 7–4–1 所示。

三、系统管理程序常用命令

1. 常用的系统管理命令

（1） ALM：显示系统告警信息。

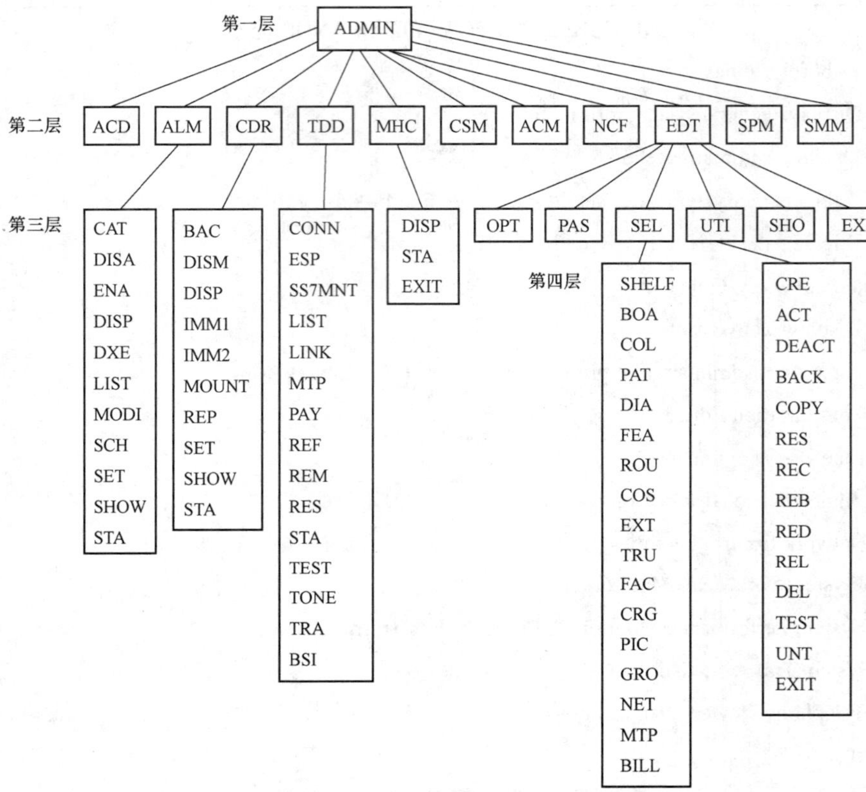

图 7–4–1 交换机系统管理程序菜单

（2） CDR：显示呼叫详细记录。

（3） EDT：编辑数据库。

（4） MHC：显示维护终端历史维护记录。

（5） STS：进行话务统计并输出统计结果。

（6） TDD：电话设备诊断。

2. 常用的通用命令

（1） <CTRL–C>：与系统联机。

（2） <CTRL–S>：暂停屏幕滚动显示。

（3） <CTRL–Q>：继续屏幕滚动显示。

（4） <CTRL–Z>：终止当前操作，回到同一级命令状态。

（5） HELP：给予帮助。

（6） TIME：显示系统时间。

（7） PRInt：启动系统打印进行硬拷贝。

（8）NOPridt：系统打印机处于脱机状态。

（9）EXIT：退出当前命令级，返回上一级。

【思考与练习】

1. Harris 交换机的联机步骤是什么？

2. Harris 交换机常用系统管理命令有哪些？

3. Harris 交换机常用的通用命令有哪些？

模块 5　程控交换机的供电系统（Z37F1005 Ⅱ）

【模块描述】本模块包含典型程控交换机供电系统。通过对典型程控交换机供电系统的介绍，掌握典型程控交换机供电系统和供电方式。

【模块内容】

一、概述

交换机供电系统是交换机硬件的一个重要组成部分，为交换机各机框中的板卡提供工作电源，是交换机正常运行的重要保障。

交换机根据运行环境的不同其输入电源可采用交流 220V 或直流–48V 两种供电方式。采用交流 220V 供电方式时，交换机需要配置整流模块，将交流 220V 转换成–48V。

交换机将输入的–48V 经机柜的分配模块分配到各机框，并经各机框的电源盘将–48V 转换成+12V、–12V、+5V、–5V 供给机框中的各板卡，为各板卡提供所需的工作电源。

无论交换机采用交流供电方式，还是采用直流供电方式，设备外壳必须良好接地。

二、Harris 交换机供电系统简介

不同型号的 Harris 交换机其供电系统基本相同。下面以 MAP 型交换机为例介绍其供电系统。

MAP 交换机可采用交流 220V 和直流–48V 两种供电方式。采用 220V 交流供电时，需要配置–48V 整流模块将交流转换成–48V 直流。

1. CE/INT（公共设备/接口）模块供电系统

该模块的电源部分有铃流发生器/留言电源（RG/MWPS）和板卡工作电源（LPS），模块电源连线结构如图 7–5–1 所示。

RG/MWPS 为 CE/INT.模块和 INT.模块的电话接口提供 75VAC（正常值）铃流电压和 1Amp 的留言电源 LPS 为 CE/INT.模块板卡提供+/–12VDC、+/–5VDC 工作电压 ASU 告警服务板，当供给电源故障、风扇保险丝故障、电池电压故障及铃流故障时，产生告警信息。告警指示灯对应严重告警、主要告警和次要告警。

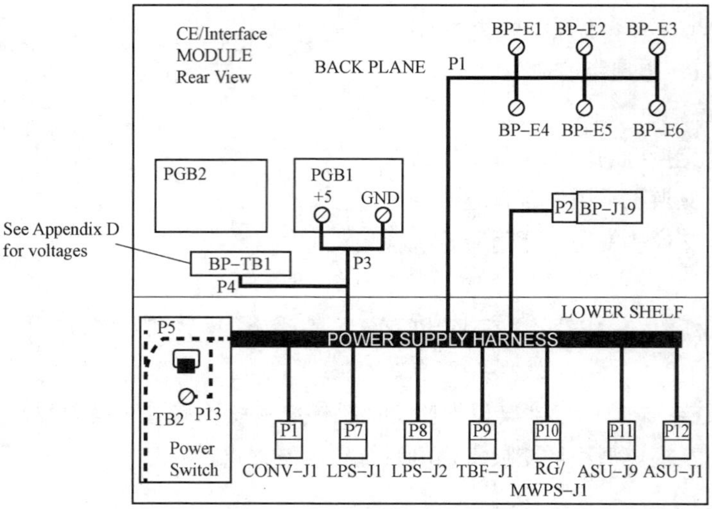

图 7–5–1　CE/INT.模块电源系统连线结构

2. 接口（INT）模块电源系统

该模块电源系统（见图 7–5–2）由铃流发生器分配板（RGDB）和板卡工作电源（LPS）两部分组成。

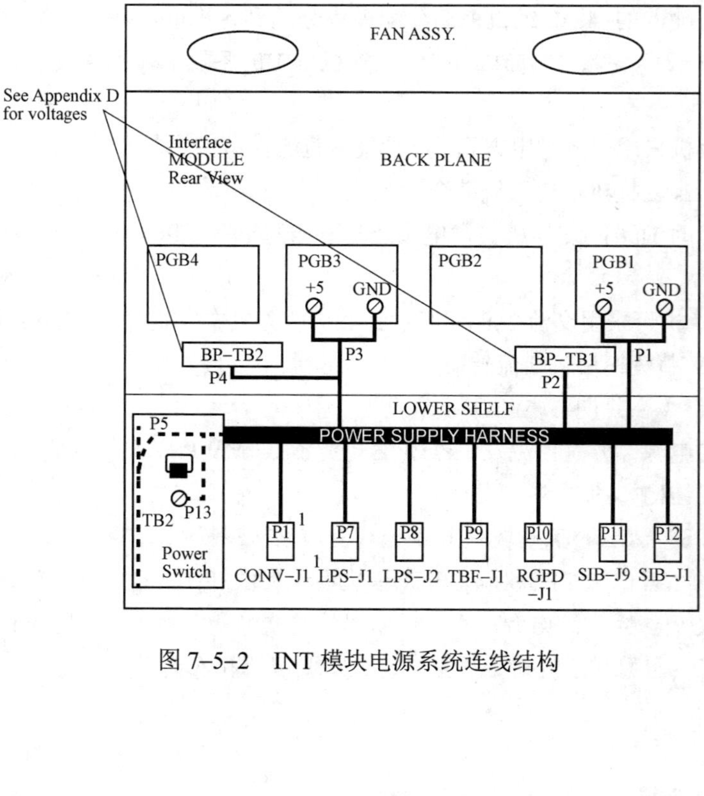

图 7–5–2　INT 模块电源系统连线结构

3. –48VDC 电源连接线颜色及含义

Harris 交换机内部电源连接线采用统一颜色的线缆，绿色/黄色线缆为交换机接地线，棕色线缆为地线，蓝色线缆为–48V 的负极，黑色线缆为–48V 的正极。

【思考与练习】

1. 交换机输入电源的供电方式包括哪两种？
2. –48VDC 电源连接线颜色及含义是什么？
3. Harris 交换机常用的通用命令有哪些？

模块 6 程控交换机的背板引出线及电缆连接器（Z37F1006Ⅱ）

【模块描述】本模块包含典型程控交换机背板引出线及电缆连接器。通过对典型程控交换机背板引出线及电缆连接器的介绍，了解典型程控交换机各类电缆连接器的引线结构。

【模块内容】

一、交换机背板引出线及电缆连接器的作用

1. 背板及引出线的作用

（1）提供机框内各公共控制板卡间、公共控制板卡与接口板卡之间、接口板卡之间的内部连接。

（2）提供机框间的控制连接。

（3）提供机柜之间的控制连接。

（4）提供与外围设备如磁盘系统、告警系统的连接。

2. 电缆连接器的作用

（1）提供用户电路端口、模拟中继电路端口与配线架之间的连接。

（2）提供数字中继电路与传输设备（数字配线架）之间的连接。

（3）提供机柜的供电电源的连接。

二、Harris 交换机背板引出线及电缆连接器

不同型号的 Harris 交换机的背板引出线及电缆连接器略有不同，下面以 MAP 型交换机为例介绍背板引出线及电缆连接器。

MAP 型交换机有两种背板，一种是公共设备/接口（CE/INT）机框的背板，一种是接口（INT）机框的背板。

1. CE/INT 机框背板及引出线

CE/INT 机框设有 20 个槽位，槽位 1–12 为公共板件槽位，13–20 为电话设备槽位。CE/INT 机框背板的 J24–J32 为 9 个音频电缆连接器，将 13–20 槽位各电路端口连接线引出到 MDF 架。J24–J32 连接器与槽位的对应关系如图 7–6–1 所示。

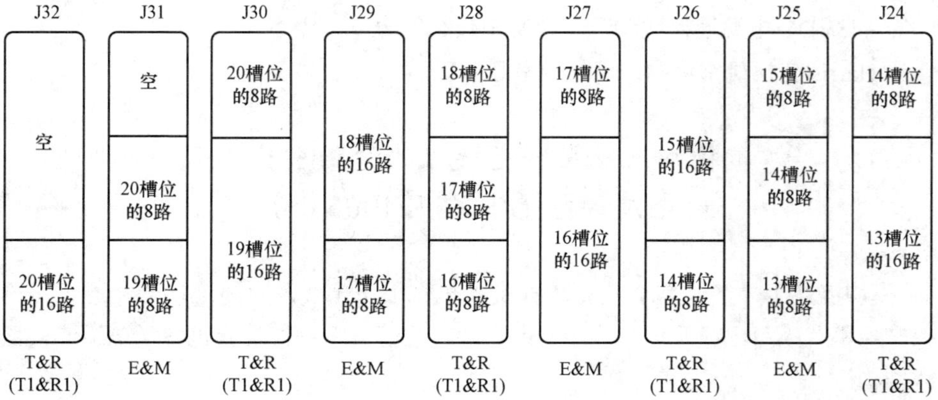

图 7–6–1　J24–J32 连接器引线

由对应关系图可见，J25、J28、J31 为 EM 线引出音缆连接器，即当 13–20 槽位安装 EM 中继板卡时，有音频电缆连接到 MDF 架，当 13–20 槽位安装用户板卡或二线环路板卡时，没有音频电缆连接到 MDF 架。

J20–J23 为 4 个 2M 数字中继电路连接器，采用七针引出连接器。当 14、16、18、20 槽位安装 DTU 板时，利用 J20–J23 将 DTU 板与数字配线架连接。7 针连接器的引脚 1 为地线，引脚 4、5 为发线（4–芯线，5–屏蔽线），引脚 2、7 为收线（2–芯线，7–屏蔽线）。

2. INT 机框背板（HEX 背板）及引出线

HEX 背板有 24 槽位，背板机架实物如图 7–6–2 所示，背板引线连接如图 7–6–3 所示。

J36–J47 为 2M 数字中继电路连接器，分别对应槽位号 2–24 的偶数槽位。J6–J29 是音频电缆连接器，用于用户电路和模拟中继电路板卡的连接，每个连接器通过 25 对音频电缆标准接口引到配线架。

在 HEX 背板中，每个槽口插放 16 电路的板，每条电缆的 1–24 对线（第 25 对线没用）可以引出 24 个电路的 TR 线，即一条电缆可以引出一个半槽位上 24 一个端口的 TR 线，2 条电缆可以引出 3 个槽位的 TR 线，所以 24 个槽位需要 16 条电缆引出 384

端口的 TR 线。

图 7–6–2　HXE 背板实物图

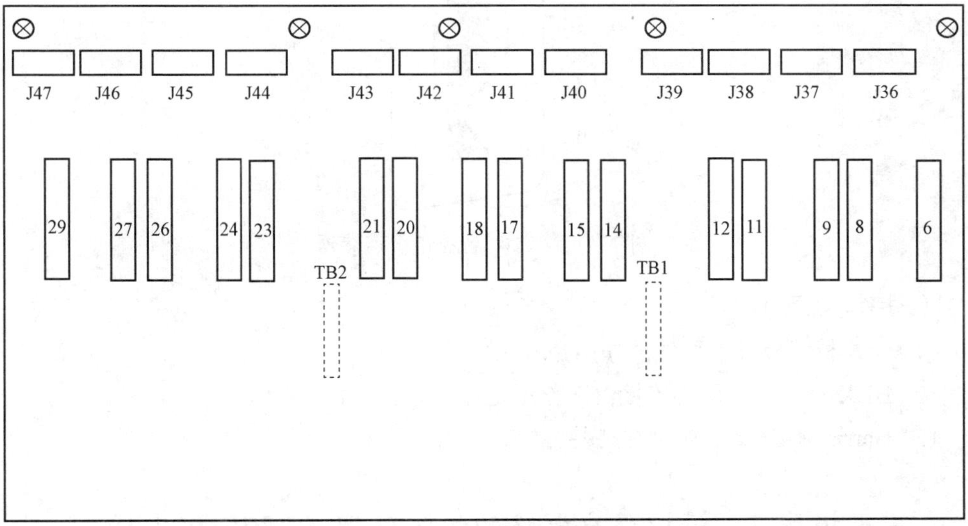

图 7–6–3　HXE 背板引线图

HEX 连接器与槽位的对应关系如图 7–6–4 所示：

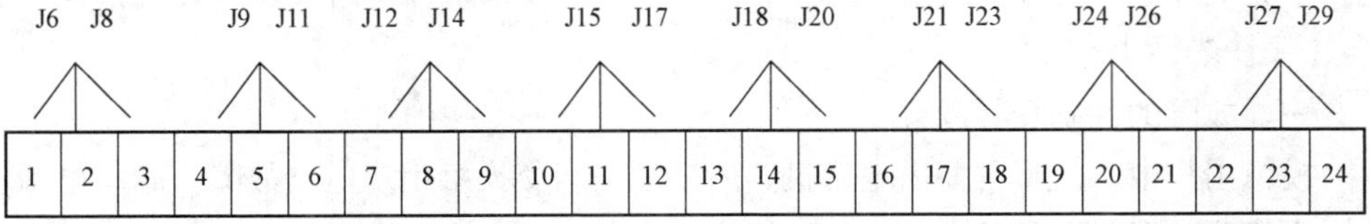

图 7–6–4　HEX 连接器与槽位的对应关系

25 对音频电缆连接器如图 7–6–5 所示。

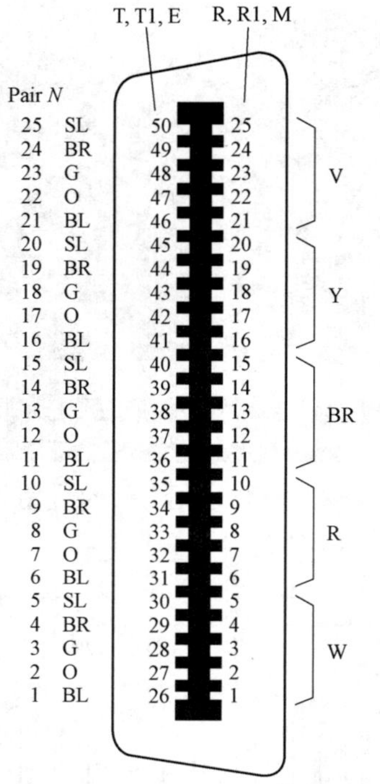

图 7–6–5　25 对音频电缆连接器

【思考与练习】

1. 交换机背板及引出线的作用是什么？
2. HEX 背板有哪两种连接器？作用是什么？
3. Harris MAP 型交换机有几种背板？

◢ 模块 7　模拟用户电路的故障处理（Z37F1007 Ⅱ）

【模块描述】本模块包含模拟用户电路常见故障的分析和处理。通过对模拟用户电路常见故障案例的分析及处理的介绍，掌握处理模拟用户电路故障的方法和技能。

【模块内容】

一、故障的性质及其危害

模拟用户电路故障主要由电话机、用户线路和交换机用户电路故障引起。电话机和用户线路故障更为多发，一旦发生故障，将影响用户的正常通信。

二、模拟用户电路故障分类及处理

引发模拟用户电路故障主要有电话机、用户线路和交换机用户电路等故障环节，故障处理通常采用逐段排除法。逐段排除法是根据故障现象，分析和找出与故障相关联的故障路径或关键点，逐一排除直到故障排除。

模拟用户故障有以下几种：

1. 不能正常拨号

模拟用户不能正常拨号，有以下几种常见故障：

（1）切不断拨号音。

故障现象：用户摘机听到拨号音，拨号后仍听拨号音。

故障原因分析：话机未将选择信号发送出去，话机故障。

处理方法：更换电话机。

（2）拨号后仍听到蜂鸣声。

故障现象：用户摘机听到拨号音，拨号后听到蜂鸣声（不是拨号音）。

原因1：可能是话机的某个按键未弹起，听到的是该按键发送的音频信号。

处理方法：检查话机的按键。

原因 2：可能是话机具有防盗拨电话功能，如果使用并机拨打电话，就不能正常发送选择信号。

处理方法：检查话机的防盗拨电话开关是否处于打开位置。如在处于打开位置，将其打到关闭位置，即可消除故障。

原因3：是话机具有“限拨长话”功能，即锁“0”功能。

处理方法：开放长话功能。

2. 无拨号音

故障现象：用户摘机，听不到拨号音。

（1）话机故障。

原因分析：电话机的受话器故障，摘机后听不到拨号音。

处理方法：利用话机的发话器进行检查。即拿起话机手柄，一边对着发话器吹气，一边收听受话器中的声音。如果能够听到吹气声，则话机正常。如果听不到吹气声，则是话机故障。

（2）线路故障。

原因分析：用户线路出现断路、短路时，用户摘机均听不到拨号音。

处理方法：

1）用万用表测量用户线上的端电压是否正常。

2）用交换机测试功能，测试用户线路是否正常。

3）用户电路板故障，用户摘机听不到拨号音。

处理方法：将配线架上用户外线侧断开，在内线侧用户配线端子上试听有无拨号音。有拨号音，则用户电路板正常，若无拨号音则用户电路板故障，更换用户电路板。

3. 不能振铃

（1） 铃流板故障。

原因分析：交换机铃流板故障，整个机柜的用户均不能振铃。

处理方法：确定是单个用户故障还是多个用户故障，如多个用户故障，检查铃流板是否正常。更换备用的铃流板。

（2） 电话机故障。

处理方法：在配线架上将用户外线侧断开，内线侧挂接一部电话机。用其他用户拨打该分机，如能正常振铃，则交换机及用户电路板正常，用户电话机故障。更换电话机即可消除故障。

4. 能呼出不能呼入（或能呼入不能呼出）

（1） 原因分析：此类故障一般为软件故障，如用户启动了免打扰、转移、限制拨号等功能。

处理方法：检查故障用户的相关功能数据表，取消相应的功能即可。

（2） 原因分析：线路故障，用户线出现错线，即鸳鸯线。

处理方法：用短路的方法检查用户线电缆，既将用户话机侧短路，在配线架上测量找出短路的一对用户线，即可排除故障。

案例 1

（1） 故障现象：某用户申告故障，不能正常拨打电话。

（2） 故障处理：维护人员摘机拨打故障申告用户电话，听回铃音。用户摘机应答，维护人员听到蜂鸣音，听不清对方讲话。根据听到的蜂鸣音，初步判断是用户话机的某个键盘按键被卡住未弹起，因此大声讲话指挥用户逐个按动键盘。在用户按动键盘的过程中，蜂鸣声消失，通话正常。维护人员让用户试拨电话，呼出接续、通话均正常，故障消除。

（3） 原因分析：由于用户话机的某个按键被卡住，一直发送双音频信号。当电话机处于挂机状态时，话机叉簧断开，通话回路处于断开状态，用户线路上无双音频信号。当用户摘机拨打电话时，叉簧闭合通话回路沟通，双音频信号发送到用户线上，造成用户话机不能正常发送被叫号码。当有电话呼入时，电话机可正常振铃，用户摘机后，通话回路沟通，双方均能听到蜂鸣声（双音频信号音）。用户再次按动按键后，按键弹起，蜂鸣声消失，通话正常。

案例 2

（1）故障现象：某单位交换机相邻两电话用户在同时使用时不定期出现串音，严重影响两用户的呼入、呼出。在配线架上断开外线后，仍有明显串音。

（2）原因分析：相邻用户间出现串音现象，有以下几种原因引起。

1）配线架至接线盒的用户线（音频电缆）出现鸳鸯线。

2）接线盒的相邻用户线接线不良，出现碰线，特别是用户线为多股铜线时。

3）交换机背板引出电缆出现鸳鸯线。

4）用户线破损绝缘下降，串音防卫度降低。

（3）故障处理

1）在配线架外线侧将出现串音的用户线断开，内线侧搭接电话机，拨打电话测试检查，出现串音现象。初步判断故障在交换机背板引出电缆至配线架之间。

2）将交换机背板引出电缆的连接器打开，检查测试引出线，发现两个电话端口出现鸳鸯线。将引出线的主色线对调后，拨打电话测试检查，未出现串音。

3）将配线架外线侧用户线恢复正常，再次测试通话情况，未出现串音，故障排除。

【思考与练习】

1. 模拟用户故障常有那些设备引起？
2. 电话机故障主要有哪些故障现象？
3. 引发模拟用户电路故障有哪几个环节？

◢ 模块 8 数字用户电路的故障处理（Z37F1008Ⅱ）

【模块描述】本模块包含数字用户电路常见故障的分析和处理。通过对数字用户电路常见故障案例的分析及处理方法的介绍，掌握处理数字用户电路常见故障的方法和技能。

【模块内容】

一、故障的性质及其危害

数字用户电路连接的设备主要有数字话机、话务台、调度台及维护终端等设备。数字用户电路发生故障，将影响数字用户的通信；连接维护终端的数字用户电路发生故障，将影响交换机正常的维护和数据配置；连接调度台的数字用户电路一旦发生故障，将影响调度员与调度对象间的通信，严重时将影响电网的安全稳定运行和电网事故的及时处理。

二、数字用户电路故障分类及处理

数字用户电路故障可分为终端设备、用户线和数字用户电路板等硬件故障。数字用户电路数据设置不当也会引起数字用户终端设备不能正常工作。

故障处理的方法主要采用逐段排除的方法，即通过对故障现象的分析和判断，逐一检查连接路径中的相关设备并排除故障，直至故障被排除。数字用户电路故障的常规处理顺序为：数字终端设备→用户线→配线架→数字用户电路→数字用户数据。HARRIS 交换机的维护终端可通过数据适配器或数字话机（DCA/OPTIC IV）连接到一个数字用户电路接口，实现对交换机的维护与管理，其常规的故障处理顺序为：维护终端→DCA/OPTIC IV 话机→配线架→数字用户电路→维护终端用户数据。

1. 用户线故障

用户线故障是最常见的故障现象。由于从配线架到用户终端设备由音频电缆、接线盒、用户电话线等多个环节组成，任一个环节发生故障，都将影响用户的正常通信。

用户线故障主要有用户线短路、断线和用户线接地等三种故障。由于用户线受外界破坏造成 a、b 线断线，或外绝缘破损造成 a、b 线短接或接地引起用户电路故障。主要故障现象表现为数字用户摘机听不到拨号音、电话不振铃，维护终端不能正常与交换机连接等。

用户线发生故障处理方法比较简单，即在配线架上将外线侧用户线断开，用数字话机进行测试即可判断是否是用户线故障。

2. 数字终端故障

数字用户电路连接的数字终端种类不同，故障处理方法也不尽相同。

（1）数字话机。

数字话机发生故障主要是由电话机的发话器、受话器、振铃电路或编解码器等硬件故障引起。发话器故障主要表现为在通话时对方听不到己方的讲话，受话器故障主要表现为摘机听不到拨号音或通话时听不到对方讲话。数字电话机发生故障通常需更换电话机。

（2）话务台。

Harris 交换机提供的话务台由显示器、话务台主机和键盘三部分组成，话务台主机与显示器、键盘之间通过连接线相连接，连接线接触不良是话务台常见故障，主要故障现象为显示器无显示、键盘失效。发生此类故障时，先将话务台主机电源关闭，检查连接线使之接触良好。

话务台主机中 DLIC 板或运行软件发生故障，将造成话务台不能进入正常的呼叫处理状态。发生此类故障时更换话务台主机内的 DLIC 板或重新安装话务台软件。

（3）维护终端。

Harris 交换机维护终端通常是经数据适配器或数字话机与数字用户电路端口连接，

维护终端是通过 RS232 接口和连接线与数据适配器或数字话机相连接。因此数据适配器、数字话机、RS232 接口、连接线故障都将引起维护终端不能连接交换机进入维护状态。

此类故障的处理常用逐段排除法和替换法相结合的方法进行处理，即首先将故障定位到某个环节如适配器或连接线缆，再用备用设备替换故障设备以确定故障点。其中连接线接触不良是最容易发生的故障，因此发生此类故障应先检查连接线是否连接正常。

3. 数字用户电路故障

此类故障发生的概率较少。机房电磁环境、设备接地不良及静电感应等会引起数字用户电路故障，用户线路引入的高电压也会造成用户电路故障，用户电路元器件的产品质量问题等都会引起数字用户电路板故障。

此类故障一般采用替换法进行故障处理，即用备用的板件替换故障板件，或将该数字用户电路的用户设置到其他用户电路板上的空闲的电路上。用备板替换故障的板件不需要进行数据配置，操作较简单，但在更换板卡时会影响该板卡上其他用户，应避免在话务较忙时更换板卡。

4. 数字用户电路数据设置不当

此类故障通常发生在新增数字用户电路的初始调试阶段。数字用户电路连接的用户终端不同，数据设置上也略有不同。在设置分机类型时，应根据所连接的用户终端类型选择相应的参数。例如连接调度台时，Extension type 需要选择 dispatch。

数据设置不当属于软件故障，故障处理相对于硬件故障要复杂一些。在设备开通调试期间，发生此类故障，应首先检查所配置的数据是否正确，再检查设备硬件。而在设备运行期间一旦发生此类故障，首先应检查设备硬件，并排除硬件故障后，再检查相关的配置数据。

案例 1

（1）故障现象：某单位采用远程维护方式对变电站的调度交换机进行维护管理。一天维护人员通过维护终端连接变电站交换机时，出现无法联机的故障。

（2）原因分析：维护终端是通过 DCA 与变电站数字用户电路连接实现远程维护。由于连接经过的环节较多，无论其中哪个环节的连接出问题都会导致远程维护无法联机的故障。

（3）故障处理：由于交换机远程维护是通过数字用户板与数字适配器（DCA）相连，DCA 与拨号 MODEM 连接，远程维护终端通过电话拨入 MODEM 的方式实现的。因此处理此类故障时，首先用普通分机拨打调制解调器号码检查调制解调器启动是否正常，然后检查 DCA 与拨号 MODEM 之间、数字用户板与 DCA 之间的连接是否正常，最后检查数字用户板是否正常，直至故障排除。

案例 2

（1）故障现象：某单位调度交换机维护人员在维护终端操作过程中出现终端死机的故障，任何数据操作都无法执行。

（2）原因分析：Harris 交换机的数据库是由一系列与呼叫处理相关的表格组成，在进行表格之间切换操作时，如果操作不当将造成 DCA 端口闭锁，从而导致维护终端死机。

（3）故障处理：拔插 DCA 上的信号线接头，则 DCA 端口可自动解锁，故障现象消失。

【思考与练习】

1. 数字用户故障的性质及其危害是什么？
2. 数字用户电路有哪些常见故障？
3. 数字用户电路故障的常规处理顺序是什么？

模块 9 环路中继电路的故障处理（Z37F1009Ⅱ）

【模块描述】本模块包含环路中继电路常见故障的分析和处理。通过对环路中继电路故障案例的分析及处理方法的介绍，掌握处理环路中继电路故障的方法和技能。

【模块内容】

一、故障的性质及其危害

环路中继电路是模拟中继电路，实现交换机与交换机之间的连接，完成两台交换机之间用户的通话回路的接通。环路中继电路发生故障，将影响交换机之间用户的呼叫接续和通话。

二、环路中继电路故障分类及处理

环路中继电路有两种，一是出中继电路，二是入中继电路。引发环路中继电路故障的设备有出（入）中继电路、中继线路（音频电缆或 PCM 设备）和用户电路。故障处理可采用逐段排除法和替代法进行判断、分析处理。环路中继的路径为本端交换机中继电路–配线架–中继线路–配线架–对端交换机用户电路。替代法就是用本端交换机的用户替代对端交换机的用户，来判断、分析故障点并最终排除故障。

（一）出中继电路故障分析

1. 出中继占线失败

（1）故障现象：交换机用户拨出中继局向号，不能正常占用出中继电路。

（2）原因分析：

1）出中继电路板故障。

2）对端交换机用户电路故障。

3）用户线路出现短路故障。

出中继电路馈电是由互连交换机的用户电路提供，馈电电压为–24V～–120VDC，馈电电流≥17mA。如果互连交换机用户电路提供的馈电电压或馈电电流达不到规定值，出中继电路则不能正常启动。

（3）故障处理：

1）在配线架上测量对端交换机用户线上的电压，如无电压或电压值不在正常值范围内，则可判断为对端交换机中继线路（音频电缆）或对端交换机用户电路故障。与对方技术人员联系配合查找故障。

2）如配线架上测试馈电电压正常，则在配线架上断开连接的用户线，并连接本交换机的一个用户电路。摘机拨号占用中继电路并发送被叫号码（本交换机的一个用户号），如果接续正常，则故障可能是对端交换机的用户电路馈电电流没有达到规定值，可与对方技术人员联系更换用户电路。如果接续不正常，则为本端交换机中继电路故障，更换备用中继电路板。

2. 占用中继电路后听不到拨号音

（1）故障现象：用户拨出中继局向号，能正常占用中继电路，但听不到拨号音。

（2）原因分析：占用出中继电路后听不到拨号音，有两种情况，一是对端交换机用户电路故障，未发送拨号音。二是本端交换机中继电路故障。

（3）故障处理：用测试话机在配线架上试听有没有拨号音，如有拨号音，则对端交换机用户电路正常，可能是本端中继电路故障。可用本端交换机用户代替对端交换机用户进行进一步的故障判断，或更换备用中继电路板。

如听不到拨号音，则与对端技术人员联系配合检查对端交换机的用户电路。

3. 发号不全

（1）故障现象：用户拨出中继局向号，听到二次拨号音后发送被叫号码，不能完成呼叫接续。

（2）原因分析：主叫发送被叫号码后不能进行正常接续的原因，可能是本端交换机未将被叫号码发送或发号不全，导致对端交换机不能完成呼叫接续。

（3）故障处理：如果发号采用 DTMF 方式，可以在配线架上挂接一个电话机的受话器（或发话器），监听交换机中继电路发送号码位数（交换机发送号码时，受话器可听到嘀声），如果未发送号码或发号不全，则可能是数据库设置不正确，检查 FAC 表并修改相应的发号命令。

（二）入中继电路故障分析

（1） 故障现象：对端交换机用户拨出中继局向号占用处中继电路，并发送被叫号码后，听到回铃音，但本端交换机话务台（或调度台）不振铃。

（2） 原因分析：

1）当对端交换机发送的铃流电压过低时，无法正常启动入中继电路，话务台不振铃。

2）交换机数据配置不正确，未将入局呼叫接续至话务台。

3）入中继电路故障。

（3） 故障处理：在配线架上测试入中继电路所连接的用户线铃流电压是否正常，正常值为交流 75～95V。不正常，则与对端技术人员联系配合处理。测试铃流正常，则检查本端交换机中继电路和交换机数据配置。

检查交换机入中继电路可用替代方法判断故障，即断开对方交换机用户线，将本交换机的一个用户接到入中继电路上，并拨打该用户，观察调度台是否正常振铃。能正常振铃，则可判断入中继电路正常，故障在对方交换机。如不能正常振铃，则入中继电路故障，更换环路中继电路板。

案例 1

（1） 故障现象：某省调采用环路中继电路与网调调度交换机用户连接，出入合用。省调调度员反映省调调度员呼叫网调电话正常，网调呼叫省调时无人应答。

（2） 原因分析：网调呼叫省调，调度台不振铃，故障有以下几种原因。

1）网调调度交换机用户电路故障，未将振铃信号发送到省调的环路中继电路；

2）省调调度交换机的环路中继电路故障，不能向调度台振铃；

3）传输设备故障，未将振铃信号发送。

（3） 故障处理：

1）在省调侧配线架上挂接电话机，网调呼叫省调，电话机振铃，摘机双方通话正常；调度台不振铃。初步判断网调用户电路正常，省调环路中继电路故障。

2）更换省调环路中继电路，再次呼叫检查，调度台仍不振铃。

3）在配线架外线侧将网调用户断开，调接省调调度交换机的一个用户端口，并拨打该用户，调度台振铃，摘机通话正常。使用原环路中继电路板再次测试，振铃正常，排除环路中继电路故障。

4）将行政交换机的一个用户电路与环路中继电路连接进行测试检查，进一步证实环路中继电路正常。因此判断网调调度交换机用户电路或传输电路故障。

5）在配线架外线侧测试网调用户电路发送的铃流电压，发现铃流电压只有 50V。

6）请传输人员检查传输设备后，调度台振铃正常，通话正常，故障排除。原因是传输设备的铃流板故障，输出电压太低，不能启动环路中继电路。电话机的振铃电路适应能力强，铃流电压低也可正常振铃。

案例 2

（1） 故障现象：交换机用户拨号不能占用出中继电路，听忙音。

（2） 原因分析：交换机用户拨号不能占用出中继电路，听忙音故障有以下几种原因。

1）交换机出中继电路故障，出现维护忙，当用户拨出局号码占用出中继电路时听忙音；

2）相连接的交换机用户电路故障，交换机不能占用出中继电路，出现维护忙；

3）用户线故障。

（3） 故障处理：

1）在配线架外线侧断开连接的用户电路，并连接本端交换机用户，故障消除；

2）将配线架内线侧连接断开，在外线侧测试线路馈电电压，线路馈电只有 30V，不能满足出中继电路的工作电压，因此交换机就不能占用中继，造成分机不能占用出中继电路，出现维护忙。

3）要求对方更换用户电路后，恢复正常。

【思考与练习】

1. 交换机环路出中继电路不能占用中继电路故障原因有哪几种？

2. 引起交换机环路中继电路故障的环节有哪些？

3. 环路中继电路故障的性质及其危害是什么？

模块 10 EM 中继故障处理（Z37F1010Ⅱ）

【模块描述】本模块包含 EM 中继电路故障的分析和处理。通过对 EM 中继电路故障案例的分析及处理方法的介绍，掌握处理 EM 中继电路故障的方法和技能。

【模块内容】

一、故障性质及其危害

EM 中继电路的作用是交换机与交换机连接的模拟中继电路，主要应用在调度交换网中。EM 中继电路一旦发生故障，将影响两个交换机之间用户的通信，甚至影响调度员与调度对象间的通信。

二、EM 中继电路故障分类及其处理

引发 EM 中继电路故障的硬件设备有本端交换机 EM 中继电路、中继线路（PCM 中的 EM 电路、音频电缆或电力载波通道）和对端交换机中继电路。EM 中继电路由 E、

M 信令线、发信电路、收信电路三部分组成。故障分为收、发信电路故障和 EM 信令线故障。EM 中继电路故障可采用逐段排除法进行判断、分析处理。根据故障现象，分析和找出与故障相关联的故障路径或关键点，逐一排除直到故障排除。EM 中继的路径为本端交换机中继电路–配线架–中继线路（PCM 或电力载波设备）–配线架–对端交换机中继电路，因此 EM 中继电路故障需要两端交换机维护人员配合处理。

EM 中继电路常见故障如下

1. 不能占用中继电路

（1）故障现象：用户拨 EM 中继电路出局号码，不能占用中继电路。

（2）原因分析：EM 中继电路的接续过程是，主叫用户拨 EM 中继电路出局号码，占用本端交换机出中继电路，M 线向对端交换机发送启动信号（M 线由–48V 变成 0V），对端交换机中继电路的 E 线由–48V 变成 0V，占用中继电路。因此不能正常占用中继电路，故障一般发生在 EM 信令线上。

（3）故障处理：检查本端中继电路的 M 线能否发送占用信号（发送地气），对端中继电路的 E 线能否正常接收到占用信号。

1）在主叫侧配线架上用万用表测量 M 线电压（正常为–48V），拨局向号占用中继电路，观察 M 线上电压是否由–48V 跃变为 0V。如果由–48V 跃变为 0V，则本端中继电路的 M 信令线正常，否则主叫端中继电路异常。更换中继电路板后再进行排查。

2）在被叫侧配线架上用万用表测量 E 线电压（正常为–48V），在确认主叫侧占用中继电路并能正常发送占用信号后（也可直接将 M 线点地），观察 E 线电压是否由–48V 跃变为 0V。如果由–48V 跃变为 0V，则中继线路正常，否则是中继线路异常，请传输设备维护人员协助检查处理。

3）如果被叫侧能正常接收到占用信号，则故障在被叫侧，更换中继电路板后再排查，直至故障排除。

2. 不能正常通话

（1）故障现象：被叫用户振铃，摘机后主被叫双方不能正常通话。

（2）原因分析：主被叫双方不能正常通话，故障发生在发信或收信电路。不能听到对方讲话，故障发生在己方收信支路或对方的发信支路，对方听不到己方讲话，故障发生在己方的发信支路和对方的收信支路。

（3）故障处理：可以利用废旧话机的发话器或受话器检查和定位四线 EM 中继电路的发信支路和收信支路的故障。处理方法如下：

1）将发话器搭接在己方配线架的发信支路上。

2）摘机拨号占用中继电路，并对着话机的发话器讲话（或吹气）。

3）监听配线架上的发话器是否能听到讲话。如果能听到，则本端交换机中继电路的发信支路正常，听不到讲话，则发信支路故障，更换中继电路板。

4）将发话器搭接在己方配线架的收信支路上。

5）摘机拨号占用中继电路。

6）对着配线架上的发话器讲话（或吹气）

7）在话机的受话器上监听，能听到讲话，则本端中继电路的收信支路正常，反之则收信支路故障，更换中继电路板。

3. 不能正常发送或接收选择信号

（1） 故障现象：主叫用户摘机呼叫对端交换机的被叫用户，听不到回铃音，一段时间后听忙音。

（2） 原因分析：主叫用户听不到回铃音，一段时间后听忙音，可能是对端交换机收不到被叫用户号码，不能完成呼叫接续，超时释放中继电路造成的。四线 EM 中继电路记发器信号分为脉冲信号方式、DTMF 信号方式和 MFC 方式。脉冲方式的选择信号在 M 线上发送，在 E 线上接收。DTMF 和 MFC 方式的选择信号在发信支路上发送，在收信支路上接收。因此采用脉冲方式时故障发生在 EM 线上，采用 DTMF 和 MFC 方式时，故障发生在收、发信支路上。

（3） 故障处理：

1）采用脉冲方式发送选择信号时故障处理如下。

（a）采用脉冲方式发送选择信号的中继电路，用万用表在配线架的 M 线上测量主叫端中继电路能否正常发送脉冲（选择）信号（指针式万用表，正常发送选择信号，万用表测量指针会摆动），能发送，则中继电路正常，反之则发生故障，更换中继电路板。

（b）在被叫端的 E 线上测量能否正常接收到脉冲信号。能接收到脉冲信号，则本端中继电路发生故障；不能接收到脉冲信号，则对端中继电路（或传输电路）发生故障。

2）采用 DTMF 和 MFC 方式发送选择信号时故障处理如下。

（a）将发话器搭接在配线架的发信支路上。

（b）摘机占用中继电路并发送选择信号。

（c）在配线将上监听选择信号是否正常发送（正常发送可监听到嘀嘀声），从而可以判断本端中继电路是否正常。

（d）将发话器搭接在被叫端配线架的收信支路上，监听选择信号是否正常接收。能接收到选择信号，则故障发生在本端中继电路的收信支路，更换备用中继电路板，排除故障。反之，则对端中继电路板发信支路或传输电路故障。

案例

（1）故障现象：某省调与地调调度交换机与之间采用 4 线 EM 中继电路相连。调度员反映拨打地调电话听不到回铃音，过一会听忙音。中继电路记发器信号采用 DTMF 方式。

（2）原因分析：与故障相关的路径为本端中继电路的发信支路–配线架–本端传输电路的发信支路–对端传输电路的收信支路–配线架–对端中继电路的收信支路、本端中继电路的 M 线–配线架–本端传输电路的 E 线–对端传输电路的 M 线–配线架–中继电路的 E 线，因此该故障有以下几种情况。

1）省调侧中继电路故障，用户摘机拨号后不能正常占用中继电路。

2）省调侧中继电路 M 线故障，用户摘机拨号占用中继电路后，M 线不能发送占用信号。

3）省调侧中继电路的发信支路故障，不能发送被叫号码。

4）地调侧中继电路收信支路故障，不能接收被叫号码。

5）地调侧中继电路 E 线故障，不能接收占用信号。

6）中继线路（传输设备）故障。

（3）故障处理：

1）通过维护终端检查中继电路已被占用，在配线架上测试 M 线由–48V 跃变为 0V，已发送占用信号。

2）在省调侧将 M 线接地，地调侧测试 E 线收到占用信号。

3）省调侧发送被叫号码，在省调侧配线架的发信支路上监听到发送的被叫号码，在地调侧配线架的收信支路端子上用受话器监听，收不到被叫号码。

4）通知传输设备维护人员检查 PCM 电路，更换地调侧 4 线 EM 板后，故障排除。

【思考与练习】

1. EM 中继电路常见故障现象有哪些？
2. EM 中继电路中 EM 信令线故障的处理方法有哪些？
3. EM 中继电路故障处理使用的简单工具有哪些？

◢ 模块 11 模拟用户电路的数据设置（Z37F1011Ⅱ）

【模块描述】本模块包含典型程控交换机模拟用户电路的数据设置。通过对模拟用户电路数据设置方法的介绍，掌握典型程控交换机模拟用户电路数据设置的方法。

【模块内容】

一、模拟用户数据设置概述

程控交换机每个模拟用户都有自己的特征数据，包括用户电话号码、用户电路设备号、用户类别、电话机类别、用户服务级别等数据。用户的服务级别包括用户线类别、电话机类别、呼叫类别、呼叫权限等参数。

程控交换机进行模拟用户数据设置的目的就是为模拟用户分配一个用户电路接口和用于识别用户的电话号码，并根据用户的业务需要设定用户的服务级别。

程控交换机完成用户的呼叫接续，需要接收被叫选择号码，对被叫选择号码进行分析，并根据用户的服务类别确定呼叫的处理方式。因此还需要为用户设定号码分析表和用于呼叫处理的拨号控制表（拨号限制表）。

模拟用户数据设置包括增加用户、修改用户和删除用户三部分数据的设置。不同类型的交换机用户数据设置的方式也有所区别，下面以 Harris 程控交换机为例介绍模拟用户的数据设置。

二、Harris 程控交换机模拟用户数据设置

1. 增加模拟用户数据设置

Harris 程控交换机模拟用户数据是由各特征数据的数据表组成的，这些数据表相互关联，有些表包含了配置其他表时所需要的信息，必须先于其他表之前配置。因此模拟用户的数据表需要按一定次序建立。

Harris 程控交换机增加模拟用户需要建立电路板表（BOA）、收集路由表（COL）、拨号控制级别表（DIA）、功能级别表（FEA）、路由级别表（ROU）、服务级别表（COS）、分机表（EXT）等数据表。模拟用户数据配置步骤如下：

第一步：增加电路板表（BOA）。

通过增加电路板表激活安装在机框的模拟用户电路板，为用户分配电路设备。Harris MAP 型交换机模拟用户电路板可安装在 CE/Int 机框的 13–20 槽位，也可安装在 INT 机框的 5–20 槽位。

通过 BOA 表增加用户板 HLUT、LUT 等板。

例如：

BOA ?ADD

TYPE ?HLUT//带测试功能的 16 路模拟用户板

SLOT ?03–11//板的位置,03–机柜号,11–槽位号

CIRCUIT NUMBER（1–16 OR END）□□？□END□//输入要修改传输电平的电路号码（1–16），通常不需修改。输入 END，结束此提示。

第二步：建立收集路由表名（COL）。

收集路由表定义系统拨号计划，根据不同的收集路由表来确定呼叫处理方式。例如，一个表处理分机拨号，另一个处理中继对中继呼叫。收集路由表用于哪个呼叫由用户分机或中继的拨号控制级决定。

例如：

COL...? add cr–sta1//收集路由表名为 add cr–sta1

Interdigit signal [NONE]...?

SEQ[END]...?

Comment...?sta1//对该收集路由表作用的注释

...ADDING COLLECT & ROUTE 'CR–STA1'...

COL...?add cr–sta2

Interdigit signal[NONE]...?

SEQ[END]...?

Comment...?sta2

...ADDING COLLECT & ROUTE 'CR–STA2'...

第三步：新建拨号控制级–拨号控制表（DIA）。

交换机使用拨号控制表来决定呼叫接续的处理程序，并定义下一步呼叫处理使用的收集路由表（第二步已建立）。DIA 表中的主要参数有：

（1）拨号控制类型（Dial control type）。

拨号控制类型类决定系统对呼叫进行何种处理。常用的有下列选项：

DIAL：将呼叫发送到一个已经定义的收集路由表，如指定收集路由表 CR=DIAL 给拨号控制级 12，那么所有使用该拨号控制级别的分机、中继和授权码都将使用 CR–DIAL 作为它们的初始收集路由表。

AUTO–DIAL：当入中继被占线或分机摘机时，自动拨出已经定义好的号码。在分机表或中继组的每个电路的编辑中要指定该特定号码给系统，并将呼叫引到一个收集路由表。

DIRECT：发送主叫/或电路直接到一个特定去向。此去向可能是一个路由方式、功能程序、系统阻断、功能路由等。

（2）系统阻断。

当呼叫发生了某种错误时，系统使用阻断。在拨号控制中，告诉系统在发生不同错误时，系统应该做什么。当主叫遇到阻断，可有三种方式进行处理：

信号音：系统发信号音给主叫。每个阻断都有一个默认音。

分机：系统将呼叫发送到一个分机。

路由方式：系统发送所有的呼叫送到一个路由方式表，通常该路由方式用于录音广播，VMS 等。

系统产生阻断的主要原因有：

Line 分机阻断：主叫拨了一个未定义的分机号码。

Number 号码阻断：主叫所拨号码与相应 COL 中的方式不匹配。

Partial dial 部分号码阻断：主叫在规定的数字间内没有拨下一位号。

ATB 中继全忙阻断：中继全忙。

Route pattem 路由方式阻断：在路由方式表中的路由点中，主叫的路由级被拒绝通过。

Feature 功能阻断：主叫试图使用一个被禁止的功能。

Control 控制阻断：呼叫试图访问一个被 NCF 所阻塞或 GAP（控制到目标号码的呼叫数量）的电路。

No dial 无拨号阻断：主叫规定的起始内没有拨出任何号码。

Suspend 挂起阻断：主叫拨了一个在分机表中被挂起的分机。

Cancel 取消阻断：主叫拨了一个在分机表中被取消的分机。

Maintenance busy 维护忙阻断：主叫拨了一个被 TDD 置成维护忙的分机。

Information tone 通知音阻断：交换机接收到 R2 状态“SND–TONE”或接收一个 ISUP 中断值。

Number change 号码改变阻断：主叫拨了一个在分机表中被修改过号码的分机。

例 1：

DIA...?add 11//增加拨号控制表 11

Dial control type...?dial//普通拨号方式

Destination...?cr–sta1//指向收集路由表 cr–sta1

Line intercept[Tone]...?//选择默认值时,被叫为空号时,主叫听空号音

该表是将收集路由表“cr–sta1”指定给拨号控制级为 11。收集路由表“cr–sta1”已在第二步中建立。

例 2：

DIA...?add 12//增加拨号控制表 12

Dial control type...?auto–dial//自动拨号方式

Destination...?cr–sta2//指向收集路由表 cr–sta2

12 号拨号控制表的作用是当入中继被占线或分机摘机时，自动拨出已经定义好的号码。并将呼叫指向“收集路由表 cr–sta2”。收集路由表“cr–sta2”已在第二步中建立。

第四步：功能级别表（FEA）。

功能级别表是用户服务级别中的一个参数，是用于定义一组用户可使用的系统功能。

交换机已预置了一些功能级别表如：

强插（F7）：允许话务员或分机用户插入一个已经建立的通话。

强插保护（F8）：阻止任何强插或遇忙强插。

遇忙回叫（F10）：主叫拨内部分机遇忙时，可调用此功能。当忙分机挂机后，交换机通知主叫。

功能表中主要的参数是：

（1） Feature class type...？定义该功能级别的表使用者，如选择 sta，即为普通分机所使用，选择 tru 则为中继组所使用。

（2） Feature 选择该功能级别表所具备的功能，选择范围为 F1～F102。如选择 F39，则该功能表就具有外部呼叫转移功能。

例 1：

FEA...?add 13//增加功能级别表 13

Feature class type...?sta//该功能级别表是普通分机使用

Feature[END]...?F8//禁止强插

Feature[END]...?F10//允许遇忙回叫

...ADDING FEATURE CLASS 13...

例 2：

FEA...?add 14//增加功能级别表 14

Feature class type...?tru//该功能级别表是中继组使用

Feature[END]...?F8//禁止强插

Feature[END]...?F10//允许遇忙回叫

...ADDING FEATURE CLASS 14...

第五步：新建路由级–路由级别（ROU）。

路由级是服务级的一部分，每一个路由级都有一个 0～63 之间的号码，0 级为维护拨号用。路由方式表使用路由级。当分机被指定一个服务级时，即被指定一个路由级。给不同级别的使用者和接续建立路由级之后，可以控制呼叫使用哪个中继出局。

例 1：

ROU...?add

Routing class(1–63)...?10

Comment...?cos 10

...ADDING ROUTING CLASS 10...

例 2：

ROU...?add

Routing class(1–63)...?11

Comment...?cos 11

...ADDING ROUTING CLASS 11...

第六步：新建服务等级–服务级别表（COS）。

服务级别由拨号控制级（DIA）、功能级（FEA）、路由级（ROU）、连接级（CONN）、承载能力级和可靠拆线等六部分组成。可为分机、中继组、控制器、自动呼叫分配（ACD）方式、授权码等分配一个服务级。

服务级别表中主要的参数：

（1）拨号控制级：在三步中已建立的表号。

（2）功能级：在四步中已建立的表号。

（3）路由级：在五步中已建立的表号。

（4）连接级：连接级决定一个端口能连接哪些端口。一般情况下系统自动将连接级 0 分配给服务级，它允许所有端口互相连接。'

（5）承载能力级：由 OCR 确定服务级别中是否有承载能力级。路由方式用承载能力级决定一个连接能用什么路由和排队点。用承载能力级，告知系统一个连接将处理何种信息。类似于路由级，承载能力标识呼叫的类型，路由方式也根据承载能力级判断是否通过路由允许点，或使用路由点和排队点。

（6）可靠拆线：呼叫连接的双方至少应有一个电路提供可靠拆线。只有环路中继不具备可靠拆线能力。

例如：为分机设置服务级别

COS...?add 11//增加表号为 11 的服务级别表

Dial control class(0–63)...?11//拨号控制级表 11,已在第三步中建立的表

Feature class(0–63)...?13//功能表 13,已在第四步中建立的表

Routing class(0–63)...?10//路由表 10,已在第五步中建立的表

Connection class(0–63)[0]...?0//连接级 0,允许所有端口互连

Bearer capability class(0–7)[0]...?//承载能力选择 0 级,语音

Reliable disconnect(Y/N)[Y]...?//可靠拆线

Comment...?for sta1

...ADDING CLASS OF SERVICE 11...

第七步：用户分机表（EXT）。

用户分机表是用来定义用户数据的各特征数据，包括用户电话号码、用户类别、电话机类别，分配的用户电路端口及用户服务级别。

模拟用户分机表中的主要参数：

（1）用户号码。

（2）分机类型：模拟用户分机。

（3）电路板位：分配给分机的电路位置，由机架–槽位–电路组成。

（4）服务级：决定分机的等级和操作权限，选择在第六步中已建立的模拟用户服务级别表。

（5）信号类型：指定分机的拨号方式，模拟分机选择 DTMF（双音多频）/脉冲拨号。

例如：

EXT...?add

Extension number(0–9999)...?210//分机号码

Extension type...?sta//模拟分机

Circuit location...?3–11–1//模拟用户电路为 3 机柜、11 槽位、第一个电路

COS number(0–255)...?11//服务级别表 11

Signaling type[MIXED]...?

Individual speed dial blocks(0–4)[4]...?//专用缩位拨号的数量

Extension priority level range(0–9)[0]...?

Last name...?

First name...?

Extension number for directory[210]...?

Location...?

Department...?

Published directory entry(YES/NO)...?y

Group I category name[KA1]...?

Group II category name[SUB–NO–PRIORITY]...?

Prefix index(1–99,DEFAULT)[DEFAULT]...?

Comment...?

...ADDING STATION EXTENSION 210...

第八步：完成数据配置，退出编辑状态。

使用 exit 退出到 A...？使用 save 命令保存

增加模拟用户分机工作完成。

2. 修改模拟用户数据设置

模拟用户数据使用 MODIFY 命令对用户的各特征数据进行修改，对欲修改部分输入新的内容即可，不修改的内容直接按 Enter 键。

例如：

EXT...?m 210//修改 210 分机

New extension number(0–9999)[210]...?//是否输入新号码,不更改按 Enter 键即可

Circuit location[03–11–01]...?//是否更改电路位置,不更改按 Enter 键即可

COS number(0–255)[10]...?//是否修改服务级别

Signaling type[MIXED]...?//默认值

Individual speed dial blocks(0–4)[4]...?//默认值

Last name[.]...?//名字,一般用英文字符

First name...?//名字,一般不输入

Extension number for directory[210]...?//号码本显示的号码,一般和分机号码一致

Published directory entry(YES/NO)[Y]...?

...NO CHANGES DETECTED...

修改完成后，使用 exit 退出到 A...？使用 save 命令保存。

3. 删除模拟用户数据设置

交换机使用 del 命令，删除已停机的用户。

例如：

EXT...?del 210//删除 210 分机

分机如果有来电显示功能，需先关闭来电显示功能，再删除用户。修改完成后，使用 exit 退出到 A...？使用 save 命令保存。

【思考与练习】

1. 服务等级由哪六部分组成？
2. 分机表中的主要参数有哪些？
3. 增加模拟用户分机有哪几个步骤？

模块 12　数字用户电路的数据设置（Z37F1012Ⅱ）

【模块描述】本模块包含典型程控交换机数字用户电路的数据设置。通过对典型程控交换机数字用户电路数据设置方法的介绍，掌握典型程控交换机数字用户电路数据设置的方法。

【模块内容】

一、数字用户数据设置概述

程控交换机每个数字用户都有自己的特征数据，包括用户电话号码、用户电路设备号、用户类别、电话机类别、用户服务级别等数据。用户的服务级别包括用户线类别、电话机类别、呼叫类别、呼叫权限等参数。

程控交换机进行数字用户数据设置的目的就是为数字用户分配一个用户电路接口和用于识别用户的电话号码，并根据用户的业务需要设定用户的服务级别。

程控交换机完成用户的呼叫接续，需要接收被叫选择号码，对被叫选择号码进行分析，并根据用户的服务类别确定呼叫的处理方式。因此还需要为用户设定号码分析表和用于呼叫处理的拨号控制表（拨号限制表）。

数字用户数据设置包括增加用户、修改用户和删除用户三部分数据的设置。不同类型的交换机用户数据设置的方式也有所区别，下面以 Harris 程控交换机为例介绍数字用户的数据设置。

二、Harris 程控交换机数字用户数据设置

Harris 程控交换机数字用户数据是由各特征数据的数据表组成的，这些数据表相互关联，有些表包含了配置其他表时所需要的信息，必须先于其他表之前配置。因此数字用户的数据表需要按一定次序建立。

Harris 程控交换机增加数字用户需要建立电路板表（BOA）、收集路由表（COL）、拨号控制级别表（DIA）、功能级别表（FEA）、路由级别表（ROU）、服务级别表（COS）、分机表（EXT）等数据表。模拟用户数据配置步骤如下：

第一步：增加电路板表（BOA）。

通过增加电路板表激活安装在机框的数字用户电路板，为用户分配电路设备。Harris MAP 型交换机模拟用户电路板可安装在 CE/Int 机框的 13–20 槽位，也可安装在 INT 机框的 5–20 槽位。

通过 BOA 表增加用户板 DBRI、EDU、DDU、16DLU、DLU 等板。

例如：

BOA...?ADD

TYPE...?DLU

SLOT...?03–12//板的位置

CIRCUIT NUMBER(1–16 OR END) END...?//输入要修改传输电平的电路号码（1–16），通常不需修改。输入ＥＮＤ，结束此提示。

第二步：建立收集路由表名（COL）。

数据设置参见模块 Z37F1011Ⅱ模拟用户电路的数据设置。

第三步：新建拨号控制级–拨号控制表（DIA）。

数据设置参见模块 Z37F1011Ⅱ模拟用户电路的数据设置。

第四步：功能级别表（FEA）。

数据设置参见模块 Z37F1011Ⅱ模拟用户电路的数据设置。

第五步：新建路由级–路由级别（ROU）。

数据设置参见模块 Z37F1011 Ⅱ 模拟用户电路的数据设置。

第六步：新建服务等级–服务级别表（COS）。

数据设置参见模块 Z37F1011 Ⅱ 模拟用户电路的数据设置。

第七步：用户分机表（EXT）。

例如：

A...?EXT

EXT...?add 5201//增加 5201 数字分机

Extension type...?opt//数字分机

Circuit location...?3–12–1//电路位置

COS number(0–255)...?10//服务级别对应表

Extension priority level range(0–9)[0]...?9//分机级别

Auto–Answer operation[N]...?

Individual speed dial blocks(0–4)[4].

Last name...?.

First name...?

Extension number for directory[5201]...?//分机号码

Location...?//地址,可以不输入

Department...?//部门,可以不输入

Published directory entry(YES/NO)...?y

Group I category name[KA1]...?//普通用户类型

Group II category name[SUB–NO–PRIORITY]...?

Prefix index(1–99,DEFAULT)[DEFAULT]...?

Comment...?

显示:

...ADDING OPTIC TELESET EXTENSION 5201...

使用 exit 退出到 A...？使用 save 命令保存，增加数字用户分机工作完成。

三、修改数字用户数据设置

例如：

A...?ext

EXT...?m 5201//修改 5201 分机

New extension number(0–9999)[5201]...?//是否输入新号码，如不更改，则按

Enter 键

Circuit location[01–13–01]...?//是否更改电路位置，不更改按 Enter 键即可

COS number(0–255)[10]...?//是否修改服务级别

Signaling type[MIXED]...?//默认值

Individual speed dial blocks(0–4)[4]...?//默认值

Last name[.]...?//名字,一般用英文字符

First name...?//名字,一般不输入

Extension number for directory[5201]...?//号码本显示的号码，一般和分机号码一致

Location...?//地址，一般不需要输入

Department...?//部门，一般不需要输入

Published directory entry(YES/NO)[Y]...?(yes)

Group I category name[KA1]...?//默认值，不需要更改

Group II category name[SUB–NO–PRIORITY]...?//默认值，不需要更改

Prefix index(1–99,DEFAULT)[DEFAULT]...?//默认值，不需要更改

Comment...?//注释

显示：

...NO CHANGES DETECTED...

修改完成后，使用 exit 退出到 A...? 使用 save 命令保存，修改数字用户分机工作完成。

四、删除用户数据设置

例如：

A...?ext

EXT...?del 5201//删除 5201 分机

修改完成后，使用 exit 退出到 A...? 使用 save 命令保存，删除数字用户分机工作完成。

【思考与练习】

1. 通过 BOA 表可以增加哪些用户板单板？
2. 删除用户数据的命令是什么？
3. 程控交换机数字用户有哪些特征数据？

模块 13　程控交换机数据库的管理（Z37F1013Ⅱ）

【模块描述】本模块包含典型程控交换机数据库的管理。通过对典型程控交换机数据库的运作、查看数据库状态、数据库的管理等方法的介绍，掌握典型程控交换机数据库管理的操作技能。

【模块内容】

一、程控交换机数据库管理概述

程控交换机是通过数据库的形式对系统数据、局数据和用户数据进行维护和管理。Harris 交换机数据库，是由一系列与呼叫处理相关的表格组成，表中所输入的内容即为呼叫处理的依据。数据库分 A、B 两库，放在硬盘中，系统启动时调入内存。A、B 两库相互独立，结构完全一致，内容相同，互为备份。对于冗余系统而言，数据库在逻辑上分为 4 个库，而在物理上 4 个数据库分在两个硬盘，可实现无缝切换。正常运行时只有一个数据库处于激活状态。

二、数据库编辑程序

数据库编辑程序（EDT）用来进入和维护 Harris 交换机数据库。EDT 有添加、删除、编辑和列出数据等编辑命令，还可对数据库进行启动、终止、备份、删除或更新等操作。

EDT 能同时维护在公共设备机架硬盘中的两个配置数据库。每个数据库都可用来进行呼叫处理。启动数据库时，数据库从硬盘加载到公共设备存储器中，存储器中的数据库程序将指导呼叫处理。呼叫处理要求改变时，可以更改已启动的配置数据库或者启动另一个数据库。当数据库作废时，可以将此数据库删除并建立全新的数据库来取代它。

冗余系统中有两个公共设备机架，数据库存储在这两个公共设备机架的硬盘中，两个机架中的数据库互为主备用。

EDT 有五个主要命令，如图 7–13–1 所示。

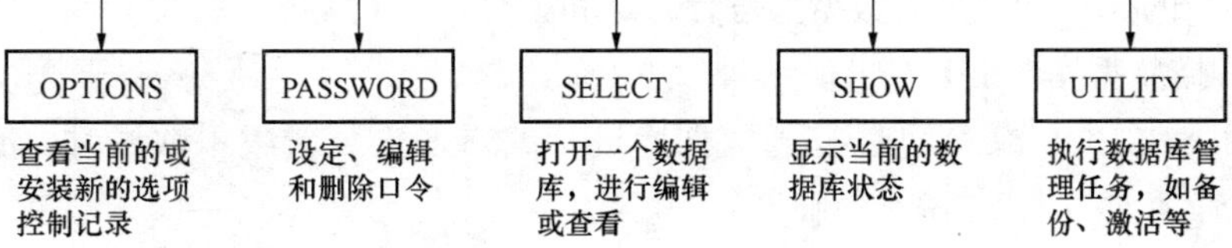

图 7–13–1　EDT 命令

在 ADMIN...？状态下输入 edt，即可进入 EDT 编辑状态。

输入 EDT 命令后，系统显示数据库状态信息如下：

```
Welcome to the Harris Configuration Editor
The Harris Configuration Editor allows you to enter, modify, delete and list call processing parameters in the system database. To choose an editor command or option, type in the entire command or the first three letters of the command. Enter 'HELP' at any prompt for assistance. Below is the current status of the databases on the system.
The editor is currently running on common control shelf CC–2.
Shelf           Database A                                      Database B
-------------------------------------------------------------------------------------
CC–1 |          * NORMAL                                        | NORMAL |
-------------------------------------------------------------------------------------
-------------------------------------------------------------------------------------
* CC–2 |        *NORMAL                                         | NORMAL |
-------------------------------------------------------------------------------------
+–Database has not been redundantly updated to the other shelf
* –Database/shelfis active
R–System must be reset to save edit session
EDT..?
```

The Harris Configuration Editor allows you to enter, modify, delete and list call processing parameters in the system database. To choose an editor command or option, type in the entire command or the first three letters of

三、常用数据库编辑命令

要编辑数据库，必须先使用 SELECT 命令打开它。选择数据库 A 或 B 以后，系统将显示出与所选数据库相对应的注意符：

A...?

B...?

在 A...？或 B...？注意符下，可以打开并编辑所有的系统数据库表，对数据库的编辑进行相应的操作。也可对数据库进行升级和备份。

1. 选择数据库（SELECT）

使用 SELECT 命令可以打开数据库进行编辑。安装新版本软件时，必须输入 SELECT 命令对数据库进行更新。

2. 存储数据库（SAVE）

当用户对数据库中的数据修改后，使用 SAVE 命令对数据库进行保存。存盘后数据库转为正常状态。

如果存储冗余系统的数据库，则该系统自动执行冗余更新，但不执行重新启动。如果对冗余系统的激活数据库存储，系统也自动执行冗余更新。存储激活数据库有可能引起系统重新启动，并中断正在接续的呼叫。

如果存储数据库需要系统重新启动时，SAVE 将要求对存储请求进行确认。输入 NO，暂停编辑，返回到 EDT...？注意符状态；输入 YES，系统重新启动。

注意：（1）完成数据库编辑后，要对数据库进行存储（SAVE），或放弃所编辑的内容（KILL）。未执行上述操作，直接退出数据库编辑，将造成数据库不可用。

（2）对 DCA 数据修改进行存储后，须将 DCA 设备的电源断开，系统将新的数据下载到 DCA。

3. 放弃对数据库的编辑（KILL）

如果用户对数据库进行编辑后，并不想保存新的数据，可以使用 KILL 命令来放弃对数据库的编辑。使用 KILL 后、磁盘中仍为编辑前的数据库，并返回 EDT...？注意符。

4. 显示数据库的内容（LIST）

LIST 显示当前打开的数据库内容。使用 LIST 命令前，可以用 PRINT 命令连接系统打印机，将数据库内容打印出来。

5. 关闭数据库（EXIT）

执行 EXIT 命令，退出数据库编辑状态并关闭数据库。该命令并不对所编辑的数据库修改内容进行保存，数据库处于挂起状态。当使用 SELECT 命令调用数据库时，数据库仍处于编辑状态。关闭数据库的编辑不影响正常的呼叫处理。

四、常用数据库管理命令

使用 UTILITY 命令对数据库执行管理任务如：备份、恢复、数据库复制和安装新版本软件。

1. 激活数据库（ACTIVATE）

ACTIVATE 命令将特定的配置数据库装入存储器供呼叫处理使用。要激活的数据库必须处于 NORMAL 状态，如果是其他状态，系统将显示不能激活的信息。

激活数据库时，系统重新启动，公共设备存储器被清除，所有系统软件被重新装入存储器。在非冗余系统，机架重新启动时所有的呼叫处理中断直到重新启动完成。在冗余系统，通常在备用机架重新启动，呼叫进程在带有新数据库的机架上恢复。

系统重新启动将引起呼叫处理中断。完成重新启动时，系统在激活的数据库上恢复呼叫处理。

2. 闲置数据库（DEACTIVATE）

DEACTIVATE 命令从存储器中撤销激活的数据库。要闲置的数据库必须是 NORMAL 或 SUSPENDED EDIT SESSION 状态。如果数据库处于另一种状态，则会显示该数据库不能闲置的信息。闲置数据库时，系统将重新启动。在非冗余系统，一个机架重新启动。在冗余系统，两个机架同时重新启动。

注意：执行该命令存在风险，系统重新启动后，如果没有激活的数据库可用，将不能进行呼叫处理。

3. 复制数据库（COPY）

当完成交换机的数据库配置后，使用 COPY 命令对数据库进行复制。系统自动分配给目标数据库一个库名。例如，源数据库为 A，则目标数据库是 B。系统中只能保存两个数据库。如果磁盘中已经有两个数据库，那么使用 COPY 前必须先删掉一个数据库。在冗余系统使用 COPY 时，系统对备用机架自动执行冗余更新。

4. 将文件备份到软盘（BACKUP）

从主用公共设备机架上使用 BACKUP 命令将数据库、用户缩位拨号号码、人工呼叫转移、激活的呼叫寻向组或 ACD 统计数据等备份到软盘上。要备份的数据库或其他文件必须处于 NORMAL 状态。

5. 从软盘复制文件（RESTORE）

当需要将交换机数据库、各种文件、ACD 统计数据从备份的软盘复制到主用公共控制机架的硬盘中，使用 RESTORE 命令。当恢复数据库时，硬盘中只能有一个数据库（A 或 B）中，如果硬盘中已有两个数据库 A 和 B，则在用 RESTORE 之前必须删除一个。

6. 删除数据库（DELETE）

使用 DELETE 命令从硬盘中删除一个闲置的数据库。执行该命令存在风险，恢复被删除的数据库只能从备份软盘恢复或重新输入。

7. 执行软件重新启动（REBOOT）

REBOOT 命令用来清除存储器中的所有内容，并将硬盘中的系统软件重新装入存储器。

在非冗余系统中，重新启动时，所有的呼叫进程被丢失。系统重新启动完成后，呼叫进程恢复。

在冗余系统中，重新启动时，呼叫处理从主用机柜切换到备用机柜，正在建立的呼叫被中断，已建立的呼叫将继续。重新启动的机柜在重新启动完成后转为备用状态。

8. 恢复未完成的编辑（RECOVER）

当需要恢复未能正常完成编辑的数据库进入编辑状态时，使用 RECOVER 命令。如果在编辑数据库或使用其他 UTILITY 命令时，系统进行复位，则必须使用 RECOVER 命令。RECOVER 的作用见表 7–13–1。

表 7–13–1　　RECOVER 作 用

被中断的任务	RECOVER 的作用
BACKUP	提供放弃还是重新执行此操作的机会
COPY	如果在复位以前尚未完成则放弃此操作
CREATE	提供放弃还是重新执行此操作的机会
DELETE	重新执行此操作
EDIT SESSION	提供放弃还是重新执行此操作的机会
EXIT in an edit session	重新执行此操作
KILL in an edit session	重新执行此操作
REDUNADNT UPDATE	重新执行此操作
RESTORE	提供放弃还是重新执行此操作的机会
SAVE in an edit session	重新执行此操作

恢复编辑对话所需要的时间取决于在编辑对话期间输入的信息量。恢复完成之后，就能返回到编辑对话了。

9. 更新冗余数据库（REDUNDANT）

REDUNDANT 命令更新一个机架上的数据库与另一个机架的数据库相匹配，即进行数据库同步。一般情况下系统自动控制数据同步。

下列情况需要使用 REDUNDANT 命令。

（1）在备用机架上编辑或存储数据库。

（2）主用机架存盘时，备用机架未启动好。

（3）安装新版本软件后。

对闲置数据库的更新不会引起呼叫处理的中断，若更新激活的数据库，则（1）从主用机架更新到备用机架，备用机架重新启动；（2）从备用机架更新到主用机架，主用机架启动，系统执行切换。

10. 查看数据库

SHOW 命令显示交换机中数据库的当前状态。对于冗余系统，SHOW 亦显示主用和备用机架的当前状态以及这些机架上数据库的状态，见表 7–13–2、表 7–13–3 所示。

表 7–13–2　　表示数据库和机架状态的符号

符号	含义
*	非冗余系统： 当前激活的数据库，从磁盘载入存储器，并用于呼叫处理。 冗余系统： 当前激活的数据库以及当前主用公共设备机架。 （主用机架上的激活数据库控制系统的呼叫处理。备用机架上的激活数据库仅仅是一个备份，只有在系统的控制转移到该机架时它才控制呼叫处理。同一时间任何机架都只能有一个数据库被激活。对系统来说，同一时间只能有一个主用机架）
+	仅对冗余系统而言 所标的机架已对数据库作了改动，而另一机架还没有进行冗余更新，两个机架的数据库并不匹配。（有关 REDUNDANT UPDATE 的内容，见“更新冗余数据库”（REDUNDANT）。）
R	冗余与非冗余系统： 如果存储该数据库，系统将要求重新启动

表 7–13–3　　数据库状态消息

消息	说明
ACTIVATION UPON REBOOT	已用 ACTIVATE 激活的数据库，将在下一次重新启动后有效
DATABASE DOES NOT EXIST	数据库当前不在磁盘上。必须用 CREATE 建立数据库或用 RESTORE 从软盘来复制
DEACTIVATION UPON REBOOT	已用 DEACTIVATE 停止数据库工作，在下一次重新启动后有效
FAILED LIVE UPDATE	当前在存储器中的数据库更新时发生故障。系统必须重新启动来更新存储器的数据库，使它与磁盘中存储的数据库相匹配。存储器中的数据库可能已被损坏，因此，需尽快进行 REBOOT.（更新的详细描述请参看关于 SAVE 命令的说明）
INCOMPLETE COPY	由于系统失效或故障，导致 COPY 中断，用 RECOVER 去撤销或重新执行 COPY
INCOMPLETE CREATE	由于系统失效或故障，导致 CREATE 中断，用 RECOVER 去撤销或重新执行 CREATE
INCPMPLETE BACKUP	由于系统失效或故障，导致 BACKUP 中断，用 RECOVER 去撤销或重新执行 BACKUP
INCOMPLETE DELETE	由于系统失效或故障，导致 DELETE 中断，用 RECOVER 去撤销或重新执行 DELETE
INCOMPLETE EDIT SESSION	由于系统失效或故障，导致编辑对话在异常方式下终止。用 RECOVER 来重新执行编辑对话或 KILL 编辑对话
INCOMPLETE EDIT SESSION EXIT	由于系统失效或故障，没能正确执行 EXIT。用 RECOVER 命令以重新执行 EXIT
INCOMPLETE KILL	由于系统的失效或故障，没能完成 KILL 编辑对话。用 RECOVER 命令以重新执行 KILL
INCOMPLETE REDUNDANT UPDATE	由于系统失效或故障，导致 REDUNDANT UPDATE 命令中断。用 RECOVER 撤销或重新执行 REDUNDANT UPDATE

续表

消息	说明
INCOMPLETE RESTORE	由于系统失效或故障，导致 RESTORE 命令中断。用 RECOVER 撤销或重新执行 RESTORE
INCOMPLETE SAVE	由于系统失效或故障，非激活数据库的 SAVE 中断，用 RECOVER 去重新执行 SAVE
NORMAL	没有特定条件加于数据库
SAVE UPON REBOOT	由于系统失效或故障，或备用机架正重新启动，导致对激活数据库的 SAVE 中断。冗余系统的主用机架只有在备用机架重新启动完成后才会重新启动，这样，当主用机架重新启动时备用机架可以进行呼叫处理。用 REBOOT 去完成 SAVE
SHELF UNAVAILABLE	机架正在重新启动或未被重新启动
SUSPENDED EDIT SESSION	用 EXIT 命令终止最后的编辑对话，用 SELECT 恢复编辑对话
TEST IN PROGRESS	TEST 命令有效
UNRECOVERABLE DATABASE	由于更新和存储失败，导致数据库不能恢复，删除数据库或从备份中重新载入数据库

【思考与练习】

1. 数据库管理的五个主要命令是什么？
2. 如何将 A 库拷贝到 B 库？
3. 哪些情况需要使用 REDUNDANT 命令？

模块 14 环路中继电路的数据设置（Z37F1014Ⅱ）

【模块描述】本模块包括典型交换机环路中继电路的数据设置。通过对所需软件和硬件的配置要求、环路中继电路数据设置步骤及方法的介绍，掌握典型交换机环路中继电路的数据设置的方法。

【模块内容】

一、环路中继数据设置概述

程控交换机每个环路中继电路都有自己的特征数据，包括环路中继局向、中继群数、设备号、信令方式、中继电路服务级别等数据。中继服务级别包括中继类别、呼叫类别、呼叫权限等参数。

程控交换机进行环路中继数据设置的目的就是为环路中继设定中继组电路数、中继电路接口和识别中继电路的中继组号，并根据中继组业务需要设定中继组服务级别。

程控交换机完成中继的呼叫接续，需要对交换局数据进行分析，并根据中继组服务类别确定呼叫的处理方式。因此还需要为中继电路设定号码分析表和用于呼叫处理的拨号控制表（拨号限制表）。

环路中继电路可以配置成出中继电路、入中继电路和双向中继电路。在行政交换网中，一般配置成单向的出中继电路或单向的入中继电路；在调度交换网中一般配置为双向中继电路。不同类型的交换机环路中继数据设置的方式也有所区别，下面以Harris 程控交换机为例介绍模拟用户的数据设置。

二、Harris 交换机环路中继的数据设置

Harris 交换机环路中继数据由电路板表（BOA）、收集路由表（COL）、路由方式表（PAT）、拨号控制级别表（DIA）功能级别表（FEA）路由级别表（ROU）服务级别表（COS）中继组表（TRU）、控制器表（FAC）等数据表组成。由于某些表中包含了配置其他表时所需要的信息，例如功能级别表必须在服务级别表前进行配置，因为在服务级别表中必需指定功能级别。因此数据表要按照一定的顺序来建立。下面详细介绍环路中继电路数据配置过程。

1. 入中继数据配置

以一台行政交换机配置一个环路入中继路由，中继电路板槽位为 3 机框 10 槽位，中继电路数量 8 条，入中继呼叫到一个话务台为例，呼叫接续过程如下：

市话用户呼叫入中继电路所接用户号码，市话交换机向通过用户电路向环路入中继振铃，启动环路中继电路，交换机分析中继电路的性能，包括中继电路服务级别号和目的地，完成呼叫接续并向目的用户振铃。呼叫流程如图 7–14–1 所示。

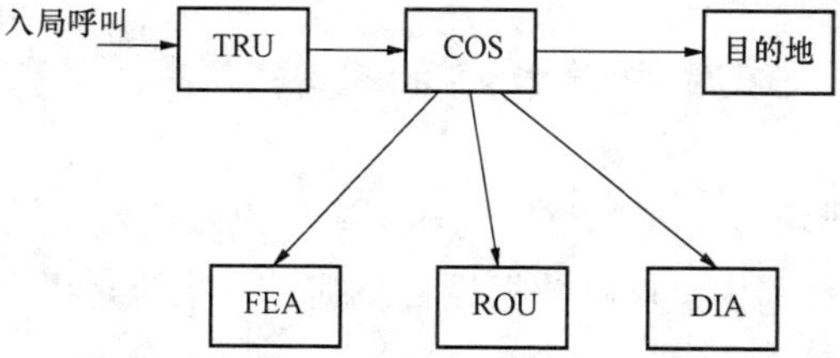

图 7–14–1 环路入中继呼叫流程图

因此入中继电路数据配置需要建立电路板表（BOA）、拨号控制级别表（DIA）、功能级别表（FEA）、路由级别表（ROU）、服务级别表（COS）、中继组表（TRU）等数据表。

第一步：新增接口电路—环路中继电路板表（BOA）。

将安装在交换机机柜中的环路中继板进行定义并激活。

设置步骤：

BOA...?add

Board type...?gsls //板子类型为环路中继

Slot...?3–10

GS or LS signaling[LS]...?　　//启动方式为环启

Circuit number(1–8,ALL,or END)[END]...?

...ADDING GSLS BOARD AT SLOT LOCATION 03–10...

第二步：新建拨号控制级—拨号控制级别表（DIA）。

拨号控制级是服务级的一部分，系统使用它来决定使用何种呼叫程序来处理呼叫，并且指出数据库内何种表格用于下一步呼叫处理。

设置步骤：

DIA...? add

Dial control class(10–63)...? 34　　//拨号控制级别表号

Dial control type...? auto–dial　　//拨号控制类型，自动拨号

Destination...? cr–ls–in　　//环路入中继的收集路由表名

Comment...? for cos 34

...ADDING DIAL CONTROL CLASS 34...

第三步：新建功能级—功能级别表（FEA）。

功能级别是 COS 的一部分，用于定义一组用户可使用的系统功能，可以将一个功能级别（FEA）分配给多个 COS。功能级别 0 是预先定义为维护拨号的，不能删除此级别，但可以根据需要修改该级别。

主叫访问某一功能时，系统自动检查已经分配给主叫的功能级别。如果在主叫的功能级别中功能无效，主叫的访问将会取消，而且呼叫将被带到功能阻断。

设置步骤：

FEA...?add

Feature class(1–63)...?34　　//功能级表号

Feature class type...?tru　　//功能类型为中继类型

Feature[END]...?

Comment...?for cos 34

...ADDING FEATURE CLASS 34...

第四步：新建路由级—路由级别表（ROU）。

路由级是服务级的一部分，每一个路由级都有一个 0–63 之间的号码。

设置步骤：

ROU...?add

Routing class(1–63)...?34　　//路由级别号

Comment...?for cos 34

...ADDING ROUTING CLASS 34...

第五步：新建服务等级—服务级别表（COS）。

给中继电路指定一个服务级别号，用于定义该环路中继的拨号控制、功能、路由、连接、承载能力和拆线等性能。

设置步骤：

COS...?add

COS number(1–255)...?34

Dial control class(0–63)...?34//拨号控制表号

Feature class(0–63)...?34//功能级别号

Routing class(0–63)...?34//路由表号

Bearer capability class(0–7)[0]...?

Reliable disconnect(Y/N)[Y]...?n

Comment...?for ls trunk in cos

...ADDING CLASS OF SERVICE 34...

第六步：设置中继数据—中继组表（TRU）。

定义该环路中继电路组表号及中继电路。

设置步骤：

TRU...?add

Trunk group number...?34

Trunk group type[GS]...?ls

Killer trunk handle method[NONE]...?

Incoming COS number(0–255)...?34

Trunk ID digits[NONE]...?

No answer extension...?

Auto ring number...?2222//外线振铃号–话务台

Outgoing calls allowed...?N//单向中继

Number of circuits(1–1920)...?8//该中继组有 8 条电路

Circuit location[END]...?3–10–1

Circuit location[END]...?3–10–2

Circuit location[END]...?3–10–3

Circuit location[END]...?3–10–4

Circuit location[END]...?3–10–5

Circuit location[END]...?3–10–6

Circuit location[END]...?3–10–7

Circuit location[END]...?3–10–8

Circuit location[END]...?

AW display name...?ls–in

Teleset display name...?ls–in

Comment...?for gsls incoming calls

...ADDING TRUNK GROUP 34...

2. 出中继数据配置

以一台调度交换机配置一个出局环路中继路由，中继电路板槽位为3机柜11槽位，中继电路数量2条为例，呼叫接续过程为：分机摘机拨环路出中继局向号，交换机接收主叫所拨号码，分析号码去向，完成呼叫接续，占用出中继电路，听到对端交换机送来的拨号音后拨对端交换机的被叫号码。呼叫流程如图7–14–2所示。

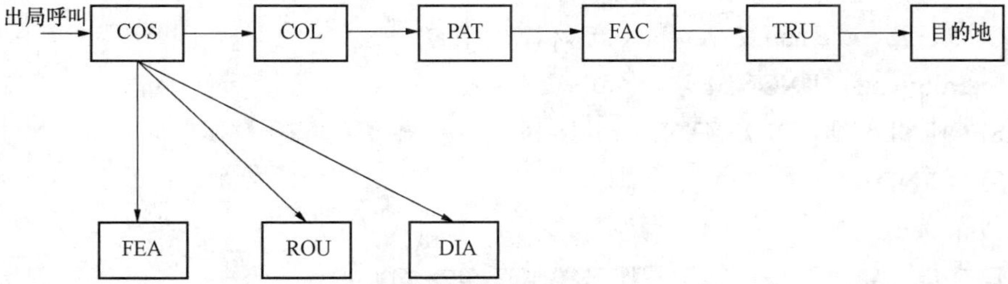

图 7–14–2 环路出中继呼叫流程图

因此出中继电路数据配置需建立电路板表（BOA）、收集路由表（COL）、拨号控制级别表（DIA）、功能级别表（FEA）、路由级别表（ROU）、服务级别表（COS）、中继组表（TRU）、控制器表（FAC）、路由方式表（PAT）等数据表。

第一步：新增接口单板—环路中继电路板表（BOA）。

将安装在交换机机柜中的环路中继板进行定义并激活。

设置步骤：

BOA...?add

Board type...?gsls//板子类型为环路中继

Slot...?3–11

GS or LS signaling[LS]...?//启动方式为环启

Circuit number(1–8,ALL,or END)[END]...?

...ADDING GSLS BOARD AT SLOT LOCATION 03–10.

第二步：号码分析—建立中继环路的收集路由表（COL）。

为环路中继定义系统拨号计划，通过定义号码确定呼叫的建立。收集路由表的设置一般分为两步进行。第一步，建立收集路由表的表名。第二步，建立中继路由的收集方式。

设置步骤 1：

COL...?add

Collect & route name...?cr–ls–out//环路出中继

Interdigit signal[NONE]...?

SEQ[END]...?

Comment...?

...ADDING COLLECT & ROUTE 'CR–LS–OUT'.

设置步骤 2：

COL...?modift

Collect & route name...?cr–ls–out//环路出中继

Interdigit signal[NONE]...?

SEQ[END]...?09XXX XXXX=rp–ls–out//环路出中继局向号

SEQ[END]...?

Comment...?

第三步：新建拨号控制级—拨号控制级别表（DIA）。

拨号控制级是服务级的一部分，系统使用它来决定使用何种呼叫程序来处理呼叫，并且指出数据库内何种表格用于下一步呼叫处理。可根据需要指定拨号控制级给各不同的服务级。一个结构数据库最多可以支持 64 个拨号控制级。

设置步骤：

DIA...?add

Dial control class(10–63)...?35//拨号控制级别表号

Dial control type...?dial//普通拨号类型

Destination...?cr–ls–out

Comment...?for cos 35

第四步：新建功能级—功能级别表（FEA）。

功能级别是 COS 的一部分，用于定义一组用户可使用的系统功能，可以将一个功能级别（FEA）分配给多个 COS。功能级别 0 是预先定义为维护拨号的，不能删除此级别，但可以根据需要修改该级别。

主叫访问某一功能时，系统自动检查已经分配给主叫的功能级别。如果在主叫的功能级别中功能无效，主叫的访问将会取消，而且呼叫将被带到功能阻断。

设置步骤：

FEA...?add

Feature class(1–63)...?35//功能级

Feature class type...?tru//中继类型

Feature[END]...?

Comment...?for cos 35

...ADDING FEATURE CLASS 35...

第五步：新建路由级—路由级别表（ROU）。

路由级是服务级的一部分，每一个路由级都有一个 0–63 之间的号码，0 级永远保留给维护拨号。路由方式表使用路由级，并且决定呼叫使用路由方式的哪个特定部分。当分机被指定一个服务级时，即被指定一个路由级。给不同级别的使用者和接续建立路由级之后，可以控制呼叫使用哪个中继出局。

设置步骤：

ROU...?add

Routing class(1–63)...?35//路由级别号

Comment...?for cos 35

...ADDING ROUTING CLASS 35..

第六步：新建服务等级—服务级别表（COS）。

给中继电路指定一个服务级别号，用于定义该环路中继的拨号控制、功能、路由、连接、承载能力和拆线等性能。

设置步骤：

COS...?add

COS number(1–255)...?35

Dial control class(0–63)...?35//拨号控制表号

Feature class(0–63)...?35//功能级别号

Routing class(0–63)...?35//路由级别号

Bearer capability class(0–7)[0]...?

Reliable disconnect(Y/N)[Y]...?n

Comment...?for ls trunk 0ut cos

...ADDING CLASS OF SERVICE 35...

第七步：设置中继数据—中继组表（TRU）。

定义该环路中继电路组表号及中继电路。

设置步骤：

TRU...?add

Trunk group number...?35

Trunk group type[GS]...?ls

Killer trunk handle method[NONE]...?

Incoming COS number(0–255)...?35

Trunk ID digits[NONE]...?

No answer extension...?NONE

Outgoing start signaling[TIMED]...?

Outgoing dialing mode[DTMF]...?

Search type[HF]...?HF//第一个开始正向搜索

Outgoing calls allowed...?N//单向中继

Number of circuits(1–1920)...?2

Circuit location[END]...?3–11–1

Circuit location[END]...?3–11–2

Circuit location[END]...?

AW display name...?ls–out

Teleset display name...?ls–out

Comment...?for ls outgoing calls

...ADDING TRUNK GROUP 35...

第八步：设置中继数据—控制器表（FAC）。

控制器就是决定如何发送呼叫到指定的中继组。所有指定给中继组的出中继呼叫都是经过一个路由点（在路由方式表中）到达控制器的，然后到达与该控制器相关的中继组。

设置步骤：

FAC...?add

Facility number...?35

Trunk group number(1–60 or NONE)...?2

Outgoing COS number(1–255)...?35

Outpulse command[SDIGITS 15,PANSWER 30]...?

Outpulse command...?

Comment...?for ls outgoing calls

...ADDING FACILITY　35...

第九步：设置路由数据—路由方式表（PAT）。

路由方式是一种中间处理，用于检验呼叫的出局权力。呼叫通过收集路表、分析路由表或其他的路由方式表进入一个路由方式表。

设置步骤：

PAT...?add

Route pattern name...?rp–ls–out

Route pattern type[STANDARD]...?

Route/Queue/Allow point(END)...?rou

Routing classes to allow[END]...?all

Forward routing classes to allow[END]...?all

Bearer capability classes to allow[END]...?all

Bearer capability classes to allow[END]...?

Facility number(1–200)...?35

Days[END]...?all

Hours[ALL]...?all

Days[END]...?all

Include route for queuing...?n

Route/Queue/Allow point(END)...?end

Continuation route pattern name[NONE]...?

Comment...?for ls out

...ADDING ROUTE PATTERN 'RP–LS–OUT'..

【思考与练习】

1. 环路中继数据由哪些数据表组成？
2. 控制器的作用是什么？
3. 请画出出局呼叫流程图。

◢ 模块 15　EM 中继电路的数据设置（Z37F1015 Ⅱ）

【模块描述】本模块包括典型交换机 EM 中继电路数据设置。通过对所需软件和硬件的配置要求、EM 中继电路数据设置步骤及命令的介绍，掌握典型交换机 EM 中继电路的数据设置的方法。

【模块内容】

一、EM 中继数据设置概述

程控交换机每个 EM 中继电路都有自己的特征数据，包括 EM 中继局向、中继群数、设备号、信令方式、中继电路服务级别等数据。中继服务级别包括中继类别、呼叫类别、呼叫权限等参数。

程控交换机进行 EM 中继数据设置的目的就是为 EM 中继设定中继组电路数、中继电路接口和识别中继电路的中继组号，并根据中继组业务需要设定中继组服务级别。

EM 中继电路一般设置为双向中继电路，出局呼叫接续过程为分机摘机拨环路出中继局向号，交换机接收主叫所拨号码，分析号码去向，完成呼叫接续，占用出中继电路，听到对端交换机送来的拨号音后拨对端交换机的被叫号码。入局呼叫接续为交换机收到对端交换机出中继占用信号后，占用入中继电路，并接收对端交换机发送的被叫号码，分析号码去向，完成呼叫接续。下面以 Harris 程控交换机为例介绍 EM 中继电路的数据设置。

二、Harris 交换机 EM 中继的数据设置

Harris 交换机 EM 入中继数据由电路板表（BOA）、收集路由表（COL）、拨号控制级别表（DIA）功能级别表（FEA）路由级别表（ROU）服务级别表（COS）中继组表（TRU）等数据表组成。

EM 出中继数据由电路板表（BOA）、收集路由表（COL）、路由方式表（PAT）、拨号控制级别表（DIA）功能级别表（FEA）路由级别表（ROU）服务级别表（COS）中继组表（TRU）、控制器表（FAC）等数据表组成，呼叫流程如图 7-15-1 所示。

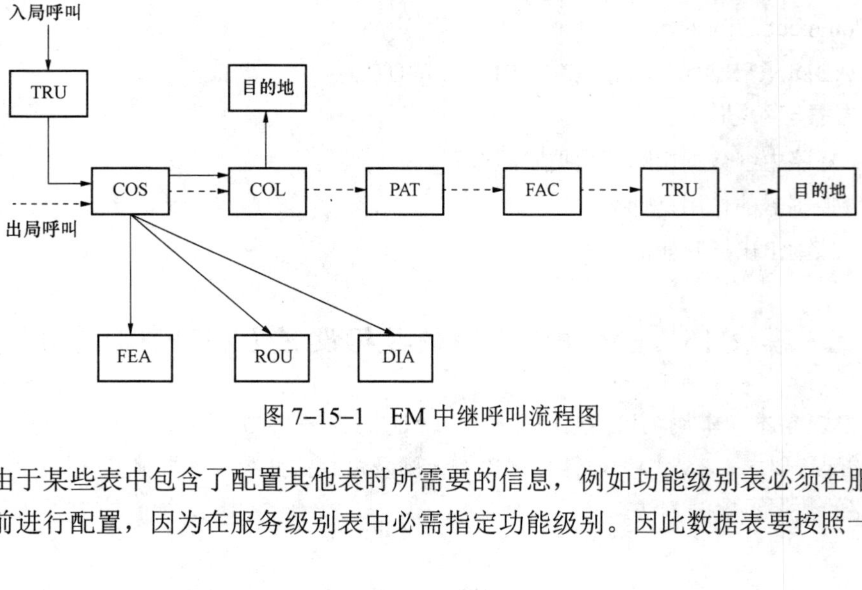

图 7-15-1 EM 中继呼叫流程图

由于某些表中包含了配置其他表时所需要的信息，例如功能级别表必须在服务级别表前进行配置，因为在服务级别表中必需指定功能级别。因此数据表要按照一定的

顺序来建立。下面以在 03–12 槽位定义一块 EM 板为例详细介绍 EM 中继电路数据配置过程。

第一步：新增接口电路—EM 中继电路板表（BOA）。

将安装在交换机机柜中的 EM 中继电路板进行定义并激活。

设置步骤：

BOA...?add

Board type...?4wem

Slot...?3–12

Circuit number(1–8,ALL,or END)[END]...?

...

...ADDING 4WE&M BOARD AT SLOT LOCATION 03–12..

第二步：号码分析—建立 EM 中继电路的收集路由表（COL）。

为 4WEM 中继定义系统拨号计划，通过定义号码确定呼叫的建立。收集路由表的设置一般分为两步进行，① 建立收集路由表的表名；② 建立中继路由的收集方式。

设置步骤 1：

COL...?add

Collect & route name...?cr–em

Interdigit signal[NONE]...?

SEQ[END]...?

Comment...?for em trunk

...ADDING COLLECT & ROUTE 'CR–EM'...

设置步骤 2：

COL...?modify

Collect & route name...?cr–em

Interdigit signal[NONE]...?

SEQ[END]...?7XXX XXXX/REM 1,4=rp–em//EM 出中继字冠

SEQ[END]...?2XXX=STA//呼叫到普通分机

SEQ[END]...

Comment...?for em trunk

第三步：新建拨号控制级—拨号控制级别表（DIA）。

拨号控制级是服务级的一部分，系统使用它来决定使用何种呼叫程序来处理呼叫，并且指出数据库内何种表格用于下一步呼叫处理。

设置步骤：

DIA...?add 31

Dial control type...?dial

Destination...?cr–em

Comment...?for cos 31

...ADDING DIAL CONTROL CLASS 31...

第四步：新建功能级—功能级别表（FEA）。

功能级别是 COS 的一部分，用于定义一组用户可使用的系统功能，可以将一个功能级别（FEA）分配给多个 COS。功能级别 0 是预先定义为维护拨号的，不能删除此级别，但可以根据需要修改该级别。

主叫访问某一功能时，系统自动检查已经分配给主叫的功能级别。如果在主叫的功能级别中功能无效，主叫的访问将会取消，而且呼叫将被带到功能阻断。

设置步骤：

FEA...?add

Feature class(1–63)...?31

Feature class type...?trunk

Feature[END]...?

Comment...?for cos 31

...ADDING FEATURE CLASS 31...

第五步：新建路由级—路由级别表（ROU）。

路由级是服务级的一部分，每一个路由级都有一个 0–63 之间的号码。

设置步骤：

ROU...?add

Routing class(1–63)...?31

Comment...?for cos 31

...ADDING ROUTING CLASS 31..

第六步：新建服务等级—服务级别表（COS）。

给中继电路指定一个服务级别号，用于定义该 EM 中继的拨号控制、功能、路由、连接、承载能力和拆线等性能。

设置步骤：

COS...?add

COS number(1–255)...?31

Dial control class(0–63)...?31

Feature class(0–63)...?31

Routing class(0–63)...?31
Bearer capability class(0–7)[0]...?
Reliable disconnect(Y/N)[Y]...?
Comment...?for em trunk
...ADDING CLASS OF SERVICE 31...

第七步：设置中继数据—中继组表（TRU）。

定义该环路中继电路组表号及中继电路。

设置步骤：

TRU...?add
Trunk group number(1–255)...?31//中继组号
Trunk group type[GS]...?em
Killer trunk handle method[NONE]...?
Incoming COS number(0–255)...?31
Trunk ID digits[NONE]...?
No answer extension...?n
Incoming start signaling[DIAL–TONE]...?imm
Incoming dialing mode[DP]...?dtmf//拨号方式为 DTMF
Incoming PNANI signaling[NONE]...?
Outgoing calls allowed[YES]...?//默认值为双向中继
Outgoing start signaling[TIMED]...?
Outgoing dialing mode[DTMF]...?
Search type[HF]...?cf//选线方式为顺序选择
Number of circuits(1–1920)...?2
Circuit location[END]...?3–12–1
EMC or EM circuit[EM]...?
Circuit location[END]...?3–12–2
EMC or EM circuit[EM]...?
Circuit location[END]...?
AW display name...?4wem
Teleset display name...?中调
Comment...?for em trunk
...ADDING TRUNK GROUP 1...

第八步：设置中继数据—控制器表（FAC）。

控制器就是决定如何发送呼叫到指定的中继组。所有指定给中继组的出中继呼叫都是经过一个路由点（在路由方式表中）到达控制器的，然后到达与该控制器相关的中继组。

设置步骤：

FAC...?add

FACILITY NUMBER...?31

TRUNK GROUP NUMBER...?31

OUTGOING COS NUMBER...?30

OUTPULASE COMMAND...?SDIGITS 15

OUTPULASE COMMEND...?PANSWER

COMMENT...?FOR em trunk

...ADDING FACILITY 1...

第九步：设置路由数据一路由方式表（PAT）。

路由方式是一种中间处理，用于检验呼叫的出局权力。呼叫通过收集路表、分析路由表或其他的路由方式表进入一个路由方式表。

设置步骤：

PAT...?add

Route pattern name...?rp–em

Route pattern type[STANDARD]...?

Route/Queue/Allow point(END)...?rou

Routing classes to allow[END]...?all

Forward routing classes to allow[END]...?all

Bearer capability classes to allow[END]...?all

Bearer capability classes to allow[END]...?

Facility number(1–200)...?31

Days[END]...?all

Hours[ALL]...?all

Days[END]...?all

Include route for queuing...?n

Route/Queue/Allow point(END)...?end

Continuation route pattern name[NONE]...?

Comment...?for em

...ADDING ROUTE PATTERN 'RP–EM'...

【思考与练习】

1. EM 中继数据由哪些数据表组成？
2. 怎样设置收集路由表？
3. EM 中继电路数据配置有哪九个步骤？

模块 16　中国 1 号信令中继电路的数据设置（Z37F1016Ⅲ）

【模块描述】本模块包括程控交换机中国 1 号信令中继电路的数据设置。通过对所需软件和硬件的配置要求、中国 1 号信令中继电路数据设置方法的介绍，掌握典型程控交换机中国 1 号信令中继电路的数据设置的方法。

【模块内容】

一、中国 1 号信令中继数据设置概述

程控交换机每个中国 1 号信令中继电路都有自己的特征数据，包括中继局向、中继群数、设备号、信令方式、中继电路服务级别等数据。中继服务级别包括中继类别、呼叫类别、呼叫权限等参数。

程控交换机进行中国 1 号信令中继数据设置的目的就是为 2M 中继设定中继组电路数、中继电路接口和识别中继电路的中继组号，并根据中继组业务需要设定中继组服务级别。

中国 1 号信令 2M 中继电路一般设置为双向中继电路，出局呼叫接续过程为分机摘机拨 2M 出中继局向号，交换机接收主叫所拨号码，分析号码去向，完成呼叫接续，占用出中继电路，听到对端交换机送来的拨号音后拨对端交换机的被叫号码。入局呼叫接续为交换机收到对端交换机出中继占用信号后，占用入中继电路，并接收对端交换机发送的被叫号码，分析号码去向，完成呼叫接续。下面以 Harris 程控交换机为例介绍中国 1 号信令中继的数据设置。

二、所需条件

1. 硬件：在一般常规配置下，还需增加配置

（1） 数字中继板：DTU。

（2） 多频板：8MFR2FB（接收多频信号）。

2. 软件：在一般常规配置的情况下，还需在 OCR（选择配置控制记录）中开放

（1） R2 Signaling protocol（R2 信令规约）。

（2） China R2 signaling system（中国 R2 信令系统）。

三、Harris 交换机中国 1 号信令中继的数据设置

中国 1 号信令中继电路数据配置步骤与环路中继、4WEM 中继电路配置基本相同。

中继电路板子类型选择 2MB，电路类型为 R2DGTL。在每块数字中继板的 32 个电路中，第 16 和第 32 电路用于传送控制信号，其电路类型已由系统预置。在增加电路板表时，除了要增加 DTU 板外，还要增加多频互控信号音板。呼叫流程如图 7–16–1 所示。

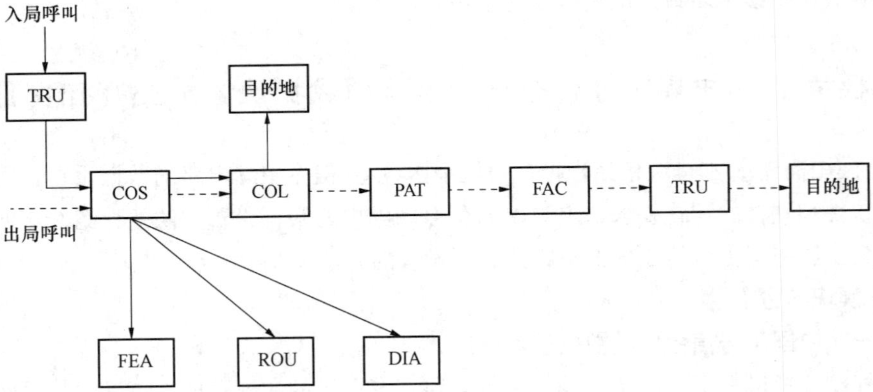

图 7–16–1 中国 1 号信令中继呼叫流程

第一步：新增接口电路—电路板表（BOA）。

将安装在交换机机柜中的 DTU 板和 8MFR2FB 板（多频互控信号音板）进行定义并激活。

设置步骤 1：

BOA...?ADD

Board type...?2MB

SLOT...?01–18

CIRCUIT NUMBER(1–32 OR END) END...?1

CIRCUIT TYPE...?R2DGTL

TRANSMISSION LEVEL TYPE(传输电平类型)...?D/CO

COMMENT...?

CIRCUIT NUMBER(1–32 OR END) END...?2

设置步骤 2：

BOA...?ADD

Board type...?8MFR2FB

SLOT...?01–18

□

第二步：号码分析—建立收集路由表（COL）。

为中国 1 号信令中继定义系统拨号计划，通过定义号码确定呼叫的建立。收集路由表的设置一般分为两步进行。第一步，建立收集路由表的表名。第二步，建立中继路由的收集方式。

设置步骤 1：

COL...?ADD

Collect & route name...?CR–MFC//入中继组使用的 COL 表名

INTERDIGIT SIGNAL □NONE...?SND//要求发端发下一位

SEQUENCE □END...?

COMMENT...?FOR PCM INCOMING CALL

...ADDING COLLECT & ROUTE 'CR–MFC...

设置步骤 2：COL...？ modify

Collect & route name...?CR–MFC

INTERDIGIT SIGNAL □NONE...?SND

SEQ □END...?63 XXXX/EOS=CR–MFC

SEQ □END...?

说明：

SND：向主叫发 A1 信号，要求主叫发下一位。

/EOS：向主叫发 A3 信号，通知主叫已收齐被叫号码。

/REM–KD：将所收号码的最后位移去，作为 KD 信号。主叫呼叫业务类别。

第三步：新建拨号控制级—拨号控制级别表（DIA）。

拨号控制级是服务级的一部分，系统使用它来决定使用何种呼叫程序来处理呼叫，并且指出数据库内何种表格用于下一步呼叫处理。

设置步骤：

DIA...?ADD

DIAL CONTROL CLASS(10–63)...?18

DIAL CONTROL TYPE...?R2

DESTINATION...?CR–MFC

R2 SIGNAL FOR LINE INTERCEPT...?UNALLOC//线路阻断的 R2 信号

R2 SIGNAL FOR NUMBER INTERCEPT...?UNALLOC//号码阻断的 R2 信号

R2 SIGNAL FOR PARTIAL AND NO DIAL INTERCEPT...?CONGESTION//无拨号和部分拨号阻断的 R2 信号

COMMENT...?FOR 2MB PCM TRUNKS

注意：在中国 1 信令中编辑入中继组的拨号控制等级时，拨号类型应选择 R2。

第四步：新建功能级—功能级别表（FEA）。

功能级别是 COS 的一部分，用于定义一组用户可使用的系统功能，可以将一个功能级别（FEA）分配给多个 COS。功能级别 0 是预先定义为维护拨号的，不能删除此级别，但可以根据需要修改该级别。

主叫访问某一功能时，系统自动检查已经分配给主叫的功能级别。如果在主叫的功能级别中功能无效，主叫的访问将会取消，而且呼叫将被带到功能阻断。

设置步骤：

FEA...?add

FEATURE CLASS...?18

FEATURE TYPE...?trunk

R2 SIGNALING PROTOCAL(F54)...?Y

COMMENT...?FOR 2MB PCM TRUNKS

FEA...?add

FEATURE CLASS(1–63)...?19

FEATURE TYPE...?FAC

R2 SIGNALING PROTOCAL(F54)...?Y

COMMENT...?FOR 2MB PCM FACILITY

FEA...?add

FEATURE CLASS(1–63)...?20

FEATURE TYPE...?STA

COMMENT...?FOR STA

注意：在用于入中继及控制器的功能级中要把 R2 signaling protocol 功能开放。

第五步：新建路由级—路由级别表（ROU）。

路由级是服务级的一部分，每一个路由级都有一个 0–63 之间的号码。

设置步骤：

ROU...?add

ROUTE CLASS...?18

COMMENT...?FOR INCOMING TRUNKS

ROU...?add

ROUTE CLASS...?19

COMMENT...?FOR OUTGOING

ROU...?add

ROUTE CLASS...?20

COMMENT...?FOR STATION

第六步：新建服务等级—服务级别表（COS）。

给中继电路指定一个服务级别号，用于定义该EM中继的拨号控制、功能、路由、连接、承载能力和拆线等性能。

设置步骤：

COS...?add

COS CLASS(1–255)...?18//入中继组服务等级

DIAL CONTROL CLASS...?18

FEATURE CLASS...?18

ROUTE CLASS...?18

RELIABLE DISCONNECT...?Y

COMMENT...?FOR 2MB PCM TRUNKS

COS...?add

COS CLASS(1–255)...?19//出中继、控制器服务等级

DIAL CONTROL CLASS...?1

FEATURE CLASS...?19

ROUTE CLASS...?19

RELIABLE DISCONNECT...?Y

COMMENT...?FOR 2MB PCM FACILITY

第七步：设置中继数据—中继组表（TRU）。

定义该2M中继电路组表号及中继电路。

设置步骤：

TRU...?add

TRUNK NUMBER...?2

TRUNK GROUP TYPE...?R2

INCOMING CLASS OF SERVICE...?18

TRUNK ID DIGITS...?NONE

NO ANSWER EXTENSION...?NONE

CALL FLOW...?N

INCOMING DIALING MODE...?MFC

INCOMING LOOKAHEAD SIGNALING...?NO

CIRCUIT LOCATIONS...?03–03–01

CIRCUIT LOCATIONS...?03–03–02

COMMENT...?FOR 2MB PCM INCOMING TRUNK

TRUNK...?add

TRUNK NUMBER...?3

TRUNK TYPE...?R2

INCOMING CLASS OF SERVICE...?19

TRUNK ID DIGITS...?NONE

NO ANSWER EXTENSION...?NONE

CALL FLOW...?N

OUTGOING DIALING MODE...?MFC

SEARCH TYPE...?CF

CIRCUIT LOCATIONS...?03–03–03

CIRCUIT LOCATIONS...?03–03–04

COMMENT...?FOR OUTGOING TRUNK

在定义中继组表（TRU）时要注意的以下几点：

- Trunk group type（中继组类型）：R2。
- Incoming class of service：K。
- 如果该中继组是入中继组时，服务等级 K 为入中继服务级。
- 如果该中继组是出中继组时，服务等级 K 为出中继服务级。
- Incoming dialing mode（呼入拨号模式）：MFC。
- Outgoing dialing mode（呼出拨号模式）：MFC。
- Circuit location（电路位置）：DTU 的电路（每块 DTU 的第 16 和第 32 路不能在此分配做话路）。

第八步：设置中继数据—控制器表（FAC）。

控制器就是决定如何发送呼叫到指定的中继组。所有指定给中继组的出中继呼叫都是经过一个路由点（在路由方式表中）到达控制器的，然后到达与该控制器相关的中继组。

设置步骤：

FAC...?add

FACILITY NUMBER...?1

TRUNK GROUP NUMBER...?2

OUTGOING COS NUMBER...?19

OUTPULASE COMMAND...?KDn

OUTPULASE COMMAND...?SDIGITS 7

OUTPULASE COMMEND...?WANSWER

COMMENT...?FOR PCM CALL

注意：在使用中国 1 信令时，HARRIS 交换机通过控制器发送 KD 信号（KD：用于表示呼叫类别。KD2 为长话，KD3 为市话）。

第九步：设置路由数据—路由方式表（PAT）。

路由方式是一种中间处理，用于检验呼叫的出局权力。呼叫通过收集路表、分析路由表或其他的路由方式表进入一个路由方式表。

设置步骤：

PAT...?add

NAME...?RP–PCM

ROUTE PATTERN TYPE STANDARD...?

ROUTE/QUEUE/ALLOW(END)...?ROUTE

ROUTING CLASSES TO ALLOW...?ALL

FACILITY...?1

DAYS ALLOWED...?ALL

HOURE ALLOWED...?ALL

INCLUDE ROUTE FOR QUEUING...?N

CONTINUATION PATTERN...?NONE

COMMENT...?FOR PCM CALL

【思考与练习】

1. 中国 1 号信令中继电路板子类型为什么？电路类型为什么？
2. 中国 1 号信令中继电路的硬件配置是什么？
3. 程控交换机进行中国 1 号信令中继数据设置的目的是什么？

模块 17 中国 7 号信令中继电路的数据设置（Z37F1017Ⅲ）

【模块描述】本模块包括典型程控交换机中国 7 号信令中继电路数据设置。通过对所需软件和硬件的配置要求、中国 7 号信令数据设置方法的介绍，掌握典型程控交换机中国 7 号信令中继电路的数据设置的方法。

【模块内容】

一、中国 7 号信令中继数据设置概述

程控交换机每个中国 7 号信令中继电路都有自己的特征数据，包括中继局向、中继群数、设备号、信令方式、中继电路服务级别等数据。中继服务级别包括中继类别、

呼叫类别、呼叫权限等参数。

一条最简单的中国 7 号信令中继，是由两个信令点、一条信令链路和数条中继电路组成。中国 7 号信令数据除了中国 1 号信令中继的相关数据外，包括信令点编码、消息传递部分 MTP、信令链路、TUP、ISUP、SCCP、CTUP 等数据。下面以 Harris 交换机为例介绍中国 7 号信令中继数据设置方法及步骤。

二、所需条件

1. 硬件配置

（1） CPU。

Harris 交换机要实现中国 7 号信令需要配置加强型 CPU，包括 XCPU、ICPU、KCPU 和 ECPU。此类 CPU 内部有 2LAN 卡，通过 LAN 线与 PCU 板连接，提供 MTP 各 CTUP（CTUP 在 CPU 中运行）的接口，每个 CPU 支持两个局域网 LAN。

（2） PCU 板（中国 7 号信令协议处理板）。

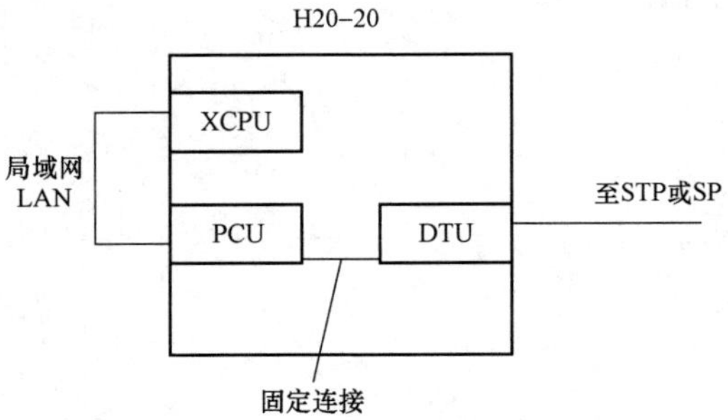

图 7–17–1 中国 7 号信令中继电路物理连接图

PCU 板用于控制在中国 7 号信令链路上传送的协议。MTP 是在 PCU 板上运行的。PCU 板可安装于 HARRIS 交换机的所有电话接口槽位，每块 PCU 板提供 2/4 条信令链路。

（3） DTU 板。

DTU 数字中继电路板为中国 7 号信令中继电路的语音电路和信令链路提供物理通道，物理连接如图 7–17–1 所示。

2. 软件配置

（1） 软件版本。

交换机软件版本要求为 G22.xx 或 G24.xx 上。

（2） OCR 设置。

用户在购置交换机时，不但硬件要满足要求，同时要采购相应的中国 7 号信令软件，并在 OCR 中进行相应的设置，设置信息如下：

Telephone user part(TUP)...Y

China telephone user part(CTUP)...Y

Number of TUP circuit Groups...(适当数量)

Number of TUP Trunks...(适当数量)

“TUP Circuit groups” 数量为 “TUP Trunks” 的 1/30，即每一个 “Circuit groups” 可容纳 30 条 “TUP Trunks”。

三、Harris 交换机中国 7 号信令中继的数据设置

由于七号信令是共路信令，信令和话音分开传送，因此在数据设置时信令链路和中继电路要分别定义。

第一步：设置信号点编码。

本局编码 OPC 的设置。

设置步骤：

A...?SYS

SYSEDT...?SS7

SYSSS7...?SYSTEM

SYSLEV...?MODIFY

Circuit Query Message Interval Timer[0]...?

Origination Point Code(OPC)[0–0–0]...?19–20–5

Local town...?

Local State...?

Local Building...?

Local Building Subdivision...?

...SYSTEM LEVEL INFORMATION MODIFIED...

第二步：消息传递部分 MTP 与信令链路 Signaling link。

1. MTP 第一层

定义信号链路和信道的物理电路板。

（1）PCU 板（信号链路）。

设置步骤：

BOA...?ADD

Board type...?PCU2

Slot...?03–01

******************************WARNING******************************

Editing a PCU board cannot be SAVED unless the switch is rebooted.If you are willing To reboot the switch to SAVE this edit session then answer'YES'.Answer'NO'to CANCEL this edit session.

****

Continue and Reboot later(YES/NO)...?Y

Circuit number(1–2,or END)[END]...?1

Channel type[NONE]...?SS7

Circuit comment...?

Circuit number(1–2,or END)[END]...?2

Channel type[NONE]...?SS7

Circuit comment...?

Circuit number(1–2,or END)[END]...?

...ADDING PCU2 AT SLOT LOCATION 03–01...

注意：要使数据库的修改有效，需要将 PCU 板重启动，在 TDD 命令下，先用 REM/DISC 命令使 PCU 板维护忙，再立即用 RES/DISC 命令恢复 PCU 板，如果系统要重启动，则 PCU 板不必单独重启动。

（2） DTU 板（为信号链路提供物理连接信道）。

设置步骤：

BOA...?ADD

Board type...?2MB

Slot...?03–07

Signaling type[STANDARD]...?

Channel 16 mode[CAS]...?CCS

Circuit number(1–32,or END)[END]...?1

Circuit type[NONE]...?CC//信令通道

Circuit comment...?

Circuit number(1–32,or END)[END]...?2

Circuit type[NONE]...?CC//信令通道

Circuit comment...?

Circuit number(1–32,or END)[END]...?3

Circuit type[NONE]...?TUP//话路通道

Circuit comment...?

Circuit number(1–32,or END)[END]...?4

Circuit type[NONE]...?TUP//话路通道

Circuit comment...?

Circuit number(1–32,or END)[END]...?

...ADDING 2MB BOARD AT SLOT LOCALION 03–07...

注意：对于 CHANNEL 16 MODE，当远程需要复帧同步时，要设置成 CAS，当远程不需要复帧同步时，要设置成 CCS，两端必须要一致。但当设置为 CAS 时，目前只能 17–31 时隙作为 Clear channel，设置成 CCS，1–15 和 17–31 时隙都可作为 Clear channel

（3）固定连接。

DTU 板上的物理连接信道与 PCU 板上的信号链路作固定连接。

设置步骤：

NAILED...?ADD

Source circuit location...?03–07–30

Destination circuit location...?03–01–01

Comment...?

...ADDING NAILED UP PCU CONNECTION 03–07–30 AND 03–01–01...

NAILED...?ADD

Source circuit location...?03–07–31

Destination circuit location...?03–01–02

Comment...?

...ADDING NAILED UP PCU CONNECTION 03–07–31 AND 03–01–02...

2. MTP 第二层（信号链路层）

定义信号链路及其纠错方式，波特率等参数。

设置步骤：

L2 entity...?ADD

Enter L2 entity(1–20)...?1

Slot...?03–01//PCU 板所在位置

Enter module number(1–1)...?1

...ADDING L2 ENTITY 1...

L2 LINK...?ADD

Entity link ID(1–20)...?1

Circuit location...?03–01–01

Enable PCM inversion[BASIC]...?

Select baud rate(56k or 64k)[64]...?

...ADDING LINK 1...

L2 LINK...?ADD

Entity link ID(1–20)...?2

Circuit location...?03–01–02

Enable PCM inversion[BASIC]...?

Select baud rate(56k or 64k)[64]...?

...ADDING LINK 2...

注意：对应于系统使用的 PCU 板，即系统使用了几块 PCU 板，就必须相应定义几个 L2 ENTITY。

3. MTP 第三层（网络层）

定义信号链路对端节点（STP 或 SP）的编码（DPC）、链路组（LINKSET）、负荷分担方式以及中继对端节点（SP）的编码（DPC）等参数。

设置步骤：

```
L3 entity...?ADD
Enter slot location...?03–01
Enter module number(1–1)...?1
...ADDING L3 ENTITY 1...
L3 entity...?EXIT
L3...?LINK
L3 link...?ADD
Enter link ID(1–20)...?1//与 L2 link 相对应
Enter destination network ID(0–255)...?19–20–8//信号链路直达的 STP 的 DPC
Enter destination network ID(0–255)...?0//必须和对端一致
...ADDING LINK 1...
L3 link...?ADD
Enter link ID(1–20)...?2//与 L2 link 相对应
Enter destination network ID(0–255)...?19–20–8//信号链路直达的 STP 的 DPC)
Enter destination network ID(0–255)...?1//必须和对端一致
...ADDING LINK 2...
L3 link...?EXIT
L3...?LINKSET
L3 LINKSET...?ADD
Linkset ID(1–20)...?1
Link ID(1,8,END)[END]...?1
Link ID(1,8,END)[END]...?2
Link ID(1,8,END)[END]...?END
Network indicator[NATIONAL]...?
Modify timers[NO]...?
...ADDING LINK SET 1...
```

注意：同一LINKSET中的LINK必须具有相同的DPC，但具有不同的LINK CODE。

L3...?ROUTE

L3 route...?ADD

Enter network ID(0–255)...?19–20–1//中继线对端的 SP 的 DPC

Linkset ID(1–20),COMBINED,END...?1//呼叫该局时使用的信号链路组

Linkset ID(1–20),COMBINED,END...?END

...ADDING ROUTE 19–20–1...

L3 route...?ADD

Enter network ID(0–255)...?19–20–6//中继线对端的 SP 的 DPC

Linkset ID(1–20),COMBINED,END...?1//呼叫该局时使用的信号链路组

Linkset ID(1–20),COMBINED,END...?END

...ADDING ROUTE 19–20–6...

说明：

（1） L3 route 代表话音中继路由，定义对端局的 DPC 和呼叫该局所使用的信号链路组，该 DPC 将出现在中继组中。在上例中，呼叫两个对端局使用同一信号链路组。

（2） 呼叫同一局时，信号可走不同的信号链路组，经不同的 STP 转接。如果这些信号链路组要实行负荷分担，可使用 COMBINED 命令。

第三步：号码分析—建立收集路由表（COL）。

为中国 1 号信令中继定义系统拨号计划，通过定义号码确定呼叫的建立。收集路由表的设置一般分为两步进行：① 建立收集路由表的表名；② 建立中继路由的收集方式。

在中国 7 号信令的 IAM 或 IAI 消息中，主叫用户类别（CAT）字段在意义上同时包含了中国 1 号信令的 KA（用户类别）和 KD（呼叫业务类别）的含义，因此 H20–20 在设计上利用 KA 和 KD 来间接地设置 CAT 的值，每次呼叫，无论是用户端口还是中继端口，都要有确定的 KA 和 KD 值，用以翻译成 CAT 的值。由于 TUP 用的 FACILITY 不能设置 KD，另外 TRU 表又不能设置 KA，所以 KD 和 KA 值要在收集路由表中设置。

设置步骤 1：

COL...?ADD

Collect & route name...?CR–DIAL//主叫为分机的收集路由表

INTERDIGIT　SIGNAL　NONE...?

SEQUENCE　□END...?

COMMENT...?

...ADDING COLLECT & ROUTE 'CR–DIAL'...

COL...?ADD

Collect & route name...?CR–TCUP–IN//入中继的收集路由表

INTERDIGIT SIGNAL □NONE...?

SEQUENCE □END...?

COMMENT...?

...ADDING COLLECT & ROUTE 'CR–TCUP–IN'...

设置步骤 2：

COL...?modify

Collect & route name...?CR–DIAL

INTERDIGIT SIGNAL □NONE...?

SEQ END...?2XXX=STA//呼叫内部分机

SEQ END...?NXX XXXX/INS 8,3/REM–KD=RP–LOCAL//KD=3,市话

SEQ END...?0 XXXXXXXXXX/INS 12,2/REM–KD=RP–LONG//KD=2,长途

SEQ □END...?

COL...?modify

Collect & route name...?CR–TCUP–IN

INTERDIGIT SIGNAL □NONE...?

SEQ □END...?NXX XXXX/SND–CAT/ACC 3=STA

SEQ □END...?

注意：KA 值在分机表 EXT 中设置，与以前的版本相同。KD 值在 COLLECT&ROUTE 中利用“/INS”和“/REM–KD”来设置。

第四步：新建拨号控制级—拨号控制级别表（DIA）。

拨号控制级是服务级的一部分，系统使用它来决定使用何种呼叫程序来处理呼叫，并且指出数据库内何种表格用于下一步呼叫处理。

设置步骤：

DIA...?ADD

DIAL CONTROL CLASS(10–63)...?18//分机的拨号级

DIAL CONTROL TYPE...?DIAL

DESTINATION...?CR–DIAL

DIA...?ADD

DIAL CONTROL CLASS(10–63)...?19//入中继的拨号级

DIAL CONTROL TYPE...?DIAL

DESTINATION...?CR–CTUP–IN

第五步：新建功能级—功能级别表（FEA）。

功能级别是 COS 的一部分，用于定义一组用户可使用的系统功能，可以将一个功能级别（FEA）分配给多个 COS。功能级别 0 是预先定义为维护拨号的，不能删除此级别，但可以根据需要修改该级别。

主叫访问某一功能时，系统自动检查已经分配给主叫的功能级别。如果在主叫的功能级别中功能无效，主叫的访问将会取消，而且呼叫将被带到功能阻断。

设置步骤：

FEA...?add

FEATURE CLASS...?18

FEATURE TYPE...?trunk

R2 SIGNALING PROTOCAL(F54)...?N

COMMENT...?FOR 2MB PCM TRUNKS

FEA...?add

FEATURE CLASS(1–63)...?19

FEATURE TYPE...?FAC

R2 SIGNALING PROTOCAL(F54)...?N

COMMENT...?FOR 2MB PCM FACILITY

FEA...?add

FEATURE CLASS(1–63)...?20

FEATURE TYPE...?STA

COMMENT...?FOR STA

注意：

（1）对于分机的功能级，Send NOCHARGE signal when idle 设置成 NO 以便应答时发送 ANC 消息，对免费的被叫分机（如 119，110 台）设置成 YES，以便应答时发送 ANN 消息。如果用户登记了恶意呼叫追踪功能，FEA 中的 Malicious Call Trace（MCT）必须设置成 YES。

（2）对于中继组的功能级，R2 signaling protocol 必须设置成 NO。

第六步：新建路由级—路由级别表（ROU）。

设置步骤参见模块 Z37F1016Ⅲ 中国 1 号信令中继电路的数据设置。

第七步：新建服务等级—服务级别表（COS）。

设置步骤参见模块 Z37F1016Ⅲ 中国 1 号信令中继电路的数据设置。

第八步：设置 ANI 前缀。

在 SYSANI 表中定义 ANI 前缀，然后将它分配给分机表中的分机。例如：

设置步骤：

SYSEDT...?ANI

SYSANI...?M

Prefix index(1–99,DEFAULT)[DEFAULT]...?1//前缀索引

Prefix for index 1...?445

...MODIFYING ANI PREFIX...

第九步：设置中继数据—中继组表（TRU）。

BOA 中的 TUP 电路定义好后，就可以分配给中继组。中继组的类型是 CTUP。

设置步骤：

TRU...?ADD

Trunk group number(1–100)...?1

Trunk group type[GS]...?CTUP

Incoming COS number(0–63)...?11

Trunk ID digits[NONE]...?

No answer extension...?N

Outgoing calls allowed[YES]...?

Search type[HF]...?

Destination point Code(DPC)...?19–20–6

Normal aborted call handling procedure(Y/N)[YES]...?

Glare Resolution[0]...?2

COT Period(0–15)[0]...?

Satellite circuit indicator(Y/N)[YES]...?N

Priority level range(0–3)[1]...?

Number of circuits(1–100)...?3

Circuit location[END]...?03–07–01

SS7 Circuit identification code(CIC)...?1

SS7 Circuit Group Number(1–100)...?1

Circuit location[END]...?03–07–02

SS7 Circuit identification Code(CIC)[2]...?

SS7 Circuit Group Number(1–100)[1]...?

Circuit location[END]...?

AW display name...?CTUP

Teleset display name...?CTUP
Comment...?
...ADDING TRUNK GROUP 1...
TRU...?ADD
Trunk group number(1–100)...?3
Trunk group type[GS]...?CTUP
Incoming COS number(0–63)...?11
Trunk ID digits[NONE]...?
No answer extension...?N
Outgoing calls allowed[YES]...?
Search type[HF]...?HR
Destination point Code(DPC)...?19–20–1
Normal aborted call handling procedure(Y/N)[YES]...?
Glare Resolution[0]...?2
COT Period(0–15)[0]...?
Satellite circuit indicator(Y/N)[YES]...?N
Priority level range(0–3)[1]...?
Number of circuits(1–100)...?3
Circuit location[END]...?03–11–01
SS7 Circuit identification code(CIC)...?32
SS7 Circuit Group Number(1–100)...?3
Circuit location[END]...?03–11–02
SS7 Circuit identification Code(CIC)[33]...?
SS7 Circuit Group Number(1–100)[3]...?
Circuit location[END]...?
AW display name...?CTUP
Teleset display name...?CTUP
Comment...?
...ADDING TRUNK GROUP 3...

注意：中继组中的 DPC 就是在 L3 ROUTE 中定义的路由，即对端局的编码。

第十步：设置中继数据—控制器表（FAC）。

控制器就是决定如何发送呼叫到指定的中继组。所有指定给中继组的出中继呼叫都是经过一个路由点（在路由方式表中）到达控制器的，然后到达与该控制器相关的中继组。

1. 对于市话呼叫或其他发送 IAM 的情况，只需设置一个 SCDN 类型的 Element，号码类别。

用 SUBSCRIBER（市话号码），Digits 命令只用 SDIGITS 11。

设置步骤 1：

FAC...?ADD

Facility number(1–100)...?1

Trunk group number(1–100 or NONE)...?1

Outgoing COS number(1–63)...?12

Element[SCDN]...?

Type of Number[NATIONAL]...?SUB//市内号码

Numbering plan[ISDN]...?

Digits[SDIGITS 10]...?

Digits...?

Element...?

Comment...?

...ADDING FAVILITY 1...

2. 对于长途或其他要发送 IAI 的情况，除 SCDN 类的 Element 外，还要设置 SCLN 类型的 Element，以便传送主叫号码。也就是说，在 FAC 中，若有 SCLN 则发送 IAI，若无 SXLN 则发送 IAM。注意号码类别（Type of Number）仍设置成 SUBSCRIBER（市话号码），下面的示例中，用 SPREFIX 命令发送局号，SANI 命令发送主叫号码。

设置步骤 2：

FAC...?ADD

Facility number(1–100)...?2

Trunk group number(1–100 or NONE)...?2

Outgoing COS number(1–63)...?12

Element[SCDN]...?

Type of Number[NATIONAL]...?

Numbering plan[ISDN]...?

Digits[SDIGITS 10]...?

Digits...?

Element...?SCLN

Presentation Restriction Indicator[ALLOWED]...?

Type of Number[NATIONAL]...?SUB
Numbering plan[ISDN]...?
Digits[SDIGITS 10]...?SPREFIX 3
Digits...?SANI 4
Digits...?
Element...?
Comment...?
...ADDING FACILITY 2...

第十一步：设置路由数据—路由方式表（PAT）。

设置步骤参见模块 Z37F1016Ⅲ 中国 1 号信令中继电路的数据设置。

【思考与练习】

1. 中国 7 号信令中继设置的硬件条件是什么？
2. 中国 7 号信令链路的设置步骤是什么？
3. 中国 7 号信令中继电路包括哪些特征数据？

模块 18 Q 信令［30B+D］中继电路的数据设置（Z37F1018Ⅲ）

【模块描述】本模块包括典型程控交换机 Q 信令中继电路的数据设置。通过对 Q 信令支持的功能、实现 Q 信令所需的软件和硬件配置要求及 Q 信令中继电路数据设置方法的介绍，掌握典型程控交换机 Q 信令中继电路的数据设置的方法。

【模块内容】

一、Q 信令中继数据设置概述

程控交换机每个 Q 信令中继电路都有自己的特征数据，包括中继局向、中继群数、设备号、信令方式、中继电路服务级别等数据。中继服务级别包括中继类别、呼叫类别、呼叫权限等参数。

Q 信令 2M 中继电路一般设置为双向中继电路，出局呼叫接续过程为分机摘机拨 2M 出中继局向号，交换机接收主叫所拨号码，分析号码去向，完成呼叫接续，占用出中继电路，听到对端交换机送来的拨号音后拨对端交换机的被叫号码。入局呼叫接续为交换机收到对端交换机出中继占用信号后，占用入中继电路，并接收对端交换机发送的被叫号码，分析号码去向，完成呼叫接续。下面以 Harris 程控交换机为例介绍 Q 信令中继的数据设置。

二、实现 Q 信令需要具备的条件

1. 软件

（1） 系统软件要求：23 版本以上。

（2） OCR 要求：

1）NUMBER OF PRI BOARDS...适当数量。

2）ISDN QSIG PRIMARY RATE INTERFACE...Y。

2. 硬件

（1） 使用 DTU–E1（P/N 761318）。

（2） 必须有 DTU–E1 板位号为 U67 的 IC。

（3） 用同轴电缆或双绞线直连时，不能超过 300 米，否则应在中间使用传输设备。

三、Q 信令（30B+D）中继电路数据设置

第一步：新增接口电路—电路板表（BOA）。

将安装在交换机机柜中的 DTU 板进行定义并激活。

设置步骤：

BOA...?add

BOARD TYPE...?30PRI

Slot...?01–20

Allow Harris Defined Network Applications on this interface(Y/N)...?N

Allow Harris Defined Network Features on this interface(Y/N)...?N

PRI interface remotely connected to switch on SW Release 9/10(Y/N)...?N

ISDN PRI Protocol(ATT,DMS1,DMS2,ETSI,QSIG,NTT)...?QSIG

Transit Counter[10]...?

Cyclic Redundancy check code 4(Y/N)...?N

Interface number...?4

Layer 2 destination type(MASTER or SLAVE)...?SLAVE

D channel class of service(0–63)[0]...?

Is HDLC on the D channel inverted...?N

Is TS16′S Interface Time Fill(Idle Code)OIN–all 1′S[N]...?

IS TS16′S OOS Alarm Indication Signal disabled[N]...?

Acceptable bit error rate for FAS[4]...?

Receive frame slip counter limit(1–254 or off)[254]...?

Prompt maintenance Prealarm Counter limit(1–254 or OFF)[254]...?

Remote Prealarm Counter limit(1–254 or OFF)[254]...?

Out of service prealarm counter limit(1–254,or,OFF)[254]...?

Prompt maintenance alarm on delay[2.0]...?

Prompt maintenance alarm off delay[2.0]...?

Remote alarm on delay[0.3]...?

Remote alarm off delay[0.3]...?

Circuit number(1–32,or,END)[END]...?

Transmission level type[D/TT]...?

Comment...?

...ADDING 30PRI BOARD AT SLOT LOCATION 01–20...

注意：Layer 2 destination type 的设置：对端交换机选用 MASTER 时，本端就必须选择 SLAVE。如果本端选择 MASTER 时，对端就必须选择 SLAVE。

第二步：号码分析—建立收集路由表（COL）。

为 Q 信令中继定义系统拨号计划，通过定义号码确定呼叫的建立。收集路由表的设置一般分为两步进行：① 建立收集路由表的表名；② 建立中继路由的收集方式。

设置步骤参见模块 Z37F1016Ⅲ 中国 1 号信令中继电路的数据设置。

第三步：新建拨号控制级—拨号控制级别表（DIA）。

拨号控制级是服务级的一部分，系统使用它来决定使用何种呼叫程序来处理呼叫，并且指出数据库内何种表格用于下一步呼叫处理。

设置步骤参见模块 Z37F1016Ⅲ 中国 1 号信令中继电路的数据设置。

第四步：新建功能级—功能级别表（FEA）。

功能级别是 COS 的一部分，用于定义一组用户可使用的系统功能，可以将一个功能级别（FEA）分配给多个 COS。功能级别 0 是预先定义为维护拨号的，不能删除此级别，但可以根据需要修改该级别。

主叫访问某一功能时，系统自动检查已经分配给主叫的功能级别。如果在主叫的功能级别中功能无效，主叫的访问将会取消，而且呼叫将被带到功能阻断。

设置步骤参见模块 Z37F1016Ⅲ 中国 1 号信令中继电路的数据设置。

第五步：新建路由级—路由级别表（ROU）。

路由级是服务级的一部分，每一个路由级都有一个 0–63 之间的号码。

设置步骤参见模块 Z37F1016Ⅲ 中国 1 号信令中继电路的数据设置。

第六步：新建服务等级—服务级别表（COS）。

给中继电路指定一个服务级别号，用于定义该 EM 中继的拨号控制、功能、路由、连接、承载能力和拆线等性能。

设置步骤参见模块 Z37F1016Ⅲ 中国 1 号信令中继电路的数据设置。

第七步：设置中继数据—中继组表（TRU）。

定义该 2M 中继电路组表号及中继电路。

设置步骤：

TRU...?ADD

Trunk group number(1–15)...?1

Trunk group type〔GS〕...?PR

Incoming COS number(0–63)...?20

Trunk ID digits〔NONE〕...?

No answer extension...?None

Outgoing calls allowed〔Yes〕...?YES

Number of circuit(1–127)...?30

Circuit location〔END〕...?01–20–01

Circuit location〔END〕...?01–20–02

...

Aw display name...?BOTH

Teleset display name...?BOTH

Comment...?For TRU–BOTH

第八步：设置中继数据—控制器表（FAC）。

控制器就是决定如何发送呼叫到指定的中继组。所有指定给中继组的出中继呼叫都是经过一个路由点（在路由方式表中）到达控制器的，然后到达与该控制器相关的中继组。

设置步骤参见模块 Z37F1016Ⅲ 中国 1 号信令中继电路的数据设置。

第九步：设置路由数据—路由方式表（PAT）。

路由方式是一种中间处理，用于检验呼叫的出局权力。呼叫通过收集路表、分析路由表或其他的路由方式表进入一个路由方式表。

设置步骤参见模块 Z37F1016Ⅲ 中国 1 号信令中继电路的数据设置。

【思考与练习】

1. Q 信令需要具备的软件条件是什么？
2. Q 信令中继电路数据设置的主要步骤有哪些？
3. Q 信令中继电路包括哪些特征数据？

模块 19　系统软件的重装（Z37F1019Ⅲ）

【模块描述】本模块包括典型程控交换机系统软件重装的操作方法。通过对系统软件重装操作方法的介绍，掌握典型程控交换机系统软件重装的操作技能。

【模块内容】

一、概述

交换机在运行过程中，系统软件程序会因各种原因而遭到破坏，系统运行将会受到影响，如交换机的某些功能不能正常使用，某些数据不能修改，系统反复自启动等现象。交换机在系统重启动后仍不能正常运行时，就要重新加载系统软件，以便使交换机能正常运行。下面以 Harris 交换机为例介绍交换机系统软件的重新加载。

二、Harris 交换机系统软件的重装

Harris 交换机系统软件的重装操作步骤如下：

第一步　关机。

交换机软件重装需要将交换机停运，即关掉相应公共设备机架的电源（M 型机则关闭所有机架电源），将 CPU 板的开关 3 拨至 ON 的位置，使系统从软盘驱动器上将启动程序读入硬盘。

第二步　连接维护终端。

将与终端相连的九芯电缆的 RS232C 头插在 CPU 板的 UART 口上，系统在启动过程中将有关信息在显示屏上显示，指导完成重装软件的操作过程。

第三步　安装启动文件。

将系统软盘的第一张（编号为 1/5）插入相应机架的软盘驱动器中，对硬盘进行格式化，并将启动文件拷贝到硬盘上。

第四步　交换机加电，硬盘格式化。

（1）交换机加电后，读取软盘文件，终端显示屏上将出现如下提示：

RELEASE 24.00

Harris Corporation，Digital Telephone Systems Division

Winchester Build Command File（硬盘建立命令文件）

This command file prepares the Winchester for the installation（准备硬盘装载的命令文件）

Would you like to reinitialize your Winchester［Y/N］? //是否愿意重新初始化（格式化）硬盘［是/否］?

（2）输入“Y”，系统将接着出现如下提示：

WARNING（警告）

This process will destroy all data on the Winchester（此步操作将破坏硬盘上的全部数据）

If you have not saved the database，exit the program now and use the editor BACKUP utility to save the database on floppies.（如果尚未将数据库存盘，即刻退出程序并使用编辑模块中的应用命令 BACKUP，将数据库存入到软盘上）

you may restore the back up after the disk build procedure（在磁盘建立过程之后，可恢复备份的数据库）

If you answer NO to the following question you will automatically be exited out of the program（如果对下列提问回答 NO，系统将自动退出本程序）

Have you backed up your database to floppy disks already［Y/N］？（是否已将数据库备份到软盘［是/否］？）

（3）在此提问下输入 Y 开始格式化硬盘。

最后，屏幕上出现提示：

Winchester initialization is complete（硬盘初始化已完成）

Please store this floppy disk in a safety place，and set the CPU switchs to boot from the Winchester（请将软盘存放在安全的地点，并设置 CPU 板上的开关，使系统从硬盘上启动）

第五步 安装系统软件。

（1）取出软盘，将 CPU 板上的开关 3 设为 OFF，然后按下 CSU 板上的复位（RESET）键，系统从硬盘启动。最后，出现如下提示：

Press RETURN when release 26.00 floppy #2 is in the floppy driver

（将 26.00 版本软件第 2 号盘插入软盘驱动器后，输入 RETURN）

Press RETURN when release 26.00 floppy #3 is in the floppy driver

（将 26.00 版本软件第 3 号盘插入软盘驱动器后，输入 RETURN）

Press RETURN when release 26.00 floppy #4 is in the floppy driver

（将 26.00 版本软件第 4 号盘插入软盘驱动器后，输入 RETURN）

Press RETURN when release 26.00 floppy #5 is in the floppy driver

（将 26.00 版本软件第 5 号盘插入软盘驱动器后，输入 RETURN）

Press RETURN when Customer Options/Password floppy is in the floppy driver

（将客户选择/口令软盘插入软盘驱动器后，输入 RETURN）

（2）输入 RETURN，屏幕上将出现如下提示：

Installation of Release 26.00 is complete（26.00 版本软件安装完毕）

Please store all floppies in a safe place（请将所有的软盘放于安全处）

第六步 将软盘取出后，再次按下 CSU 板上的复位钮，重新引导系统，待系统启动完毕后，在终端上输入 CTRL–C 进行联机，当输入用户名和口令进入系统后，系统会自动脱机退出，并显示：

PASSWORD TABLE UPDATED.PLEASE LOG ON AGAIN...（口令表更新，请再次联机）

第七步 建立新的数据库。

新数据库的建立有两个方法：

（1） 使用 UTI 的 RESTORE 命令将备份在软盘上的数据库恢复到硬盘上。

（2） 使用 UTI 的 CREATE 命令重新创建数据库和数据库内容，用 UTI 的 LIC 命令将安装码输入，最后用 ACTIVE 命令激活新生成的数据库。

经过以上七步操作，完成系统软件的重装。

三、注意事项

在系统软件重装过程中，硬盘将被格式化，所有数据包括数据库 A、B，CDR，ALARM 和 MHC 等记录将被破坏。因此若需要这些记录，则应在格式化硬盘之前将相应数据打印出来，数据库可用 BACK UP 编辑命令备份到软盘上。

【思考与练习】

1. 简述 HARRIS 交换机系统软件重装的步骤？
2. 简述引起交换机软件重装的原因是什么？
3. 系统软件重装有哪些注意事项？

模块 20 系统软件的升级（Z37F1020Ⅲ）

【模块描述】本模块包括典型程控交换机系统软件升级的操作方法。通过对系统软件升级操作步骤的介绍，掌握典型程控交换机系统软件升级的操作技能。

【模块内容】

一、概述

交换机系统软件是由程序和数据两大部分组成。交换机原始设计程序需要不断修改和完善，随着新技术和新业务的不断发展，交换机软件需要不断更新，并增加新的软件，以适应新业务应用的需要。因此交换机生产商在不断更新和升级系统软件。用户交换机在运行一段时间后，也需要对交换机进行软件升级，以适应新技术和新业务的发展。下面以 Harris 交换机为例介绍交换机的软件升级过程。

二、Harris 交换机系统软件升级

Harris 交换机的系统的硬件及软件配置情况是记录在软件的 OPTION 里，当系统需要扩大容量时，或要求开放更多的软件功能时，就需要改动 OPTION 中的有关内容，通常是将新的 OPTION 的内容代替原来的 OPTION 内容，这一过程就称为系统软件升级。

Harris 交换机软件升级操作方法及步骤如下：

1. 将新的 OPTION 的内容装入 EDT 程序

（1）联机进入 ADMIN 根目录。

ADMIN...?edt

EDT...?opt

（2）并将标有 OCR 盘标的磁盘插入主用控制机架的软盘驱动器中，然后按下回键盘，系统将自动更新其 EDT 程序中的 OPTION 内容。

OPT...?

2. 更新数据库中的 OPTION 内容

在第一步更新 EDT 中的后，需要更新 A、B 两个数据库中 OPTION 的内容。

依次进入两个数据库中，输入命令 OPTION，进入数据库中的 OPTION 程序，再输入命令 UPGRATE，更新各种库中的 OPTION 内容，并用命令 SAVE 将更新后的 OPTION 内容存盘。

实例说明：

（1）安装新的系统 OCR 文件。

EDT...?OPT

OPT...?INSTALL

系统出现如下提示：

Insert the new OCR disk in disk drive of shelf 1 and press return...?（在第一机架的软盘驱动器内插入新的 OCR 磁盘并按 Enter 键...? ）

OCR UPGRADES MUST ALSO BE PERFORMED ON EACH DATABASE INDIVIDUALLY.TO UPGRADE A DATEBASE，FIRST SELECT THE DATABASE THEN SELECT THE OPTIONS MODULE AND EXEXUTE THE UPGRADE COMMAND.（OCR 的升级必须在每一个数据库内分别进行升级。要升级一个数据库首先选择数据库然后选择 OPTION 模块并执行升级命令 UPGRADE）。

（2）升级数据库内的 OCR 文件。

EDT...?SELECT

Database name...?B

...SELECTING DATABASE‘B’...

系统出现以下提示：

THE SELECTED DATABASE REQUIRES AN OCR UPGRADE TO PERFORM AN OCR UPGRADE ON THE SELECTED DATABASE CHOOSE THE OPTIONS MODULE FROM THE DATABASE MENU AND EXECUTE THE UPGRADE COMMAND。（被选的数据库要求 OCR 升级，在被选择的数据库内进行 OCR 升级时　在数据库菜单上选择 OPTIONS 模块并执行升级命令 UPGRADE。）

（3）执行升级命令 UPGRADE。

B...?OPT

OPT...?UPGRADE

...UPGRADING XXX...

退出 OPTIONS 模块并执行存盘命令 SAVE

OPT...?EXIT

B...?SAVE

...SAVING EDIT SESSION OF DATABASE‘B’...

上述是更新数据库 B 内的 OCR 内容，应依照上述步骤更新数据库 A 内 OCR 内容。

三、注意事项

应确认新的 OCR 盘可用。新的 OCR 版本应高于原有的 OCR 版本，否则将无法进行 OCR 升级。

在分别对两个数据库进行 OCR 升级操作时，若该数据库为激活的数据库，则在存盘时会引起系统复位。因此应选择适当的时间进行相应操作，以免影响系统正常运行。

【思考与练习】

1. 简述 Harris 交换机软件升级的过程。
2. Harris 交换机软件升级的注意事项有哪些？
3. Harris 交换机的系统软件的 OPTION 里记录了哪些内容？

模块 21　中国 1 号信令中继电路的故障处理（Z37F1021Ⅲ）

【模块描述】本模块包含中国 1 号信令中继电路故障的分析和处理。通过对中国 1 号信令中继电路故障案例的分析及处理方法的介绍，掌握处理中国 1 号信令中继电路故障的方法和技能。

【模块内容】

一、故障的性质及其危害

中国 1 号信令中继电路是交换机之间互连的随路信令数字中继电路，一旦发生故障将影响交换机之间用户的通信。调度交换网发生故障，将影响调度员对电网运行的正常指挥和调度。

二、故障原因

中国 1 号信令中继电路的连接路径为交换机中继电路接口板–数字配线架–传输设备–数字配线架–交换机中继电路接口板。发生故障主要由交换机中继电路、交换机多频互控信号处理（MFC）板、数字配线架、传输电路硬件故障等引起。另外 1 号中继电路相关数据配置不合理也会引起中继电路故障。

三、故障现象

1. 交换机中继电路板故障主要表现

（1）本端、对端交换机产生中继电路中断告警信息。

（2）用户拨出局号占用中继电路听忙音。

（3）不能正常接收、发送被叫号码。

（4）不能正常通话。

2. 多频互控信号处理（MFC）板

多频互控信号处理板故障主要表现为不能正常发送和接收被叫号码，无法完成呼叫接续，主叫用户听空号音。

3. 数字配线架

数字配线架常发生 2M 电缆头接触不良，引起中继电路中断、产生误码或时通时断等故障。

4. 传输电路

传输电路故障主要引起中继电路中断产生告警信息、产生误码等故障。

5. 1 号中继电路相关数据配置

数据配置引起中国 1 号信令中继电路故障一般发生在交换机初始调试阶段或交换机新开局向时，故障为无法完成两交换机用户间的呼叫接续和通话。

四、故障处理

1. 故障处理原则

（1）总原则：先分析后处理、先外后内、先近后远。

1）先分析后处理：发现故障首先要通过维护终端查看故障告警信息，对故障告警信息及故障现象进行详细分析，对故障原因进行初步的判断。

2）先外后内：如果交换机中继电路发生故障，应先查看中继电路板面板指示灯状态，根据指示灯状态判断是本端交换机故障，还是远端交换机或传输电路故障。

3）先近后远：中继电路发生故障，应先采用自环方式排查本端交换设备是否故障，再联系本端传输入员通过传输设备自环排查数字配线架及 2M 电缆是否故障，最后再联系对端交换人员排查传输设备和交换设备是否发生故障。

（2） Harris 交换机 DTU 板故障指示灯状态及产生的原因如下：

- SLOT 红灯亮，故障原因是 DTU 板插在错误的槽位。
- PMA 红灯亮，故障原因有无 2Mb 输入信号、帧同步信号丢失、复帧同步信号丢失、误码率超过 10–3、收到远端告警信号、DTU 板故障。
- LOS 红灯亮，故障原因是无输入信号，没有连接 2M 电缆或收、发接反。
- REM 黄灯亮，收到对端告警信息。
- RXOS 红灯亮，对端中继电路产生告警信息。
- TXOS 红灯亮，本端电路退出运行。
- LOLB 黄灯亮，本端自环。
- LNLB 黄灯亮，远端环回。
- FAIL 红灯亮，DTU 板硬件故障。
- RST 红灯亮，DTU 正在复位中。

注意：以上面板指示灯在中继电路正常运行时处于熄灭状态。

- CAS 正常运行绿灯亮。

2. 故障处理方法及步骤

（1） 故障处理方法：中国 1 号信令中继电路硬件故障处理常采用自环和替代的方法进行故障定位。自环包括硬件自环和软件自环。自环的方式包括本地自环和远端环回。本地自环用于判断本端交换机 2M 中继电路是否正常，远端环回主要用于判断传输通道是否正常。替代法是用备用的中继电路板替代运行的电路板，判断中继电路板是否存在故障。一般在自环无法排除故障的情况下采用替代法。

（2） 故障处理步骤：

1）查看交换机发生故障的中继电路板面板指示灯状态。

2）连接维护终端，查看 1 号中继电路相关的告警信息。

3）在数字配线架上将 2M 对交换机侧环回，通过维护终端检查交换机数字中继电路告警信息是否消失。如果告警信息未消除，则故障发生在本端数字配线架或交换机数字中继电路。如果告警信息消除，则故障发生在传输电路或对端交换机数字中继电路，请传输入员和对端交换机维护人员配合检查和处理故障。

4）将交换机数字中继电路收、发线短接，查看交换机数字中继电路告警信息是否消失。如果告警信息消除，则是交换机数字中继电路故障，更换中继电路板。

5）在对端数字配线架上将 2M 电路环回，查看交换机数字中继电路告警信息是否消失。如果告警信息未消除，则故障发生在传输电路。如果告警信息消除，则是对端数字配线架到交换机数字中继电路之间发生故障，处理方法同 3）。

6）如果 1 号中继电路发生不能正常完成呼叫接续的故障，需要检查多频互控信号板是否发生故障。

7）中继电路出现误码大或时通时断的现象时，还需查看交换机时钟同步方式设置是否合理。

3. 故障处理注意事项

（1）在拔、查中继电路板时要带防静电手腕，防止因人体所带静电损坏电路板；

（2）在数字配线架上操作时防止拔错、误碰其他 2M 电路端子，造成其他业务的中断。

案例 1

（1）故障现象：某公司交换机与市话局互联互通，在开通测试大话务量时，接了 10 部电话，同时拨打市话号码后，大部分用户听到的是忙音，且等待时间长，测试失败。

（2）原因分析：Harris 交换机与市话局交换机采用 N0.1 信令方式。用户出局呼叫时，有 2 块 2M 板共 60 条电路，经过 MFR2FB（多频互控）板发送号码和信令信号，原因可能是中继电路或 MFR2FB 板问题。

（3）故障处理：检查数据库配置，未发现异常，测试 2M 数字中继电路正常。检查多频互控板，发现只有 1 块 MFR2FB 板，数据库里只配置了 2 路多频互控信号，在单个用户呼叫时不会发现问题，但大话务量测试时，发生信令处理阻塞，呼叫失败，用户听到的是忙音。重新定义数据库，对应的 BOA 板改为 8MFR2FB，使 8 路多频互控信号接收器均投入使用，大话务量测试通过。

案例 2

（1）故障现象：市内电话拨打本局交换机用户，经常听到忙音。

（2）原因分析：

1）中继电路板的某些时隙故障，造成电路不能正常接续，主叫听忙音；

2）MFR2FB 多频互控板的部分电路故障，占用后不能完成接续，主叫听忙音；

3）入局话务量大，中继电路配置不合理，造成用户呼叫不能占用中继电路，主叫听忙音。

（3）故障处理：某单位交换机与市话局有 4 个 2M 直联中继，采用 N0.1 信令，每个 2M 板的前 15 路为出中继，后 15 路为入中继。观察中继电路占用情况，中继电路数量满足话务量需求。用市话分机拨打本局用户分机，查看 MFR2FB 板指示灯，发现第 3 个指示灯亮时，用户听到忙音，呼叫失败。因此故障发生在 MFR2FB 多频互控板。更换备用 MFR2FB 多频互控板后，故障排除。

【思考与练习】

1. 中国 1 号信令中继电路的故障处理原则是什么？
2. 引起中国 1 号信令中继电路故障的硬件设备有哪些？
3. 中国 1 号信令中继电路的故障处理有什么注意事项？

模块 22　中国 7 号信令中继电路的故障处理（Z37F1022Ⅲ）

【模块描述】本模块包含中国 7 号信令中继电路常见故障的分析和处理。通过对中国 7 号信令中继电路故障案例的分析及处理方法的介绍，掌握处理中国 7 号信令中继电路故障的方法和技能。

【模块内容】

一、故障性质及其危害

中国 7 号信令中继电路是电力自动电话交换网和电力调度交换网常用的组网方式。自动电话交换网中的中国 7 号信令中继电路一旦发生故障将影响交换机间用户通信，调度交换网中发生故障，将影响调度员与调度对象间的通信联络，甚至影响电网的调度指挥和故障处理。

二、故障原因

中国 7 号信令中继电路的故障分为中继电路和信令链路故障两大类。中继电路故障原因参见模块 Z37F1022Ⅲ 中国 1 号信令中继电路的故障处理。Harris 交换机引起中国 7 号信令链路故障的因素包括 XCPU 板、中国 7 号信令处理单元（PCU 板）、2M 中继电路板、XCPU 板与中国 7 号信令处理单元之间的连接线。

信令链路故障原因有以下几种：

（1）信令处理单元（PCU）故障。MTP（消息传递部分）是七号信令的基础，信令链路的物理连接，信号点的设立和确定，消息的传递和发送、接收、误码及差错控制，网络的管理和协调等等均由 MTP 来完成。MTP 是在 PCU 板上运行的。PCU 板故障会引起信令链路闭锁。

（2）XCPU 板故障。

（3）XCPU 与 PCU 板之间的连接线故障，也会引起信令链路闭锁。

（4）数字中继电路故障。信令数据链路（LINK）是一条全双工的物理链路，用于传送中国 7 号信令协议。信令数据链路占用 2M 数字中继的一个 64K 时隙。因此 2M 数字中继电路故障同样会造成信令链路闭锁。

三、故障现象

（1）用户拨出局号后听忙音。

（2）交换机中继电路面板相应告警指示灯亮。

（3）交换机产生相应的告警信息。

（4）信令链路闭锁，产生相应的告警信息。

四、故障处理

1. 故障处理原则

（1）总原则：参见模块 Z37F1021Ⅲ 中国 1 号信令中继电路的故障处理。

（2）先中继电路后信令链路：中国 7 号信令中继电路的 2M 中继电路故障排查较简单，也较直观，信令链路故障处理比较复杂，并且信令链路承载在 2M 中继电路上，2M 中继电路故障将引起信令链路故障。因此应优先排除 2M 中继电路故障。

（3）采用中国 7 号信令连接的中继电路，正常运行时面板指示灯只有 HDB3 为绿灯亮，其余指示灯处于熄灭状态。

Harris 交换机 DTU 板故障指示灯状态及产生的原因参见模块 Z37F1021Ⅲ 中国 1 号信令中继电路的故障处理。

2. 故障处理方法及步骤

（1）2M 中继电路故障处理。

2M 中继电路路径为交换机数字中继电路板–数字配线架–传输电路–数字配线架–交换机数字中继电路。故障现象、故障原因及故障处理与中国 1 号信令中继电路基本相同。主要采用环回的方法进行故障定位，故障处理方法及步骤参见模块 Z37F1022 Ⅲ 中国 1 号信令中继电路的故障处理。

（2）信令链路故障处理。

1）故障处理方法：中国 7 号信令链路故障处理主要采用逐段排除法和替换法相结合的方式，即先采用逐段排除法对 XCPU 板、PCU 板、2M 中继电路板、XCPU 板与 PCU 板的连接线等环节进行故障点定位，再采用替换法进行故障点确认，并消除故障。

2）故障处理步骤：

（a）通过维护终端查看信令链路的状态，根据显示的状态信息判断、分析故障。

通过 TDD 电话设备诊断程序查看信令链路运行状态。

ADMIN...?TDD

TDD...?MTP

MTP...?Query//查看信令链路状态

DEVICE(Link,Linkset or Route)...?link

DEVICE NUMBER(1...2)...?1//信令链路号

LINK STATUS FOR LINK 1

若显示 LINK　IS　ACTIVE（链路处于激活状态），且 LINK　IS　IN　SERVICE（链路处于服务状态），则信令链路故障排除。

若显示 LINK　IS　ACTIVE（链路处于激活状态），且 LINK　IS　NO IN　SERVICE（链路退出服务状态），则故障在数字中继电路，检查并排除故障，故障处理详见模块 Z37F1010Ⅱ 中国 1 号信令中继电路的故障处理。

若显示 LINK　IS　NO FIND（链路没找到），则链路数据设置不正常。

（b）查看 PCU 板面板指示灯状态，PCU 板或网络连接线接触不良等会引起 FAIL 灯亮。

（c）检查 XCPU 面板指示灯状态，XCPU 板与 PCU 板之间的网络连接线接触不良或链路中断，LAN 的 RX、TX 灯处于熄灭状态。

（d）更换故障的 PCU 板、XCPU 板和网络连接线缆。

3. 故障处理注意事项

（1）在拔、插中继电路板时要带防静电手腕，防止因人体所带静电损坏电路板。

（2）在数字配线架上操作时防止拔错、误碰其他 2M 电路端子，造成其他业务的中断。

（3）在更换 XCPU 板时，从 XCPU 上断开 LAN 电缆，必须 3 秒内套接终端头，否则 LAN 将停止工作，轻则造成信令包丢失，重则七号信令停止工作。

案例 1

（1）故障现象：交换机 A 与交换机 B 采用中国 7 号信令互连，经光纤电路传输。交换机 A 维护人员接到交换机 B 维护人员的故障申告，交换机 B 的用户拨打交换机 A 的用户，全部听忙音。

（2）原因分析：引起故障的原因有两个。

1）中国 7 号信令链路故障，包括 1）中国 7 号信令处理单元（PCU）板故障、XCPU 板故障、XCPU 与 PCU 板之间的连接线故障及数字中继电路。

2）中继电路故障（信令链路故障），包括中继电路板、传输电路、2M 电缆及配线架。

（3）故障处理：在维护终端上，通过 TDD 程序中的 QUREY 命令对该中继电路对应的信令链路进行诊断，系统显示：

LINK IS ACTIVE

LINK IS NOT IN SERVICE

LINK IS NOT LOCALLY INHIBITED

因此判断信令处理单元（PCU）板运行正常。

检查中继电路，发现中继电路板显示“PM–ALM”与“RX–OOS”红灯亮。将中继电路进行自环，面板上告警灯灭，中继电路板运行正常。

联系对端交换机维护人员在对端交换机中继电路出线处对本方进行环回，检查中继电路面板告警等亮，判断为传输电路故障。

联系传输设备维护人员对光传输电路进行检查并排出故障，电路恢复正常运行。

案例 2

（1）故障现象：某省电力调度交换网由广东广哈、苏州通泰、昆明塔迪兰等厂商的调度交换机组成，采用 Q 信令和中国 7 号信令方式组网。在运行过程中，发现 Harris 交换机和苏州通泰调度交换机之间连接的 2M 电路常出现出局不能占用 2M 中继电路，且不从迂回的中继电路出局的故障，将省调侧 Harris 交换机 2M 电路板复位后，故障消失，中继电路运行正常。运行一段时间后，故障会再次出现。

（2）原因分析：

1）省调 Harris 交换机与行政交换机（CC08）之间采用中国 7 号信令方式连接，Harris 交换机同步于 CC08 交换机。Harris 交换机侧检查有 2M 电路中断现象，CC08 交换机侧未检测到 2M 电路中断。因两台交换机同在一个机房，用 2M 电缆连接，经检查 2M 电缆连接正常。

2）省调侧通过维护终端检查，发现 Harris 交换机与通泰交换机连接的 2M 电路误码大，经检查排除因传输电路故障引起的误码。Harris 交换机之间连接的 2M 电路没有误码。进一步检查交换机之间同步方式，发现省调 Harris 交换机所连接的地调、变电站等 Harris 交换机均同步于省调交换机，通泰交换机同步于相连接的行政交换机。因此怀疑是因为交换机同步设置不合理引起 2M 电路误码。

（3）故障处理：将通泰交换机时钟同步修改为跟踪省调调度交换机后，查看与之连接的 2M 中继电路运行情况，未出现误码，故障消除。对交换网中各通信站的调度交换机时钟同步跟踪方式进行检查，并修改同步方式。

【思考与练习】

1. 信令链路由哪些硬件组成？
2. 中国 7 号信令中继电路的故障处理原则是什么？
3. 中国 7 号信令链路故障原因有几种？

模块 23　Q 信令［30B+D］中继电路的故障处理（Z37F1023Ⅲ）

【模块描述】本模块包含 Q 信令中继电路常见故障的分析和处理。通过对 Q 号信令中继电路故障案例的分析及处理方法的介绍，掌握处理 Q 号信令中继电路故障的方法和技能。

【模块内容】

一、故障性质及其危害

Q 信令中继电路是电力自动电话交换网和电力调度交换网常用的组网方式。自动电话交换网中的 Q 信令中继电路一旦发生故障将影响交换机间的用户通信，调度交换网中发生故障，将影响调度员与调度对象间的通信联络，甚至影响电网的调度指挥和故障处理。

二、故障原因

Q 信令中继电路的连接路径为交换机中继电路数据—中继电路接口板—数字配线架—传输设备—数字配线架—中继电路接口板—交换机中继电路数据。故障主要由中继电路板损坏、2M 电缆接头虚焊、数字配线架接触不良、传输电路故障等原因引起。中继电路数据设置不正确也会引起中继电路故障。

三、故障现象

Q 信令中继电路发生故障，交换机将产生告警信息，中继电路板面板指示灯对应显示相应的故障状态。主要故障现象如下：

1. 交换机中继电路板故障

（1）本端、对端交换机产生中继电路中断告警信息。

（2）用户拨出局号占用中继电路听忙音。

（3）不能正常接收、发送被叫号码。

（4）不能正常通话。

2. 数字配线架

数字配线架常发生 2M 电缆头接触不良，引起中继电路中断、产生误码或时通时断等故障。

3. 传输电路

传输电路故障主要引起中继电路中断产生告警信息、产生误码等故障。

4. Q 中继电路相关数据配置

数据配置引起 Q 信令中继电路故障一般发生在交换机初始调试阶段或交换机新开局向时，主要故障现象有：

- D 信令通道未激活。
- 中继电路不能正常完成呼叫接续。

四、故障处理

1. 故障处理原则

（1）总原则：参见模块 Z37F1021Ⅲ 中国 1 号信令中继电路的故障处理。

（2） Harris交换机DTU板故障指示灯状态及产生的原因参见模块Z37F1021Ⅲ 中国1号信令中继电路的故障处理。Q信令中继电路正常运行时PRI和HDB3为绿灯亮。

2. 故障处理方法及步骤

（1） 故障处理方法。

Q信令中继电路硬件故障处理常采用自环、逐段排除和替代的方法进行故障定位。自环包括硬件自环和软件自环。自环的方式包括本地自环和远端环回。本地自环用于判断本端交换机2M中继电路是否正常，远端环回主要用于判断传输通道是否正常。替代法是用备用的中继电路板替代运行的电路板，判断中继电路板是否存在故障。一般在自环法无法排除故障的情况下采用替代法。

（2） 故障处理步骤。

1）查看DTU面板告警指示灯。中继电路发生故障时，应首先查看DTU面板指示灯的状态。根据指示灯的状态，分析、判断和定位故障。

2）通过电路诊断程序查看中继电路和D信道运行状态，分析、判断和定位故障点。

Q信令中继电路正常运行时，D信道（16时隙）为Cricuit is busy，话音电路（1–15、17–31）为Cricuit is idel或Cricuit is busy，同步时隙（32）为Cricuit is busy。

故障时电路状态显示为Cricuit is out of service。

3）检查Q信令中继电路的数据设置。Q信令中继电路因采用网络–用户接口，要求一端交换机设置为网络端，另一端交换机必须设置为用户端。即在定义电路板表时一端将Layer 2 destination type（MASTER or SLAVE）...？定义为MASTER，另一端必须定义为SLAVE。

4）采用自环方法，判断、排查中继电路板、传输电路故障，直至故障排除，电路恢复正常运行。

3. 故障处理注意事项

（1） 在拔、查中继电路板时要带防静电手腕，防止因人体所带静电损坏电路板；

（2） 在数字配线架上操作时防止拔错、误碰其他2M电路端子，造成其他业务的中断。

案例1

（1） 故障现象：某供电公司交换机与省调交换机采用Q信令中继电路连接。两台交换机互连的Q信令中继电路，经常同时不能使用，既不能拨入，也不能拨出，需拔插2MB板恢复。时间间隔不固定，有时半天，有时一天左右。

（2） 原因分析：通过检查交换机数据库，所有有关系的数据中，没有发现错误。供电公司和省调交换机的连接，通过光传输设备。两台交换机的中继电路同时发生故障，初步判断问题应该出在光端设备上。因传输电路的故障，导致Q信令中继电路停止工作。

（3）故障处理：经对传输电路进行环回检查，最终故障定位在供电公司的数字配线架。检查传输2M电缆头，发现有虚焊现象。对2M电缆头进行处理后，故障消失。

案例2

（1）故障现象：省调调度交换机与地调调度交换机采用Q信令中继电路互联。在调试过程中发现中继电路不可用。省调侧通过TDD查看中继电路状态，32个时隙均显示为Cricuit is out of service。地调侧查看中继电路状态，1–15、17–31显示Cricuit is idle，16和32显示为Cricuit is busy。即省调侧显示电路处于故障状态，而地调侧处于正常状态。

（2）原因分析：

1）两端数据配置或设备硬件连接不对应，造成省调侧D信令信道未激活。

2）交换机中继电路板或传输电路故障。省调侧交换机中继电路、传输2M电路的发信电路、地调侧交换机中继电路、传输2M电路的收信电路正常，地调能够正确接收到省调侧的信令信息，信令通道激活；而地调侧发信电路、省调侧收信电路故障，省调侧交换机不能正确接收到地调侧的信令信息，信令通道未激活。

（3）故障处理：

1）两端互相将2M电路的发信电路断开，查看收端交换机2M电路是否产生电路中断告警信息，排除2M中继电路连接不对应的情况。

2)省调侧利用空闲2M电路新增加1个Q信令中继电路局向,完成相应数据配置。将2个Q信令中继电路互连，查看电路运行状态，正常。确认省调侧交换机2M中继电路收、发信电路均正常。

3）倒换1个2M传输电路，查看省、地调两侧交换机中继电路运行状态，故障仍然存在。

4）在地调侧利用空闲2M电路新增加1个Q信令中继电路局向，完成相应数据配置。将2个Q信令中继电路互连，查看电路运行状态，发现一个2M中继电路运行状态正常，另一个处于故障状态。确认地调侧交换机2M中继电路发信电路故障。

5）更换地调侧2M中继电路板后，两侧中继电路运行正常，故障排除。

【思考与练习】

1. Harris交换机的DTU板面板有哪些指示灯，含义是什么？
2. Harris交换机Q信令中继电路故障处理步骤是什么？
3. Harris交换机Q信令中继电路故障处理有哪些注意事项？

模块 24 程控交换机控制系统的故障处理（Z37F1024Ⅲ）

【模块描述】本模块包含程控交换机控制系统常见故障的分析和处理。通过对程控交换机控制系统故障案例的分析及处理方法的介绍，掌握处理交换机控制系统故障的方法和技能。

【模块内容】

一、故障性质及其危害

程控交换机控制系统是交换机的核心，包括系统电源、控制系统、交换网络、系统软件等。交换机控制系统故障将影响交换机的正常运行，甚至引起交换机瘫痪。因此学习和掌握交换机控制系统故障的处理方法是十分必要的。

二、故障原因

1. 系统电源

系统电源，包括整流电源输出连接开关、电源线和交换机电源盘等环节。任一个环节发生故障都会引起交换机不能正常运行。系统电源发生故障的概率较高。由于整流电源连接开关故障、电源线接线不牢固、整流电源无输出、交换机电源盘元器件质量、交换机运行环境、设备接地系统等原因都会引起交换机供电电源系统故障。一旦发生电源故障，将影响交换机的系统运行，甚至造成交换机停机。

系统电源发生故障，后果严重，但故障处理较简单和直观。首先判断交换机故障是整体故障还是部分机柜故障。若交换机整体故障，应检查交换机输入电源是否正常。若交换机是部分机柜故障，应逐级检查相应的电源开关和电源盘。

在用万用表测量 5V、12V 电源盘输出电压时，应尽量采用数字万用变，便于直接显示电压值。因电源盘输出电压过低时，也会影响电路板的正常运行。

2. 控制系统

控制系统包括中央处理器、存储器、数据总线等硬件设备，是交换机的控制核心。一旦发生故障将引起交换机瘫痪。引起控制系统故障主要原因是处理器芯片、电路元器件老化或质量不过关、工作电源不稳定等因素引起的。

交换机瘫痪，首先判断为中央处理器故障。存储器和数据总线故障表现为部分程序或用户数据不能正常运行。此类故障发生的概率较低，故障处理只能采取更换板件的方式。

3. 交换网络

交换网络是完成用户与用户之间、用户与系统话路控制设备间通路连接的控制设备。背板连接电缆接触不良、交换网络板件元器件质量不过关、工作电源不稳是引起交换网络故障的主要原因。发生此类故障的概率较低，一般表现为呼叫接通率降低，部分用户、中继电路故障，严重时会导致交换机不能完成呼叫接续。

发生此类故障时，可根据故障情况判断是部分用户、中继电路出现不能完成呼叫接续，还是整个交换机故障。一般情况下呼叫接通率低或部分用户、中继电路故障多为背板时隙电缆松脱或虚连所致。整个交换机不能完成呼叫接续，则是交换网络的板件故障，更换板件可消除故障。

4. 背板故障

交换机的各个板件都是接插在背板上的。如果环境潮湿，电路板受潮短路，或者元器件因高温、雷击等因素而受损都会造成背板不能正常工作。背板的更换最为复杂，对通信影响面最大，只有在完全排除其他板件故障的情况下，才能进行背板故障的处理。

5. 软件故障

交换机系统软件控制交换机的系统运行，存放在存储器中。交换机软件故障可分为两种类型，一种是由于系统软件设计存在缺陷所产生的固有的故障，一种是交换机在运行中产生的。系统软件固有的故障表现为故障始终存在，而交换机载运行中产生的故障表现为开始能正常运行，在一定的周期内发生故障，交换机软件重新启动或倒换机架后恢复。

对于交换机运行中产生的软件故障，通过系统重装可排除故障。对于交换机固有软件故障，一般需要对软件进行系统升级或软件打补丁。

总之，交换机控制系统发生的故障是多种多样的，往往没有固定的处理方法和步骤，只有在日常的运行维护过程中不断积累经验，提高维护技能，才能做到熟能生巧。

三、故障处理

1. 故障处理原则

（1）总原则：参见模块 Z37F1021Ⅲ中国 1 号信令中继电路的故障处理。

（2）由软到硬：处理交换机系统故障时，应首先通过维护终端查看故障告警信息，根据故障信息初步判断是系统软件故障还是硬件故障。在话务量较少时，通过交换机系统重启，可消除软件故障。

（3）先易后难：交换机系统故障分析、判断、处理较复杂时，必须先从简单操作来着手排除。先排除电源系统故障，在处理控制系统的故障，这样可以加快故障排除的速度，提高效率。

2. 故障处理方法及步骤

交换机系统软件故障处理通常采用系统重启的方法排除故障。硬件故障采用替换法排除故障，双机系统可进行主、备用机架切换，单机系统用备件替换。处理步骤如下：

（1）检查交换机供电电源系统，必要时测量各电源盘的输出电压。

（2）查看交换机控制系统板件的面板指示灯状态。

（3）连接维护终端，查看相关的告警信息。

（4）故障定位后，更换相应的板件。

案例 1

（1）故障现象：某单位新安装交换机，整流电源通过空气开关为交换机供电。在交换机开机加电时，出现空气开关跳闸的故障。

（2）原因分析：Harris 的 MAP 机每一个机柜的额定功率是 500W，其本身使用 15A 的空气开关。因 Harris 交换机开机时，其冲击电源是很大的，可能在瞬间达到正常使用时电流的 3–5 倍，所以在开机加电的瞬间冲击电流大，因而对空气开关的峰值和时延有相应要求，而市面上一些空气开关因质量不过关，达不到要求，所以表面看其标称额定值比要求的还要高，但交换机一开机，开关先跳闸。

（3）故障处理：更换质量好品牌空气开关，或换更大标称值的空气开关。

案例 2

（1）故障现象：某省电力公司交换机维护人员在对交换机测试检查时发现 MD–110 行政交换机 LIM3 机柜有 49 号二级告警信息（程序单元丢失，程序单元重启），程序单元运行异常，用户电话均正常。

（2）原因分析：交换机 LIM3 机柜程序单元运行异常，部分程序在运行中出现丢失、混乱等现象，虽然未影响交换机用户电话正常通话，但会造成交换机系统运行异常，为了确保交换机的正常运行，需要对交换机运行程序进行协调。

（3）故障处理：输入 SFEXI，RFEXI 命令，1 分钟后，交换机程序协调完毕，LIM1、LIM2、LIM4 机柜显示“104”，状态正常，但 LIM3 机柜显示“99”后，启动停止，用户无拨号音，交换机重启失败。单独对 LIM3 机柜反复重启数次，重启失败。交换机必须重新进行程序单元和用户数据加载工作。为了不影响用户的使用，在晚上话务量较少时，对交换机的程序单元和用户数据进行加载，交换机恢复正常运行。

【思考与练习】

1. 引起交换机系统故障的原因有哪些？
2. 交换机系统故障处理的常用方法是什么？处理步骤如何？
3. 程控交换机控制系统故障会产生什么危害？

模块 25　软交换设备的硬件结构（Z37F1025 Ⅰ）

【模块描述】本模块包含软交换的硬件组成及各组成的功用，通过对软交换硬件结构及各组成单元的功能的介绍，掌握软交换设备的硬件结构知识。

【模块内容】

一、概述

随着 IP（Internet Protocol）技术的发展，电信网、计算机网和有线电视网将最终统一到 IP 网络中，通过公共的分组网承载语音、数据和视频已为大家所共识。在这种业务驱动和网络融合的趋势下，基于软交换技术的 NGN（Next Generation Network）网络应运而生。

NGN 是一个广义的概念，一般而言，是指可以提供包括语音、数据和多媒体等各种业务的综合开放的网络构架。

NGN 具有以下三大特征：

（1）采用基于分组的传输模式和统一的协议。它将传统交换机的功能模块分离为独立的网络部件，部件间通过标准的开放接口进行互连，使得原有的电信网络走向开放。

（2）业务独立于网络。通过将业务与呼叫控制分离、呼叫控制与承载分离，实现相对独立的业务体系，允许业务和网络分别提供并独立发展。这种灵活性满足了用户不断更新业务的需求，也使网络具有可持续发展能力。

（3）多样化的接入方式。NGN 不仅可以通过网关设备与现有 PSTN（Public Switched Telephony Network）、GSM（Global System for Mobile communications）、ISDN（Integrated Services Digital Network）等网络互通，而且 NGN 也可以接入现有终端和 IP 智能终端，例如普通电话、移动电话、SIP（Session Initiation Protocol）终端、MGCP（Media Gateway Control Protocol）终端、H.323 终端等。

硬件逻辑结构：

下面以华为 SoftCo9500 为例介绍交换机硬件结构。SoftCo9500 作为 NGN 网络构架中的软交换语音网关设备，整合了 SoftSwitch、TMG（Trunk Media Gateway）、SG（Signaling Gateway）、MRS（Media Resource System）、AT0–POTS（用户线接入）功能，可以与 IAD 综合接入设备混合组网，实现语音、数据和多媒体等各种业务。

SoftCo 采用主控结构，通过主控处理板完成对其他所有单板的控制。

SoftCo 硬件逻辑结构及消息/媒体流走向如图 7–25–1 所示。

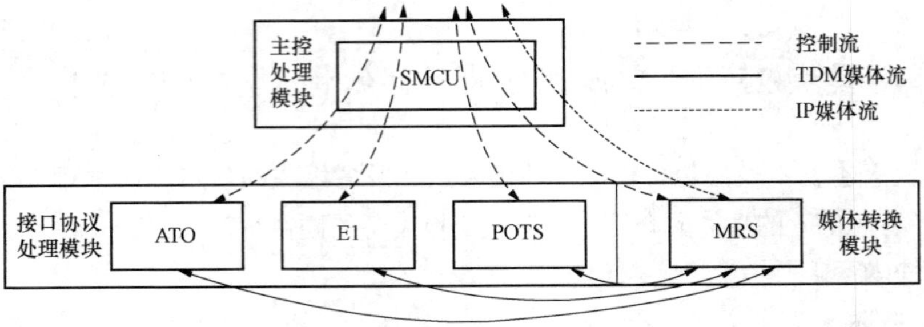

图 7-25-1 SoftCo 硬件逻辑结构

上行的各种 TDM 数据流由接口板通过 SMCU（Super Main Control Unit）上的网片交换到 MRS（Media Resource System），MRS 上的 CPU 将其转换为 RTP/RTCP 包，再通过 MRS 上的 L2（Layer 2）交换芯片交换后进入外部 IP 网络。

下行媒体流则正好相反，先根据 IP 数据包的类型和端口号进行地址转换，语音数据包由 L2 交换芯片交换到相应的 MRS 模块上，MRS 将 IP 语音包转换为 TDM 数据流后，由网片交换到指定接口板的端口上。

上行控制流（如各种呼叫控制信息等）由各接口板通过串口或者 FE（Fast Ethernet）接口发给 SMCU，SMCU 将其转换为 SIP 协议，并进行地址转换后发到 IP 网络。下行控制流由 IP 网络通过 SMCU 上的 IP 接口进入 SMCU，SMCU 进行协议解析和处理后，转换为 AT0、SS7、PRA、R2 信令消息发到接口板。

主控单元 SMCU 采用处理能力强大的 Power PC 系列处理器，完成呼叫控制、连接管理、资源管理、用户管理、话务台管理等业务功能。完成跟踪、计费、告警、命令行等维护功能。完成 SIP、AT0、H.248、H.323、SS7、PRA、R2 等多种协议的协议处理功能。

二、结构特点

SoftCo 采用控制流和业务流分离的系统架构，整个系统结构简单清晰。

SoftCo 具有如下主要结构特点：

1. 主控结构

（1）软件运行在具有高可靠性的嵌入式操作系统上，采用主控结构，通过主控处理板完成对其他所有单板的控制。

（2）各个单板根据业务需要，分别使用相互独立的 TDM 总线和 IP 总线，在系统中某块单板出现故障的情况下，其他单板的运行将不受影响，充分保证了系统的可靠性。

（3）保证了系统良好的可扩展性，新业务的推出无须替换原有设备，有效地保护了用户投资。

2. 控制流和业务流分离

（1）系统采用控制流和业务流分离的系统架构，使整个系统结构简单清晰。

（2）采用全 IP 控制总线，带宽充裕，从系统结构设计上保证了系统的稳定运行。

3. 模块化结构设计

（1）系统各单板软件均采用模块化结构设计，根据业务功能将软件系统划分为多个业务功能模块。

（2）各模块之间通过消息进行通信，从而保证了各个模块的相对独立，也使系统软件结构更为清晰，便于产品后续的功能扩展。

三、华为 SoftCo9500

1. 外观

SoftCo9500 采用 6U（1U=44.45mm）标准机箱，宽 436mm、深 420mm、高 264mm，其前面板示意图如图 7–25–2 所示，后面板示意图如图 7–25–3 所示。

图 7–25–2　SoftCo9500 前面板

1—指示灯；2—安装弯角

图 7–25–3　SoftCo9500 后面板

1—电源开关；2—电源模块；3—风机盒；4—机箱插槽

2. 插槽说明

SoftCo9500 提供 2 个主控板插槽和 8 个接口板插槽：

（1） 槽位 0～1 为主控板槽位，用于安装 SC1–SMCU 板。

（2） 槽位 2～9 为接口板槽位，用于安装接口板、SC1–MRS 板。可以同时使用。

SoftCo9500 槽位分布如图 7–25–4 所示。

8（I/F or MRS）	9（I/F or MRS）
6（I/F or MRS）	7（I/F or MRS）
4（I/F or MRS）	5（I/F or MRS）
2（I/F or MRS）	3（I/F or MRS）
1（SMCU）	
0（SMCU）	

图 7–25–4 SoftCo9500 槽位分布

当两个主控板槽位仅安装了一块主控板时，系统运行于单主控模式；当两个主控板槽位满配置时，系统运行于主备主控模式，具有更高的可靠性。

一般情况下，SoftCo9500 配置 1 块主控板和 SC1–MRS 板即可运行，其他单板可以根据系统容量进行选配。未配置单板的空槽位，需要配置假面板。

【思考与练习】

1. 华为 SoftCo9500 交换机对外接口协议处理模块有哪些？
2. 华为 SoftCo9500 交换机采用什么样的系统架构？
3. 华为 SoftCo9500 主控单元 SMCU 主要完成哪些主要功能？

◢ 模块 26 软交换设备的板卡及其功能（Z37F1026 Ⅰ）

【模块描述】本模块包含软交换设备板卡的种类及功能，通过对软交换常用设备板卡及组成单元的介绍及功能的分析，掌握软交换设备的板卡种类及其功能。

【模块内容】

一、概述

软交换的控制系统和话路系统是由完成不同功能的各类板卡组成的。控制系统主要有主控板板卡；媒体资源板是用于提供放号、收号、放音、播放彩铃、录音、会场、ASR、TDM 转 VOIP 功能、T.30 传真功能；数字中继板卡主要提供数字中继的接入，用于实现与对端局的数字中继连接。

二、软交换板卡及其功能

下面以华为 SoftCo9500 为例介绍交换机硬件结构。

华为 SoftCo950 当两个主控板槽位仅安装了一块主控板时，系统运行于单主控模式；当两个主控板槽位满配置时，系统运行于主备主控模式，具有更高的可靠性。一般情况下，SoftCo9500 配置 1 块主控板和 SC1–MRS 板即可运行，其他单板可以根据系统容量进行选配。

（一）SC1–SMCU 单板

SC1–SMCU 是 SoftCo9500 的一款主控板，带 3 个 100/1000Base–TX 业务网口和 2 个调试接口。

1. SC1–SMCU 作为主控板，具有以下主要功能

（1）提供 SoftSwitch、GK（GateKeeper）和计费功能，GK 的数据库包括各个分机号和局域网 IP 地址的对应表。

（2）对媒体控制协议进行处理，支持 H.248、SIP、H.323 协议，并且可以进行协议间的相互转换。

（3）支持单网口、双网口和三网口三种工作模式。

（4）提供 L3 交换和 TDM 交换功能。

（5）支持热插拔操作。

（6）支持 1+1 热备份。当主用板出现故障时，备用板可以自动接替主用板继续工作。

SC1–SMCU 的面板如图 7–26–1 所示。

图 7–26–1 SC1–SMCU 面板示意图

1—指示灯；2—告警音消除按钮；3—复位按钮；4—扳手；
5—调试串口；6—调试网口；7—业务网口

2. 接口说明

SC1–SMCU 的面板上有 3 个业务网口、1 个调试网口和 1 个调试串口，具体说明如下。

（1）业务网口：FE 网口，RJ–45 插座，传输距离小于 100 米。用于连接设备到 LAN（Local Area Network），是设备对外的 IP 业务接口。

（2）调试网口：FE 网口，RJ–45 插座，传输距离小于 100 米。用于设备配置

和调试。

（3）调试串口：RS–232 标准串口，RJ–45 插座，传输距离小于 10 米。用于设备配置和调试。支持远程 Modem 接入调试。

（4）调试网口：FE 网口，RJ–45 插座，传输距离小于 100 米。用于设备配置和调试。

3. 开关和按钮说明

SC1–SMCU 面板上有复位按钮和告警音消除按钮（标识为 BUZZ OFF）。各组件的功能说明如下：

（1）复位按钮：用于使单板重新启动并加载程序和数据。

（2）告警音消除按钮：当设备出现告警提示音时，按该按钮可以消除告警音。

（二）SC1–MRS 单板

SC1–MRS 是 SoftCo9500 的媒体资源系统板，带 2 个调试接口。

1. 主要功能

（1）SC1–MRS 提供放号、收号、放音、播放彩铃、录音、会场、ASR、TDM 转 VOIP 功能、T.30 传真功能，支持 G.711、G.729、G.723.1，提供 256 路媒体资源处理通道。

（2）支持负荷分担。正常工作时，各单板分担全部负荷；当某块单板出现故障时，其他单板能够承担全部负荷，确保系统继续正常工作。

（3）内嵌通用 DSP，完成：DTMF（Dual Tone Multi–Frequency）检测/发送、FSK 方式的主叫号码检测/发送、信号音检测/发送、MFC 信号的检测和发送、录/放音。

SC1–MRS 单板的面板如图 7–26–2 所示。

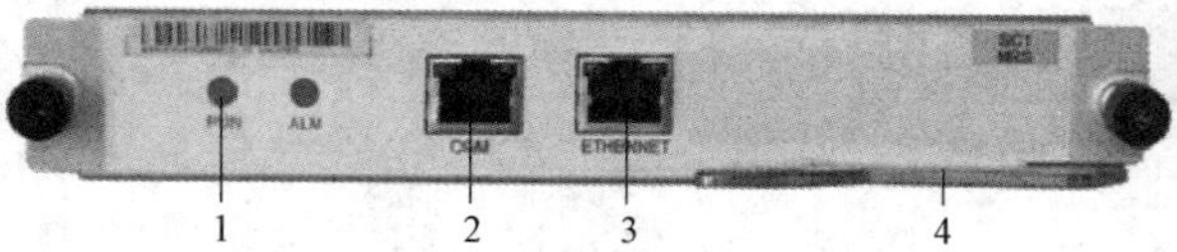

图 7–26–2 SC1–MRS 面板

1—指示灯；2—调试串口；3—调试网口；4—扳手

2. 接口说明

SC1–MRS 单板的面板上有 1 个调试网口和 1 个调试串口，具体说明如下。

（1）调试网口：FE 网口，RJ–45 插座，传输距离小于 100 米。用于本单板的功能调试。

（2）调试串口：RS–232 标准串口，RJ–45 插座，传输距离小于 10 米。用于本单板的功能调试。

（三）SC1–DTU–4 单板

SC1–DTU–4 是数字中继接口板，带 4 个 E1 接口和 1 个调试接口。

1. 主要功能

（1）SC1–DTU–4 提供数字中继的接入，用于实现与对端局的数字中继连接。

（2）E1 接口的速率为 2.048Mbit/s，接口特性满足 ITU–T 建议 G.703/G.704 中的规定，支持 SS7、PRA、R2 等信令方式。

SC1–DTU–4 单板的面板如图 7–26–3 所示。

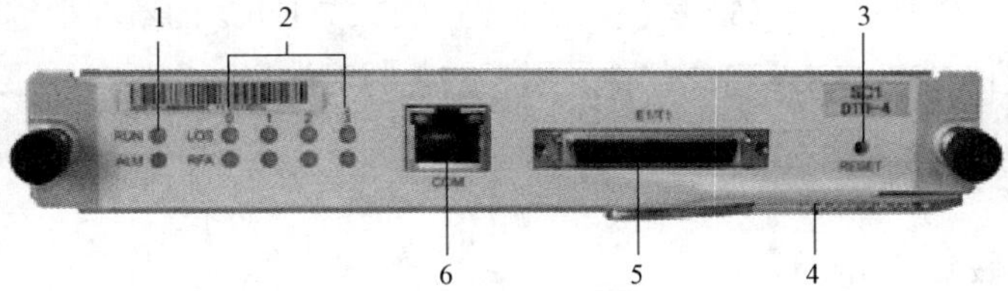

图 7–26–3　SC1–DTU–4 面板

1—工作指示灯；2—信号指示灯；3—复位按钮；4—扳手；

5—数字中继接口；6—调试串口

2. 接口说明

SC1–DTU–4 单板的面板上有数字中继接口和调试串口，具体说明如下。

（1）数字中继接口：DB50 插座，支持与 75Ω 或 120Ω 的数字中继电缆连接，提供 4 个 E1，支持 SS7、PRA、R2 信令。用于实现与对端局（如 LE）的数字中继连接。

（2）调试串口：RS–232 标准串口，RJ–45 插座，传输距离小于 10 米。用于本单板的功能调试。

3. 开关和按钮说明

复位按钮用于使单板重新启动并加载程序和数据。

（四）SC1–DTU–8 单板

SC1–DTU–8 是数字中继接口板，带 8 个 E1 接口和 1 个调试接口。

1. 主要功能

（1）SC1–DTU–8 提供数字中继的接入，用于实现与对端局的数字中继连接。

（2）E1 接口的速率为 2.048Mbit/s，接口特性满足 ITU–T 建议 G.703/G.704 中的规定，支持 SS7、PRA、R2 等信令方式。

SC1–DTU–8 单板的面板如图 7–26–4 所示。

2. 接口说明

SC1–DTU–8 单板的面板上有数字中继接口和调试串口，具体说明下。

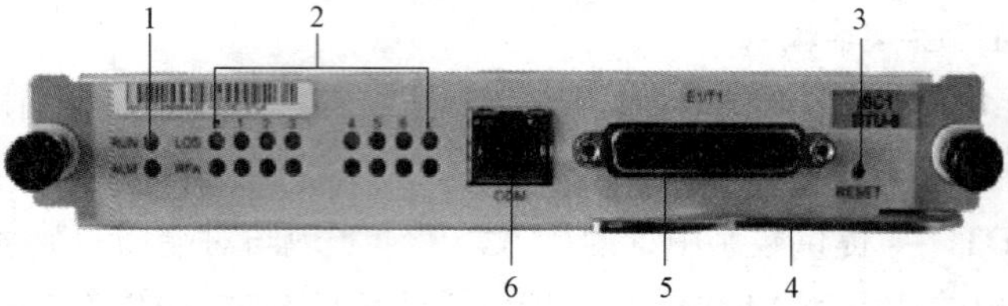

图 7-26-4　SC1-DTU-8 面板

1—工作指示灯；2—信号指示灯；3—复位按钮；4—扳手；5—数字中继接口；6—调试串口

（1）数字中继接口：DB50 插座，支持与 75Ω 或 120Ω 的数字中继电缆连接，提供 8 个 E1，支持 SS7、PRA、R2 信令。用于实现与对端局（如 LE）的数字中继连接。

（2）调试串口：RS-232 标准串口，RJ-45 插座，传输距离小于 10 米。用于本单板的功能调试。

3. 开关和按钮说明

复位按钮用于使单板重新启动并加载程序和数据。

（五）SC1-ATU-8 单板

SC1-ATU-8 是模拟中继接口板，带 8 个 FXO（Foreign Exchange Office）接口。

1. 主要功能

SC1-ATU-8 提供模拟中继的接入，最多可以跟对端局（如 LE）的 8 个 POTS 端口对接。具有如下基本特性：

（1）电路保护：提供对过流和过压的保护。

（2）铃流检测：检测对端交换机发出的铃流信号。

（3）馈电检测：检测对端交换机有无送出馈电。

（4）反极检测：检测两线接口有无极性反转。

（5）模拟摘机：模拟电话机摘机的功能，用于控制话音通道打开。

（6）二四线转换：实现两线到四线的转换。

（7）CODEC（Code and Decode）：对话音信号进行编解码。

SC1-ATU-8 单板的面板如图 7-26-5 所示。

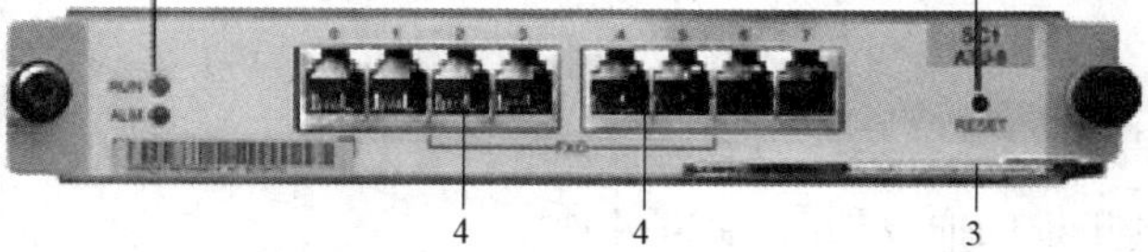

图 7-26-5　SC1-ATU-8 面板

1—指示灯；2—复位按钮；3—扳手；4—模拟中继接口

2. 接口说明

SC1–ATU–8 单板的面板上有 8 个模拟中继接口。RJ–11 插座，用于实现与对端局（如 LE）的模拟中继连接。

3. 开关和按钮说明

复位按钮用于使单板重新启动并加载程序和数据。

（六）SC1–EXU–4

SC1–EXU–4 是模拟用户扩展板，提供 4 个 UEP（User Extension Port）接口。

每个 UEP 接口可以连接一个 POTS–32 用户盒，每个 POTS–32 用户盒可以提供 32 个 POTS 电话的接入，如此一块 SC1–EXU–4 可以最终实现 128 个 POTS 电话的接入。

SC1–EXU–4 单板的面板如图 7–26–6 所示。

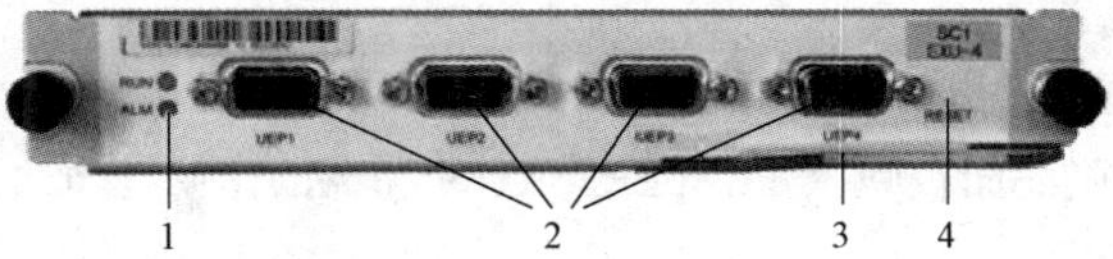

图 7–26–6　SC1–EXU–4 面板

1—指示灯；2—UEP 接口；3—扳手；4—复位按钮

（七）SC1–ASU

SC1–ASU 是模拟用户接口板，提供 40 个 FXS（Foreign Exchange Subscriber）接口。

SC1–ASU 单板用于提供 POTS 电话的接入，每块单板可以提供 40 个电话的接入。

SC1–ASU 单板的面板如图 7–26–7 所示。

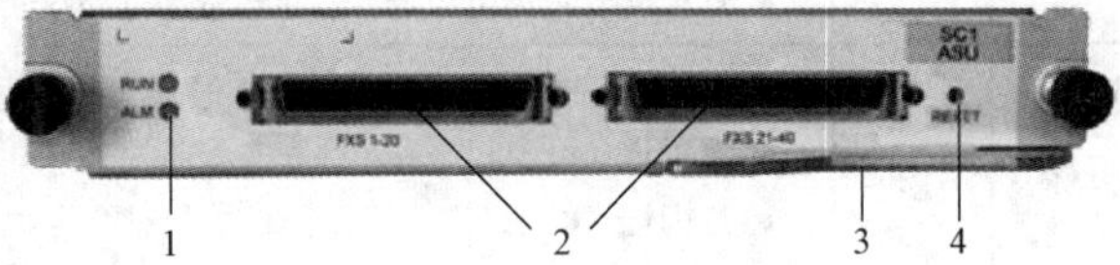

图 7–26–7　SC1–ASU 面板

1—指示灯；2—FXS 接口；3—扳手；4—复位按钮

【思考与练习】

1. SoftCo9500 交换机提供哪几种类型的数字用户板？主要作用是什么？
2. SoftCo9500 交换机的媒体资源板作用是什么？
3. SoftCo9500 交换机的 SC1–SMCU 主控板有哪些功能？

模块 27 软交换设备的告警管理（Z37F1027 Ⅰ）

【模块描述】本模块包含软交换设备告警信息的管理命令及操作，通过对软交换设备告警模块的管理命令及操作步骤的介绍，掌握软交换设备告警管理模块的使用和管理。

【模块内容】

一、概述

告警是故障或者事件发生的重要提示信息。通过查看告警，能够及时发现系统运行中的故障信息，并根据告警建议及时进行故障定位和故障排除。在故障处理时，针对不同的告警级别，其处理的优先级也是不同的。

二、告警显示

1. SoftCo9500 机箱指示灯说明

SoftCo9500 机箱前面板包括 POWER、RUN 和 ALARM 三个指示灯。指示灯状态说明如表 7–27–1 所示。

表 7–27–1 SoftCo9500 机箱指示灯说明

指示灯	标识	颜色	状态说明
电源指示灯	POWER	绿色	● 灯亮表示电源正常。 ● 灯灭表示电源没有接通
运行指示灯	RUN	绿色	● 灯常亮，表示单板故障。 ● 灯闪烁（4Hz），表示系统运行时，单板正在写 Flash Memory。 ● 灯闪烁（0.5Hz），表示系统运行正常。 ● 灯灭，表示无电源输入、单板故障或系统正在启动
告警指示灯	ALARM	红色	● 灯闪烁（4Hz），表示系统运行时存在紧急告警。 ● 灯闪烁（0.5Hz），表示存在主要告警。 ● 灯闪烁（0.25Hz），表示存在次要告警。 ● 灯灭，表示不存在告警

2. IPPBX–SMCU 单板指示灯说明

IP PBX–SMCU 的面板上有三个指示灯：RUN、ALM（Alarm）和 ACT（Active），指示灯状态说明如表 7–27–2 所示。

表 7-27-2 IP PBX-SMCU 指示灯说明

指示灯类型	标识	颜色	状态说明
运行指示灯	RUN	绿色	• 灯常亮，表示单板故障。 • 灯闪烁（4Hz），表示系统运行时，单板正在写 Flash Memory。 • 灯闪烁（2Hz），表示系统启动时，单板正在写 Flash Memory。 • 灯闪烁（1Hz），表示单板正在启动中。 • 灯闪烁（0.5Hz），表示系统运行正常。 • 灯灭，表示无电源输入或单板故障
告警指示灯	ALM	红色	• 灯闪烁（4Hz），表示系统运行时存在紧急告警，或者系统启动时软件加载异常。 • 灯闪烁（0.5Hz），表示存在主要告警。 • 灯闪烁（0.25Hz），表示存在次要告警。 • 灯灭，表示不存在告警
主备指示灯	ACT	绿色	• 灯常亮，表示当前单板是主用板。 • 灯灭，表示当前单板是备用板

3. MRS 单板指示灯说明

SC1–MRS 单板的面板上有两个指示灯：ALM 和 RUN，具体说明如表 7–27–3 所示。

表 7-27-3 SC1-MRS 指示灯说明

指示灯类型	标识	颜色	状态说明
运行指示灯	RUN	绿色	• 灯常亮，表示单板故障。 • 灯快闪（4Hz），表示单板正处于加载过程中或正在写 Flash Memory。 • 灯闪烁（2Hz），表示系统启动时，单板正在写 Flash Memory。 • 灯闪烁（0.5Hz），表示单板运行正常。 • 灯灭，表示无电源输入或单板故障
告警指示灯	ALM	红色	• 灯闪烁，表示单板正在启动中，或者启动后用户未通过命令添加该单板。 • 灯灭，表示单板运行正常

4. DTU–4 单板指示灯说明

SC1–DTU–4 单板的面板上有四类指示灯：RUN、ALM、LOS（Loss Of Signal）和 RFA（Remote Fail Alarm）。一对 LOS 和 RFA 指示灯反映一个 E1 的状况，如标识为 0 的 LOS 和 RFA 指示灯用于反映第 1 个 E1 的状况，标识为 1 的 LOS 和 RFA 指示灯用于反映第 2 个 E1 的状况，以此类推。

各种指示灯的具体说明如表 7–27–4 所示。

表 7–27–4 SC1–DTU–4 指示灯说明

指示灯类型	标识	颜色	状态说明
运行指示灯	RUN	绿色	● 灯常亮，表示单板故障。 ● 灯闪烁（4Hz），表示系统运行时，单板正在写 Flash Memory。 ● 灯闪烁（2Hz），表示系统启动时，单板正在写 Flash Memory。 ● 灯闪烁（0.5Hz），表示单板运行正常。 ● 灯灭，表示无电源输入或单板故障
告警指示灯	ALM	红色	● 灯闪烁，表示单板正在启动中，或者启动后用户未通过命令添加该单板。 ● 灯灭，表示单板运行正常
信号丢失指示灯	LOS	黄色	● 灯亮，表示信号丢失。 ● 灯灭，表示信号正常
远端告警指示	RFA	绿色	● 灯亮，表示对端设备接收有故障。 ● 灯灭，表示对端设备工作正常

5. DTU–8 单板指示灯说明

SC1–DTU–8 单板的面板上有四类指示灯：RUN、ALM、LOS（Loss Of Signal）和 RFA（Remote Fail Alarm）。一对 LOS 和 RFA 指示灯反映一个 E1 的状况，如标识为 0 的 LOS 和 RFA 指示灯用于反映第 1 个 E1 的状况，标识为 1 的 LOS 和 RFA 指示灯用于反映第 2 个 E1 的状况，以此类推。

各种指示灯的具体说明如表 7–27–5 所示。

表 7–27–5 SC1–DTU–8 指示灯说明

指示灯类型	标识	颜色	状态说明
运行指示灯	RUN	绿色	● 灯常亮，表示单板故障。 ● 灯闪烁（4Hz），表示系统运行时，单板正在写 Flash Memory。 ● 灯闪烁（2Hz），表示系统启动时，单板正在写 Flash Memory。 ● 灯闪烁（0.5Hz），表示单板运行正常。 ● 灯灭，表示无电源输入或单板故障
告警指示灯	ALM	红色	● 灯闪烁，表示单板正在启动中，或者启动后用户未通过命令添加该单板。 ● 灯灭，表示单板运行正常
信号丢失指示灯	LOS	黄色	● 灯亮，表示信号丢失。 ● 灯灭，表示信号正常
远端告警指示	RFA	绿色	● 灯亮，表示对端设备接收有故障。 ● 灯灭，表示对端设备工作正常

6. ATU–8 单板指示灯说明

SC1–ATU–8 单板的面板上有两个指示灯：ALM 和 RUN，具体说明如表 7–27–6 所示。

表 7–27–6　　SC1–ATU–8 指示灯说明

指示灯类型	标识	颜色	状态说明
运行指示灯	RUN	绿色	● 灯常亮，表示单板故障。 ● 灯闪烁（4Hz），表示系统运行时，单板正在写 Flash Memory。 ● 灯闪烁（2Hz），表示系统启动时，单板正在写 Flash Memory。 ● 灯闪烁（0.5Hz），表示单板运行正常。 ● 灯灭，表示无电源输入或单板故障
告警指示灯	ALM	红色	● 灯闪烁，表示单板正在启动中，或者启动后用户未通过命令添加该单板。 ● 灯灭，表示单板运行正常

7. EXU–8 单板指示灯说明

SC1–EXU–8 单板的面板上有两个指示灯：ALM 和 RUN。具体说明如表 7–27–7 所示。

表 7–27–7　　SC1–EXU–4 指示灯说明

指示灯类型	标识	颜色	状态说明
运行指示灯	RUN	绿色	● 灯常亮，表示单板故障。 ● 灯闪烁（4Hz），表示系统运行时，单板正在写 Flash Memory。 ● 灯闪烁（2Hz），表示系统启动时，单板正在写 Flash Memory。 ● 灯闪烁（0.5Hz），表示单板运行正常。 ● 灯灭，表示无电源输入或单板故障
告警指示灯	ALM	红色	● 灯闪烁，表示单板正在启动中，或者启动后用户未通过命令添加该单板。 ● 灯灭，表示单板运行正常

【思考与练习】

1. SoftCo9500 软交换设备各单板指示灯在什么情况下，表示单板正常？
2. DTU–4/8 中继单板 RFA 指示灯呈现绿色，说明什么？
3. IP PBX–SMCU 单板 RUN 指示灯以 1Hz 的频率闪烁，表示什么？

◢ 模块 28 软交换设备的基本命令（Z37F1028 Ⅰ）

【模块描述】本模块包含软交换设备的常用基本的命令，通过对软交换设备各种常用设备管理命令和操作步骤的讲解，掌握软交换设备一些常用的基本命令。

【模块内容】

一、概述

华为 SoftCo9500 软交换设备命令包含：

（1） 基本命令。

（2） 配置命令。

（3） 维护命令。

（4） 显示命令。

基本命令主要针对软交换设备的一些基础操作，不存在复杂的业务数据命令。

二、软交换设备基本命令集

软交换设备基本命令集见表 7–28–1。

表 7–28–1　　　　基 本 命 令 集

名称	功能	命令格式	模式	使用指南
clear	清除屏幕上所有的显示信息	clear	View 模式	执行该命令后，将清除当前屏幕上所有显示信息
config add cliuser	增加命令行维护用户	config add cliuser name<*string*>loginpassword<*string*>[enablepassword<*string*>]	Config 模式	用户名长度不小于 4 位，密码长度不小于 6 位。 增加普通用户，不需要设置 enablepassword 参数；增加管理员用户，需要设置 enablepassword 参数
config delete cliuser	删除命令行维护用户	config delete cliuser name<*string*>	Config 模式	只能删除已存在的命令行维护用户，可以先用 show cliuser 命令查看待删除的命令行维护用户是否存在
config modify enablepassword	修改当前用户切换到 Config 模式的密码	config modify enablepassword	Config 模式	执行该命令并按 Enter 键后，系统会提示输入新密码。输入一次新密码并按 Enter 键后，系统会提示再次输入新密码加以确认。两次输入的密码必须相同
config modify loginpassword	修改当前用户登录到 View 模式的密码	config modify loginpassword	Config 模式	执行该命令并按 Enter 键后，系统会提示输入新密码。输入一次新密码并按 Enter 键后，系统会提示再次输入新密码加以确认。两次输入的密码必须相同

续表

名称	功能	命令格式	模式	使用指南
enable	从 View 模式切换到 Config 模式	enable	View 模式	执行该命令后，提示输入密码，验证成功后，切换到 Config 模式
exit	退出当前命令模式	exit	View 模式	如果当前命令模式为 Config 模式，执行该命令后将退到 View 模式。如果当前命令模式为 View 模式，执行该命令后将退出命令行系统
help	查询帮助信息	help	View 模式	执行该命令后，系统提示可以选用如下两种获取帮助的方法： 1. 直接输入符号“？”，不用按 Enter 键，可看到命令参数及其描述。 2. 输入 list 命令，然后按 Enter 键，可看到命令列表
kill	拆除一个与 SoftCo 的连接	kill session<1–24>	Config 模式	该命令只能由用户 admin 执行
list	显示当前模式下的可用命令	list［string<string>］	View 模式	如果不输入参数 string，则显示当前模式下的所有命令。如果输入参数 string，则显示当前模式下含有参数值的命令
quit	退出系统	quit	View 模式	执行该命令将退出系统，回到未登录状态
set idle_timeout	设置用户空闲超时退出系统的时长	set idle_timeout<0–30000>	Config 模式	执行该命令后，如果在设置的用户空闲超时退出系统的时长内一直都没有对串口进行操作，则系统会自动退出到未登录状态。如果用户空闲超时退出系统的时长设置为 0，系统不会自动退出
show cliuser	显示所有的命令行维护用户	show cliuser	View 模式	无
show history	查看历史命令	show history	View 模式	执行该命令只显示最近 20 条历史命令
show idle_timeout	查看空闲超时时长设置	show idle_timeout	View 模式	无
stop ping	用于停止 ping 命令的异步执行	stop ping	View 模式	无

续表

名称	功能	命令格式	模式	使用指南
terminal	配置命令行显示输出的行数	terminal length<0–512>	View 模式	如果输出结果超过了设定的行数 n，则显示 n 行之后系统会自动停下来，并且提示"—Press any key to continue Ctrl+c to stop—"的信息。按任意键，显示下一屏的信息；按"Ctrl+c"，停止
who	查看当前已登录用户	who	View 模式	执行命令后，可以查看已登录用户的用户名、登录所用的 IP 地址、以及当前所处命令操作模式
who am i	显示当前用户信息	who am i	View 模式	无

三、基本登录命令示例

介绍采用默认的用户名和密码进入 SoftCo9500 常用用户视图的方法。

通过 Telnet 工具选择 SSH 协议登录到 SoftCo9500，根据权限的不同，可以分为：

（1）普通用户模式：可以执行 show 命令和 CLI 一般命令（如 clear、help、list、exit 等）。

（2）配置用户模式：可以执行 config 命令和设备维护命令（如 reboot、switch board 等）。

（3）超级用户模式：可以操作几乎所有的配置命令，如不执行调试命令，一般无需登录到该模式。

[.login.]Login:>admin

[.password.]Password:>huawei

[%SoftCo9500]>/* 普通用户视图,即 View 模式,可以执行 show 命令和 CLI 一般命令(如 clear、help、list、exit 等)*/

[%SoftCo9500]>enable

[.password.]Password:>huawei

[%SoftCo9500(config)]#/* 配置用户视图,即 Config 模式,可以执行 config 命令和设备维护命令(如 reboot、switch board 等)*/

[%SoftCo9500(config)]#terminal length 0　配置为不限制命令行显示输出行数

[%SoftCo9500(config)]#super

debug

[%SoftCo9500(config)]$/* 超级用户视图,可以操作几乎所有的配置命令,如不执行调试命令,一般无需登录到该模式*/

前一级用户视图下的任何命令都能在后一级用户视图下执行。超级用户视图下还能够打开和关闭调试开关，以方便抓取呼叫日志，分析呼叫中可能遇到的问题。

【思考与练习】

1. 华为 SoftCo9500 软交换设备命令包含哪些？

2. 华为 SoftCo9500 软交换设备基本命令主要作用是什么？

3. 华为 SoftCo9500 软交换设备增加用户需要设置什么参数？

模块 29 软交换的维护界面（Z37F1029Ⅱ）

【模块描述】本模块介绍了软交换维护界面的基本概况，通过对软交换设备的基本维护命令和运行管理命令的介绍，掌握软交换维护界面的布局及常用命令和功能。

【模块内容】

一、概述

针对 SoftCo9500 设备的维护方式有三种，如下：

1. OMU

SoftCo 主机的 Windows 操作维护平台，设备的监控中心和数据管理中心。一个 OMU 客户端可以管理多个主机。

2. LMT

LMT（Local Maintenance Terminal）是 SoftCo 的软件加载、配置和监控工具。支持 windows 和 Suse Linux 两种操作系统。同时 LMT 也是 SoftCo 的网元管理系统，提供配置管理、告警管理、监控管理、信令跟踪、一键式故障收集、补丁管理、升级、日志等功能。

3. 命令维护窗口

命令维护窗口及在 SoftCo9500 业务网段同一网段下的 PC，通过 Telnet 方式接入 SoftCo9500，在不同的用户模式下进行数据的查询和配置。

二、基本概念介绍

介绍中涉及几个基本概念，为了明确这几个概念的含义和区别，先予以介绍。这几个概念为：SIP 话机、SIP 用户和 POTS 话机。

1. SIP 话机

SIP（Session Initiation Protocol）话机包括两种类型：

（1） SIP 硬终端（如 IP 终端）。

（2） SIP 软终端（如软电话）。

2. SIP 用户

若用户的话机采用 SIP 协议进行通信，称该用户为 SIP 用户。

3. POTS 话机

与 SIP IAD 连接的 POTS（Plain Old Telephone Service）话机。

三、配置 SoftCo 的 IP 地址和网口工作模式

配置 SoftCo 网口工作模式，SoftCo 的 IP 地址、网关 IP 地址和 TFTP 服务器的 IP 地址。

（一）SoftCo 接入方式

在开局、升级时，需要加载程序或数据到 SoftCo。SoftCo 通过串口或网口进行加载，加载协议采用 TFTP。因此，需要在一台计算机上安装 TFTP 服务器软件，并将待加载的程序或数据放到 TFTP 服务器设置的加载目录下。TFTP 服务器的 IP 地址也即安装该 TFTP 服务器软件的计算机的 IP 地址。

配置的 SoftCo 的 IP 地址需要重新启动后才能生效。

操作步骤：

（1） 连接 SoftCo。

（2） 使用串口/Telnet 工具与 SoftCo 建立连接。

1）可以通过串口或 Telnet 登录 SoftCo 进行配置调试工作。使用 Windows 自带的超级终端或者第三方的软件，工具的使用方法请参见以下操作步骤。

2）使用串口连接（Windows 自带的超级终端）。

① 将串口线的两端分别连在 SoftCo 串口和 PC 的串口上。

SoftCo5816 的串口是设备后面板上标识为“CONSOLE”的端口，SoftCo9500 的串口是 SMCU 板上标识为“COM”的端口。

② 选择“开始”→“程序”→“附件”→“通信”→“超级终端”，打开超级终端，并新建一个连接，如图 7–29–1 所示。

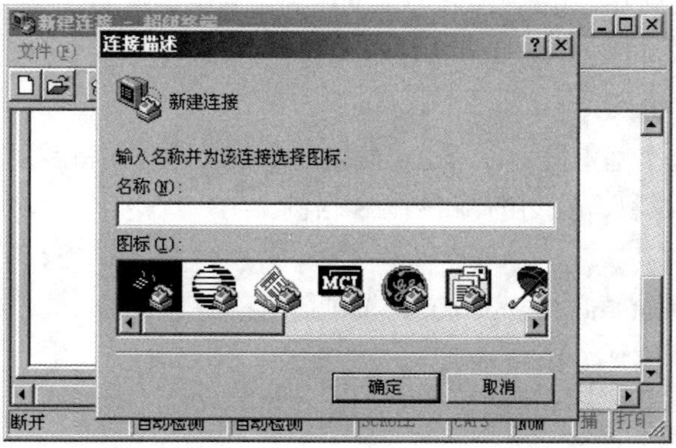

图 7–29–1 新建连接

③ 输入名称，单击“确定”。显示“连接到”对话框，根据 PC 连接的串口选择“COM1”或“COM2”，如图 7–29–2 所示。

④ 单击“确定”。在显示的“属性”对话框中的操作如图 7–29–3 所示。

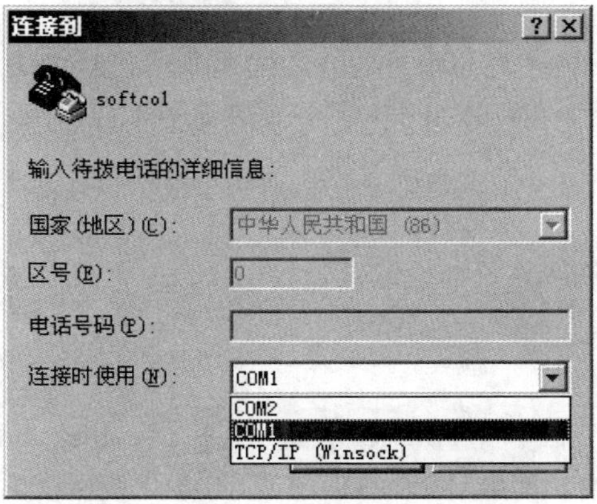

图 7–29–2　连接到对话框

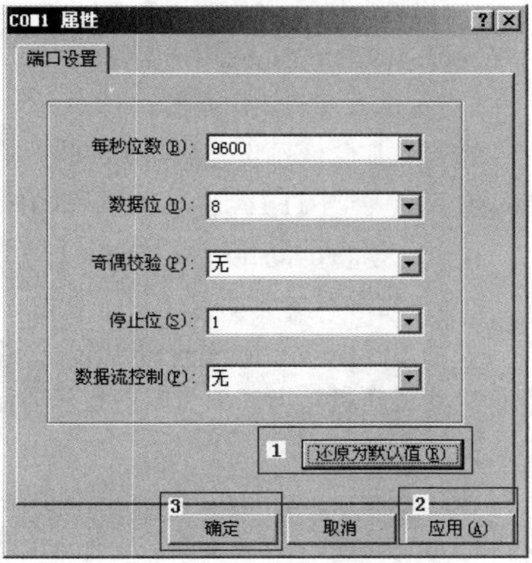

图 7–29–3　串口属性设置

[.login.]Login:>admin

[.password.]Password:>huawei

[%SoftCo9500]>普通用户视图，即 View 模式，可以执行 show 命令和 CLI 一般命令(如 clear、help、list、exit 等)

[%SoftCo9500]>enable

[.password.]Password:>huawei

[%SoftCo9500(config)]#　　配置用户视图,即 Config 模式,可以执行 config 命令和设备维护命令(如 reboot、switch board 等)

说明：粗体部分需要输入。

（二）配置 IP 地址

配置 SoftCo 的 IP 地址（见表 7–29–1）后，可以通过 Telnet 方式远程配置、维护 SoftCo 设备。

表 7–29–1　　　　IP 参 数 说 明

参数	参数说明
Ip	SoftCo 的 IP 地址及子网掩码。 参数值的格式为 a.b.c.d/m，其中 a.b.c.d 表示 IP 地址，m 表示子网掩码的位数

config system ip mode static address 192.168.10.10/24

（三）配置网关 IP 地址

当 SoftCo 与组网中的其他设备不在同一个子网中时，才需要进行网关的配置。网关数据用于 SoftCo 与其他设备之间的互通。

config system gateway ip 192.168.10.1

（四）配置 TFTP 服务器的 IP 地址

在每次加载或备份之前，需要执行命令 show system information 以确认“Host IP Address”是否与 TFTP 服务器实际的 IP 地址一致，如果不一致，需要进行配置。

config system hostip 192.168.10.11

（五）增加媒体资源板

仅当 SoftCo 为 SoftCo9500 时，需要增加媒体资源板。对于 SoftCo5816，媒体资源模块集成在机箱上，不需要进行任何配置。

操作步骤：

执行 config add board slot<2－9>type mru 命令增加 MRU 单板；或执行 config add board slot<2－9>type mrs 命令增加 MRS 单板。其中 slot 为 MRU 或 MRS 单板所在的槽位号。

执行 show board 命令查看单板状态。

若单板所在 slot 显示状态为 OK，则表示单板已增加并正常运行。

四、基于 C/S 的配置与管理

1. OMU 网管系统结构

OMU 基于 Client/Server 结构，由 OMU 服务器和 OMU 客户端组成。

OMU 系统结构如图 7–29–4 所示。

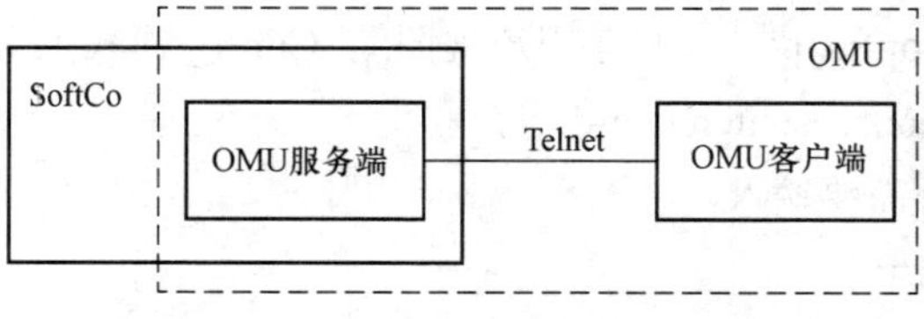

图 7–29–4 OMU 系统结构图

（1） OMU（Operation and Maintenance Unit）服务器。

集成在 SoftCo 主机中，支持 SoftCo 的告警、跟踪、性能、设备和日志等的管理，并将相关信息上报给 OMU 客户端。

（2） OMU 客户端。

安装在 SoftCo 外的 PC 上，以 Telnet 方式连接 OMU 服务器，提供图形用户界面形式的拓扑管理、告警管理、配置管理、设备管理、版本升级、日志管理等功能。

2. 系统组网

OMU 客户端通过 Telnet 方式登录 SoftCo，实现网元管理。一个 OMU 客户端可以管理多个 SoftCo，一个 SoftCo 也可以被多个 OMU 客户端所管理。

OMU 网管系统组网如图 7–29–5 所示。

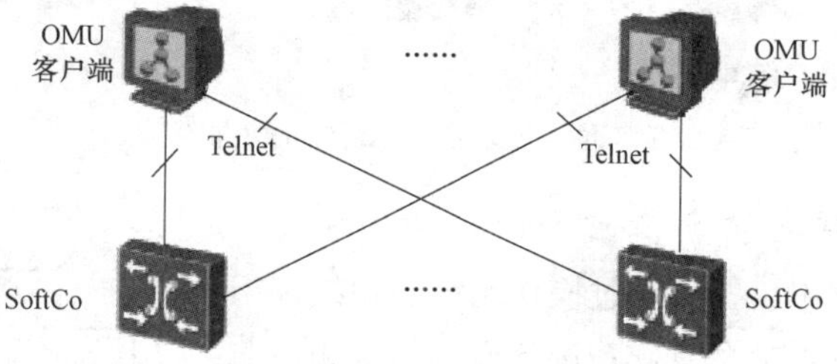

图 7–29–5　OMU 网管组网

3. 主要功能

OMU 的主要功能包括告警管理、性能管理、拓扑管理、配置管理、安全管理和信令跟踪。

4. 界面示例

OMU 操作界面示例如图 7–29–6 所示。

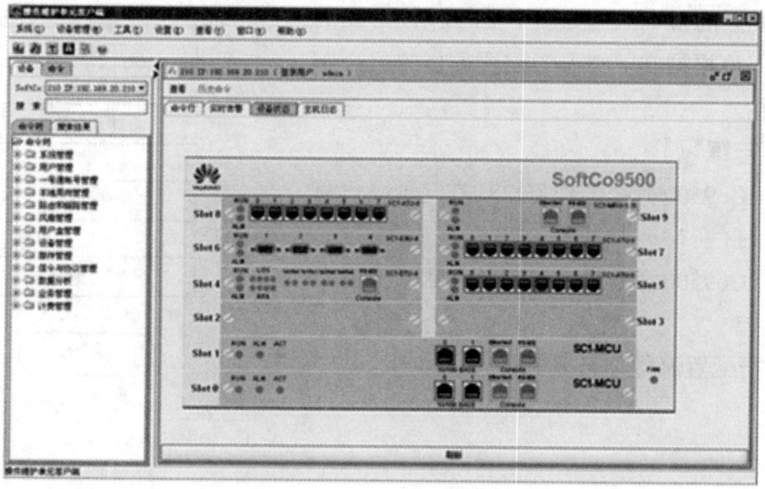

图 7–29–6　OMU 操作界面示例

5. 硬件连接

可以远程登录或者本地连接实现对 SoftCo 的操作维护。

可以使用远程操作维护终端，以 Telnet 方式登录 SoftCo 主机的业务网口进行设备配置和调试，如图 7–29–7 所示。

图 7–29–7　远程登录 SoftCo 主机硬件连接示意图

可以将本地操作维护终端的串口连接到 SoftCo 主机的调试串口，并通过操作系统的超级终端工具建立与 SoftCo 的连接，进行设备配置和调试，如图 7–29–8 所示。

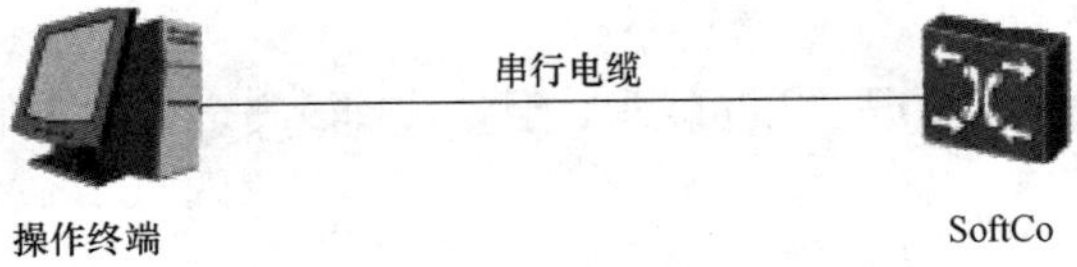

图 7–29–8　本地登录 SoftCo 主机硬件连接示意图

五、数据配置流程

数据配置的基本流程如图 7–29–9 所示。在实际开局时，可根据实际情况对配置项目的顺序作适当的调整。

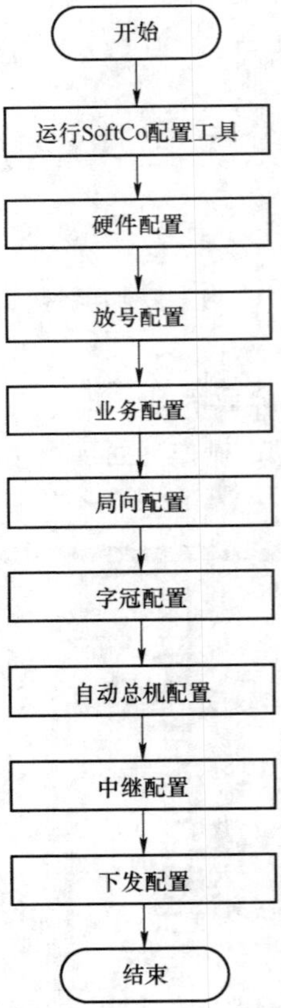

图 7–29–9　数据配置基本流程

【思考与练习】

1. SoftCo9500 命令维护窗口具有几种操作模式？有什么区别？

2. SoftCo9500 命令维护窗口具有哪几大类命令？

3. 数据配置流程是怎样的？

模块 30　软交换的网元状态查询和告警查询（Z37F1030Ⅱ）

【模块描述】本模块包含网元的常见维护方式，通过对网元的状态查询机告警查询操作的介绍，掌握网管对各个网元的基本维护，包括状态查询、告警查询等。

【模块内容】

一、概述

华为 OMU 网元管理系统可以通过设备面板图对系统拓扑中的网元进行状态监控及数据查看，同时也可以进行数据配置和状态查询；针对核心软交换设备 SOFTCO9500，OMU 也可以进行监管，同时一个 OMU 客户端可以管理多个 SoftCo，一个 SoftCo 也可以被多个 OMU 客户端所管理，实现智能监控，确保系统拓扑组网中的网元的工作状态实时的进行监控，保障网元出现故障的情况下，能够及时有效的处理故障问题，保障系统的正常运行。

二、OMU 网元管理系统构架

1. 系统结构

OMU 基于 Client/Server 结构，由 OMU 服务器和 OMU 客户端组成。

2. 系统组网

OMU 客户端通过 Telnet 方式登录 SoftCo，实现网元管理。一个 OMU 客户端可以管理多个 SoftCo，一个 SoftCo 也可以被多个 OMU 客户端所管理。

3. 主要功能

OMU 的主要功能包括告警管理、性能管理、拓扑管理、配置管理、安全管理和信令跟踪。

三、主要功能

OMU 的主要功能包括告警管理、性能管理、拓扑管理、配置管理、安全管理和信令跟踪。

具体管理功能如表 7-30-1 所示。

表 7-30-1　OMU 主 要 功 能

管理功能	功能子项
告警管理	● 实时告警的显示和查询。 ● 历史告警的显示和查询。 ● 告警过滤。 ● 告警按级别统计。 ● 告警音设置。 ● 告警清除

续表

管理功能	功能子项
性能管理	● DSP（Digital Signal Processing）状态浏览。 ● CPU、内存状态浏览。 ● E1 电路状态浏览
配置管理	● SoftCo 增加、删除、修改和登录。 ● 拓扑管理：构造并管理以 SoftCo 为中心的网络拓扑结构，反映 SoftCo 与下挂设备、中继对接设备的组网情况及其运行状态。 ● 通过命令导航树进行数据配置和状态查询。 ● 通过设备面板图进行数据配置和状态查询。 ● 通过命令行或批处理命令进行数据配置和状态查询。 ● 补丁和版本管理
信令跟踪	● SIP、H.248 宽带信令跟踪和消息解析。 ● SS7、PRA、R2 窄带信令跟踪和消息解析。 ● 以用户号码为跟踪条件输出跟踪消息。 ● 跟踪任务管理。 ● 消息/信令实时显示。 ● 消息/信令自动保存。 ● 消息/信令历史查询。 ● 消息/信令删除
安全管理	● 用户管理。 ● 系统运行日志和用户操作日志。 ● 客户端锁定和解锁

四、界面示例

OMU 网元管理系统提供了设备状态的监控界面，包含了设备板块及板块接口试用情况。

OMU 操作界面示例如图 7–30–1 所示。

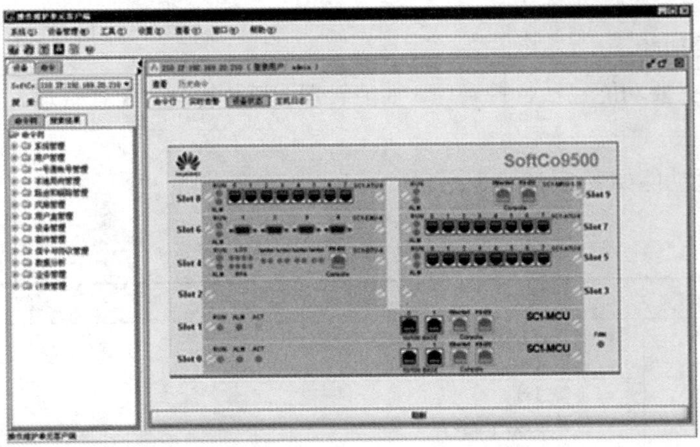

图 7–30–1 OMU 操作界面示例

五、告警类型

华为 OMU（Operation Management Unit）系统作为基于 Client/Server 结构的 SoftCo 数据配置相关的网管系统，华为软交换设备是通过 OMU 网元管理系统实现对 SoftCo 的管理，还可以远程或本地操作维护终端。

（1）紧急告警：全局性的、将危及设备正常运行的告警，如电源故障。需要立即处理，否则系统有瘫痪危险。

（2）重要告警：局部范围内的单板或线路告警，如物理线路故障。需要及时处理，否则将导致业务不能正常运行。

（3）次要告警：一般性的、描述各单板或线路工作是否正常的状态告警。需要查找告警原因，消除故障隐患。

（4）警告告警：提示性信息，如设备恢复正常的提示。不影响系统性能和业务，无需处理。

六、告警案例

1. ALM–306010080 DTU8 单板故障告警

告警解释：

当 DTU8 单板故障时，会上报此告警。可能原因如下：

（1）命令行输入 reset board slotdebug upgrate slot 等命令使 DTU8 单板重新启动。

（2）DTU8 单板被拔出。

（3）DTU8 单板异常重新启动。

2. ALM–306010034 PRI 链路故障

告警解释：

当 PRI 链路故障时候，产生该告警，可能原因如下：

（1）收到对端拆链指示帧。

（2）收到对端拆链确认帧。

（3）E1 线松动。

【思考与练习】

1. softco9500 软交换设备通过什么系统来进行网元设备监控？

2. OMU 网元管理系统主要功能是什么？

3. 配置管理有哪些功能？

模块31 软交换用户号码的配置（Z37F1031Ⅱ）

【模块描述】本模块包含用户号码的配置步骤，通过对软交换中用户号码的定义、删除、修改等操作步骤的介绍，掌握软交换用户号码的配置方法。

【模块内容】

一、概述

介绍华为软交换局内用户号码配置及配置流程；通过 SOFTCO 配置工具实现对 SoftCo 用户号码的新增和修改的管理。根据实际组网配置各种不同类型的用户，包括 SIP 用户放号和 POTS 用户放号。

1. SIP 用户放号

介绍如何配置 SIP 用户。SIP 用户包括使用 IP Phone 话机，SIP IAD 下的 POTS 话机以及软终端的用户。

2. POTS 用户放号

介绍如何配置用户盒下的用户，以及与 SoftCo9500 机箱连接的 POTS 用户。

二、SIP 用户放号

介绍如何配置 SIP 用户。SIP 用户包括使用 IP Phone 话机，SIP IAD 下的 POTS 话机以及软终端的用户。

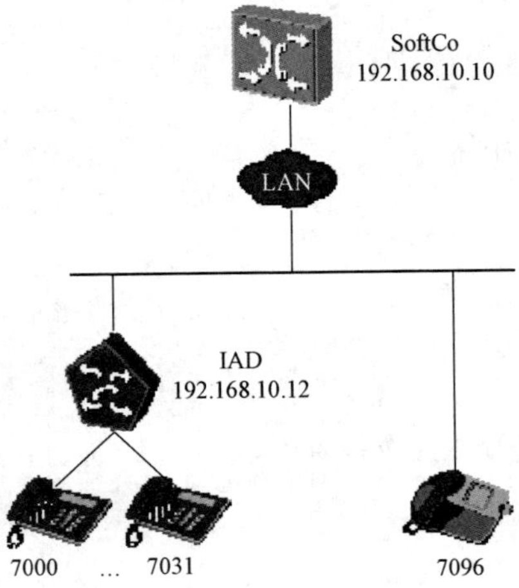

图 7–31–1 组网图

配置示例：

7000–7031 为通过 IAD 注册到 SoftCo 的 SIP 用户，7096 为通过 IP Phone 注册到 SoftCo 的 SIP 用户，具体组网如图 7–31–1 所示。

在 SoftCo 上配置 SIP 用户。

本节以实现以下需求为例，进行用户配置。

- 批量配置 32 个 SIP 用户，起始设备标识为 7000，起始用户号码为 7000。
- 添加单个 SIP 用户 7096。

1）单击“放号配置”，选中“SIP 放号”，在“添加号码”页签中输入用户信息，如图 7–31–2 所示。

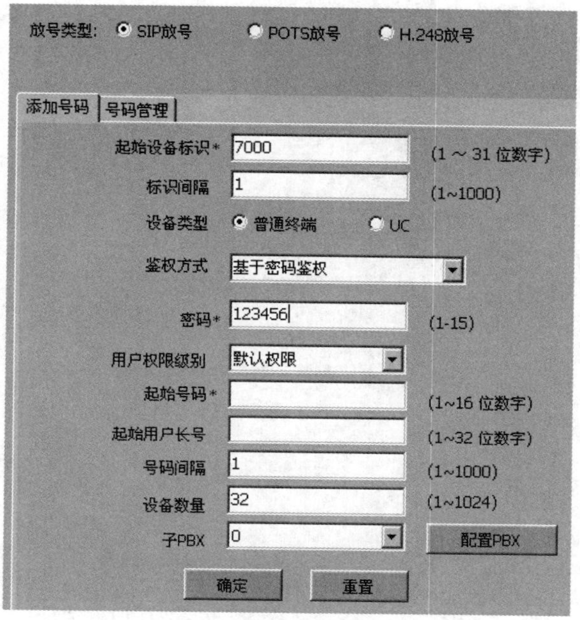

图 7–31–2　批量添加 SIP 用户

各参数说明如表 7–31–1 所示。

表 7–31–1　　　　参　数　说　明

参数名称	参数说明
起始设备标识	用于指定 SIP 设备中第一个设备标识。其值域类型为字符串，只支持输入数字。为便于记忆，建议取值为待分配给该设备的用户号码，与起始号码一致
设备类型	SoftCo 下的常用的 SIP 终端可以分为以下两种： （a）普通终端：包括 IP 话机、SIP IAD 下的 POTS 话机。 （b）UC：如 eSpace 软终端
鉴权方式	用于指定 SIP 设备注册到 SoftCo 时所使用的鉴权方式
用户权限级别	用户权限级别从低到高排列的顺序为：默认权限<普通权限<高级权限<超级权限。默认为 defalut。级别高的用户具有更多的默认业务权限和呼出权限。同一级别的用户具有相同的默认业务权限和呼出权限

2）单击“确定”，完成用户 7000～7031 的添加。

3）按照图 7–31–3 添加单个用户 7096。

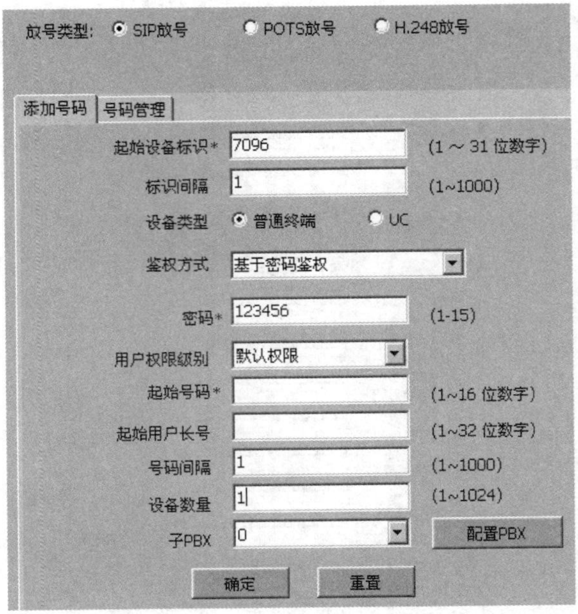

图 7–31–3 添加单个 SIP 用户

4）单击“号码管理”页签，检验添加的用户号码是否正确。如图 7–31–4 所示。

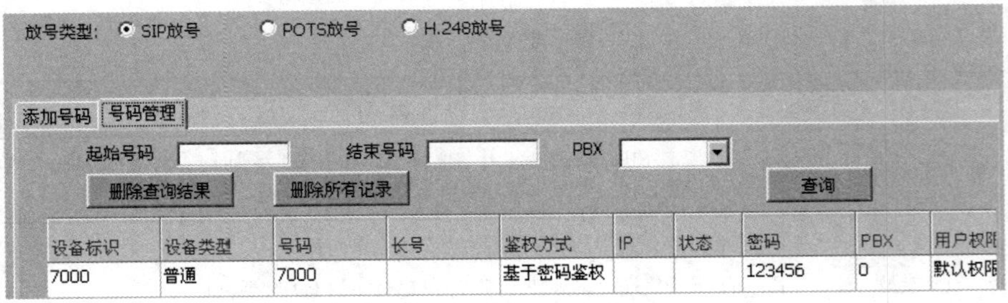

图 7–31–4 号码管理

5）用户号码配置完成后，需要配置局内字冠，之后局内用户才能互相通话。

三、POTS 用户配置

介绍如何配置用户盒下的用户，以及与 SoftCo9500 机箱连接的 POTS 用户。

1. 配置 SoftCo9500 用户盒下的用户

本节以实现以下需求为例：

为用户盒下的用户分配 32 个用户号码，起始号码为 7000。该用户盒与 EXU 单板的 UEP1 端口相连，EXU 单板位于 SoftCo 的 3 号槽位，已配置 EXU 单板。

（1） 选择“放号配置”。

（2）选中“POTS 放号”。

（3）在“添加号码”页签中输入用户信息，如图 7–31–5 所示。

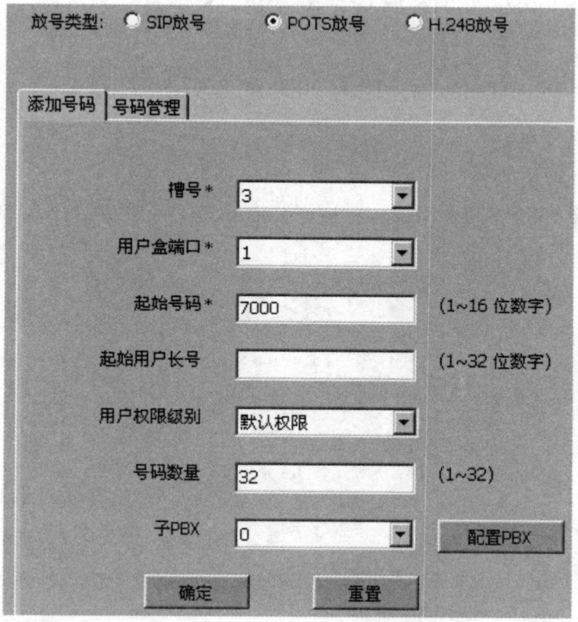

图 7–31–5　添加 SoftCo9500 用户盒下的用户

各参数说明如表 7–31–2 所示。

表 7–31–2　　参数说明

参数名称	参数说明
槽号	EXU 单板所在的槽位号
用户盒端口	用户盒端口是指用户盒连接 SoftCo 时，SoftCo 的 EXU 单板上对应的 UEP 端口编号。一块 EXU 单板上有 UEP1、UEP2、UEP3、UEP4 共四个端口，参数中的 1 对应 UEP1 端口，2 对应 UEP2 端口，逐次类推。只有接入方式选择了“用户盒”方式，才需要配置端口号
起始号码	起始用户号码，用于指定起始用户端口的用户号码
起始用户长号	起始用户长号。长号由局外网（如 PSTN 网络）分配。局外用户直接拨打用户的长号即可呼叫该用户
用户权限级别	用户权限级别从低到高排列的顺序为：默认权限<普通权限<高级权限<超级权限。默认为 defalut。级别高的用户具有更多的默认业务权限和呼出权限。同一级别的用户具有相同的默认业务权限和呼出权限
号码数量	新增用户的数量

（4）单击“确定”，完成用户的添加。

（5）用户号码配置完成后，需要配置局内字冠，之后局内用户才能互相通话。

2. 配置与 SoftCo9500 POTS 端口直连的 POTS 用户

本节以实现以下需求为例：

SoftCo9500 主板上增加起始号码为 7064 的 8 个连续用户号码。

（1）选择“放号配置”。

（2）选中“POTS 放号”。

（3）在“添加号码”页签中输入新增用户信息，如图 7–31–6 所示。

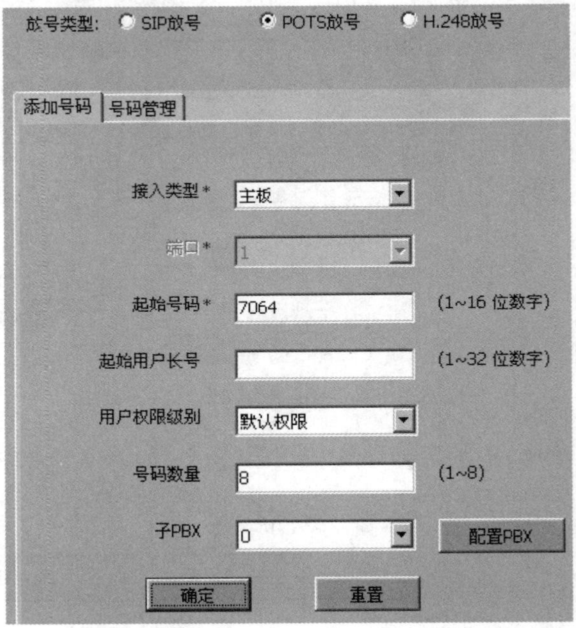

图 7–31–6 添加 SoftCo9500 主板上的 POTS 用户

（4）单击“确定”，完成用户的添加。

（5）用户号码配置完成后，需要配置局内字冠，之后局内用户才能互相通话。

【思考与练习】

1. Softco9500 软交换设备 SIP 用户配置流程？
2. Softco9500 软交换设备支持哪几种用户，分别是什么？
3. 如何添加 SoftCo9500 用户盒下的用户？

模块 32　软交换分机功能的配置（Z37F1032Ⅱ）

【模块描述】本模块包含用户号码的功能配置步骤，通过对软交换中分机的功能级别表的功能配置介绍，掌握软交换中分机功能的作用及配置的方法。

【模块内容】

一、概述

华为软交换设备内部分机简单、复杂业务功能介绍及业务配置；针对 SoftCo 的各种补充业务，介绍如何通过图形化方式增加与删除各种补充业务；介绍用户使用 SoftCo 配置工具配置用户简单业务权限的方法；介绍复杂业务的配置方法及使用说明；Softco9500 支持主叫号码识别/限制、呼叫转移、呼叫保持、呼叫等待、无条件/遇忙/无应答/离线呼叫前转、三方通话、电话会议（自行接入式、主席召集式、系统召集式）、免打扰/缺席用户、延迟/立即热线、小交选线、一机多号、同机/移机改号、遇忙回叫/遇忙寄存呼叫、呼出限制（密码限呼、以主叫/被叫号码限呼、黑白名单方式限呼、Domain 限呼）、闹钟、强插/强拆、特权用户、同振/顺振、同组/指定代答、缩位拨号、秘书/秘书台、智能路由（以时间段、费率设置，重路由）、一号通、录音/放音、DDI、自动总机、centrex 区别振铃等业务。

二、简单业务功能

介绍用户使用 SoftCo9500 配置工具配置用户简单业务权限的方法。

SoftCo 配置工具支持多种简单业务，简单业务在 SoftCo9500 上已默认配置，如表 7–32–1 所示。

表 7–32–1　　简 单 业 务 说 明

补充业务	业务说明
呼叫转移业务	正在通话的双方中的任何一方可以通过按拍叉键或转移键将呼叫转移到第三方而自己退出通话
呼叫预留业务	用户可以将当前通话保持，然后在局内的另一台话机上恢复被保持的呼叫。如果用户在设置的时间内没有恢复呼叫，系统将释放呼叫，被保持方听忙音
外接彩铃业务	若 SoftCo 开通了彩铃业务，当呼叫局内用户时，主叫用户将听到一段音乐或录音，而不是普通回铃音。彩铃业务为增值业务
呼叫等待业务	当用户 A 正与用户 B 通话，用户 C 试图与用户 A 建立通话连接，用户 A 将会收到呼叫等待提示音，表示另有用户等待与之通话
三方通话业务	业务使用者（可以是主叫或被叫用户）正处在通话中时，可以在不中断当前通话的基础上，呼叫第三方用户，实现三方共同通话或分别与两方通话

续表

补充业务	业务说明
代答业务	同组代答：属于同一代答组的用户只需拨代答接入码，即可以直接代答该组内正在振铃的用户的电话。 指定代答：用户只需拨代答接入码和被代答号码，即可以代答正在振铃的用户的电话
遇忙呼叫业务	遇忙寄存呼叫：当呼叫被叫用户遇忙时，这次呼叫被寄存，主叫用户下一次摘机 5 秒内不拨号，即可自动呼叫该被叫用户。 遇忙回叫：若用户呼叫某个局内用户遇忙，则当系统检测到被叫空闲时即能自动回叫主叫号码
免打扰业务	用户不希望有来话干扰时，可以使用该项业务。当该用户的话机处于挂机状态，其他用户呼叫该用户时，将会听到免打扰提示音或忙音
缺席用户业务	若用户登记了缺席用户业务，其他用户呼叫该用户时将会听到缺席提示音。此业务在用户不方便接电话时使用

三、复杂业务

（一）配置一号通业务

主终端的号码需具有一号通业务权限。否则，管理员需要进行配置。另外，管理员需要为主终端的号码绑定一个或多个其他终端，使主终端的号码为多个终端共用。

1. 业务配置

主终端的号码需具有一号通业务权限。否则，管理员需要进行配置。另外，管理员需要为主终端的号码绑定一个或多个其他终端，使主终端的号码为多个终端共用。

2. 增加业务权限

设置 6000 为一号通号码，将终端号码 7000、8000 与一号通号码绑定，话机间隔振铃时间为 15s。业务的配置步骤如下：

（1）单击“业务配置”，选择“单个号码业务配置”前的单选按钮。

（2）在“用户号码”文本框中，输入需要开通业务权限的用户号码。

（3）在“子 PBX”下拉列表框中，选择与用户号码所对应的子 PBX。

（4）单击“搜索”。

系统将显示用户现有的业务权限。

（5）在“复杂业务”区域框中，选中“一号通业务”前的复选框，如图 7–32–1 所示。

（6）在“复杂业务”区域框中，单击“保存”。

系统提示“操作成功”。

（7）单击“配置”，为主终端绑定其他终端号码。如图 7–32–2 所示。

（8）配置完成后，单击“保存”。

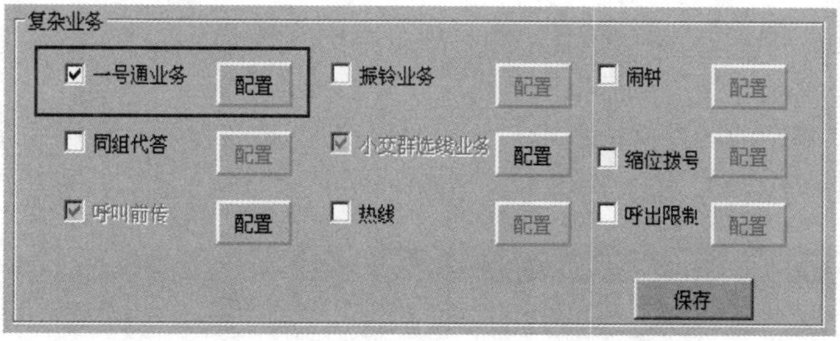

图 7–32–1　复杂业务

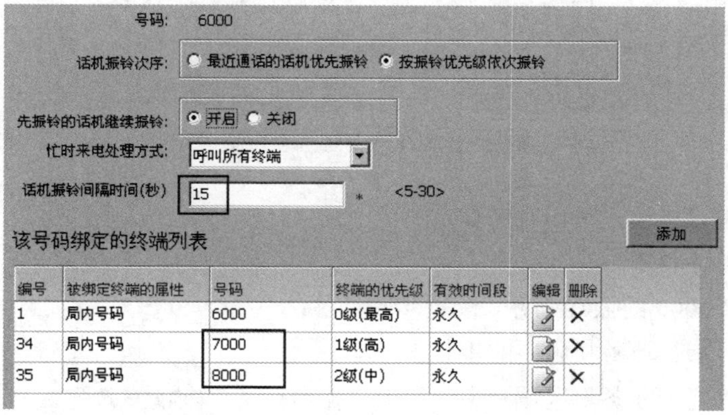

图 7–32–2　配置一号通业务

3. 删除业务权限

删除用户 6000 的一号通业务。配置步骤如下：

（1）执行增加业务权限中的步骤 1～3。

（2）在“复杂业务”区域框中，取消“一号通业务”前的复选框。

（3）在“复杂业务”区域框中，单击“保存”。系统提示“操作成功”。

（二）配置振铃业务

用户具有振铃业务权限。否则，需要在 SoftCo 侧增加。

1. 业务配置

用户具有振铃业务权限。否则，需要在 SoftCo 侧增加。

2. 增加业务权限

设置用户号码 7000、8000 为用户 6000 的同振号码。业务的配置步骤如下：

（1）单击“业务配置”，选择“单个号码业务配置”前的单选按钮。

（2）在“用户号码”文本框中，输入需要开通业务权限的用户号码。

（3）在“子 PBX”下拉列表框中，选择与用户号码所对应的子 PBX。

（4）单击“搜索”。系统将显示用户现有的业务权限。

（5）在“复杂业务”区域框中，选中“振铃业务”前的复选框。

（6）在“复杂业务”区域框中，单击“保存”。系统提示“操作成功”。

（7）单击“配置”，设置同振号码 7000、8000。如图 7–32–3 所示。

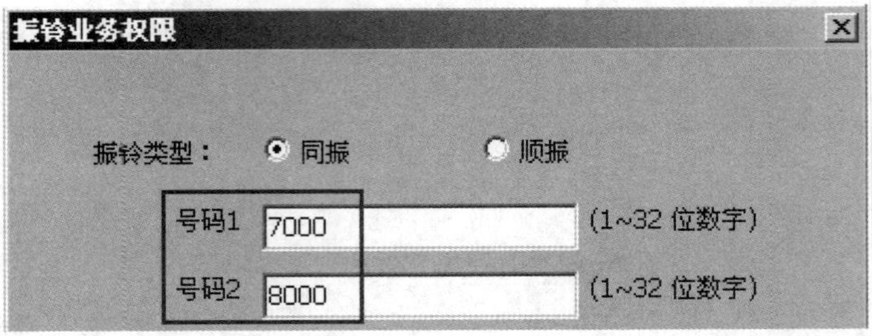

图 7–32–3 振铃业务权限

（8）配置完成后，单击“保存”。

3. 删除业务权限

删除用户 6000 的振铃业务。配置步骤如下：

（1）执行增加业务权限中的步骤 1～3。

（2）在“复杂业务”区域框中，取消“振铃业务”前的复选框。

（3）在“复杂业务”区域框中，单击“保存”。系统提示“操作成功”。

（三）配置闹钟业务

默认情况下，用户已具有该业务权限。否则，需要在 SoftCo 侧增加。

1. 业务配置

默认情况下，用户已具有该业务权限。否则，需要在 SoftCo 侧增加。

2. 增加业务权限

设置用户 6000 的闹铃时间为 08:00。业务的配置步骤如下：

（1）单击“业务配置”，选择“单个号码业务配置”前的单选按钮。

（2）在“用户号码”文本框中，输入需要开通业务权限的用户号码。

（3）在“子 PBX”下拉列表框中，选择与用户号码所对应的子 PBX。

（4）单击“搜索”。系统将显示用户现有的业务权限。

（5）在“复杂业务”区域框中，选中“闹钟”前的复选框。

（6）在“复杂业务”区域框中，单击“保存”。系统提示“操作成功”。

（7）单击“配置”，设置闹铃时间为 08:00。如图 7–32–4 所示。

（8）配置完成后，单击“保存”。

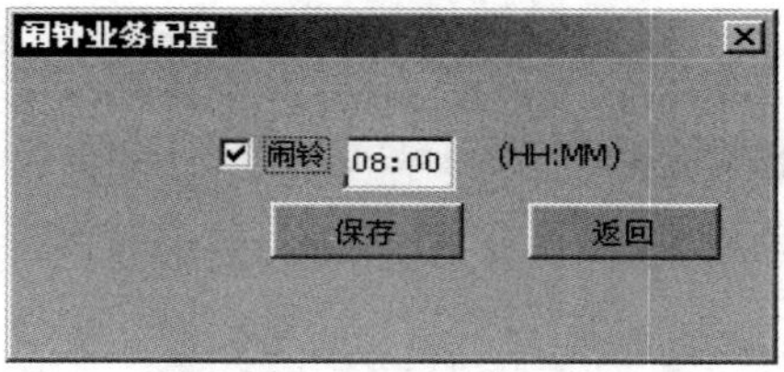

图 7–32–4　闹钟业务配置

3. 删除业务权限

删除用户 6000 的闹钟业务。配置步骤如下：

（1）执行增加业务权限中的步骤 1～3。

（2）在“复杂业务”区域框中，取消“闹钟”前的复选框。

（3）在“复杂业务”区域框中，单击“保存”。

（4）系统提示“操作成功”。

（四）配置同组代答业务

同一个代答组内的用户，可以相互代替组内其他成员接听来电。

1. 业务配置

同一个代答组内的用户，可以相互代替组内其他成员接听来电。

2. 增加业务权限

将用户 6000 加入到 1 号代答组。业务的配置步骤如下：

（1）单击“业务配置”，选择“单个号码业务配置”前的单选按钮。

（2）在“用户号码”文本框中，输入需要开通业务权限的用户号码。

（3）在“子 PBX”下拉列表框中，选择与用户号码所对应的子 PBX。

（4）单击“搜索”。系统将显示用户现有的业务权限。

（5）在“复杂业务”区域框中，选中“同组代答”前的复选框。

（6）在“复杂业务”区域框中，单击“保存”。系统提示“操作成功”。

（7）单击“配置”，在“代答组号”文本框中输入 1。如图 7–32–5 所示。

（8）配置完成后，单击“保存”。系统提示“操作成功”。

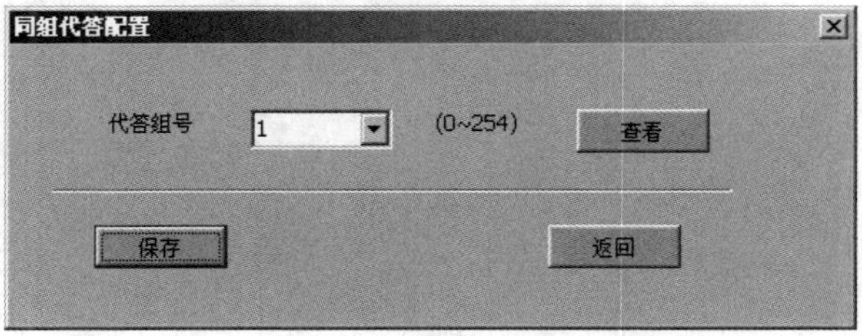

图 7–32–5　同组代答配置

（9）单击“查看”可查看代答组信息。如图 7–32–6 所示。

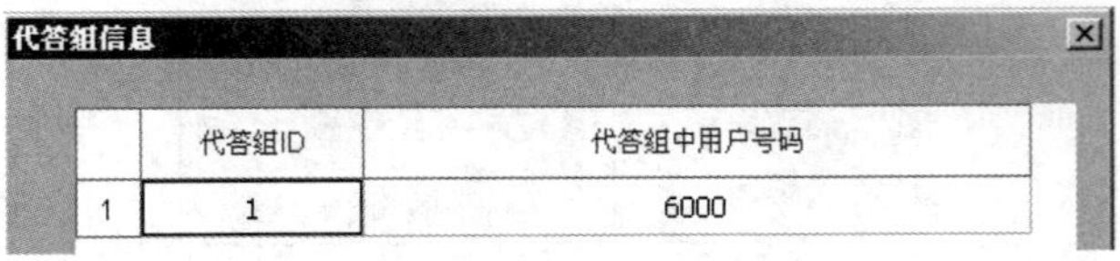

图 7–32–6 代答组信息

3. 删除业务权限

删除用户 6000 的同组代答业务。配置步骤如下：

（1）执行增加业务权限中的步骤 1～3。

（2）在“复杂业务”区域框中，取消“同组代答”前的复选框。

（3）在“复杂业务”区域框中，单击“保存”。系统提示“操作成功”。

（五）配置小交选线业务

需要增加小交群，并把用户加入到小交群中。

1. 业务配置

需要增加小交群，并把用户加入到小交群中。

2. 增加业务权限

将用户 6000 设置为 1 号小交群的主号。业务的配置步骤如下：

（1）单击“业务配置”，选择“单个号码业务配置”前的单选按钮。

（2）在“用户号码”文本框中，输入需要开通业务权限的用户号码。

（3）在“子 PBX”下拉列表框中，选择与用户号码所对应的子 PBX。

（4）单击“搜索”。系统将显示用户现有的业务权限。

（5）在“复杂业务”区域框中，单击“小交群选线业务”后的“配置”按钮，设置用户 6000 为 1 号小交群的主号。如图 7–32–7 所示。

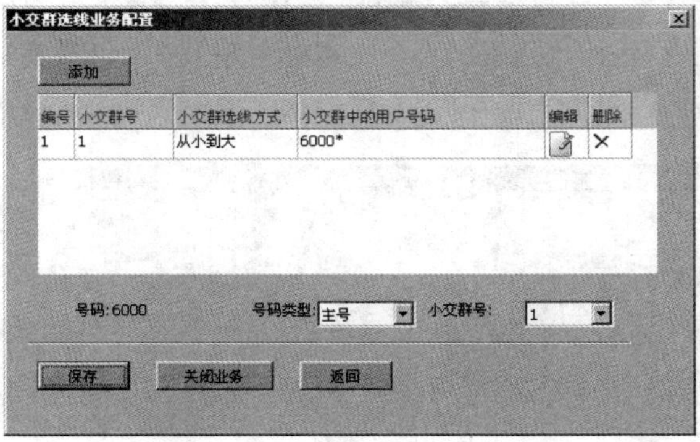

图 7–32–7 小交群选线业务配置

（6）配置完成后，单击“保存”。

3. 删除业务权限

删除用户 6000 的小交选线业务。配置步骤如下：

（1）执行增加业务权限中的步骤 1～3。

（2）在“复杂业务”区域框中，单击“小交群选线业务”后的“配置”按钮。

（3）在“小交群选线业务配置”页面单击“关闭业务”。

（4）单击“返回”。

（六）配置缩位拨号业务

默认情况下，用户已具有该业务权限。否则，需要在 SoftCo 侧增加。

1. 业务配置

默认情况下，用户已具有该业务权限。否则，需要在 SoftCo 侧增加。

2. 增加业务权限

设置被叫用户 6000 的缩位号码为 6。业务的配置步骤如下：

（1）单击“业务配置”，选择“单个号码业务配置”前的单选按钮。

（2）在“用户号码”文本框中，输入需要开通业务权限的用户号码。

（3）在“子 PBX”下拉列表框中，选择与用户号码所对应的子 PBX。

（4）单击“搜索”。系统将显示用户现有的业务权限。

（5）在“复杂业务”区域框中，选中“缩位拨号”前的复选框。

（6）在“复杂业务”区域框中，单击“保存”。系统提示“操作成功”。

（7）单击“配置”，设置被叫用户 6000 的缩位号码为 6。如图 7–32–8 所示。

图 7–32–8 缩位拨号配置

（8）配置完成后，单击“保存”。

3. 删除业务权限

删除被叫用户 6000 的缩位拨号业务。配置步骤如下：

（1）执行增加业务权限中的步骤 1～3。

（2）在“复杂业务”区域框中，取消“缩位拨号”前的复选框。

（3）在“复杂业务”区域框中，单击“保存”。

（4）系统提示“操作成功”。

（七）配置呼叫前转业务

默认情况下，用户已具有该业务权限。否则，需要在 SoftCo 侧增加。

1. 业务配置

默认情况下，用户已具有该业务权限。否则，需要在 SoftCo 侧增加。

2. 增加业务权限

设置用户 6000 的无条件呼叫前转号码为 6001。业务的配置步骤如下：

（1）单击“业务配置”，在“用户号码”文本框中，输入需要开通业务权限的用户号码。

（2）在“用户号码”文本框中，输入需要开通业务权限的用户号码。

（3）在“子 PBX”下拉列表框中，选择与用户号码所对应的子 PBX。

（4）单击“搜索”。系统将显示用户现有的业务权限。

（5）单击“呼叫前转”后的“配置”按钮，设置用户 6000 的无条件前转号码为 6001。如图 7–32–9 所示。

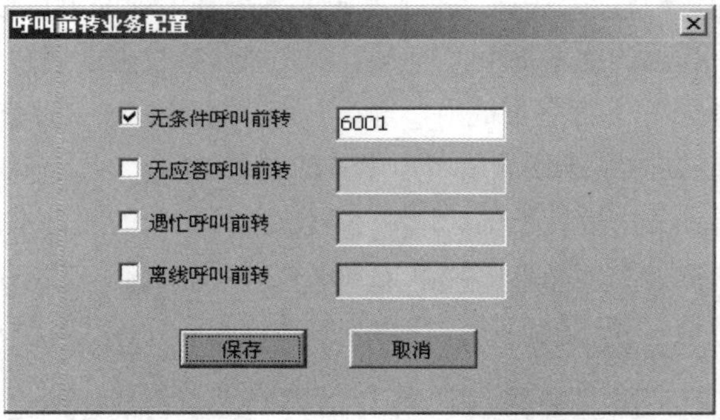

图 7–32–9 呼叫前转业务配置

（6）配置完成后，单击“保存”。

无应答呼叫前转、遇忙呼叫前转、离线呼叫前转的配置方法与无条件呼叫前转业务的配置方法相同。

如果在使用呼叫前转业务过程中，用户 A、B 之间采用 PRA 中继对接，当用户 C 的呼叫无法通过用户 A 前转至用户 B 时，有可能是软参设置问题，可通过单击工具中的“命令行配置”进入命令行的方式将软参修改为 1，配置命令如下：

config softargu type 269 value 1

3. 删除业务权限

删除用户 6000 的呼叫前转业务。配置步骤如下：

（1）执行增加业务权限中的步骤 1～3。

（2）单击“呼叫前转”后的“配置”按钮。取消“无条件呼叫前转”前的复选框。

（3）单击“保存”。系统提示“操作成功”。

（八）配置热线业务

用户需具有热线业务权限；否则，需要在 SoftCo 侧增加。

1. 业务配置

用户需具有热线业务权限；否则，需要在 SoftCo 侧增加。

2. 增加业务权限

配置用户 6000 的延迟热线号码为 6001。业务的配置步骤如下：

（1）单击“业务配置”，选择“单个号码业务配置”前的单选按钮。，

（2）在“用户号码”文本框中，输入需要开通业务权限的用户号码。

（3）在“子 PBX”下拉列表框中，选择与用户号码所对应的子 PBX。

（4）单击“搜索”。系统将显示用户现有的业务权限。

（5）在“复杂业务”区域框中，选中“热线”前的复选框。

（6）在“复杂业务”区域框中，单击“保存”。系统提示“操作成功”。

（7）单击“配置”，配置用户 6000 的延迟热线号码为 6001。如图 7–32–10 所示。

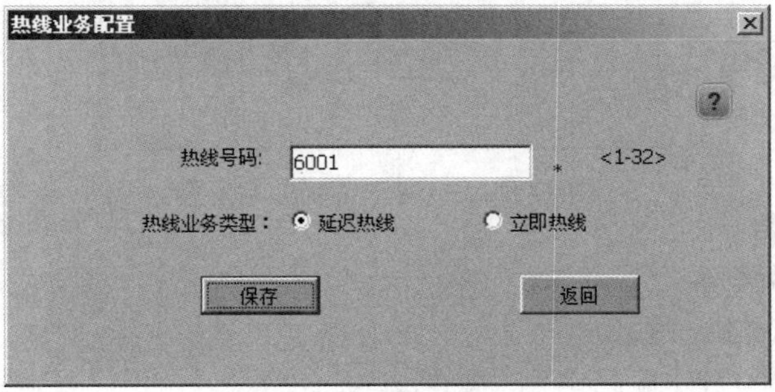

图 7–32–10 热线业务配置

（8）配置完成后，单击“保存”。

3. 删除业务权限

删除用户 6000 延迟热线业务。配置步骤如下：

（1）执行增加业务权限中的步骤 1～3。

（2）在“复杂业务”区域框中，取消“热线”前的复选框。

（3）在“复杂业务”区域框中，单击“保存”。系统提示“操作成功”。

（九）配置呼出限制业务

默认情况下，用户已具有该业务权限。否则，需要在 SoftCo 侧增加。

1. 业务配置

默认情况下，用户已具有该业务权限。否则，需要在 SoftCo 侧增加。

2. 增加业务权限

限制用户 6000 拨打国际长途电话。业务的配置步骤如下：

（1）单击“业务配置”，选择“单个号码业务配置”前的单选按钮。

（2）在“用户号码”文本框中，输入需要开通业务权限的用户号码。

（3）在“子 PBX”下拉列表框中，选择与用户号码所对应的子 PBX。

（4）单击“搜索”。系统将显示用户现有的业务权限。

（5）在“复杂业务”区域框中，选中“呼出限制”前的复选框。

（6）在“复杂业务”区域框中，单击“保存”。系统提示“操作成功”。

（7）单击“配置”，限制用户 6000 拨打国际长途电话。如图 7–32–11 所示。

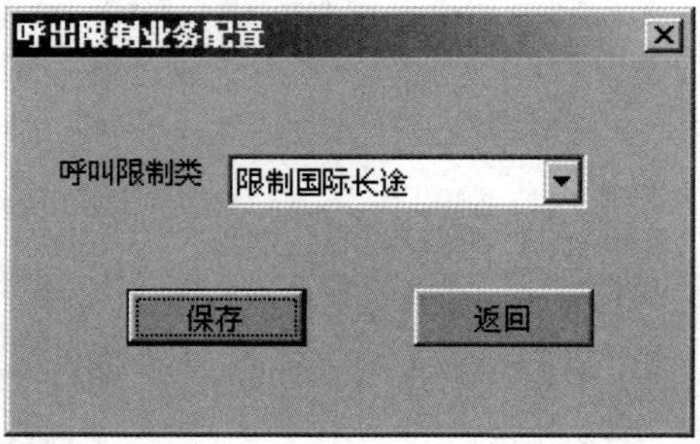

图 7–32–11 呼出限制业务配置

（8）配置完成后，单击“保存”。

3. 删除业务权限

删除用户 6000 呼出限制业务。配置步骤如下：

（1）执行增加业务权限中的步骤 1～3。

（2）在“复杂业务”区域框中，取消“呼出限制”前的复选框。

（3）在“复杂业务”区域框中，单击“保存”。系统提示“操作成功”。

【思考与练习】

1. softco9500 软交换设备复杂业务有多少种？

2. 什么是免打扰业务？

3. 什么是代答业务，代答有几种方式？

模块 33　软交换路由数据的配置（Z37F1033Ⅲ）

【模块描述】本模块包含了软交换路由数据的配置方法，通过对软交换中继路由配置的步骤介绍，掌握软交换数据库中路由的配置方式。

【模块内容】

一、概述

介绍华为 SoftCo9500 软交换路由数据配置，包含局向、字冠、中继等路由数据配置。

二、局向配置

（一）局向、路由、局向选择码的概念

1. 局向

A 局到 B 局的路由如图 7–33–1 所示。

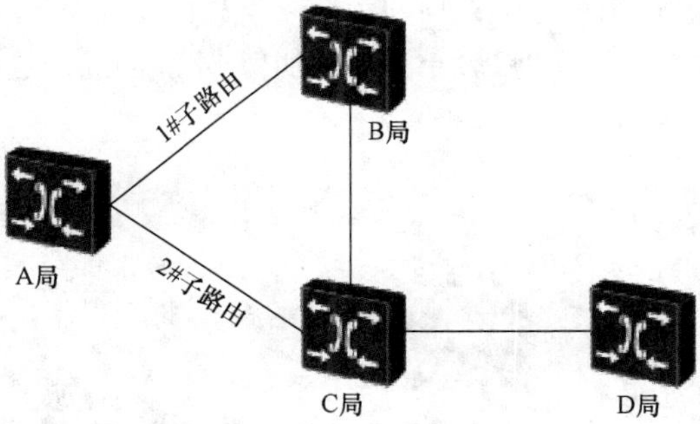

图 7–33–1　组网示意图

若两个交换局之间存在直达话路，则称一个交换局是另一个交换局的一个局向。例如，在图 1 中，A 局与 B 局、A 局与 C 局之间均存在直达话路，则称 B 局是 A 局的一个局向、C 局也是 A 局的一个局向；而 A 局与 D 局之间由于没有直达话路，因此 D 局不是 A 局的一个局向。

SoftCo 使用局向号来唯一标识一个局向，例如，对于图 1 的 A 局而言，可将 A→B 的局向定义为 1，而将 A→C 的局向定义为 2。

2. 子路由

若两个交换局之间存在直达话路或迂回话路，则称两个交换局之间存在一条子路由，其中，直达话路构成直达子路由，迂回话路构成迂回子路由。例如，在图 1 中，A 局与 B 局之间存在两条子路由，其中，1#子路由可以由 A 局直达 B 局，中间不需要汇接，为直达子路由；而 2#子路由不能由 A 局直达 B 局，需要由 C 局汇接至 B 局，为迂回子路由。

3. 路由

路由是本交换局与某一目的交换局之间所有子路由的集合，一个路由可以包含多个子路由，不同的路由可能包含相同的子路由。例如，在图 1 中，A 局到 B 局的路由包含 1#子路由与 2#子路由，而 A 局到 D 局的路由则仅包含 2#子路由。

4. 局向选择码

局向选择码定义了一种局向选择策略，SoftCo 根据选择策略分析一次用户呼叫传送到对端设备所经的路由。

（二）配置方法

1. 选择“局向配置”

本节以实现以下需求为例：

配置 SoftCo 到对端设备的局向选择码为 0，局向号为 0。

（1） 单击“配置”，出现“配置局向选择码”界面。

（2） 设置“局向选择码”为 0，单击“添加”，添加的局向选择码出现在界面的区域框中。如图 7–33–2 所示

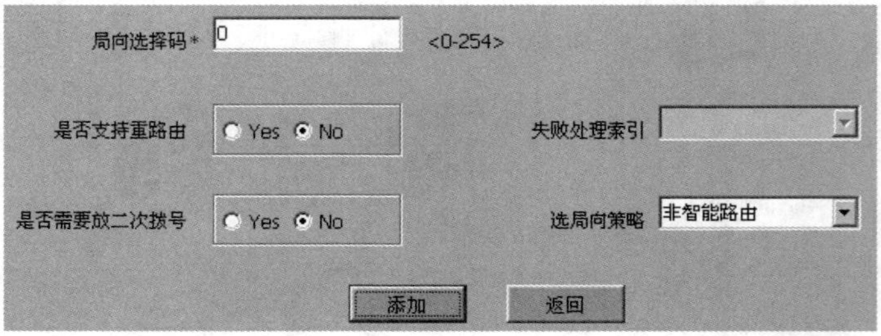

图 7–33–2 配置局向选择码

各参数说明如表 7–33–1 所示。

表 7–33–1 **参 数 说 明 表**

参数名称	参数说明
是否支持重路由	当按照本局向选择码的策略选路失败时，是否按照路由失败处理索引对应的备用局向选择码的策略重新选路
是否需要放二次拨号	即用户进行出局呼叫时，若选择该局向选择码对应的局向出局，在拨完出局字冠后能否听二次拨号音
失败处理索引	用于唯一标识一个路由失败处理策略。当按照主用局向选择码的策略选路失败时，系统将按照失败处理索引中对应的备用局向选择码重新选路

续表

参数名称	参数说明
选局向策略	局向选择策略，即在属于该局向选择码对应的局向中进行选择的策略。 非智能路由：按局向号从小到大的顺序轮询局向，直到找到有空闲电路的局向。 基于时间：按局向号从小到大的顺序轮询局向，直到找到时间段包含系统时间且有空闲电路的局向。 基于费率：按照费率从小到大的顺序轮询局向（费率相同的局向按局向号从小到大的顺序轮询），查找空闲电路。如果没有找到空闲路，则按局向号从小到大的顺序轮询没有配置费率的局向，直到找到空闲电路。 负荷分担策略：按局向号从小到大的顺序轮询局向，直到找到有空闲电路的局向。后面的呼叫将从前一个呼叫所选局向的下一个局向开始路选。 百分比负荷分担策略：除配置百分比为100%的局向外，按局向的配置百分比从大到小的比例来轮选局向

单击“返回”。

2. 配置局向

设置“局向号”为0，选择“局向选择码”为“0”，单击“添加”，添加的局向出现在界面的区域框中。

三、字冠配置

完成用户号码配置后，需要配置局内字冠和出局字冠。

（一）字冠的概念

1. 字冠是被叫号码的前缀，是被叫号码中从第一位开始且连续的一串号码，它既可以是被叫号码的前一位或前几位号码，也可以是被叫号码的全部号码，也就是说，字冠是被叫号码的一个子集。例如，对于被叫用户28970133而言，我们可以定义其呼叫字冠为以下任何形式：

（1）字冠为前一位号码：2。

（2）字冠为前二位号码：28。

（3）字冠为前三位号码：289。

（4）字冠为前四位号码：2897。

（5）字冠为前五位号码：28970。

（6）字冠为前六位号码：289701。

（7）字冠为前七位号码：2897013。

（8）字冠为全部被叫号码：28970133。

在SoftCo上配置的字冠集合组成了系统的被叫号码分析表。如果在同一张被叫号码分析表中同时存在上述几条字冠记录，则系统进行被叫号码分析时，将按照最大匹配的原则进行分析。所谓最大匹配的原则，是指对于一个具体的被叫号码，系统在被叫号码分析表中的所有字冠中查找与其号码最相近的一个，并根据该呼叫字冠来确定此次呼叫的业务类别、业务属性、路由选择等属性。

如果拨的被叫号码为“28970139”，被叫号码分析中配置了 2、289 和 28970 的呼叫字冠记录，则根据最大匹配的原则，系统将选择与该被叫号码最相近的呼叫字冠“28970”相匹配，而呼叫字冠“2”与“289”均不符合该匹配原则。

2. 基本业务字冠分为两种：

（1）局内字冠：局内字冠用于局内、外用户呼叫局内用户。例如局内号码范围是 8000～8099，可以配置一个局内字冠 8，当呼叫局内用户时，只需要拨打该用户的号码如 8008。

（2）出局字冠：出局字冠用于局内用户进行出局呼叫，如国内长途、国际长途等。例如，局外用户为“12345678”，局内用户若要通过拨打“012345678”呼叫该局外用户，则需配置一个出局字冠 0（对应号码变换为删除被叫号码第 1 位）。

（二）配置方法

1. 配置局内字冠

本节以实现以下需求为例：

增加局内字冠 7，局内、局外用户呼叫局内用户时，SoftCo 根据该字冠分析被叫是否为本局内用户。

单击“字冠配置”，配置“字冠”为“7”，其他参数保持默认即可。如图 7–33–3 所示。

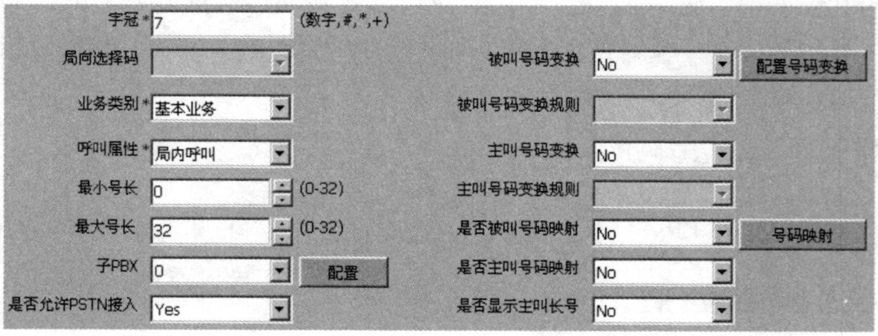

图 7–33–3 配置局内字冠

各参数说明如表 7–33–2 所示。

表 7–33–2 参 数 说 明

参数名称	参数说明
呼叫属性	用于指示在对呼叫字冠进行号码分析时将要进一步执行的分析步骤。对应于不同的业务类别，呼叫属性的有效参数选项是不同的

续表

参数名称	参数说明
最小号长	在呼叫过程中以此呼叫字冠为前缀的被叫号码所必须满足的最小号码长度。当被叫号码的长度小于最小号长时，系统将不对其进行分析处理
最大号长	用于定义在呼叫过程中以此呼叫字冠为前缀的被叫号码所允许的最大号码长度。当被叫号码的长度大于最大号长时，则最大号长位以后的号码位无效，系统只按最大号长对该被叫号码进行分析处理
号码变换	用户所拨的被叫号码匹配某一类特定的呼叫字冠时，在进行下一步的号码分析之前，系统对本次呼叫中的主叫号码或被叫号码进行相应的变换处理。 ● 主叫号码变换：对主叫用户的号码进行的变换。主要用于具有特殊要求的应用场合，例如局内用户出局显示同一个总机号码。 ● 被叫号码变换：对被叫用户的号码进行的变换。例如，主叫用户拨打“912345678”，SoftCo 将出局字冠“9”删除，然后将真正的被叫号码“12345678”送出。 三种号码转换方式中的优先级为：长短号>号码映射>号码变换
号码映射	号码映射用于实现无规律的号码变换需求。三种号码转换方式中的优先级为：长短号>号码映射>号码变换
是否显示主叫长号	长号是为短号用户配置的用于出局时显示或局外用户直接呼叫的号码。三种号码转换方式中的优先级为：长短号>号码映射>号码变换

单击“添加”，添加的字冠出现在界面的区域框中。

2. 配置出局字冠

本节以实现以下需求为例：

增加出局字冠 0，用户拨打该字冠时，SoftCo 按照 0 号索引对应的号码变换规则删除被叫号码的第一位。

（1）选择“字冠配置”。

（2）设置“字冠”为“0”。

（3）设置“业务类别”为“基本业务”。

（4）设置“呼叫属性”为“本地呼叫”。

（5）设置“局向选择码”为本出局字冠对应路由的局向选择码。

例如：SoftCo 下的用户 A 拨打“出局字冠+被叫号码”，呼叫对端设备下的用户 B，在局向配置中已配置到对端设备的局向选择码为 0，则本出局字冠对应路由的局向选择码即为 0。

配置号码变换。

（1）单击“配置号码变换”。

（2）在出现“配置号码变换”页面中单击“添加”。

（3）在新增的行中设置“类型”为“删号”，“起始位置”为“0”，“长度”为“1”。如图 7–33–4 所示。

添加

	编号	类型	号码长度	起始位置	长度
1	0	删号		0	1

图 7–33–4 配置号码变换

（4） 单击“保存”。

（5） 单击“返回”。

可以配置多条号码变换规则，在被叫号码变换和主叫号码变换时，可以根据用户的拨号需求选择对应的变换规则。

设置“被叫号码变换”为“Yes”，并设置“被叫号码变换规则”为“编号 0”。如图 7–33–5 所示。

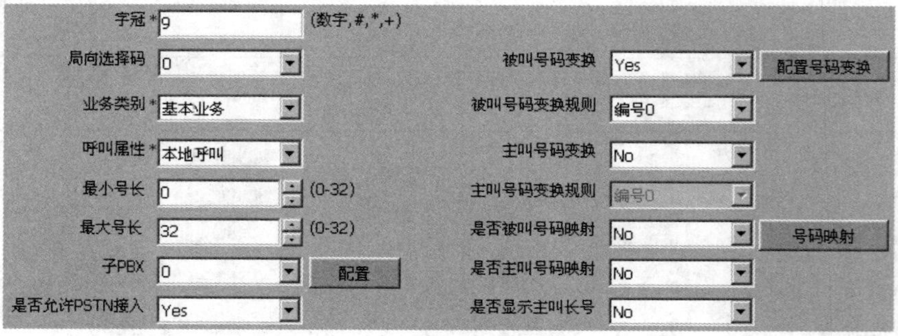

图 7–33–5 配置出局字冠

如果要对主机号码进行变换，请设置“主叫号码变换”为“Yes”，同时选择对应的“主叫号码变换规则”。

单击“添加”，添加的字冠出现在界面的区域框中。

四、PRA 中继配置

1. 进入 SoftCo9500 命令维护窗口（略）

2. 操作步骤

（1） 新增一个局向选择码 0。

config add office selectcode 0 repeatroute no

（2） 新增一个局向 0。

config add office no 0 officeselectcode 0

（3） 新增出局字冠 0。

config add prefix dn 0 callcategory basic callattribute local cldpredeal yes cldindex 3 officeselectcode 0 min 2 max 24

（4）增加一块 DTU 单板，该单板位于 2 槽、局向为 0。

config add board slot 2 type dtu officeno 0

（5）将 2 槽位的 0 端口的属性修改为 PRA 属性。

config modify board slot 2 type dtu trunkport 0 signallingtype pra

（6）增加一条 PRA 链路，链路号为 1，单板位于 2 槽，E1 端口号为 1，位置为用户侧，时隙为 16。如果本端配置为用户侧，则对端应该配置为网络侧（network）。

config add pralink linkno 1 slot 2 trunkport 0 position user ts 16

（7）配置 E1 时钟源。

config system clocksource primaryslot 2 primarye1 1

【思考与练习】

1. SoftCo9500 基本业务字冠有哪些？

2. SoftCo9500 局内局向号与局向选择码如何区分？

3. 配置局向的作用主要有哪些？

模块 34　软交换网元的配置（Z37F1034Ⅲ）

【模块描述】本模块包含软交换各个组成网元设备的基本配置方法，通过对 IAD、TG 等网元设备的安装配置步骤的介绍，掌握软交换的基本网元设备的配置方法。

【模块内容】

一、IAD 配置概述

IAD（Integrated Access Device）即综合接入设备，主要功能是完成终端用户的语音、数据等业务接入。目前有两种类型的 IAD，一种是仅能提供用户端语音接入，另一种 IAD 可提供用户端语音和数据的综合接入。有两种配置方式：自动配置和手动配置。当 IAD 所在的网络支持 DHCP 服务，可以使用自动配置方式对 IAD 进行配置；若 IAD 所在的网络不能提供 DHCP 服务，则可以参考手动配置章节对 IAD 进行手动配置。

二、IAD 自动配置

以下 IAD 设备均以华为 IAD132E（T）为准。

若需要对一批 IAD 进行集中自动配置，事先必须准备好如下环境：

（1）配置模板。模板内容参见 IAD 自动配置模板，用户可以根据实际需求适当调整其中的一些数据。

（2）TFTP 服务器。

（3）DHCP 服务器。

（4） IAD 自动配置功能为开启状态。

通过 Telnet 或串口方式登录命令行，在特权模式下输入 display auto–download config–file，查看自动配置功能是否开启。若显示状态为 disable，输入 auto–download config–file enable 开启开关，再执行 write 命令保存设置然后重启 IAD。

注意：出厂时，IAD 默认是通过 DHCP 方式获得 IP 地址。若要实现 IAD 自动配置功能，请勿修改此默认配置。

1. 根据实际情况，确定配置文件的命名方式

IAD 提供两种方式对配置文件进行命名。

（1） MAC 地址方式（默认方式）。配置文件以 IAD 自身的 MAC 地址命名，每台 IAD 启动时只下载对应的配置文件。这种方式适用于对少量的 IAD 实行个性化自动配置。选择此方式无须修改配置，直接执行步骤 2。

（2） 自定义方式。配置文件以自定义方式命名，每台 IAD 启动时均下载同一配置文件。这种方式适用于对大量的 IAD 实行批量配置。选择此方式需登录命令行，在全局模式下输入 auto–download config–file filename dhcp–alloc，再执行 write 命令保存设置。然后跳过步骤 2，执行步骤 3。

2. 确定各个 IAD 的 MAC 地址

出厂时，在每台 IAD 设备的背面都贴有含 MAC 地址的条形码。具体如图 7–34–1 所示。图中 IAD 设备的 MAC 地址为：00–25–9E–83–87–E2。

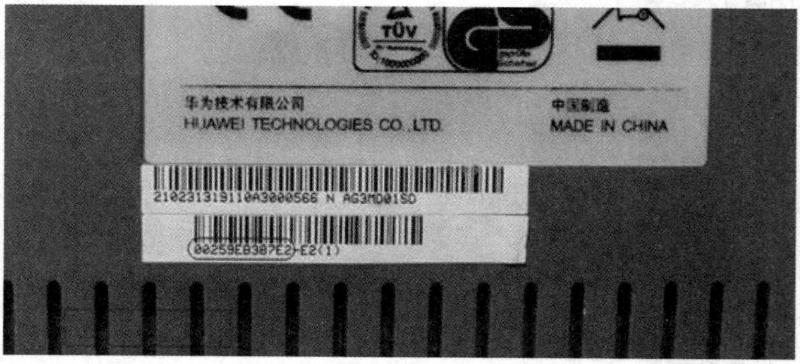

图 7–34–1 IAD 设备背面外观

3. 制作配置文件

（1） 在桌面新建一个 TXT 文档，将 IAD 自动配置模板的内容拷贝至 TXT 文档。

（2） 根据实际需求，需要对 SIP 服务器的 IP 地址和 SIP 用户配置进行修改。具体修改如下：

Enable

configure terminal

auto–update detect–interval 0

auto–update ftpserver 0.0.0.0 iadephone enable

undo sip server auto

sip server 0 address 192.163.1.8/*配置 sip server 的 IP 地址，IAD 最多支持 3 个 sip server，第一个参数 0 表示 sip server 的序号，第二个参数 192.166.1.254 表示 sip server 的地址。若需配置备用 sip 服务器，请在下一行添加*/

undo sip digitmap all

sip digitmap［XABCD*#］. T

inquire–Ip number *127

ipaddress dhcp

undo dns auto

sip user slot 0 port 0 id 8888/*配置 sip 用户的号码，第一个参数 0 表示 IAD 的槽位号，第二个参数 0 表示 IAD 的端口号，第三个参数 8888 表示 sip 用户的号码，若需配置多个 sip 用户，请在下一行添加*/

advanced

sip soft–parameter priv–val user on

lanswitch

exit

end

（3） 保存该文档，根据步骤 1 确定的命名方式进行命名。

若选择 MAC 地址方式，则以对应 IAD 的 MAC 地址来命名配置文件（无后缀名），如“00–25–9E–83–87–E2”。并对每一台 IAD，重复步骤 2、3，制作相应的配置文件。

若选择自定义方式，则自定义配置文件名，如“auto_config”。

4. 搭建 TFTP 服务器环境

在 PC 上启动 TFTP 工具，并设置文件的存放路径，如“C:\”。开启 TFTP 服务器后，保证 IAD 与服务器能 ping 通。

5. 将配置文件放到 TFTP 服务器指定的文件存放路径下

6. 配置 DHCP 服务器

下面以 Windows server 2003 操作系统为例，介绍如何配置 DHCP 服务器。

若 IAD 所在的网络未配置 DHCP 服务器，若已经配置 DHCP 服务器，则只需要再做如下配置：

单击“开始”→“程序”→“管理工具”→“DHCP”，弹出“DHCP”对话框，双击 DHCP 服务器，这里是“huawei.oem.com［192.163.1.0］”，出现“服务器选项”节点，界面如图 7–34–2 所示。

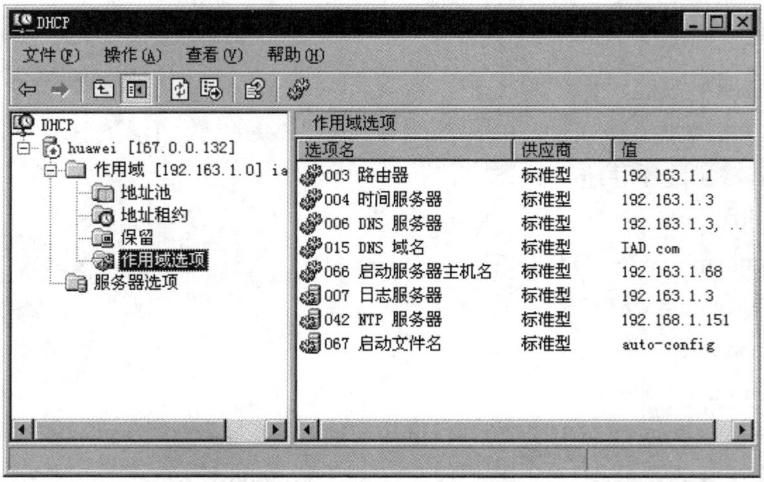

图 7–34–2 DHCP 界面

（1）在“服务器选项”上单击鼠标右键，在弹出的快捷菜单中选择“选项配置”，弹出“服务器选项”对话框，如图 7–34–3 所示。

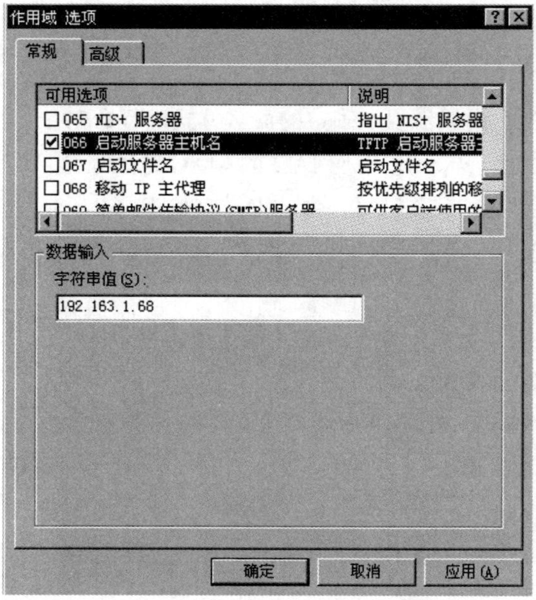

图 7–34–3 服务器选项界面

（2）拖动垂直滚动条，单击选中“066 启动服务器主机名”前的复选框（打上钩后表示选中），在“数据输入”区域框中，在“字符串值”中输入 TFTP 服务器的 IP 地址，如输入 192.163.1.68，然后单击“应用”。

（3）单击选中“067 启动文件名”前的复选框，在“字符串值”中输入自定义的配置文件名，如输入 auto_config，然后单击“确定”返回“DHCP”对话框。

（4）设置成功后，“服务器选项”界面上出现，选项 066 的值为 TFTP 服务器的 IP 地址，选项 067 的值为配置文件的文件名，如图 7–34–4 所示。

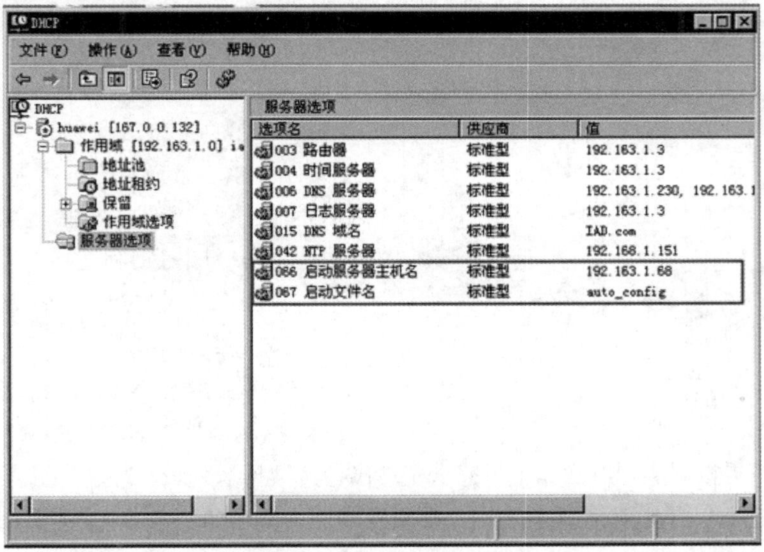

图 7–34–4 DHCP 界面

7. 将所有的 IAD 接入网络并上电

IAD 上电后会自动下载对应的配置文件，然后根据配置文件中的内容进行自动配置。

注意：若需要手动修改 IAD 的配置信息，请在全局模式下输入 auto–download config–file disable 关闭自动配置开关，再执行 write 命令保存设置。否则 IAD 重启后将再次加载原先的配置文件，导致新修改的配置无效。

8. 后续处理

验证自动配置过程。登录 IAD 的命令行（用户名 root，密码 admin），在特权模式下输入 display current–config 查看基本配置是否更新；输入 display sip attribute all 查看用户信息是否更新。

9. 异常处理

若配置没有更新，可由以下原因引起：

自动配置功能没有开启。在全局模式下输入 display auto–download config–file，查看自动配置功能是否开启。若显示状态为 disable，输入 auto–download config–file enable 开启开关，再执行 write 命令保存设置然后断电重启 IAD。

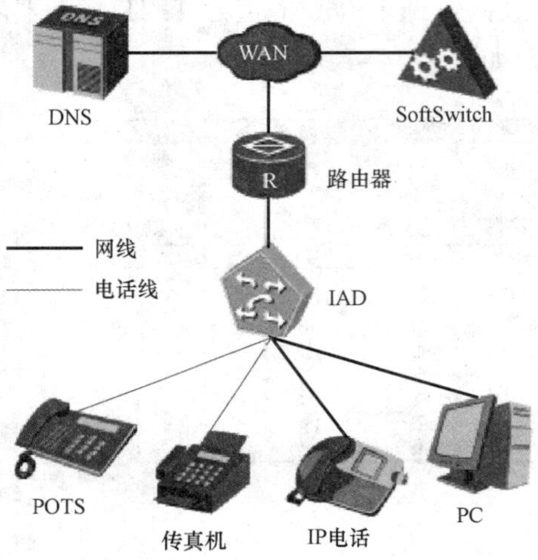

图 7–34–5 典型组网图

三、手动配置（Web 方式）

IAD 下的用户通过注册到软交换实现语音业务，在完成软交换侧数据配置后，按以下顺序完成 IAD 侧数据配置，IAD 即可实现语音业务。

（一）典型组网，如图 7–34–5 所示

SoftSwitch 是一种功能实体，为 NGN/IP PBX 网络提供具有实时性要求的业务的呼叫控制和连接控制功能，是下一代网络呼叫与控制的核心组件。

（二）数据规划

了解 IAD 在 NGN/IP PBX 网络中的位置和 IAD 接入 NGN/IP PBX 网络的配置流程后，再根据实际组网和用户需求整理出一张数据规划表，为数据配置提供依据。以下数据规划以开通 IAD 下一个用户的语音功能为例，如表 7–34–1 所示。

表 7–34–1　　数据规划表

项目	数据	说明
IAD 的 IP 地址	192.169.1.62	由运营商网络规划确定
IAD 上行默认网关	192.169.1.1	由运营商网络规划确定
域名服务器 DNS（Domain Name Server）的 IP 地址	192.169.1.50	由运营商网络规划确定
SIP 服务器的 IP 地址	192.169.1.40	由运营商网络规划确定
SIP 用户 ID 和鉴权信息	SIP 用户 ID：8900 SIP 用户密码：1234	SIP 用户 ID 和鉴权信息是 IAD 下的用户向 SIP 服务器进行注册的信息，需和 SIP 服务器上配置的信息保持一致

（三）操作步骤

1. 确定配置方式

（1） 典型场景方式。

若选择向导式典型场景配置，请直接在 Web 首页，单击 接入NGN/IP PBX网络，进入典型场景配置向导，根据页面提示信息配置数据，配置完一个步骤后单击“下一步”继续配置，直到完成所有配置步骤，单击“完成”即可。

（2） 普通配置方式。

若选择普通配置方式，请从步骤 2 开始顺序执行以下步骤。

2. 配置 IAD 的 IP 地址

（1） 在导航栏中选择“基本配置”→“网络参数”，出现 IP 地址配置界面，如图 7–34–6 所示。

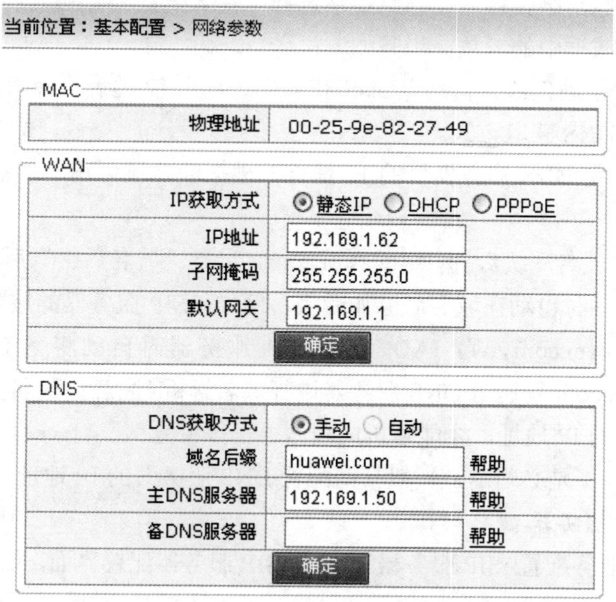

图 7–34–6　IP 地址配置界面图

（2） 设置“WAN”区域框中的参数。根据以上规划，IAD 的静态 IP 地址为 192.169.1.62，掩码为 255.255.255.0，默认网关为 192.169.1.1，按要求填写完成，单击“确定”。

IP 获取方式有 3 种，实际配置时根据运营商组网情况选择一种即可：

1）选择“静态 IP”，填写 IP 地址、子网掩码和默认网关信息。

2）选择“DHCP”，IAD 将自动从 DHCP 服务器获取 IP 地址。

3）选择“PPPoE”，输入用户名和密码。（这里的用户名和密码用于在 BRAS 上进行身份验证，因此必须与 BRAS 侧的配置一致。请向 BRAS 配置管理员获取用户名和密码信息。）

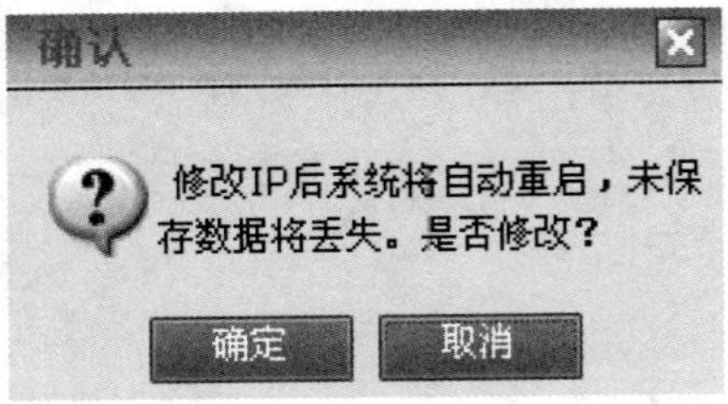

图 7–34–7 确认提示框

弹出确认提示框，如图 7–34–7 所示。单击“确定”，系统自动重启。约两分钟后，即可重新登录系统。

若选择 DHCP 或 PPPoE 方式，重启后 IP 可能发生变化，可通过摘取与设备相连的话机，拨打*127 听取播报的 IP 地址或串口线连接 IAD 查看 IP 地址。

3. 配置 DNS 服务器【可选】

若实际组网中有 DNS 服务器，则可以在 IAD 上配置 DNS 服务器信息，以实现根据域名来访问其他网络设备。在导航栏中选择“基本配置>网络参数”，在配置界面中设置“DNS”区域框中的参数，步骤如下：

（1）选择“手动”或“自动”DNS 获取方式，当 IP 地址选择“静态 IP”时，只能选择“手动”DNS 获取方式。

（2）输入“主 DNS 服务器”的 IP 地址，根据需要还可输入“备 DNS 服务器”的 IP 地址。

（3）输入“域名后缀”，例如 huawei.com。设置“域名后缀”后，IAD 根据域名访问其他网络设备时自动在域名后添加后缀。例如，SIP 服务器的域名为 softswitch，域名后缀为 huawei.com，则 IAD 访问 SIP 服务器时自动将 SIP 服务器的域名 softswitch.huawei.com 发送给 DNS 服务器进行域名解析（注意该域名要先在 DNS 服务器上配置好相应的 IP 地址，才能解析成功）。

“域名后缀”不是必需的，一般只需配置 DNS 服务器的 IP 地址。

4. 配置 SIP 服务器

选择“SIP 业务配置>SIP 服务器”，出现 SIP 服务器配置界面，如图 7–34–8 所示。

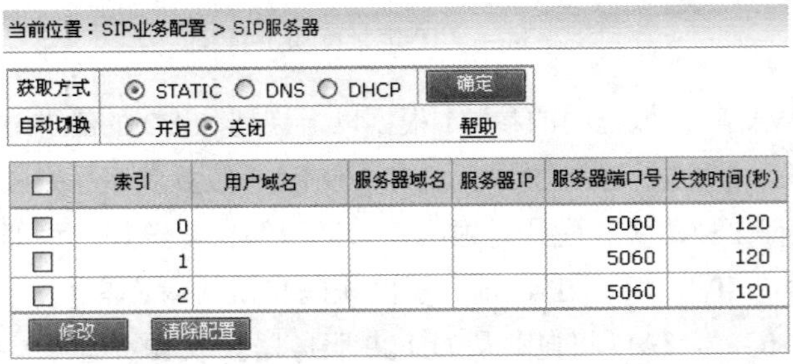

图 7–34–8 SIP 服务器配置界面图

IAD 支持 SIP 服务器的主备切换。IAD 优先向 SIP 主用服务器注册，若注册失败则向备用服务器注册；当主用服务器恢复以后，IAD 自动切换到主用服务器上注册 SIP 用户。

若启用 SIP 服务器的主备方式，请选择“开启”自动切换功能。

默认状态下，IAD 依次向索引 0、1、2 的服务器进行注册。

IAD 提供 3 种获取 SIP 服务器 IP 地址的方式。实际配置时根据运营商组网情况选择一种即可：

STATIC：静态方式，即在 IAD 上直接设置 SIP 服务器的 IP 地址或域名。

（1）在获取方式一栏选择“STATIC”，单击“确定”。

（2）分别选中索引 0、1、2 对应的记录，单击“修改”，出现修改 SIP 服务器界面，如图 7–34–9 所示。

图 7–34–9　SIP 服务器界面图

选择“DNS 方式”时，需在“基本配置>网络参数”页面配置 DNS 服务器。

（3）在获取方式一栏选择“DNS”，在下方出现的域名框中输入在 DNS 服务器上订制了 SRV 服务的域名，例如，_SIP._UDP.IAD.com，单击“确定”。

（4）分别选中索引 0、1、2 对应的记录，单击“修改”，出现修改 SIP 服务器界面。其中服务器域名和 IP 由订制了 SRV 服务的域名自动解析。如图 7–34–10 所示。

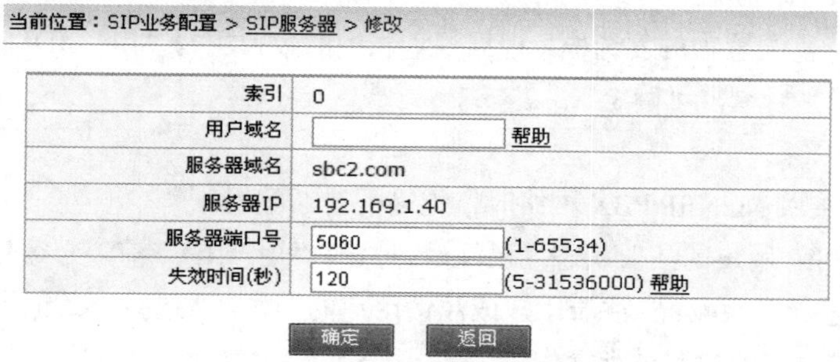

图 7–34–10　SIP 服务器界面图

DHCP：IAD 通过 DHCP 方式自动获取 SIP 服务器的 IP 地址。在获取方式一栏选择“DHCP”，单击“确定”。

选择 DHCP 方式时，需在 DHCP 服务器上配置 SIP 服务器信息。

5. 配置 SIP 信令端口号

SIP 信令端口号是 IAD 端发送 SIP 信令时使用的本地端口号。系统默认的 SIP 信令端口号是 5060，一般不建议修改。若修改，则 SIP 服务器侧需要同时修改。

注意：修改本地端口前，必须先注销用户。

修改方法：选择“SIP 业务配置>本地端口”，出现 SIP 信令端口配置界面。修改端口号，单击“确定”完成修改，如图 7–34–11 所示。

图 7–34–11　SIP 信令端口配置界面

6. 配置 SIP 用户

（1）选择“SIP 业务配置>FXS 用户”，出现 FXS 用户配置界面，如图 7–34–12 所示。

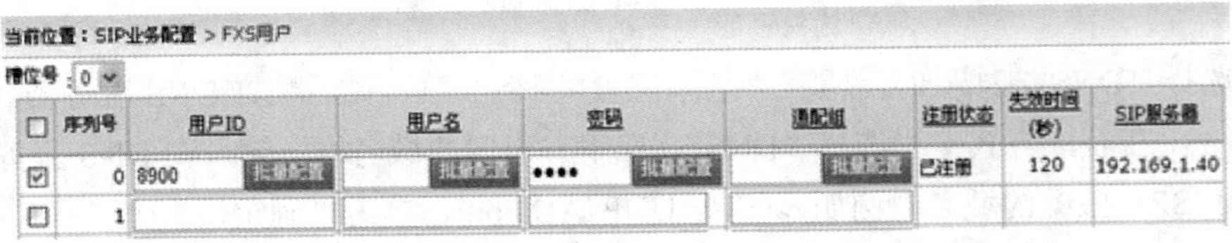

图 7–34–12　FXS 用户配置界面

（2）选择单板所在的“槽位号”。

（3）勾选需配置项的复选框，根据规划表中的数据填写“用户 ID”、“用户名”和“密码”。填写完后单击“确定”。

注意：

1）IAD 接入 NGN/IP PBX 网络时，无需配置通配组。

2）如果 SIP 用户的注册状态为已注册，修改“用户 ID”前，必须先注销用户。

3）如需进行清除配置、注册用户或注销用户的操作，请选择一条记录或多条记录，单击界面下方对应的按钮进行操作。

4）“用户 ID”：SIP 用户标识，用来唯一区别用户，长度不超过 31 个字符。该用户标识已经在 SIP 服务器上配置过。

5）“用户名”：长度不超过 63 个字符。此参数是否配置由运营商决定。

6）“密码”：用户的鉴权密码，长度不超过 31 个字符。此参数是否配置由运营商决定。

设置序列号 0 的“用户 ID”或“用户名”，设置完后单击“批量设置”，系统自动生成递增为 1 的列表。

说明：

1）若“用户名”最后一个字符不是数字，那么单击“批量配置”时，系统自动在输入值后的项目添加数字 1 并生成递增为 1 的列表。

2）设置序列号 0 的“密码”，再单击“批量设置”则自动复制该密码到整个列表。

3）注册状态包括“未注册”“注册中”和“已注册”。

4）没有配置数据时显示为空，注销用户后显示“未注册”。

5）用户数据在 SIP 服务器上未配置，使用户一直处于注册状态时显示“注册中”。

6）注册成功后显示“已注册”。

7. 配置 SIP 数图

SIP 数图即用户拨号时的限制规则。默认数图值［XABCD*#］. T 是可以拨打任意号码的，若不需要对呼叫进行限制则可以不配置其他数图值。若在默认数图值基础上增加其他数图则可以加速收号过程。

选择“SIP 业务配置>SIP 数图”，出现 SIP 数图配置界面，如图 7–34–13 所示。

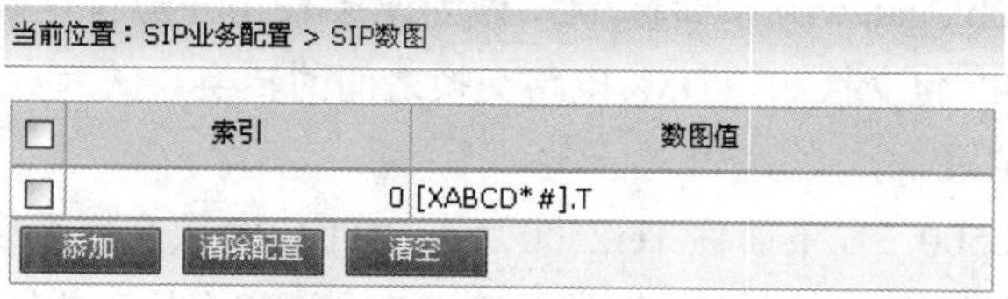

图 7–34–13　SIP 数图配置界面

单击“添加”，在弹出的添加页面中，输入数图值。

8. 保存数据

在导航栏中选择“系统工具>数据保存”，出现数据保存界面，如图 7–34–14 所示。

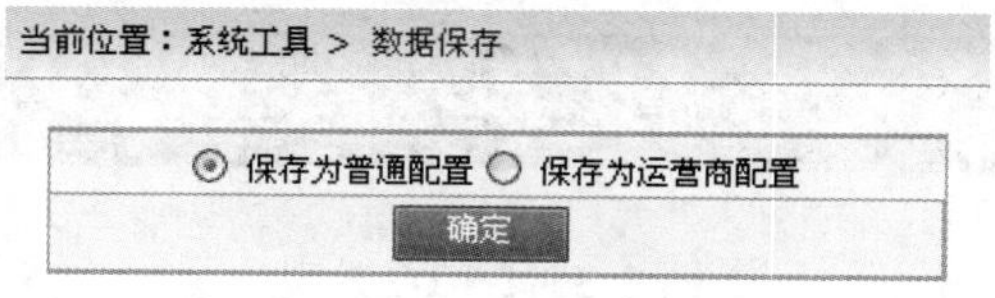

图 7–34–14　数据保存界面

选择“保存为普通配置”或“保存为运营商配置”，单击“确定”。

“保存为普通配置”和“保存为运营商配置”的区别为用户“保存为运营商配置”后，在需要的时候可以选择恢复成运营商配置，而“保存为普通配置”则不能恢复。

9. 验证结果

完成以上配置后，设备进入正常运行状态。可通过以下方式验证配置结果。

选择“SIP 业务配置>FXS 用户”，进入 FXS 用户配置界面，查看用户注册状态，若注册状态一栏显示“已注册”，则说明该路电话注册成功。

IAD 下的用户进行通话验证，若能正常呼叫和接听则表示数据配置正确。

【思考与练习】

1. IAD 和 PSTN 对接时需要配置哪些信息？
2. 入局呼叫时，IAD 是否需要配置 sip 中继？
3. IAD 配置文件有哪几种命名方式？

模块 35 TG 中继网关的配置（Z37F1035Ⅲ）

【模块描述】本模块包含软交换各个组成网元设备的基本配置方法，通过对 TG 等网元设备的安装配置步骤的介绍，掌握软交换的基本网元设备的配置方法。

【模块内容】

一、概述

中继网关（Trunk gateway），简称 TG，做为连接 IP 和 PSTN 两类网络的中间设备，主要功能是完成 IP 包交换和 TDM 电路交换之间的转换，做为点对面的聚集点处于 VoIP 网络的核心位置。

广哈通信 TG2500（以下简称 TG2500）是 GHT G2S 软交换系统的中继媒体网关，其介于 PSTN 网和软交换网络间，提供了双方信令流和媒体流的转换，实现了 PSTN 网和软交换网的无缝互通。

（1）TG 外观，如图 7–35–1 所示。

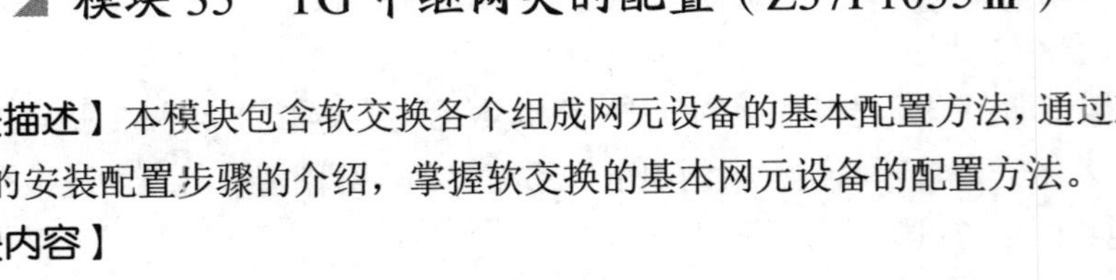

(a)

(b)

图 7–35–1　TG 外观

（a）前视图；（b）后视图

（2）TG 接口说明，如表 7–35–1 所示。

表 7–35–1 TG 接口说明

接口	名称	用途
CONSOLE	串行接口	维护
LAN	以太网口（RJ45）	连接以太网
E1 1～2（2 对）	两种类型 E1 接口：同轴和 RJ48	同一 E1 的同轴和 RJ48 接口不能同时使用
EE	E1 逃生口	在设备断电时，能固定连接四个 E1 中的其中一个，将呼叫接续到另一台 PBX
RST	复位按钮	按后可复位 TG2502 板
RFS	恢复出厂配置按键	按下并保持约 5 秒可恢复出厂配置（重启后）
AC220V	交流 220V 电源接口及整机电源开关	外接电源
GND	接地柱	

（3）TG 指示灯说明表，如表 7–35–2 所示。

表 7–35–2 指示灯说明表

指示灯	名称	状态	表达含义
PWR	电源指示灯	常绿	电源接通
		灭	电源关闭或故障
RUN	运行指示灯	闪绿（闪灭比例 1:1，频率 2s）	正常
		常亮或常灭	运行异常
E1 ALARM（2 组）	E1 告警指示灯	红	出现该项告警
LOA	本端告警		
LOS	帧失步告警	灭	无该项告警
REM	远端告警		
DSP	DSP 指示灯	红	DSP 正常运行
		灭	DSP 运行异常

二、TG 中继网关的数据设置

1. 登录

先确认 TG2502 的 RUN 灯正常闪烁。

打开网页浏览器（例如：Internet Explorer 等，下面以 Internet Explorer 浏览器为例）。

在 Internet Explorer 的地址栏输入 TG2502 的 IP 地址并按 Enter 键。TG2502 出厂默认 IP 为：192.168.0.199。

按提示输入账号密码登录系统，可使用管理员账号或用户账号登录。TG2502 出厂默认为：

管理员账号：admin 密码：admin

用户账号：user 密码：user

请确保配置用的电脑 IP 和 TG2502 在同一网段内，否则将无法连接成功。可用 ping 192.168.0.199 命令来检查，如能正确连接会提示如下信息：

```
c:\>ping 192.168.0.199
Pinging 192.168.0.199 with 32 bytes of data:
Reply from 192.168.0.199:bytes=32 time<10ms TTL=128
Reply from 192.168.0.199:bytes=32 time<10ms TTL=128
Reply from 192.168.0.199:bytes=32 time<10ms TTL=128
Reply from 192.168.0.199:bytes=32 time<10ms TTL=128
Ping statistics for 192.168.0.199:
Packets:Sent=4,Received=4,Lost=0(0%loss),
Approximate round trip times in milli-seconds:
Minimum=0ms,Maximum=0ms,Average=0ms
```

登录进入系统，如图 7-35-2 所示。

图 7-35-2 登录

2. 参数配置

（1）网络参数，如图 7–35–3 所示。

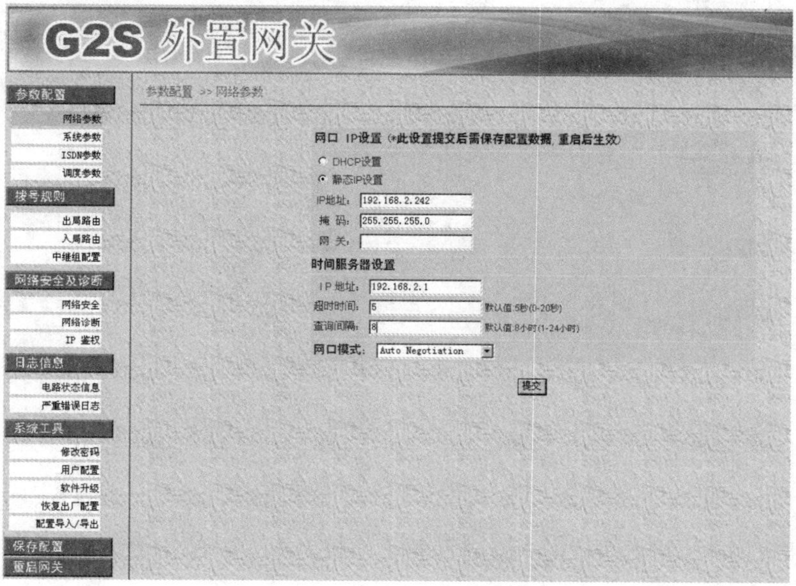

图 7–35–3 网络参数配置

初次使用前，请根据实际组网方案修改 TG2502 板的默认 IP 地址并正确设置 TG2502 的其他网络参数，否则将可能导致 TG2502 与其他 IP 设备不能正常通信。

网口 IP 设置包括“静态 IP 设置”和“DHCP 设置”。若设置为静态 IP，请输入正确的 IP 地址、子网掩码和网关地址。网关地址表示当目的 IP 不可寻址时的默认 IP 路由，也可以不设置。修改此项配置需保存后重启 TG2502 板后生效。

若想从服务器获得当前系统时间，需正确设置时间服务器。

网口模式包括 Auto Negotiation 自适应、100Mbps/Full Duplex 100M/全双工、100Mbps/Half Duplex 100M/半双工、10Mbps/Full Duplex 10M/全双工、10Mbps/Half Duplex 10M/半双工五种模式。

提交：上传本页面修改的数据到板上，但不保存修改数据。单击“提交”后，所做修改在板重启前生效，重启后丢失所做的修改。若要保存所做修改，还需进行保存。

（2）系统参数，如图 7–35–4 所示。

- RTP 端口起始值：默认值为 7000。修改此项需保存后重启生效。
- SIP 服务端口值：默认值为 5060。修改此项需保存后重启生效。
- DTMF 模式：可选择 DTMF 的传输模式，和 PayLoad Type。

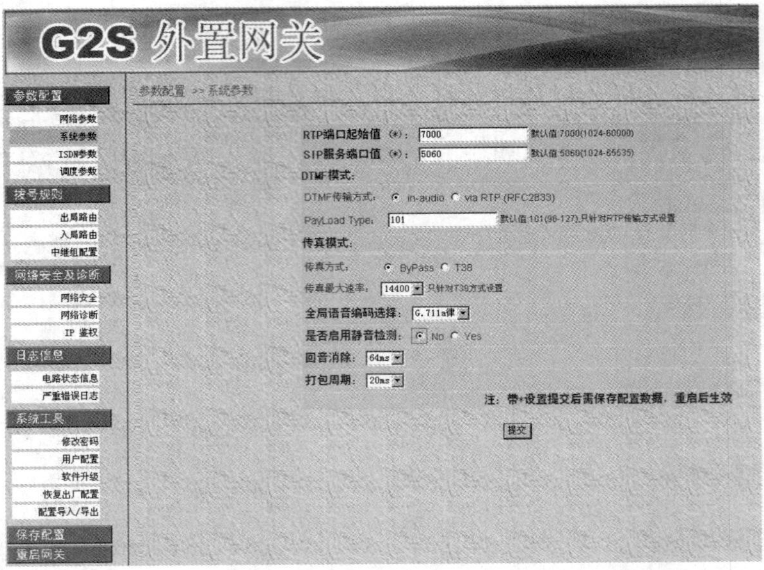

图 7–35–4　系统参数配置

● 传真模式：可选择“ByPass 透传传真”或“T.38 传真”。针对 T.38 传真，可设置传真最大速率，默认值为 14 400。

● 全局语音编码：在没有设定路由优选语音编码（参考 3.4 拨号规则及路由）的情况下，TG2502 板默认优选采用的语音编码标准，可选 G.711A、G.711U、G.729 三种。

● 是否启用静音检测：可选择 No 和 Yes。

● 回音消除：可选两种回音消除速率 32ms 和 64ms。

● 打包周期：设置 RTP 包的打包周期，决定其包长。可选 10ms 和 20ms。

（3）ISDN 参数，如图 7–35–5 所示。

可设置所有 4 个 E1 的 ISDN 参数：用户侧/网络侧，协议类型。

● 用户侧/网络侧：定义本端类型。

● 当对端设置为用户侧时，TG2502 相对应的 E1 需要设置成网络侧：NETWORK/MASTER；

● 当对端设置为网络侧时，TG2502 相对应的 E1 需要设置成用户侧：USER/SLAVE；

例如，对端是 HARRIS 交换机 30PRI，其“Layer 2 destination Switch type”定义成 MASTER，TG2502 要设置成 MASTER；HARRIS 定义成 SLAVE，TG2502 要设置成 SLAVE。

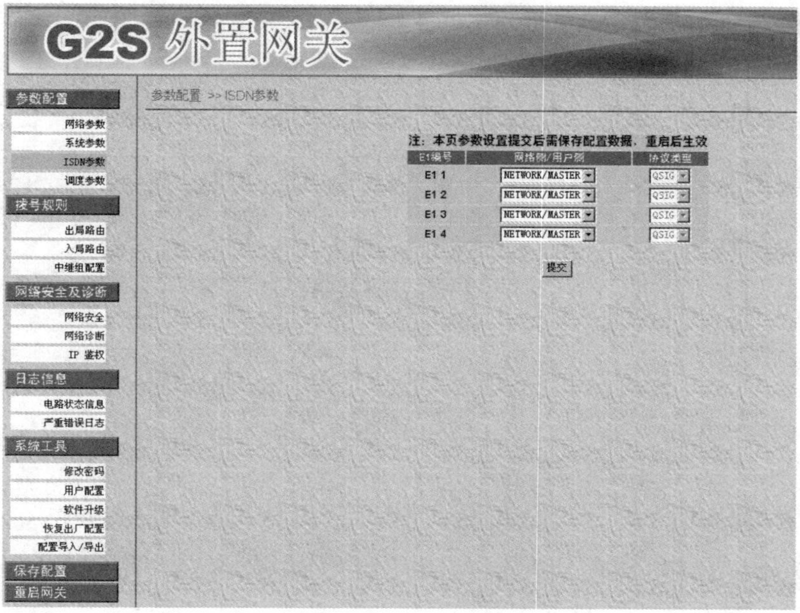

图 7–35–5　ISDN 参数配置

- 协议类型：目前 TG2502 只支持 QSIG 信令，所以该项暂时不可选。

（4） 调度参数，如图 7–35–6 所示。

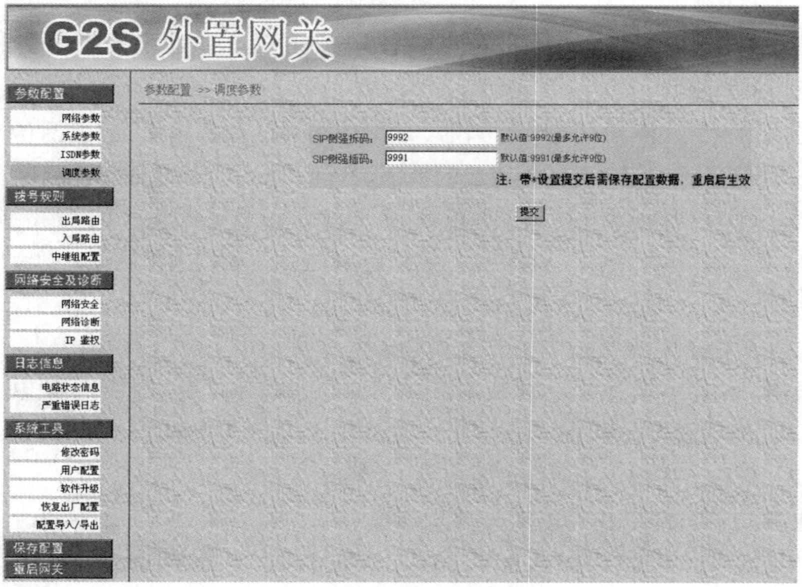

图 7–35–6　调度参数配置

本配置页是专为 HARRIS 交换机而设置，当对端是其他 PBX 时，不适用。

SIP 侧的强拆/强插码：设置成 SIP 服务器定义的强拆/强插码。

（5）出局路由，如图 7–35–7 所示。

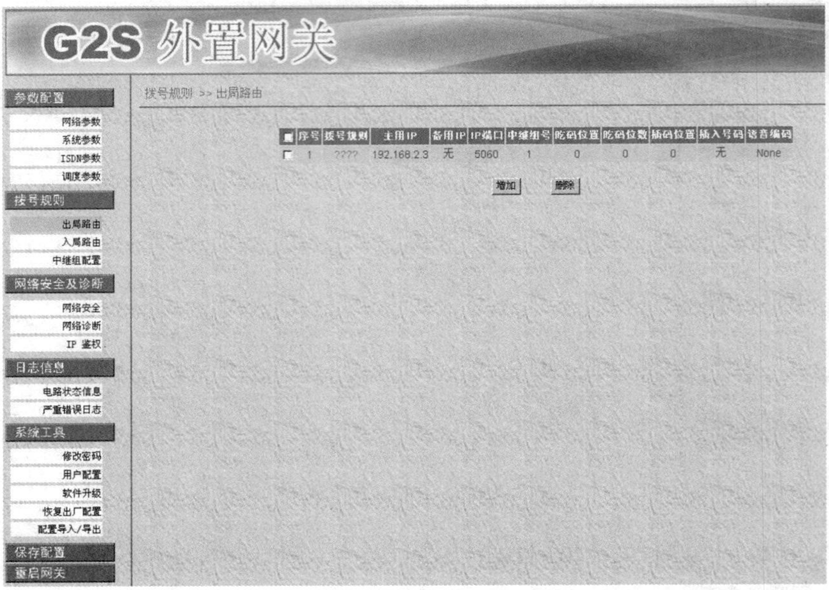

图 7–35–7 出局路由配置

出局路由表示从 PSTN 交换机通过网关呼出到 IP 网的被叫 IP 地址表。最大可设置 100 条出局路由。

拨号规则设置被叫号码规则，可输入最多 19 位合法数字和字符，包括 0～9 数字、字符“T”和“？”。“T”表示不定长的数字，“？”表示定长的数字。若有多条路由符合规则，则 TG2502 会选择最佳匹配规则。例如：设置了四条出局路由，拨号规则分别为 4？？？、？？？？、4T 和 T，拨号为 4001，四条规则都符合，但 4？？？为最佳匹配。

注意：不能设置单独的“T”作为拨号规则。

每条出局路由可设置主用 IP 和备用 IP 地址，出局呼叫固定选择主用 IP，但当主用 IP 不通，且设置了备用 IP 的情况下，备用 IP 会自动切换到主用 IP，主用 IP 切换到备用 IP。同时会生成一条系统严重告警。

- IP 端口：与目的 IP 地址对应的端口号。
- 中继组号：可设置为已经配置了的中继组号，该出局路由就只能占用这个中继组号里的电路。当不输入该项，系统默认设置为中继组 0，表示全部 E1 的所有中继电路都可占用。当 PBX 出中继 PAT 配置了多条 E1 互为备份路由时，需要将 TG2502 相应出局拨号规则的中继组设为 0。否则备份中继组不能成功。详见中继组配置节。

● 吃码、插码：当需对被叫号码进行号码翻译时，可用使用吃码、插码功能。吃码表示从指定位置开始，移掉指定位数的号码；插码表示从指定位置开始，插入指定的号码。当同时设置了吃码和插码，则先插码，再在新号码的基础上吃码。吃码、插码位置可取值 0～号码长度，如设置 1，表示在第一位号码前插码或从第一位开始吃码。设置为 0，表示不插、吃码。插码最大长度为 19 位。注意：吃、插码后的号码长度必需满足拨号规则的号码长度，否则有可能得到错误的吃、插码结果。

● 语音编码：若设定路由的优选语音编码，即使已经设定了全局语音编码，此路由的所有呼叫仍然优先选择此编码。

单击拨号规则可进入出局路由编辑界面，选取并单击删除可删除该条路由。如图 7–35–8 所示。

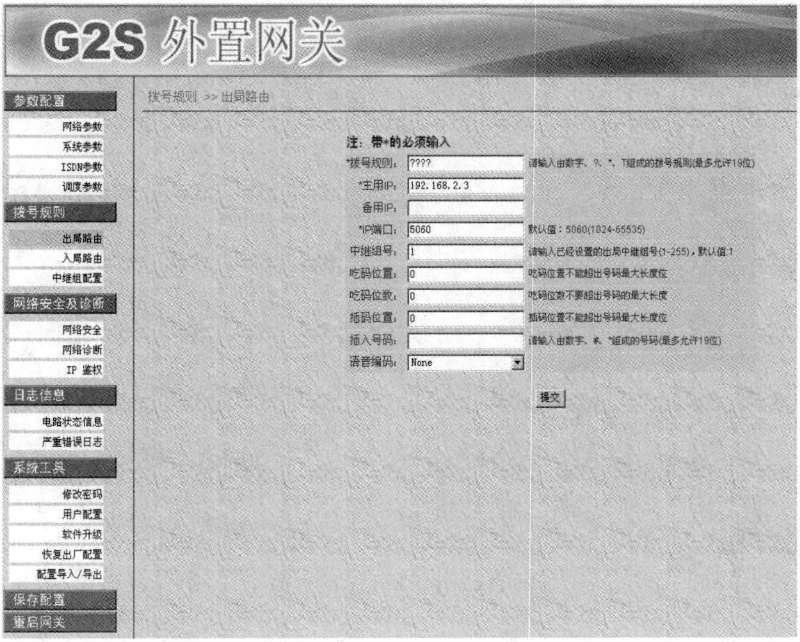

图 7–35–8　拨号规则配置

（6） 入局路由，如图 7–35–9、图 7–35–10 所示。

入局路由表示从 IP 网呼入到 PSTN 交换机的呼叫所选的中继去向。最大可设置 100 条入局路由。

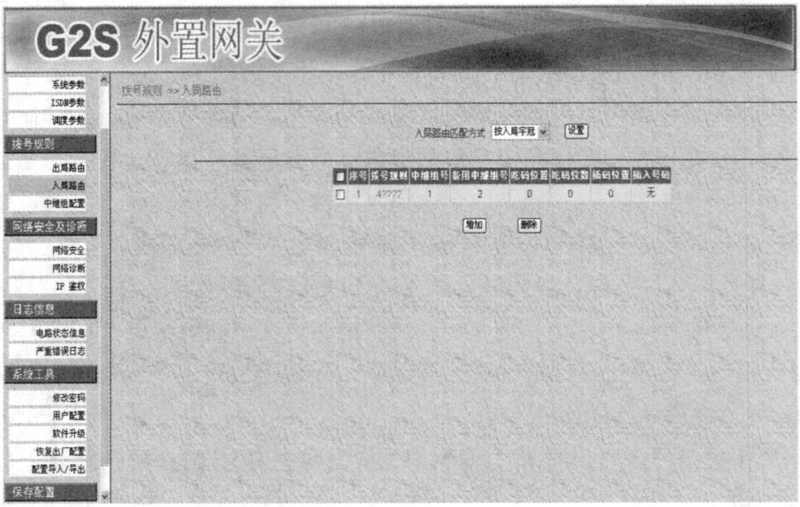

图 7–35–9 入局路由配置 1

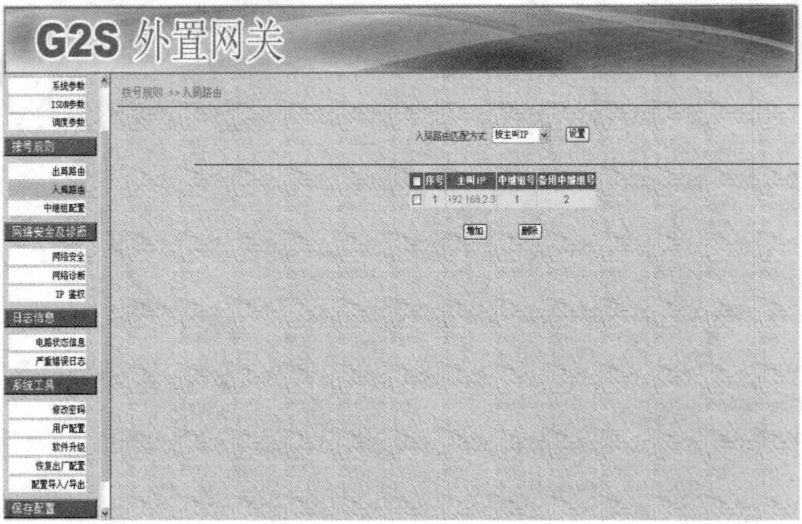

图 7–35–10 入局路由配置 2

有两种路由匹配方式，按入局字冠和按主叫 IP。“按入局字冠”是以被叫号码为拨号规则的路由方式；“按主叫 IP”则以入呼叫的主叫 IP 作为匹配方式。两者互斥，即同时只能有一种方式生效。选择的方法是选取页面上方的“入局路由匹配方式”下拉菜单，并单击设置。

● 中继组号：主用中继组，入局呼叫优先选择主用中继组，主用中继组不通或无空闲电路时，选择备用中继组（若已配置），当主用中继组恢复，新呼叫重新选择主用中继组。可输入范围 1～255，默认为 1。

● 备用中继组号：备用中继组，可输入范围 0～255，默认为 0，表示不设置备用中继组，

入局路由其他各配置项的含义和操作方法与出局路由相同。

（7）中继组配置，如图 7–35–11 所示。

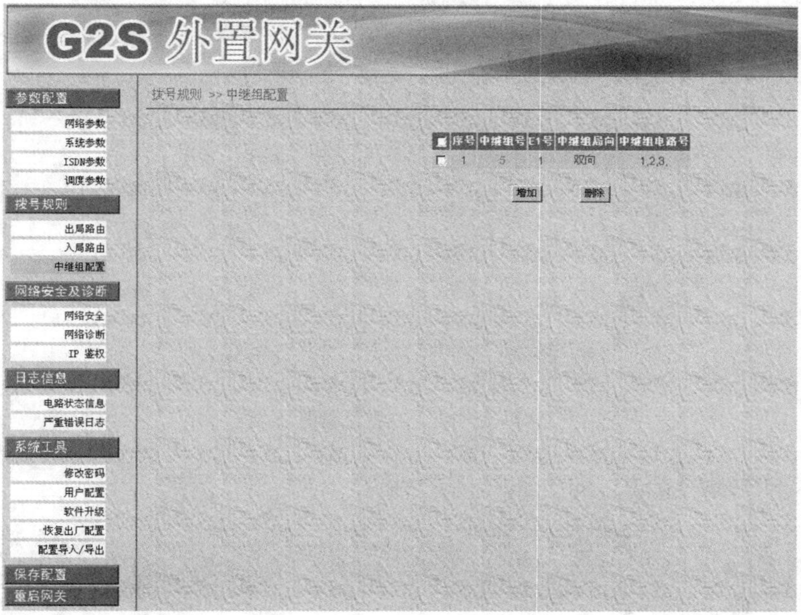

图 7–35–11　中继组配置

中继组是同一个 E1 内一条或多条中继电路的集合，用于限制出入局路由所能占用的中继电路范围。最多设置 30 个中继组。

● 中继组号：可输入范围 5～255。0、1、2、3、4 为默认组号，中继组 0 的定义见出局路由节和入局路由节，中继组 1～4 的组成员分别为 E1 1、E1 2、E1 3、E1 4 的所有电路。

● E1 号：指明中继组所属的 E1。一个中继组只能属于一个 E1。

● 中继组局向：指明中继组允许的呼叫方向，可选“出局”“入局”和“双向”。出局的中继组只能配置到出局路由里，入局的中继组只能配置到入局路由里，双向的中继组可以加到出局路由和入局路由。

● 中继组电路号：TG2502 支持 1～15、17～31 的中继电路。多条中继电路间以“，”分隔，以分配的中继电路不能再加入另外的中继组里。

单击组号可用进入中继组编辑界面。选取并单击删除可用删除此中继组，但已被加入到出入局路由里的中继组不能被删除。如图 7–35–12 所示。

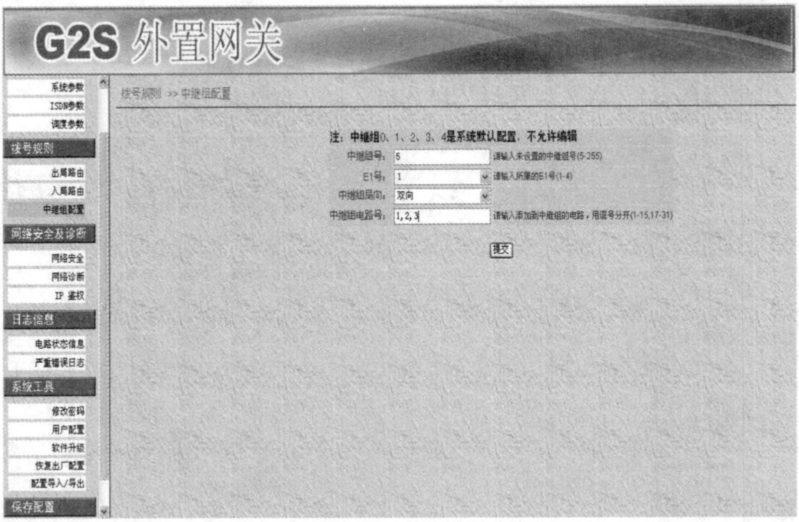

图 7–35–12 中继组删除配置

（8）电路状态信息，如图 7–35–13 所示。

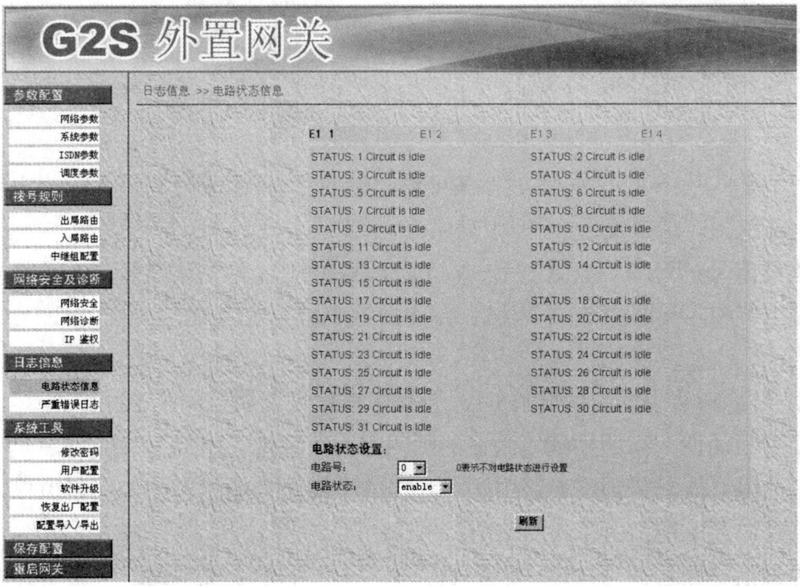

图 7–35–13 电路状态信息

电路状态信息：显示 TG2502 上 4 个 E1 的各 30 条中继电路（1～15、17～31）的状态信息，包括

- Out of Serivce：当 D Link 处于 Out of Serivce 状态，所有中继电路也处于 Out of Serivce 状态；
- Idle：中继电路可用；
- Busy：中继电路被占用；
- Maint Busy：处于 Idle 状态的中继电路可以在维护界面置为 Maint Busy，不能被占有；

查看不同的 E1 电路状态，请先单击选择页面上方 E1 号，所选 E1 号红色字体显示，如上图显示为“E1 1”的电路状态。

- 电路状态设置：分别对当前所选 E1 处于 Idle 和 Maint Busy 状态的中继电路执行 disable/enable 操作，将该中继电路置 Maint Busy 和置 Idle 状态。操作方法是选择电路号和状态，单击“刷新”键。电路号为 0 表示不设置任何电路状态。
- 刷新：刷新当前电路状态，并且设置电路状态。

（9） 修改密码。

修改密码如图 7–35–14 所示。

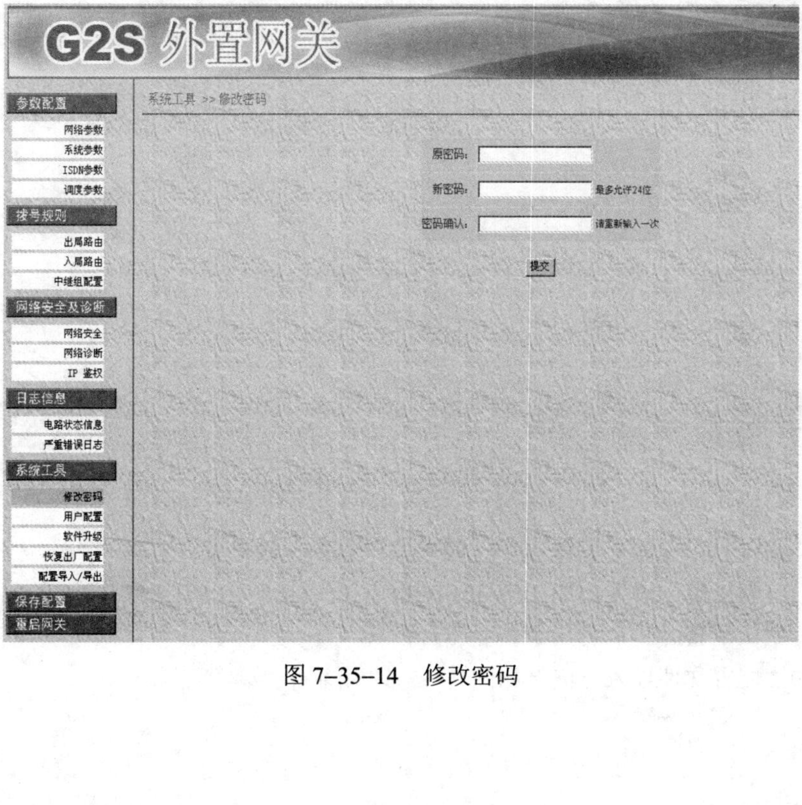

图 7–35–14　修改密码

只有管理员可以修改密码，密码最多允许 24 位，且大小写敏感。

TG2502 的账号密码属性如表 7–35–3 所示。

表 7–35–3　　　　TG2502 的账号密码属性

	出厂默认账号名	出厂默认密码	账号编辑	最大数量	权限
管理员	admin	admin	账号不可增加、修改和删除，密码可以修改	1	系统最大权限，包括浏览、修改、保存配置，升级软件版本，重启系统，修改管理员密码，修改用户账号密码
用户	user	user	账号可增加、修改和删除，密码可以修改	19	浏览

（10） 用户配置，如图 7–35–15 所示。

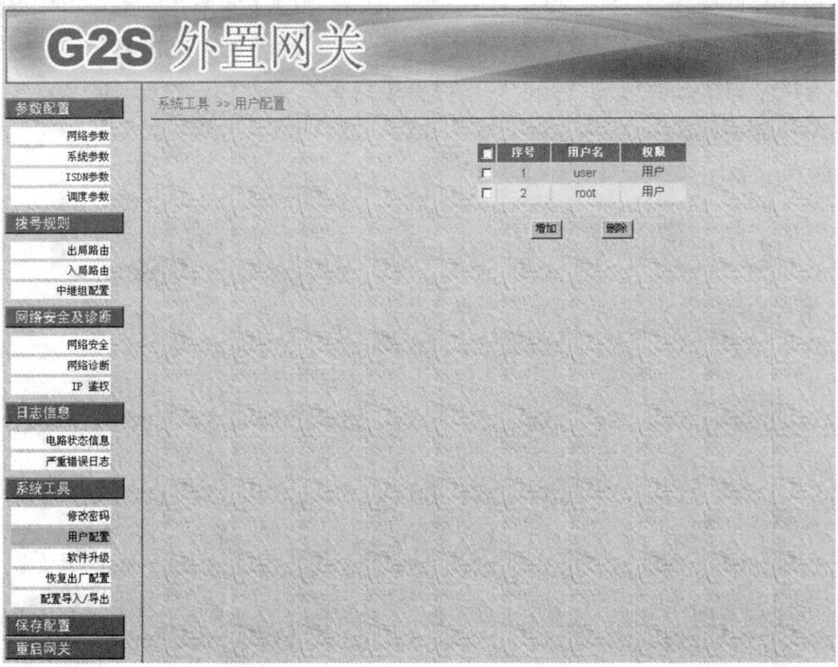

图 7–35–15　用户配置

管理员账号可以添加删除用户。最大用户数量和权限见上节。

（11） 恢复出厂设置，如图 7–35–16 所示。

恢复默认配置并重启可用于恢复出厂设置。

（12） 配置文件导入导出，如图 7–35–17 所示。

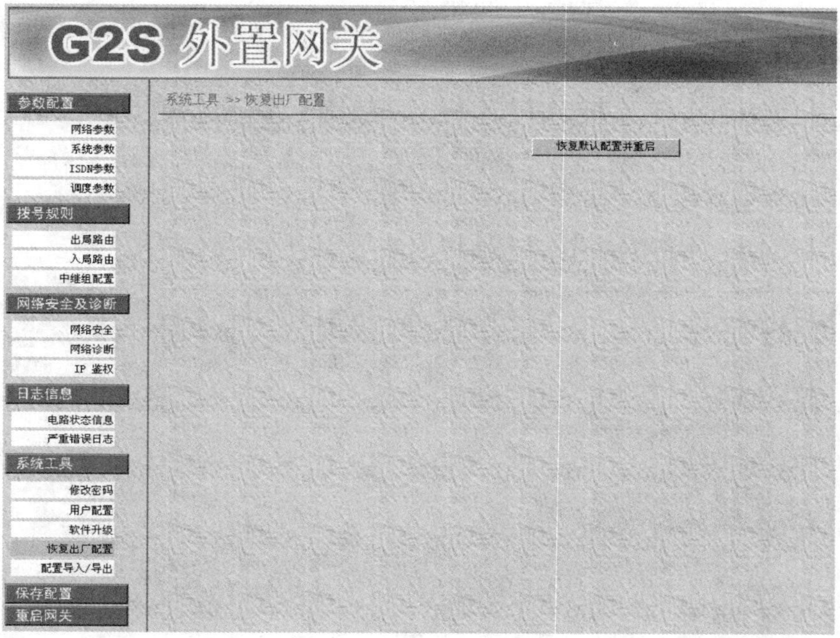

图 7–35–16　恢复出厂设置

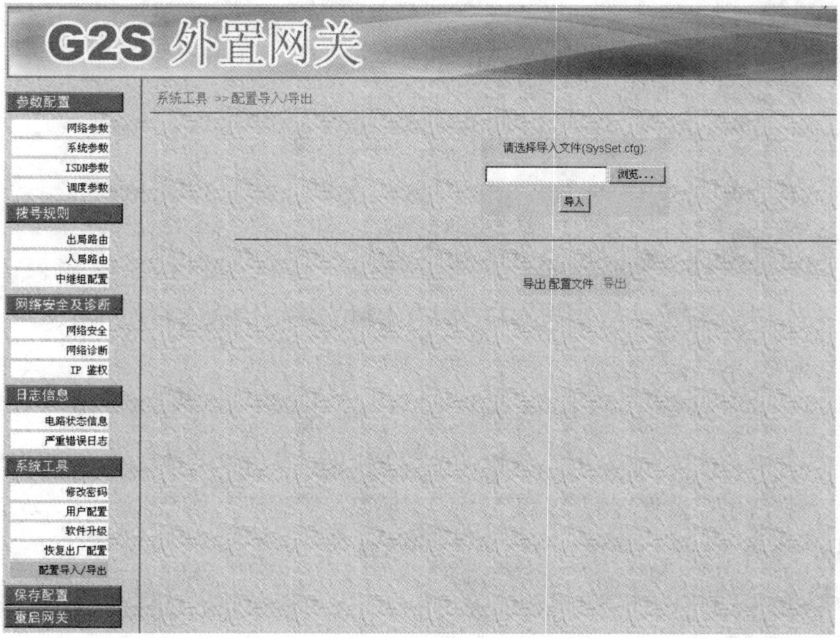

图 7–35–17　配置文件导入导出

TG2502 的配置文件名为 SysSet.cfg，其导入导出方法与“日志信息导出”和“系统软件升级”操作一样。

注意：TG2502 大、中版本号相同的版本，即 G2S TG2502 Rx.x 相同的版本，其配置文件可以互相导入导出，其他版本间不允许互相导入导出，需要在升级后恢复出厂配置，再重新配置数据。

（13） 保存配置数据，如图 7–35–18 所示。

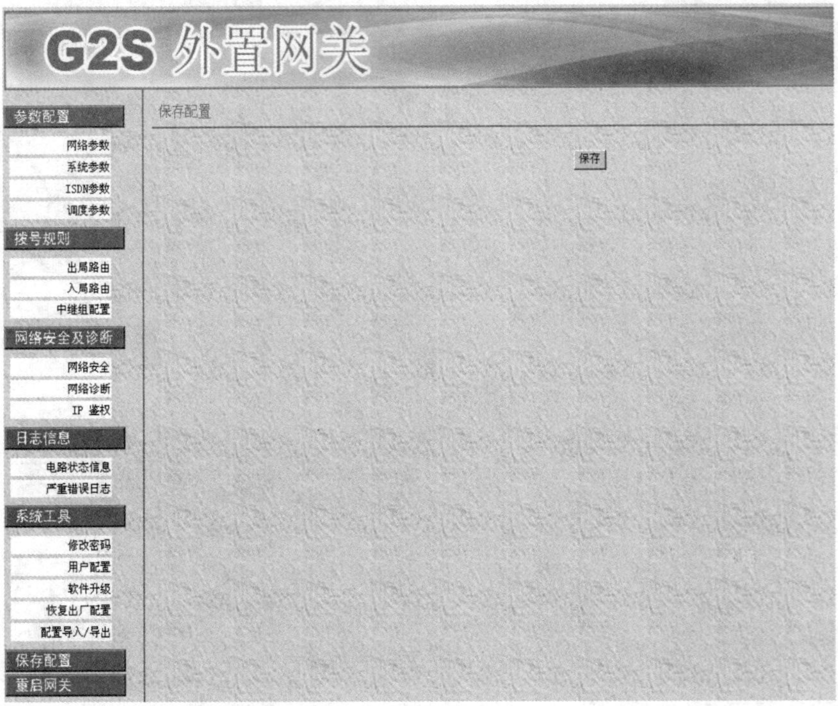

图 7–35–18 保存配置数据

保存修改后配置的方法是：

1）单击所修改页面的“提交”键；修改了多页配置，则要提交多次。

2）当所有修改完成后，进入保存配置数据页面，单击“保存”，完成数据的保存。

3）当修改了需要重启生效的配置项（需要保存后重启生效的配置项都以红色“*”号标明），还需要进入网关重启页面，进行重启。

（14） 网关重启，如图 7–35–19 所示。

单击“重启”键可重启 TG2502。

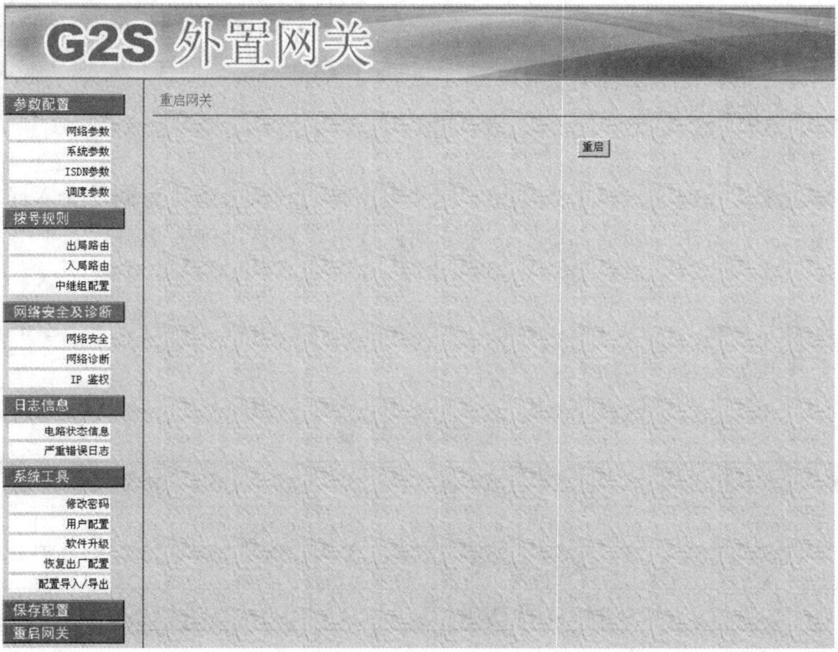

图 7-35-19　网关重启

【思考与练习】

1. 如何进行 TG2502 的 IP 配置？
2. 如何进行 TG2502 的出入局路由配置？
3. 如何进行 TG2502 的状态检查？

模块 36　AG 模拟网元的配置（Z37F1036Ⅲ）

【模块描述】本模块包含软交换各个组成网元设备的基本配置方法，通过对 IAD、TG、AD 等网元设备的安装配置步骤的介绍，掌握软交换的基本网元设备的配置方法。

【模块内容】

一、概述

AG（接入网关 access gateway）位于软交换架构当中的边缘接入层，提供模拟用户线接口，用于直接将普通电话用户接入到软交换网中。采用 AG 作为接入方式。适用于容量较大的，用户较为集中的场合，如密集的小区和企业的话音接入。AG 作为局端设备管理维护方便，当一个区域集中用户比较多，又有双绞线资源时，AG 的应用具有极高的性价比。

AG1601 是广哈通信一款高密度接入网关设备，最大容量为 1536 门。拥有自己独立的核心硬件 CPU，可以独立处理内外部呼叫，数据库的配置同样也是独立配置完成。

二、AG 的数据设置

1. 配置中继

中继组配置是定义一组中继电路，这些电路是同一个类型，有同一个入局和出局呼叫的去向，通过不同的信令类型连接外部，这里主要是指跟软交换核心平台 SIP 服务器互连。

其配置只要定义了中继电路位置、信令类型、服务级别、搜寻类型、电路数量等。

配置步骤如表 7–36–1 所示。

表 7–36–1　　中 继 组 配 置

步骤	提示符	输入内容
1	TRU...?	ADD
2	Trunk group number(1–255)...?	2
3	Trunk group type[GS]...?	QSIG
4	DSP Trunk Group[N]...?	N
5	Incoming COS number(0–255)...?	21
6	No answer extension...?	NONE
7	Outgoing start signaling...?	TIMED
8	Outgoing dialing mode...?	DTMF
9	Search type–...?	CF
10	Number of circuit(1–n)...?	2
11	Circuit location[END]...?	01–15–03，01–15–04
12	AW display name...?	TRUNK
13	Teleset display name...?	Out
14	Comment...?	Used for utgoing trunk

2. 配置路由

路由表中最多可以由 18 个数字和符号组成，可使用的合法字符有：

- 数字 0–9。
- 字母 A–Z，a–z。
- ＊。
- ＃。
- X–代表 0–9 中的任何数。

- 代表 1–9 中的任何数。
- N–代表 2–9 中的任何数。
- P–代表 0 或 1。

如：NXXX XXX，168，90AX XXXX XXXX

数字和符号的顺序是：X、A、N、P、*、0、9、8、7、6、5、4、3、2、1、#。系统自动地将收集方式从一般到特殊排序，系统搜寻收集方式却与排序顺序相反。当系统找到和所拨号相匹配的第一个方式时，就用该方式的可选项和去向来处理呼叫。

若存在两个相似的方式，如，8XXX XXX（方式 1）与 8XXX（方式 2），系统将使用所谓的临界时间（critical digit tinning）来决定用哪一种方式。如果主叫在拨 8XXX 之后，在临界时间内（默认值为 4 秒）不再拨另一数字，那么方式 2 将处理这个呼叫；如果在这个临界时间之前主叫拨了另一个数字，那么系统将等待其余的数字。可在 SYSEDT 表内的 SYSTEM TIMES 中设置系统临界定时时间。

配置步骤如表 7–36–2 所示。

表 7–36–2　　路由表配置

步骤	提示符	输入内容
1	COL...?	MODIFY
2	Collect&Route name...?	CR–LOCAL
3	Interdigit signal[NONE]...?	按 Enter 键
4	SEQ[END]...?	在此提示下，有下列子命令： REView：查看该表定义的收集方式 REMove：移去一个已存在的收集方式 PURge：移去该表中所有的收集方式 END：结束此提示 如输入命令 REV，则得到： *=CR–FEA/ST 9 NXXX XXXX/ACC 1=RP–G2S 9 9XXX XXXX XX/ACC 1=RP–G2S 9168=ERROR–TONE 9 13XX XXXX XXX/ACC 1=RP–G2S 2XXX=STA #=CR–FEA/ST
5	SEQ[END]...?	REM 9 13XX XXXX XXX（删除一个序列）
6	SEQ[END]...?	9 1XXX XXXX XXX/ACC 1=RP–LOCAL（增加一个序列）
7	SEQ[END]...?	按 Enter 键
8	Comment[Used for internal stations]...?	按 Enter 键

3. 配置号码

主要是定义 AG 上的模拟号码，由于 AG 上的号码是二线普通模拟分机，所以定义号码类似于 harris 交换机上的号码定义过程，包括分机号、电路位置、服务级别、公布号码、部门位置等等信息在里面。

配置步骤如表 7–36–3 所示。

表 7–36–3 号码配置

步骤	提示符	输入内容
1	EXT...?	ADD
2	Extension number(0–9999)...?	2002（分机号码）
3	Extension type...?	Sta（分机类型）
4	Circuit location...?	01–13–04（电路位置）
5	COS number(0–255)...?	10（服务等级）
6	Signaling type[MIXED]...?	按 Enter 键（信号类型）
7	Individual speed dial blocks(0–4)[4]...?	按 Enter 键（个人缩位拨号容量）
8	Guest treatment(YIN)[N]...?	按 Enter 键（客房处理）
9	Last name...?	Zhang（姓）
10	First name...?	按 Enter 键（名）
11	Extension number for directory[2002]...?	（号码簿号码）
12	Location...?	（地址）
13	Department...?	（部门）
14	Published directory entry(YES/NO)...?	Y（是否公布号码）
15	Group I category name[KA1]...?	KA 信号是发端市话局或国际局前向发送的主叫用户类别信号。KA 信号提供本次接续的计费种类，用户等级。KA1 表示普通、定期用户
16	Group II category name［SUB–NO–PRIORITY］...?	SUB–PRIority：用于优先用户 SUB–NO–Priority：用于没有优先权的用户 MAINT–equip：代表维护设备 OPERator：话务员设备 DATA–equip：数据设备 SUB–NO–Identify：用于不明的用户 NATL–operator：国内的话务员 PAY–phone：（付费）投币电话
17	Prefix index（1 — 99，DEFAULT）［DEFAULT］...?	带前缀的索引号，与分机相像。 前缀在 SYSANI 表中定义。 系统使用前缀和分机号就可以构成分机的整个电话号码（如 382+5003）。 有效的输入是在 1-99 范围和默认值（无前缀）
18	Comment...?	Internal station

【思考与练习】

1. AG 的定义？

2. AG 的数据库路由表配置步骤？

3. AG 上的模拟号码需定义哪些信息？

模块 37 软交换配置数据的备份/恢复（Z37F1037Ⅲ）

【模块描述】本模块包含软交换设备的软件备份/恢复过程及操作步骤，通过对软交换设备的软件备份/恢复方法及步骤的讲解，掌握软交换设备的软件备份/恢复方法。

【模块内容】

介绍华为 SoftCo9500 软交换配置数据备份与恢复。

一、数据备份

了解如何进行数据备份，当系统数据损坏或者有必要恢复旧的系统数据时，可以使用备份的数据对系统进行恢复。数据备份与恢复需要在相同版本中进行。

TFTP 服务器定义，LMTserver 集成了 TFTPserver 的功能，即安装了 LMTserver 的服务器就是 TFTP 服务器，LMTclient 即为 TFTP 客户端，同时，SoftCo9500 内部 HOSTIP 地址必须修改为 LMTserver 服务器 IP 地址，操作如下：

（1） 登录 LMT 服务器。

（2） 进入命令树配置界面。

（3） 选择“Config 模式”。

（4） 输入命令：“config system hostip A.B.C.D”——A.B.C.D 为 LMTsever 服务器 IP 地址。

维护人员应定期导出主机数据，保存到 TFTP 服务器。另外，建议每次版本升级或数据修改之前、之后都导出数据保存，这样对于复原数据、定位问题有很大的帮助。

正常情况下，数据备份应在话务量较小时（如晚上）进行，在系统负荷较大时备份可能不成功。

操作步骤：

（1） 登录 LMT，如图 7–37–1 所示。

（2） 在菜单中选择“加载配置>命令树配置”，在下拉框中选择需要配备的设备，单击“确定”。系统显示“命令树配置”界面。如图 7–37–2 所示。

（3） 单击“Config 模式” 

。系统弹出“用户名 admin”对话框，输入 config 模式的密码，并单击“确定”进入 config 模式。

（4） 使用 save 命令将当前配置与业务数据保存到 Flash Memory。

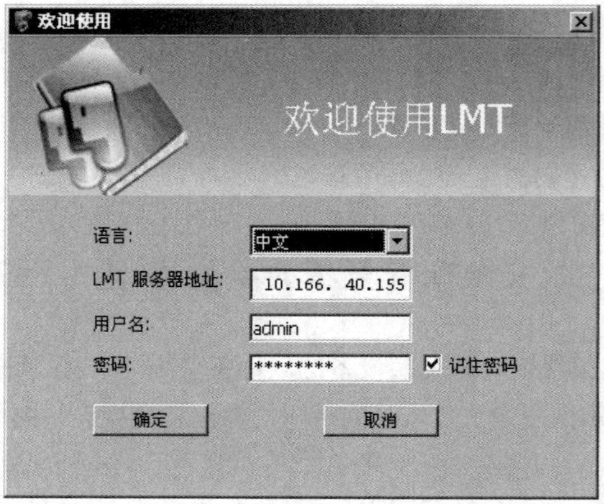

图 7–37–1 LMT 工具客户端登录界面

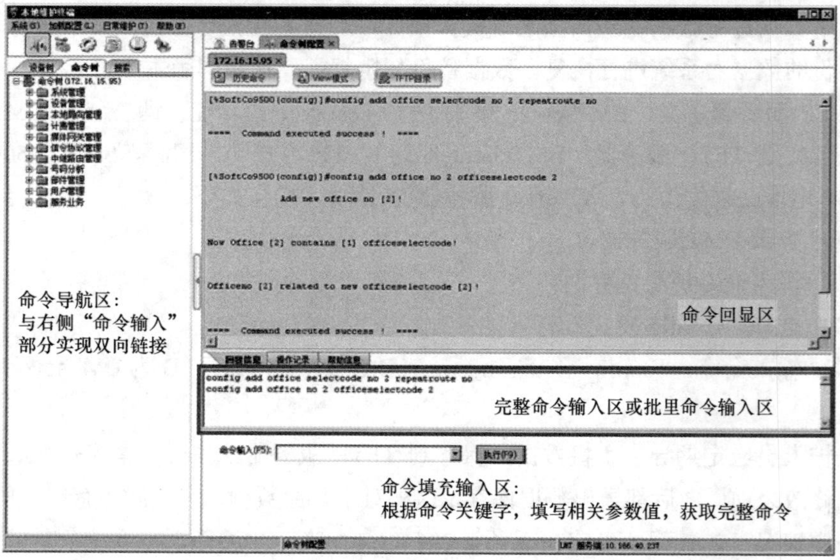

图 7–37–2 命令树配置界面结构图

（5）当系统提示“Saving flash in the background finished!”（即保存完成），执行 config upload file data 命令，将 Flash Memory 中的数据备份到 TFTP 服务器的加载目录下。

（6）执行成功后，检查 TFTP 服务器的加载目录中是否生成“data.bin”文件。此文件即为数据库的备份文件。

（7）将“data.bin”重命名为“data_YYYYMMDDhhmmss.bin”（例如“data_

20130329222629.bin”），备份保存，必要的时候可以用来恢复数据。

二、数据恢复

当需要恢复到某个时候的数据时，将之前备份的该数据文件加载到主机中。

操作步骤：

（1）登录 LMT。

（2）在菜单中选择“加载配置>命令树配置”，在下拉框中选择需要配备的设备，单击“确定”。系统显示“命令树配置”界面。

（3）单击“Config 模式”。系统弹出“用户名 admin”对话框，输入 config 模式的密码，并单击“确定”进入 config 模式。

（4）单击“TFTP 目录”，选择加载目录地址，将需要导入的数据文件放在 TFTP 服务器的加载目录下。注意：文件名必须为“data.bin”。如果不是，请修改为该文件名，否则数据导入不成功。

（5）执行 config download file data 命令，将数据加载到 Flash Memory 中。

（6）上述命令执行成功后，立即执行 reboot 命令重新启动系统，使恢复后的数据配置生效。

【思考与练习】

1. TFTP 服务器如何搭建？
2. 数据恢复过程中需要进入什么模式，执行的配置命令是什么？
3. 为什么要进行数据备份？

模块 38　软交换系统的组网（Z37F1038Ⅲ）

【模块描述】本模块包含软交换系统的常见组网方式，通过对软交换系统常用组网方式的介绍，掌握软交换系统组网的方式方法。

【模块内容】

一、概述

统一通信把计算机技术与传统通信技术融合一体的新通信模式，既融合计算机网络与传统通信网络在一个网络平台上，实现电话、传真、数据传输、音视频会议、呼叫中心、即时通信等众多应用服务。而在融合通信中，网络电话（VoIP）是其中的重点。

统一通信进一步发展了 IP 通信的概念，通过使用 SIP 协议（Session Initiation Protocol）和移动解决方案，真正地实现了各类通信的统一和简化—不受位置、时间或设备的影响。通过统一通信解决方案，用户可按照喜好随时进行彼此通信，并可使用任意设备通过任何媒体进行通信。统一通信将我们常用的多个电话和设备 一以及多个网络（固定、互联网、移动）— 结合在一起，以实现独立于地理位置的通信，促进通信与业务流程的集成，简化运行并提高生产率。

软交换系统组网大体分为：集中式组网、分布式组网；按照不同场景模式，可以分为如下组网场景：

1. AT0（模拟中继）出入局直拨场景配置

AT0 为模拟中继接入模式，出入局直拨是指局内分机拨打外部电话时，外部电话显示对应的 PSTN 长号；外部电话拨打局内电话对应的 PSTN 长号时可以直接接通局内电话，无需通过总机进行二次拨号。当具有直拨权限的局内用户小于 32 线时，可采用 AT0 中继的时隙绑定功能来实现。

2. IAD 的 O 口出入局直拨场景配置

出入局直拨是指局内分机拨打外部电话时，外部电话显示对应的 PSTN 号码；外部电话拨打局内电话对应的 PSTN 长号时可以直接接通局内电话，无需通过总机转拨。

3. 虚拟 IP PBX 场景配置

虚拟 IP PBX 主要应用于运营商统筹地为多个集团客户提供语音服务。例如在一个写字楼里部署一台 SoftCo，并建立多个虚拟 PBX（也称为子 PBX），每个集团客户在其中一个虚拟 PBX 中，相对独立，互相之间拨打电话等同于拨打 PSTN 电话。

4. 传统 PBX 跨接场景配置

传统 PBX 跨接场景主要应用于集团网用户原来已经使用传统 PBX，但需要一种费用更低、功能更丰富的解决方案。通过 SoftCo 与传统 PBX 对接，保持原 PBX 下的配置用户不变，提供 VoIP 的语音业务和其他补充业务。

二、各种组网方式的介绍

1. 集中式组网

只需要在总部部署一套核心交换机连接到本地运营商网络，还可部署相关业务/管理服务器，用户侧部署模拟电话、IP 电话及软终端实现基本通信及业务。适合无分支机构或者分支机构较少的企业。如图 7–38–1 所示。

2. 分布式组网

分布式组网，在总部部署一套核心交换机连接到本地运营商网络，还可部署相关业务、管理服务器，用户侧部署模拟电话、IP 电话及软终端实现基本通信及业务。适合分支机构较多的企业。对于可靠性要求较高的企业，可以部署两台 SoftCo9500 实现双机热备或异地容灾。

对于大型分支机构，可单独部署一套小容量的 SoftCo，实现本地出局、本地自交换和本地再生功能。

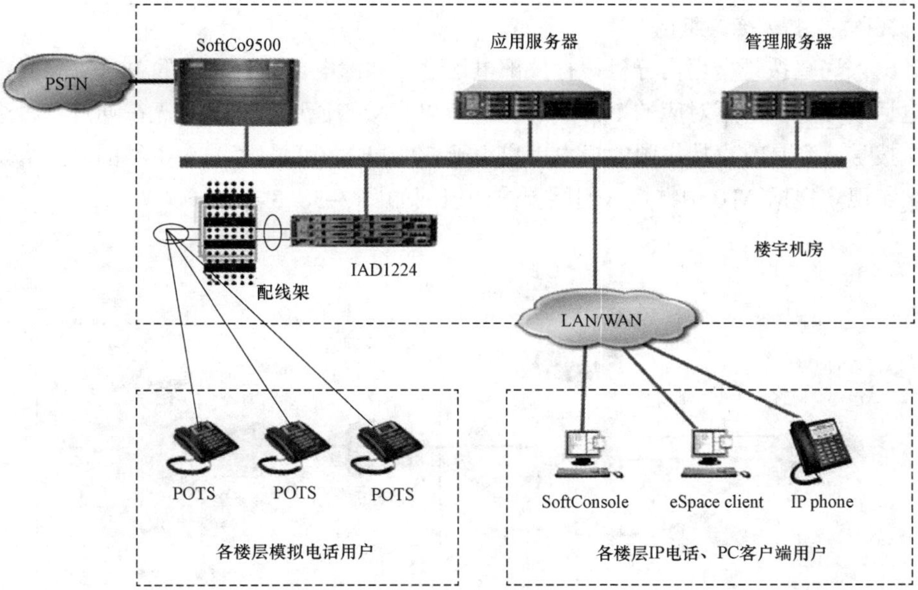

图 7–38–1　集中式组网

对于小型办事处，直接通过 IAD、IP 电话及软终端实现基本通信及业务。如图 7–38–2 所示。

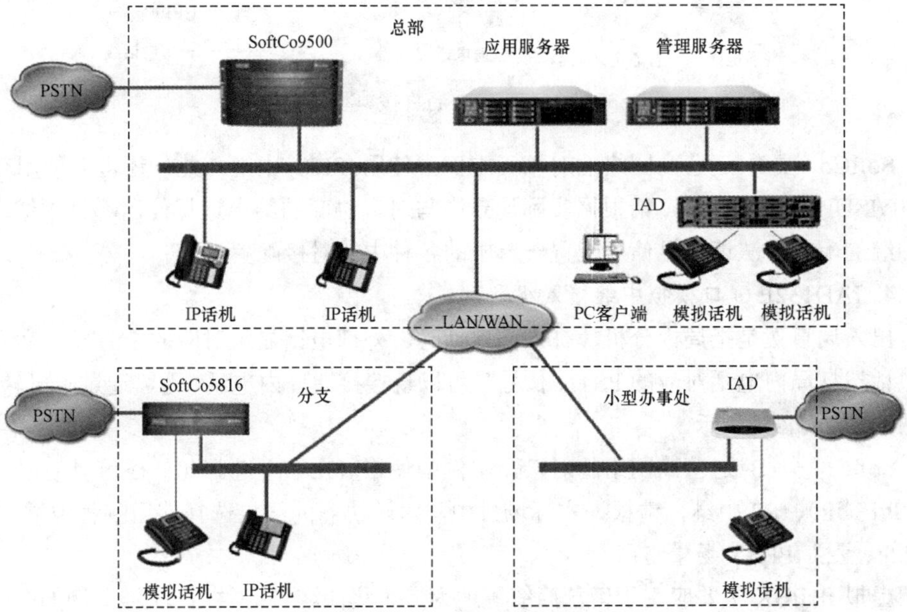

图 7–38–2　分布式组网

3. 模拟中继接入组网

出入局直拨是指局内分机拨打外部电话时，外部电话显示对应的 PSTN 长号；外部电话拨打局内电话对应的 PSTN 长号时可以直接接通局内电话，无需通过总机进行二次拨号。当具有直拨权限的局内用户小于 32 线时，可采用 AT0 中继的时隙绑定功能来实现。根据 AT0 中继接入组网要求的组网如图 7–38–3 所示。

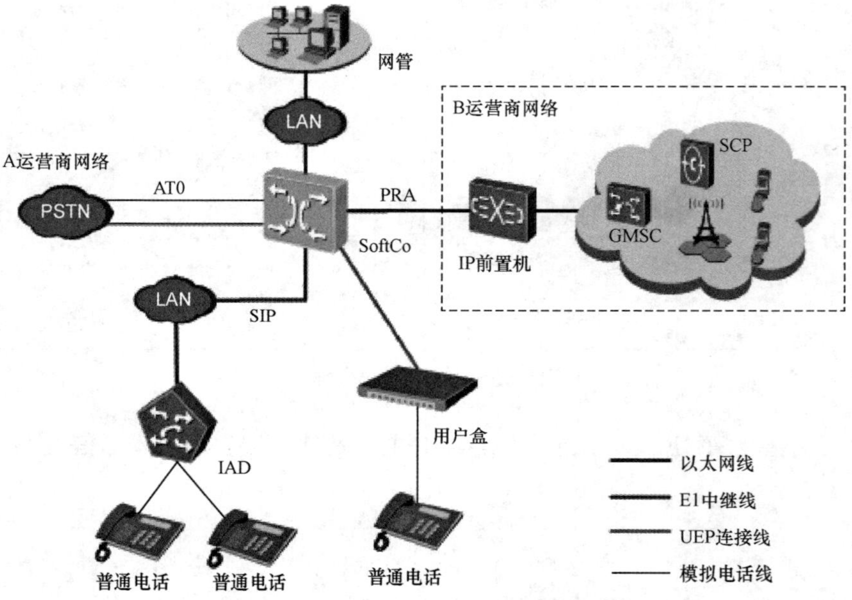

图 7–38–3　AT0 出入局直拨典型场景组网

SoftCo 与 B 运营商网络的对接，本例中使用 PRA 中继。此外还可以使用 SS7（TUP/ISUP）、R2 中继，请根据实际场景中与对端协商的结果选择使用哪种中继。其他中继的配置方法请参见信令配置一节中的各种中继对接配置指导。

4. IAD132E O 口模拟中继接入组网

出入局直拨是指局内分机拨打外部电话时，外部电话显示对应的 PSTN 号码；外部电话拨打局内电话对应的 PSTN 长号时可以直接接通局内电话，无需通过总机转拨。组网如图 7–38–4 所示。

SoftCo 与 B 运营商网络的对接，本例中使用 PRA 中继。此外还可以使用 SS7（TUP/ISUP）、R2 中继，请根据实际场景中与对端协商的结果选择使用哪种中继。

5. 虚拟 IPPBX 场景组网

虚拟 IP PBX 主要应用于运营商统筹地为多个集团客户提供语音服务。例如在一个写字楼里部署一台 SoftCo，并建立多个虚拟 PBX（也称为子 PBX），每个集团客户在其中一个虚拟 PBX 中，相对独立，互相之间拨打电话等同于拨打 PSTN 电话。组网如图 7–38–5 所示。

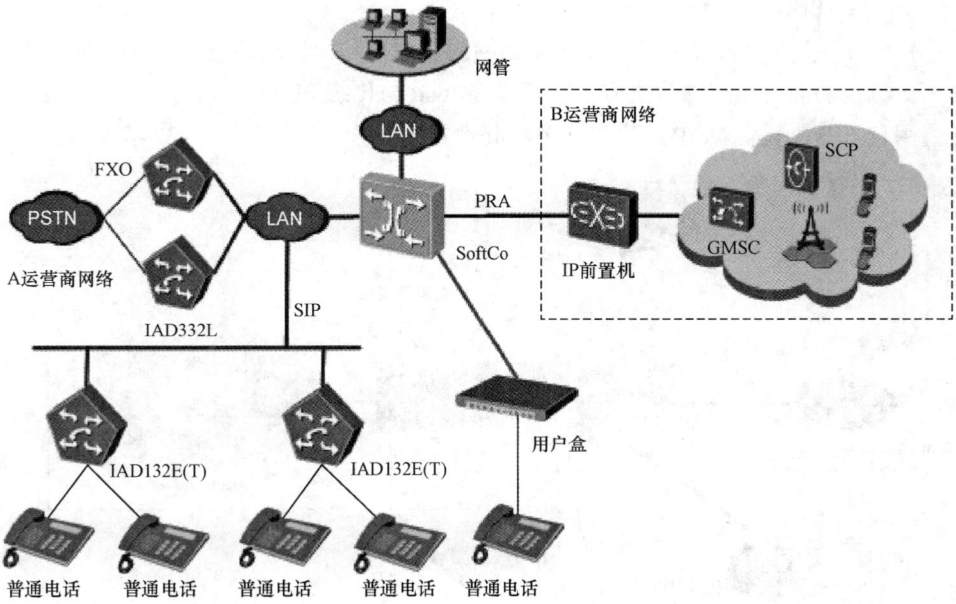

图 7–38–4　IAD 的 O 口出入局直拨典型场景组网

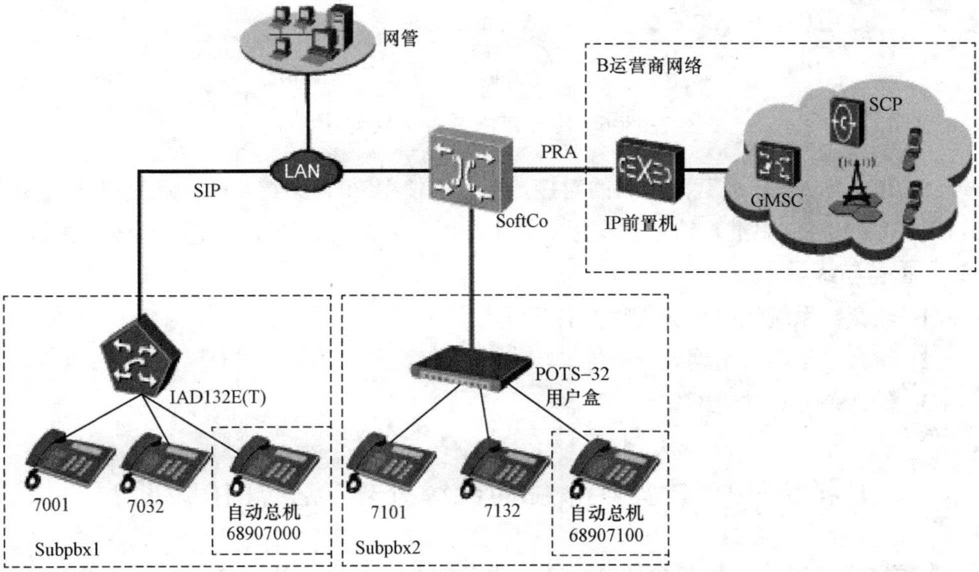

图 7–38–5　虚拟 IP PBX 场景组网

SoftCo 与 B 运营商网络的对接，本例中使用 PRA 中继。此外还可以使用 SS7（TUP/ISUP）、R2 中继，请根据实际场景中与对端协商的结果选择使用哪种中继。

6. 传统 PBX 跨接场景组网

传统 PBX 跨接场景主要应用于集团网用户原来已经使用传统 PBX，但需要一种费用更低、功能更丰富的解决方案。通过 SoftCo 与传统 PBX 对接，保持原 PBX 下的配置用户不变，提供 VoIP 的语音业务和其他补充业务。组网如图 7–38–6 所示。

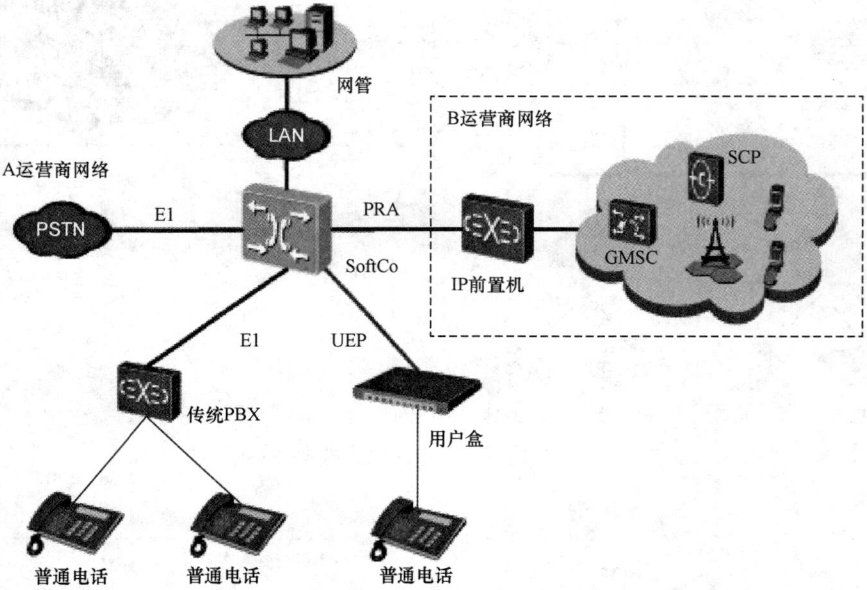

图 7–38–6 传统 PBX 跨接场景典型组网

SoftCo 与 A、B 运营商网络的对接，本例中使用 PRA 中继。此外还可以使用 SS7（TUP/ISUP）、R2 中继，请根据实际场景中与对端协商的结果选择使用哪种中继。

【思考与练习】

1. 软交换系统组网可分为哪几种模式？
2. 什么是集中式组网？
3. 什么是分布式组网？

模块 39 软交换系统的故障处理（Z37F1039Ⅲ）

【模块描述】本模块包含软交换核心设备的故障处理方法，通过对核心设备常见问题处理及判断方法的介绍，掌握软交换核心设备的故障处理方法。

【模块内容】

一、概述

主要介绍软交换系统核心部件 Softco9500 故障分析以及处理方法，故障处理流程及故障处理的注意事项。

1. 故障等级

按照故障的范围和影响，将故障分为紧急故障和一般故障。

（1） 紧急故障是指发生突然、影响面广、涉及范围大、并可对网络的安全运行与服务质量造成严重后果的设备或网络事故，如主机设备瘫痪、全局业务阻塞。

当出现以下任何一种情况时，则为紧急故障。

1）设备在网络中功能完全丧失或大部分丧失。

2）单个或所有单板功能完全丧失。

3）机箱掉电。

4）长时间的、全局范围内的业务中断或呼叫阻塞事故。

5）全部媒体网关均不能正常注册，如无法注册、注册后又立即断开。

6）全部用户终端均发生呼叫阻塞，如无法呼入、无法呼出、摘机后无拨号音或听忙音。

7）全部局向均发生呼叫阻塞，如无法呼入、无法呼出。

8）设备长时间的、局部范围内的业务中断或呼叫阻塞事故。

9）部分媒体网关不能正常注册，如无法注册、注册后又立即断开。

10）部分用户终端均发生呼叫阻塞，如无法呼入、无法呼出、摘机后无拨号音或听忙音。

11）部分局向均发生呼叫阻塞，如无法呼入、无法呼出。

（2） 一般故障是指紧急故障以外的故障。

2. 故障类别

了解故障类别，能够更有效地解决故障。

常见故障类别有：通话故障、中继故障、业务故障、系统设备故障、其他故障。

3. 故障处理注意事项

（1） 维护人员开展故障定位和处理过程前，需要了解相关注意事项。

（2） 维护人员在上岗前必须接受必要的维护培训，学习必要的设备维护知识、掌握设备的操作技能和故障处理技能。

（3） 严格遵守操作规程和行业安全规程，确保人身安全与设备安全。

（4） 更换和维护设备部件过程中，要做好防静电措施，佩戴防静电腕带。

（5） 在维护过程中遇到的任何问题，应详细记录各种原始信息，如处理步骤、故障现象、告警信息、日志信息。

（6）所有的重大操作（如重新启动系统、加载软件等）均应作记录，并在操作前仔细确认操作的可行性，在做好相应的备份、应急和安全措施后，方可由有资历的操作人员执行。

（7）数据的修改应授权、受控进行，维护人员在修改前必须进行数据备份操作，并对修改的内容进行记录。

（8）除正式发布的版本软件以外，严禁维护人员使用其他任何软件直接对数据库进行修改等变更数据的操作。

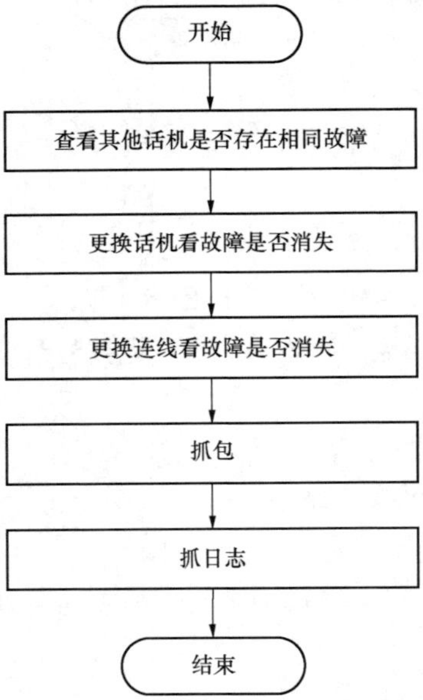

图 7–39–1 故障处理流程

4. 故障处理流程及方法

故障处理流程如图 7–39–1 所示。

（1）抓包。

当发生以下故障，可以抓包后进行分析定位：单通、双不通、语音质量不好（如回声、声音断断续续等）、传真失败。

抓包的方法为：

1）确认 PC 上安装了抓包工具。否则建议安装 Wireshark，在安装过程中需要选择 Wincap 插件。

2）用串口线连接 PC 的串口与 LAN switch 的 Console 口；进入配置模式；配置端口镜像。被监视端口进出的包将被复制到监视端口上。如对于网络交换机，要用端口 0/24 监视 0/1～0/23 的消息，则执行以下命令配置端口镜像：port mirror Ethernet 0/1 to Ethernet 0/23 observing–port Ethernet0/24。

3）用网线连接 PC 的网口与 LAN switch（或 Hub）的监视端口。以便在 PC 上可以抓到被监视端口的消息。

在上述例子中，是连接网络交换机的 0/24 端口。

4）启动 Wireshark，选择“Capture>Options”，在“Capture”区域框中，在“Interface”下拉框中选择 PC 上与监视端口相连的网卡。

5）单击“Capture>Start”开始抓包。抓包结束，单击“Capture>Stop”。

6）选择“File>Save as”，将所抓的消息保存为*.cap 文件。

（2）抓日志。

当发生业务方面的故障时，还可以抓日志后进行分析定位。

抓日志的方法为：

1）用串口登录或 Telnet 远程登录 SoftCo，进入 Config 模式。

2）执行命令 config log run pid<pid–name>level info，设置某个模块运行日志的最低记录级别为 info，即记录该模块的所有运行日志。如要记录 CCM 模块的所有运行日志，则命令为 config log run pid os_pid_ccm level info。

3）执行命令 config log print run pid<pid–name>level info，设置某个模块运行日志的最低输出级别为 info，即输出该模块的所有运行日志。如要输出 CCM 模块的所有运行日志，则命令为 config log print run pid os_pid_ccm level info。

4)对于 Telnet 方式，需要打开日志打印开关。即进入 Debug 模式，执行命令 debugset print flag on。

5）对于部分特殊的详细消息日志，需要打开软参开关。即进入 Debug 模式，执行命令 debug debug_pid<pid–name>cmd<num>。如对于 SIP 详细消息，则命令为 debugdebug_pid os_pid_sip cmd 40。

6）日志信息打印完毕，选中命令行打印出来的日志信息，拷贝到文件中。

7）参见第 2 步和第 3 步的方法，恢复日志的最低记录级别和最低输出级别为 warning。

在上述例子中，分别执行命令 config log run pid os_pid_ccm level warning 和 configlog print run pid os_pid_ccm level warning。

二、SoftCo 故障处理案例

1. SoftCo 上 ping 不通同一网段的其他设备

（1）故障现象。

在 SoftCo 上 ping 不通同一网段的另一台设备，称之为设备 A。

（2）原因分析。

1）物理连接问题，如网线没有插好或网线故障。

2）SoftCo 的 IP 地址或子网掩码配置不正确。

3）修改了 SoftCo 的 IP 地址后，没有重启系统使配置生效。

（3）故障处理。

1）确认设备 A 与交换机之间的网线连接良好，且网线正常。

2）确认 SoftCo 与交换机之间的网线连接良好，且网线正常。

3）执行命令 show system information 查看 SoftCo 的网络配置。发现 SoftCo 与设备 A 在同一网段。

4）进入 Debug 模式，执行命令 ifshow 查看内存中保存的 IP 地址，将查询结果与第 3 步中查询的结果进行比较。如果不一致，说明修改了 SoftCo 的 IP 地址后没有重启系统，这种情况下重启系统使新的 IP 地址写到内存中。

2. 用户盒下的 POTS 用户不能显示主叫号码

用户盒概念介绍：用户盒为 SoftCo9500 提供模拟电话接入功能。

（1）故障现象。

呼叫用户盒下的用户，其话机不能显示主叫号码。

（2）原因分析。

由于用户盒没有 CPU，SoftCo 不能自动向用户盒下发程序，需要手动加载 FLASH 中的程序到用户盒。

（3）故障处理。

执行以下命令加载程序到用户盒：

对于 SoftCo9500，命令为 start load subbox slot<2–9>port<1–4>。

3. 所有用户均不能呼叫

（1）故障现象。

SoftCo5816 下所有的用户均不能呼叫其他局内、外用户，局外用户也无法呼入。

（2）原因分析。

单板、中继电路或中继链路故障。启动了话单池满的限呼策略。该类限呼的特点为：若话单数量超过容量的 90%，将对所有的呼叫进行限呼。其中 SoftCo5816 的容量为 50 000 条，SoftCo9500 的容量为 240 000 条。

（3）故障处理。

1）执行命令 show device、show pralink、show tkc slot<slot–no>查询单板、链路、电路的状态。发现都处于正常状态。

2）执行命令 show createbill switch 查询话单产生开关。发现处于打开的状态。

3）进入 Debug 模式，执行命令 debug debug_pid bill_server cmd 10，以查询话单池中的话单数量。发现话单数量为 45 105 条，超过了容量 50 000 的 90%，原因找到。

4）执行命令 debug debug_pid bill_server cmd 45 p1<num>p2<num>，以删除一些话单直到话单数量小于容量的 80%。其中 p1 为要删除的起始话单编号，p2 为删除数量。可以分多次删除话单，每次删除数量适中，以免命令执行时间过长导致 SoftCo 重启。

4. AT0 出局接续速度慢

（1）故障现象。

AT0 出局接续速度比较慢。

（2）原因分析。

AT0 中继的拨号方式为直接拨号。在该方式下，SoftCo 仅当收齐被叫号码后才向对端局发送被叫号码，用户将感觉到接续慢。

（3） 故障处理。

1）执行命令 show protocol at0，查看 AT0 中继所属的局向，即 office 字段的值；执行命令 show office no<officeno>，查看该局向所属的局向选择码，即 OfficeSelectCode 字段的值；执行命令 show office selectcode no<officeselectcode>，查看 Send2ndDialTone 字段的值。发现 Send2ndDialTone 为 No，即不是二次拨号方式。

2）执行命令 config modify office selectcode no<officeselectcode>send2nddialtone yes，将 AT0 修改为二次拨号的方式。

5. AT0 入局呼叫失败

（1） 故障现象。

AT0 入局呼叫失败，主要有以下几种现象：

1）局外用户拨打总机号码后，根据系统提示拨打分机号，系统又重复提示请拨分机号。

2）局外用户拨打总机号码后，根据系统提示拨打分机号，过了一段时间直接听忙音。

3）局外用户拨打总机号码后，听不到任何提示音。

（2） 原因分析。

1）SoftCo 机箱没有良好接地。若机箱没有接地，静电将严重影响 AT0 中继的通话质量。

2）AT0 中继的增益过小。一般情况下，使用默认增益即可。当 AT0 线过长，默认的增益不能满足语音要求，将会出现上述故障。

（3） 故障处理。

1）检查 SoftCo 机箱是否接地、接地线是否完好、接地线两端的连接是否良好。若不是这个原因，继续下一步。

2）执行以下命令逐步提高入局增益（即参数 adgain）。

a）对于 SoftCo5816 机箱自带的 AT0 中继，命令为：

config modify at0tkc mpu portinboard<list（0–7）>adgain<0–12>

b）对于 SoftCo5816 单板提供的 AT0 中继，命令为：

config modify at0tkc card slot<1–4>portinboard<list（0–7）>adgain<0–12>

c）对于 SoftCo9500 的 AT0 中继，命令为：

config modify at0tkc slot<2–9>portinboard<list（0–7）>adgain<0–12>

6. 通过 PRA 中继的呼叫无法建立

（1） 故障现象。

局内用户无法通过 PRA 中继出局，局外用户也无法入局。

（2） 原因分析。

1）E1 线故障或连接不正确。

2）数字中继单板运行不正常。

3）两端的网络位置不匹配。

4）两端是否启用 CRC 校验的配置不一致。

（3） 故障处理。

1）检查 E1 线的接头是否松动、线缆是否完好、RX 端和 TX 端是否连接正确。可以尝试重新插拔 E1 线、更换好的 E1 线、互换 RX 端和 TX 端的方法看问题是否解决，简单的判断方法是查看单板上的 LOS 指示灯是否熄灭。

2）查看单板上的 RFA 指示灯是否熄灭。如果该指示灯亮，则查看对端是否启用了 CRC 校验。如果是，则执行以下命令启用本端的 CRC 校验：

a）对于 SoftCo9500，命令为：

config modify board slot<2–9>type dtu trunkport<0–3>crc4flag yes

b）对于 SoftCo5816，命令为：

config modify card slot<1–4>type<eus | eud>trunkport<0–3>crc4flag yes

3）执行命令 show board 或 show card 检查数字中继单板的运行状态。

如果单板为隔离状态，则执行命令 config cancelisolate board slot<2–9>或 config cancelisolate card slot<1–4>取消对单板的隔离。

如果单板为故障状态，重启单板看问题是否解决，如果不能解决，则更换单板。

4）执行命令 show pralink 查询链路状态，即字段 State 的值。如果链路不正常，检查并纠正下列链路配置：

- 网络位置（即 Position 字段的值）与对端的配置应该匹配。即，当一端为网络侧时，另一端必须为用户侧。
- 链路所处的时隙（即 TS 字段的值）应该为 16，对端也必须为第 16 时隙。

【思考与练习】

1. SOFTCO9500 交换机故障处理的流程是什么？
2. SOFTCO9500 交换机故障处理的注意事项是什么？
3. 什么是紧急故障，包含哪些内容？

◢ 模块 40 AG 网元的故障处理（Z37F1040Ⅲ）

【模块描述】本模块包含软交换中 AG 网元的故障处理方法，通过对 AG 设备常见问题处理及判断方法的介绍，掌握软交换中 AG 网元设备的故障处理。

【模块内容】

一、概述

以广哈通信 AG1601 为例。

广哈通信 AG1601 为中密度主控机架（MDC）+低密度用户机架（MPS）构成，满配置为 1MDC+6MPS。端口 512 到 2048 可选配置。AG1601 默认工控架双 CPU 和 TSA 冗余，电源冗余，机架铃流冗余。AG1601 单个用户机架 256 端口，2 个用户机架铃流互相冗余，SDU 冗余控制配对用户机架 512 端口。

AG 网元中相关单元板块故障，AG 系统会通过相关板卡状态灯变化和系统运行当前告警状态、历史告警记录，可以迅速判断处理设备板卡故障及维护检修。AG 系统还可以通过 RJ48 接口（提供干接点）输出 AG 系统严重、大、小告警给外置声光告警设备。

冗余控制公控机架如图 7–40–1 所示。

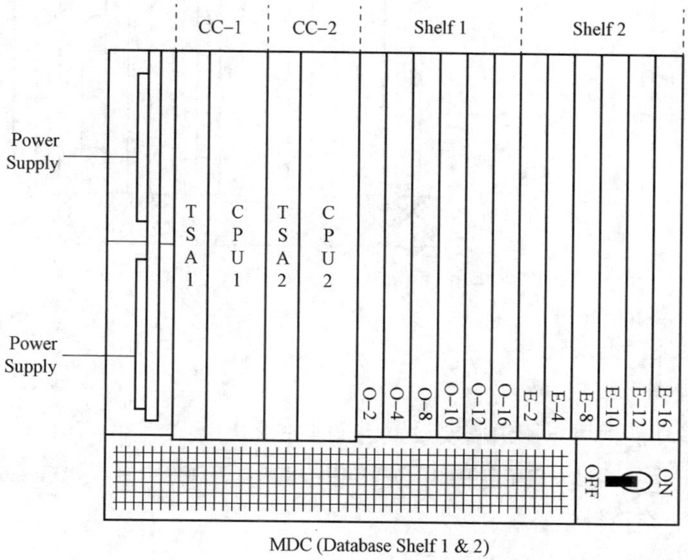

图 7–40–1 冗余控制公控机架

配对冗余控制用户机架如图 7–40–2 所示。

二、通过 AG 设备的板卡告警状态灯和 AG 告警输出排查处理故障

1. 用户接口板

HLUT 接 16 路模拟电话机，电路忙亮绿灯。

说明：板卡硬件故障或机架电源（背板–48V 馈电、+5V）故障亮红灯。可以登录 AG 系统 TDD 查看电路忙闲状态（如果 TDD 状态：软硬件不匹配或退出服务——请

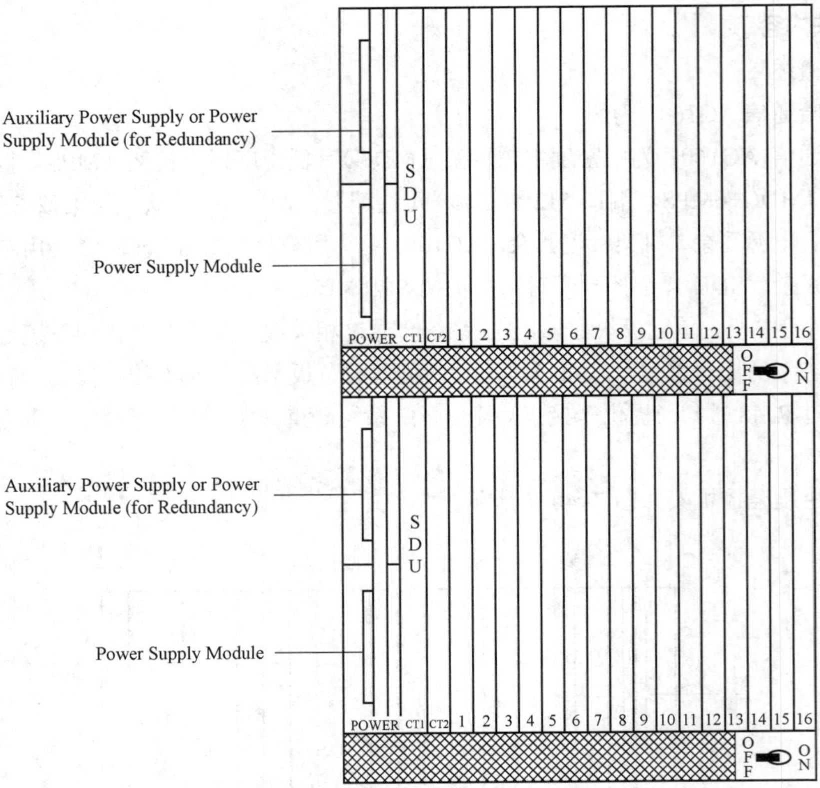

图 7–40–2　配对冗余控制用户机架

检查数据库定义、更换板卡）。

2. 多功能服务板

ICFU3 多功能板可以跟进需要设置定义 4 组 8 电路：

- DCA 电路，可以 TELENET ICFU–IP：8001～8008，登录 AG 系统，维护、收集 CDR 话单、交换机告警等。
- DTMF 电路，接收 DTMF 拨号。
- ASG 电路，发送 FSK 主叫号码。
- MFC 电路，发送接收中国 R2 信令。

说明：电路占用亮绿灯，可以登录 AG 系统 TDD 查看电路忙闲状态（如果 TDD 状态：软硬件不匹配或退出服务——请检查数据库定义、更换板卡）。

3. 中继 IP 网关板

SIPU 中继 IP 网关板，交换机 SIPU 板安装槽位数据配置定义与 DTU 板相同，30PRI–QSIG 信令跟软交换对接。

指示灯含义如表 7–40–1 所示。

表 7–40–1　　指示灯说明

指示灯	名称	状态	表达含义
PWR	电源指示灯	常绿	正常
		灭	电源故障
RUN	运行指示灯	闪绿（闪灭比例大约是 1:1）	正常
		闪绿（闪灭比例大约是 1:10）	异常
		灭	运行告警
SPT	SPT 通道指示灯	绿	正常
		灭	异常
DSP	DSP 芯片指示灯	绿	正常
		灭	异常
1～16	中继电路指示灯	预留，暂不使用	

说明：可以登录 AG 系统 TDD 查看电路忙闲状态（如果 TDD 状态：软硬件不匹配或退出服务——请检查数据库定义、更换板卡）。可以 http://SIPU–IP 登录 IP 网关板，查看参数配置、电路状态、严重错误日志、捕获信令运行信息。

4. 告警铃流接口板 AIA

AIA（765684）安装 MDC 机架和 MPS 机架的背板上，提供机架铃流。

• DS1–RINGOK 绿灯亮，AIA 板铃流输出 OK。

• DS2–POWER 绿灯亮，AIA 板内电源电压 OK。

说明：内部分机不响铃，可能是 AIA 板无铃流输出。可以查看交换机是否有机架 RING 告警，测量背板 RGEN 跟机柜地之间是否有交流 75V。可以通过 RJ48 接口（J1、J2）输出 AG 系统严重、大、小告警给外置声光告警设备。

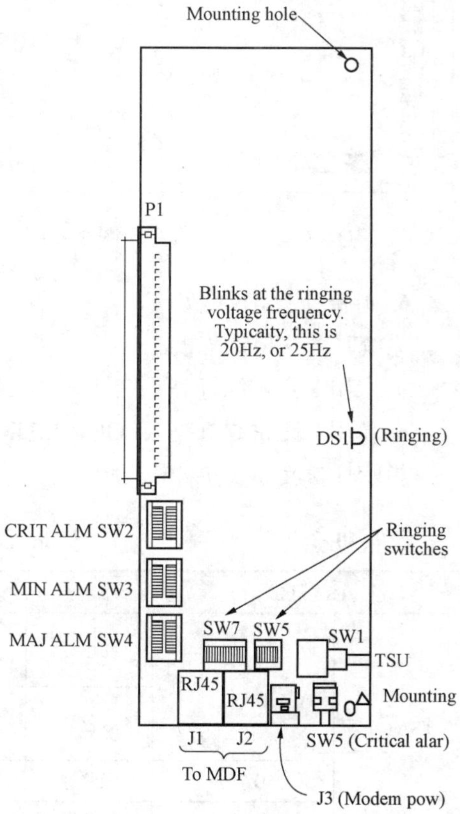

图 7–40–3　告警铃流接口板 AIA

告警铃流接口板 AIA 如图 7–40–3 所示。

5. 机架电源板 PSM

给机架内接口板供电：DS1 电源正常绿灯亮。

AG 系统告警指示：AG 系统正常情况下，DS2、DS3、DS4、DS5（严重、大、小和中继旁路告警）红灯不亮。

说明：可以通过面板指示灯，查看 AG 系统是否存在严重、大、小告警。如果红灯点亮，表示 AG 系统有告警，可以通过串口或 TELNET ICFU 板 IP：800X 登录系统查看 ALM...？sta

机架电源板 PSM 如图 7–40–4 所示。

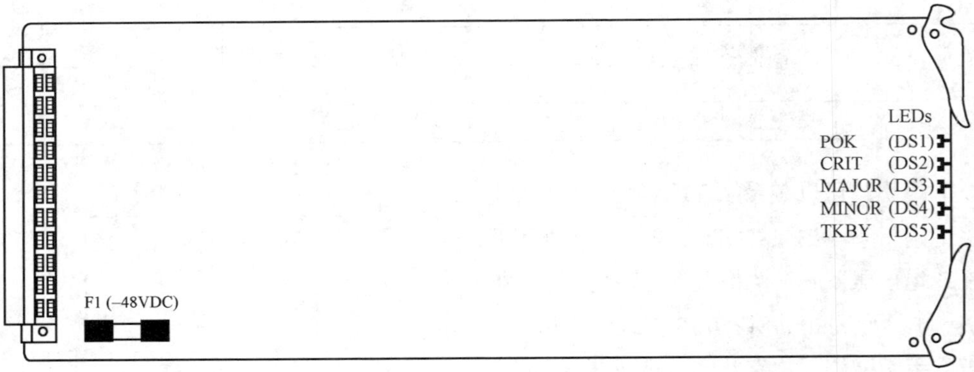

图 7–40–4 机架电源板 PSM

6. 时隙交换 TSA 板

系统时隙交换矩阵板。

- 主用：正常绿灯亮，红灯灭，状态黄灯 ST5 灭。
- 备用：正常绿灯亮（LGC、LINK 绿灯闪），红灯灭，状态黄灯 ST5、ST4 灭。

指示灯含义如表 7–40–2 所示。

表 7–40–2　　指 示 灯 说 明

TSA 灯位		颜色	说明
TSA C/F	LGC（双色灯）	红色灯	长红：加载失败或机架不正常。 红灯闪：SIT>启动中
		绿色灯	SIT>启动完成，到 IPL 任务时：绿灯闪。 IPL 启动完成后：主用绿灯长亮，备用绿灯闪
	DAT0	绿色灯	绿亮：表示链路正常，本地背板上有 PCM 数据传输
	RDY	绿色灯	亮：SIT>启动完成，设备准备好

续表

TSA 灯位		颜色	说明
TSA C/F	EHN	绿色灯	亮：冗余系统 OK
	ST5	黄色灯	正常灭
	ST4	黄色灯	主用层亮，备用层灭
	ST3–ST0	黄色灯	主备层都亮
TSA C	RJ48–LINK1～3	黄色灯	亮表示链路错误； 灭表示链路正常
	RJ48–LINK1～3	绿色灯	长亮，Link 已经同步/主用； 闪烁 60ms 亮，196ms 灭，Link 准备好/备用； 长灭，Link 未同步
TSA F	STA1～3 （双色灯）	红色灯	亮表示链路错误， 灭表示链路正常
		绿色灯	长亮，Link 已经同步/主用； 闪烁 60ms 亮，196ms 灭，Link 准备好/备用
	DAT1～3	绿色灯	绿灯 MPS 机架有板件亮，无板件灭

7. 机架驱动 SDU 板

用户机架驱动控制板，提供 2 个用户机架 512 端口时隙。

- 主用：正常绿灯亮，红灯灭。
- 备用：正常绿灯闪（DAT 绿灯亮），红灯灭。

指示灯含义如表 7–40–3 所示。

表 7–40–3　　指 示 灯 说 明

SDU 灯位		颜色	说明
SDU C/F	LGC （双色灯）	红色灯	长红：加载失败或机架不正常。 红灯闪：SDU 环回测试
		绿色灯	长亮正常主用， 闪备用层
	DAT	绿色灯	MPS 机架有板件亮，无板件灭
SDU C	RJ48–LINK	黄色灯	亮表示 SLINK 错误； 灭表示 SLINK 正常
	RJ48–LINK	绿色灯	主用长亮，备用闪，SLINK 异常灭
SDU F	STA （双色灯）	红色灯	亮表示链路错误
		绿色灯	SLINK 正常主用绿灯长亮，备用绿灯闪

三、维护案例

1. AG 的数据库备份和恢复

UTI...?bac　备份数据库 B

BACKUP TO USB OR FLOPPY DISK[USB]...?

BACKUP TYPE[DB]...?

*** BACKUP OF DATABASE FILES ***

Database to backup...?B

INDEX NUMBER(1–99)...?1

COMMENT...?20130920–ok

Continue with backup(Y/N)...?y

UTI...?viewusb　查看 U 盘备份文件

INDEX NUMBER(1–99,ALL)...?all

UTI...?res　恢复到空数据库 A

RESTORE FROM USB OR FLOPPY DISK[USB]...?

RESTORE TYPE[DB]...?

*** RESTORE OF DATABASE FILES ***

Database to restore...?b

AG 冗余系统主备层正常,数据库 B 激活在用情况:

EDT...?show

The editor is currently running on common control shelf CC–1.

```
Shelf       Database A                    Database B
-----------------------------------------------------------------------------
*CC–1 |     NORMAL      |                 *NORMAL      |
-----------------------------------------------------------------------------
-----------------------------------------------------------------------------
CC–2 |      NORMAL      |                 *NORMAL      |
-----------------------------------------------------------------------------
```

+–Database has not been redundantly updated to the other shelf

*–Database/shelf is active

R–System must be reset to save edit session

2. AG 系统软件冗余或重装

冗余备用 CPU 面板开关 S2=ON，插入系统软件安装 U 盘，复位 TSA，按 CPU 串口输出提示输入 YES 完成冗余安装。

冗余备用 CPU 面板开关 S2=ON，TSA 面板开关=ON，插入系统软件安装 U 盘，复位 TSA，按 CPU 串口输出提示输入 YES 完成从 U 盘重新安装。

MIT>RESET

MIT>DRAM EN

MIT>ROM

MIT>RAM

MIT>PIT

MIT>Intel Processor

MIT>800 MHZ

MIT>PIC

MIT>VERSION UCPU PROM U1107V01 07/12/11 16:22:48

MIT>PVAM MODE

SIT>Start

SIT>Local Memory Test

SIT>Redundant Memory Test

SIT>Nonvolatile Memory Test

SIT>Real Time Clock Test

SIT>Fault History

VSU Reset Register contents=4

INT=02 CODE=0008 TIME=09/30/13 15:14:31 ADDR=1450:0600:000085C1

INT=FF CODE=0000 TIME=09/29/13 09:16:18 ADDR=0000:0000:00000000

SIT>BOOT START

SIT>Bootstrap from device:F7:..using file MPU.000:07/12/11 16:25:51

....

SIT>BOOT COMPL ——注：从 U 盘 f7 启动安装

3. AG 呼叫故障排查

呼叫问题可以查看分机、中继服务等级 COS 对应拨号规则等。

TDD：板卡电路诊断状态查看。如果电路退出服务或软硬件不匹配，表明板块可能故障。

从入数据库查看，分机号对应板卡槽位电路

A...?ext

EXT...?l 2211

Extension number.....2211

Extension type....STATION

Circuit location.....   02–11–01

Secondary Extension Number.....NONE

Class of service.....10 DIAL

TDD...?sta   02–11–01——可以查看板块或电路状态。

Ending circuit location[02–11–01]...?

Enter STATUS option[NONE]...?

STATUS: 02–11–01   Circuit is idle

TDD...?test 02–11

Enter TEST option[NONE]...?

...BEGINNING MANUAL TESTS...

TEST: 02–11–01   Circuit passed diagnostics

TEST: 02–11–02   Circuit passed diagnostics

TDD...?sta 01–14   2M 中继 DTU(SIPU)

Enter STATUS option[NONE]...?

STATUS: 01–14–01   Circuit is idle

STATUS: 01–14–17   Circuit is idle

STATUS: 01–14–08   Circuit is idle

STATUS: 01–14–24   Circuit is idle

STATUS: 01–14–16   Circuit is busy

STATUS: 01–14–32   Circuit is busy

告警分析，可以通过 CPU 串口或 TELNET ICFU–IP：800X 即时输出，也可以查看历史告警、当前告警。

ALM...?disp

Enter Display Options[ALL]...?hel

DESCRIPTION OF DISPLAY COMMAND OPTIONS

```
----------------------------------------------------------------------------------------
| Option     | Description                                                    |
|----------- |------------------------------------------------------------    |
|/AFTer      | Specifies start date and time for display of ALM file          |
|/BEFore     | Specifies stop date and time for display of ALM file           |
| ALL        | Specifies display of ALL records in ALM file                   |
```

```
|/ACTive    | Specifies display of ALM file from ACTive shelf only            |
|/STAndby   | Specifies display of ALM file from STAndby shelf only           |
|/PORt      | Specifies display of alarm records having a certain port number |
|/RESet     | Specifies display of reset alarm records                        |
--------------------------------------------------------------------------------
Enter Display Options[ALL]...?
---Active Alarm History(Shelf CC-2)
---Earliest:27-SEP-2013 21:27:14 FRI   Latest:30-SEP-2013 16:12:35 MON
## MINOR  STBY CC-2  PORT    ALARM 004 count=00058  27-SEP-2013 21:27:14 FRI
PORT 04-10-01 Telephony board out of service
## MINOR  ACTV CC-1  PORT    ALARM 004 count=00102  27-SEP-2013 21:27:16 FRI
PORT 04-16-26 Telephony board returned to service
## MINOR  ACTV CC-1  DTUCTL  ALARM 007 count=00076  27-SEP-2013 21:27:27 FRI
DTU failed to initialize                                  FROM TIS_______
1F 05FF 04-16-32 0005 05FF 05E0 05FE 0097 0008 CE40
      ALM...?sta
*** Category # 3   GROUP       ***                        Active   Standby
1 One or more DTUs in Carrier Group Alarm      MAJOR|ON     1         1
3 One or more telephony boards out of service  MINOR|ON     1         1
*** Category # 216 PLINK       ***                        Active   Standby
81 one or more SLINK broken                    MAJOR|ON     1         1
```

【思考与练习】

1. 摘机无拨号音或拨号切不断拨号音如何处理？
2. 话机无馈电一般由哪些部件的故障引起的？
3. 出入中继故障有哪些原因？

模块 41 TG 网元的故障处理（Z37F1041Ⅲ）

【模块描述】本模块包含软交换中 TG 网元的故障处理方法，通过对 TG 设备常见问题处理及判断方法的介绍，掌握软交换中 TG 网元设备的故障处理。

【模块内容】

一、概述

TG2502/2E1（以下简称 TG2502）是 GHT G2S 软交换系统的中继媒体网关，其介于 PSTN 网和软交换网络间，提供了双方信令流和媒体流的转换，方便的实现了 PSTN 网和软交换网的无缝互通。

二、TG 的常见故障

1. 数字中继网关故障

主要表现在 TG2502 硬件加载故障、电路不能进入服务状态、出入局拨号故障等。以上表现为该路由通道无法建立通信。

基本处理步骤：

（1）检查及更换损坏硬件。

（2）检查 2M 线路收发顺序。

（3）测试网络是否畅通。

（4）检查电路交换机中继数据配置。

（5）检查 G2S 核心平台相关数据配置。

（6）检查 TG 中 IP 配置。

（7）检查 TG 中拨号规则数据。

（8）TG 上捕获数据包，进行流程分析。

2. WEB 维护

（1）配置文件导出、导入。

http://TG2502 的 IP 地址，WEB 登录在系统工具——配置导入/导出界面：导入导出 TG2502 的配置文件名为 SysSet.cfg。

（2）软件升级。

http://TG2502 的 IP 地址，WEB 登录在系统工具–软件升级界面–上传文件名为 SGWApp 的文件。如图 7–41–1 所示。

系统升级界面显示硬件 ID（MAC 地址）、逻辑版本、软件版本和上次升级时间。

软件升级的方法是：通过“浏览”键选择软件升级文件，单击“上传”。

正确的升级时间显示要在时间服务器存在，而且 TG2502/2E1 正确地设置了时间服务器地址。

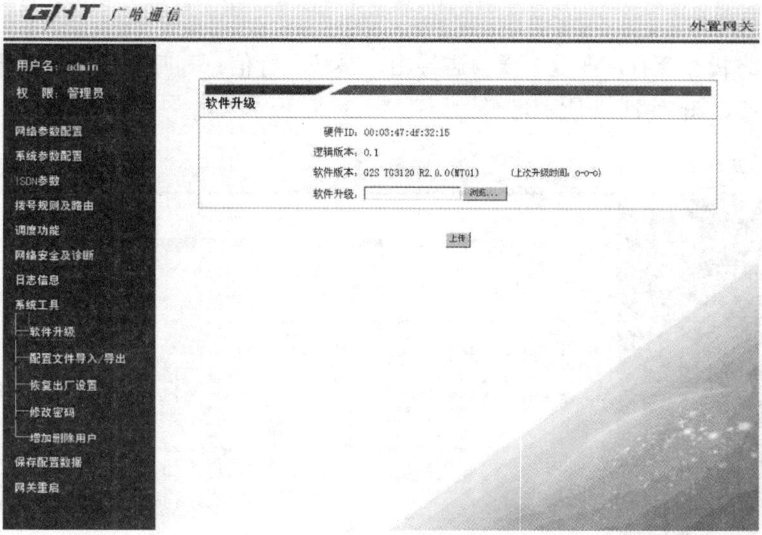

图 7–41–1 软件升级

升级软件成功后原配置数据仍然保留，但为了避免升级软件错误，建议升级前先导出配置文件。另外，由于不同版本的配置项可能不同，所以升级后有可能导致 TG2502/2E1 板工作不正常。对于这种情况，需要在升级后恢复出厂配置，再重新配置数据。

升级软件成功后将会覆盖原系统软件，所以请确定上传文件正确。只能上传文件名为 SGWApp 的文件，上传其他文件将会提示出错。上传成功页面如图 7–41–2 所示。

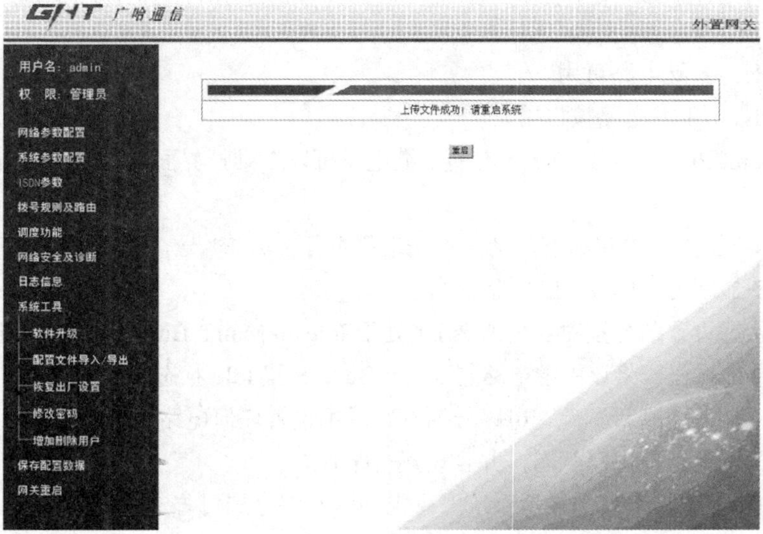

图 7–41–2 升级成功

（3）日志信息。

E1 电路状态查看，严重错误日志导出，系统运行信息和呼叫信令捕获导出分析。如图 7–41–3、图 7–41–4 所示。

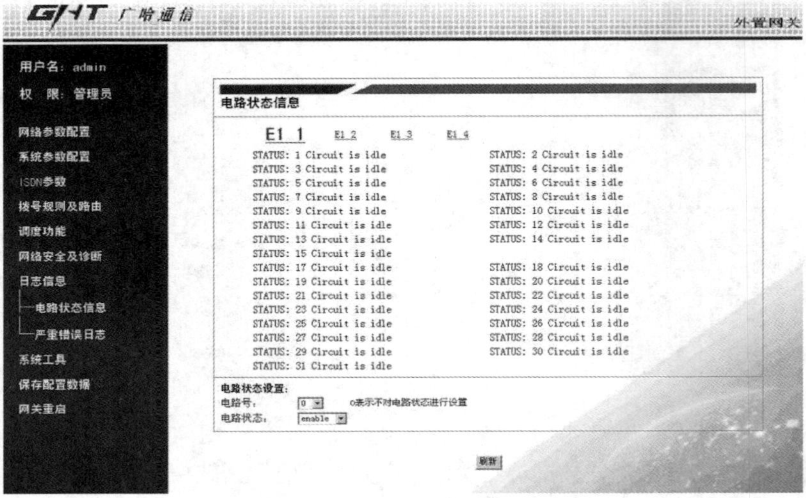

图 7–41–3 电路查询

电路状态信息：显示 TG2502/2E1 上 4 个 E1 的各 30 条中继电路（1～15、17～31）的状态信息，包括

1）Out of Serivce：当 D Link 处于 Out of Serivce 状态，所有中继电路也处于 Out of Serivce 状态。

2）Idle：中继电路可用。

3）Busy：中继电路被占用。

4）Maint Busy：处于 Idle 状态的中继电路可以在维护界面置为 Maint Busy，不能被占有。

查看不同的 E1 电路状态，请先单击选择页面上方 E1 号，所选 E1 号突出字体显示，如上图显示为“E1 1”的电路状态。

电路状态设置：分别对当前所选 E1 处于 Idle 和 Maint Busy 状态的中继电路执行 disable/enable 操作，将该中继电路置 Maint Busy 和置 Idle 状态。操作方法是选择电路号和状态，单击“刷新”键。电路号为 0 表示不设置任何电路状态。

刷新：刷新当前电路状态，并且设置电路状态。

TG2502/2E1 在本页面显示系统严重告警，并保存到日志文件里。

日志文件可以被导出，方法是单击“导出日志文件”。

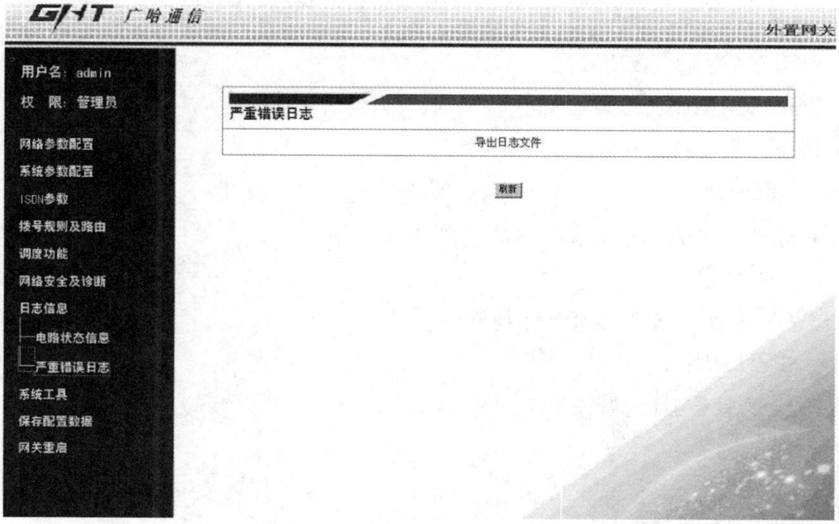

图 7–41–4　严重错误日志

3. 串口、telnet 维护

（1） 串口接 PC 波特率 115 200。

（2） telnet<TG2502 IP 地址>9000 命令登录入 TG2502 板。其登录方法，命令提示符以及所有命令、命令使用方法都与串口维护相同。

（3） 提供如下配置命令：

1）show：查看 TG2502 的 IP 地址、软硬件版本信息、严重错误日志，即时输出 PRI 信令，输出 SIP 信令，以及同时输出以上两种信令。

TG2502>：show?

ipaddr	IP 地址
version	软硬件版本信息
errlog	严重错误日志
pri	输出 pri 信令
sip	输出 sip 信令
sig	输出全部信令

2）set：设置 TG2502 的 IP 地址和网关地址。

TG2502>：set?

ipaddr	Ip 地址
gwaddr	网关地址

修改完地址配置需保存重启才能生效。

3）save：保存以上配置信息。

4）reboot：重启 TG2502。

5）exit：退出维护。

6）help：获得帮助信息。

三、案例分析

1. 某用户从软交换通过 TG2502 打到外线不通

（1） 故障现象：

用户从软交换通过 TG2502 打到外线不通。

（2） 故障原因：

1）软交换服务器的故障。

2）网络故障。

3）E1 故障。

（3） 故障处理步骤：

1）检查软交换内部呼叫正常，排除是软交换服务器的故障。

2）在 G2S 网管终端上 ping TG2502 的 IP 地址，能 ping 通，排除网络故障的可能性。

3）观察 TG2502 的前面板的指示灯，发现 E1 状态指示灯的 LOA 和 LOS 亮红灯，说明是 E1 线路故障，检查发现 E1 线脱落，重新插好 E1 线，故障恢复。

2. 某用户从外线通过 TG2502 打到 G2S 上的 IP 电话不通

（1） 故障现象：

用户从外线通过 TG2502 打到 G2S 上的 IP 电话不通。

（2） 故障原因：

1）软交换服务器的故障。

2）网络故障。

（3） 故障处理步骤：

1）检查软交换内部呼叫正常，排除是软交换服务器的故障。

2）在 G2S 网管终端上 pingTG2502 的 IP 地址，发现不能 ping 通。

3）检查 TG2502 面板上的网口指示灯，发现网口指示灯不亮，确定是网络连接故障。

4）检查发现交换机上的网线已经断开，重新连接后故障恢复。

【思考与练习】

1. E1 中继电路的状态信息有哪些？

2. TG2502 数字中继网关故障主要有哪些？

3. TG2502 如何恢复出厂配置？

第八章

语音交换外围设备的运维检修

模块1　计费系统的数据维护及数据查询（Z37F2001Ⅰ）

【模块描述】本模块包含计费系统的常见数据维护及查询的方式，通过对计费系统的日常维护数据的演示及话单信息的查询步骤的讲解，掌握计费系统的常见维护及查询方法。

【模块内容】

一、系统概述

计费系统是一种接收交换机/集团电话发送的 SMDR 数据，并处理输出的一种系统。该系统可运行于 32/64 位的 Windows9x/ME/Windows2000/XP/Vista/Win7 操作系统，软件可依据电信收费标准设立最新国内，国际资费及各种资费的优惠方案、服务费设置等；可随时调整系统的资费参数。

二、计费系统的数据维护

运行桌面上程控电话计费系统图标或者运行安装目录下面的 dhgl.exe，即出现如图 8–1–1 所示。

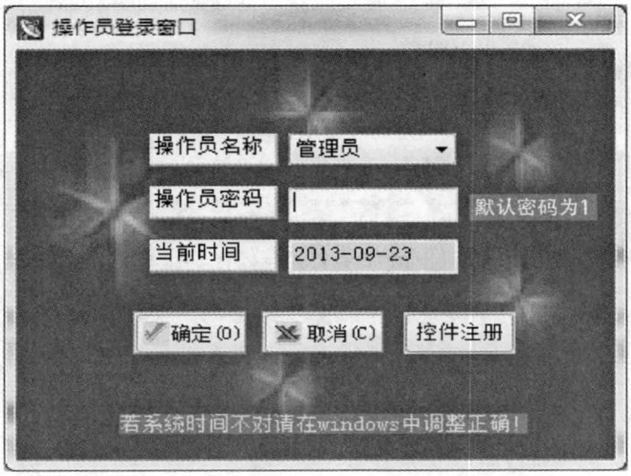

图 8–1–1　登录窗口

当输入正确的密码和用户名后（初始密码为 1），出现如图 8–1–2 所示。

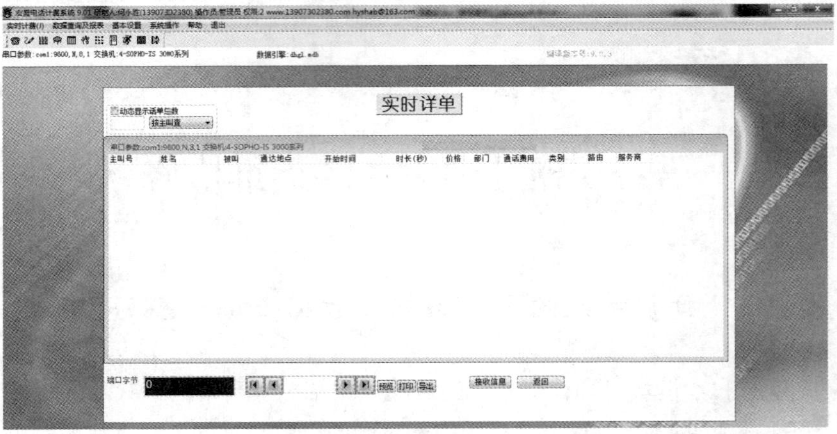

图 8–1–2　实时详单

1. 计费系统号码维护方法

单击菜单“基本设置”中的“号码表”，出现如图 8–1–3 所示窗口。

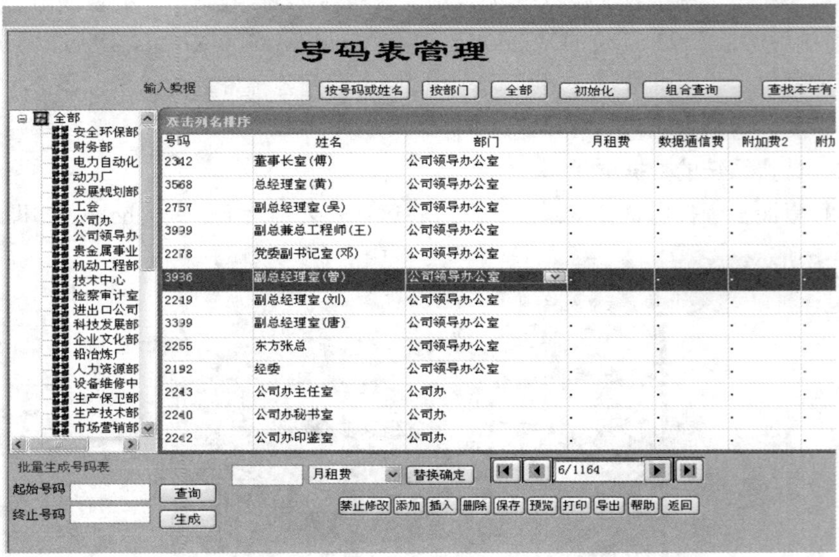

图 8–1–3　号码表管理

（1） 增加号码。

直接单击上图的“添加”按钮即可。有一点要注意：如月租费、附加费等费用字段必须为 0 或数值才行，不能输入空白或空格或字母，否则会有错误提示。

若用户有多个号码要输入，且只有号码和姓名不同，则可单击添加按钮的右键，此功能是把上一行的数据复制到新行，现在新行中修改不同的部分即可。

注意：修改完请及时保存。

（2）增加单位或部门的方法。

若要增加一个新单位或部门名称，请先增加一个号码，该号码的单位或部门输入新的名称，保存后，退出此号码表管理界面，再进入，则新单位或名称即进入到左边的树形窗口和号码表中下拉框中了。

2. 市话价格表费率设置

单击菜单“基本设置”中的“市话价格表”，出现如图 8–1–4 所示窗口。

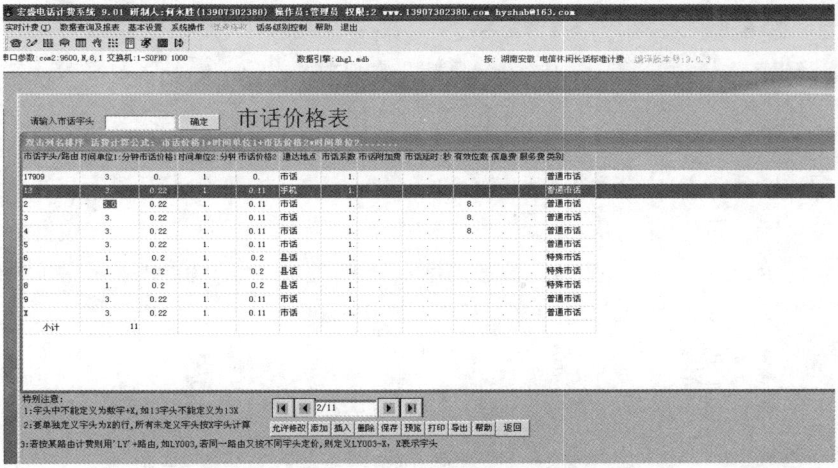

图 8–1–4　市话价格

（1）例如上表中 4 字头表示，当用户拨打 4 字头的电话时，头三分钟收 0.22 元，三分钟后每分钟收 0.11 元，后面的有效位数表示 4 字头的电话必须是被叫长度大于等于 8 位时才有效并开始计费，不足 8 位则不计费，属零话费话单。

（2）上表中的第一行被叫字头为 17909 的电话表示，头三分钟收 0.22 元，三分钟后每分钟收 0.11 元，同时，每分钟还收 0.3 元钱的长话费。后面的有效位数表示 17909 字头的电话必须是被叫长度大于等于 11 位时才有效并开始计费，不足 11 位则不计费，属零话费话单。

（3）上表中字头为 X 的一行表示若在计费系统的市话价格表中没有定义全部的字头，则未定义的字头按 X 字头所定义的费率计算话费。

3. 长话价格表费率设置

单击菜单“基本设置”中的“长话价格表”，出现如图 8–1–5 窗口：

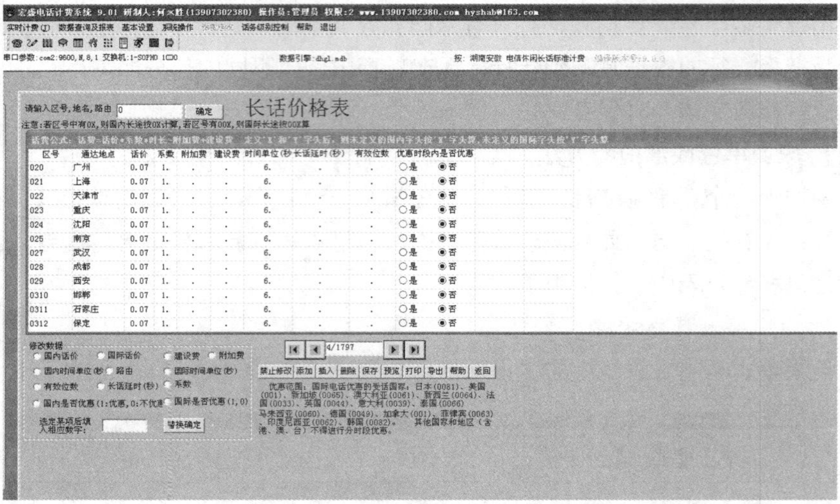

图 8–1–5　长话价格

上图中区号为 020 的话单表示每 6 秒话费为 0.07 元，在优惠时段不优惠。

可单个或批量修改话价、系数、附加费、时间单位、长话延时、有效位数等。若要对所有话价进行更改，如把国内长途的话价 0.07 批量改成 0.08 则单击左下角的国内话价，在下面的输入框中输入 0.08，再单击确定即可。

4. 优惠时间设置

单击菜单“基本设置”中的“长话优惠”，出现如图 8–1–6 所示窗口。

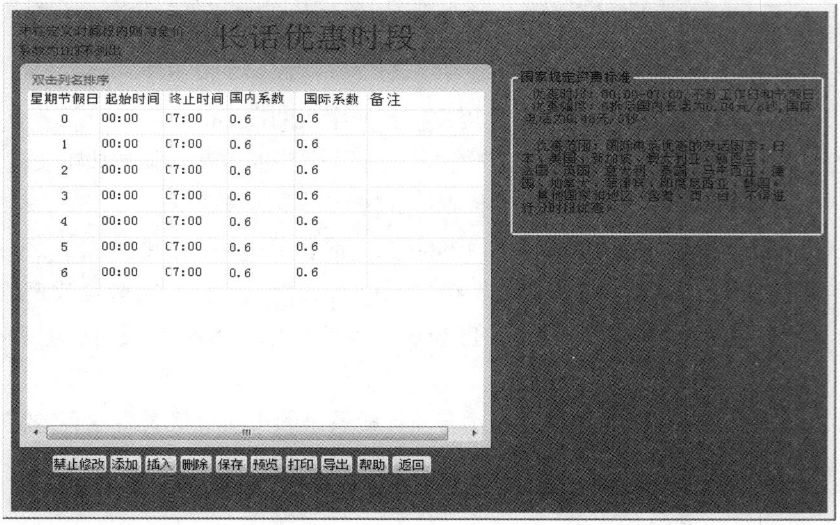

图 8–1–6　长话优惠

单击添加按钮按照星期时间设置优惠。

5. 通话类别设置

单击菜单“基本设置”中的“通话类别”，出现如图 8–1–7 所示窗口。

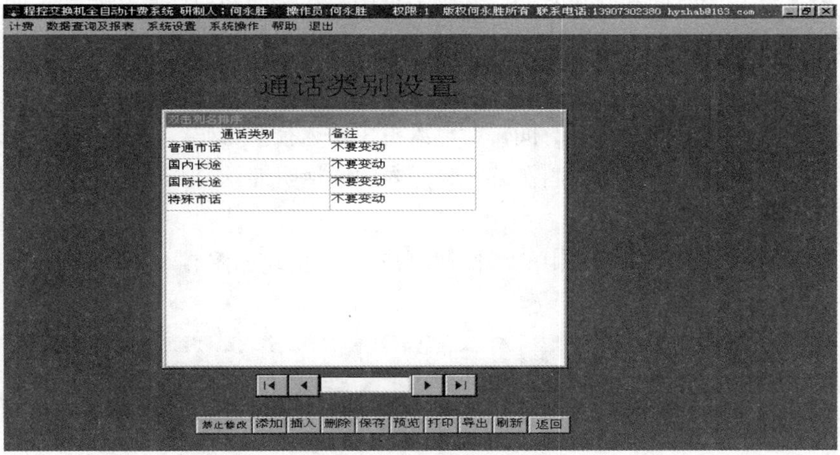

图 8–1–7　通话类别设置

一般通话类别分为以上四种，建议不要变动，因为汇总表已按以上四种方式进行了汇总。

三、计费系统的数据查询

1. 按号码查询

单击“数据查询及报表”中的“按主叫号查”，出现如图 8–1–8 所示窗口。

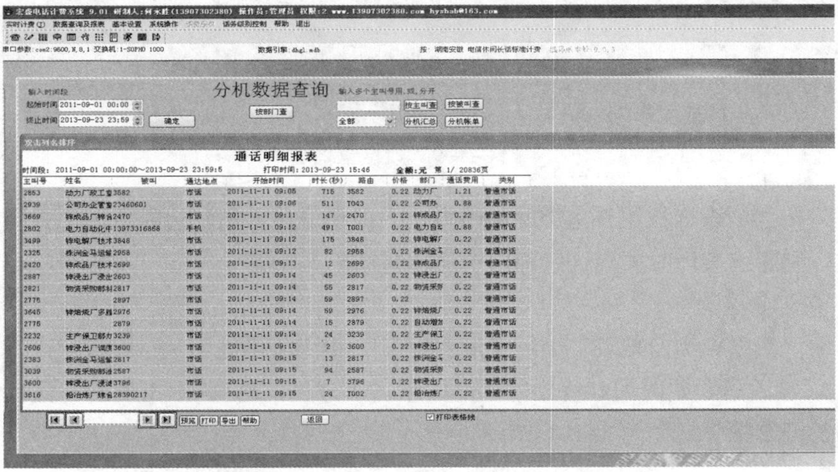

图 8–1–8　数据查询

（1） 按日期查询。

输入起始时间和终止时间，按确定按钮即可。

（2） 按号码查询。

先输入好起始时间和终止时间，在输入框中输入主叫号码，再按“按主叫查”按钮，即可按主叫查出该主叫在某段时间内的通话明细。

（3） 按被叫号码查。

先输入好起始时间和终止时间，在输入框中输入被叫号码，再按“按被叫查”按钮，即可按被叫号码查出该被叫在某段时间内的通话明细。

2. 按部门查询

单击“数据查询及报表”中的“按部门查询”，出现如图 8–1–9 所示窗口。

图 8–1–9 数据查询

单击按部门查询按钮弹出中间的小窗口，把小窗口中把左边的部门选择到右边，点确定，则查出某段时间内这些部门的通话明细。

3. 按汇总查询

单击“数据查询及报表”中的“汇总报表”，出现如图 8–1–10 所示窗口。

（1） 输入好起始时间和终止时间后，单击“分机汇总”，则出现所有分机在某段时间内的汇总报表，如图 8–1–11 所示。

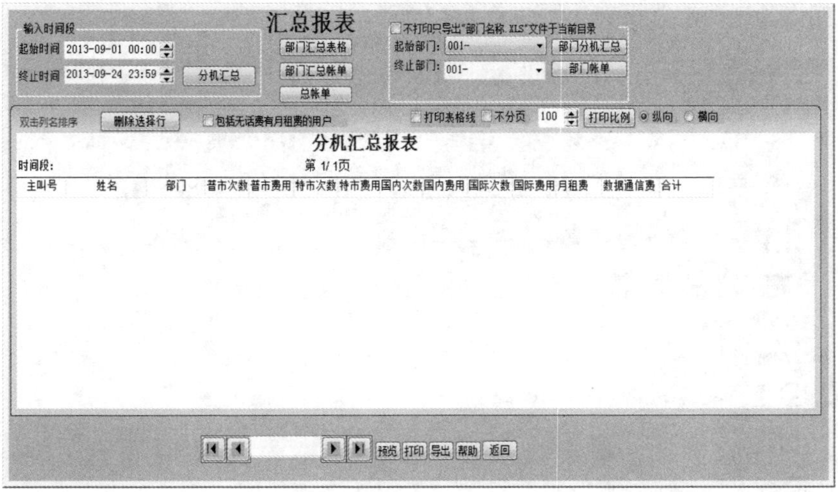

图 8–1–10　汇总报表

分机汇总报表

时间段:2012-09-01 00:00:00至2013-09-23 23:59:59　第 3/64页

主叫号	姓名	部门	普市次数	普市费用	特市次数	特市费用	国内次数	国内费用	国际次数	国际费用	月租费	数据通信费	合计
613	进出口公司集团电	进出口公司	3	0.		0.		0.		.	.	.	0.
614	进出口公司集团电	进出口公司	3	0.		0.		0.		.	.	.	0.
615	进出口公司集团电	进出口公司	90	34.65	1	0.2	43	78.47	79	3455.2	.	.	3568.5
616	进出口公司集团电	进出口公司	15	3.96		0.	3	2.66	5	121.6	.	.	128.2
621	财务部集团电话	财务部	186	45.98	2	0.6	1	0.21		.	.	.	46.8
622	财务部集团电话	财务部	253	61.71		0.	15	44.87		.	.	.	106.6
623	财务部集团电话	财务部	665	178.42	20	6.	39	140.28		.	.	.	324.7
624	财务部集团电话	财务部	184	41.14	1	0.2	26	32.76		.	.	.	74.1
625	财务部集团电话	财务部	11	1.76	2	0.4	5	5.95		.	.	.	8.1
626	财务部集团电话	财务部	235	53.57	7	2.2	5	8.47		.	.	.	64.2
627	财务部集团电话	财务部	288	81.18	13	5.	10	7.14		.	.	.	93.3
628	财务部集团电话	财务部	167	49.83	1	0.2	11	20.16		.	.	.	70.2
629	财务部集团电话	财务部	3	0.44		0.	1	0.77		.	.	.	1.2
630	财务部集团电话	财务部	616	141.24	11	3.2	167	213.92		.	.	.	358.4
631	财务部集团电话	财务部	395	97.46	1	0.2	143	135.94		.	.	.	233.6
632	财务部集团电话	财务部	145	32.89	1	0.2	20	25.62		.	.	.	58.7
633	财务部集团电话	财务部	285	76.23	2	1.2	29	29.82		.	.	.	107.2
634	财务部集团电话	财务部	1001	240.68	5	2.6	277	377.16		.	.	.	620.4

图 8–1–11　分机汇总

（2）输入好起始时间和终止时间后，单击“部门汇总表格”，则出现所有部门在某段时间内的话费汇总报表，如图 8–1–12 所示。

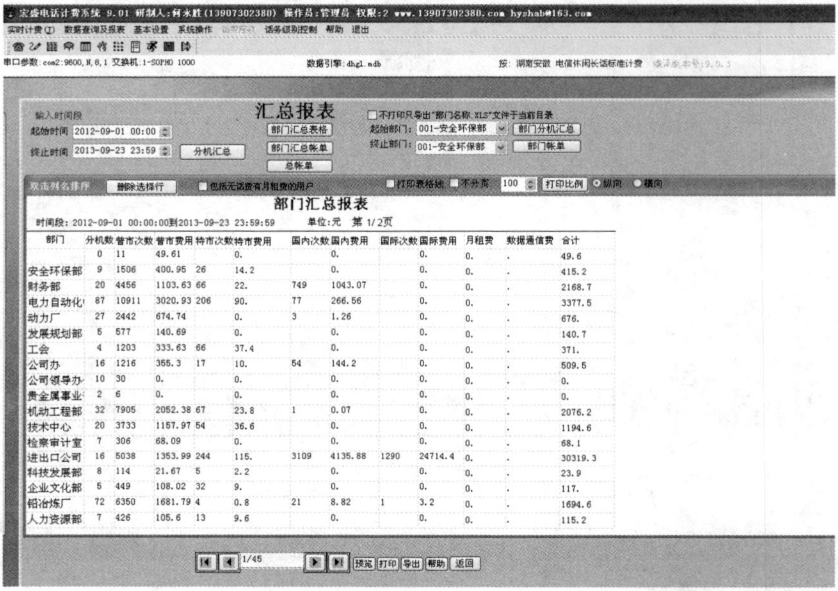

部门	分机数	普市次数	普市费用	特市次数	特市费用	国内次数	国内费用	国际次数	国际费用	月租费	数据通信费	合计
	0	11	49.61		0.		0.		0.	0.	.	49.6
安全环保部	9	1506	400.95	26	14.2		0.		0.	0.	.	415.2
财务部	20	4456	1103.63	66	22.	749	1043.07		0.	0.	.	2168.7
电力自动化	87	10911	3020.93	206	90.	77	266.56		0.	0.	.	3377.5
动力厂	27	2442	674.74		0.	3	1.26		0.	0.	.	676.
发展规划部	5	577	140.69		0.		0.		0.	0.	.	140.7
工会	4	1203	333.63	66	37.4		0.		0.	0.	.	371.
公司办	16	1216	355.3	17	10.	54	144.2		0.	0.	.	509.5
公司领导办	10	30	0.		0.		0.		0.	0.	.	0.
贵金属事业	2	6	0.		0.		0.		0.	0.	.	0.
机动工程部	32	7905	2052.38	67	23.8	1	0.07		0.	0.	.	2076.2
技术中心	20	3733	1157.97	54	36.6		0.		0.	0.	.	1194.6
检察审计室	7	306	68.09		0.		0.		0.	0.	.	68.1
进出口公司	16	5038	1353.99	244	115.	3109	4135.88	1290	24714.4	0.	.	30319.3
科技发展部	8	114	21.67	5	2.2		0.		0.	0.	.	23.9
企业文化部	5	449	108.02	32	9.		0.		0.	0.	.	117.
铅冶炼厂	72	6350	1681.79	4	0.8	21	8.82	1	3.2	0.	.	1694.6
人力资源部	7	426	105.6	13	9.6		0.		0.	0.	.	115.2

图 8–1–12　部门汇总表

【思考与练习】

1. 如何查询某一天所有分机话费？
2. 如何查询某一个号码在某一天的话费？
3. 如何设置某一个路由的资费？

模块 2　计费系统常见故障的处理（Z37F2002 Ⅰ）

【模块描述】本模块包含计费系统常见故障的分析处理方法，通过对常见计费系统故障的原因分析及故障现象的介绍，及对解决步骤的讲解，掌握计费系统的常见故障处理方法。

【模块内容】

一、概述

计费系统是完成对交换机的原始话单的采集、分拣、汇总，这是整个系统基本数据最根本的来源，在话单分拣后的基础上可以重新计算，打印出各个电话用户和部门的汇总报表以及详细话单。

二、计费系统在使用过程中或多或少会出现软件及硬件方面的故障，常见故障及处理方法如下

（一）接收不到交换机的信息

（1）交换机没有发送计费信息或交换机发送的信息格式不对，如波特率等。

（2）计算机的 COM 口号，波特率不对。

（3）接收信息的程序没有运行，可通过检查 WINDOWS 底部的任务条中有无“通信格式”一项，没有说明没有运行信息接收程序，可通过主程序的“信息接收”一项运行。用户可单击“通信格式”任务条放大此窗口，观察交换机信息发送是否有误。如图 8–2–1 所示。

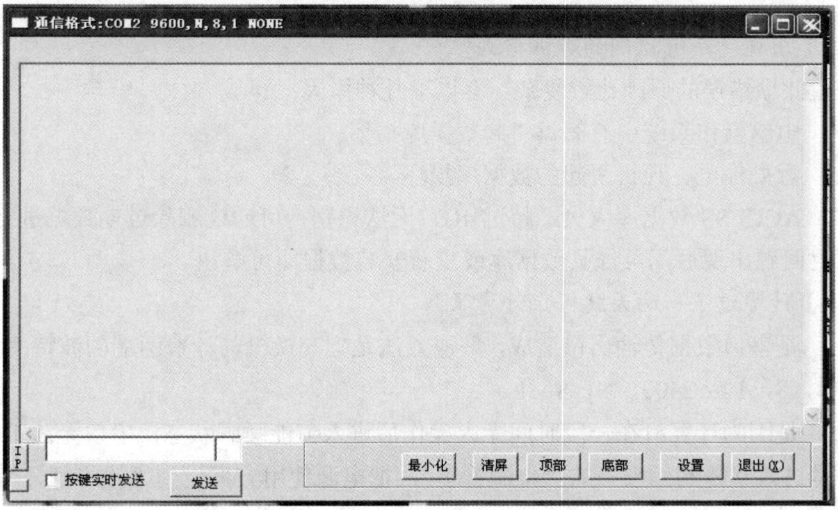

图 8–2–1 通信格式

（二）交换机计费数据接收到了但按时间查询不到相关数据

（1）检查交换机的日期时间与自然时钟是否相配，不对则进行调整。

（2）检查您输入的起始日期及时间、终止日期及时间是否与交换机发送的日期及时间相同，若不同则不能查询到有关信息。

（3）以上两步均无误，则看计算机是否因为停电、人为意外非正常。

在此要求操作人员不要随便关机或停电，关机之前一定要按先退出计费系统的主程序，再退出 WINDOWS 操作系统。

（三）计费数据有“丢单”现象

WINDOWS 计费系统若正常操作，不会有丢单现象，若有丢单现象，排除掉上面的原因后，检查：

（1）长话延时与市话延时设置没有，设置是否合理，因为交换机的话单出来可能是没有延时的，经过计费系统后，有很多时间少于延时的话单则会消掉，这会给用户造成“丢单”的现象。

（2）看市话的字头是否定义完全了，有没有“X”字头一项（X 代表任意字头）。

（3）看长话及市话的价格等各项参数是否有为 0 的，请认真检查。

（四）打印机没有动作

（1）检查打印机是否联机，联机绿灯是否打开。

（2）检查 Windows 中是否安装了打印机，没有安装再请专业人员安装一下打印机。

（3）以上均没有问题，最好的方法是选退出计费系统，再退出 Windows，重新进入即可。

（五）出现“不可识别的数据格式”

产生此项错误的原因比较复杂，有以下几种原因：

（1）电脑操作系统中有病毒引起数据库损坏。

（2）意外停电、死机引起的数据库损坏。

（3）ACCESS 数据库太大，超过 4G，无法识别，可通过删除过期数据进行处理。

以上问题出现后，可修复数据库或重新安装数据即可解决。

（六）计费过了一两天就停止计费了

（1）是串口数据传输出错造成，解决方法是把交换机与计费两端的波特率调低为 1200，N，8，1 或 2400，N，8，1。

（2）是因为计算机在一段时间无人操作后进入节能睡眠状态，串口无法工作。解决方法是进入“控制面板”的“电源管理”，把电源使用方案设为“始终打开”。

（七）出现超长话单

有时候交换机会出现数小时通话时长（但实际未打过）的超长话单，出现此话单的原因一般可能是交换机方面出现无法检测到对方挂机而引起来的，因为计费系统只是被动接收交换机的原始话单，而不会自己产生话单。若用户有疑问，可从交换机中再次下载原始话单，并从原始话单中查找出这条超长话单，若找到了则是交换机产生的，而没有找到，则与软件开发商共同分析产生原因。

一般超长话单产生后可删除该超长话单。

【思考与练习】

1. 为什么查询某一天话单时会出现几个小时的话单？

2. 为什么打印不出话单？

3. 为什么过了几天突然不计费了？

模块 3　数字录音系统的数据维护及数据查询（Z37F2003 Ⅰ）

【模块描述】本模块包含数字录音系统的常见数据维护及查询的方式，通过对数字录音系统的日常维护数据的介绍，及对录音信息的查询步骤的讲解，掌握数字录音系统的常见维护及查询方法。

【模块内容】

一、系统概述

数字录音系统是一种能同时进行多路电话实时录音及语音播放的设备，属于 CTI 技术的产物，是计算机技术与语音技术的完美结合。由于采用了先进的数码录音技术，配以功能强大、可靠的软件，并借助大容量计算机硬盘作为存储介质，完全突破了传统的电话录音概念。通过电话录音系统可实现自动记录主叫号码和被叫号码，同时对多路语音通道录音或监听，自动备份，以及灵活的录音查询方式。系统可以按需求自动对硬盘进行维护，从而保证系统的不间断、稳定工作。

二、数字录音系统的数据维护

运行桌面数字录音系统图标或者运行安装目录下面的 wyxt.exe，即出现如图 8–3–1 所示画面。

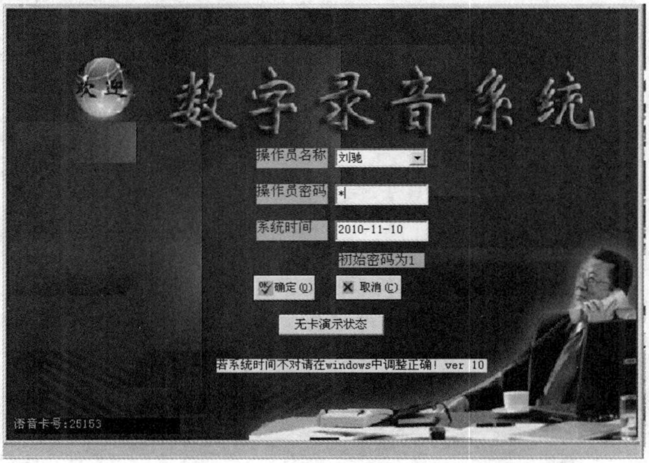

图 8–3–1　录音系统维护界面

当输入正确的密码和用户名后（初始密码为 1），出现如图 8–3–2 所示画面。

这就是录音系统的主画面，当用户来电或用户拨打电话时，屏幕上会出现来电号码、去电号码及所有的状态。

图 8–3–2 电话录音监控界面

1. 系统参数设置

单击录音系统的主画面参数设置，可设置录音通道的号码和录音方式及相关参数，如图 8–3–3 所示。

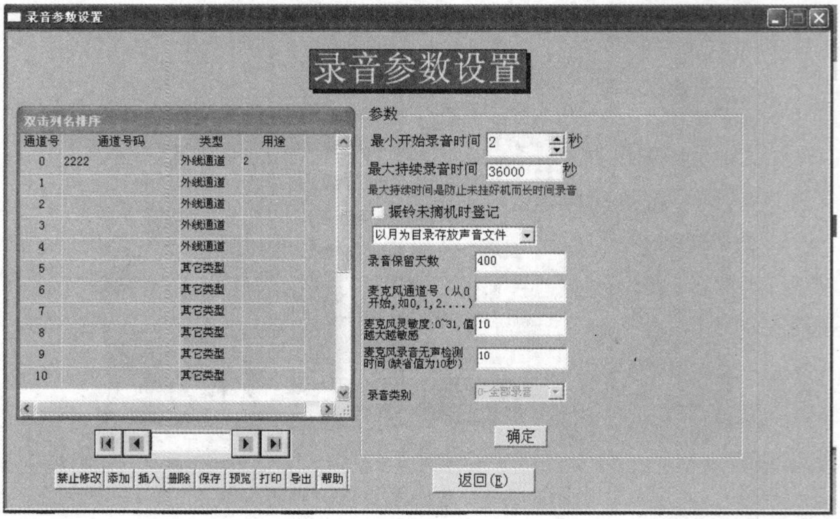

图 8–3–3 参数设置

单击录音参数设置左下角的禁止修改变成允许修改，就可以设置录音通道的号码及相关参数。当修改完成单击保存，并退出录音系统主程序，重新启动录音系统即可。

如图 8–3–3 所示麦克风通道号不填，默认所有通道为压控方式录音，当填上如 0、2、8 时，则表示 0、2、8 通道为声控方式录音，其余通道为压控方式录音。

2. 操作员管理

系统管理员密码：110，普通操作员权限为 1，系统管理员权限为 2。普通操作员不能删除录音，权限有限制。如图 8–3–4 所示。

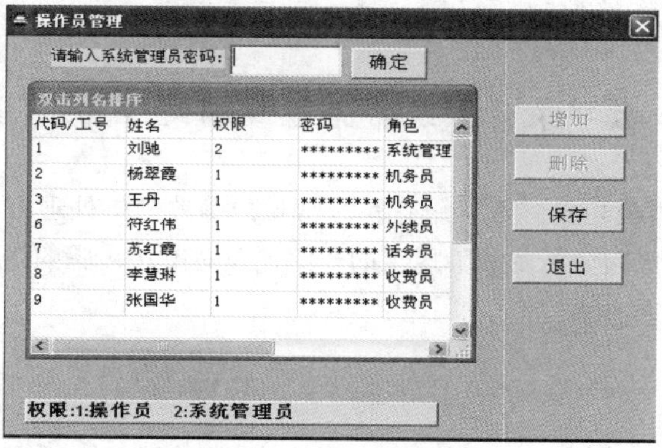

图 8–3–4　系统权限设置

输入系统管理员密码，即可进操作员的增加和删除。

三、数字录音系统的数据查询

单击录音系统的主画面的数据查询按钮，出现如图 8–3–5 所示画面。

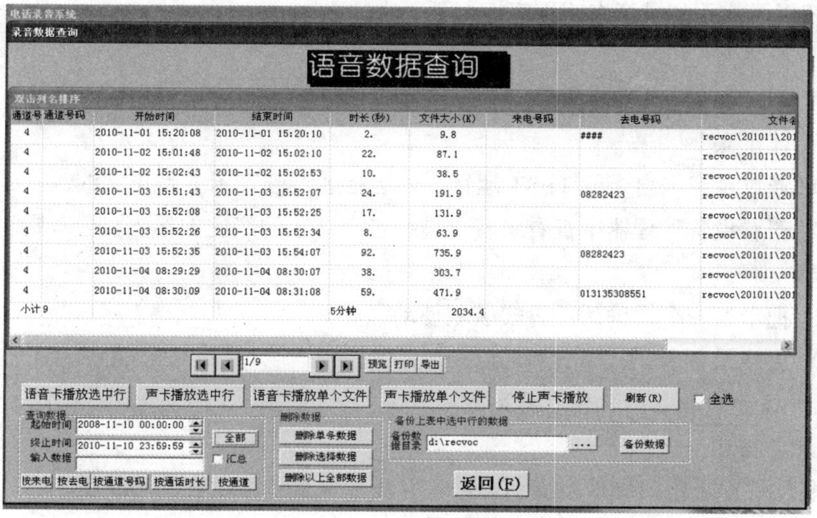

图 8–3–5　数据设置

用户可按主叫号码、被叫号码、通道号码、时间段查询，当选中某条语音，可以通过语音卡或声卡播放语音。

【思考与练习】

1. 如何修改通道 5 的通道号码？

2. 如何查询某一个时间段的录音？

3. 如何增加操作员？

模块 4 数字录音系统常见故障的处理（Z37F2004 Ⅰ）

【模块描述】本模块包含数字录音系统常见故障的分析处理方法，通过对常见数字录音系统故障的原因分析及故障现象的介绍，及对解决步骤的讲解，掌握数字录音系统的常见故障处理方法。

【模块内容】

一、概述

录音系统在使用过程中或多或少会出现软件及硬件方面的故障，下面介绍几种常见故障及处理方法。

二、故障分析及处理

（一）系统找不到录音卡或程序运行不正常

1. 现象描述

系统提示找不到录音卡或程序运行不正常。

2. 可能原因

录音卡故障或驱动程序故障。

3. 处理步骤

（1）通过录音卡自带的 TEST 运行，若运行通过则表示卡是正常的。

（2）查看设备管理器中查看录音卡是否带有黄色的红色的标志，若有则表示卡安装不正确。

（3）把卡换一个插槽后，再安装驱使动程序。

（4）更换录音卡。

（二）拨号和来电都没有号码显示

1. 现象描述

安装软件都正常，硬件也显示正常，但拨号和来电都没有号码显示。

2. 可能原因

原因是电脑主板供给 PCI 插槽的 12V 电压不正常。

3. 处理步骤

修理或更换电脑即可。

（三）不能放音

1. 现象描述

所有录音条目均不能放音。

2. 可能原因

耳机插错孔。

3. 处理步骤

录音卡自带放音插孔（3.5MM 音频插头），须将耳机或音箱的输入端子插在录音卡的放音孔中。如有要求必须从声卡放音，要使用一条 3.5MM 的对录线将录音卡放音孔同声卡的“LINE IN”插孔连接起来。

（四）在录音界面的通道状态一栏显示断线

1. 现象描述

在录音界面的通道状态的某一栏显示断线。

2. 可能原因

（1）有可能是电话线未接通，没有电压。

（2）有可能是录音模块坏。

3. 处理步骤

把这根电话线插到另一个模块，若不显示断线，表示原来模块有问题，否则表示电话线是断的。

（五）麦克风（MIC）或录音模块无法对麦克风、收音机的声音进行采集

1. 现象描述

麦克风（MIC）或录音模块无法对麦克风、收音机的声音进行采集。

2. 可能原因

配置文件中设置有误。

3. 处理步骤

麦克风、收音机等没有电压，因此需要将 ShConfig.ini 配置文件中的忽略电压检测 IgnoreLineVoltage 设置为 1，才能对麦克风、收音机的声音进行采集。

（六）电话语音卡工作不稳定

1. 现象描述

语音卡工作不稳定且抗雷击能力降低。

2. 可能原因

设备外壳未可靠接地。

3. 处理步骤

按照要求，安装了电话语音卡的微机外壳必须可靠接地。通常利用电源插头的第三只脚即可，但必须确保插座可靠接地。如果不接地，或接地不可靠，都可能引起电话语音卡工作不稳定且抗雷击能力降低等情况。

（七）出现“计算机无法进入待机状态，因为它不被某个设备驱动器或程序允许，请关闭所有打开的程序，并重试”

1. 现象描述

板卡在运行过程中出现“计算机无法进入待机状态，因为它不被某个设备驱动器或程序允许，请关闭所有打开的程序，并重试”。

2. 可能原因

计算机的电源管理项下处于省电模式。

3. 处理步骤

由于应用系统通常在无人操作的情况下长时间运行，因此必须关闭 CMOS 和 WINDOWS 操作系统中的电源管理项下有关 CPU 和硬盘等的省电选项，使微机始终处于不间断运行状态。否则运行一段时间后，可能会出现性能下降或发生意外错误的情况。

【思考与练习】

1. 当在录音界面的通道状态一栏显示断线该如何处理？
2. 为什么用声卡放录音听不见声音？
3. 为什么单击某一条录音听不见声音？

模块 5 调度台的硬件基础知识（Z37F2005Ⅱ）

【模块描述】本模块包含调度台的硬件组成及其安装步骤，通过要点讲解，掌握常用类型调度台的硬件安装的过程；掌握调度台硬件安装的步骤及接线方式。

【模块内容】

一、概述

调度系统是由调度交换机和调度席位两大部分组成，交换机负责为调度台、内部用户、中继用户等提供接口，并按要求完成相关的呼叫接续任务，调度台则负责向调度员提供操作界面，并把调度员的一系列调度操作转化成相关的指令发给交换机，或把交换机发来的有关指令通过界面提示给调度员。

智讯 DDS–200 ADV 数字调度系统由调度主机、调度台、调度维护台和录音系统组成。可分为按键式调度台、一体式调度台、屏幕式调度台、组合式调度台。下面介绍调度台的安装步骤及接线方式。

二、按键式调度台

按键式调度台在外观上采取了可扩充的模块化设计，由话机模块、功能按键模块和热线用户按键模块组成，如图 8–5–1 所示。

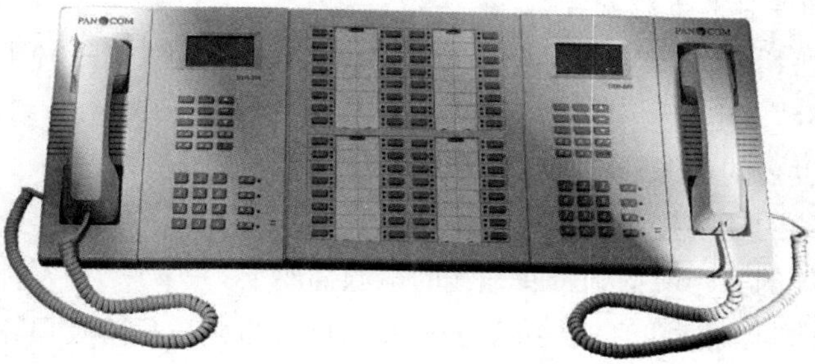

图 8–5–1 按键式调度台外观

当配有 1 个话机模块/功能按键模块（包含左手柄话机模块和左手柄功能按键模块和热线用户按键模块）时，称为单手机配置；当配有 2 对话机模块/功能按键模块（包含左、右手柄话机模块和左、右手柄功能按键模块和热线用户按键模块）时，称为双手机配置。

提供外接话机和有源音箱接口，允许普通电话机、头戴耳机或无绳电话等替代调度手机。

每个热线用户按键模块包含 64 个键。每个键配有 2 个 LED（红色和橙色）指示灯，其左侧或右侧的空白处可用于标写热线用户名称。热线用户模块最多可扩充到 4 个模块，因此按键式调度台具有 64 键、128 键、192 键、256 键四种容量规格。

每个功能按键模块面板包含 1 组标准的拨号键盘（0～9，*，#）、1 个 LCD 窗口和 2 组功能键，它们的特点是：LCD 具有汉字显示功能，可显示时间、最新的来话、手机状态、调度台缺席及查询信息等。

在拨号键盘的右侧有一组功能键，标写的名称分别是“免提”“重拨”“自动”（调度员摘机自动应答或选接应答或自启）、“并机”（左、右手机并机使用），每个键各带有 1 个 LED 指示灯。

另一组功能键位于拨号键盘与 LCD 窗口之间，标写的名称或符号分别是“转接”、“保持”、“强插”、“强拆”、“轮呼”（一键多号呼叫方式）、“会议”、“查询”（热线用户号码、用户名称）、“历史”（调度台未应答的来话记录查询）、“取消”（挂机）、“□”（系统菜单选择按钮）、“□”（系统菜单选择按钮）、“□”（系统菜单选择按钮）。

采用 220VAC&–48VDC 供电方式。

可以为每个手机提供 1 个录音接口，用于连接外配的录音设备。该接口可以向数字录音设备提供压控（>40V 空闲，<12V 通话）或音频启动信号。

在安装系统前，请先根据设备装箱清单检查所有设备及附件是否齐全。按键式调度台的配置包括部件：按键式调度台、手柄、电源线、4P4C–6P4C 线、6P4C–6P4C 线。

1. 按键式调度台的电源安装

按键式调度台具有 220VAC、–48VDC 和 220VAC&–48VDC 三种可选的供电方式。

（1）220VAC 供电。

1）保证调度台的电源开关为关闭状态。

2）将电源线的一端接到调度台上。

3）将电源线的另一端插到带有地线的电源插座上。

注意：请确保电源插头真实接地，否则将可能产生高压危险及损坏调度台等设备。

（2）–48VDC 供电。

1）在连接–48VDC 电源前必须确保调度台的电源开关为关闭状态。

2）将电源线正确连接到调度台直流电源的接线柱上。接线如图 8–5–2 所示。

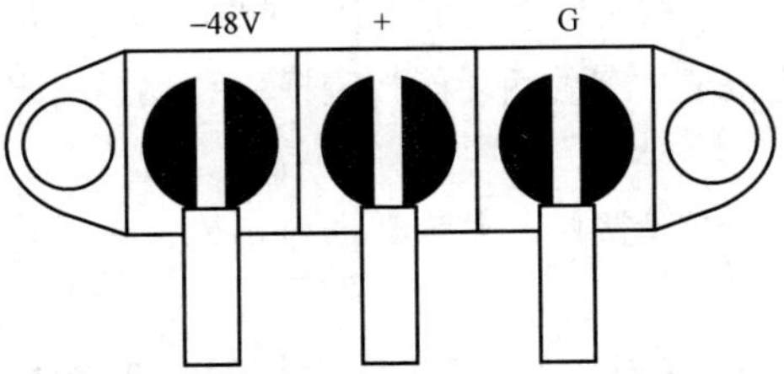

图 8–5–2　按键式调度台的直流接线图

3）开机前，应测量电压是否在允许范围（–36VDC～–76VDC）。

4）调度台开机。

2. 按键式调度台的接地

系统要求所有的设备（交换机、配线架、调度维护台、电源、所有的调度台和录音系统）都应接到同一地线上。接地系统连接如图 8–5–3 所示。

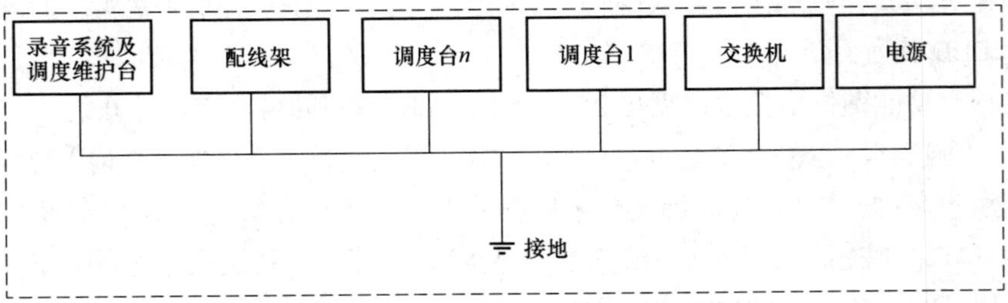

图 8–5–3　按键式调度台接地示意图

注意：系统不共地时可能造成调度台通话时有噪声；录音系统录音不清晰；可能损坏调度台录音接口。

3. 按键式调度台的连线

按键式调度台接口少，连线简单，如图 8–5–4、图 8–5–5 所示。

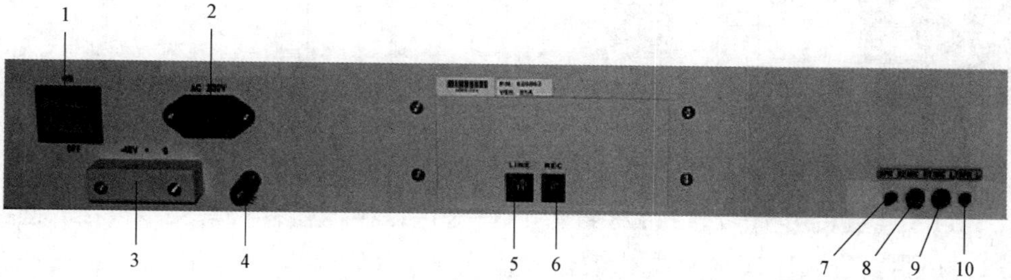

图 8–5–4　按键式调度台背面接口图

1—电源开关；2—220V 交流电源接口；3—–48V 直流电源接口；4—地线接线柱；5—LINE 接口，是一个六位四芯（6P4C）RJ11 接口，连接数字调度板；6—REC 接口，是一个四位四芯（4P4C）RJ41 录音接口，连接录音接口；7—右外接音箱接口；8—右外接麦克风接口；9—左外接有源音箱接口；10—左外接麦克风接口

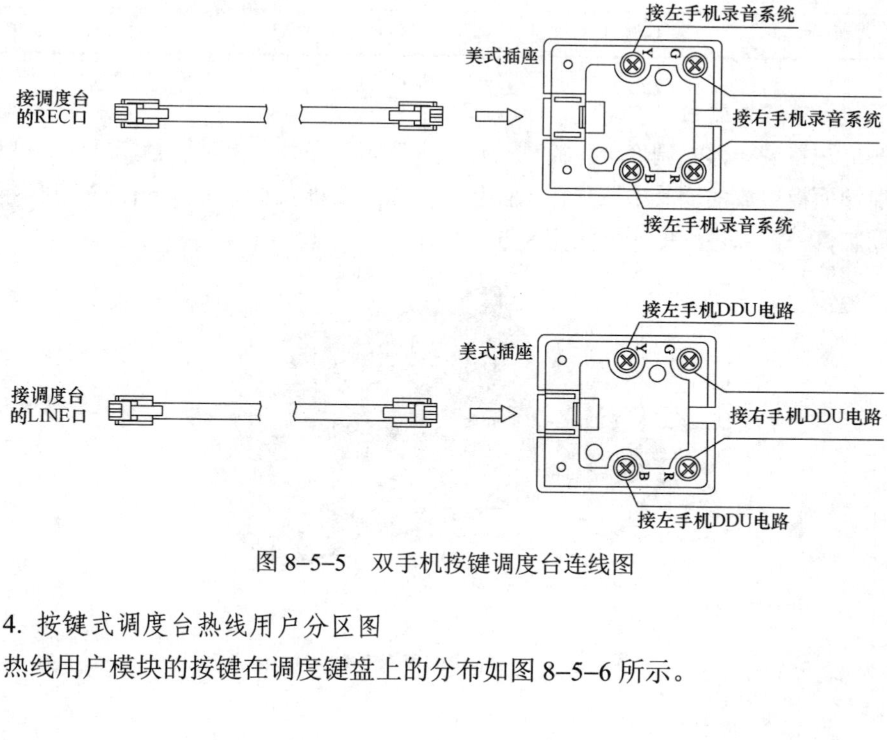

图 8–5–5　双手机按键调度台连线图

4. 按键式调度台热线用户分区图

热线用户模块的按键在调度键盘上的分布如图 8–5–6 所示。

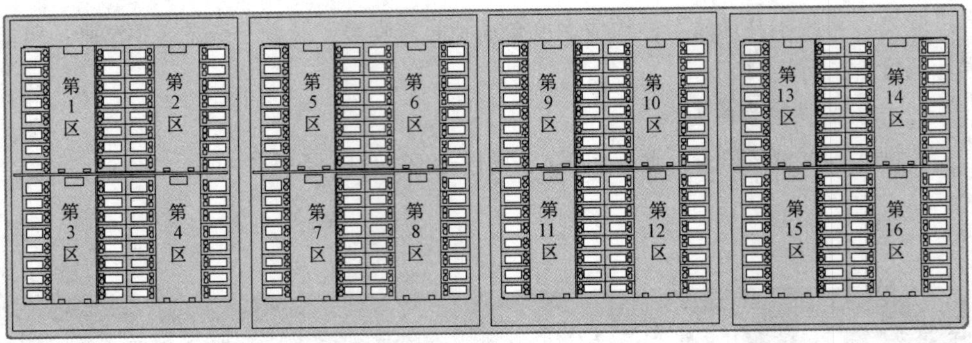

图 8–5–6 键盘按键分布图

其中 64 键占用 1—4 区；128 键占用 1—8 区；192 键占用 1—12 区；256 键占用 1—16 区。每区有 16 个热线用户按键，键号从上到下、从左到右排列。

按键式调度台键位排列表见表 8–5–1。

表 8–5–1 **按键式调度台键位排列表**

1 区：01—16 键	5 区：65—80 键	9 区：129—144 键	13 区：193—208 键
2 区：17—32 键	6 区：81—96 键	10 区：145—160 键	14 区：209—224 键
3 区：33—48 键	7 区：97—112 键	11 区：161—176 键	15 区：225—240 键
4 区：49—64 键	8 区：113—128 键	12 区：177—192 键	16 区：241—256 键

三、一体式调度台

触屏与按键一体式调度台，简称一体式调度台，在外观上是由触摸屏、调度话机和功能键面板组成的，其中图形化的操作界面由触摸屏负责提供，一体式调度台可配有辅助工具—鼠标进行操作。如图 8–5–7 所示。

图 8–5–7 一体式调度台外观示意图

一体式调度台的左、右两端各配有 1 个手机。当调度台为单手机配置模式时，左、右手机同号，当调度台为双手机配置模式时，左、右手机不同号。

一体式调度台提供外接电话机和有源音箱接口。

允许普通电话机或无绳电话等替代调度手机。

一体式调度台的图形操作界面与屏幕式调度台的操作界面类似。

功能键面板包含左右手机独立使用的拨号键盘（0～9，*，#）和 2 组功能键，它们的特点是：

在拨号键盘的右侧有一组功能按键，标写的名称或符号分别是“□”（系统菜单选择按钮）、“保持”“转接”“□”（系统菜单选择按钮）、“强插”“强拆”“会议”和“取消”。

在拨号键盘的底部还有一组功能按键，标写的名称分别是“并机”（左、右手机并机使用）、“自动”（调度员摘机自动应答或选接应答或自启应答）、“重拨”和“免提”，每个按键各带有 1 个 LED 指示灯。

一体式调度台采用 220VAC&–48VDC 供电方式。

一体式调度台可以为每个手机提供 1 个录音接口，用于连接外配的录音设备。该接口可以向数字录音设备提供压控（>40V 空闲，<12V 通话）或音频启动信号。

在安装系统前，请先根据设备装箱清单检查所有设备及附件是否齐全。一体化调度台配置包括附件：一体化调度台、手柄、电源线、4P4C–6P4C 线、6P4C–6P4C 线。

1. 一体式调度台的电源安装

一体式调度台具有 220VAC、–48VDC 和 220VAC&–48VDC 三种可选的供电方式。

（1）220VAC 供电。

1）保证调度台的电源开关为关闭状态。

2）将电源线的一端接到调度台上。

3）将电源线的另一端插到带有地线的电源插座上。

注意：请确保电源插头真实接地，否则将可能产生高压危险及损坏调度台等设备。

（2）–48VDC 供电。

1）在连接–48VDC 电源前必须确保调度台的电源开关为关闭状态。

2）将电源线正确连接到调度台直流电源的接线柱上。接线图如图 8–5–8 所示。

3）开机前，应测量电压是否在允许范围（–36VDC～–76VDC）。

4）调度台开机。

2. 一体式调度台的接地

系统要求所有的设备（交换机、配线架、调度维护台、电源、所有的调度台和录音系统）都应接到同一地线上。接地系统连接如图 8–5–9 所示。

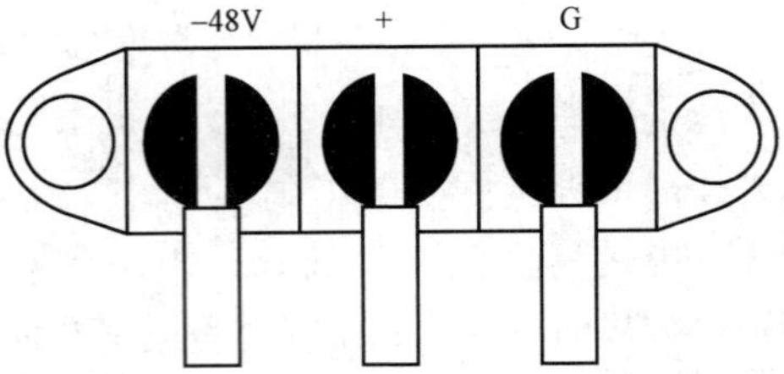

图 8–5–8 按键式调度台的直流接线图

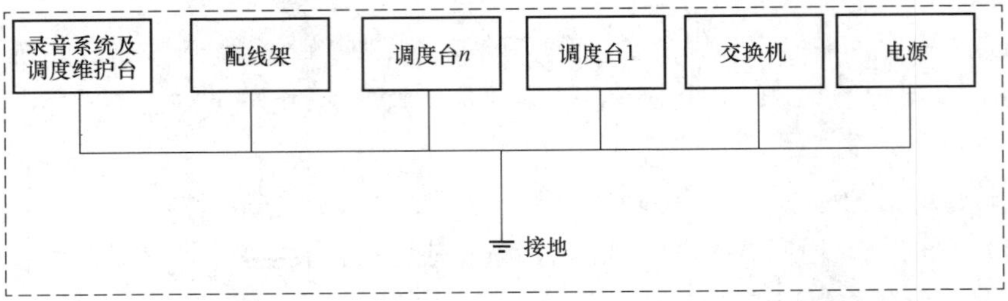

图 8–5–9 调度系统接地图

注意：系统不共地时可能会造成以下后果：

（1） 调度台通话时有噪声。

（2） 录音系统录音不清晰。

（3） 有可能损坏调度台的录音接口。

3. 一体式调度台的连线

一体式调度台的接口如图 8–5–10、图 8–5–11 所示。

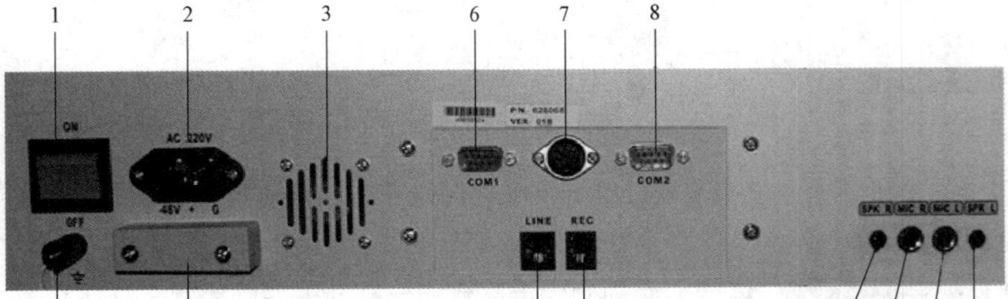

图 8–5–10 一体式调度台接口示意图

1—电源开关；2—220V 交流电源接口；3—风扇；4—地线接线柱；5—－48V 直流电源接口；6—COM1 接口，标准的 9 芯串口，可方便日后的维护，平常使用时不用；7—标准的 5 芯大口键盘接口；8—COM2 接口，标准的 9 芯串口，该串口已被触摸屏使用，可接串口鼠标；9—LINE 接口，是一个六位四芯（6P4C）RJ11 接口，连接数字调度板；10—REC 接口，是一个四位四芯（4P4C）RJ41 录音接口，连接录音接口；11—右外接音箱接口；12—右外接麦克风接口；13—左外接音箱接口；14—左外接麦克风接口

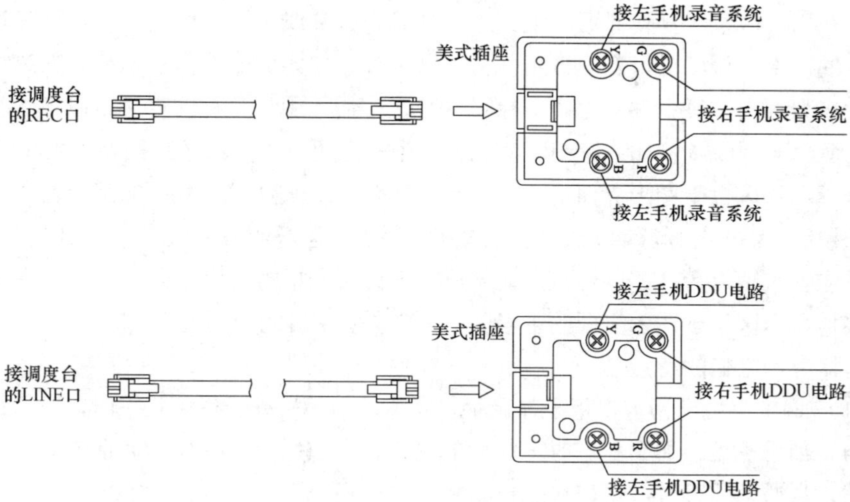

图 8–5–11　一体式调度台接口连线图

四、屏幕式调度台

屏幕式调度台在外观上是由显示器、调度手机和调度终端机组成的，其中图形化的操作界面由显示器负责提供。屏幕式调度台可配置触摸屏，支持触摸与鼠标同时操作。由于调度员不需要对调度终端机进行任何操作，一般只有显示器、鼠标和调度手机三种部件保留在台面上，如图 8–5–12 所示。

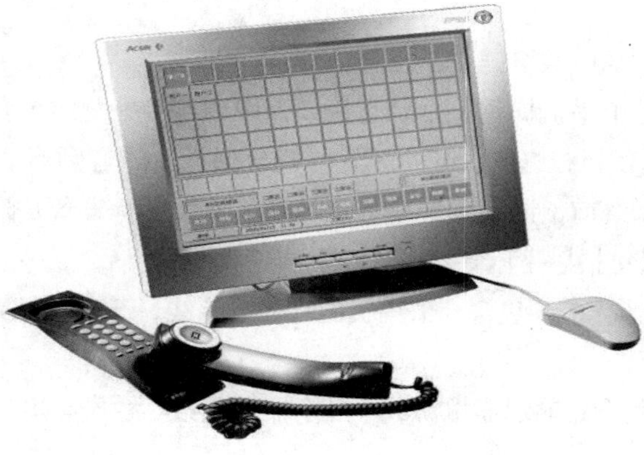

图 8–5–12　屏幕式调度台外观示意图

当配有 1 个调度手机时，称为单手机配置；当配有 2 个调度手机时，称为双手机配置。调度手机可直接选配成普通电话机、头戴耳机或无绳电话等。

图形化的操作界面按照功能可分为热线用户区、来话显示区和其他显示区三大部分。热线用户区位于操作界面的上部，包含若干张热线用户卡片，卡片名称标写在每张卡片的顶部，调度员可随意调用任何一张卡片。作为调度操作基本单元的热线用户键包含在卡片内，每个键上可最多标写 6 个汉字用于用户名称的定义。用户状态可通过键的颜色来反映，例如：空闲—灰色，通话—绿色，忙—红色，回铃—黄色等。

来话显示区位于图形界面的中区。当调度台收到来话时，其中的某个窗口会变成黄色的按键（用于普通呼叫）或红色的按键（用于紧急呼叫），键上标有主叫用户名称。调度员应答来话以后，调度台将自动释放该来话所占据的窗口。

其他显示区位于图形界面的下半区，包含调度手机的通话窗口、席位键、功能键、信息窗口等，它们的特点是：

（1） 调度手机通话窗口用于显示手机状态。当手机处于空闲状态时，通话窗口是灰色的。当手机处于通话状态时，相应的窗口将变成绿色，并显示通话的另一方名称或号码。当通话结束时，窗口将被自动释放。

（2） 席位键用于定义同调度组其他席位。席位的状态可通过席位键的颜色来反映，例如：通话—绿色、缺席—红色等。调度员可通过席位键呼叫或强插同组其他席位。

（3） 功能键用于各种功能操作。

（4） 当调度员进行热线单呼或轮呼时，该用户一键多号的各个号码可同时显示在图形界面轮呼键上。

（5） 信息窗口位于图形界面的底部，可用于显示时间、调度台故障、调度台参数等信息。

（6） 采用 220VAC 供电。

（7） 可以为每个手机提供 1 个录音接口，用于连接外配的录音设备。该接口可以向数字录音设备提供压控（＞40V 空闲，＜12V 通话）或音频启动信号。

（8） 在安装系统前，请先根据设备装箱清单检查所有设备及附件是否齐全。屏幕式调度台校准配置包括以下附件：

1） 工业控制计算机（包含：工控机配件、电源线、键盘、鼠标，接鼠标和键盘的转换线）。

2） 显示器（包含：显示器电源线、显示器数据线、触摸盒串口线和触摸盒键盘电源输入线）。

3） 调度话机、ADIB 板（已经插在工控机上）、6P4C–6P4C 线、4P4C–6P4C 线（一分二线）。

1. 屏幕式调度台的电源安装

（1） 屏幕式调度台采用 220VAC 供电。

（2） 保证电源开关为关闭状态。

（3） 将电源线的一端接到调度台上。

（4） 将电源线的另一端插到带有地线的电源插座上。

警告：请确保电源插头真实接地，否则将可能产生高压危险损坏调度台等设备。

2. 屏幕式调度台的接地

系统要求所有的设备（交换机、配线架、调度维护台、电源、所有的调度台）都应接到同一地线上。系统接地如图 8–5–13 所示。

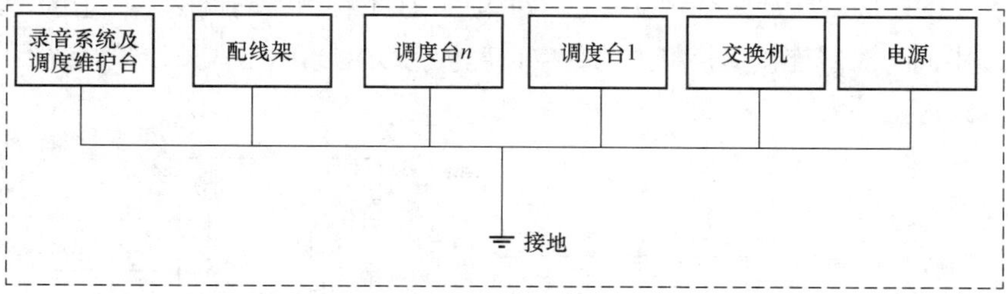

图 8–5–13 调度系统接地图

注意：系统不共地时可能造成以下后果：

（1） 调度台通话时有噪声。

（2） 录音系统录音不清晰。

（3） 有可能损坏调度台的录音接口。

屏幕式调度台的接地点一般选在工控机机壳背面，一般做法是把地线接在工控机的一颗螺钉上。

3. 屏幕式调度台的连线（见图 8–5–14）

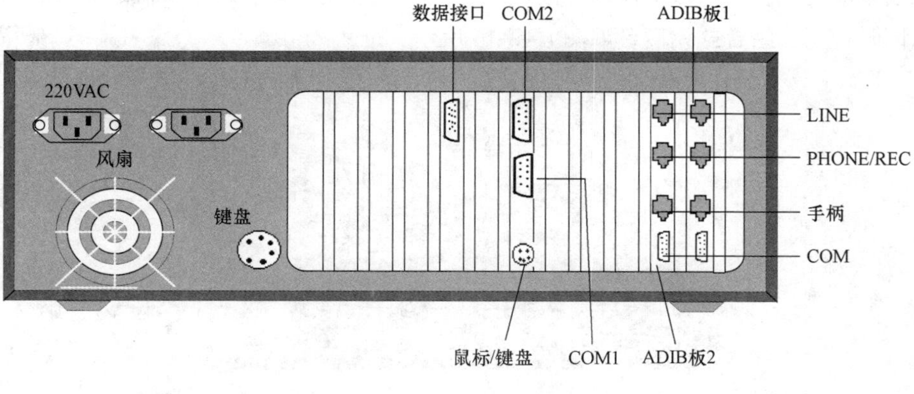

图 8–5–14 工控机接口示意图

（1） 数据接口：显示器的数据电缆接口，并拧紧固定螺钉。

以 TSR416 触摸屏为例介绍触摸线的连接：

1）此触摸屏是靠键盘供电的。

2）首先把键盘转换线的一端接到工控机后面板上的圆形键盘插座，另一端接到触摸盒上。

3）把触摸盒连到工控机的串口上（COM1 或 COM2）。

4）把串口鼠标接到触摸盒上。

（2） LINE 接口：是一个六位四芯（6P4C）RJ11 接口，与调度主机上的 DDU 电路相连。中间一对线连接交换机上的数字调度板（DDU）电路，外边一对线不用。如图 8–5–15 所示。

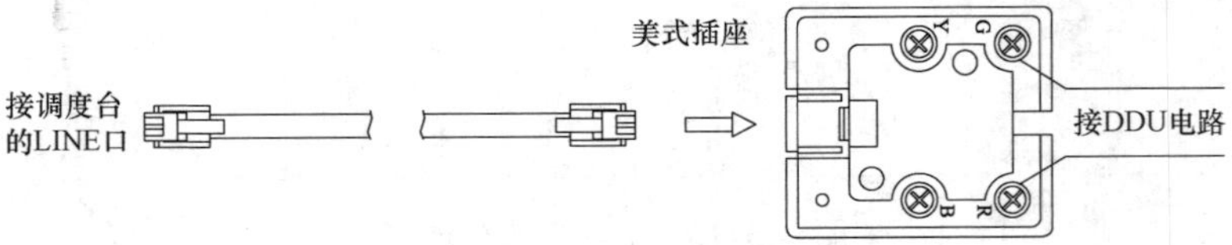

图 8–5–15 屏幕式调度台连线图

（3） PHONE/REC 接口：是一个 RJ41 接口。采用一分二的接线方式，此接口引出两对线，中间一对线接调度话机，外边另一对线接标准的压控或音控录音设备。

（4） 手柄接口：也是一个 RJ41 接口，用于连接手柄，暂不用。

（5） COM 口：是一个备用的扩展接口。

五、组合式调度台

组合式调度台在外观上是由一台按键式调度台和一台外置 LCD 两部分组成。组合式调度台既提供传统的按键操作界面，又提供图形化的操作界面，两种操作界面并存，可以同时使用。组合式调度台如图 8–5–16 所示。

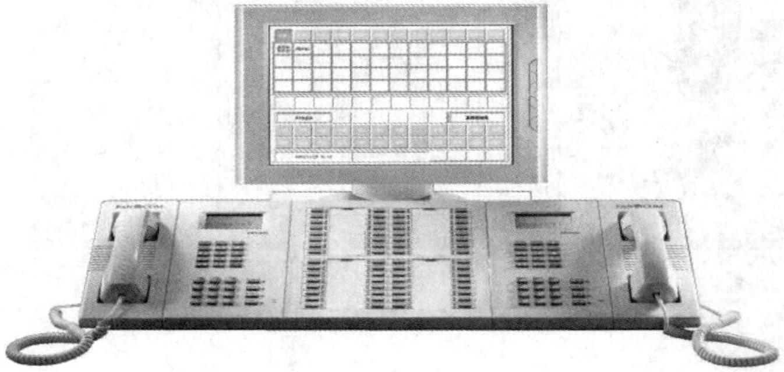

图 8–5–16 组合式调度台外观示意图

组合式调度台在质上是按键式调度台与屏幕式调度台的功能叠加，同时具有两者的所有特性。

（1）在组合式调度台上，定义在图形操作界面上的热线用户可以与定义在热线用户模块上的热线用户完全一致，也可以部分一致，或者完全不同。

（2）在操作面板与图形界面上，名称相同的功能键/热线用户是相通的，即单击操作面板上的功能键/热线用户键相当于单击图形界面上的功能键/热线用户键，反之亦然。

（3）采用 220VAC&48VDC 供电方式。

（4）在安装系统前，请先根据设备装箱清单检查所有设备及附件是否齐全。组合式调度台的配置包括按键式调度台（电源线、手柄）、显示器（显示器电源线、显示器数据线、触摸盒及连线）、4P4C–6P4C 线、6P4C–6P4C 线。

1. 组合式调度台安装

组合式调度台的安装可参考《按键式调度台的安装》。组合式调度台后面板接口比按键式调度台多一个显卡接口、一个串口和一个键盘接口，另增加了一台外接显示器。

系统连接中，在按键式调度台的系统连接基础上增加以下连接：

（1）显示器连接：将显示器的数据线接入按键式调度台背部的显卡接口；电源线接入电源。

（2）触摸线连接（以 TSR416 触摸屏为例）：首先把键盘转换线的一端接到调度台后面板上的圆形键盘插口，另一端接到触摸盒上；把触摸盒连到调度台的串口上；把串口鼠标接到触摸盒上。

2. 组合式调度台的接地

系统要求所有的设备（交换机、配线架、调度维护台、电源、所有的调度台和录音系统）都应接到同一地线上。接地系统连接如图 8–5–17 所示。

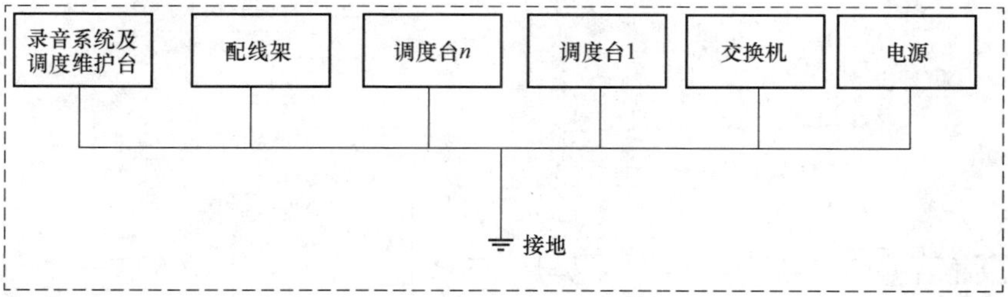

图 8–5–17　调度系统接地图

注意：系统不共地时可能会造成以下后果：

（1）调度台通话时有噪声。

（2） 录音系统录音不清晰。

（3） 有可能损坏调度台的录音接口。

3. 组合式调度台的连线

组合式调度台的接口如图 8–5–18 所示。

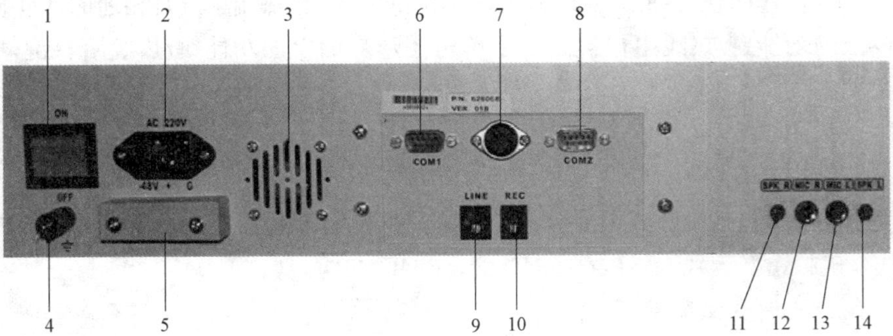

图 8–5–18 组合式调度台接口示意图

1—电源开关；2—220V 交流电源接口；3—风扇；4—地线接线柱；5—－48V 直流电源接口；6—COM1 接口，标准的 9 芯串口，可方便日后的维护，平常使用时不用；7—标准的 5 芯大口键盘接口；8—COM2 接口，标准的 9 芯串口，该串口已被触摸屏使用，可接串口鼠标；9—LINE 接口，是一个六位四芯（6P4C）RJ11 接口，连接数字调度板；10—REC 接口，是一个四位四芯（4P4C）RJ41 录音接口，连接录音接口；11—右外接音箱接口；12—右外接麦克风接口；13—左外接音箱接口；14—左外接麦克风接口

组合式调度台的接口连线如图 8–5–19 所示。

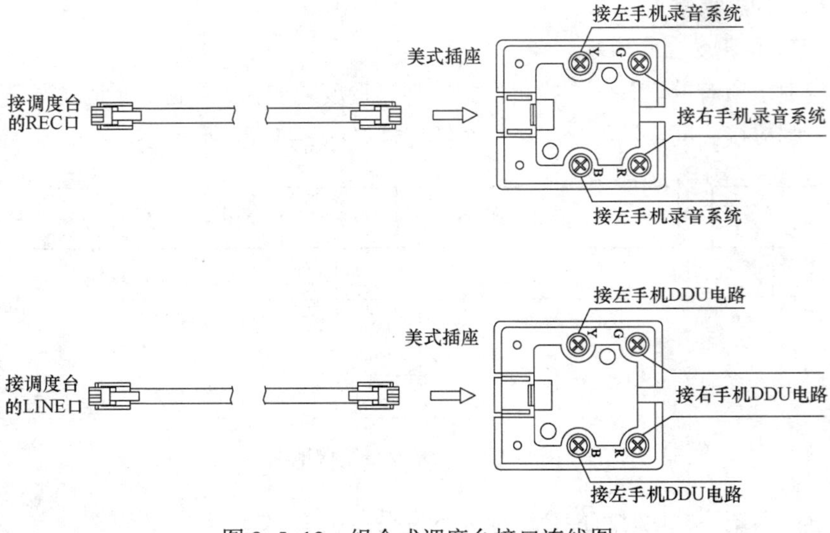

图 8–5–19 组合式调度台接口连线图

【思考与练习】

1. 调度台主要有哪些种类？

2. 一体式调度台的接口连线有哪些？

3. 按键式调度台主要有哪些容量规格？

模块 6　调度台热键用户的编辑（Z37F2006Ⅱ）

【模块描述】本模块包含调度维护台的使用，重点是热线用户的编辑，通过对调度台添加删除修改热键用户的过程介绍。掌握调度维护台的基本使用方法及热键用户的编辑方法。

【模块内容】

一、概述

智讯 DDS–200 ADV 型调度系统主要包括调度席位及维护台，维护台主要负责对系统参数、热键用户、及设置数据的备份与恢复等功能。需要注意的是：登录程序调度维护台是通过一对音频电缆连到 H20–20 交换机的数字调度板（DDU）上的。如果所使用的 ADV 型调度系统的数字调度板为 U 接口时，在连接到调度维护台的 U 口数字用户电路上需设置一个数字话机类型的号码，否则，调度维护台将无法启动。

二、登录

运行程序后，将看到调度维护台的登录界面，如图 8–6–1 所示。

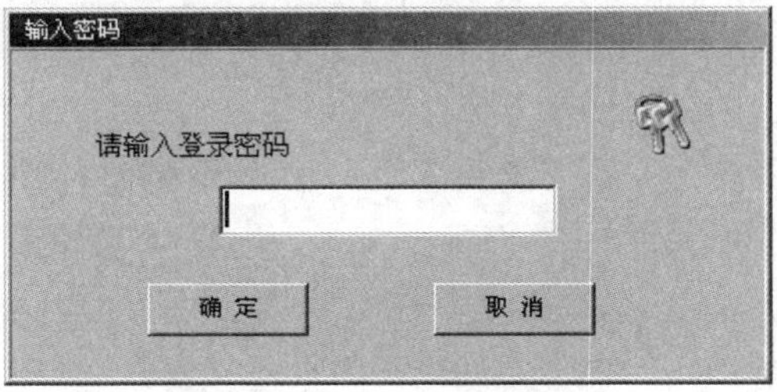

图 8–6–1　登录界面

输入正确的密码并单击“确定”键。登录系统的初始密码为“2000”。

三、主界面

输入正确的密码并按“确定”后，进入主界面，如图 8–6–2 所示。

（1）数据编辑：在此程序模块中，可以对所有调度台席位的调度台组参数、席位参数、手柄参数、热线用户等进行编辑。

（2）数据传送：在此程序模块中，可以向调度台席位发送系统配置、热线用户等

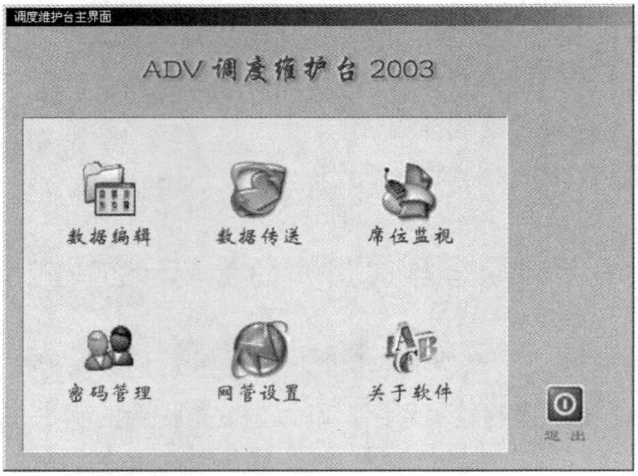

图 8–6–2 主界面

数据。调度维护台也可以接收调度台席位中的任意数据文件；对调度台席位编号进行重组。

（3）席位监视：在此程序模块中，可以对系统内所有调度台席位的运行状态进行监视。

（4）密码管理：在此程序模块中，可以对系统登录密码进行管理。系统初始密码为“2000”。

（5）网管设置：本功能不提供。

（6）关于软件：关于调度维护台的版本说明。

（7）退出：退出调度维护台程序。

四、数据编辑

在调度维护台主界面下，按“数据编辑”功能按键即可进入调度维护台数据编辑界面。

1. 热线用户

在调度维护台主界面下，按“热线用户”功能按键，选择所需要编辑的组号和席位号后即可进入调度维护台数据编辑界面。

（1）有关热线用户的注意事项。在调度维护台中允许每一个调度台组有热线用户数据表、标签名数据表、附加显示数据表，同时也允许每一个调度台有热线用户数据表、标签名数据表、附加显示数据表。当调度台具有这些热线用户数据表、标签名数据表、附加显示数据表时不使用调度台组中的这些数据表。

在热线用户编辑界面下，允许用户选择编辑一个调度台组的。

（2）选择所需编辑的热线用户，如图 8–6–3 所示。

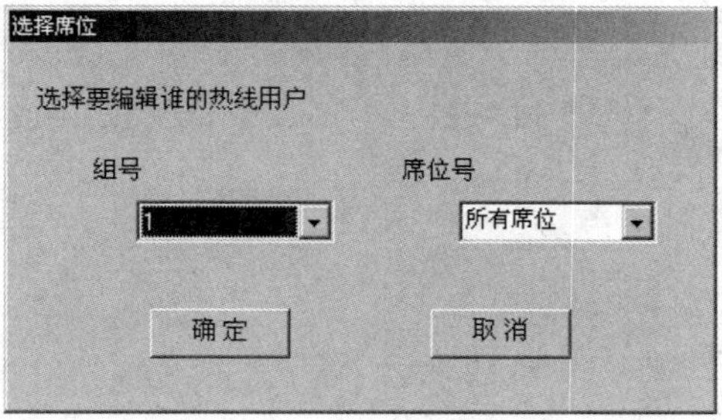

图 8–6–3 选择调度台组号、席位号

选择所需要编辑的调度台组号与席位号。

2. 热线用户编辑界面

如图 8–6–4 所示。

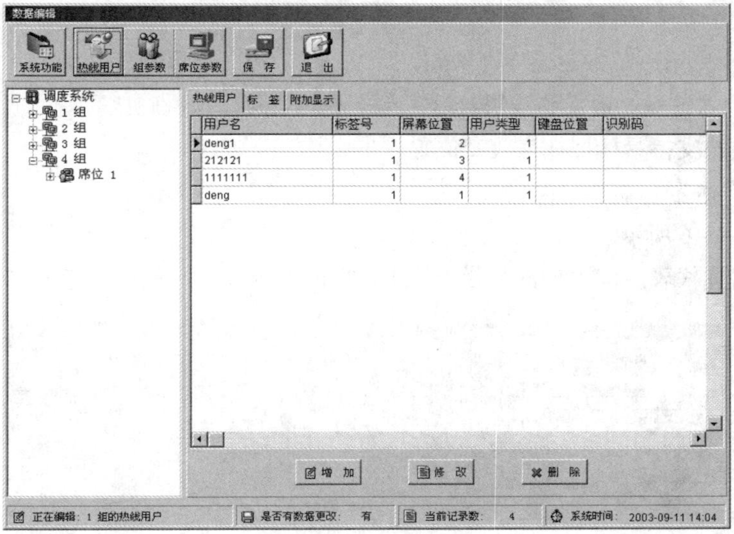

图 8–6–4 热线用户界面

3. 编辑热线用户

如图 8–6–5 所示。

（1）添加过程：选择热线用户位置并单击，在编辑框内分别输入用户名、识别码、电话号码。

1）用户名即标识名称。

2）识别码即对位用户来电呼入时显示的号码。

3）电话号码为拨打该用户的号码，最多可以设置为 4 个。

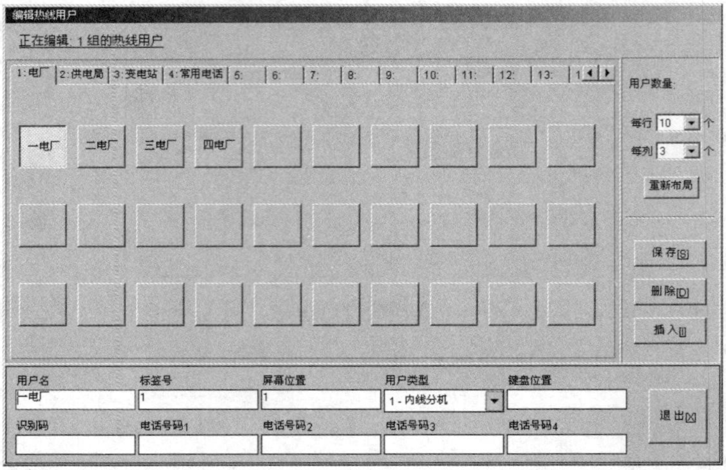

图 8–6–5 热线用户编辑界面

4）编辑完毕后单击右侧保存按钮，即完成一个用户的编辑。

（2） 删除过程：选择热线用户后，单击右侧删除按键，确认后即完成删除。热线用户支持鼠标拖拽来改变位置。

4. 编辑标签

如图 8–6–6 所示。

标签名称代表热键用户按页分类的所在页的标示名字。

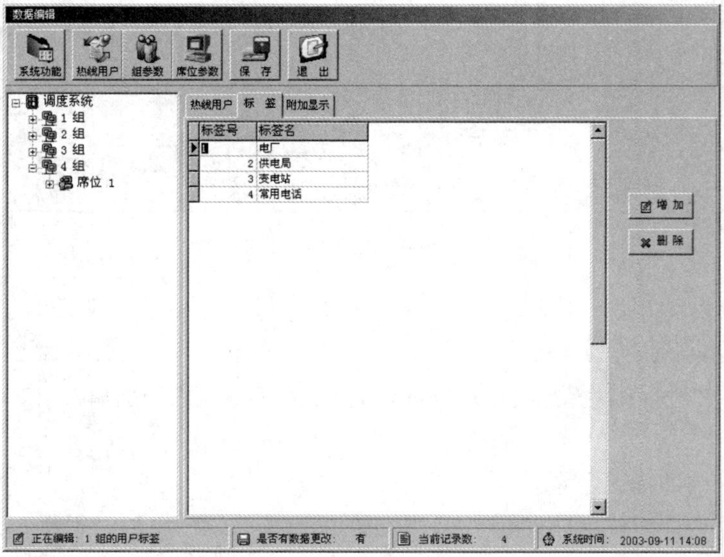

图 8–6–6 标签名编辑界面

5. 附加显示

如图 8–6–7 所示。

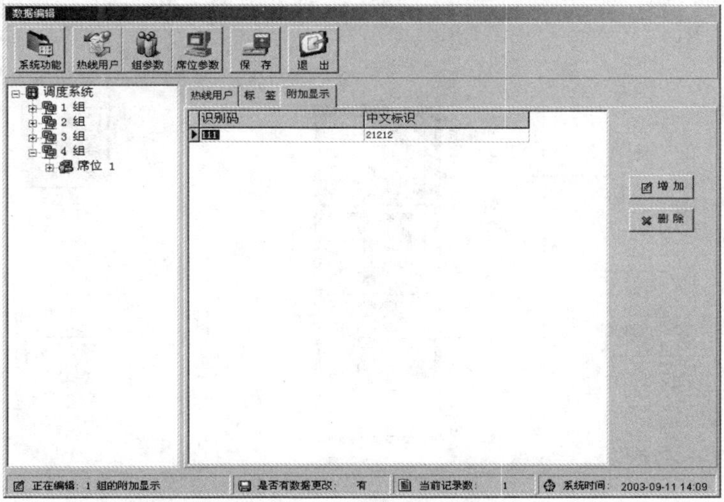

图 8–6–7 附加显示编辑界面

还有些特别的号码，比如某调度台号码不止一个时候，为了统一定位于一个热键时，就需要将其所有号码都在附加显示中标示出来。

【思考与练习】

1. 热键用户编辑的步骤？
2. 一个热键最多可以添加几个呼叫号码？
3. 标签页的编辑步骤？

◢ 模块 7 故障调度台的更换（Z37F2007Ⅱ）

【模块描述】本模块包含调度台的更换方法，通过要点讲解，掌握调度台更换时软硬件配置过程，掌握调度台更换的硬件安装及软件配置。

【模块内容】

一、调度台硬件更换

调度台是调度交换机的一个重要组成部分，是调度员完成电网调度指挥的专用通信设备，是调度员向调度用户下达调度指令的通信工具。多个调度台组成一个调度台组，调度台之间相互透明，具有相同的呼叫状态、呼叫提示等信息显示功能，每个调度台可进行相同或不同的调度呼叫。调度台具有如下主要功能，使得调度员的指挥调度简便易行。

下面以智讯 ADV 一体式调度台为例介绍故障调度台的更换。

ADV 数字调度系统由调度主机、调度台、调度维护台和录音系统组成，系统连接图如图 8–7–1 所示。

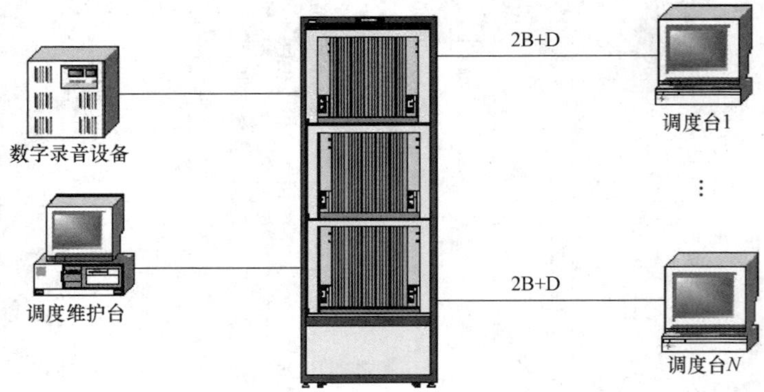

图 8–7–1 系统结构图

出现故障的调度台需要更换时首先需要将原席位拆卸下，并将所有连线做好标识，以便于恢复，原则上更换席位需要同类型最好同版本的席位替代，否则将会涉及系统软件及维护参数修改的问题。硬件连接主要包括电源线、地线、数字用户线、录音线这几类。

一体式调度台的接口如图 8–7–2 所示。

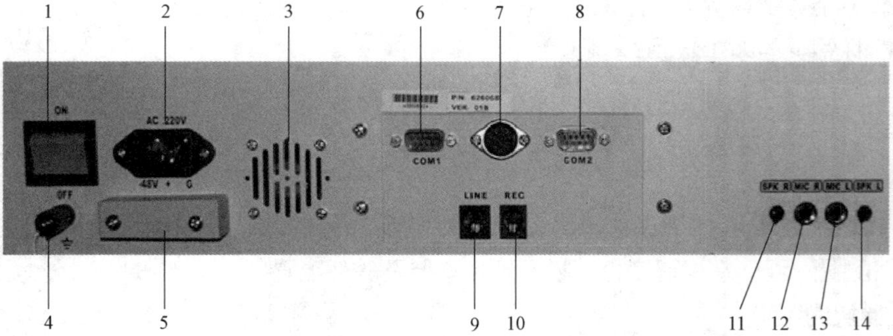

图 8–7–2 一体式调度台接口示意图

1—电源开关；2—220V 交流电源接口；3—风扇；4—地线接线柱；5—-48V 直流电源接口；6—COM1 接口，标准的 9 芯串口，可方便日后的维护，平常使用时不用；7—标准的 5 芯大口键盘接口；8—COM2 接口，标准的 9 芯串口，该串口已被触摸屏使用，可接串口鼠标；9—LINE 接口，是一个六位四芯（6P4C）RJ11 接口，连接数字调度板；10—REC 接口，是一个四位四芯（4P4C）RJ41 录音接口，连接录音接口；11—右外接音箱接口；12—右外接麦克风接口；13—左外接音箱接口；14—左外接麦克风接口一体式调度台接口连线图如图 8–7–3 所示。

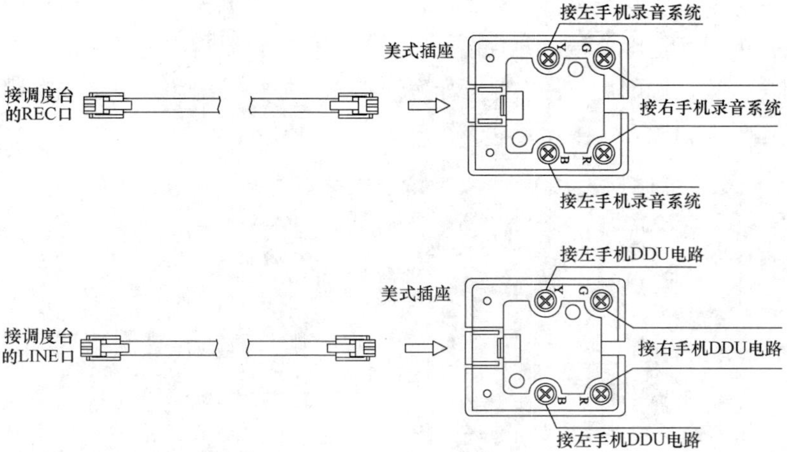

图 8–7–3　一体式调度台接口连线图

需要注意的是，不要将录音线及数字用户线接反了，否则极易烧掉录音口。

二、调度台软件更新

更换完毕硬件后的调度台，并不能够直接使用，还需要软件数据的配置才能恢复正常使用状态。软件的更新主要指调度台系统参数及热线用户的发送，以及席位的重组。

1. 席位重组

将新的席位号重组为原席位号，再数据发送中选择席位重组，并填入重组前后的组号及席位号填上，点选开始发送按键，等发送参数完毕即可，此后席位自动重启，并使新的参数生效。席位重组界面如图 8–7–4 所示。

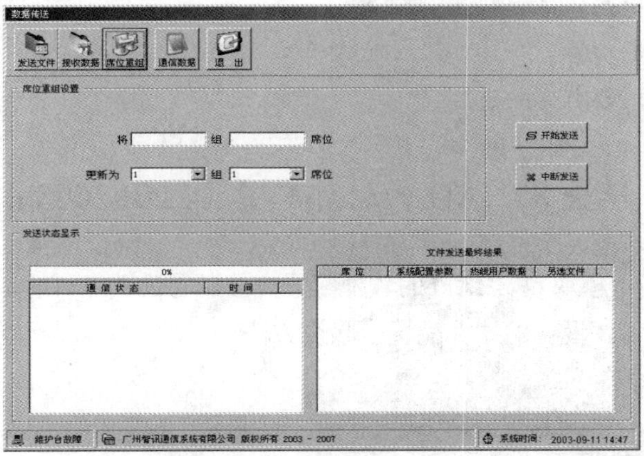

图 8–7–4　席位重组界面

2. 发送数据

重组后，需要将系统参数及热键用户传送到新席位上去，单击发送文件，选择需要发送文件的组号及席位号，并且选择发送的文件，一般初次发送包括系统配置参数和热线用户数据，选好后单击右侧开始发送按键，等待发送完毕提示成功后即可。席位重组发送界面如图 8–7–5 所示。

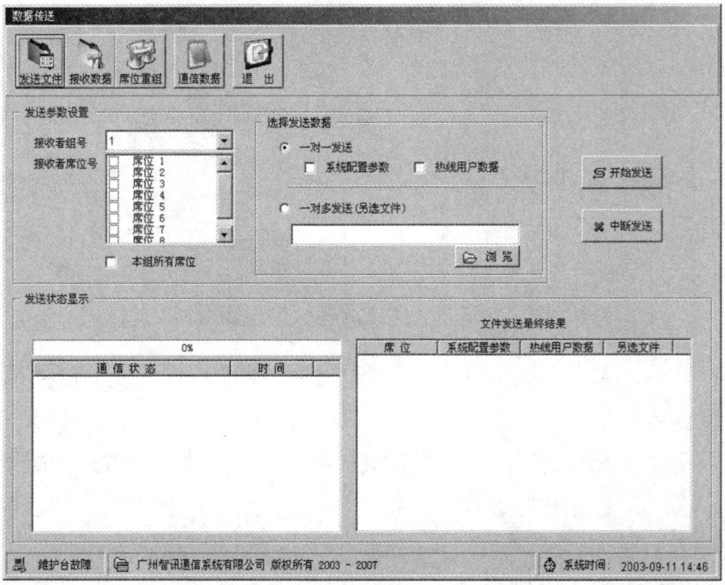

图 8–7–5　席位重组发送界面

【思考与练习】

1. 调度台的更换包括哪些部分？
2. 席位重组的步骤？
3. 硬件连线主要有哪些？

模块 8　IAD 的软件配置（Z37F2008Ⅱ）

【模块描述】本模块包含 IAD 的软件配置方法，通过要点讲解，掌握 IAD 的安装调试步骤，掌握 IAD 设备的软件配置步骤及方法。

【模块内容】

一、概述

介绍华为 IAD132E（T）设备及软件基于 Web 的数据配置方法。IAD132E（T）支持通过 Web 方式进行数据配置和维护管理。IAD132E（T）作为 VoIP（Voice over IP）/FoIP（Fax over IP）媒体接入网关，应用于 NGN（Next Generation Network）网络或 IMS（IP Multimedia Subsystem）网络，完成模拟语音数据与 IP 数据之间的转换，并通过 IP 网络传送数据。

IAD132E（T）通过标准 MGCP（Media Gateway Control Protocol）或 SIP（Session Initiation Protocol）协议，接入 NGN/IMS 网络，在 MGC（Media Gateway Control）或 SIP Server 的控制下完成主被叫间的话路接续。

IAD132E（T）支持多种方式接入 IP 网络，如 xDSL（x Digital Subscriber Line）接入、交换机接入、GPON（Gigabit–capable Passive Optical Network）/EPON（Ethernet Passive Optical Network）接入。

IAD 可以通过以下方式将集成的语音和数据信号接入 NGN 和 IMS 网络：

（1）通过 RTU 接入 DSLAM，以 xDSL 方式接入 IP 网络。该方式主要用于成熟的 xDSL 铜线网络。

（2）通过 Switch 方式接入 IP 网络，该方式广泛应用于住宅、写字楼和企业用户。

（3）通过 xPON 方式接入 IP 网络，实现高速上行。该方式适用于光纤已经铺设到小区、楼道等场景。

二、IAD 的结构

1. 前面板

IAD132E（T）前面板上有 4 个以太网端口、1 个维护串口、1 个重启按钮和 5 个指示灯。前面板的外观如图 8–8–1 所示。

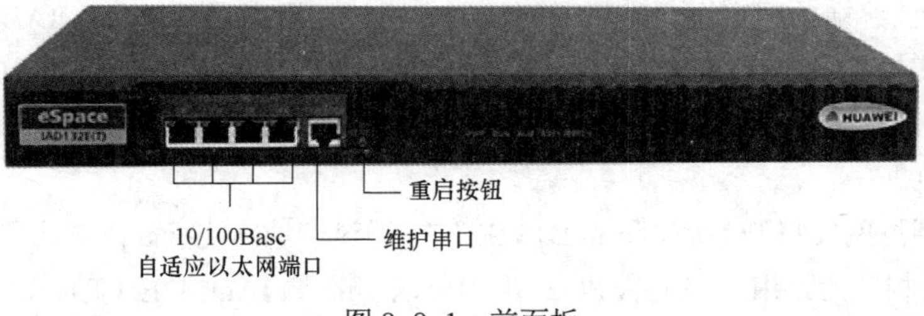

图 8–8–1 前面板

2. 后面板

IAD132E（T）后面板上有 2 个插槽，可插 ASI（Analog Subscriber Interface）板或 OSU（FXO & FXS Unit）板。左边是电源开关和电源接口，中间为 2 个插槽，如图 8–8–2 所示。

图 8–8–2 后面板

三、IAD 的软件配置

（一）建立 Web 配置环境

在登录 Web 管理系统之前，需要建立配置环境。

1. 准备一台 PC 终端，符合以下要求

（1） 配有以太网卡和支持 TCP/IP 协议。

（2） Window98 或以上版本操作系统。

（3） 安装 IE（Internet Explorer）浏览器（6.0 或以上版本）。

（4） 支持 1024×768 或以上分辨率显示。

2. 连接配置线缆，根据实际网络的不同，选择以下 3 种方法中的 1 种进行组网连线

（1） 通过交叉网线（若 PC 终端的网口支持自适应，则直通网线也可以）直接将 PC 终端的网口和 IAD132E(T)的任一以太网端口相连。设置 PC 终端的 IP 地址和 IAD 的 IP 地址在同一网段，例如，IAD 的初始 IP 地址为 192.168.100.1，则 PC 终端的 IP 地址可设置为 192.168.100.2。

（2） 通过交换机或集线器将 PC 终端和 IAD132E（T）相连。连接方法：用直通网线连接 PC 终端的网口至交换机或集线器的网口，用直通网线连接 IAD132E（T）的网口至交换机或集线器的网口。设置 PC 终端的 IP 地址和 IAD 的 IP 地址在同一网段，例如，IAD 的初始 IP 地址为 192.168.100.1，则 PC 终端的 IP 地址可设置为 192.168.100.2。

（3） 通过网线将 PC 终端和 IAD132E（T）通过广域网连接。该方法需要在 PC 终端上配置好相应的路由，保证从 PC 终端上可以 ping 通 IAD132E（T）。

（二）登录 Web 管理系统

（1） 打开 IE 浏览器，在地址栏内输入 IAD132E（T）的地址（默认为 http://192.168.100.1）。

出现系统登录界面，如图 8–8–3 所示。

（2） 根据需要在界面上选择系统语言为简体中文或英文。输入用户名（默认为 root）和密码（默认为 admin），单击“登录”。

图 8–8–3　登录界面

以 SIP 版本为例（默认采用 SIP 协议），出现 Web 管理系统初始界面，如图 8–8–4 所示。

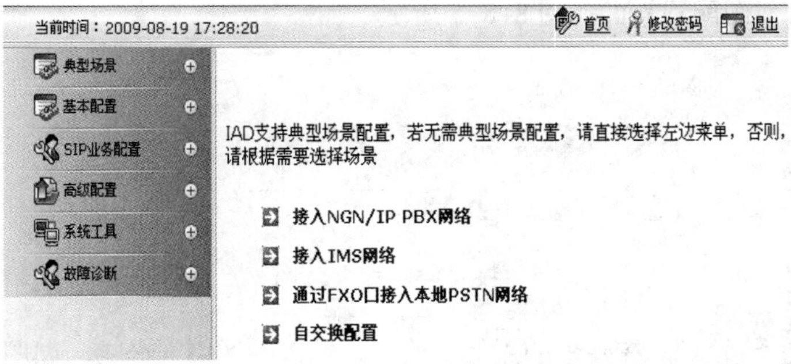

图 8–8–4　Web 首页

（3）登录后，您可单击界面右上角的“修改密码”设置新密码。

修改密码后，注意做好存档记录，防止遗忘。

（三）配置典型场景

IAD 提供向导式配置典型场景。下面以接入 NGN/IP PBX 网络为例，介绍如何配置典型场景。

在 Web 首页，单击 **接入NGN/IP PBX网络**，进入典型场景。

（1）在出现的开始页面，单击“开始”，开始典型场景配置。

（2）配置开始，在页面的上方有步骤导航指示当前配置步骤。

（3）在页面右下方可以通过单击“下一步”，按顺序配置数据。

（4）直到完成所有配置步骤，单击“完成”。

（四）SIP 业务配置

1. 配置 SIP 数图

数图即拨号规则，用于判断用户拨打号码的范围和长度是否符合拨号规则。通过设置数图，允许一定范围内的号码可以正常呼叫；若该范围内的号码长度与数图相匹配，即可结束收号过程并发起呼叫，缩短电话呼叫的接通时间。故本节介绍如何配置快速拨号功能和限制部分号码可用。

（1） 配置快速拨号。

1）业务需求。

可拨打任意号码。

实现以 5 开始的 4 位局内电话短号，以 6 开始的 8 位本地固定电话号码，以 13 和 15 开始的 11 位手机号码的快速呼叫功能。

2）配置步骤。

在导航栏中选择“SIP 业务配置”→“SIP 数图”。

出现 SIP 数图配置界面如图 8–8–5 所示。

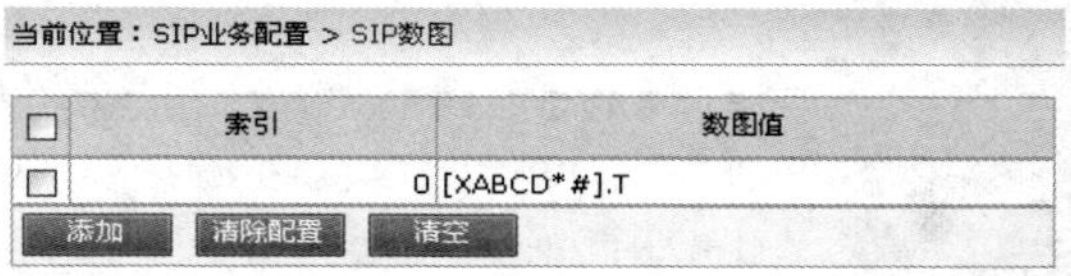

图 8–8–5　配置数图

（a）单击“添加”，在弹出的添加页面中，输入数图值 5XXX，如图 8–8–6 所示。

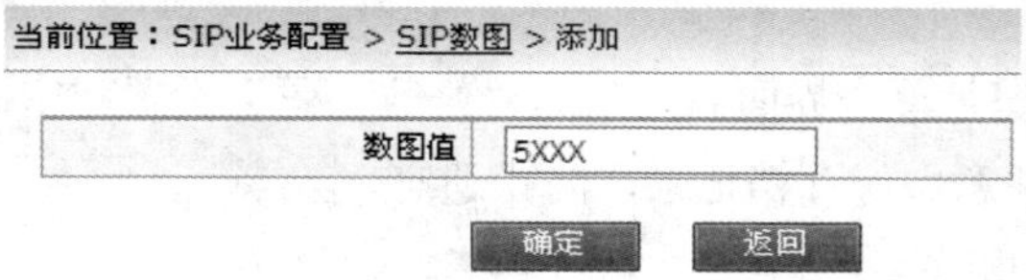

图 8–8–6　配置数图

配置规则请参见如表 8–8–1。

表 8–8–1　参数说明表

配置项	参数名称	参数说明
通用规则	0～9、*、#、A、B、C、D	允许的拨号符
	X	匹配 0～9 中的任一数字

续表

配置项	参数名称	参数说明
通用规则	.（点号）	表示它前面的字符可以重复任意多次。如 1.与 11、111 等都匹配
	T	拨号结束超时。如 X.T 表示用户拨了若干号码后超时便认为拨号结束
	[ ]	匹配符的子集。如［1-357-9］表示 1、2、3、5、7、8、9 中任一个
简单拨号规则	X.T	拨号停止后超时便认为拨号结束
	X.#	按“#”后便认为拨号结束

（b）单击“确定”，数图添加成功。根据页面提示，单击“返回”，回到数图配置页面。

（c）参照步骤 a 和步骤 b，继续添加数图 6XXXXXXX、1［35］XXXXXXXXX。

IAD 提供两种配置方式：

逐个输入数图 5XXX、6XXXXXXX 和 1［35］XXXXXXXXX。采用该方法，单个数图的字符长度不超过 33 个字符。

通过“|”符号进行一次性数图配置，如输入数图 5XXX|6XXXXXXX|1［35］XXXXXXXXXx。采用该方法，数图的字符长度不超过 135 个字符（包含|符号）。

所有数图设置完成后，如图 8-8-7 所示。

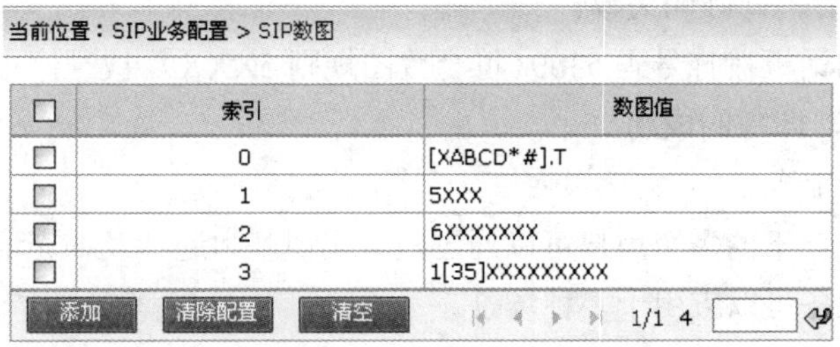

图 8-8-7　数图配置

3）保存数据。

在导航栏中选择“系统维护”→“数据保存”。系统显示页面如图 8-8-8 所示。

选择“保存为普通配置”或“保存为运营商配置”，单击“确定”。

4）验证结果。

用 IAD 下的话机拨打号码 7000，拨号停止后，等待约 5s 后，号码为 7000 的话机振铃。

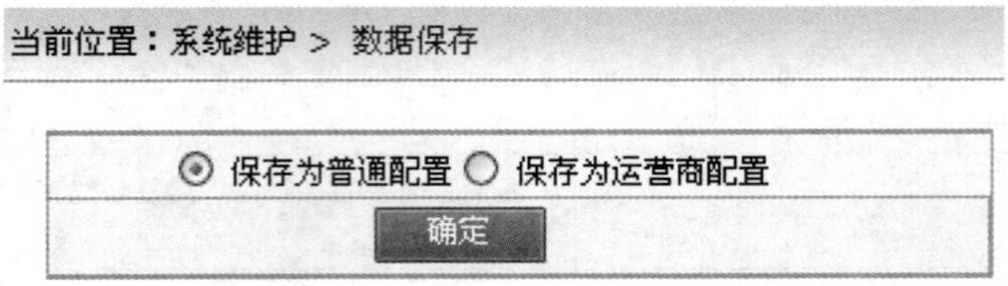

图 8–8–8 数据保存

用 IAD 下的话机拨打号码 5300（符合数图规则 5XXX），拨号停止后，号码为 5300 的话机立即振铃，即实现快速呼叫功能。

（2） 配置部分号码可用。

1）业务需求。

仅以 5 开始的 4 位局内电话短号，以 6 开始的 8 位本地固定电话号码，以 13 和 15 开始的 11 位手机号码可以拨号成功。

2）配置步骤。

删除通配数图［XABCD*#］. T。

配置可用号码数图 5XXX、6XXXXXXX 和 1［35］XXXXXXXXX，具体步骤请参见步骤 a 至步骤 c。结果如图 8–8–5 所示。

3）保存数据。

4）验证结果。

用 IAD 下的话机拨打号码 7000，拨号过程中会听到忙音且拨号停止后号码为 7000 的话机始终不振铃，即呼叫失败。

用 IAD 下的话机拨打号码 5300（符合数图规则 5XXX），拨号停止后，号码为 5300 的话机立即振铃，即呼叫成功。

2. 配置短号业务

在同一台 IAD 下的多个用户可以通过短号实现基本通话及补充语音业务。

（1） 短号业务可以应用于多种场景。

网络正常情况下，已注册的用户可以使用短号实现基本通话业务，若开启远端短号功能还可以实现补充语音业务。

断网情况下，用户进入自交换状态，也可以使用短号实现基本通话业务。

（2） 配置步骤。

在导航栏中选择“SIP 业务配置”→“短号业务”。出现系统短号配置界面。如图 8–8–9 所示。

1）选中需配置的端口号，在“短号”列中输入对应的短号，单击“确定”。

已注册的用户可以使用短号实现基本通话功能。

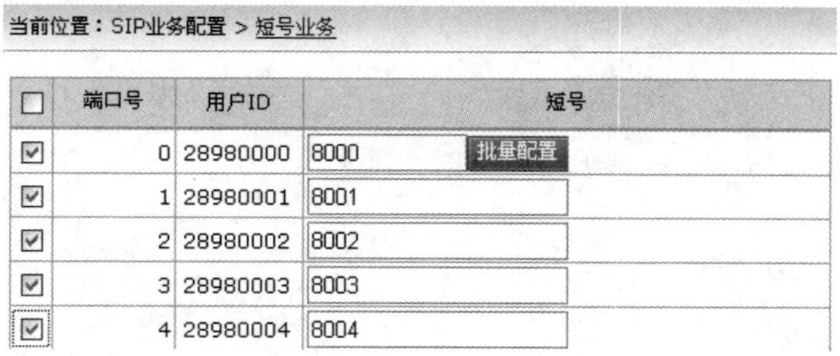

图 8–8–9　短号配置界面

2）开启远端短号功能，则已注册的用户可以实现与长号相同的补充语音业务。【可选】

（3）在导航栏中选择“SIP 业务配置>SIP 软参”，选择支持远端短号功能，单击“确定”。如图 8–8–10 所示。

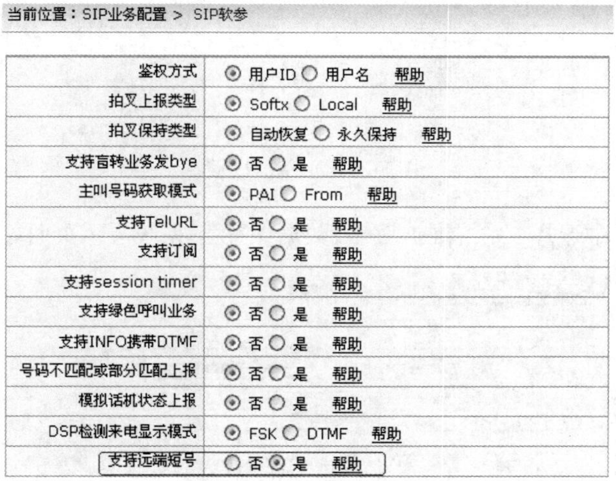

图 8–8–10　SIP 软参配置图

3. 配置用户热线

热线业务即用户摘机后，一定时间内不拨号，即可自动接续到预先设定的热线号码。IAD 支持立即热线和延迟热线两种类型业务。

● 立即热线业务，是指用户摘机后，将被立即自动接续到预先设定的热线号码。此时在 IAD 上配置热线延迟时间为 0。

● 延迟热线业务，是指用户摘机后如果超过热线延迟时间不拨号，即可自动接续到预先设定的热线号码。

下面以配置延迟热线业务为例。

（1） 配置步骤。

1）在导航栏中选择“SIP 业务配置”→“用户热线”，出现界面如图 8–8–11 所示。

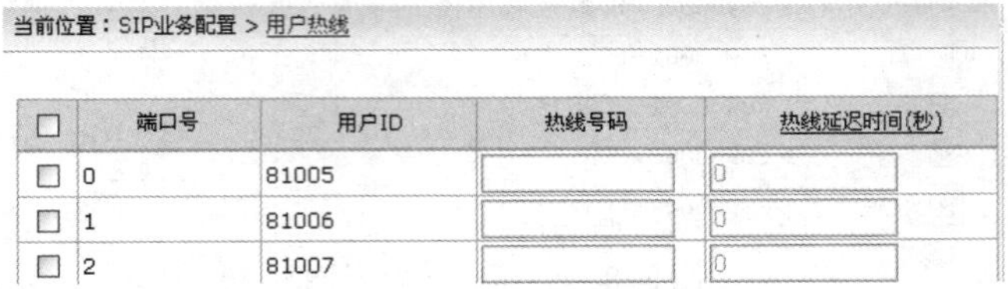

图 8–8–11　用户热线

2）勾选需要配置热线业务的用户端口号，输入“热线号码”和“热线延迟时间”，单击“确定”。如图 8–8–12 所示。

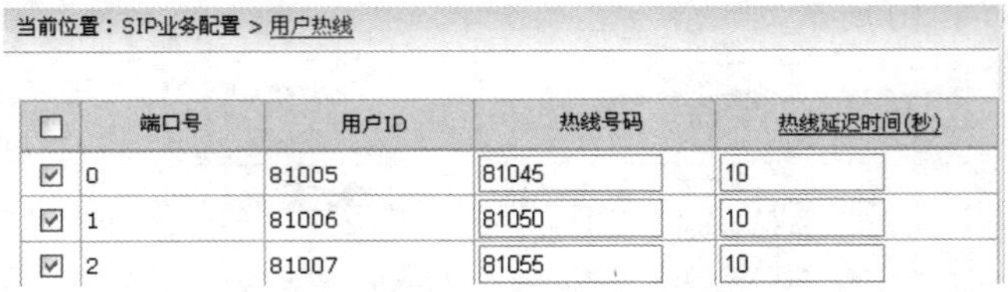

图 8–8–12　用户热线

3）在导航栏中选择“系统维护”→“数据保存”。系统显示页面如图 8–8–13 所示。

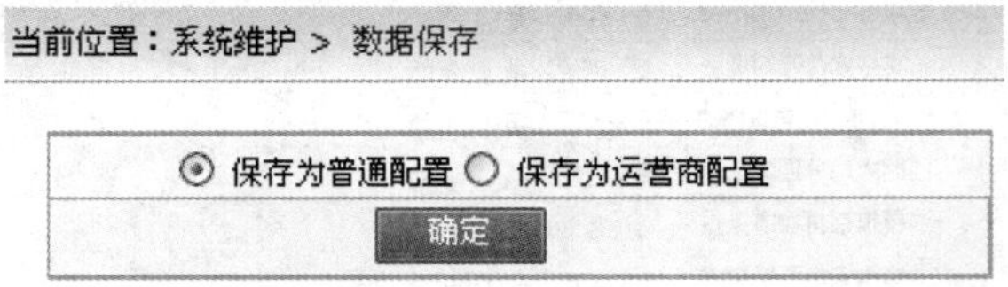

图 8–8–13　数据保存

4）选择“保存为普通配置”或“保存为运营商配置”，单击“确定”。

4. 配置三方通业务

三方通业务包括三方通话和三方电话会议业务。当 IAD 上报 invite 消息给软交换时，比如对接 IMS 网络时，您需要在 IAD 上配置，以实现三方通话和三方电话会议业务；当 IAD 上报 info 消息给软交换时，如对接 SoftCo 时，您只需在 SoftCo 侧配置，以实现三方通话和电话会议业务。本节以接入 IMS 网络为例，介绍如何在 IAD 上配置三方通业务。

对接 IMS 网络时，要在导航栏中选择“SIP 业务配置”→“SIP 软参”，将“拍叉上报类型”配置为“Local”。

（1）三方通话业务。

可以使用 IAD 侧或 IMS 侧三方通话业务。当配置为“三方通混音模式”为“本端”时，无论 IMS 侧是否开通三方通话业务，您都将实现 IAD 侧三方通话业务。

配置步骤：

1）在导航栏中选择“SIP 业务配置”→“三方通业务”，出现界面如图 8-8-14 所示。

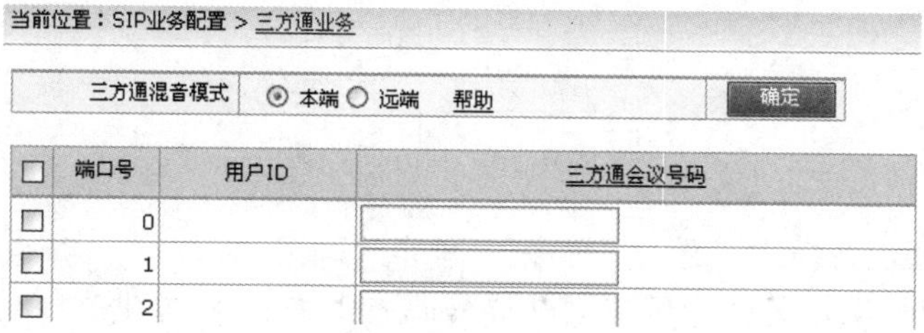

图 8-8-14　三方通业务

2）选择“三方通混音模式”，以“本端”为例，单击“确定”，完成配置。

本端：即 IAD 侧三方通话业务。若 IMS 侧没有开通三方通话业务，您可以将“三方通混音模式”配置为“本端”，实现 IAD 侧三方通话业务。系统默认选择 IAD 侧三方通话业务。

远端：IMS 侧三方通话业务。请在 IMS 侧开通该业务，并将“三方通混音模式”配置为“远端”。

3）保存数据。

在导航栏中选择“系统维护”→“数据保存”。系统显示页面如图 8-8-15 所示。

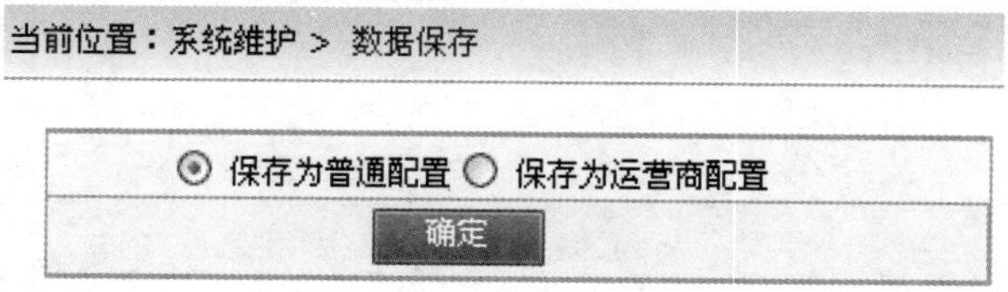

图 8-8-15　数据保存

选择“保存为普通配置”或“保存为运营商配置”，单击“确定”。

（2）三方电话会议业务。

若 IMS 侧配置了电话会议业务，且提供了会议接入码，您可以通过配置“三方通会议号码”，实现三方电话会议业务。

配置步骤：

1）在导航栏中选择“SIP 业务配置”→“三方通业务”，出现界面如图 8-8-16 所示。

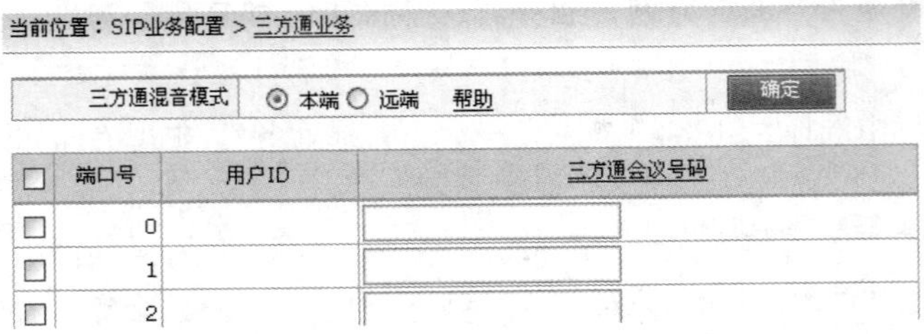

图 8-8-16　三方通业务

将“三方通混音模式”选为“远端”，单击“确定”。

2）勾选用户端口号，配置三方会议号码（由 IMS 侧提供），单击“确定”。如图 8-8-17 所示。

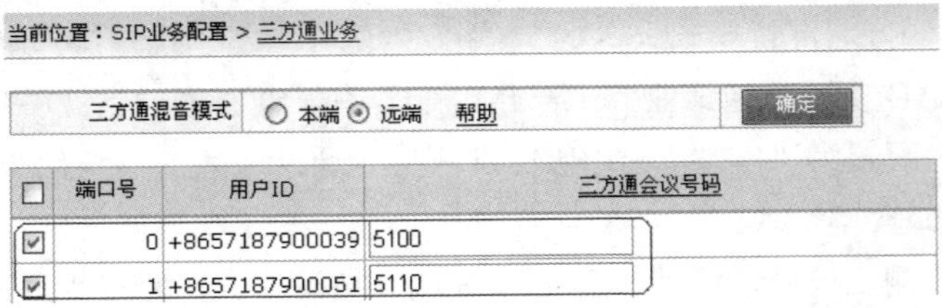

图 8-8-17　三方通业务

3）保存数据。

在导航栏中选择“系统维护”→“数据保存”。系统显示页面如图 8-8-18 所示。

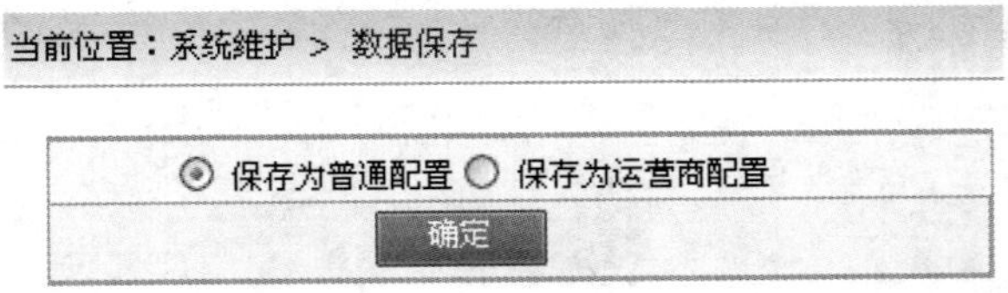

图 8-8-18　数据保存

选择“保存为普通配置”或“保存为运营商配置”，单击“确定”。

【思考与练习】

1. IAD 可以通过几种方式将集成的语音和数据信号接入 NGN 和 IMS 网络？
2. IAD 与配置终端间有几种组网连线方式？
3. IAD 配置典型场景有哪些步骤？

模块 9 IP 电话的配置（Z37F2009Ⅱ）

【模块描述】本模块包含 IP 话机的软件配置方法，通过要点讲解，掌握 IP 话机的安装调试步骤，掌握 IP 话机的软件配置步骤及安装方法。

【模块内容】

介绍华为 eSpace 7870&7850&7830&7820&7810 五款话机配置指导，eSpace 7850 的配置最复杂，所以以 eSpace 7850 话机为例进行介绍。

一、如何配置以便快速打通电话

若现场环境有 DHCP 服务器，则 eSpace 7850 话机能通过 DHCP 方式获取 IP 地址（默认情况下，eSpace 78XX 系列所有 IP 话机使用 DHCP 方式获取 IP 地址）。若 eSpace 7850 成功获取到 IP 地址，则按 OK 键可以查看 IP 地址。

若现场环境没有 DHCP 服务器，则需要对 eSpace 7850 话机的网络参数进行单台配置。

eSpace 7850 通过键盘设置 IP 地址、SIP 服务器和 SIP 账户比较复杂，故推荐先通过键盘设置 IP 地址，再使用此 IP 地址登录 Web 页面对话机进行其他参数配置。

二、以话机键盘方式配置网络参数

下面介绍通过键盘设置静态 IP 地址的操作步骤：

（1）按话机键盘上的“菜单”键，进入话机的主菜单。eSpace 7810 是按 MENU 键。

（2）按 3 键，进入“设置类型”页面。eSpace 7870 是按 6 键。

（3）按 2 键，进入“密码输入”页面。

（4）输入密码，初始值为 admin。按“确定”软键，进入“高级设置”页面。

（5）按 2 键，进入“网络”页面。

（6）按 1 键，进入“WAN 口配置”页面，按 2 键，进入“手动配置 IP”页面。

（7）使用方向键“上”/“下”选择［IP］，按数字键输入需要的 IP。

（8）采用同样的方法设置“子网掩码”“默认网关”“首选 DNS 服务器”“备选 DNS 服务器”，按“保存”键，界面显示“正在保存配置文件”，返回“WAN 口配置”页面。eSpace 7810 是按 OK 键保存。

（9）按“返回”键，返回“网络”页面。eSpace 7810 是按 MENU 键返回。

（10）按“返回”键，界面显示“正在更新网络，请稍候”，然后自动重启生效。eSpace 7810 是显示“Update Network Please wait”，然后显示“Initializing Please wait”

自动重启。

三、以 Web 页面方式配置话机账号

管理员可以通过网页浏览器（例如 IE 浏览器）配置话机。在浏览器地址栏输入话机的 IP 地址可以登录话机的 Web 页面，对其他参数进行配置。

每个页签对应的功能：

（1）状态。显示话机网络状态，软件版本和 MAC 地址等。

（2）账号。配置话机 SIP 账号。eSpace 7870 与 eSpace 7850 可配置 6 个账号，eSpace 7830 可配置 3 个账号，eSpace 7810 可配置 2 个账号。

（3）网络配置。配置 WAN 口、LAN 口的基本网络参数及 LLDP、VLAN 等高级网络参数。

（4）话机配置。配置语言、时间等基本功能；设置来电前转、Intercom、DND、Hold、Transfer 等功能；配置可编程按键、声音、铃声、信号音、拨号规则。另外，eSpace 7850&7830 支持的软按键布局、扩展键盘、短消息也在这个页面下设置。

（5）可编程按键。此页面仅对 eSpace 7870 有效。其他款话机的可编程按键配置页面在“话机配置”页面中。

（6）电话簿。设置本地地址簿、黑名单、网页拨号及 eSpace 7870&7850&7830 支持的远程地址簿、LDAP 等。

（7）升级。设置手动升级、自动升级，配置 TR069 相关参数。

（8）密码设置。修改管理员或普通用户的密码，上传 TLS/SSL 客户端和服务端的信任证书。

四、访问 Web 配置页面

先将话机和电脑连接在一个可相互通信的网络下，可以参照以下方法进行操作：

将话机和电脑连接在同一个集线器或交换机上。如果没有集线器或交换机，可将电脑直接连接在话机的 PC 接口上，确保话机有 IP 地址。

1. 通过以下步骤访问话机的 Web 配置页面

（1）在电脑上打开网页浏览器。

（2）按 OK 键，话机会显示它的 IP 地址。

（3）在浏览器的地址栏输入话机的 IP 地址，按 Enter 键。

（4）在登录页面“用户名”输入框中（如图 8–9–1 所示）输入“admin”“密码”输入框中输入管理员密码（默认的管理员密码为“admin”），按“确定”登录 Web 配置页面。

图 8–9–1　登录页面

2. 查看话机状态

登录话机后，选择“状态”页签，查看话机当前状态，如图 8–9–2 所示。

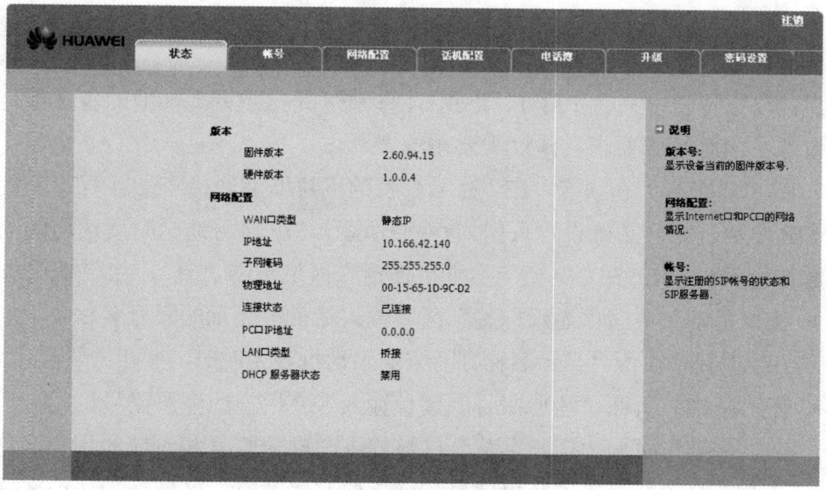

图 8–9–2　状态页面

状态页面各项参数的说明如表 8–9–1 所示。

表 8–9–1　　状态页面参数说明

参数	说明
固件版本	主体软件版本号。此版本号帮助确认话机的软件升级是否成功
硬件版本	终端硬件版本号。此版本号用于区分硬件配置

续表

参数	说明
WAN 口类型	显示话机 IP 地址的获取方式
IP 地址	显示话机当前的 IP 地址
子网掩码	显示话机的子网掩码
物理地址	一台话机有唯一的一个 16 进制的物理 ID 物理地址是话机批量配置时使用到的重要 ID
连接状态	显示话机 Internet 口的连接状态
PC 口 IP 地址	显示话机 PC 口的 IP 地址
LAN 口类型	PC 口的连接模式
DHCP 服务器状态	显示话机 PC 口的 DHCP 服务器当前的状态是启用或禁用

3. 配置个人账号

eSpace 7870&7850&7830&7810 分别支持 6/6/3/2 路账号，每路可配置一个独立的 SIP 账号。

下面介绍如何配置账号，以配置账号 1 为例进行说明。

注意：以下步骤中只有步骤 1、步骤 6、步骤 7 是必填的，其他的步骤都是根据需要进行设置。没有特殊要求，建议不要修改。

（1）单击“账号”选项卡，在“账号”栏的下拉框上选择“账号 1”，配置第一个账号的 SIP 参数。账号基础设置页面如•••••所示，SIP 账号通话时所选用的语音编码设置页面如•••••所示。在“基础”页面“激活”区域选择“开”，启用本账号。

（2）在“基础”页面“显示标签”区域输入话机上显示的账号名称。

（3）在“基础”页面“显示名称”区域输入话机当主叫时，被叫方将显示的名称。

（4）在“基础”页面“注册账号”区域输入 SIP 用户的注册账号。

（5）在“基础”页面“用户名称”区域输入与注册账号相对应的用户名称。

（6）若 SIP 服务器设置了鉴权信息，则需要在“密码”区域输入认证密码。

（7）在“SIP 服务器”区域输入运营商提供的 SIP 服务器地址及端口号，默认值为 5060。

（8）若需要使用呼出代理服务器，则在“呼出代理服务器”区域选择“启用”。在“呼出代理服务器地址”区域输入运营商提供的服务器地址和端口号，默认值为 5060。

（9）在编解码页面设置语音编码，默认已启用的编码有 PCMU、PCMA 与 G.729AB。

（10）单击“提交”保存话机配置，话机开始注册。

（11） 网页自动刷新后，在“注册状态”区域查看对应账户的注册状态。

通常情况下，按照上述步骤设置完数据后，话机即可以正常通话。

五、账号配置

访问 Web“账号>基础”页面，配置账号的基础信息，如图 8–9–3 所示。SIP 账号基础设置页面参数说明如表 8–9–2 所示。

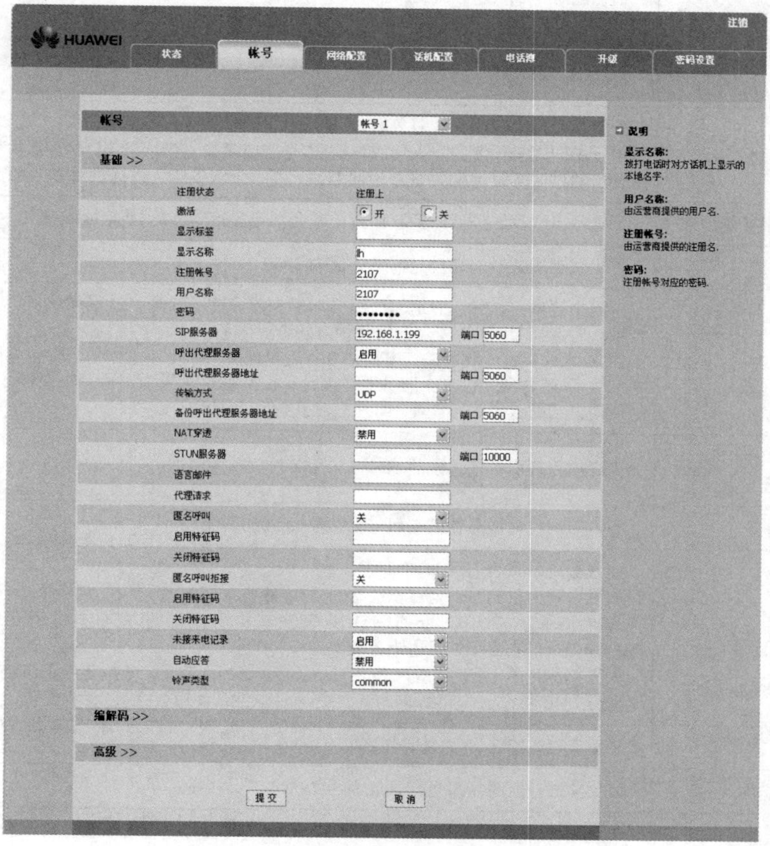

图 8–9–3 配置账号的基础信息图

表 8–9–2 SIP 账号基础设置页面参数说明

参数	说明
注册状态	显示账号的当前状态。注册上、未注册、注册中或注册失败
激活	是否激活该账号。每个账号的默认值都为“关”
显示标签	话机在空闲状态下 LCD 界面显示的名称
显示名称	A 呼叫 B，A 在被叫话机 B 上显示的名称（该功能需要 SIP 服务器支持）

续表

参数	说明
注册账号	SIP 服务器电话用户用于验证的 ID
用户名称	用户账号信息，由 VoIP 服务提供商提供，通常与电话号码形式相似或者就是实际的电话号码
密码	话机注册到 SIP 服务器上的密码
SIP 服务器	SIP 服务器的 IP 地址或域名，由 VoIP 服务提供商提供
端口	SIP 服务器的端口号。默认值为 5060
呼出代理服务器	配置是否启用呼出代理服务器。 用于不同网络环境的防火墙或NAT穿透。如果系统检测到上层NAT类型为"对称型"，则无法通过 STUN 方案解决穿透问题。只有呼出服务器可以提供对称 NAT 的解决方案
呼出代理服务器地址	配置呼出代理服务器、多媒体网关或会话边界控制器的 IP 地址或域名
端口	呼出代理服务器的端口号，默认值为 5060
传输方式	有四个选项：UDP、TCP、TLS、DNS-SRV。前三项是 SIP 传输方式，TLS 是加密传输。若选择 DNS-SRV，则用此种方式查找服务器。 DNS-SRV：通过域名拨打电话使 SIP 用户拥有一个可以重定位当前位置的公共"SIP 地址"，不管你所用的 SIP 服务器域名是什么，SRV 记录都提供了稳定性，同时也开放了使用自己的域名的可能性
备份呼出代理服务器地址	当呼出代理服务器出现故障时，将用备份代理服务器
端口	备份呼出代理服务器的端口号默认值为 5060
NAT 穿透	此参数表示是否启用 NAT 穿透机制。 如果设置为"STUN"，eSpace 7850 将会根据 STUN 客户端的规格来运行。在这种模式下，eSpace 7810 内嵌的 STUN 客户端将与指定的 STUN 服务器通信来检测 Firewall/NAT 是否存在或是什么类型。 如果检测到的 NAT 类型为 Full Cone、Restricted Cone 或 Port-Restricted Cone 时，eSpace 7810 将在它所有的 SIP 和 SDP 信息中尝试使用公共 IP 地址和端口
STUN 服务器	STUN 服务器的 IP 地址和域名
端口	STUN 服务器的端口号默认值为 3478
语言邮件	配置语言邮件 ID 后，用户按<MESSAGE>键可拨打语音信箱服务器。这个 ID 通常是语音信箱入口接入码
代理请求	Nortel 平台的一个特殊设置项，若注册在该平台，必须填此项。内容为 com.nortelnetworks.firewall，如异常，请联系 Nortel 确认此项内容是否有变更
未接来电记录	选择是否记录未接来电的选项。 选择"启用"，则话机会记录未接来电。 选择"禁用"，则话机不会记录未接来电
自动应答	选择该账号是否自动应答来电。 选择"启用"，该账号会自动应答所有来电。 选择"禁用"，该账号不会自动应答来电
铃声类型	设置该账号的来电铃声

【思考与练习】

1. 如何通过 IP 话机键盘配置 IP 话机网络参数？
2. 华为 eSpace 7870&7850&7830&7810 分别支持几路账号，如何配置？
3. 以 Web 页面方式配置话机账号时话机配置有哪些内容？

模块 10　故障 IAD 的更换（Z37F2010Ⅱ）

【模块描述】本模块包含故障 IAD 的更换方法，通过对故障的 IAD 的故障判断、重新更换及配置过程的介绍，掌握 IAD 的更换步骤及方法。重点介绍几种常见故障的处理方法。

【模块内容】

一、概述

IAD（Integrated Access Device）是一种综合接入设备，其上行端口可以直接接入 IP 网络，下行端口则可连接多个普通话机，作为下一代软交换用户接入层设备，将用户的数据和语音等应用接入到分组交换网络中，在分组交换网络中完成相应功能。IAD 提供传统话音业务，具有数据与语音处理特性，即对数据包转发，对模拟语音进行处理并具有媒体流传送功能，支持软交换网络现有的及以后的新业务。

二、几种常见故障及处理方法

（一）IAD 重新启动之后系统时间变成出厂设置时间

1. 现象描述

IAD 重新启动之后，连接到该 IAD 的话机上显示的时间变成 IAD 出厂设置时间。

2. 可能原因

IAD 没有使用 SNTP 功能与 SoftCo 进行时间同步。

3. 处理步骤

（1）在 SoftCo 侧，使用 start sntpserver 命令开启 SNTP 服务。

（2）在 IAD 设备上启动 IAD 的 SNTP 客户端功能，使其与 SoftCo 保持时间同步。

TERMINAL（config）#sntp server address 192.168.10.10//配置 SNTP 服务器的 IP 地址，本例中使用 SoftCo 作为 SNTP 服务器，IP 地址为 192.168.10.10//设置时区为东 8 区，实际中的配置可以根据实际情况修改。

TERMINAL（config）#sntp time-zone+8//设置同步间隔，本例中为 60s。

TERMINAL（config）#sntp interval 60

（3）如果您有 UCEMS 网管工具，可以在 UCEMS 上批量配置 IAD 的 SNTP 功能。在某区域中选择需要配置的终端，单击右键，选择“高级参数”→“终端时间配置”，选中“时间同步”，如图 8–10–1 所示。

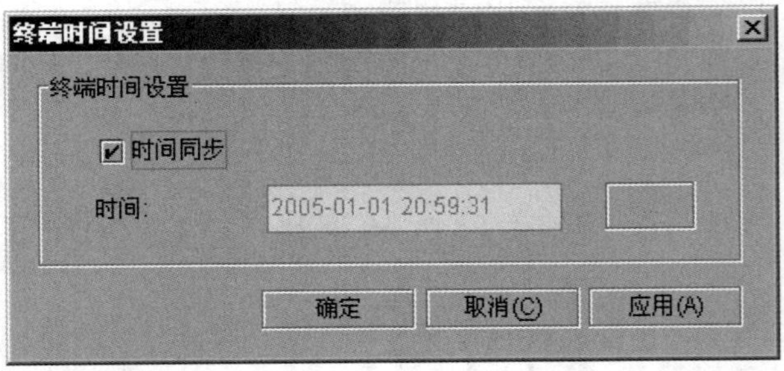

图 8–10–1 在 UCEMS 上批量配置 IAD 的 SNTP 功能

（二）IAD 用户拨号接续时间长

1. 现象描述

拨打局内或局外号码接续时间过长，用户没有拨“#”结束拨号。

2. 可能原因

IAD 无法逐位上报号码。

3. 处理步骤

配置数图，使用户无需拨“＃”结束拨号。

在 SoftCo 侧，使用 show softargu 命令查看“sip suppont iad no pond switch”软参对应的“Tpye”字段值。

［%SoftCo5816（config）］#show softargu

All Arguments in SoftArgu Table

Type Value	Meaning
0—	System max user number
1—	System max cpu ration
…	
282—	sip support iad no pond switch［1：（open）0：close default：0］

在配置模式下使用 config softargu type 282 value 1 命令打开该软参。

（三）IAD 用户拨打拨分机号码提示拨号错误

1. 现象描述

IAD 用户拨打 PSTN 总机，根据提示音拨打分机号码后，提示拨号错误。

2. 可能原因

由于 IAD 和 SoftCo 未开启 RFC2833 拨号方式。

3. 处理步骤

（1） 在 IAD 侧，使用 sip send–capability 2833 命令开启 RFC2833 拨号方式。

（2） 在 SoftCo 侧，在配置模式下使用 config cdsp rfc2833 switch on 命令开启 RFC2833 拨号方式。

（四）IAD 用户在通话过程中出现滴滴音

1. 现象描述

IAD 用户，在通话过程中听见滴滴音。

2. 可能原因

由于 IAD 开启 RFC2833 收号方式。

3. 处理步骤

在 IAD 侧，在不影响正常收号的前提下，使用 undo sip send–capability 2833 命令关闭 RFC2833 收号方式。

（五）IAD 用户通话时声音小

1. 现象描述

IAD 用户通话时，电话声音小。

2. 可能原因

可能话机的声音小。

3. 处理步骤

（1） 使用 dsp send–gain<2，64>命令调整 DSP 发送增益。

其中<2，64>代表–31dB－0dB，每一级增加 0.5dB。

（2） 使用 dsp recv–gain<2，64>命令调整 DSP 接收增益。

其中<2，64>代表–31dB－0dB，每一级增加 0.5dB。

（六）使用免提时，摘取话筒导致呼叫结束

1. 现象描述

用户使用免提听到对方摘机后，用户摘取话筒时，听到“嘟嘟”拍叉提示拨号音后通话失败。

2. 可能原因

由于用户话机问题，导致 IAD 误认为通话结束，上报拍叉事件。

3. 处理步骤

（1） 使用 devasi parameter set？查看 IAD 上拍叉上限下限时长。如图 8–10–2 所示。

（2） 使用 devasi parameter set 3 80 命令增加拍叉上限。

（3） 使用 devasi parameter set 4 50 命令降低拍叉下限。

```
TERMINAL(advanced-config)#devasi parameter set ?
-----------------------------------------------
  Advanced mode command
-----------------------------------------------
[<U>]<0,21>              Parameter ID No.
                         0 : Feedback Voltage
                         1 : Interface Impedance
                         2 : A/u Law
                         3 : Hooking up limit (*10ms) Default 30
                         4 : Hooking down limit (*10ms) Default 8
                         5 : 12KC/16KC Signal
                         6 : 12KC/16KC Signal Power
```

图 8–10–2 IAD 上拍叉上限下限时长

（七）IAD 用户拨打 PSTN 用户有回声

1. 现象描述

IAD 用户拨打 PSTN 用户时，有回声现象。

2. 可能原因

（1） 声学回声影响。

（2） IAD 的 EC 开关关闭或静音检测开关打开。

（3） IAD 的接收/发送增益设置不合理。

（4） 对端网关 EC 参数配置不正确。

3. 处理步骤

（1） 检查是否声学回声。

检测方法是 PSTN 用户捂住话筒之后，是否能听到回声。如果听不到，则是声学回声。声学回声一般是由于使用免提引起，请取消免提。

（2） 检查回声抑制开关设置是否正确。

如果是 PSTN 侧听到回音。则在 IAD 上使用 dsp ec–enable on 命令打开 EC 开关，使用 dsp vad–enable off 命令关闭静音检测开关。

如果在 IAD 侧听到回音，在 SoftCo 侧使用 show system voip argu algo g711 查看“EchoCancel”是否为“ON”。如果否，在配置模式下使用 config system voip algo g711 echocancel on 命令打开 SoftCo 侧回音抑制开关。

（3） 在 IAD 侧使用 pstnport attribute set 命令降低接收增益和发送增益。

如果 IAD108H 与 IAD132E（T）的端口发送增益为 0dB，可以调整到–3dB。

如果 IAD108H 接收增益为–3.5dB，可以调整到–7dB～–8.5dB。

如果 IAD132（T）接收增益为 0dB，可以调整到–3.5dB～–7dB。

注意：增益不能降低过多，否则会导致声音太小或声音断续，建议使用默认增益。

如果调整端口增益效果不明显，在 IAD 侧使用 dsp recv–gain 命令调整 DSP 输入增益和使用 dsp send-gain 命令调整 DSP 输出增益。

（4）检查对端网关是否正确。

如果否，联系对端调整 EC 参数配置。

【思考与练习】

1. 简述 IAD 的概念？
2. IAD 用户拨打拨分机号码提示拨号错误的故障如何处理？
3. IAD 用户拨打 PSTN 用户时，有回声现象，有哪几种原因？

模块 11 调度台系统数据的配置（Z37F2011Ⅲ）

【模块描述】本模块包含调度交换机中有关调度台的基本配置方法，通过对数据库中板件表、收集路由表、服务级别表、GROUP 组表、呼叫转移表等的配置步骤的介绍，掌握调度交换机中调度台的数据的配置步骤。

【模块内容】

一、交换机数据库的配置

以 Harris 调度交换机和智讯 ADV 调度台为例，介绍交换机数据库的配置。

（1）增加数字调度板。

BOA...?add	在电路板表提示下，输入 add 并按 Enter 键
Board type...?dlu	输入电路板类型，8 线的 DDU 板输入 DLU，16 线的 DDU 板输入 HDLU
Slot...?02–13	输入交换机的机架号和槽位号
Circuit number(1–8,ALL,or END)[END]...?	是否更改电路板的发送电平类型和注释，可以单个更改，也可以全部更改或不更改。默认输入按 Enter 键即可

（2）增加 2MB 数字中继板（用于透明网）。

BOA...?ADD	在电路板表提示下，输入 ADD 并按 Enter 键
Board type...?30PRI	输入电路板类型。录音用户板的电路类型为 RCU
Slot...?02–20	输入交换机的机架号和槽位号
Allow Harris Defined Network Applications on this interface(Y/N)...?Yes	若使用 Harris 透明网组网，此项为 Yes，否则为 No
Allow Harris Defined Network Features on this interface(Y/N)...?Yes	若使用 Harris 透明网组网，此项为 Yes，否则为 No
PRI interface remotely connected to switch on SW Release 9/10(Y/N)...?No	若 PRI 组网的远端交换机软件版本为 9/10 时，此项为 Yes，否则为 No

续表

Cyclic Redundancy Check Code4(Y/N)...?No	根据网络的实际情况来定，组网的两端交换机设置必须一致
Interface number...?1	同一台交换机内接口号不能相同
Interface type(NETWORK,SYMMETRIC–USER or USER)...?NET	接口的类型，组网的两端交换机一端设置为 NETWORK，一端设置为 SYMMETRIC–USER 或 USER
Overlap receiving allowed on this PRI interface(Y/N)...?No	PRI 接口是否允许重复接收
D channel Class of Service(0–255)[0]...?10	D 通道服务级别
Is HDLC on the D channel inverted...?No	D 通道 HDLC 是否反向
Is TS16's Interface Time Fill(Idle Code)OIN–all 1's[N]...?	一般为默认值
Is TS16's OOS Alarm Indication Signal disabled[N]...?	一般为默认值
Acceptable bit error rate for FAS[4]...?	一般为默认值
Receive frame slip counter limit(1–254,or OFF)[254]...?	一般为默认值
Prompt maintenance alarm counter limit(1–254,or OFF)[254]...?	一般为默认值
Remote prealarm counter limit(1–254,or OFF)[254]...?	一般为默认值
Out of service prealarm counter limit(1–254,or OFF)[254]...?	一般为默认值
Prompt maintenance alarm on delay[2.0]...?	一般为默认值
Prompt maintenance alarm off delay[2.0]...?	一般为默认值
Remote alarm on delay[0.3]...?	一般为默认值
Remote alarm off delay[0.3]...?	
Circuit number(1–8,ALL,or END)[END]...?	是否更改电路板的发送电平类型和注释，可以单个更改，也可以全部更改或不更改。默认输入按 Enter 键即可

（3）增加环路中继板（GS/LS）。

BOA...?ADD	在电路板表提示下，输入 ADD 并按 Enter 键
Board type...?GSLS	输入电路板类型。录音用户板的电路类型为 RCU
Slot...?01–18	输入交换机的机架号和槽位号
GS or LS signaling[LS]...?LS	地启还是环启信号？一般输入 LS 即可
Circuit number(1–8,ALL,or END)[END]...?	是否更改电路板的发送电平类型和注释，可以单个更改，也可以全部更改或不更改。默认输入按 Enter 键即可

二、分机表（EXT）

1. 说明

调度台手柄的分机类型一般为DOPT。若交换机软件不支持DOPT类型，可用OPT类型替代，但注意此时调度台手柄不支持断线检测功能，从属分机有来话时，只能显示4位主叫号码。

从属分机的分机类型为SECONDARY。

在定义一个手柄的四个从属分机时，要求从属分机号码必须连续。

调度台手柄分机的Last Name应输入手柄电话号码（与维护台中手柄号码配置一致）。

普通分机的Last Name应输入相应的电话号码。

2. 增加调度台手柄

Extension number ...1081

Extension type ...DISPATCH OPTIC TELESET

Circuit location ...02–13–01

Class of service ...60 DIAL

Auto–Answer operation ...N

Hunt group ...None

Pickup group ...1

Number of ISD blocks ...1

Secondary teleset extensions.....

Position	Extension	IBT
1	1901	RDR
2	1902	RDR
3	1903	RDR
4	1904	RDR

Directory entry–Published extension...

Name...8031081

Extension ...8031081

Location ...

Department ...

Group I category name ...KA1

Group II category name ...SUB–NO–PRIORITY

Prefix Index ...DEFAULT

Comment ...

其他手柄号码略。

3. 增加调度台手柄的从属分机

Extension number ...1901

Extension type...SECONDARY TELESET EXTENSION

Executive Telesets　　Extension　　Position　　IBT

1081　　1　　RDR

Class of service...63　NO ORIGINATION

Hunt group...1

Pickup group ...1

Directory entry–Published extension...

Name ...8031901

Extension...8031901

Location ...

Department ...

Comment ...

其他从属分机号码略。

三、分机组表（GRO）

1. 说明

（1）为每个调度台组设置一个类型为“HUNT”分机组。

（2）分机组的搜索类型为 TERMINAL 或 CIRCULAR。

（3）分机组的 Master Number 一般为调度台组对外公布的号码。

（4）分级组的成员为调度台手柄的从属分机，而且必须加上有源选项（/ORIG）。这样在单独拨打从属分机时，若遇忙可自动向下转移。

（5）分机组一般设置为不排队。

（6）分机组一般需要设置溢出分机号码。这样可以防止所有调度台断线故障时，交换机可自动将呼叫溢出至一个指定的分机上。

2. 增加分机组

Extension group number...1

Extension group type...HUNT GROUP

Extension search type ...TERMINAL

Master number ...1000

Master number directory entry–Published extension...

Name ...DISPATCH

Extension ...1000

Location ...

Department ...

Members/size ...15/120

Group members ...1901/ORIG 1902/ORIG 1903/ORIG

1904/ORIG 1905/ORIG 1906/ORIG

1906/ORIG 1911/ORIG 1912/ORIG

1913/ORIG 1914/ORIG 1915/ORIG

1916/ORIG 1917/ORIG 1918/ORIG

Queuing ...N

Overflow number ...2000

Comment ...

四、服务级别表（COS）

1. 说明

（1） 为调度台手柄设置服务级别。

（2） 为从属分机设置服务级别，拨号级别为 1。

（3） 为调度台采用授权码方式进行强拆设置一个服务级别。

（4） 为普通内线分机设置服务级别。

（5） 为中继组设置服务级别。

（6） 为 PRI 中继的 D 通道设置服务级别。

（7） 为控制器设置服务级别。

2. 调度台手柄服务级别

Class of service ...60

Dial control class ...60 DIAL

Feature class ...60

Routing class ...60

Bearer capability class ...0

Reliable disconnect ...Y

Comment ...For Dispatch Used

3. 调度台从属分机服务级别

Class of service ...63

Dial control class ...1 NO ORIGINATION

Feature class ...62

Routing class ...62

Bearer capability class ...0

Reliable disconnect ...Y

Comment...For Secondary Used

4. 普通内线分机服务级别

Class of service ...11

Dial control class...11 DIAL

Feature class ...11

Routing class...11

Bearer capability class ...0

Reliable disconnect ...Y

Comment...For Station Used

5. 环路入中继服务级别

Class of service ...41

Dial control class ...41 AUTO DIAL

Feature class...41

Routing class ...41

Bearer capability class...0

Reliable disconnect...N

Comment...For LS Incoming Trunk Used

6. 地区局 2MB（透明网）入中继服务级别

Class of service...31

Dial control class...31 DIAL

Feature class...31

Routing class ...31

Bearer capability class ...0

Reliable disconnect...Y

Comment...For PRI Incoming Trunk–DIQU　Used

7. 省局 2MB（透明网）入中继服务级别

Class of service ...33

Dial control class ...33 DIAL

Feature class ...31

Routing class ...31

Bearer capability class...0

Reliable disconnect...Y

Comment...For PRI Incoming Trunk–SHENGJU Used

五、收集路由表（COL）

1. 调度台收集路由表

Collect & route：'CR–DISPATCH'

Interdigit Signal...NONE

*99/REM 1，2/ID 1，4=AUTH–CODE //授权码功能，调度台进行强拆操作时，需要先拨授权码。

*88 802 XXXX=RP–DISPATCH–DCPU //调度台出中继应答同组调度台的来话，其中“＊88”是对端交换机直接代答功能码。需对端交换机进行配合。

*71 XX/REM 1,3=CRG–ON

#71 XX/REM 1,3=CRG–OFF

803 XXXX/REM 1,3=STA

802 XXXX=RP–DIDIAO

801 XXXX=RP–SHENGJU

Comment ...

2. 环路入中继收集路由表

Collect & route:'CR–LS–IN'

Interdigit Signal...NONE

803 XXXX/REM 1,3/ID 5,4/AUTH 4=STA

Comment...For LS Incoming Trunk Used

3. 地区局透明网入中继收集路由

Collect & route：'CR–PRIN–W'

Interdigit Signal...NONE

*99/REM 1，1=TRUNK–CODE //地区局入中继进行强拆操作时的授权码。

*88 803 XXXX/REM 1，6=DCPU //地区局入中继代答同组调度台的来话。其中“＊88”是直接代答功能码。

*71 XX/REM 1，3=CRG–ON //当地区局延伸到变电站的调度台检测到同组其他席位故障时发送的 CRG–ON 功能码。

8XX XXXX=RP–SHENGJU–H

803 XXXX/REM 1,3=STA

#71 XX/REM 1,3=CRG–OFF

Comment...

4. 省局透明网入中继账集路由表

Collect & route:'CR–PRIN–S'

Interdigit Signal...NONE

8XX XXXX=RP–DIDIAO–H

803 XXXX/REM 1,3=STA

802 XXXX=RP–DIDIAO–H

Comment...

5. 内线分机收集路由表

Collect & route:'CR–STA'

Interdigit Signal...NONE

801 XXXX=RP–SHENGJU

803 XXXX/REM 1,3=STA

802 XXXX=RP–DIDIAO

Comment...

六、路由方式表（PAT）

1. 变电站到地区局路由方式

Route pattern name ...RP–DIDIAO

Route pattern type...STANDARD

Selected pattern number...1

1. Point type...ROUTE

Facility...1

2. Point type...ROUTE

Facility ...2

Continuation pattern...NONE

Comment ...

2. 变电站到省局路由方式

Route pattern name ...RP–SHENGJU

Route pattern type ...STANDARD

Selected pattern number ...2

1. Point type ...ROUTE

Facility ...2

2. Point type...ROUTE

Facility...1

Continuation pattern...NONE

Comment ...

3. 变电站汇接到地区局路由方式

Route pattern name...RP–DIDIAO–H

Route pattern type ...STANDARD

Selected pattern number ...4

1. Point type ...ROUTE

Facility...21

Continuation pattern ...NONE

Comment ...

4. 变电站汇接到省局路由方式

Route pattern name ...RP–SHENGJU–H

Route pattern type ...STANDARD

Selected pattern number...5

1. Point type...ROUTE

Facility ...22

Continuation pattern ...NONE

Comment ...

七、控制器表（FAC）

1. 变电站到地区局控制器

Facility number ...1

Trunk group number(PRI)...1

Outgoing COS numbe...51

Element ...SCDN

Number Type...NATIONAL

Numbering Plan ...ISDN

Digits ...SDIGITS 15

Element ...SCLN

Indicator...ALLOWED

Number Type ...NATIONAL

Numbering Plan ...ISDN

Digits ...SEND 803
Digits ...SANI 4
Comment ...
2. 变电站到省局控制器
Facility number...2
Trunk group number(PRI)...2
Outgoing COS number ...51
Element ...SCDN
Number Type ...NATIONAL
Numbering Plan...ISDN
Digits ...SDIGITS 15
Element ...SCLN
Indicator...ALLOWED
Number Type...NATIONAL
Numbering Plan ...ISDN
Digits ...SEND 803
Digits ...SANI 4
Comment ...
3. 省局经变电站汇接到地区局控制器
Facility number ...21
Trunk group number(PRI)...1
Outgoing COS number ...51
Element ...SCDN
Number Type ...NATIONAL
Numbering Plan ...ISDN
Digits ...SDIGITS 15
Element...SCLN
Indicator ...ALLOWED
Number Type ...NATIONAL
Numbering Plan...ISDN
Digits ...SAUTH 7
Comment ...

4. 地区局经变电站汇接至省局控制器

Facility number ...22

Trunk group number(PRI)...2

Outgoing COS number...51

Element...SCDN

Number Type ...NATIONAL

Numbering Plan ...ISDN

Digits ...SDIGITS 15

Element...SCLN

Indicator...ALLOWED

Number Type...NATIONAL

Numbering Plan...ISDN

Digits...SAUTH 7

Comment ...

八、中继组表（TRU）

1. 变电站到地区局中继组

Trunk group number ...1

Trunk group type ...PR

Incoming class of service ...31　DIAL

Controlling D channel...01–20–16

Circuit locations...01–20–01　01–20–02　01–20–03　01–20–04

...

Circuit locations ...01–20–30　01–20–31

Unassigned circuit locations...0

AW display name ...DIDIAO　//具有主叫码号时，此项不允许为数字。

Teleset display name ...DDIAO　//具有主叫码号时，此项不允许为数字。

Comment ...

2. 变电站到省局中继组

Trunk group number ...2

Trunk group type...PR

Incoming class of service ...33　DIAL

Controlling D channel...02–20–16

Circuit locations ...02–20–01　02–20–02　02–20–03　02–20–04

...□ □ □ □ □ □

Circuit locations...02–20–30　02–20–31

Unassigned circuit locations ...0

AW display name ...SHENGJU　//具有主叫码号时，此项不允许为数字。

Teleset display name ...S_JU　//具有主叫码号时，此项不允许为数字。

Comment ...

3. 环路入中继组

Trunk group number ...11

Trunk group type...LS

Incoming class of service ...41　AUTO DIAL

Trunk ID digits ...0201//为了环路中继显示号码必须增加 TRUNK ID 数字

Circuit locations ...01–14–01　Auto–dial #...8031000

Unassigned circuit locations ...9

AW display name...LSIN　//具有主叫码号时，此项不允许为数字。

Teleset display name...LSIN　//具有主叫号码时，此项不允许为数字。

Comment ...

【思考与练习】

1. 数据库系统配置包括哪些表？

2. COL 表中包含哪些内容？

3. BOA 表中设置内容有哪些？

◢ 模块 12　调度台的席位重组（Z37F2012Ⅲ）

【模块描述】本模块包含调度台的席位重组功能，通过对调度席位进行席位重组的过程介绍，掌握席位重组的概念及步骤。

【模块内容】

一、席位重组的概念

席位重组指对相关席位的组号及席位号进行调整编辑的操作。一般调度席位的数据发送是依据对应席位的组号和席位号进行的，如果对相关席位的组号或席位号进行修改是就需要进行重组的操作。

二、席位重组的步骤

1. 进入主界面

在主界面下选择数据传送，如图 8–12–1 所示。

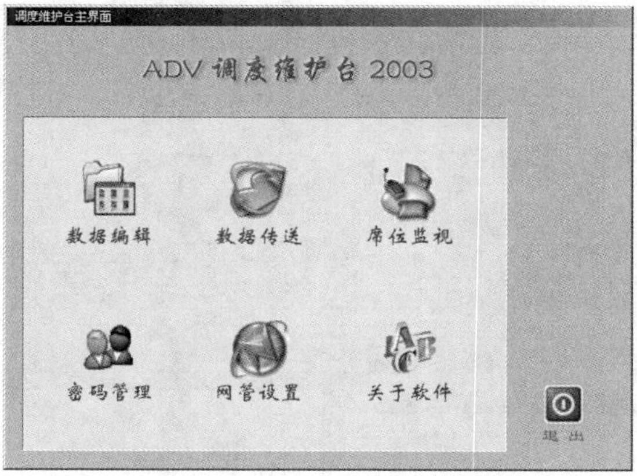

图 8–12–1　主界面

2. 数据传送界面下选择席位重组

在数据传送的界面下，主要有发送文件、接受文件、席位重组、通信数据等功能，在此处选择席位重组，如图 8–12–2 所示。

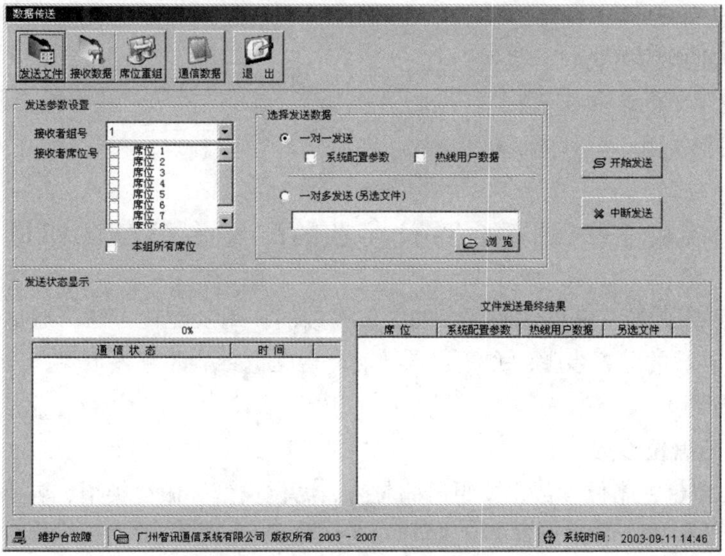

图 8–12–2　数据传送界面

3. 进行席位重组操作

在席位重组的界面里，依据提示分别输入重组前后的组号及席位号后，单击右侧的开始发送按键，等待席位参数发送，并提示发送成功后，对应的调度席位自动重启，并载入新的席位参数，至此重组的操作完毕，如图 8–12–3 所示。

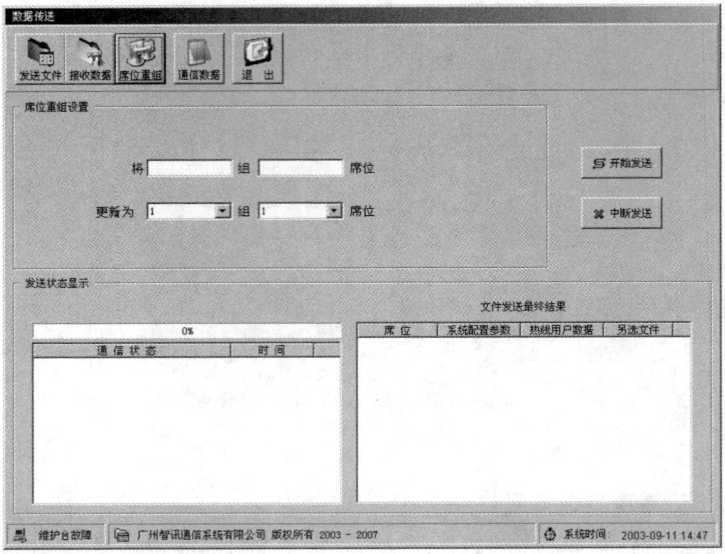

图 8-12-3 席位重组界面

【思考与练习】

1. 席位重组的概念？
2. 席位重组的步骤如何？
3. 如何将 1 组 1 席改为 3 组 3 席？

模块 13 调度台席位参数的配置（Z37F2013Ⅲ）

【模块描述】 本模块包含调度台的席位参数的作用及配置方法，通过对新调度席位进行席位参数的配置步骤的介绍，掌握调度台席位参数的配置步骤。

【模块内容】

一、调度席位参数

（1）维护台中席位参数主要组号席位号、席位类型、振铃类型、屏幕类型等与席位相关的参数配置。具体设置如表 8-13-1 所示。

表 8-13-1 参 数 配 置 表

序号	参数名称	席位一	席位二	席位三	说明
1	席位名	主值	副值	三值	设置调度台的名称。如通调、主值等
2	组号	1	1	1	设置的调度台组号，可选值为 1 至 64。该参数无法修改

续表

序号	参数名称	席位一	席位二	席位三	说明
3	本机席位号	1	2	3	设置调度台组的席位号，可选值为1至8。无默认值
4	调度台类型	1	4	4	设置调度台的类型。请根据调度台的实际情况设置，错误的调度台类型，有可能导致调度台无法正常使用。 ➢ 1：一体式调度台 ➢ 2：组合式调度台 ➢ 3：屏幕式调度台 ➢ 4：按键式调度台（默认值）
5	铃声种类	3	3	3	设置调度台的振铃铃声种类，铃声种类可以0至5共6种，其中： ➢ 0：无铃声，该设置将使调度台来话不振铃，请小心使用。 ➢ 1：铃声种类1。 ➢ 2：铃声种类2。 ➢ 3：铃声种类3（默认值）。 ➢ 4：铃声种类4。 ➢ 5：铃声种类5（系统预留作紧急呼叫用，用户无法设置）
6	监控	0	0	0	设置调度台是否具有监控功能，此参数只对屏幕式和一体式调度台有效。 ➢ 0：普通调度台席位（默认值） ➢ 1：监控调度台席位
7	通话屏	14	14	14	设置调度台的通话屏位置。此参数只对屏幕式和一体式调度台有效。 ➢ 参数值可以是任意整数。 ➢ 默认值为14
8	不明来话起始键	120	61	61	设置非热线用户呼叫调度台时显示的开始位置。此参数对按键式调度台、组合式调度台有效。 ➢ 参数值可以是任意整数。 ➢ 默认值为120
9	一键多号起始键	120	61	61	设置热线用户具有一键多号功能时，该热线用户的多个号码在调度台显示的开始位置。此参数对按键式调度台、组合式调度台有效。 ➢ 参数值可以是任意整数。 ➢ 默认值为0，为0时该调度台无一键多号功能
10	禁止选接	0	0	0	设置调度台是否允许使用选接、自启二种应答方式。 ➢ 1：不允许调度台使用选接、自启应答方式。 ➢ 0：允许调度台使用选接、自启应答方式（默认值）
11	屏幕种类	1	1	1	设置调度台每一屏的热线用户数量。此参数只对屏幕式、组合式及一体式调度台有效。 ➢ 0：共有49屏，每屏48个热线用户按键，24个功能按键。 ➢ 1：共有39屏，每屏30个热线用户按键，10个功能按键（默认值）。 ➢ 2：共有39屏，每屏30个热线用户按键，24个功能按键

续表

序号	参数名称	席位一	席位二	席位三	说明
12	大字体	0	0	0	设置调度台所用的字体大小。此参数只对屏幕式、组合式、一体式调度台有效。 ➢ 0：调度台使用 12 点阵小字体（默认值）。 ➢ 1：调度台使用 16 点阵大字体
13	亮度级别	4	4	4	设置调度台 LCD 的显示亮度，亮度级别可以时 0 到 7 的整数，默认值为 4。此参数只对一体式调度台有效
14	拨号延时	20	20	20	设置调度台在使用轮呼功能时，呼叫下一号码的间隔时间，默认值为 30 秒
15	屏保延时	255	255	255	设置调度台在空闲状态进入屏保的时间间隔。此参数只对屏幕式、组合式、一体式调度台有效，默认值为 20 分钟
16	双音多频	1	1	1	设置调度台拨号时是否向录音接口发送 DTMF 号码。 ➢ 0：不发送。 ➢ 1：发送（默认值）
17	系统日志	0	0	0	➢ 0：不发送（默认值）。 ➢ 1：发送
18	禁设铃声	0	0	0	设置在调度台上能否调节振铃音量。 ➢ 0：可以（默认值）。 ➢ 1：不可以
19	交替显示	0	0	0	设置调度台来话时是否在调度界面交替显示来话名称和号码。 ➢ 0：不交替显示（默认值）。 ➢ 1：交替显示
20	连续呼接	0	0	0	设置调度台是否有连续呼接的功能。 ➢ 0：无（默认值）。 ➢ 1：有

（2）维护台中手柄参数设置如表 8–13–2 所示。

表 8–13–2　　　　手 柄 参 数 设 置

序号	参数名称	席位一		席位二		席位三		说明
		左	右	左	右	左	右	
1	手柄序号	1	2	1	2	1	2	该手柄在调度台中的编号，每一个调度台最多允许有 9 个手柄。参数值可以 1 至 9 的任意整数，无默认值。在定义双手柄调度台时，左手柄序号为 1，右手柄序号为 2
2	手柄号码	8031081	8031082	8031083	8031084	8022081	8022082	该手柄的电话号码。参数值可以是任意整数。注意同组调度台必须能够拨打此处定义的手柄的号码
3	从属分机号码	8031901	8031905	8031911	8031915	8022901	8022905	该手柄的第一个从属分机号码，手柄的从属分机号码必须连续。注意同组调度台必须能够拨打此处定义的从属分机号码

续表

序号	参数名称	席位一		席位二		席位三		说明
		左	右	左	右	左	右	
4	交换机编号	1	1	1	1	2	2	该手柄连接到的交换机的编号。用于同组调度台接至不同交换机平台的情况
5	交换机局号							该手柄连接到的交换机的局向号，在进行出中继应答来话时用到。用于同组调度台接至不同交换机平台的情况
6	直接代答码	*88	*88	*88	*88	*88	*88	该手柄出中继应答来话时用到的直接代答功能码，与 COL 中的设置必须一致。用于同组调度台接至不同交换机平台的情况
7	组代答码							该手柄出中继应答来话时用到的组代答功能码，与 COL 中的设置必须一致。用于同组调度台接至不同交换机平台的情况
8	话机模式	0	0	0	0	0	0	0 为手柄模式，1 为外接话机模式。 一体式调度台：0 组合式调度台：0 屏幕式调度台：1 组合式调度台：0
9	手柄音量	16	16	16	16	16	16	该手柄的听话音量
10	免提音量	16	16	16	16	16	16	该手柄的免提扬声音量
11	振铃音量	16	16	16	16	16	16	该手柄的振铃音量
12	发话音量							该手柄的发话音量

二、调度席位编辑的步骤

1. 选择数据编辑

（1）在主界面下选择数据编辑，如图 8–13–1 所示。

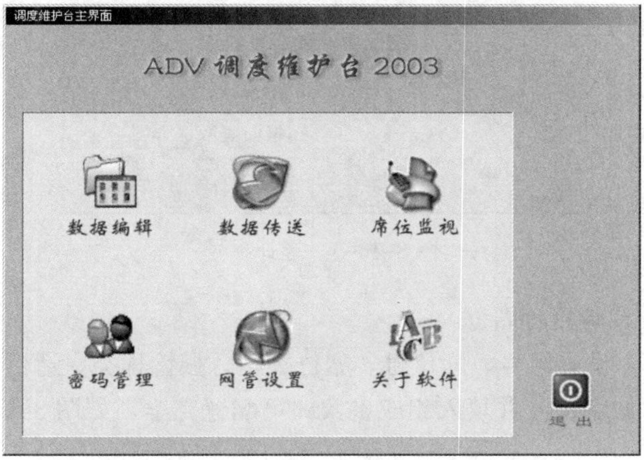

图 8–13–1　主界面

（2）数据编辑下选择席位参数，如图 8–13–2 所示。

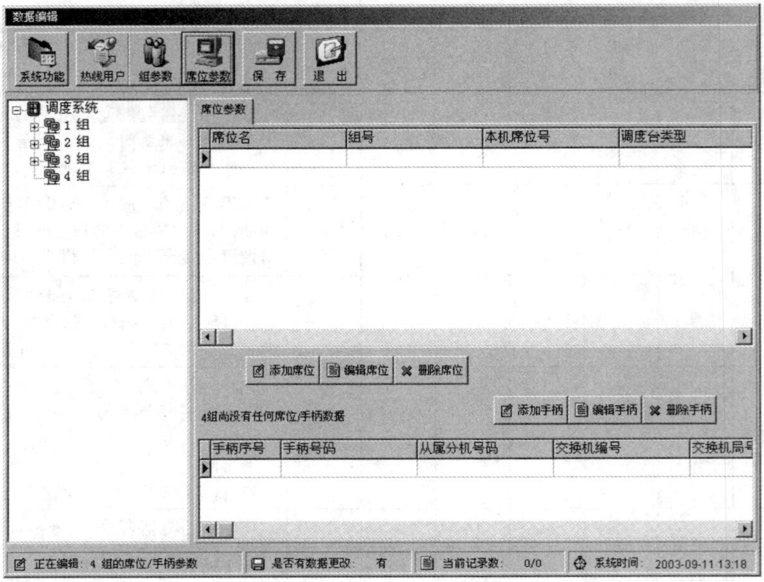

图 8–13–2 席位参数界面

（3）选择所需编辑的席位参数，如图 8–13–3 所示。

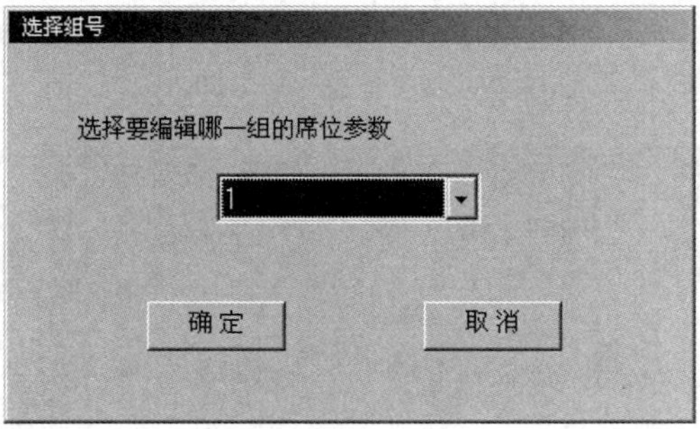

图 8–13–3 选择组号

（4）增加/编辑调度台席位。

增加调度台，设置组号、席位号、席位类型、振铃种类、话机模式、屏幕种类等参数。单击添加席位，并填入相应参数即可配置完毕，如图 8–13–4、图 8–13–5 所示。

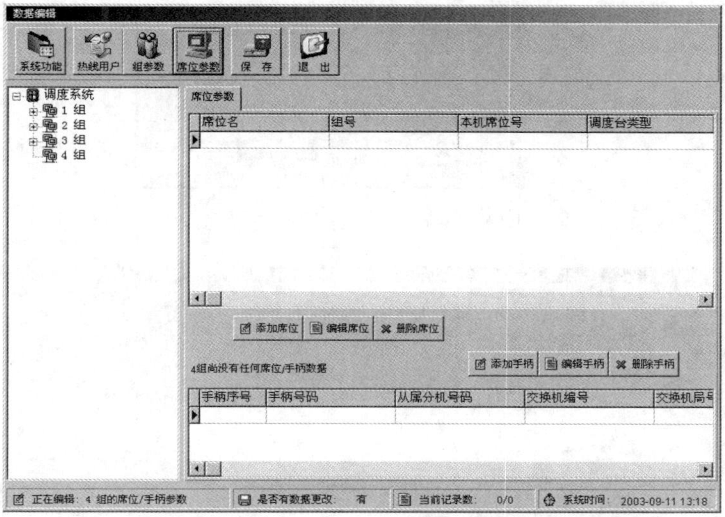

图 8–13–4　调度维护台主界面

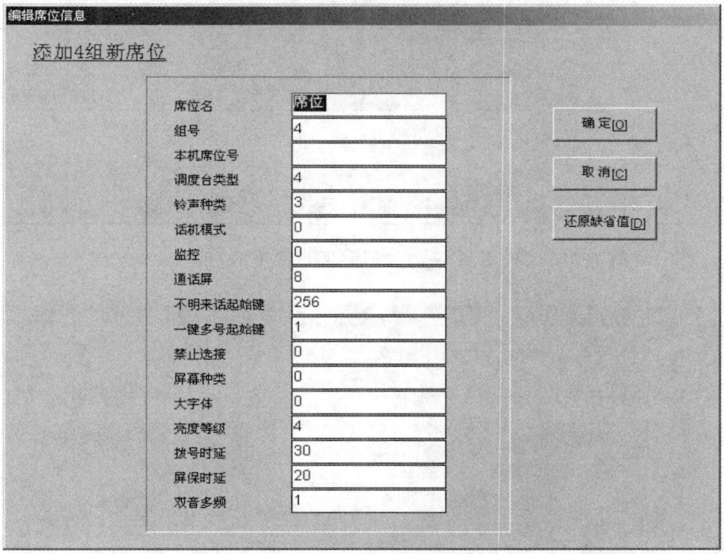

图 8–13–5　调度维护台主界面

（5）删除调度台席位。

选择需要删除的席位，单击删除席位，即可确认后删除，如图 8–13–6 所示。

（6）增加/编辑调度台手柄。

添加手柄，主要包括手柄序号、手柄号码、从属分机号码。如果是双机同组的席位还包括交换机号及局向号，直接代答码等参数，如图 8–13–7、图 8–13–8 所示。

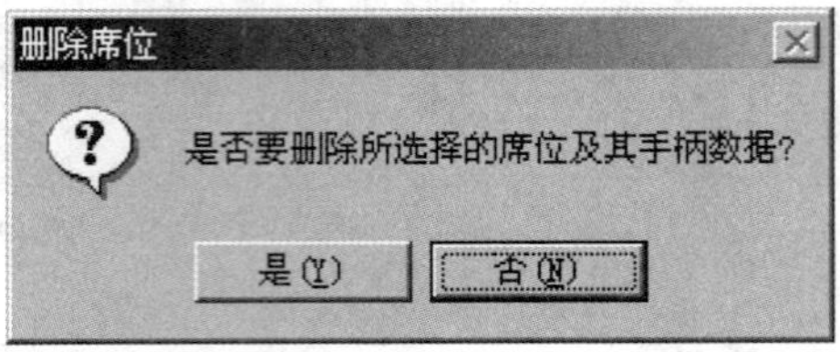

图 8–13–6 调度维护台主界面

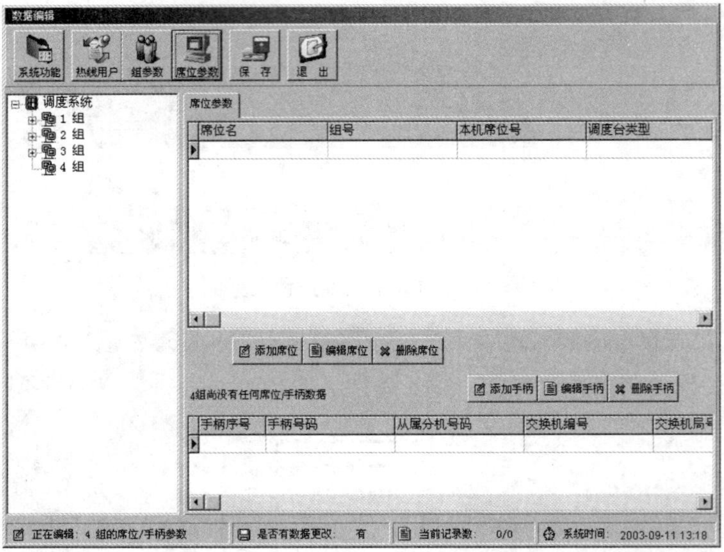

图 8–13–7 调度维护台主界面

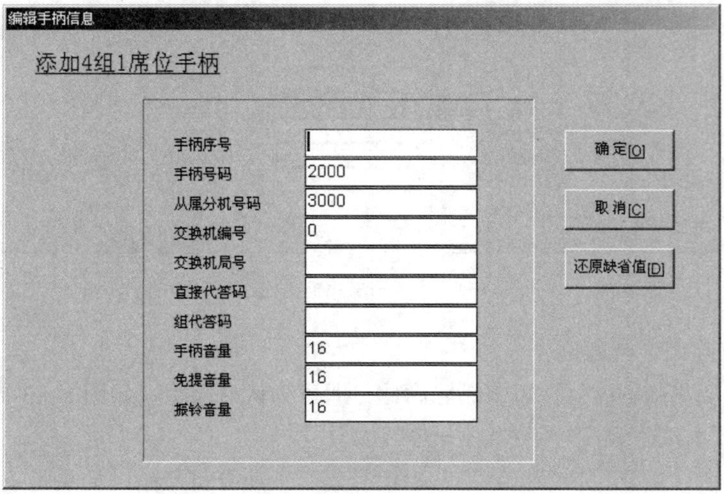

图 8–13–8 调度维护台主界面

（7）删除调度台手柄。

选择相关手柄，并单击删除，确认后删除该手柄，如图 8-13-9 所示。

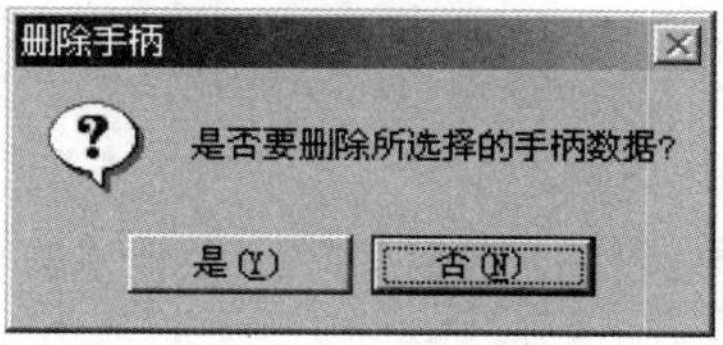

图 8-13-9 调度维护台主界面

【思考与练习】

1. 席位参数编辑主要的内容有哪些？
2. 席位参数编辑的步骤？
3. 如何删除调度台席位参数？

模块 14 调度台的故障处理（Z37F2014Ⅲ）

【模块描述】本模块包含调度台的常见故障及分析处理的方法，通过对调度台常见问题及故障的分析方法、处理步骤的介绍，掌握调度台的常见故障的分析方法及处理步骤。

【模块内容】

一、调度台无法接听来话

1. 故障现象

当调度台呼入来话时，调度台摘机无法接听来话。

2. 故障分析

参数设置不正确。

3. 解决办法

（1）检查交换机数据库中调度台手柄能否拨打席位参数中设置的从属分机号码；

（2）在维护台上检查调度台的手柄参数从属分机的号码是否设置正确，同时检查交换机号设置正确并确认已经发送给调度台；

（3）在调度台上检查每个调度台的手柄号码与席位参数中设置的手柄号码是否一致。

二、调度台无法实现转接功能

1. 故障现象

使用调度台呼叫局内的任一分机（2001），接“转移”功能按键，听拨号音后，再呼叫局内的其他用户（2002），2002 能够振铃，也能够与调度台通话，此时调度台挂机，2001 与 2002 立即断线无法进行通话。

2. 故障分析

交换机数据库中调度台的功能级别中有关转移的功能未开放。

3. 解决办法

检查交换机数据库中调度台的功能级别中有关转移的功能是否已经打开。如：

Supervised transfer（F98）....Yes

Unsupervised transfer（F106）....Yes

Transfer by access code（F103）.....Yes

三、调度台无法实现并机功能

1. 故障现象

在调度台上按“并机”键，无法实现并机功能。

2. 故障分析

手柄的连线不正确或手柄参数设置不正确。

3. 解决办法

（1）利用拨号的方式测试交换机的强插功能是否正常。

（2）检查调度台组内各席位的左、右手柄的连线是否接反。

（3）检查调度台的手柄号码是否设置正确。

（4）当交换机具有十级优先功能时，调度手柄的 Extension priority level 级别是否设置不当。

（5）检查调度台中“强插”参数是否设置正确。当具有十级优先功能；参数为“强插，1，”无十级优先功能时，则为“强插，0，”。

四、调度台无法应答被保持的来话

1. 故障现象

当调度台将通话保持后，无法将该来话重新应答。

2. 故障分析

收集路由表或手柄参数设置有误。

3. 解决方法

（1）在调度维护台中检查调度台手柄的从属分机是否设置正确。每个手柄的从属分机号码必须连续。

（2）调度台手柄所对应的收集路由表中是否设置了呼叫从属分机的收集序列。

五、调度台无拨号音-1

1. 故障现象

调度台摘机无拨号音。但席位通信正常。

2. 故障分析

数据库中 2B+D 数字用户板参数设置问题或连接线问题。

3. 解决办法

（1）检查连接调度台的 2B+D 数字用户线是否连接正常。

（2）检查 DDU 板的状态。即是 16 线 HDDU 板还是 8 线 DDU 板。

（3）检查交换机数据库 DDU 板的设置是否与硬件设置一致。8 线调度板应设置为“DLU”，16 线数字调度板应设置为“HDLU”。

六、调度台无拨号音–2

1. 故障现象

调度台摘机无拨号音，左手机显示“系统初始化”，右手机无任何显示，按“免提”键该指示灯不亮。但席位通信正常。

2. 故障分析

由于故障调度台无该调度台的席位参数，引起调度台无法启动及初始化 ADIB 接口板。

3. 解决办法

（1）在调度维护台上，增加该席位的数据；

（2）再将系统文件发送到故障调度台即可。

七、调度台无拨号音–3

1. 故障现象

调度台手柄摘机无拨号音，不显示“请拨号...”的信息；按“免提”键无拨号音，显示“请拨号...”的信息。席位通信正常。

2. 故障分析

自 800038–01D 版本以后，DDS–200 ADV 型数字调度台具有外接话机的功能，当调度台设置为外接话机时，将出现上述故障。

3. 解决办法

（1）在一体式调度台上一直接“设置”功能软键，直到出现“模式”时，按调度台上的“□”键可将调度台的工作模式设置为键盘手柄，按“□”可将调度台的工作模式设置为外接话机。设置完毕后，再接“设置”功能软键，直到“设置”为止。

（2）在键盘式调度台上一直按“–”功能软键，直到屏幕显示“模式”时，按调度台上的“□”键可将调度台的工作模式设置为键盘手柄，按“□”可将调度台的工作模式设置为外接话机。设置完毕后，再接“–”功能软键，直到屏幕显示“设置”为止。

八、调度维护台连接故障

1. 故障现象

运行调度维护台软件之系统检测功能，在屏幕左下方显示“维护台故障”的信息。

2. 故障分析

参数设置不正确的可能性较大。

3. 解决办法

（1）若采用的是内置 ADIB 板形式。

1）检查 2B+D 数字电路是否正确连接到调度维护台计算机主机内的 ADIB 板中，若采用的是 U 接口 2B+D 电路，则必须设置一个数字话机号码，才能将该电路激活。

2）检查该 ADIB 板是否设置为主板。

3）检查计算机主机的“中断 5”是否打开或被其他硬件设备占用。

（2）若采用的是外置 MCA 形式。

1）与 MCA 相连的数字线路，是否设置一个数字话机号码；线路是否正常，

2）电脑与 MCA 相连的串口是否正常。

3）检查维护台安装目录下的 comadib.ini 文件。

4）外置整流电源是否已接通。

【思考与练习】

1. 席位无法实现转接，如何解决？

2. 席位无拨号音，显示“系统初始化”，如何解决？

3. 外置调度维护台出现连接故障，如何处理？

第九章

会议电视核心设备的运维检修

模块1　多点控制单元MCU的硬件结构（Z37F3001Ⅰ）

【模块描述】本模块介绍了MCU的硬件结构，通过对系统架构、信号处理机制、单板功能类型、面板指示灯、背部接口的介绍，掌握MCU的硬件结构。

【模块内容】

MCU是Multipoint Control Unit的缩写，即多点控制单元。MCU是开始多点会议一个必不可少的组件，主要执行会场接入、视频交换、音频混合、数据处理、信令交互等功能。

下面以HUAWEI VP9660 MCU为例，介绍MCU的硬件结构。

VP9660为一体化箱式MCU，硬件系统主要由一体化机箱、电源模块、防尘网、风扇模块和系统单板等部分构成。

一、机箱

VP9660最大可以配置2块主控板和8块业务板卡，竖向插卡，支持“2+2”AC/DC电源模块。主机外观如图9–1–1所示。

图9–1–1　主机外观

VP9660的机箱整体结构如图9–1–2所示。

二、散热系统

VP9660的通风散热系统主要由如下风扇框和电源模块自带的风扇两部分组成。风扇框用来对机箱中的单板进行散热。电源模块自带的风扇用来对电源模块进行散热。

VP9660的风扇框位于一体化机箱的顶部和中部。风扇框的前面、左边与右边都可以进风，对机箱中的单板进行散热。风扇框带有风扇监控板，可以提供风扇故障告警功能。

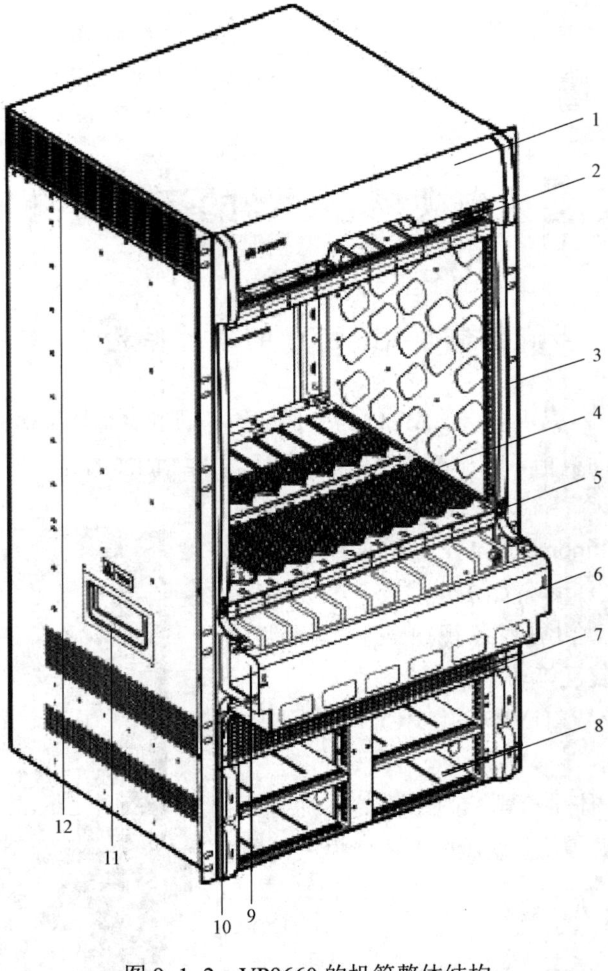

图 9–1–2 VP9660 的机箱整体结构

1—出风槽前面板；2—上风扇框；3—机箱挂耳固定螺孔；4—单板槽位；5—防静电孔；6—走线槽面板；7—进风槽；8—电源模块槽位；9—下风扇框；10—防尘网；11—机箱拉手；12—出风孔

为了便于散热，VP9660 的单板槽位需要满插，没有单板则使用假面板，即不要有空槽位。

电源模块自带的风扇位于一体化机箱的底部。电源模块的风道与单板风扇框是隔离的，空气从电源模块的前面进入，再从后面排出，对电源模块散热。

VP9660 风扇框上无电源模块开关，有两个指示灯可显示其工作状态是否正常。VP9660 上风扇框如图 9–1–3 所示。

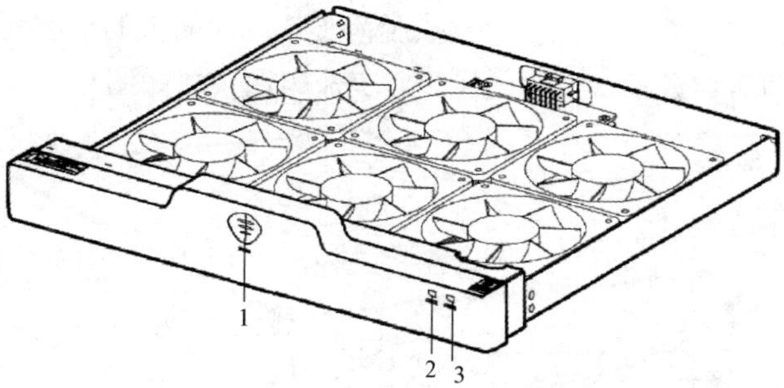

图 9–1–3 VP9660 上风扇框

1—按钮；2—风扇正常指示灯（FAN OK）；3—风扇故障指示灯（FAN FAIL）

VP9660 下风扇框如图 9–1–4 所示。

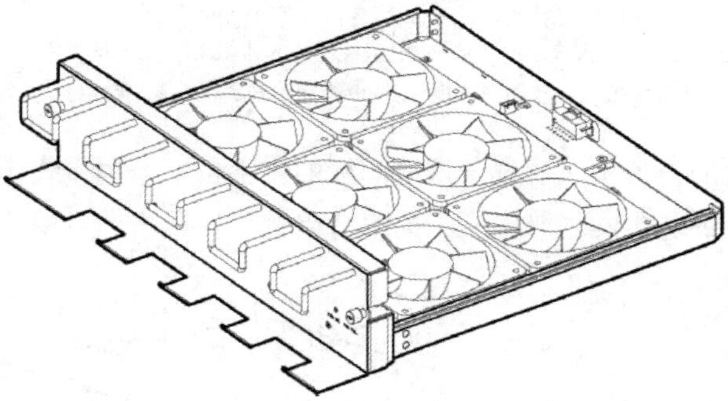

图 9–1–4 VP9660 下风扇框

三、电源模块

VP9660 电源模块位于盒式机的正下方，为“2+2”式 AC/DC 电源模块备份模式，但 AC 和 DC 电源模块不能混插使用。

VP9660 配置 4 个电源模块。如果配备直流电源模块，至少需要为 VP9660 配备 2 个电源模块才能保证 VP9660 的正常供电，其他 2 个电源模块可为整机满负荷配置提供充足功耗，并实现电源模块的备份。

如果配备交流电源模块，只有当输入电压高于 176V 时，电源模块才具有备份功能。

如果输入电压高于 176V 时，需要保证至少有 2 个电源模块安装在电源模块的槽位上，其他 2 个电源模块实现电源模块的备份。

如果输入电压小于 176V 时，必须同时使用 4 个电源模块，才能保证设备正常供电。

交流电源模块的交流输入插座位于前面板的左下角，采用 IEC 规格标准的 C14 型交流电压插座，上面带有防电源模块插头脱落支架。前面板的中部为电源模块的防尘网，防尘网下面附有电源模块自带的风扇。交流电源模块如图 9–1–5 所示。

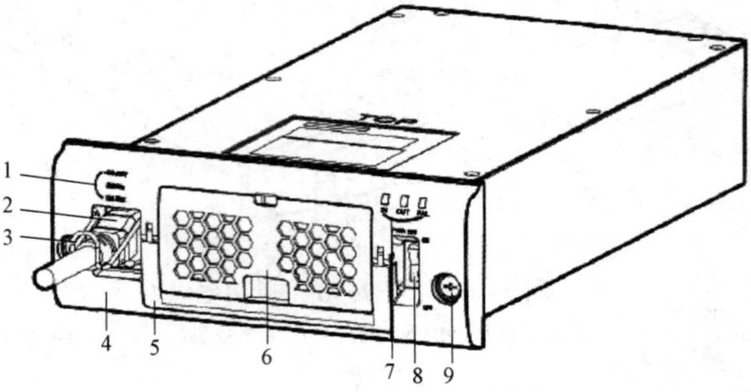

图 9–1–5　交流电源模块

1—标示电源模块额定电压、电流；2—交流电源模块插头；3—防电源模块插头脱落支架；
4—装饰面板；5—电源模块拉手；6—电源模块的一体化风扇（外部附有防尘网）；
7—电源模块状态指示灯；8—电源模块开关；9—固定螺钉

直流电源模块的直流引入端位于该前面板的左下角，采用接线压端。在前面板的中右部为电源模块的防尘网，防尘网下面附有电源模块自带的风扇。直流电源模块如图 9–1–6 所示。

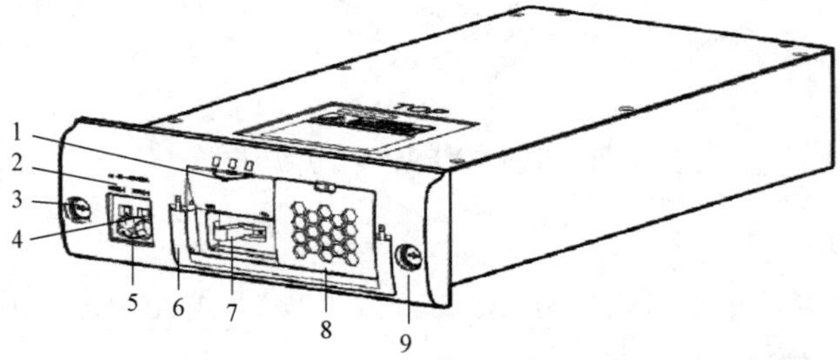

图 9–1–6　直流电源模块

1—电源模块状态指示灯；2—指示电源模块额定电压、电流；3—固定螺钉；4—导出直流电源线端口；
5—直流电源模块输入线缆端子座；6—电源模块拉手；7—电源模块开关；
8—电源模块的一体化风扇（外部附有防尘网）；9—装饰面板

直流输入线缆端子座标志如表 9–1–1 所示：

表 9–1–1　　直流输入线缆端子座标志

输入线缆端子座标识	接入电缆名称	接入电缆颜色
RTN（+）	电源线	黑色
NEG（–）	电源线	蓝色

电源模块指示灯含义如表 9–1–2 所示，可以通过表中直流和交流电源模块指示灯的含义及时掌握电源模块的运行状态。

表 9–1–2　　电源模块指示灯含义

指示灯名称	指示灯状态	电源模块工作状态
IN	绿色常亮	电源模块输入正常
	常灭	电源模块输出异常
OUT	绿色常亮	电源模块输出正常
	常灭	电源模块输出异常
FAIL	绿色常亮	电源模块工作异常
	常灭	电源模块工作正常

四、防尘网

防尘网的主要作用是为机框内部各组件的散热进风提供灰尘过滤功能。为了保证系统散热和通风状况良好，避免防尘网被灰尘堵住，必须至少 3 个月清洗一次，机房防尘环境较差的清洗频率应更高。建议防尘网使用一年更换一次。防尘网的示意图如图 9–1–7 所示。

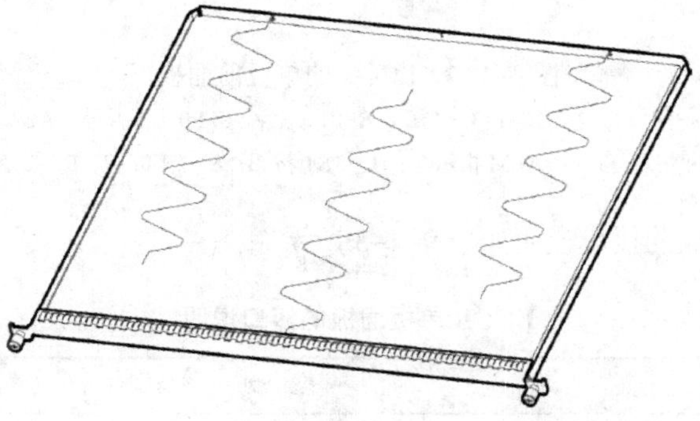

图 9–1–7　防尘网

五、单板

单板是指能够完成某种特定功能的集成电路板，不同系列的 MCU 配置不同类型的单板。根据不同功能，VP9660 型号 MCU 的单板可分为主控板和业务板两种类型，其中主控板用于业务控制、信令处理、媒体流处理；业务板仅用于媒体流处理，不同类型的单板之间不能替代。

VP9660 单板槽位分布如图 9–1–8 所示。

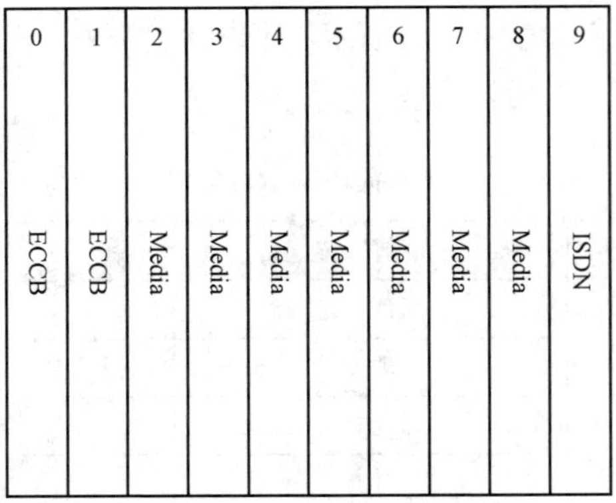

图 9–1–8 VP9660 单板槽位分布

1. ECCB 板

ECCB 板是 VP9660 的主控板，只能插在如图所示的 0/1 号的两个槽位上，构成主备关系。ECCB 的单板前面板如图 9–1–9 所示。

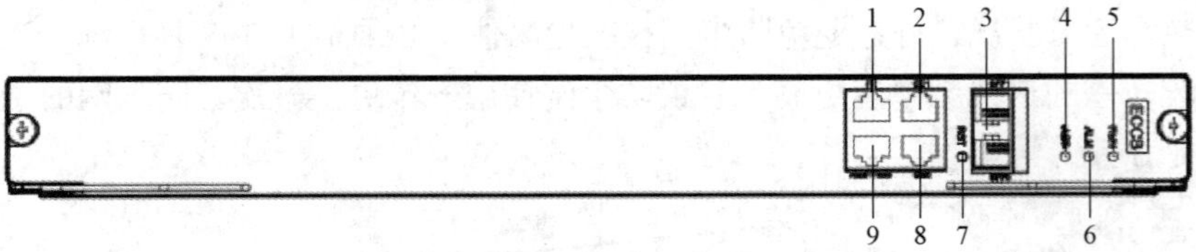

图 9–1–9 ECCB 的单板前面板

1—FE（维护网口）；2—GE1；3—光口：SFP1（上）、SFP0（下）；4—ACT 指示灯；
5—RUN 指示灯；6—ALM 指示灯；7—RST 按钮；8—GE0；9—RS–232 串口

ECCB 单板面板的接口说明如表 9–1–3 所示。

表 9–1–3 ECCB 单板面板的接口说明

接口名称	说明
FE 维护网口	内部调试用，必须与 GE 设置为不同网段。 GEO 不能登录时可使用 FE 口登录 MCU 的命令行
GE0 网口	GE0 为业务网口，用于 MCU 的信令、媒体流通信
GE1 网口	GEO 和 GE1 可互为备份，提供网口备份功能（某网口的网线拔出后可自动切换到另一网口）。 GE1 提供 GE0 网口抓包功能。 GE1 为骑墙网口。GE0 和 GE1 接入两个网段的实现公私网穿越
光口	提供光纤接入，功能同 GE 网口。 GE 和光口同时插线时，光口优先使用，但尽量不要一起插线

续表

接口名称	说　明
RS–232 串口	用于串口命令行、内部调试
RST 按钮	用于对单板的复位操作，当单板出现告警时，可以按下该按钮

ECCB 单板指示灯含义如表 9–1–4 所示

表 9–1–4　　ECCB 单板指示灯含义

指示灯名称	指示灯状态	单板工作状态
ACT	绿色常亮	该单板为主用板
	常灭	该单板为未使用或备用板
ALM	常灭	单板工作正常
	红色常亮	单板工作异常
RUN	绿色常亮	有电源输入，单板工作异常
	常灭	无电源输入或单板无法启动
	慢闪（约 0.5Hz，2 秒 1 次）	单板已按配置运行，属正常工作运行状态
	快闪（约 4Hz，1 秒 4 次）	单板正在加载程序
GE/FE 网口	绿色常亮	网口连接正常
	常灭	网口没有连接或连接异常
	橙色闪烁	网口有数据收发
	常灭	网口没有数据收发

2. Media 单板

Media 单板可以完成音频、视频媒体适配。Media 单板可以插在如图 9–1–8 所示的 2～8 号槽位，Media 单板是必备单板，VP9660 至少需要配备一块 Media 单板。

Media 单板的前面板比 ECCB 单板少一个 ACT 指示灯，其他的端口和指示灯和 ECCB 单板相同。

3. ISDN 单板

ISDN 单板是 VP9660 的业务板，为 ISDN/PRI 接入单板，只能插在单板槽位的 9 号槽位，ISDN 单板不是必备单板，可以根据需求选配。

ISDN 板前面板示意图如图 9–1–10 所示。

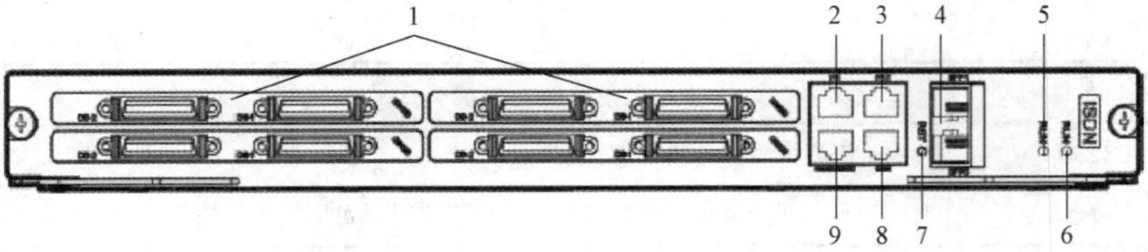

图 9-1-10 ISDN 板前面板示意图

1—DB 接口；2—FE（维护网口）；3—GE1；4—光口：SFP1（上）、SFP0（下）；5—RUN 指示灯；
6—RUN 指示灯；7—RST 按钮；8—GE0；9—RS-232 串口

ISDN 前面板比 ECCB 板多了 8 个 DB 数据传输接口，用于传输 E1 的数据。对外提供 E1 接口，对内通过 PCI 接口进行数据通信。其他的端口和指示灯和 ECCB 单板相同。

4. 接口和协议

VP9660 单板的接口和协议如表 9-1-5 所示。

表 9-1-5 VP9660 单板的接口和协议

项目	详细规格
GE 网口	物理接口形式：RJ45
	承载信号：10/100/1000 Base-T
	承载协议：IEEE802.3
光口	物理接口形式：多模光接口
	承载信号：1000 Base-SX
	承载协议：IEEE802.3
PRI 接口	物理接口形式：SMB
	承载信号：HDB3 码
	承载协议：G.703
FE 网口	物理接口形式：RJ45
	承载信号：10/100Base-T
	承载协议：IEEE802.3
串口	RJ45-RS232 接口（通用路由器配置线）

【思考与练习】

1. HUAWEI VP9660 MCU 的硬件主要由那几部构成？

2. HUAWEI VP9660 MCU 常用的板卡有哪几种，分别具备哪些接口？

3. HUAWEI VP9660 MCU 板卡指示灯的状态及含义。

▲ 模块 2　视频会议终端的硬件结构（Z37F3002 Ⅰ）

【模块描述】本模块介绍了视频会议终端的硬件结构，通过对终端面板指示灯、背部接口单元、内部编解码单元以及音视频信号处理流程的介绍，了解视频会终端的硬件结构。

【模块内容】

下面以 HUAWEI VP9039A 为例，介绍视频会议终端的硬件结构。

HUAWEI VP9039A 高清视讯终端（如图 9–2–1）支持多种视频和音频源，最高视频能力 1080p/30，遵循 H.239 标准，支持同时传送 2 路独立的视频图像到远端。最高呼叫带宽 8Mbit/s，支持 IP、E1、4E1 与 PSTN（Public Switched Telephone Network）网络。具有纠错功能，抵御网络丢包，并可使用高速 USB 接口连接 3G 网络进行 H.323、SIP 视频会议。

图 9–2–1　HUAWEI VP9039A 高清视讯终端

一、HUAWEI VP9039A 的前面板说明

HUAWEI VP9039A 的前面板有红外接收窗和工作状态指示灯，前面板指示灯使用不同颜色和闪烁快慢来分别代表 6 种状态信息。

（1）绿色常亮：终端正常工作中。

（2）指示灯灭：终端关机。

（3）橙色常亮：终端正处于待机或休眠状态。

（4）绿色快闪（4 次/秒）：终端正在升级或启动。

（5）绿色慢闪（1 次/秒）：终端响应遥控器按键操作。

（6）红色常亮：终端出现故障。

二、HUAWEI VP9039A 背部接口说明

1. HUAWEI VP9039A 的背部接口

背部接口如图 9–2–2 所示。

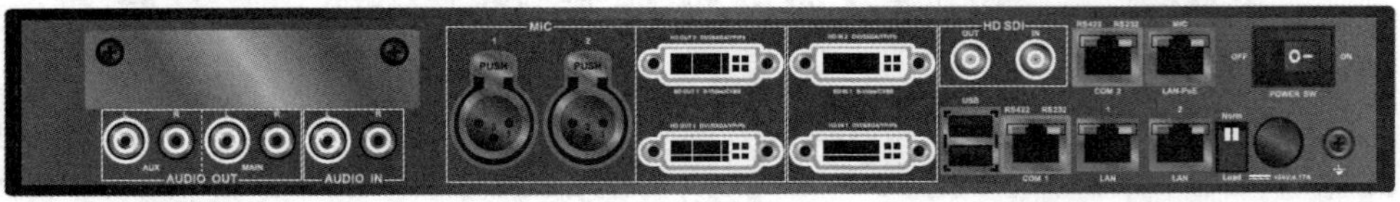

图 9–2–2 HUAWEI VP9039A 的背部接口

2. HUAWEI VP9039A 背部接口说明

背部接口说明如表 9–2–1 所示。

表 9–2–1 HUAWEI VP9039A 背部接口说明表

接口标识	接口名称	特性描述
MIC1 MIC2	麦克风接口	XLR–3（卡农插头）、平衡传输、48V/10mA 幻象馈电
SD OUT 1	标清视频输出接口	HUAWEI VP9039A 的 SD OUT 1 是 DVI 接口，可以通过 DVI–（HDMI/VGA/S–VIDEO/CVBS）转接线缆输入 CVBS、S–VIDEO 格式的信号
HD OUT 1 HD OUT 2	高清视频输出接口 1、2	HD OUT 1、HD OUT 2 是高清模数兼容 DVI–I 接口
HD SDI OUT	高清视频输出接口 SDI	HD SDI OUT 接口是 SMB 接口，支持 HD–SDI 格式信号、1.485Gbit/s 带宽
AUDIO OUT AUX	辅音频输出接口	RCA（莲花插头）、非平衡传输。 说明：暂不支持 SPDIF 数字音频接口
AUDIO OUT MAIN	主音频输出接口	RCA（莲花插头）、非平衡传输。 L、R 接口分别输出左、右声道
AUDIO IN	线路音频输入接口	RCA（莲花插头）、非平衡传输。 该接口可用于连接调音台
SD IN 1	标清摄像机接口	HUAWEI VP9039A 的 SD IN 1 是 DVI 接口，可以通过 DVI–（HDMI/VGA/S–VIDEO/CVBS）转接线缆输入 CVBS、S–VIDEO 格式的信号
HD IN 1 HD IN 2	高清摄像机接口	的 HD IN 1 与 HD IN 2 接口是模数兼容 DVI–I 接口，也可以用于连接计算机
HD SDI IN	高清摄像机接口	HD SDI IN 接口是 SMB 接口，支持 HD–SDI 格式信号、1.485Gbit/s 带宽
COM 1 COM 2	串行通信口	双模式接口，可作为 RS232 或 RS422 接口。该接口可用于连接摄像机控制线，也可以用于故障诊断与维护

续表

接口标识	接口名称	特性描述
LAN 1 LAN 2	以太网口	10M/100M 全双工接口
USB	USB 接口	2 个 USB 接口均支持 480Mbit/s、12Mbit/s、1.5Mbit/s 带宽
LAN–POE MIC	阵列麦克风接口	10M/100M 全双工接口，用于连接阵列麦克风
POWER	电源接口	24V、4.17A，满配置最大功率 100W
（E1、PSTN–E1、4E1）接口卡插槽	E1、PSTN 4E1 接口	E1 接口提供 64kbit/s～2Mbit/s 带宽。 4E1 接口提供 64kbit/s～8Mbit/s 带宽。PSTN 接口提供 64kbit/s 带宽
拨码开关		恢复出厂设置时使用

3.（E1、4E1、PSTN–E1）接口卡插槽

E1、4E1（如图 9–2–3）与 PSTN–E1 接口卡（如图 9–2–4）为选配的部件，分别用于提供 E1 线路接口、4E1 线路接口、PSTN 线路接口与 E1 线路接口。

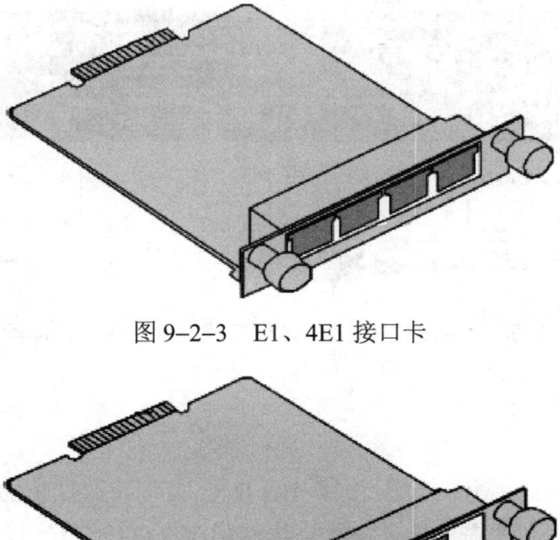

图 9–2–3　E1、4E1 接口卡

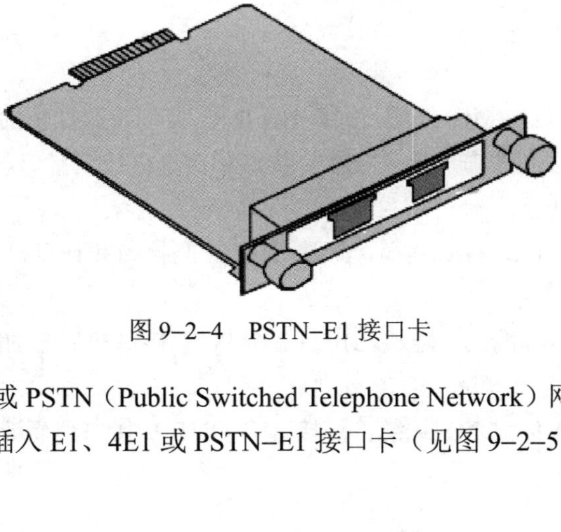

图 9–2–4　PSTN–E1 接口卡

使用 E1、4E1 或 PSTN（Public Switched Telephone Network）网络进行会议，需要在终端背部接口上插入 E1、4E1 或 PSTN–E1 接口卡（见图 9–2–5）。

图 9–2–5 终端背部接口

三、HUAWEI VP9039A 设备线缆连接（最简配置）

如图 9–2–6 所示。

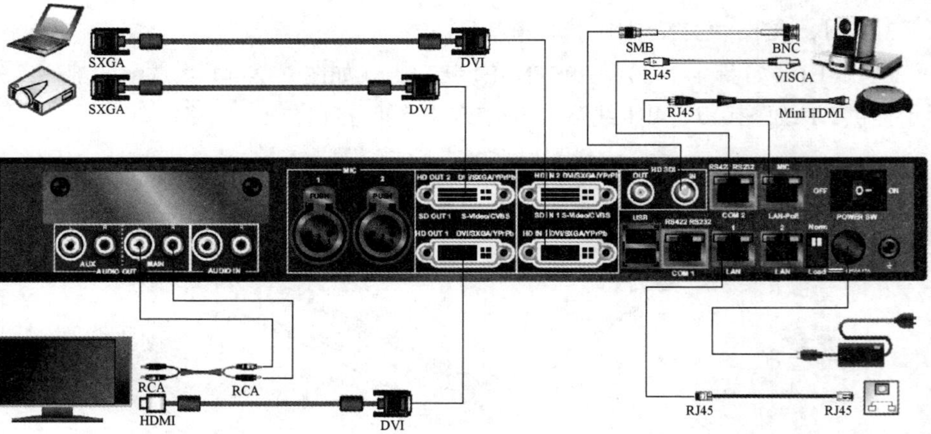

图 9–2–6 HUAWEI VP9039A 设备线缆连接图（最简配置）

其中的配置如下：

1. 输入图像

使用配套的 BNC–SMB 线缆，连接 HD IN 1 接口和摄像机的高清 SDI 图像输出接口。使用摄像机控制线缆连接 COM 1 接口和摄像机控制接口。

2. 输入计算机桌面

使用配套的 DVI–SXGA 线缆，连接 HD IN 3 接口和计算机 VGA 输出接口。

3. 输入声音

使用配套的 POE 网线，连接 MIC LAN–POE 接口和配套的阵列麦克风。

4. 输出图像

使用配套的 DVI–HDMI 线缆，连接 HD OUT 1 接口和高清电视机的 HDMI 输入接口。

5. 输出图像

使用配套的 DVI–SXGA 线缆，连接 HD OUT 2 接口和投影仪的 VGA 输入接口。(可用于独立输出演示内容)

6. 输出声音

使用配套的音频 RCA 线缆，连接 AUDIO OUT MAIN 接口和高清电视机的音频输入接口，保持接口和插头颜色一致。

7. 连接局域网

使用配套的 LAN 网线，连接 LAN 1 接口和网络设备的网口。

8. 连接电源

使用配套的电源线和电源适配器，连接电源接口和电源插座。

四、设备电源

HUAWEI VP9039A 的电源按钮位于后面板右上角。要打开 HUAWEI VP9039A 电源时，应将后面板电源按钮拨到 ON 位置。要关闭 HUAWEI VP9039A 电源，可以执行下列操作之一：

（1）按住遥控器的电源键持续约 1 秒钟。(此时指示灯变为橙色，当终端后面板电源开关处于 ON 状态，再次按遥控器的电源键时，可打开终端。)

（2）将后面板的电源按钮拨到 OFF 的位置。

五、拨码开关

如果用户忘记管理员密码，可通过以下操作将管理员密码恢复为出厂值“admin”。在开机状态下，5 秒内连续上下拨动终端背部接口中远离电源接口的拨码开关（即左边的那个拨码开关)，共计 6 次，终端即可恢复出厂设置。恢复出厂设置后，终端默认的 IP 地址为“192.168.1.1”。拨码开关如图 9–2–7 所示。

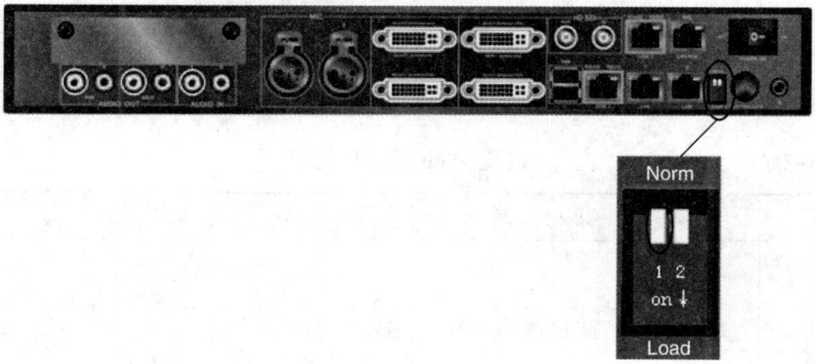

图 9–2–7　拨码开关图

【思考与练习】

1. VP9039A 的音频接口有哪些？
2. VP9039A 的视频接口有哪些？
3. VP9039A 如何恢复出厂设置？

模块 3 多点控制单元 MCU 的基本操作（Z37F3003 Ⅰ）

【模块描述】本模块介绍了 MCU 的基本操作。通过对 MCU 维护管理系统的操作演示，熟悉维护管理系统的维护界面和登录方法，掌握 MCU 连接、断开、重启的方法；掌握控制会议开始、关闭的方法；掌握选看终端，控制终端混音、静音的方法。

【模块内容】

下面以华为 VP9660 为例，介绍 MCU 的基本操作。

对 VP9660 的操作管理主要有 SSH、内置 Web 和 SMC2.0 三种方式，可以选择合适的方式对其进行管理。使用 SSH（Secure SHell）工具可以实现配置管理，内置 Web 可以实现用户管理和设备管理功能，SMC2.0 可以实现用户管理、会议管理、设备管理功能。

一、管理功能

通过 SSH 工具管理功能如表 9–3–1 所示。

表 9–3–1　通过 SSH 工具管理功能表

管理功能	功能说明	功能子项
配置管理	远程登录、配置、调试、维护、升级设备。	● 远程登录 MCU，支持查看配置参数、系统状态以及系统配置。 ● 查看告警信息。 ● 远程升级主机软件

内置 Web 管理功能如表 9–3–2 所示。

表 9–3–2　内置 Web 管理功能表

管理功能	功能说明	功能子项
用户管理	提供对用户的管理和密码的修改。	● 支持对密码的设置与修改。 ● 设置多个管理级别：系统管理员、会议管理员、会议操作员。 ● 支持添加、删除、修改用户。 ● 支持多个用户登录 Web

续表

管理功能	功能说明	功能子项
设备管理	● 配置、调试、维护、升级设备。 ● 资源统计，设备性能管理。	● 配置系统以及查看配置参数。 ● 提供告警信息，对关键器件、风扇模块、电源模块、以及芯片进行实时状态检测。 ● 设备日志记录的导出与导入。 ● 完成软件升级。 ● 查阅指定时间段内的内存和 CPU 的平均使用率

SMC2.0 管理功能如表 9–3–3 所示。

表 9–3–3　　SMC2.0 管理功能表

管理功能	功能说明	功能子项
用户管理	管理用户账号、密码，支持多用户管理。	● 支持对密码的设置与修改。 ● 设置多个管理级别：系统管理员、会议管理员、会议操作员。 ● 支持添加、删除、修改用户。 ● 支持多个用户登录 SMC2.0 进行会议管理、地址本管理、设备管理
设备管理	MCU 管理、设备性能管理。	● 在 SMC2.0 上可以添加与删除 MCU，配置 MCU 与 SMC2.0 的连接参数。 ● 提供 MCU 的告警信息，对关键器件、风扇模块、电源模块、以及芯片进行实时状态检测。 ● 支持设备运行日志记录的导出与导入。 ● 完成 MCU 软件与 License 的升级。 ● 查阅指定时间段内的内存和 CPU 的平均使用率
地址本管理	会场的管理。	● 支持添加、删除、修改会场。 ● 支持会场分组，添加、删除、修改会场分组
会议管理	定义会议、调度会议。	● 支持添加、删除、修改会议模板。 ● 支持 Ad hoc 会议。 ● 支持预约会议、取消预约会议。 ● 支持会议控制：开会、结束会议、会控操作

二、内置 Web 管理

VP9660 支持内置 Web 管理，需要一台安装了浏览器的客户端计算机，就可以登录 VP9660 的 Web 界面实现对 VP9660 的配置管理。

（一）默认参数

首次登录 VP9660 时，需要获取如表 9–3–4 所示的默认参数。

表 9–3–4 默认参数表

参数	值
ECCB 单板 GE0 网口的 IP 地址	192.168.2.1
内置 Web 管理员账号	Admin
内置 Web 管理员密码	● 软件版本为 HUAWEI VP9660 V200R001C01B019SP02 及之前：admin ● 软件版本为 HUAWEI VP9660 V200R001C01B019SP03 及之后：Change_Me

（二）准备工作

准备登录 VP9660 的 Web 界面，需要准备一台客户端计算机（(Windows XP、Microsoft Internet Explorer 6.0、Firefox 3.0 或以上版本），并将客户端计算机连接到网络。如果 ECCB 单板 GE0 网口的默认 IP 地址和客户端计算机的 IP 地址不处于同一网段，可以通过增加辅助 IP 的方式使得 VP9660 和客户端计算机的 IP 地址处于同一网段。

（三）登录 WEB 界面

（1） 检查客户端计算机的 IP 地址，确认 ECCB 单板 GE0 网口的默认 IP 地址和客户端计算机的 IP 是否处于同一网段。

（2） 如不在同一网段则在客户端计算机上添加辅助 IP 及子网掩码。

（3） 在浏览器中输入“https：//192.168.2.1”，按“Enter”键。进入如图 9–3–1 所示页面。

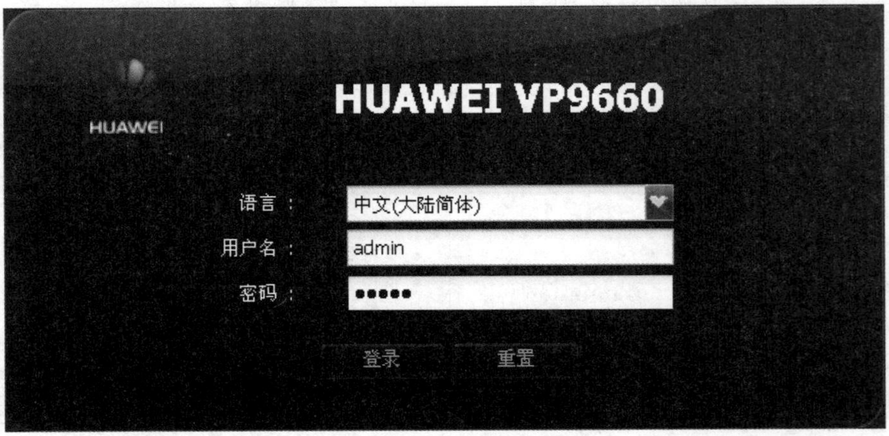

图 9–3–1 登录 WEB 界面

（4） 选择语言，输入用户名和密码（用户名默认为“admin”），单击“登录”。

三、修改管理员账号密码

首次使用管理员账号登录到 VP9660 的 Web 界面后，建议修改管理员账号密码，以保证系统的安全性。

（1）登录 VP9660 的 Web 界面。

（2）在界面右上方单击。进入如图 9–3–2“修改个人信息”页面。

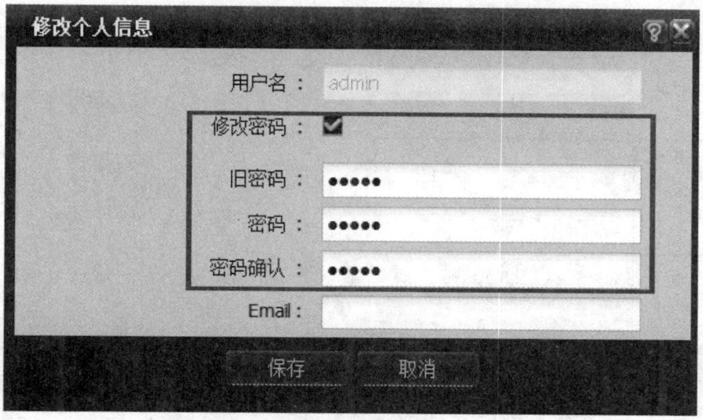

图 9–3–2　“修改个人信息”页面

（3）修改密码。选中修改密码，输入“旧密码”、“密码”和“密码确认”，单击“保存”。

四、添加 MCU

管理员在 SMC2.0 中通过搜索 MCU 的 IP 地址可以发现 MCU，并将其添加到 SMC2.0 中。

管理员在知道 MCU 的 IP 地址的情况下，在 SMC2.0 中通过搜索 MCU 的 IP 地址，可以获取 MCU 上的现有配置信息。管理员对现有配置信息完成确认和修改后，可将 MCU 添加到 SMC2.0 中。同时，MCU 上的配置信息将自动进行同步修改，从而实现 SMC2.0 对 MCU 的管理。

（1）登录 SMC 的 Web 界面。

（2）选择“设备”→“MCU”。

（3）单击“添加 MCU”，弹出如图 9–3–3 所示的搜索页面。

图 9–3–3　添加 MCU 图

（4）在“设备地址”中输入 MCU 的 IP 地址，单击“下一步”。弹出页面显示当前 MCU 的配置信息，如图 9–3–4 所示。

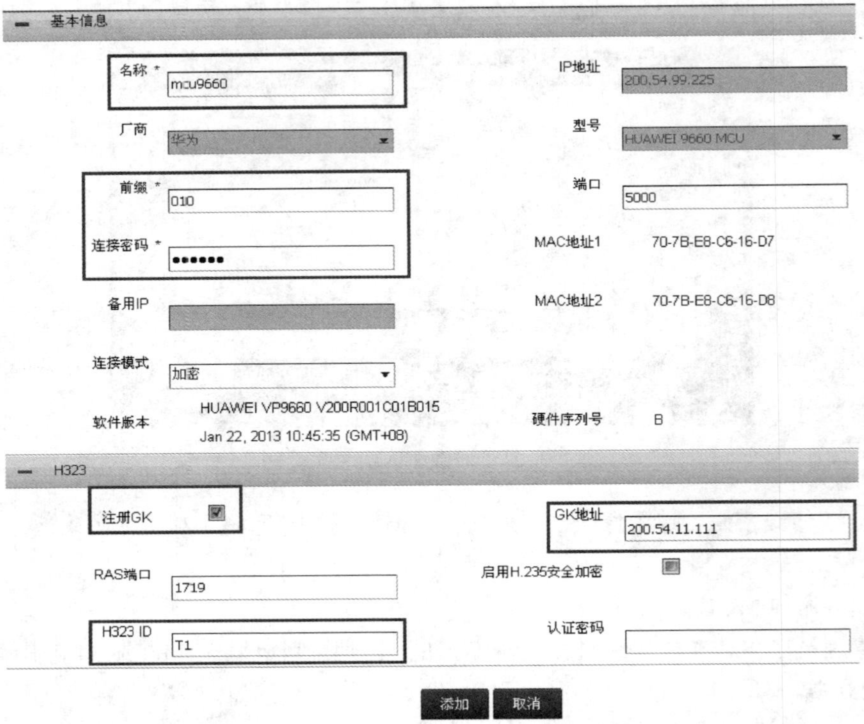

图 9–3–4　当前 MCU 的配置信息图

（5）在基本信息中填写 MCU 的“名称”和“前缀”，在 H323 信息中启用 GK，填写“GK 地址”，填写“H323 ID”，单击“添加”。

（6）如果 SMC2.0 与 MCU 对接成功，可在 MCU 页面上查看 MCU 状态的图标显示为绿色，具体如下：

GK：MCU 已注册到 GK。

SMC：SMC 已连接设备。

：MCU 在线。

五、添加与会终端

管理员在 SMC2.0 中通过搜索会场的 IP 地址可以发现会场，并将其添加到 SMC2.0 中。

管理员在知道会场的 IP 地址的情况下，在 SMC2.0 中通过搜索会场的 IP 地址，可以获取会场的现有配置信息。管理员对现有配置信息完成确认和修改后，可将会场添加到 SMC2.0 中。同时，会场上的配置信息将自动进行同步修改，从而实现 SMC2.0 对会场的管理。

（1） 登录 SMC2.0 的 Web 界面。

（2） 选择“设备”→“会场”，进入“会场”页面。

（3） 单击“添加会场”，弹出如图 9–3–5 所示的搜索页面。

图 9–3–5 添加会场图

（4） 在“设备地址”中输入会场的 IP 地址，单击“下一步”，弹出页面显示当前会场的配置信息，如图 9–3–6 所示。

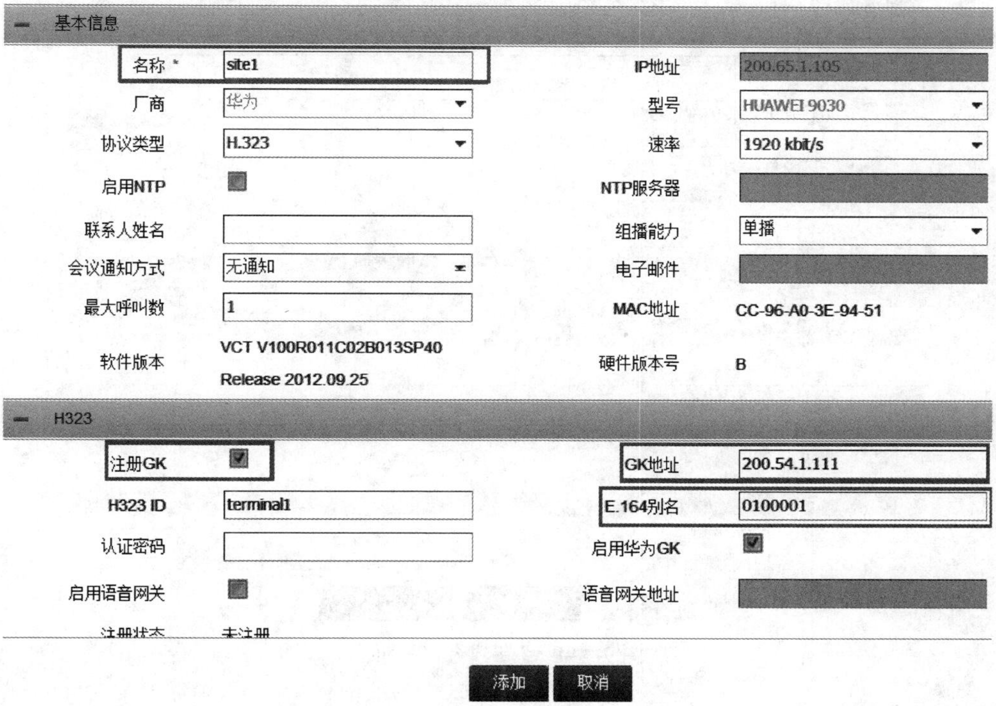

图 9–3–6 当前会场的配置信息图

（5） 在基本信息中填写会场“名称”，在 H323 信息中填写“H323 ID”和“E.164

别名，单击“添加”。

（6）在“会场”页面，添加的会场为在线状态，图 9–3–7 所示。

图 9–3–7 在线状态

六、开始会议

完成 GK 配置以及 MCU 和终端添加后，可以在 SMC2.0 上新建并预约会议。在开始召集会议之前，应确认以下条件：① MC2.0 中内置 GK 正常在线；② SMC2.0 中已经添加了一个 MCU；③ SMC 中已经添加了至少两个会场，会场和 MCU 已经在 GK 上注册且都正常在线。

（1）登录 SMC2.0 的 Web 界面。

（2）选择“会议”→“新建会议”，进入如图 9–3–8 所示的“新建会议”页面。

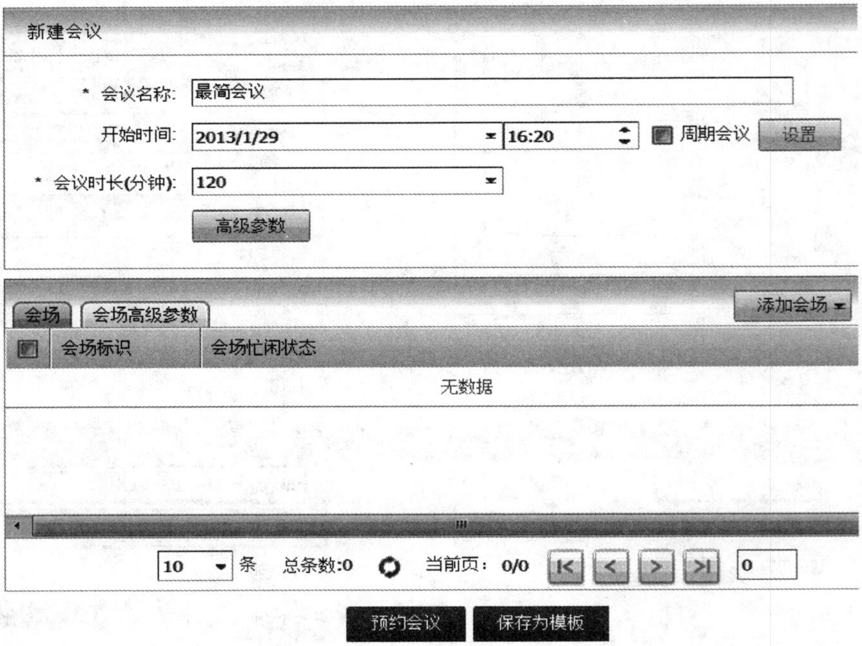

图 9–3–8 “新建会议”页面

（3）会议基本参数保留默认值。

（4）单击“添加会场”，弹出“添加会场”页面。

（5）勾选所需的会场，单击“添加”。

（6）单击“关闭”。

（7）在“会场高级参数”中选择已添加的 VP9660。

（8）单击“保存并预约”，若预约成功，弹出“会议预定成功”窗口，否则提示错误信息。

【思考与练习】

1. VP9660 有几种操作管理主要有三种方式？
2. VP9660 是否支持 Web 页面配置？
3. 如何在 SMC2.0 中添加 MCU？

模块 4　视频会议终端的基本操作（Z37F3004Ⅰ）

【模块描述】本模块介绍了视频会议终端呼叫控制、视频控制、音频控制、主席控制、双流设置、字幕设置的基本操作，通过概念描述以及操作过程的详细介绍，掌握视频会议终端的基本操作方法。

【模块内容】

下面以华为 HUAWEI VP9039A 为例，介绍视频会议终端的基本操作。

对华为 HUAWEI VP9039A 视频会议终端进行操作，可以通过遥控器、触摸屏或者登录终端 WEB 页面以及来进行操作。遥控器操作以便捷直观的方式，可以对终端进行大部分功能的操作。Web 页面是以适应 Web 浏览的方式，将遥控器界面的功能进行了重新组合。下面主要以遥控器操作为例，对终端的操作内容及操作步骤进行详细的介绍。

一、召开和挂断会议

（一）召开会议

终端主页提供了多种开始会议的入口，可以根据实际情况，从会议列表页面、会议记录页面、地址本页面、呼叫页面、常用会议页面中选择其中一种，开始一个会议。

可以在本终端上定义多个与会会场并同时呼叫，开始一个多点会议。在多点会议过程中，多个会场可以彼此看到和听到对方。

1. 从会议列表页面开始

在主页上选择“会议列表”，选择某个正在进行的会议，按 1 次遥控器**OK**键或📞键，加入会议。

2. 从会议记录页面开始

在主页上选择“会议记录”，选择某条会议记录。当该记录是一个会场时，按 1 次遥控器的**OK**键或📞键，开始会议。当该记录是一个会议时，连续按 2 次遥控器的**OK**键或☎键，开始会议。

3. 从地址本页面开始

在主页上选择“地址本”。当选择一个会场时，按遥控器的☎键，可以选择“立即呼叫会场”立即呼叫该会场或“创建会议”创建一个会议并召开该会议。当选择多个会场时，按遥控器的☎键，可以创建一个会议并召开该会议。

4. 从呼叫页面开始

在呼叫页面定义与会会场、呼叫速率、呼叫类型开始会议。在主页上选择“呼叫”。输入会场名称、IP 地址或电话号码，并设置呼叫速率与类型。呼叫类型设置为 Auto 或者 SIP 时，可以勾选“视频呼叫”选项，进行视频呼叫。按遥控器的☎键，开始呼叫对方，进行双方会议。

5. 从常用会议页面开始

在主页上选择“常用会议”，连续按 2 次遥控器的**OK**键或☎键，开始会议。

（二）预约会议

当需要某个会议在指定时间段内召开时，可以预约该会议。终端支持 H.323、E1、4E1 类型的会议预约。

选择“应用功能”→“预约会议”。可以通过下面方式预约一个会议：

从“常用会议”中选择某个会议，设置会议“开始日期”、“时间格式”、“开始时间”与“会议时长”（会议时长取值范围为 30～360 分钟），选择“确认”。

选择“创建”，定义会场与会议参数后，设置会议“开始日期”、“时间格式”、“开始时间”与“会议时长”（会议时长取值范围为 30～360 分钟），选择“确认”。

预定会议成功后，可以在“预约会议”页面选择“已预约”，查询已预约的会议。

（三）应答会议

终端支持自定义应答与呼叫方式。

设置终端应答呼叫方式有手动应答呼叫或终端自动应答呼叫。

选择“设置”→“基本信息”。如果启用自动接听，终端能自动应答来电。如果不启用自动接听。当有来电时，页面会弹出信息框，提示有远端呼叫，可用遥控器选择是否应答呼叫。

（四）结束会议

当需要退出会议时，可以执行结束操作。

步骤：按遥控器的☎键。如果出现提示选择“确定”挂断会场。

二、召开高清会议

要体验高清效果，从摄像机到视讯终端，以及显示设备都需要具备高清（HD）能力。HUAWEI VP9039A 高清视讯终端支持的 HD 格式为 1280×720（720p）、1280×1024、

1920×1080（1080p）、1920×1080（1080i）。

点对点呼叫、多方呼叫的会议都可以使用高清（HD）模式。

发送或接收 HD 视频的同时，可以同时发送/接收计算机桌面内容。允许会场发送两路码流（即主视频图像与演示）的会议，就是 H.239 双流会议。

1. 发送高清视频

发送 HD 格式的视频图像步骤：

（1）连接 HD 视频源，如 HD 摄像机。

（2）选择“设置”→“视频”→“视频输入”，配置 HD 摄像机型号等参数。

（3）配置会议参数：将“主流视频协议”设置为“H.264”。将“主图像格式”设置为 720p 或更高。

（4）开始会议，建议会议速率设置为 2Mbit/s 或更高速率。

2. 显示高清视频

在远端发送 HD 视频时，本地接收 HD 视频。

建议选择 16:9 屏幕的 HD 监视器来显示 HD 视频图像。监视器连接到终端后，系统能够自动识别监视器。尺寸是 4:3 还是 16:9 屏幕图像，取决于视频协议和图像分辨率的配置。如果远端会场发送的是 4:3 图像，本地需要在 16:9 屏幕的监视器显示，则终端会进行适当调整而不使图像变形。可能会看到图像周边区域有黑边，这是终端为了不影响正常观看图像而进行调整补偿的效果。

操作步骤：

（1）连接 HD 监视器（建议连接在 HD OUT 1 接口）。

（2）选择“设置”→“视频”→“视频输出”，为该 HD OUT 接口配置视频格式，并将该接口配置为显示远端主视频。根据监视器可连接的输入接口，选择一种“输出模式”。根据“输出模式”设置“图像分辨率”和“刷新率”。“图像分辨率”应为 720p、1080p 或 1080i。

三、召开双流会议

H.239 双流会议是指会议中可以同时传送主视频图像、演示这两路独立的视频流。能同时传送本地两路视频源的图像或同时看到远端两路图像。

HUAWEI VP9039A 高清视讯终端支持的 H.239 双流能力包括：

（1）一路 HD 视频，同时有一路 SD 视频。

（2）一路 HD 视频，同时有一路计算机桌面内容。

（3）一路 SD 视频，同时有一路计算机桌面内容。

（4）两路 SD 视频。

计算机桌面内容可以是计算机中的 PowerPoint 文档、视频剪辑及其他可在桌面显示的内容。SXGA 支持的分辨率包括 800×600、1024×768、1280×720 和 1280×1024。

开始 H.239 双流会议前，需在“配置会议参数”中配置主视频、H.239 视频参数。主视频与 H.239 参数之间、视频协议与视频格式、帧率、会议带宽之间具有动态调整的关系。

（一）分配双流

为主视频、演示选择输入输出位置。

1. 选择输入位置

终端有多个视频输入接口，当连接了多个视频源设备，可以选择哪一路视频作为本地主视频，哪一路作为本地演示。

主视频较演示具有更高的优先性，主要表现在：会议开始后，远端首先看到本地主视频图像。进行组合页面、多画面屏幕布局变换时，远端始终能够看到本地主视频图像。

选择主视频源方法：按遥控器的键，根据页面提示从多个视频输出接口中选择需要的主视频源。

选择演示视频源方法：会议开始后，在会控工具条上选择“演示视频源”，在“演示视频源”页面选择本地演示视频源的视频输入接口。

H.239 双流会议进行中，可动态选择主视频源、演示视频源。

2. 选择输出位置

H.239 双流会议中，可能同时具有本地主视频、本地演示、远端主视频、远端演示。本地可能连接了一个或者多个监视器，可以根据需要在“配置视频输出参数”中配置主视频、演示的输出位置。

（二）启用 H.239 模式

启用 H.239 模式后，可以在会议中同时发送主视频图像与演示内容。

H.239 双流模式分别有胶片（Presentation）和活动图像（Live）两种：

（1）“胶片”。切换主视频图像时，演示内容不会随之变化。该方式多用于演示内容是胶片等静止图像的情况。胶片模式下，会议中只能有一个会场发送演示。

（2）“活动图像”。各个会场看到的演示内容跟随主视频图像一起切换。该方式用于演示内容是活动图像的情况。Live 方式下，会议中可以有多个会场同时发送演示。

（三）发送演示

可以将计算机连接到终端来展示计算机上存储的内容。共享计算机上的内容时，远端端点可以看到，并且可以看到计算机屏幕上的内容。

根据的配置，演示发送的方式有：

（1）“自动”。在发送主视频时，终端自动同时发送演示。H.239 角色设定为“活动图像”有效。

（2）“手动”。需要使用按键来发送演示。

操作步骤：选择要发送的演示视频源。按遥控器的键，发送演示。

发送演示过程中，可以再次遥控器的键停止演示。

（四）观看主视频与演示的组合画面

在会议中，可以使用遥控器的键或选择会控工具条上的“布局”，观看主视频与演示的组合页面。按遥控器的键，可以在全屏、画中画、二分屏、三分屏之间切换。

四、管理地址本

可以对本地地址本中的会场信息进行添加、编辑和删除操作。

（一）新建会场

在地址本中添加会场后，会场便存储在终端地址本中。

在地址本中定义会场，其中“名称”“号码”“速率”“类型”“IP 地址”是会场的关键参数。

操作步骤：

（1） 在主页上选择“地址本”。

（2） 在“地址本”页面选择“添加”→“新建会场”，定义会场的各参数。

各类型会场需要配置的参数如下：

“名称”：用于标识该会场，由文字、字母、数字组成。名称叠加在图像上。

“场景”：选择会场所使用的会议场景。

“号码”：会场的号码，用于会场之间互相呼叫。

“类型”：终端接入视讯网络的线路。“类型”选择 IP 呼叫时，终端通过“IP 优选协议”为会场指定优先使用的协议类型。“CT 会场”线路类型只能选择“SIP”。

“速率”：在对应会场类型的接入线路下，终端支持的速率。建议选择终端对应类型的最高速率。

“线路端口”：与会场通信时候使用的线路。定义 E1 时有效。

“国家/地区代码”：会场所在地的国家或地区。

“区号”：会场所在地的区号。

“IP 地址”：会场的 IP 地址。

“URI”：会场的 URI。

（二）新建群组

如果参加会议的会场比较固定，那您可把这些会场定义为一个群组。

操作步骤：

（1） 在“地址本”页面选择“新建群组”。

（2） 在文本框内输入群组名称。名称不能只有数字。

（3） 从地址本列表中选择会场，被选中的会场名称前显示“√”，已选会场在群组框中显示。添加成功的群组，将出现在“地址本”页面的群组列表中。

（三）修改/删除/搜索

在地址本中可以对会场及群组进行修改、删除、查询或排序等操作。

1. 修改

使用遥控器的方向键将焦点移动到某个会场或群组上，选择会场或群组名称后的，修改已定义的群组或会场的参数。

2. 删除

使用遥控器的方向键将焦点移动到某个会场或群组上，选择会场或群组名称后的，从地址本中删除该会场或该群组。

3. 搜索

在“搜索会场”文本框中输入的内容实时过滤查询结果。举例：输入“W”时，会场列表会立即显示出会场名首字母以“W”开头的会场。在文本框中输入某个会场的全部会场名，可以精确查询该会场。

五、会议控制

多点会议召开成功后，能够通过会议控制功能管理与会者的视频和音频。在同一时刻只能有一个会场可以成为主席会场。只有主席会场放弃控制权，其他会场才能成为主席会场。使用终端的内置MCU开始会议后，在内置MCU终端上可以进行的会控操作。

（一）会议控制的简要说明

1.“观看会场”

普通会场只能观看单个会场，主席会场可以观看单个会场，也可按照设置的时间间隔循环观看多个会场。

2.“广播会场”

所有会场被强制观看被广播会场的图像。主席会场可以广播某一个会场，也可以按照设置的时间间隔循环广播多个会场。

3.“点名发言”

希望某会场发言。其他会场声音被关闭，观看被点名会场。

4.“锁定演示”

限制单个会场或整个会议发送演示的权限。

5.“申请发言列表”

显示当前请求发言的会场。

6. “呼叫会场”

呼叫会场列表中单个未入会的会场，使未入会的会场入会。也可以执行“呼叫所有”操作，呼叫所有未入会的会场。

7. “挂断会场”

使已入会的会场离会。

8. “删除会场”

从会议中删除已入会或未入会的会场。

9. “关闭/打开麦克风”

关闭某个会场的麦克风后，会议中的其他会场不能听到该会场的声音。打开某个会场的麦克风后，会议中的其他会场能听到该会场的声音。

10. “关闭/打开扬声器”

关闭某个会场的扬声器后，该会场不能听到当前的会议内容。打开某个会场的扬声器后，该会场能听到当前的会议内容。

11. “声控切换”

用于讨论或辩论，声音最大的会场图像将被其他所有与会会场看到。

12. “申请主席”

普通会场希望成为主席时，可以通过申请主席获得主席控制权。

13. “申请发言”

申请获得发言权，尤其当有会场被广播时，向主席请求发言。

14. “释放主席”

主席会场不再担当主席时，可以释放主席。释放主席后，其他会场才申请主席。

15. “自由讨论”

取消当前正在进行的下列会控操作：广播会场；关闭麦克风；关闭扬声器；点名发言。

16. “延长会议”

延长会议时间。

17. “添加会场”

向正在召开的会议中添加与会会场，被添加的会加入当前的会议。

18. “剥夺演示令牌”

使用 Presentation 模式的演示会议中，主席会场取消演示发送令牌。会场失去演示令牌会停止发送演示。

19. “剥夺主席”

只有会议发起方或会议付费方才能剥夺主席。主席被剥夺后，会议中就不再有主席。

20.“设置多画面”

同时观看多个会场图像。

21.“结束会议”

结束整个会议。

22.“允许主席”

内置MCU终端进行“允许主席”：操作后，其他会场才可以申请主席。

23.“禁止主席”

使会议中没有主席会场。如果之前有主席，内置MCU终端进行禁止主席操作后，主席被强制剥夺。

24.“会议锁定”

使用终端内置MCU召开会议后，如果您不希望其他会场再加入到该会议中，可以在内置MCU终端执行“会议锁定”操作。

25.“恢复自动多画面”

执行“恢复自动多画面”操作后，终端根据内置MCU多画面能力、适配的能力与呼叫入会的会场数，自动生成相应模式的多画面。

（二）会议控制的详细步骤

1. 自定义会控工具条

自定义会控工具条，可以方便快捷进入相应页面。在终端入会后，监视器会显示会控工具条。可以自定义的功能图标按钮有；会议控制、演示视频源与布局。

（1）隐藏会控工具条：当页面显示会控工具条时，如果不进行任何操作，约15秒后，会控工具条会自动隐藏。也可以按遥控器的左方向键或↩键，使会控工具条立即隐藏。

（2）显示会控工具条：要显示会控工具条，可以在全屏模式下，按遥控器OK键。

（3）自定义功能图标：选择会控工具条上的➕，进入“自定义工具条”页面。选择需要增加到会控工具条上显示的功能项。也可以选择“上移”或“下移”，改变功能项在会控工具条上的显示位置。

2. 自定义会控功能项

可以自定义在“会议控制”页面显示的会控功能项。默认的会控功能项有：“申请发言”“广播会场”“设置多画面”“自由讨论”“点名发言”“声控切换”“添加会场”“恢复自动多画面”“会议锁定”与“允许主席”会控功能项。

操作步骤：

（1）选择“设置”→“会议参数”→“选择会议控制操作”，选择所需要的会控功能项。

（2）选择“保存”，保存需要在“会议控制”页面显示的会控功能项。

3. 观看会场

选择观看某个会场或循环观看多个会场。在“观看会场”页面，可以观看单个会场，也可以按照设定的时间间隔循环观看多个会场。非主席会场和主席会场的能力稍有不同。非主席会场在会议未广播会场或多画面时“观看会场”操作有效，能观看本级 MCU 的其他会场的图像，不能观看非本级 MCU 的会场图像。主席会场能够观看任意一个会场的图像。主席会场的“观看会场”操作在广播会场或多画面时也有效。

4. 广播会场

所有会场（广播源会场除外）被强制观看广播源会场的图像。主席会场能广播任意一个会场（非音频会场）或按照设定的时间间隔循环广播多个会场，包括主席会场本身。广播某会场时，所有非主席会场被强制观看该会场的图像，主席会场仍然可观看任意一个与会会场的图像。使用“停止广播”或“自由讨论”操作停止广播。执行停止广播操作后，与会会场可观看其他任一会场。当会议处于广播状态时“停止广播”功能有效。

5. 点名发言

当主席会场需要某个会场发言时，需要对该会场执行“点名发言”操作。被主席会场“点名发言”后，会场的图像、声音被广播，除主席会场和该会场以外的其他会场麦克风均被关闭。在“点名发言”页面，用遥控器的方向键将焦点移动到该会场上，按遥控器的**OK**键，即可执行点名发言操作。主席会场选择“自由讨论”操作才能终止“点名发言”。

6. 锁定演示

在会议过程中，主席可锁定单个会场的演示，也可以锁定整个会议的演示。

（1）对单个会场的锁定演示：主席对某个会场执行锁定演示的操作后，该会场可以发送演示，但其他会场都不能发送演示。只有取消该会场的锁定演示后，其他会场才能进行发送演示的操作。用遥控器的方向键将焦点移动到该会场上，按遥控器的键。

（2）对会议的锁定演示：主席对某个会议执行锁定演示的操作后，如果该会议中会场 A 正在发送演示，那么该会议中的其他会场都不能进行发送演示的操作，只有等到会场 A 停止发送演示后，其他会场才能发送演示。选择“会议锁定”。

（3）对会场或会议执行取消锁定演示的操作后，将取消会场或会议的锁定演示状态。

7. 申请发言列表

主席会场查看当前请求发言的会场。会议进行，任何非主席会场选择“申请发言”，申请记录存储于本列表中。主席会场在列表中选择允许发言的会场，该会场的图像被广播，其他非主席会场的麦克风均被关闭。执行一次允许发言的操作后，会场列表就被清空。

8. 呼叫会场

呼叫本会议中未入会会场，呼叫成功后，该会场加入会议。可以在“呼叫会场”页面，选择“呼叫所有”，系统将自动呼叫那些在会场列表中还没有入会的会场。

9. 挂断会场

主席会场可以对某个已入会的会场执行挂断操作，该会场被挂断后，将自动离会。

10. 删除会场

会议过程中，主席可以将某个入会或未入会的会场删除。某个会场被主席删除后，将不再属于该会议，该会场记录也不会出现在会场列表中。主席会场需先通过“添加会场”的添加功能添加该会场到会议中，然后系统将呼叫会场。

11. 关闭打开麦克风

关闭或打开某个会场的麦克风后，会议中的其他会场将不能或能听到该会场的声音。在“关闭/打开麦克风”页面选择某个会场，根据该会场的状态图标，对该会场执行关闭或打开麦克风的操作。表示该会场麦克风正处于打开状态，可以按遥控器的键关闭该会场的麦克风。表示该会场麦克风正处于关闭状态，可以按遥控器的键打开该会场的麦克风。

12. 关闭/打开扬声器

关闭或打开某个会场的扬声器后，该会场将不能或能听到当前的会议内容。在“关闭/打开扬声器”页面选择某个会场，根据该会场的状态图标，对该会场执行关闭或打开扬声器的操作。表示该会场扬声器正处于打开状态，可以按遥控器的键关闭该会场的扬声器。表示该会场扬声器正处于关闭状态，可以按遥控器的键打开该会场的扬声器。

13. 申请主席

主席会场拥有比非主席会场更大的会控操作权限。当本会场不是主席时才能申请主席，仅当会议中无主席会场时才能申请成功，纯音频会场不能申请主席。

14. 申请发言

当非主席会场希望在会议中发言时，可以向主席申请发言。会议中有主席会场时，“申请发言”操作有效。会场申请发言后，申请发言信息将传给主席会场，由主席会场决定允许发言时，该会场的图像被广播，其他非主席会场均被闭音；不允许发言时，会议保持现状。

15. 设置多画面

多画面是指一个监视器同时显示 2 个以上会场的图像。不同多画面模式，显示的会场数、会场位置排列不同。选择某个多画面区域框后，在页面弹出的会场列表下拉框中选择某个会场，然后选择“确定”即可将该会场设置到该区域框中。如果选择的多画面区域框中已有会场，原来区域框中的会场将会被替换。也可以选择“清除所有”，清除所有多画面区域中的会场。

16. 剥夺演示令牌

主席会场剥夺演示令牌后，发送演示的会场将被迫停止发送演示。使用Presentation模式的H.239 双流会议中，主席会场取消演示发送令牌。当前有演示令牌且正在发送演示的会场，其演示令牌被剥夺，从而停止发送演示。

17. 声控切换

用于讨论或辩论，声音最大的会场图像将被其他所有与会会场看到。可根据经验，选择灵敏度。启用声控切换功能后，如果有会场（一个或多个）的音量超过视讯系统设置的声控门限，音量最大的会场图像将被广播。如果所有会场的声音音量均未超过声控门限，会议保持现状。在内置MCU 级联会议中，主内置MCU 启用声控切换后，从内置MCU 终端也会自动启动声控切换。若需要停止声控切换在“声控切换”下拉列表框中，选择“停止”。

18. 释放主席

主席会场释放主席后，其他与会会场才可申请到主席。非主席会场的会控操作只有4 种：申请主席、申请发言、观看会场及剥夺主席，主席会场可以拥有全部的会控权限。

19. 自由讨论

主席会场可根据实际情况，执行自由讨论操作，该操作可以取消一些正在进行的会控操作，如广播会场等。“自由讨论”操作用于取消主席会场所做的以下控制操作：广播会场；关闭扬声器；关闭麦克风；点名发言。

自由讨论的特性：一是所有会场的麦克风被打开，各会场的声音被混合后广播给所有会场；二是各会场所观看的图像保持不变，但各会场间能自由观看。

20. 添加会场

主席会场可以根据需要，在会议过程中，添加一些会场到当前的会议中。会场添加成功后，该会场成为本会议的与会会场。待添加的会场可以在地址本中选择，也可以新定义一个会场。

21. 剥夺主席

主席被剥夺后，会议中就不再有主席。只有会议发起方或会议付费方才能剥夺主席。

22. 延长会议

估计预定的会议时间不足以完成本次会议主题讨论，可通过“延长会议”操作使会议结束时间延后。

23. 结束会议

尚未到预定的会议结束时间，会议内容已经完成，可通过“结束会议”操作提前结束会议。会议中，主席会场在“会议控制”页面或按遥控器的键，选择“结束会议”，可将会议立即结束。

24. 允许主席与禁止主席

使用终端的内置 MCU 开始会议后，才能在内置 MCU 终端上进行“允许主席”与“禁止主席”操作。“允许主席”与“禁止主席”操作只能在内置 MCU 终端上进行。当在内置 MCU 终端上进行“禁止主席”操作后，其他与会终端将不能申请主席。当内置 MCU 终端允许主席时，与会的其他终端才能申请主席，主席申请成功后，将不能在内置 MCU 终端上进行下面的会议控制操作：1）设置/广播多画面；2）广播会场；3）声控切换。只有在内置 MCU 终端上进行“禁止主席”操作后，才能恢复上述的会议控制操作。

25. 会议锁定

当执行会议锁定操作后，其他会场将不能加入到当前的会议中。使用终端内置 MCU 召开会议后，如果不希望其他会场再加入到该会议中，可以在内置 MCU 终端侧执行“会议锁定”操作。

26. 恢复自动多画面

执行“恢复自动多画面”操作后，终端根据内置 MCU 多画面能力、适配的能力与呼叫入会的会场数，自动生成相应模式的多画面。

27. 调整本地输出音量

按遥控器的键或键来提高或降低听到的音量。更改音量仅影响在本地听到的声音。

28. 欣赏立体声音频

使用双声道模式，可以达到立体声效果。听众可以清晰地分辨出声音来自的方向，从而更加接近于临场感受。用户可以配置左右声道的输入源。

操作步骤：

（1）为终端连接能够采集立体声的麦克风、音响系统。

（2）选择“设置”→“音频”→“音频输入”，为立体声的左、右声道输出指定声音来源。如果 LAN–POE MIC 接口连接 VPM210，VPM210 工作在双声道模式，不需配置。

（3）保存后返回“设置”页面。

（4）在“设置”中，选择“会议参数”，将“音频协议”设置为“AAC_LD”或

"HWALD"，并选择"启用双声道"功能项。

29. 切换音视频

本地与远端已经建立 SIP 会议后，可以在会控工具条上选择，进行切换音视频的操作。但以下两种情况本地不支持"视频"操作：

（1） 终端在级联会议中。

（2） 终端在使用本地"内置 MCU"召开的多点会议中。

操作步骤：

（1） 选择会控工具条上的，按**OK**键进入"视频"页面。

（2）"视频"页面有以下两种情况。在音频通话时，选择"开启视频"，按**OK**键，本地向远端发起开启视频通话的请求。在视频通话时：选择"关闭视频"，按**OK**键，关闭双方视频，切换到纯语音会议。选择"关闭本地图像"，按**OK**键，本地图像关闭，远端不显示本地图像。

30. 调整屏幕布局

HD OUT 1、SD OUT 1 视频输出接口可以显示组合画面。可以按遥控器的键或在会控工具条上选择画面布局模式，在一个监视器上观看多个图像的组合。

方法一：按遥控器的键，可以在全屏、画中画、二分屏、三分屏之间切换。

方法二：在会控工具条上选择"布局"，进入如图 9–4–1 所示的页面，选择需要的画面布局模式。布局模式有远端图像、本地图像以及画中画、二分屏、三分屏。

图 9–4–1　调整屏幕布局界面

31. 选择视频源

可以指定本地主视频、远端主视频与本地演示视频源输入接口。

（1） 本地主视频源。

按遥控器的键，根据页面出现的窗口选择"选择摄像机"或"视频源"，从本地视频输入接口中选择一路作为主视频源。

其中“SXGA”表示从 HD IN 3 接口连接的计算机桌面或其他“SXGA”格式输入。终端能够自动识别输入模式。

（2） 本地演示视频源。

会议开始后，在会控工具条上选择“演示视频源”，再在“演示视频源”页面选择本地演示视频源。

（3） 远端视频源。

会议过程中，可以在本地选择观看远端哪一路视频源提供的图像。按遥控器的键，根据页面出现的窗口选择“选择摄像机”或“视频源”，从远端视频输入中选择一路作为远端视频源。其中，每一路的摄像机名称标识仅作为参考，可能远端连接的并不是摄像机。

32. 暂隐本地图像

会议进行中，如果不希望远端会场看到本地的图像，可以启用暂隐图像功能。启用该功能后，本地发送蓝屏图像给远端，远端会场就只能看到本地发送的蓝屏图像。

操作步骤：

在主页上选择“应用功能”或在会控工具条上选择应用功能。选择“暂隐图像（关）”，根据页面提示，确认要启用暂隐图像功能。启用暂隐图像功能后，在全屏模式下，屏幕右下方会显示暂隐图像的状态图标，同时主页也会显示关闭本地麦克风的状态图标。

六、字幕

发送 T.140 字幕前，首先要选择“设置”→“字幕”，对字幕属性进行必要的配置。

（一）制作字幕

在主页上选择“应用功能”，进入“应用功能”页面。根据软件版本差异，在“应用功能”页面中显示的字幕功能项可能略有不同。

请参见下面的方法制作字幕：

（1） 当该页面显示“中部字幕”“横幅”或“底部字幕”功能项时，制作的方法：选择“中部字幕”“横幅”或“底部字幕”页签，再选择“新增”，编辑相应的内容。

（2） 当该页面只显示“字幕”功能项时，制作的方法：选择“字幕”→“新增”，配置下面的字幕属性并编辑字幕内容。

“字幕名称”：设置本条字幕的名称。一条字幕包含顶部、中部、底部文字信息。

“是否可见”：设置本条字幕是否需要在当前字幕位置中显示。如，在“底部”页签所对应的窗口中选择该项，则字幕在底部的信息就可以显示出来。

“显示高度”：顶部横幅可选范围为 5%～30%，底部信息可选范围为 5%～20%。调整的范围以 5%为步进单位。中部字幕高度不可调，在显示时根据顶部、底部占用后的剩余空间动态调整。

“显示特效”：不同位置的字幕可以有不同的显示特效。顶部：可显示多行信息。在限定的区域内可以左、右、居中显示。没有滚动效果。中部：可显示多行信息。以每行内最大高度的字体的高度作为该行的高度。可以左、右、居中、向上滚动显示。底部：显示单行信息。可以左、右、居中、向左滚动显示。

“背景效果”：指定字幕显示时背景显示效果。可选项：半透明、不透明、全透明。

“背景颜色”：指定字幕显示时的背景颜色值。能显示64种颜色。

“字体颜色”：指定字幕字体显示时的前景颜色值。能显示64种颜色。

“字体大小”：指定字幕中字体的大小尺寸。可选：最小、较小、小、中、大、较大、最大。

“粗体”：是否将字幕中的字体加粗。

“滚动速度”：中部、底部字幕可选择滚动特效，该参数设置字幕滚动的快慢。分别有7种或5种速度，请根据预览效果，选择合适的速度。

（二）发送字幕

字幕制作完成后，您可以将字幕发送给远端。

步骤：在主页上选择“应用功能”。根据不同软件界面，选择“中部字幕”“底部字幕”“横幅”或“字幕”。选择某条字幕或横幅后，选择“发送”。

（三）发送即时消息

在会议过程中，您可以发送即时消息给远端会场。

操作步骤：会议过程中，选择会控工具条上的✉。在弹出的“即时消息”窗口中选择即时消息的接收会场，编辑即时消息内容，发送即时消息内容给指定的会场。接收方的屏幕下方会有收到即时消息的信息提示，接收方可以查看该消息或关闭该消息。

【思考与练习】

1. 如何召开一个双流会议？
2. 如何制作发送字幕？
3. 如何设置多画面?

模块5 多点控制单元MCU的基本配置（Z37F3005Ⅱ）

【模块描述】本模块介绍了对MCU进行单板配置、MCU模板配置、MCU配置、终端配置、会议模板配置、会议配置的方法。通过对配置过程的详细介绍，掌握MCU的基本配置方法。

【模块内容】

一、配置流程

MCU 的配置流程（如图 9–5–1 所示）可以指导开局时遵循以下顺序完成设备安装及配置操作。

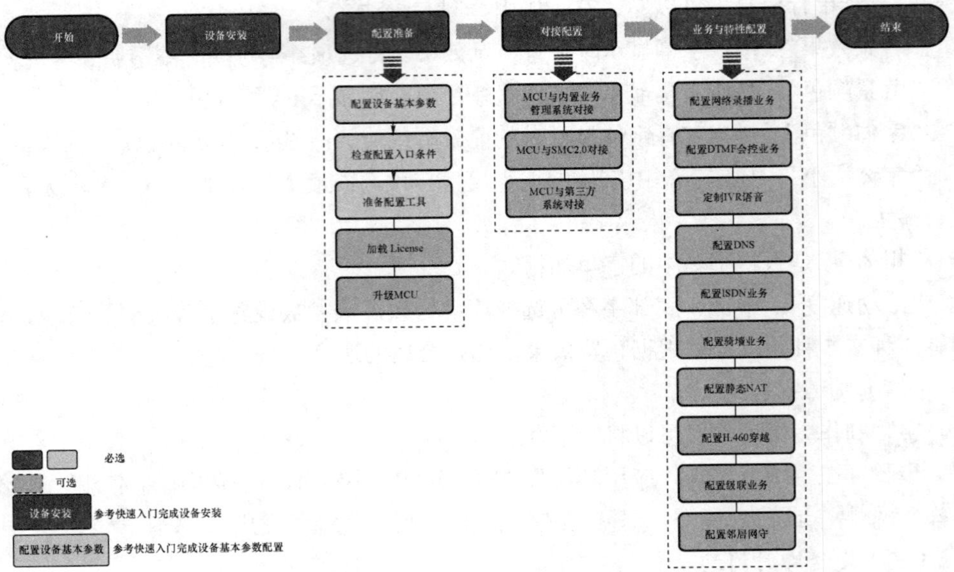

图 9–5–1 MCU 的配置流程图

配置前的准备主要包括：配置设备基本参数、检查配置入口条件、准备配置工具、加载 License，必要时还需升级 MCU 版本。

对接配置主要包括：MCU 与内置 Web 管理系统对接、MCU 与 SMC2.0 对接、MCU 与第三方系统对接。其中：与内置 Web 管理系统对接适用于 HUAWEI VP9650&VP9630 使用内置 Web 管理界面的应用场景。与 SMC2.0 进行对接，可实现对大中型企业的视讯会议进行统一管理、集中控制的功能。与第三方系统对接，用于实现不同的视讯解决方案需求。

业务与特性配置主要包括：配置网络录播业务、配置 DTMF 会控业务、定制 IVR 语音、配置 DNS、配置 ISDN 业务、配置骑墙业务、配置静态 NAT、配置 H.460 穿越、配置级联业务、配置邻居网守。

二、配置准备

（1）硬件安装完成后，打开 MCU 电源开关，MCU 将自行启动，进入到大系统。此时可通过单板面板上的指示灯查看 MCU 是否正常。RUN 指示灯为绿灯闪烁（2 秒 1

次），表示 MCU 处于正常工作状态。

（2）登录 MCU 的内置 Web 管理界面，选择“帮助”→“版本信息”，检查 MCU 的软件版本，确保实际安装的 MCU 软件版本满足局点要求。

（3）准备的配置工具主要有：计算机（浏览器版本 Microsoft Internet Explorer 6 以上）、SSH 客户端（如 PuTTY 软件）、FTP 软件。

（4）通过内置 Web 管理界面登录 MCU。HUAWEI VP9660 支持通过内置 Web 管理界面对 MCU 进行配置和管理。通过内置 Web 管理界面登录 MCU 的操作步骤如下：

1）打开 Internet Explorer 浏览器，在地址栏中输入 https：//MCU 主控板 GE0 网口的 IP 地址并按 Enter 键。VP9660MCU 主控板 GE0 网口的 IP 地址默认值为：192.168.2.1。

FE 光口和 GE1 网口的默认值为出厂默认配置。进入如图 9–5–2 所示登录界面。

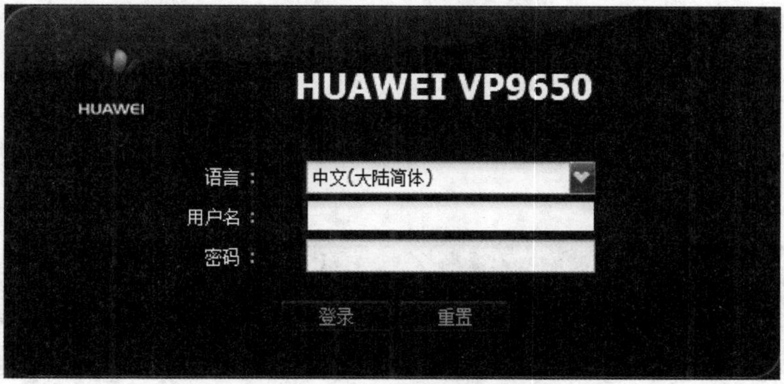

图 9–5–2　登录界面

2）选择语言，输入“用户名”和“密码”。

3）单击“登录”。

（5）通过命令行配置 MCU。支持以 Telnet 和 SSH 两种方式登录，如果不知道 MCU 的 IP 地址，也可通过串口登录。

本模块主要介绍通过内置 Web 管理界面对 MCU 进行配置管理的方法步骤。

三、对接配置

MCU 支持内置 Web 管理的独立组网方案，还支持与 SMC2.0 等多种会议管理系统对接，满足客户多样的视讯组网解决方案需求。

（一）MCU 与内置 Web 管理系统对接

在中小型的独立组网方案中（如图 9–5–3），可使用 MCU 的内置 Web 管理界面进行会议管理等功能。

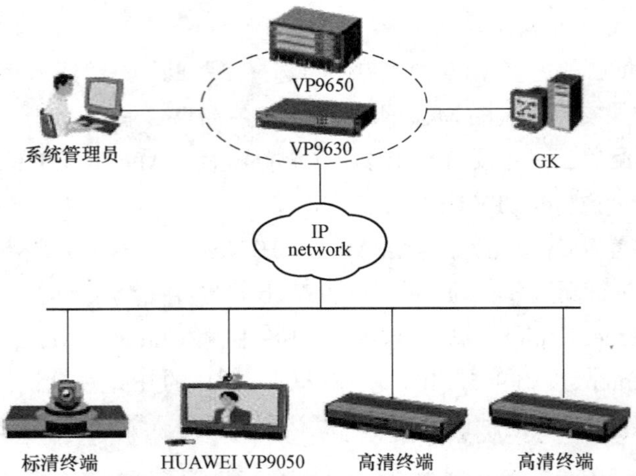

图 9–5–3 中小型的独立组网方案图

配置步骤如下：登录 MCU 内置 Web 管理界面，在界面中选择“设备管理”→“系统配置”→“管理配置”。进入如图 9–5–4 所示“管理配置”页面。进行参数设置后保存并重启 MCU。

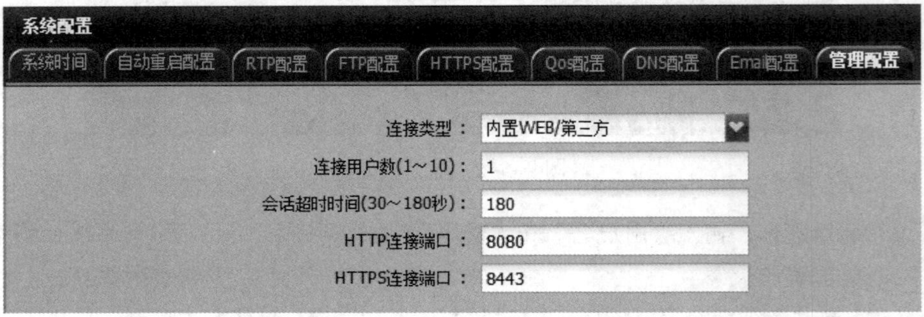

图 9–5–4 “管理配置”页面

配置参数如表 9–5–1 所示。

表 9–5–1　　　　配 置 参 数 表

参数	如何理解	如何设置
连接类型	选择 MCU 所连接的会议管理系统的类型。 1. 内置 Web/ 第三方：使用 MCU 内置的会议管理系统或者第三方系统。 2. SMC2.0/IMS：使用 HUAWEI Service Management Center 2.0 作为会议管理系统	默认值：“内置 Web/第三方”
连接用户数	设置内置 Web 允许同时连接的用户数	取值范围：1～10

续表

参数	如何理解	如何设置
会话超时时间	设置 MCU 连接会议管理系统时多长时间没响应即为超时	单位：秒
HTTP 连接端口	设置会议管理系统提供的 HTTP 连接端口号	默认值：8080
HTTPS 连接端口	设置会议管理系统提供的 HTTPS 连接端口号	默认值：8443

（二）MCU 与 SMC2.0 对接

MCU 与 SMC2.0 进行对接，可实现对大中型的视讯会议进行统一管理、集中控制的功能，如图 9–5–5 所示。

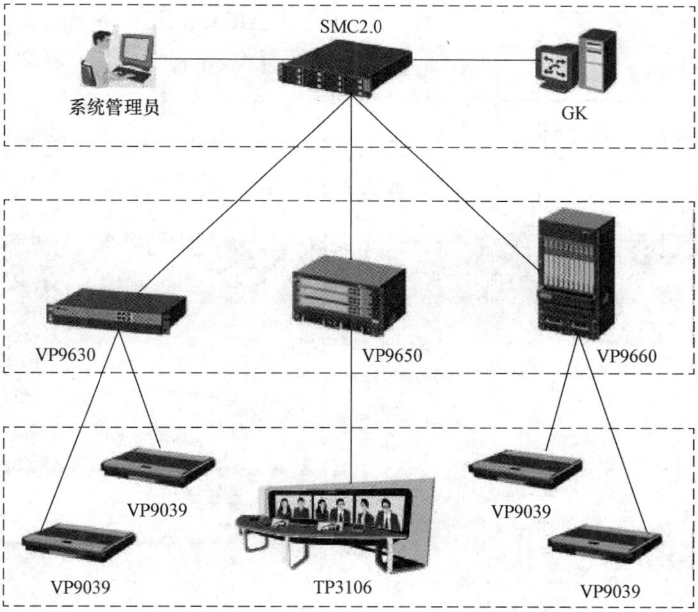

图 9–5–5　MCU 与 SMC2.0 对接图

1. SMC2.0 介绍

SMC2.0（Service Management Center 2.0）是华为 MCU 的视讯业务管理系统，主要面向大中型企业的视频通信业务，提供统一管理、集中控制的解决方案。

SMC2.0 可对 MCU、GK、终端等多种设备进行添加、删除、编辑等操作，可针对企业多个分支机构进行 MCU、GK 的分布式部署和集中管理，同时可将多台 MCU 组成资源池进行智能调度和管理，对外提供资源。

SMC2.0 提供第三方 API（Application Programming Interface），满足集成商多样化的集成要求。

SMC2.0 支持对主流品牌设备的管理，可添加和管理主流品牌的终端会场，并召集由不同品牌设备参与的多点会议，实现跨品牌、跨远程呈现系统的融合会议。

SMC2.0 支持自动调度 MCU 形成级联关系并进行管理，可加快大型级联会议的定义和召开流程。

SMC2.0 具有网管功能，通过 SNMP（Simple Network Management Protocol）协议访问和管理 MCU。

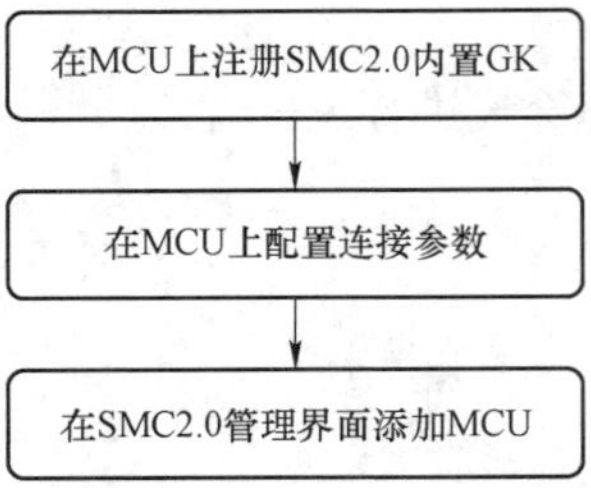

图 9–5–6　MCU 与 SMC2.0 对接配置流程图

2. MCU 与 SMC2.0 对接配置

流程如图 9–5–6 所示。

配置步骤如下：

（1）在 MCU 上注册 SMC2.0 内置 GK。登录 MCU 内置 Web 管理界面，在界面中选择“设备管理”→“H323/SIP 配置”→“GK 配置”。进入如图 9–5–7 所示“GK 配置”页面，进行参数设置后单击“保存”。

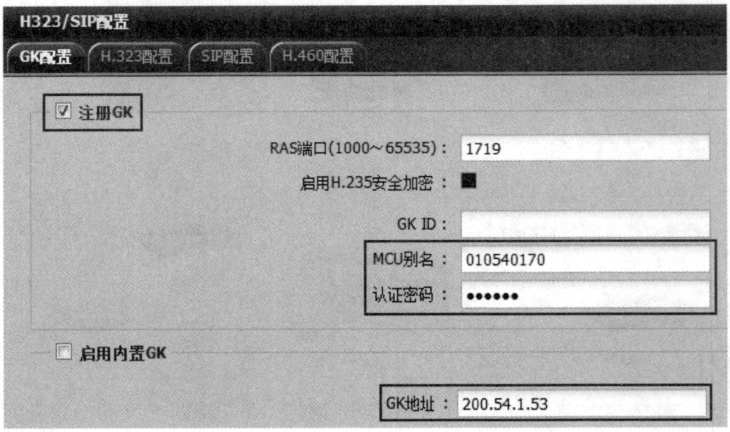

图 9–5–7　“GK 配置”页面

配置参数如表 9–5–2 所示。

表 9–5–2　　配 置 参 数 表

参数	如何理解	如何设置
注册 GK	配置是否注册到 GK。 MCU 成功注册 GK 后，除了使用 IP 地址外，还能使用远端会场号码或会场的名称（在地址本中定义）呼叫终端	默认值：选中

续表

参数	如何理解	如何设置
MCU 别名	MCU 注册到 GK 时所用的别名，GK 以此别名来辨识 MCU。当 MCU 添加到 SMC2.0 上后该参数与 SMC2.0 上 MCU 参数中的“H.323ID”一致	MCU 别名的字符串长度不超过 32 位
认证密码	MCU 注册到 GK 时所用的密码	字符串长度不超过 40 位。 当 GK 对 MCU 认证方式采用密码认证时，该认证密码才需要设置。此时 GK 通过该密码认证 MCU，只有该密码与 GK 上设置的认证密码一致时，MCU 才可以成功注册 GK。 默认值：“123456”
GK 地址	配置所连接的 GK 的 IP 地址	不选中“启用内置 GK”。 输入所连接的 SMC2.0 的 IP 地址

（2）在 MCU 上配置连接参数。在界面中选择“设备管理”→“系统配置”→“管理配置”，进入如图 9–5–8 所示“管理配置”页面，进行参数设置后单击“保存”，重启 MCU。

图 9–5–8　在 MCU 上配置连接参数图

配置参数如表 9–5–3 所示。

表 9–5–3　　配置参数表

参数	如何理解	如何设置
连接类型	选择 MCU 所连接的会议管理系统的类型。 1. 内置 Web/第三方：使用 MCU 内置的会议管理系统或者第三方系统。 2. SMC2.0/IMS：使用 HUAWEI Service Management Center 2.0 作为会议管理系统	选择“SMC2.0/IMS”
连接网口	设置 MCU 连接会议管理系统所用的网口： （1）FE （2）GE0 （3）GE1 （4）ANY	默认值：“ANY”，建议选择“GE0”

续表

参数	如何理解	如何设置
监听端口	设置 MCU 连接会议管理系统所用的连接请求服务端口	取值范围：1～65535，默认值："5000"
密码	该选项用于设置 MCU 连接会议管理系统时所用的验证密码	举例："smc_to_mcu"

（3）在 SMC2.0 管理界面添加 MCU。登录 SMC2.0 管理界面，在首页上选择"设备"→"MCU"。单击"添加 MCU"，弹出如图 9-5-9 所示页面。

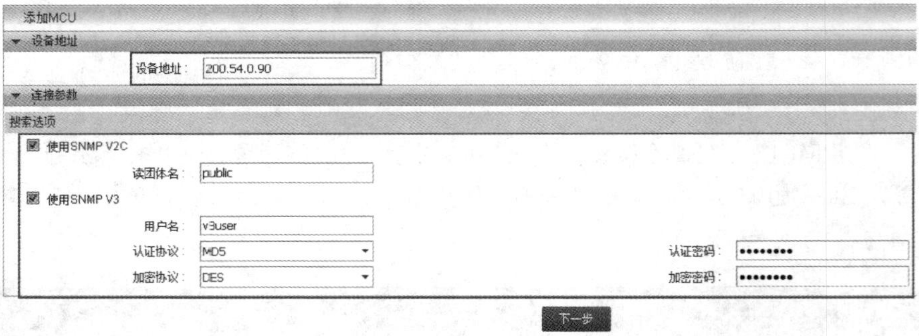

图 9-5-9 在 SMC2.0 管理界面添加 MCU 图 1

在"设备地址"栏中输入 MCU 的 IPv4 地址或 IPv6 地址，单击"下一步"，弹出如图 9-5-10 所示页面，进行参数设置后单击"添加"。

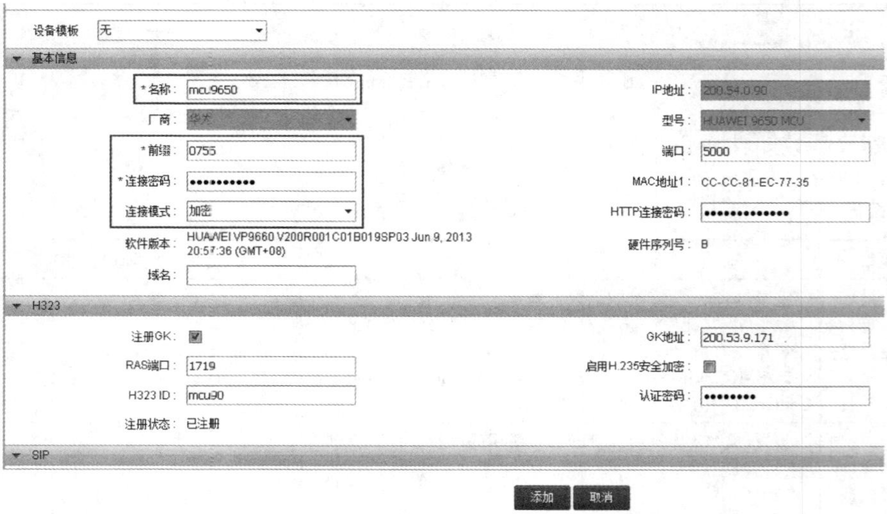

图 9-5-10 在 SMC2.0 管理界面添加 MCU 图 2

配置参数如表 9–5–4 所示。

表 9–5–4　　　　配 置 参 数 表

参数名称	如何理解	如何设置
名称	标识所要添加的 MCU 的名字	举例："mcu9650"
前缀	用于标识 MCU 所注册的 GK。（注意：该前缀必须已经添加到 SMC2.0 的内置 GK 上）	输入只包含数字的字符串，如"0755"
连接密码	该选项用于设置 MCU 连接会议管理系统时所用的验证密码	该参数必须与 MCU 中的设置保持一致，字符串最大长度 16 位

（4）验证。如果 SMC2.0 与 MCU 对接成功，可在 MCU 页面上查看 MCU 状态的图标显示为绿色，具体如下：

GK：MCU 已注册到 GK。

SMC：SMC 已连接设备。

：MCU 在线。

（三）MCU 与第三方系统对接

MCU 支持与第三方系统对接，实现不同的视讯解决方案需求。主要支持：

（1）与 IMS（IP Multimedia Subsystem）对接，可为融合会议提供高清和智真会议的媒体资源处理，满足高清视频和智真视频的融合会议业务需求。

（2）与 UC2.0 对接，可实现 eSpace 客户端与智真会议融合。

（3）与微软统一通信系统 Lync Server 2010 的集成配置，可实现基于在线状态的音视频会议和增强的 Outlook 会议预约服务。

（4）与 Softco 混合组网，可实现 SIP 电话终端加入视频会议。

（5）与思科 TIP 对接，实现与思科网真互通。

四、业务与特性配置

MCU 支持多种业务与特性，可根据具体业务需求，选择相关对应的业务配置内容完成配置。

（1）配置网络录播业务：通过架设网络录播服务器并作业务配置，可实现远程登录 Web 页面观看会议实况或点播会议的功能。

（2）配置 DTMF 会控业务：通过配置 DTMF，可实现终端会场使用特定的数字键或方向键进行会控操作的功能。

（3）定制 IVR 语音：可通过定制 IVR 语音文件，实现选择多语种的 IVR 提示语音的需求。

（4）配置 DNS：通过配置 DNS（Domain Name Server），可实现通过 URL（Uniform

Resource Locator）呼叫会场。

（5）配置 ISDN 业务：HUAWEI VP9660&VP9650 支持在相应单板槽位上安装 ISDN 单板并进行 ISDN 配置后，实现 ISDN 接入。

（6）配置骑墙业务：MCU 的骑墙特性用于解决处于两个不同网段的终端设备间多媒体通信，是解决公私网穿越的一种方法。

（7）配置静态 NAT：通过配置静态 NAT，可实现 MCU 与终端间的公私网穿越。

（8）配置 H.460 穿越：通过配置 H.460，视讯设备进行公私网穿越从而实现音视频会议通信。

（9）配置级联业务：级联特性用于解决单台 MCU 端口不足，带宽资源有限和区域管理的问题，从而满足一定带宽下跨区域召集大型视讯会议的需求。

（10）配置邻居网守：邻居网守是一种用于确保不同区域之间正常通信的机制。当接收到的转发请求中包含未注册的 ID，需要解析为 IP 地址时，GK 会将请求转发到对应邻居网守上，再根据邻居网守解析后的 IP 地址信息，处理原请求。

五、典型配置组网方案

（一）组网结构

采用典型组网方案，可满足内部不同终端加入高清视讯会议的需求。典型组网如图 9–5–11 所示。

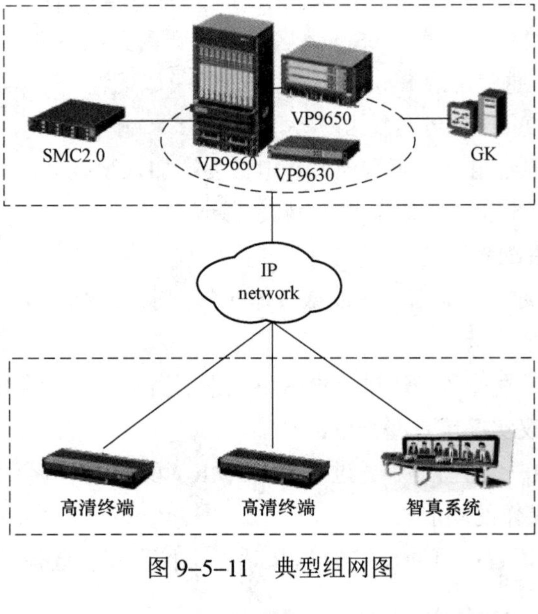

图 9–5–11 典型组网图

典型组网主要由 SMC2.0、MCU、高清终端和智真系统通过 IP 网络构成。可根据实际选择 MCU 设备、终端和智真系统，它们由 SMC2.0 进行统一管理，实现会议召集和会议控制等功能。

MCU：召开多点会议必不可少的组件，主要执行会场接入、视频交换、音频混合、数据处理、信令交互等功能。

SMC2.0：视讯业务管理系统，提供 Web 控制、OA 集成、资源管理、注册管理、用户管理、会议管理等各项视频会议的服务功能。

GK：终端或 MCU 利用 GK 作为桥梁传递主被叫双方的呼叫信息，GK 负责对终端或 MCU 的地址进行解析、呼叫控制与带宽控制等功能。在企业典型组网中，使用 SMC2.0 的内置 GK。

高清终端：采用先进的视频通信技术，能够提供高清视频与高保真的语音。以 VP9039 为例作介绍。

智真系统：远程呈现、声像同位的沉浸式高端视讯会议系统，能够达到近似真人大小、听声辨位的面对面会议效果。

（二）配置过程

企业典型组网方案需要在 MCU、终端、智真会场和 SMC2.0 上进行正确配置后，才能正常召开会议。配置过程如图 9–5–12 所示。

下面主要介绍配置 MCU、在 SMC2.0 上添加普通会场的方法及步骤。

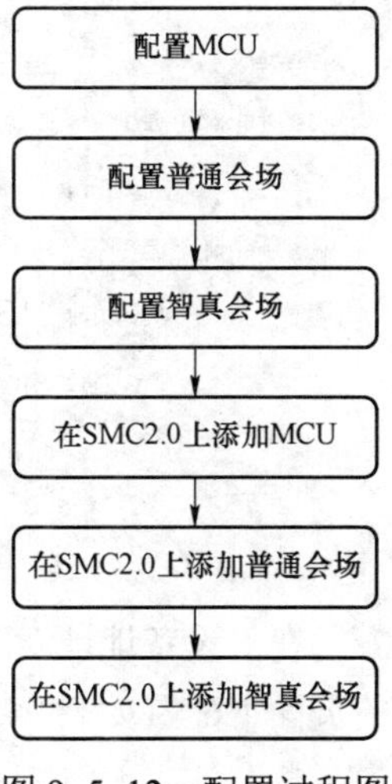

图 9–5–12　配置过程图

1. 配置 MCU

MCU 的配置参数主要有 IP 地址、GK、H.323 参数、系统时间、FTP 等。

（1）IP 地址配置：配置 MCU 前，确保 MCU 上没有正在召开的会议。登录 MCU 的内置 Web 管理界面，在界面中选择“设备管理”→“网络配置”→“网口配置”进行 IP 地址配置。选择槽位，并按事先规划配置 GE0 网口参数，单击“刷新”并保存。

（2）GK 配置：配置完所有单板 IP 地址后，在界面中选择“设备管理”→“H323/SIP 配置”→“GK 配置”进行 GK 配置。具体参数参见表 9–5–2。

（3）H.323 参数配置：在界面中选择“设备管理”→“H323/SIP 配置”→“H.323 配置”。其中 H.225 RAS 端口选择默认值：“1729”；H.225 呼叫端口选择默认值：“1720”；H.245 起始端口选择默认值：“11720”；启用 H.245 隧道选择默认值“不选中”。

（4）系统时间配置：在界面中选择“设备管理”→“系统配置”→“系统时间”，

单击“同步本地时间”，单击“保存”。

2. 在 SMC2.0 上添加普通会场

在 SMC2.0 上添加高清视讯终端，可直接在会场列表中将其作为普通会场加入到会议中。在此之前必须确保终端已正确连接到网络并正常上电，且终端不在入会状态。

登录 SMC2.0 管理界面。在首页上选择“设备”→“会场”，如图 9–5–13 所示。

图 9–5–13 SMC2.0 上添加高清视讯终端图

单击“添加会场”，如图 9–5–14 所示。

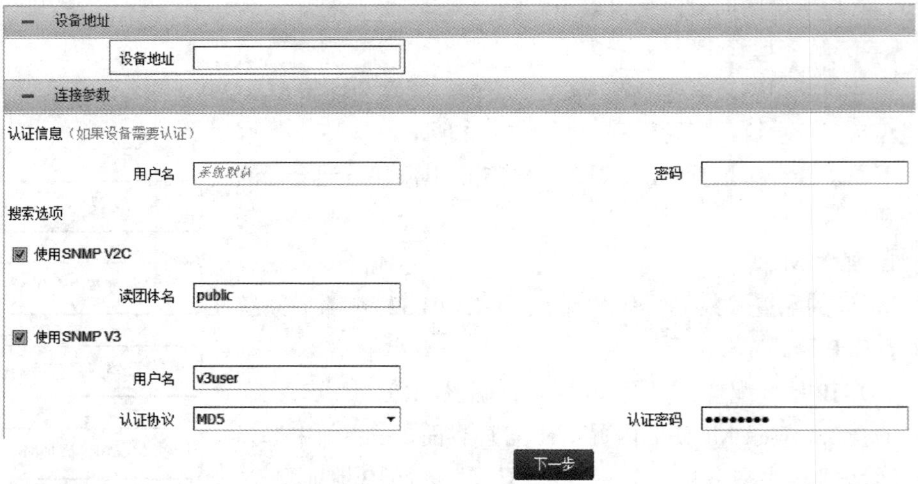

图 9–5–14 添加会场

在“设备地址”中输入终端的 IPv4、IPv6 或 DNS 地址，单击“下一步”，在弹出的页面上配置如表 9–5–5 所示会场参数，单击“添加”。

表 9–5–5 会 场 参 数

参数	如何理解	如何设置
名称	标识会场的名字	举例：“site137”
注册 GK	终端成功注册 GK 后，除了使用 IP 地址外，还能使用会 场号码或会场的名称发起呼叫	选中

续表

参数	如何理解	如何设置
GK 地址	终端所注册 GK 的 IP 地址	举例：SMC2.0 的内置 GK，“200.54.10.105”
H323 ID	终端上的 GK 认证名称，GK 以该名称标识对应的终端	该名称可以是数字、字母、汉字、特殊字符（如 @、#、%）的任意组合 举例：0755137

3. 召开会议

用户可通过 SMC2.0 管理界面，召开包含多种设备类型的多点高清视频会议。

（1）登录 SMC2.0 管理界面，在首页上选择“会议”→“新建会议”，单击“添加会场”，弹出“添加会场”对话框。

（2）在“会场列表”中勾选已建的普通会场，单击“添加”。单击“关闭”，返回“新建会议”页面。

（3）单击“会场高级参数”页签，在“主 MCU”中选择已添加上 SMC2.0 的 MCU，单击“预约会议”。

【思考与练习】

1. 简述 MCU 的配置流程
2. 如何实现 MCU 和 SMC2.0 的对接？
3. 如何添加一个普通会场？

模块 6　视频会议终端的基本配置（Z37F3006Ⅱ）

【模块描述】本模块介绍了对视频会议终端进行基本设置、系统设置、音频设置、视频设置、数据能力设置、网络设置等参数设置的方法。通过对各设置参数的概念描述以及参数配置过程详细介绍，了解视频会议终端各参数的含义以及不同参数值之间的区别，掌握参数的具体设置方法。

【模块内容】

下面以华为 HUAWEIVP9039A 为例，介绍视频会议终端的基本配置。

对华为 HUAWEIVP9039A 视频会议终端配置，可以通过遥控器或者登录终端 Web 页面来进行操作。遥控器操作以便捷直观的方式，可以对终端进行所有功能配置，Web 页面是以适应 Web 浏览的方式，将遥控器界面的功能进行了重新组合。下面主要以遥控器操作为例，对终端的配置步骤及参数进行详细的介绍。

一、基本参数配置

使用终端前，需要为终端定义一些基本信息，如本地的会场名称、系统时间、常用的应答方式等。

选择“设置”→“基本信息”，设置的参数如下：

（1）“会场名称”：会场名称叠加在本地图像上，用于标识本终端会场。会场加入多点会议后，会场列表将显示本终端的会场名称。

（2）“国家或区域”：终端所在的国家/地区。选择某个国家/地区后，终端将自动调整为该国家/地区对应的时区。

（3）“语言”：终端页面显示的语言文字。

（4）“时区”：GMT（格林威治标准时间）和您所在位置之间的时差。

（5）“日期格式”：设置日期的显示格式。如年/月/日。

（6）“时间格式”：设置时间的显示格式。如 24 小时制、12 小时制。

（7）“系统时间”：终端记录日志的时间即事件发生时的内部时间。设置准确的内部时间能使日志信息更准确反映对应事件发生的时刻。

（8）“根据夏时制自动调节时钟”：启用后，终端时钟会自动更改为夏时制。夏时制比标准时间快一个小时。

（9）“启用 NTP”：启用 NTP（Network Time Protocol）后，终端每隔 300 秒自动更新系统时间与 NTP 服务器时间一致。

（10）“NTP 设置方式”：终端获取 NTP 服务器地址的方式。仅当“网络模式”设置为“动态 IP”时，此项才可以设置。“自动”：启用此项，终端将自动获取 NTP 服务器地址。“手动”：启用此项，用户可以手动配置 NTP 服务器地址。

（11）“NTP 服务器地址”：NTP 服务器的 IP 地址。

（12）“是否启用自动接听”：如果启用该项，终端能自动应答来电。如果不启用该项，当有来电时，页面会弹出信息框，提示有远端呼叫，可用遥控器选择是否应答呼叫。终端默认不启用该项。

（13）“是否开放给所有用户”：是否将免打扰功能开放给普通用户。如果将免打扰功能开放给普通用户，普通用户可以主页上选择“应用功能”，选择“免打扰（开）”或“免打扰（关）”关闭或打开免打扰功能。

（14）“接听后关闭本地声音”：启用该功能后，当终端入会时，终端将自动关闭所有音频输入接口输入的声音，如麦克风输入的声音。

（15）“开机呼叫该会场”：如果您经常呼叫某会场，您可以将该会场设置为被叫方。被叫方可从列表中选择。列表中的会场是已经在地址本中定义的会场。设置呼叫会场后，需要配置下面的“呼叫次数”。

（16）“呼叫次数”：终端启动后将向被叫方呼叫，若不成功将继续呼叫，直至呼叫次数达到设置的“呼叫次数”为止。“呼叫次数”最大数值为 10。设置为 0 时，终端启动后不会发起呼叫。

（17）“休眠时间”：在设定的“休眠时间”内，如果用户没有对终端执行任何操作，终端将进入休眠状态。如果将休眠时间设置为“从不”，表示不启用休眠功能。

（18）“数字按键功能选择”：设置遥控器上数字按键的功能，默认为“控制预置位”。终端未入会时，在全屏模式下按遥控器的数字按键时仅支持控制预置位，不支持二次拨号。终端入会后，二次拨号在全屏模式下，根据会议中提示，按遥控器上的数字键可以进行二次拨号。“控制预置位”：在全屏模式下，按遥控器上的对应数字键可以切换到该预置位上。

（19）“摄像机左右控制反转”：用于控制摄像机的左右旋转方向。例如：默认为按遥控器的左键，摄像头会相对于摄像机向左旋转，选择“摄像机左右控制反转”项后，按遥控器左键，摄像机就会相对于摄像机向右旋转。

二、网络参数设置

HUAWEIVP9039A 支持 IPLAN 网络、E1/4E1 专线网络、3G 网络、ISDN 网络。下面以 IPLAN 网络为例，介绍 HUAWEIVP9039A 的网络配置。

1. LAN 接口指示灯状态

（1） 橙色指示灯熄灭为 10M 网口模式。

（2） 橙色指示灯亮为 100M 网口模式。

（3） 绿色指示闪烁表示正在传输数据，每一帧数据传输结束就熄灭。

（4） 绿色指示熄灭表示无数据传输或网络不通。

2. 配置 IP 参数

使用 IPLAN 网络进行视频通信前，必须预先配置终端的 IP 参数。

选择“设置”→“网络”→IP，设置的参数如下。

（1）“网络模式”：①“静态 IP”，终端的 IP 地址由网络管理员分配，需要输入本地 IP 地址、子网掩码和网关地址。②“动态 IP”，终端通过 DHCP 自动获取 IP 地址，此时网络中需要有 DHCP 服务器。③“PPPoE”，终端通过拨号方式接入宽带网，如 ADSL，PPPoE 方式需要设置用户名和密码。

（2）“本地 IP”、“子网掩码”：本终端的 IP 地址与子网掩码。

（3）“辅助 IP”、“辅子网掩码”：主 IP 与辅助 IP 必须使用不同网段的 IP 地址，辅助 IP 与 GK 不能在同一个网段。

（4）“拨号方式”：拨号过程遵循 PPPoE 协议。分别在“用户名”和“密码”文本框内输入从宽带接入服务商获取的账号和密码并选择拨号方式。①“自动”，终端启动后即向 IP 网络拨号。如果服务有计费，拨号成功后即开始。②“手动”，使用拨号程序。在主页上选择“应用功能”，选择“PPPoE 拨号”→“拨号”。

（5）“网关地址”：本终端 IP 地址对应的网关地址。当终端所在网络与另外一个网络通信时，要设置网关地址。仅当网络模式为静态 IP 时，才需要设置网关地址。

（6）“DNS 设置方式”：指定 DNS 服务器地址的设置方式。“自动”，终端自动获取 DNS 服务器的 IP 地址。手动”，需要手动设置 DNS 服务器的 IP 地址。

（7）“DNS 服务器地址 1”“DNS 服务器地址 2”“DNS 服务器地址 3”：使用“静态 IP”网络模式，可设置 DNS（Domain Name Server）服务器的 IP 地址。配置 DNS 服务器的 IP 地址后，GK 服务器与 SIP 服务器的地址就可以使用域名，DNS 服务器会根据域名解析 GK 与 SIP 所在服务器的 IP 地址。

（8）“网口模式”：配置终端两个网口的工作模式。“自动检测”，终端连通网络时，自动同远端网络设备协商出一种最佳网络模式。“10M/半双工”，传输速率为 10Mbit/s，不能同时收发数据。“10M/全双工”，传输速率为 10Mbit/s，能同时收发数据。“100M/半双工”，传输速率为 100Mbit/s，不能同时收发数据。“100M/全双工”，传输速率为 100Mbit/s，能同时收发数据。当不清楚所连接的远端网络设备网口的工作模式时，请设置为“自动检测”，否则将不能正常连通网络。

（9）“HUB 网口模式”：启用时，终端可以提供集线器功能，使连接在终端网口上的网络设备互通。如终端已连接到互联网，则连接在终端网口上的网络设备也可以与互联网互通。

3. 配置 H.323 参数

当会议系统使用 GK 时，终端可以配置会场号码或会场名称，其他远端会场就可以通过输入会场号码或会场名称而不是 IP 地址来呼叫本地，这需要配置 H.323 参数。

选择“设置”→“网络”→IP→H.323，设置的参数如下。

（1）“启用 GK”：终端是否注册 GK。启用 GK 后，终端启动后就向 GK 注册。终端成功注册到 GK 后，除了使用 IP 地址外，还能使用远端会场号码或会场的名称（在地址本中定义）呼叫另一台终端。IP 会场和 ISDN 会场之间的会议，必须使用 GK。不启用 GK，终端不会向 GK 注册，只能通过 IP 地址呼叫另一台终端。

（2）“GK 地址”：GK 所在服务器的 IP 地址。

（3）“会场号码”：本终端对应的会场号码。本终端注册到 GK 后，其他终端能使用该号码呼叫本终端。会场号码必须是数字。

（4）“GK 认证名称”：终端注册到 GK 后，GK 以该名称标识本终端。该名称可以是数字、字母、汉字的任意组合。

（5）“认证用户名”：用于 H.323 鉴权注册的用户名。该用户名可以是数字、字母、汉字的任意组合。

（6）“GK 认证密码”：终端向 GK 注册的密码，用于 GK 认证终端的合法性。GK

认证时，终端设置的密码必须同在 GK 上预先设置的密码一致。

(7)“华为 GK”：当使用华为 GK 时，启用该项。不启用华为 GK 时，终端部分功能禁用，如“会议控制”。

(8)“HTTPS 模式”：启用此项后，终端将采用 HTTPS 加密模式上传主叫呼集会议信息。当未启用 HTTPS 模式时，则采用不安全的 TCP 模式。为了确保通信安全，建议启用此项。

(9)“主叫呼集认证”：启用“HTTPS 模式后才能启用此项。启用此项后，进行主叫呼集时需要导入证书并认证。为了确保通信安全，建议启用此项。

(10)“使用语音网关”：选择“使用语音网关”后，可以设置“语音网关地址”。

(11)“语音网关地址”：呼叫语音网关下连接的 PSTN 终端。

4. 配置 SIP 参数

使用 SIP（SessionInitiationProtocol）协议进行视频通信时，需要配置 SIP 参数，如是否注册 SIP 服务器等。

选择“设置”→“网络”→IP→SIP，选择启用注册服务器。具体参数不再详述。

5. 配置 SNMP 参数

当要使用 MediaManager、SMC（ServiceManagementCenter）网管要配置 SNMP（SimpleNetworkManagementProtocol）参数。

MediaManager 和 SMC 可以对终端进行如下的管理操作：配置终端参数，如 IP 参数配置、H.323/SIP 参数配置、E1/4E1 参数配置、防火墙参数配置、网络地址本参数配置、视频输入参数配置、视频输出参数配置、音频输入参数配置及是否允许 Web 登录的配置、导入导出网络地址本、查询终端状态信息、查询终端告警信息、诊断终端网络故障、重启或升级终端。

选择“设置”→“网络”→IP→SNMP，选择启用 SNMP。具体参数不再详述。

6. 配置 QoS 参数

设置 QoS（QualityofService）参数用于指定在会议呼叫过程中处理 IP 数据包的方式。

选择“设置”→“网络”→IP→QoS，设置的参数如下。

(1)“QOS 类型”：可选优先级和区分服务。选择“优先级”项后，还需设置“IP 优先级”和“服务类型”。选择“区分服务”项后，还需设置 DSCP（DifferentiatedServicesCodePoint）。

(2)“IP 优先级”：终端发送到的数据包在网络设备内被转发的优先级。范围 0～7，数字越大，优先级越高。

(3)“服务类型”：网络为终端收发的数据包提供的不同的服务，共 5 种类型。“普通”：网络设备对数据包不作特殊处理；“最小延时”，以最快的速度传输数据包，使延迟最小；“最大吞吐量”，能满足大量数据包在网络内传输；“最高可靠性”，完整且正确传送数据包到远端；“最小费用”，传输同等流量的数据包保证费用最低。

（4）“DSCP”：终端发送的数据包在传输时所享受的服务级别。范围是0～63，数字越大，服务级别越高。

（5）“网络抖动”：通过调节网络抖动参数值，可以解决会议中出现的唇音不同步现象。增大网络抖动参数值，可以使声音延续性更好，解决声音卡顿的问题。当终端使用有线网络进行视频通信时，建议使用终端默认值。

（6）“唇音同步”：通过网络抖动调节后，如果还有轻微的唇音不同步现象出现，可以微调该参数。

7. 配置防火墙参数

防火墙通过隔离内部和外部网络数据的通信来保护 IP 网络。查看网络防火墙配置，是否可用于 H.323 视频会议系统，否则必须配置系统和防火墙，以允许视频会议顺利通过防火墙。NAT（NetworkAddressTranslation）网络地址转换技术是指对内部 LAN 网络的某设备使用专用的内部 IP 地址，同时使用一个外部 IP 地址以使该设备能够与外部网络的其他设备进行通信。如果 LAN 使用了 NAT 技术，需要在终端配置 NAT 公网地址。

操作步骤：选择“设置”→“网络”→IP→“防火墙”。具体参数不再详述。

三、视频参数设置

为了保证终端输出的图像效果，视频源的输入输出格式必须保证一致。例如本地输入 1080p 30Hz 图像时，本地视频输出也需要配置成 1080p 30Hz 或 1080p 60Hz；输入 1080p 25Hz 图像时，视频输出也要配置成 1080p 25 帧或 1080p 50 帧。

1. 配置摄像机参数

正确配置摄像机参数，终端才能正确显示摄像机输入的图像。

选择“设置”→“视频”→“视频输入”，设置的参数如下。

（1）“摄像机名称”：用于标识摄像机，便于会议过程中切换摄像机时识别。

（2）“摄像机类型”：选择所连接的摄像机的类型。终端支持多个厂家、多种型号的摄像机。因各摄像机的控制指令不同，正确选择种类才能控制摄像机。

（3）“控制串口”：选择与摄像机控制接口相连的串口，COM1 或 COM2。设置的串口必须同实际连接的串口一致，否则不能控制摄像机。

（4）“初始位置”：选择“自动位置”，摄像机根据自身情况决定，通常保持静止。如果已经设置预置位置，选择“预置位置 1”，则终端启动时位置恢复到该位置。

（5）“移动速度”：设置摄像头转动和缩放的快慢。“慢”便于精确定位，“快”便于快速定位；“中”介于两者之间。

（6）“输入源”：选择输入源格式。

（7）“镜像”：终端是否将输入图像左右翻转。默认设置为“正常”。“正常”，输入图像不翻转；“水平镜像”，将输入图像左右翻转，如同从镜子中观看。

（8）“启用 1080PsF 转换”：当与终端连接的摄像机采用逐行分段传输 PSF（ProgressivesegmentedFrame）这种方式传输信号时，需要启用该配置项。

（9）“拉伸模式”：终端将输入的图像按照编码的格式大小进行调整。“拉伸”，图像宽高比不固定，将图像拉伸至全屏；“不拉伸”，图像宽高比固定，将图像伸至全屏，图像的上下、左右可能有黑边；“智能拉伸”，对图像先剪切，后拉伸，保证图像宽高比的比例不变。如宽屏图像变为窄屏图像时，先对宽屏图像左右剪切一部分使其变成窄屏图像后，再放大至全屏。

（10）“UV 反色处理”：将图像进行红蓝反色处理。当图像出现偏色时可启用此项。

2. 配置输出视频参数

需要在终端上配置视频输出参数，这样才能获得较好的图像效果。

操作步骤：选择“设置”→“视频”→“视频输出”。

（1） 配置 HD 视频输出接口。

选择要配置的某个 HD（高清）视频输出接口，如 HDOUT1，设置的参数如下。

- “名称”：用于标识输出接口，便于会议过程中选择时识别。
- “输出模式”：配置监视器接收的格式。当接口类型为 SDIOUT 时，不需要配置输出模式参数项。当接口类型不是 SDIOUT 时，需进行配置。VGA，如果使用 DVI–SXGA 转接线缆将监视器连接到 HDOUT 接口，则选择此选项。DVI，如果使用 DVI 延长线缆将监视器连接到 HDOUT 接口，则选择此选项。YPrPb，如果使用 DVI–YPrPb 转接线缆将监视器连接到 HDOUT 接口，则选择此选项。DVI（AUDIO）：如果使用 DVI–HDMI 转接线缆将监视器连接到 HDOUT 接口，则选择此选项。
- “拉伸模式”：调整输出图像宽高比以适应监视器屏幕尺寸。“拉伸”，图像宽高比可以改变。“不拉伸”，图像宽高比不变。“智能拉伸”，对图像先剪切后拉伸，保证图像宽高比的比例不变，如宽频图像变为窄屏图像时，先对宽屏图像左右剪切一部分使其变成窄屏图像后，再拉伸至全屏。
- “图像分辨率”：每种接口支持的分辨率是不一样的。VGA 支持 800×600、1024×768、1280×1024、720p；DVI 支持 800×600、1024×768、1280×1024、720p、1080i、1080p；YPrPb 支持 720p、1080i、1080p
- “刷新率”：每种接口支持的刷新率是不一样的。在 1080p 模式下一般有 24、25、30、50、60 几种刷新率。

●“显示本端主流”“显示远端主流”“显示 H.239”：配置该接口是否可以显示本地主视频、远端主视频、本地演示或远端演示图像。各个视频输出接口可以显示的内容是不一样的。默认情况下，HDOUT1 连接的监视器可以显示本端主视频、远端主视频与演示内容。只有 HDOUT1 输出的图像才可以手动切换。HDOUT2、HDOUT3 显示哪种图像需要在会议召开前配置。会议过程中，不能手动切换 HDOUT2、HDOUT3 输出的图像。如配置 HDOUT2 显示本地主视频图像，会议过程中，该接口将只能显示本地主视频图像，不能手动切换为其他图像。

●“自动输出 H.239”：配置演示图像是否自动从 HDOUT1 输出口输出。只有 HDOUT1 才支持该功能。

●“自动 LAYOUT 模式”：配置演示图像的显示模式。“单显”，整个屏幕显示演示或主视频图像。“画中画”，以画中画方式显示演示与主视频图像。“画外画”，以画外画方式显示演示与主视频图像。只有主输出口才支持该功能。

●“小画面位置”：设置小画面在大画面上的显示位置。如右下角、左下角、右上角、左上角。默认值为右下角。只有主输出口才支持该功能。观看画中画方法如下：在会控工具条上选择“布局”后，选择按遥控器的键切换到画中画模式。

（2） 配置 SD 视频输出接口。

选择某个要配置的 SD（标清）视频输出接口，如 SDOUT1。S–VIDEO 比 CVBS 输出质量更高的标清视频图像，应优先采用 S–VIDEO 视频输出接口。终端的“S–VIDEO”和“CVBS”视频输出接口不能同时连接到一台监视器上，否则将出现图像异常现象。设置的参数如下。

●“名称”：用于标识输出接口，便于会议过程中选择时识别。

●“图像分辨率”：在不同输出模式下，均可以配置 PAL、NTSC 这两种图像分辨率。

●“输出模式”：配置监视器接收的格式。CVBS：如果监视器具有该格式接口，则选择此选项。终端如果从 SDOUT2 接口输出，需要使用 S–VIDEO–CVBS 转接线缆；S–VIDEO：如果监视器具有该格式接口，则选择此选项。终端如果从 SDOUT1 接口输出，需要使用 CVBS–S–VIDEO 转接线缆。

●“拉伸模式”：调整输出图像的大小以适应监视器屏幕尺寸。

3. 调整图像显示效果

图像显示效果调整主要包括：调整本端图像效果，如亮度、饱和度等，图像偏移、采样相位。

（1） 调整本地图像效果。

本地图像效果包括图像亮度、对比度、饱和度等，可根据需要进行设置。通过标清接口输入的本地图像可以设置下面所有的图像效果参数。通过高清接口输入的本地图像只能设置图像的“对比度”。

步骤：选择“设置”→“显示”→“图像参数调节”。选择标清视频输入口，如SD IN 1。设置的参数如下。

●“亮度级”：增加或减少图像输出电平，使监视器上显示的图像变得更亮或更暗。

●“对比度”：增加或减少各颜色的电平，以便能更容易区分两种颜色。如增加对比度后，原来黑白过渡不明显的，将变得很明显。

●“饱和度”：增加或减少各颜色的灰度等级。如增加饱和度后，暗红色的就会变鲜红色，暗黄就会变鲜黄。

●“房间光线”：终端根据设置的“房间光线”强弱不同调整图像效果，提高图像质量。根据房间光线强弱及摄像机显示效果选择。当房间光线比较亮，本地图像过于白亮，请选择“亮”；当房间光线比较暗，本地图像过于灰暗，请选择“暗”。

（2）调整图像偏移。

从DVI/SXGA/YPrPb接口（DVI–1型）输入或输出的图像，如内容为计算机桌面的VGA图像，在监视器屏幕上显示时可能发生位置偏移，这时候可以通过图像偏移参数移动位置。

操作步骤：选择“设置”→“显示”→“图像偏移”，选择“水平偏移”或“垂直偏移”。选择某个视频接口后，用滑块进行调节。

（3）节采样相位。

输入图像，如内容为计算机桌面的VGA图像，在监视器屏幕上显示时可能发生色彩失真。即从计算机显示屏上看到的色彩和从终端连接的监视器上看到的色彩有明显的差异。这时候可以通过采样相位参数调节色彩。

操作步骤：选择“设置”→“显示”→“采样相位调节”，用滑块进行调节。

（4）调节图像参数。

当终端与华为高清摄像机连接后，需要设置调节摄像机的图像参数，如设置曝光模式、白平衡模式、孔径大小及降噪等，才能在监视器上看到适宜的图像效果。

操作步骤：选择“设置”→“显示”→“图像参数调节”。选择高清摄像机连接的某个高清视频输入口，设置的参数如下。

●“图像模式”：配置摄像机输出的图像显示模式。“标准”，图像更具真实性；“鲜艳”，图像更加鲜艳、亮丽。图像色调偏冷；“自然”，图像更加偏暖色调；“自定义”，自定义摄像机输出的图像参数；“锐化”，增强图像的边缘效果，有利于提高图像的清晰度。调节过大，会降低图像的真实感；“亮度”，增加或减少图像输出电平，使监视器上显示的图像变得更亮或更暗；对比度”，增加或减少各颜色的电平，以便能更容易区分两种颜色。如增加对比度后，原来黑白过渡不明显的，将变得很明显；“色调”，调整图像色彩的整体效果。“饱和度”，增加或减少各颜色的灰度等级。如增加饱和度后，暗红色的就会变鲜红色，暗黄就会变鲜黄。

- “曝光模式”：配置自然光源的模式，有如下几种模式。“全自动”，根据周围环境自动选择最优配置。全自动模式下，根据需要设置“快门延迟”。可以防止摄像机震动造成的画质问题；“手动”，手动调节亮度增益、快门速度与光圈大小；“光圈优先”，手动调节所需光圈大小，由摄像机自动选择相应的快门速度；“快门优先”，手动调节快门速度，由摄像机选择合适的光圈值。多用于拍摄运动的物体；“局部模式”，当物体表面反光较强时，使用该模式能得到最优的图像效果；“亮度调节”，手动调节亮度。
- “白平衡”：选择合适白平衡模式，能让高清摄像机更准确地认识真正白色，使得高清摄像机输出的图像更逼真。默认值为“自动”。“红增益”，调节图像红信号的亮度；“蓝增益”，调节图像蓝信号的亮度。
- “降噪”：降噪的程度越大，画面噪点越少，但会丢失更多的图像细节。
- “自动设置输出格式”：启用该项后，终端将根据会议设置的视频格式来设置摄像机的视频输出格式。
- “视频格式”：当“自动设置输出格式”设为禁用时，可以手动设置摄像机输出图像的视频格式。
- “图像倒置”：将摄像机输入的图像进行上下翻转。当您看到摄像机输入图像倒置时，可以启用该项。
- “背光补偿”：当摄像机输入图像的背景比较暗时，可以启用该项。

（5） 调节画中画参数。

用于调节画中画的子画面的水平和垂直位置。

操作步骤：选择“设置”→“显示”→“画中画参数调节”。选择调节画中画的位置，“水平偏移”或“垂直偏移”，按遥控器的“OK”键。按遥控器左右键，选择滑块，按遥控器“OK”键。按遥控器左右键，移动滑块，调整至合适位置。

四、音频参数设置

终端连接音频设备后，需要正确配置音频参数，才能获得好的声音效果。

操作步骤：选择“设置”→“音频”，设置的参数如下。

（1） 音频输入参数。

“左音频源”“右音频源”：配置 MIC 与 AudioIN 名称，该名称可以用于标识输入接口，便于会议过程中选择时识别。名称长度不能超过 128 个字节。在该页面可以通过启用或不启用 MIC 或 AudioIN，控制当前是否输入 MIC 或 AudioIN 所连接设备的输入的音频。为立体声的左、右声道输出指定声音来源。默认 MIC1 和 AUDIOINL 作为左声道输入源，MIC2 和 AUDIOINR 作为右声道输入源。VPM210 工作在双声道模式，不需配置。

（2）“阵列麦克风”输入参数。

- “开关控制模式”：通过打开或关闭阵列麦克风，控制音频输入设备采集的声音信号是否传送给终端。“仅阵列麦克风”，关闭阵列麦克风后，终端收不到阵列麦克风采集的声音信号，但可以收到其他音频输入设备采集的声音信号。“所有音频输入”，关闭阵列麦克风后，终端收不到任何音频输入设备采集到的声音信号。通过下面方式，可以使终端重新收到音频输入设备采集的声音信号：① 使用阵列麦克风按键打开阵列麦克风。② 在 Web 页面上单击“设备控制”→“音频控制”或在遥控器界面上选择“设置”→“音频”→“音频输入”或按遥控器上的麦克风按键，打开音频输入设备。如打开 MIC1 后，终端便可以收到 MIC1 采集的声音信号。
- “Telnet 设置”：启用该项后，用户能通过 Telnet 登录到阵列麦克风的 Telnet 页面，查询系统状态，进行调试或设置等。
- “阵列麦克风位置”：VPM210 级连时的摆放顺序。根据阵列麦克风数量和摆放位置，模拟场景区域显示建议的连接图。

（3） 音量设置。

操作步骤：“设置”→“音频”→“音量”。

“音量”：调节扬声器、提示音音量，使用方向按键移动滑块。

（4） 音效设置参数。

操作步骤：“设置”→“音频”→“音效”。

- “环境回声”：默认值为正常。“偏大”：当本地会场听到远端会场较大的环境回声时，需要通知远端会场将“环境回声”设置为“偏大”，以抵消远端会场中过大的环境回声。
- “回声抵消”：设置对终端 MIC1 接口、MIC2 接口输入的音频源，是否做回声抵消处理。默认值为启用。
- “音乐模式”：音乐模式只能在音乐的输入端设置生效。在音乐的输入端打开音乐模式后，音乐效果会更好。
- “铃声”：选择铃声类型。当有呼叫到达时，终端发出该类型的振铃声。
- “声道平衡”：调节双声道模式下左、右声道音量输出分配。
- “低频均衡”“中频均衡”“高频均衡”：通过滑块调节不同频段声音的均衡，可以获得不同的声音效果。
- “AUDIOIN 本地输出”：启用该功能后，本地可以听到本地 AUDIOIN 输入的声
- “AUDIOIN 混入 MIC”：选中后，发送音频辅流给远端时，“AUDIOIN”接口输

入的声音会混入本端 MIC 拾取的声音中，在远端会场播放。

- “虚拟环绕声”：选中后能增强会场立体环绕声效果，提高用户主观体验。

五、会议参数配置

会议通信参数的出厂设置、默认设置已经可以支持终端进行会议。也可以特别指定其中的参数。会议通信参数是可选配置，应用于以下情况：本地通过呼叫开始的双方会议；本地开始的多方会议；本地接受其他会场呼叫，加入某个会议。

如果召开 H.239 双流会议，需要配置主视频、H.239 参数。如果开始单流会议，则配置主视频参数即可。

操作步骤：选择“设置”→“会议参数”，设置的参数如下。

（1）“启用内置 MCU”：启用内置 MCU 后，终端将优先使用内置 MCU 开始会议。

（2）“本地入会”：启用内置 MCU 后，如果没有选择“本地入会”，会议开始成功后又希望本地入会。操作方法如下：按遥控器的键，选择“参加本地会议”，本终端将加入内置 MCU 会议中。

（3）“声控切换”：启用内置 MCU 后，会议开始前，可以设置会议中是否启用声控制切换功能。

（4）“画面模式”：使用内置 MCU 开始会议前，设置会议的多画面的模式。

（5）“初始模式配置”：使用 HUAWEIVP9039A 内置 MCU 开始会议时，您可以设置会议的初始模式。“自由观看”：会议中的各会场处于自由观看状态。每个会场都可以设置自己观看的多画面。“广播”：当初始会议模式设置为广播时，会议开始后，即广播您在“画面模式”中设置的单画面或多画面。

（6）“音频协议”：终端对声音编解码所采用的音频协议选择，可以选择多个音频协议。

（7）“启用双声道”：选择“AAC_LD”或“HWA–LD”后，才能启用双声道。

（8）“主流视频协议”：终端对主视频的图像编解码所采用的视频协议。在非多流的会议中，视频协议即本终端采用的视频协议。高清会议建议采用 H.263、H.264 视频协议选择，可以选择多个视频协议。

（9）“主流视频格式”：根据已设定的视频协议，选择合适的图像格式。视频协议设置为“Auto”时，视频格式支持“流畅”和“清晰”两种选项。选择“流畅”时，优先保证帧率。选择“清晰”时，优先保证图像分辨率。

（10）“主流视频帧率”：视频编码采用的帧率。帧率越高，远端接收到的图像越流畅。帧率越低，远端接收到的图像越清晰。建议采用默认值“自动”，终端将会自动调整主流视频帧率。

（11）“主图像格式”：根据已设定的主视频协议，选择合适的格式。“主流视频协议”设置为“自动”时，主图像格式支持两种：设为“清晰”优先保证图像分辨率。设为“流畅”优先保证帧率。

(12)“启用 H.239”：启用 H.239 后，点对点呼叫时，可以发送演示。

(13)“H.239 视频协议”：终端对演示图像编解码所采用的视频协议。在 H.239 双流会议中，主视频和 H.239 视频协议支持特定的协议组合。

(14)“辅图像格式”：根据已设定的演示视频协议，选择合适的格式。

(15)“H.239 视频带宽设置方式”：终端设置演示视频带宽值的方式。启用“自动”项，则根据终端策略自动配置演示视频带宽；启用“手动”项，可以手动设置“H.239 视频带宽（%）”的值。

(16)“H.239 视频带宽（%）”：演示视频占用呼叫带宽的百分比。当“H.239 视频带宽设置方式”设置为“手动”时，才可以设置此参数。

(17)“H.239 发送方式”：H.239 的发送方式。“自动”，在发送视频时，终端自动同时发送演示。H.239 角色设定为 Live 有效；“手动”，通过终端的遥控器按键进行发送。

(18)“H.239 即插即发”：选择此项后，当终端检测到有演示视频源输入时，将自动向远端发送演示。

(19)“H.239 角色”：默认值为“胶片”。

(20)“动态调整带宽”：启用动态带宽后，由于网络带宽不足时导致网络持续丢包，终端将会自动降低会议带宽，直到网络不出现持续丢包或者会议带宽降低到 64kbit/s 为止。网络丢包后，终端将通过动态带宽调整策略在 1 分钟内达到稳定状态。当网络质量较好时，请选择“禁用”。当网络质量不稳定时，请选择“启用”。

(21)“呼集类型”：选择会议所用的线路类型。当选择“Auto”时，如果终端注册到 GK，则优先使用 IP 线路进行会议。如果终端注册 GK 失败或没有使用 GK，并且存在 E1/4E1 线路，将使用 E1/4E1 线路进行会议。

(22)“默认呼叫带宽”：设置终端默认呼叫速率。

(23)“预留演示带宽”：在未发送演示时，是否为演示预留带宽。启用此项，在未发送演示时呼叫带宽不会全部用于传输主视频信号，而是预留部分给演示。

(24)“IP 优选协议”：选择 IP 类型会场优先使用的协议类型。当 IP 类型会场的“线路类型”选择“Auto”时，终端使用系统优选的协议类型进行呼叫。

(25)“会议带宽”：默认值为“正常带宽”。当终端通过 IP 线路接入 E1 专线网络时，需要将会议带宽设置成“受限带宽”，以便提高视讯通信质量。

(26)“选择会议控制操作”：设置“会议控制”页面显示的会议控制功能项。

六、字幕参数设置

发送 T.140 字幕前，您需要对字幕属性进行必要的配置。

操作步骤：选择“设置”→“字幕”，设置的参数如下。

（1）“字体大小”：指定横幅、中部字幕、底部字幕的大小尺寸。

（2）“粗体”：是否将横幅、中部字幕、底部字幕中的字体加粗。

（3）“字体类型”：选择要发送字幕的字体类型。

（4）“背景效果”：指定横幅、中部字幕、底部字幕显示时背景显示效果。

（5）“显示高度”：指定横幅或底部字幕占全屏高度的百分比。

（6）“背景颜色”：指定横幅、中部字幕、底部字幕显示时的背景颜色值。能显示64种颜色。

（7）“行间距”：指定中部字幕显示多行信息时，行与行之间的尺寸。

（8）“字体颜色”：指定横幅、中部字幕、底部字幕显示时的前景颜色值。能显示64种颜色。

（9）“显示特效”：中部字幕、底部字幕、横幅显示的特殊效果。

（10）“滚动速度”：中部字幕、底部字幕可选择滚动特效，该参数设置字幕滚动的快慢。根据预览效果，选择合适的速度。

（11）“发送类型”：选择要发送的字幕类型：T.140字幕或非T.140字幕。

七、安全参数设置

安全配置主要有：是否允许普通用户访问某些特定页面、设置管理员密码、启用H.235加密及是否允许用户远程登录终端。

1. 设置管理员密码

步骤：选择“设置”→“安全”→“密码”。设置的参数如下。

（1）“管理员密码”：管理员密码默认值为“admin”。为了保证安全性，建议首次使用时更改密码。密码只能是大小写字母、数字或字母与数字的组合。管理员密码的最大长度为32位。

（2）“加密应用功能”：启用该功能后，当进入“应用功能”页面时，需要输入管理员密码。

（3）“加密诊断”：启用该功能后，当进入“诊断”页面时，需要输入管理员密码。

2. 要求输入密码才能访问的页面

当管理员设置密码与加密某些页面后，普通用户需要凭借管理员密码才能访问这些页面。管理员可以对“设置”“应用功能”“诊断”“自定义工具条”页面加密，普通用户只能凭借管理员设置的密码才能访问以上页面。

3. 启用H.235加密

IP网络本身是一个不提供质量保证和安全的网络，选择加密可加强视讯通信的安全性。

通信过程中，要求双方同时支持加密功能。H.235 加密就是根据双方协商的加密算法、密钥，对媒体流进行加密。解密一方根据双方协商的加密算法、密钥，从密文中解出原始的媒体流，防止未授权的用户访问。

操作步骤：选择“设置”→“安全”→“加密策略”，配置 H.235 加密策略。

（1）“禁用”：任何情况都不加密。

（2）“启用”：强制加密，此时终端只能加入加密会议。

（3）“最大互通性”：以保证能够建立通话为首要条件来决策是否加密。如果对方不支持，则不进行加密限制。

4. 允许 Web 远程登录

配置是否允许远程用户通过 Web 或 Telnet 登录终端。远程用户登录终端后，可以通过终端内置的 Web 页面或 Telnet 页面管理终端。

操作步骤：选择“设置”→“安全”→“Web 登录”，参数的设置如下。

（1）“Web 登录”：启用此功能后，远程用户可通过 Web 登录并管理终端。

（2）“管理员名”“旧密码”“新密码”“确认新密码”：通过 Web 登录终端的管理员名称与密码。

（3）“SSL 加密”：启用 SSL（Security Socket Layer）加密机制后，触摸屏与终端连接时，协议需要选择“HTTPS”。SSL 加密可以保护数据在传送过程中的安全，当传输的数据安全级别要求较高时，建议启用。

（4）“视频监控”：启用此功能后，远程用户可通过终端的 Web 界面查看本地或远端的主视频、演示图像，并可以进行拍照，终端默认不启用此功能。

【思考与练习】

1. 配置输出视频参数时，对输出模式有什么要求？
2. 如何对终端进行网络参数的设置？
3. 如果召开一个 H.239 双流会议，需要配置哪些参数？这些参数的含义是什么？

◢ 模块 7 视频会议终端的接线方式（Z37F3007Ⅱ）

【模块描述】本模块介绍了视频会议终端的接口类型及适配线缆的选择。通过设备展示和要点讲解，辨识各接口的功能类型、信号流向及所接外围设备的用途，掌握之间正确的接线方法。

【模块内容】

下面以华为 RP200–46 一体化会议电视终端及其核心编解码器 HUAWEI VP9039A 为例，介绍视频会议终端的接线。

一、RP200–46 系统配置

华为 RP200–46 主要由高清摄像机 VPC600、核心编解码器（会议电视终端 HUAWEI VP9039A）、2 台 46 寸显示屏以及总装结构件（电视机架、设备柜、多功能插座）、麦克风、PDU、10 寸触摸屏、无线路由器等构成。如图 9–7–1 所示。

图 9–7–1 RP200–46 系统配置图

二、设备线缆

RP200–46 的常见线缆如图 9–7–2 所示。

图 9–7–2 常见线缆

1. 视频线缆

RP200–46 主要的视频线缆有：

（1）DVI–DVI 线缆 1：用于连接摄像机 DVI 接口和高清终端的 DVI IN1 接口。

（2）DVI–DVI 线缆 2：用于连接接口盒 VIDEO OUT 接口（内）和高清终端 DVI IN2 接口。

（3）DVI–HDMI 线缆：用于连接高清终端 DVI OUT1 接口和主流 TVHDMI1 接口。

（4）DVI–VGA 线缆 1：用于连接高清终端 DVI OUT2 和辅流 TV 的 VGA 接口。

（5）DVI–VGA 线缆 2：用于连接辅流源和接口盒 VIDEO IN 接口（外）。

RP200–46 的视频线缆连接如图 9–7–3 所示。

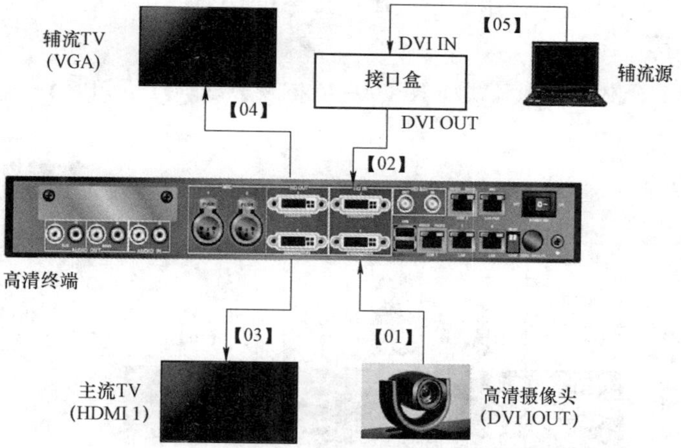

图 9–7–3 RP200–46 的视频线缆连接图

2. 音频线缆

RP200–46 主要的音频线缆有：

（1）HDMI–HDMI 和 RJ45–RJ45：这两根线通过 HDMI–RJ45 转接头，用于连接阵列麦克风 VPM210 IN 接口和接口盒 LAN–MIC 接口（外）。

（2）HDMI–RJ45：用于连接麦克风 VPM210 IN 接口和接口盒 LAN–MIC 接口（外）。

（3）3.5mm–3.5mm：用于连接辅流音频源和接口盒 AUDIO IN 接口（外）。

（4）RCA–RCA：用于连接接口盒 Audio Out 接口（内）和高清终端 Audio In 接口。

3. 网络线缆

RP200–46 主要的网络线缆有：

（1）RJ45–RJ45 线缆 1：用于连接接口盒 LAN（外）和墙插网络接口。

（2）RJ45–RJ45 线缆 2：用于连接接口盒 LAN（内）和高清终端 LAN1。

（3）RJ45–RJ45 线缆 3：用于连接无线路由器 LAN 接口和高清终端 LAN 2 接口。

4. 控制线缆

RP200–46 主要的控制线缆有：

（1）Visca–RJ45 线缆：用于高清摄像机 COM IN 和高清终端 COM2。

（2）USB 单头/USB 双头线缆：用于连接高清终端 USB 接口和红外接收头。

（3）DB9–RJ45：用于连接高清终端 COM1 接口和主流 TV 的 RS232 接口。

（4）USB 线缆：用于连接高清终端 USB 接口和接口盒 USB 接口。

（5）Visca–DB9 线缆：用于连接高清摄像机 COM OUT 接口和辅流 TV RS232 接口。

RP200 音频、网络、控制线缆 RP200–46 的视频线缆连接如图 9–7–4 所示。

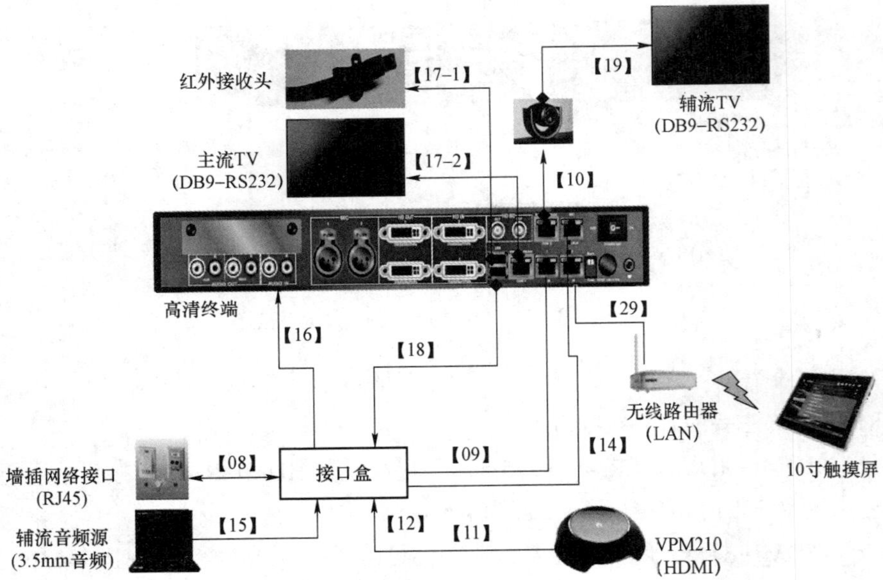

图 9–7–4 视频线缆连接图

三、网络连接

HUAWEI VP9039A 是华为 RP200–46 一体化会议电视终端的核心。HUWEI VP9039A 除了提供 IP LAN 网络接口外，还可根据需要接入 E1 专线网络、4E1 专线网络、PSTN 网络以及 3G 网络。

1. 连接 IP LAN 网络

使用网线连接 LAN 1 接口至局域网设备的网口（如图 9–7–4 所示）。

2. 连接 E1 专线网络

需安装 E1 接口卡。E1 接口卡提供 1 个或 4 个平衡方式的输出接口，将终端连接到 E1 专线网络。如果 E1 专线网络仅提供非平衡方式的接口，则必须使用 E1 平衡/非平衡转换器把平衡接口转换成非平衡接口。将 E1 线（非平衡）的 2 个 BNC 接头分别拧入 E1 平衡/非平衡转换器上标有“Rx”（接收）和“Tx”（输出）接口。

3. 连接 4E1 专线网络

需安装 4E1 接口卡，将终端连接 4E1 专线网络。如果同时连接四条线路，这四条线路只提供一个通信通路。数据被平均地拆分成 4 份，然后同时从 4 个 E1 通道一并发送到同一个远端。4E1 接口卡提供 4 个平衡方式的输出接口。4E1 接口卡的 4 条 E1 线可以混插。本地 4 条 E1 线没有线序，输出到达远端时，一条线路可以插在任意一个接口，只要保证 4 条线路全部连接即可。

4. 连接 PSTN 网络

需安装 PSTN–E1 接口卡。PSTN–E1 接口卡提供 1 个 PSTN 线路接口，1 个 E1 线路接口，终端可以通过 PSTN–E1 接口卡同时接入 PSTN 与 E1 网络。终端接入 PSTN 网络后，可以呼叫 PSTN 电话，PSTN 电话也可以加入终端所在的会议中。

5. 连接 ISDN 网络

终端可使用 ISDN 网络进行视频通信，必须先通过 HUAWEI IGW100 接入 ISDN 网络，再使用网线连接终端的 LAN2 网口和 HUAWEI IGW100 的 LAN 网口。

6. 连接 3G 网络

终端可以通过插入 3G 数据卡的方式，利用 3G 网络进行视频通信。使用终端进行 3G 网络视频通信时，需要将 3G 数据卡插入终端的 USB 接口。终端前面板有 2 个 USB 接口，均支持 480Mbit/s、12Mbit/s、1.5Mbit/s 带宽，USB 接口可以实现多种数字接口的扩展功能。

四、视频连接

1. 连接摄像机

HUAWEI VP9039A 终端支持 SONY EVI–HD1、CANON V50、ViewPoint C500、HUAWEI VPC600、VPC500、VPC520、VPC620、VPC500S、VPC500E 高清摄像机等多种型号摄像机。连接摄像机后，可以使用 VISCA 控制信号线缆连接至终端的 COM 接口，通过终端的 COM 接口实现摄像机的水平、垂直、缩放控制。

终端视频输入接口的能力见表 9–7–1。

表 9–7–1　　终端视频输入接口的能力表

视频输入接口	接口类型	可接收的输入格式
HD IN 1	DVI–I	DVI、SXGA、YPrPb（同一时刻只能使用其中一种格式）
HD IN 2	DVI–I	DVI、SXGA、YPrPb（同一时刻只能使用其中一种格式）
SD IN 1	DVI–I	可以通过 DVI–（HDMI/VGA/S–VIDEO/CVBS）转接线缆输入 CVBS、S– VIDEO 格式的信号
HD SDI IN	SMB	HD–SDI

2. 连接监视器

终端与监视器连接时，需要根据不同接口选择不同的连接线缆。终端视频输出接口的能力、各个接口可以显示的内容是有差异的。

终端视频输出接口的能力见表 9–7–2（表中：① 表示本地主视频，② 表示本地演示，③ 表示远端主视频，④ 表示远端演示）。

表 9–7–2　　终端视频输出接口的能力表

视频输出接口	接口类型	输出格式	显示图像	显示菜单
HD OUT 1	DVI–I	DVI、VGA、YPrPb	①②③④	显示
HD OUT 2	DVI–I	DVI、VGA、YPrPb	①②③④	显示
HD SDI OUT	SMB	HD–SDI	①②③④	显示
SD OUT 1	DVI 转 S–VIDEO/CVBS	CVBS、S–VIDEO	①②③④	显示

当连接单监视器时，HD OUT 1 接口连接的监视器能够显示①②③④内容的图像，并且可以显示菜单页面和组合画面，连接单监视器时可使用 HD OUT 1 接口。

当连接双监视器时，需要独立输出主视频图像和演示图像时，可使用 HD OUT 1、HD OUT 2 接口。HD OUT 1 接口连接的监视器显示主视频图像，HD OUT 2 接口连接的监视器显示演示图像。实际情况根据终端视频输出接口的能力进行选择。SD OUT 1、SD OUT 2 输出内容和 HD OUT 1、HD OUT 2 接口相同，并随着 HD OUT 接口切换图像而变化。

根据需要显示的内容和监视器具备的接口，使用配套线缆连接监视器与终端。常用的有 DVI–I 接口→DVI 格式、DVI–I 接口→SXGA/VGA 格式、DVI–I 接口→YPrPb 格式等线缆。

3. 连接计算机

计算机桌面内容配合摄像机的图像，可以同时在会议中传送给远端会场，从而实现双流功能。两路图像可以在同一个监视器上显示，也可以独立显示。计算机桌面的远程传输可用于远程培训、远程技术评审等，避免增加额外的线缆等硬件设备。

使用 DVI–VGA 线缆连接计算机主机到终端视频输入接口 HD IN 2，来自计算机的桌面图像就成为终端的一个视频源。

使用 DVI–VGA 线缆连接投影仪、监视器到终端视频输出接口 HD OUT 2，终端可以将计算机桌面图像输出给投影仪、监视器。

4. 连接矩阵

将终端的视频输入输出端口接入矩阵，可以更加方便灵活的切换选择视频源和显示设备。HD IN 1、HD IN 2、SD IN 1、HD SDI IN 需接入矩阵的输出端口，HD OUT 1、HD OUT 2、HD SDI OUT、SD OUT 1 需接入矩阵的输入端口，要注意根据不同的视频格式选择不同类型的转接电缆以及矩阵。

五、音频连接

1. 连接音频输入设备

HUAWEI VP9039A 配置了 MIC、MIC LAN–POE、AUDIO IN 三种音频输入接口，其中 MIC 1、MIC2 XLR（卡农插头）用于连接单声道/立体声麦克风；MIC LAN–POE（LAN 网口）用于连接阵列麦克风；AUDIO IN（L、R）RCA（莲花插头）用于单声道/立体声线路输入。

（1）连接普通麦克风

选择平衡方式输出的麦克风，直接接入 MIC 1、MIC2 XLR（卡农插头）。

（2）连接调音台

使用 TRS–RCA（大三芯–莲花头）音频线缆连接调音台至终端 AUDIO IN 接口。调音台侧选择 AUX 辅助或 GROUP 编组输出。

（3）连接 VPM210 阵列麦克风

VPM210 阵列麦克风可与 HUAWEI VP9039A 系列高清视讯终端配套使用，阵列麦克风是全指向性麦克风，支持 6 米拾音距离和 360 度拾音范围，，如果远处声音效果不是很好，则可以最多支持 3 个 VPM210 阵列麦克风级连。如图 9–7–5 所示。

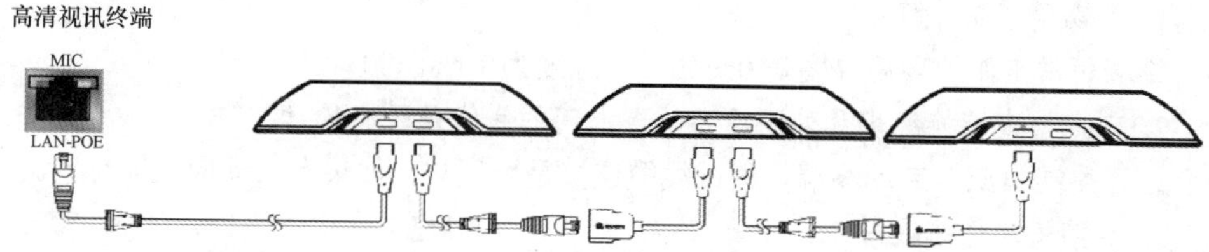

图 9–7–5　VPM210 阵列麦克风连接图

2. 连接音频输出设备

HUAWEI VP9039A 配置了 AUDIO OUT MAIN（L、R）和 AUDIO OUT AUX（L、R）两类音频输出接口，均为 RCA 接口。其中 AUDIO OUT MAIN（L、R）用于会议中远端或被广播会场的声音；AUDIO OUT AUX（L、R）用于本地输出的声音。

使用音频线缆连接 AUDIO OUT MAIN 音频输出接口和监视器的音频输入接口。这样就可以使用监视器中的内置扬声器。

也可以连接会场的扩声系统（一般使用 TRS–RCA 音频线缆，连接调音台的 LINE IN 接口），这样可以输出更大的音量和更优质的音效。

AUDIO OUT AUX 音频输出接口提供的是本地的自环声音，可用于任何时刻监听本地声音的输出效果，可以连接本地监听音箱或耳机。

【思考与练习】

1. HUAWEI VP9039A 支持哪些类型的网络？
2. HUAWEI VP9039A 支持哪些类型的视频源输入信号？
3. 华为 RP200–46 一体化终端的主要由哪些设备组成？简述这些设备之间的接线方式。

◢ 模块 8 视频会议终端的故障诊断和处理（Z37F3008Ⅲ）

【模块描述】本模块介绍了视频会议终端故障的诊断和处理。通过对常见音频、视频、通道故障现象的介绍以及案例分析，掌握故障点排查定位的思路、流程和手段，掌握音频故障的处理步骤方法，掌握故障的预防方法和应急处置措施。

【模块内容】

下面以 HUAWEI VP9039A 为例，介绍视频会议终端的日常维护及故障诊断处理。

一、定期检查

应当定期检查终端的工作环境、线缆连接、通信网络连接和视音频输入输出等，保证终端及其外围设备组成的终端系统能正常运行。

1. 定期检查工作环境

终端正常工作的环境温度是 0～40℃，湿度为 10%～80%。

2. 定期检查连接终端和外围设备、电源间的线缆是否有松动

打开终端电源，启动终端。测试线缆连接是否正常。如果有松动应立即拧紧。

3. 定期检测通信线缆

定期上电启动终端，呼叫其他终端，如果能呼叫，可确定该接入方式下的通信线缆连接正常。如果不能呼叫，请检查线缆连接是否正确、线缆连接是否松动、通信参

数是否正确设置。

4. 查询系统当前状态

选择“诊断”→“状态”或按遥控器的?键查看状态。

（1）线路状态：IP 地址、MAC 地址、GK 状态、网口状态、本地会场号码、SIP 相关信息、运行时间等。

（2）输入口状态：终端高清、标清输入接口输入的视频信息。如“HD IN 1 DVI 720p60Hz”表示当前 HD IN 1 接口视频输入模式、图像分辨率、图像刷新率分别是 DVI、720p、60Hz。

（3）ISDN 状态：如果终端通过 HUAWEI IGW100 接入 ISDN 网络，该页面对应显示 ISDN 线路的连接通道、连接状态和号码。

（4）3G 网络状态：如果 License 允许接入无线数据卡，且数据卡已与终端的 USB 接口连接，该页面对应显示当前网络、连接状态、IP 地址、上次连接时间和已经连接时间。

（5）4E1/E1 状态：如果插有 4E1/E1 接口卡，该页面显示 4E1/E1 线路的连通状态和同步状态信息。

（6）会议参数：会议使用的各种速率、丢包率；显示会议中各会场的会场名称、速率、呼叫模式、远端/本地的同步状态、CRC 校验状态等；会议使用的接入会议号、中继号、会议密码。

（7）呼叫统计状态：会议使用的视频协议、视频格式；会议使用的音频协议；会议带宽；对端号码；入会时间。

5. 查询系统信息

（1）系统信息主要包括：终端版本信息与规格。版本信息较重要，在进行升级、故障排除中可能需要。

（2）版本信息包括：终端型号、终端序列号、软件版本、IGW 版本和其他硬件信息。

（3）规格信息包括：当前终端支持的主要特性，如 3G 网络、音频协议、视频协议、接口/带宽、内置 MCU、双流模式等。

6. 查询日志

终端日志实时记录了终端运行中所有非查询的事件，包括所有非查询的用户活动、操作指令等，这些事件能协助维护终端和定位故障，也便于进行审计。终端可保存 10000 条日志记录。记录满容量后，新增日志仍然可记录，但会按照时间顺序替换最早的记录。日志条目按照事件发生的时间先后显示，可以翻页查询更多的条目。选择某条日志后，再选择“详细信息”，将显示该条日志的详细信息。

详细信息包括：事件发生时间、系统为该事件定义的名称、级别、系统为该事件定义的类型、详细描述。选择“查询”，可以按照多种条件快速查找到记录。

步骤：选择“诊断”→“日志”，查询需要的日志信息。

二、故障诊断

（一）终端的诊断模型

主要包括音频模块、视频模块和网络发送/接收共 3 个模块。如图 9–8–1 描述了正常的音视频信号流向。掌握信号正确的流向，有利于故障的判断和排查。

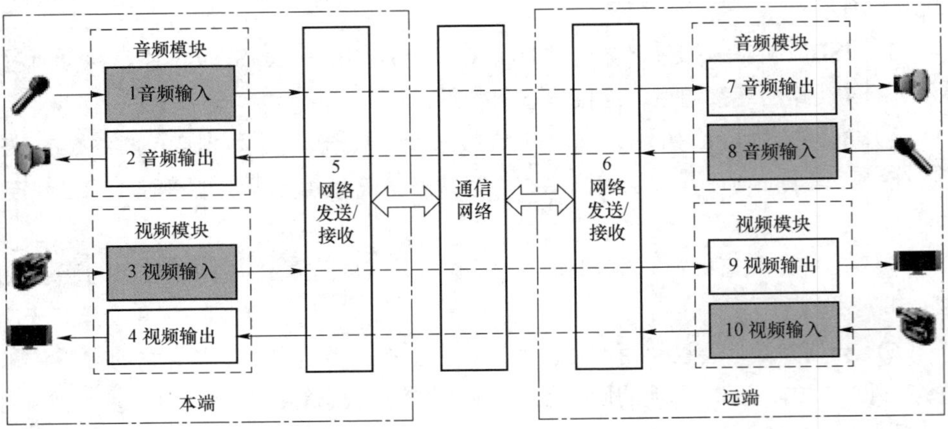

图 9–8–1 正常的音视频信号流向图

1. 音频信号流向

（1） 本地麦克风→1→5→通信网络→6→7→远端扬声器。

（2） 本地扬声器←2←5←通信网络←6←8←远端麦克风。

2. 正常的视频信号流向

（1） 本地摄像机→3→5→通信网络→6→9→远端监视器。

（2） 本地监视器←4←5←通信网络←6←10←远端摄像机。

（二）软件诊断

终端页面提供的故障诊断方法有：声音和色条测试、网络测试、环回测试。

声音测试用来诊断本地音频输出到扬声器是否正常。步骤：选择“诊断”→“声音和色条测试”→“声音测试”，通过播放终端内置的测试音，来检测声音输出效果。

色条测试用来诊断本地视频输出到监视器是否正常。步骤：选择“诊断”→“声音和色条测试”→“色条测试”，监视器显示 6 色彩条，通过色彩效果，来检测页面输出效果。

环回测试将音频、视频数据模拟实际应用在通路上传输，测试是否能够得到预期输出。环回测试可以测试本地网络连接，也可以经过远端再返回本地，测试远端网络连接。环回测试有以下几种：

（1）音频自环。用来诊断本地音频模块是否正常。环回路径：麦克风→本地音频输入→本地音频输出→扬声器。

（2）视频自环。用来诊断本地视频模块是否正常。环回路径：摄像机→本地视频输入→本地视频输出→监视器。

（3）自环。同时对音频和视频进行自环，用来同时诊断本地视频和音频模块是否正常。

（4）远端音频环回。用来同时诊断远端音频模块和网络传输是否正常。环回路径：麦克风→本地音频输入→本地网络发送→远端网络接收→远端音频输出→远端音频输入→远端网络发送→本地网络接收→本地音频输出→扬声器。

（5）远端视频环回。用来同时诊断远端视频模块和网络传输是否正常。环回路径：摄像机→本地视频输入→本地网络发送→远端网络接收→远端视频输出→远端视频输入→远端网络发送→本地网络接收→本地视频输出→监视器。

（6）远端数字环回。同时对远端视频和远端音频进行环回，用来同时诊断远端视音频模块和网络传输是否正常。

网络测试。测试前，确定终端有效接入 IP 网络，LAN 网口绿灯亮且本地的 IP 参数设置正确。在“IP 地址”内输入一个与终端不在同一网段内的 IP 地址，单击“开始”。测试正常说明终端的 IP 地址及网关设置正确。如果终端在私网内，则在“IP 地址”内输入一个公网的 IP 地址，单击“开始”。测试正常说明终端的 IP 地址、网关和 NAT 地址设置正确。

三、常见故障诊断与排查

HUAWEI VP9039A 常见的故障主要有：Web 页面故障、网络故障、图像故障、声音故障、会议创建及控制故障等。

（一）Web 页面故障

1. Web 页面无法连接

现象描述：Web 页面提示无法连接或无法下载图片。

可能原因及解决方法：

（1）计算机没有安装操作系统、Internet Explorer 的最新补丁。安装操作系统、Internet Explorer 的最新补丁。

（2）Internet Explorer 的安全级别设置较高，没有将该终端的 IP 地址加入到受信任站点中。将该终端的 IP 地址加入到受信任站点中。

2. 文字显示不全

现象描述：Web 页面提示无法连接或无法下载图片。

可能原因及解决方法：用户在 Internet Explorer 上设置了不使用网页指定的字体样式，造成终端系统内指定的字体失效，最终导致文字显示不全。取消 Internet 浏览器“工具”→“Internet 选项”中附中功能的所有选项。

3. 本地地址本不能导出

现象描述；本地地址本不能导出。

可能原因及解决方法：启用了浏览器弹出窗口阻止程序。关闭 Internet Explorer 浏览器的弹出窗口阻止程序。

4. 无法监控会场图像

现象描述：终端的 Web 页面无法监控会场图像。

可能原因与解决方法：“视频监控”功能未启用。在遥控器操作界面选择“设置”→“安全”→“Web 登录”，启用“视频监控”功能。

（二）网络故障

Telnet 连接出错。

现象描述：Telnet 连接时，提示当前连接数已经达到最大，无法连接成功。

可能原因与解决方法：

（1） 实际连接数已经达到 5 个。关闭部分 Telnet 连接。

重新连接的时间间隔在 10 分钟内，终端认为是一个新连接。这样多次连接后，连接数达到 5 个。例如：网络异常中断，短时间内恢复后 Telnet 连接还没有释放资源。

（2） 当 Telnet 连接超过 10 分钟没有收到数据，会自动关闭。请等待约 10 分钟或更长时间，Telnet 关闭部分连接后再尝试重新连接。

（三）图像故障

1. 没有图像

现象描述：终端启动但未入会，监视器上既不显示遥控器界面，也不显示本地图像。

可能原因与解决方法：

（1） 监视器电源未打开。打开监视器电源。

（2） 监视器的视频通道选择错误。使用遥控器设置为对应的视频通道。

（3） 终端或监视器的图像参数设置不正确，如亮度设为 0 等。将终端和监视器的图像参数设置为默认值。

（4） 视频线缆连接松动。拧紧终端到监视器的视频线缆。

2. 本地图像为蓝屏

现象描述：终端启动但未入会，监视器能显示遥控器界面，显示的本地图像为蓝屏。

可能原因与解决方法：

（1）连接主视频源所在接口的摄像机没有打开电源开关，或者摄像机休眠了。打开摄像机电源开关，或激活摄像机。

（2）选择的主视频源没有连接摄像机。切换到连接有摄像机的本地主视频源。

3. 不能显示遥控器界面

现象描述：终端启动但未入会，监视器可显示本地图像，但不能显示遥控器界面。

可能原因与解决方法：

（1）设置的遥控器界面输出接口没有接视频输出设备或连接的视频输出设备异常。在设置的遥控器界面输出接口上连接视频输出设备并正确设置其视频参数。

（2）终端系统故障，导致对遥控器操作无响应。通过 Telnet 连接到终端，若对终端操作失败，则是终端系统故障，可尝试重启终端是否能够恢复。

4. 不能显示远端图像

现象描述：本地已入会，能显示本地图像，但不能显示远端图像。

可能原因与解决方法：

（1）未取消自环或环回。查询本地自环或远端环回情况，断开所有的自环或环回。

（2）远端未发送图像：查看呼叫统计，发现接收到的“视频带宽”为 0。联系远端管理员解决。

（3）远端发送蓝屏，此时本地看到的图像为蓝色页面。联系远端管理员解决。

（4）当前视频输出接口选择显示本端主视频。切换成选择显示远端主视频。

5. 本地黑白图像

现象描述：终端本地图像异常，成为黑白图像或黑白图像伴有闪烁。

可能原因与解决方法：视频输出接口的使用模式错误。确认视频输出接口的模式和使用的线缆配套，检查线路是否正确连接或更换线缆。

6. 远端图像模糊，不连续

现象描述：入会后本地看到的远端图像模糊，有马赛克、凝固、不连续等现象。

可能原因与解决方法：

（1）本地视频模块有故障：执行视频后图像质量依然差。终端故障需返修。

（2）远端摄像机聚集方式设置为向近聚焦或向远聚焦：如果远端设置为非自动调焦，景物变换时，摄像机就不会自动聚焦而使摄取的图像不清晰。设置远端主摄像机为自动调焦方式。

（3）会议速率低于256kbit/s时默认音频协议设置不合适。例如，进入“呼叫统计”页面，查看会议速率为256kbit/s，而接收的音频带宽为64kbit/s，留给视频的带宽只有196kbit/s，故视频质量较低。如果会议速率低于256kbit/s，建议音频协议设置为G.728，以减少带宽占用。

（4）网络繁忙导致本地只获得比较低的视频带宽。联系网络管理员处理。

（5）网络连接器件（如光纤收发器）质量差，导致传送的数据丢失。更换网络连接器件（如光纤收发器）。

7. 监视器显示的图像过亮或过暗

现象描述：终端未入会，监视器显示的图像过亮或过暗。

可能原因与解决方法：

（1）终端本身的图像参数调整不当。将终端和监视器的图像参数设置为默认值。

（2）监视器的图像参数调整不当。将终端和监视器的图像参数设置为默认值，如果图像还是太亮，将“房间光线”设置成“亮”。如果图像还是太暗，将“房间光线”设置成“暗”。

（3）摄像机故障。

8. 无法显示远端的辅流信号

现象描述：本地入会后，远端发送计算机桌面，本地的VGA显示设备不显示远端计算机桌面。

可能原因与解决方法：

（1）远端用作VGA输入的计算机分辨率超出本地终端所支持的最大规格。联系远端修改其用作VGA输入的计算机主机的显示模式为终端支持的分辨率、刷新频率组合。

（2）本地VGA显示设备不支持。更换VGA显示设备。

9. 无法显示本地桌面

现象描述：本地连接计算机，但本地的VGA显示设备不显示本地桌面。

可能原因与解决方法：

（1）VGA显示设备性能不够。本地的SXGA输出的分辨率或刷新频率过高，VGA显示设备不支持。设置本地SXGA输出接口模式为VGA显示设备支持的分辨率、刷新频率组合。

（2）本地只支持一些特定的分辨率、刷新频率组合，但用作VGA输入的主机设置了终端不支持的分辨率、刷新频率组合，本地无法获取桌面，或者显示不全。设置用作VGA输入的主机的显示模式为终端支持的分辨率、刷新频率组合。

10. 本地图像彩色失真

现象描述：终端本地图像彩色失真，但更换其他位置后，摄像机输出图像正常。

可能原因与解决方法：属于摄像机问题。摄像机是由磁电、光学技术组成，将摄像机远离带磁场的设备，例如电视、音响、功放等，否则会影响摄像机的彩色纯度或正常工作。

11. 图像严重抖动

现象描述：通过短距离线缆连接终端 SD OUT 口与监视器，输出图像正常。但通过长距离线缆连接，图像严重抖动。

可能原因与解决方法：属于信号衰减现象。建议缩短线缆距离或使用标清视频驱动器（可自行购买）放大信号。

12. 图像出现凝固或马赛克现象

现象描述：启用 3G 网络后，图像质量差，出现凝固、马赛克现象。

可能原因与解决方法：在遥控器操作界面右下角查看 3G 网络性能指示状态是否良好，如下所示。

在会议状态下，通过查看丢包率检测网络状况，有如下两种方式：

（1）在遥控器操作界面选择“诊断”→“状态”→“通话状态”。

（2）在 Web 页面选择“维护”→“系统状态”→“通话状态”。

在“通话状态”页面下，查看“视频丢包率”、“演示丢包率”和“音频丢包率”。如果参数值均为 0%，说明网络状况良好。否则说明网络状况差，移至 3G 网络信号强的区域。

13. 本地摄像机输出图像噪点大或颜色偏差大

现象描述：本地摄像机输出图像噪点大或颜色偏差大。

可能原因和解决方法：

（1）摄像机线缆连接松动。拧紧终端到摄像机的视频线缆。

（2）本地图像参数调节不当。通过调节图像参数观看图像效果。有如下两种方式：

1）在遥控器操作界面选择“设置”→“显示”→“图像参数调节”。

2）在 Web 页面选择“设备控制”→“设备控制”→“视频控制”。

14. 本地摄像机输出图像模糊

现象描述：本地摄像机输出的图像模糊。

可能原因与解决方法：

（1）摄像机聚焦问题。使用遥控器或在 Web 页面，反复调节摄像机焦距，查看图像是否有清晰、模糊渐变的情况。如果有，则表明是聚焦问题，根据需要调节摄像机聚焦即可。

（2）摄像机老化有故障。反复调整聚焦后无反应，则断电重启摄像机，再查看图像清晰度。如果问题仍然存在，建议更换摄像机。

（四）声音故障

1. 本地无声音输出

现象描述：终端已入会，但是本地的扬声器无声音输出。

先使用“声音测试”方法判断问题出在本地还是远端。如果扬声器无声音输出，可判断问题在本端。如果扬声器有声音输出，可判断问题在远端。

如果问题在本端，可能原因与解决方法：

（1）主席关闭了本端的扬声器。打开扬声器。

（2）监视器的音量被调到最小。恢复到默认值。

（3）终端的音量被调到最小。恢复到默认值。

（4）音频线缆连接错误或连接松动。重新连接音频线缆。

如果问题在远端，可能原因与解决方法：

（1）远端的麦克风被关闭或主席关闭了远端的麦克风。打开远端麦克风。

（2）设置的音频源未连接音频拾取设备。重新设置音频源或连接音频拾取设备。

（3）音频拾取设备为有源设备但没有上电。打开电源开关。

（4）音频线缆连接松动。重新连接音频线缆。

2. 终端在召开会议时背景交流声太大

现象描述：终端在召开会议时背景交流声太大。

可能原因及解决方法：断开麦克风等声音外接设备，查看交流声是否消失。同时检查终端的接地情况，正常情况下终端接地处与电源三角插座中的“地”相通，且连接阻值非常小（不超过 5 欧姆），其次检查 E1 线路（可使用本地自环和点对点开会测试）。

3. 本地无法听到远端会场声音

现象描述：高清终端进行多点会议时，在本地会场听不到远端会场的声音，且各会场均是通过调音台输入输出声音。

可能原因及解决方法：

（1）本地会场音频输出设备故障。在本地会场播放测试音，如果声音正常，可以排除此问题。如果声音不正常，更换音频输出设备。

（2）麦克风在本地或被主席闭音。联系主席会场，其打开麦克风声音。

（3）远端会场麦克风、调音台与终端连接问题。联系远端会场检查麦克风情况，检查调音台与终端 LINE IN 连线是否正常。

（4）本地会场和远端会场音频参数设置不正确。在终端上将左右声道输入源下的

MIC 1、MIC 2、AUDIO IN L、AUDIO IN R 全部勾选。

（5）本地未取消自环或环回。断开所有的自环和环回。

4. 声音卡顿

现象描述：会议过程中，声音有卡顿现象。

可能原因及解决方法：一般是由于网络抖动或网络延时，增大“网络抖动”参数值，可以使声音延续性更好，解决声音卡顿的问题。在遥控器操作界面选择“设置”→“网络”→IP→QoS，设置“网络抖动”参数。

5. 使用 DVI–HDMI 转接线缆，入会后无法听到声音

现象描述：使用 DVI–HDMI 转接线缆将监视器连接到终端的 HD OUT 1 接口，终端入会后无法听到声音。

可能原因及解决方法：通过 DVI–HDMI 线缆向监视器输出图像的同时，也可以输出声音。要同时输出声音，需要将视频输出接口的输出模式设置为 DVI（AUDIO）。

设置输出模式的具体步骤如下：

（1）在遥控器操作界面选择“设置”→“视频”→“视频输出”，或在 Web 页面选择“系统配置”→“输入输出”→“视频输出”。

（2）选择您要配置的某个 HD（高清）视频输出接口，如 HD OUT 1。

（3）将“输出模式”设置为“DVI（AUDIO）”。

6. 入会后噪声较大

现象描述：终端入会后噪音较大。

可能原因及解决方法：噪声源干扰。尽量让麦克风远离噪声源或关闭会议室的噪声源。

7. 入会后回声较大

现象描述：终端入会后回声较大。

可能原因及解决方法：

（1）会议室太大，房间混响较大。由于会议室偏大，导致房间的混响较大，尽量选择合适大小的会议室。

（2）扬声器距离麦克风太近。将扬声器远离麦克风。

（3）扬声器音量太大。将输出音量调小，再观察回声情况。

8. 会议过程中声音断续

现象描述：会议过程中声音断续。

可能原因及解决方法：

（1）两个或多个会场同时发言，形成了双讲效果。尽量避免开会时两个或多个会场同时发言。

（2）网络存在丢包。在会议状态下，通过遥控器操作界面选择“诊断”→“状态”→“通话状态页面下，查看“音频丢包率”。如果参数值不为0%，说明网络状况差导致声音断续。建议间隔一段时间后重新开启会议，如果仍然出现上述问题，检查通道状况。

9. 唇音不同步

现象描述：终端在会议过程中，出现唇音不同步现象。

可能原因与解决方法：通过调节“网络抖动”参数值，可以解决会议中出现的唇音不同步现象。增大网络抖动参数值，可以使声音延续性更好，解决声音卡顿的问题。通过网络抖动调节后，如果还有轻微的唇音不同步现象出现，可以遥控器操作界面选择“设置”→“网络”→IP→QoS，通过遥控器操作分别移动“网络抖动”和“唇音同步”的滑块，直至实现唇音同步。

（五）创建会议故障

1. 双方均不能呼叫

现象描述：本地不能通过会场号码呼通远端，远端也不能通过会场号码呼通本地。

可能原因与解决方法：

（1）当本地或远端未注册到GK时：本地不能通过GK获取会场号码对应的远端IP地址，故不能呼叫远端。远端使用会场号码呼叫本地时，GK将反馈本地不在线，故远端也不能呼叫本地。请检查注册参数的配置，重新注册到GK。

（2）本地或远端未连通IP网络。请检查IP网络参数的配置及IP网络线路的连接，正确设置及连接。

2. 本地不能通过IP地址呼叫远端

现象描述：本地不能通过IP地址呼叫远端。

可能原因与解决方法：

（1）本地或远端未连通IP网络。请检查IP网络参数的配置及IP网络线路的连接，正确设置及连接。

（2）未正确设置NAT参数。本地在私网内，远端在公网或另一个私网内。请诊断终端是否能同公网互通，如果不能互通，请首先检查NAT参数设置是否正确。进入设置NAT参数的页面重新设置。

（3）本地或远端所注册的GK不允许通过IP地址呼叫。设置本地和远端不使用GK，路径为“设置”→“网络”→IP→H.323。

3. 终端启动后，不能注册到GK

现象描述：终端启动后，不能注册到GK。

可能原因与解决方法：

（1）向GK注册的参数设置不正确，参数包括GK地址、注册密码和用户名。进入设置GK注册参数页面重新设置参数。路径为“设置”→“网络”→IP→H.323。

（2）视讯网络中已有相同的用户名且已经注册到GK，联系管理员在GK上查看是否有同本地相同的用户名。必要时可修改本地的用户名。

（3）终端未连通IP网络：进入“线路状态”页面，如果页面显示“IP：未连接”表示未连通网络。请检查IP网络参数的配置及IP网络线路的连接，正确设置及连接。

（4）未正确设置NAT参数。本地在私网内，但GK在公网，请诊断终端是否能同公网互通。如果不能互通，可判断本地的NAT参数设置不正确。进入设置NAT参数的页面重新设置，路径为“设置”→“网络”→IP→“防火墙”。

4. 终端召开会议失败

现象描述：在终端定义一个会议并召开，但召开失败。

可能原因与解决方法：

（1）本终端未连通视讯网络。检查网络并排除故障。

（2）当前开始的会议很多，视讯系统无充足的端口资源。如果端口资源暂时紧张，请避开会议高峰期然后再次开始该会议，或者减少与会会场后再开始会议，会议召开成功后再增加会场。

（六）会议控制故障

1. 无法控制本地摄像机

现象描述：在摄像机控制页面，按遥控器的相关按键都不能控制本地摄像机。

可能原因及解决方法：

（1）没有正确选择控制对象。进入摄像机控制页面，选择控制对象。

（2）摄像机参数设置错误，如摄像机类型和控制串口。重新设置摄像机参数为对应的摄像机和串口。

（3）未连接摄像机控制线缆或连接不可靠。重新连接摄像机控制线缆。

（4）控制对象是3CCD（Charge Coupled Device）摄像机。如果是3CCD摄像机，先重置摄像机位置，然后再使用按键控制摄像机。

2. 无法控制远端摄像机

现象描述：终端入会后，监视器显示远端图像，在摄像机控制页面，按遥控器的相关按键均不能控制远端摄像机。

可能原因及解决方法：

（1）远端摄像机设置为不允许控制。联系远端的管理员，修改摄像机为允许远端控制。

（2）远端摄像机参数设置错误，或连接摄像机控制线缆连接不可靠。联系远端的管理员，重新设置摄像机参数，或重新连接摄像机控制线缆。

（3）控制对象是3CCD（Charge Coupled Device）摄像机。如果远端使用的3CCD摄像机且远端终端为 ViewPoint 系列终端，重置摄像机位置，然后再通过遥控器按键控制。

3. 本地无法看到指定会场图像

现象描述：本地入会后，进行观看会场操作时不能看到指定会场的图像。

可能原因及解决方法：

（1）会议处于广播状态，非主席会场和广播源会场不能观看其他会场。联系主席会场，其停止广播。

（2）主席会场执行了点名发言，非主席会场不能观看其他会场。联系主席会场，其进行自由讨论。

（3）主席会场执行了声控切换。联系主席会场，其停止声控切换。

（4）观看的指定会场未发送图像。联系观看的指定会场，其排除所在会场的图像故障。

（5）RM 限制观看会场。联系视讯系统管理员。

4. 多点会议时点名发言失败

现象描述：在多点会议中，执行点名发言操作失败。

可能原因及解决方法：

（1）执行点名发言操作的会场不是主席会场。申主席后再执行点名发言操作。

（2）MCU 不支持终端点名发言功能。联系视讯系统管理员，咨询所连接的 MCU 功能或让管理员把本终端添加到其他 MCU 上。

5. 设置多画面失败

现象描述：设置多画面失败。

可能原因与解决方法：

（1）在内置 MCU 会议中，内置 MCU 资源不足。检查内置 MCU 终端的设备型号。其中，9036–M/9039A–M/9039S–M 只支持 4 个子会场和 6 个子会场的多画面。9039–M 只支持 4 个子会场、6 个子会场、8 个子会场和 9 个子会场的多画面。9030–M/9035A–M/9050–M/9036S–M 只支持 4 个子会场的多画面。

（2）RM 中未启用“支持多画面”功能。联系 RM 管理员，启用“支持多画面”后，重新召集会议。

（3）终端在内置 MCU 会议中，设置了重复的子画面会场。检查并确认设置的子画面会场无重复。如果存在重复，删除重复的子画面会场。

6. 不能进行远端视频环回

现象描述：9000 系列终端进行点对点呼叫，两端终端的主流视频协议均设置为“Auto”，在进行远端视频环回时提示“协议不对称，不能进行远端环回”。

可能原因与解决方法：原因是由于两端终端的视音频编解码不一致，主流视频协议均设置为“Auto”并不能保证协议一致。手动将两端终端的主流视频协议和主流视频格式设置为一致。

7. 使用遥控器按键无法切换图像

现象描述：使用遥控器按键无法切换图像。

可能原因与解决方法：首先确认遥控器无故障，例如遥控器电量充足。再次确认：存在多个画面。且可以看到本地和远端的主视频和演示。以上两项均确认后再进行切换操作。如果仍然存在上述问题，联系视讯系统管理员。

【思考与练习】

1. 无法控制本地摄像机可能的原因，如何处理？
2. 图像出现凝固或马赛克可能的原因，如何处理？
3. 图像严重抖动可能的原因，如何处理？
4. Web 页面无法监控会场图像如何解决？

模块 9 多点控制单元 MCU 故障的诊断和处理（Z37F3009Ⅲ）

【模块描述】本模块介绍了 MCU 故障的诊断和处理。通过对常见故障现象的介绍以及案例分析，掌握 MCU 故障点排查定位的思路、流程和手段，掌握 MCU 故障的处理步骤方法，掌握 MCU 故障的预防方法和应急处置措施。

【模块内容】

一、故障处理流程

故障处理流程如图 9–9–1 所示。在处理过程中应注意根据故障现象判断故障种类和级别，然后参考常见故障处理，实施适当的措施清除故障。在遇有故障特别是重大故障时，一定要先清楚相关情况再决定下一步的操作，切忌盲目处理。建立并加强与其他设备维护人员的横向、纵向的沟通。

二、常见故障定位方法

掌握 MCU 常见故障的定位方法可有助于问题分析及尽快解决。

1. 排除法

排除法是快速排查故障原因，定位、解决故障常用的一种方法。

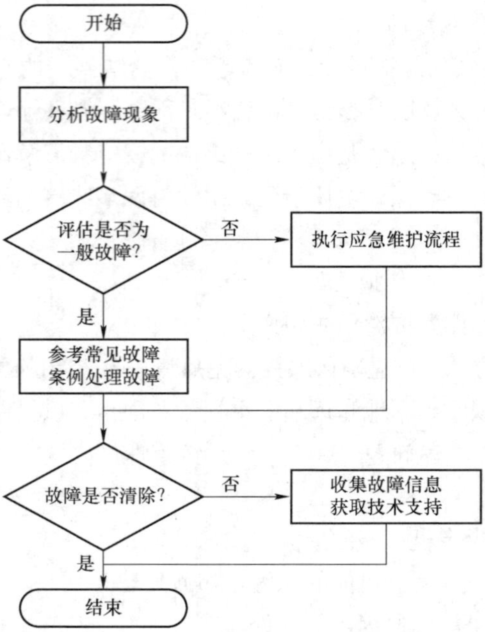

图 9–9–1 MCU 故障处理流程

排除法是指通过判断排除不可能发生故障的部件及引起故障的原因，缩小范围找到故障发生的根源。

例如：客户端登录不成功，经过检查，用户名、密码都正确，排除用户名密码输入错误的原因。检查网络连接，发现连接都正常，排除网络中断的可能。然后再检查服务器地址是否正确，登录进程是否被占用等之类的原因，逐层排除缩小范围找到故障发生的根本原因。

2. 案例法

MCU 提供常见故障案例，可以参考相似的故障案例解决遇到的一般故障。

案例分析法是指一些故障发生的原因和解决的方法具有相似性，可以查看故障案例中是否有与遇到的故障相似的案例，如果有可以参考案例进行故障的处理。

3. 网络分析法

一些故障通常是由于网络不通或者网络质量差引起的，您可以通过 ping 包测试命令测试网络连通性和网络质量。如果显示收到返回的数据包，表示本机与对端设备的网络连通正常。如果显示“Request timed out”，表示本机与对端设备的网络不通。

4. 告警分析法

当 MCU 中的部件出现异常时或业务操作异常，会通过告警上报故障信息。告警分析是及时获知故障信息的重要途径，能够帮助您及时发现系统运行中的故障信息，并根据告警建议及时进行故障定位和故障排除。

当系统出现故障时，请查看系统是否有告警上报。如果系统有告警上报，则分析出同本故障相关的告警，然后清除这些告警，进而清除故障。在故障处理时，针对不同的告警级别，其处理的优先级也是不同的。

（1）紧急告警：全局性的、将危及设备正常运行的告警，如电源故障。需要立即处理，否则系统有瘫痪危险。

（2）重要告警：局部范围内的单板或线路告警，如物理线路故障。需要及时处理，否则将导致业务不能正常运行。

（3）一般告警：一般性的、描述各线路工作是否正常的状态告警。需要查找告警原因，消除故障隐患。

（4）提示告警：提示性信息，如设备恢复正常的提示。不影响系统性能和业务，无需处理。

三、常见故障处理

1. 会议不能如期召开

现象描述：在 MCU 上召集一个会议，但会议没有按时召开。

可能原因：MCU 按系统时间调度会议，如果系统时间不正确，则无法按时调度。

如果调度的是当前时间的会议，而 MCU 系统时间早于当前时间，则该会议不会立即召开，而是进入已预约会议列表中。

例如 MCU 的时间是 2013 年 1 月 18 日 9:30，而现在正确的时间为 2013 年 1 月 18 日 14:00。当您想利用该 MCU 调度会议时，会议不会按照您的期望召开，而是进入已预约会议列表中，当 MCU 的时间为 2013 年 1 月 18 日 14:00 时，MCU 开始调度会议。

解决方法：登录 MCU 的 Web 管理界面，在界面中选择“设备管理”→“系统配置”，进入“系统配置”页面。在“系统时间”页签上修改 MCU 的系统时间。单击“同步本地时间”并保存，可初始化系统时间。

2. 会场无法通过 MCU IVR 接入号访问 MCU

现象描述：会场网络正常，通过 MCU 的 IP 地址可正常连接 MCU，但拨打 MCU IVR 接入号无法访问 MCU。

可能原因及解决方法：

（1）MCU IVR 接入号已经改变：如果会场获得已经改变的 MCU IVR 接入号，可以用此号码加入会议；否则，执行如下操作：登录 MCU 的 Web 管理界面，在界面中选择“设备管理”→“会议配置”，进入“会议配置”页面。在“会议调度和控制策略”页签上修改“MCU IVR 接入号”并保存。

（2） 会场未注册到 GK 上：登录会场终端配置界面：将终端注册到 MCU 所连接的 GK 上。

3. MCU 上无法添加用户

现象描述：在 MCU 的内置 Web 管理界面上执行添加用户的操作时，界面右下角提示“已达到最大用户数。

可能原因：MCU 内置 Web 的连接用户数设置了限值或已经达到最大支持数。

解决方法：在“全部用户”页面，查看当前用户数是否已经达到最大支持数。

（1） 如果已达到最大用户数：可使用系统管理员账号登录，删除无用账号后再执行添加操作。

（2） 未达到系统的最大用户数：在界面中选择“设备管理”→“系统配置”→“管理配置”。在连接类型为“内置 Web/第三方”时，修改“连接用户数”并保存。

四、故障信息收集

当无法定位故障原因时，应及时收集故障信息后获取技术支持。故障信息是故障处理的重要依据，应尽可能多的收集故障原始信息。这些信息可以加快故障原因的定位速度、提高定位的准确性。

故障信息收集方法：

1. 抓包

通过抓包，可以帮助维护人员分析及定位问题。

在界面中选择“设备管理”→“维护”。进入“维护”页面，单击“MCU 抓包”页签。单击“开始抓包”。结束抓包时单击“停止抓包”，停止 MCU 抓包操作并可通过“导出”界面将抓包文件导出。

2. 收集日志

通过查看日志，可以帮助定位和分析故障，解决问题。

登录 MCU 的 Web 管理界面。在界面中选择“设备管理”→“维护”，进入“维护”页面。单击“导出”页签。单击“导出日志”。

MCU 的日志类型分为操作、调试、系统和告警，在日志文件名中分别以“o”“d”“s”和“a”表示，导出的日志格式为 DAT。

如日志文件“log-20120919-231206-000o-slot1.dat”含义如下：

“log”表示日志文件

“20120919”表示日志的日期

“231206”表示日志的时间

“000o”表示日志类型为操作类日志

“slot1”表示单板槽位 1

3. 收集配置信息

在对 MCU 进行故障分析前，可以导出 MCU 的设备配置文件作为备份。

登录 MCU 的 Web 管理界面，在界面中选择“设备管理”→“维护”，进入“维护”页面，单击“导出”页签。单击“导出配置”。

4. 收集调试信息

在 Web 管理界面上可以查看到 MCU 的实时调试信息，作为判断故障的参考信息。

在界面中选择“设备管理”→“维护”，进入“维护”页面，单击“调试信息”页签，在 trace 信息列表中选择调试信息，单击“模块”旁的，选择要显示的 MCU 软件模块，单击“级别”旁的，选择要显示的调试信息级别（可供选择的级别有 Error、Warning 和 Import）。单击“开始”，显示所选模块的实时调试信息，单击“结束”，屏蔽所选模块的实时调试信息，单击“复制”，将调试信息复制到剪贴板中。

五、注意事项

维护人员开展故障定位和处理过程前，应遵循以下事项：

（1）严格遵守操作规程和行业安全规程，确保人身安全与设备安全。

（2）更换和维护设备组件过程中，要做好防静电措施，佩戴防静电腕带。

（3）严禁将外部计算机直接接入业务网络。

（4）严格控制网络服务的启用。

（5）在维护过程中遇到的任何问题，应详细记录各种原始信息。

（6）所有的重大操作，如重启进程、打开 debug 开关均应作记录，并在操作前仔细确认操作的可行性，在作好相应的备份、应急和安全措施后，方可执行。

（7）不要擅自删除产品系统上的目录及文件、系统的日志文件、对数据进行“update”“delete”“alter”操作、停止系统模块、停止系统及应用进程和数据库、修改网络设备的配置。

【思考与练习】

1. 常见故障定位方法有哪几种？

2. 会议不能如期召开可能由什么原因造成？

3. 如何通过抓包的方法收集故障信息？

第十章

会议电视外围设备的运维检修

模块 1　传声器的使用方法（Z37F4001 Ⅰ）

【模块描述】本模块介绍了传声器使用注意事项。通过对传声器各项参数的讲解和使用方法的详细介绍，了解影响传声器拾音效果的原因，掌握正确使用传声器获得良好发言音质的方法。

【模块内容】

传声器又称麦克风、话筒、拾音器，是电声设备中的第一个环节。传声器是把声能转变为机械能，然后把机械能转换为电能的换能器。

一、传声器的分类

传声器按结构及换能原理划分，主要有电容式和电动式两种。电容式又有普通电容式和驻极体电容式，电动式又有动圈式、带式等结构。按式样划分一般有鹅颈式、手持式、悬挂式、头戴式、界面式、领带式等。

二、传声器的构造

动圈式传声器主要由磁铁、振膜、音圈、输出变压器、保护外壳和防尘罩等组成。

电容式传声器主要由极头（极头由振膜、后极板、绝缘体、保护罩组成）、极化电源和前置放大器组成。

三、传声器的主要技术特性

灵敏度：灵敏度是表示传声器声电转换效率的重要指标，表示传声器的输出电压同作用于该传声器上的声压之比。单位为伏/帕（V/Pa）或毫伏/帕（mV/Pa）。

频率特性：传声器在受声波作用时，对各个频率不同的信号所产生的灵敏度是不同的，这种灵敏度随频率变化的特性，成为传声器的频率特性。

指向特性：传声器灵敏度随声波入射方向的变化而变化的特性称为指向性。如图 10-1-1 所示。

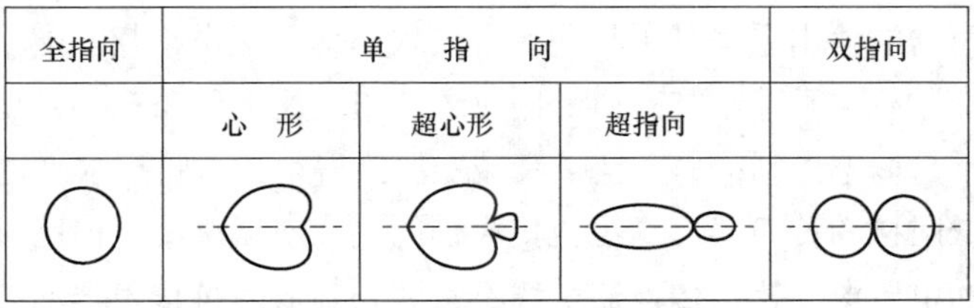

图 10-1-1　传声器的指向特性图

阻抗特性：当传声器作为信号源输出信号时，传声器的输出阻抗有高阻和低阻之分。高阻抗的高频下降明显，同时也易受外界的电磁场干扰，低阻抗的抗干扰能力强，高频衰减小，噪音水平较低。

此外，传声器还具有动态范围、信噪比、最大声压级等技术特性。

四、传声器的选择

动圈式传声器价格低，性能稳定、可靠、耐用，适用面广，不需供电，频带较窄，可避免产生不必要的杂音；缺点是灵敏度较低。

电容式传声器灵敏度高，频率响应好，性能优良；缺点是机械强度性能差，防潮性能差，需要极化电压，在使用上较麻烦。

驻极体电容传声器结构简单，抗振动能力强，价格低，容易小型化，正在多种场合逐渐替代动圈传声器，如鹅颈传声器、无线传声器中的音头等。

无线传声器由于没有线缆的拖累，适用于声源移动的场合，但由于其利用射频无线电波发送、接收的特点，保密性不强，且在室内使用会碰到“死区”造成失灵。

选用传声器，要考虑合适的灵敏度。会议传声器灵敏度高，可以向调音台提供较高输入电平，可以提高信噪比，但太高其输出电压也高，容易产生过激失真。动圈式传声器灵敏度约 1.5～4 毫伏/帕，而电容式传声器灵敏度比动圈式高 10 倍左右，约 20 毫伏/帕。通常情况下建议会议传声器灵敏度稳定适中即可，不宜过高，过高的灵敏度易产生啸叫或声音忽大忽小的现象。

会议传声器的指向性要根据使用的实际需求来选定的。单指向性（心型）的传声器对正面 180° 方向声波入射有效，背面声音被抑制。如要拾取正前方的声源，单指向性的传声器较为理想。此外，若环境噪声大，还可进一步选用超心型指向话筒，以增加声波的选择性。无指向（也称全指向性）的传声器所有方向声波入射有同等灵敏度，要拾取环境声时，通常都会使用全指向性的传声器，这样拾取到的声音会有强烈的空间感，但在环境噪声大的条件下不宜采用。此外，超指向性（锐心型）传声器抑制声反馈最好双，指向性（8 字形指向性）传声器对正面入射声波和背面入射声波所呈现的灵敏度基本相同，对两侧入射声波的灵敏度则较低。

要注意传声器的输出电平是否与调音台要求的输入端电平相匹配。如果电平不匹配，会引起声音过载失真，影响音质。同时还会出现两个现象：一是调音台音量衰减器无法开大，不易调整控制；另一个是衰减器要开得很大，噪声水平也相对增大。

尽量选择低阻抗的传声器。高组抗传声器的输出电压略高，但高频下降明显，同时也易受外界的电磁场干扰，传声器引线不宜太长。低阻抗传声器的抗干扰能力强，高频衰减小，噪音水平较低，传声器引线可相应的加长。此外还要注意传声器的输出阻抗是否与调音台的输入阻抗匹配。

五、无线传声器的配置

有线传声器的接线和使用较为简单，直接接入调音台 MIC 接口或话筒混音器即可。无线传声器在使用之前需要进行频率匹配。下面以舒尔 ULX® 无线系统（如图 10–1–2）为例，介绍无线传声器的设置和使用注意事项。

图 10–1–2 舒尔 ULX®无线系统

一套基本的 Shure ULX®无线系统包括以下组件：ULX2 手持式传声器发射机和一个 ULXS4 标准分集接收机。如图 10–1–3、图 10–1–4。

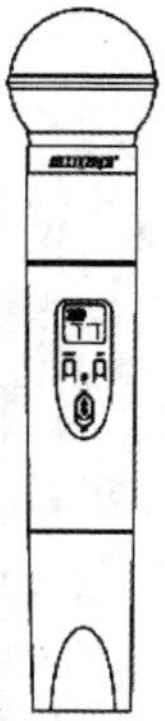

图 10–1–3 传声器发射机

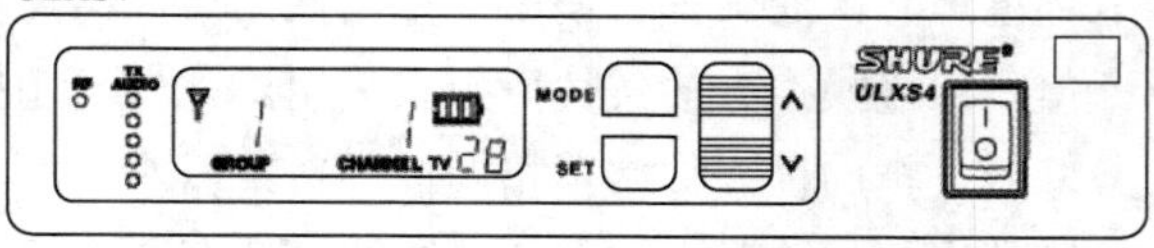

图 10–1–4 ULXS4 标准分集接收机

（一）ULXS4 标准接收机功能部件和控制部件（见图 10–1–5）

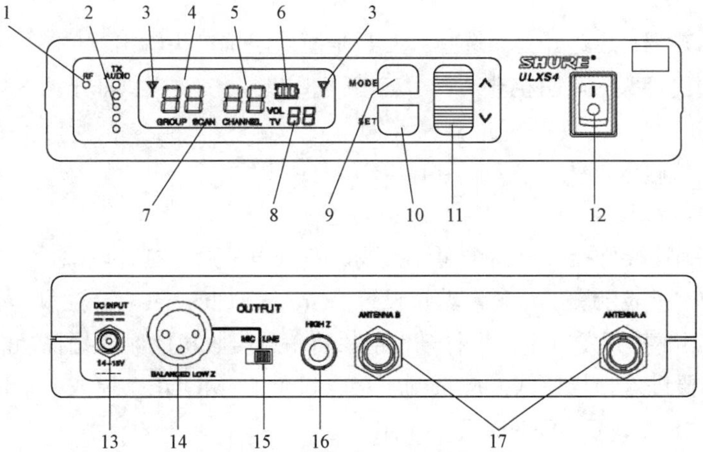

图 10–1–5 ULXS4 标准接收机功能部件和控制部件

1—“RF”指示灯；2—“TX Audio”电平指示灯；3—接收天线指示灯；4—GROUP 显示；5—CHANNEL 显示；6—发射机电池寿命指示灯；7—SCAN 指示灯；8—电视频道/音量电平指示器；9—MODE 按钮；10—SET 按钮；11—∧/∨按钮；12—电源开关；13—电源接头；14—输出接头；15—传声器/线路开关；16—输出接头；17—无线输入接头

前面板

（1）“RF”（射频）指示灯。发出绿色光表示有接收到的射频（RF）信号。

（2）“TX Audio”（发射音频）电平指示灯。表示已发射的（TX）音频信号强度。绿色表示工作正常。琥珀色表示接近超载状态。红色表示音频电平超量。

（3）接收天线指示灯。显示在液晶显示屏的左边或右边，取决于哪一边的天线接收到的射频信号最强。

（4）GROUP（组）显示。表示系统工作时所在的预先选定的兼容频率组号。

（5）CHANNEL（频道）显示。表示频率组内的当前频道号。

（6）发射机电池寿命指示灯。打开发射机时，显示发射机的剩余电池寿命。

（7）SCAN（扫描）指示灯。在启用 Scan Channel Mode（扫描频道模式）时显现。

（8）电视频道/ 音量电平指示器。

（9）MODE（模式）按钮。按此按钮切换菜单显示。

（10）SET（设置）按钮。保存已更改的设置。

（11）∧ / ∨ 按钮。设置调节按钮。

（12）电源开关。

（13）电源接头。

（14）输出接头（XLR 平衡输出低阻抗）。提供平衡低阻抗传声器电平或线路电平输出。

（15）传声器/ 线路开关。选择 XLR 平衡低阻抗接头输出。

（16）输出接头（高阻抗非平衡 1/4 英寸耳机插孔）。提供非平衡高阻抗辅助电平输出。

（17）天线输入接头。

（二）接收机设置

（1） 正确连接好接收机的电源、天线、音频电缆后，打开电源。

（2） 接收机显示屏上将显示默认设置“Group 1 Channel 1”（注意：在打开接收机电源之前，不要打开发射机。先打开发射机将干扰接收机的频率扫描功能。）

（3） 若要进入扫描模式，应按一下接收机上的 MODE（模式）按钮。显示屏上将闪烁显示“SCAN CHANNEL”（扫描频道）

（4） 按∧或∨按钮，显示屏上将显示下一个空闲频道编号。

（5） 若要将接收机转换到该频道，应按 SET（设置）按钮。显示屏将返回默认模式。

（6） 若要手动设定一个组，按以下步骤操作：按两次 MODE（模式）按钮，显示屏上将闪烁显示“GROUP”（组）字样；按∨或∧按钮，显示屏上将显示新的频率组号；按下 SET（设置）按钮。显示屏将前进到 Change Channel（更改频道）模式；再次按 MODE（模式）按钮，回到默认模式。

（7） 若要手动设定一个频道，按以下步骤操作：连按三下 MODE（模式）按钮，显示屏上将闪烁显示“CHANNEL”（频道）字样；按∨或∧按钮，显示屏上将显示下一个新频道编号；按 SET（设置）按钮，接收机将返回默认模式。

（8） 组和频道设置好之后，接收机准备就绪可以使用了。（注意：设置好之后的接收机不要移动到其他位置）。

（三）ULX2 发射机功能部件和控制部件（如图 10–1–6 所示）

滤网：保护传声器拾音头，有助于减少呼吸声和风的噪声。

显示屏窗口：显示组和频道设置、电池电量和 PEAK（峰值）指示标记。

PEAK（峰值）图标：当输入信号使发射机超载时，显示峰值图标。

GROUP（组）显示：表示发射机工作时所在的频率组号。

CHANNEL（频道）显示：表示频率组内的当前频道号。

MODE（模式）按钮：用于选择组或频道模式。

SET（设置）按钮：用于改变组或频道设置。

音频增益控制器：用于改变音频电平灵敏度。

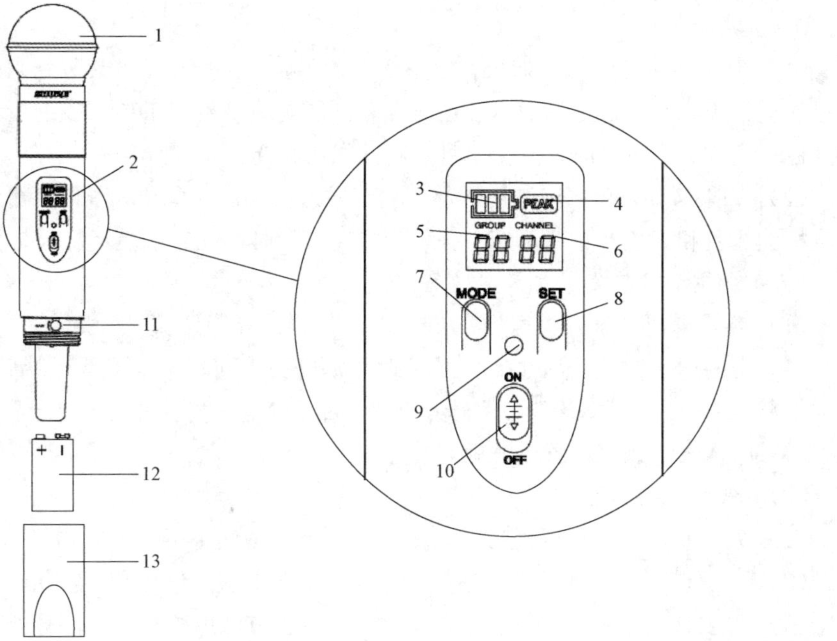

图 10–1–6　ULX2 发射机功能部件和控制部件

1—滤网；2—显示屏窗口；3—电池电量图标；4—PEAK 图标；5—GROUP 显示；6—CHANNEL 显示；7—MODE 按钮；8—SET 按钮；9—电源/电池指示灯；10—电源开关；11—音频增益控制器；12—9 伏电池；13—电池盖

（四）发射机设置

（1）正确安装好电池后，将发射机电源开关推到 ON（开）位置。电源指示灯将瞬间发出红光，然后变为稳定的绿光。显示屏上将显示默认频率设置（频道 1，组 1）。

（2）注意接收机显示屏上的组号和频道号，按下发射机并按住 MODE（模式）按钮，直到发射机显示屏上只显示组号。

（3）根据实际情况，可按下发射机 SET（设置）按钮，提高组号值，直到与接收机显示屏上的组号相对应。

（4）再次按下发射机 MODE（模式）按钮，以选择新的组设置，并切换到频道选择模式。组号将消失，只显示频道号。

（5）按下 SET（设置）按钮，切换到所需的频道号。（若要反向搜寻组或频道，向下按住 SET（设置）按钮，并同时按 MODE（模式）按钮。

（6）再次按下 MODE（模式）按钮，选择新的频道设置。显示屏上将短暂显示“FrCh”（频率改变），表 6.示频率已经改变。然后，将显示新的组和频道设置。应确保发射机的组和频道设置与接收机的组和频道设置匹配。

（五）声音调试

（1） 对着传声器讲话，如果音频系统设置正确，工作正常，会听到来自扬声器的自己的讲话声。接收机上的指示灯也应点亮，顶端的 TX AUDIO（发射音频）指示灯为红色，当你大声说话时，此指示灯会瞬间发出红光。

（2） 如果必要，可用附带的螺丝刀调节发射机增益，直到对着传声器讲话时只有接收机的绿色和黄色音频指示灯点亮。当大声说话时，此红色指示灯只是瞬间点亮。

（六）锁定和解除发射机频率设置

（1） 将发射机电源开关推到 OFF（关）位置，等待显示屏灯关闭。

（2） 按住 SET（设置）按钮，同时将电源开关推回到 ON（开）位置。发射机显示屏上显示“Fr L”（频率锁定），表示频率设置已锁定。发射机显示屏上显示“Fr UL”（频率解锁），表示频率设置已解锁。

（七）使用技巧

（1） 发射机和接收机天线应在直线相对位置，中间不可有障碍物。

（2） 不要在有金属或其他密致材料存在的地方放置发射机和接收机。

（3） 不要让接收机靠近计算机或诸如 CD 机、DAT 机和数字信号处理器等其他可能产生射频（RF）的设备。

（4） 除非使用远程安装天线，否则不要将接收机放在设备机架底部。

（5） 接收机天线顶端应彼此保持 45° 角的间隔，并远离体积较大的金属物体。

（6） 不要阻挡接收机天线。

（7） 发射机和接收机之间尽量保持至少 5m 间隔距离。

六、传声器的使用和维护

演讲者嘴部距离传声器的最佳距离是 15～40cm。使用过程中，在可能的情况下，尽可能将拾音距离设置的短一些，也就是将传声器靠近声源一些，这样有利于提高信噪比，有利于提高直达声与混响声比例，也有利于减少啸叫的可能。但也不应距离太近，距离太近导致的“近场效应”，会令声源的低音部分因音量过大而失真，具体表现是增加了过多的低音，讲话含混不清，严重的则完全听不清。

传声器应该对准嘴部至一直线。由于指向性传声器接收来自直线方向的声音灵敏度最大，所以演说者在说话时最好将传声器对准嘴部，至一直线，以避免音效变差。

如果传声器与指扬声器同在一室，则应避免扬声器正对传声器，否则扬声器所传出的声音会被传声器收入之后并重复放大，最后可能会出现回声啸叫或信号反送的现象。

要重视传声器附件的合理使用。例如传声器架、防风罩、减震架以及防喷罩的合理使用。

必须使用专用的屏蔽电缆馈送传声器信号。由于传声器内阻抗一般有几百欧，而输出信号又很微弱，因此必须使用专用屏蔽电缆作信号传输线，并使屏蔽层的一端与传声器的外壳良好相接，另一端与电声设备外壳良好相接，才能减小周围电磁场的干扰。

使用平衡线路传输信号，可以有效地减少外来干扰，且不易干扰周围其他的电声设备。传声器不但要采用专用屏蔽线缆，还要接成平衡线路，即使用双芯传声器线，其中两个芯线平衡地传送信号，外面的屏蔽层与外壳相连)。

注意传声器的防震与防风。不能用敲打和吹气的方法来检查传声器是否接通。传声器的振膜容易因此而遭到破坏。

对于电容传声器要注意防潮，避免在湿度大的地方储存和使用，否则容易产生噪声。

【思考与练习】

1. 会议用传声器一般选用何种指向性的？
2. 如何正确的选择和使用传声器，来避免啸叫现象的发生？
3. 如果一部无线传声器无法出声，其自身可能的原因会有哪些？

模块 2　摄像机的使用方法（Z37F4002 Ⅰ）

【模块描述】本模块介绍了摄像机的参数设置以及控制方法。通过对摄像机各项参数的讲解和使用方法的详细介绍，掌握镜头参整设置、镜头预置和取位的方法，掌握正确调节摄像机获得良好会场取景的方法。

【模块内容】

摄像机是一种把景物光像转变为电信号的装置。从能量的转变来看，是一种能进行光、电、磁转换的设备。

一、摄像机的分类

按颜色可以分为黑白摄像机和彩色摄像机。

按图像信号处理方式可以分为数字式摄像机、带数字信号处理（DSP）功能摄像机、模拟摄像机。

按外形结构可以分为普通型、机板型、针孔型、球型、枪型等。

按分辨率可以分为标清摄像机（分辨率 720p 以下）和高清摄像机。（分辨率 720p 及以上）

按传感器类型可以分为 CMOS 摄像机和 CCD 摄像机。

按灵敏度可以分为普通型（正常工作所需照度为 1–3LX）、月光型（0.1LX 左右）、星光型（0.01LX 以下）和红外照明型（采用红外光源成像）。

二、摄像机的结构

摄像机一般由光学系统、电荷耦合器件（CCD）、模数信号转换（ACD）、数字信号处理（DSP）以及摄录一体机的编码记录五个部分组成。

三、摄像机的主要技术特性

（1）清晰度（分辨率）——表示摄像机图像细节的能力。它取决于 CCD 芯片的像素数、镜头的分解力和摄像系统的带宽。

（2）照度（灵敏度）——单位被照面积上接收到的光通量。单位是勒克斯（LUX），数值越小，表示灵敏度越高。

（3）焦距——指从镜头中心到主焦点的距离。

（4）光圈——光圈即光圈指数 F。为镜头的焦距（f）和镜头有效直径（D）的比值。

（5）信噪比——信号电压与噪声电压之比。信噪比越高，在环境照度不足的情况下图像就越清晰。

（6）自动增益控制（AGC）——在低照度的情况下，自动增益控制可以提高图像信号的强度以获得清晰的图像。

（7）自动白平衡（ATW）——自动白平衡用来解决摄像机对物体在人工光照条件下真实色彩的还原。

（8）自动亮度控制/电子亮度控制（ALC/ELC）——根据射入光线的亮度，利用电子快门调节 CCD 图像传感器的曝光时间。

（9）此外，摄像机还具备同步、逆光补偿（BLC）、强光抑制、最低照度、光学/数字变焦、快门速度、旋转角度、旋转速度等技术特性。

四、摄像机的设置、使用

下面以索尼 EVI–HD1 高清摄像机（如图 10–2–1）为例，介绍摄像机的设置、使用和维护。

（一）索尼 EVI–HD1 高清摄像机正面（见图 10–2–2）

（1）镜头：此镜头为可进行 10 倍放大的光学变焦镜头。

（2）遥控传感器：用于遥控器的传感器。

（3）电源灯：使用随机提供的交流电视频和电源线将摄像机与交流电插座连接时，此灯点亮。当摄像机接收到从随机提供的遥控器发出的操作指令时，此灯呈现绿色并闪烁。

（4）待机灯：使用遥控器将摄像机关闭后，此灯点亮。

图 10–2–1　索尼 EVI–HD1 高清摄像机

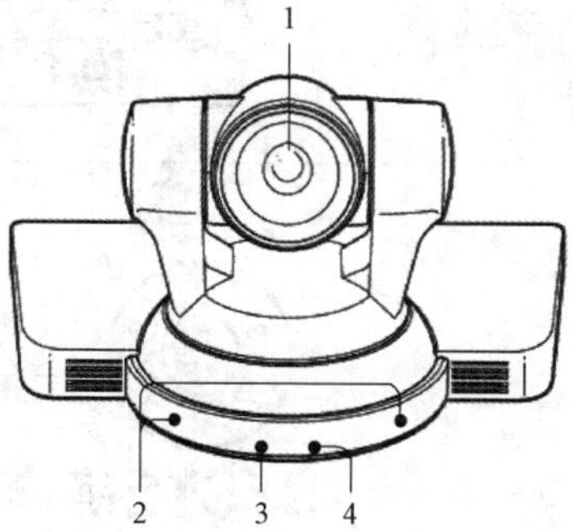

图 10–2–2　索尼 EVI–HD1 高清摄像机正面

1—镜头；2—遥控传感器；3—电源灯；4—待机灯

（二）索尼 EVI–HD1 高清摄像机背面（见图 10–2–3）

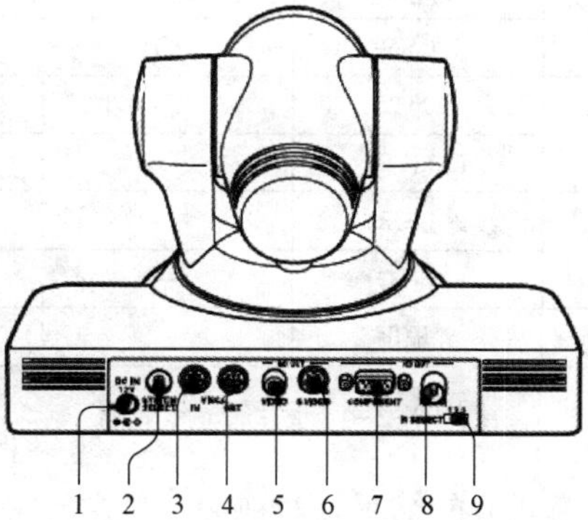

图 10–2–3　索尼 EVI–HD1 高清摄像机背面

1—DC IN 12V 接口；2—系统选择旋钮；3—VISCA 输入接口；4—VISCA 输出接口；5—标清输出视频接口；6—标清输出 S 视频接口；7—高清输出分量接口；8—高清输出 HD–SDI 接口；9—红外线选择开关

（1）DC IN 12V 接口：电源接口。

（2）系统选择旋钮：用于选择高清输出分量、高清输出，HD–SDI、标清输出视频和标清输出 S 视频接口输出视频的格式（见图 10–2–4）。

LB：LETTER BOX（信箱模式）的缩写。在显示图像的上部和下部添加一个空白区域（无信号，黑色），以便输出 16:9 宽高比的视频信号，在监视器上以 4:3 宽高比显示无失真的图像。

CR：CROP（裁边模式）的缩写。将 16:9 高比视频图像的左右两边裁减掉，输出 4:3 的视频信号。

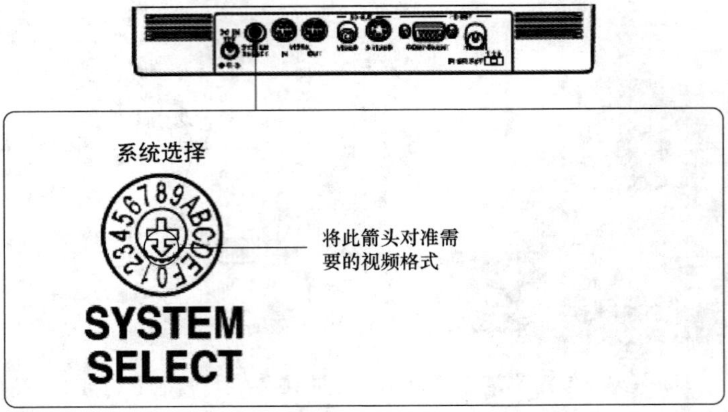

旋钮位置	视频格式	高清输出	标清输出
8	1080i/50	○	—
9	1080p/25	○	—
A	720p/50	○	—
B	720p/25	○	—
C	PAL(LB)	—	○
D	PAL(CR)	—	○
E	PAL(SQ)	—	○
F	无输出	—	—

图 10–2–4 系统选择旋钮

SQ：SQEEZE（挤压模式）的缩写。对视频信号进行水平压缩，使监视器上显示无失真的 16:9 宽高比图像。

（3） VISCA 输入接口：使用 RS–232C 与计算机连接。当用户将多台摄像机进行连接时，可将该接口与当前摄像机的 VISCA 输出接口进行菊花链连接。

（4） VISCA 输出接口：连接多台摄像机时，可将该接口与另一台摄像机的 VISCA 输入接口进行菊花链连接。

（5） 标清输出视频接口：以模拟复合信号的格式输出图像。

（6）标清输出 S 视频接口：以模拟 S 视频信号的格式输出图像。

（7）高清输出分量接口：以模拟分量（YPbPr）信号的格式输出图像。

（8）高清输出 HD–SDI 接口：以符合 SMPTE292M 串行数字接口标准的 HD–SDI 信号的格式化输出图像。

（9）红外线选择开关：使用同一个遥控器操作多台摄像机时，选择摄像机的编号。如果两台或两台以上摄像机放置在一起，并且编号相同，使用一台遥控器就会同时操作两台摄像机。所以两台摄像机被安装地较近，需将设置该开关，将它们设为不同的编号。

（三）索尼 EVI–HD1 的接线

索尼 EVI–HD1 具备复合视频接口、S 视频接口、分量视频接口以及 HD–SDI 接口。根据接入设备支持的信号格式，选择合适的接口进行接驳。该摄像头不支持多种视频格式同时输出，所以要注意调节系统选择旋钮。输出线缆可直接接入显示设备、视频终端或矩阵等信号处理设备。如图 10–2–5 所示。

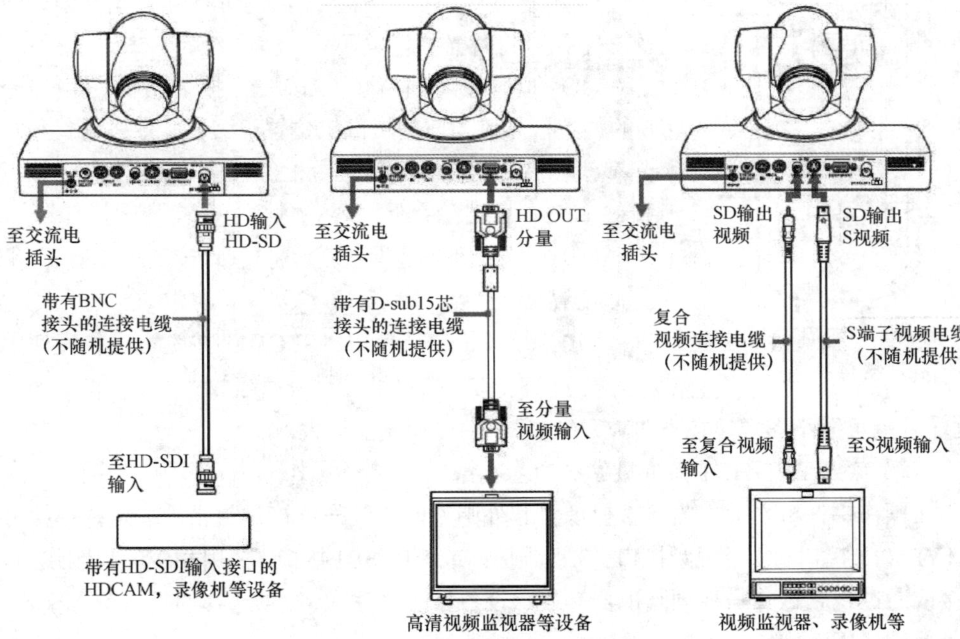

图 10–2–5　索尼 EVI–HD1 的接线图

（四）索尼 EVI–HD1 高清摄像机遥控器（见图 10–2–6）

（1） 摄像机选择按键：按下需要使用遥控器操作的摄像机的对应按键，使用摄像机后部的红外线选择开关可设置摄像机编号。

（2） 聚焦按键：用于聚焦调整。按下“自动”按键可自动调整聚焦。若要进行手动调整，可按下“手动”按键，并使用“远”和“近”按键进行调整。

（3） 数据屏幕按键：按下此按键可显示主菜单，再次按下则可将菜单关闭。如果选择低一级菜单时按下此按键，会返回高一级菜单。

（4） 平移/俯仰按键：按下箭头按键进行平移和俯仰操作。按下 HOME 按键，摄像机可返回正前方朝向位置。显示菜单时，使用↑或↓选择菜单项目，使用←或→改

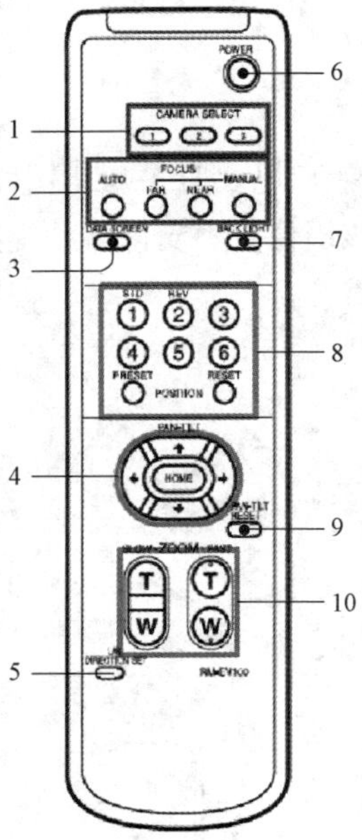

图 10–2–6　索尼 EVI–HD1 高清摄像机遥控器

变设置值。所选的设置菜单显示后，在主菜单显示时按下 HOME 按键。

（5） 左/右方向按键：按住此键，同时按下 REV 按键，可改变摄像机移动方向，使移动方向和箭头所示的相反。按住此键，同时按下 STD 键，可重设摄像机移动方向。

（6） 电源开关：当摄像机连接到电源插座上后，按下此开关可开启/关闭摄像机。

（7） 背光灯按键：按下此按键可打开背光补偿，再次按下则可将背光补偿关闭。

（8） 位置按键：按住“PRESET”按键，同时按下 1～6 的位置，可将当前的摄像机位置、缩放、聚焦调整和背光补偿存储在相应编号的位置上。按住“RESET”，按下按键 1～6，可清除存储内容。

（9） 平移/俯仰重设按键：按下此按键可选择平移/俯仰位置。

（10）缩放按键：使用“SLOW”按键可进行慢速缩放，按下“FAST”按键可进行快速缩放。按下按键的“T”（远端）端可缩小图像，按下“W”（广角）端可使图像放大。

（五）索尼 EVI–HD1 高清摄像机的基本操作

在操作摄像机之前，需检查摄像机和外围设的安装与连接是否正确。选择模拟分量（YPbPr）接口、复合视频接口、S 视频接口或 HD–SDI 接口，使用相应的视频线缆，直接或通过视频矩阵与视频监视器等显示设备相连。（注意：根据选择的视频信号模式，将“系统选择”旋钮设于对应的输出信号的位置。）

将电源接通后，电源灯点亮。摄像机自动水平和俯仰移动，恢复到上次断电前存储位置 1 的设定位置。

平移/俯仰/缩放操作：按下箭头按键，对摄像机进行平移或俯仰操作。若要将摄像机逐步移动，可快速、频繁地按动箭头按键；若要让摄像机在更宽的范围内移动，可长时间按住按键不放；若要让摄像机沿对角线方向移动，可在按住↑ 或←按键的同时，按下→或↓ 按键。按下 HOME 按键，摄像机返回至正前方位置。

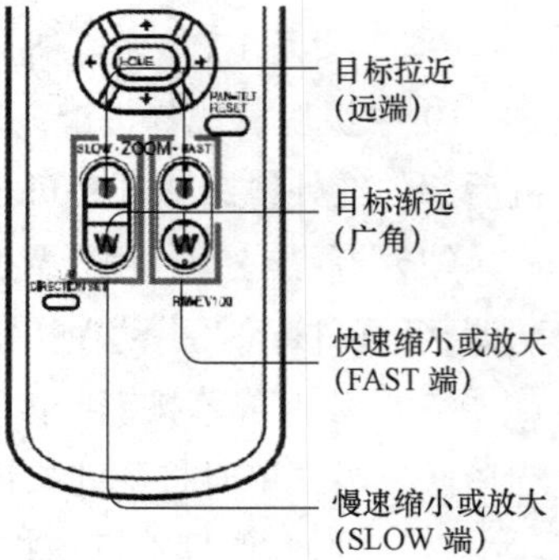

图 10–2–7　缩放操作示意图

缩放操作：缩放操作如图 10–2–7 所示。

聚焦操作：按下 AUTO（自动）按键，摄像机自动聚焦在屏幕正中的物体上。按下 MANUAL（手动）按键后，再按下 FAR（远）或 NEAR（近）按键，使摄像机手动聚焦在某物体上。

使用背光进行拍摄：在拍摄光源来自背后的物体时，物体会变得较暗。在这种情况下，按下 BACKLIGHT（背光）按键。如需取消这一功能，再次按下 B A C K LIGHT（背光）按键。

储存摄像机设定：设置好摄像机的位置、缩放、聚焦和背光后，按下 PRESET（预设）按键时，再按 1 到 6 中任意一个 POSITION（位置）按键，就可以储存所需要的设置。如果希望摄像机断电重启后保留断电之前的平移和俯仰位置等，应将这些位置储存在位置 1 按键中。

（六）索尼 EVI–HD1 高清摄像机的基本设置

（1） 按下 DATA SCREEN 按键，显示主菜单，如图 10–2–8 所示。

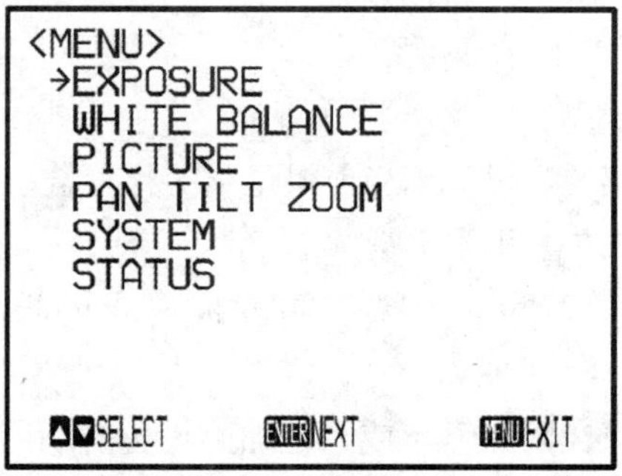

图 10–2–8　索尼 EVI–HD1 高清摄像机的主菜单

（2） 选择 EXPOSURE 菜单，可以对摄像头的曝光参数进行设置。主要有以下参数：

MANUAL（手动）：手动调节灵敏度（增益）、电子快门速度和光圈。

SHUTTER Pri（快门优先）：快门优先模式。使用灵敏度和光圈对曝光进行自动调节。手动调节电子快门速度。

IRIS Pri（光圈优先）：光圈优先模式。使用灵敏度和电子快门速度对曝光进行自动调节。手动调节光圈。

BRIGHT（亮度）：手动调节亮度电平。

（3） 选择 WHITE BALANCE 菜单，可以对摄像头的白平衡模式进行选择设定。主要有以下模式：AUTO（自动）；INDOOR（室内）；OUTDOOR（室外）；ONE PUSH（一键式）；MANUAL（手动）。

当选择 ONE PUSH 模式时，在开始一键式白平衡调节操作之前，首先要将快门速度调到快于 1/60，再镜头缩焦到屏幕中心一白色物体，然后按下遥控器的 HOME 键，一键式白平衡调节则被激活。

（4）选择 PICTURE 菜单，可以对摄像头输出图像参数进行设置调节。主要有以下参数：

APERTURE（孔径补偿）：

PICTURE EFFECT（图像效果）：选择 OFF 时无图像效果；选择 NEG 将摄像机图像反转为负片；选择 B&W：摄像机图像变为黑白效果。

（5）选择 PAN/TILT/ZOOM 菜单，可以对摄像头平移、俯仰、变焦参数进行设置。

（6）选择 SYSTEM 菜单，可对系统参数进行设置。主要有以下参数：

IR–RECEIVE（红外线信号接收）：当此项设为 OFF 时，摄像机不能接收遥控器发出的信号。使用遥控器时请确认此项处于打开状态。

DISPLAY INFO：显示信息。使用遥控器进行相关操作，且该项目设为 ON 时，相关信息在监视器上自动显示约 3 秒。

SYNC TYPE：同步类型。

（7）选择 STATUS 菜单，以显示当前摄像头的状态。

五、摄像机维护使用注意事项

安装在温湿度适宜的场所，不要在温度极高或极低的场所使用，同时避免潮湿。

（1）不要长时间暴露在阳光下，或靠近加热设备的场所（如加热器附近）、强磁场的场所、强电磁辐射源的场所。

（2）安装在稳定牢固的墙壁、天花板或三脚架上，避免安装在经常震动或晃动的地方。为防止热量聚集，不要妨碍摄像机周围的空气流通。

【思考与练习】

1. 摄像机由主要哪几部分构成？
2. 影响摄像机成像质量的因素有哪些？
3. 索尼 EVI–HD1 高清摄像机的视频输出接口有哪些？分别支持哪些视频格式？

◢ 模块 3 视频矩阵的硬件结构、接线及操作方法（Z37F4003Ⅱ）

【模块描述】 本模块介绍了视频矩阵的硬件结构、接线及操作方法。通过设备的功能参数讲解和使用方法的详细介绍，了解视频矩阵的作用、分类和工作原理，掌握视频信号的类型、流向、接口的类型以及正确的接线方法，掌握视频信号切换、模式预设及调用的方法。

【模块内容】

视频矩阵是指通过阵列切换的方法将M路视频信号任意输出至N路显示设备上的电子装置。一般来讲，一个 M×N 矩阵：表示它可以同时支持 M 路图像输入和 N 路图像输出。

一、矩阵的分类

（1）按信号的处理方式，可以分为模拟矩阵和数字矩阵。

1）模拟矩阵：视频切换在模拟视频层完成。信号切换主要由单片机或更复杂的芯片控制模拟开关实现。

2）数字矩阵：视频切换在数字视频层完成，数字矩阵的核心是对数字视频的处理，需要在视频输入端增加 AD 转换，将模拟信号变为数字信号，在视频输出端增加 DA 转换，将数字信号转换为模拟信号输出。视频切换的核心部分由模拟矩阵的模拟开关，变将成了对数字视频的处理和传输。

（2）按接口容量分一般可以分为小型矩阵、大型矩阵、超大型矩阵。小型矩阵的容量一般在 4×4 到 16×16 之间；大型矩阵的容量在 32×16 到 64×64 之间。超大型矩阵的容量一般 128×128 起，可根据需求定制最高达 1000×1000 以上。

（3）根据带宽一般可分为 150MHz 左右的低带宽矩阵、300MHz 左右的中等带宽矩阵、425～450MHz 高带宽矩阵以及 600MHz 及以上的超带宽矩阵。矩阵的带宽大小和所支持的视频分辨率高低有直接的联系。

（4）根据使用场合一般可分为广播级电信广播级、专业级和民用级。一般以切换的时长和画面的稳定度来区分。广播级可达到无缝切换，切换的时候没有闪烁和雪花，很平稳。专业级切换的时候稍微出现点黑屏，但也没有闪烁。民用级别切换的瞬间有闪烁的雪花和抖动，但切换完画面很稳定。

（5）根据信号的分辨率来分一般低分辨率、高分辨率、超高分辨率矩阵。

（6）根据视频信号的格式来分，可分为以下几种。

1）复合视频矩阵：用于复合视频信号（Video）的切换。一般为 BNC 接口或 RCA 莲花头接口。复合视频矩阵一般会带有音频矩阵切换部分（Audio），一般也称作 AV 矩阵。

2）VGA 矩阵：用于 VGA 信号的切换。一般为 15 针 D–SUB 接口或 5 个一组的 BNC 接口，也有采用双绞线 RJ–45 接口的。

3）HDMI 矩阵：用于 HDMI 信号的切换。一般为 HDMI 接口。

4）SDI/HD–SDI 矩阵：用于 SDI/HD–SDI 信号的切换。一般为 SDI/HD–SDI 接口或光纤接口。

5）S–视频（Y/C）矩阵：用于 S 视频信号的切换。一般为 S 端子接口、2 个一组的 BNC 接口或 4 针微型 DIN 插座。

6）DVI 矩阵：用于 DVI 信号的切换。一般为 DVI–D 或 DVI–I 接口。

7）RGBHV 矩阵：用于 RGBHV 信号的切换，也兼容复合视频、S–视频、分量视频、HDTV、RGsB、RGBS 等视频格式。一般为 5 个 1 组的 BNC 接口。

8）Y/Pb/Pr 分量矩阵等：用于 Y/Pb/Pr 分量视频信号的切换。一般为 3 个一组的 BNC 接口。

9）混合矩阵：采用模块化设计，支持多种格式视频信号的接入，并提供了灵活、可靠的数字和模拟视频切换和分配。如图 10–3–1 所示。

图 10–3–1　混合矩阵前后视图

二、矩阵的结构

矩阵一般可以分为前面板控制器、背面板接口、内部处理系统、控制网管等几个部分。

前面板控制器：一般有液晶显示屏、输入/输出通道选择按键、状态预设按键、状态调用按键、状态查看按键、模式选择按键等。

背面板接口部分：主要有视频输入/输出接口、音频输入/输出接口、同步接口、控制接口等。

内部处理系统：模拟矩阵主要由单片机或更复杂的芯片控制模拟开关构成；数字矩阵主要在视频输入/输出端增加 AD/DA 转换，用于模拟信号和数字信号之间转换。核心部分由模拟矩阵的模拟开关，变将成了对数字视频的处理和传输。

控制网管部分：主要有网管计算机和控制软件构成，接入中控的矩阵也可由中控进行控制。

三、矩阵的接线、设置及操作。

下面以 EXTRON MAV PLUS 3232 型 AV 矩阵（如图 10–3–2）为例，介绍视频矩阵的接线、设置及操作方法。

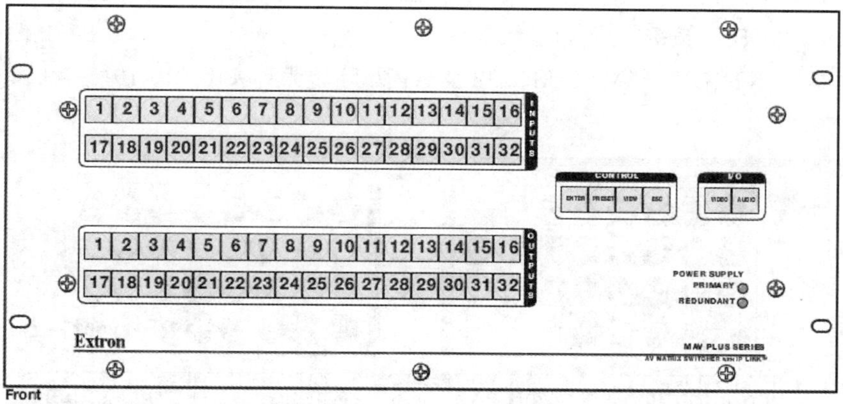

图 10–3–2　EXTRON MAV PLUS 3232 型 AV 矩阵示意图

（一）EXTRON MAV PLUS 3232 型 AV 矩阵的前面板（见图 10–3–3）

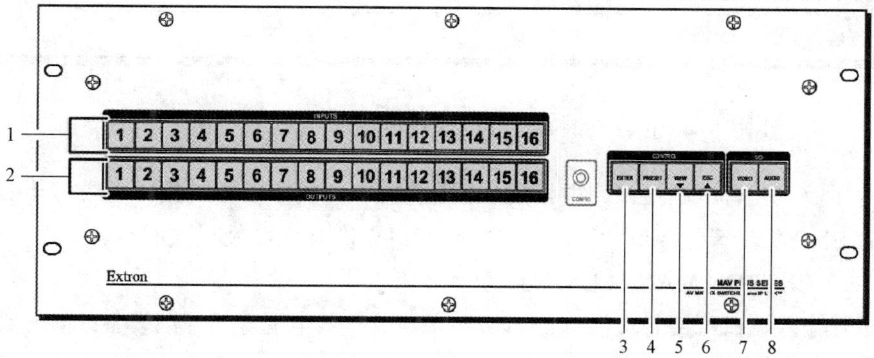

图 10–3–3　EXTRON MAV PLUS 3232 型 AV 矩阵的前面板示意图

（1） INPUT 按键：矩阵输入通道选择，数量由矩阵输入容量确定，图中为数字键 1～16。

（2） OUTPUT 按键：矩阵输出通道选择，数量由矩阵输出容量确定，图中为数字键 1～16。

（3） ENTER 按键：命令执行确认。

（4） PRESET 按键：模式预设。

（5） VIEW 按键：状态查看。

（6） ESC 按键：选择清除。

（7） RGBHV/VIDEO 按键：视频选择。根据矩阵型号分别有 RGBHV 按键和 VIDEO 按键。

（8） AUDIO 按键：音频选择。

（二）EXTRON MAV PLUS 3232 型 AV 矩阵的背面板（见图 10–3–4）

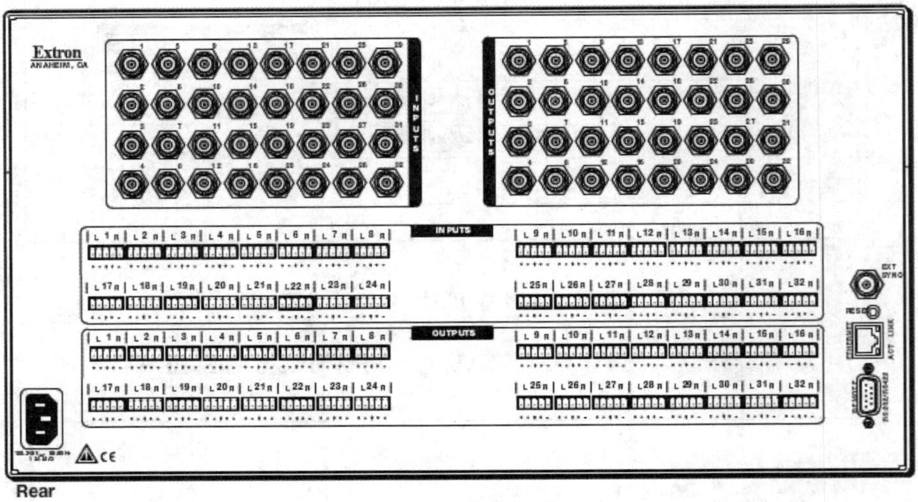

图 10–3–4 EXTRON MAV PLUS 3232 型 AV 矩阵的背面板示意图

背面板主要有电源接口、视频接口、音频接口、同步及控制接口组成。其中视频接口为 BNC 头，音频接口为凤凰头。控制接口提供 RS232 及以太网口。

（三）EXTRON MAV PLUS 3232 型 AV 矩阵

矩阵输入端口可接驳摄像机、DVD 播放机、有线电视等信号源设备；输出端接驳电视机、投影机等信号显示设备。视频会议终端的输入端口应接驳矩阵的输出端口，视频矩阵的输出端口应接驳矩阵的输入端口。

（四）EXTRON MAV PLUS 3232 型 AV 矩阵的操作步骤

矩阵的操作可以通过前面板按键或矩阵控制软件来实现。下面主要介绍如何通过前面板各类按键来进行操作。

1. 音视频信号切换的基本步骤

（1）按下“Esc”按钮，清除所有输入、输出及按钮选择。

（2）选择本次需要切换 I/O，如视频、音频或音视频同步等方式；选择视频时，Video 按钮显示为绿色，音频为红色。同时选择视频、音频时，切换为音视频信号。

（3）选择需要切换的输入、输出按钮。

（4）按下并释放“Enter”按钮，确定本次操作。

（5）重复 1–4 操作，完成所有信号切换。

2. 音视频信号同步切换

下面以将输入 5 的音视频同步接到输出 3、4、8 为例，详细介绍矩阵切换的操作步骤。

（1）按下并释放 ESC 按钮，如图 10–3–5 所示。

（2）选择切换类型。视频被选择后“VIDEO”将亮绿色，音频“AUDIO”选择将亮红色，如图 10–3–6 所示。

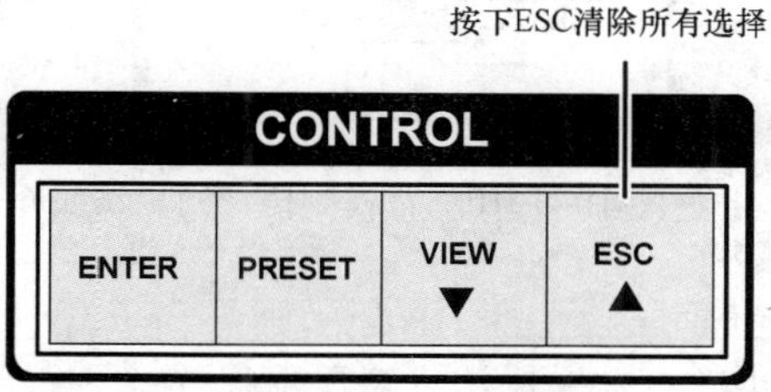

图 10–3–5　音视频信号同步切换 1

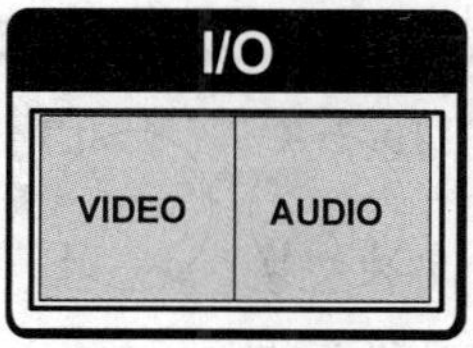

图 10–3–6　音视频信号同步切换 2

（3）按下并释放输入 5 按钮，此时按钮将显示黄色或绿色。如图 10–3–7 所示。

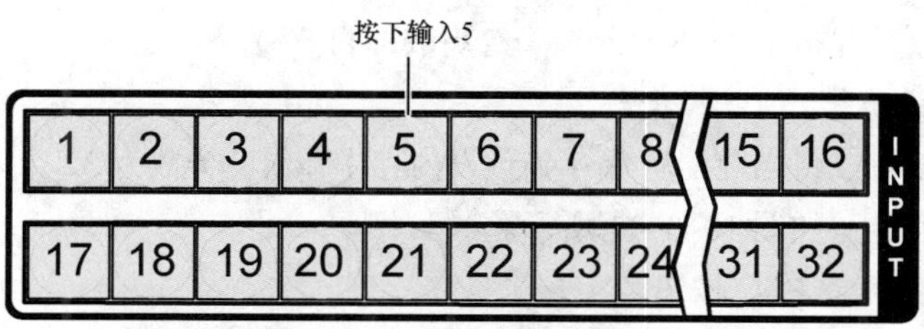

图 10–3–7　音视频信号同步切换 3

（4）按下并释放输出 3、4、8。如图 10–3–8 所示。

（5）“Enter”将闪烁提示是/否确定更改。如图 10–3–9 所示。

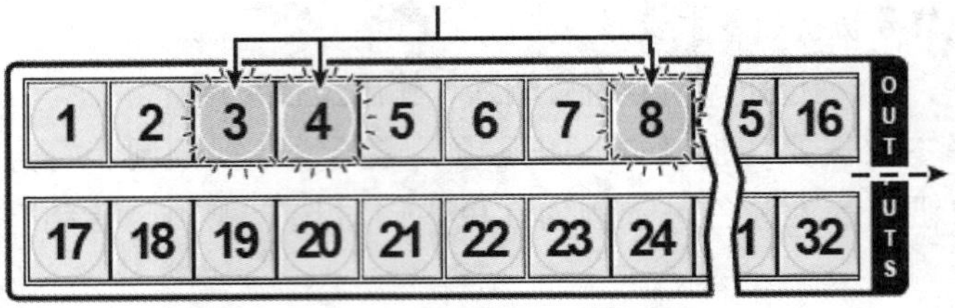

图 10-3-8 音视频信号同步切换 4

（6） 按下并释放“Enter”按钮，确定本次更改。下“Enter”后，所有输入和输出背景将恢复到原状态。当前切换后连接状态如下，如图 10-3-10 所示。

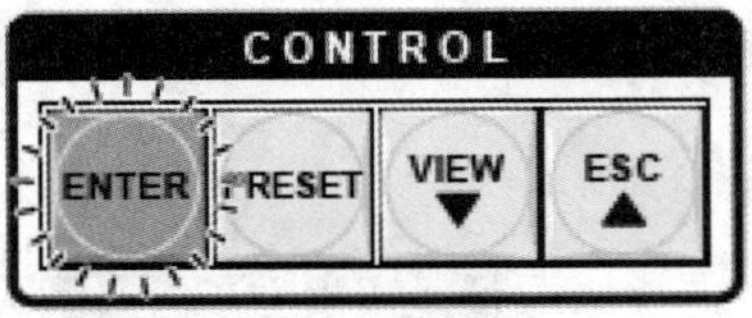

图 10-3-9 音视频信号同步切换 5

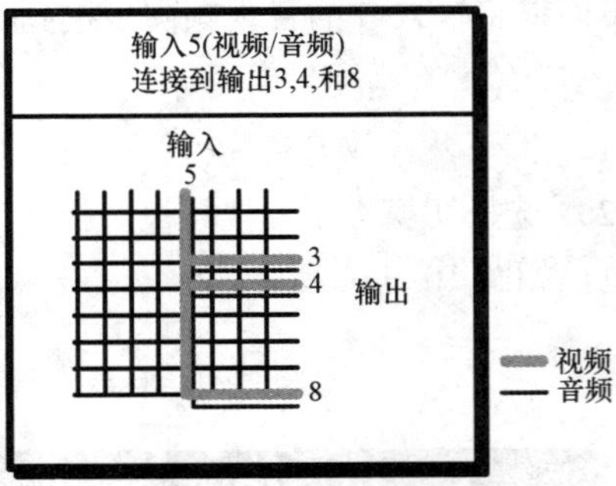

图 10-3-10 音视频信号同步切换 6

3. 单独切换

单独切换音、视频信号步骤与同步切换基本一致，只需在选择 I/O 时，只选择“RGBHV/VIDEO”或“AUDIO”，其他操作同步切换音视频信号一致。

4. 关闭音视频

关闭音视频信号和切换（增加）音视频信号步骤相同，只是在选择输出时只选择已连接的音视频，并按下“ENTER”确定更改即可。

5. 保存预设操作

通过前面板可以将当前配置保存到预设内存中，预设个数为 32 个，由输入数字代表对应预设内存号，如图 10-3-11 所示。

（1） 按下并释放 ESC 按钮。

（2） 按下“PRESET”并保持约 2 秒，直到“PRESET”按钮闪烁，如图 10-3-12 所示。

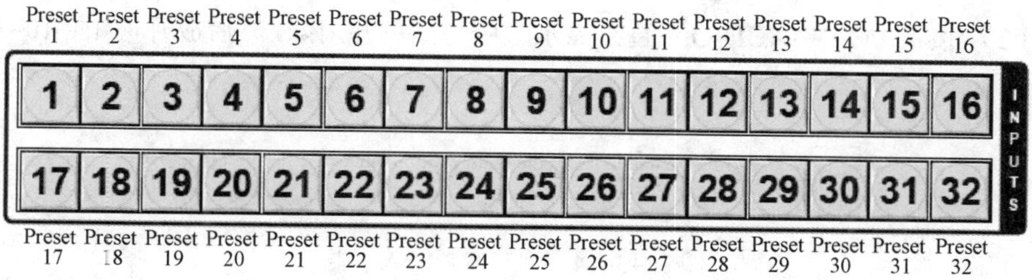

图 10–3–11　保存预设操作图 1

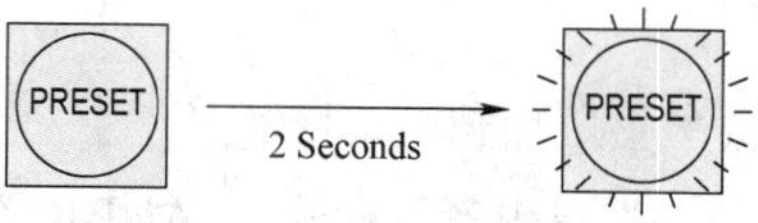

图 10–3–12　保存预设操作图 2

（3）“PRESET” 闪烁时，输入按钮将指示所有已定义的预设，“亮红色”表明已定义预设，“没亮”指明没有定义预设。

（4）选择指定预设 ID（即对应输入数）。如果选择已经存在的 ID，那么所预设将被覆盖，如图 10–3–13 所示。

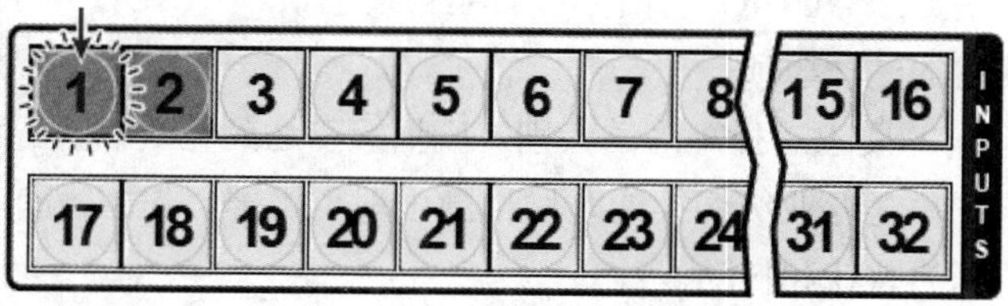

图 10–3–13　保存预设操作图 3

（5）按下“Enter”按钮，将保存当前配置到“Preset 01”。按下“ENTER”后，所有输入按钮颜色将恢复到原有颜色状态。

6. 调用指定预设

调用指定预设后，预设中的内容将加载到当前配置中。

（1）按下并释放 ESC 按钮。

（2）按下并释放 PRESET 按钮。

（3）所有已定义预设将以红色显示对应输入 ID。

（4）在输入按钮上选择需要调用的预设 ID。

（5）按下“ENTER”，确定预设调用。调用的预设连接点将变成当前状态。

7. 调节音频输入增益的大小

（1）按下并释放“ESC”，取消所有选择。

（2） 按下 I/O 中“AUDIO”，直到显示颜色为红色并闪烁，然后放开，如图 10–3–14 所示。

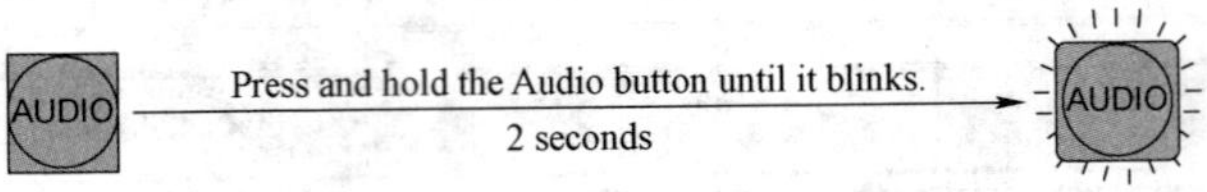

图 10–3–14 调节音频输入增益

（3） 按下需要调节的对应输入，在输出上将指示音频增益，输出亮绿色为“+”，红色为“—”。

（4） 通过 Esc▲和 View▼来增加和减小增益。

（5） 按下并释放“AUDIO”退出音频模式。“AUDIO”将停止闪烁。

8. 调节音频输出音量

（1） 按下并释放“ESC”，取清所有选择。

（2） 按下 I/O 中“AUDIO”，直到显示颜色为红色并闪烁，然后放开。

（3） 按下需要调节的对应输出，在输入上将指示音频音量。

（4） 通过 Esc▲和 View▼来增加和减小音量。

（5） 按下并释放“AUDIO”保存并退出音频模式。“AUDIO”将停止闪烁。

四、矩阵使用的注意事项

（1） 根据会场的要求选择矩阵的级别。广播级可达到无缝切换，切换的时候没有闪烁和雪花，很平稳。专业级切换的时候稍微出现点黑屏，但也没有闪烁。民用级别切换的瞬间有闪烁的雪花和抖动。

（2） 接线时要注意输入端口和输出端口不能混淆。输入端口用来接驳提供信号源的设备及端口，输出端口用来接驳接收信号源的设备及端口。

（3） 应尽量将矩阵接入中控进行控制操作，并预设好常用的切换显示模式以供及时调用。因面板按键较多，通过面板按键进行切换，不仅速度慢，而且极易造成误操作。

（4） AV 矩阵一般会有 RCA 和 BNC 两种接口类型，应根据设备接口类型制作相应的线缆，尽量避免使用 RCA/BNC 转接头，以减少故障点。

（5） RGBHV 矩阵的接线要注意线序，否则会出现图像黑白、缺色，或不出图像的现象。

【思考与练习】

1. 视频矩阵的接口类型有哪些？
2. 简述通过控制面板对视频矩阵进行切换的步骤。
3. 简述矩阵使用的注意事项。

模块 4　调音台的硬件结构、接线及操作方法（Z37F4004Ⅱ）

【模块描述】 本模块介绍了调音台硬件结构、接线及操作方法。通过设备的功能参数讲解和使用方法的详细介绍，了解调音台的作用、分类和工作原理，掌握音频信号的类型、流向、接口的类型以及正确的接线方法，掌握音频信号切换、控制、调整的方法。

【模块内容】

调音台是一种将多路音频电信号经必要的技术处理和合适的效果处理后，依所需的电平值加以混合、分配，用以输送给还音系统予以重放，或送入录音系统予以记录的电子音频设备。

一、调音台的分类

依据使用目的不同，可将调音台分为语言录音调音台、音乐录音调音台、后期制作调音台、播出调音台以及扩声调音台等。

根据调音台内声频电信号的处理方式，可将调音台分为模拟调音台和数字调音台。

二、调音台的结构

调音台一般可分为通道输入组件、信号处理组件、音量控制组件、信号指示、输出组件、监听组件等几大部分。

通道输出组件一般包括：输入选择（MIC 或 LINE）、增益控制（精档/粗档）、倒相开关等。

信号处理组件一般包括：高/低通滤波器、均衡器 EQ、辅助输出、动态处理器、编组等。

音量控制组件一般包括：音量调节器、VCA 音量调节器、驱动式音量调节器、推拉式调节器等。

信号指示一般包括：峰值表、vu 表、发光二极管显示、频谱显示等。

输出组件一般包括：信号分配、多路输出、主输出、分组输出等。

三、调音台的输入/输出端口

（一）调音台的声源输入

（1）通道 MIC 输入端口（传声器输入）：主要用于输入传声器的低电平信号（−60～−40dB 左右），采用平衡电缆和卡侬接口，如果是电容传声器，必须打开幻象电源开关。

（2）通道 LINE 输入端口（线路输入）：主要用于输入线路的电平信号（0dB 左右）。无线传声器接收机的输出信号、CD/DVD、会议终端或其他音源设备输出的信号都由此端口送入，一般采用大三芯（TRS）插头连接。

（3）立体声输入埠 STEREO：每路分左（L）右（R）两个通道，送入立体声信号。

（4）辅助返回输入埠（AUX RETURN）：有辅助输出的信号，经过效果处理后可以送入该通道，再与主信号混合。

（5）录音机插口（TAPE）：通常为莲花头插座，采用非平衡方式，常用于连接民用音源设备。

（二）调音台的输出埠

（1）主输出（MAIN）：这是调音台的主输出信号，包括左信道（L）和右信道（R），经过周边设备处理和功放之后，信号直接送入主扩音箱。一般采用平衡电缆和卡侬接口。

（2）单声道输出（MONO）：通常由左（L）右（R）立体声混合产生，经功放后送入中置音箱。一般采用平衡电缆和卡侬接口。

（3）辅助输出（AUX）：每路通道都有辅助输出，而且有多路辅助，还有推子前和推子后的自由选择功能。一般采用大三芯（TRS）插头连接。

（4）编组输出（GROUP）：主要用于把相关若干信道信号混成一组输出，在经过必要的接口设备处理之后，送入主输出或矩阵输出或直接作为信号输出。

（5）矩阵输出（MATRIX）：相当于二次编组输出，可以单独送出信号，也可以混入主输出信号。

（6）直接输出（DIRECT）：把各信道的信号直接送入周边设备，输出原始的分信道信号。

四、调音台的主要技术特性

（1）频响——也称频率响应，表征调音台的频带宽带和在限定宽度之内的电平一致性。如果没有足够的频带宽带，会造成信号的失真。

（2）增益——指调音台的输入电压与输出电压比值的对数，单位为 dB。在传声器输入情况下，调音台增益最小应不低于 70dB。在线路输入和线路输出情况下，调音台的增益为 0dB。

（3）噪声——在电气设备中，常用噪声比来表征信号和噪声之间的关系。调音台的噪声，是将输出端的噪声折算到输入端的等效噪声电平来表示的。一般要求在 −125dB 左右。

（4）失真——当一简谐信号通过一个非线性部件之后，产生多次谐波，使原信号的波形受到改变的一种现象。在额定输出条件下，调音台总谐波失真不应大于 0.5%；最大输出时，应小于 1%。

五、调音台的接线及调整技巧

以下以声艺 LX9 调音台（见图 10–4–1）为例，具体介绍调音台的各部分组件、接线及调整技巧。

（一）声艺 LX9 调音台的单声道输入及控制部分（见图 10–4–2）

图 10–4–1　声艺 LX9 调音台

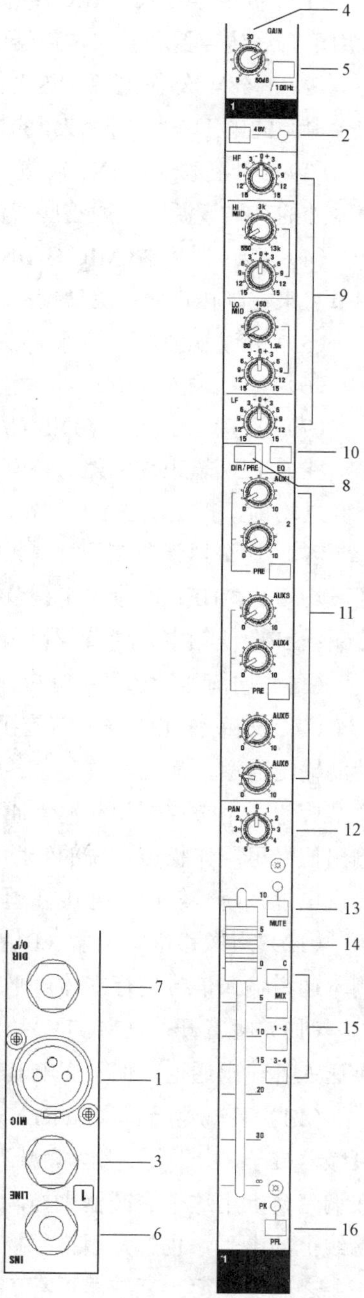

图 10–4–2　单声道输入及控制部分

单声道输入部分的主要构件有：

（1）传声器输入（MIC）：低阻抗平衡输入插孔。它的抗干扰性强，噪声低，一般用于有线传声器和会议传声器的连接。

（2）+48V 幻像电源：这个按钮是 48V 幻像电源开关是为电容传声器供给 48V 幻像电源的电工作状态时按钮的指示灯会亮。

（3）线路输入（LINE）：输入阻抗高，一般用于输入除会议传声器、有线手持传声器外的其他音源。一般这些音源由线路输出，为高电平声源。

（4）传声器增益(MIC GAIN)：传声器的输入增益调节钮(10–60dB 的增益范围)，调节它来控制传声器的灵敏度。

（5）高通滤波器：切除一些不想要的混浊的低频声。

（6）断点输入（INS）。

（7）直接输出接口（DIR O/P）。

（8）直接输出均衡器旁路开关（DIR/PRE）：DIR/ PRE 按下时，直接输出信号，不经过均衡，推子，哑音。

（9）均衡器调节旋钮——频响控制：这组旋钮共有六个，对应调音台输入通道的四段均衡器。HF：高频电平调节旋钮；HMID：高中频调节旋钮；LMID：低中频调节旋钮；LF：低频电平调节旋钮。

（10）均衡器旁通开关（EQ）：该按键开关控制着通道均衡器的接入或旁通。

（11）辅助输出电平调节旋钮（AUX）——分电平调整：一般，调音台都设有几路辅助输出通道，而且在调音台各输入通道均设有与辅助输出通道对应的辅助输出电平调节旋钮，用来控制相应输入通道分别送到各辅助总线上的信号电平。调音台的辅助输出信号可用作扩声系统的辅助扩声、返送监听，也可用作其他场合监听或录音等。会议电视系统一般用来连接视频会议终端的音频输入接口。

（12）声像移位电位器（PAN）：该旋钮用来控制立体声声像的位置，或者说是控制本通道输入信号进行立体声平衡处理的。

（13）哑音开关（MUTE）：或称默音、静音）按键，按下时该通道信号被切断，不送入各输出通道，但不影响其他各输入通道。

（14）衰减器推子（Fader）——分电平指示：线性推拉式低噪声电位器，称其为衰减器推子。由于它是用“衰减”来调整信号电平的，故通常称为衰减器推子（Fader）。在调音台上用这个衰减器来控制本通道信号送入立体声主输出左、右声道和编组输出总线上的电平，也就是用推子控制音量的大小。同时，它也可用来调整各路传声器或声源之间的平衡。衰减器正常工作电平是 0dB，即推子置于 0 位，此时输入信号不衰减也不提升。0dB 以上信号提升，0dB 以下信号衰减。

（15）输出通道选择开关（C、L/R、1–2、3–4）：C：按下此键，输入信号将送入立体声主输出的左（L）、右（R）两个声道；抬起此键，将切断送入立体声主输出的信号。左、右声道输出信号中不含该输入通道输入的信号。1–2 和 3–4：与 C 键相同，分别对应编组 1、编组 2 和编组 3、编组 4 输出。

（16）预推子监听开关（PFL）：预推子监听键用来对本通道信号选择衰减器前独立监听。有些调音台将 PEL 键标示为“CUE”（选听）或“SOLO”（独听）。

（二）声艺 LX9 调音台的立体声输入及控制部分（见图 10–4–3）

立体声输入部分的主要构件有：

（1）立体声输入插口：这些高阻抗输入接受立体声（TRS）插口。利用这些输入可以连接立体声声源等。

（2）立体声增益旋钮（GAIN）：增益设置此通道的输入电平，允许电平大范围调节的来源。

（3）HF/LF 均衡调节旋钮

（4）辅助送入：结合每个混合辅助发送给各自的辅助输出在调音台。

（5）电平调节旋钮：这个控制旋钮调节整体信号的电平，包括混合与编组。

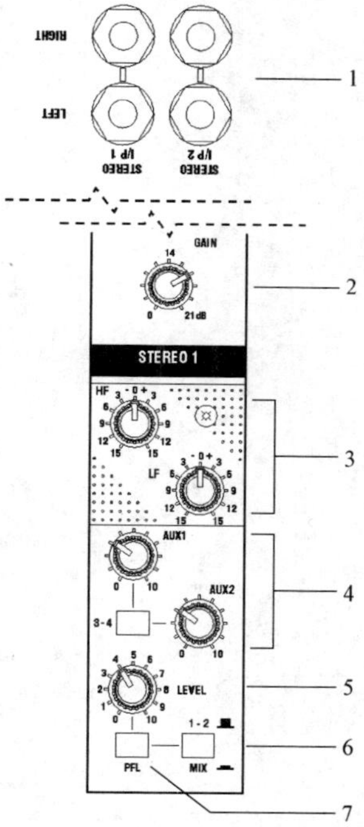

图 10–4–3　立体声输入及控制部分

（6）切换键：立体声通道的信号是对一个分组或立体声混音在一定水平所确定的电平控制。立体声 1 代表编组 1–2，立体声 2 代表编组 3–4。

（7）PEL 按钮：按下 PEL 按钮，此通道信号直接通过，不经过均衡，电平调节。

（三）声艺 LX9 调音台的输出、输出控制及指示部分（见图 10–4–4）

（1）辅助（AUX 1–6）电平控制及监听按钮（AFL）：控制辅助输出信号电平。按下监听按钮 AFL，对其路进行推子后独立监听。

（2）电平指示：LED 灯显示已经连接到调音台，以及操作出错。

（3）电平表：一组峰值光柱式电平表。

（4）MIX 按钮：按下此按钮分组信号到主混合信号中，分组 1.3 到混合通道 L 中，分组 2.4 到混合通道 R 中。

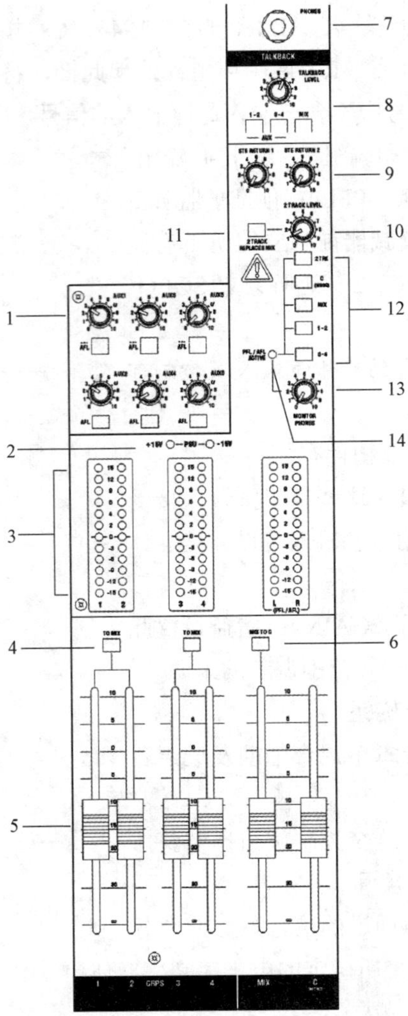

图 10–4–4 声艺 LX9 调音台的输出、输出控制及指示部分示意图

（5）输出衰减器推子（FADER）：每个通道都有一个衰减器推子，可单独控制，其调节方法参见单通道衰减器。

（6）MIX TO C 按钮：按下此按钮通道信号混合到 C（单声道）。

（7）耳机插孔：耳机输出。

（8）对讲传声器（TALKBACK）：辅助/编组通道对话、通信传声器控制。

（9）立体声返回控制（STEREO RETURN 1–2）：这组控制 2 个电平调节钮，分别对应 2 路立体声返回通道。电平调节钮用来控制立体声返回通道送回调音台的信号电平。送回调音台的信号是送入混合总线还是编组总线，由电平调节钮下对应的按键选择。

（10）电平旋钮（2 TRK LEVER）：用于磁带等外部信号电平的调节。

（11）此键用于磁带等外部信号混合输出。

（12）监听信号源（MONITOR SOURCE）：按下 C 键监听信号从混合声道输出，按下 1–2 键监听信号从 1–2 编组输出。按下 3–4 键监听信号从 3–4 编组输出。按下 2TR 键用于磁带等外部信号的接入的监听。按下 MIX 键用于混合信号的接入的监听。

（13）监听电平调节（MONITOR PHONES）调节监听的电平大小。

（14）监听指示灯（PFL/AFL）。

（四）调音台接线举例

下面以视频会议终端最普遍的音频连接方式为例，介绍调音台的接线。

（1）将终端音频输出线接调音台第 8 路输入口（LINE 8）。

（2）将终端音频输入线接调音台音频辅助输出口（AUX1）。

（3）将会议传声器插入调音台第 1、2、3、4 路输入接口 MIC1～4；如果是电容传声器，还应打开幻象电源开关。

（4）依次按顺序将调音台声音总输出（卡侬插座）的 MIX–L、R 分别连接至均衡器 INPTU 1 和 INPTU 2，将均衡器输出 Output1 和 Output2 分别连接至反馈抑制器的 INPTU 1 和 INPTU2；将反馈抑制器输出 Output1 和 Output2 分别连接至功放的 INPTU A 和 INPTU B，将功放输出 Output A 和 Output B 分别连接至两只音箱的输入端口。

（五）调音台调整技巧

1. 调音台的初始化方法

（1）把所有输入增益（GAIN）旋钮拧到最小，即向左拧到头。

（2）把所有的均衡器（EQ）旋钮放在中间位置（钟表 12 点位置）。

（3）把所有的辅助输出（AUX）旋钮拧到最小，即向左拧到头。

（4）把所有的声像（PAN）旋钮放在中间位置。

（5）把所有的推杆放在最下面。

（6）把所有的按键开关设置在弹起位置上。

2. 对本地会场调音台进行单独调试

（1）在对调音台进行初始化之后，打开调音台的总电源开关，可以看到电源指示灯点亮。

（2）按下 MIC1～4 的 PFL 开关，先把输入增益旋钮（GAIN）放在钟表 12 点位置，一边用正常音量讲话，一边调整输入增益旋钮，直到电平指示表绿灯到顶，黄灯不亮为止。或者可以将耳机插入耳机监听插口，监听自己讲话的声音。逐步调高音量当传声器将要产生啸叫时，再向反方向回调一点即可。

（3）发送信号，根据输出线路的接线方式，按需求按下输出通道选择开关（C、L/R、1–2、3–4）或调节辅助发送旋钮。本例中应将会议传声器输入所 MIC 第 1、2、3、4 路的 AUX1 旋钮都调到 5 位置，将终端第 8 路 AUX1 旋钮调到 0 位置。

（4）推起主输出推杆，推到 0dB 位置。衰减器正常工作电平是 0dB，即推子置于 0 位，此时输入信号不衰减也不提升。0dB 以上信号提升，0dB 以下信号衰减。

（5）一边推起相应通道的分推杆，一边对着传声器用正常音量讲话，从耳机中监听自己说话的声音。在实际调音中，需要推子是和输入灵敏度旋钮配合使用。

（6）注意观察电平指示。正常使用时，调节衰减器推子，调整输出电平，让其处在电平表绿线常亮的位置。如果电平上升，红灯闪亮了，表明输出电平较高，但此时不一定产生失真；如果所有红灯都亮了，而且确切地听到失真状态的声音，这时就要将推子逐渐往下拉，以消除由于调音台输出信号电平过高而产生的失真现象。

3. 本地会场和远端会场调音台配合调试

（1）调试原则

主会场设置远端音量与本地音量匹配，一旦确定后不能更改，否则将影响所有会场的音量调节；分会场根据主会场音量要求进行远端音量调整，调整分会场本地音量与远端音量匹配；主会场接收所有分会场远端音量的大小应基本保持平衡，避免比例失调。

（2）远端音量和本地音量都偏小情况下的调节

1）将本地会场传声器输入和远端会场音频输入所接调音台相对应的路数推子调大，也可以相应调大增益（GAIN）旋钮。

2）将本地调音台总音量输出“推子”适当调大。

（3）本地音量合适，远端音量偏小

1）请远端会场将传声器所接调音台相对应的路数的增益 GAIN 或 AUX 旋钮值调大，或是将输出部分相对应的 AUX 总控制旋钮值调大。

2）将本地会场终端输出线所接调音台输入相对应的路数的推子调大，也可以将相应的增益（GAIN）旋钮调大。本例中应将第 8 路 GAIN 旋钮或推子调大。

（4）本地音量合适，本地传给远端音量偏小

将本地会场传声器所接调音台相对应的路数的 AUX 旋钮值调大，或是将输出部分相对应的 AUX 总控制旋钮值调大。本例中应将第 1–4 路 AUX1 旋钮或总控制 AUX1 旋钮旋大。

六、调音台使用维护注意事项

（1）在调音台系统调试完毕后，不应随意改变接线、调整按钮和各种旋钮，以免破坏其正常工作状态。

（2）根据输入信号的类型大小，选择增益选择按钮。当我们输入的是传声器类信号时（这类信号大小一般为几 mV），就不必按下衰减钮；当我们输入的是线路级信号时（如 DVD、视频会议终端等，这类信号大小一般为 100～200mV），就必须按下衰减钮。同时不能随意更改调整增益旋钮，以免造成信号过大或过小。

（3）注意 AUX 辅助输出旋钮的正确设置，使用时分路 AUX 旋钮和总控制 AUX 旋钮都要打开。根据实际接线情况，决定哪些辅助通道的旋钮要开启，哪些辅助通道的旋钮要关闭，并且要与第几路辅助输出相对应。避免应设置不当而导致声音不能正常输出，或产生声音反送的现象。同时要注意分路区分哪些辅助旋钮是推子前，哪些是推子后，推子后的辅助输出旋钮要配合衰减推子使用。

（4）注意分路音量推子与主输出音量推子的配合。分路音量推子与主输出音量推子都可以控制调音台输出的大小，但应注意分路音量推子与主输出音量推子的配合使用。一般对于分路音量推子，可以打开该路的输出 VU 表，在使分路音量推子处于 0dB 位置时，调整该路的增益选择钮及增益调整钮，使监听状态的 VU 表或发光二 极管处于 0db 时即可，以此方法将各路基本一致，然后根据现场扩声的要求，调整主输出音量推子至合适状态，这样对信号的动态范围压缩最小，信噪比最高。

（5）及时关闭不用的各路音量推子。每一分路的音量推子都对应着该路的输入信号。当本路不用时，即讲话结束或音乐信号停止后，应及时关闭该路的音量推子，以免拾取无用的声音，经调音台馈送给扩声系统。

（6）正确使用幻象电源开关。只在使用电容传声器且为平衡接法时，才可以将幻象电源打开，其他情况下均应确认处于关闭状态。否则有可能造成传声器无声、幻象电源供电故障，还有可能造成设备的损坏。此外，插拔电容传声器线缆时，应关闭幻象电源开关，以避免过大噪声引起听力损伤或设备损坏。

【思考与练习】

1. 调音台一般有哪些输入/输出接口？分别有什么作用？
2. 简述调音台调节出声的一般步骤。
3. 调音台的使用有哪些注意事项？

◢ 模块 5　流媒体服务器的配置和使用（Z37F4005Ⅱ）

【模块描述】本模块介绍了会议流媒体服务器的配置和使用方法。通过配置过程的详细介绍，掌握流媒体服务器的使用方法。

【模块内容】

流媒体是指采用流式传输的方式在因特网与内联网播放的媒体格式。流式传输方式是将视频和音频等多媒体文件经过特殊的压缩方式分成一个个压缩包，由服务器向用户计算机连续、实时传送。在采用流式传输方式的系统中，用户不必像非流式播放那样等到整个文件全部下载完毕后才能看到当中的内容，而是只需要经过几秒钟或几十秒的启动延时即可在用户计算机上利用相应的播放器对压缩的视频或音频等流式媒体文件进行播放，剩余的部分将继续进行下载，直至播放完毕。

一、流媒体系统的构成

（1）编码器：由一台计算机、一块高清视频采集卡和流媒体编码软件组成。流媒体采集卡负责将音视频信息源输入计算机，供编码软件处理；编码软件负责将流媒体采集卡传送过来的数字音视频信号压缩成流媒体格式。如果做直播，它还负责实时地将压缩好的流媒体信号上传给流媒体服务器。

（2）服务器：由流媒体软件系统的服务器部分和一台硬件服务器组成。这部分负责管理、存储、分发编码器传上来的流媒体节目。

（3）终端播放器：也叫解码器，这部分由流媒体系统的播放软件和一台普通 PC 组成，用它来播放用户想要收看的流媒体服务器上的视频节目。

在小型的应用中，编码器和服务器也可以由同一台计算机服务器来承担。

此外，也有带内嵌系统的一体化专用流媒体服务器设备。如 Polycom 宝利通 RSS4000 录制及流媒体服务器（见图 10–5–1）。

会议系统中经常配置的硬盘录播器，一般也具备流媒体功能。

图 10–5–1 硬盘录播器

二、主流的流媒体技术

目前主流的流媒体技术有三种，分别是 RealNetworks 公司的 RealMedia、Microsoft 公司的 WindowsMediaTechnology 和 Apple 公司的 QuickTime。这三家的技术都有自己的专利算法、专利文件格式甚至专利传输控制协议。

三、流媒体服务器的配置

下面以微软公司的 WindowsMedia 为例，简要介绍流媒体服务器的配置和使用。

（一）系统准备

（1）服务器安装 Windows Server 2003 操作系统。

（2）依次安装 Windows Server 2003 Service Pack 1、DirectX、Windows Media Services 软件。安装 Windows Media Services 过程：在控制面板中选取添加删除程序，再单击添加/删除 Windows 组件，在出现的 Windows 组件向导对话框中，选中 Windows Media services 组件，选中“Windows Media services”“安全配置向导”，单击“下一步”进行安装（见图 10–5–2）。

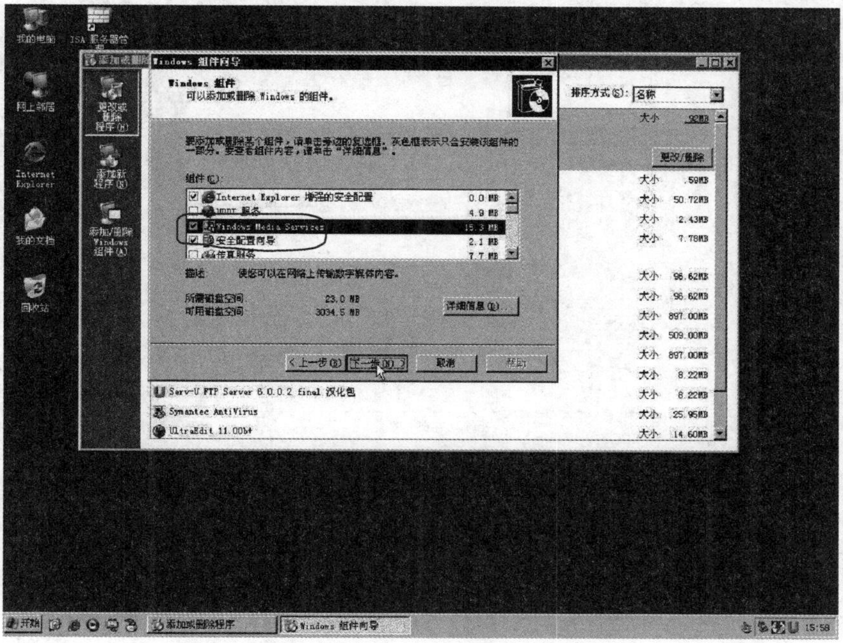

图 10–5–2　安装 Windows Media Services 过程

（3）安装 WMEncode 软件。

（二）安装音视频采集卡及驱动，连接音视频线缆

（1）插入音视频采集卡（以 ViewCast 的 Osprey–300 为例），安装采集卡驱动。

（2）Osprey–300 采集卡上音频接口为莲花口，视频接口为 BNC 口。用适配的线缆分别接入调音台的输出端口和矩阵的输出端口。

（三）配置 WMEncode 编码器

（1）单击“开始”→“程序”→Windows Media→“Windows Media 编码器”，单

击“新建会话”，出现“新建会话”选择框，选择广播实况事件，单击“确定”。

（2）出现设备选项选择框，选择所用的音、视频设备。其中视频配置：Osprey–300 Analog Video 1；音频配置：Osprey–300 Analog Audio 1。选择所用的音视频设备后，单击视频设备“配置”。

（3）出现 Osprey–300 Analog Video 1 属性选择框，再单击视频属性，出现 Video Properties 属性选择框，视频输入属性：Composite；视频标准制式：PAL–BDGHI。（如图 10–5–3、图 10–5–4 所示）。

图 10–5–3 配置 WMEncode 编码器图 1

（4）单击“确定”→“下一步”，出现广播方法选择框，广播方法选择“自编码拉传递”。单击“下一步”，规定使用端口为“7070”，单击“下一步”。

（5）进行编码设置，选择多比特率视频、多比特音频。根据网络环境实际情况选择。示例中选择速率 282Kbps，如图 10–5–5 所示。

（6）一直单击“下一步”，直至出现“设备检查”，单击“完成”。

（7）单击 Windows Media 编码器中的“开始编码”进行编码预览，如配置正确即可预览所要发布的视频、音频（音频可通过左边绿色的脉冲条观测）。至此完成编码器的设置，图 10–5–6 所示。

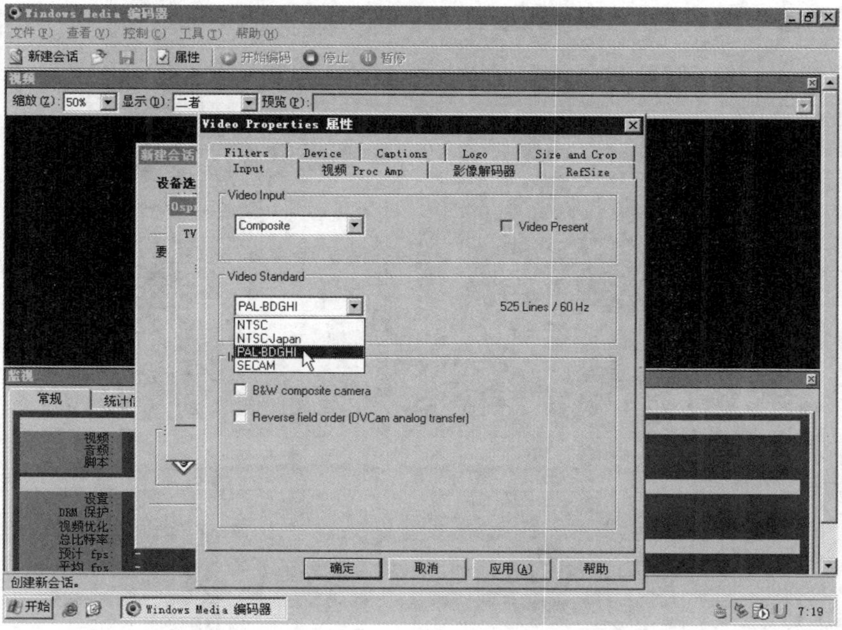

图 10–5–4　配置 WMEncode 编码器图 2

图 10–5–5　配置 WMEncode 编码器图 3

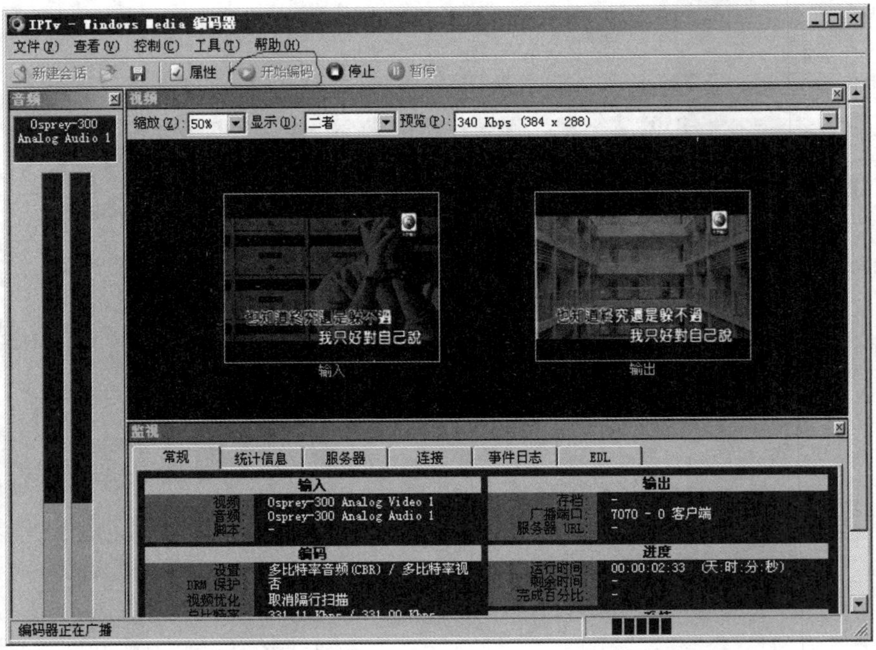

图 10–5–6 配置 WMEncode 编码器图 4

(四) 配置 Windows Media Server

Windows Media Server 配置有两种，一种从采集卡获取图像和声音信号，进行广播；一种是转播上级信号。

1. 采集卡方式的配置步骤

(1) 打开控制面板，选择管理工具，双击 Windows Media Server，打开 Windows Media Server 对话框。单击“发布点”，右键选择“添加发布点（高级)”。

(2) 发布点类型选择“广播”，在“发布点名称”处，为这个发布点命名。比如输入“IPTv”,“内容的位置”输入服务器本机 IP 地址加端口号(例如 http://172.23.18.102:7070)。点“确定”，新建完毕，如图 10–5–7 所示。

(3) 查看发布点传输的位置是否正确（服务器 IP 地址加端口号)。至此配置 Windows Media Server 结束。

(4) 将音、视频信号输入采集卡。

(5) 启动编码器，预览音、视频功能正常。

(6) 依次单击“控制面板”→“管理工具”→Windows Media service→“发布点”→IPTv”，单击“监视”→“启动发布点”，如图 10–5–8 所示。

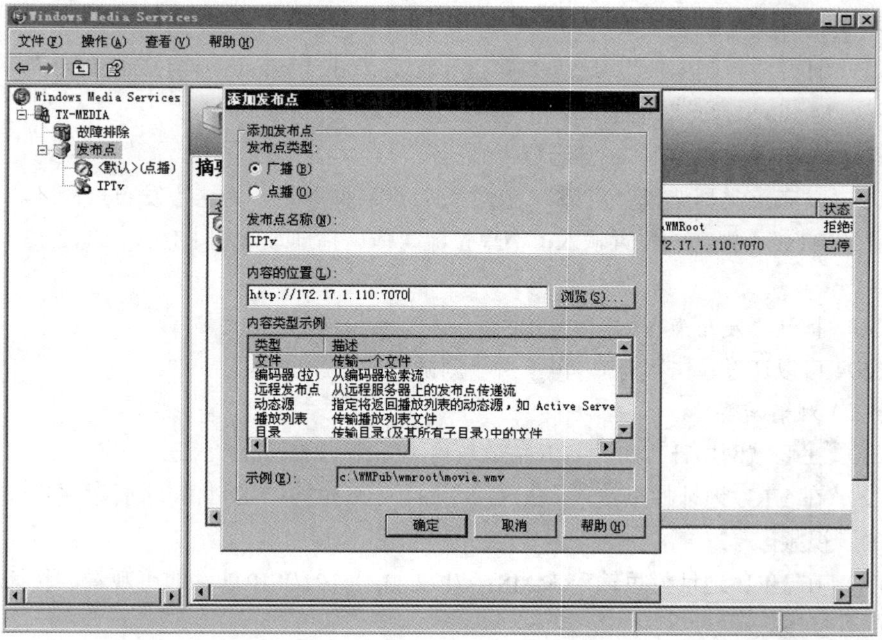

图 10–5–7　配置 Windows Media Server 图 1

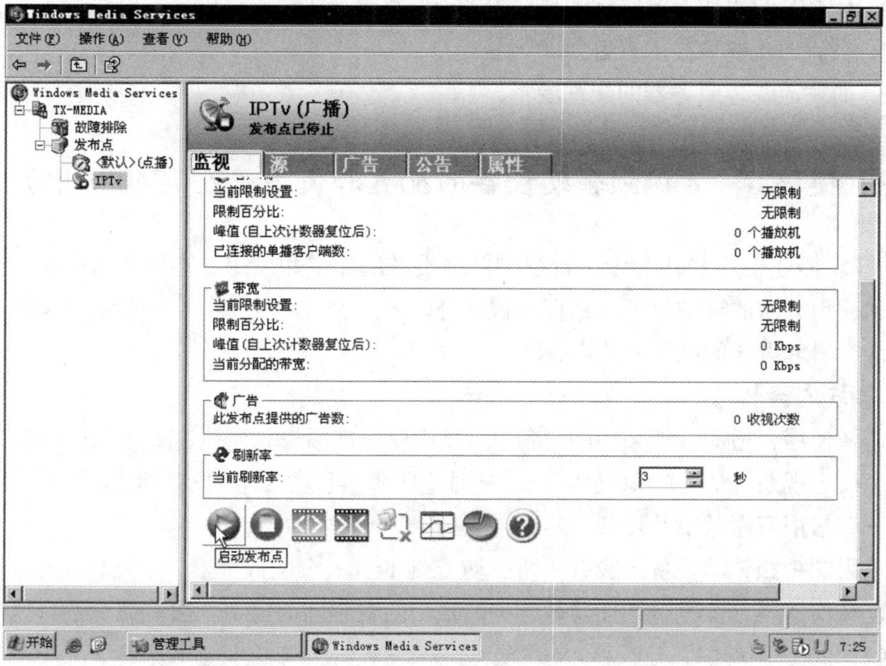

图 10–5–8　配置 Windows Media Server 图 2

2. 转播方式的配置步骤

（1） 打开“控制面板”，选择“管理工具”，双击“Windows Media Server”，打开 Windows Media Server 对话框。

（2） 单击“发布点”，右键选择“添加发布点（高级）”。

（3） 发布点类型选择“广播”，在“发布点名称”处，为这个发布点命名。比如输入“JSIPTv”，内容的位置输入上级单位流媒体广播地址，如 RTSP：//172.17.1.110/IPTv。

（4） 打开“发布点”，开始发布。

（5） 可以通过单击“源”，再单击“测试流”，预览效果。

（五）观看流媒体

（1） 在局域网内计算机中打开播放软件 Windows Media Player。

（2） 在 URL 地址栏里输入 MMS：//172.23.18.102/IPTv，即可观看以采集卡方式广播的音视频。

（3） 在 URL 地址栏里输入 MMS：//172.23.18.102/JSIPTv，即可观看以转播方式广播的音视频。

【思考与练习】

1. 什么是流媒体？流媒体的传输方式有哪些特点？

2. 主流的流媒体技术有哪些？

3. 简述流媒体服务器的配置步骤。

模块 6 音视频辅助设备的配置和使用（Z37F4006Ⅱ）

【模块描述】本模块介绍了音视频辅助设备的配置和使用。通过设备分类、产品介绍和使用方法的详细讲解，掌握音视频分配器、音视频光端机、视频信号转换器、话筒混音器等设备的配置和使用方法。

【模块内容】

选择使用合适的音视频辅助设备，可以确保音视频信号便捷、高效、高质的传输，保证会议电视系统信号的稳定和质量，同时进一步实现会议电视系统接线方式的优化。

一、常用音视频辅助设备

常用的视频辅助设备一般有线路驱动器/延长器、分配放大器、多路切换器、图像解析度转换器类、多窗口处理器等几种。常用的音频辅助设备一般有话筒混音器。

（1） 线路驱动器、延长器可在一个信号源和一个终端之间实现长距离信号传输。

（2） 分配放大器用于将一路计算机、视频或音频信号发送至多个设备，并仍能保持信号的完整性。

（3）多路切换器可连接多种计算机、视频和音频信号源，并将选定的信号路由到一台输出设备上。

（4）图像解析度转换器可将信号进行转换，以匹配显示设备自身的视频输入接口和支持分辨率。

（5）多窗口处理器可连接多路视频源并在单一显示设备上创建并呈现多个视频窗口。

（6）话筒混音器可提供多路传声器的接入，同时提供多通道输出，与会场调音系统分离，直接接入会议终端设备，简化系统接线方式。

二、常用音视频辅助的设备结构和接线方式

（一）线路驱动器

此类设备通过高品质电缆，提高视频和音频信号的传送距离，一般可达 50～80 米。下面以 EXTRON Extender D VGA&RGB 线路驱动器为例，介绍此类设备的结构和接线。

1. 设备结构

由面板接口和传输线缆两部分构成。视频接口部分为 15 针 D–SUB 接口，音频接口为 3.5mm 立体声接口。线缆为 5 个 BNC 接头一组的高品质屏蔽线缆，设备结构如图 10–6–1 所示。

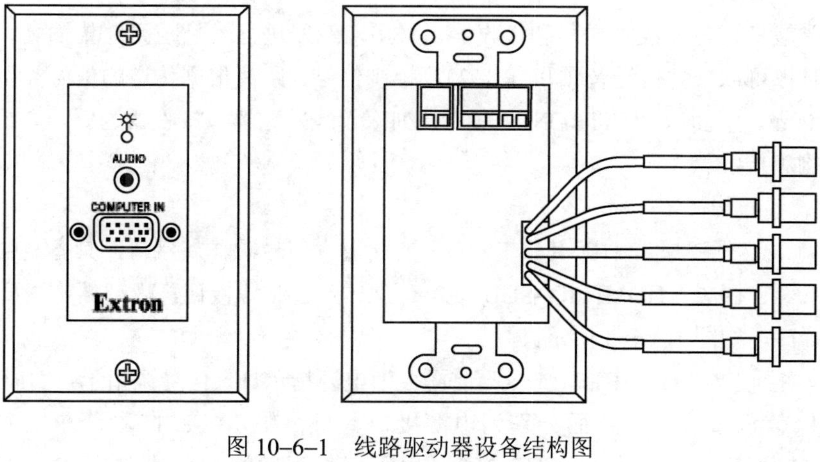

图 10–6–1　线路驱动器设备结构图

2. 系统接线

视频源信号直接接入面板接口。显示设备与传输线缆远端接口相连。系统接线如图 10–6–2 所示。

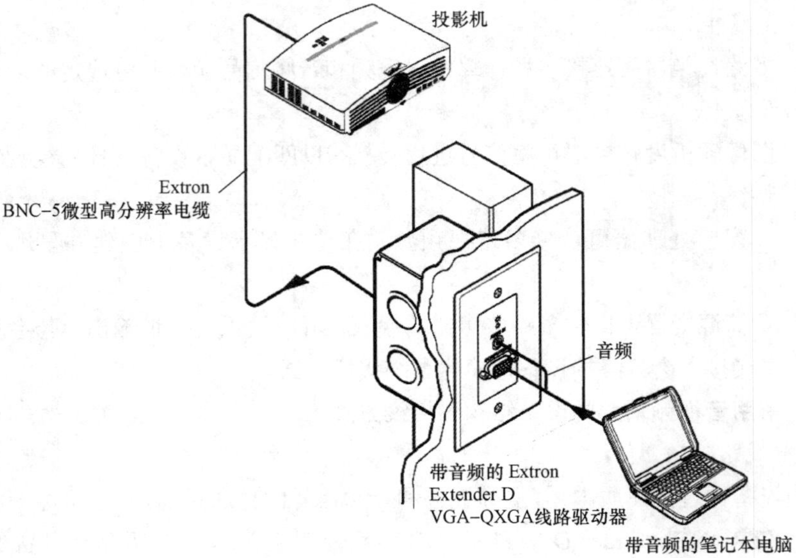

图 10-6-2 采用线路驱动器的系统接线图

3. 应用场合

一般用于较短距离延长。此类设备结构简单，直接接驳音视频设备即可使用，无需配置调试。

（二）双绞线延长器

此类设备通过一组发送器和接收器，采用双绞线进行较长距离地传输高、标清视频，同时也可以一并传送音频和 RS-232 控制信号，距离根据传送的信号类型一般可达 50-200m。下面以“EXTRON MTP”系列双绞线发送器、接收器为例，介绍此类设备的结构和接线。

1. 设备结构

（1）发送器“MTP/HDMI U T A D”前面板为信号源输入接口，具备复合视频、分量视频、S 视频、HDMI、D-SUB 接口、立体声音频等接口，内部结构主要为 3 个 RJ-45 端口。如图 10-6-3 所示。

（2）接收器“MTP/HDMI U R”前面板为电源指示灯、信号源指示灯、RGB 信号增益和峰值调节旋钮。背面分别为电源接口、1 个 HDM 接口、2 个 RS232 接口、3 个 RJ45 接口、3 个一组的 BNC 接口（用于分量视频）、1 个独立的 BNC 接口（用于复合视频）、1 个 D-SUB 接口、1 个 S 端子接口、1 个音频接口。如图 10-6-4 所示。

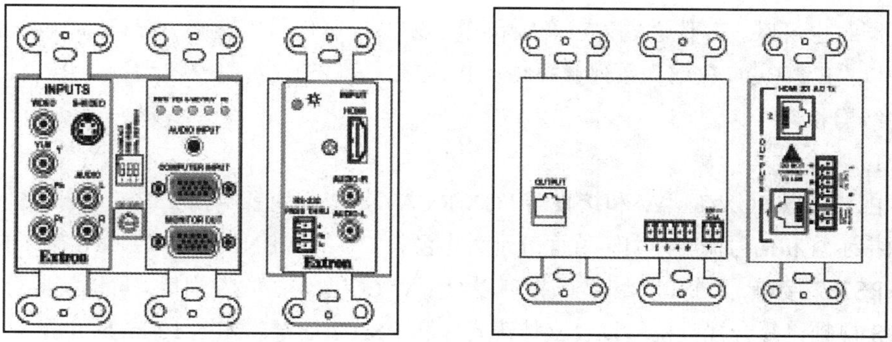

图 10–6–3　双绞线延长器发送器示意图

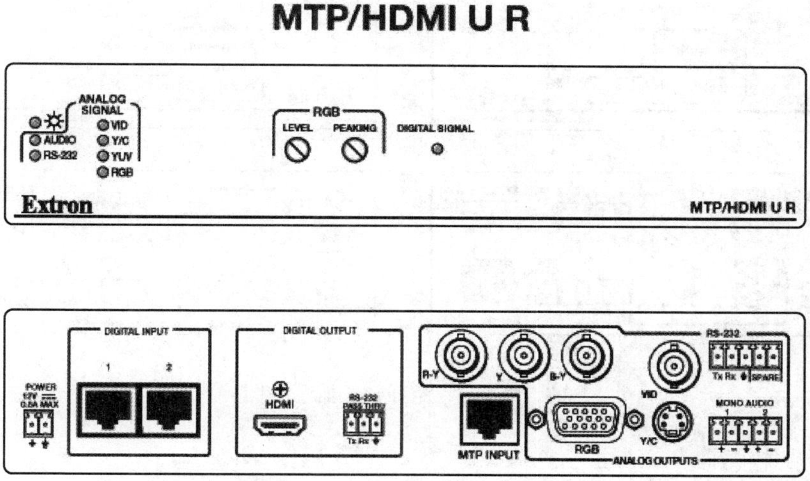

图 10–6–4　双绞线延长器接收器示意图

2. 系统接线

根据信号类型，音视频源与发送器 MTP/HDMI U T A D 相应输入端口相连，显示设备与接收器 FOX Rx AV 对应视频输出端口相连。发送器和接收器之间以双绞线连接。可以通过 2 条双绞线电缆传输 HDMI 信号，或通过单根双绞线电缆传输其他模拟视频格式信号，同时可以一并传送音频信号和 RS–232 信号。

3. 应用场合

一般用于较长距离的信号传输。此类设备需成对使用，收发器之间的双绞线通道畅通的情况下，直接接驳音视频设备即可使用，无需配置调试。

（三）光纤延长器

此类设备通过一组发送器和接收器，采用单根光纤即可长距离地传输高、标清视频，同时也可以一并传送立体声音频和 RS–232 控制信号，距离一般可达 10–30km。下面以“EXTRON FOX”系列音视频及 RS–232 信号的光纤延长器为例，介绍此类设备的结构和接线。

1. 设备结构

由发送器 FOX Tx AV 和接收器 FOX Rx AV 组成，两者结构类似。设备前面板为电源指示灯和信号源指示灯，背面分别为电源接口、3 个 BNC 接口、1 个 S 端子接口、1 个 RS232 接口、1 个立体声音频接口以及 1 对 LC 型光纤收发端口。可以接驳分量视频、S 视频、复合视频信号以及立体声音频和 RS232 信号。如图 10–6–5 所示。

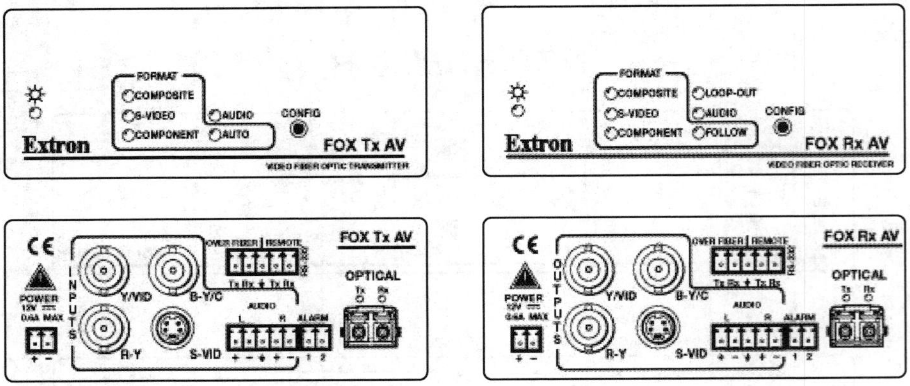

图 10–6–5 光纤延长器示意图

2. 系统接线

根据信号类型，音视频源与发送器 FOX Tx AV 相应视频输入端口相连，显示设备与接收器 FOX Rx AV 对应视频输出端口相连。发送器和接收器之间光纤连接。

3. 应用场合

一般用于超长距离的信号传输。此类设备需成对使用，收发器之间的光纤可选单模或多模，光纤通道畅通的情况下，直接接驳音视频设备即可使用，无需配置调试。

（四）分配放大器

此类设备可以分割来自视频源的一路信号并分配给多路输出，同时对信号进行放大和增强作用，在保持信号品质的前提下延长传输距离，支持多种视频信号格式及分辨率。下面以“EXTRON DA4 RGBHV”分配放大器为例，介绍此类设备的结构和接线。

1. 设备结构

设备前面板为电源指示灯。后部为电源接口、5 组 RGBHV 接口。其中 1 组为输入，4 组为输出。可接驳 RGBHV、RGBS、RGsB、RsGsBs、分量视频、S–视频和复合视频等多种视频格式。如图 10–6–6 所示。

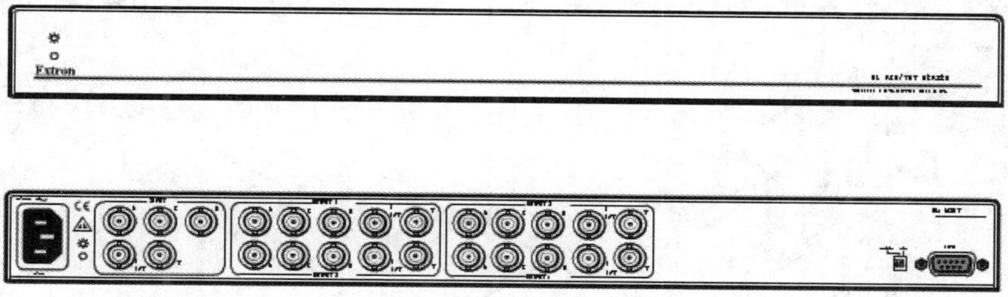

图 10–6–6　分配放大器示意图

2. 系统接线

视频源与 INPUTS 输入区相应端口相连，显示设备与 OUTPUTS 侧相应端口相连。DA4 型可同时分配 4 路输出信号。

3. 应用场合

一般用于多台显示设备显示同一视频源，又不想过多占用矩阵接口的情况。此类设备结构简单，直接接驳音视频设备即可使用，无需配置调试。

（五）多路切换器

此类设备输入区连接多路视频源信号，可选定任一路信号传送到一台输出设备上。下面以“EXTRON SW6 RGBHV”多路切换器为例，介绍此类设备的结构和接线。

1. 设备结构

设备前面板为电源指示灯及输入 1–6 路选择按键。后部为电源接口、7 组 RGBHV 接口。其中 6 组为输入，1 组为输出。可接驳 RGBHV、RGBS、RGsB、RsGsBs、分量视频、S–视频和复合视频等多种视频格式。如图 10–6–7 所示。

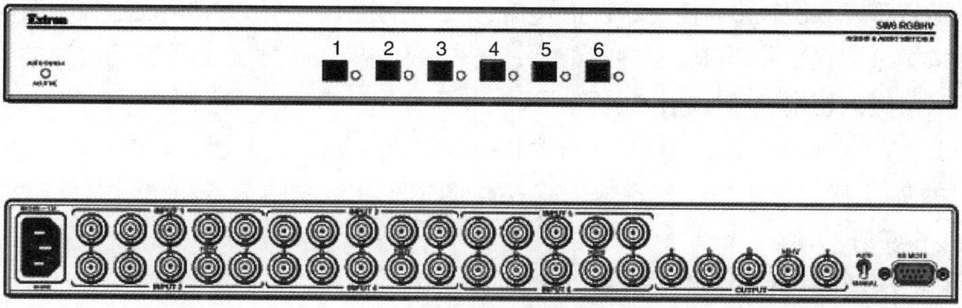

图 10–6–7　多路切换器示意图

2. 系统接线

视频源与 INPUTS 输入区相应端口相连，SW6 RGBHV 设备可同时接入 6 路视频源信号。显示设备与 OUTPUTS 侧相应端口相连。系统接线如图 10–6–8 所示。

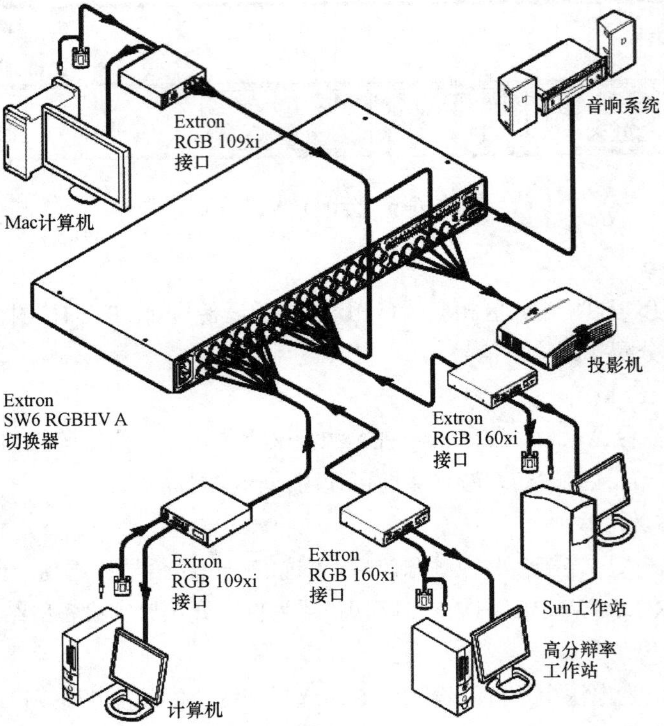

图 10–6–8 采用多路切换器的系统接线图

3. 应用场合

适用于视频源较多，但显示设备只有 1～2 台的情况。使用时，可通过控制面板的选择按键进行视频源选择。应注意的是，兼容多种视频格式的设备，在同一种接线方式下只可输入切换一类视频格式的信号。

此外，有一类内置视频图像解析度转换器的切换器，可以支持多种格式、不同分辨率的信号源混合切换，转换成固定视频格式和分辨率的信号输出。系统接线如图 10–6–9 所示。

（六）图像解析度转换器

此类设备用于不同视频图像解析度之间的转换输出，或“升频”优化图像质量转换成高清视频格式，或“降频”转换成 NTSC 或 PAL 格式输出。此类设备输入接口和

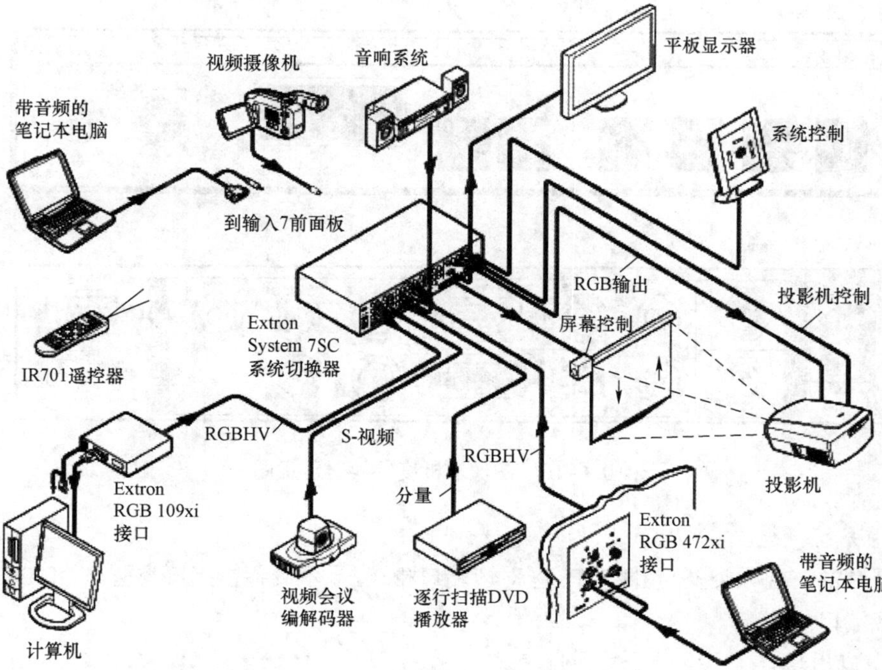

图 10–6–9 采用内置视频图像解析度转换器的切换器的系统接线图

输出接口为不同视频格式类型，所以可以看做是视频信号格式转换器。一般支持多种格式信号源输入，多种格式信号输出，并提供从 640×480～1920×1200 不等的数十种输出分辨供选择。常见的有复合视频、S 视频输入，RGB 或分量视频输出；或复合视频、S 视频、RGB、分量视频输入，DVI 或 HDMI 输出。也有部分设备是相反的，输入为 RGB、分量视频，输出为复合视频。具体可根据现有视频源的格式和目标视频信号的格式进行选择。下面以 EXTRON DVS 304 DVI 图像解析度转换器为例，介绍此类设备的结构和接线。

1. 设备结构

设备前面板依次为电源指示灯、1–4 输入通道选择按键、MENU 菜单按键、NEXT 下一步按键、液晶显示屏以及视频缩放左右调节按键、上下调节按键。设备后部为接口部分，依次为电源接口、输入区 SDI 接口、复合视频接口、分量视频接口、S 视频接口、RGB 接口，输出区提供可同步输出的 DVI–I 接口及 RGBHV 接口。此外还提供 RS–232 及以太网口。如图 10–6–10 所示。

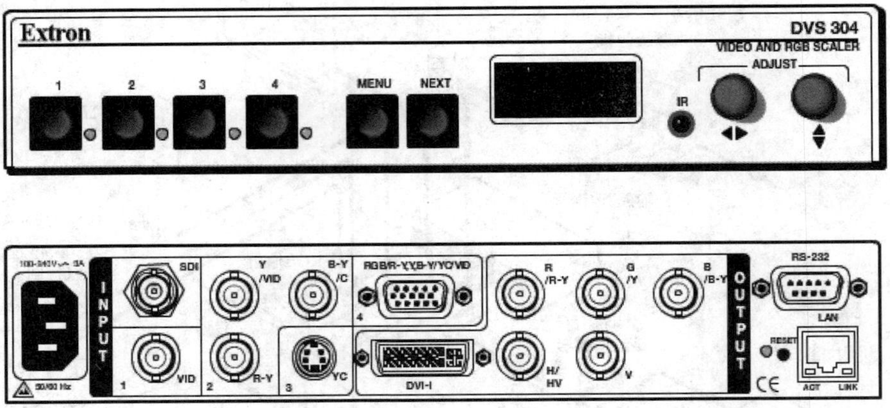

图 10–6–10 图像解析度转换器示意图

2. 系统接线

视频源按视频类型与 INPUTS 区对应端口相连，显示设备按接口类型与 OUTPUTS 侧相应端口相连。

3. 应用场合

适用于系统中视频源信号与显示设备、视频输入设备格式不一致的情况。

（七）多窗口处理器

此类设备用于对多路视频源信号进行处理，在单一显示设备上多画面显示多路视频源。下面以 EXTRON PIP 422 多窗口处理器为例，介绍此类设备的结构和接线。

1. 设备结构

设备前面板依次为 FREEZE 画面冻结按键、1–2 输入通道选择按键、SWAP 画面轮换按键、PRESET 预设模式按键、ENTER 命令确认按键、WINDOWS SELECT 窗口选择按键以及 6 个画面控制快捷按键，分别为色彩/色调、明亮度/对比度、清晰度、位置、尺寸和缩放按键，以及液晶显示屏、MENU 菜单按键、NEXT 下一步按键和左右调节按键、上下调节按键。设备后部为接口部分，依次为电源接口、两组复合视频、分量视频、S 视频输入接口；输出区提供可同步输出的分量视频、S–视频和复合视频接口。此外还提供 RS–232 控制口。如图 10–6–11 所示。

2. 系统接线

视频源按视频类型与 INPUTS 区对应端口相连，不同类格式类视频源可混合输入。显示设备按接口类型与 OUTPUTS 侧相应端口相连。系统接线如图 10–6–12 所示。

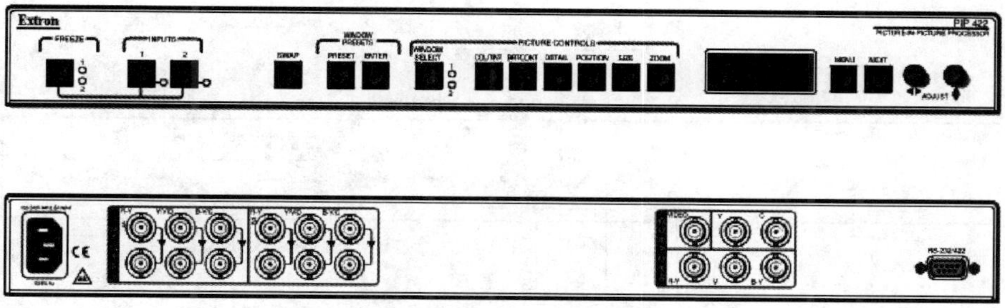

图 10–6–11 多窗口处理器示意图

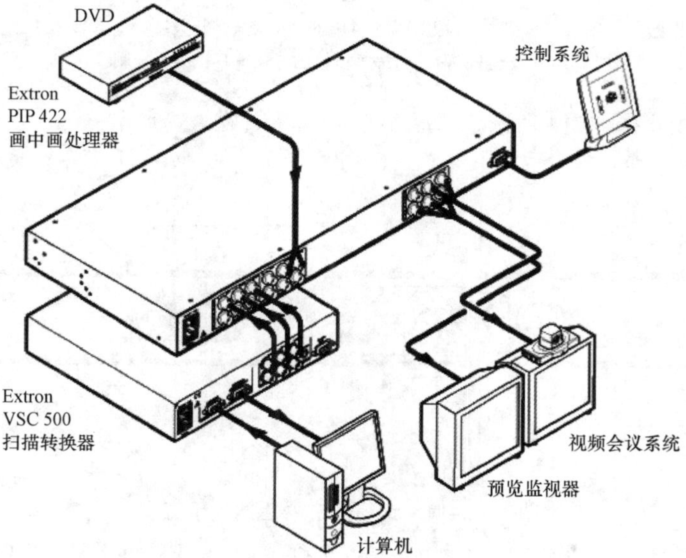

图 10–6–12 采用多窗口处理器的系统接线图

3. 应用场合

适用于需要在单一显示设备上多画面显示多路视频源的情况。

（八）话筒混音器

此类设备可提供多路传声器的接入，能够自动调整电平，有效降低反馈，大幅改善传声器的音频质量，同时提供多通道输出，可绕过调音台直接接入会议设备，从而简化系统接线方式。下面以铁三角 AT–MX351a 智能话筒混音器为例，介绍此类设备的结构和接线。

1. 设备结构

前面板如图 10–6–13 所示。

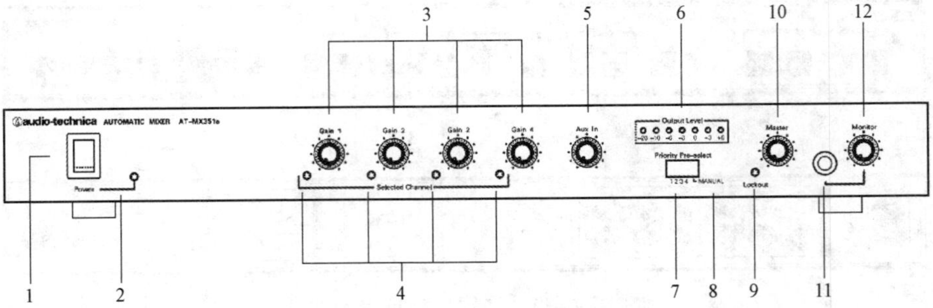

图 10–6–13 话筒混音器前面板示意图

1—供电开关；2—电源指示灯；3—输入增益控制；4—通道开通指示灯；5—辅助输入控制；6—输出电平显示表；7—优先预设开关（1–4）；8—人工操作开关；9—（锁）定操作显示；10—总电平控制；11—耳机输出；12—耳机电平控制

后面板如图 10–6–14 所示。

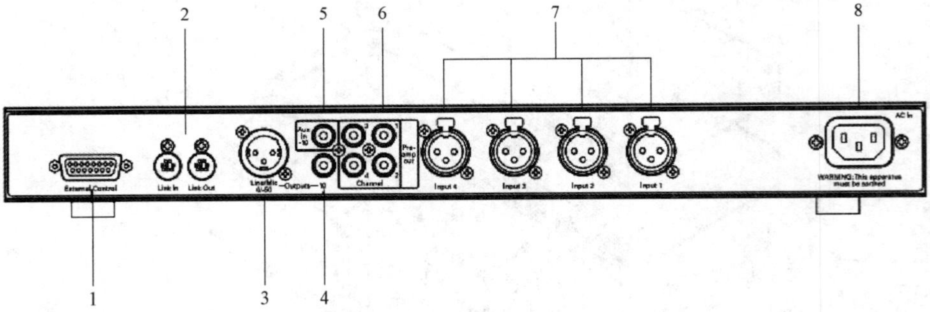

图 10–6–14 话筒混音器后面板示意图

1—外部控制接口；2—串接输入/输出；3—线路/传声器平衡输入；4—非平衡线路电平（–10dBV）输出；5—辅助输入；6—前置放大输出；7—XLRF 卡农平衡式传声器电平输入；8—供电输入

2. 系统接线

话筒混音器的使用是为了解决会议电视系统会场发言音频转接环节多、调试难度大、保障方案复杂等问题，将会议发言传声器与会场调音系统分离，并对音频系统接线方式进行简化。典型接线方式为：将 2 路有线传声器，通过话筒混音器直接送入会议电视终端，到达远端会场；远端会场音频送入会场调音台调整后回放。系统如图 10–6–15 所示。

3. 应用场合

适用于多路传声器接入，同时需要简化会议音频系统接线，改善传声器效果的场合。

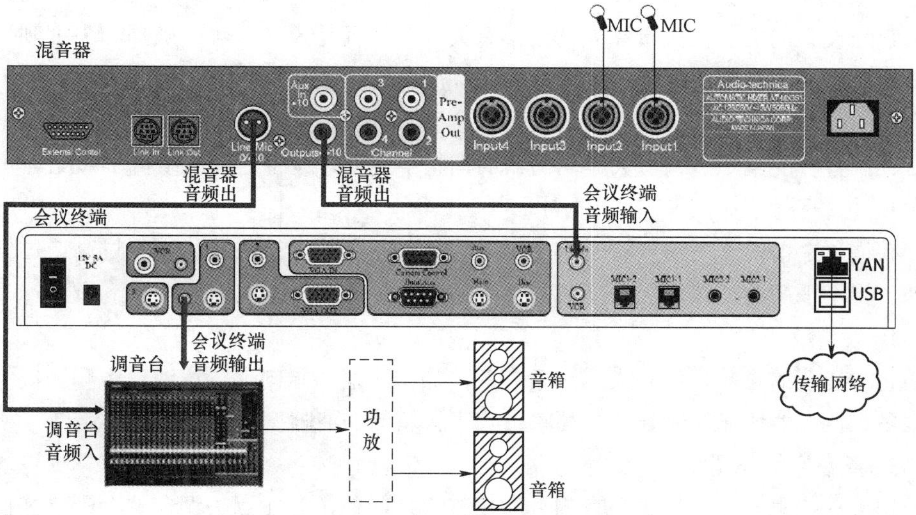

图 10-6-15　采用话筒混音器的系统接线图

【思考与练习】

1. 常用的视频信号延长器有哪几种？

2. 简述图像解析度转换器的作用和常见接口类型。

3. 简述话筒混音器的作用和接线方式。

模块 7　音频信号故障的诊断和处理（Z37F4007Ⅲ）

【模块描述】本模块介绍了音频信号故障的诊断和处理。通过对常见故障现象介绍及案例分析，掌握音频信号故障的原因、排查的思路手段以及预防的方法和应急处置措施。

【模块内容】

一、会议电视系统音频常见的问题

1. 噪声大

它影响声音的清晰度、柔和度和明亮度，严重时会掩盖了会场的声音。一是本底噪声。由于增益过大、采用自动增益控制方式、阻抗不匹配等，都会出现本底噪声。二是传声器“扑”声。传声器是扩音系统的第一个环节，其信号质量的好坏直接影响到整个会议效果，因此要根据其特点和性能、声源重现的特征以及各声源之间的相对关系合理选择和设置。对于破音较强的发言者，应选用防“扑”声的传声器。

2. 失真大

它与设备的非线性失真和人为因素有关。其特征是声音嘶哑、破损、尖细刺耳，严重时会影响声音的清晰度、柔和度、明亮度、丰满度和现场感。引起失真的原因是多方面的，如传声器的灵敏度过高、摆放位置不合适、具有幻像电源的传声器供电不正常、调音台的电平调整过大、均衡器的调整不适当、设备之间的阻抗不匹配等。

3. 电平不规范

在调试之前没有对调音台、均衡器等设备进行调校，造成信号电平过高或过低。另外，将不平衡的线路输出与平衡的线路输入直接连接，造成信号电平下降。

4. 频响不均匀

它与设备的频响指标和人为因素有关，如传声器的指向偏离声源、中频和低频衰减太多、传声器传输线过长等，都将影响声音还原的清晰度、层次感、丰满度。

5. 声音比例失调

如果总控室、主会场、发言的分会场三者之间的声音比例失调，就会影响其他分会场还原远程声音的平衡度，造成会议的整体效果下降。

6. 混响延时不当

不同的会议类型和拾音环境对混响和延时的要求不同，因此要根据声学特性，调整混响和延时的参数。

二、音频信号故障排查的思路

（1）要熟悉音频信号流的传输原理和路径，了解关键音频设备的作用和接线方式和设置参数。

（2）排查音频信号故障时应该养成从声音信号源头入手，分段逐级进行。

（3）排查过程中可以多使用替代法，比如同一根线缆换不同端口测试，或者同一个端口换不同线缆测试等。

（4）排查过程中可多使用插拔法，由于线缆接头处松动、氧化造成传输不畅的概率也较高。

三、会议电视系统音频异常及故障处理

1. 啸叫

（1）话筒距音箱太近，话筒正向指向音箱。将两设备间距离拉远或降低传声器的输入值、降低音箱音量。

（2）同系统的传声器距离过近。传声器距离调整到合适位置。

（3）调音台上混响调节过大。降低相应参数。

（4）话筒音量调节过大。降低相应参数。

（5）厅内声学设计缺陷。换个位置摆放传声器。

2. 连续不变的噪音（呜呜声）

（1）接头处没有插实，屏蔽层没有接触到位。将接头插接到位。

（2）将 RCA 的音频头误插入到了 RCA 视频插座里了。将插头位置插置正确。

3. 连续规律性波动噪音

（1）信号线接头接续过多，不良信号被放大。重新穿线，减少线缆接续点。

（2）线路附近有大的用电设备。如不能避免，加音频信号隔离设备。

（3）线缆的两端设备分别为平衡接线与非平衡接线。增加音频平衡与非平衡转换设备，以提高信号质量。

4. 拾音器声音过小

（1）拾音器前端的音量旋钮调整的参数过小。将音量旋钮数值调大。

（2）调音台增益旋钮设置参数过小。将增益旋钮数值调大。

5. 环境噪声较大

（1）可能存在风扇，空调等噪声源。会议过程中关闭这些噪声源。

（2）传声器的灵敏度过高，导致了轻微的动作都有较大的声音采集，引起噪声。更换灵敏度稍低的传声器。

6. 回声

（1）轻微的回声一般是经由对方会场的扬声器、传声器传回来的。可以选择带回声消除的传声器，使用反馈抑制器。也可以降低对方会场扬声器的音量，降低传声器的灵敏度，增加拾音设备和扬声器的空间距离。

（2）严重的回声一般是因为对方调音台设置有误，将接收到的远端音频信号又返送到调音台的输出。检查调音台设置确保正确。

7. 声音不连续

（1）网络原因，是否网络有延迟。可进行 Ping 包测试。

（2）无线传声器的电池电量不足。更换电池。

8. 电源干扰

音频信号产生杂波干扰，形成低频的交流“嗡嗡”声。

（1）电源接地不良。

（2）设备之间的地线接触不良。

（3）阻抗不匹配。

（4）设备的电源未经“净化”处理。

（5）音频线与交流电线同管、同沟或同桥架铺设。

可增加电源滤波器，利用谐振电路滤除谐波，“净化”输出电源；信号的输入、输出线与电源线分开走线，且不能平行布线，避免毗邻和交叉干扰，互相感应；采用双绞电源线，使两根导线产生的总磁通相互抵消。

9. 设备之间干扰

（1）“啸叫”是扬声器与传声器之间发生正反馈引起的，其主要原因是传声器离扬声器过近或传声器指向扬声器。对于“啸叫”现象，可采取以下方法避免固有共振点的形成：降低扩声增益；利用均衡器或自动反馈抑制器降低“啸叫”频点的幅度；连接频移器或调相器，用偏移频率或相位来破坏反馈声与声源的同相条件；调整扬声器布局、改变传声器方向以及两者之间的距离，避免形成正反馈。

（2）“空声”是由声波延时产生的，若传声器既拾取声源信号又拾取经扩音还原的信号，或者与声源距离不同的两只传声器拾取同一声源的信号，或者一只传声器拾取经扩音还原后的另一只传声器的信号，都将产生相应的路程差而造成延时。当这些信号叠加后，某些频率成分相互抵消，形成了“空声”。对于“空声”现象，可采取以下方法避免声波延时：选用指向性强的传声器；关闭调音台中的 ST 开关或拉下多余的传声器推杆；调整声源及其经扩音还原的声音比例。

10. 灯光干扰

会场若采用镇流器方式间歇启动的照明灯，灯管激发时将产生高频辐射，并通过传声器及其引线串入，出现“哒哒”声；传声器线离灯线太近，也会出现“吱吱”声。另外，外界的高频电磁也会产生干扰。应将传声器线远离灯线或穿管屏蔽，采用抗干扰能力强的传声器。

【思考与练习】

1. 会议电视系统音频经常存在哪些问题？
2. 产生回声的原因有哪些？如何消除回声现象？
3. 常见的音频干扰有哪些？如何预防？

模块 8 视频信号故障的诊断和处理（Z37F4008Ⅲ）

【模块描述】本模块介绍了视频信号故障的诊断和处理。通过对常见视频信号故障现象介绍及案例分析，掌握视频信号故障的原因、排查的思路手段以及预防的方法和应急处置措施。

【模块内容】

一、会议电视系统视频常见的问题

1. 图像清晰度不够

多由镜头聚焦调整不到位引起。采用手动方式调节可变焦镜头时，如果焦距未调好，或者焦距调好之后被摄物体位置有变动，会造成画面模糊。采用自动对焦方式时，如果摄像机自动调焦性能下降，也往往不能正确聚焦。此外，摄像机分辨率低、灵敏度低、镜头受脏污、镜头结露凝霜也会造成图像模糊。

2. 图像亮度过亮、过暗或不均匀

过亮主要由于照度太高或照射角度问题。应削减部分照明，或采取一定措施，避免灯光直接照射在被摄物体。过暗主要由于照度不够，应增加照明，或配合调整摄像机的曝光补偿值。亮度不均匀主要由于灯光布置不当，造成被摄物体照度不均匀引起的。这时应对画面较暗的部分进行补光，此外还要避免自然光的射入。

3. 图像色彩不正确

出现色调淡的现象，往往是传输系统及摄像机质量性能劣化引起。出现色调偏时，应首先检查摄像机或显示器的色调参数设置是否恰当，此外还应检查摄像机的白平衡设置。分量信号出现缺色的现象，往往是由其中单根线缆或单个接头故障引起的。

4. 图像受干扰，不稳定，无色彩

主要由于线材布放使用不当。由于传输距离太远，或使用非屏蔽、抗干扰能力差的、严重老化的视频线缆，工程中强弱电缆未分开布放。

5. 图像黑屏或蓝屏

往往是视频源的问题。一般由摄像头尚未通电以及通电自检异常，视频终端、显示设备输入源不正确，视频矩阵切换有误等引起。要分清黑屏和蓝屏的区别，虽然两者表现都是没有图像，但黑屏是完全没有接收到视频电平信号，而蓝屏则是显示设备检测接收到了视频电平信号，只是没有具体的图像信息。黑屏有可能是线路或设备端口物理故障，而蓝屏基本上可以排除这两点。

二、视频信号故障排查的思路

（1）要熟悉视频信号流的传输原理和路径，了解关键视频设备的作用和接线方式和设置参数。

（2）排查视频信号故障时应该养成从视频信号源头入手，分段逐级进行。

（3）排查过程中可以多使用替代法，比如同一根线缆换不同端口测试，或者同一个端口换不同线缆测试等。

（4）排查过程中可多使用插拔法，由于线缆接头处松动、氧化造成传输不畅的概率也较高。

三、会议电视系统视频异常及故障处理举例

1. 显示屏图像抖动

（1）设备与线缆接头连接不稳定：重新接插设备线缆。

（2）设备供给电源不稳定：加电源稳压器或 UPS 系统。

（3）交流电零火线互换干扰：将电源插座零火线互换。

（4）信号线接头处芯线与屏蔽层间存在轻微断路：将线缆接头调整正常。

2. 显示屏图像有宽横条干扰，横条不动或缓慢移动

信号线缆受到低频干扰：加信号隔离设备。

3. 显示屏图像整体抖动或翻滚

摄像机电源与主机设备电位不一致：摄像机采用后端统一供电的方式解决。

4. 摄像机信号经过矩阵切换后图像有抖动

摄像机与矩阵的信号同步方式不一致：将摄像机的信号同步改为电源同步方式。

5. 缺色

（1）如果是成品跳线，检查是否为针脚折弯，需要将针脚拉直归位。

（2）如果是手工做的跳线，除上述原因外，还有可能是线缆中的R/G/B线对跳焊断路或短路，需将插头盖打开，将线缆重新焊接。

6. 显示远端信号有拖尾现象

主要原因为视频线缆过长，信号衰减所致：为后端加视频信号放大器。

7. 杂波干扰

表现为图像上混有杂乱的“横道”“波纹”或一阵阵杂乱的飞点、刺、线状干扰，严重时导致图像模糊、扭曲、抖动、翻滚。

（1）视频插头与插座间接触不良，视频线接头压接、铰接点接触电阻变大，视频线屏蔽不好。

（2）视频接头靠在安装支架或立杆上有松接触。

（3）市电叠加有尖峰、突变、杂波闯入引起干扰。

（4）光缆传输时，尾纤未拧到位或对接面受污。

8. 滚道干扰

表现为图像上叠加了上下缓慢移动的横条，这是交流市电或帧频干扰。

（1）视频传输的起点和终点分别接地，两地存在交流电位差

（2）直流电源不良。直流电源不良常表现为屏幕上两横条干扰（100Hz），其他电源干扰只有一横条（50Hz）。

9. 网纹干扰

表现为图像上叠加了一张移动的细网，常与杂波干扰相伴出现。

（1）无线电波闯入，以中短波广播电台干扰最多，所有引起杂波干扰的原因都可引入网纹干扰。

（2）医疗设备等大功率高频工业设备、劣质无绳电话及对讲机、遥控设备等高频干扰。

（3）射频传输时，系统非线性引起的互调干扰。

10. 图像后面有淡的、负的、或不同步的其他图像

（1）视频矩阵切换器通道隔离度下降、插件接触不良。

（2）当光端机、视频分配器、矩阵等设备未接公共地或接地不良，不同监视器又相接时，不同路径的视频信号会互相串扰，应改善接地，或各路独立“浮空”。

（3）射频传输时，相邻频道电平差太大，受邻近频道干扰。

（4）射频传输时，系统交调干扰。

【思考与练习】

1. 会议电视系统视频经常存在哪些问题？
2. 发生黑屏或蓝屏的原因有哪些？如何排查？
3. 画面亮度不均匀主要由什么原因造成？如何避免？

国家电网有限公司
STATE GRID
CORPORATION OF CHINA

国家电网有限公司
技能人员专业培训教材

通信运维检修

下册

国家电网有限公司 组编

中国电力出版社
CHINA ELECTRIC POWER PRESS

图书在版编目（CIP）数据

通信运维检修：全 2 册 / 国家电网有限公司组编. 一北京：中国电力出版社，2020.9
国家电网有限公司技能人员专业培训教材
ISBN 978-7-5198-4314-4

Ⅰ. ①通… Ⅱ. ①国… Ⅲ. ①电力系统通信–维修–技术培训–教材 Ⅳ. ①TM73

中国版本图书馆 CIP 数据核字（2020）第 026223 号

出版发行：中国电力出版社
地　　址：北京市东城区北京站西街 19 号（邮政编码 100005）
网　　址：http://www.cepp.sgcc.com.cn
责任编辑：马首鳌（010-63412396）
责任校对：黄　蓓　常燕昆　朱丽芳
装帧设计：郝晓燕　赵姗姗
责任印制：杨晓东

印　　刷：三河市百盛印装有限公司
版　　次：2020 年 9 月第一版
印　　次：2020 年 9 月北京第一次印刷
开　　本：710 毫米×980 毫米　16 开本
印　　张：82.75
字　　数：1595 千字
印　　数：0001—2000 册
定　　价：258.00 元（上、下册）

本书编委会

前 言

为贯彻落实国家终身职业技能培训要求，全面加强国家电网有限公司新时代高技能人才队伍建设工作，有效提升技能人员岗位能力培训工作的针对性、有效性和规范性，加快建设一支纪律严明、素质优良、技艺精湛的高技能人才队伍，为建设具有中国特色国际领先的能源互联网企业提供强有力人才支撑，国家电网有限公司人力资源部组织公司系统技术技能专家，在《国家电网公司生产技能人员职业能力培训专用教材》（2010 年版）基础上，结合新理论、新技术、新方法、新设备，采用模块化结构，修编完成覆盖输电、变电、配电、营销、调度等 50 余个专业的培训教材。

本套专业培训教材是以各岗位小类的岗位能力培训规范为指导，以国家、行业及公司发布的法律法规、规章制度、规程规范、技术标准等为依据，以岗位能力提升、贴近工作实际为目的，以模块化教材为特点，语言简练、通俗易懂，专业术语完整准确，适用于培训教学、员工自学、资源开发等，也可作为相关大专院校教学参考书。

本书为《通信运维检修》分册，共分为上、下两册，由李伟、徐威、李敏、张希子、程晓翀、李晓东、苏丹、赵修旻、曹爱民、战杰、高澈、曹晖编写。在出版过程中，参与编写和审定的专家们以高度的责任感和严谨的作风，几易其稿，多次修订才最终定稿。在本套培训教材即将出版之际，谨向所有参与和支持本书籍出版的专家表示衷心的感谢！

由于编写人员水平有限，书中难免有错误和不足之处，敬请广大读者批评指正。

目　录

上　册

第一部分　传输系统运维检修

第二部分　交换系统的运维检修

下　册

第三部分　网络系统的运行检修

第四部分　通信基础设施的维护

第五部分　生 产 管 理 系 统

第六部分　通信运维检修规程规范

第三部分

网络系统的运行检修

第十一章

网络设备的配置与调试

模块1　交换机的基本配置（Z37G1001Ⅰ）

【模块描述】本模块包含交换机的基本配置。通过对交换机管理端口、配置方式、CLI命令界面及基本配置的介绍，掌握交换机配置和调试的基本操作。

【模块内容】

一、交换机配置的基础知识

1. 交换机的配置工具

像大多数网络设备一样，交换机没有键盘、鼠标和显示器等输入和输出设备。对交换机进行配置和管理，要借助于PC或笔记本电脑来完成。与交换机之间的连接，通常是将PC或笔记本电脑的串口通过电缆连接到交换机的Console（控制台）接口，也可以通过网络连接，使用Telnet、Web浏览器或网络管理软件来进行访问。

除傻瓜式简易设备外，网络设备上一般均配有Console异步通信端口，用于连接配置管理计算机。通过Console端口是最常用、最基本的管理和配置方式，网络设备初始化基本配置、设备访问安全配置，都需要通过Console端口进行。新购置的交换机是无法实现远程管理的，对交换机的管理首先是借助于Console口来实现的。只有为交换机配置了访问密码和IP地址信息，才可以使用Telnet或超级终端进行远程管理（本模块的最后介绍了Telnet的使用方法）。

2. 交换机的启动及对话式配置

交换机本质上是一台专用的计算机系统，开机后交换机会自动完成启动过程进入到正常运行状态。初次开机时，交换机启动完成后会自动运行一个对话式设置程序，根据提问输入必要的配置参数可以对交换机进行最基本的简单配置（为了详细介绍配置命令的使用，本模块不使用对话式配置）。

交换机的开机启动过程与路由器基本相同，可参考本教材Z37G1003Ⅰ模块“路由器的基本配置”中的介绍。

3. 人机命令和命令模式

对交换机的配置是在命令提示符下输入相应的命令和参数来进行的。输入的命令统称为 CLI（Command–line Interface）命令，人–机交互式对话界面称为 CLI 命令行界面，通过 Console 端口连接超级终端进入的界面就是 CLI 命令行界面。网络设备经过初始化配置以后，也可以通过 Web 浏览器图形界面和网管系统进行配置，但与 CLI 命令行相比，CLI 命令行方式的功能更强大，掌握起来难度也更大些。

每条 CLI 命令都必须在指定的模式下才能使用。可以使用相应的命令进入或退出某一命令行模式，或者在不同的模式之间进行切换。

4. 编号规则

在配置时，交换机的模块、端口、VLAN 等都是以编号来标识的，必须按编号规则输入，交换机才能识别。

5. 交换机的基本配置

交换机的基本配置包括初始配置和端口配置。初始配置主要是对交换机命名、设置管理 IP 地址信息、修改交换机的管理密码。

下面，我们以 Cisco 交换机为例，来介绍配置的基本操作和交换机的基本配置。

二、连接交换机 Console 口和设置超级终端

1. 将配置用计算机连接到交换机 Console 口

不同的网络设备，Console 口所处的位置不完全相同，有的位于前面板（如 Cisco 3640 和 Cisco Catalyst 4500），而有的则位于后面板（如 Cisco Catalyst 2960 和 Catalyst 3750）。Console 端口的上方或侧方都有 “CONSOLE”或“CON”字样的标识。绝大多数网络设备 Console 端口采用 RJ–45 接口，但也有少量网络设备采用 DB–9 串行接口。

将计算机的串口与交换机的 Console 口连接在一起之前，应当确认已经做好了以下准备工作：

（1） 计算机运行正常。最好使用笔记本电脑，移动和操作都比较方便。

（2） 计算机中安装有“超级终端”（Hyper Terminal）组件。如果在“附件”中没有发现该组件，可通过“添加/删除程序”，添加该 Windows 组件。

（3） 厂家提供的专用 Console 线（反转线，两头的线序是 12345678 对应 87654321）以及 RJ–45 to DB–9 转换器（线序：RJ–45 端 12345678、DB–9 端 74355268）。如果没有，也可以自己动手用网线制作一条专用线，线的一端是 RJ–45 插头，另一端是 DB–9 插头，线序如下：

RJ45 插头	串行口 DB9 插头
1 RTS	CTS 8 DB9
2 DTR	DSR 6 DB9
3 TxD	RxD 2 DB9
4 GND	GND 5 DB9
5 GND	GND 5 DB9
6 RxD	TxD 3 DB9
7 DSR	DTR 4 DB9
8 CTS	RTS 7 DB9

利用 Console 线将计算机的串口与交换机的 Console 口连接，如图 11–1–1 所示连接方式。

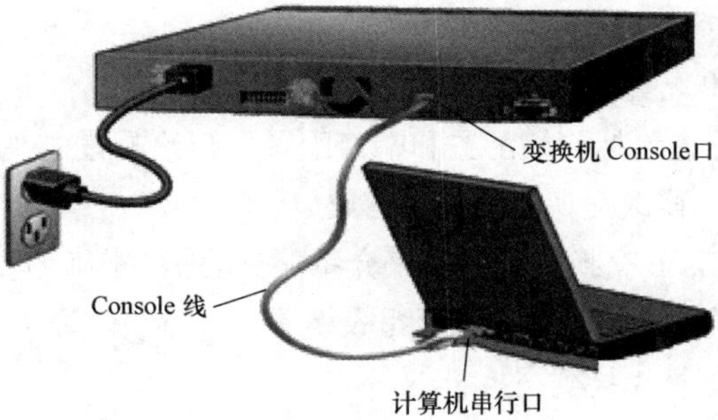

图 11–1–1　计算机与交换机通过 Console 口连接

2. 启用计算机上的 Windows 超级终端

配置计算机连接到交换机后，在计算机上要运行相应的通信程序或管理软件。在各类通信终端仿真程序中，最常用的是“超级终端”。超级终端是 Windows 内置的通信工具，被广泛应用于各种网络设备的配置和管理。

在使用超级终端建立与网络设备通信时，必须先对超级终端进行必要的设置。下面，以 Windows XP 为例，简要介绍操作过程。

（1）依次单击：“开始”→“所有程序”→“附件”→“通讯”→“超级终端”，显示“连接描述”对话框，如图 11–1–2 所示，给该连接起一个名字并在“名称”框中输入，例如“Cisco”。

图 11–1–2　超级终端“连接描述”对话框

（2）单击“确定“按钮后，显示如图 11–1–3 所示“连接到”对话框。在“连接时使用”下拉列表中选择所使用的串行口，通常为“Com1”。

（3）单击“确定”按钮后，显示如图 11–1–4 所示串口“属性”对话框。根据网络设备厂商技术手册中提出的 Console 口参数要求，设置个通信参数。一般情况下，“波特率”选择“9600”，其他各选项统统采用默认值。

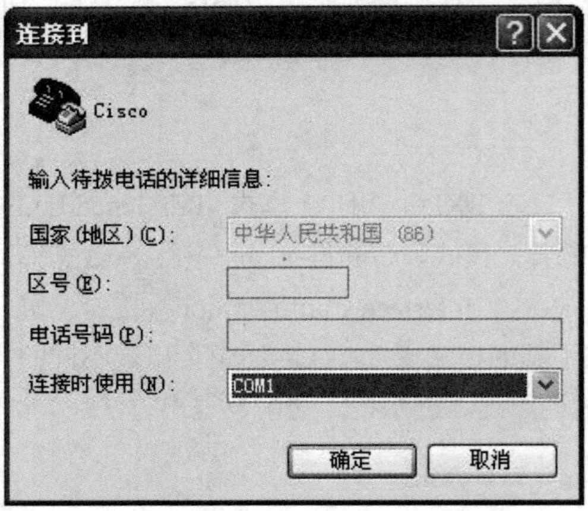

图 11–1–3　超级终端“连接到”对话框

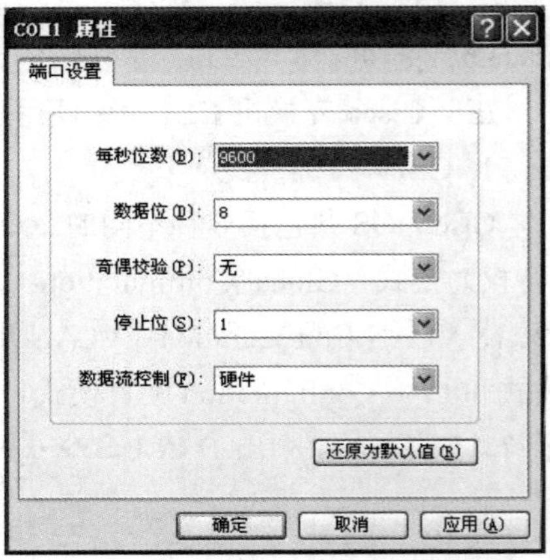

图 11–1–4　超级终端通信参数设置

（4）单击“确定”按钮，显示“超级终端”窗口。

打开网络设备电源后，连续按下计算机的按 Enter 键，即可显示该网络设备系统初始化界面。如果网络设备电源已经打开，那么，当连续接下 Enter 键时，将显示用户登录界面。图 11–1–5 所示为 Cisco 2950 交换机初始页面。如果在计算机屏幕上未能

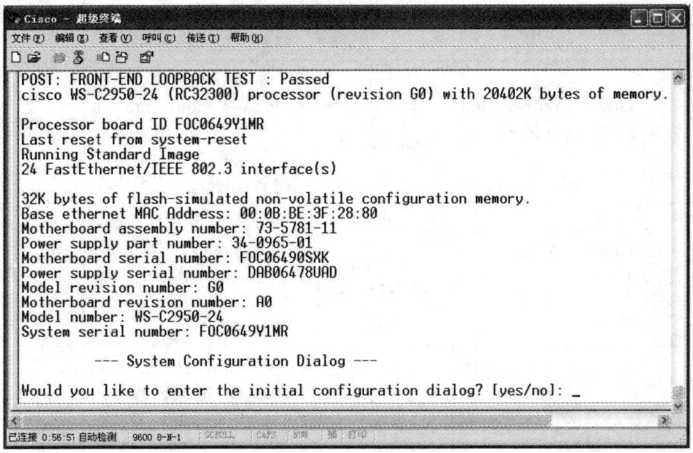

图 11–1–5　Cisco 2950 交换机启动初始页面

显示交换机的启动过程，则可能是通信端口选择错误，需重新配置超级终端。当然，也有可能是 Console 线或连接有问题，应当逐一进行检查。

计算机与交换机连接成功之后，就可以用 CLI 命令对交换机进行配置和管理了。

（5）退出超级终端时，计算机会提示“要保存名为 Cisco 的连接吗？”，此时，选择“是”按钮，Windows 系统将把该连接的参数配置保存在“所有程序”→“附件”→“通信”→“超级终端”程序组下，下次使用时，直接选择“超级终端”程序组下的 Cisco.ht”即可。

三、Cisco 交换机 CLI 命令使用规则

1. CLI 命令行模式

Cisco IOS 共包括 6 种不同的命令模式：User EXEC（用户）模式、Privileged EXEC（特权）模式、Global Configuration（全局配置）模式、Config–vlan（VLAN 数据库）模式、VLAN Configuration（VLAN 配置）模式、Interface Configuration（接口配置）模式和 Line Configuration 配置模式。当在不同的模式下，CLI 界面中会出现不同的提示符。表 11–1–1 列出了 CLI 命令 6 种模式的用途、提示符、访问及退出方法。

表 11–1–1　　CLI 命令模式一览表

模式	进入方法	提示符	退出方法	用途
User Exec 用户模式	登录后的初始状态	switch>	输入 logout 或 quit	修改终端设置；进行基本测试；显示系统信息
Privileged Exec 特权模式	在 User Exec 模式下输入 enable 命令 该模式一般设有保护密码	switch#	输入 disable	可使用用户模式下的所有命令；查看、保存设置等配置命令
Global Configuration 全局配置模式	在 privileged Exec 模式下输入 configure terminal 命令	switch (config)#	输入 exit 或 end 或按下 Ctrl–Z 组合键，返回至 Privileged Exec 状态	交换机整体参数配置
Interface Configuration 接口配置模式	在 Global Configuration 模式下，输入 interface 命令	switch (config–if)#	输入 Exit 返回到 Global Configuration 模式；按下 Ctrl–Z 组合键或输入 end，返回到 Privileged Exec 模式	以太端口参数配置
Config–vlan Vlan 配置模式	在 Global Configuration 模式下，输入 vlan vlan-id 命令	switch (config–vlan)#	输入 exit 返回到 Global Configuration 模式；按下 Ctrl–Z 组合键或输入 end，返回到 Privileged Exec 模式	设置 VLAN 参数
Line Configuration 终端访问配置模式	在 Global Configuration 模式下，输入 line vty 或 line console 命令	switch (config–line)#	输入 exit 返回到 Global Configuration 模式，按下 Ctrl–Z 或输入 end 返回到 Privileged Exec 模式	为 console 接口或 Telnet 访问设置参数

CLI 各种命令模式之间的关系及进入方法如图 11-1-6 所示。

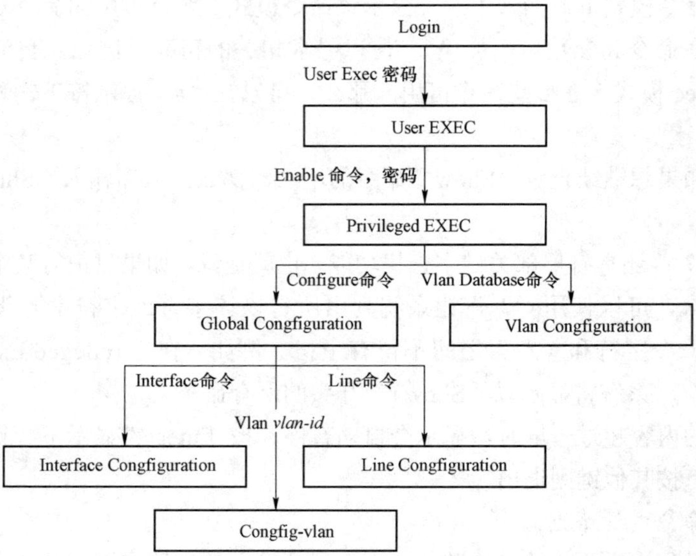

图 11-1-6　CLI 各种命令模式之间的关系及进入方法

CLI 各种命令模式的退出流程如图 11-1-7 所示。

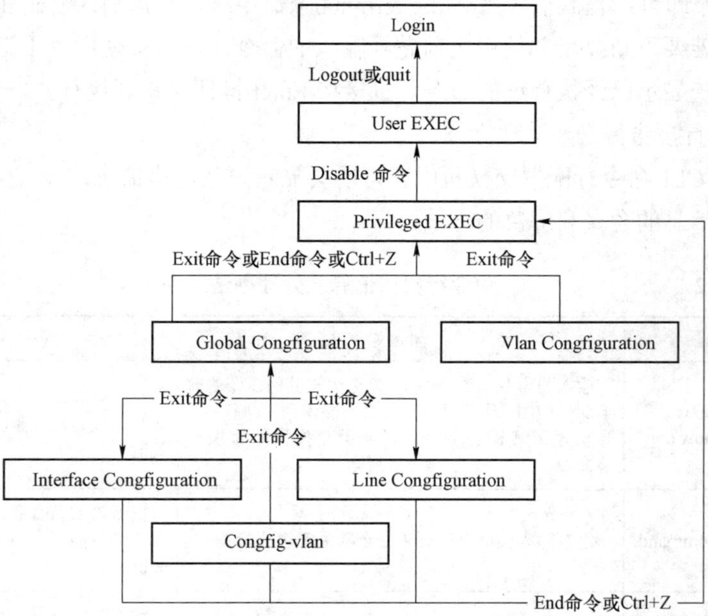

图 11-1-7　CLI 各种命令模式的退出流程

2. 使用 CLI 的帮助功能

在任何命令模式下，输入“？”显示该命令模式下所有可用的命令及其用途。另外，还可以在命令和参数后面加“？”，以寻求相关的帮助。例如，我们想看一下在 Privileged Exec 模式下在哪些命令可用，那么，可以在“#”提示符下输入“？”并按 Enter 键。

再如，如果想继续查看“Show”命令的用法，那么，只需输入“Show ？”并按 Enter 键即可。

另外，“？”还具有局部关键字查找功能。也就是说，如果只记得某个命令的前几个字符，那么，可以使用“？”让系统列出所有以该字符或字符串开头的命令。但是，在最后一个字符和“？”之间不得有空格。例如，在 Privileged Exec 模式下输入“Show r？”系统将显示以“Show r”开头的所有命令。

当显示的内容超过一屏时，显示会自动暂停，按 Enter 键显示下一行，按空格键显示下一屏，按其他键则退出。

3. CLI 命令的简略方式

在配置过程中，不必输入完整的命令，只要输入的字符足以与其他命令相区别就可以。使用简略命令，无疑将加快命令的输入速度，例如，当欲输入“show running–config”命令时，只需输入“show run”即可；当欲输入“enable”命令时，只需输入“en”即可；当欲输入“config terminal”命令时，只需输入“conf t”即可。

另外，若要重新显示并使用之前曾经输入的命令，可直接使用“↑”光标键向前翻，即可逐一显示已经执行过的命令，直接按 Enter 键即可重新执行。

4. 命令行出错信息及处理办法

在使用 CLI 命令行配置交换机时，可能会显示一些出错信息，表 11–1–2 中给出了这些出错信息的含义和解决的方法。

表 11–1–2 命令行出错信息及处理办法

出错信息	含 义	解决办法
% Ambiguous command："show con"	输入的命令太过简略了，以至于与其他命令的前半部分相同，从而导致交换机不能识别和执行。需要输入足够长的字符，以便于交换机能够识别该命令	重新输入该命令，加空格后再输入“?”以显示完整的命令或可用的关键字
% Incomplete command.	没有输入该命令所要求的全部关键字或参数	重新输入该命令，加空格后再输入“?”以显示完整的命令或可用的关键字
% Invalid input detected at `^' marker.	输入的命令不正确，符号^指出了错误所在	输入“?”以显示当前模式下所有可用的命令

5. CLI 界面快捷键及命令行的编辑功能

为了提高工作效率，可使用 CLI 提供的快捷键及命令行编辑功能，如表 11–1–3 所示：

表 11–1–3　CLI 提供的快捷键及命令行编辑功能

功能	快捷键	用途
光标移动	Ctrl+B 或→	向左一个字符
	Ctrl+F 或←	向右一个字符
	Ctrl+A	移到行首
	Ctrl+E	移到行尾
	Esc B	向后一个字
	Esc F	向前一个字
	Ctrl+T	将光标所在的字符移到光标的左边
重复使用命令	Ctrl+P 或↑	上一条命令
	Ctrl+N 或↓	下一条命令
召回已删除的输入（交换机仅缓存最后 10 项）	Ctrl+Y	最后一项
	Esc Y	下一项
删除	Delete 或 Backspace	删除光标左边的字符
	Ctrl+D	删除光标所在的字符
	Ctrl+K	删除从光标至行尾的所有字符
	Ctrl+U 或 Ctrl+X	删除从光标至行首的所有字符
	Ctrl+W	删除光标左边的字
	Esc D	删除光标至字尾所有的字符
大小写转换	Esc C	大写光标所在字符
	Esc L	小写光标所在字
	Esc U	大写光标至字尾所有的字符
重新显示被输出信息冲没的当前命令行	Ctrl+L 或 Ctrl+R	显示当前命令行

6. 使用“no”和默认形式的命令

几乎每个配置命令都有相对应的 no 形式的命令。一般说来，no 形式的命令可用来关闭某个功能、撤消某个命令所做的设定或恢复默认值，例如，在使用“shutdown”命令关闭了 interface 后，使用“no shutdown”命令，则重新开启该 interface；在用“speed”

命令修改了端口的速率之后，使用“no speed”命令可恢复端口的默认速率。

配置命令还可以有其 default 形式，用来恢复默认值。与 no 形式不同的是，对于有多个变量的命令，default 形式的命令可将这些变量都恢复到默认值。

四、模块、端口、VLAN 编号规则及 MAC 和 IP 地址表示常识

1. 模块和端口的编号规则

在 CLI 命令中，当指定某个端口时，其语法为 mod_num/port_num（模块号/端口号）。例如，3/1 表示位于第 3 个模块上的第 1 个端口。

模块化交换机一般会在插槽位置处标明模块号（如图 11–1–8 所示），并在模块上标明端口号。通常情况下，模块的排序为从上到下，顶端为 1；端口的排序从左至右，左侧为 1。同样，固定配置交换机也会标明端口号。需要注意的是，固定配置交换机上的所有端口都默认为位于 0 模块。

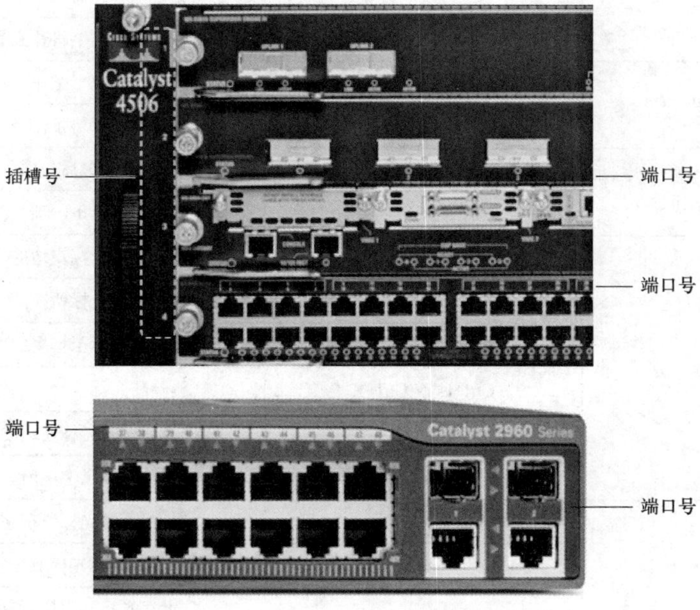

图 11–1–8　交换机上的模块号和端口号

在许多命令中必须输入端口列表，使用逗号“,”（不能插入空格）将各端口号分开，使用连字符“–”可指定端口范围（两个号码之间的所有端口），注意，“–”号前要插入一个空格。在一个端口列表中，既可以有单个的端口，也可以有连续的端口，连字符优先于逗号。

指定端口或端口范围示例如下：

2/1　　　　　　　　指定模块 2 上的端口 1

3/4 –8　　　　指定模块 3 上的端口 4 至端口 8
5/2，5/4，6/10　指定模块 5 上的端口 2 和端口 4，及模块 6 上的端口 10
3/1 –3，4/8　　指定模块 3 上的端口 1 至端口 3，及模块 4 上的端口 8

2. VLAN 的编号规则

在 VLAN 加上一个数字即为 VLAN–ID，用于识别 VLAN。在指定 VLAN 列表时，使用逗号“，”（不能插入空格）可指定一个个单独的 VLAN，使用连字符“–”可指定 VLAN 范围（两个号码之间的所有 VLAN）。指定 VLAN 或 VLAN 范围的示例如下：

10　　　　　指定 VLAN 10
2，5，8　　　指定 VLAN2、VLAN5 和 VLAN8
2–9，12　　　指定 VLAN2 到　VLAN9，及 VLAN12

3. MAC 地址表示

在命令中指定 MAC 地址时，必须是以连字符分开的 6 个十六进制标准格式，如：00–00–e8–66–86–b7

4. IP 地址表示

在命令中指定管理地址时，必须使用点分十进制格式，如：192.168.8.80

在命令中指定子网掩码时，可以使用点分十进制格式，也可以采用数字方式直接表示掩码的位数，如：255.255.255.0，也可直接表示为 24。

五、交换机的初始配置

交换机初始启动出现图 11–1–5 所示的提示，输入“no”，按 Enter 键后出现提示符 Switch＞，表示进入了 CLI 的用户模式。此时，可以开始对交换机进行初始配置了。

交换机的初始配置的主要项目有：交换机命名和 IP 地址信息；修改交换机的管理密码。配置前要确定交换机的名称和管理 IP 地址，还要确定 Enable secret 密码或 Enable 密码、Telnet 密码。具体的配置步骤如下：

（1）进入全局配置模式。

Switch＞
Switch＞enable　　　　//进入特权模式
Switch#　　　　　　　//特权模式提示符
Switch#config terminal　//进入全局配置模式
Enter configuration commands，one per line.End with CNTL/Z.//提示信息

（2）修改交换机的名称。

Switch（config）#hostname s1　//将交换机的名字改为 S1。交换机默认的名称为 Switch，当有多台交换机时，为了维护和管理的方便，可为每台设备取不同的名称。

s1（config）#　　　　　　//提示符变为新的名称

s1（config）#hostname Switch //在本教材中，为便于参考，改回默认名称

Switch（config）#

（3）设置进入特权模式密码。

Switch（config）#enable secret cisco //密码设为 cisco 并且被加密，默认值为空。

（4）设置 Telnet 访问密码。

Switch（config）#line vty 0 ? //查询交换机支持的虚拟终端的数量

＜1–15＞ Last Line number

＜cr＞

Switch（config）#line vty 0 15 // vty 0 15 表示 Telnet 虚拟终端 0 到虚拟终端 15，共 16 个虚拟终端

Switch（config–line）#password cisco

Switch（config–line）#login //以上将 vty 0 15 的密码设为 cisco

Switch（config–line）#exit

Switch（config）#

（5）配置管理地址。

如果交换机允许通过 Telnet 进行访问，就需要在交换机上配置一个 IP 地址。交换机的管理 VLAN 默认为 VLAN1，因此，管理地址要 VLAN1 上配置。

Switch（config）#interface vlan 1 //进入 VLAN1 中

Switch（config–if）#ip address 172.16.0.1 255.255.0.0 //指定 IP 地址和子网掩码

Switch（config–if）#no shutdown //开启交换机管理接口

Switch（config–if）#ip default–gateway 172.16.0.254 //为了使其他网段上的交换机也能 Telnet 该交换机，在交换机上设置默认网关

Switch（config–if）#

（6）返回特权模式。

Switch（config）#exit

（7）校验所做的配置。

Switch#show running–config

（8）保存配置。如果不保存，在交换机重新启动时，修改的配置将被丢失。

Switch#copy running–config startup–config

Destination filename ［start–config］? y //输入 y，或直接按 Enter 键确认

1377 es copied in 1.816 secs（1377 bytes/sec） //表示保存成功

六、交换机的端口配置

对于交换机的以太网端口可以设置传输速率和双工模式。为了便于实现对端口的

远程管理，可为每个端口都输入描述文字。为提高效率，可以将若干端口指定为端口组，从而将相关配置一次应用于该端口组内的所有端口。

1. 端口基本配置

端口基本配置包括设置速率、全双工模式和端口描述。操作步骤如下：

（1）进入全局配置模式。

Switch#configure terminal

（2）选择要配置的端口，进入接口配置模式。

Switch（config）#interface interface–id　　　// interface–id 表示端口编号，如 f0/1 为第一个 100M 端口

（3）设置接口速率。

Switch（config–if）#Speed ［10 | 100 | 1000 | auto］　　//单位为 Mbit/s，

（4）设置双工模式。

Swjtch（config–if）#duplex ［auto | full | half］　　　//full 表示全双工，half 表示半双工，auto 表示自动检测

（5）为端口添加文字描述。

Switch（config–if）#description string

（6）返回特权模式。

Switch（config–if）#end

（7）校验所做的配置。

Switch#show interfaces interface–id

Switch#show interfaces interface–id description

（8）保存配置。

Switch#copy running–config start–config

2. 配置流控制

流控制只适用于 1000Base–T、1000Base–SX 和 GBIC 千兆端口。在端口启用流控制后，当端口处于拥塞状态、无法接收数据流时，将发送一个暂停帧，通知其他端口暂停发送，直到恢复正常状态。其他设备收到暂停帧后，将停止发送任何数据包，以防止在拥塞期内丢失数据包。当在交换机配置有 QoS（Quality of Service）时，就不再需要配置 IEEE 802.3X 流控制。

（1）进入全局配置模式。

Switch#configure terminal

（2）选择要配置的端口，进入接口配置模式。

Switch（config）#interface interface–id

（3） 设置端口的流控制。

Switch（config–if）#flowcontrol {receive | Send} {on | off | desired}

（4） 返回特权模式。

Switch（config–if）#end

（5） 检查所做的配置。

Switch#show interfaces interface–id

（6） 保存配置。

Switch#copy running–config start–config

七、恢复 Cisco 交换机的出厂设置

为了便于做实验，有时需要清空交换机上的所有配置，即恢复到出厂设置，可以使用下列命令，但对实际运行的设备应特别慎重！

交换机中的 VLAN 信息存放在单独的文件 flash：/vlan.dat 中，因此，如果要完全清除交换机的配置，除了使用“erase startup–config”命令外，还要使用“delete flash：/vlan.dat”命令把 VLAN 数据删除。

恢复交换机出厂设置的步骤如下：

Switch＞enable

Switch#delete flash：/vlan.dat //清除 VLAN 配置数据

Delete filename [vlan.dat]? //确认，按 Enter 键

Delete flash：/vlan.dat? [confirm] //确认，按 Enter 键

Switch#erase startup–config //清除配置

Erasing the nvram filesystem will remove all files! Continue? ［confirm］ //确认，按 Enter 键

[OK]

Erase of nvram：complete

Switch#reload //重新启动

八、Telnet 的使用方法

Telnet 协议是一种网络访问协议，可以用它登录到远程计算机、网络设备或专用 TCP/IP 网络。Windows 98 及其以后的 Windows 版本都内置有 Telnet 客户端程序。

在使用 Telnet 访问网络设备前，应当确认已经做好以下准备工作。

（1） 在用于管理的计算机中安装有 TCP/IP 协议，并配置好了 IP 地址信息。

（2） 在被管理的网络设备上已经配置好 IP 地址信息。如果尚未配置 IP 地址信息，则必须通过 Console 端口进行设置。

（3） 在被管理的网络设备上建立了具有管理权限的用户账户。如果没有建立新的

账户，则 Cisco 网络设备默认的管理员账户为“Admin”。

在计算机上运行 Telnet 客户端程序，并登录至远程网络设备。

（1）依次单击“开始”→“运行”，输入 Telnet 命令：telnet ip_address

其中，ip_address 表示被管理网络设备的 IP 地址。

（2）单击“确定”按钮，或单击 Enter 键，建立与远程网络设备的连接。

（3）根据实际需要对该交换机进行相应的配置和管理。

【思考与练习】

1. 如果需要制作一条 Console 线，两端的线序应如何排列？
2. 简述 Windows 超级终端启用和设置方法。
3. 简述 Cisco 交换机基本配置的项目有哪些。

模块 2　交换机 VLAN 的配置（Z37G1002Ⅰ）

【模块描述】本模块包含交换机 VLAN 的配置。通过对交换机上创建 VLAN、删除 VLAN 操作步骤的介绍，掌握交换机 VLAN 的配置和调试的方法。

【模块内容】

一、VLAN 的基础知识

VLAN（虚拟局域网）是一种将一个局域网划分为多个虚拟的局域网的技术，也可以看作是将一个局域网划分为一个个逻辑意义上的网段。VLAN 技术将一个物理的 LAN 逻辑地划分成不同的广播域，VLAN 内部的广播、单播流量不会被转发到其他 VLAN 中，有助于控制网络流量、提高网络的传输效率和可靠性。由于 VLAN 是逻辑地而不是物理地划分，所以同一个 VLAN 内的各个端口无须限制在同一个物理空间里。

1. VLAN 的作用

交换机是链路层设备，具备根据数据帧中目的 MAC 地址进行转发的能力，在收到广播报文或未知单播报文（报文的目的 MAC 地址不在交换机 MAC 地址表中）时，会向除报文入端口之外的所有端口转发。当网络内计算机数量增多时，广播的数量也会急剧增加，网络中的主机会收到大量并非以自身为目的地的报文，当广播包的数量占到通信总量的 30%时，会造成大量的带宽资源的浪费，网络的传输效率将会明显下降。为解决交换机在 LAN 中无法限制广播的问题，通常采用划分虚拟局域网的方式将网络分隔开来，即采用 VLAN（Virtual Local Area Network，虚拟局域网）技术将一个大的广播域划分为若干个小的广播域，以减少广播对网络性能造成的影响。VLAN 技术可以使我们很容易地控制广播域的大小。

VLAN 是交换机端口的逻辑组合，一个 VLAN 可以局限在一个交换机内，也可以

跨越若干台交换机。如图 11–2–1 所示。

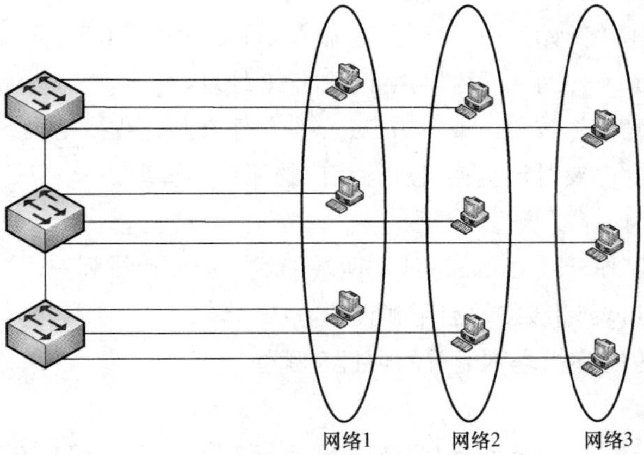

图 11–2–1 VLAN 划分示意图

2. VLAN 数据帧的格式

要使交换机能够分辨不同 VLAN 的报文，需要在报文中添加标识 VLAN 的字段。由于交换机工作在第二层，只能对报文的数据链路层封装进行识别。因此，如果添加识别字段，也需要添加到数据链路层封装中。IEEE 于 1999 年颁布了用以标准化 VLAN 实现方案的 IEEE 802.1Q 协议标准草案，对带有 VLAN 标识的报文结构进行了统一规定。如图 11–2–2、图 11–2–3 所示。

图 11–2–2 传统以太网帧封装格式

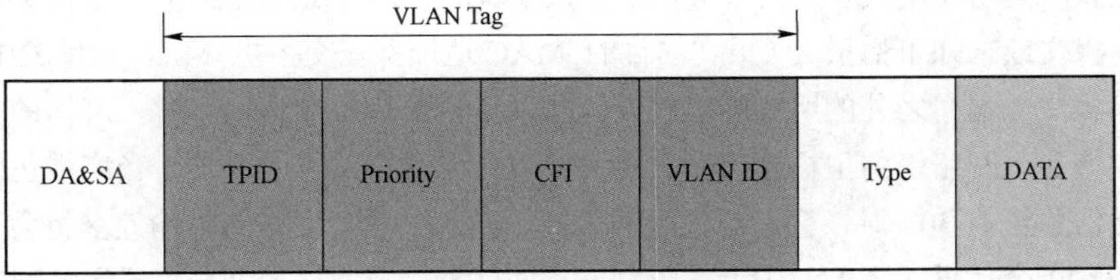

图 11–2–3 VLAN Tag 的组成字段

其中：

TPID 用来标识本数据帧是带有 VLAN Tag 的数据，长度为 16bit。

Priority 表示 802.1P 的优先级，长度为 3bit。

CFI 字段标识 MAC 地址在不同传输介质中是否以标准格式进行封装，长度 1bit。

VLAN ID 标识该报文所属 VLAN 的编号，长度为 12bit。

3. VLAN 的优点

VLAN 工作在 OSI 网络参考模型的第 2 层，一个 VLAN 就是一个广播域，VLAN 之间的通信是通过第 3 层路由器来完成的。VLAN 具有如下优点：

将一个大的网络划分为若干小的子网络后，广播被限制在一个 VLAN 之内，一个 VLAN 上的广播不会扩散到另一个 VLAN，从而减少了广播对网络性能的影响，提高了网络的传输效率。

增强了网络的安全性。VLAN 间不能直接通信，即一个 VLAN 内的主机无法直接访问另一个 VLAN 内的资源，从而控制用户对敏感数据的访问。

简化了网络配置。使用 VLAN 可以划分不同的用户到不同的虚拟工作组中，当用户的物理位置在 VLAN 覆盖范围内移动时，管理员只需几条命令即可，不需改变其网络的配置。

4. 交换机端口划分 VLAN 的方法

交换机端口设定在哪个 VLAN 上的常用方法有：

基于端口的划分：管理员人工设置各端口分别属于哪一个 VLAN。

基于 MAC 地址的划分：交换机根据主机的 MAC 地址，决定其属于哪一个 VLAN。

交换机通常可以划分 1005 个 VLAN，取值范围为 1～1005。默认情况下所有端口都属于 VLAN1，VLAN1 用于管理本交换机，并且不可删除。在二层交换机中可以对 VLAN 设置 IP 地址，但对以太网端口不能设置 IP 地址。

下面，我们以 Cisco 交换机为例，来介绍配置的 VLAN 的配置。

二、Cisco 交换机 VLAN 的配置

在交换机上配置 VLAN 需要两个步骤，首先要创建 VLAN，然后再将交换机的端口指定到特定 VLAN。

1. 创建 VLAN

（1）进入全局配置模式。

Switch#configure terminal

（2）进入 VLAN 配置模式，输入 VLAN 编号。

Switch（config）#vlan vlan–id　//如果是一个新的 vlan–id，则交换机会自动创建这个 VLAN，如果是已经存在的 vlan–id，则进入该 VLAN 的修改模式

（3）为 VLAN 命名（可选）。

Switch（config–vlan）#name vlan–name　//如果不为 VLAN 命名，默认在 vlan–id

前添加数个 0 作为 VLAN 名称。例如，VLAN0002 是 VLAN 2 的默认命称

（4） 返回特权模式。

Switch（config–vlan）#end

（5） 检查配置。

Switch#show vlan ［id vlan–id | name vlan–name］

（6） 保存 VLAN 配置。

Switch#copy running–config start–config

2. 将端口指定到 VLAN 中

默认情况下，交换机的所有端口都在 VLAN1 上，将端口划分到其他 VLAN 的步骤如下：

（1） 进入全局配置模式。

Switch#configure terminal

（2） 指定要配置的端口。

Switch（config）#interface interface–id

（3） 将该端口设置为 access 模式。

Switch（config–if）#switchport mode access

（4） 将该接口添加至指定的 VLAN。

Switch（config–if）#switchport access vlan vlan–id

（5） 返回特权模式。

Switch（config–if）#end

（6） 显示并校验该接口当前的配置。

Switch#show interface interface–id

（7） 保存 VLAN 配置。

Switch#copy running–config start–config

若要将多个端口指定至同一个 VLAN，必须重复执行上述命令。也可采用端口组的方式，一次将多个端口指定至同一个 VLAN。例如，要将第 2 到第 8 个以太口制定到同一个 VLAN，可在上述第 2 步中使用命令：

Switch（config）#interface range f0/2 –8

注意：“–”号前要插入一个空格。

3. 清除端口配置

将接口恢复为默认值，即可清除该接口的所有配置。

（1） 进入全局配置模式。

Switch#configure terminal

（2）清除端口上的所有配置。

Switch（config）#default interface interface–id

（3）返回特权模式。

Switch（config）#end

（4）保存对配置的修改。

Switch#copy running–config startup–config

4. 删除 VLAN

使用“no vlan”命令删除 VLAN，例如，删除第 2 个 vlan，使用“no vlan 2”命令即可。VLAN1 是不能删除的。删除某一 VLAN 后，要把该 VLAN 上的端口重新划分到其他 VLAN 上，否则将导致端口的“消失”。

（1）进入全局配置模式。

Switch#configure terminal

（2）删除 VLAN。

Switch（config）#no vlan vlan– id

（3）返回特权模式。

Switch（config）#end　　　// VLAN 数据库自动更新

（4）校验 VLAN 的修改。

Switch#show vlan brief

（5）保存对配置的修改。

Switch#copy running–config start–config

【思考与练习】

1. 什么是 VLAN？划分 VLAN 有什么好处？
2. 简述在 Cisco 交换机上划分 VLAN 的步骤。
3. 交换机的端口有时为什么会“消失”？

模块 3　路由器的基本配置（Z37G1003 Ⅰ）

【模块描述】 本模块包含路由器的基本配置。通过对路由器管理端口、配置方式、CLI 命令界面及基本配置的介绍，掌握路由器配置和调试的基本操作。

【模块内容】

一、路由器配置的基础知识

在将路由器添加至企业网络之前，必须先对路由器作一些最基本的配置，以启用最基本的路由功能，并具备实现远程管理的条件。

1. 路由器配置的工具

路由器的初始配置需要通过路由器上的 Console 接口进行，所需要的工具使一台计算机或笔记本电脑和厂家提供的 Console 线。具体的使用方法，可参见本教材 Z37G1001Ⅰ 模块“交换机的基本配置”中的介绍。

2. 路由器的启动及对话式配置

路由器本质上是一台专用的计算机系统，开机后路由器会自动完成启动过程进入到正常运行状态。初次开机时，路由器启动完成后会自动运行一个对话式设置程序，根据提问输入必要的配置参数可以对路由器进行最基本的简单配置。

3. 路由器配置 CLI 命令行模式

对路由器进行配置和管理，最经常使用的是命令行（Command Line Interface，CLI）模式，在这里可以设置任何可以设置的东西，几乎没有任何的限制。

4. 路由器的基本配置

同一个品牌的路由器的默认主机名都是一样的，当网络中存在有多台路由器时，为便于区分，最好对每台路由器都重新命名。另外还要设置密码，以防止对路由器的非法访问。

对路由器的多类端口进行配置。

对于 Cisco 路由器还要进行 CDP 协议的设置。CDP（Cisco Discovery Protocol）协议是 Cisco 专有的协议，该协议能使 Cisco 网络设备发现与其直连的 Cisco 其他设备。因为 CDP 是数据链路层的协议，因此使用不同的网络层协议的 Cisco 设备都可以获得对方的信息。

下面，我们以 Cisco 路由器为例，来介绍配置的基本操作和路由器的基本配置。

二、路由器的启动过程及对话式配置

1. 路由器的启动过程

路由器也有自己的操作系统，在 Cisco 设备中通常称为 IOS（Internetwork Operating System），其作用和计算机上的 Windows 一样，IOS 是路由器的核心。

路由器开机后，首先执行一个开机自检（Power On Self Test，POST）过程，诊断验证 CPU、内存及各个端口是否正常，紧接着路由器将进入软件初始化过程，如图 11–3–1 所示，其基本步骤如下：

系统硬件加电自检。运行 ROM 中的硬件检测程序，检测各组件能否正常工作。完成硬件检测后，开始软件初始化工作。引导程序加载（Bootstrap Loader），它和计算机中的 BIOS 的作用类似，Bootstrap 会把 IOS 到 RAM 中。

软件初始化过程。运行 ROM 中的 BootStrap 程序，进行初步引导工作。

寻找并载入 IOS 系统文件。

IOS 装载完毕，系统在 NVRAM 中查找 Startup–config 文件。如果 NVRAM 中存在 Startup–config 文件，则将该文件调入 RAM 中并逐条执行，进行系统的配置。

如果在 NVRAM 中没有找到配置文件，系统进入 setup 配置模式（也称为配置对话模式），进行路由器初始配置。在这个模式中只能够进行最基本的配置，配置方式比较简单，通常是一问一答的形式。而且在每个问题后面的中括号中都有默认的选项。这个模式的优点就是只要你懂英文，就能配置，最大的缺点就是，配置不了什么功能，最多也就是能让路由器正常的工作起来。要对路由器进行全面配置，就要使用 CLI 命令行模式。

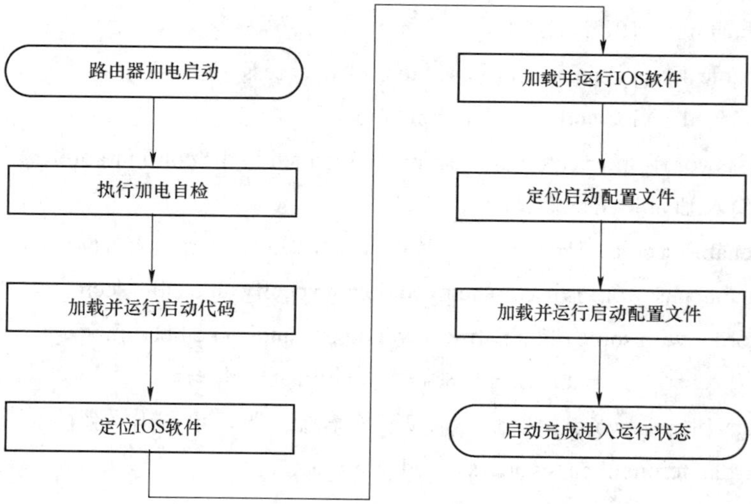

图 11–3–1　路由器启动过程

2. 对话式简单配置

如上所述，路由器初次开机后，计算机的超级终端窗口上会出现以下提示：

—— System Configuration Dialog——

At any point you may enter a question mark “?” for help.

Use ctrl–c to abort configuration dialog at any prompt.

Default settings are in square brackets ‘[ ]’.

Would you like to enter the initial configuration dialog? [yes/no]:

（1） 输入“yes”并按 Enter 键，进入初始化配置对话。

Would you like to enter the initial configuration dialog? [yes/no]:yes

At any point you may enter a question mark ‘?’ for help.

Use ctrl–c to abort configuration dialog at any prompt.

Basic management setup configures only enough connectivity

for management of the system,extended setup will ask you

to configure each interface on the system.

Would you like to enter basic management setup? [yes/no]:

（2） 输入“Yes”并按 Enter 键，进入基本管理配置。

Would you like to enter basic management setup? [yes/no]:yes

Configuring global parameters：

（3） 输入路由器的名称，如 3800。

Enter host name [Router]:3800

The enable secret is a password used to protect access

to privileged EXEC and configuration modes.

This password，after entered，becomes encrypted in the configuration。

（4） 输入 Enable Secret 密码。

Eater enable secret：**** //当查看配置时，该密码将加密显示

The enable password is used when you do not specify an enable secret

password，with some older software versions，and some boot images.

（5） 输入一个与 Enable Secret 密码不同的 Enable 密码。

Enter enable password：**** //在查看配置时，该密码不会被加密显示

The virtual terminal password is asked to project

access to the router over a network interface.

（6） 输入虚拟终端密码。

Eater virtual terminal password：**** //防止未经授权用户通过 Console 口以外的端口访问路由器。当使用 Telnet 或超级终端远程访问路由器时，将需要输入该密码。

（7） 设置 SNMP。

Configure SNMP Network Management? ［yes］：Yes

Community string ［public］：

（8） 系统摘要显示可用的接口。

（9） 选择可用 LAN 接口进行配置，使其可以连接到局域网络，从而便于进行远程管理。

Enter interface name used to connect to the management network

from the above interface summary：fastethernet0/0

（10）为该 L AN 接口输入 IP 地址和子网掩码。

Configuring interface FastEthenet0/0：

Use the 100 Base–TX（RJ–45）connector? ［yes］:

Operate in full–duplex mode? ［no］：yes

Configure IP on this interface? ［yes］:

IP address for this interface：10.1.1.1

Subnet mask for this interface ［255.0.0.0］：255.255.0.0

Class A network is 10.0.0.0，16 subnet bits；mask is /16

（11）当显示下述信息时，选择“2”并单击 Enter 键，保存基本配置。

［0］Go to the IOS command prompt without saving this config.

［1］Return back to the setup without saving this config.

［2］Save this configuration to nvram and exit.

Enter your selection ［2］：2

Press RETURN to get started：RETURN

（12）用户提示符被修改，配置生效。

3800＞

三、CLI 命令行模式及使用方法

1. 进入 CLI 界面

路由器初次开机后，当系统显示如下信息：

Would you like to enter the initial configuration dialog? [yes/no]:

此时，输入“no” 并按 Enter 键，即可进入 CLI 配置模式，系统提示符为：

Router＞

对于已经配置过的或运行中的路由器，在计算机上打开超级终端后按 Enter 键，则直接进入 CLI 命令行模式。以下配置全部是在 CLI 模式下进行的。

2. CLI 命令模式

CLI 下又划分为几种模式，这几种模式各自有各自的功能、作用以及配置命令，不同模式下的命令是不能混用的。所以，在学习命令的时候一定要注意这个命令是属于哪个模式的。各个主要模式之间的关系如图 11–3–2 所示。

用户模式通常用来查看路由器的状态，但在此模式下无法对路由器进行配置，可以查看的路由器信息也是有限的。

在特权模式下，使用“Show”命令可以查看路由器的所有信息，如图 11–3–3 所示。在特权模式下，进入全局配置模式或接口配置模式后，可以更改路由器的配置。对路由器进行配置后，要把配置保存在 NVRAM 中，开机时路由器会自动读取。

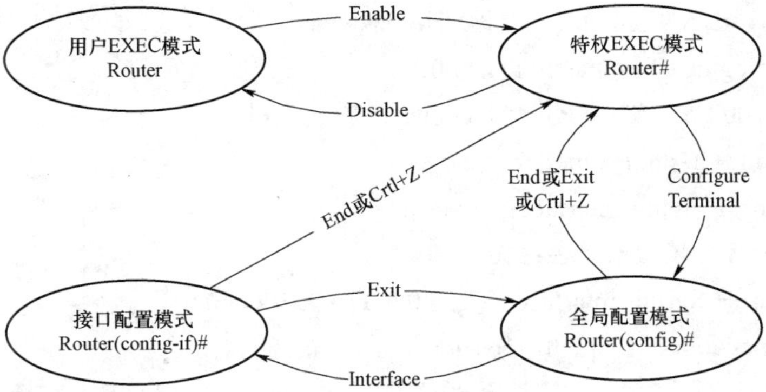

图 11–3–2 CLI 命令模式及其相互之间的关系

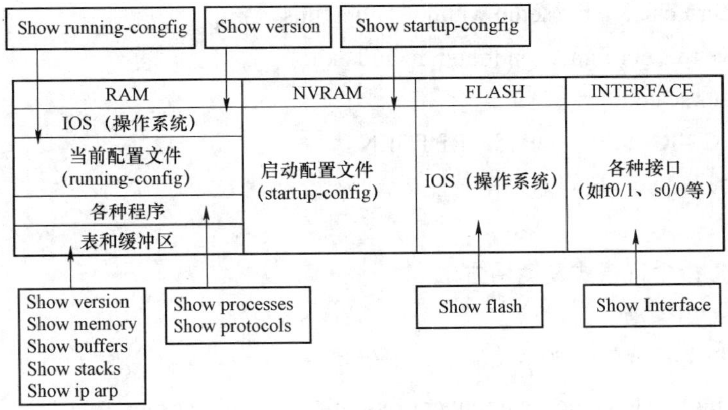

图 11–3–3 显示路由器的各类信息

3. CLI 命令的使用方法

Cisco 路由器 CLI 命令的使用方法与交换机的基本一致，具体的使用方法，可参见本教材 Z37B11001 Ⅰ 模块“交换机的基本配置”中的介绍。

四、配置主机名和密码

Cisco 路由器默认的主机名为“Router”，为便于区分，可以重新命名。设置密码防止对路由器的非法访问。

（1） 进入特权模式。

Router＞enable　　　　　　//“＞”表示当前处在用户模式，输入 Enable 命令

Route#　　　　　　　　　　//“#”表示进入了特权模式

（2） 进入全局配置模式。

Rooter#configure terminal　　//输入 configure terminal 命令

（3）为该路由器命名一个有意义的名字，以取代默认的名称“Rooter”。

Router（config）#hostname name　　//为叙述方便，本教材不做修改，仍采用默认名称。

（4）设置访问密码。

Router（config）#enable password password　// password 表示自定义的字符串，该密码用于从用户模式进入特权模式

（5）Console 口超时设置（可选）。

Router（config）#line console 0　　　　　//进入 Line 配置模式

Router（config–line）#exec–timeout 0 0　　//防止因在一段时间内没有输入而导致超时退出

（6）返回特权模式。

Router（config–line）#end

（7）校验配置。

Router#show running–config

（8）退出特权模式。

Router#exit

Route＞

（9）重新进入特权模式，验证设定的密码。

Router＞enable

Password：password　//输入第 4 步设置的密码

Router#

（10）保存配置。

Router#copy running–config startup–config

如果不保存，在路由器重新启动时，修改的配置将会丢失。

五、配置以太网接口

（1）进入特权模式。

Router＞enable

Password：＜password＞

（2）进入全局配置模式。

Rooter#configure terminal

（3）启用 IP 路由协议。

Router（config）#ip routing

（4） 指定要配置的以太网端口。

Router（config）#interface e0/0 //进入接口配置模式，e0/0 表示第 0 个模块上的第 0 个以太端口，编号从 0 开始

（5） 为该接口指定 IP 地址和子网掩码。

Router（config–if）#ip address ip–address sub–mask

（6） 启用该端口。

Router（config–if）#no shutdown //默认时路由器的各个端口是关闭的

（7） 退回到上一级模式。

Router（config–if）#exit

如果路由器上有多个以太端口，则重复上述步骤 4–6。

（8） 返回特权模式。

Router（config–if）#end

（9） 查看配置。

Router#show running–config

（10）保存配置。

Router#copy running–config startup–config

六、配置串行接口

（1） 进入特权模式。

Router＞enable

Password：＜password＞

（2） 进入全局配置模式。

Rooter#configure terminal

（3） 指定要配置的串行端口。

Router（config）#interface s0/0

（4） 为该接口指定 IP 地址和子网掩码。

Router（config–if）#ip address ip–address sub–mask

（5） 启用该端口。

Router（config–if）#no shutdown

（6） 退回到上一级模式。

Router（config–if）#exit

如果路由器上有多个串行接口，则重复上述步骤 3–5。

（7） 返回特权模式。

Router（config–if）#end

（8）查看配置。

Router#show running–config

（9）保存配置。

Router#copy running–config startup–config

七、CDP 协议配置

在 Cisco 网络设备中，CDP 协议默认是启动的。

1. 查看路由器 CDP 定时信息

Router#show cdp

Global CDP information：

Sending CDP packets every 60 seconds

Sending a holdtime value of 180 seconds

以上信息说明：路由器每 60 秒钟发送一次 CDP 数据包，要求对方将接收到的 CDP 信息保留 180 秒钟。

2. 查看是否已启用 CDP 协议

Router#show cdp interface

Ethernet0 is up，line protocol is down，encapsulation is ARPA

Sending CDP packets every 60 seconds

Holdtime is 180 seconds

Serial0 is down，line protocol is down，encapsulation is HDLC

Sending CDP packets every 60 seconds

Holdtime is 180 seconds

Serial1 is administratively down，line protocol is down，encapsulation is HDLC

Sending CDP packets every 60 seconds

Holdtime is 180 seconds

以上信息表明，路由器的三个接口上都启用了 CDP 协议。

3. 查看 CDP 发现的各接口上的邻居

Router#show cdp neighbors

Capability Codes：R – Router，T – Trans Bridge，B – Source Route Bridge

S – Switch，H – Host，I – IGMP，r – Repeater

Device ID	Local Intrfce	Holdtme	Capability	Platform	Port ID
R2	Ser 0	149	RSI	2821	Ser 0/0/0
S1	Eth 0	167	SI	WS–C3560	Fas 0/1

以上信息表明，路由器有两个邻居：S1 和 R2。

要查看 R2 的详细信息，使用命令：

Router#show cdp entry R2

4. 禁用、启用 CDP 协议

在 Ser0 端口上禁用 CDP，其他端口上继续运行，使用命令：

Router（config）#interface *s0*

Router（config–if）#no cdp enable

在整个路由器上禁用 CDP，使用命令：

Router（config）#no cdp run

在整个路由器上启用 CDP，使用命令：

Router（config）#cdp run

在 Ser0 端口上启用 CDP，使用命令：

Router（config）#interface *s0*

Router（config–if）#cdp enable

5. 调整 CDP 定时参数

CDP 消息发送时间调整为 30 秒，使用命令：

Router（config）#cdp timer 30

要求对方将接收到的 CDP 信息保留时间改为 120 秒，使用命令：

Router（config）#cdp holdtime 120

八、其他常用命令

1. 设置交换机日期和时间

Router#clock set 15：30：00 28 november 2008

2. 显示最近使用过的命令

Router#show history

缓存的命令条数默认为 10 条，如果想改为 20 条，使用命令：

Router#terminal history size 20

【思考与练习】

1. 简述 Cisco 路由器的开机启动过程。
2. CDP 协议的用途是什么？通过 CDP 相关的命令可以了解哪些信息？
3. 路由器基本配置的内容有哪些？

模块 4　静态路由的配置（Z37G1004 Ⅰ）

【模块描述】本模块包含路由器静态路由配置。通过对静态路由、默认路由设置及调试步骤的介绍，掌握路由器静态路由的配置方法。

【模块内容】

一、静态路由配置的基础知识

虽然静态路由不适合在大型网络中使用，但是由于静态路由配置简单、路由器处理负载小、可控性强等优点，在网络结构比较简单，或者到达某一网络只有唯一路径时，最好采用静态路由。

1. 路由器的环回接口

在路由器的配置调试过程中，经常要使用路由器的环回接口，在此我们先介绍一下环回接口的相关知识。

路由器的环回接口（Loopback，简写为 Lo）又叫本地环回接口，是一种逻辑接口，几乎在每台路由器上都会使用，与 Windows 系统中采用 127.0.0.1 作为本地环回地址类似。环回接口通常具有如下用途：

（1）作为路由器的管理地址。

为了方便管理，系统管理员会为每一台路由器创建一个 loopback 接口，并在该接口上单独指定一个 IP 地址作为管理地址，管理员会使用该地址对路由器远程登录（telnet），该地址实际上起到了类似设备名称一类的功能。

但是每台路由器上都会有多个接口和地址，为何不从当中随便选一个呢？这是因为，假设选用的端口由于故障 down 掉了，此时使用 telnet 命令就不能访问该路由器了，而逻辑接口是永远也不会 down 掉的。

（2）作为动态路由协议 OSPF、BGP 的 router id。

动态路由协议 OSPF、BGP 在运行过程中需要为路由器指定一个 Router id，作为此路由器的唯一标识，并要求在整个自治系统内唯一。由于 router id 是一个 32 位的无符号整数，这一点与 IP 地址十分相像。而且 IP 地址是不会出现重复现象的，所以通常将路由器的 router id 指定为与该设备上的某个接口的地址相同。由于 loopback 接口的 IP 地址通常被视为路由器的标识，所以也就成了 router id 的最佳选择。

（3）作为 BGP 建立 TCP 连接的源地址。

在 BGP 协议中，两个运行 BGP 的路由器之间建立邻居关系是通过 TCP 建立连接完成的。在配置邻居时，为了增强 TCP 连接的健壮性，通常指定 loopback 接口为

建立 TCP 连接的源地址（通常只用于 IBGP）。

2. 静态路由配置的常用命令

我们以 Cisco 路由器为例来介绍静态路由的配置方法。Cisco 路由器静态路由配置的常用命令有：

（1）静态路由的配置。

静态路由配置的命令格式为：

ip route prefix mask {ip–address | interface–type interface–number} ［distance］

其中，prefix 为目的网络的 IP 地址，mask 为目的网络的子网掩码。

ip–address | interface–type interface–number 用于指定下一跳，有两种表示方式：如果到下一跳链路是点到点链路（如 PPP 封装的链路），采用对端路由器接口的 IP 地址或本端接口编号都是可以的；如果链路是多路访问的链路（如以太端口），则只能采用对端路由器接口的 IP 地址来表示。

distance 是可选项，表示本条路由的管理距离，静态路由的默认值为 1，使用大于 1 的数值则表示该条路由为浮动静态路由。

（2）显示路由表的内容。

要查看路由器的路由表中的所有路由条目，使用命令：

show ip route

该命令非常有用，在路由协议配置和调试中经常用到。命令显示的路由表中的内容，后面会介绍。

3. 默认路由的配置

默认路由的配置命令与静态路由是一样的，只是把目的网络的 IP 地址和子网掩码设为“0.0.0.0 0.0.0.0”，代表全部网络即可。

路由器上设置了默认路由以后，如果执行了“no ip classless”命令，则当路由器上存在一个主类网络的某一子网的路由时，路由器将认为自己已经知道该主类网络的所有子网的路由，到达该主类网络的任一子网的数据包都不会通过默认路由发送。相反地，如果执行了“ip classless”命令，则所有在路由表中查不到具体路由的数据包，将都会通过默认路由发送。在默认情况下，路由器认为是执行了“ip classless”的。

二、静态路由的配置示例

在配置静态路由时，一定要保证路由的双向可达，即要配置到远端路由器路由，远端路由器也要配置到近端路由器回程路由。

在图 11–4–1 所示的网络中，通过设置静态路由，使三个路由器之间能够互相通信。

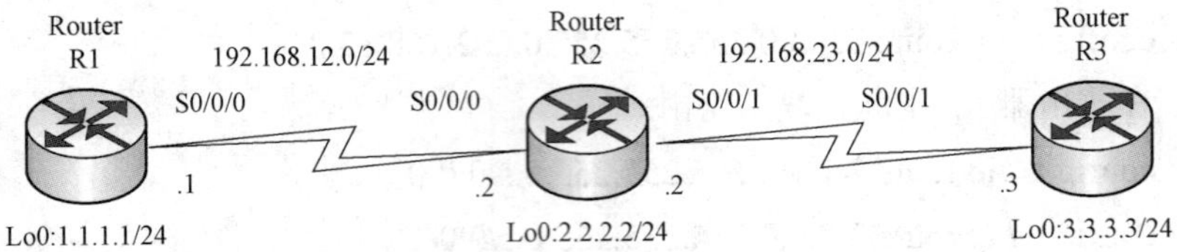

图 11–4–1　网络拓扑

配置步骤如下：

1. 在各路由器上配置环回接口和直连接口

（1） 配置路由器 R1。

R1（config）#interface loopback0　　　　　//设置环回接口

R1（config–if）#ip address 1.1.1.1 255.255.255.0　　　　//为环回接口设置 IP 地址

R1（config）#interface s0/0/0　　　　　//设置串行接口

R1（config–if）#ip address 192.168.12.1 255.255.255.0 //为串行接口设置 IP 地址

R1（config–if）#no shutdown　　　　　　//启用端口

（2） 配置路由器 R2。

R2（config）#interface loopback0

R2（config–if）#ip address 2.2.2.2 255.255.255.0

R2（config）#interface s0/0/0

R2（config）#clock rate 128000

R2（config–if）#ip address 192.168.12.2 255.255.255.0

R2（config–if）#no shutdown

R2（config）#interface s0/0/1

R2（config）#clock rate 128000

R2（config–if）#ip address 192.168.23.2 255.255.255.0

R2（config–if）#no shutdown

（3） 配置路由器 R3。

R3（config）#interface loopback0

R3（config–if）#ip address 3.3.3.3 255.255.255.0

R3（config）#interface s0/0/1

R3（config–if）#ip address 192.168.23.3 255.255.255.0

R3（config–if）#no shutdown

2. 静态路由的配置

（1） 在路由器 R1 上配置静态路由。

R1（config）#ip route 2.2.2.0 255.255.255.0 s/0/0/0　　// s/0/0/0 是 R1 上的接口

R1（config）#ip route 3.3.3.0 255.255.255.0 192.168.12.2

（2）在路由器 R2 上配置静态路由。

R2（config）#ip route 1.1.1.0 255.255.255.0 s/0/0/0

R2（config）#ip route 3.3.3.0 255.255.255.0 s/0/0/1

（3）在路由器 R3 上配置静态路由。

R3（config）#ip route 1.1.1.0 255.255.255.0 s/0/0/1

R3（config）#ip route 2.2.2.0 255.255.255.0 s/0/0/1

如果要删除路由器上的已有的静态路由，可使用“no ip route”命令，即在配置命令前加“no”，例如：

R1（config）#no ip route 2.2.2.0 255.255.255.0 s/0/0/0

3. 验证、调试

在三个路由器上分别使用“show ip route”命令，可以查看各路由器静态路由设置的结果。例如，显示 R2 的路由表如下：

R2#show ip route

Codes：R – RIP derived，O – OSPF derived，

C – connected，S – static，B – BGP derived，

* – candidate default route，IA – OSPF inter area route，

i – IS–IS derived，ia – IS–IS，U – per–user static route，

o – on–demand routing，M – mobile，P – periodic downloaded static route，

D – EIGRP，EX – EIGRP external，E1 – OSPF external type 1 route，

E2 – OSPF external type 2 route，N1 – OSPF NSSA external type 1 route，

N2 – OSPF NSSA external type 2 route

Gateway of last resort is not set

C   192.168.12.0/24 is directly connected，Serial 0/0/0

1. 0.0.0/24 is subnetted，1 subnets

S   1.1.1.0 is directly connected，Serial 0/0/0

2. 0.0.0/24 is subnetted，1 subnets

C   2.2.2.0 is directly connected，Loopback0

3. 0.0.0/24 is subnetted，1 subnets

S   3.3.3.0 is directly connected，Serial 0/0/1

C   192.168.23.0/24 is directly connected，Serial 0/0/1

在以上 R2 的路由表，每个路由条目中首先显示该条路由类型的简写，“C”为直

连网络，“S”表示静态路由。然后是到达目的子网的路由，“Serial 0/0/0”是指到达下一跳的出口。以上显示表明了，在R2的路由表的路由表中有了两条静态路由。

在通过查看各路由器的路由表，验证了静态路由正确设置以后，还可以在各路由器上分别使用“Ping”命令进一步验证，例如：

R1#ping 2.2.2.2 source loopback 0　　//指名源接口，如果不指名，则默认为是出口的IP地址

R1#ping 3.3.3.3 source loopback 0

R2#ping 1.1.1.1 source loopback 0

R2#ping 3.3.3.3 source loopback 0

R3#ping 1.1.1.1 source loopback 0

R3#ping 2.2.2.2 source loopback 0

以上命令都应该能够ping通。

【思考与练习】

1. Cisco路由器的路由表中，路由条目前面的“C”“S”分别代表什么意思？
2. 简述静态路由的配置步骤。
3. 路由器的Loopback接口有哪些用途？

模块5　交换机生成树的配置（Z37G1005Ⅱ）

【模块描述】本模块包含交换机生成树的配置。通过对以太网交换机循环问题、STP生成树协议功能和配置操作的介绍，掌握交换机生成树的配置、避免以太网交换机循环的方法。

【模块内容】

一、生成树STP协议基础知识

1. 以太网交换循环问题的产生

在网状拓扑结构的局域网络中，由于交换机之间的链路存在着物理环路，使得一个以太数据帧在交换机之间不断来回传递，带来交换循环问题。例如在图11-5-1所示的外网络中，当交换机A从服务器上收到一个广播帧后会将该数据帧从其他端口上转发出去，交换机B收到后会广播给交换机C，交换机C收到后又广播给交换机A，交换机A会再次把该数据帧广播出去……这样，一个数据帧在三个交换机之间无休止地循环传递下去。交换循环会造成网络中出现广播风暴、多帧复制、网络阻塞及MAC地址表的不稳定等问题，严重影响网络的正常运行。

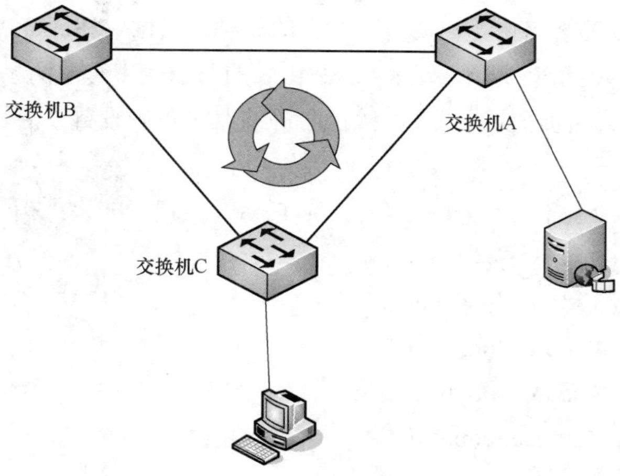

图 11–5–1 以太网交换循环

2. STP 协议的功能

IEEE802.1D 国际标准的生成树协议（Spanning–Tree Protocol，STP）也称为分支树协议，是一种链路管理协议，用来避免交换循环。STP 的实现方法是通过阻断一些交换机的接口，将物理上的网状网变成逻辑上的树状结构，使网络中任意两个主机之间在某一时刻只有一条有效转发路径。当网络中节点之间存在多条路径时，生成树算法可以计算出最佳路径。

STP 协议不但可以消除交换循环，而且使得在交换网络中通过配置冗余备用链路来提高网络的可靠性成为可能。例如在图 11–5–1 所示的网络中，正常情况下，STP 协议会阻断交换机 B 与交换机 C 之间的链路；当交换机 A 与交换机 B 之间的链路中断时，STP 协议会重新进行计算，自动恢复交换机 B 与交换机 C 之间的链路，从而使得交换机 B 与其他交换机的连接不会中断。

3. STP 协议的工作原理

STP 协议允许交换机利用网桥协议数据单元（Bridge Protocol Data Unit，BPDU）组播帧定期（默认为 2 秒）与其他交换机交换配置信息，以发现网络物理环路。为了在网络中形成一个没有环路的逻辑拓扑，网络中的交换机通过选出根交换机、每台交换机的根端口和指定端口，来决定该阻断的接口，如图 11–5–2 所示。

STP 协议的工作过程如下：

（1） 在网络的交换机当中选择出根交换机。

每台交换机都拥有一个 64 位二进制数的 ID。交换机 ID 由两部分组成：前面 16bit 是人为设定的优先级，默认为 32768；后面 48bit 为交换机的 MAC 地址。交换机 ID 的数值越小其优先级就越高，各交换机之间相互比较 ID 的大小，选举 ID 数值最小的

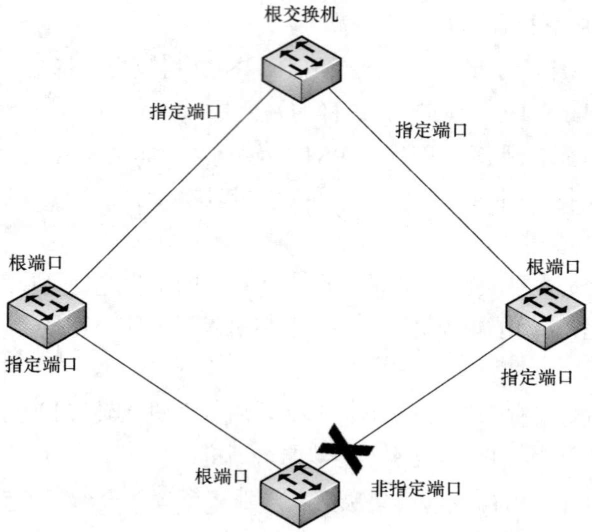

图 11–5–2　生成树示意图

交换机为根交换机。根交换机上的端口都是指定端口，都允许转发数据帧。在单一广播域（二层）中只能有一个根网交换机。

（2）在所有的非根交换机上选择出根端口。

选出了根交换机后，其他的交换机自然就成为非根交换机了。每台非根交换机上都要选举一条到根交换机的根路径。STP 使用路径 Cost 来决定到达根交换机的最佳路径（Cost 是累加的，带宽大的链路 Cost 低），最低 Cost 值的路径就是根路径，该接口就是根端口；如果 Cost 值一样，则根据端口 MAC 地址的大小选举根端口。根端口也是距离根交换机最近的端口，根端口允许转发数据帧。

（3）在所有的链路上选择出指定端口。

选举了根端口后，在每条链路上还要选择出指定端口。在一条链路上，距离根交换机最近的端口就是指定端口，指定端口允许转发数据帧。

最后，在非根交换机上剩下的即不是跟端口、也不是指定端口的端口被确定为非指定端口。非指定端口不允许转发数据帧，但可以接收 BPDU。这样网络就构建出了一棵没有环路的转发树。

当网络的拓扑发生变化时，网络会从一个状态向另一个状态过渡，重新打开或阻断某些接口。交换机的端口要经过几种状态：禁用（Disable）、阻塞（Blocking）、监听状态（Listening）和学习状态（Learning），然后是到转发状态（Forwarding）。非指定端口处于丢弃（Discarding）状态。

4. VLAN 与 STP 协议

因为每个 VLAN 在逻辑上都是一个 LAN，STP 协议会为每个 VLAN 分别构建一棵 STP 树（Per Vlan STP，PVST），这样的好处是每个 VLAN 可以独立地控制哪些接口可转发数据，从而实现负载平衡。PVST 的缺点是，如果 VLAN 数量很多，会给交换机带来沉重的负担。Cisco 交换机默认的模式就是 PVST。

5. STP 协议的改进

IEEE 802.1d 是最早关于 STP 的标准，其存在的不足之处是重新收敛时间较长，通常需要 30～50 秒。为了减少这个时间，逐步引入了一些补充技术，例如：Uplinkfast 和 Backbonefast 等。

Portfast 使得以太网接口一旦有设备接入，就立即进入转发状态，如果接口上连接的是主机或其他不运行 STP 的设备，是非常合适的。

Uplinkfast 则经常用在接入层交换机上，当它连接到主干交换机的主用链路故障时，能立即切换到备份链路上，而不需要经过 30s 或者 50s。Uplinkfast 只需要在接入层交换机上配置即可。

Backbonefast 则主要用在主干交换机之间，当主干交换机之间的链路上有故障时，可以比原有的 50s 少 20s 就切换到备份链路上。Backbonefast 需要在全部交换机上配置。

6. STP 防护

STP 协议并没有什么措施对交换机的身份进行认证。在稳定的网络中，如果接入非法的交换机，将可能给网络中的 STP 树带来灾难性的破坏。有一些简单的措施来保护网络，虽然这些措施显得软弱无力。Root Guard 特性将使得交换机的接口拒绝接收比原有根交换机优先级更高的 BPDU。而 BPDU Guard 主要是和 Portfast 特性配合使用，Portfast 使得接口一有计算机接入就立即进入状态，然而，万一这个接口接入的是交换机，就很可能造成环路。BPDU Guard 可以使得 Portfast 接口一旦接收到 BPDU，就关闭该接口。

下面，我们以 Cisco 交换机为例，来介绍 STP 协议的配置。

二、STP 协议的配置

在所有 Cisco 交换机上一般是默认开启的，在所有 2 层端口上启用生成树协议，不经人工干预即可正常工作。但这种自动生成的方案可能导致数据传输的路径并非最优化。因此，可以通过人工设置交换机 ID 优先级的方法影响生成树的生成结果。只有配置得当，才能得到最佳的方案。

1. 检查交换机自动生成的初始 STP 树

在特权模式下使用“show spanning–tree”命令查看交换机 SPT 摘要信息：

```
Switch#show spanning-tree
VLAN0001                                    //以下为屏幕显示的信息
Spanning tree enabled protocol ieee       //运行的 STP 协议为 IEEE 的 802.1D
Root ID    Priority    1                    //根交换机的信息
Address     0004.dc28.4001
Cost        20
Port        24（FastEthernet0/24）
Hello Time   2 sec   Max Age 20 sec   Forward Delay 15 sec
Bridge ID   Priority     32769 （priority 32768 sys-id-ext 1） //该交换机的 ID
Address      000b.be3f.2880
Hello Time   2 sec   Max Age 20 sec   Forward Delay 15 sec
Aging Time   300
//以下为交换机各端口的状态
Interface     Port ID                Designated                  Port ID
Name          Prio.Nbr   Cost Sts    Cost   Bridge ID            Prio.Nbr
--------      ---------  ---------   --     -----  ------------- --------
Fa0/24        128.24     19 FWD      1      32768  0014.c7fc.a761 128.14
```

2. 人为控制根交换机及指定端口的选择

在网络中通常是由各交换机根据 STP 协议的规则自动选择根交换机及指定端口，但也可以根据实际需要人为进行设置。但要注意：根交换机通常应该是汇聚层或核心层交换机，不要将接入层的交换机设置为根交换机。

通过“show spanning-tree”命令可以查看 SPT 树的信息后，通过设置交换机 ID 的优先级，可以指定哪个交换机为根交换机。各 VLAN 可以分别设置，使用不同的交换机作为根交换机。ID 的优先级通常为 4096 的整数倍，数值越高优先级就越低。假设网络中交换机 ID 的最高优先级为 4096，要设定交换机 1 作为 VLAN2 的根交换机，交换机 2 作为 VLAN3 的根交换机，设置步骤如下：

（1） 在交换机 1 上配置。

1）进入全局配置模式。

Switch#configure terminal

2）设置 VLAN1 的 ID 优先级。

Switch（config）#spanning-tree vlan *2* priority *4096*

3）返回特权模式。

Switch（config）#end

4）检查配置。

Switch#show spanning–tree

5）保存 VLAN 配置。

Switch#copy running–config startup–config

（2） 在交换机 2 上配置。

1）进入全局配置模式。

Switch#configure terminal

2）设置 VLAN2 的 ID 优先级。

Switch（config）#spanning–tree vlan 3 priority 4096

3）返回特权模式。

Switch（config）#end

4）检查配置。

Switch#show spanning–tree

5）保存 VLAN 配置。

Switch#copy running–config startup–config

同样道理，使用“spanning–tree vlan *vlan–number* priority”命令，通过修改交换机 ID 的优先级数值，可以人为地控制指定端口的选择。

三、配置 Portfast

对于连接计算机的以太端口，当计算机接入时，端口首先进入侦听（Listening）状态，随后进入学习（Learning）状态，最后才能进入转发（Forwarding）状态，整个过程需要 30 秒的时间，这对于有些应用来说太慢了。通过设置 Portfast 特性，可使得计算机一经接入，端口就立即进入转发状态。只能在连接计算机的接口启用 Portfast，配置步骤如下：

（1） 进入全局配置模式。

Switch#configure terminal

（2） 指定要配置的端口。

Switch（config）#interface *interface–id*

（3） 将该端口设置为 Portfast。

Switch（config–if）#spanning–tree portfast

（4） 返回特权模式。

Switch（config）#end

（5） 检查配置。

Switch#show running–config

（6）保存配置。

Switch#copy running–config startup–config

使用“no spanning–tree portfast”命令可以关闭该端口的 Portfast 特性。

四、配置上行端口 Portfast

汇聚层和接入层的交换机通常都至少有一条冗余链路被 STP 阻塞，以避免环路。当交换机检测到转发链路失效时，会启用被阻塞的上行端口。同上一节所述，上行端口经过侦听、学习最后进入到转发状态也需要大约 30 秒的时间。使用端口的 Uplinkfast 特性，可使阻断的上行端口直接进入到转发状态。上行端口 Portfast 配置步骤如下：

（1）进入全局配置模式。

Switch#configure terminal

（2）指定要配置的端口。

Switch（config）#interface interface–id

（3）将该端口设置为 Portfast。

Switch（config–if）#spanning–tree uplinkfast

（4）返回特权模式。

Switch（config）#end

（5）检查配置。

Switch#show running–config

（6）保存配置。

Switch#copy running–config startup–config

使用“no spanning–tree uplinkfast”命令可以关闭该端口的 uplinkfast 特性。

五、配置主干链路 Backbonefast

Backbonefast 主要用在主干交换机之间，当主干交换机之间的链路故障时，Backbonefast 特性可以减少切换到备份链路上所需要的时间。与 uplinkfast 设置不同的是，uplinkfast 只需要在一台交换机上设置，而 backbonefast 需要在全部交换机上进行配置。配置步骤如下：

（1）进入全局配置模式。

Switch#configure terminal

（2）该交换机上启用 backbonefast。

Switch（config–if）#spanning–tree backbonefast

（3）返回特权模式。

Switch（config）#end

（4）检查配置。

Switch#show spanning–tree

（5）保存配置。

Switch#copy running–config startup–config

使用“no spanning–tree backbonefast”命令可以关闭该交换机的 backbonefast 特性。

【思考与练习】

1. STP 协议防止环路产生的原理是什么？
2. 在交换机上是否一定要进行 STP 协议的配置？
3. 要人为控制根交换机的建立以及指定端口的选择，如何进行配置？

模块 6 交换机端口的镜像设置（Z37G1006Ⅱ）

【模块描述】本模块包含交换机端口的镜像设置。通过对端口镜像的概念及其用途、端口镜像配置操作的介绍，掌握端口镜像的配置方法。

【模块内容】

一、端口镜像及其用途

交换机是采用单播的方式来转发数据的，交换机只把数据帧转发到目的 MAC 地址对应的端口上，也就是说，在交换机的某一个端口上仅能收到与连接到该端口的设备相关的数据帧。如果想在一个端口上获取其他端口的数据流，可采用端口镜像技术，将其他一个或多个端口的数据帧复制一份转发到该端口上。如图 11–6–1 所示，将连接

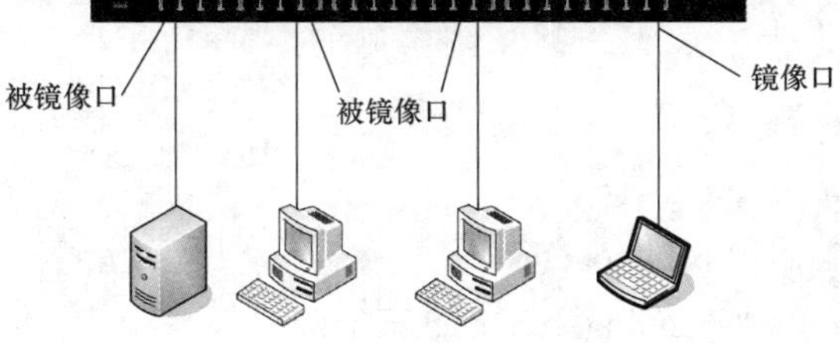

图 11–6–1 端口镜像示意图

笔记本电脑的端口设为镜像端口，把连接服务器和 PC 的端口设为被镜像端口，然后，在笔记本电脑上就可以抓取到服务器和 PC 机发送和接收的所有数据流量。镜像端口统称也叫做监听端口。

在网络故障定位和安全防护工作中，交换机端口镜像非常有用。镜像端口可用来连接网络分析仪或运行 Sniffer（嗅探器）软件的计算机，捕获交换机上其他端口上的数据帧，通过对数据报的协议分析和统计实现对网络运行情况的监视和网络故障的定位。网络级入侵检测系统获取网络数据包通常也是通过端口镜像来实现的。

下面，我们以 Cisco 交换机为例，来介绍端口镜像的配置。

二、Cisco 交换机端口镜像的配置

Cisco 交换机的端口镜像称为 SPAN（Switch Port Analyzer）。在同一台交换机上，可以同时创建多个端口镜像，以实现对不同 VLAN 中的端口进行监听。监听口与被监听口必须处于同一个 VLAN 中。处于被监听状态的端口，不能变更为监听口。监听口也不能是 trunk 端口。

Cisco 交换机端口镜像要在全局配置命令模式下进行配置，配置方法如下：

1. 将一个端口设置为镜像端口

命令格式：monitor session session_number destination interface interface–id

由于在一个交换机中可以同时存在多个不同的端口镜像进程，一个进程就是一个 session，session_number 表示进程的编号。destination 表示该端口为镜像口。interface interface–id 表示端口及端口号。

撤销某个端口的镜像端口设置，使用命令 no monitor session session_number destination interface interface–id。

2. 将一个或多个端口设置为被镜像端口

命令格式：monitor session session_number source interface interface–id [both | rx | tx]

注意：进程的编号 session_number 要与上一步中的编号一致。source 表示所定义的端口为被镜像端口。如果只监听端口流出的流量选 tx，只监听端口流入的流量选 rx，监听双向流量选 both，默认设置为双向监听。

要撤销某个端口的被镜像端口设置，使用命令 no monitor session session_number source interface interface–id。

3. 删除端口镜像配置

命令格式：no monitor session {session_number | all }

如果要删除单个端口镜像配置，使用 session_number 表示，如果要删除该交换机上的所有的端口镜像配置，使用参数 all 表示。

三、配置实例

将交换机千兆以太端口 g0/2 到 g0/6 的双向流量镜像到端口 g0/1，镜像进程编号设为 1，配置如下：

（1）进入全局配置模式。

Switch#configure terminal

（2）指定镜像进程编号和被镜像端口。

Switch（config）#monitor session 1 source interface gigabitethernet0/2–6 both

（3）指定镜像端口。

Switch（config）#monitor session 1 destination interface gigabitethernet0/1

（4）返回特权模式。

Switch（config）#end

（5）检查配置。

Switch#show monitor session 1

Switch#show running–config

（6）保存配置。

Switch#copy running–config startup–config

【思考与练习】

1. 端口镜像有何用途？
2. 如何进行交换机端口镜像的配置？
3. 通过实际操作，将交换机千兆以太端口 g0/2 到 g0/6 的双向流量镜像到端口 g0/1，镜像进程编号设为 1。

◢ 模块 7 交换机端口的汇聚配置（Z37G1007Ⅱ）

【模块描述】本模块包含交换机端口的汇聚配置。通过对端口汇聚的概念及其用途、端口汇聚配置操作的介绍，掌握多链路捆绑的配置方法。

【模块内容】

一、端口汇聚基础知识

交换机的端口汇聚也叫做链路捆绑技术，它将两个交换机之间的两条或多条快速以太或千兆以太物理链路捆绑在一起，组成一条逻辑链路，从而达到增加带宽的目的。端口汇聚将流量分配在各条物理链路上，当某条物理链路出现故障时，流量将自动转移到其他物理链路上，整个过程在几毫秒内完成，从而起到链路冗余备份的作用。

1. 端口汇聚的自动协商

两台交换机之间的链路捆绑，可以设置为固定方式，也可以设置成自动协商方式。在自动协商方式下，多个端口是否汇聚形成捆绑链路由两段的交换机根据设定，采用自动协商协议进行协商。

自动协商有 PAgP 和 LACP 两个协议，PAgP 协议是 Cisco 专有的协议，LACP 协议是公共的标准。Cisco 设备对这两个协议都支持。

（1）PAgP 自动协商。

由 Cisco 公司开发的端口汇聚技术称之为 EtherChannel（以太通道），PAgP（Port Aggregation Protocol，端口汇聚协议）是 EtherChannel 的增强版，它支持在 EtherChannel 上的 Spanning Tree 和 Uplink Fast 功能。使用 PAgP 可以很容易地在有 EtherChannel 能力的端口间自动建立起 Fast EtherChannel 和 Gigabit EtherChannel 连接。

使用 PAgP 协议，在配置时，端口的工作模式可以设定为：

auto：将端口置于被动协商状态，可以对接收到的 PAgP 做出响应，但不主动发送 PAgP 包进行协商。当侦测到对方端口为 PAgP 设置时，将启用 PAgP。

desirable：无条件启用 PAgP。将接口置于主动协商状态，通过发送 PAgP 包，主动与对方端口进行协商。

on：将端口强行指定为 EtherChannel，只有两个 on 模式接口组连接时，EtherChannel 才可用。

PAgP 协商的结果如表 11-7-1 所示，“√”表示 EtherChannel 构建成功。

表 11-7-1　　　　PAgP 协商结果一览表

	ON	desirable	auto
ON	√	×	×
desirable	×	√	√
auto	×	√	×

（2）LACP 自动协商。

LACP（Link Aggregation Control Protocol，链路汇聚控制协议）利用符合 IEEE 802.3ad 的设备创建捆绑链路。

使用 LACP 协议，端口的工作模式可以设定为：

active：激活接口的主动协商状态，通过发送 LACP 包，与对方端口进行主动协商，当侦测到对方端口为 LACP 时，将启用 LACP。

passive：将端口置于被动协商状态，可以对接收到的 LACP 做出响应，但是不主

动发送 LACP 包进行协商。当侦测到 LACP 设备时，将只启用 LACP。

On：将端口强行指定为捆绑链路。只有双方端口都设置为 on 模式时，捆绑链路才可用。

LACP 协商的结果如表 11–7–2 所示，“ √ ”表示捆绑链路构建成功。

表 11–7–2　　LACP 协商结果一览表

	ON	active	passive
ON	√	×	×
active	×	√	√
passive	×	√	×

2. 流量分配

在捆绑链路上的流量可以均衡地分配到各条物理链路上，可以根据源 IP 地址、目的 IP 地址、源 MAC 地址、目的 MAC 地址，以及源 IP 地址与目的 IP 地址的组合、源 MAC 地址与目的 MAC 地址的组合等条件，设置流量在各条物理链路上的分布。

3. Cisco 交换机端口汇聚配置注意事项

在 Cisco 交换机上进行端口汇聚配置时，应当遵循下列限制性规定：

（1）每台交换机上最多可以配置 48 个 EtherChannel。

（2）每个 PAgP EtherChannel 最多可以配置 8 个相同类型的端口，即每个设备 4 个端口。

（3）每个 LACP EtherChannel 最多可以配置 16 个相同类型的端口，即每个设备 8 个端口，其中 8 个处于活动状态，8 个处于备用状态。

（4）EtherChannel 中的所有端口都必须采用相同的速度和双工模式。

（5）启用 EtherChannel 中的所有端口。当其中的某个端口处于禁用状态时，所有网络流量都将由 EtherChannel 中其他端口承担，从而影响网络传输带宽。

（6）创建端口组时，其他所有端口的参数都与添加至该组的第一个端口相同。当修改下列其中一个参数时，必须在该 EtherChannel 组中所有端口做出修改。包括：允许 VLAN 列表、每个 VLAN 的 Spanning–tree 路径费用、每个 VLAN 的 Spanning–tree 端口费用，以及 Spanning–tree Port fast 设置。

（7）不能将一个端口指定至两个或多个 EtherChannel 组。

（8）不能将 EtherChannel 同时配置为 PAgP 和 LACP 模式。不过 PAgP 和 LACP 模式的 EtherChannel 组可以在同一交换机上共存。

（9）不能将 Switched Port Analyzer（SPAN）目的端口指定至 EtherChannel。

（10）不能将安全端口指定至 EtherChannel 或者将 EtherChannel 指定为安全端口。

（11）不能将 private–VLAN 指定至 EtherChannel。

（12）不能将 EtherChannel 中的端口（无论是活动的，还是备用的）作为 802.1x 端口。如果尝试在一个 EtherChannel 端口上启用 802.1x，将显示一个错误信息，并且 802.1x 不能被启用。

（13）如果已经在接口上配置了 EtherChannel，那么，在交换机上启用 802.1x 之前，应当从该接口移除 EtherChannel 配置。

（14）对于第 2 层 EtherChannel 而言，应当将欲添加至同一 EtherChannel 的所有端口都指定至同一 VLAN，或者将这些端口配置为 Trunk。处于不同 VLAN 的端口不能被指定至同一 EtherChannel。若欲将 Trunk 端口配置为 EtherChannel，应当保证所有 Trunk 的模式都是相同的（ISL 或 802.1Q）。如果采用不同 Trunk 模式，将导致难以预计的后果。

（15）对于第 3 层 EtherChannel 而言，应当为逻辑 Charnel 端口指定 IP 地址信息，而不能为 EtherChannel 中的物理端口指定。

（16）GBIC 和 SFP 接口不能被配置为 EtherChannel。

下面，我们以 Cisco 交换机为例，来介绍端口汇聚的配置。

二、配置 EtherChannel

（1） 进入全局配置模式。

Switch#configure terminal

（2） 创建 EtherChannel 逻辑接口。

Switch（config）#interface port–channel port–channel–number // port–channel–number 为以太通道的逻辑接口编号，取值为 1～6。

（3） 选择要配置为 EtherChannel 的物理端口。

Switch（config）#interface range f0/13 –14　　//端口列表可根据实际情况指定

（4） 将接口指定至 EtherChannel。

Switch（config–if）#channel–group port_channel_number mode {{auto | desirable | on} | {active | passive}}　　//其中，on 表示人工指定，不必协商；auto、desirable 表示采用 PAgP 自动协商模式；active | passive 表示采用 LACP 自动协商模式。

（5） 退出接口配置模式。

Switch（config–if）#exit

（6） 设置负载均衡方式。

Switch（config）#port–channel load–balance {dst–mac | src–mac}　//其中，dst–mac 表示基于包的目的主机的 MAC 地址进行负载分配，在 EtherChannel 中，发送至同一

目的主机的包被转发至相同端口，不同目的主机的包被发送至不同的端口；src–mac表示基于包的源 MAC 地址进行负载分配，在 EtherChannel 中，来自不同主机的包使用不同的端口；来自于同一主机，则使用同一端口。

（7）返回特权模式。

Switch（configf）#end

（8）显示并校验配置。

Switch#show etherchannel summary

（9）保存配置。

Switch#copy running–config start–config

三、配置三层 EtherChannel

要想在三层设备（如三层交换机）之间实现高速连接，可以采用三层 EtherChannel 方式，从而避免由路由连接而产生的瓶颈。

当将 IP 地址从物理接口移动至 EtherChannel 时，必须先从物理接口中删除该 IP 地址。

（1）进入全局配置模式。

Switch#configure terminal

（2）创建以太通道逻辑接口。

Switch（config）#interface port–channel port–channel–number

//Port–channel–number 为以太通道逻辑接口的编号，取值为 1～6

（3）将接口置于三层模式。

Switch（config–if）#no switchport

（4）为该 EtherChannel 指定 IP 地址和子网掩码。

Switch（config–if）#ip address ip–address mask

（5）选择欲配置的物理接口。

Switch（config）#interface interface–nnmber

（6）创建 3 层路由端口。

Switch（config–if）#no switchport

（7）确保该物理接口没有指定 IP 地址。

Switch（config–if）#no ip address

（8）将接口配置至以太通道，并指定 PAgP 或 LACP 模式。

Switch（config–if）#channel–group channel–group–number mode {{auto | desirable | on} | {active | passive}}

（9）配置 Etherchannel 负载均衡。

Switch（config）#port–channel load–balance {src–mac | dst–mac | src–dst–mac | src–ip | dst–ip | src–dst–ip | src–port | dst–port | sac–dst–port}

//其中，src–mac 指源 MAC 地址，dst–mac 指目的 MAC 地址，src–dst–mac 指源和目的 MAC 地址，src–ip 指源 IP 地址，dst–ip 指目的 IP 地址，src–dst–ip 指源和目的 IP 地址，src–port 指源第 4 层端口，dst–port 指目的第 4 层端口，src–dst–port 指源和目的第 4 层端口第 6）退出配置模式。

（10）返回特权模式。

Switch（config–if）#end

（11）显示并校验配置。

Switch#show etherchannel summary

（12）保存配置。

Switch#copy running–config start–config

四、移除端口和 EtherChannel

1. 从 EtherChannel 中移除接口

（1）进入全局配置模式。

Switch#configure terminal

（2）选择要移除的物理端口。

Switch（config）#interface interface–id

（3）从 EtherChannel 中移除接口。

Switch（config–if）#no channel–group

（4）返回特权模式。

Switch（config–if）#end

（5）显示并校验配置。

Switch#show running–config

（6）保存配置。

Switch#copy running–config start–config

2. 移除 EtherChannel

（1）进入全局配置模式。

Switch#configure terminal

（2）移除 Channel 接口。

Switch（config）#no interface port–channel port–channel–number

（3）退出配置模式。

Switch（config–if）#end

（4） 显示并校验配置。

Switch#show etherchannel summary

（5） 保存配置。

Switch#copy running–config start–config

【思考与练习】

1. 通常所说的“端口汇聚”“链路汇聚”“链路捆绑”是同一回事吗？

2. 简述端口汇聚自动协商的过程。

3. 配置三层 EtherChannel 的步骤有哪些？

模块 8 交换机软件及配置的备份与恢复（Z37G1008Ⅱ）

【模块描述】本模块包含交换机软件及配置的备份与恢复。通过对交换机软件及配置数据存储机制、TFTP 服务器、软件和配置数据备份与恢复操作步骤的介绍，掌握交换机软件及配置备份与恢复的方法。

【模块内容】

一、交换机操作系统软件及配置文件备份的重要性

交换机、路由器等网络设备实际上都是特殊用途的计算机系统，与常见的 PC 一样，他们也都有 CPU、内存及类似于硬盘用途的各类存储器，也需要在操作系统软件的基础上才能正常运转。在 Cisco 设备中操作系统通常称为 IOS（Internetwork Operating System），其作用和计算机上的 Windows 一样，IOS 是交换机的核心。与常见 PC 不同的是，除简易的傻瓜式设备外，各种智能化的网络设备要经过复杂的配置后才能发挥其应有的作用。为了使网络设备在发生故障后能尽快恢复运行，其操作系统软件及配置数据的备份与恢复是非常重要的。

本模块的内容也适用于路由器、防火墙等其他类别的网络设备，其基本原理和备份方法基本上是一样的。

下面，我们以 Cisco 交换机为例，来介绍交换机中存储器的种类和特点、操作系统软件及配置文件的备份与恢复方法。

二、交换机中的存储器及其特性

交换机等网络设备中的所使用的存储器主要有 RAM、ROM、Flash 及 NVRAM 等四种类型，除 RAM 会在交换机重新启动或关掉电源时丢失其中的内容以外，其他均为非易失性存储器，如图 11–8–1 所示。

1. 随机存储器（RAM）

RAM 即内存，运行期间暂时存放操作系统、当前配置（Running–config）和临时

的运算结果。RAM的存取速度快，CPU能快速访问这些信息。众所周知，RAM中的数据在设备重启或断电时是会丢失的。

图 11-8-1　交换机中的各类存储器

2. 闪存（Flash）

Flash是可擦除、可编程的ROM，类似于计算机的硬盘，主要用于存放操作系统软件IOS，Flash的可擦除特性允许我们在更新、升级IOS时，不用更换设备内部的芯片。设备断电后Flash的内容不会丢失。当Flash容量较大时，可以存放多个IOS版本，这在进行IOS升级时十分有用。当不知道新版IOS是否稳定时，可在升级后仍保留旧版IOS，当出现问题时可迅速退回到旧版操作系统，从而避免长时间的网路故障。

3. 非易失性RAM（Nonvolatile RAM，NVRAM）

NVRAM是可读可写的存储器，在系统重新启动或关机之后仍能保存数据，主要作用是保存设备配置数据，即常说的启动配置或备份配置。当加电启动时，首先寻找并加载该配置文件，启动完成后就成了内存中的“运行配置”，当修改了运行配置并执行存储后，运行配置就被复制到NVRAM中，下次交换机重启后，该配置就会被自动调用。NVRAM的速度较快，成本也比较高。由于NVRAM容量较小，通常仅用于保存配置文件。

4. 只读存储器（ROM）

ROM在交换机、路由器中的功能与计算机中的ROM相似，主要用于系统初始化等功能。ROM中存储了开机诊断程序、启动引导程序和特殊件版本的IOS软件（用于

诊断等有限用途）。当 ROM 中软件升级时需要更换芯片。

三、操作系统软件及配置文件备份与恢复方法

通过 CLI 命令对交换机所做的配置是保存在交换机的内存中的，配置完成后一定要及时使用“copy running–config startup–config”命令，把内存中的当前配置保存到 NVRAM 中，否则，当交换机再次启动时，所做的配置将会丢失。

我们还需要把交换机操作系统 IOS 软件和配置文件备份到 TFTP 服务器上，以防万一。当交换机闪存中的 IOS 软件或配置文件出现问题时，可以通过 TFTP 服务器进行恢复。

利用 TFTP（Trivial File Transfer Protocol）服务器，使得对交换机 IOS 软件和配置文件的管理变得简单和快捷。因此，应先安装一台 TFTP 服务器。任何一台计算机或笔记本电脑，只要安装了 TFTP 服务器软件，即可成为 TFTP 服务器。TFTP 服务器软件有很多种，可在 Cisco 网站（http://www.cisco.com）下载。

四、交换机 IOS 软件的备份与恢复

交换机和服务器必须位于同一子网，确认交换机能够与 TFTP 服务器正常通信。在上传 IOS 软件之前，需要在 TFTP 服务器上创建一个空的文件夹。如果覆盖一个已经存在的文件，要确认赋予了相应的权限，即赋予其“world–Write”权限。

备份 IOS 软件至 TFTP 服务器，需要先通过 Console 端口或 Telnet 登录交换机，如果使用 Telnet，当交换机运行新软件而重新启动时，连接将会被断开。

1. 备份 IOS 软件至 TFTP 服务器

（1）测试交换机到 TFTP 服务器的连通情况。

Switch#ping 172.16.1.105　　　//172.16.1.105 为 TFTP 服务器的 IP 地址

Type escape sequence to abort.

Sending 5，100–byte ICMP Echos to 172.16.1.105，timeout is 2 seconds:

!!!!!

Success rate is 100 percent（5/5），round–trip min/avg/max = 1/3/5 ms

（2）查看交换机 Flash 中的 IOS 文件名和大小。

Switch＞enable

Switch#show flash

Directory of flash：/

2 –rwx　2664051　Mar 01 1997 00：04：30　c2950–i6q412–mz.121–11.EA1.bin

…… ……

（3）将 IOS 软件上传至 TFTP 服务器。

Switch#copy flash：c2950–i6q412–mz.121–11.EA1.bin tftp：

Address or name of remote host ［］? 172.16.1.105 //指定 TFTP 服务器的 IP 地址或主机名

Destination filename ［c2950–i6q412–mz.121–11.EA1.bin］? //指定文件名，默认与源文件名相同，一般采用默认值

备份完成后可以在 TFTP 服务器相应的目录下找到该文件。

2. 恢复 IOS 软件

如果不慎误删了 IOS，不要将交换机关机，可以直接使用“copy tftp flash”命令从 TFTP 服务器将 IOS 软件下载到交换机的 Flash 存储器中。通过 Console 端口或 Telnet 登录交换机。在提示符下输入 TFTP 服务器的 IP 地址或主机名，以及下载文件的文件名。

3. 升级 IOS 软件

（1）使用“copy tftp flash”命令从 TFTP 服务器将新的 IOS 软件下载到交换机的 Flash 存储器中，在 Flash 中可以保存多个 IOS 文件。

（2）使用“set boot system flash device：filename prepend”命令修改启动设置，指定 flash 设备（device）和文件名（filename）。

（3）使用“reload”命令重新启动交换机。

（4）当交换机重新引导后，输入“show version”命令检查交换机上的系统软件版本。

五、配置文件的备份与恢复

1. 将配置文件备份至 TFTP 服务器

（1）通过 Console 端口或 Telnet 登录至交换机，并使用“Ping”命令测试交换机到 TFTP 服务器的连通情况。

（2）使用“copy config tftp”命令，指定 TFTP 服务器的 IP 地址或主机名以及目的文件名，配置文件将被上传至 TFTP 服务器。

把启动配置文件上传至 TFTP 服务器，备份启动配置文件：

Copy startup–config tftp

或者，把当前运行配置文件上传至 TFTP 服务器，备份当前运行配置：

Copy running–config tftp

2. 从 TFTP 服务器恢复配置文件

（1）通过 Console 端口或 Telnet 登录至交换机。

（2）使用“copy tftp config”命令，根据提示，指定 TFTP 服务器的 IP 地址或主机名，以及下载文件的文件名，配置文件从 TFTP 服务器被下载。

把配置文件从 TFTP 服务器拷贝至则 NVRAM，恢复启动配置文件。

Copy tftp startup−config

也可以把配置文件从 TFTP 服务器拷贝为当前运行配置，恢复系统配置：

Copy tftp running−−config

【思考与练习】

1. 简述交换机操作系统软件及配置文件备份的重要意义。
2. 简述交换机中的存储器类型及其特性。
3. 交换机配置文件备份操作的步骤有哪些？

模块 9　三层交换机 VLAN 间路由的配置（Z37G1009Ⅱ）

【模块描述】本模块包含三层交换机 VLAN 间路由的配置。通过对三层交换机 IP 地址、三层物理及逻辑接口、默认网管及静态路由设置步骤的介绍，掌握三层交换机实现不同 VLAN 间数据通信的配置方法。

【模块内容】

一、利用三层交换机实现 VLAN 间通信

交换机上划分了 VLAN 之后，连接在不同 VLAN 上的计算机之间就无法直接通信了。VLAN 之间的通信必须借助于第三层设备，可以使用路由器，但更常用的是采用三层交换机。使用路由器时，通常会采用单臂路由模式。

三层交换通常采用硬件来实现，其数据包处理和转发能力比路由器要大得多。三层交换机可以看成是交换机加上一个虚拟的路由器，这个虚拟的路由器与每个 VLAN 都通过一个逻辑接口相连，这些接口的名称就是 VLAN1、VLAN2 等等。Cisco 三层交换采用 CEF（Cisco Express Forwarding）技术，CEF 能够动态优化网络层性能交换机。三层交换机利用路由表生成转发信息库（FIB）并与路由表保持同步。FIB 的查询是用硬件实现的，其速度很快。邻接表（Adjacency Table）的用途类似于 ARP 表，用于存放第 2 层的封装信息。FIB 表和邻接表在数据转发之前就已经建立好了，一旦有数据包要转发，交换机就能直接利用它们进行数据封装和转发，不需要查询路由表和发送 ARP 请求，因此 VLAN 间路由的速度很高，可以实现 VLAN 间的线速路由。

下面，我们以 Cisco 交换机为例，来介绍三层交换机 VLAN 间路由及相关的配置。

二、三层交换机 VLAN 路由功能配置

要配置 VLAN 间路由，需要在三层交换机上启用路由功能。启用路由功能需要先用“ip cef”命令启用 CEF（默认值是启用的）功能。

（1）进入全局配置模式。

Switch#configure terminal

（2） 开启路由功能。

Switch（config）#ip route

（3） 指定要配置的 VLAN。

Switch（config）#interface vlan vlan–id

（4） 在 VLAN 上配置 IP 地址。

Switch（config–if）#ip address ip–address subnet–mask //该 VLAN 中的计算机，将使用该 IP 地址作为默认网关

（5） 启用该逻辑接口。

Switch（config–if）#no shutdown

（6） 返回特权模式。

Switch（config–if）#end

（7） 校验配置。

Switch#show running–config

（8） 保存配置。

Switch#copy running–config startup–config

三、交换机端口配置为三层接口

在三层交换机上可以实现类似传统路由器的功能，实现端口间的路由。给交换机的以太端口配置 IP 地址后，该接口就可作为路由口使用，这是就与路由器上的以太端口的功能是一样的了。如果一台交换机上的全部端口都这样设置，那么，从功能上来说，该交换机就变成了路由器了。将交换机以太端口配置为三层接口的步骤如下：

（1） 进入全局配置模式。

Switch#configure terminal

（2） 启用路由功能。

Switch（config）#ip routing

（3） 指定要配置的接口。

Switch(config)#interface interface–id //可以是物理接口，也可以是 EtherChannel

（4） 将二层接口设为三层接口。

Switch（config–if）#no switchport

（5） 为该接口配置 IP 地址。

Switch（config–if）#ip address ip–address subnet–mask

（6） 启用该三层接口。

Switch（config–if）#no shutdown

（7） 返回特权模式。

Switch（config–if）#end

（8） 校验配置。

Switch#show interface interface–id

Switch#show ip interface interface–id

Switch#show running–config interface interface–id

（9） 保存配置。

Switch#copy running–config startup–config

四、设置默认网关

当没有配置路由协议时，交换机使用默认网关实现与其他网络的通信。需要注意的是，默认网关必须是直接与交换机相连接的路由器端口的 IP 地址。默认网关配置步骤如下：

（1） 进入全局配置模式。

Switch#configure terminal

（2） 配置默认网关。

Switch（config）#ip default–gateway ip–address

（3） 返回特权模式。

Switch（config）#end

（4） 校验设置。

Switch#show ip route

（5） 保存配置。

Switch#copy running–config startup–config

五、设置静态路由

如果 Telnet 终端或 SNMP 网络管理站点与交换机位于不同的网络，并且没有配置路由协议，则需要添加静态路由表以实现彼此之间的通信。静态路由配置步骤如下：

（1） 进入全局配置模式。

Switch#configure terminal

（2） 配置到远程网络的静态路由。

Switch（config）#ip route dest–ip–address mask {forwarding– IP | vlan vlan–id}

（3） 返回特权模式。

Switch（config）#end

（4） 校验设置。

Switch#show running–config

（5）保存当前配置。

Switch#copy running-config startup-config

【思考与练习】

1. 在三层交换机上，VLAN 间通信如何实现？
2. 如何将三层交换机临时用作路由器？
3. 为什么要给 VLAN 设置 IP 地址？

模块 10 RIP、OSPF 和 BGP 等路由协议的配置（Z37G1010Ⅱ）

【模块描述】本模块包含 RIP、OSPF 和 BGP 等路由协议的配置。通过对 RIP、OSPF 和 BGP 等协议设置动态路由及测试步骤的介绍，掌握 RIP、OSPF 和 BGP 等路由协议的基本配置方法。

【模块内容】

一、RIP

RIP（Routing Information Protocol，路由信息协议）是一种较为简单的内部网关协议（Interior Gateway Protocol，IGP），主要用于规模较小的网络中，比如校园网以及结构较简单的地区性网络。对于更为复杂的环境和大型网络，一般不使用 RIP。

由于 RIP 的实现较为简单，在配置和维护管理方面也远比 OSPF 和 IS-IS 容易，因此在实际组网中仍有广泛的应用。

RIP 协议的配置也很简单，其基本语法如下（以思科路由器为例）：

router rip

network network-number

以上语句均在全局模式下进行配置。其中第一条语句用来激活 rip 协议，第二条语句中 network 是关键字，后面的 network-nember 为需要路由的网段的网络地址。例如：

R1#conf t

Enter configuration commands，one per line. End with CNTL/Z.

R1（config）#router rip

R1（config-router）#network 172.16.0.0

R1（config-router）#end

配置完成后使用 show ip route 命令查看路由表，可以看到配置完成的路由条目。

二、OSPF

OSPF（Open Shortest Path First 开放式最短路径优先）是实际运行中应用得最为广泛的一种动态路由协议。它基于开放的标准，可以在大部分路由器上运行。OSPF 使

用了 SPF 算法，可以保证不发生路由环路。OSPF 在配置时需要划分区域。运行了 OSPF 协议的网络被分为骨干区域和非骨干区域，骨干区域负责转发非骨干区域之间的路由。

OSPF 的配置与 RIP 有相似之处，其语法如下（以思科路由器为例）：

router ospf process–id

network address mask area area–id

配置同样在全局模式下进行。第一条语句用来激活 OSPF 协议，process–id 为进程号。第二条语句中 network 是关键字，address 是需要路由的网段的网络地址，mask 为该网络地址的反掩码，area–id 为区域号，aera0 即为骨干区域。需要说明的是配置了 OSPF 协议之后，同在一个区域内的路由器可以直接通信，不同的非骨干区域之间的路由器互相通信则需要跨越骨干区域，两个孤立的非骨干区域之间无法直接通信。配置举例如下：

R1#conf t

Enter configuration commands，one per line. End with CNTL/Z.

R1（config）#router ospf 100

R1（config–router）#network 192.168.1.0 0.0.0.255 area 0

R1（config–router）#end

配置完成后使用 show ip route 命令查看路由表，可以看到配置完成的路由条目。

三、BGP

（一）BGP 的基本概念

BGP（Border Gateway Protocol，边界网关协议）是一种用于自治系统之间的动态路由协议，用来在 AS（自治系统）之间传递路由信息。发送 BGP 消息的路由器称为 BGP 发言者(BGP Speaker)，相互交换信息的 BGP 发言者之间互称为 BGP 对等体(BGP Peer)。BGP 会话从本质上说是基于 TCP 的点到点的单播连接。

（二）BGP 的基本配置

这里以 H3C 路由器为例说明 BGP 的基本配置。BGP 的基本配置语法以及相应功能说明如下所示。

1. 启动 BGP 并创建 BGP 连接

（1） 启动 BGP。

[Router] bgp as–number

（2） 配置 Router ID。

[Router–bgp] router–id router–id

（3） 指定 BGP 对等体及 AS 号。

[Router–bgp] peer ip–address as–number as–number

2. 优化 BGP 连接

（1）指定建立 TCP 连接使用的源端口。

［Router–bgp］peer ip–address connect–interface interface–type interface–number

（2）配置允许同非直接相连网络上的邻居建立 EBGP 连接。

［Router–bgp］peer ip–address ebgp–max–hop［hop–count］

3. 配置 BGP 生成路由

（1）将本地路由发布到 BGP 路由表中。

[Router–bgp]peer ip–address [mask|mask–length][route–policy route–policy–name]

（2）引入其他路由协议的路由。

[Router–bgp]import–route protocol [process–id|all–processes][med med–value|route–policy route–policy–name]

4. 配置 BGP 同步

（1）启用 BGP 同步特性。

［Router–bgp］synchronization

（2）关闭 BGP 同步特性。

［Router–bgp］undo synchronization

以上配置语句中的斜体部分在实际配置中都要以具体内容代替。

【思考与练习】

1. 在配置 RIP 时网络地址后面是否需要写入子网掩码？
2. RIP 的基本配置语法是什么？
3. 在使用 OSPF 的网络中会出现路由环路吗？
4. 不同 OSPF 区域内的两台路由器可以直接通信吗？
5. 什么叫 BGP 对等体？
6. 如何优化 BGP 连接？

◢ 模块 11　网络地址转换（Z37G1011Ⅱ）

【模块描述】本模块包含在路由器上实现网络地址转换的配置。通过对网络地址转换概念、静态及动态地址转换设置、端口复用地址转换设置步骤的介绍，掌握在路由器上实现 IP 地址转换的基本概念和配置方法。

【模块内容】

一、网络地址转换基础知识

网络地址转换（Network Address Translation，NAT）不仅能够解决 IP 地址不足的

问题，而且还能隐藏内部网络的结构，避免来自外部网络的攻击，因此被广泛应用于内部网络 Internet 接入。NAT 可以在路由器或防火墙设备上实现，但大多情况下是在路由器上。本模块介绍路由器上网络地址转换的配置。

1. 合法 IP 地址和私有 IP 地址

IP 地址可分为两类，一类是合法 IP 地址，另一类是私有 IP 地址。合法 IP 地址也叫做公有 IP 地址、公网 IP 地址，是指通过向 ISP 或注册中心申请而得到的、在 Internet 网上全球唯一的 IP 地址。私有 IP 地址是指 RFC1918 为私有网络预留的、可以在内部网络中自由使用的 IP 地址。RFC1918 为私有网络预留出了三个 IP 地址块：

A 类：10.0.0.0～10.255.255.255

B 类：172.16.0.0～172.31.255.255

C 类：192.168.0.0～192.168.255.255

上述三个范围内的 IP 地址不会在 Internet 上分配，因而可以不必向 ISP 或注册中心申请而在企业内部网络上自由使用。

2. 网络地址转换原理

随着 Internet 规模的快速发展，IP 地址短缺已成为一个十分突出的问题。IETF 制定的 NAT 标准使得一个采用私有 IP 地址的内部网络通过少量的合法 IP 地址连接到 Internet，实现私有内部网络访问外部公用网络的功能，有利于减缓合法 IP 地址不足的矛盾。

一般情况下，内部网络是通过路由器连接到外部 Internet 网的。内网主机通过路由器向外网发送数据包时，NAT 将数据包报头中的私有地址转换为合法 IP 地址，反之亦然。

在配置网络地址转换实现的过程之前，首先必须搞清楚内部接口和外部接口，以及在哪个外部接口上启用 NAT。通常情况下，连接到企业网络的接口是 NAT 内部接口，而连接到外部网络（如 Internet）的接口是 NAT 外部接口，如图 11-11-1 所示。

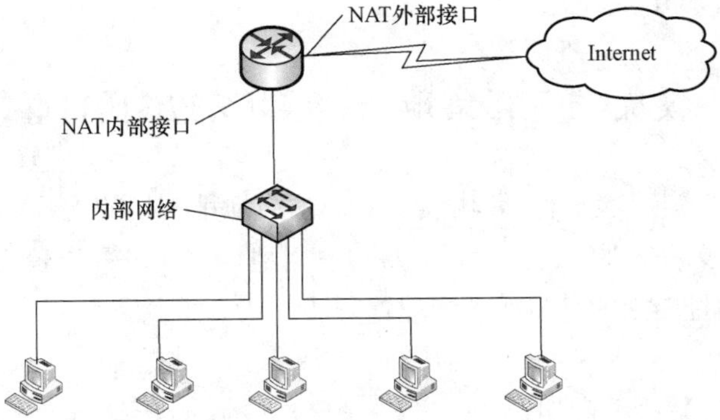

图 11-11-1 网络拓扑

3. NAT 的类型

NAT 的实现方式有 3 种，即静态转换、动态转换和端口多路复用。

（1）静态 NAT，是指将内网私有 IP 地址一对一固定地转换为外网合法 IP 地址，即将合法 IP 地址一一对应地转换为私有 IP 地址。如果内网中有对外网提供服务的邮件或 FTP 服务器，这些服务器的 IP 地址必须采用静态转换，以便外部用户可以使用这些服务。

（2）动态 NAT，是指先将多个合法 IP 地址定义为一个地址池，内网私有 IP 地址转换为外网合法 IP 地址时，路由器从地址池中随机选定一个未被使用的合法 IP 地址。私有 IP 地址与合法 IP 地址是动态一对一映射的。当 ISP 提供的合法 IP 地址少于内网络中的主机数量时，可以采用动态 NAT。

（3）端口 NAT 又称为 PAT（Port Address Translation），PAT 是动态 NAT 的一种特殊形式，它将内网多个私有 IP 地址映射到一个合法 IP 地址的不同端口上，内部多台主机共享一个合法 IP 地址，实现对 Internet 的访问，从而可以最大限度地节约 IP 地址资源。PAT 的另一个优点是能更好地隐藏网络内部的所有主机，有效避免来自 Internet 的攻击。

下面，我们以 Cisco 路由器为例，来介绍 NAT 的配置方法。

二、静态 NAT 的配置

如果内网已获得多个合法 IP 地址，可以借助静态地址转换方式，将合法 IP 地址转换为内部服务器的 IP 地址，从而实现通过 Internet 对内网服务器的访问。

假设某一网络，其内部使用的 IP 地址段为 192.168.100.1～192.168.100.254，路由器局域网端口（即默认网关）的 IP 地址为 192.168.100.1，子网掩码为 255.255.255.0。网络申请到的合法 IP 地址范围为 61.159.62.128～61.159.62.135，路由器广域网中的 IP 地址为 61.159.62.129，子网掩码为 255.255.255.248，可用于转换的 IP 地址为 61.159.62.133。要求将内部网址 192.168.100.2 ～192，168.100.6 分别转换为合法 IP 地址 61.159.62.133。配置步骤如下：

（1）进入全局配置模式。

Router#config terminal

（2）设置 NAT 外部端口。

Router（config）#interface s0/0

Router（config–if）#ip address 61.159.62.133 255.255.255.248

Router（config–if）#ip nat outside

（3）返回全局配置模式。

Router（config–if）#exit

（4）设置 NAT 内部端口。

Router（config）#interface f0/0

Router（config–if）#ip address 192.168.100.1 255.255.255.0

Router（config–if）#ip nat inside

（5）返回全局配置模式。

Router（config–if）#exit

（6）设置静态 NAT。

Router（config）#ip nat inside source static 192.168.100.2 61.159.62.130　//将私有 IP 地址 192.168.100.2 转换为合法 IP 地址 61.159.62.130

Router（config）#ip nat inside source static 192.168.100.3 61.159.62.131

Router（config）#ip nat inside source static 192.168.100.4 61.159.62.132

Router（config）#ip nat inside source static 192.168.100.5 61.159.62.133

Router（config）#ip nat inside source static 192.168.100.6 61.159.62.134

（7）返回特权模式。

Router（config）#end

（8）显示并校验配置。

Router#show ip nat translations

（9）保存配置。

Router#copy running–config startup–config

三、动态 NAT 的配置

配置动态 NAT，先要用“ip net pool”命令把可用的合法 IP 地址设定为一个地址池，再把准许访问外网的私有 IP 地址用“access–list”命令设置到访问控制列表中，然后通过“ip nat inside source”命令实现动态地址转换。有关访问控制列表的配置知识详见模块 Z37E5004III（利用访问列表进行访问控制）。

假设某一网络，其内部使用的 IP 地址段为 172.16.100.1～172.16.100.254，路由器局域网端口（即默认网关）的 IP 地址为 172.16.100.1，子网掩码为 255.255.255.0。网络分配到的合法 IP 地址范围为 61.159.62.128～61.159.62.191，路由器广域网中的 IP 地址为 61.159.62.129，子网掩码为 255.255.255.192，可用于转换的 IP 地址范围为 61.159.62.130～61.159.62.190。要求将内部 IP 地址 172.16.100.1～172.16.100.254 动态转换为合法理地址 61.159.62.130～61.159.62.190。动态 NAT 的配置步骤如下：

（1）进入全局配置模式。

Router#config terminal

（2）设置外部端口。

Router（config）#interface s0/0

Router（config–if）#ip address 61.159.62.129 255.255.255.192

Router（config–if）#ip nat outside

（3）返回全局配置模式。

Router（config–if）#exit

（4）设置内部端口。

Router（config）#interface f0/0

Router（config–if）#ip address 172.16.100.1 255.255.255.0

Router（config–if）#ip nat inside

（5）返回全局配置模式。

Router（config–if）#exit

（6）定义合法 IP 地址池。

Router（config）#ip nat pool nat–test 61.159.62.130 61.159.62.190 netmask 255.255.255.192 // nat–test 为自定义的地址池名称

（7）定义允许访问 Internet 的访问控制列表。

Router（config）#access–list 1 permit 172.16.100.0 0.0.0.255　//其中，“1”为表号，取值范围为 1～99 之间的整数；0.0.0.255 为通配符掩码

（8）设置网络地址转换。

Router（config）#ip nat inside source list 1 pool nat–test

（9）返回特权模式。

Router（config）#end

（10）显示并校验配置。

Router#show ip nat translations

（11）保存配置。

Router#copy running–config startup–config

四、PAT 的配置

配置 PAT 的方法与动态 NAT 基本相同，只是在“ip nat inside source”命令中要加上“overload”关键字。当只有一个合法 IP 地址，合法 IP 地址池中起、止地址是相同的。

假设某一网络，其内部使用的 IP 地址段为 10.100.100.1～10.100.100.255，路由器局域网端口（即默认网关）的 IP 地址为 10.100.100.1，子网掩码为 255.255.255.0。路由器 Internet 接口的 IP 地址为 202.99.160.1，子网掩码为 255，255.255.252。要求将内

部网址 10.100.100.1～10.100.100.254 转换为合法 IP 地址。配置过程如下：

（1）进入全局配置模式。

Router#config terminal

（2）设置外部端口。

Router（config）#interface s0/0

Router（config–if）#ip address 202.99.160.1 255.255.255.252

Router（config–if）#ip nat outside

（3）返回全局配置模式。

Router（config–if）#exit

（4）设置内部端口。

Router（config）#interface f0/0

Router（config–if）#ip address 10.100.100.1 255.255.255.0

Router（config–if）#ip nat inside

（5）返回全局配置模式。

Router（config–if）#exit

（6）定义合法 IP 地址池。

Router（config）#ip nat pool pat–test 202.99.160.1 202.99.160.1 netmask 255.255.255.252// pat–test 为自定义的地址池名称

（7）定义访问控制列表。

Router（config）#access–list 2 permit ip 10.100.100.1 0 0.0.0.255 any

（8）设置端口地址转换。

Router（config）#ip nat inside source list 2 pool pat–test overload

（9）返回特权模式。

Router（config）#end

（10）显示并校验配置。

Router#show ip nat translations

（11）保存配置。

Router#copy running–config startup–config

如果有多个合法 IP 地址，也可采用 PAT，在合法 IP 地址池中输入相应的起、止地址即可。此时，采用 PAT 比采用动态 NAT 的转换效率更高。

在只有一个合法 IP 地址的情况下，也可以直接使用路由器的外部接口，而不必定义合法 IP 地址池。将第 8 步的命令改为：

Router（config）#ip nat inside source list 2 interface s0/0 overload

五、NAT 配置和调试其他常用命令

1. 查看动态 NAT 转换的过程

要查看网络地址转换的动态过程，先输入命令：

Router#debug ip nat

然后再输入命令：

Router#clear ip nat translation *

清除现有动态NAT重新启动地址转换，从路由器输出的信息中可以观察到转换的过程。

2. 查看 NAT 转换的统计信息

查看 NAT 转换的统计信息可使用命令：

Router#ip nat statistics

【思考与练习】

1. 网络地址转换的用途是什么？
2. 网络地址转换的实现方式有几种？
3. 简述动态 NAT 的配置步骤。

模块 12　网络的高可用性配置［VRRP/HSRP］（Z37G1012Ⅲ）

【模块描述】本模块包含网络高可用性 VRRP/HSRP 配置。通过对 VRRP、HSRP 设置步骤的介绍，掌握路由器冗余协议的配置方法

【模块内容】

一、VRRP 概述

VRRP（Virtual Router Redundancy Protocol）虚拟路由冗余协议，是一种容错协议。该协议通过把几台路由设备联合组成一台虚拟的路由设备，使用一定的机制保证当主机的下一跳交换机出现故障时，及时将业务切换到其他交换机，从而保持通讯的连续性和可靠性。

以下是与 VRRP 协议相关的基本概念：

VRRP 交换机（VRRP Router）：运行 VRRP 的设备，它可能属于一个或多个虚拟交换机。

虚拟交换机（Virtual Router）：由 VRRP 管理的抽象设备，又称为 VRRP 备份组，被当作一个共享局域网内主机的默认网关。它包括了一个虚拟交换机标识符和一组虚拟 IP 地址。

虚拟 IP 地址（Virtual IP Address）：虚拟交换机的 IP 地址，一个虚拟交换机可以有一个或多个 IP 地址，由用户配置。

IP 地址拥有者（IP Address Owner）：如果一个 VRRP 交换机将虚拟交换机的 IP 地址作为真实的接口地址，则该设备是 IP 地址拥有者。当这台设备正常工作时，它会响应目的地址是虚拟 IP 地址的报文，如 Ping、TCP 连接等。

虚拟 MAC 地址：是虚拟交换机根据虚拟交换机 ID 生成的 MAC 地址。一个虚拟交换机拥有一个虚拟 MAC 地址，格式为：00–00–5E–00–01–{VRID}（VRRP）；00–00–5E–00–02–{VRID}（VRRP6）。当虚拟交换机回应 ARP 请求时，使用虚拟 MAC 地址，而不是接口的真实 MAC 地址。

主 IP 地址（Primary IP Address）：从接口的真实 IP 地址中选出来的一个主用 IP 地址，通常选择配置的第一个 IP 地址。VRRP 广播报文使用主 IP 地址作为 IP 报文的源地址。

Master 交换机（Virtual Router Master）：是承担转发报文或者应答 ARP 请求的 VRRP 交换机，转发报文都是发送到虚拟 IP 地址的。如果 IP 地址拥有者是可用的，通常它将成为 Master。

Backup 交换机（Virtual Router Backup）：一组没有承担转发任务的 VRRP 交换机，当 Master 设备出现故障时，它们将通过竞选成为新的 Master。

抢占模式：在抢占模式下，如果 Backup 的优先级比当前 Master 的优先级高，将主动将自己升级成 Master。

二、HSRP 概述

HSRP：热备份路由器协议（HSRP：Hot Standby Router Protocol），是 Cisco 平台一种特有的技术，是 Cisco 的私有协议。通过使用同一个虚拟 IP 地址和虚拟 MAC 地址，LAN 网段上的两台或者多台路由器可以作为一台虚拟路由器对外提供服务。HSRP 使组内的 Cisco 路由器能相互监视对方的运行状态，如果其中一台出现故障，另一台就能接替它，继续完成路由功能。

HSRP 组内的每个路由器都有指定的优先级，用于衡量路由器在活跃路由器选择中的优先程度，默认优先级是 100。组中有最高优先级的路由器将成为活跃路由器，如果优先级相同，IP 地址大的路由器成为活跃路由器。活跃路由器替虚拟路由器对数据流进行响应。如果末端主机发送了一个数据包到虚拟路由器的 MAC 地址，那么活跃路由器将接受并且处理这个数据包。如果末端主机对虚拟路由器的 IP 地址发送 ARP 解析请求，那么活跃路由器将使用虚拟路由器的 MAC 地址进行应答。

三、VRRP、HSRP 基本配置举例

1. VRRP 单备份组配置举例

组网要求：

Host A 需要访问 Internet 上的 Host B，Host A 的默认网关为 202.38.160.111/24；

Switch A 和 Switch B 属于虚拟 IP 地址为 202.38.160.111/24 的备份组 1；

当 Switch A 正常工作时，Host A 发送给 Host B 的报文通过 Switch A 转发；当 Switch A 出现故障时，Host A 发送给 Host B 的报文通过 Switch B 转发。

组网图如图 11–12–1 所示。

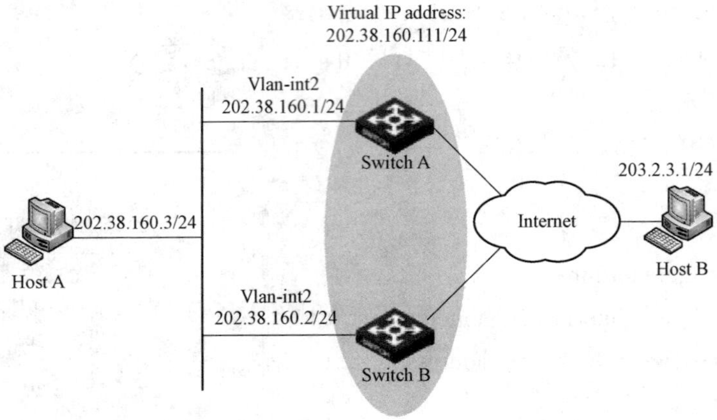

图 11–12–1　网络拓扑

配置步骤：

（1） 配置 Switch A。

创建备份组 1，并配置备份组 1 的虚拟 IP 地址为 202.38.160.111。

［SwitchA–Vlan–interface2］ vrrp vrid 1 virtual–ip 202.38.160.111

设置 Switch A 在备份组 1 中的优先级为 110，高于 Switch B 的优先级 100，以保证 Switch A 成为 Master 负责转发流量。

［SwitchA–Vlan–interface2］ vrrp vrid 1 priority 110

设置 Switch A 工作在抢占方式，以保证 Switch A 故障恢复后，能再次抢占成为 Master，即只要 Switch A 正常工作，就由 Switch A 负责转发流量。为了避免频繁地进行状态切换，配置抢占延迟时间为 5 秒。

［SwitchA–Vlan–interface2］ vrrp vrid 1 preempt–mode timer delay 5

（2） 配置 Switch B。

创建备份组 1，并配置备份组 1 的虚拟 IP 地址为 202.38.160.111。

［SwitchB–Vlan–interface2］ vrrp vrid 1 virtual–ip 202.38.160.111

设置 Switch B 工作在抢占方式，抢占延迟时间为 5 秒。

［SwitchB–Vlan–interface2］ vrrp vrid 1 preempt–mode timer delay 5

2. HSRP 基本配置举例

组网需求：

两台思科路由器，其中路由器 A 和路由器 B 属于一个 HSRP 组，局域网内的主机使用默认网关地址 192.1.1.10（虚拟 IP 地址）。在两个路由器上配置 HSRP，如过主路由器发生故障，则备用路由器接管，为 192.1.1.x 网段的用户进行路由，而不必修改主机配置。

组网图如图 11–12–2 所示。

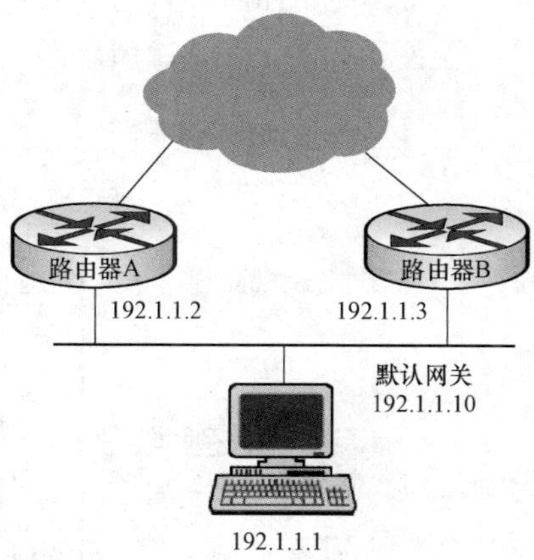

图 11–12–2 网络拓扑

配置步骤：

RA 配置：

RA# configure terminal

RA（config）# interface gigabitethernet1/0/1

RA（config–if）# ip address 192.1.1.2 255.255.255.0

RA（config–if）# standby 1 ip 192.1.1.10

RA（config–if）# standby 1 priority 110

RA（config–if）# standby 1 preempt

RB 配置：

RB# configure terminal

RB（config）# interface gigabitethernet1/0/1

RB（config–if）# ip address 192.1.1.3 255.255.255.0

RB（config–if）# standby 1 ip 192.1.1.10

RB（config–if）# standby 1 priority 100

RB（config–if）# standby 1 preempt

【思考与练习】

1. VRRP 如何选举 Master？
2. 简述 HSRP 的概念和作用。
3. VRRP 与 HSRP 有哪些差别？

模块 13 QOS 的配置（Z37G1013Ⅲ）

【模块描述】本模块包含传输的带宽、传送的时延、数据的丢包率等 QOS 服务质

量的内容，通过 QOS 三种服务模型的学习，掌握链路效率机制和链路层 QOS 技术。

【模块内容】

一、QOS 概述

服务质量（Quality of Service）是网络传输质量和服务可用性的度量。服务可用性是 QOS 的重要基础要素。成功实现 QOS 的前提是网络基础构造必须高度可靠。

进一步理解 QOS，它是指网络为某特定数据流提供优良服务（满足或超过业务要求的服务质量）的能力。承载数据流的底层网络技术包括帧中继、ATM、以太网、SONET/SDH 和 PTN 网络等。主要应用于在带宽还不充裕的情况下可以平衡一下各种服务流量占用的矛盾，如果带宽足够的话，QOS 是没有任何使用价值的。

二、QOS 的服务模型

网络应用是端到端的通讯结构，比如两个不同网络的主机进行通讯，中间可能跨越各种 router 和核心 switch，那么想整体的实现所谓的 QOS，就必须全局考虑，QOS 的服务模型的概念就是采用通过什么模式全局实现服务质量保证，一共分成三种。

（1） Best–Effort service 尽力而为服务模型。

（2） Integrated service 综合服务模型简称 Intserv。

（3） Differentiated service 区分服务模型简称 Diffserv。

1. Best–Effort 服务模型

Best–Effort 是一个单一的服务模型，也是最简单的服务模型，应用程序可以在任何时候，发出任意数量的报文，而且不需要事先获得批准，也不需要通知网络，对 Best–Effort 服务，网络尽最大的可能性来发送报文，但对时延、可靠性等性能不提供任何保证 Best–Effort 服务是现在 Internet 的默认服务模型，它适用于绝大多数网络应用，如 FTP、E–Mail 等。其实 best–effort 并非是什么 QOS，就是互联网的简单数据传输方式而已，有什么传什么，阻塞也就阻塞了，丢且也就丢弃了。

2. Intserv 服务模型

Intserv：集成服务模型，它可以满足多种 QoS 需求。这种服务模型在发送报文前，需要向网络申请特定的服务。应用程序首先通知网络它自己的流量参数和需要的特定服务质量请求：包括带宽、时延等。应用程序一般在收到网络的确认信息，即确认网络已经为这个应用程序的报文预留了资源后，才开始发送报文，同时应用程序发出的报文应该控制在流量参数描述的范围以内。

RSVP 是第一个标准 QoS 信令协议，它用来动态地建立端到端的 QoS，它允许应用程序动态地申请网络带宽等。RSVP 协议不是一个路由协议，相反，它按照路由协议规定的报文流的路径为报文申请预留资源，在路由发生变化后，它会按照新路由进行调整，并在新的路径上申请预留资源。RSVP 只是在网络节点之间传递 QoS 请求，

它本身不完成这些 QoS 的要求实现，而是通过其他技术来完成这些要求的实现。（RSVP 只是一种用来预定的协议）

资源预留判断是否接受资源请求，并承诺对接受了的资源请求提供请求的服务，但资源预留本身不实现承诺的服务，需要通过队列等其他技术来实现。

3. DiffServ 服务模型

DiffServ 是一个多服务模型，它可以满足不同的 QoS 需求，与 IntServ 不同，它不需要使用 RSVP 即应用程序在发出报文前，不需要通知路由器为其预留资源，对 DiffServ 服务模型，网络不需要为每个流维护状态，它根据每个报文指定的 QoS 来提供特定的服务可以用不同的方法来指定报文的 QoS，如 IP 报文的优先级位 IP Precedence），报文的源地址和目的地址等，网络通过这些信息来进行报文的分类、流量整形、流量监管和队列调度。

DiffServ 一般用来为一些重要的应用提供端到端的 QoS 它通过下列技术来实现。

CAR：它根据报文的 ToS 或 CoS 值（对于 IP 报文是指 IP 优先级或者 DSCP 等等）IP 报文的五元组（指源地址目的地址协议端口号）等信息进行报文分类，完成报文的标记和流量监管。队列技术：WFQ、CBWFQ 等队列技术对拥塞的报文进行缓存和调度，实现拥塞管理。

三、先进先出队列（FIFO）

不对报文进行分类，当报文进入接口的速度大于接口能发送的速度时，FIFO 按报文到达接口的先后顺序让报文进入队列，同时 FIFO 在队列的出口让报文按进队的顺序出队先进的报文将先出队后进的报文将后出队。注意：当没有使用其他的队列机制时，除了传输速率小于 2.048Mbps 的串行接口以外的所有接口，默认都使用这种队列机制，比如以太网口等。

四、加权公平队列（WFQ）

1. 概述

WFQ 是加权公平排队（Weighted Fair Queuing）缩写。它是一种拥塞管理算法，该算法识别对话（以数据流的形式）、分开属于各个对话的分组，并确保传输容量被这些独立的对话公平地分享。WFQ 是在发生拥塞时稳定网络运行的一种自动的方法，它能提高处理性能并减少分组的重发。

2. 配置

接口下启用 WFQ：（config–if）#fair–queue。

3. 查看

显示公平队列的配置状态：#show queueing fair。

显示接口的队列信息：#show queue ［interface］。

五、基于类的加权公平队列（CBWFQ）

1. 概述

CBWFQ（Class–Based Weighted Fair Queuing 基于类的加权公平队列）是在WFQ（Weighted Fair Queuing 加权公平队列）的基础上，增加了按需分类和按需策略等功能，同时引进了类似PQ（Priority Queuing 优先队列）的优先队列功能的LLQ（Low Latency Queuing 低延时队列）功能，一种不局限于拥塞管理，整合了包括带宽管理、报文着色、流量整形等技术为一体的完整的QoS解决方案。CBWFQ继承了WFQ基于流一级公平的优点，引用了PQ高优先队列的优先队列功能，同时避免了PQ的高优先级发送报文的间隙时一样要求排队的情况。

2. 配置

（1）定义分类的策略，即class map。

（2）设置策略，即定义policy map。

（3）把policy map 应用在相关接口上。

定义class map 步骤如下：

（config）#class–map ［match–all|match–any］{map–name} 定义class map

（config–cmap）#{condition} 定义匹配语句

一些匹配条件选项：

match access–group {ACL} 匹配IP ACL

match protocol {protocol} 匹配协议

match input–interface {interface} 匹配进站接口

match qos–group {Group ID} 匹配组ID

match destination–address {mac mac–address} 匹配目标MAC 地址

match source–address {mac mac–address} 匹配源MAC 地址

match ip {dscp dscp} 匹配IP DSCP 值

match ip {precedence precedence} 匹配IP 优先级

match class–map {map–name} 匹配class map

match vlan {vlan–id} 匹配VLAN

定义分类的策略，即policy map 的步骤如下：

（config）#policy–map {policy–name} 设置policy map

（config–pmap）#class {class–map|class–default}调用class map 或默认的class map

（config–pmap–c）#bandwidth {kbps|percent percent} 设置策略

（config–if）#service–policy output {policy–name} 接口上应用policy map

其他命令

更改用于 RSVP 和 CBWFQ 等队列机制保留的最大带宽值，默认为 75%：

（config–if）#max–reserved–bandwidth {percent}

3. 察看

（1） 查看 policy map 信息：#show policy–map ［policy–name］

（2） 查看接口的 policy map 信息：#show policy–map interface ［interface］

（3） 查看接口的队列信息：#show queue ［interface］

六、低延迟队列（LLQ）

1. 概述

LLQ 低延迟排队，LLQ 为基于类别的加权公平排队（CBWFQ）提供绝对优先排队功能，减少了语音会话的抖动。LLQ 相当于 CBWFQ 加上一个严格优先级队列，该队列优先级高于其他所有队列，非常适合时延敏感性应用。LLQ 的严格优先级队列是一个有最小保证带宽的优先级队列，出现拥塞时，该队列的数据量不能超过所允许的带宽，否则会被丢弃。

进入 LLQ 的报文在接口没有发生拥塞的时候，此时所有队列中都没有报文，所有属于 LLQ 的报文都可以被发送在接口，发生拥塞的时候队列中有报文时，进入 LLQ 的报文被限速超出规定流量的报文将被丢弃，这样在接口不发生拥塞的情况下可以使属于 LLQ 的报文能获得空闲的带宽在，接口拥塞的情况下又可以保证属于 LLQ 的报文不会占用超出规定的带宽，保护了其他报文的应得带宽，另外由于只要 LLQ 中有报文系统就会发送 LLQ 中的报文，所以 LLQ 中的报文被发送的延迟最多是接口发送一个最大长度报文的时间，无论是延时还是延时抖动 LLQ 都可以将之降低为最低限度，这为对延时敏感的应用提供了良好的服务质量保证。

2. 配置

（config）# policy–map policy–map–name

（config–pmap）# class class–name

（config–pmap–c）#priority {bandwidth}

刚才在 CBWFQ 中使用 bandwidth 命令是用于定义普通队列的，但是如果改用 priority，配置的就是低延时队列，凌驾于 CBWFQ 的上面。

（config–if）#max–reserved–bandwidth percent 设置占用带宽的百分比。

3. 察看

（1） 显示接口队列信息：#show queue ［interface］。

（2） 查看接口使用队列情况：#show policy–map interface ［interface–number］。

七、拥塞避免

1. 概述

由于内存资源的有限按照传统的处理方法，当队列的长度达到规定的最大长度时，

所有到来的报文都被丢弃，对于 TCP 报文如果大量的报文被丢弃将造成 TCP 超时，从而引发 TCP 的慢启动和拥塞避免机制。使 TCP 减少报文的发送。当队列同时丢弃多个 TCP 连接的报文时将造成多个 TCP 连接同时进入慢启动和拥塞避免。称之为 TCP 全局同步。这样多个 TCP 连接发向队列的报文将同时减少，使得发向队列的报文的量不及线路发送的速度，减少了线路带宽的利用，并且发向队列的报文的流量总是忽大忽小，使线路上的流量总在极少和饱满之间波动如图 11–13–1 所示。

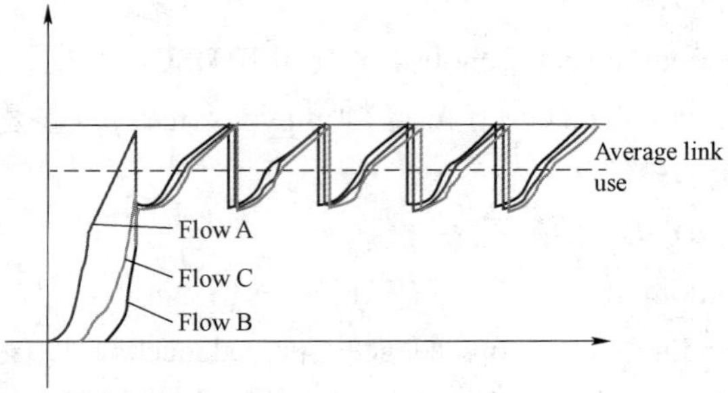

图 11–13–1　线路上的流量

为了避免这种情况的发生引入了 RED 技术（Random Early Detection）随机预检测，如图 11–13–2 所示。

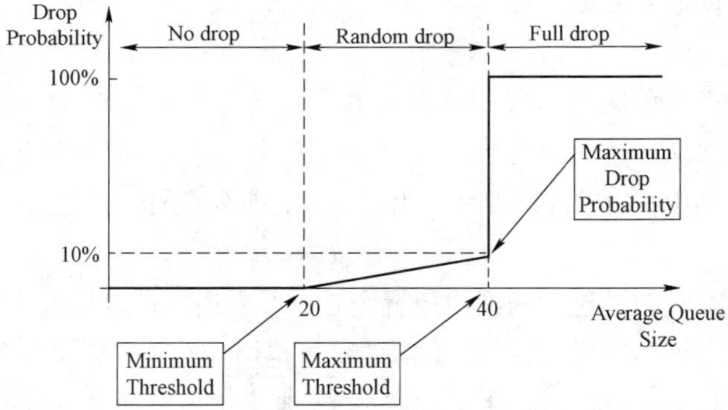

图 11–13–2　RED 技术随机预检测

采用 RED 时用户可以设定队列的阈值 threshold，当队列的长度小于低阈值时，不丢弃报文；当队列的长度在低阈值和高阈值之间时，WRED 开始随机丢弃报文，队列的长度越长，丢弃的概率越高；当队列的长度大于高阈值时，丢弃所有的报文。

由于 RED 随机地丢弃报文，将避免使多个 TCP 连接同时降低发送速度，从而避免了 TCP 的全局同步现象，当某个 TCP 连接的报文被丢弃开始减速发送的时候，其

他的 TCP 连接仍然有较高的发送速度，这样无论什么时候总有 TCP 连接在进行较快的发送，提高了线路带宽的利用率。

2. 配置

WRED 可以在接口上进行配置，也可以在 policy 上进行配置，可以针对于 precedence 进行 RED，也可以针对于 DSCP 值进行 RED，当然，两者之间只能选择一个。

（1）基于 DSCP。

（config–if）#random–detect dscp–based 使用 IP DSCP 来配置 WRED

（config–if）#random–detect dscp {dscp} {min max mark} 设置丢弃数据包的最小值，最大值和丢弃数据包的轮循间隔

（2）基于 IP precedence 的配置。

（config–if）#random–detect 启用 WRED

（config–if）#random–detect precedence {precedence|rsvp} {min max mark} 设置 WRED 丢弃数据包的最小值，最大值和丢弃数据包的轮循间隔

3. 察看

（1）显示接口队列信息：#show queue ［interface］。

（2）显示 WRED 信息：#show queueing random–detect。

八、承诺访问速率 CAR

1. 概述

CAR 使用令牌桶的机制，检查令牌桶中是否有足够的令牌。如果一个接口有可用的令牌，令牌可以从令牌桶中挪走，数据包被转发，当这个时间间隔过去后，令牌会重新添加到令牌桶中；如果接口没有可用的令牌，那么 CAR 可以定义对数据包采取的行为。

令牌桶按用户设定的速度向桶中放置令牌，并且用户可以设置令牌桶的容量，当桶中令牌的量超出桶的容量的时候，令牌的量不再增加；当报文被令牌桶处理的时候，如果令牌桶中有足够的令牌可以用来发送报文，则报文可以通过可以被继续发送下去，同时令牌桶中的令牌量按报文的长度做相应的减少，当令牌桶中的令牌少到报文不能再发送时，报文被丢弃。

在实际应用中 CAR 不仅可以用来进行流量控制，还可以进行报文的标记（mark）或重新标记（re–mark），具体来讲就是 CAR 可以设置 IP 报文的优先级或修改 IP 报文的优先级，达到标记报文的目的。CAR 可以为不同类别的报文设置不同的流量特性和标记特性，即首先对报文进行分类，然后不同类别的报文有不同的流量特性和标记特性，此外 CAR 的策略还可以进行串联处理。例如可以对所有的报文限制一个总的流量，

然后在总的流量中再限制部分报文的流量符合某个流量特性。

CAR 通常使用在网络边界路由器的接口上，用来限制进入或离开该网络的流量速率。每个接口可以配置多个 CAR 策略，当数据包进入使用了多个策略的接口时，路由器将检查每个策略，直到数据包和某个策略相匹配；如果没有找到匹配的策略，默认操作是转发该数据包。

2. 配置

（1）基础配置。

（config–if）#rate-limit {input|output} {CIR Bc Be} conform-action {action}exceed-action {action}

output|input 指输出或者输入的流量。CIR 配置的是承诺接入速率，它的值的范围是在 8000—2000000000bit 每秒。Bc 是普通突发，它的值应在 1000–512000000byte，Be 是最大突发，其值范围为 2000–1024000000bytes.conform–action 后面规定的是遵从条件时候的动作，exceed–action 后面规定的是超出时的动作，遵从的条件说的就是当要发的数据小于正常突发（bc）的时候。最大条件说得是要发的数据大于普通突发，小于最大突发（be）的时候。违章条件是说得是要发的数据大于最大突发（be）的时候。

continue 继续执行下一条 CAR 语句

drop 丢弃该数据包

set–prec–continue {precedence} 设置 IP 优先级并继续执行下一条 CAR 语句

set–prec–trasnmit {precedence} 设置 IP 优先级并转发该数据包

set–dscp–continue {dscp} 设置 IP DSCP 值并继续执行下一条 CAR 语句

set–dscp–trasnmit {dscp} 设置 IP DSCP 值并转发该数据包

set–qos–continue {group ID} 设置 QoS 组 ID 并继续执行下一条 CAR 语句

set–qos–transmit {group ID} 设置 QoS 组 ID 并发送该数据包

transmit 转发该数据包

（2）扩展的配置。

1）针对于 DSCP 值进行 CAR。

（config–if）#rate–limit {input|output} ［dscp dscp］{CIRBc Be} conform–action {action} exceed–action {action}

2）针对于 ACL 进行 CAR。

（config–if）#rate–limit {input|output}access–group {ACL} {CIRBc Be} conform–action {action} exceed–action {action}

3）针对于限速 ACL 进行 CAR。

（config–if）#rate–limit {input|output} access–group rate–limit {ACL} {CIR Bc Be}

conform–action {action} exceed–action {action}

限速 ACL 是一种特殊的 ACL，其实也没啥特殊的，就是一个调用关系。

（config）#access–list rate–limit {ACL} {precedence|mac–address}

ACL 是限速 ACL 的号码，可以匹配优先级，也可以匹配源 mac 地址。

3. 察看

（1） 查看限速 ACL：#show access–lists rate–limit ［ACL］。

（2） 查看接口的限速信息：#show interfaces ［interface］rate–limit。

九、RSVP

1. 概述

RSVP 运行在 IP 之上，它可以让应用程序在网络上预留带宽。主机和路由器使用 RSVP 沿着数据流传输的线路进行传输相应的 QoS 请求信息。RSVP 本身不实行路由决策，相反带宽预留的请求由下层的路由协议执行，因此 RSVP 能够适应网络拓扑的变化。RSVP 的操作对于不支持 RSVP 的路由器是透明的。RSVP 和现有的一些队列机制协同工作，而不是替代现有的队列机制，并且 RSVP 支持组播，RSVP 目前通常为组播应用程序，比如视频会议，进行资源的预留。

主机使用 RSVP 请求特定的 QoS 服务来为它的应用程序预留带宽。只要带宽足够，应用程序能够以超过请求预留带宽的速率进行数据的传输；如果带宽不足，那么这些超过请求预留带宽的部分将被丢弃。网络资源预留的要求对于数据流量和实时传输流量是不同的，前者对资源预留的要求很小；后者反之。

2. 配置

配置 RSVP 步骤如下：

（1） 启用 RSVP，默认带宽预留上限为接口带宽的 75%。可以指定 RSVP 数据流带宽总量，也可以指定每个 RSVP 数据流的带宽：

（config–if）#ip rsvp bandwidth ［interface–kbps ［single–flow–kbps］］

（2） 指定只接收符合特定条件的邻居路由器的 RSVP 请求。可选：

（config）#ip rsvp neighbor {ACL}

（3） 对于符合 RSVP 所定义的带宽和超出 RSVP 所定义的带宽的数据包分配 IP 优先级。可选：（config–if）#ip rsvp precedence {［conform precedence］［exceed precedence］}

3. 察看

（1） 显示接口的 RSVP 信息：

#show ip rsvp interface ［interface］

（2） 显示接口的 RSVP 过滤和带宽信息：

#show ip rsvp installed ［interface］

（3）显示当前的 RSVP 邻居信息：

#show ip rsvp neighbor ［interface］

（4）显示 RSVP 发送方，接收方以及请求信息：

#show ip rsvp {sender|reservation|request} ［interface］

【思考与练习】

1. 排队有何用途？
2. 哪些命令可用于监控排队？
3. 突发流量和队列限制是否彼此独立？

模块 14 控制路由更新信息的配置（Z37G1014Ⅲ）

【模块描述】本模块包含控制路由更新信息的配置方法。通过要点讲解，能够评估网络的路由性能问题，熟知在网络中使用多种 IP 路由协议，实现路由重分发、控制路由更新数据流的方法。

【模块内容】

一、控制路由更新信息的概述

路由信息更新是指当网络拓扑发生变化时，路由器接收到更新的路由信息，将更新的信息与原有的路由表中的信息相比较，并修改本地路由表的一种行为。在实际运行中，可以通过多种方法去限制路由信息的更新。

二、控制路由更新信息的设置

控制路由更新信息主要可以通过 4 种方法去实现。

1. Passive–interface

Passive–interface 被动接口只是接受路由表信息，而不使用这个接口对外发布自己的路由更新。通过设置被动接口可以减少网路上路由的更新包。在 rip 协议中需要使用组播来更新路由包，通过设置被动接口模式，可以使这个接口不对外发送路由更新，而是通过配置单播更新路由包的模式达到更新路由的目的，从而减少组播在网路上的数据包。rip 协议使用被动接口来做水平分割，阻止两个相邻的接口建立关系，而在 ospf 和 eigrp 协议里还是会建立邻居关系的，只是不发送路由更新。

例如：

router rip

network 10.0.0.0

passive–interface S1

以上命令就是将 S1 设置为 Passive–interface，从而不发送路由更新。

2. Distribute–list

Distribute–list 即分发列表，控制的是路由表中的信息。

例如：

access–list 10 per 10.10.0.0 0.0.0.255　通过访问控制列表定义不需要发布的路由。

router eigrp 100

network 10.10.0.0 0.0.0.255

distribute–list 10 out S1　distribute–list 在 S1 口上过滤掉重分发路由信息。

需要说明的是两种不同的配置。

In：控制路由信息进入影响自己路由表的生产，汇集指定的路由信息。

Out：控制出去的路由信息，此时自己的路由表已经生产，对外发布指定的路由信息，这些信息对外作用，其他路由器依此生产路由表。

3. Distance

Distance 即管理距离。当路由多点重发布时，会形成次路由。如将 rip 协议注入到 ospf 协议，在 ospf 中又将从 rip 中学习到的路由通过另外一台路由器重新注入到 rip 中，这样路由器就会丢掉自己本身通过 rip 学习到的路由，转而使用 ospf 学习到的路由重新生成路由表。因为路由器在产生路由表的时候会先匹配网络，当发现到达该网络的路径有 rip 和 ospf 两种选择的时候会选择 ospf，因为 ospf 相对于 rip 是更加可靠的。在默认情况下 ospf 的管理距离是 110 而 rip 的管理距离是 120（见表 11–14–1），路由器会选择管理距离最小的协议作为标准来生成自身的路由表。这样选择了 ospf 产生的路由表实际上就并不是最优路由。这种情况下可以通过手动指定管理距离来产生最优路由。

表 11–14–1　　默认路由协议的管理距离表

路由来源	默认管理距离	路由来源	默认管理距离
connected interface	0	OSPF	110
Static route	1	IS–IS	115
EIGRP summary route	5	RIPv1,RIPv2	120
External BGP	20	External EIGRP	170
Internal EIGRP	90	Internal BGP	200
IGRP	100	Unknown	255

管理距离的设置如下：

（1）对于 EIGRP：

router eigrp 100　需要在路由协议进程下修改

distance eigrp internal–distance（1–255）external–distance（1–255）分别设置内、

外部的距离

（2）对于 RIP 和 OSPF：

router rip

distance（administrative distance）（address）　设置管理距离，并可作用于单独的地址

4. Routemap

route–map 即路由映射表。route–map 和 ACL 很类似，它可以用于路由的再发布和策略路由。

route–map 的使用分三步操作：

（1）定义 ACL 或 prefix 抓出路由使用 match 进行匹配。

（2）定义 route–map 说明对匹配的路由所采取的处理方式。分 permit 和 deny，默认是拒绝所有。

（3）调用 route–map。route–map 只是一个策略的工具，不调用是没有作用的。

（4）prefix–list 前缀列表和 accesslist 控制列表作用一样，只是前缀列表更加灵活。

例如：

```
access–list 10 permit 10.0.0.0 0.255.255.255    设置访问控制，匹配路由
!
route–map redis–rip deny 20                      //设置 routemap
match ip address 10
!
router ospf 10
redistribute rip route–map redis–rip       //应用 routemap
```

【思考与练习】

1. 路由器同时通过 RIP 和 EIGRP 学到路由，路径不同，应该按照哪种路由协议提供的路由去传输数据？

2. 控制路由更新信息主要实现方法有哪些？

3. 使用前缀列表控制 ospf 重分发 10.0.0.0/8 路由？

模块 15　基于策略路由的配置（Z37G1015Ⅲ）

【模块描述】本模块包含基于策略路由的配置方法，通过技术原理的讲解，能够了解路径控制，掌握使用基于策略的路由实现路径控制。

【模块内容】

一、策略路由的概述

策略路由（PBR：Policy–Based Routing）提供了一种比基于目的地址进行路由转发更加灵活的数据包路由转发机制。策略路由可以根据 IP 报文源地址、目的地址、端口、报文长度等内容灵活地进行路由选择。

现有用户网络，常常会出现使用到多个 ISP（Internet Server Provider，Internet 服务提供商）资源的情形，不同 ISP 申请到的带宽不一；同时，同一用户环境中需要对重点用户资源保证等目的，对这部分用户不能够再依据普通路由表进行转发，需要有选择的进行数据报文的转发控制，因此，策略路由技术即能够保证 ISP 资源的充分利用，又能够很好的满足这种灵活、多样的应用。

IP 策略路由只会对接口接收的报文进行策略路由，而对于从该接口转发出去的报文不受策略路由的控制；一个接口应用策略路由后，将对该接口接收到的所有包进行检查，不符合路由图任何策略的数据包将按照普通的路由转发进行处理，符合路由图中某个策略的数据包就按照该策略中定义的操作进行转发。

一般情况下，策略路由的优先级高于普通路由，能够对 IP 报文依据定义的策略转发；即数据报文先按照 IP 策略路由进行转发，如果没有匹配任意一个的策略路由条件，那么再按照普通路由进行转发。

策略路由的常用设置命令见表 11–15–1。

表 11–15–1　　策略路由的常用设置命令

命令	描　述
set ip next–hop	定义策略路由下一跳
set ip default next–hop	定义策略路由默认下一跳，用于路由表中没有到数据包目的地址路由条目时
set interface	定义策略路由出口
set default interface	定义策略路由默认出口
set tos	设置报文 IP 头中的 tos
set preference	设置报文 IP 头中的优先级
match ip address	设置过滤规则
match length	匹配报文长度
route–map	定义路由映像图

二、策略路由的设置

常用的策略路由有两种。

1. 基于源地址

access–list 10 permit 10.1.1.0 0.0.0.255 //设置访问控制匹配源地址

```
access–list 20 permit 10.1.2.0 0.0.0.255
!
route–map test permit 10   //设置 routemap 控制下一跳地址
match ip address 10
set ip next–hop 192.168.1.1
!
route–map test permit 20
matchi ip address 20
set ip next–hop 192.168.2.1
!
interface FastEthernet0/0          //将 routemap 应用于接口
ip policy route–map test
!
```

2. 基于应用

```
access–list 100 permit tcp any any eq www //设置访问控制匹配应用
access–list 101 permit tcp any any eq ftp
!
route–map test permit 10    //设置 routemap 控制下一跳地址
match ip address 10
set ip next–hop 192.168.1.1
!
route–map test permit 20
matchi ip address 20
set ip next–hop 192.168.2.1
!
interface FastEthernet0/0           //将 routemap 应用于接口
ip policy route–map test
!
```

【思考与练习】

1. 是否可以基于数据包大小控制策略路由？
2. 常用的策略路由有哪几种？
3. 设置一个 VLAN 从单独的外网出口上网。

模块 16 MPLS 功能的配置（Z37G1016Ⅲ）

【模块描述】本模块包含 MPLS 的配置方法，以华为产品为例，通过技术原理的讲解，掌握 MPLS 功能的具体配置方法。

【模块内容】

一、MPLS VPN 概述

BGP/MPLS IP VPN 是提供商 VPN 解决方案 PPVPN（Provider Provisioned VPN）中一种基于 PE 的 L3VPN 技术，它使用 BGP 在服务提供商骨干网上发布 VPN 路由，使用 MPLS 在服务提供商骨干网上转发 VPN 报文。

BGP/MPLS IP VPN 组网方式灵活、可扩展性好，并能够方便地支持 MPLS QoS 和 MPLS TE，因此得到越来越多的应用。

BGP/MPLS IP VPN 模型由三部分组成：CE、PE 和 P。

CE（Customer Edge）：用户网络边缘设备，有接口直接与服务提供商 SP（Service Provider）网络相连。CE 可以是路由器或交换机，也可以是一台主机。通常情况下，CE“感知”不到 VPN 的存在，也不需要支持 MPLS。

PE（Provider Edge）：服务提供商边缘路由器，是服务提供商网络的边缘设备，与 CE 直接相连。在 MPLS 网络中，对 VPN 的所有处理都发生在 PE 上。

P（Provider）：服务提供商网络中的骨干路由器，不与 CE 直接相连。P 设备只需要具备基本 MPLS 转发能力，不维护 VPN 信息。

二、配置 BGP/MPLS IP VPN

组网需求如图 11-16-1 所示：

（1）CE1 连接公司总部研发区、CE3 连接分支机构研发区，CE1 和 CE3 属于 vpna。

（2）CE2 连接公司总部非研发区、CE4 连接分支机构非研发区，CE2 和 CE4 属于 vpnb。

公司要求通过部署 BGP/MPLS IP VPN，实现总部和分支机构的安全互通，同时要求研发区和非研发区间数据隔离。

配置思路：

采用如下的思路配置 BGP/MPLS IP VPN。

（1）P、PE 之间配置 OSPF，实现骨干网的 IP 连通性。

（2）PE、P 上配置 MPLS 基本能力和 MPLS LDP，建立 MPLS LSP 公网隧道，传输 VPN 数据。

（3）PE1 和 PE2 之间配置 MP-IBGP，交换 VPN 路由信息。

（4）PE1 和 PE2 上配置 VPN 实例，其中，vpna 使用的 VPN-target 属性为 111：1，vpnb 使用的 VPN-target 属性为 222：2，以实现相同 VPN 间互通，不同 VPN 间隔离。

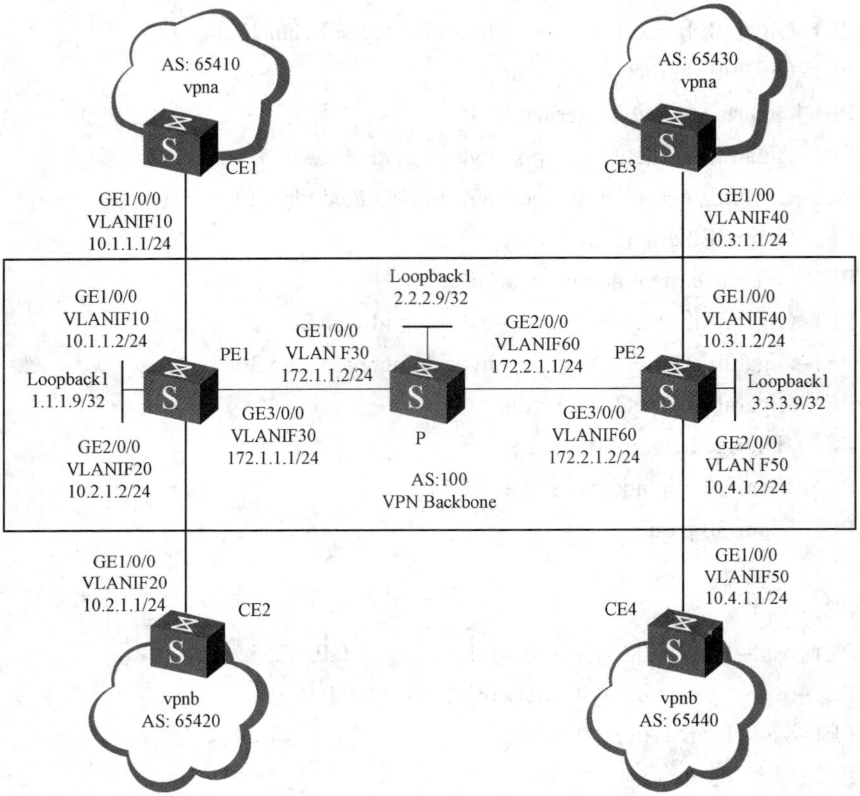

图 11–16–1　网络拓扑图

同时，与 CE 相连的接口和相应的 VPN 实例绑定，以接入 VPN 用户。

（5）CE 与 PE 之间配置 EBGP，交换 VPN 路由信息。

操作步骤：

（1）在 MPLS 骨干网上配置 IGP 协议，实现骨干网 PE 和 P 的互通。

配置 PE1。

＜Quidway＞system–view

［Quidway］sysname PE1

［PE1］interface loopback 1

［PE1–LoopBack1］ip address 1.1.1.9 32

［PE1–LoopBack1］quit

［PE1］vlan batch 10 20 30

［PE1］interface gigabitethernet 1/0/0

［PE1–GigabitEthernet1/0/0］port hybrid pvid vlan 10

```
[PE1-GigabitEthernet1/0/0] port hybrid untagged vlan 10
[PE1-GigabitEthernet1/0/0] quit
[PE1] interface gigabitethernet 2/0/0
[PE1-GigabitEthernet2/0/0] port hybrid pvid vlan 20
[PE1-GigabitEthernet2/0/0] port hybrid untagged vlan 20
[PE1-GigabitEthernet2/0/0] quit
[PE1] interface gigabitethernet 3/0/0
[PE1-GigabitEthernet3/0/0] port hybrid pvid vlan 30
[PE1-GigabitEthernet3/0/0] port hybrid untagged vlan 30
[PE1-GigabitEthernet3/0/0] quit
[PE1] interface vlanif 30
[PE1-Vlanif30] ip address 172.1.1.1 24
[PE1-Vlanif30] quit
[PE1] ospf 1
[PE1-ospf-1] area 0
[PE1-ospf-1-area-0.0.0.0] network 172.1.1.0 0.0.0.255
[PE1-ospf-1-area-0.0.0.0] network 1.1.1.9 0.0.0.0
[PE1-ospf-1-area-0.0.0.0] quit
[PE1-ospf-1] quit
```

配置 P。

```
<Quidway>system-view
[Quidway] sysname P
[P] interface loopback 1
[P-LoopBack1] ip address 2.2.2.9 32
[P-LoopBack1] quit
[P] vlan batch 30 60
[P] interface gigabitethernet 1/0/0
[P-GigabitEthernet1/0/0] port hybrid pvid vlan 30
[P-GigabitEthernet1/0/0] port hybrid untagged vlan 30
[P-GigabitEthernet1/0/0] quit
[P] interface gigabitethernet 2/0/0
[P-GigabitEthernet2/0/0] port hybrid pvid vlan 60
[P-GigabitEthernet2/0/0] port hybrid untagged vlan 60
[P-GigabitEthernet2/0/0] quit
```

［P］interface vlanif 30
［P–Vlanif30］ip address 172.1.1.2 24
［P–Vlanif30］quit
［P］interface vlanif 60
［P–Vlanif60］ip address 172.2.1.1 24
［P–Vlanif60］quit
［P］ospf 1
［P–ospf–1］area 0
［P–ospf–1–area–0.0.0.0］network 172.1.1.0 0.0.0.255
［P–ospf–1–area–0.0.0.0］network 172.2.1.0 0.0.0.255
［P–ospf–1–area–0.0.0.0］network 2.2.2.9 0.0.0.0
［P–ospf–1–area–0.0.0.0］quit
［P–ospf–1］quit
配置 PE2。
＜Quidway＞system–view
［Quidway］sysname PE2
［PE2］interface loopback 1
［PE2–LoopBack1］ip address 3.3.3.9 32
［PE2–LoopBack1］quit
［PE2］vlan batch 40 50 60
［PE2］interface gigabitethernet 1/0/0
［PE2–GigabitEthernet1/0/0］port hybrid pvid vlan 40
［PE2–GigabitEthernet1/0/0］port hybrid untagged vlan 40
［PE2–GigabitEthernet1/0/0］quit
［PE2］interface gigabitethernet 2/0/0
［PE2–GigabitEthernet2/0/0］port hybrid pvid vlan 50
［PE2–GigabitEthernet2/0/0］port hybrid untagged vlan 50
［PE2–GigabitEthernet2/0/0］quit
［PE2］interface gigabitethernet 3/0/0
［PE2–GigabitEthernet3/0/0］port hybrid pvid vlan 60
［PE2–GigabitEthernet3/0/0］port hybrid untagged vlan 60
［PE2–GigabitEthernet3/0/0］quit
［PE2］interface vlanif 60
［PE2–Vlanif60］ip address 172.2.1.2 24

[PE2–Vlanif60] quit
[PE2] ospf 1
[PE2–ospf–1] area 0
[PE2–ospf–1–area–0.0.0.0] network 172.2.1.0 0.0.0.255
[PE2–ospf–1–area–0.0.0.0] network 3.3.3.9 0.0.0.0
[PE2–ospf–1–area–0.0.0.0] quit
[PE2–ospf–1] quit

配置完成后，PE1、P、PE2 之间应能建立 OSPF 邻居关系，执行 display ospf peer 命令可以看到邻居状态为 Full。执行 display ip routing–table 命令可以看到 PE 之间学习到对方的 Loopback1 路由。

（2） 在 MPLS 骨干网上配置 MPLS 基本能力和 MPLS LDP，建立 LDP LSP。

配置 PE1。

[PE1] mpls lsr–id 1.1.1.9
[PE1] mpls
[PE1–mpls] quit
[PE1] mpls ldp
[PE1–mpls–ldp] quit
[PE1] interface vlanif 30
[PE1–Vlanif30] mpls
[PE1–Vlanif30] mpls ldp
[PE1–Vlanif30] quit

配置 P。

[P] mpls lsr–id 2.2.2.9
[P] mpls
[P–mpls] quit
[P] mpls ldp
[P–mpls–ldp] quit
[P] interface vlanif 30
[P–Vlanif30] mpls
[P–Vlanif30] mpls ldp
[P–Vlanif30] quit
[P] interface vlanif 60
[P–Vlanif60] mpls
[P–Vlanif60] mpls ldp

［P–Vlanif60］quit

配置 PE2。

［PE2］mpls lsr–id 3.3.3.9

［PE2］mpls

［PE2–mpls］quit

［PE2］mpls ldp

［PE2–mpls–ldp］quit

［PE2］interface vlanif 60

［PE2–Vlanif60］mpls

［PE2–Vlanif60］mpls ldp

［PE2–Vlanif60］quit

上述配置完成后，PE1 与 P、P 与 PE2 之间应能建立 LDP 会话，执行 display mpls ldp session 命令可以看到显示结果中 Status 项为“Operational”。执行 display mpls ldp lsp 命令，可以看到 LDP LSP 的建立情况。

（3）在 PE 设备上配置 VPN 实例，将 CE 接入 PE。

配置 PE1。

［PE1］ip vpn–instance vpna

［PE1–vpn–instance–vpna］route–distinguisher 100：1

［PE1–vpn–instance–vpna–af–ipv4］vpn–target 111：1 both

［PE1–vpn–instance–vpna–af–ipv4］quit

［PE1–vpn–instance–vpna］quit

［PE1］ip vpn–instance vpnb

［PE1–vpn–instance–vpnb］route–distinguisher 100：2

［PE1–vpn–instance–vpnb–af–ipv4］vpn–target 222：2 both

［PE1–vpn–instance–vpnb–af–ipv4］quit

［PE1–vpn–instance–vpnb］quit

［PE1］interface vlanif 10

［PE1–Vlanif10］ip binding vpn–instance vpna

［PE1–Vlanif10］ip address 10.1.1.2 24

［PE1–Vlanif10］quit

［PE1］interface vlanif 20

［PE1–Vlanif20］ip binding vpn–instance vpnb

［PE1–Vlanif20］ip address 10.2.1.2 24

［PE1–Vlanif20］quit

配置 PE2。

[PE2] ip vpn–instance vpna

[PE2–vpn–instance–vpna] route–distinguisher 200：1

[PE2–vpn–instance–vpna–af–ipv4] vpn–target 111：1 both

[PE2–vpn–instance–vpna–af–ipv4] quit

[PE2–vpn–instance–vpna] quit

[PE2] ip vpn–instance vpnb

[PE2–vpn–instance–vpnb] route–distinguisher 200：2

[PE2–vpn–instance–vpnb–af–ipv4] vpn–target 222：2 both

[PE2–vpn–instance–vpnb–af–ipv4] quit

[PE2–vpn–instance–vpnb] quit

[PE2] interface vlanif 40

[PE2–Vlanif40] ip binding vpn–instance vpna

[PE2–Vlanif40] ip address 10.3.1.2 24

[PE2–Vlanif40] quit

[PE2] interface vlanif 50

[PE2–Vlanif50] ip binding vpn–instance vpnb

[PE2–Vlanif50] ip address 10.4.1.2 24

[PE2–Vlanif50] quit

配置各 CE 的接口 IP 地址，配置过程略。

配置完成后，在 PE 设备上执行 display ip vpn–instance verbose 命令可以看到 VPN 实例的配置情况。各 PE 能 ping 通自己接入的 CE。说明当 PE 上有多个绑定了同一个 VPN 的接口，则使用 ping –vpn–instance 命令 ping 对端 PE 接入的 CE 时，要指定源 IP 地址，即要指定 ping –vpn–instance vpn–instance–name –a source–ip–address dest–ip–address 命令中的参数–a source–ip–address，否则可能 ping 不通。

（4） 在 PE 与 CE 之间建立 EBGP 对等体关系，引入 VPN 路由。

配置 CE1。

[CE1] bgp 65410

[CE1–bgp] peer 10.1.1.2 as–number 100

[CE1–bgp] import–route direct

[CE1–bgp] quit

另外 3 个 CE 设备（CE2、CE3、CE4）配置与 CE1 设备配置类似，配置过程省略。

配置 PE1。

[PE1] bgp 100

[PE1–bgp] ipv4–family vpn–instance vpna

［PE1–bgp–vpna］peer 10.1.1.1 as–number 65410
［PE1–bgp–vpna］import–route direct
［PE1–bgp–vpna］quit
［PE1–bgp］ipv4–family vpn–instance vpnb
［PE1–bgp–vpnb］peer 10.2.1.1 as–number 65420
［PE1–bgp–vpnb］import–route direct
［PE1–bgp–vpnb］quit
［PE1–bgp］quit

PE2 的配置与 PE1 类似，配置过程省略。

配置完成后，在 PE 设备上执行 display bgp vpnv4 vpn–instance peer 命令，可以看到 PE 与 CE 之间的 BGP 对等体关系已建立，并达到 Established 状态。

（5）在 PE 之间建立 MP–IBGP 对等体关系。

配置 PE1。

［PE1］bgp 100
［PE1–bgp］peer 3.3.3.9 as–number 100
［PE1–bgp］peer 3.3.3.9 connect–interface loopback 1
［PE1–bgp］ipv4–family vpnv4
［PE1–bgp–af–vpnv4］peer 3.3.3.9 enable
［PE1–bgp–af–vpnv4］quit
［PE1–bgp］quit

配置 PE2。

［PE2］bgp 100
［PE2–bgp］peer 1.1.1.9 as–number 100
［PE2–bgp］peer 1.1.1.9 connect–interface loopback 1
［PE2–bgp］ipv4–family vpnv4
［PE2–bgp–af–vpnv4］peer 1.1.1.9 enable
［PE2–bgp–af–vpnv4］quit
［PE2–bgp］quit

配置完成后，在 PE 设备上执行 display bgp peer 或 display bgp vpnv4 all peer 命令，可以看到 PE 之间的 BGP 对等体关系已建立，并达到 Established 状态。

【思考与练习】

1. 在网络中采用 MPLS 技术有什么优势？
2. 在 MPLS/VPN 中公网标签和私网标签分别是由什么分配的？
3. 在 MPLS VPN 网络中，通过哪个参数来控制 VPN 的互通？

第十二章

网络的运行与维护

模块 1　IP 地址和 MAC 地址命令（Z37G2001 Ⅰ）

【模块描述】本模块包括 Windows 系统中常用的与 IP 地址和 MAC 地址有关的测试命令。通过对常用工具命令使用方法的介绍，掌握查看网络中计算机的 MAC 地址和 IP 地址及相关信息的方法。

【模块内容】

在 IP 网络中，MAC 地址和 IP 地址是网络通信的基础。在网络的组建、运行维护和管理的过程中，经常需要了解网络中有关主机（计算机、服务器）的 MAC 地址或 IP 地址。熟练掌握检测和查看 MAC 地址和 IP 地址的方法，对进行设备配置和管理、查找网络运行异常情况的原因、排除网络故障以及加强网络的安全管理等方面都有着十分重要的意义。

一、Windows 系统 IP 地址和 MAC 地址命令

在当前的企业网络中，绝大部分计算机和服务器都是运行在 Microsoft 公司的 Windows 操作系统下的。Windows 系统中提供了多条有关 IP 地址和 MAC 地址测试和维护的命令，对网络管理员来说，掌握了这些命令的使用方法，基本上能够满足网络运行维护和管理的需要。Windows 系统提供的常用的 IP 地址和 MAC 地址命令有：

1. Ipconfig 命令

Ipconfig 命令可以查看本地计算机网卡（网络适配器）的 IP 地址、MAC 地址等配置信息，这些信息一般用来检验 TCP/IP 设置是否正确。

当网络使用 DHCP（Dynamic Host Configuration Protocol，动态主机分配协议）进行 IP 地址的自动分配和管理时，Ipconfig 可以检测计算机自动获得的 IP 地址，也可以释放和重新获取新的 IP 地址。

2. Nbtstat 命令

NetBIOS 是局域网中程序可以使用的应用程序编程接口（API），几乎所有联网的计算机都是在 NetBIOS 基础上工作的。TCP/IP 上的 NetBIOS 将 NetBIOS 名称解析成

IP 地址，TCP/IP 为 NetBIOS 名称解析提供了很多选项，包括本地缓存搜索、WINS 服务器查询、广播、DNS 服务器查询等。

Nbtstat 命令是 Windows 的 NetBIOS（Network Basic Input Output Systems，网络基本输入输出系统）管理工具。Nbtstat 命令根据某计算机的计算机名或 IP 地址，可以通过网络远程查看该计算机的 NetBIOS 名称表、名称缓存和网卡的 MAC 地址等信息。Nbtstat 命令也可以显示本地计算机的 NetBIOS 统计信息、名称表和名称缓存。利用 Nbtstat 命令还能可分析出应用程序所使用的协议端口。

3. Arp 命令

Arp 命令用来查看本地计算机的 ARP 高速缓存中的 IP 地址与 MAC 地址的对应关系，以及将 IP 地址绑定到网卡 MAC 地址上。

4. Netstat 命令

Netstat 命令用来查看本机实时网络连接和协议统计信息。Netstat 命令的功能非常强大：可以查看本机所有的 TCP 连接和监听端口；查看以太数据帧发送和接收的统计信息；查看本机路由表；查看按协议分类统计的信息；查看活动进程的 ID，等等。

上述命令都必须在 DOS 下运行，在 Windows 桌面上单击“开始”菜单→运行（R）→输入 cmd，即可打开 DOS 命令窗口，在 DOS 命令提示符输入命令。下面详细讲解上述各条命令的使用方法及应用。

二、Ipconfig 命令的使用

1. 查看本机 IP 地址和 MAC 地址及相关信息

在本机的命令提示符中直接运行 ipconfig 命令，可以显示本机的 IP 配置信息：IP 地址（IP Address）、子网掩码（Subnet Mask）和默认网关（Default Gateway），如图 12–1–1 所示。

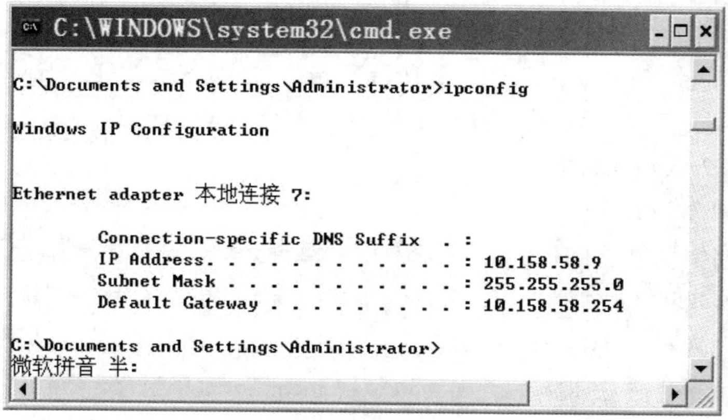

图 12–1–1　显示本机 IP 地址信息

要查看网卡的 MAC 地址，可以在 ipconfig 命令后面加上参数 all，如图 12–1–2 所示，其中，Physical Address 后面显示的就是本机网卡的 MAC 地址。

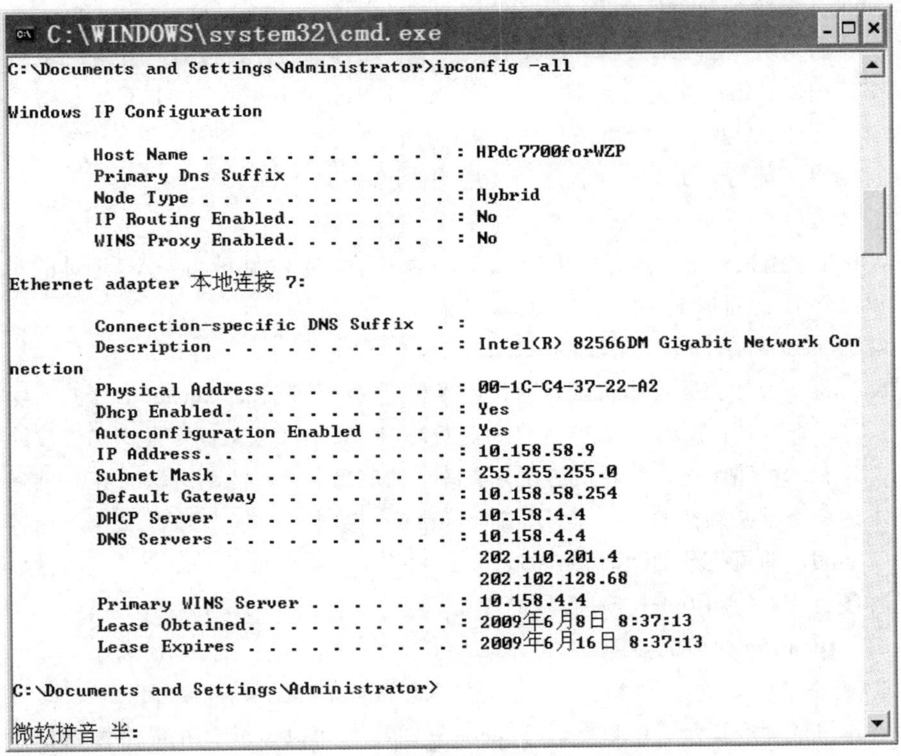

图 12–1–2 显示本机网卡的 MAC 地址

该命令还显示了网卡的其他信息，如网卡类型描述信息（Description）、是否启用了 DHCP 服务(Dhcp Enabled)以及 IP 地址配置信息等，Windows 配置信息。在 Windows IP Configuration 区域中显示了主机名(Host Name)、主 DNS 后缀(Primary DNS Suffix)、节点类型（Node Type）、是否开启了 IP 路由（IP Routing Enabled）、是否开启了 WINS 代理（WINS Proxy Enabled）。

2. 重新获取 IP 地址

如果网络中使用了 DHCP 服务，客户端计算机就可以自动获得 IP 地址。但有时因 DHCP 服务器或网络故障等原因，会使一些客户端计算机不能正常获得 IP 地址，此时系统就会自动为网卡分配一个 169.254.x.x 的 IP 地址；或者计算机 IP 地址的租约到期，需要更新或重新获得 IP 地址，这时可以使用 ipconfig 命令配合参数–renew 和–release 来实现。

客户端计算机没有正确获得 IP 地址时，需要先将原先获得的 IP 地址释放掉，输入命令：

ipconfig –release

按 Enter 键后，计算机就会将原 IP 地址释放，如图 12–1–3 所示，可以看到 IP 地址和子网掩码均变成 0.0.0.0。然后可以使用命令重新获得新的 IP 地址了，输入命令：

ipconfig –renew

按 Enter 键后，计算机就会自动从 DHCP 服务器获得一个新的 IP 地址、子网掩码和默认网关，如图 12–1–3 所示。

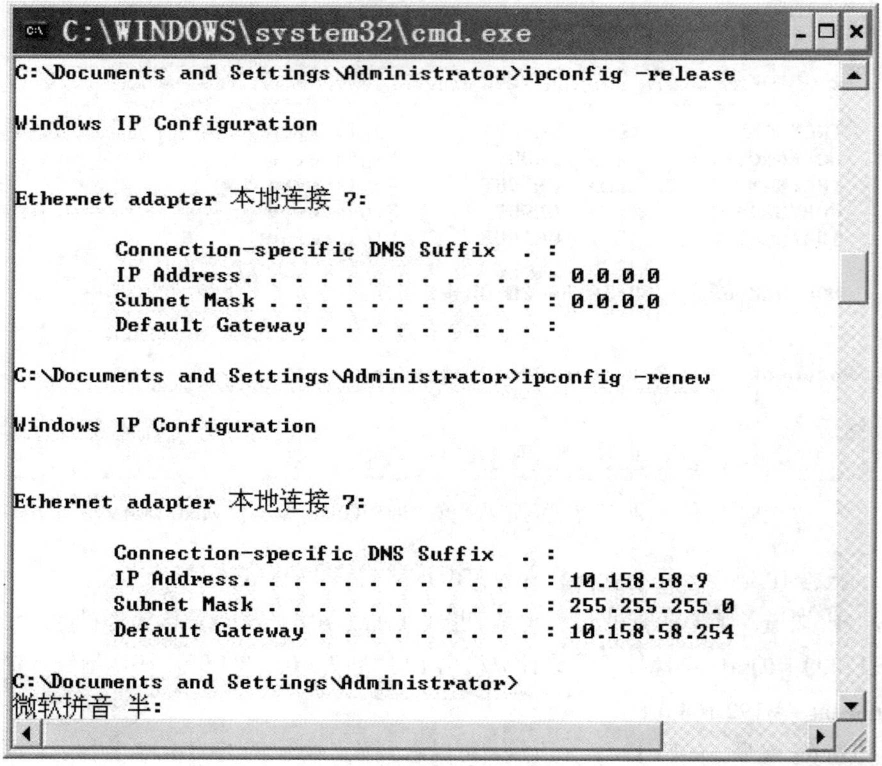

图 12–1–3　释放和重新获取 IP 地址

三、Nbtstat 命令的使用

如果使用不带参数的 Nbtstat 命令，将会显示有关该命令的帮助信息。

1. 据计算机名远程查看 NetBIOS 名称表和 MAC 地址

知道了某个计算机名，可以通过网络远程查看该计算机的 NetBIOS 名称表和网卡的 MAC 地址。假设计算机名为 Thatname，在本地输入命令：

nbtstat –a thatname

按 Enter 键后，如图 12–1–4 所示，可以看到计算机 Thatname 的 NetBIOS 名称表中的内容，网卡的 MAC 地址为 00–50–BA–20–CB–91。

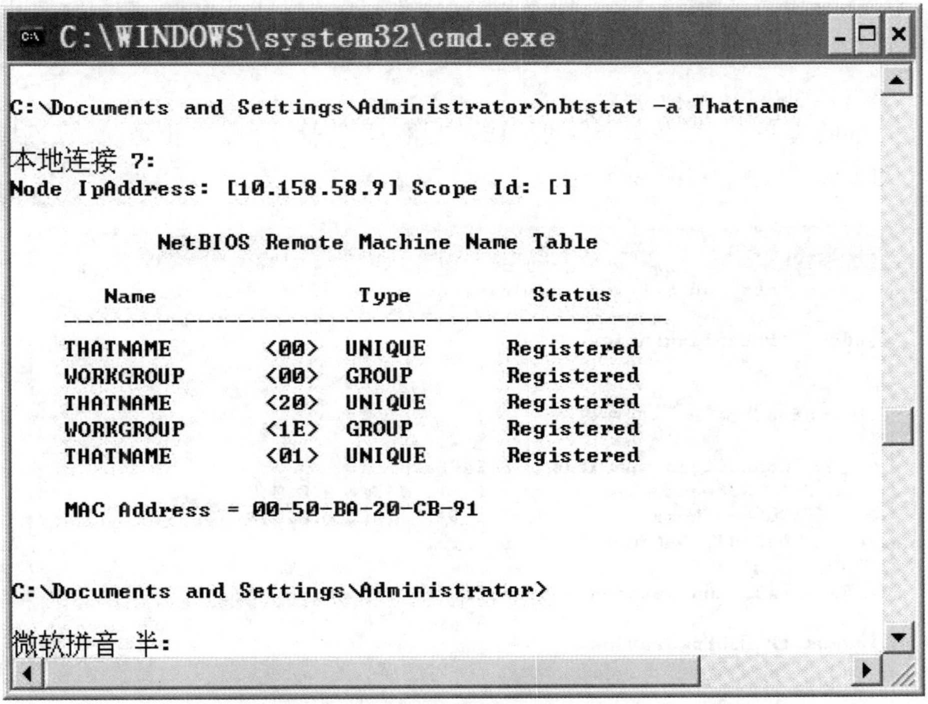

图 12–1–4 据计算机名远程查看 NetBIOS 名称表和 MAC 地址

2. 根据 IP 地址远程查看计算机 NetBIOS 名称表和 MAC 地址

同样，知道了某个计算机的 IP 地址，也可以通过网络远程查看该计算机的 NetBIOS 名称表和网卡的 MAC 地址。假设计算机名 IP 地址为 10.158.4.93，在本地输入命令：

nbtstat –A 192.168.0.1

按 Enter 键后，如图 12–1–5 所示，可以看到该计算机的 NetBIOS 名称表，网卡的 MAC 地址 00–1D–09–0A–6D–59。

3. 显示本地计算机的 NetBIOS 名称表

在命令提示符下输入如下命令：

nbtstat –n

按 Enter 键后，如图 12–1–6 所示，可以看到该计算机的 NetBIOS 名称表、所在域（或工作组），以及当前登录的用户等信息。

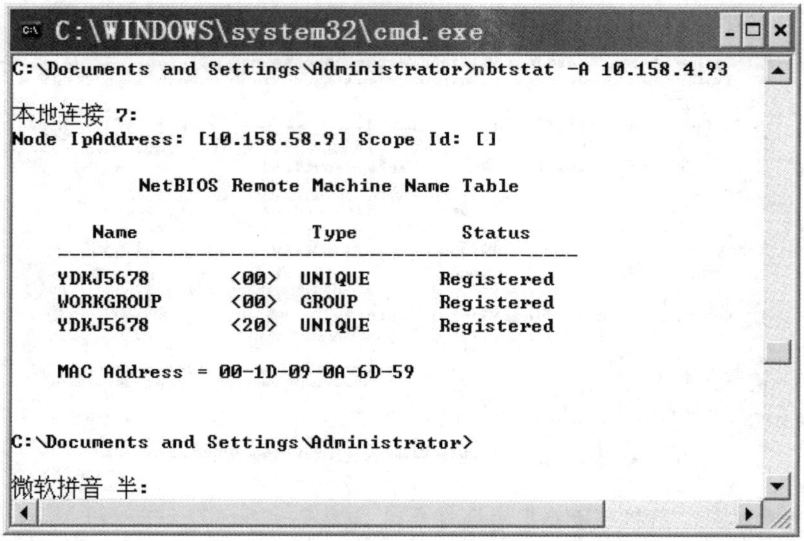

图 12–1–5　据 IP 地址远程查看计算机 NetBIOS 名称表和 MAC 地址

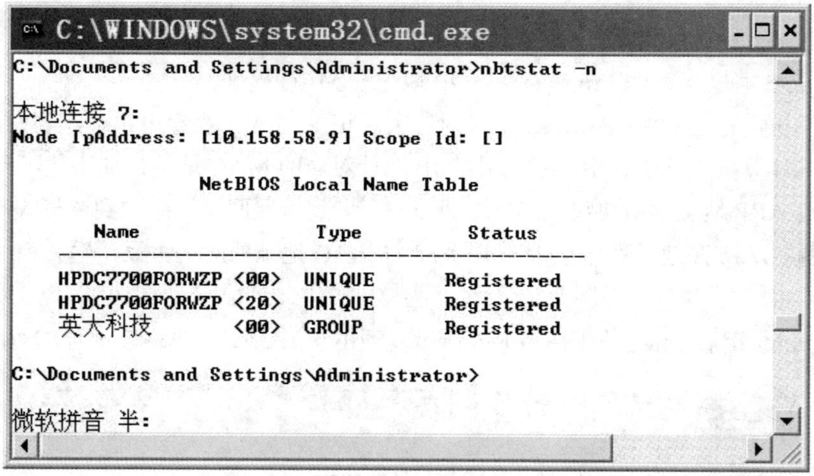

图 12–1–6　显示本地计算机的 NetBIOS 名称表

4. 显示本地计算机 NetBIOS 名称的缓存内容

使用参数–c，在命令提示符下输入如下命令：

nbtstat –c

按 Enter 键后，如图 12–1–7 所示，从缓存表中可以看到本地计算机刚刚和 IP 地址为 10.158.4.93 的计算机连接过。

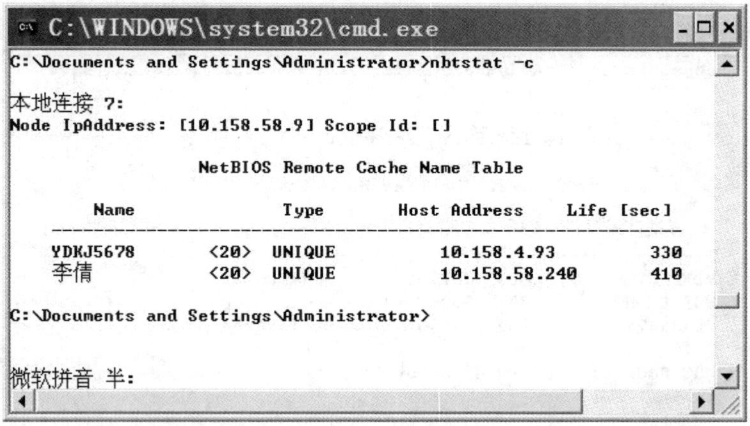

图 12-1-7 显示本地计算机 NetBIOS 名称的缓存内容

5. 查看某个应用程序所使用的端口号

可以在运行该程序的前后，分别运行 netstat －ap，通过比较就能找出该应用所使用的端口号。

四、Arp 命令的使用

1. 查看本地计算机 Arp 缓存中的 IP 地址与 MAC 地址对应关系

计算机会把已知的 IP-MAC 地址对应关系记录到 Arp 缓存中，下次要发送 IP 数据包时，计算机先从缓存中查找与目的 IP 地址对应的 MAC 地址，如果找不到，计算机则通过 ARP 地址解析协议从网络中查询，查询到以后便自动添加到 Arp 缓存中。要查看计算机 Arp 高速缓存中记录的 IP 地址与 MAC 地址的对应关系，输入命令：

arp –a

按 Enter 键后，显示如图 12-1-8 所示，列出了 IP 地址与 MAC 地址的对应信息。

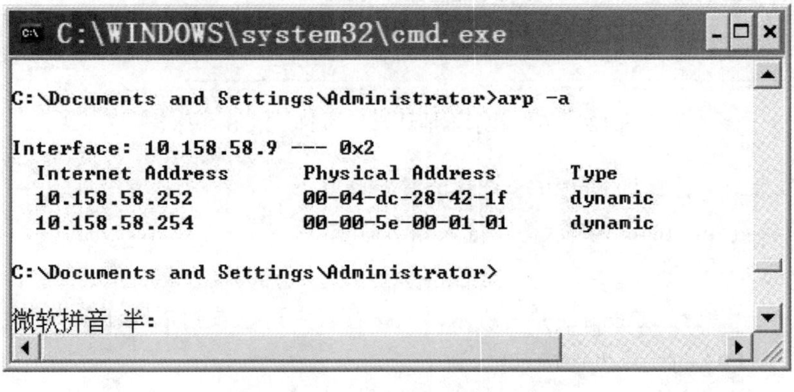

图 12-1-8 IP–MAC 地址对应表

Dynamic 表示该条数据是通过 ARP 地址解析协议自动获取的，如果在一段时间内（Windows 系统中一般为 2～10 分钟）没有再次被使用，该条数据将会被删除，当计算机重新启动时该数据也会丢失。因此，如果查看到 Arp 缓存中条目很少或根本没有，并不一定表示网络不同。

2. 将 IP 地址与 MAC 地址绑定

在网络的运行过程中，有时会出现 IP 地址冲突的问题，这可能是由于用户随意设定 IP 地址造成。如果 IP 地址相冲突发生在服务器上，将影响其他用户访问服务器，引发网络故障。为了防止 IP 地址冲突以及 IP 地址盗用，可以使用 Arp 命令将 IP 地址与 MAC 地址一一固定起来。

例如，要将 IP 地址 10.158.58.62 与 MAC 地址为 00–08–74–f8–50–06 的网卡进行绑定，可输入命令：

arp –s 10.158.58.62 00–08–74–f8–50–06

然后，输入 arp –a 命令，即可看到所绑定的 IP 地址与网卡 MAC 地址信息，如图 12–1–9 所示。绑定的 IP 与 MAC 地址显示为 static，表示该数据是人工设定的，他不会自动失效或丢失。

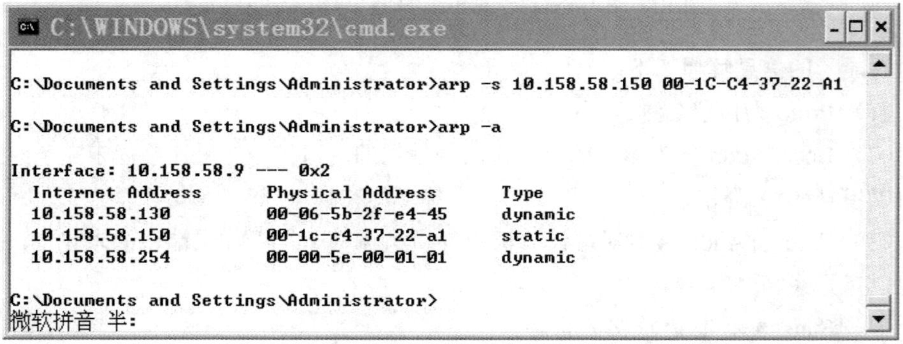

图 12–1–9　绑定 IP 与 MAC 地址

如果要取消 IP 地址与 MAC 地址的绑定关系，可使用“arp　– d ip–address”命令来实现。

五、Netstat 命令的使用

1. 查看本地计算机的 TCP 连接和协议端口号

计算机访问远程服务器，或本地计算机作为一台服务器为远程计算机提供服务时，都会建立相应的 TCP 连接。使用不带参数的 netstat 命令可以显示本机上的 TCP 连接和所使用的端口号，如图 12–1–10 所示。

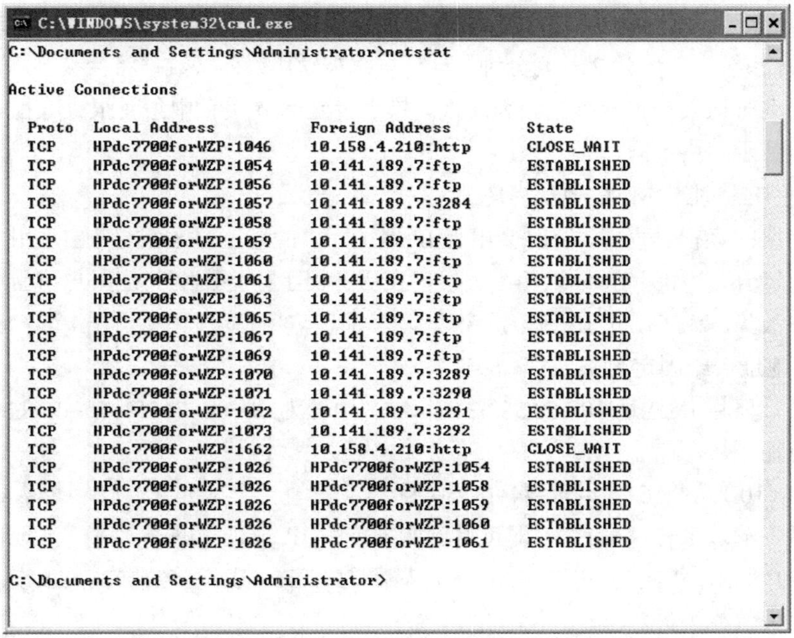

```
C:\WINDOWS\system32\cmd.exe
C:\Documents and Settings\Administrator>netstat

Active Connections

  Proto  Local Address          Foreign Address        State
  TCP    HPdc7700forWZP:1046    10.158.4.210:http      CLOSE_WAIT
  TCP    HPdc7700forWZP:1054    10.141.189.7:ftp       ESTABLISHED
  TCP    HPdc7700forWZP:1056    10.141.189.7:ftp       ESTABLISHED
  TCP    HPdc7700forWZP:1057    10.141.189.7:3284      ESTABLISHED
  TCP    HPdc7700forWZP:1058    10.141.189.7:ftp       ESTABLISHED
  TCP    HPdc7700forWZP:1059    10.141.189.7:ftp       ESTABLISHED
  TCP    HPdc7700forWZP:1060    10.141.189.7:ftp       ESTABLISHED
  TCP    HPdc7700forWZP:1061    10.141.189.7:ftp       ESTABLISHED
  TCP    HPdc7700forWZP:1063    10.141.189.7:ftp       ESTABLISHED
  TCP    HPdc7700forWZP:1065    10.141.189.7:ftp       ESTABLISHED
  TCP    HPdc7700forWZP:1067    10.141.189.7:ftp       ESTABLISHED
  TCP    HPdc7700forWZP:1069    10.141.189.7:ftp       ESTABLISHED
  TCP    HPdc7700forWZP:1070    10.141.189.7:3289      ESTABLISHED
  TCP    HPdc7700forWZP:1071    10.141.189.7:3290      ESTABLISHED
  TCP    HPdc7700forWZP:1072    10.141.189.7:3291      ESTABLISHED
  TCP    HPdc7700forWZP:1073    10.141.189.7:3292      ESTABLISHED
  TCP    HPdc7700forWZP:1662    10.158.4.210:http      CLOSE_WAIT
  TCP    HPdc7700forWZP:1026    HPdc7700forWZP:1054    ESTABLISHED
  TCP    HPdc7700forWZP:1026    HPdc7700forWZP:1058    ESTABLISHED
  TCP    HPdc7700forWZP:1026    HPdc7700forWZP:1059    ESTABLISHED
  TCP    HPdc7700forWZP:1026    HPdc7700forWZP:1060    ESTABLISHED
  TCP    HPdc7700forWZP:1026    HPdc7700forWZP:1061    ESTABLISHED

C:\Documents and Settings\Administrator>
```

图 12–1–10　本地计算机上的 TCP 连接及端口号

对显示的信息解释如下：

（1） Proto 为协议名称。

（2） Local Address 为本机的计算机名和使用的端口号，如果连接尚未完全建立，端口以星号（*）显示。

（3） Foreign Address 为对端计算机的 IP 地址和端口号。如果端口尚未建立，端口号也以星号（*）显示。

（4） State 表示 TCP 连接的状态。

在上面的显示信息中，如果想在 Local Address 栏目下看到本机的 IP 地址而不是计算机名，可以使用参数–n，输入命令。

netstat –n

按 Enter 键后，显示如图 12–1–11 所示。

2. 查看本机所有的连接和监听的端口

当怀疑有可疑的程序在计算机中运行时，可以使用带参数–a 的 netstat 命令显示所有连接和监听端口。这样一来，黑客与木马程序在本地计算机中所开放的与外界通信所使用的端口将显露出来，为进一步查杀木马打下了基础。输入命令：

netstat –a

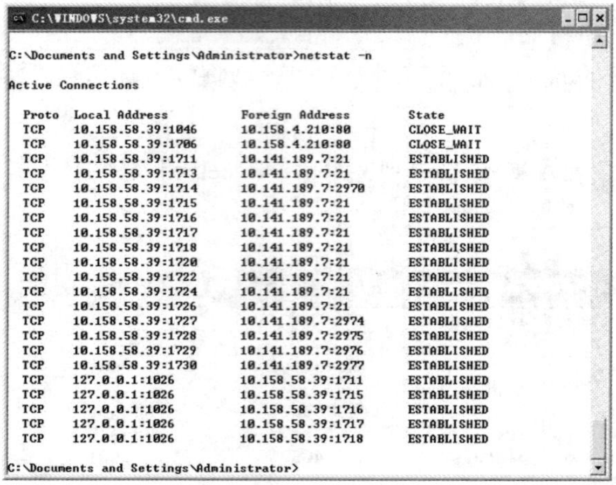

图 12–1–11　显示本地计算机 IP 地址及端口号

按 Enter 键后，显示如图 12–1–12 所示，即可看到当前系统中所有活动的 TCP 连接以及计算机监听的所有 UDP 端口。

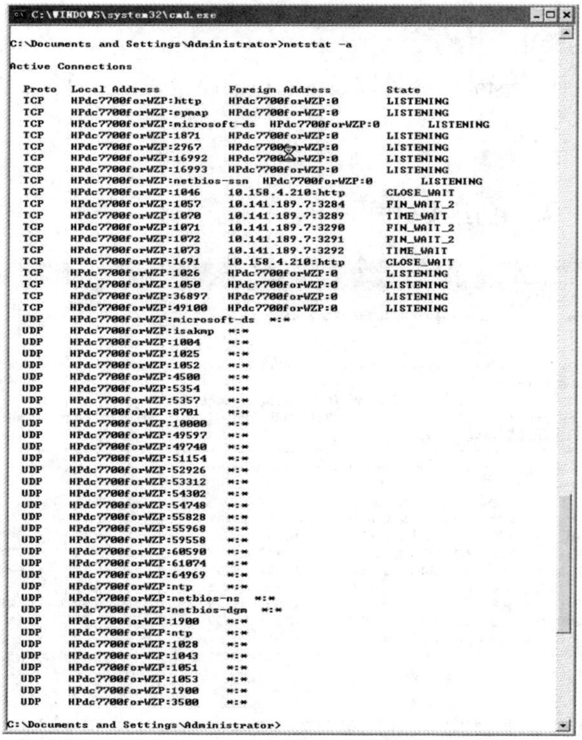

图 12–1–12　显示本机所有连接和监听的端口

3. 查看以太数据帧发送和接收的统计信息

使用带–e 参数的 netstat 命令可以查看以太数据帧统计信息，输入命令：

netstat –e

按 Enter 键后，显示如图 12–1–13 所示，Received 为接收数据量统计，Sent 为发送数据量统计。

```
C:\WINDOWS\system32\cmd.exe
Interface Statistics

                           Received            Sent

Bytes                    1433254279        55640496
Unicast packets             1139473          884328
Non-unicast packets           40675            7631
Discards                          0               0
Errors                            0               0
Unknown protocols              7392

C:\Documents and Settings\Administrator>
```

图 12–1–13　显示以太数据帧统计信息

4. 查看本机的路由表信息

使用带–r 参数的 netstat 命令可以显示本机的路由表信息，此命令等价于 route print 命令。输入命令：

netstat –r

按 Enter 键后，显示的结果如图 12–1–14 所示。

```
C:\WINDOWS\system32\cmd.exe

C:\Documents and Settings\Administrator>netstat -r

Route Table
===========================================================================
Interface List
0x1 ........................... MS TCP Loopback interface
0x2 ...00 1c c4 37 22 a2 ...... Intel(R) 82566DM Gigabit Network Connection - 数
据包计划程序微型端口
===========================================================================
===========================================================================
Active Routes:
Network Destination        Netmask          Gateway       Interface  Metric
          0.0.0.0          0.0.0.0    10.158.58.254    10.158.58.39      20
      10.158.58.0    255.255.255.0     10.158.58.39    10.158.58.39      20
     10.158.58.39  255.255.255.255        127.0.0.1       127.0.0.1      20
   10.255.255.255  255.255.255.255     10.158.58.39    10.158.58.39      20
        127.0.0.0        255.0.0.0        127.0.0.1       127.0.0.1       1
        224.0.0.0        240.0.0.0     10.158.58.39    10.158.58.39      20
  255.255.255.255  255.255.255.255     10.158.58.39    10.158.58.39       1
Default Gateway:     10.158.58.254
===========================================================================
Persistent Routes:
  None

C:\Documents and Settings\Administrator>
```

图 12–1–14　显示本机路由表信息

5. 显示单个协议下的所有连接

使用–p proto 参数可以显示单个协议下的所有连接，proto 可选 TCP、UDP、TCPv6 或 UDPv6 协议。例如要查看 TCP 协议的所有连接，输入命令：

netstat –p tcp

按 Enter 键后，显示如图 12–1–15 所示，列出了所有与 TCP 协议有关的连接。

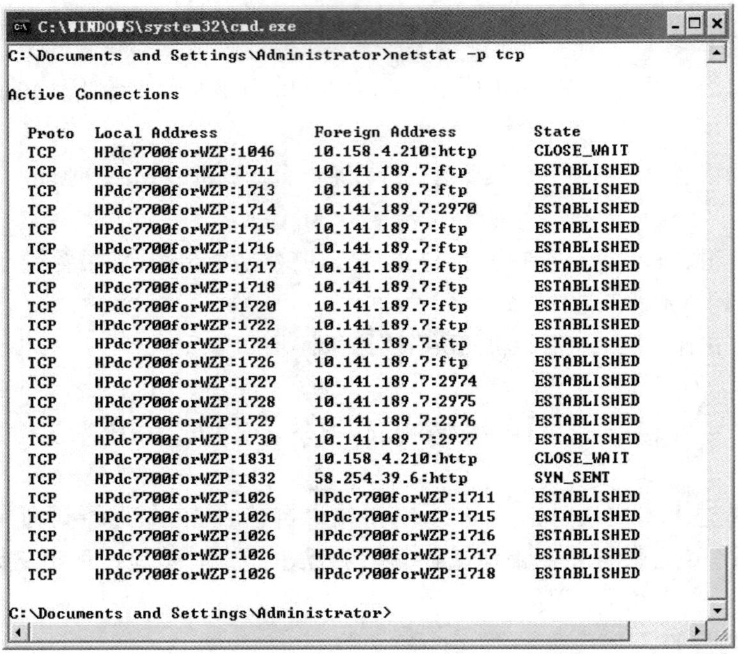

图 12–1–15　显示 TCP 协议的所有连接

6. 查看按协议分类的统计信息

使用–s 参数，可以按协议显示本机发送和接收的数据量、发生的错误数等。

7. 查看活动进程的 ID

使用–o 参数，可以显示每个连接相关的所属进程的 ID。可以在 Windows 任务管理器中的“进程”选项卡上找到基于 PID 的应用程序，找到木马程序的所在，以便尽快结束木马程序驻留在本地计算中的进程。

8. 其他用法

除了上述基本方法的使用外，Netstat 命令参数还有一些复合性的用法，比如要同时显示以太网统计信息和所有协议的统计信息，可输入命令：

netstat –e –s

仅显示 TCP 和 UDP 协议的统计信息，可输入命令：

netstat –s –p tcp udp

要每 5 秒钟显示一次活动的 TCP 连接和进程 ID，可输入命令：

nbtstat –o 5

要以数字形式显示活动的 TCP 连接和进程 ID，可输入命令：

nbtstat –n －o

【思考与练习】

1. 在启用了 DHCP 服务的网络中，一台客户端计算机要重新获取 IP 地址，应该如何操作？

2. 在局域网中，网络管理员要远程查看某一台计算机的 MAC 地址，简述其操作步骤。

3. 在使用 Arp 命令查看 IP 地址与 MAC 地址对应关系时，如果看到的内容很少，是否意味着网络不通？为什么？

4. 如何在计算机上查看该机的所有连接和监听端口？

◢ 模块 2 IP 链路测试命令（Z37G2002 Ⅰ）

【模块描述】本模块包括 Windows 系统中自带的 IP 链路测试命令。通过对 Windows 系统中自带的 IP 链路测试命令使用方法的介绍，掌握处理 IP 链路问题的测试方法。

【模块内容】

一、IP 链路测试命令

IP 链路测试主要是测试 IP 网络中两个通信实体之间端到端的逻辑链路是否畅通、追踪 IP 数据包传输的物理路径和经过的网络设备，通过测试可以判断链路的连通性、故障发生的位置。在网络的建设过程中，借助 IP 链路测试还可以检查计算机的 IP 地址信息设置是否正确；网卡和网络协议是否正确安装；交换机、路由器等网络设备的连接与配置是否正确等。

IP 链路测试通常采用 Windows 操作系统中的工具。Windows 系统提供了多条 IP 链路测试命令，基本上能够满足网络运行维护和管理的需要。常用的 IP 链路测试命令有：

1. Ping 命令

Ping 命令是使用频率最高的连通性测试命令。Ping 命令的原理类似于潜艇声纳探测目标的过程，声纳设备发出一个音频脉冲信号，当信号遇到物体后会被反射回来，

声呐根据反射回来的信号来判定目标。Ping 命令使用 ICMP 发送一个简单的数据包并请求应答，对端主机或网络设备收到请求后会回传一个同样的数据包，根据数据包往返所需要的时间及丢包的百分比，可以判断链路的连通性以及连接的质量。

Ping 命令的应用非常广泛，不仅可以测试与其他计算机的连通性，还可以用来测试网卡安装是否正确。通过 Ping 主机名能够查看到该主机 IP 地址，通过 Ping 网站的域名也能查看到该网站的 IP 地址。

2. Pathping 命令

Pathping 命令识别源到目标路径上的路由器，将请求应答的消息发送给源和目标之间的各路由器，根据多个路由器返回数据包的情况进行计算分析，可以发现路径上每一跳的传输是否正常及丢包情况。当网络不通或出现拥塞情况时，通过 Pathping 命令可以判断出现问题的环节。

3. Tracert 命令

Tracert 是路由跟踪实用程序，用于确定 IP 数据包访问目标所经过的路径。该命令采用 IP 数据包生存时间（TTL）字段和 ICMP 错误消息来确定从一个主机到网络上另一个主机或网络设备的路由。

Tracert 跟踪路由的原理是：第一步，Tracert 首先发送一个 TTL 等于 1 的数据包，路径上的第一个路由器将数据包上的 TTL 递减 1，当 TTL 值为 0 时，路由器“ICMP 已超时”的消息发回源系统；第二步，Tracert 发送一个 TTL 等于 2 的数据包，路径上的第一个路由器将数据包上的 TTL 值减 1 后将数据包转发给第二个路由器，第一个路由器将数据包上的 TTL 递减 1，当 TTL 值为 0 时，第二个路由器将“ICMP 已超时”的消息发回源系统；第三步，Tracert 发送一个 TTL 等于 3 的数据包，各路由器重复上述操作；以上过程依次重复进行，Tracert 每次发送数据包时都将 TTL 值递增 1，直到目标响应或 TTL 达到最大值，Tracert 按顺序记录下了返回“ICMP 已超时”消息的路由器近端接口（距离测试主机近的接口）列表，从而确定了源到目标之间的路由。

Tracert 是排除网络故障过程中常用的工具。当网络出现故障时，使用 tracert 命令可以确定数据包在路径上不能继续向下转发的位置，找出在经过哪个路由器时出现了问题，从而缩小排查范围。

上述命令都必须在 DOS 下运行，在 Windows 桌面上单击“开始”菜单→运行（R）→输入 cmd，即可打开 DOS 命令窗口，在 DOS 命令提示符输入命令。下面详细讲解上述各条命令的使用方法及应用。

二、Ping 命令的使用

1. Ping 对端的 IP 地址

Ping 对端的 IP 地址是最常用的，主要用来测试到对方计算机之间的链路是否连通、

对方计算机是否正在线。例如，测试本机到 IP 地址为 10.158.4.93 的计算机之间链路是否连通，输入命令：

ping 10.158.4.93

按 Enter 键后，Ping 命令便开始测试，如图 12–2–1 所示。

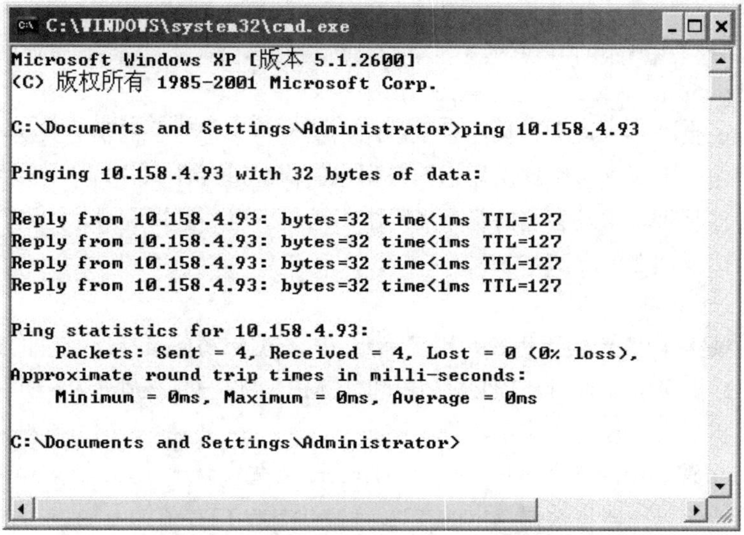

图 12–2–1 Ping 对端 IP 地址测试连通性

如果收到了对方的应答则说明链路是通的，并且对方计算机当前在线。通过 time（时间）和 TTL（生存时间）值，还可以了解到网络的大致性能，time 值越大，说明需用时间越长；TTL 值越小，则说明网络延时越大。

如果测试结果出现“Request time out”，则说明链路不通，也有可能是对方计算机不在线，或者对方计算机上设置了不返回 ICMP 包。

如果显示的信息有时正常而有时却显示为“Request time out”，则说明网络不稳定，有丢包现象，此时就要检查网络是否出现了故障。

2. Ping 对方计算机名

如果知道对方的完整计算机名时，可以用 Ping 命令测试到对方的连通性，同时还可以得到对方计算机的 IP 地址信息。假设对方计算机名为 Golden（Windows 2000/XP/2003 系统可以在“系统属性”对话框中查看完整计算机名），输入命令：

ping golden

按 Enter 键后，系统就会返回测试信息，如图 12–2–2 所示。如果显示“Ping request could not find host xxx，Please check the name and try again”，则说明找不到该计算机。

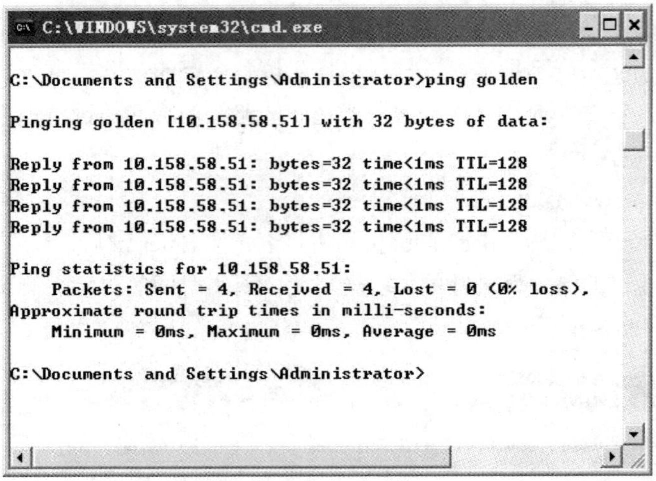

```
C:\WINDOWS\system32\cmd.exe

C:\Documents and Settings\Administrator>ping golden

Pinging golden [10.158.58.51] with 32 bytes of data:

Reply from 10.158.58.51: bytes=32 time<1ms TTL=128
Reply from 10.158.58.51: bytes=32 time<1ms TTL=128
Reply from 10.158.58.51: bytes=32 time<1ms TTL=128
Reply from 10.158.58.51: bytes=32 time<1ms TTL=128

Ping statistics for 10.158.58.51:
    Packets: Sent = 4, Received = 4, Lost = 0 (0% loss),
Approximate round trip times in milli-seconds:
    Minimum = 0ms, Maximum = 0ms, Average = 0ms

C:\Documents and Settings\Administrator>
```

图 12–2–2　Ping 计算机名

3. Ping 网站名

在浏览网页时，经常会遇到网页不能正常打开的情况，此时可以使用 ping 命令检查本地计算机到网站的连通性，同时也可以得到该网站的 IP 地址。例如，要测试一下本机与百度（www. baidu.com）的连通性，输入命令：

ping www.baidu.com

按 Enter 键后，系统就会返回测试信息，首先是该网站的主机名为 www.a.shifen.com，然后是网站的 IP 地址为 211.94.144.100，最后返回与该网站的连通信息，如图 12–2–3 所示。

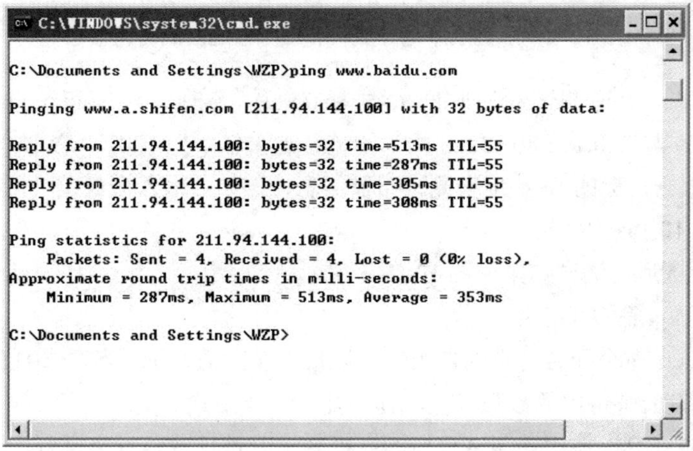

```
C:\WINDOWS\system32\cmd.exe

C:\Documents and Settings\WZP>ping www.baidu.com

Pinging www.a.shifen.com [211.94.144.100] with 32 bytes of data:

Reply from 211.94.144.100: bytes=32 time=513ms TTL=55
Reply from 211.94.144.100: bytes=32 time=287ms TTL=55
Reply from 211.94.144.100: bytes=32 time=305ms TTL=55
Reply from 211.94.144.100: bytes=32 time=308ms TTL=55

Ping statistics for 211.94.144.100:
    Packets: Sent = 4, Received = 4, Lost = 0 (0% loss),
Approximate round trip times in milli-seconds:
    Minimum = 287ms, Maximum = 513ms, Average = 353ms

C:\Documents and Settings\WZP>
```

图 12–2–3　Ping 网站域名

三、Pathping 命令的使用

使用 Pathping 命令不指定参数，可以显示该条命令的帮助信息。

根据网址，查看本地计算机到服务器之间的路径信息和传输质量，例如从本机到“百度”网站，输入命令：

pathping –n www.baidu.com

参数“–n”表示无需将 IP 地址解析为主机名。按 Enter 键后，首先显示路径信息，然后根据路径经过的路由器跳数的多少给出测试所需时间的提示，测试完成后给出测试结果，如图 12–2–4 所示。

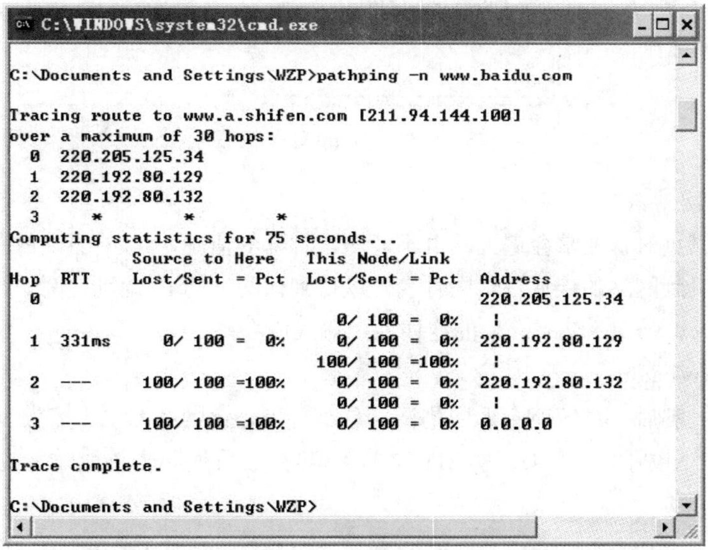

图 12–2–4 显示本地计算机和服务器之间的路径信息

可以看出：上述测试耗用时间大约为 75 秒，在跃点 1 和跃点 2 之间（即 220.192.80.129 与 220.192.80.132 之间）的链路上丢包率为 100%，路径上出现阻塞。

也可以根据目标的 IP 地址来测试路径信息，例如，输入命令：

pathping 10.141.189.7

按 Enter 键后，测试结果如图 12–2–5 所示。

四、Tracert 命令的使用

使用 tracert 命令配合特定的参数，可以根据实际需要进行各种各样的测试。使用“–?”参数查看所有可用的参数及其具体功能。

Tracert 命令可以使用被测试目标的主机名、IP 地址或网址来进行测试。例如，要测试到 IP 地址为 10.141.2.54 的目标主机的路由，输入命令：

```
C:\WINDOWS\system32\cmd.exe

C:\Documents and Settings\Administrator>pathping 10.141.189.7

Tracing route to 10.141.189.7 over a maximum of 30 hops

  0  HPdc7700forWZP [10.158.58.39]
  1  10.158.58.252
  2  10.158.23.251
  3  10.158.254.253
  4  10.140.251.254
  5  10.140.251.30
  6  10.140.251.53
  7  10.140.251.58
  8     *        *        *
Computing statistics for 200 seconds...
            Source to Here   This Node/Link
Hop  RTT    Lost/Sent = Pct  Lost/Sent = Pct  Address
  0                                           HPdc7700forWZP [10.158.58.39]
                                0/ 100 =  0%   |
  1    0ms     0/ 100 =  0%     0/ 100 =  0%  10.158.58.252
                                0/ 100 =  0%   |
  2    0ms     0/ 100 =  0%     0/ 100 =  0%  10.158.23.251
                                0/ 100 =  0%   |
  3    0ms     0/ 100 =  0%     0/ 100 =  0%  10.158.254.253
                                0/ 100 =  0%   |
  4    0ms     0/ 100 =  0%     0/ 100 =  0%  10.140.251.254
                                0/ 100 =  0%   |
  5    3ms     1/ 100 =  1%     1/ 100 =  1%  10.140.251.30
                                0/ 100 =  0%   |
  6    5ms     2/ 100 =  2%     2/ 100 =  2%  10.140.251.53
                                0/ 100 =  0%   |
  7   18ms     0/ 100 =  0%     0/ 100 =  0%  10.140.251.58
                              100/ 100 =100%   |
  8  ---     100/ 100 =100%     0/ 100 =  0%  HPdc7700forWZP [0.0.0.0]

Trace complete.

C:\Documents and Settings\Administrator>
```

图 12–2–5　显示连接到远程网关的路径信息

tracert 10.141.2.54

按 Enter 键后，显示测试结果如图 12–2–6 所示，可看以所经过路由列表及各跳消耗时间。

```
C:\WINDOWS\system32\cmd.exe
C:\Documents and Settings\Administrator>tracert 10.141.2.54

Tracing route to 10.141.2.54 over a maximum of 30 hops

  1    29 ms     1 ms    <1 ms  10.158.58.252
  2    <1 ms    <1 ms    <1 ms  10.158.23.251
  3    <1 ms    <1 ms    <1 ms  10.158.254.253
  4     1 ms     1 ms     1 ms  10.141.2.54

Trace complete.

C:\Documents and Settings\Administrator>
```

图 12–2–6　路由跟踪测试

当 ICMP 数据包从本地计算机经过多个网关传送到目的主机时，Tracert 命令可以跟踪经过的路由器（路径），但并不能保证或认为数据包总遵循这个路径。tracert 是一个执行速度比较慢的命令，每经过一个路由器大约需要 15 秒。

在使用 tracert 命令检测网络的过程中很可能会遇到“Request Timed Out.”的提示信息，出现这种情况，则可能是由于当时网络稳定性差，也可能是由于所到达的路由器的设置有问题。如果连续 4 次都出现该提示信息则说明遇到的是拒绝 tracert 命令访问的路由器。

【思考与练习】

1. Ping 命令的用途是什么？
2. Pathping 测试路径的原理是什么？
3. 简述 Tracert 跟踪路由的工作原理。

模块 3　网络管理系统的安装（Z37G2003Ⅰ）

【模块描述】本模块包含网络管理系统基本概念、网管协议及网络管理软件的安装。通过对典型网络管理系统安装过程的介绍，掌握网络管理系统基本知识和软件安装方法。

【模块内容】

一、网络管理系统基础知识

在网络规模较小的时候，网络的管理主要由网络管理员人工来完成，随着网络规模的扩大和各类设备的增多，网络管理的工作量和复杂性会越来越大。这时就需要建设网络管理系统，通过网络管理系统对网络实行智能化的管理，大大提高网络的运行维护管理效率，提高网络的性能和服务水平。

各大网络设备厂商都依据 ISO 等国际标准化组织制定的网管系统标准开发了针对自家产品的网络管理系统，并且在一定程度上可以管理其他厂商的设备。也有一些厂商提供通用的标准的网络管理平台，如 HP 公司的 OpenView，IBM 公司的 NetView，其他厂商或第三方可以在这些平台之上进行网管系统的开发，

1. 网络管理系统的功能

根据 ISO 制定的网络管理框架，网络管理系统应具备故障管理、配置管理、安全管理、性能管理和计费管理这五个方面的基本功能。

（1） 故障管理。

网络管理系统能够监视网络的运行情况，通过收集设备的运行信息、检测异常时间、运行诊断程序等手段来发现故障，发出告警信息及时提醒网络管理员进行处理。

网络管理系统还会对故障的发生、处理、消除等情况进行如实地记录和统计，便于对网络的故障进行管理。

（2）配置管理。

通过网络管理系统可以对网络内的设备进行集中配置和配置数据的管理，可以很方便地查看网络内各设备的配置信息和网络的拓扑结构。

（3）安全管理。

设置安全策略，防止非法访问，确保只有授权的合法用户才能访问受限的网络资源。在敏感的网络资源和合法用户之间建立映射关系。提供对数据链路加密和密钥的分配管理。记录安全日制信息，提供安全审计跟踪和告警功能。

（4）性能管理。

收集分析网络运行信息，给出网络、链路和设备的利用率、流量、吞吐量、错误率和响应时间等指标并连续地进行更新。对网络的性能参数进行统计和分析，提供相应的性能报告。网络管理员根据这些指标可以对网络结构、数据备份及例行测试的时间等方面进行调整，使整个网络保持最优的性能。

（5）计费管理。

计费管理负责监视和记录用户对网络资源的使用情况，提供计费的数据。

2. 网络管理系统的实现

网络管理系统的核心是一台安装了网络管理软件的计算机或服务器。网管服务器与被管理的网络设备之间利用网络管理协议进行实时信息交换。网管服务器需要从被管理的设备上获取配置参数及运行信息。网管服务器根据管理员的指令会向被管理的设备发送配置数据及管理命令，网络设备也会主动向网管服务器报告异常情况。

网络管理协议是网络管理系统运作的基础，目前应用最广泛的是 SNMP 协议。有关 SNMP 协议的相关知识，请参见“SNMP 安全”模块 Z37B5009Ⅱ。

二、网络管理系统的安装步骤

网络管理系统由一组软件和运行这些软件的计算机或服务器组成，网络管理系统安装的常规步骤如下：

1. 安装前的准备

（1）检查服务器软硬件配置是否满足网络管理系统软件的要求。

（2）检查网络连通情况、静态 IP 地址分配及 DNS 或 WINS 域名解析设置。

（3）在被管理的设备上进行 SNMP 协议配置，参见“SNMP 安全”模块 Z37B5009Ⅱ。

2. 将网络管理软件安装到网管服务器

大部分软件都提供了安装向导，可以根据安装向导的提示一步一步进行操作。

3. 网管系统的基本配置

网管软件安装到服务器上以后，还需要进行一些基本的配置，然后供所有网络管理员根据分配的权限进行使用。

下面，我们以 CiscoWorks 2000 网络管理系统为例，来介绍网络管理系统安装的具体过程。

三、CiscoWorks 2000 网络管理系统的安装

CiscoWorks 2000 是 Cisco 公司的基于 B/S 模式网络管理系统。CiscoWorks 2000 系列软件分为局域网管理、广域网管理和服务管理等独立的产品，在此我们介绍局域网管理软件 2.51 版（LMS2.51）的安装。

（一）安装前的准备工作

1. 检查网管服务器软硬件配置

CiscoWorks 2000 局域网管理软件 LMS2.51 版的所有软件都安装在一台服务器上，对管理服务器的软硬件最低要求是：

（1） PIII 1G 以上处理器，CD–ROM，2G 内存，80GB 磁盘空间。

（2） 操作系统采用 Windows 2000 Server（带 Service Pack 4）及以上。

（3） Internet Explorer 6.0 或更高版本。

2. 网络连通性检查及配置

（1） 检查网管服务器网卡等驱动程序是否已安装好、检查服务器的网络连通情况。

（2） 设置管理服务器主机名和 IP 地址：正确设置服务器的 IP 地址、子网掩码、默认网关，检查网管服务器到被管理网络设备地址的连通性。特别要注意的是，网管工作站的主机名和 IP 地址一旦确定，在网管系统安装后再进行更改很麻烦，因其涉及的设置项目很多，所以，事先一定要规划好。

（3） 在 IE 浏览器中启用 Java 控制台设置：单击菜单“工具”→“Internet 选项”→“高级”选项卡，在 Microsoft VM 列表下，选中“启用 Java 控制台（需要重启动）”复选框，单击“确定”完成设置。

（二）CiscoWorks 2000 LMS 软件安装

CiscoWorks 2000 LMS 2.51 包含五张光盘，他们分别是公共服务（CD One）、资源管理、园区管理、设备故障管理和网络性能监视光盘，要将这五张光盘依次安装到网管服务器上。

1. 安装 CD One 光盘

（1） 插入 CD ONE 光盘，自动弹出安装画面，单击“Install”按钮开始安装。

（2） 选择“典型安装”或“自定义安装”，以下均以“典型安装”为例。

（3） 选择要安装的组件（这里选择全部）：CiscoView、NMS Integration Utility and

CMF（Common Management Foundation）。安装过程中大多数情况下选择“Next”或“Ok”，如果系统提示时“DNS”太慢的警告时选择“忽略”。选择“Later”再安装第三方集成软件，重新启动系统完成安装。

（4）安装 Java Runtime Environment（Java 运行环境）j2re–1_5_0–win.exe（以上程序在 sun 网站可以免费下载，属于免费软件）。

（5）重新启动系统。

2. 安装 CiscoWorks 2000 LMS–RME 4.0 光盘

插入 Resource Manager Essential（RME）光盘，自动弹出安装画面，单击“Install”按钮开始安装，根据安装向导的提示，选“Next”“Typical installation（典型安装）”，一步一步进行即可完成安装。

3. 安装 CiscoWorks 2000 LMS–CM 4.0 光盘

插入 Campus Manager（CM）光盘，自动弹出安装画面，单击“Install”按钮开始安装，根据安装向导的提示，选“Next”“Typical installation（典型安装）”，一步一步进行即可完成安装。

4. 安装 CiscoWorks 2000 LMS–DFM 2.0 光盘

插入 Device Fault Manager（DFM）光盘，自动弹出安装画面，单击“Install”按钮开始安装，根据安装向导的提示，选“Next”“Typical installation（典型安装）”，一步一步进行即可完成安装。

5. 安装 CiscoWorks 2000 LMS–IPM 2.6 光盘

插入 Internetwork Performance Monitor（IPM）光盘，自动弹出安装画面，单击“Install”按钮开始安装，根据安装向导的提示，选“Next”、同意“用户协议”，选择默认安装目录，根据提示输入以下参数：

主机名：cw2000

IP 地址：192.168.0.1

WEB Server Port：9000（非默认，要避免与其他应用冲突）

Database Server Port：2639

输入数据库密码，设为“cisco”。

输入管理员用户名和账号：分别为 admin，admin。

拷贝文件后系统会请求添加注册表数据，选“Yes”。安装程序还会打开一个 DOS 窗口，多次请求进行初始化操作，按任意键，完成安装。

Cisco Works 软件安装至此全部完成。

6. 需要记住的重要参数

网管工作站主机名：cw2000

网管工作站 IP 地址：192.168.0.1

网管系统端口［默认 1741］：1741

网管系统管理人员用户名及密码：admin，admin

只读 SNMP 密码字（团体名）［默认 public］：cisco

读写 SNMP 密码字（团体名）［默认 private］：cisco

Telnet 密码：cisco

Enable Secret：cisco

（三）CiscoWorks 2000 LMS 网管系统的配置

1. 首次登录 CiscoWorks 2000 网管

从网络服务器上直接登录，在桌面上单击“开始”→“程序”→“CiscoWorks”→“CiscoWorks”。首次访问系统会弹出提示即将通过安全连接查看网页“安全警报”窗口，选中“以后不再显示该警告”单选框，单击“确定”按钮关闭该窗口。

随后系统还会弹出提示安全证书问题的“安全警报”窗口，选择“是”继续。系统弹出如图 12–3–1 所示的登录界面。

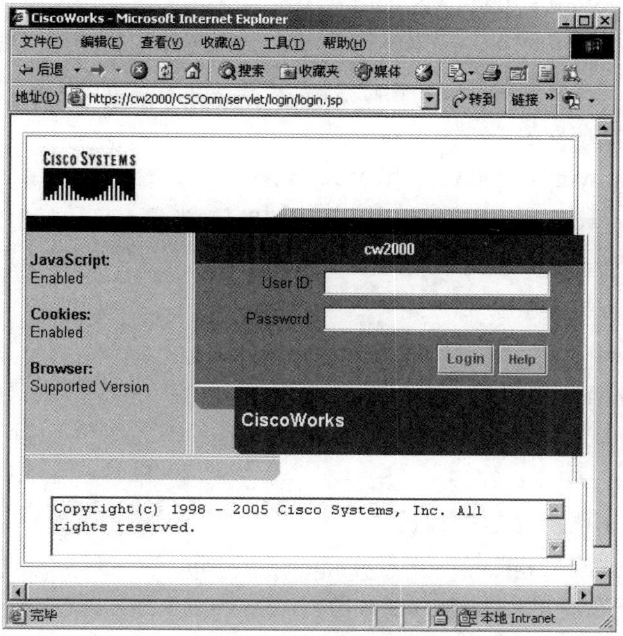

图 12–3–1 CiscoWorks 2000 登录界面

输入默认的用户名和密码（均为 admin），单击“login”按钮。首次登录网管系统使用的是 http 方式，因此会弹出提示即将重定向到不安全的连接的“安全警报”窗口，

选择"是"登录网管系统。如果此时出现 java 运行时出错，刷新窗口即可，若不能解决，需要重新安装 java。

首次登录 CiscoWorks 2000 网管系统成功后，可通过"服务器"配置将访问网管系统的方式更改为更为安全的 HTTPS 方式。

2. 网络管理系统用户设置

CiscoWorks 2000 网管系统安装时，只创建了两个用户（管理员 admin 和访客 guest 用户），安装完成后可以根据需要创建多个不同权限的用户。

在登录后的网管系统的主界面用，一次选择"Common Services"→"Server"→"Security"→"Single Server Settings"→"Local User Setup"，出现如图 12–3–2 所示的用户管理窗口（系统默认的管理员账户 admin 信息不会显示在此对话框中）。

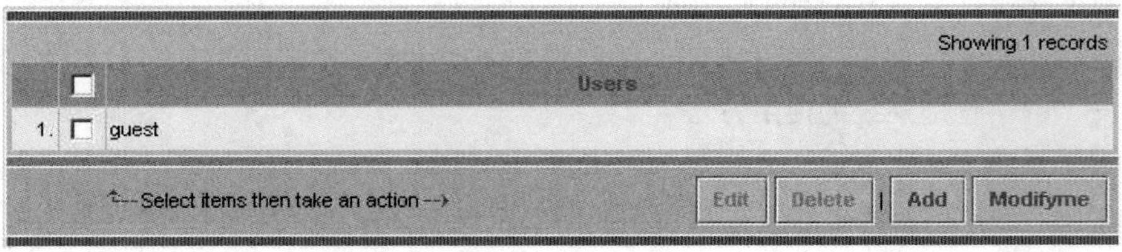

图 12–3–2 本地用户管理对话框

单击"Add"，在弹出的"添加用户"对话框中输入账户的用户名和密码等信息，如图 12–3–3 所示。

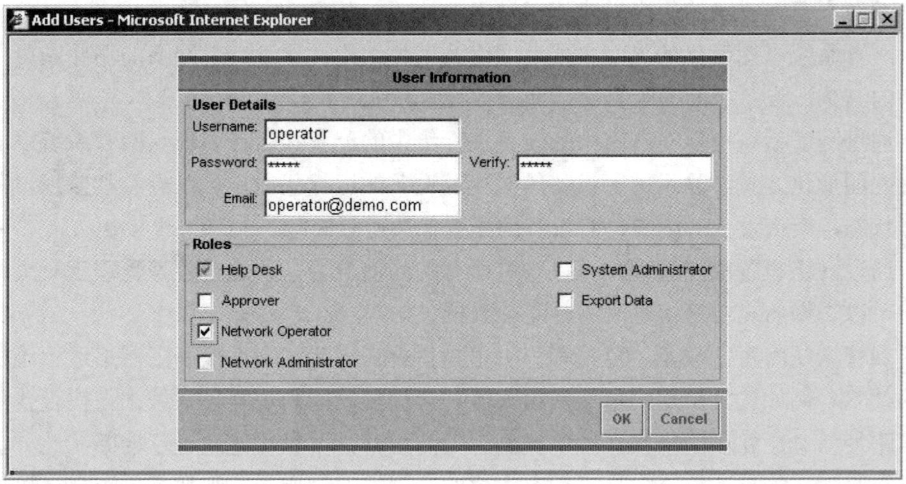

图 12–3–3 添加网管系统用户

在"Roles（角色）"一栏中，选中该用户可以担当的管理角色复选框，单击"OK"

按钮创建新账户。

【思考与练习】

1. 网络管理系统的主要功能是什么？
2. SNMP 协议在网络管理系统中的作用是什么？
3. 简述 CiscoWorks 2000 网管系统的安装过程。

模块 4 网络管理系统的使用（Z37G2004Ⅰ）

【模块描述】本模块介绍网络管理系统的使用。通过对利用网络管理系统查看网络信息和设备运行状态、监视网络设备和端口等操作步骤的讲解，掌握通过网络管理系统对网络进行运行维护管理的技能。

【模块内容】

一、网络管理系统的使用方法

网管系统安装完成后，会为每位网络管理员（运行维护管理人员）设定一个用户名和密码，并根据所承担的任务赋予相应的使用权限。管理员打开 IE 浏览器，输入网管系统的 IP 地址，使用用户名和密码登录后便可以使用网管系统了。

网络管理系统对于网络的运行维护管理来说是非常重要的应用系统，网管系统本身的安全和管理也需要高度重视，要定期查看网管服务器日志和运行报告、做好系统和数据的备份。服务器访问安全性管理确保合适级别的用户才能获得改变网络参数的工具，而不符合要求的用户只能使用只读工具。

网管系统以图形化的界面来展示网络的拓扑结构，通过查看网络的拓扑图可了解网络的结构、设备之间的连接方式和参数设置。

通过网管系统可以对网络中的设备进行集中的配置和运行管理，网管系统以非常直观的图形化工具，显示被管设备的面板及设备的运行状态，可以查看和监视设备的运行状态，查询设备的配置，对设备的配置参数进行修改。

通过网络设备故障管理，可以查看所有的当前告警，并通过告警受理工具进行管理。可以查询历史告警信息，进行统计分析。

网管系统将数据收集、监控和分析工具集中在一起，大大提高了网络运行维护管理的效率。例如，某个用户抱怨网络太慢，管理员就能利用网管系统来很快查找到该用户路径信息，并在网络拓扑图中找到有关的设备，可以快速地进行诊断，此外，利用网管系同还能迅速检查交换机和路由器的配置情况，或者监视数据的流量，以便发现异常情况或可能出现的变化。如果不用网管系统，上述工作会变得非常复杂，排查起来会花费较长的时间。

下面，我们以 CiscoWorks 2000 为例，介绍网管系统的具体使用。

二、CiscoWorks 2000 网管系统的使用

CiscoWorks 2000 是 Cisco 公司的基于 B/S 模式网络管理系统，网络管理人员可以通过 Web 方式，直观、方便、快捷地完成网络设备的配置、管理、监控和故障分析等任务。

（一）CiscoWorks 2000 主界面介绍

网络管理员登录 CiscoWorks 2000 后的主界面如图 12–4–1 所示。

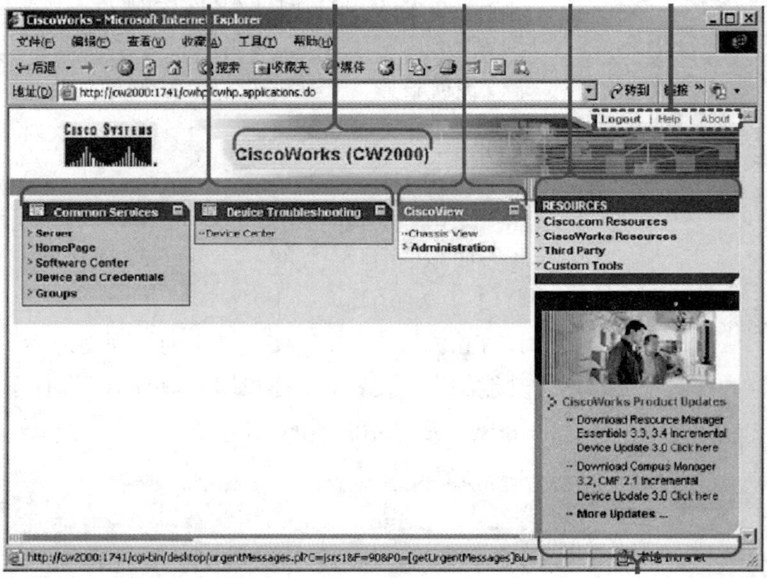

图 12–4–1　CiscoWorks 2000 主界面

CiscoWorks 2000 包含了很多功能，为了便于使用，在主界面每一类功能或应用都以一个可以展开或折叠的文件夹表示，当第一次打开主界面时，各类功能或应用只显示文件夹顶层的名称。CiscoWorks 2000 中主要的功能类别有：

（1）Common Services（公用服务）：列出网管系统本身所用的维护和管理功能，以及所有功能模块共同使用的管理操作。

（2）Device Troubleshooting（设备故障处理）：提供了一个访问设备的通道。通过这个功能可以显示设备详细信息，对设备进行故障处理以及日常管理。

（3）Application（应用软件）：系统安装的套件选项不同，所列出的内容也不同。如果只安装了 CD ONE 且选择的是默认安装，则仅显示应用程序 CiscoView。

（4）Resources（可用资源面板）：提供了一个访问 Cisco 网站、第三方应用程序的

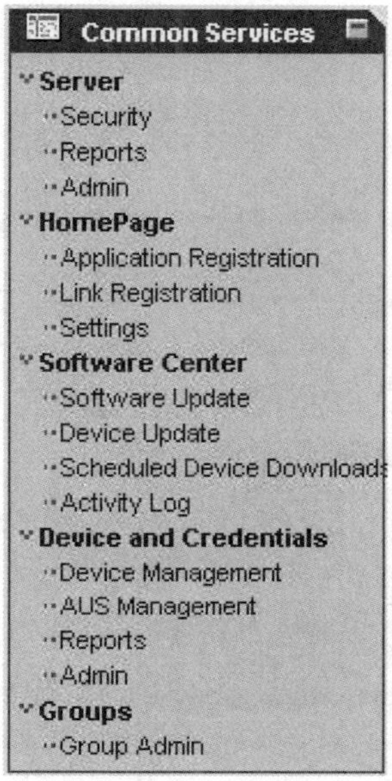

图 12–4–2 展开显示的 Common Services 面板

链接。

（5）CiscoWorks 工具条：在 CiscoWorks 主界面的右上角是 CiscoWorks 工具条，提供 Logout（注销）、Help（帮助）和 About（关于）选项。

（6）CiscoWorks Product Updates（产品升级）：在 CiscoWorks 主界面的右下角是 Cisco 产品升级面板，显示了 CiscoWorks 产品的声明、相关的帮助信息等。

（二）Common Service 功能的使用

Common Service 共用服务管理提供了对服务器自身、各项服务、安全特性、主页布局、功能、软件升级管理、硬件设备访问管理、组管理等一系列和共用服务有关的功能。

在 CiscoWorks 2000 主界面中，Common Service 共用服务面板位于左上角。展开了所有功能的选项，如图 12–4–2 所示。

当选择了第二层文件夹中的某项功能后，会弹出一个新的窗口并在其中显示所选功能的当前设置。如图 12–4–3 所示，是选择了“Common Services”→“Server”→“Security”后显示的新的窗口。

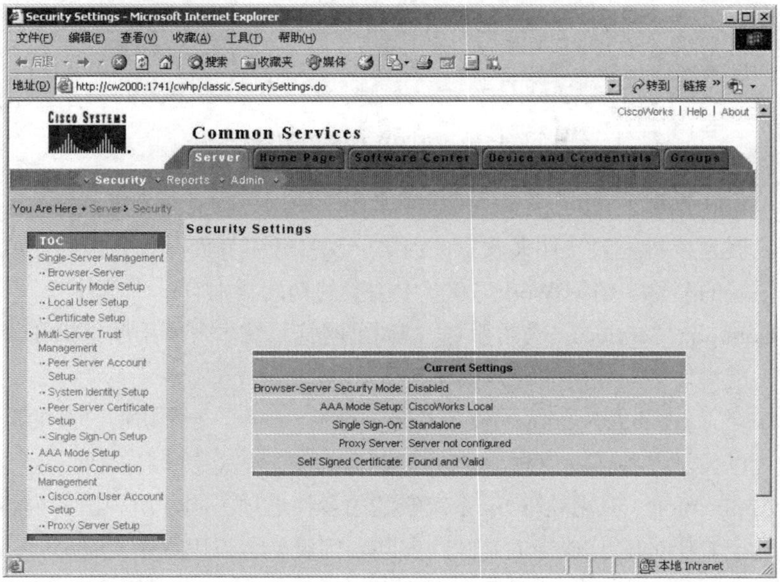

图 12–4–3 安全设置窗口

1. 查看网管服务器日志报告

CiscoWorks 的日志报告功能为网管系统的使用者提供了丰富的日志和报告查看功能。可以通过选择“Common Services”→“Server”→“Reports”来调用此模块。

2. 网管服务器系统管理

CiscoWorks 2000 系统管理包括进程管理、数据库备份、服务器运行信息收集、服务器自检、用户通知、任务管理等功能。

3. 被管设备基础信息管理

“Device and Credentials”提供了对所管理设备基础信息及密码的集中管理。所有通过网管系统管理的网络设备的基础信息如名称、类型、登录密码等等，都必须在此录入。

对设备的管理是以树形结构、分级进行组织的。选择“Common Services”→“Device and Credentials”→“Device Management”，进入设备管理界面。

（三）查看网络拓扑

园区管理（Campus Manager，CM）是 CiscoWorks 2000 LMS 可选的应用模块，其主要功能包括：网络拓扑服务、路径分析、用户跟踪、VLAN 成员端口分配、差异报告等。网管系统上安装了 CM 后，CiscoWorks 2000 的主界面会新增 CM 功能模块，如图 12–4–4 所示。

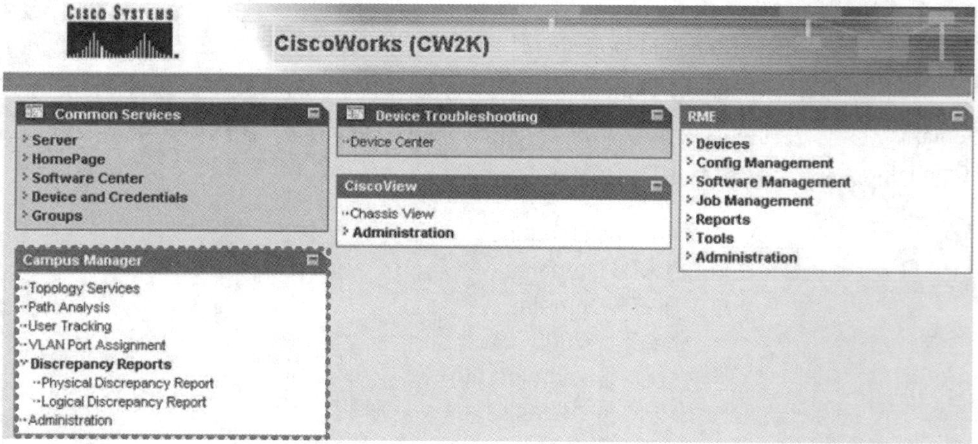

图 12–4–4　安装了 CM 的 CiscoWorks 2000 主界面

拓扑服务（Topology Services）通过 SNMP 协议自动收集 Cisco 网络设备上的信息，利用图形化的界面来展示网络结构。拓扑服务主要功能包括网络连通结构图展示、物理及逻辑的连通报告及对 2/3 层内容进行配置三个部分。为了网管服务器能够正确地

收集数据，各网络设备必须正确地配置了 SNMP 参数，启用了 CDP（Cisco 设备发现协议，默认已运行）功能。

在图 12–4–4 中单击“Topology Services”，弹出拓扑服务界面窗口，如图 12–4–5 所示。

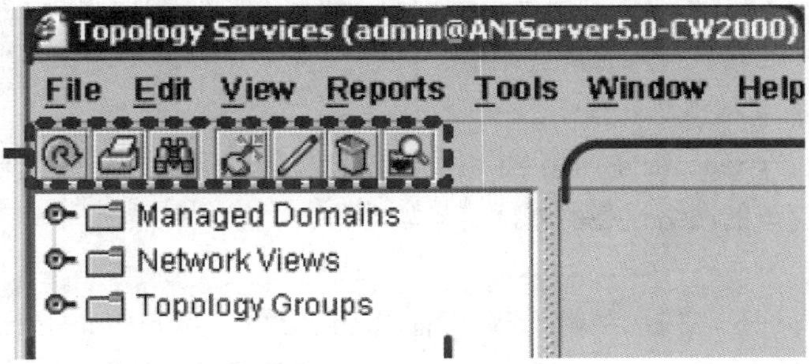

图 12–4–5 拓扑服务（Topology Services）主界面

拓扑树视图栏中列出了拓扑服务的三个功能模块。它们分别是管理域视图、网络视图、拓扑组视图。管理域视图主要完成和 VTP 相关的功能，实现对域的全面查看及管理，包括查看设备的端口连接、端口 Vlan 分配等，同时有创建 Vlan、指派端口等编辑功能；网络查看视图主要针对网络内的设备进行分类查看；拓扑组视图是按照分组形式对设备进行查看管理。

1. 管理域视图（Managed Domains）

管理域视图（Managed Domains）包括 ATM 视图和 VTP 视图。通过单击“VTP Domains”文件夹前的树形符号展开“VTP Domains Domains”视图树。全部展开后的“VTP Domains”视图树，如图 12–4–6 所示。

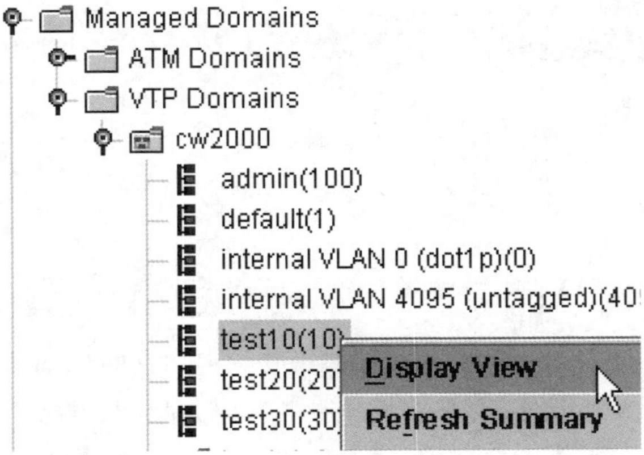

图 12–4–6 全部展开后的 VTP Domains 视图树

在上图中右击 VTP 域分支下的 VLAN 名称，在弹出的上下文菜单中选择“Display View”，此时，将弹出设备视图，以图形化的方式显示网络设备拓扑图，如图 12–4–7 所示。

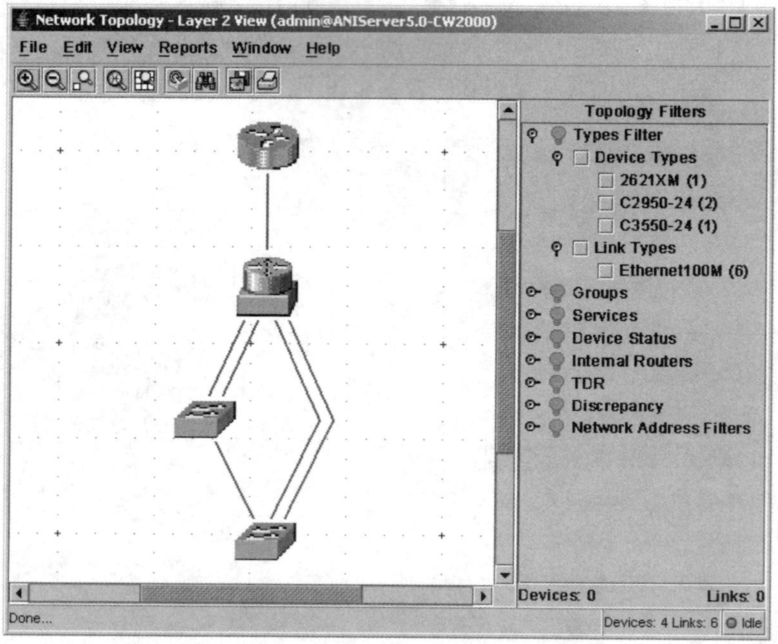

图 12–4–7　网络设备拓扑图

2. 网络视图（Network Views）

图 12–4–8 显示了全部展开的网络视图。

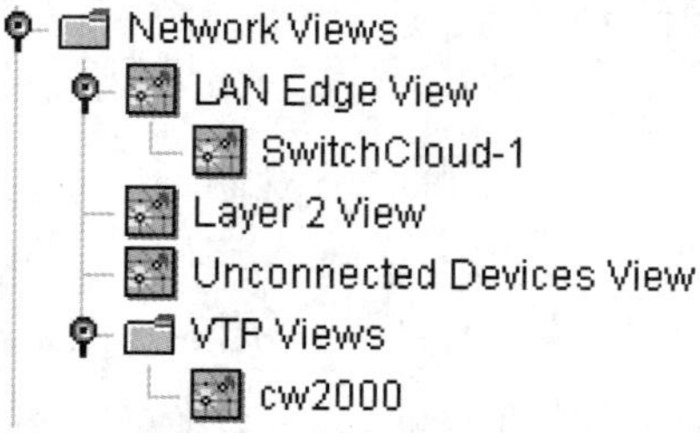

图 12–4–8　全部展开的网络视图

上面的视图中又分为：

（1）LAN 边缘视图（LAN Edge View）：以交换机云为单位显示所属设备（没有三层连接性）相关信息。

（2） 二层设备视图（Layer 2 View）：显示网络的第二层信息，包括 ATM/LAN 交换机、路由器等。

（3） 未连接设备视图（Unconnected Devices View）：显示未能获得相关信息的设备。

（4） VTP 域视图（VTP Views）：显示 VTP 域内设备及其邻居。

在图 12–4–8 中右击某子视图，在弹出的上下文菜单中选择“Display View”将弹出设备视图，以图形化的方式显示网络设备拓扑图，如图 12–4–9 所示。

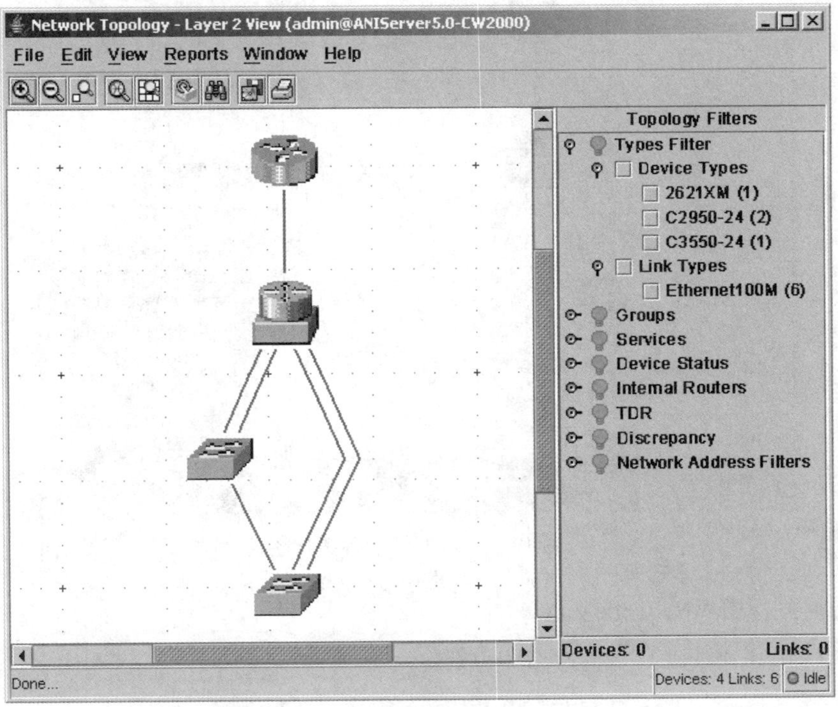

图 12–4–9 网络设备拓扑图

在上图中选择“View”菜单下的“Display Lables”下的不同选项，可以在设备旁边显示不同形式的设备标识；选择“Relay out”下的不同选项，可以以不同的布局显示设备。也可以通过拖动的方法自行布置设备拓扑显示效果。

3. 拓扑组视图（Topology Groups）

图 12–4–10 显示了将拓扑组视图中的 Campus@CW2K 全部展开的拓扑组视图。

在该视图中又分为：

（1） CS@CW2K 视图（共用服务视图）：以共用服务对设备的分类方法分组（视图）显示设备元素。

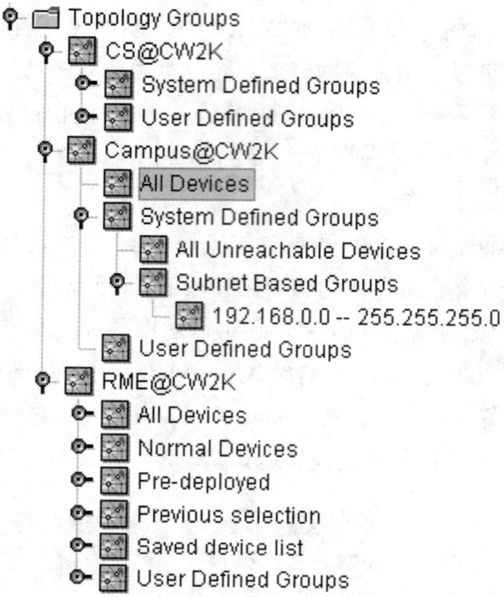

图 12–4–10 Campus@CW2K 全部展开的拓扑组视图

（2） Campus@CW2K 视图（园区网管理视图）：以园区网管理对设备分类的方法分组（视图）显示设备元素。

（3） RME@CW2K 视图（资源管理要素视图）：以 RME 对设备的分类分组（视图）显示设备元素。

在图 12–4–10 中单击“Campus@CW2K”→“All Devices”可以显示园区网管理视图分类中所有设备的相关信息，如图 12–4–11 所示。

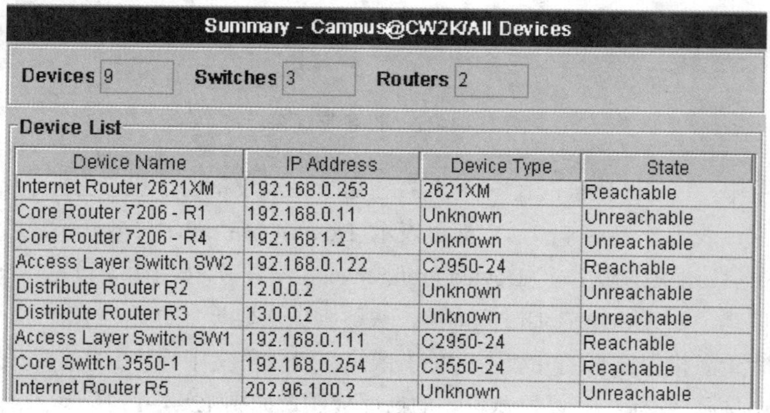
Summary - Campus@CW2K/All Devices

Devices 9 Switches 3 Routers 2

Device List

Device Name	IP Address	Device Type	State
Internet Router 2621XM	192.168.0.253	2621XM	Reachable
Core Router 7206 - R1	192.168.0.11	Unknown	Unreachable
Core Router 7206 - R4	192.168.1.2	Unknown	Unreachable
Access Layer Switch SW2	192.168.0.122	C2950-24	Reachable
Distribute Router R2	12.0.0.2	Unknown	Unreachable
Distribute Router R3	13.0.0.2	Unknown	Unreachable
Access Layer Switch SW1	192.168.0.111	C2950-24	Reachable
Core Switch 3550-1	192.168.0.254	C3550-24	Reachable
Internet Router R5	202.96.100.2	Unknown	Unreachable

图 12–4–11 所有设备的相关信息

在图 12–4–10 中单击“Campus@CW2K”→“System Defined Groups”→“All Unreachable Devices”可以显示园区网管理视图分类中所有不可达设备的相关信息。单击“Campus@CW2K”→“System Defined Groups”→“Subnet Based Groups“可以显示园区网管理视图分类中以子网分类的设备的相关信息。

（四）设备配置及运行管理

CiscoView 是 CiscoWorks 2000 中的功能模块，其主要用途是对网络设备进行集中的管理。CiscoView 是一个非常直观的图形化管理工具，可以实时显示被管设备的面板、指示灯，能够监控设备、链路的利用率，还可以对设备进行配置。

在 CiscoWorks 2000 主界面上选择“CiscoView”→“Chassis View”，进入到如图 12–4–12 所示的设备管理窗口。在“DeviceName/IP”文本框中输入某个被管设备的名称或 IP 地址，将显示该设备的面板和运行状态。

图 12–4–12　设备管理窗口

在上图中，“Color Legend（图例）”按钮用于显示设备运行状态色标示例：绿色表示运行正常，浅蓝色表示非激活，棕色表示 Down，红色表示失效，黄色表示镜像端口，紫色表示处于测试状态。“Device Preferences（偏好）”按钮用于设定、查询 SNMP 相关参数信息，如 SNMP 查询时间间隔，失败尝试次数等。

在被管设备模拟图形的非板卡区单击鼠标右键（下文中称“右击”），在弹出的上下文菜单中选择“rear”可以显示设备的后面板图，如图 12–4–13 所示。

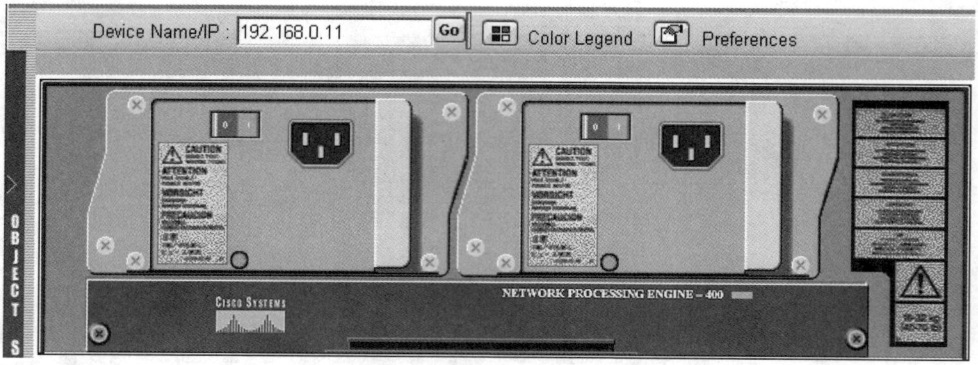

图 12–4–13 被管设备 7206 的后面板

设备管理窗口中，可以查看和监视设备的运行状态，查询设备的配置，对设备的配置参数进行修改。

1. 监测设备运行状态

右击被管设备模拟图形的非板卡区，弹出如图 12–4–14 所示的菜单。

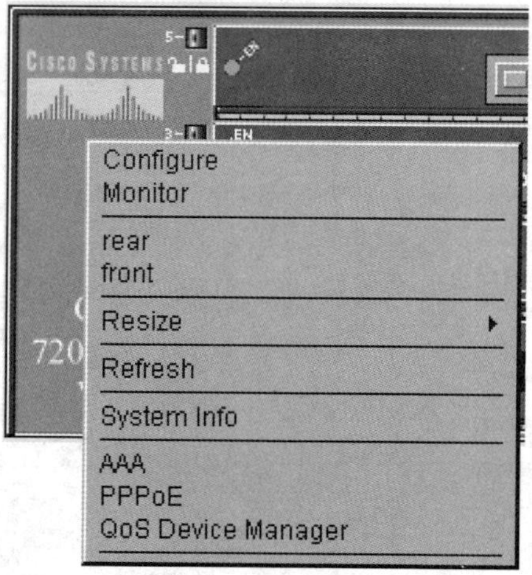

图 12–4–14 上下文菜单

在菜单中选择“Monitor”，此时会弹出设备监视窗口，如图 12–4–15 所示。该窗口显示出设备的内存、缓存、CPU 利用率等参数动态实时折线图。

在上图中的“Category”下拉框中，可以选择运行环境监视，包括温度、电压等参数，如图 12–4–16 所示。还可以设定刷新时间间隔。

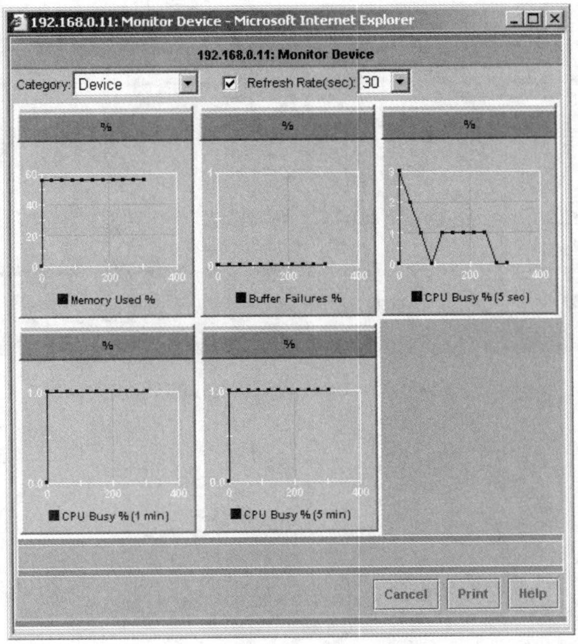

图 12–4–15 设备参数实时折线图

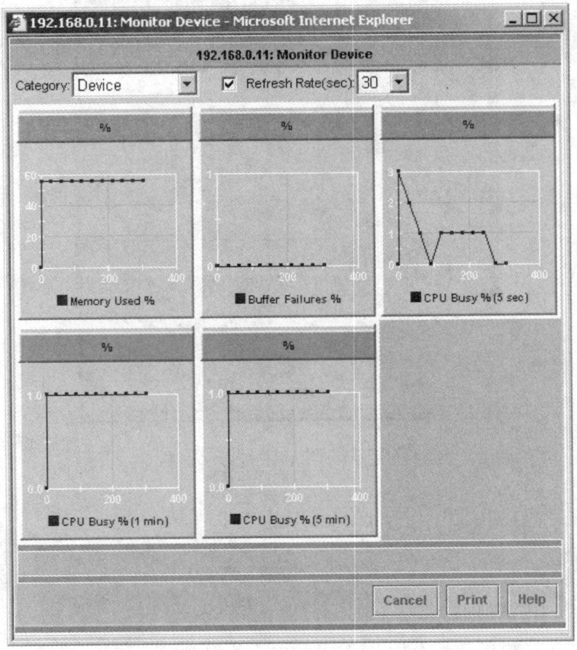

图 12–4–16 设备环境实时折线图

2. 查看或修改设备配置

在设备显示区域还可以对设备进行简单的配置。右击被管设备模拟图形的非板卡区，在弹出的上下文菜单中选择“Configure”，弹出设备配置对话框，如图 12–4–17 所示。

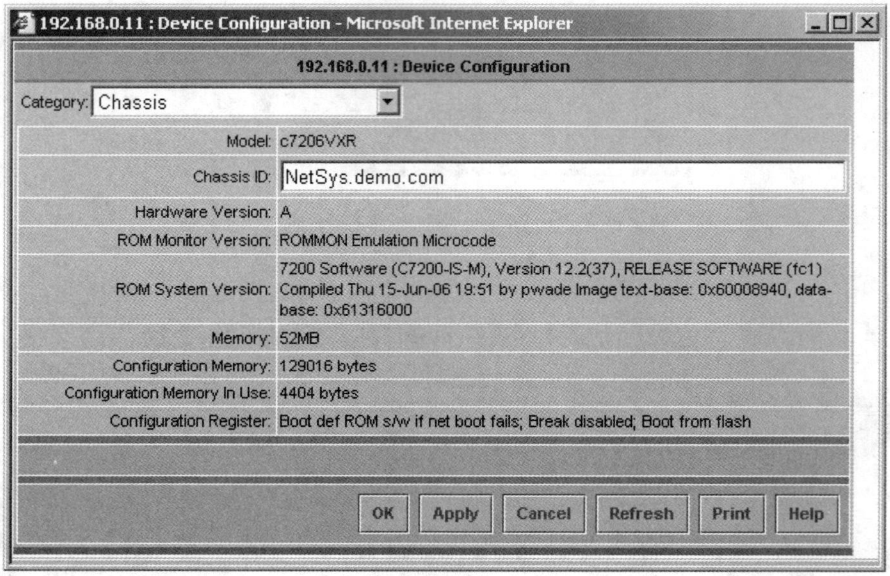

图 12–4–17　设备配置对话框

通过选择“Category”右侧的下拉列表框，用户还可以选择其他可以查看/更改的项目，如图 12–4–18 所示。

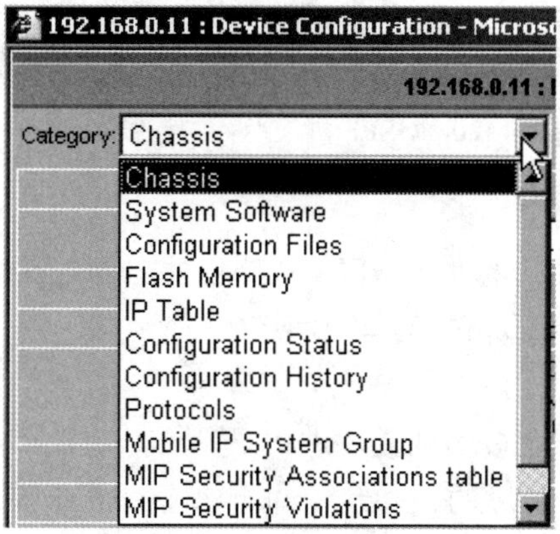

图 12–4–18 “Category”下拉列表框

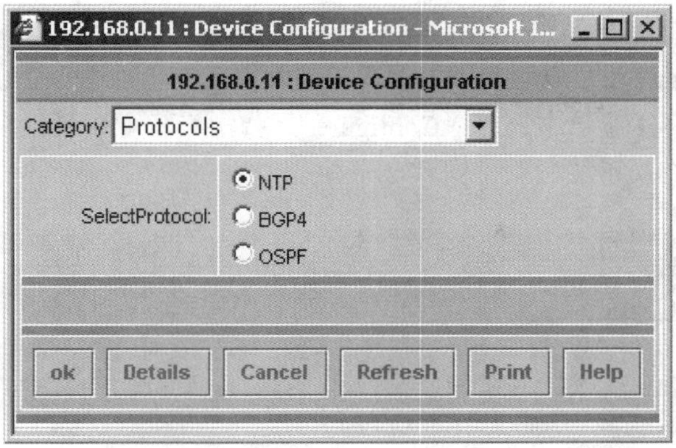

图 12–4–19　设备协议配置对话框

图 12–4–20 显示了在图 12–4–19 中选择了显示 OSPF 相关信息后弹出的 OSPF 信息窗口，通过该窗口，用户可以详细查看 OSPF 协议运行的详细参数。

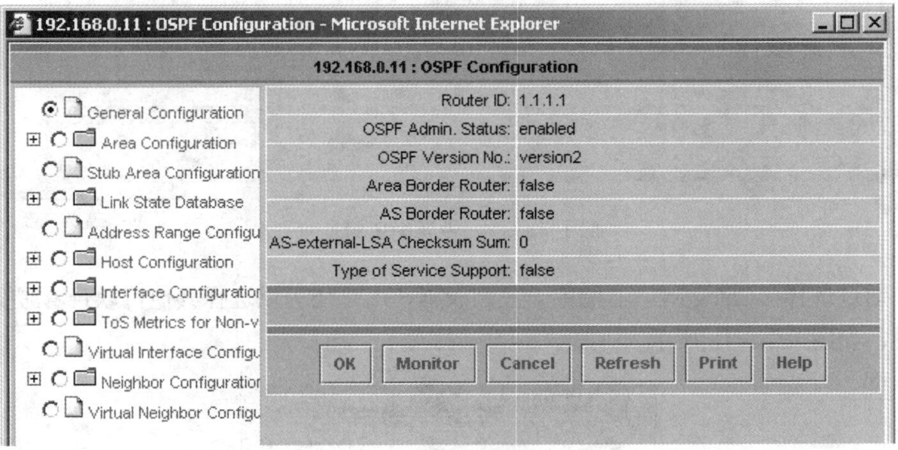

图 12–4–20　OSPF 协议运行的详细参数对话框

3. 查看设备信息

右击被管设备模拟图形的非板卡区，在弹出的上下文菜单中选择“System Info”，弹出设备信息概览对话框，如图 12–4–21 所示。

4. 模块配置

模块配置可以对设备已安装的模块进行配置（实际上大部分情况下是查看）。

右击被管设备模拟图形的模块区（非接口区），在弹出的上下文菜单中选择“Configure”，如图 12–4–22 所示。随后弹出“模块配置信息概览”对话框，如图 12–4–23 所示。

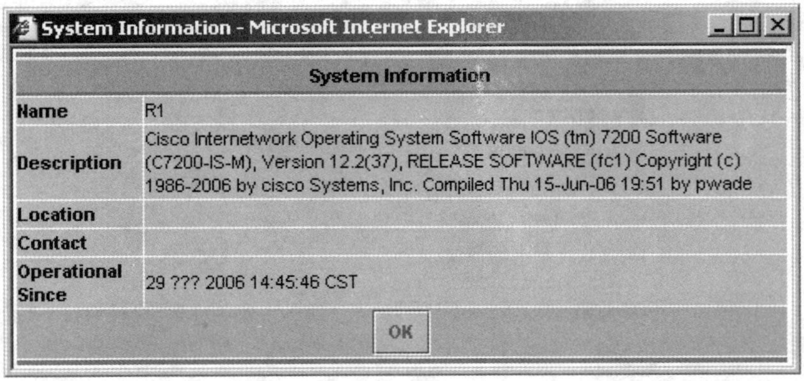

图 12–4–21　设备信息概览对话框

图 12–4–22　模块区配置

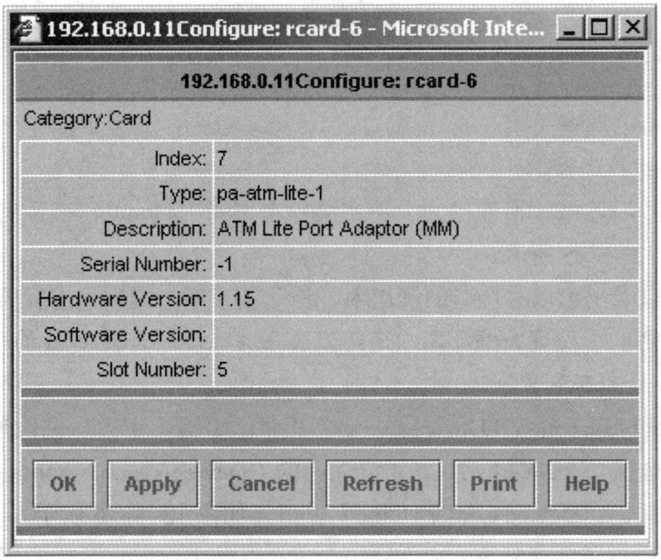

图 12–4–23 “模块配置信息概览”对话框

5. 接口的关闭和启用

右击设备接口区域，在弹出的上下文菜单中选择“Configure”，弹出“接口配置”对话框，如图 12–4–24 所示。

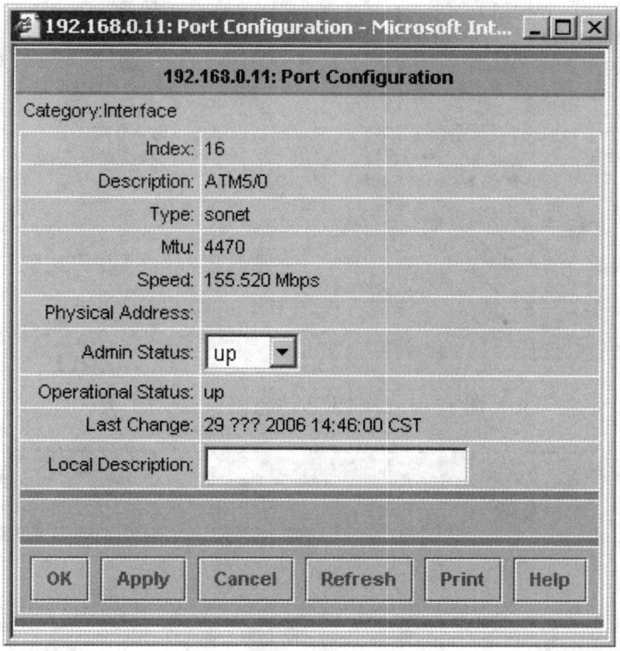

图 12–4–24 “接口配置”对话框

在这里，可以选择关闭（或开启）端口，也可以为接口设置描述信息。

6. 端口运行状态监测

右击设备接口区域，在弹出的上下文菜单中选择“Monitor”，弹出“接口监测”对话框，如图 12–4–25 所示。

从上图可以看出可以对接口的利用率、排队丢弃率、错误率进行监测。通过选择“Category”右侧的下拉列表框，用户还可以选择其他可以查看/更改的项目。

（五）设备检测及异常测试

Device Troubleshooting（Device Center）提供了查看、更改、测试被管设备配置、属性的功能。选择 CiscoWorks 2000 主界面上的“Device Troubleshooting”→“Device Center”，系统弹出“Device Center Home”窗口，如图 12–4–26 所示。

1. 查看被管设备的管理方式

“Management Station to Device”用来探测被管设备的被管能力，即用户可以以何种方式登录、管理被管设备。

当选择了此功能后，会弹出“Management Station to Device”对话框，选择想要探测的选项，单击“OK”，经过一段时间的探测后，弹出测试报告窗口，显示该设备是否可以通过 HTTP、SNMPv1/v2c/v3、TELNET 等方式管理该设备。

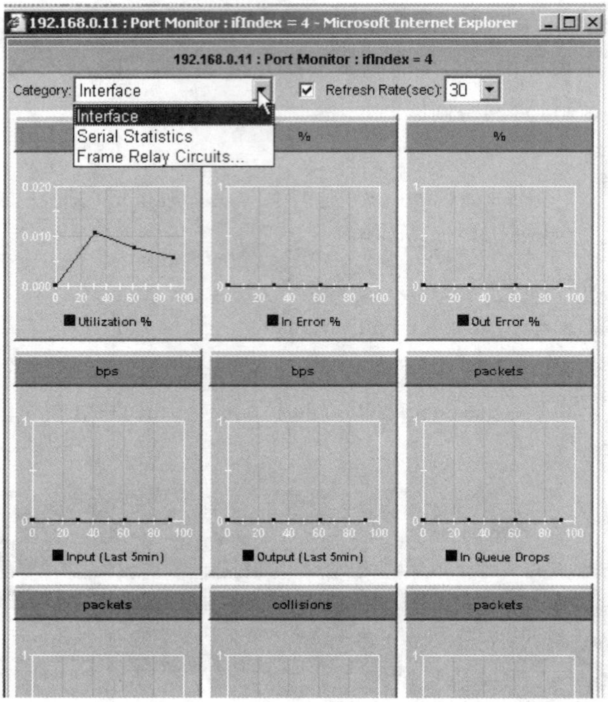

图 12–4–25 “接口监测”对话框

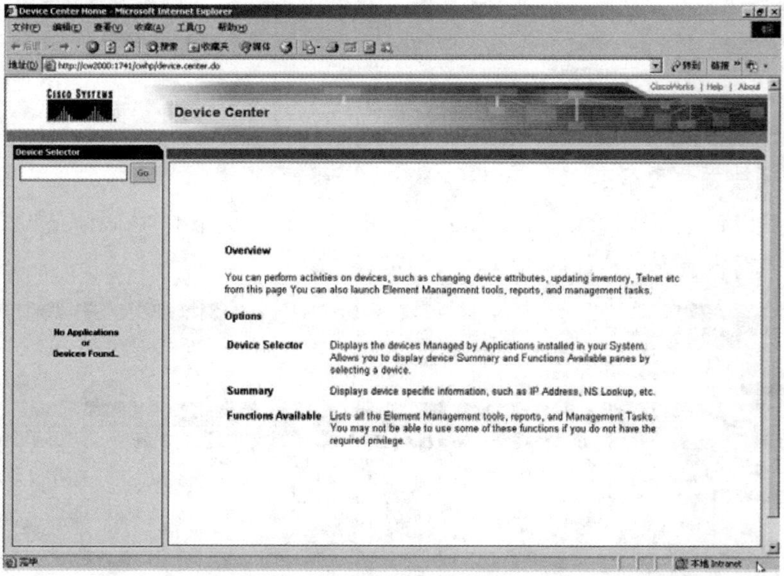

图 12–4–26 “设备中心”界面

2. PING、TRACE ROUTE、TELNET 工具

“设备中心”主页提供了常用的测试工具，如 PING、TRACE ROUTE、TELNET 工具，方便管理人员排查网络问题时使用。

3. 捕获数据包

数据包捕获工具“Packet Capture”提供了对设备流量进行捕获的功能，捕获的流量通过第三方的工具软件进行协议分析。

（六）网络设备故障管理

网络设备故障管理器（Device Fault Manager，DFM）的主要功能包括：实时监测网络状态、当网络（设备）发生错误或用户定义的事件发生时进行的报警。

当 DFM 安装结束后，CiscoWorks 2000 的主界面会新增 DFM 模块区域如图 12–4–27 所示。

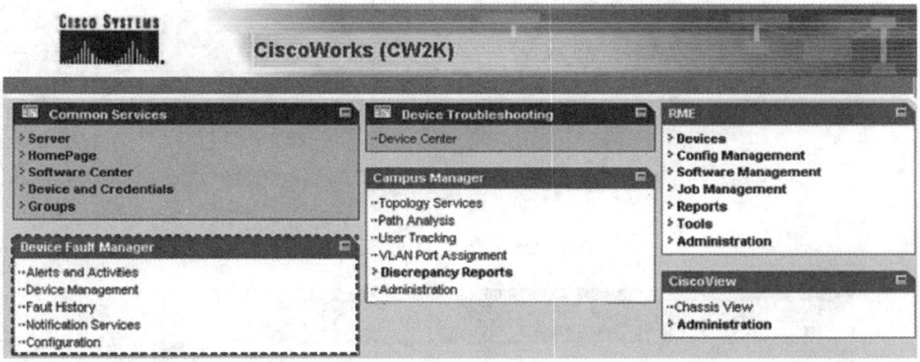

图 12–4–27　安装了 DFM 后的 CiscoWorks 2000 主界面

1. 查看当前告警信息

选择 DFM 主界面下的“Alerts and Activities”主标签页下的“Alerts and Activities”，系统弹出当前告警窗口，如图 12–4–28 所示。

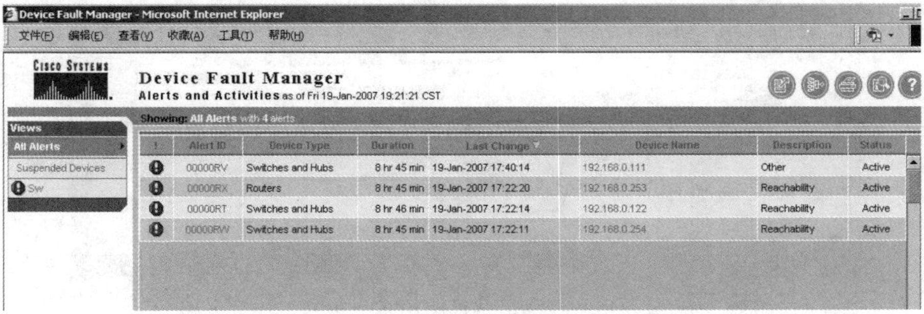

图 12–4–28　当前告警窗口

上图显示了告警事件编号，产生告警的设备类型，告警持续时间，上次状态变动的事件，告警设备名称（IP 地址），告警描述分类和告警状态。

在上图中单击告警编号，将弹出告警事件详细信息，如图 12–4–29 所示。

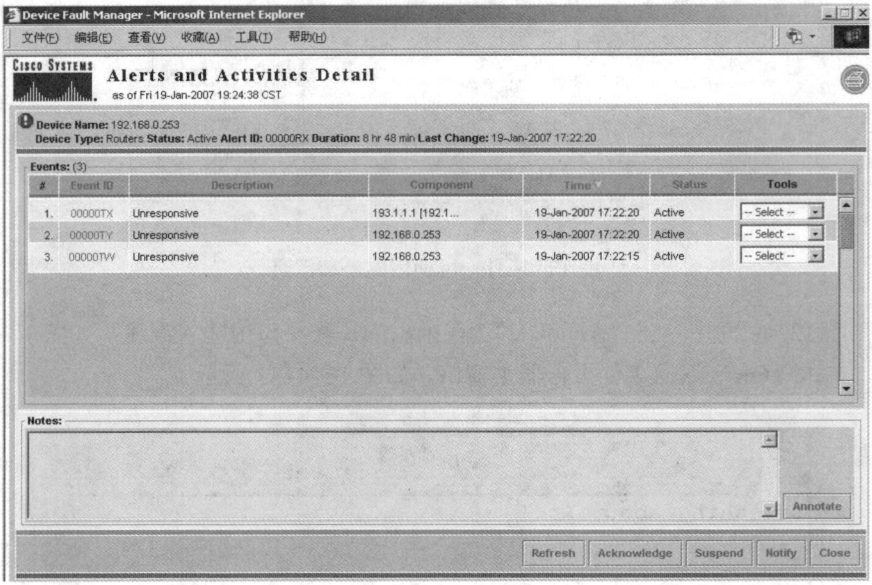

图 12–4–29　告警事件详细信息

在上图中列出了事件号，事件描述，涉及组件，事件时间，事件状态等信息。单击事件编号，系统弹出事件详细描述。如图 12–4–30 所示。

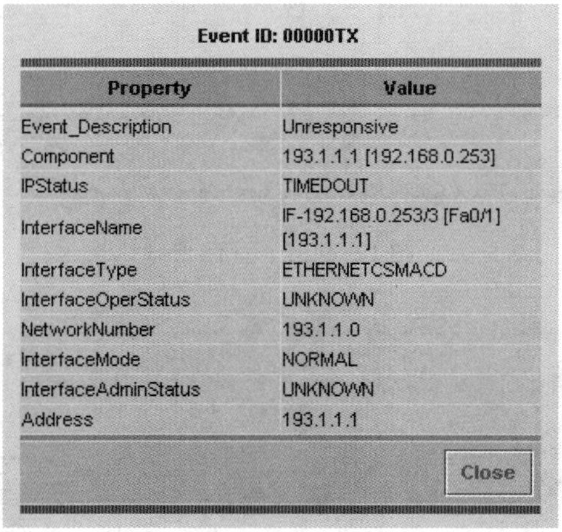

图 12–4–30　事件详细描述

在图 12–4–29 中每行事件描述的最后显示了可调用的外部工具（包括失效历史查询，设备中心，用户跟踪报告以及 CiscoView），如图 12–4–31 所示。

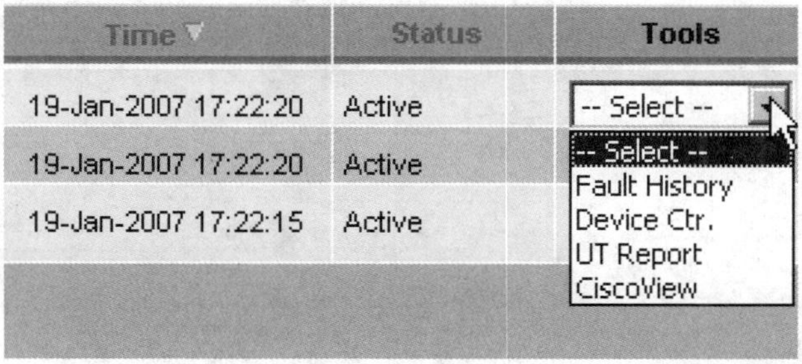

图 12–4–31 可调用的外部工具

在图 12–4–29 中单击“Annotate”，在弹出的评注窗口中输入评注，如图 12–4–32 所示，单击“OK”返回事件报告器主窗口。如图 12–4–33 所示。

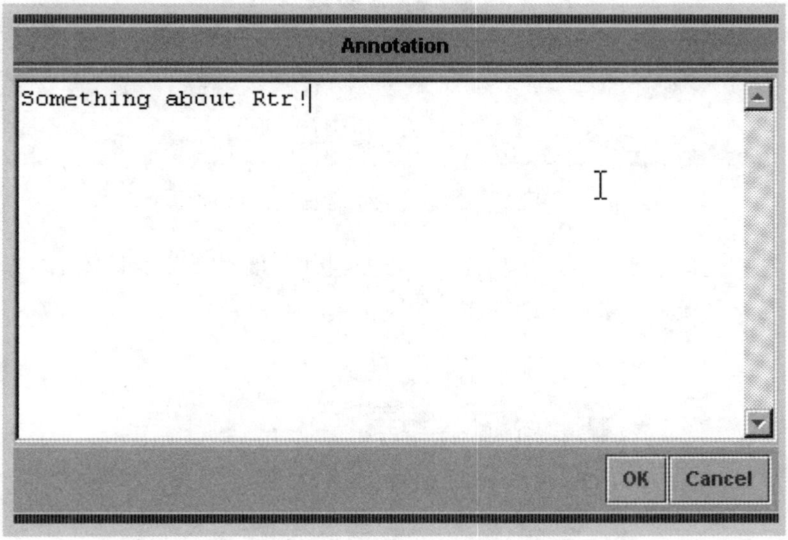

图 12–4–32 评注窗口

图 12–4–33 事件报告器主窗口

在上图中列出了刚才添加的评注信息。在上图中单击“Acknowledge”，经确认后，在告警事件主窗口会看到告警状态已经过确认，如图 12–4–34 所示。

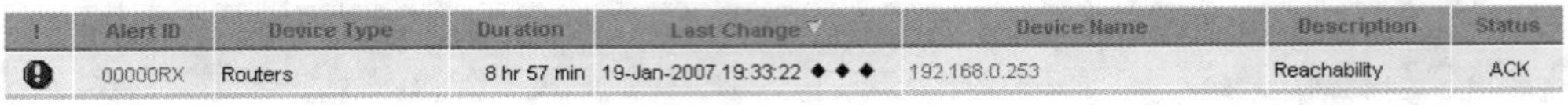

!	Alert ID	Device Type	Duration	Last Change	Device Name	Description	Status
	00000RX	Routers	8 hr 57 min	19-Jan-2007 19:33:22 ◆◆◆	192.168.0.253	Reachability	ACK

图 12–4–34　告警状态已经过确认

在图 12–4–29 中也可以单击“Suspend”将告警挂起，此时，在告警活动主窗口将不再显示该告警信息。

2. 历史告警查询

可以通过失效历史模块以定制的方式搜索、查看过去时间发生的警告、事件信息。

选择 DFM 主界面下的“Fault History”主标签页下的“Alert Filtering”→“Search Group”来以组为单位搜索告警日志，如图 12–4–35 所示。

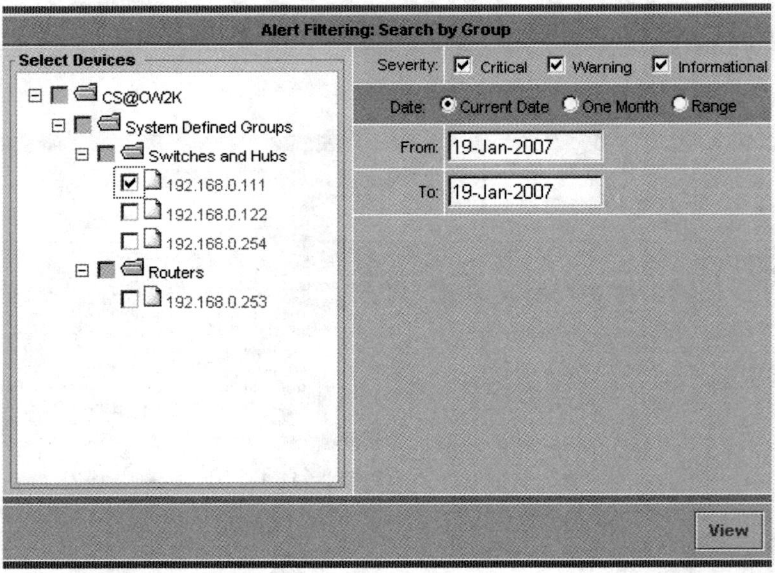

图 12–4–35　告警过滤设置窗口

在上图左侧选择设备，根据需要选择右侧要查看的严重等级、时间，单击“View”系统将弹出告警汇总信息窗口，如图 12–4–36 所示。

在上图中列出了告警编号，告警设备名称、设备类型、告警分类、告警严重等级、告警日期、状态等信息。在上图中，单击告警编号，系统弹出新的窗口，显示详细告警事件对话框，如图 12–4–37 所示。

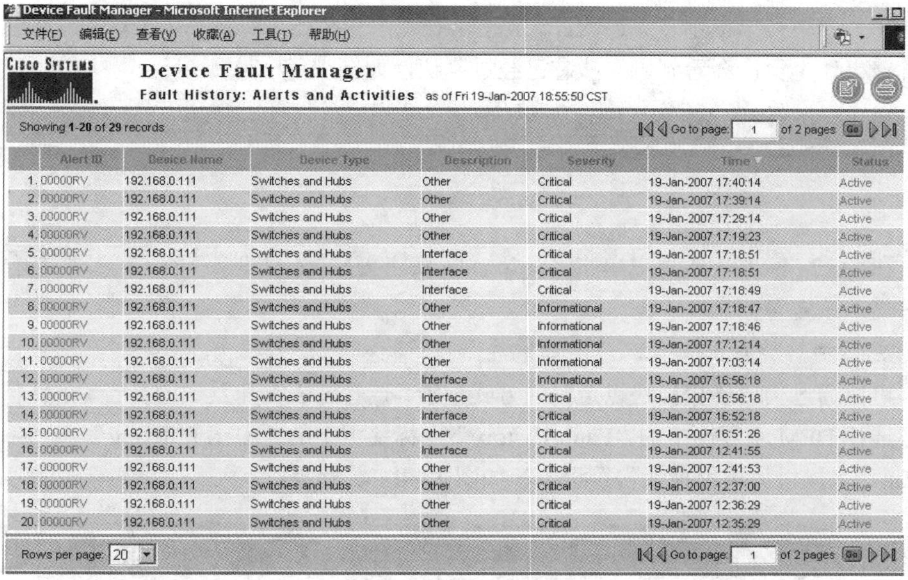

Device Fault Manager - Microsoft Internet Explorer

文件(F) 编辑(E) 查看(V) 收藏(A) 工具(T) 帮助(H)

CISCO SYSTEMS

Device Fault Manager

Fault History: Alerts and Activities as of Fri 19-Jan-2007 18:55:50 CST

Showing 1-20 of 29 records Go to page: 1 of 2 pages

	Alert ID	Device Name	Device Type	Description	Severity	Time	Status
1.	00000RV	192.168.0.111	Switches and Hubs	Other	Critical	19-Jan-2007 17:40:14	Active
2.	00000RV	192.168.0.111	Switches and Hubs	Other	Critical	19-Jan-2007 17:39:14	Active
3.	00000RV	192.168.0.111	Switches and Hubs	Other	Critical	19-Jan-2007 17:29:14	Active
4.	00000RV	192.168.0.111	Switches and Hubs	Other	Critical	19-Jan-2007 17:19:23	Active
5.	00000RV	192.168.0.111	Switches and Hubs	Interface	Critical	19-Jan-2007 17:18:51	Active
6.	00000RV	192.168.0.111	Switches and Hubs	Interface	Critical	19-Jan-2007 17:18:51	Active
7.	00000RV	192.168.0.111	Switches and Hubs	Interface	Critical	19-Jan-2007 17:18:49	Active
8.	00000RV	192.168.0.111	Switches and Hubs	Other	Informational	19-Jan-2007 17:18:47	Active
9.	00000RV	192.168.0.111	Switches and Hubs	Other	Informational	19-Jan-2007 17:18:46	Active
10.	00000RV	192.168.0.111	Switches and Hubs	Other	Informational	19-Jan-2007 17:12:14	Active
11.	00000RV	192.168.0.111	Switches and Hubs	Other	Informational	19-Jan-2007 17:03:14	Active
12.	00000RV	192.168.0.111	Switches and Hubs	Interface	Informational	19-Jan-2007 16:56:18	Active
13.	00000RV	192.168.0.111	Switches and Hubs	Interface	Critical	19-Jan-2007 16:56:18	Active
14.	00000RV	192.168.0.111	Switches and Hubs	Interface	Critical	19-Jan-2007 16:52:18	Active
15.	00000RV	192.168.0.111	Switches and Hubs	Other	Critical	19-Jan-2007 16:51:26	Active
16.	00000RV	192.168.0.111	Switches and Hubs	Interface	Critical	19-Jan-2007 12:41:55	Active
17.	00000RV	192.168.0.111	Switches and Hubs	Other	Critical	19-Jan-2007 12:41:53	Active
18.	00000RV	192.168.0.111	Switches and Hubs	Other	Critical	19-Jan-2007 12:37:00	Active
19.	00000RV	192.168.0.111	Switches and Hubs	Other	Critical	19-Jan-2007 12:36:29	Active
20.	00000RV	192.168.0.111	Switches and Hubs	Other	Critical	19-Jan-2007 12:35:29	Active

Rows per page: 20 Go to page: 1 of 2 pages

图 12–4–36 告警汇总信息窗口

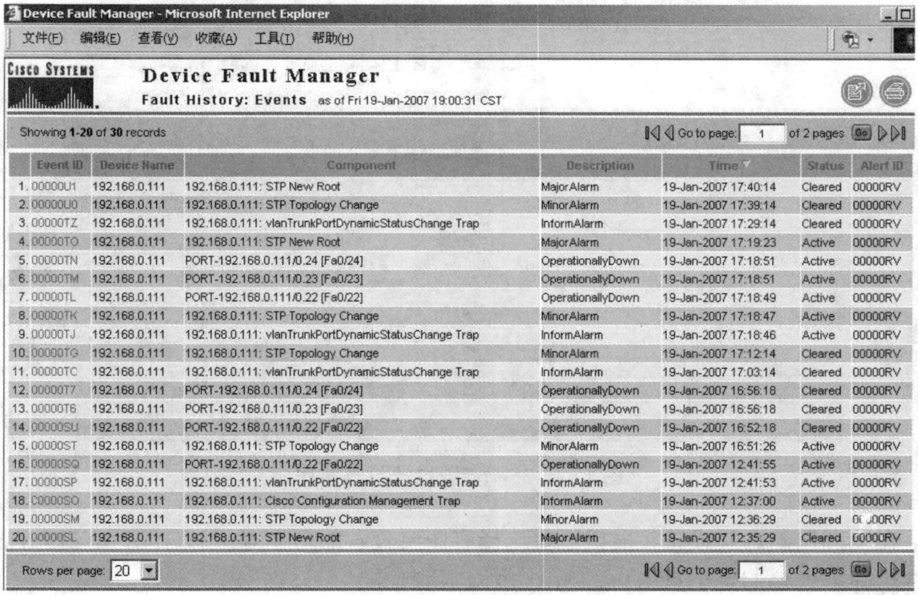

Device Fault Manager - Microsoft Internet Explorer

文件(F) 编辑(E) 查看(V) 收藏(A) 工具(T) 帮助(H)

CISCO SYSTEMS

Device Fault Manager

Fault History: Events as of Fri 19-Jan-2007 19:00:31 CST

Showing 1-20 of 30 records Go to page: 1 of 2 pages

	Event ID	Device Name	Component	Description	Time	Status	Alert ID
1.	00000U1	192.168.0.111	192.168.0.111: STP New Root	MajorAlarm	19-Jan-2007 17:40:14	Cleared	00000RV
2.	00000U0	192.168.0.111	192.168.0.111: STP Topology Change	MinorAlarm	19-Jan-2007 17:39:14	Cleared	00000RV
3.	00000TZ	192.168.0.111	192.168.0.111: vlanTrunkPortDynamicStatusChange Trap	InformAlarm	19-Jan-2007 17:29:14	Cleared	00000RV
4.	00000TO	192.168.0.111	192.168.0.111: STP New Root	MajorAlarm	19-Jan-2007 17:19:23	Active	00000RV
5.	00000TN	192.168.0.111	PORT-192.168.0.111/0.24 [Fa0/24]	OperationallyDown	19-Jan-2007 17:18:51	Active	00000RV
6.	00000TM	192.168.0.111	PORT-192.168.0.111/0.23 [Fa0/23]	OperationallyDown	19-Jan-2007 17:18:51	Active	00000RV
7.	00000TL	192.168.0.111	PORT-192.168.0.111/0.22 [Fa0/22]	OperationallyDown	19-Jan-2007 17:18:49	Active	00000RV
8.	00000TK	192.168.0.111	192.168.0.111: STP Topology Change	MinorAlarm	19-Jan-2007 17:18:47	Active	00000RV
9.	00000TJ	192.168.0.111	192.168.0.111: vlanTrunkPortDynamicStatusChange Trap	InformAlarm	19-Jan-2007 17:18:46	Active	00000RV
10.	00000TG	192.168.0.111	192.168.0.111: STP Topology Change	MinorAlarm	19-Jan-2007 17:12:14	Cleared	00000RV
11.	00000TC	192.168.0.111	192.168.0.111: vlanTrunkPortDynamicStatusChange Trap	InformAlarm	19-Jan-2007 17:03:14	Cleared	00000RV
12.	00000T7	192.168.0.111	PORT-192.168.0.111/0.24 [Fa0/24]	OperationallyDown	19-Jan-2007 16:56:18	Cleared	00000RV
13.	00000T6	192.168.0.111	PORT-192.168.0.111/0.23 [Fa0/23]	OperationallyDown	19-Jan-2007 16:56:18	Cleared	00000RV
14.	00000SU	192.168.0.111	PORT-192.168.0.111/0.22 [Fa0/22]	OperationallyDown	19-Jan-2007 16:52:18	Cleared	00000RV
15.	00000ST	192.168.0.111	192.168.0.111: STP Topology Change	MinorAlarm	19-Jan-2007 16:51:26	Active	00000RV
16.	00000SQ	192.168.0.111	PORT-192.168.0.111/0.22 [Fa0/22]	OperationallyDown	19-Jan-2007 12:41:55	Active	00000RV
17.	00000SP	192.168.0.111	192.168.0.111: vlanTrunkPortDynamicStatusChange Trap	InformAlarm	19-Jan-2007 12:41:53	Active	00000RV
18.	00000SO	192.168.0.111	192.168.0.111: Cisco Configuration Management Trap	InformAlarm	19-Jan-2007 12:37:00	Active	00000RV
19.	00000SM	192.168.0.111	192.168.0.111: STP Topology Change	MinorAlarm	19-Jan-2007 12:36:29	Cleared	00000RV
20.	00000SL	192.168.0.111	192.168.0.111: STP New Root	MajorAlarm	19-Jan-2007 12:35:29	Cleared	00000RV

Rows per page: 20 Go to page: 1 of 2 pages

图 12–4–37 告警事件对话框

在上图中再次单击事件编号，系统弹出该事件的详细描述信息，如图 12–4–38 所示。

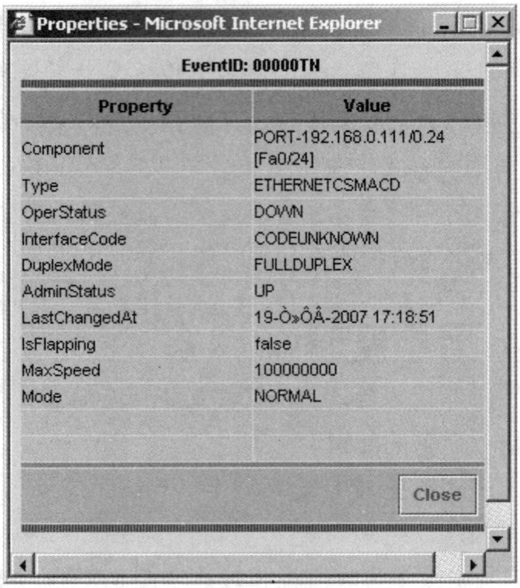

图 12–4–38　事件的详细描述信息

【思考与练习】

1. 通过网管系统可以进行哪些网络运行维护管理工作？
2. 使用 CiscoWorks 2000 网管系统，如何查看网络的拓扑结构？
3. 简述 CiscoWorks 2000 网管系统的故障管理功能的使用方法。

◢ 模块 5　网络流量的实时统计（Z37G2005Ⅱ）

【模块描述】本模块包括网络流量的实时统计。通过对网络流量的实时统计典型工具软件使用方法的介绍，掌握监视和测量网络流量的方法。

【模块内容】

在网络的运行维护管理过程中，为了全面衡量网络运行状况，需要了解网络的数据流量分布情况，来判断网络是否处于健康状态，并据此进行网络优化和流量管理。当网络出现速度变慢、拥塞等异常情况时，通过测试查看网络设备、设备端口以及主机上的流量，来分析排查网络故障。

一、网络流量实时监视和统计的原理及方法

通常采用专用的软件来进行网络流量的实时监视和统计，通过将软件安装在计算机上来组成网络流量实时监视和统计系统，为了叙述上的方便，我们将该网络流量实时监视和统计系统简称为监测主机。

网络流量实时监视和统计一般是建立在 SNMP 协议的基础之上，监测主机采用 SNMP 协议通过网络连续不断从被监测的设备上收集各类流量信息，每隔一定的时间间隔（可以分钟为单位进行设定）采样一次。监测主机对采样值进行分析处理，以包含直观图形的 HTML 文档的方式将流量统计结果进行显示，这样管理员就可以很容易地从统计图上观察到网络的实际流量。由于能够看到最近几分钟之内的流量，因此通过这种方法可以实现对网络的流量监测和实时统计。

要进行网络流量实时监视和统计需要进行列操作。

（1）在被测试的网络设备上配置 SNMP 服务。

（2）将网络流量实时监视和统计工具软件安装到监测主机上。

（3）对监测主机进行必要的配置。

（4）在监测主机上启用流量采集程序。

（5）查看实时流量及统计结果。

下面我们以典型的网络流量实时监视和统计软件 MRTG 为例，介绍网络流量实时监视和统计软件的安装、配置和使用。

二、MRTG 软件简介

MRTG（Multi Router Traffic Grapher，MRTG）是一个监视网络流量的免费软件，它从运行 SNMP 协议的各类网络设备及服务器上获取流量信息，生成 PNG 格式流量图，以 HTML 文档方式显示给用户。MRTG 是采用 perl 语言编写的开源软件，可以运行在大多数 Unix 系统和 Windows 系统之上。MRTG 作为目前最为通用的网络流量检测工具，也是许多 ISP 提供给用户查看网络流量状况的软件。

MRTG 可以长期监视网络端口或链路上的流量，可以非常直观地观察到网络当前的实际流量和历史统计结果。MRTG 可以显示日流量图（5 分钟平均值）、周流量图（30 分钟平均值）、月流量图（2 小时平均值）、年流量图（日平均值），如图 12–5–1～图 12–5–4 所示。

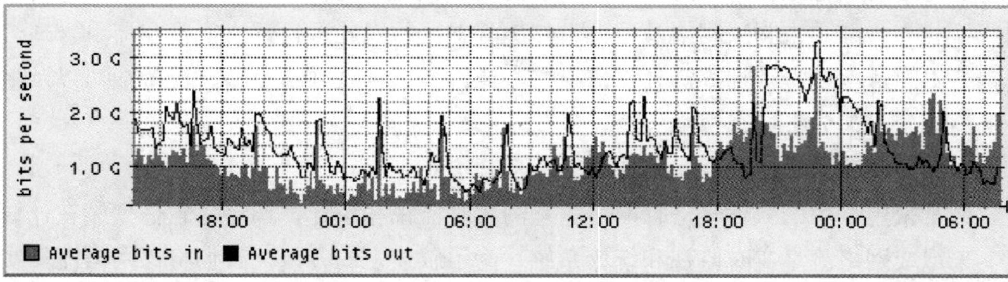

图 12–5–1　日流量图

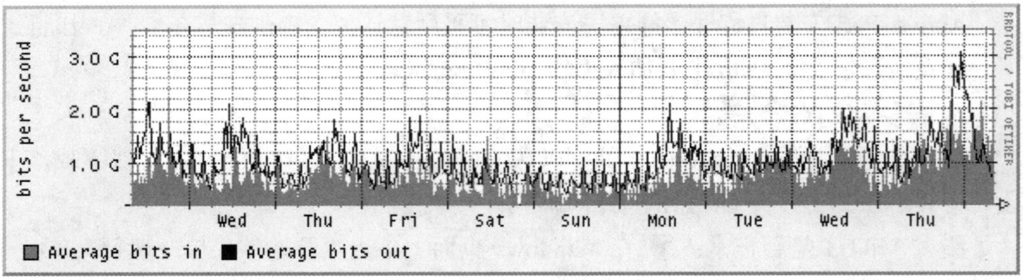

图 12–5–2　周流量图

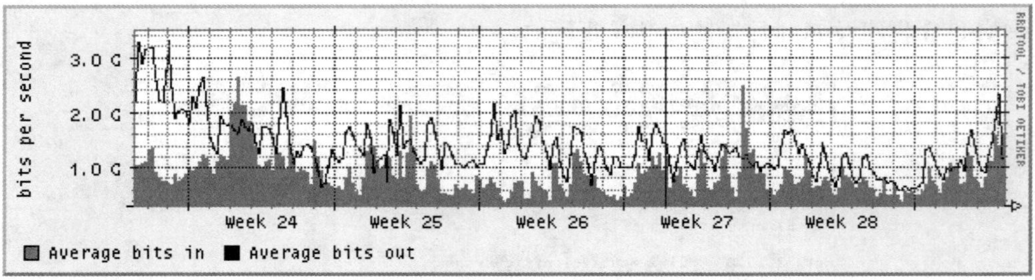

图 12–5–3　月流量图

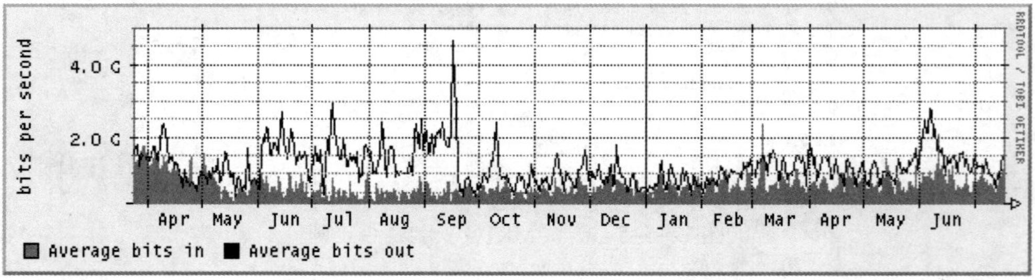

图 12–5–4　年流量图

上述图表显示了某一高速链路的流量监视和统计的情况，下部实体部分表示接收到的流量，上部曲线表示发送的流量，单位为 bits/s。

三、MRTG 软件的安装

我们选用 Windows 系统作为监测的主机，为了发布监测信息，要在主机上的 IIS 中配置一个 Web 站点，站点的根目录设为 C：\www\mrtg\。MRTG 软件的安装和配置步骤如下：

1. 安装 Active Perl

MRTG 是用 Perl 语言编写的，所以在监测主机上安装 Windows 版本的 Perl 编译程序。Perl 可以从其官方网站（http://www.activestate.com/activeperl/）免费下载。

Active Perl 安装过程非常简单，安装时可采用默认值。Perl 安装在 C：\Perl 目录下，在系统环境变量 Path 中要加入“C：\Perl\bin”。

2. 安装 MRTG

MRTG 最新 Windows 版的软件可以从 http://oss.oetiker.ch/mrtg/网站免费下载，下载后将其解压到文件夹 C：\MRTG 下即可。

测试 MRTG 是否正常：① 在 Windows 桌面上单击“开始”菜单→运行（R）→输入 cmd，即可打开 DOS 命令窗口；② 输入 cd\mrtg\bin，进入 MRTG 程序所在的文件夹；③ 输入 perl mrtg，按 Enter 键，如果运行结果如图 12–5–5 MRTG 所示，则表示 MRTG 程序及 Perl 环境的安装是正确的。

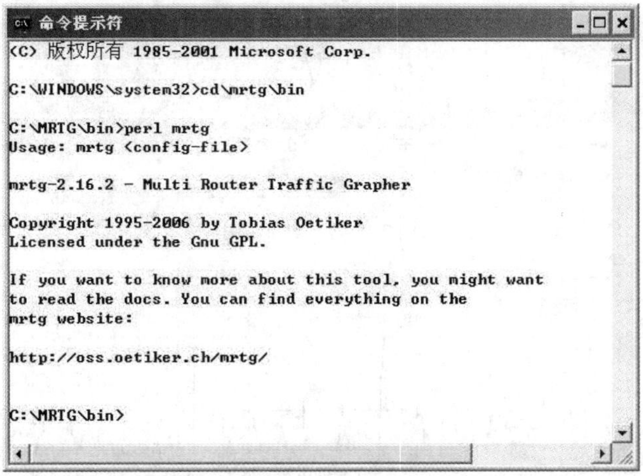

图 12–5–5 测试 MRTG 安装是否正确

四、MRTG 监测主机的配置

在进行配置之前，需要知道被监测设备的下列相关信息：① IP 地址；② 主机名称；③ SNMP 协议的端口号（如果采用非标准的端口号）；④ SNMP 团体字符串，默认值通常为“public”。

下面我们以监测一台 Cisco Catalyst 5000 交换机为例来介绍 MRTG 的配置，SNMP 团体字符串为“public”，交换机的 IP 地址为 10.158.0.1，监测各端口的流量（利用率），配置步骤如下：

1. 交换机的 SNMP 服务配置

在 Catalyst 5000 交换机上使用 CLI 命令进行下列配置：

Switch#configure terminal

Switch（config）#snmp–server community public ro //只读团体字符串为 public

Switch（config）#snmp–server enable traps

Switch（config）#smnp–server host 10.158.0.1 SNMP_hostname //监测主机的 I P 地址和名称

Switch（config）#exit

Switch# copy running–config startup–config

2. 生成 MRTG 配置文件

在 DOS 命令窗口中，进入 c：\mrtg\bin 目录，输入命令：

perl cfgmaker public@10.158.0.1 —global “WorkDir：c：\www\mrtg” —output mrtg.cfg

其中：c：\www\mrtg 是 Web 站点的目录，mrtg.cfg 是生成的配置文件名。

按 Enter 键后，如果团体字符串不对，或与被监测设备通信有问题，则会返回错误信息；如果没有返回错误信息，则表明配置文件已生成。配置文件中包含了交换机上的所有的端口，它们以阿拉伯数字顺序标识。为了便于查看，被监控设备的接口还可以用 IP 地址、接口描述等属性来标识。

如果要同时监测多台设备，可以使用上述命令逐个进行设置。

3. 连续运行设置

为了让 MRTG 连续运行并每隔 5 分钟采集一次数据，需要在 mrtg.cfg 中设置以下参数：

RunAsDaemon：yes

Interval：5

操作方法：在 c：\www\mrtg 目录下，输入命令：

echo RunAsDaemon：yes＞＞mrtg.cfg

echo Interval：5＞＞mrtg.cfg

4. 使用 IndexMaker 生成报表主页

在 DOS 命令窗口中，进入 c：\mrtg\bin 目录，输入命令：

perl indexmaker mrtg.cfg＞c：\www\mrtg\index.htm

生成的 Web 主页文件名为 index.htm。

5. 运行 MRTG

在 DOS 命令窗口中，进入 c：\mrtg\bin 目录，输入命令：

perl mrtg —logging=mrtg.log mrtg.cfg

在 Windows 界面下，通过资源管理器找到 c：\www\mrtg\index.htm 文件，双击该文件，查看被监测的交换机各端口的流量信息。单击某个端口图标显示该端口按日、周、月和年的流量统计图。

为便于查看，可以通过修改 mrtg.cfg 中每个端口的 Title、PageTop 信息来指定每个端口流量信息页面的标题，还可以修改 mrtg.cfg 中其他的一些信息，或者修改 index.html 文件来改变页面的显示。

【思考与练习】

1. 网络流量监测和实时统计的原理是什么？
2. 网络流量实时监视和统计的用途是什么？
3. 简述网络流量实时监视和统计 MRTG 软件的使用方法。

模块 6 网络吞吐量的测试（Z37G2006Ⅱ）

【模块描述】本模块包括网络吞吐量的测试。通过对网络吐量测试典型工具软件使用方法的介绍，掌握测试网络吞吐量的方法。

【模块内容】

一、网络吞吐量测试的内容和测试方法

网络吞吐量的测试是指对一个网络内的两个主机（端点）之间数据传送能力的测量，在一个端点上发送实际数据流，在另一端实时接收，通过调整数据发送速率的大小来确定能够达到的最大可用带宽，也就是两个端点之间的数据吞吐量。吞吐量测试不仅用来测试网络的传输性能，而且经常用于排查网络故障。

吞吐量测试通常采用专用的软件，软件安装到两台通用的计算机上，从网络的两个端点上对该两点之间的吞吐量进行测量。

下面，我们以一款应用非常广泛的免费软件 Qcheck 为例，介绍网络吞吐量的测试方法。

二、Qcheck 软件的安装和使用

Qcheck 是 Xixia 公司开发的一款简单实用的网络性能测试免费软件，被称为“Ping 命令的扩展版本”，主要功能是通过向 IP 网络发送数据流量来测试网络的响应时间、吞吐率、数据传输速率和路由跟踪。Qcheck 也可用作判断网络故障的工具。使用 Qcheck 可以对网络中任意两台安装了 Qcheck 程序的计算机之间的链路进行测试。Qcheck 产生模拟实际应用情况的数据流量，从一个端点向另一个端点发送，然后测试所消耗的时间，并计算出传输率（以 Mbit/s 为单位）。

Qcheck 最新版本为 Qcheck v3.0 英文版，适用于 Windows2000/XP/2003 等操作系统。可从其官方网站（http:// www.ixiacom.com/）下载。

Qcheck 软件的安装非常简单，在 Windows 资源管理器中双击已下载的文件 qcinst30.exe，根据安装向导的提示，选默认值即可完成安装。

安装完成后运行 Qcheck，可以看到图 12–6–1 所示的窗口工作界面。

在 Qcheck 界面上，“From Endpoint 1”表示发送数据的端点；“To Endpoint 2”表示接受数据的端点。左侧四个绿色圆形按钮是协议（Protocol）选择按钮，可选的协议包括 TCP、UDP、SPX 和 IPX。右侧四个棕色按钮是测试项目（Option）选择按钮，可选的测试项目有：

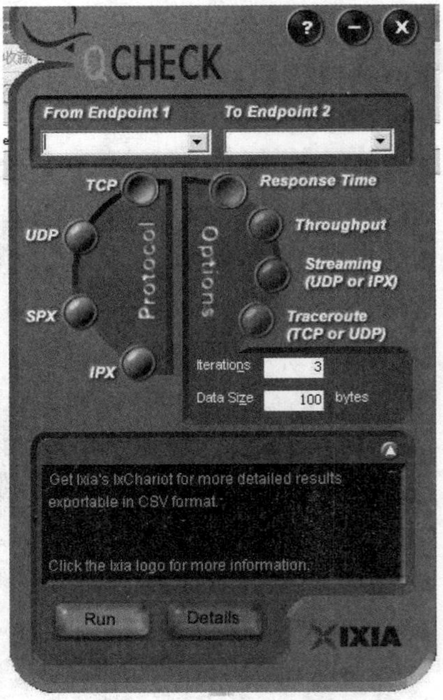

图 12–6–1　Qchech 主界面

（1） Response Time（响应时间测试）：可以测试最短响应时间、平均响应时间和最长响应时间，该测试适用于所有协议。

（2） Throughput（吞吐量测试）：用来测试网络数据传送带宽，该测试适用于所有协议。

（3） Streaming（媒体流吞吐量测试）：用来测试网络对流媒体数据的吞吐量，即测试网络对流媒体的支持程度，该测试只适用于 UDP 和 IPX 协议。

（4） Traceroute（路由追踪）。相当于 Windows 中的 Tracert 命令，用来测试一台计算机到另一台计算机所经过的路由，该测试只适用于 TCP 和 UDP 协议。

在进行测试时，首先需要单击左侧相应的按钮来选择要使用的协议，然后在右侧单击选中所要使用的测试类型，再单击“Run”按钮即可开始测试，测试完成以后会在下面的黑色框中显示测试结果，并可以单击“Details”查看详细信息。分别在“From Endpoint 1”和“To Endpoint 2”的下拉式菜单中选取“localhost”，单击“Run”按钮可以进行自环测试。

注意：在开启了个人防火墙或实时防护软件的情况下，有时会影响正常测试，此时可临时关闭相应的防火墙或其他安全防护软件。

三、网络吞吐量的测试

测试从本地计算机到目标计算机之间的网络吞吐量（传输带宽）。在 Qcheck 窗口中，在“From Endpoint 1”框中选择“localhost”，在“To Endpoint 2”框中输入目标计算机的 IP 地址；在“Protocol”中单击“TCP”按钮，在“Option”中单击“Throughput”按钮；在“Data Size”框中可设置要发送的数据包的大小，默认为 100kBytes，设置完成后单击“Run”按钮，Qcheck 开始测试。

测试完成后测试结果显示在“Throughput Results”框中，如图 12–6–2 所示，测试出

的吞吐量为 88.890Mb/s，即从本地计算机到目标计算机之间的传输带宽为 88.890Mb/s。

增大数据包，我们设置为 1000kBytes，测试结果如图 12–6–3 所示，测试出的吞吐量为 94.118Mb/s。

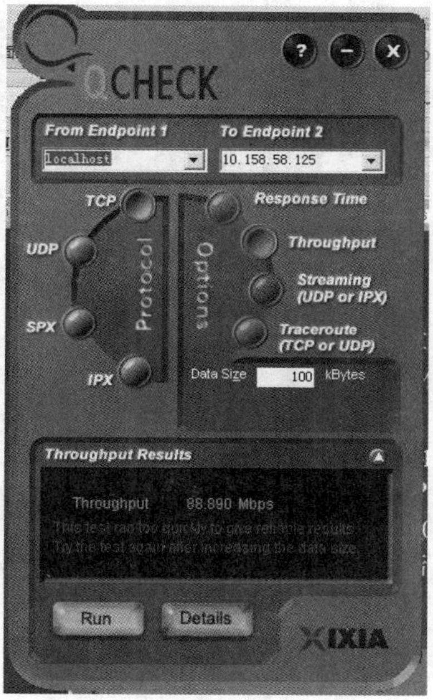

图 12–6–2 测试网络带宽

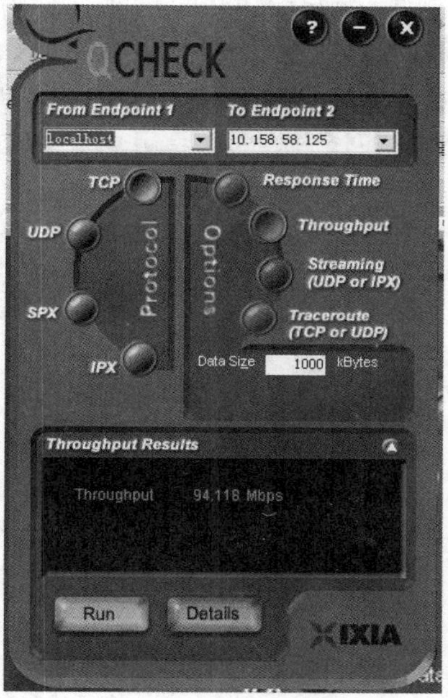

图 12–6–3 增大数据包后的网络带宽测试结果

【思考与练习】

1. 什么是吞吐量测试？
2. 吞吐量测试的用途是什么？
3. 如何使用 Qcheck 测试网络的吞吐量？

◢ 模块 7 路由的动态跟踪（Z37G2007Ⅱ）

【模块描述】本模块介绍路由的动态跟踪。通过对路由的动态跟踪测试典型工具软件使用方法的介绍，掌握路由动态跟踪的方法。

【模块内容】

一、路由动态跟踪测试的方法

当网络出现异常情况和故障时，最基本的处理办法就是使用 Ping、Tracert 等命令进行测试和排查。除此之外，还有一种效率更高、测试指标更加全面、使用更加方便

和直观的方法，这就是使用专用的路由的动态跟踪测试工具软件。

动态跟踪测试工具软件是 Windows 下的应用软件，采用通用的 GUI 界面进行测试和结果显示，结合了数据与图形两种表达方式，能快速、直观地反映当前网络出现的瓶颈与问题，其检测分析结果也更易于理解。

与 Windows 系统提供的 IP 路由测试工具命令相比，动态跟踪测试工具应用软件具备以下优点：

（1）简单易用，只要输入要测试的网址或远端主机的 IP 地址，软件就会进行路由追踪，测试出 IP 数据包从本地计算机传到目的主机经过了几台路由器，以及在路由的各跳上所花费的时间，并将测试结果以图形和表格的形式显示出来。

（2）可长时间不间断地持续追踪与监视路由状况，一旦有问题即可立刻发现。

（3）可将测试结果以文件的形式保存，供其他人员或利用其他软件进行分析。

（4）具有告警功能，当特定事件发生时，发出相应信息。

下面，我们以号称网络侦查兵的 Ping Plotter 软件为例，来介绍路由动态跟踪测试的操作。

二、Ping Plotter 软件的安装和使用

Ping Plotter 是一个多线程的路由跟踪测试软件，它能快速、直观地反映当前网络出现的瓶颈与问题，可作为简单实用的网路障碍诊断的工具。Ping Plotter 软件有免费版、标准版和增强版等多种版本，可在 Windows 2000/XP 等系统中运行。增强版 Ping Plotter Pro 的最新版本是 v3.20。软件安装、启动并注册后，它的主界面如图 12–7–1 所示。

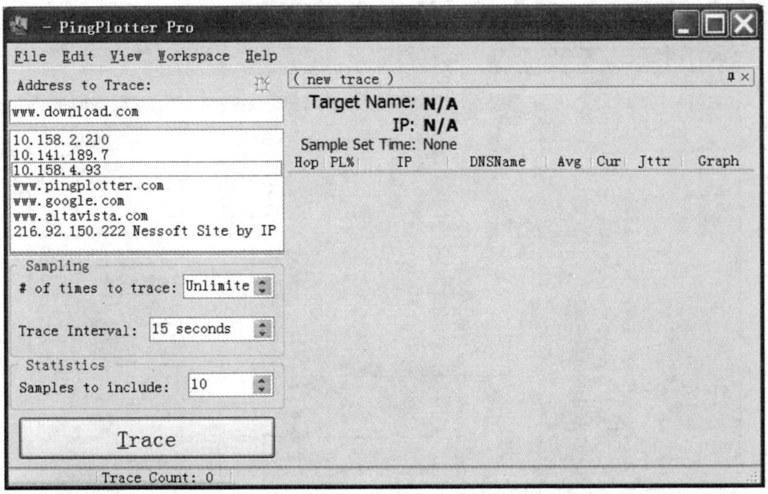

图 12–7–1　Ping Plotter 的主界面

在“File（文件）”菜单的选项中，“Load Sample Set”是载入 Ping Plotter 中的样本集，“Save Sample Set”是保存 Ping Plotter 的样本集，“Export to Text File”是把样本集输出到文本文件。

在“Edit（编辑）”菜单的选项中，“Copy as Image”是把当前窗口复制为图形格式，“Copy as Text”是把当前窗口复制为文本格式，“Alert Setup”是告警设置，“E–mail Setup”是电子邮件设置。

Ping Plotter 的测试方法：在“Address to Trace”文本框中输入要测试的网址或 IP 地址，单击左下方的“Trace”按钮开始测试，此时“Trace”按钮会变为“Stop”，单击“Stop”按钮可暂停测试。

窗口左部是地址收藏栏，可以随时调用以前测试用过的网址或 IP 地址。

窗口下部显示测试结果：上边显示当前跟踪网站的域名、IP 地址和用于表示响应快慢的颜色示例；中间显示目标主机的 IP 地址、域名解析服务器名称（DNS Name），下边显示测试结果：丢包率（PL%）、响应时间的平均值（Avg）、当前值（Cur）及波动值，以及根据对每一跳路由响应时间多次采样测试的结果所绘制的曲线图。从曲线图中就可以非常直观地看出网络出现的瓶颈与问题。

三、Ping Plotter Pro 测试实例

我们以百度网站为例，看看追踪百度网时所经过的路由。在“Address to Trace”文本框中输入网址“www.baidu.com”；在“# of times to trace”框中可设置追踪次数，默认为“Unlimited（无限制）”，可根据需要调整；在“Trace Delay”框中可设置追踪延迟时间，默认为 15s。最后单击“Trace”按钮，Ping Plotter 即开始追踪测试，测试结果如图 12–7–2 所示。

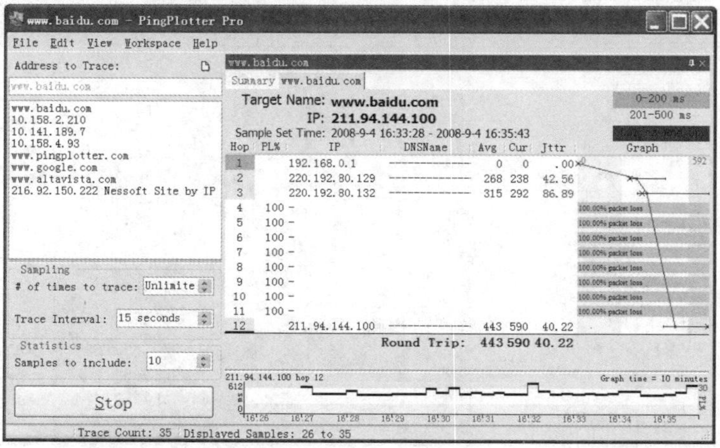

图 12–7–2 测试结果

从图中可以看出：从本地主机到百度网站的路由全程经过了 12 跳，第 2 跳的平均响应时间为 268ms，第 12 跳的平均响应时间为 315ms。全程的平均响应时间为 443ms，由此看来整个网速是比较慢的。

在“Edit”菜单中，选择“Copy as Image”或“Copy as Text”选项可分别是把当前测试结果以图形格式或文本格式复制到剪贴板中。通过“Options”菜单中的“Display”选项，如图 12–7–3 所示，可以设置 Ping Plotter 的显示方式。

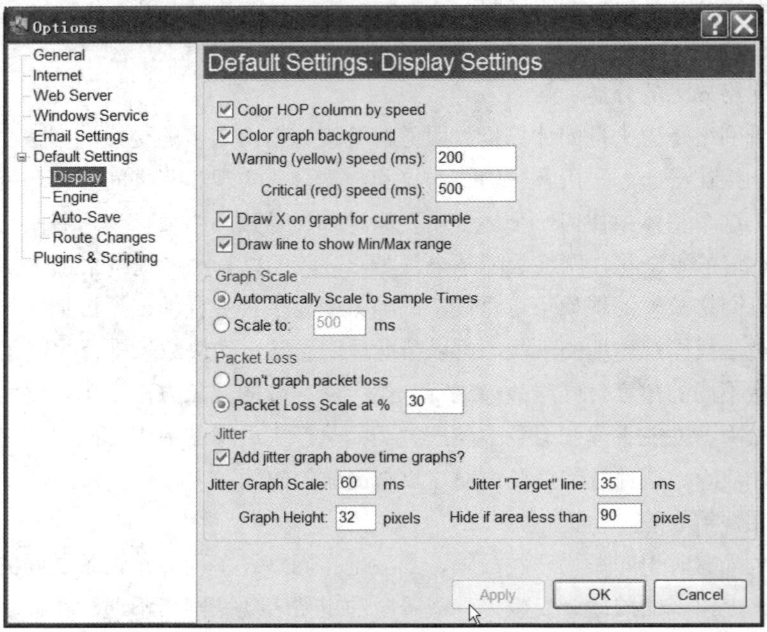

图 12–7–3　显示方式选项设置对话框

PingPlotter 的最大特色就是以图形方式来表示 IP 包的传送路径，并且以不同的颜色来表示 IP 包在路由器之间传送花费的时间长短，能一目了然看出哪台路由器是传送的瓶颈。测试记录下来的数据还可以储存成图像或文本文件，然后用其他软件（如 Excel 等）作进一步的分析和统计，对网络管理人员来说也是一项很实用的功能。

Ping Plotter 与 Windows 中的 Tracert 命令相比，界面直观且信息反馈速度更快。除了可以作为内网运行维护的工具外，还可以用来对国内外一些知名网站进行测试，以评价 ISP 的宽带网络质量。

【思考与练习】

1. 与常用的 Windows 下的测试工具命令相比，专用动态跟踪测试应用软件具有哪些优点？

2. 简述 Ping Plotter 软件的使用方法。

3. 以新浪网站为例，使用 Ping Plotter 软件查看追踪新浪网时所经过的路由。

模块 8 常见的网络故障排查及处理（Z37G2008Ⅱ）

【模块描述】本模块包含网络故障的分类、现象及其产生原因。通过对网络故障的分类、现象及其产生原因的讲解，熟悉网络中常见的故障及其产生原因。

【模块内容】

一、网络故障的分类

计算机网络是由大量的计算机、服务器等终端，由众多的交换机、路由器等网络设备互相连接在一起，采用各种网络协议和传输介质实现相互之间通信和资源共享的一个整体，这个整体中任何一个环节出现问题都会导致网络故障。随着网络规模的扩大和网络环境的复杂化，网络故障越来越多，故障的排查难度也越来越大。

计算机网络故障的现象千奇百怪，故障原因是多种多样的。通过把常见的网络故障进行归类，找出规律性的东西，可以帮助理清思路，加快故障排查的进程。

可以从不同的角度对网络故障进行分类：从故障的现象方面，可以将网络故障分为连通性故障、性能下降和服务中断三大类；从产生故障的原因方面，可以将网络故障分为硬件故障、软件故障以及由网络攻击造成的故障三大类。

二、硬件类故障

硬件故障有时也叫做物理类故障，一般是指网络设备硬件、设备之间的连接或通信传输线路上出现的问题。发生硬件故障时的主要表现是网络不通。在计算机连接到网络上的任何一个环节，如网卡、插座、网线、跳线、交换机等发生故障，都会导致网络连接的中断。

组成计算机网络的网络设备及基础设施投入运行后，随着时间的推移，会逐渐老化而出现设备故障。网络设备运行在供电电源不稳定、环境温湿度较高、尘埃较多的环境中，出现设备故障的概率会大大增加。设备运行维护不到位、操作不当或人为破坏也会造成设备故障。

网络插座、设备端口和网线连接不牢固，网络布线破损或被鼠咬等情况都会造成网络不通。

三、软件类故障

软件类故障有时也叫做逻辑类故障，常见的是网络设备配置错误而导致的网络故障。计算机网络协议众多，配置复杂。网络中所有的交换机、路由器等网络设备都需要进行参数配置，所有的服务器、计算机等网络终端设备也需要进行选项配置，参数

配置和选项设置不当就会导致网络故障。例如，路由器的访问列表配置不当，会导致Internet连接故障；交换机的VLAN设置不当，会导致VLAN间的通信故障，彼此之间无法访问；服务器权限的设置不当，会导致资源无法共享或无法获得足够权限的故障；计算机网卡配置不当，就无法连接到网络；路由器路由配置错误，会使路由循环或找不到远端地址。

网络协议未安装或配置不正确也会造成网络故障。网络协议是网络设备、计算机设备之间彼此通信所使用的语言，没有网络协议就没有网络。没有网络协议，网络内的网络设备和计算机之间就无法进行通信。网络协议的配置在网络中处于重要的地位，决定着网络能否正常运行。通常情况下，交换机、路由器、计算机等设备上都需要启用多个网络协议并进行配置，其中任何一个协议配置不当，都有可能导致网络故障或某些服务被终止。例如，计算机上的协议故障通常表现为：无法登录到服务器；在“网上邻居”中既看不到自己，也无法在网络中访问其他电脑；在“网上邻居”中能看到自己和其他成员，但无法访问其他电脑；电脑无法通过局域网接入Internet。

主机网卡的驱动程序安装不当、网卡设备有冲突、主机的网络地址参数设置不当、主机网络协议或服务安装不当也会造成联网故障。

四、服务中断类故障

服务中断类故障主要是指因网络中的网络服务器或应用服务器问题而使相应的服务中断所产生网络故障。

五、计算机病毒和网络攻击造成的网络故障

计算机病毒和网络攻击已经成为造成网络故障的重要因素。计算机网络中的客户机、服务器和网络设备都是黑客、木马和蠕虫病毒攻击的目标。当遭到网络攻击或病毒爆发后，除了敏感信息丢失和系统被破坏以外，大部分还会表现为网络故障，如网速变慢、网络阻塞、服务中断等。

关于计算机病毒和网络攻击的基础知识和需要采取的防范措施，请参考本教材的其他模块。

【思考与练习】

1. 如何对网络故障进行分类？
2. 造成网络软件类故障的原因有哪些？
3. 造成网络硬件类故障的原因有哪些？

模块9　网络故障处理的基本步骤（Z37G2009Ⅱ）

【模块描述】本模块介绍网络故障处理的基本步骤。通过对常规处理程序和排查

流程的介绍，掌握网络故障处理的正确步骤和基本技能。

【模块内容】

一、网络故障处理的一般步骤

由于网络故障的复杂性，处理网路故障要建立系统化的思路和方法，先将可能的故障原因构成一个大的集合，然后一步一步地排查，最后找到故障发生的位置和原因，从而大大降低问题的复杂程度，加快故障处理的速度。

1. 全面了解故障现象

网络管理员在接到故障报告时，要尽可能详细地了解故障的现象，做到对故障现象能有一个完整准确的描述。在排除故障之前，确切地知道到底出了什么问题是成功排除故障的重要环节。

2. 收集与故障相关的信息

网络管理员向故障报告者询问以下问题：① 故障发生时正在进行什么操作；② 这个操作以前是否曾经进行过，以前运行是否正常；③ 这个操作最后一次成功运行是什么时候，从那时起系统的软硬件和网络连接等各方面有无变动。

必要时还需询问其他用户，了解故障影响的范围。管理员可以使用诊断测试命令、网络测试软件或网络管理系统来收集相关信息，了解相关设备的运行状况。

3. 根据相关理论和经验进行分析判断

根据自己已有的网络故障处理经验和所掌握的网络理论知识，对该故障进行分析判断，排除一些明显的非故障点。

4. 列出所有可能的故障原因

根据上述各步骤掌握的信息，先书面列出所有可能造成该故障的原因，然后根据由简到繁、先软件后硬件的原则，对列出的原因按照可能性的大小进行排序，对每一原因制定相应的排除方案。

5. 逐一排除可能的原因

按照上述原因列表顺序和方案，对可能的原因逐一进行排除。在排除过程中，如果需要对硬件或参数设置进行改动，每次只可改动一个，改动后进行测试，看故障是否消除，这样有利于查找到真正的原因。如果这对某一原因的排查无效，要将对硬件或参数设置的改动务必恢复到排查前的状态，再进行下一个原因的排查。

如果原因列表中所有的项目都排查过了仍没解决问题，这时要返回到第 2 步，重新收集故障相关的信息，按照上述过程继续排查，直到故障消除。

6. 整理故障处理纪录

故障排除网络修复之后，故障处理过程的最后一步是整理故障处理记录。完整准确的记录不仅是后续故障处理时的重要参考资料，而且也有助于积累经验，为今后类

似故障的解决提供指导。故障排除后做好故障处理文档记录，这一点是大多数人最容易忽略的，因此，在工作中要特别注意，要养成一种良好习惯，最好是在开始着手进行故障排除时就开始做记录。

二、网络故障排除常用的方法

在网络故障处理的过程中，可根据故障现象，灵活运用各种诊断方法进行分析定位。故障诊断常用的方法主要有分层排除法、分段排除法、替换法和对比法等。

1. 分层排除法

OSI 网络 7 层参考模型和 PCP/IP 网络的 4 层模型是 IP 网络技术开发和网络构件的基础，所有的技术和设备都是建立在分层概念之上的。因此，层次化的网络故障分析思路和方法是非常重要的。对某一层而言，只有位于其下面的所有层次都能工作正常时，该层才能正常工作。在确认所有低层都能正常工作之前就着手解决高层问题，大多数情况下是在浪费时间。

在应用分层法排除故障时，把 OSI 模型和现实的网络环境相对应起来，一层一层地分析判断故障，重点考虑下面的三层即物理层、链路层和网络层，在各层上我们应注意以下的几点：

（1） 物理层。

物理层负责设备之间的物理连接，将二进制数字信号流通过传输介质从一个设备传送到另一个设备，完成信号的发送与接收以及与数据链路层的交互操作等功能。物理层需要关注的是网线、光缆、连接头、信号电平等方面，这些都是导致端口异常关闭的因素。

（2） 链路层。

链路层处在网络层与物理层之间，负责将网络层发送来的 IP 数据包分装成以太数据帧，然后发给物理层进行传输。在数据链路层要重点关注 MAC 地址、VLAN 划分、广播风暴，以及所有二层的网络协议是否正常。

（3） 网络层。

网络层负责不同网络（网段）之间的路由选择。在网络层要重点关注 IP 地址、子网掩码、DNS 网关的设置；路由协议的选择和配置，路由循环等问题。

例如，内网中的一台计算机不能访问 Internet 上的 Web 网站，这时可以先 Ping 外网 DNS 服务器，如果能 Ping 通则判断在网络层上是正常的，故障可能发生在 IE 应用层；此时如果 QQ 上网正常，则确定问题在 IE 上，仔细查看 IE 设置，发现设置了代理服务器，可能是用户自己设置后又忘记了。

2. 分段排除法

分段排除法就是在同一网络分层上，把故障分成几个段落，再逐一排除。分段的

中心思想就是缩小网络故障涉及的设备和线路，来更快地判定故障。

3. 替换法

替换法是处理硬件问题时最常用的方法。当怀疑网线有问题时，可以更换一条好的网线试一试；当怀疑交换机的端口有问题时，可以用另外一个端口试一试；当怀疑网络设备的某一模块有问题时，可以用另外一个模块试一试。但需要注意的是，替换的部件必须是同品牌、同型号以及具有相同的板载固件（Firmware）。

4. 对比法

对比法是利用相同型号的且能够正常运行的设备作为参考对象，在配制参数、运行状态、显示信息等方面进行对比，从而找出故障点。这种方法简单有效，尤其是系统配置上的故障，只要对比一下就能找出配置的不同点。

三、网络故障处理技巧

在进行故障分析排查时，掌握下面的几个技巧，有助于提高故障处理的效率。

1. 由近而远

大部分网络故障通常都是由客户端计算机先发现的，所以我们可以从客户端开始，沿着客户端计算机→综合布线→配线间端口模块→跳线→交换机这样一条路线，由近而远逐个检查。先排除客户端故障的可能性，后查网络设备。

2. 由外而内

如果怀疑网络设备（如交换机）存在问题，我们可以先从设备外部的各种指示灯上辨别，然后根据故障指示，再来检查设备内部的相应部件是否存在问题。比如POWER LED 为绿灯表示电源供应正常，熄灭表示没有电源供应；LINK LEDs 为黄色表示现在该连接工作在 10Mb/s，绿色表示为 100Mb/s，熄灭表示没有连接，闪烁表示端口被管理员手动关闭；RDP LED 表示冗余电源；MGMT LED 表示管理员模块。需要时再登录到交换机，通过人机命令进行检测。

3. 由软到硬

发生故障检查时，总是先从系统配置或系统软件上着手进行排查。例如某端口不好用，可以先检查用户所连接的端口是否不在相应的 VLAN 中，或者该端口是否被其他的管理员关闭，或者配置上的其他原因。如果排除了系统和配置上的各种可能，那就是硬件有故障问题了。

4. 先易后难

在遇到复杂的故障时，可以先从简单操作或配置来着手，最后在进行难度较大的测试、替换操作。

【思考与练习】

1. 处理网络故障的基本步骤有哪些？

2. 分析排查网络故障的常用方法有哪些？

3. 简述网络故障修复之后，整理故障处理记录文档的意义。

模块 10　网络链路的故障处理（Z37G2010Ⅱ）

【模块描述】本模块包含网络链路故障的分析和处理。通过对故障原因分析和处理过程的介绍，掌握处理网络链路故障的方法和技能。

【模块内容】

一、故障的性质及其危害

网络链路故障即连通性故障，通常是由网络接口、网络布线、网络设备及通信电路等问题引起，也有可能是由设备参数或网络协议配置、运行中发生的软件异常引起。计算机联网发生链路故障，该客户端就无法上网；服务器联网发生链路故障，网络服务或业务就会中断；网络设备之间的链路发生故障，部分网络就会不通。因此，网络链路故障将会影响用户的正常工作和企业网上业务的正常运转。

二、链路故障的排查步骤

首先确认是否是连通性故障；如果确认是连通性故障，查看是否是网卡的故障；如果网卡没问题，再查看是否是网线的问题；如果网线没问题，再查看是否是交换机的故障。

1. 链路故障确认

当出现网络故障时，首先要判断该故障是否属于链路故障。例如，当某用户无法访问 Internet 网站时，可以尝试使用内部网络中的 Web 浏览，查看网上邻居等方法来判别，如果上述操作都无法实现，则可确认为链路故障。

2. 查看计算机网卡指示灯

查看计算机上网卡（网络适配器）的指示灯是否正常。正常情况下，在不传送数据时，网卡的指示灯闪烁较慢，传送数据时，闪烁较快。无论是不亮，还是常亮不灭，都表明有故障存在。如果网卡的指示灯不正常，需关掉计算机更换网卡。如果网卡上指示灯闪烁正常，继续下一步。

3. 初步测试

使用 ping 命令，ping 本地计算机的 IP 地址或 127.0.0.1，检查网卡和 IP 网络协议是否安装完好。如果能 Ping 通，说明该计算机的网卡和网络协议设置都没有问题，问题出在计算机与网络的连接上。因此，应当检查网线的链路和交换机端口的状态。如果无法 Ping 通，只能说明 TCP/IP 协议有问题，而不能提供更多的情况。因此，需继续下一步。

4. 检测网卡设置

通过“控制面板”打开“系统”窗口，查看网卡是否已经安装或是否出错。如果在系统中的硬件列表中网络适配器前方有一个黄色的“！”，说明网卡未正确安装，需将未知设备或带有黄色“！”的网络适配器删除，刷新后，重新安装网卡。并为该网卡正确安装和配置网络协议，然后再进行应用测试。如果网卡无法正确安装，说明网卡可能损坏，必须更换一块网卡重试。如果网卡已经正确安装，继续下一步。

5. 检查网络协议设置

使用 Ipconfig 命令查看本地计算机是否安装有 TCP/IP 协议，以及是否设置好 IP 地址、子网掩码和默认网关、DNS 域名解析服务。如果尚未安装协议，或协议尚未设置好，安装并设置好协议后，重新启动计算机，执行第 2 步的操作。如果已经安装，认真查看网络协议的各项设置是否正确。如果协议设置有错误，修改后重新启动计算机，然后再进行应用测试。如果协议设置完全正确，则肯定是网络连接的问题，继续执行下一步。

6. 确认交换机是否正常

在连接至同一台交换机上的其他计算机上进行网络应用测试。如果也不正常，在确认网卡和网络协议都正确安装的前提下，可初步认定是交换机发生了故障。为了进一步进行确认，可再换一台计算机继续测试，进而确定为交换机故障。如果其他计算机测试结果完全正常，则将故障定位连接计算机与交换机的布线上。

7. 故障排除

如果确定交换机发生了故障，应首先检查交换机面板上的各指示灯闪烁是否正常。如果所有指示灯都在非常频繁地闪烁，或一直亮着，可能是由于网卡损坏而发生了广播风暴，关闭再重新打开交换机电源后看能否恢复正常。如果恢复正常，再找到红灯闪烁的端口，将网线从该端口中拔出。然后找到该端口所连接的计算机，测试并更换损坏的网卡。如果交换机面板上一个灯也不亮，则检查一下 UPS 是否工作正常，交换机电源是否已经打开，或电源线插头是否接触不良。如果电源没有问题，那就得更换一台交换机了。

如果确定故障就发生在某一段连接上，用网线测试仪逐段对该连接中涉及到的所有网线和跳线进行测试，确认网线的链路。如果问题就出在这里，重新制作跳线头或更换一条网线。如果网线没问题，则检查交换机相应端口的指示灯是否正常，或换一个端口。

三、链路故障的处理

导致链路故障的原因很多，如网络布线故障、网络设备故障、网络设备配置不当、网卡故障、客户端协议配置故障等，总的来说，链路故障可分为物理故障和逻辑故障

两大类。

（一）物理链路故障的处理

物理链路主要是指网络布线系统所涵盖的建筑群布线、垂直主干布线、水平布线和工作区布线。相对而言，建筑群布线、垂直主干布线、水平布线相对稳定，工作区布线由于经常变动，所以较容易产生各种各样的问题。

工作区链路发生故障时，系统提示“网络电缆没有插好”，计算机无法访问网络。故障只涉及一台计算机，其他计算机的网络通信不受影响。具体表现为：计算机无法连接至网络，不能实现与其他计算机的通信。有时计算机虽然可以接入网络，但是，数据传输速度非常慢，或者计算机性能大幅下降。该链路所连接的交换机上相应端口的 LED 指示灯熄灭（见图 12–10–1）。

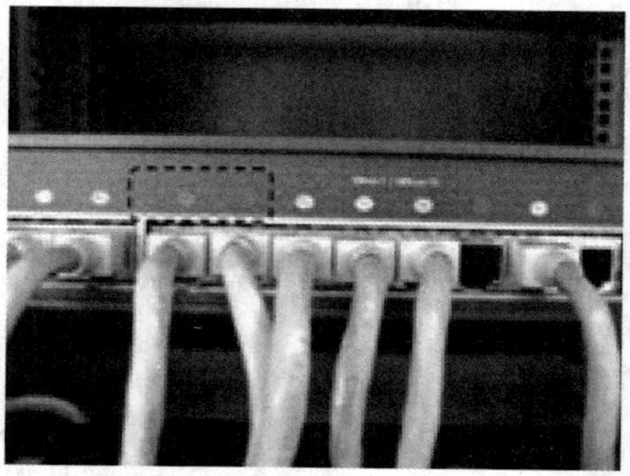

图 12–10–1 LED 指示灯熄灭

垂直主干链路发生故障时，主要表现为：当故障涉及同一楼层的多台计算机，连接至同一接入交换机的所有计算机，无论是否在同一 VLAN，均不能连接至核心网络。位于同一接入交换机的同一 VLAN 的交换机之间可以通信，而不同 VLAN 间的交换机则不能通信。接入交换机向上级联端口的 LED 指示灯熄灭。汇聚交换机与某台或某几台交换机相连接的端口的 LED 指示灯熄灭。

1. 物理链路故障原因分析

以下因素将导致物理链路故障：

（1） 线路断路或短路。

（2） 电气性能或信号衰减过大。如果整体链路的电气性能（仅指双绞线）不符合相应的标准，或者信号衰减过于严重（包括光缆和双绞线），网络数据传输也将受到非常严重的影响，甚至导致网络通信失败。

（3） 链路中的布线产品不匹配。在同一物理链路中，同时使用不同厂家、不同标准、不同型号的布线产品，可能会导致产品兼容性问题，从而使其无法满足网络通信

的需求。

（4） 电磁干扰严重。虽然双绞线的结构使其具有了抵抗电磁干扰的能力，但是，当电源干扰非常严重时，仍然会影响网络的数据传输，甚至导致网络通信中断。

（5） 传输距离超限。双绞线和光纤都有其最远传输距离。以1000Mbit/s网络为例，超五类和六类双绞线链路的最长距离为100m，单模光纤链路的最长距离为1000m，多模光纤链路的距离为300～500m。

2. 物理链路诊断工具

物理链路故障的测试基本使用硬件工具。其中，最常见的测试工具就是Fluke网络公司的线缆测试产品。对于小型网络或者对传输速率要求不高的网络而言，只需简单地做一下网络布线的连通性测试即可。对于规范的网络布线系统，应当分别在双绞线布线和光纤布线做性能测试，以保证在连通性完好的同时，能够实现相应布线所能提供的带宽和传输速率。Fluke DTX系列电缆认证分析仪（见图12–10–2）被广泛应用于网络布线系统测试，用于测试双绞线和光缆链路的性能。

图12–10–2 Fluke DTX系列电缆认证分析仪

（二）逻辑链路故障处理

布线系统无疑都是物理链路，然而，仅有物理链路是远远不够的，因为设备之间无法实现互连。因此，还必须有交换机等网络设备，才能将所有的网络节点连接在一起。因此，对于傻瓜网络而言，硬件设备（交换机、网卡）故障、网络协议设置错误，仍然会导致网络的连通性问题。当然，对于智能网络而言，交换机配置对网络连通性的影响就显得更加重要了。

逻辑链路的故障表现大致如下：

- 查看计算机网络连接状态时，只有发送的数据，没有接收到的数据。
- 计算机网卡的LED指示灯正常，但是，计算机不能接入网络。
- 交换机接口的LED指示灯表现正常，但是，用户计算机之间无法通信。
- 连接至同一交换机的用户之间可以通信，但是，无法与连接至其他交换机的用户之间进行通信。
- 物理链路测试连通性正常，但是，网络接口（如网卡接口和交换机接口）的LED指示灯不亮，或呈琥珀色。

1. 逻辑链路故障原因分析

导致逻辑链路故障的原因可能是网络设备硬件故障、网络设备连接故障、网络设备配置故障，或者是网络协议设置故障。

一条完整的网络逻辑链路除了包括全部的物理链路外，还涉及到多种网络设备，包括网卡、接入交换机、汇聚交换机、核心交换机。如果接入 Internet 或实现与其他网络的互连，甚至还包括路由器（见图 12–10–3）。其中，任何一台网络设备、板卡、模块或端口的硬件故障，都将导致网络链路的故障。

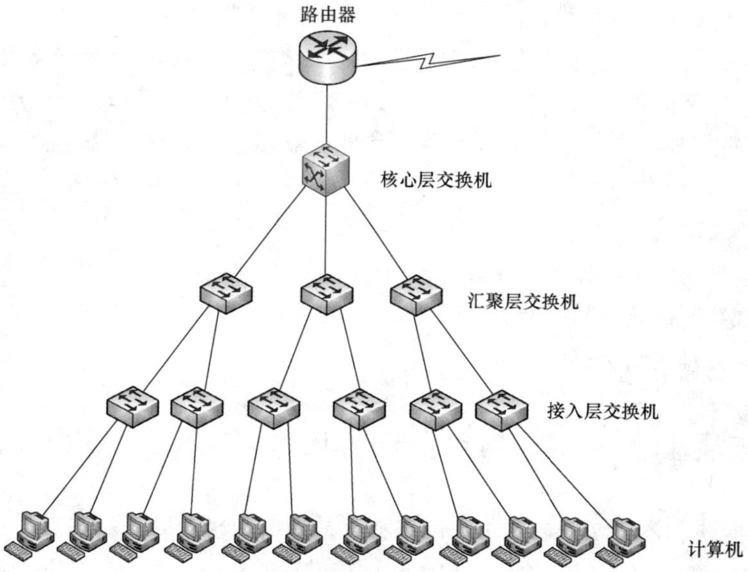

图 12–10–3 网络逻辑链路

与傻瓜化网络不同，在可网管的网络中，不是把所有设备连接在一起就能实现彼此之间的通信。不仅核心交换机需要配置，而且汇聚交换机和接入交换机也需要配置。对于核心交换机而言，必须配置 VLAN 及默认网关，配置相应的 IP 访问列表，配置端口的各种属性，设置 IP 路由，以及其他网络应用。对于汇聚交换机而言，也必须划分 VLAN，指定 Trunk 端口，并设置 EtherChannel 等。对于接入交换机而言，则除了汇聚交换机那些设置外，还可能需要设置 IEEE 802.1x 身份认证、安全端口等各种网络应用。

网络协议是网络设备相互交流的语言。因此，网络协议一旦出错，肯定无法实现与其他网络设备的通信。特别是对于计算机而言，网络协议安装错误、IP 地址信息设

置错误，甚至网络连接限制错误，都有可能导致网络通信失败。

网络滥用（如大量 P2P 软件的使用）、蠕虫病毒等原因，也可能导致网络设备性能大幅下降，造成网络传输拥塞，甚至整个网络瘫痪。

2. 逻辑链路故障诊断工具

逻辑链路故障诊断经常使用的是 Windows 系统内置的工具，其中使用频率最高的是 Ping 命令、Tracert 命令和 Ipconfig。

网络链路故障的诊断，通常遵循的原则是由近及远，逐段测试，由软及硬，同类比较。也就是说，先从离故障点最近位置，逐段向网络核心展开，从而尽快地定位网络故障。在发生网络连通性故障时，先查看计算机的网卡驱动和网络协议配置，以及交换机的网络配置，如果没有发现问题，再测试物理链路、查看网络设备和模块工作状态。所谓同类比较，是指当故障发生时，先与同一网段、同一接入交换机、同一汇聚交换机、同一核心交换机中的其他计算机进行比较，以迅速判定故障点的位置。

【思考与练习】

1. 简述链路故障的排查步骤。
2. 造成物理链路故障的原因有哪些？
3. 如何处理逻辑类链路故障？

◢ 模块 11　网卡和网络协议的故障处理（Z37G2011Ⅱ）

【模块描述】本模块包含网卡和网络协议故障的分析和处理。通过对网卡和网络协议故障的现象、产生原因的分析和故障排查过程的介绍，掌握处理网卡和网络协议故障的方法和技能。

【模块内容】

一、故障的性质及其危害

计算机上的网卡出现故障或网络协议设置错误将导致计算机不能连网。某些情况下，发生故障的网卡还会向网络上不停地发送数据帧，引起网络广播风暴，造成网络拥塞，影响整个网络的正常运行。

二、网卡故障的处理

网卡和相连的交换机端口都有 LED 指示灯，可以通过观察指示灯的状态来判断网卡、网线连接是否正常，通过计算机的“设备管理器”也能查看网卡的工作状态。

1. 网卡物理损坏故障

网卡的损坏大致有两种情况，一是网络接口损坏；二是网卡芯片损坏。

如果是网络接口损坏，从计算机的“设备管理器”中看不出有什么变化，唯一的表现就是无法连接网络，而且在计算机桌面任务栏右下角的托盘区显示一个带红色小“X”的图标，如图 12–11–1 所示，当鼠标移到该图标上时会提示“网络电缆没有插好”，而且该网卡的 LED 指示灯、交换机上连接该计算机端口的指示灯都不亮。

图 12–11–1　网络连接故障提示

如果是网卡芯损坏，在计算机的“设备管理器”中查看时，会发现该网卡前面有一个黄色的“！”，表示该网卡有故障。

2. 网卡驱动程序安装不当引起的故障

网卡只有在正确地安装了驱动程序之后才能正常工作。没有正确安装驱动程序的网卡，都将在“其他设备”中显示为“以太网控制器”，或者在网卡前面有一个黄色的“！”。在 Windows XP 系统中，通过选择“开始→控制面板→性能维护→管理工具→计算机管理→设备管理”，即可看到如图 12–11–2 所示的显示。

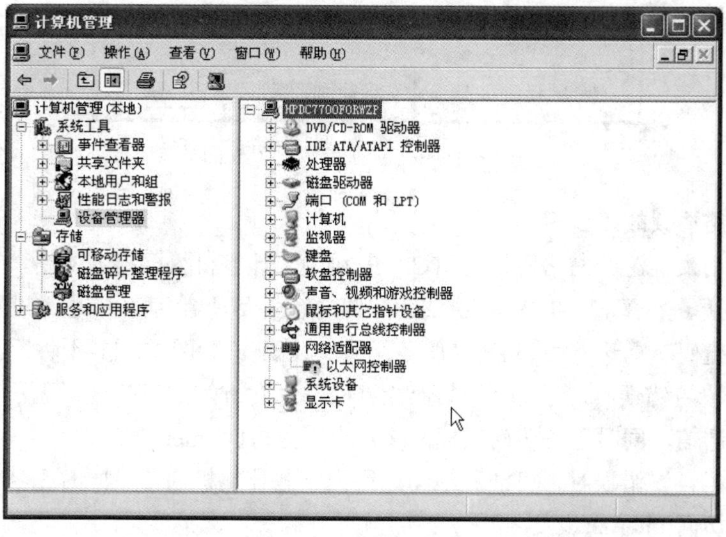

图 12–11–2　网卡未正确安装驱动程序

3. 网卡参数设置不当引起的故障

许多网卡驱动程序都提供了传输速率、单/双工工作模式等一系列设置，如图 12–11–3 所示。如果参数设置错误，或者与所连接的交换机端口不匹配，都可能导致网络通信失败。通常情况下，建议设置自适应模式，让系统自动判断并设置连接速率和工作模式。

在图 12–11–2 所示的"设备管理器"窗口中，右击要设置的网卡，选择"属性"，出现图 12–11–3 所示的窗口，选择"链接速度"、"高级"等标签，即可对有关参数进行设置和修改。

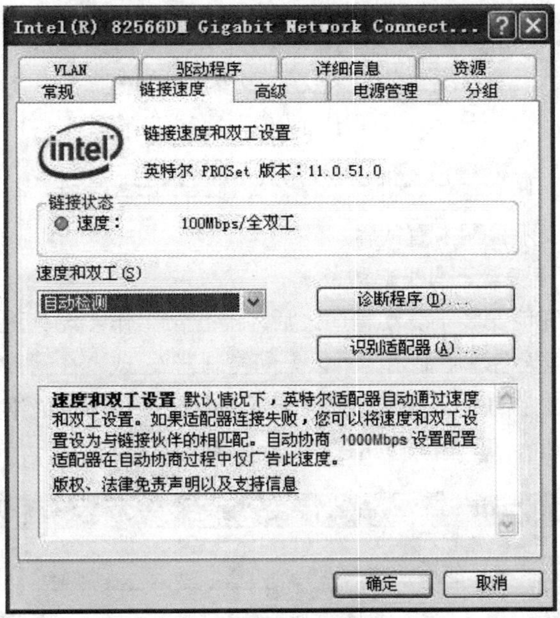

图 12–11–3　网卡参数设置界面

三、网络协议故障处理

目前应用最广泛的网络协议是 TCP/IP 协议。计算机要接入网络，就必须安装 TCP/IP 协议并进行配置。TCP/IP 协议的配置内容主要是 IP 地址信息的设置，包括 IP 地址、子网掩码、默认网关和 DNS 服务器的 IP 地址，如图 12–11–4 所示。

IP 地址设置错误时，可能会与其他计算机发生 IP 地址冲突，或者无法与网络内的其他计算机通信，同时无法访问其他网络，也不能访问 Internet。

子网掩码设置错误时，可能无法与网络内某些计算机通信，同时无法访问其他网络，也不能访问 Internet。

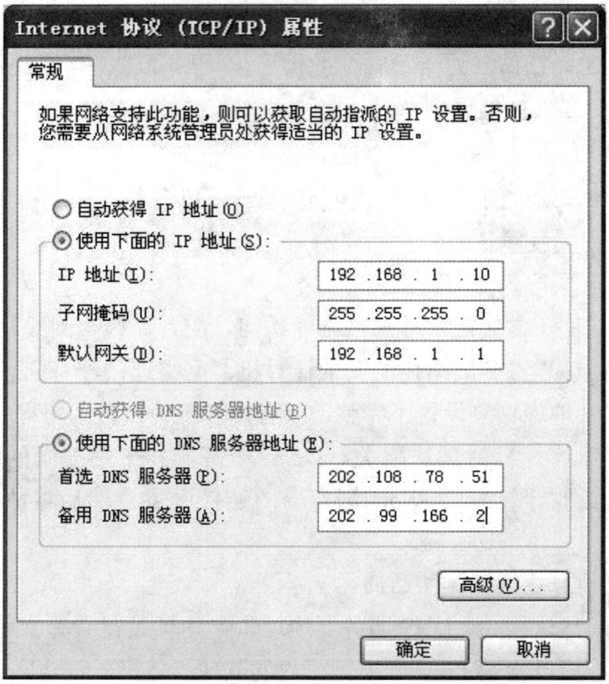

图 12–11–4 设置 IP 地址信息

默认网关设置错误时，虽然可以与本网络内的计算机进行通信，但是，无法访问其他网络（包括虚拟网络 VLAN），更不能访问 Internet。

DNS 服务器配置错误时，由于不能实现 DNS 解析，而只能使用 IP 地址访问网络，典型故障现象是只能使用 QQ，而不能使用 Web 浏览网页。

IP 地址信息获得方式有两种：一种是自动获得 IP 地址，该方式由 DHCP 服务器或其他 DHCP 设备（如 DHCP 服务器、宽带路由器、无线路由器、代理服务器等）自动分配，只需选择“自动获得 IP 地址”选项即可；另一种方式是手工设置 IP 地址信息，此时应当选择“使用下面的 IP”选项，并严格按照网络管理员分配的 IP 地址信息设置。

1. 协议故障的排查

当计算机出现以上协议故障现象时，应当按照以下步骤进行故障的定位：

（1） 检查计算机是否安装 TCP/IP 协议，如果没有则要安装该协议，并把 TCP/IP 参数配置好，然后重新启动计算机。

（2） 使用 ping 命令，测试与其他计算机的连接情况。

（3） 在“控制面板”的“网络”属性中检查一下是否选中了“允许其他用户访问

我的文件”和“允许其他计算机使用我的打印机”复选框。

（4）系统重新启动后，双击“网上邻居”，将显示网络中的其他计算机和共享资源。如果仍看不到其他计算机，可以使用“查找”命令，能找到其他计算机，就一切OK了。

（5）在“网络”属性的“标识”中重新为该计算机命名，使其在网络中具有唯一性。

2. 常见网络协议故障诊断与排除实例

（1）计算机无法访问外部网络。

如果计算机无法正常实现对外部网络的访问，应首先检查网线是否正确，若网线正常工作，说明能够连接到网络内的其他计算机，网络连接没有问题。因此，导致故障的原因可能是IP地址信息设置不完整，或者没有正确设置应用程序的代理服务器。这时，应检查故障计算机的默认网关、DNS 服务器和子网掩码的设置是否正确。另外，查看一下其他计算机的 Web 浏览器的连接设置，然后将故障计算机设置为与之相同即可。

（2）IP 地址信息正确而无法访问。

如果计算机的默认网关、DNS 服务器地址、IP 地址设置看起来都没有错误，但是却无法正常上网，可以尝试 Ping 一下网络内的其他计算机、默认网关、外部 Web 网站的 IP 地址和 DNS。

如果 Ping 不通网络内的其他计算机，说明 IP 地址信息设置有问题，或者没有正确安装 TCP/IP 协议，试着卸载 TCP/IP 协议，重新启动计算机，再添加安装 TCP/IP 协议，并正确设置 IP 地址信息。

如果 Ping 不通默认网关，说明 IP 地址信息中有关默认网关的设置是错误的，应当认真检查该项设置。

如果 Ping 不通外部 Web 网站的 IP 地址（要先使用连接正常的计算机进行测试，确认可以 Ping 通该 IP 地址），说明 IP 地址信息中默认网关的设置是错误的，或者没有安装代理服务器软件，或者在代理服务器或宽带路由器上做了限制，不允许该 IP 地址或 MAC 地址访问网络。

如果 Ping 不通 Web 网站的 DNS 名称，说明 IP 地址信息中有关 DNS 服务器的设置是错误的，仔细检查该设置，并配置辅助 DNS 服务器。

如果以上 Ping 测试全部通过，仍然无法访问 Web 网站，查看 Internet Explorer 的局域网设置。依次打开“工具→Internet 选项→连接→局域网设置”，取消对“自动检测设置”复选框的选中，如图 12-11-5 所示。

（3）Ping 通 DNS 却无法上网。

如果已经正确设置了 IP 地址信息和代理服务器的地址，而且能够 ping 通 DNS 服

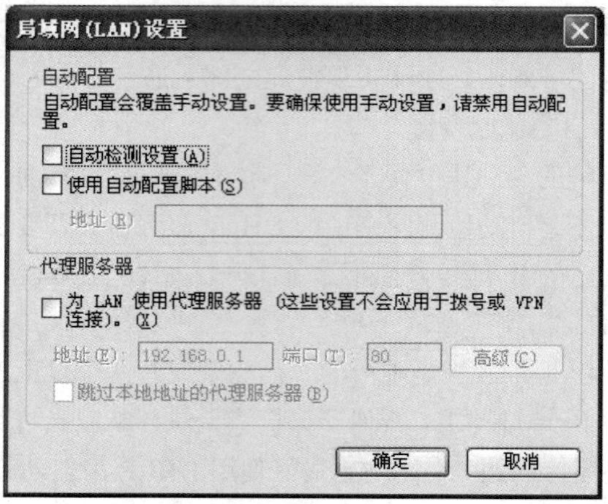

图 12–11–5　取消局域网“自动检测设置”

务器，也能在“网上邻居”中看到其他计算机，但是不能 ping 通服务器，也不能上网。上述问题表明网络连接是没有问题的，应当检查 Internet Explorer 的设置。如果 DNS 与计算机在同一子网，位于同一 IP 地址段，应当为计算机指定正确的默认网关，以便使其 Internet 访问请求被路由至外部网络。

（4） Ping 通网络中其他计算机却无法 ping 通网关。

既然能够 ping 通网络中的其他计算机，说明网络物理连接及本机网络设置没有问题。而 Ping 不通网关，无法接入 Internet 的原因可能有以下几个方面：

1） 默认网关设置错误。认真检查计算机默认网关的设置是否正确，网关设置错误将导致计算机无法访问 Internet。

2） 代理服务器对 IP 地址做了限制。代理服务器可以设置 IP 地址访问列表，被拒绝的 IP 地址将无法访问 Internet。

3） 感染了蠕虫病毒。当计算机感染蠕虫病毒时，也将直接影响对 Internet 的访问。及时更新 Windows 系统补丁，并升级病毒库。

（5） 无法 Ping 通网关。

导致这个问题的原因可能是计算机的网关或者子网掩码设置有误。在划分有 VLAN 的网络中，每个 VLAN 都分别拥有不同的 IP 地址段、子网掩码和默认网关。因此，当默认网关设置错误时，将无法被路由至其他网络，导致网络通信失败。子网掩码用于区分网络号和 IP 地址号，默认网关设置错误，也会导致网络间通信的失败，应该认真检查默认网关和子网掩码的设置。

（6） 无法 ping 通其他网段内的计算机。

如果计算机能够 ping 通本网段内的计算机，而无法 ping 通其他网段内的计算机，

原因可能是子网掩码设置有问题。子网掩码用于区分网络号和主机号，只有网络号相同的计算机才被视为同一网段，才能实现彼此之间的通信。

（7） 安装网卡后启动速度变慢。

安装网卡后，系统的启动速度慢了许多，这种情况是正常的。因为，计算机除了要检测网络连接外，还会自动检测网络中的 DHCP 服务器。若要加速系统启动速度，应该为计算机指定固定的 IP 地址，而不是每次开机时动态分配 IP 地址。

（8） IP 地址冲突。

在同一网络中，IP 地址应当是唯一的。当两个或者两个以上的计算机使用同一个 IP 地址时，就会发生 IP 地址冲突，其他计算机将无法判断应当将数据发送给哪一台计算机，从而导致网络连接问题。在网络中最好使用 DHCP 来自动分配 IP 地址，从而避免由手工设置 IP 地址所造成的 IP 地址冲突。网络中的客户端，则只需将 IP 地址和默认网关设置为“自动获取地址”即可。

（9） 局域网内计算机可以互相访问却无法 Ping 通。

导致在网上邻居中可以互访，但在 DOS 提示符下无法 ping 通的原因，可能是对方或者网络中有设备禁止了 ICMP 流量（例如在交换机的访问控制列表中过滤了 ICMP 端口），禁止对 ICMP 做出响应，而这并不影响资源共享。

另一种可能的原因是网络协议问题。如果所有的计算机使用的均是 NetBIOS 协议，也就是在该局域网中网上邻居功能是通过 NetBIOS 协议实现，而不是借助于 TCP/IP 协议，因此不会支持 ICMP 协议，而 ICMP 协议需要 TCP/IP 协议的支持。如果想让各个计算机之间可以使用 ping 命令，就必须为网络中的计算机安装 TCP/IP 协议。

【思考与练习】

1. 网卡故障的种类有哪些？如何排查？
2. 计算机上需要设置哪些 IP 协议信息？简述其设置方法。
3. Ping 命令在处理网络协议故障时有哪些用途？

◢ 模块 12　网络的监视及协议分析（Z37G2012Ⅲ）

【模块描述】本模块介绍网络的监视及协议分析。通过对网络的监视及协议分析典型软件使用方法的介绍，掌握网络的监视及协议分析的方法。

【模块内容】

一、网络的监视及协议分析概述

网络的监视及协议分析是一个让网络管理者能够在各种网络问题中对症下药的网络管理方案。它对网络中所有传输的数据进行检测、分析、诊断，帮助用户排除网络

事故，规避安全风险，提高网络性能，增大网络可用性价值。

网络监视分析软件的主要功能是撷取网络封包，并尽可能显示出最为详细的网络封包资料。其使用目的包括：网络管理员检测网络问题，网络安全工程师检查安全相关问题，开发者为新的通讯协定排错，普通使用者学习网络协议等。

下面以 wireshark 为例介绍网络的监视及协议分析典型软件使用方法。

二、网络的监视及协议分析软件使用方法

1. 网络设备上对流量镜像的设置

交换机在收到数据包后，将根据数据包的目标 MAC 地址来做出转发决定。只有与目标 MAC 地址对应的接口才能收到数据包，交换机并不会将数据包转发到不相关的接口上。当网络管理者需要监控网络中的流量时，装有监控软件的主机接到交换机上之后，并不能像预期那样能够收到所要监控的流量，除非流量是原本就要发送给自己的，或者是广播流量。对于装有监控软件的主机想要从交换机上接收到其他流量，就必须依靠交换机的协助，通过交换机将其他正常流量复制一份发送到接有监控主机的接口即可。

要让交换机将正常流量复制下来并发送到相关端口，需要靠 SPAN（Switched Port Analyzer）来实现。SPAN 允许将交换机的任意端口或任意 VLAN 上的流量复制之后发送到其他任何端口上。因为 SPAN 要将某端口或 VLAN 的流量复制一份发送到其他端口，所以 SPAN 需要明确源和目的，它只复制从源收到的流量，然后只发送到目的。SPAN 可以将某些接口或某些 VLAN 的流量复制下来，所以 SPAN 的源可以是物理接口，也可以是 VLAN，并且可以定义多个物理接口或多个 VLAN。复制的流量可以是接收到的，也可以是发送出去的，还可以是双向的，默认为双向流量。而 SPAN 的目的有时只能是物理接口，有时只能是 VLAN，需要视情况而定。并不是经过交换机的任何流量都能被 SPAN 复制，某些流量是不能被复制的，如三层流量需要被交换机路由到源 VLAN 的流量是不能被复制的，也就是说需要交换机查路由表将流量发送到源 VLAN 的流量是不能被复制的，但是从源 VLAN 被路由到外面去的流量还是可以被复制的。

当物理接口或 VLAN 被 SPAN 定义为源之后，源端口或源 VLAN 的流量是不会受到任何影响的，但 SPAN 的目标端口除了接收 SPAN 的流量外，不能再接收其他任何正常的流量。因此在 SPAN 的源和目标在同台交换机与不同交换机时，操作是不一样的，当 SPAN 的源和目的在同台交换机上时，被称为 Local SPAN，即 SPAN，而当 SPAN 的源和目的在不同交换机上时，被称为 Remote SPAN，即 RSPAN。

因为 RSPAN 是跨越了多台交换机的，而目标端口除了接收 SPAN 的流量外，不能再接收其他任何正常的流量，所以在为 RSPAN 定义目标时，不能将目标定义为物理接

口，因为连接交换机的物理接口通常还有其他流量传播，所以在实施 RSPAN 时，必须将 SPAN 复制的流量通过发送到某个 VLAN，然后从 Trunk 上传到目标交换机，这个 VLAN 就是 RSPAN VLAN，从源到目标的每台交换机都应该配置 RSPAN VLAN。在配置 RSPAN 时，只需要在源交换机和目标交换机上配置即可，如果中间还有交换机，中间的交换机只需要配置 RSPAN VLAN，而不需要配置其他任何参数。在源交换机上，将 SPAN 的源定义为物理接口或 VLAN，且必须将目的定义为 RSPAN VLAN，不能定义为物理接口。在目标交换机上将 SPAN 的源定义为 RSPAN VLAN，并且将目的定义为物理接口，目标交换机从 RSPAN VLAN 中收到流量后，将转发到目标接口。在某些 IOS 版本中，配置 RSPAN 时，源交换机在定义目标时，不仅需要将 RSPAN VLAN 指定为目标，并且还需要指定一个 reflector–port 端口，系统是将流量发送到 reflector–port 端口后，再由 reflector–port 端口发送到 RSPAN VLAN，最终发送到目标交换机。而当配置一个接口为 reflector–port 端口后，这个接口就不能正常使用了。

在配置 SPAN 时，会有以下一些限制条件：

（1）交换机上支持最多两个 SPAN 会话。

（2）最多可以有 64 个目标端口，而源端口无上限。

（3）3 层接口也可以作为源或目的。

（4）源和目标的速率要一致。

（5）源端口可以是 EtherChannel，Fast Ethernet，Gigabit Ethernet 以及其他接口。

（6）源也可以是 access port，trunk port，routed port，voice VLAN port

（7）如果一个目标端口在源 VLAN 中，则会被源排除在外。

（8）当源端口是 trunk 时，那就是所有 VLAN 的流量都被复制，但可以过滤某些 VLAN。配置时，只有在 list 中的 vlan 的流量才会被复制。

（9）当一个接口变成 SPAN 的目标端口后，所有配置丢失，关闭 SPAN 后，则配置恢复。

（10）如果目标端口在 EtherChannel 组中，将从组中消失。

（11）目标不能是安全端口，也不能是源。

（12）目标也不能是 EtherChannel group 或正常 VLAN。

（13）一个目标端口不能成为两个会话的目标。

（14）目标端口不会转发 SPAN 流量之外的任何流量。

（15）在配置源时，多个源可以一条命令配完，也可以分多条命令配置。

1）配置 Local SPAN。

以物理接口为源：

SWITCH（config）#monitor session 1 source interface Gi2/2/1 – 24

SWITCH（config）#monitor session 1 destination interface Gi1/8/46

以某个 vlan 为源：

SWITCH（config）#monitor session 1 source vlan 100

SWITCH（config）#monitor session 1 destination interface Gi1/8/46

以某个 Ether–Channel 口为源：

SWITCH（config）#monitor session 1 source interface port–channel 12

SWITCH（config）#monitor session 1 destination interface Gi1/8/46

2） 配置 Remote SPAN。

第一步，在源，目的两台交换机上配置 remote vlan。

SWITCH（config）#Vlan 999

SWITCH（config–vlan）#remote–span

第二步，在源交换机上配置。

SWITCH1（config）# monitor session 1 source interface Gi2/2/1 – 24

SWITCH1（config）# monitor session 1 destination remote vlan 999

第三步，在目的交换机上配置。

SWITCH2（config）#monitor session 1 source remote vlan 999

SWITCH2（config）#monitor session 1 destination interface Gi1/8/46

2. Wireshark 抓取流量的设置

Wireshark 的启动界面和抓包界面，如图 12–12–1 所示。

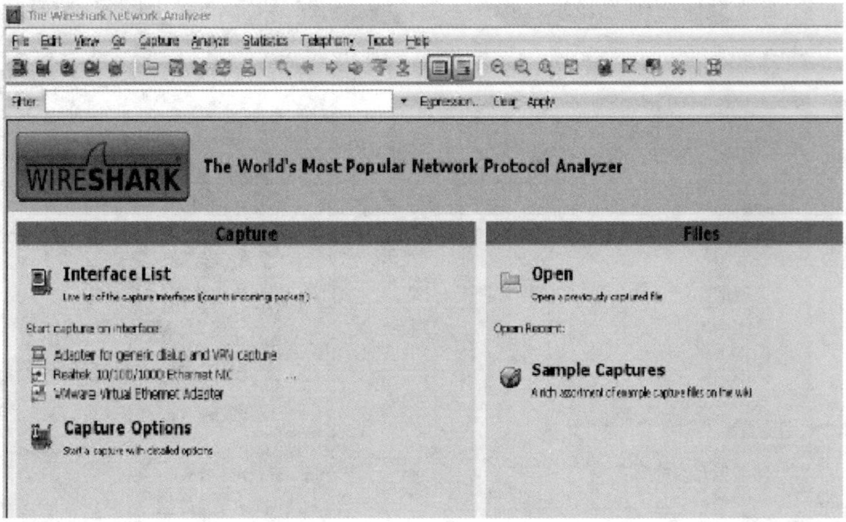

图 12–12–1　启动界面

Wireshark 主界面由如下部分组成：

（1）菜单：用于开始操作。

（2）主工具栏：提供快速访问菜单中经常用到的项目的功能。

（3）Fiter toolbar/过滤工具栏：提供处理当前显示过滤得方法。可以过滤特定协议的数据包，比如 HTTP、FTP、UDP 等协议。

（4）Packet List 面板：显示打开文件的每个包的摘要。单击面板中的单独条目，包的其他情况将会显示在另外两个面板中。

（5）Packet detail 面板：显示您在 Packet list 面板中选择的包的更多详情。

（6）Packet bytes 面板：显示您在 Packet list 面板选择的包的数据，以及在 Packet details 面板高亮显示的字段。

（7）状态栏：显示当前程序状态以及捕捉数据的更多详情。

在启动界面上，按 file 下的按钮后出现如图 12-12-2 所示的网卡显示界面。

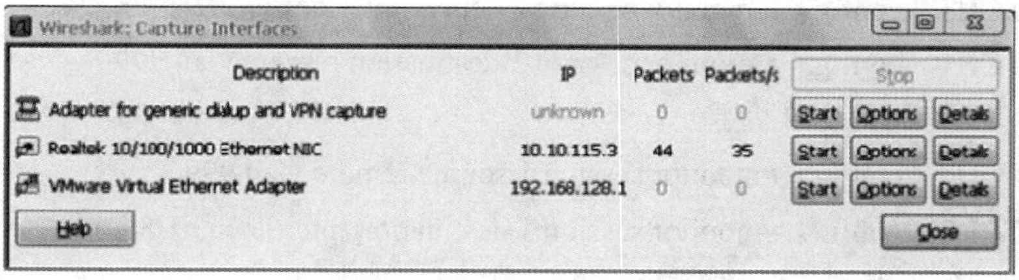

图 12-12-2 网卡显示界面

如果有虚拟机存在则会显示虚拟网卡，如果需要抓真实网卡上的包则在以太网卡右边单击 start 后开始抓包。这时出现的就是抓包界面（主界面），如图 12-12-3 所示。

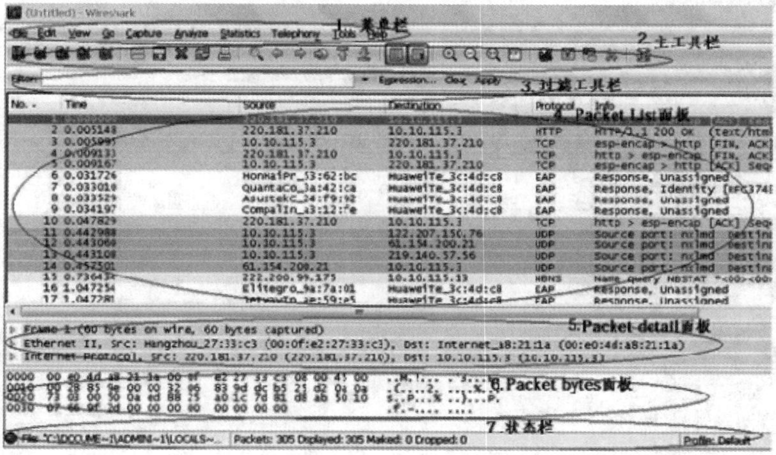

图 12-12-3 抓包界面（主界面）

【思考与练习】

1. 两台交换机，准备做 remote-span，但是这两台交换机之间使用 access 接口，请问这样可以成功将流量从源交换机镜像到远程交换机的端口吗？

2. 如果做 SPAN 是以 VLAN 为源，请问镜像的是此 VLAN 的 SVI 口转发的流量还是此 VLAN 内所有交换机端口的流量？

3. 简述网络监视分析软件的主要功能和使用目的。

模块 13　以太网交换机的故障处理（Z37G2013Ⅲ）

【模块描述】本模块包含交换机故障的分析和处理。通过对交换机故障现象、故障产生的原因分析和故障排查过程的介绍，掌握处理交换机常见故障的方法和技能。

【模块内容】

一、故障的性质及其危害

以太网交换机发生的故障主要来源于设备自身的软硬件或外部环境的影响以及人为操作不当等。一旦发生故障，会引起计算机网络全局或局部瘫痪，无法实现共享资源和数据，严重时会造成较大的经济损失和社会影响。

二、交换机故障分类及处理

交换机的故障多种多样，不同的故障有不同的表现形式。可以通过交换机的各种 LED 指示灯查看整机、各模块和端口的工作状态，并可初步判断设备运行是否正常。丰富而实用的查看命令，也被用于诊断和测试交换机和各种端口、模块的工作状态，查看配置和系统性能。

交换机故障一般可以分为硬件故障和软件故障两大类。

（1）硬件故障主要指交换机电源、背板、模块、端口等部件的故障。

1）电源故障。

由于外部供电不稳定，或者电源线路老化或者雷击等原因导致电源损坏或者风扇停止，从而不能正常工作。由于电源缘故也会导致交换机内其他部件损坏。如果面板上的 POWER 指示灯是绿色的，就表示是正常的；如果该指示灯灭了，则说明交换机没有正常供电。

针对这类故障，首先应该做好外部电源的供应工作，一般通过引入独立的电力线来提供独立的电源，并添加稳压器来避免瞬间高压或低压现象。如果条件允许，可以添加 UPS（不间断电源）来保证交换机的正常供电，在机房内设置专业的避雷措施，来避免雷电对交换机的伤害。

2）端口故障。

这是最常见的硬件故障，无论是光纤端口还是双绞线的 RJ–45 端口，在插拔接头时一定要小心。光纤端口污染会导致不能正常通信。带电插拔接头会增加端口的故障发生率。水晶头尺寸偏大，插入交换机时也容易破坏端口。此外，如果接在端口上的双绞线有一段暴露在室外，万一这根电缆被雷电击中，就会导致所连交换机端口被击坏，或者造成更加不可预料的损伤。

一般情况下，端口故障是某一个或者几个端口损坏。所以，在排除了端口所连计算机的故障后，可以通过更换所连端口，来判断其是否损坏。遇到此类故障，可以在电源关闭后，用酒精棉球清洗端口。如果端口确实被损坏，那就只能更换端口了。

3）模块故障。

交换机是由很多模块组成，比如：堆叠模块、管理模块（也叫控制模块）、扩展模块等。这些模块发生故障的几率很小，不过一旦出现问题，就会遭受巨大的经济损失。如果插拔模块时不小心，或者搬运交换机时受到碰撞，或者电源不稳定等情况，都可能导致此类故障的发生。

当然上面提到的这三个模块都有外部接口，比较容易辨认，有的还可以通过模块上的指示灯来辨别故障。比如堆叠模块上有一个扁平的梯形端口，或者有的交换机上是一个类似于 USB 的接口。管理模块上有一个 Console 接口，用于和网管计算机建立连接，方便管理。如果扩展模块是光纤连接的话，会有一对光纤接口。

在排除此类故障时，首先确保交换机及模块的电源正常供应，然后检查各个模块是否插在正确的位置上，最后检查连接模块的线缆是否正常。在连接管理模块时，还要考虑它是否采用规定的连接速率，是否有奇偶校验，是否有数据流控制等因素。连接扩展模块时，需要检查是否匹配通信模式，比如使用全双工模式还是半双工模式。当然如果确认模块有故障，解决的方法只有一个，那就是应当立即更换。

4）背板故障。

交换机的各个模块都是接插在背板上的。如果环境潮湿，电路板受潮短路，或者元器件因高温、雷击等因素而受损都会造成电路板不能正常工作。比如散热性能不好或环境温度太高导致交换机内温度升高，使元器件烧坏。

在外部电源正常供电的情况下，如果交换机的各个内部模块都不能正常工作，那就可能是背板坏了，遇到这种情况，唯一的办法就是更换背板。

5）线缆故障。

其实这类故障从理论上讲，不属于交换机本身的故障，但在实际使用中，电缆故障经常导致交换机系统或端口不能正常工作，所以这里也把这类故障归入交换机硬件故障。比如接头接插不紧，线缆制作时顺序排列错误或者不规范，线缆连接时应该用

交叉线却使用了直连线，光缆中的两根光纤交错连接，错误的线路连接导致网络环路等。

从上面的几种硬件故障来看，机房环境不佳极易导致各种硬件故障，所以在建设机房时，必须先做好防雷接地及供电电源、室内温度、室内湿度、防电磁干扰、防静电等环境的建设，为网络设备的正常工作提供良好的环境。

（2）交换机的软件故障是指系统及其配置上的故障。

1）系统错误。

交换机系统是硬件和软件的结合体。在交换机内部有一个可刷新的只读存储器，它保存的是这台交换机所必需的软件系统。由于设计的原因，软件系统也会存在一些漏洞，在某些条件下会导致交换机满载、丢包、错包等情况的发生。所以交换机系统提供了诸如 Web、TFTP 等方式来下载并更新系统。当然在升级系统时，也有可能发生错误。

对于此类问题，需要经常浏览设备厂商网站，及时更新系统软件或者打补丁。

2）配置不当。

管理员往往在配置交换机时会出现一些配置错误。比如 VLAN 划分不正确导致网络不通，端口被错误地关闭，交换机和网卡的模式配置不匹配等原因。这类故障有时很难发现，需要一定的经验积累。如果不能确保用户的配置有问题，先恢复出厂默认配置，然后再一步一步地配置。最好在配置之前，先阅读说明书，这也是网管所要养成的习惯之一。每台交换机都有详细的安装手册、用户手册，深入到每类模块都有详细的讲解。

3）密码丢失。

此类情况一般在人为遗忘或者交换机发生故障后导致数据丢失，才会发生。一旦忘记密码，都可以通过一定的操作步骤来恢复或者重置系统密码。有的比较简单，在交换机上按下一个按钮就可以了。而有的则需要通过一定的操作步骤才能解决。

4）外部因素。

由于病毒或者黑客攻击等情况的存在，有可能某台主机向所连接的端口发送大量不符合封装规则的数据包，造成交换机处理器过分繁忙，致使数据包来不及转发，进而导致缓冲区溢出产生丢包现象。还有一种情况就是广播风暴，它不仅会占用大量的网络带宽，而且还将占用大量的 CPU 处理时间。网络如果长时间被大量广播数据包所占用，通信就无法正常进行，网络速度就会变慢或者瘫痪。

一块网卡或者一个端口发生故障，都有可能引发广播风暴。由于交换机只能分割冲突域，而不能分割广播域（在没有划分 VLAN 的情况下），所以当广播包的数量占到通信总量的 30%时，网络的传输效率就会明显下降。

总的来说软件故障应该比硬件故障较难查找，解决问题时需要较多的时间。最好在平时的工作中养成记录日志的习惯。每当发生故障时，及时做好故障现象记录、故障分析过程、故障解决方案、故障归类总结等工作，以积累自己的经验。

【思考与练习】

1. 交换机的硬件方面会发生哪些故障？如何进行判断和处理？

2. 交换机的软件类的故障有哪些，如何判断和处理？

3. 简述以太网交换机发生故障后的危害。

模块 14 路由器的故障处理（Z37G2014Ⅲ）

【模块描述】本模块包含路由器故障的分析和处理。通过对路由器故障的现象、故障产生的原因分析和故障排查过程的介绍，掌握处理路由器常见故障的方法和技能。

【模块内容】

一、故障的性质及其危害

路由器发生的故障主要来源于设备自身的软硬件问题、运行环境的影响、人为操作不当以及黑客和网络病毒的攻击等。路由器处于网络互联的关键位置，一旦发生故障，企业内网与外网的连接将会中断，总部网络与分支机构之间不能互相正常访问，会严重影响企业网上业务的运转和对社会公众的服务。

二、路由器故障的处理

路由器的故障通常也分为硬件故障和软件故障两大类，硬件故障主要是板卡故障、端口故障和电源故障，软件故障主要是配置故障、系统故障和软件运行过程中产生的故障。

路由器的整机故障、端口故障和路由故障中即包含了硬件故障，也有软件类的故障。下面，我们以整机故障、端口故障和路由故障为例，来介绍路由器故障的处理方法。

1. 整机故障的处理

路由器整机故障通常表现为死机或性能严重下降。引起整机故障的主要原因有：电源故障、关键硬件故障、环境温度过高或严重的软件错误。整机故障的排除步骤如下：

（1）通过观察路由器前后面板和控制模块上的指示灯，判断供电电源、硬件模块工作状态是否正常，观察温度是否正常、风扇运转是否正常、是否存在整体或局部过热。

（2）在网管系统上或登录的该路由器，查看告警信息、分析运行日志，查找问题。

（3）使用 show process cpu 命令检查路由器的 CPU 是否过载。该命令将给出路由器 CPU 的利用率，同时显示不同进程的 CPU 占用率。在通常情况下，在 5 分钟内 CPU 的平均利用率小于 60%是可以接受的。如果怀疑 CPU 利用率出现了问题，则需要不断地监视这一参数，因为它可能在短时间内发生变化。最好每 10 秒钟使用一次该命令。通过这种方法，可以清楚地了解 CPU 利用率的波动情况。如果 CPU 的平均利用率超过了 80%，则表明路由器过载需要进一步检测是哪一些进程导致了 CPU 利用率过高。

（4）使用 show memory 命令检查内存的使用情况。show memory 显示出路由器可用内存的一般信息以及每一个进程占用的内存的详细信息，判断路由器内存是否不足。

（5）使用 show version 命令查看路由器硬件和软件版本的基本信息。show version 命令显示了路由器的许多非常有用的信息，包括：IOS 的版本、路由器持续运行的时间、最近一次重新启动的原因、各类存储器的容量、IOS 映像的文件名，以及路由器从何处启动等信息。如果路由器由于完全崩溃而重新启动，则相应的错误消息将包含在 show version 命令的输出中。

2. 端口故障的处理

端口故障表现为该端口所连接的链路不通。造成端口故障的主要原因有：端口物理失效（损坏）、配置错误或运行过程中发生严重软件错误而被关闭。端口故障的排除步骤如下：

（1）查看该端口的指示灯显示是否正常。

（2）使用 show interface 命令查看端口的状态是否正常。显示信息中的 Ethernet 1/0 is up 表明物理层没问题；Line protocol is up 表明链路层没问题。如果端口被关闭，则使用 no shutdown 命令，看能否激活。

（3）使用 show interface ethernet 命令，查看以下关键信息来查找配置错误或软件问题：

BW、Dly、rely、load（带宽、延迟、可靠性和负载）：这些参数与 IGRP/EIGRP 标准有关。带宽和延迟的配置可以影响到路由选择。在工作正常的接口中，可靠性的值为 255。除非在十分繁忙的条件下，否则负载通常不应超过 150/255。

输出队列和输入队列中报文的数量，默认长度分别为 40 和 75。监视输出队列的丢失报文数量。

每 1 秒钟通过路由器接口的平均信息量（以字节为单位）以及报文数。这些参数的总量信息、路由器接口观测到的所有广播报文的数量也在命令的输出中显示。如果广播报文的数量增长非常迅速，尤其是如果相对于输入报文的数量非常高，则表明在局域网段中有广播风暴。由于某些特定的应用程序需要频繁使用广播报文，因此确定广播报文的数量阀值是很困难的。但是，如果广播报文的数量超过了整个输入报文的

30%，则需要使用局域网协议分析仪进一步检测网络。

Runts 是指大小小于最小值的报文。

Giants 指大小超过线路可以承受的最大报文大小的报文。以太网的 MTU 通常为 1500 字节，或者最大的封装数据为 1500 字节。

Input errors 指到达报文中检测到的错误，也可能表明网段本身发生了错误。

Output errors 指输出报文中的错误，它可能表明路由器接口本身发生了故障。

CRCs 由于报文不正确的以太网校验和而检测到的循环冗余校验错误。它可能由于网段的噪声引起，或者由于网卡故障、报文冲突引发。CRC 的频率应是每 100000 个输入报文中发生一次。

Frame errors 指接收到的帧的类型与路由器以太网帧类型（IP 协议帧类型为 ARPA）不匹配。

Aborts 在碰撞检测中过度的重传而导致的问题。在以太网中，重传的最大次数不超过 15 次。

Dribble condition 指接收到的帧比 MTU 大，但不属于 Giants。

Babble 是指持续接收到可疑的帧。

Deferred 如果线路繁忙，报文在传输时将被延缓发送。

Interface resets 在检测到过多的错误时，路由器将重置接口。这些错误可能存在于局域网段中，也可能是接口本身的错误。在此不能够判断具体是哪儿发生故障，但是，如果伴随着大量的输出错误，则表明路由器接口本身发生故障。

3. 路由故障的处理

路由故障表现为找不到指向某一网络的路由、路由不可达或非最佳路由。造成路由故障的主要原因是路由协议配置错误或运行过程中发生软件错误。路由故障的排除步骤如下：

（1）Ping 目标网络，证实从源点到目标之间所有物理层、数据链路层和网络层是否都运行正常。

（2）使用 show protocol 命令查看路由器上运行的协议信息以及路由这些协议的每一个接口的地址信息。

（3）沿着从源到目标的路径，查看路由器路由表，同时检查路由器接口的 IP 地址。如果路由没有在路由表中出现，应该通过检查来确定是否已经输入适当的静态路由、默认路由或者动态路由。然后手工配置一些丢失的路由，或者排除一些动态路由选择过程的故障，包括 RIP 或者 IGRP 路由协议出现的故障。例如，对于 IGRP 路由选择信息只在同一自治系统号（AS）的系统之间交换数据，查看路由器配置的自治系统号的匹配情况。

（4）使用 trace 命令查看路由器到目的地址的每一跳的信息。

（5）使用 Debug 命令，对路由协议的设置进行调试。

【思考与练习】

1. 路由器的常见故障有哪些？
2. 如何排查路由器的端口故障？
3. 造成路由故障的主要原因是什么？

第十三章

网络安全防护

模块1　常见网络攻击的防护及处理（Z37G3001Ⅰ）

【模块描述】本模块介绍常见网络攻击的分类与特征，通过案例分析，掌握常见网络攻击的防护及处理方法。

【模块内容】

一、常见的网络攻击类型概述

目前的网络攻击模式呈现多方位多手段化的趋势，让人防不胜防。概括来说分四大类：服务拒绝攻击、利用型攻击、信息收集型攻击、假消息攻击。

服务拒绝攻击通过使服务器崩溃或将其压垮来阻止它提供正常服务。服务拒绝攻击是最容易实施的攻击行为。

利用型攻击是一类直接对设备进行控制的攻击。

信息收集型攻击并不对目标本身造成危害，这类攻击被用来为进一步入侵提供有用的信息。主要包括：扫描技术、体系结构刺探、利用信息服务等。

假消息攻击用于攻击目标配置不正确的消息。主要包括：DNS高速缓存污染、伪造电子邮件等。

二、常见网络攻击案例分析

（一）SYN Flood

SYN Flood是当前最流行的DoS（拒绝服务攻击）与DDoS（Distributed Denial Of Service，分布式拒绝服务攻击）的方式之一。这是一种利用TCP协议缺陷，发送大量伪造的TCP连接请求，使被攻击方资源耗尽（CPU满负荷或内存不足）的攻击方式。

SYN Flood攻击的过程在TCP协议中被称为三次握手（Three-way Handshake），而SYN Flood拒绝服务攻击就是通过三次握手实现的。三次握手的过程如下：

（1）攻击者向被攻击服务器发送一个包含SYN标志的TCP报文，SYN（Synchronize）即同步报文。同步报文会指明客户端使用的端口以及TCP连接的初始序号。这时同被攻击服务器建立了第一次握手。

（2）受害服务器在收到攻击者的 SYN 报文后，将返回一个 SYN+ACK 的报文，表示攻击者的请求被接受，同时 TCP 序号被加一，ACK（Acknowledgment）即确认，这样就同被攻击服务器建立了第二次握手。

（3）攻击者也返回一个确认报文 ACK 给受害服务器，同样 TCP 序列号被加一，到此一个 TCP 连接完成，三次握手完成。

在 TCP 连接的三次握手中，假设一个用户向服务器发送了 SYN 报文后突然死机或掉线，那么服务器在发出 SYN+ACK 应答报文后是无法收到客户端的 ACK 报文的（第三次握手无法完成），这种情况下服务器一般会重试，即再次发送 SYN+ACK 给客户端，并等待一段时间后丢弃这个未完成的连接。这段时间称为 SYN Timeout，一般来说是分钟的数量级（大约为 30s～2min）。一个用户出现异常导致服务器的一个线程等待 1 分钟并不是什么很大的问题，但如果有一个恶意的攻击者大量模拟这种情况（伪造 IP 地址），服务器端将为了维护一个非常大的半连接列表而消耗非常多的资源。即使是简单的保存并遍历也会消耗非常多的 CPU 时间和内存，何况还要不断对这个列表中的 IP 进行 SYN+ACK 的重试。实际上如果服务器的 TCP/IP 栈不够强大，最后的结果往往是堆栈溢出崩溃，即使服务器的系统足够强大，它也将忙于处理攻击者伪造的 TCP 连接请求而无暇理睬客户的正常请求（毕竟客户端的正常请求比率非常之小），此时从正常客户的角度看来，服务器失去响应，这种情况就称作：服务器端受到了 SYN Flood 攻击（SYN 洪水攻击）。

防范措施：可以使用防火墙来保护网络以免遭 SYN Flood 攻击。SYN COOKIE 防火墙是 SYN cookie 的一个扩展，SYN cookie 是建立在 TCP 堆栈上的，可以为 linux 操作系统提供保护。SYN cookie 防火墙是 linux 的一大特色，可以保护网络免遭 SYN 洪水攻击。

（二）IP 欺骗攻击

1. IP 欺骗原理

所谓 IP 欺骗，就是伪造他人的 IP 地址，其实质就是让一台计算机来扮演另一台计算机，借以达到蒙混过关的目的。

IP 欺骗是利用了主机之间的正常信任关系来发动的。所谓信任关系就是网络上的两台计算机 X 和 Y，Y 可以利用远程登录工具，无需口令验证就可以登录到 X 主机上，而登录的基础是 X 对 Y 主机 IP 的验证。即 X 是否对 Y 的提供服务是基于对主机 Y 的 IP 地址的信任。

既然 X、Y 之间的信任关系是基于 IP 地址建立起来的，那么假如能够冒充 Y 的 IP 地址，就可以使 rlogin 登录上 X，而不需要任何口令的验证。这就是 IP 欺骗的最根本的理论依据。

2. 攻击过程

（1）目标主机已选定，比如 X。其次，信任模型已被发现，并找到了一个被目标主机信任是主机，比如 Y。

（2）一旦发现被信任的主机，为了伪装它，往往要使其丧失工作能力。由于攻击者将要代替真正的被信任主机，所以它必须确保真正被信任的主机不能接收到任何有效的网络数据，否则将会被揭穿。

（3）使得被信任的主机（Y）丧失工作能力后，伪装成被信任的主机，同时建立起与目标主机基于地址验证的应用连接。如果成功，黑客可以使用一种简单的命令放置一个系统后门，以进行非授权操作。

这就是 IP 欺骗攻击的全过程。

3. IP 欺骗的防范措施

IP 欺骗利用的是 IPv4 协议本身的缺陷来实现的，解决 IP 欺骗最根本的方法是施行密码认证机制。目前 IPv6 虽然能够借助 IPSec 提供的安全服务有效地防止诸如 IP 欺骗之类的网络攻击行为，但从 IPv4 到 IPv6 的过渡还需要很长的一段时间。因此，目前应该采用其他有效的检测和防范 IP 欺骗的措施。可采用的防范策略有：

（1）禁止建立基于 IP 地址的信任关系，不采用使用源地址认证的服务系统，而采用基于密码的认证机制。IP 欺骗之所以能实现因为目标机有信任的主机可供攻击者冒充，因此，只要主机没有信任对象，就可彻底杜绝 IP 欺骗。

（2）在路由器上进行过滤处理。但是，这种过滤措施只能减少 IP 欺骗发生的可能性，并不能从根本上杜绝其发生。可以在路由器上通过对数据包的监控来检测 IP 欺骗，如果发现数据包的源 IP 和目的 IP 地址都是本地域的地址，就可以肯定有人试图要攻击系统。因为同一个域中的通信是不需要经过路由器的。

（3）数据加密也是阻止 IP 欺骗的一个有效方法，即在通信时要求加密传输和验证。

（4）采用 IP 安全协议也是目前防范 IP 欺骗的主要方法之一，比如 S/MIME、OpenPGP、SSL、PPTP、IPsec 等。

（三）缓冲区溢出攻击

1. 缓冲区溢出攻击的原理

缓冲区溢出是指当计算机向缓冲区内填充数据位数时超过了缓冲区本身的容量，溢出的数据覆盖在合法数据上。缓冲区溢出攻击的原理就是通过往程序的缓冲区写超出其长度的内容，造成缓冲区的溢出，从而破坏程序的堆栈，使程序转而执行其他指令，以达到攻击的目的。造成缓冲区溢出的原因是程序中没有仔细检查用户输入的参数。例如下面程序：

```
void function(char *str){
char buffer[16];strcpy(buffer,str);
```

}

上面的 strcpy（）将直接把 str 中的内容 copy 到 buffer 中。这样只要 str 的长度大于 16，就会造成 buffer 的溢出，使程序运行出错。存在像 strcpy 这样的问题的标准函数还有 strcat（）、sprintf（）、vsprintf（）、gets（）、scanf（）等。

当然，随便往缓冲区中填东西造成它溢出一般只会出现分段错误（Segmentation fault），而不能达到攻击的目的。最常见的手段是通过制造缓冲区溢出使程序运行一个用户 shell，再通过 shell 执行其他命令。如果该程序属于 root 且有 suid 权限的话，攻击者就获得了一个有 root 权限的 shell，可以对系统进行任意操作了。

缓冲区溢出攻击之所以成为一种常见安全攻击手段其原因在于缓冲区溢出漏洞极其普遍并且易于实现，而且，它给予了攻击者所想要的一切：植入并且执行攻击代码。被植入的攻击代码以一定的权限运行有缓冲区溢出漏洞的程序，从而得到被攻击主机的控制权。

2. 防范方法

目前有四种基本的方法保护缓冲区免受缓冲区溢出的攻击和影响。

（1）通过操作系统使得缓冲区不可执行，从而阻止攻击者植入攻击代码。

（2）强制写正确的代码。

（3）利用编译器的边界检查来实现缓冲区的保护。这个方法使得缓冲区溢出不可能出现，从而完全消除了缓冲区溢出的威胁，但是相对而言代价比较大。

（4）在程序指针失效前进行完整性检查。虽然这种方法不能使得所有的缓冲区溢出失效，但它能阻止绝大多数的缓冲区溢出攻击。

（四）端口扫描攻击

1. 端口扫描攻击的原理

端口扫描向目标主机的 TCP/IP 服务端口发送探测数据包，并记录目标主机的响应。通过分析响应来判断服务端口是打开还是关闭，从而得知端口提供的服务或信息。端口扫描也可以通过捕获本地主机或服务器的流入流出 IP 数据包来监视本地主机的运行情况。它仅能对接收的数据进行分析，帮助用户发现目标主机的某些内在的弱点，而不会提供进入一个系统的详细步骤。

端口扫描技术行为作为恶意攻击的前奏，严重威胁用户的网络。

2. 防范方法

（1）关闭闲置和有潜在危险的端口，它的本质是将所有用户需要用到的正常计算机端口外的其他端口都关闭掉。因为就黑客而言，所有的端口都可能成为攻击的目标。在 Windows 核心系统中要关闭掉一些闲置端口是比较方便的，可以采用“定向关闭指定服务的端口”和“只开放允许端口的方式”。计算机的一些网络服务会有系统分配默认的端口，将一些闲置的服务关闭掉，其对应的端口也会被关闭了，进入“控制面板”

→“管理工具”→“服务”项内，关闭掉计算机的一些没有使用的服务（如 FTP 服务、DNS 服务、IIS Admin 服务等等），它们对应的端口也被停用了。至于“只开放允许端口的方式”，可以利用系统的“TCP/IP 筛选”功能实现，设置的时候，“只允许”系统的一些基本网络通信需要的端口即可。

（2）检查各端口。有端口扫描的症状时，立即屏蔽该端口。这种预防端口扫描的方式显然用户自己手工是不可能完成的，或者说完成起来相当困难，需要借助软件。这些软件就是常用的网络防火墙。

【思考与练习】

1. 请简述 SYN FLOOD 攻击的工作原理？
2. 请描述 IP 欺骗攻击的具体防御措施？
3. 请描述端口扫描攻击的具体防御措施？

◢ 模块 2 交换机和路由器的安全设置（Z37G3002 Ⅰ）

【模块描述】本模块包含交换机和路由器安全设置方面的内容。通过设备配置，掌握交换机和路由器的登录密码安全、配置命令级安全、终端访问限制安全、SNMP 安全的方法。

【模块内容】

一、设备安全设置概述

对于大多数局域网来说，交换机和路由器是正在使用最多的网络设备之一。网络安全技能既要关心防攻击检测、防病毒软件或防火墙这些安全设备的部署，同时也应当注重基础设备（路由器、交换机）的安全设置。

交换机、路由器安全设置主要包括如下七部分：

1. 设备端口安全

关闭所有不使用端口，所有使用端口做端口描述，接入端口安全加固配置。

2. 网络服务安全

关闭设备上确认有软件 Bug 的网络服务和可能对自身产生安全威胁的服务。

3. 设备本地认证与 802.1x 认证

设备访问认证安全设置。

4. 终端访问安全

只允许经授权的终端在设备上执行权限范围内的操作，且设定不同的操作权限。

5. 网管 SNMP 安全

对 SNMP 访问设置 ACL 控制，只允许许可范围内的 IP 地址通过 SNMP 管

理设备。

6. 交换机二层安全加固

7. DHCP 安全设置

二、设备密码安全设置

1. 本地认证配置

（1）配置用户名密码。

Switch#configure terminal　#进入配置状态

Switch(config)#enable secret “password”#设置 enable 密码模式口令

Switch(config)#username “username”secret “password” #建立本地用户及口令

Switch(config)#service password–encryption　#加密所有明文口令

（2）配置 console 用户口令。

Switch(config)#line console 0　#进入 console 口配置状态

Switch(config–line)#login local　#设置登录模式为本地用户验证模式

Switch(config)#line console 0　#进入 console 口配置状态

Switch(config–line)#login　#设置登录模式为线性登录模式

（3）配置 tenlnet（vty）用户及口令。

Switch(config)#line vty 0 15　#进入 vty 配置状态

Switch(config–line)#login local　#设置本地用户验证模式

Switch(config)#line vty 0 4　#进入 vty 配置状态

Switch(config–line)#login　#设置登录模式为线性登录模式

2. 802.1x 认证配置:

（1）协议（见图 13–2–1）概述。

802.1x 协议是基于 Client/Server 的访问控制和认证协议。它可以限制未经授权的用户/设备通过接入端口（access port）访问 LAN/WLAN。在获得交换机或 LAN 提供的各种业务之前，802.1x 对连接到交换机端口上的用户/设备进行认证。在认证通过之前，802.1x 只允许 EAPoL（基于局域网的扩展认证协议）数据通过设备连接的交换机端口；认证通过以后，正常的数据可以顺利地通过以太网端口。

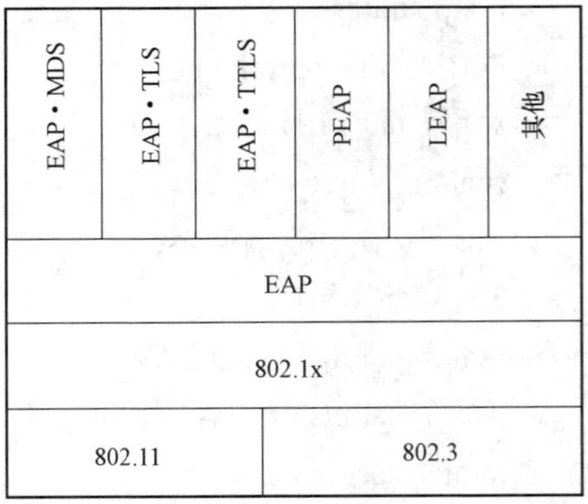

图 13–2–1　协议

网络访问技术的核心部分是 EAP（端口访问实体)。在访问控制流程中，端口访问实体包

含 3 部分：认证者—对接入的用户/设备进行认证的端口；请求者—被认证的用户/设备；认证服务器—根据认证者的信息，对请求访问网络资源的用户/设备进行实际认证功能的设备。

（2）认证特点。

基于以太网端口认证的 802.1x 协议有如下特点：IEEE 802.1x 协议为二层协议，不需要到达三层，对设备的整体性能要求不高，可以有效降低建网成本；借用了在 RAS 系统中常用的 EAP（扩展认证协议），可以提供良好的扩展性和适应性，实现对传统 PPP 认证架构的兼容；802.1x 的认证体系结构中采用了“可控端口”和“不可控端口”的逻辑功能，从而可以实现业务与认证的分离，由 RADIUS 和交换机利用不可控的逻辑端口共同完成对用户的认证与控制，业务报文直接承载在正常的二层报文上通过可控端口进行交换，通过认证之后的数据包是无需封装的纯数据包；可以使用现有的后台认证系统降低部署的成本，并有丰富的业务支持；可以映射不同的用户认证等级到不同的 VLAN；可以使交换端口和无线 LAN 具有安全的认证接入功能。

（3）802.1X 配置。

1）aaa 配置：

aaa new-model

#打开 aaa 认证功能

aaa authentication dot1x default group radius local

#认证方式是先 radius 认证（即 802.1x 认证）若失败使用本地认证。

2）接口配置 DOT1X 认证（假设应用在 fa0/14 口）：

interface FastEthernet0/14

switchport mode access

no ip address

dot1x port-control auto

#配置 fa0/14 接口启用 DOT1X

spanning-tree portfast

#将端口配置为 portfast 端口

3）Radius 配置：

radius-server host 202.195.30.159 key route

#配置 Radius 服务器，并指定通信密钥

radius-server vsa send

#向 Radius 服务器发送 ROUTE 私有属性集。

aaa authentication login default none

#设置不对 login 进行认证。会防止与 ACS 通信失败后，无法登录到本地交换机。

aaa authentication dot1x default group radius

#设置使用 Radius 服务器进行配置 DOT1X。

aaa authorization network default group radius

#设置使用 Radius 服务器进行授权

dot1x system–auth–control

#设置使用 Radius 服务器进行授权

三、终端访问安全设置

1. 禁止通过 AUX 口访问网络设备

Route# config t

Route(config)# line aux 0

Route(config–line)# transport input none

Route(config–line)# no exec

Route(config–line)# end

2. 设置 console 连接超时

通过 console 口登录设备需要密码，并设置 timeout 为 5 分钟，设置 console 连接时间避免长时间连接设备造成安全隐患。

Route# config t

Route(config)# line con 0

Route(config–line)# transport input none

Route(config–line)# login

Route(config–line)# exec–timeout 5 0 #设置时间为 5 分钟

Route(config–line)# password 密码

Route(config–line)# end

3. VTY 虚拟终端线路限制设置

Route# config t

Route(config)#no line vty 5

#VTY 登录设备只有 0–4 五个进程数，第六个连接请求将拒绝，避免过多连接进程过分占用设备资源。

4. VTY 访问限制设置

Route# config t

Route(config)# access–list 23 permit 132.1.40.199

132.1.40.199 为堡垒机 IP,只允许此地址 vty 访问

Route(config)#line vty 0 4

Route(config-line)# exec-timeout 5 0

#设置超时时间是 5 分钟，当超过设定值 vty 远程访问连接断开，避免长时间占用连接通道，带来安全问题

Route(config-line)#login

Route(config-line)# password 密码

Route(config-line)# access-class 23 in

#访问控制列表 23 应用到 vty 中，只允许列表中 permit 地址访问，避免访问设备的不可控性

5. SSH 设置

（1）“中间人攻击”介绍。

中间人攻击（Man-in-the-Middle Attack，MITM）是一种由来已久的网络入侵手段，并且在今天仍然有着广泛的发展空间，如 SMB 会话劫持、DNS 欺骗等攻击都是典型的 MITM 攻击。简而言之，所谓的 MITM 攻击就是通过拦截正常的网络通信数据，并进行数据篡改和嗅探，而通信的双方却毫不知情。

随着计算机通信网技术的不断发展，MITM 攻击也越来越多样化。最初，攻击者只要将网卡设为混杂模式，伪装成代理服务器监听特定的流量就可以实现攻击，这是因为很多通信协议都是以明文来进行传输的，如 HTTP、FTP、Telnet 等。后来，随着交换机代替集线器，简单的嗅探攻击已经不能成功，必须先进行 ARP 欺骗才行。如今，越来越多的服务商（网上银行，邮箱登录）开始采用加密通信，SSL（Secure Sockets Layer 安全套接层）是一种广泛使用的技术，HTTPS、FTPS 等都是建立在其基础上的。笔者将以常见的 Gmail 邮箱登录为例，探讨针对 SSL 的 MITM 攻击的两种实现方式。

（2） SSH 登录方式的安全性。

SSH 默认的连接端口是 22，通过使用 SSH 可以把所有传输的数据进行加密，这样类似“中间人”攻击方式不可能实现，而且也能够防止 DNS 和 ip 欺骗等诸多攻击手段，另外它传输数据是经过压缩，可以加快传输速度。

（3） SSH 配置。

1）配置 hostname 和 ip domain-name：

Router#configure terminal

Router(config)#hostname TEST

TEST(config)#ip domain-name jx.cn.net

2）配置登录用户名和密码（以本地认证为例）：

TEST(config)#username test password 0 test

注意：添加一个用户：test，口令：test

TEST(config)#line vty 0 4

TEST(config–line)#login local

在这两部分做完以后，用 show run 命令就能够看到：

hostname TEST

!

boot system flash gsr–k3p–mz.120–14.S.bin

enable secret 5 1DMyW$gdSIOkCr7p8ytwcRwtnJG.

enable password 7 094F47C31A0A

!

username test password 7 0835495D1D

clock timezone PRC 16

redundancy

main–cpu

auto–sync startup–config

ip subnet–zerono ip finger

ip domain–name jx.cn.net

ip name–server 202.101.224.68

ip name–server 202.101.226.68

3）配置 SSH 服务：

TEST(config)#crypto key generate rsa

The name for the keys will be:TEST–GSR12008.jx.cn.net

注意：SSH 的关键字名就是 hostname + . +ip domain–name

Choose the size of the key modulus in the range of 360 to 2048 for your General Purpose Keys. Choosing a key modulus greater than 512 may take a few minutes.

How many bits in the modulus ［512］：注：选择加密位数，用默认就行了

Generating RSA keys ...

[OK]

TEST–GSR12008(config)#end

TEST–GSR12008#write

Building configuration...

这时候用 show run 命令可以看到：

ip subnet–zero

no ip finger

ip domain-name jx.cn.net

ip name-server 202.101.224.68

ip name-server 202.101.226.68

ip ssh time-out 120

ip ssh authentication-retries 3

!

用命令 show ip ssh 也能看到：

SSH Enabled - version 1.5

Authentication timeout：120 secs；Authentication retries：3

现在 SSH 服务已经启动，如果需要停止 SSH 服务，用以下命令：

TEST-GSR12008（config）#crypto key zeroize rsa

4）设置 SSH 参数。

配置好了 SSH 之后，通过 show run 命令看到 SSH 默认的参数：超时限定为 120 秒，认证重试次数为 3 次，可以通过下面命令进行修改：

TEST-GSR12008(config)#ip ssh {[time-out seconds]} | {[authentication-retries interger]}

如果要把超时限定改为 180 秒，则应该用：

TEST-GSR12008(config)# ip ssh time-out 180

如果要把重试次数改成 5 次，则应该用：

TEST-GSR12008(config)# ip ssh authentication-retries 5

这样，SSH 已经在路由器上配置成功了，就能够通过 SSH 进行安全登录了。

四、网管 SNMP 安全

1. 网管 SNMP 安全介绍

简单网络管理协议（SNMP）简单易行，工作于 TCP / IP 网络的应用层，在 Internet 主干设备和绝大多数厂商的网络产品中被广泛采用，是事实上的网络管理协议。但是，许多产品在 SNMPv1 实施中存在安全问题，特别是在 SNMP 代理和 SNMP 管理器处理 Trap 消息和其他请求消息方面存在安全隐患。这些隐患可能会引发服务中断，被黑客用于 DoS 攻击或非法获取设备访问权限。因此必要采取相应措施，正确配置网络，使网络安全风险趋于最小。

简单网络管理系统由 SNMP 管理器和 SNMP 代理组成。代理是实际网络设备中实现 SNMP 功能的部分，使用 UDP 端口 161 接收请求消息；管理器使用 UDP 端口 162 接收代理的事件通告消息。管理方一旦获取设备的访问权限，就可以访问设备信息，

修改和配置设备参数。由于采用的是 UDP 协议，工作时不需要在代理和管理器之间保持连接。

SNMP 提供了三种重要的基本操作：获取网络设备信息的读操作 Get、设置网络设备参数值的写操作 Set 和异常事件报告的陷阱操作 Trap。SNMP 使用的协议数据传输单元包括 Get–request、Get–Next–Request、Get–Response、Set–Request 和 Trap，其中 Get–request 和 Get–Next–Request 由安装 SNMP 管理器的网络管理工作站发送给 SNMP 代理，请求检索设备信息，代理以 Get–Response 响应；SNMP 管理器使用 Set–Request 对代理所在网络设备实现远程设置参数，这些都通过对管理信息库的读写操作实现；只有 Trap 是代理主动送出的非请求信息，用于向 SNMP 管理器报告如设备启动、关闭和其他等异常事件的发生。

SNMPv1 不支持加密和授权，仅使用类似口令的简单认证。按照 SNMPv1 协议的规定，大多数网络产品出厂时设定的只读操作用户名默认值为“Public”，读写操作用户名默认值为“Private”，通常网络管理人员并不对该值进行修改。这就造成了安全隐患，利用这些默认值黑客可以容易地获取到设备的访问权。由于 SNMP 主要采用 UDP 协议传输数据，还容易被假冒 IP 源地址，仅使用访问控制列表不足以防范。大多数 SNMP 设备接收来自网络广播地址的 SNMP 消息，黑客甚至可以不必知道目标设备的 IP 地址，通过发送 SNMP 广播数据包就可以达到目的。

另外，SNMP 管理器解析处理 Trap 消息和 SNMP 代理处理请求消息也存在缺陷，主要原因是对 SNMP 消息的检查不充分，当数据包中含有异常字段值或过长对象时，可能产生内存耗尽、堆栈耗尽及缓冲区溢出等致命错误，从而形成缓冲区溢出攻击或拒绝服务攻击的条件，出现设备不能正常工作，产生大量日志记录，引起系统崩溃、挂起和设备自动重新启动等问题。

2. 网管 SNMP 安全配置

网管 SNMP 安全，对 SNMP 访问设置 ACL 控制，只允许许可范围内的 IP 地址通过 SNMP 管理设备。

```
access–list 5 remark SNMP ACL
access–list 5 permit 32.0.0.0 0.0.31.255
access–list 5 deny any log
#只允许 32.0.0.0 0.0.31.255 段设备通过 SNMP 管理设备。
snmp–server community ccbnms RO 5
snmp–server community ccbnic RW 5
```

#按照不同 community 设定不同管理权限，ccbnms 为只读，ccbnic 为读写权限，5 与之前 acl 号对应。

snmp–server trap–source Loopback0

trap 原地址是 loopback0 地址

snmp–server ifindex persist

#全局启用 ifIndex 持续化（接口名）。这将保证 ifIndex 值在设备重启后也有效

snmp–server enable traps snmp authentication linkdown linkup coldstart warmstart

snmp–server enable traps tty

snmp–server enable traps bgp

snmp–server enable traps config

snmp–server enable traps hsrp

snmp–server enable traps fru–ctrl

snmp–server enable traps entity

snmp–server enable traps vtp

snmp–server enable traps envmon fan shutdown supply temperature status

#各种需要管理的协议，可按照需求增减

snmp–server host 32.0.30.225 version 2c ccbnms

#指向 SNMP 服务器地址

【思考与练习】

1. 二层生成树加固策略有哪些？分别部署在什么端口？
2. SSH 配置步骤是什么？
3. dhcp snooping 配置步骤是什么？
4. privilege level 配置步骤是什么？

模块 3 网络版防病毒软件服务器程序安装（Z37G3003Ⅱ）

【模块描述】本模块介绍网络版防病毒软件服务器程序安装。通过对常用网络版防病毒软件服务器程序的安装及配置过程的介绍，掌握常用网络版防病毒软件服务器程序的安装方法。

【模块内容】

一、网络版防病毒软件基本知识

网络版防病毒软件是构建网络防病毒系统的核心，通常由服务器程序和客户端程序两大部分组成。在服务器上安装的程序又可分为主程序、控制台程序和其他工具程序。

建立网络防病毒系统的关键在于选用合适的防病毒软件。国内外防病毒软件厂商

很多，如赛门铁克（Symantec）、瑞星、卡巴斯基（Kaspersky）等。各厂商所提供的网络防病毒软件产品在系统组成和功能等方面会有一定的差别，要注意根据本企业的实际需求进行选择。在选择网络防病毒软件时考虑以下几点：

（1）选择经过公安等权威部门认证的主流产品。

（2）防杀毒方式能全面地与互联网结合，不仅有传统的手动查杀与文件监控，还必须对网络层、邮件客户端进行实时监控，防止病毒入侵。

（3）产品应有完善的在线升级服务，使用户随时拥有最新的防病毒能力。

（4）厂商应具备快速反应的病毒检测网，在病毒爆发的第一时间即能提供解决方案；厂商能提供完整、即时的防病毒咨询，尽快地让用户了解到新病毒的特点和解决方案。

二、服务器程序安装步骤

1. 安装前的准备

（1）检查服务器软硬件配置是否满足安装防病毒软件的最低要求。

（2）检查网络连通情况、静态 IP 地址分配及 DNS 或 WINS 域名解析设置。

2. 将服务器端程序安装到防病毒服务器上

大部分软件都提供了安装向导，可以根据安装向导的提示一步一步进行操作。

3. 配置服务器并创建数据库

（1）设置服务器的名称、协议端口、数据文件夹的位置、站点名。

（2）设置服务器和客户端通信数据加密的密码。

（3）设置服务器所使用的数据库类型。

（4）设置登录管理员密码。

4. 通过控制台配置安全策略并生成客户端安装软件包

（1）配置客户端防病毒及间谍软件策略，设置客户端的调度扫描和文件系统自动防护。

（2）配置客户端防火墙策略，防止入侵攻击和恶意软件侵犯客户端计算机。

（3）配置集中式例外策略。创建合法进程的例外，以便扫描忽略这些合法的应用程序。在确定哪些进程是合法进程之后，将这些进程添加到集中式例外策略，并将检测操作更改为“忽略”。下次扫描引擎运行时，会忽略这些进程。

（4）配置服务器病毒库和引擎自动更新策略，防病毒服务器通过 Internet 从软件厂商的服务站点上下载病毒库和扫描引擎，供内网中的客户端下载安装。

（5）配置客户端病毒库和引擎自动更新策略，使客户端能够从内网的防病毒服务器上下载病毒库和杀毒引擎的更新。

（6）建立逻辑组并分配策略：一般情况下可以将网络中所有客户端划分为

Server 和 Client 两个客户端组，将内部应用服务器设置在 Server 组，应用服务器之外的所有工作站放在 Client 组中。将上述配置好的各个策略分配到 Server 组和 Client 组。

（7） 配置客户端常规设置：可以设置客户端防篡改功能，还可以限制客户端的卸载，保证企业内防病毒策略的统一执行。防篡改功能还可防止客户端的防病毒进程、服务被病毒结束。

（8） 生成包含上述安全策略和设置的客户端安装软件包。

5. 配置服务器上的 IIS 服务

为了使客户端能够通过网络从服务器上下载和安装客户端软件，需要对服务器上的 IIS 服务进行设置。

下面，我们以 Symantec 网络版防病毒软件 SEP11.0 版为例，来介绍服务器端程序安装的具体过程。

三、Symantec 网络版防病毒软件 SEP11.0 版服务器程序的安装

Symantec（赛门铁克）公司是全球著名的安全软件厂商，目前其最新版的网络防病毒软件的名称为 Symantec Endpoint Protection（简称为 SEP），软件版本为 11.0。

SEP11.0 提供了很强的威胁防护功能，可保护网络端点（笔记本电脑、台式计算机和服务器）不受已知威胁和未知威胁的攻击。SEP 不仅能防范和查杀计算机病毒，而且还能防范恶意软件（如特洛伊木马、间谍软件和广告软件等），对于可躲避传统安全措施的复杂攻击（例如 Rootkit、零时差攻击和变种的间谍软件）也能提供较好的防护。

SEP11.0 服务器端程序的名称为 Symantec Endpoint Protection Manager，简称为 SEPM。安装了服务器端程序的防病毒服务器叫做管理服务器。下面介绍 SEP11.0 服务器端程序的安装。

（一）安装前的准备工作

1. 检查服务器软硬件配置

SEP11.0 对管理服务器的软硬件最低要求是：

（1） 内存最低要求 1GB，建议使用 2～4GB。

（2） 操作系统采用 Windows 2000 Server（带 Service Pack 3）、Windows Server 2003。

（3） Internet Information Service（IIS）5.0 版或更高版本，如果尚未启用，可通过控制面板的“添加删除程序”中“添加 windows 组件”添加。

（4） Internet Explorer 6.0 或更高版本。

（5） 数据库使用 SEP11.0 中包含有嵌入式数据库。如果客户端的数量超过

5000 个，可使用 Microsoft SQL2000 或 SQL2005 数据库，并在安装 SEPM 前安装到服务器上。

2. 检查网络情况

（1） 检查管理服务器网络连通性。

（2） 为管理服务器分配固定的静态 IP 地址，防病毒服务器安装完成后，不能随意改变该服务器的 IP 地址和计算机名。

（3） 网络中采用 DNS 或 WINS 域名解析，用于客户端升级。

（二）安装管理服务器和控制台

（1）插入软件光盘，安装程序会自动运行。如果安装程序未启动，可单击 setup 来启动。安装程序启动后，会出现如图 13-3-1 所示的安装界面。

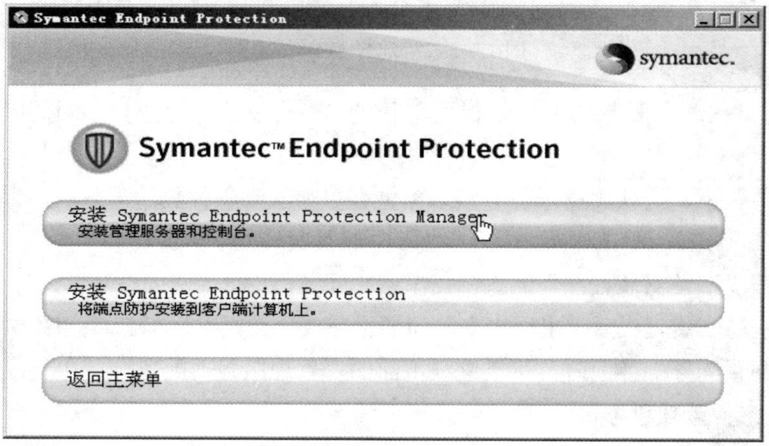

图 13-3-1　SEP11.0 安装界面

（2）在“安装界面”中，选择“安装管理服务器和控制台”。

（3）在欢迎界面中，单击“下一步”。

（4）在“授权许可协议”面板中，单击“我接受该许可证协议中的条款”，然后单击“下一步”。

（5）在“目标文件夹”面板中，接受或更改安装位置。程序文件复制完成后，出现如图 13-3-2 所示的“选择 Web 站点”界面。

（6）在“选择 Web 站点”界面中可做出以下选择：

1）如果将这台服务器专用于管理服务器，不提供其他的 Web 服务，则选择“创建自定义 Web 站点”。

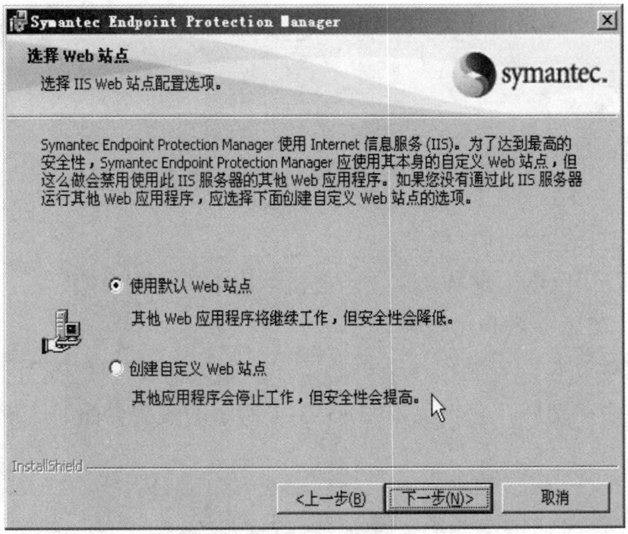

图 13–3–2 选择 Web 站点

2）如果在这台服务器上还要提供其他的 Web 服务，则选择 “使用默认 Web 站点”。

一般情况下，会使用管理服务器来提供客户端安装软件包的下载，所以选择“使用默认 Web 站点”，单击“下一步”，进入“准备安装程序”界面。

（7）在“准备安装程序”面板中，单击“安装”。

（8）程序安装完成后，出现“安装向导已完成”面板时，单击“完成”，出现“管理服务器配置向导”界面时，可以继续下面的“管理服务器配置”。

（三）配置管理服务器

（1）在如图 13–3–3 所示的“管理服务器配置向导”界面中，选择“安装我的第一个站点”，单击“下一步”。

（2）根据提示输入“服务器名”“服务器端口”，并选择“服务器数据文件夹”，单击“下一步”。

（3）根据提示输入“站点名称”，单击“下一步”。

（4）根据提示输入服务器和客户端通信时对数据进行加密的密码，单击“下一步”。

（5）根据提示选择管理服务器所使用的数据库类型，本例中选择“嵌入式数据库”，单击“下一步”。

（6）根据提示设置登录管理服务器的管理员名称及密码，单击“下一步”。

（7）服务器开始创建数据库。然后出现“管理服务器配置向导已完成”界面，在是否要先在运行“迁移和部署向导”选项下，选择“否”，然后单击“完成”。

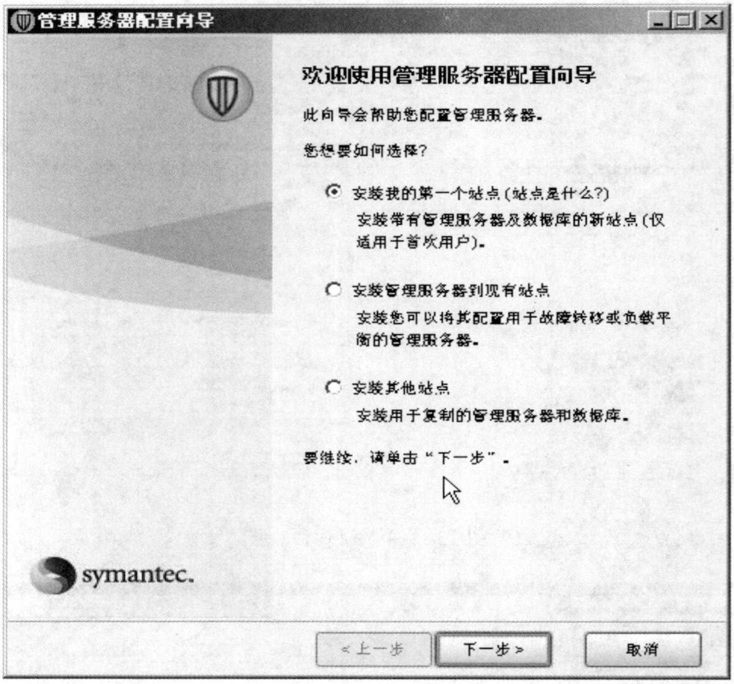

图 13–3–3　管理服务器配置向导

（8）服务器端所有组件安装完毕，重启管理服务器。

（四）配置安全策略并生成客户端安装软件包

通过控制台可以对服务器进行配置并集中管理客户端。可以通过控制台设置安全策略、安装客户端，并强制执行安全策略，通过控制台还可以监控和报告客户端的状况。控制台可以在管理服务器上直接运行，也可以采用 Web 浏览器远程运行。

1. 运行控制台程序

在管理服务器的“开始”菜单中选择“程序”→“Symantec Endpoint Protection Manager”→“Symantec Endpoint Protection Manager 控制台”，输入管理员用户名和密码，出现如图 13–3–4 所示的控制台视图。

在控制台视图中包含六个页面，在“策略”页面下可以进行安全策略的设置和管理。单击“策略”页面标签，显示如图 13–3–5 所示的“策略”页面视图。

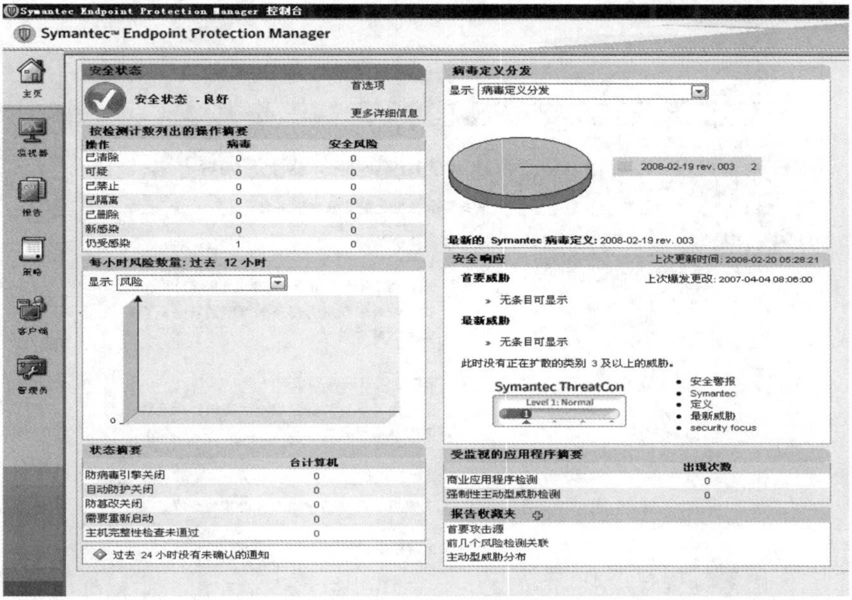

图 13–3–4　控制台视图

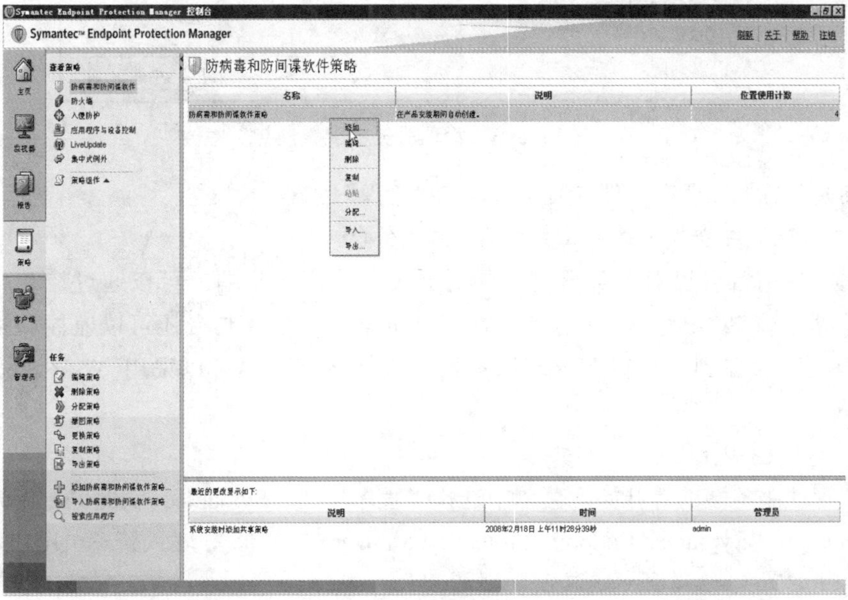

图 13–3–5　“策略”页面视图

“策略”页面包含下列窗格：

（1）查看策略：列出可在右上方窗格中查看的策略类型：防病毒和防间谍软件、

防火墙、入侵防护、应用程序与设备控制、LiveUpdate 以及集中式例外。

（2）策略组件：列出各种类型的可用策略组件。这些组件包括管理服务器列表、文件指纹列表等。

（3）任务：列出在“查看策略”下为策略选择的相应任务。

2. 配置安全策略

（1）配置“防病毒和防间谍软件”策略。

在图 13–3–5 所示的“策略”页面视图中，选择 “防病毒和防间谍软件策略”，按右键选择“添加”，来建立防病毒和防间谍软件策略。

配置客户端的调度扫描，对服务器和客户端病毒扫描进行调度安排，设置客户端的调度扫描的频率和调度扫描的时间。

配置文件系统自动防护，设置当前服务器组和客户端组中所有客户端的实时防护功能和策略，并锁定各功能选项以限制客户端使用者的修改。在设置时注意以下事项：对于宏病毒，选择先清除病毒，如果不能清除则选择隔离受感染的文件；对于非宏病毒，选择先清除病毒，如果不能清除则选择删除受感染的文件。

设置“Internet 电子邮件自动防护”“Microsoft Outlook 自动防护”和“Lotus Notes 自动防护”。

（2）建立防火墙策略。

在图 13–3–5 所示的“策略”页面视图中，选择 “防火墙策略”，按右键选择“添加”，建立防火墙策略。

在“概述”页面中添加防火墙策略的名称。

在“规则”选项卡中单击“添加规则”，进入添加规则向导。

单击“下一步”，选择“规则类型”为“主机”。

单击“下一步”，指定对应于“主机”规则类型的主机 IP 地址。

单击“下一步”，完成策略建立。这样一条防火墙安全策略就制定完成了。

（3）建立集中式例外管理策略。

在图 13–3–5 所示的“策略”页面视图中，选择“集中式例外”，选择“任务”，在“任务”中选择“建立集中式例外策略”。

防篡改例外：单击“集中式例外”选项卡，单击“添加”，选择“防篡改例外”，添加要设置为防篡改例外的文件路径和文件名；

主动型威胁扫描例外：单击“集中式例外”选项卡，单击“添加”，选择“主动型威胁扫描”中的“进程”，添加要设置为主动型威胁扫描例外的进程文件名。

（4）配置客户端 LiveUpdate（自动更新）策略。

在图 13–3–5 所示的“策略”页面视图中，选择“LiveUpdate”，右击 “LiveUpdate

设置策略”，选择“添加”，来建立 LiveUpdate 策略。

在“概述”页面中添加 LiveUpdate 策略的名称。

在“服务器设置”页面，选中“使用默认管理服务器”选项，使客户端可从管理服务器上接收病毒库和杀毒引擎更新。

单击“确定”，完成客户端 LiveUpdate 策略设置。

（5） 配置 SEP 服务器 LiveUpdate（自动更新）策略。

在如图 13–3–4 所示的控制台视图中，选择“管理员”页面。

在“查看服务器”窗格中右键单击“本地站点”，然后单击“编辑属性”。

在 LiveUpdate 选项卡的“下载调度”下，选中“频率”选项，决定要多久下载一次最新定义。

有关设置此对话框中其他选项的详细信息，可单击“帮助”来查看。

单击“确定”完成设置管理服务器的 LiveUpdate 设置。

设置好后，防病毒服务器可以根据设置，自动在后台启动 LiveUpdate 进程，实现病毒定义码和扫描引擎的自动更新。

（6） 建立逻辑组并分配策略。

一般情况下可以将网络中所有客户端划分为 Server 和 Client 两个客户端组，将内部应用服务器设置在 Server 组，应用服务器之外的所有工作站放在 Client 组中。

在如图 13–3–4 所示的控制台视图中，选择“客户端”页面。

使用“任务”窗格中的“添加组”、“添加计算机账户”等功能，将网络中所有客户端划分为 Server 和 Client 两个客户端组。

分配策略，将（1）～（5）中配置好地防病毒和间谍软件策略、防火墙策略、LiveUpdate 策略、集中式例外策略，分别分配到 Server 组和 Client 组。设置方法：

1）在图 13–3–5 所示的“策略”页面视图中，右键单击配置好的策略，选择“分配”菜单项；

2）选中应用该策略的客户端组，单击“分配”按钮，完成分配。

（7） 配置客户端常规设置。

在如图 13–3–4 所示的控制台视图中，选择“客户端”页面。

在“查看客户端窗格中选择需要配置的客户端分组。

在该客户端组的“策略”选项卡中，单击“常规设置”。

在“安全设置”选项卡中，锁定客户端卸载防病毒软件的功能，在客户端卸载时要求输入密码。

在“防篡改”选项卡中，选中“防止 Symantec 安全软件被篡改或被关闭”选项。

单击“确定”，完成设置。

（8）生成客户端安装软件包。

在如图 13–3–4 所示的控制台视图中，选择“管理员”页面。

在“查看客户端安装软件包”窗格中单击“客户端安装软件包”。

在“客户端安装软件包”窗格中右键单击所要导出的软件包类型，选择“导出”。

选择保存位置、软件包包含的功能模块和策略设置。

单击“确定”，完成导出。

（五）配置用于客户端软件安装的 IIS 服务

在管理服务器上新建一个文件夹用于客户端软件 Web 方式安装，将上面生成的客户端安装软件包拷贝到这个文件夹中，通过 Internet 信息服务（IIS）管理器创建一个虚拟目录并指向这个文件夹。客户端访问管理服务器的这个虚拟目录来进行客户端安装。

（1）在 SEP 服务器上新建文件夹，如 C：\Inetpub\wwwroot\webinst，将客户端安装软件包拷贝到这个文件夹中。

（2）在 SEP 服务器桌面任务栏上单击“开始”→“程序”→管理工具→“Internet 信息服务（IIS）管理器”。

（3）在“Internet 信息服务（IIS）管理器”窗口中，双击“网站”目录，再右键单击“默认网站”，然后单击“新建”→“虚拟目录”。

（4）在“虚拟目录”窗口中的“别名”文本框中，输入目录的名称（如 symantec），单击“下一步”。

（5）输入客户端安装软件包的位置，即 C：\Inetpub\wwwroot\webinst，单击“下一步”。

（6）设置访问权限，选中“读取”选择框，单击“下一步”，完成虚拟目录的设置。

（7）编辑服务器上 C：\Inetpub\wwwroot\webinst 文件夹中的 Start.htm 文件的参数。

用本服务器的 IP 地址（如 192.168.1.236）或域名形式替换 ENTER_SERVER_NAME 的值。

用虚拟目录的别名（如，symantec）替换 ENTER_VIRTUAL_HOMEDIRECTORY_NAME 的值。

示例：

＜OBJECT id=WebInstall codeBase=webinst.cab#Version=2，0，0，2

type=application/x–oleobject height=0 width=0 align=center border=0

classid=clsid：D30CA0FD–1CA0–11D4–AC78–006008A9A8BC＞＜PARAM

NAME="ServerName" VALUE="192.168.1.236"＞＜PARAM

NAME="VirtualHomeDirectory" VALUE= “ symantec" ＞ ＜ PARAM NAME=" ConfigFile"

VALUE="webinst/files.ini"＞＜PARAM NAME="ProductFolderName"

VALUE="webinst"＞＜PARAM NAME="MinDiskSpaceInMB" VALUE="100"＞＜PARAM

NAME="ProductAbbreviation" VALUE="SEP"＞

（8）编辑服务器上安装包文件夹中的 files.ini 文件。

修改 FileCount=1 和 LaunchApplication=所导出客户端安装包的名称；

将 file1 前面的分号去掉，将所导出客户端软件包的名称添加在等号后面。修改后保存关闭即可。

示例：

［General］

；Modify the file count to reflect the number of files to be deployed.

FileCount=1

；Specify the name of the executable to be run once the files have been deployed.

LaunchApplication=Csetup.exe

......

uncomment and fill in filenames as appropriate. Be sure to update the 'FileCount' value above.

File1=Csetup.exe

（9）修改 IIS 中“默认网站”的主目录，设置完成。

【思考与练习】

1. 防病毒软件服务器端程序安装的步骤有哪些？
2. 在通过管理控制台设置的安全策略的用途是什么？一般要设置哪些策略？
3. 防病毒客户端被设置为“防篡改”的目的是什么？

◢ 模块 4 防病毒服务器病毒库的升级（Z37G3004Ⅱ）

【模块描述】本模块介绍防病毒服务器病毒库的升级。通过对防病毒服务器病毒库升级步骤的介绍，掌握升级防病毒服务器病毒库的操作方法。

【模块内容】

一、病毒库升级的基础知识

由于每天都有许多种计算机病毒出现，防病毒软件厂商会不断提供病毒库和杀毒引擎的更新。企业内部网络中的防病毒服务器和客户端只有建立快速的自动升级途径，随时更新病毒库和杀毒引擎，才能有效防范新病毒的攻击，更好地确保计算机网络系统的安全。

病毒库和杀毒引擎的更新大都采用在线更新（LiveUpdate）方式。LiveUpdate 是一项技术的名称，该技术用于检查服务器上内容的更新，并将其分发到客户端计算机。

企业网络的防病毒服务器通过 Internet 从软件厂商的 LiveUpdate 服务器上获取更新，供网络内各应用服务器及计算机从该服务器上检索和下载更新。

在企业网络的防病毒服务器上可以设置中央隔离区，以便从客户端接收可疑文件及未修复的受感染条目，并将示例自动转发到防病毒软件厂商的安全响应中心进行分析。如果是新的威胁，防病毒软件厂商会生成安全更新。

二、升级防病毒服务器病毒库的操作

在安装防病毒软件服务器端程序的过程中，已经对防病毒服务器的病毒库和杀毒引擎的更新策略进行了设置，使得防病毒服务器能够通过 Internet 自动访问软件厂商的 LiveUpdate 服务器以获取更新，网络内所有客户端再从防病毒服务器上下载病毒库和杀毒引擎并自动更新。

正常情况下检查和下载更新会按照更新策略设定的频度和时间自动进行，无需人为干预。

如果防病毒服务器没有收到更新，则客户端也不会收到 LiveUpdate 内容。因此，在日常的运行维护过程中，管理员要通过管理控制台定期检查服务器上 LiveUpdate 状态和 LiveUpdate 下载的最新内容，确保服务器在线自动更新功能处于正常状态，发现异常情况要及时进行处理。

三、Symantec 防病毒服务器病毒库在线自动更新

下面以 Symantec 公司最新版的网络防病毒软件 SEP11.0 为例，介绍确认防病毒服务器在线自动更新功能处于正常状态的方法。Symantec 的防病毒服务器的名称叫做管理服务器。

1. 查看管理服务器的最新 LiveUpdate 下载

管理服务器每隔一段时间就会从 Symantec 公司的 LiveUpdate 服务器接收到更新，默认时间间隔是每四小时一次（可以在管理控制台中使用“管理员”页面的“站点属性”对话框配置下载调度）。

登录管理控制台，选择“管理员”页面，查看管理服务器 LiveUpdate 状态显示和最新的 LiveUpdate 下载。

如果出现在服务器上列表中的内容比预期的要旧，则有必要检查 LiveUpdate 日志。

2. 在管理服务器上查看 LiveUpdate 日志

在管理服务器上，找到 LiveUpdate 目录中的日志。例如，浏览至下列位置：\Documents and Settings\All Users\Application Data\Symantec\LiveUpdate\Log.LiveUpdate

在日志中查找下列消息：

进度更新：DOWNLOAD_FILE_START：URL：<url>/zip

URL 应与 LiveUpdate 服务器的预期地址匹配。如果管理服务器不能连接到 LiveUpdate 服务器，则会看到类似下面的错误：

进度更新：HOST_SELECTION_ERROR：

另外也会显示关于失败的可能原因的消息。

3. 对出现的异常情况进行处理

【思考与练习】

1. 简述防病毒服务器病毒库更新的重要性。
2. 怎样才能确认防病毒服务器病毒库和杀毒引擎在线自动更新处在正常状态？
3. 简述更新防病毒服务器病毒库的方法。

模块 5 基于交换机端口的传输控制（Z37G3005Ⅱ）

【模块描述】本模块介绍基于交换机端口的传输控制。通过对启用端口数据包风暴控制功能、配置保护端口、设置端口阻塞、配置安全端口等操作步骤的介绍，掌握基于交换机端口的传输控制的配置方法。

【模块内容】

一、交换机传输控制基础知识

利用交换机端口的传输控制功能，可以有效杜绝广播风暴对整个网络的冲击，保证网络的正常运行。同时，还能拒绝未被授权的计算机接入网络，或者限制某个端口接入的计算机的数量，保证网络的接入安全，避免网络被滥用。交换机端口传输控制的主要方法有：

1. 控制广播风暴

计算机的网卡故障、网络形成环路、网络病毒攻击、或人为破坏等因素，都有可能产生大量的以太数据广播帧，交换机把大量的广播帧转发到每个端口上，从而引起广播风暴。广播风暴会极大地消耗链路带宽和硬件资源，造成网络拥塞或中断。

交换机以太网端口具有广播风暴抑制功能，但是，默认状态下，该功能是被禁用的。通过启用端口的广播风暴抑制功能，并根据实际情况进行设置，可以抑制广播风暴，避免网络拥塞。

2. 限制端口带宽

为了防止因大流量数据传输引起的端口阻塞，消除恶意用户或者中毒用户对网络的影响，可以采用流量及端口限速控制技术。当使用 MRTG 等流量监控软件检

测到超常流量来源于某个端口时，可以在交换机上对相应的端口做限制其传输带宽的处理。

3. 将端口设为被保护端口

同一交换机上的被保护端口之间不允许进行二层通信，被保护端口不会向其他被保护端口转发任何数据，包括单播、多播和广播包。保护端口之间的通信必须通过第三层设备转发。保护端口与非保护端口间的通信不受影响。

4. 禁止端口转发未知数据帧

默认状态下，允许从端口向外转发未知目的 MAC 地址的广播包。可以采用阻塞端口的方式，禁止端口转发未知的单播和多播数据帧。

5. MAC 地址控制

设置端口连接设备的 MAC 地址，只允许拥有该 MAC 地址的设备接入该端口，避免未经授权的计算机接入网络。

以太网交换机可以利用 MAC 地址学习功能获取与某端口相连的网段上各网络设备的 MAC 地址。如果 MAC 地址表过于庞大，可能导致以太网交换机的转发性能的下降。可以设置以太端口上所允许的 MAC 的地址数量、MAC 地址老化时间，从而抑制 MAC 地址攻击。MAC 地址攻击是利用特定工具产生欺骗的 MAC 地址，快速填满交换机的 MAC 表，MAC 表被填满后，交换机会以广播方式处理数据包，流量以洪泛方式发送到所有接口，造成交换机负载过大，网络缓慢和丢包，甚至瘫痪。

设置合适的老化时间可以有效实现 MAC 地址老化的功能。当为端口指定最大 MAC 地址数时，为了保障该端口能够得以充分利用，可以采用设置端口安全老化时间和模式的方式，使系统能够自动删除长时间未连接的 MAC 地址，从而不必手动删除，减少网络维护的工作量。用户设置的老化时间过长或者过短，都可能导致以太网交换机广播大量找不到目的 MAC 地址的数据报文，影响交换机的运行性能。如果用户设置的老化时间过长，以太网交换机可能会保存许多过时的 MAC 地址表项，从而可能耗尽 MAC 地址表资源，导致交换机无法根据网络的变化更新 MAC 地址表。如果用户设置的老化时间太短，以太网交换机可能会删除有效的 MAC 地址表项。一般情况下，推荐使用老化时间 age 的默认值 300s。

下面，我们以 Cisco 交换机为例，介绍交换机端口传输控制的配置方法。

二、端口广播风暴控制

1. 启用端口的广播风暴控制功能

（1）进入配置模式。

Switch# config terminal

（2）指定要配置的接口。

Switch（config）# interface interface–id

（3） 配置广播、多播或单播风暴控制。

Switch(config–if)# storm–control {broadcast | multicast | unicast} level {level [level–low]| bps bps [bps–low]| pps pps [pps–low]}

其中，level 指定阻塞端口的带宽上限值。当广播、多播或单播传输占到带宽的多大比例（百分比）时，端口将阻塞传输。取值范围为 0.00～100.00。如果将值设置为 100%，将不限制任何传输；如果将值设置为 0，那么，该端口的所有广播、多播和单播都将被阻塞。

level–low 指定启用端口的带宽下限值。当广播、多播或单播传输占用带宽的比例低于该值时，端口恢复传输。取值范围为 0.00～100.00。该值应小于或等于上限值。

bps 指定端口阻塞的传输速率上限值。当广播、多播或单播传输达到每秒若干比特（bps）时，端口将阻塞传输。对于 100M 端口，取值范围为 0～10000000000。

bps–low 指定端口启用的传输速率下限值。当广播、多播或单播传输低于每秒若干比特（bps）时，端口将恢复传输。对于 100M 端口，取值范围为 0～10000000000。如果数值较大，也可以使用 k、m 或 g 等单位表示。该值应小于或等于上限值。

pps 指定端口阻塞的转发速率上限值。当广播、多播或单播转发速率达到每秒若干包（pps）时，端口将阻塞传输。对于 100M 端口，取值范围为 0～148809。

pps–low 指定端口启用的传输速率下限值。当广播、多播或单播转发速率低于每秒若干包（pps）时，端口将恢复传输。对于 100M 端口，取值范围为 0～148809。如果数值较大，也可以使用 k、m 或 g 等单位表示。该值应小于或等于上限值。

（4） 指定风暴发生时如何处理。

Switch(config–if)# storm–control action {shutdown | trap}

选择“shutdown”关键字，在风暴期间将禁用端口；选择 trap 关键字，当风暴发生时，产生一个 SNMP 陷阱，向网络管理系统发出告警。默认状态下，将过滤外出的传输，并不发送 SNMP 陷阱。

（5） 返回特权配置模式。

Switch(config–if)# end

（6） 显示并校验该接口当前的配置。

Switch# show storm–control [interface][{broadcast | history | multicast | unicast}]

（7） 保存风暴控制配置。

Switch# copy running–config startup–config

2. 关闭端口的风暴控制功能

（1） 进入全局配置模式。

Switch# config terminal

（2） 指定要配置的端口。

Switch(config)# interface interface–id

（3） 禁用端口风暴控制。

Switch(config–if)# no storm–control {broadcast | multicast | unicast}

（4） 禁用指定的风暴控制操作。

Switch(config–if)# no storm–control action {shutdown | trap}

（5） 返回特权模式。

Switch（config–if）# end

（6） 显示并校验配置。

Switch# show storm–control [interface][{broadcast | multicast | unicast}]

（7） 保存配置。

Switch# copy running–config startup–config

3. 限制端口的带宽

在启用宽带限制之前，必须先在全局模式下执行“ip cef”命令，启用交换机的快速转发技术。

（1） 进入全配置模式。

Switch# config terminal

（2） 指定要限制的接口。

Switch(config)# interface interface–id

（3） 配置端口带宽控制。

Switch(config–if)# rate–limit {input | output} [access–group acl–index]bps burst–normal burst–max conform–action conform–action exceed–action exceed–action

其中，input/output 表明在输入或输出方向进行带宽限制，通常情况下，应当进行双向限制。

access–group acl–index 用于定义使用该带宽限制的访问列表，IP 访问列表设置应用带宽限制的 IP 地址范围。

bps 用于定义限制带宽，以 bps 为单位，并采用 8 kbps 的增量。

burst–normal 用于定义所允许的普通突发速率，burst–max 用于定义所允许的最大突发速率。

conform–action 用于指定在未达到规定最大带宽时所执行的操作，通常为 transmit，即允许发送。

exceed–action 则用于指定在规定最大带宽时所执行的操作，通常为 drop，即丢弃。

（4）返回特权配置模式。

Switch(config–if)# end

（5）显示并校验配置。

Switch# show interface interface–id

（6）保存配置。

Switch# copy running–config startup–config

4. 将端口配置为被保护端口

（1）进入全局配置模式。

Switch# config terminal

（2）指定要配置的接口。

Switch(config)# interface interface–id

（3）将接口配置为被保护端口。

Switch(config–if)# switchport protected

（4）返回特权模式。

Switch(config–if)# end

（5）显示并校验配置。

Switch# show interfaces interface–id switchport

（6）保存配置。

Switch# copy running–config startup–config

若要将保护端口恢复位普通端口，可以使用“no switchport protected”接口配置命令。

5. 禁止端口转发未知数据帧

（1）进入全局配置模式。

Switch# config terminal

（2）指定要配置的接口。

Switch(config)# interface interface–id

（3）禁止未知多播从该端口向外传输。

Switch(config–if)# switchport block multicast

（4）禁止未知单播从该端口向外传输。

Switch(config–if)# switchport block unicast

（5）返回特权配置模式。

Switch(config–if)# end

（6）显示并校验该接口当前的配置。

Switch# show interfaces interface–id switchport

（7） 保存配置。

Switch# copy running–config startup–config

6. 配置 MAC 地址控制

当配置端口安全时，应当注意以下问题：安全端口不能是 Trunk 端口、Switch Port Analyzer（SPAN）的目的端口、属于 EtherChannel 的端口、private–VLAN 端口。

（1） 配置安全端口。

1）进入全局配置模式。

Switch# configure terminal

2）指定要配置的端口。

Switch(config)# interface interface–id

3）将接口设置为访问模式。

Switch(config–if)# switchport mode access　//访问模式用于连接计算机

4）打开端口安全功能。

Switch(config–if)# switchport port–security

5）设置 MAC 地址的最大数量，以限制该端口所连接的计算机数量。

Switch(config–if)# switchport port–security maximum value　//value 取值范围为 1～3072，默认值是 1，即只允许一个设备接入

6）设置为例处理模式。

Switch（config–if）# switchport port–security violation {protect | restrict | shutdown}

//protect：当新的计算机接入时，如果该接口的 MAC 条目超过最大数值，则这个新的计算机将无法接入，而已经接入的计算机不受影响；

restrict：当新的计算机接入时，如果该接口的 MAC 条目超过最大数值，则这个新的计算机将可以接入，而交换机会发出告警信息；

shutdown：当新的计算机接入时，如果该接口的 MAC 条目超过最大数值，则该接口将会被关闭，新的计算机和已经接入的计算机都无法接入，需要管理员使用“no shutdown”命令重新打开。

7）为该接口设定允许的 MAC 地址。

Switch(config–if)# switchport port–security mac–address mac–address　//可重复该命令设置多个，直到第 5 步所设定的最大限制数

8）返回特权模式。

Switch(config–if)# end

9）查看并校验配置。

Switch# show port–security

Switch# show port–security address interface interface–id

Switch# show port–security address

10）保存配置。

Switch# copy running–config startup–config

注意：使用 no switchport port–security mac–address 命令，可以从地址表中删除 MAC 地址。

（2） 设置 MAC 地址老化时间。

1）进入全局配置模式。

Switch# configure terminal

2）指定要配置端口安全老化的接口。

Switch(config)# interface interface–id

3）为安全端口设置老化时间和老化类型。

Switch(config–if)# switchport port–security [aging time aging–time | type {absolute | inactivity}]

老化时间的取值范围为 0～1440min。采用 absolute 模式时，一旦到达指定的老化时间，那么，即将从安全地址列表中移除。采用 inactivity 时，即使到达指定的老化时间，如果没有其他数据通信，那么，MAC 地址仍然被保留在安全地址列表中。

4）返回特权模式。

Switch(config–if)# end

5）查看并校验配置。

Switch# show port–security [interface interface–id][address]

6）保存当前配置。

Switch# copy running–config startup–config

【思考与练习】

1. 通过端口传输控制来保证交换机正常运行和网络安全的方法有哪些？

2. 要通过端口传输控制来抑制广播风暴，如何进行配置？

3. 如何抑制 MAC 地址攻击？

模块 6　802.1x 基于交换机端口的认证（Z37G3006Ⅲ）

【模块描述】本模块包含 802.1x 基于交换机端口的认证配置。通过对 IEEE 802.1x 认证配置指导方针、认证配置操作步骤的介绍，掌握 802.1x 基于交换机端口的网络访问认证的配置方法。

【模块内容】

一、802.1x 基于端口的认证基础知识

以太网的接入存在着安全缺陷。在以太网中，用户只要能接到交换机的端口上，就可以没有任何阻碍地进入网络。802.1x 是 IEEE 针对该缺陷制定一个基于交换机端口的网络接入控制标准（Port–Based Network Access Control），它提供了一种对连接到交换机的用户进行认证的手段，为 LAN 接入提供点对点式的安全控制，只有通过了认证的授权用户，才能接入网络。

1. 802.1x 认证的功能

802.1x 是一个认证协议，它基于“客户端–服务器”模式实现对用户的认证，客户端要访问网络必须先通过认证服务器的认证。

802.1x 是基于端口的认证策略，这里的端口可以是一个实实在在的物理端口，也可以是一个像 VLAN 一样的逻辑端口，对于无线局域网来说一个端口就是一条信道。802.1x 通过认证来确定一个端口是否允许使用：如果认证成功就“打开”这个端口，允许所有的报文通过；如果认证不成功就让这个端口继续保持“关闭”状态，只允许申请 802.1x 认证的报文 EAPOL（Extensible Authentication Protocol over LAN）通过。

交换机的 802.1x 协议提供了认证（Authentication）、授权（Authorization）和记账（Accounting）功能，简称 AAA。认证用于判定用户是否可以获得访问权，以限制非法用户。授权用于准许用户使用哪些服务，以确定合法用户的权限。记账功能记录用户使用网络资源的情况，为收费提供依据。

2. 802.1x 认证系统的组成

IEEE802.1x 标准认证体系由客户端、认证者、认证服务器三个角色构成，如图 13–6–1 所示。在实际应用中，三者分别对应为：工作站（Client）、交换机（network access server，NAS）、Radius–Server。

（1）客户端（见图 13–6–2）是指需要接入交换机的设备（如 PC 机）。客户端要支持 EAPOL 协议，必须运行 802.1x 客户端软件，如 802.1x–complain、Windows XP 等。

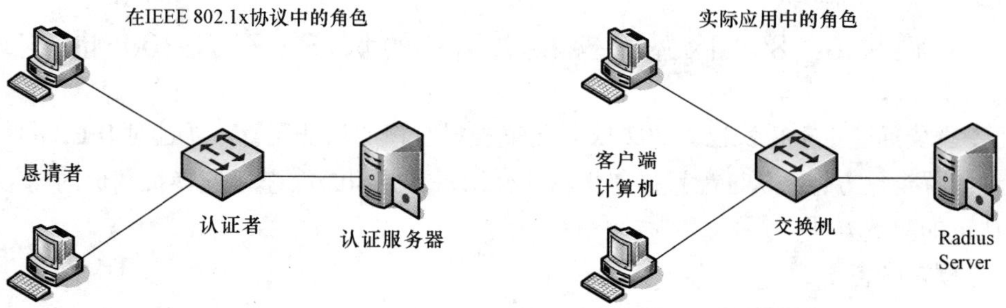

图 13-6-1 802.1x 认证系统的组成

（2）认证者——交换机。

交换机在客户端和认证服务器之间充当代理角色。交换机与客户端之间通过 EAPOL 协议进行通信。802.1x 协议在交换机内终结并转换成标准的 RADIUS 协议报文。交换机与认证服务器之间通信通过 EAPoRadius 或 EAP 承载在其他高层协议上，以便穿越复杂的网络到达认证服务器。交换机要求客户端提供 identity，接收到后将 EAP 报文承载在 Radius 格式的报文中，再发送到认证服务器。交换机根据认证服务器返回的认证结果控制该端口是否准许使用。

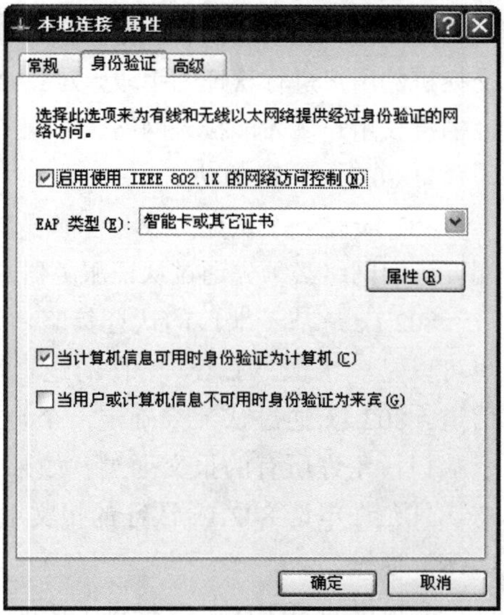

图 13-6-2 Windows XP 提供的客户端

（3）认证服务器。

认证服务器对客户进行实际认证，认证服务器接受交换机传递过来的认证请求，认证完成后将认证结果返回给交换机。由于 EAP 协议较为灵活，除了 IEEE 802.1x 定义的端口状态外，认证服务器实际上也可以用于认证和下发更多用户相关的信息，如 VLAN、QoS、加密认证密钥、DHCP 响应等。

3. 典型的认证过程

802.1x 的认证中，端口的状态决定了客户端是否能接入网络，在启用 802.1x 认证时端口初始状态一般为非授权（unauthorized），在该状态下，除 802.1x 报文和广播报文外不允许任何业务输入、输出通信。当客户通过认证后，则端口状态切换到授权状态（authorized），允许客户端通过端口进行正常通信。

802.1x 的认证过程是：

当用户打开客户端程序，输入已申请的用户名和密码，发起连接请求。此时客户端将发出请求认证的报文给交换机，开始启动认证过程。

交换机收到认证请求后，发出一个请求帧，要求用户端程序将输入的用户名传过来。

客户端程序将所需信息传给交换机，交换机再将信息进行打包处理后传给认证服务器。

认证服务器收到信息后在数据库中进行用户名对比，并对其密码信息用一个随机码进行加密，并将其随机码通过交换机发给客户端。

客户端收到随机码后，和此用户的密码进行一定的运算，并将其值通过交换机传给认证服务器。

认证服务器对收到的值和刚才产生的值进行对比，如相同则此用户为合法用户，将告诉交换机打开相应的端口，允许用户的业务数据流通过端口访问网络。否则认证失败，并保持交换机端口处于关闭状态，只允许认证信息数据通过而不允许业务数据通过。

认证通过时，通道的状态切换为 authorized，此时从远端认证服务器可以传递来用户的信息，比如 VLAN、优先级、用户的访问控制列表等等，该通道可以通过任何报文。注意只有认证通过后才有 DHCP 等过程。

认证通过之后交换机可以定时要求 Client 重新认证，时间可设定。重新认证的过程对用户是透明的。

4. 端口认证方式设置

可以将交换机端口配置为三种认证方式：

（1） ForceAuthorized：端口一直维持授权状态，不主动发起认证。

（2） ForceUnauthorized：端口一直维持非授权状态，忽略所有客户端发起的认证请求。

（3） Auto：激活 802.1x，设置端口为非授权状态，同时通知设备管理模块要求进行端口认证控制，使端口仅允许 EAPOL 报文收发。当端口发生 UP 事件或接收到 EAPOL–start 报文，开始认证流程，请求客户端 Identify，并转发客户和认证服务器间的报文。认证通过后端口切换到授权状态，在退出前可以进行重认证。

5. 设置了 802.1x 认证的端口的工作状态

（1） 受控状态：在通过认证前，只允许认证报文 EAPOL 报文和广播报文（DHCP、ARP）通过端口，不允许任何其他业务数据流通过。

（2） 逻辑受控状态：多个 Supplicant 共用一个物理端口，当某个 Supplicant 没有通过认证前，只允许认证报文通过该物理端口，不允许业务数据，但其他已通过认证

的 Supplicant 业务不受影响。

仅对使用同一物理端口的任何一个用户进行认证（仅对一个用户进行认证，认证过程中忽略其他用户的认证请求），认证通过后其他用户也就可以利用该物理端口访问网络服务。

对共用同一个物理端口的多个用户分别进行认证控制，限制同时使用同一个物理端口的用户数目（限制 MAC 地址数目），但不指定 MAC 地址，让系统根据先到先得的原则进行 MAC 地址学习，系统将拒绝超过限制数目的请求，若有用户退出，则可以覆盖已退出的 MAC 地址。

对利用不同物理端口的用户进行 VLAN 认证控制，即只允许访问指定 VLAN，限制用户访问非授权 VLAN；用户可以利用受控端口，访问指定 VLAN，同一用户可以在不同的端口访问相同的 VLAN。

6. 配置 802.1x 时的注意事项

首先要确认该交换机是否支持 802.1x 协议。802.1x 既可以工作在二层，也可以工作在三层。其次设置认证服务器的 IP 地址，才能打开 1x 认证。不允许汇聚端口（Aggregate Port）打开 1x 认证。

下面，我们以 Cisco 交换机为例，介绍 802.1x 基于交换机端口认证的配置方法。

二、配置交换机与 RADIUS 服务器之间的通信

Radius 服务器维护了所有用户的信息：用户名、密码、该用户的授权信息以及该用户的记账信息。所有的用户都集中于 Radius 服务器进行管理，而不必分散于每台交换机，便于管理员对用户的集中管理。在 Radius 服务器端要注册一个 Radius Client。注册时要告知 Radius 服务器交换机的 IP、认证的 UDP 端口（若记账还要添加记账的 UDP 端口）、交换机与 Radius 服务器通信的约定密码，还要选上对该 Client 支持 EAP 扩展认证方式。

打开 802.1x 之前要先配置 Radius 服务器的 IP 地址，并确保交换机与 Radius 服务器之间的通信正常。若没有 Radius 服务器的配合，交换机无法完成认证功能。

在交换机上要设置 Radius 服务器的 IP 地址，认证（记账）的 UDP 端口，与服务器通信的约定密码。使用 no radius–server auth–port 命令可将 Radius Server 认证 UDP 端口恢复为默认值。使用 no radius–server key 命令可删除 Radius Server 认证密码。

（1）进入全局配置模式。

Switch#configure terminal

（2）配置 RADIUS 服务器参数。hostname | ip–address 指定 RADIUS 服务器的主机名或 IP 地址。auth–port port–number 指定认证请求的 UDP 端口号，默认为 1812，可取值范围为 0～65536。key string 指定在交换机和 RADIUS 服务器之间的密钥。这

个密钥是一个字符串，必须与 RADIUS 服务器上使用的密钥相匹配。

Switch(config)#radius–server host {hostname | ip–address} auth–port port–number key string

若欲使用多个 RADIUS 服务器，要重复输入该命令。

（3）返回特权配置模式。

switch(config)#end

（4）校验 Radius 服务器参数设置。

Switch#show radius–server

（5）保存当前配置。

Switch#copy running–config startup–config

1. 交换机端口 802.1x 认证配置

配置 802. 1x 基于端口的认证，必须启用认证、授权、记账以及认证方法列表。认证方法列表描述了查询和认证用户的次序与认证方法。配置过程如下：

（1）进入全局配置模式。

Switch#configure terminal

（2）启用 AAA。

Switch（config）#aaa new–model

（3）创建 802.1x 认证方法列表。如果不指定名称列表，将创建一个默认列表。默认方法列表被自动应用于所有端口。在方法（method）中，输入“group radius”关键字，将使用列表中所有的 RADIUS 服务器认证。

Switch(config)#aaa authentication dot1x {default} method1 [method2…]

（4）在交换机上启用 802.1x 全局认证。

Switch(config)#dot1x system–auth–control

（5）配置交换机在所有网络有关服务请求（如用户访问列表、VLAN 分配等）中使用 RADIUS 认证（可选）。

Switch(config)#aaa authorization network {default} group radius

（6）进入接口设置模式，指定要配置为 802.1x 认证的端口。

Switch(config)#interface interface–id

（7）设置该接口为受控接口（打开接口认证功能）。

switch(config–if)#dot1x port–control auto

（8）返回特权配置模式。

switch(config–if)#end

（9）查看接口认证当前设置。

Switch#show dot1x

（10）保存当前配置。

Switch#copy running-config startup-config

2. 重新认证周期设置

802.1x 能定时主动要求用户重新认证，这样可以防止已通过认证的用户不再使用后被其他用户冒用，还可以检测用户是否断线，使计费更准确。除了可以设定重认证的开关，还可以定义重认证的间隔。默认的重认证间隔是 3600s。在根据时长进行计费的场合下，要根据具体的网络规模确定重认证间隔，使之既有足够时间完成一次认证又尽可能精确。

配置过程如下：

（1） 进入全局配置模式。

Switch#configure terminal

（2） 进入接口设置模式，指定要配置的端口。

Switch(config)#interface interface-id

（3） 启用定期重新认证功能，默认状态下该功能被禁用。

Switch(config-if)#dot1x reauthentication

（4） 设置两次重新认证之间的时间间隔，单位为秒。取值范围为 1～65535，默认为 3600 秒。

Switch(config-if)#dot1x timeout reauth-period seconds

（5） 返回特权配置模式。

switch(config-if)#end

（6） 校验当前设置。

Switch#show dot1x interface interface-id

（7） 保存当前配置。

Switch#copy running-config startup-config

使用 no dot1x re-authentication 命令关闭定时重认证功能，使用 no dot1x timeout reauth-period 命令将重认证时间间隔恢复为默认值。

3. 安静周期设置

当用户认证失败时，交换机将等待一段时间后，才允许用户再次认证。quiet period 的时间长度便是允许再认证间隔。该值的作用是避免交换机受恶意攻击。quiet period 的默认间隔为 5 秒，可以通过设定较短的 quiet period 使用户可以更快地进行再认证。

配置过程如下：

（1） 进入全局配置模式。

Switch#configure terminal

（2）进入接口设置模式，指定要配置的端口。

Switch(config)#interface interface–id

（3）指定认证失败后，到重新认证所需等待的时间，默认状态为 60 秒，可取值范围为 1～65535 秒。

Switch(config–if)#dot1x timeout quiet–period seconds

（4）返回特权配置模式。

switch(config–if)#end

（5）校验当前设置。

Switch#show dot1x interface interface–id

（6）保存当前配置。

Switch#copy running–config startup–config

使用 no dot1x timeout quiet–period 命令将 quiet period 恢复为默认值。

【思考与练习】

1. 802.1x 协议的作用是什么？基于端口的 802.1x 认证系统有哪些部分组成？

2. 简述交换机端口 802.1x 认证的工作过程。

3. 交换机端口 802.1x 认证配置的主要内容有哪些？

◢ 模块 7　利用访问列表进行访问控制（Z37G3007Ⅲ）

【模块描述】本模块包含利用访问列表进行访问控制。通过对访问列表基本概念以及 IP 访问列表、端口访问列表、VLAN 访问列表的配置操作步骤的介绍，掌握利用访问列表进行访问控制的配置方法。

【模块内容】

一、访问列表控制基础知识

访问控制列表（Access Control List，ACL）是保证网络安全所采用的一种基本方法。在路由器等网络设备上设置并应用访问控制列表对数据包进行过滤，可以控制某些数据包进入网络或从网络上发送出去。访问控制列表广泛应用于路由器、三层交换机和防火墙等网络设备中。

1. 访问列表控制的作用

为了过滤通过路由器的数据包，需要事先定义一系列判断规则。当路由器接口上收到数据包时，路由器读取每个数据包包头中的第 3 层及第 4 层信息，如源地址、目的地址、源端口和目的端口等，根据访问控制列表中设定的判断规则来决定是转发还

是丢弃该数据包，从而实现数据包过滤和访问控制。访问列表控制的基本作用是：

提供最基本的网络安全，控制外网对内网的访问，或内部网络之间的访问。

允许内网中的部分主机访问内网上的某个区域，同时限制其他主机对该区域的访问。

控制内部用户对外网的访问，借助基于时间的访问列表，还可以控制用户在某个时间段对某个网络的访问。

控制对网络应用的访问，例如，在路由器的接口上可以允许 E-mail 数据包通过，而同时阻止 Telnet 数据包。

阻止某些病毒在网络上的传播。例如，可以在 VLAN 或端口上阻止蠕虫端口，从而避免蠕虫在网络中的蔓延，保证网络的传输效率。

访问控制列表创建后可以有多种用途，路由器和交换机接口上应用只是其中之一。还有其他应用，例如，在 VTY 下通过“access-class”命令控制 Telnet 对设备的访问等。

2. 访问控制列表的种类

访问控制列表即可以应用于三层接口，也可以应用于二层接口。应用于三层接口的称为 IP 访问控制列表，应用于二层接口的称为 MAC 访问控制列表或端口访问控制列表。访问控制列表又可分为标准访问控制列表和扩展访问控制列表。

（1）标准 IP 访问控制列表。标准 ACL 最简单，它基于数据包中的源 IP 地址进行过滤，控制该数据包的转发。标准 ACL 的表号取值范围为 1～99 或 1300～1999。

（2）扩展 IP 访问控制列表。扩展 ACL 比标准 ACL 有更多的匹配项，功能更加强大和细化，它可以针对源地址、目的地址、协议类型、目的端口和 TCP 连接建立等参数制定规则，实现数据包的过滤，可以适应复杂的网络应用。扩展 ACL 的表号取值范围为 100～199 或 2000～2699。

（3）命名的 IP 访问控制列表。用字符串名称代替表的编号对标准 ACL 或扩展 ACL 进行命名。由于 ACL 表的编号的有限，使用字符串名称可以在一台路由器中创建更多的 ACL。Cisco 只有在路由器 IOS 11.2 版及以后的版本才可以使用命名的访问控制列表。

（4）基于 MAC 的访问控制列表。基于 MAC 的 ACL 根据以太数据帧中的源 MAC 地址、源 VLAN ID、二层协议类型、二层接收端口、二层转发端口、目的 MAC 地址等二层信息制定规则，对数据帧进行过滤。

3. 利用访问控制列表进行访问控制和包过滤的工作原理

每个 ACL 可以包含多个语句，每个语句就是一条访问控制条目（Access Control entry，ACE）。每个 ACE 中定义了数据包的匹配条件以及相对应的处理操作。处理操作分为“Permit”（允许）或“Deny”（拒绝）两种，Permit 转发数据包，Deny 则丢弃

该数据包。

路由器在对每个数据包进行过滤的时候，会从 ACL 中的第一个 ACE 开始，按照自上而下的顺序逐条进行匹配，当匹配条件满足时则进行相应的处理，同时停止继续判断。如果在 ACL 中没有找到匹配的条目，那么，路由器就会丢弃该数据包，阻止相应的访问。路由器不会对自身产生的数据包进行过滤。

ACE 的先后顺序为：先配置的为上，后配置的为下。当路由器找到一条匹配的 ACE 后就不会再继续查找，因此 ACE 在 ACL 中的位置非常重要，需要特别谨慎地考虑 ACE 的顺序。

4. 利用访问列表进行访问控制的一般方法

配置 ACL 需要两个步骤：先要创建 ACL，然后将 ACL 应用到路由器的接口上。应用访问列表进行访问控制，需要进行以下工作：

（1） 确定最佳控制点。

分析网络安全和流量控制等方面的需求，找出要保护什么或控制什么。分析符合条件的数据流的路径，寻找一个最适合进行控制的位置。由于标准访问列表只使用源地址，应当将标准访问列表尽量靠近目的的位置，否则，将阻止报文流向其他端口。扩展访问列表应尽量放在靠近过滤源的位置上，这样，创建的过滤器就不会反过来影响其他接口上的数据流。为了理清思路和便于配置，最好能将控制需求以表格的形式列出。

（2） 编写 ACL 语句。

标准 ACL 只限于过滤源地址，要满足网络的特殊需求就要使用扩展 ACL。

在编写访问列表时，应当遵循最小特权原则，即只给受控对象完成任务所必须的最小的权限，从而最大限度地保障网络传输安全。所谓最小特权（Least Privilege），是指在完成某种操作时所赋予网络中每个主体（用户或进程）必不可少的特权。最小特权原则，则是指应限定网络中每个主体所必须的最小特权，确保可能发生的事故、错误、网络部件的篡改等原因造成的损失最小。最小特权原则一方面给予主体必不可少的特权，保证所有的主体都能在所赋予的权限内完成自己的任务或操作；另一方面，只给予主体必不可少的特权，从而限制每个主体所能进行的操作，以确保网络安全。

（3） 在设备上进行 ACL 配置并将 ACL 应用到相应的接口上。

由于 IP 协议包含 ICMP、TCP 和 UDP，所以，应当将具体的表项放在不太具体的表项前面，以保证位于另一个语句前面的语句不会否定表中后面语句的作用效果。

使用 Access-group 命令应用访问列表。需要注意的是，只有访问列表被应用于接口上时，才执行过滤操作，从而真正产生作用。

因为通过接口的数据流是双向的，所以当在接口上应用 ACL 时，要指明 ACL 适

应用于流入的数据报文还是流出的数据报文。Outbound表示数据报文流从该设备流出；Inbound 表示数据报文流入该设备。

路由器每个接口的每个方向上，每一种协议只能应用一个 ACL。

（4）修改 ACL。

新增加的表项被追加到访问列表末尾，这就意味着不能改变已有的访问列表的功能。如果要改变，就必须创建一个新的访问列表，并删除已经存在的访问列表，并且将新的访问列表应用于接口上。ACE 不能被单独删除，要删除一条 ACE，就必须删除整个 ACL。

不过，Cisco 公司从路由器 IOS 软件 12.2（14）S 版本开始，通过对 ACL 中的每条 ACE 指定一个序列号后，可以对一条 ACE 单独进行删除、重新定位等操作，大大方便了 ACL 的修改。

下面，我们以 Cisco 路由器为例，介绍 IP 访问列表控制的配置方法；以 Cisco 交换机为例，介绍 MAC 访问列表控制的配置方法。防火墙的访问列表控制将在模块 Z37G3009Ⅲ防火墙配置中进行讲解。

二、配置标准 IP 访问控制列表

1. 创建标准 IP 访问控制列表

创建标准 ACL 使用下述命令：

access–list access–list–number {deny | permit} source [source–wildcard]

其中，access–list–number 指定 ACL 表号，所有 ACL 表号相同的 ACE 组成一个 ACL。

deny | permit 定义当条件匹配时，是允许包通过还是将包丢弃。

Source 表示数据包中的源 IP 地址，当表示一组主机时可使用通配符掩码。

source–wildcard 为通配符掩码，通配符掩码是一个 32 比特位的数字字符串，它规定了当一个 IP 地址与其他 IP 地址进行比较时，该 IP 地址中的哪些位应该被忽略。通配符掩码与子网掩码的方式是相反的，也就是说，二进制“1”表示 IP 地址中对应的位要忽略，“0”则表示该位必须匹配。两个特殊的通配符掩码是 255.255.255.255 和 0.0.0.0，前者等价于关键字 any，而后者等价于关键字 host。Any 表示所有主机；Host 则表示一台特定的主机，主机 192.168.1.200 表示为 192.168.1.15 0.0.0.0，也可以用 host 192.168.1.15 来替代。

例如，要拒绝从源地址 192.168.1.100 发出的报文，但允许发自其他源地址的报文，配置步骤如下：

（1）进入全局配置模式。

Router#configure terminal

（2） 定义标准 ACL，表号为 1。

Router(config)#Access–list 1 deny host 192.168.1.100

Router(config)#Access–list 1 permit any

（3） 返回特权模式。

Router(config)#end

（4） 校验当前设置。

Router#show access–lists 1

（5） 保存当前配置。

Router#copy running–config startup–config

注意：第 2 步中两条 ACE 语句配置的顺序。因为 ACL 的处理是由上至下的，如果将两个语句顺序颠倒，将 Permit 语句放在 Deny 语句前面，则不能过滤来自主机 192.168.1.100 的报文，因为 Permit 语句将允许所有报文通过。由此也可以看出：访问列表中的语句顺序非常重要，不合理的语句顺序将会在网络中产生安全漏洞。

使用 no access–list access–list–number 命令，可以删除 ACL 表。

2. 将标准 IP 访问控制列表应用到接口

如果不将访问列表应用到接口上，那么，访问列表就不会起作用。使用 ip access–group 命令将 ACL 应用到设备的接口，步骤如下：

（1） 进入全局配置模式。

Router#configure terminal

（2） 指定设备接口。

Router(config)#interface interface–id

（3） 将 ACL 应用到该接口。

Router(config–if)#ip access–group {access–list–number | name} {in | out}

（4） 返回特权模式。

Router(config–if)#end

（5） 校验当前设置。

Router#show interface interface–id

（6） 保存配置。

Router#copy running–config startup–config

三、配置扩展 IP 访问控制列表

1. 创建扩展 IP 访问控制列表

创建扩展 ACL 使用下述命令：

access–list access–list–number {deny | permit} protocol source source–wildcard

[operator port]destination destination–wildcard [operator port]

其中，access–list–number 为 ACL 表号，扩展访问列表取值范围为 100～199 或 2000～2699。

protocol 为要过滤的协议（如 IP、TCP、UDP、ICMP 等），默认过滤所有协议，若要根据特定协议进行报文过滤，需要指定。

source destination–wildcard 表示数据包中源 IP 地址和通配符掩码。

Operator 为端口操作符，在协议类型为 TCP 或 UDP 时支持端口比较，支持的操作有：等于（eq）、大于（gt）、小于（lt）、不等于（neq）或介于（range）；如果操作符为 range，则后面需要跟两个端口。

Port 为端口号，也可以使用助记符，例如，可以使用 80 或 http 指定超文本传输协议，使用 21 或 ftp 指定文件传输协议。

destination destination–wildcard 表示数据包中目的 IP 地址和通配符掩码。

示例：允许来自任何地址的包含有 SMTP 数据的报文到达 192.168.10.10 主机，扩展 ACL 的配置步骤如下：

（1）进入全局配置模式。

Router#configure terminal

（2）定义扩展 ACL，表号为 101。

Router(config)#Access–list 101 permit tcp any host 192.168.10.10 eq smtp

（3）返回特权模式。

Router(config)#end。

（4）校验当前设置。

Router#show access–lists 101

（5）保存当前配置。

Router#copy running–config startup–config

2. 将扩展 IP 访问控制列表应用到接口

将扩展 IP 访问控制列表应用到接口与将标准 IP 访问控制列表应用到接口的操作相同。

四、创建命名的访问控制列表

命名的 ACL 包括命名的标准 ACL 和命名的扩展 ACL。

1. 创建命名的标准 ACL

创建用字符串命名的标准 ACL，步骤如下：

（1）进入全局配置模式。

Router#configure terminal

（2）设置标准 ACL 名称，并自动进入标准 ACL 配置模式。

Router(config)#ip access–list standard name

其中，name 为 ACL 的名称。

（3）定义一个或多个 ACE 条目。

Router(config–std–nacl)#{deny | permit} {source [source–wildcard]| host source | any}

（4）返回特权模式。

Router(config–std–nacl)#end

（5）校验当前设置。

Router#show access–list name

（6）保存当前配置。

Router#copy running–config startup–config

2. 创建命名的扩展 ACL

创建用字符串命名的扩展 ACL，步骤如下：

（1）进入全局配置模式。

Router#configure terminal

（2）设置扩展 ACL 名称，并自动进入扩展 ACL 配置模式。

Router（config）#ip access–list extended name

（3）定义一个或多个 ACE 条目。

Router(config–ext–nacl)#{deny | permit} protocol {source [source–wildcard]| host source | any} {destination [destination–wildcard]| host destination | any}

（4）返回特权模式。

Router（config–std–nacl）#end

（5）校验当前设置。

Router#show access–lists name

（6）保存当前配置。

Router#copy running–config startup–config

3. 将命名的访问控制列表应用到接口

将命名的访问控制列表应用到接口与将标准 IP 访问控制列表应用到接口的操作相同。

五、配置基于时间的访问控制

在扩展 ACL 中可以加入时间参数，以控制用户在特定的时间段对某个网络的访问权限。其方法是，先设置一个时间表，然后再配置扩展 ACL 时将该时间表添加到 ACE 中。

设定时间表的方法是，先命名时间表，然后设定时间范围。命名时间表的命令是：

time–range time–range–name

其中，time–range–name 是为时间表取的名字，必须以字母开头且不能包括空格和引号。

在时间表中定义时间范围的命令是：

absolute ［start time date］［end time date］

或者：periodic day–of–the–week hh：mm to ［day–of–the–week］hh：mm

或者：periodic {weekdays | weekend | daily} hh：mm to hh：mm

其中，absolute 表示绝对时间范围，该关键字之后紧跟着 start 和 end 关键字，时间采用 24 小时格式，日期采用“日/月/年”格式表示。

periodic 表示周期性的时间范围，可以是一星期中的某一天或几天的组合，或者使用关键字 daily、weekdays 和 weekend 等。每个时间表只能有一个 absolute 语句，但却可以有多个 periodic 语句。表 13–7–1 列出了在语句中可以使用的每星期中天数的参数。

表 13–7–1 每周日期的表示

参数	意义
Monday，Tuesday，Wednesday，Thursday，Friday，Saturday，Sunday	某一天或某几天的组合
Daily	从星期一至星期天
weekdays	从星期一至星期五
weekend	星期六和星期日

示例：在网络 10.1.0.0 中所有的主机，在周一至周五的 8：00～18：00 不准使用 QQ 和 MSN 聊天，配置步骤如下：

（1）进入全局配置模式。

Router#configure terminal

（2）命名时间表，并自动进入时间范围配置模式。

Router(config)#time–range time–nomsn //时间表的名称为 time–nomsn

（3）设定时间范围。

Router(config–time–range)#periodic weekdays start 8：00 end 18：00 //时间范围为周一至周五的 8：00～18：00

（4）返回全局配置模式。

Router（config–time–range）#exit

（5）设置扩展 ACL 名称，并自动进入扩展 ACL 配置模式。

Router（config）#ip access–list extended nacl–msn //扩展 ACL 名称为 nacl–msn

（6）定义 ACE 条目，限制 QQ 和 MSN 聊天使用的协议和端口号，通过 time–range 关键字调用时间范围。

Router(config–ext–nacl)#deny tcp 10.1.0.0 0.0.255.255 any eq 1863 time–range nacl–msn

Router(config–ext–nacl)#deny tcp 10.1.0.0 0.0.255.255 any eq 8000 time–range nacl–msn

Router(config–ext–nacl)#deny tcp 10.1.0.0 0.0.255.255 any eq 1080 time–range nacl–msn

Router(config–ext–nacl)#deny udp 10.1.0.0 0.0.255.255 any eq 8000 time–range nacl–msn

Router(config–ext–nacl)#deny udp 10.1.0.0 0.0.255.255 any eq 4000 time–range nacl–msn

Router(config–ext–nacl)#deny udp 10.1.0.0 0.0.255.255 any eq 1080 time–range nacl–msn

Router(config–ext–nacl)#permit ip any any //其余访问不受限制

（7）返回特权模式。

Router(config–time–range)#end

（8）校验当前设置。

Router#show time–range time–nomsn

Router#show access–lists nacl–msn

（9）保存当前配置。

Router#copy running–config startup–config

六、配置交换机端口访问列表

三层交换机既支持端口访问控制列表，也支持 IP 访问控制列表。在同一交换机上可以同时应用端口访问控制列表和 IP 访问控制列表，不过，端口访问控制列表优先于 IP 访问控制列表。

在二层接口上，可以根据数据帧 MAC 地址利用二层 ACL 过滤数据帧，从而拒绝非授权用户对敏感部门的访问，保障企业网络访问安全。二层 ACL 的配置步骤如下：

1. 创建二层 ACL

（1）进入全局配置模式。

Switch#configure terminal

（2）设置二层 ACL 名称，并自动进入二层 ACL 配置模式。

Switch(config)#mac access–list extended name

（3） 定义 ACE 条目。

Switch(config–ext–mac)#{deny | permit} {any | host source MAC address | source MAC address mask} {any | host destination MAC address | destination MAC address mask}

（4） 返回特权模式。

Switch(config–ext–mac)#end

（5） 校验当前设置。

Switch#show access–list name

（6） 保存当前配置。

Switch#copy running–config startup–config

2. 将二层 ACL 应用到接口

（1） 进入全局配置模式。

Switch#configure terminal

（2） 指定二层接口。

Switch(config)#interface interface–id

（3） 将二层 ACL 应用到该接口。

Switch(config–if)#mac access–group {name} {in}

（4） 返回特权模式。

Switch(config–if)#end

（5） 校验当前设置。

Switch#show mac access–group [interface interface–id]

（6） 保存当前配置。

Switch#copy running–config startup–config

【思考与练习】

1. 什么是访问列表控制？访问列表控制的作用有哪些？
2. 访问控制列表可分为哪几类？
3. 简述扩展访问控制列表的配置步骤。
4. IP 访问控制列表与 MAC 访问控制列表相比，哪一个优先级别更高？

模块 8 GRE 和 VPN 的配置（Z37G3008Ⅲ）

【模块描述】本模块包含 GRE VPN 的相关知识，通过 GRE 协议的学习，掌握 GRE VPN 的基本配置方法。

【模块内容】

一、GRE 协议概述

GRE（generic routing encapsulation，通用路由封装）协议是对某些网络层协议（如 ip 和 ipx）的数据报进行封装，使这些被封装的数据报能够在另一个网络层协议（如 ip）中传输。gre 是 vpn（virtual private network）的第三层隧道协议，在协议层之间采用了一种被称之为 tunnel（隧道）的技术。tunnel 是一个虚拟的点对点的连接，在实际中可以看成仅支持点对点连接的虚拟接口，这个接口提供了一条通路使封装的数据报能够在这个通路上传输，并且在一个 tunnel 的两端分别对数据报进行封装及解封装。

一个报文要想在 tunnel 中传输，必须要经过加封装与解封装两个过程，以图 13-8-1 的网络为例说明这两个过程。

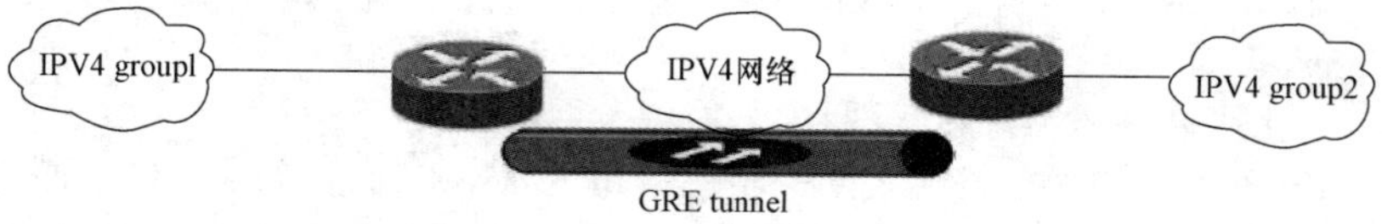

图 13-8-1　网拓拓扑

1. 加封装过程

连接 group1 的接口收到 ip 数据报后首先交由 ip 协议处理，ip 协议检查 ip 报头中的目的地址域来确定如何路由此包。若报文的目的地址被发现要路由经过网号为 1f 的网络（tunnel 的虚拟网号），则将此报文发给网号为 1f 的 tunnel 端口。tunnel 口收到此包后进行 gre 封装，封装完成后交给 ip 模块处理，在封装 ip 报文头后，根据此包的目的地址及路由表交由相应的网络接口处理。

2. 解封装过程

解封装过程和加封装的过程相反。从 tunnel 接口收到的 ip 报文，通过检查目的地址，当发现目的地就是此路由器时，系统剥掉此报文的 ip 报头，交给 gre 协议模块处理（进行检验密钥、检查校验和及报文的序列号等）；gre 协议模块完成相应的处理后，剥掉 gre 报头，再交由 ip 协议模块处理，ip 协议模块像对待一般数据报一样对此数据报进行处理。系统收到一个需要封装和路由的数据报，称之为净荷（payload），这个净荷首先被加上 gre 封装，成为 gre 报文；再被封装在 ip 报文中，这样就可完全由 ip 层负责此报文的向前传输（forwarded）。人们常把这个负责向前传输 ip 协议称为传输协议（delivery protocol 或者 transport protocol）

二、应用范围

GRE 主要能实现以下几种服务类型：

1. 多协议的本地网通过单一协议的骨干网传输

图13–8–2中，group1 和 group2 是运行 novell ipx 协议的本地网，term1 和 term2 是运行 IP 协议的本地网。通过在 routera 和 routerb 之间采用 gre 协议封装的隧道（tunnel），group1 和 group2、team1 和 team2 可以互不影响地进行通信。

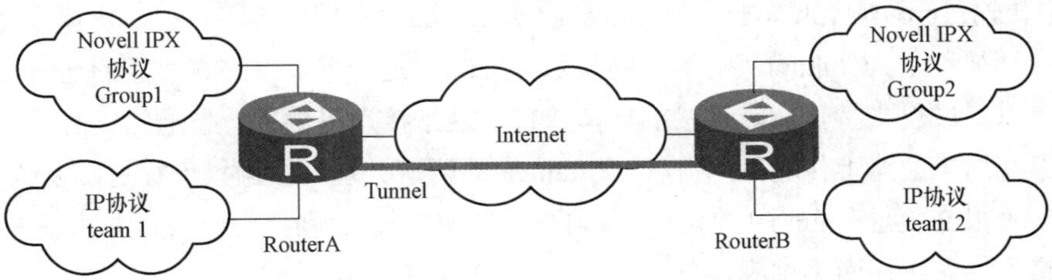

图 13–8–2 多协议的本地网通过单一协议的骨干网传输

2. 扩大了步跳数受限协议（如 ipx）的网络的工作范围

若图 13–8–3 中的两台终端之间的步跳数超过 15，它们将无法通信。而通过在网络中使用隧道（tunnel）可以隐藏一部分步跳，从而扩大网络的工作范围。

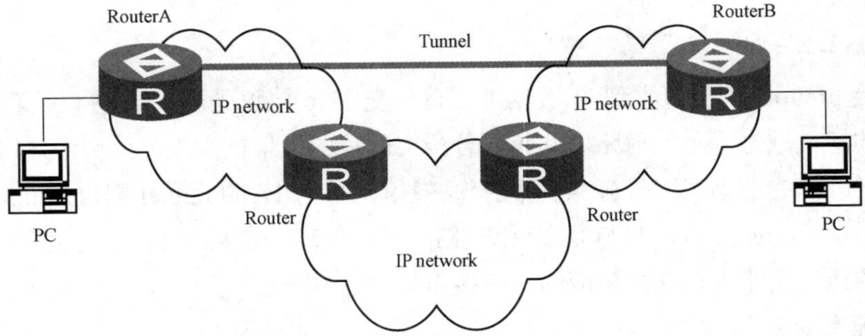

图 13–8–3 扩大了步跳数受限协议的网络

3. 将一些不能连续的子网连接起来，用于组建 vpn（见图 13–8–4）

运行 novell ipx 协议的两个子网 group1 和 group2 分别在不同的城市，通过使用隧道可以实现跨越广域网的 vpn。

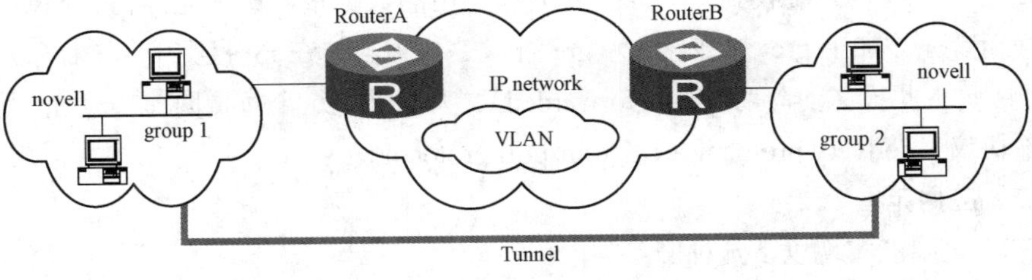

图 13–8–4 vpn 网络

4. 与 ipsec 结合使用（见图 13–8–5）

对于诸如路由协议、语音、视频等数据先进行 gre 封装，然后再对封装后的报文进行 ipsec 的加密处理。

另外，gre 还支持由用户选择记录 tunnel 接口的识别关键字，和对封装的报文进行端到端校验。

由于 gre 收发双方加封装、解封装处理以及由于封装造成的数据量增加等因素的影响，这就导致使用 gre 会造成路由器的数据转发效率有一定程度的下降。

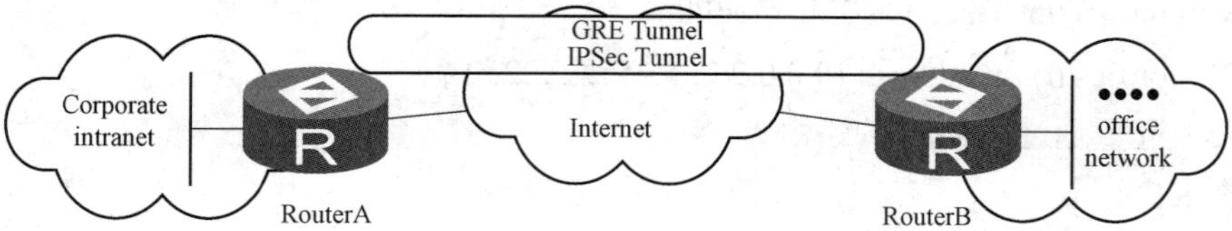

图 13–8–5　与 ipsec 结合使用

三、GRE VPN 配置

如图 13–8–6 所示，建立 GRE VPN 共有如下步骤：

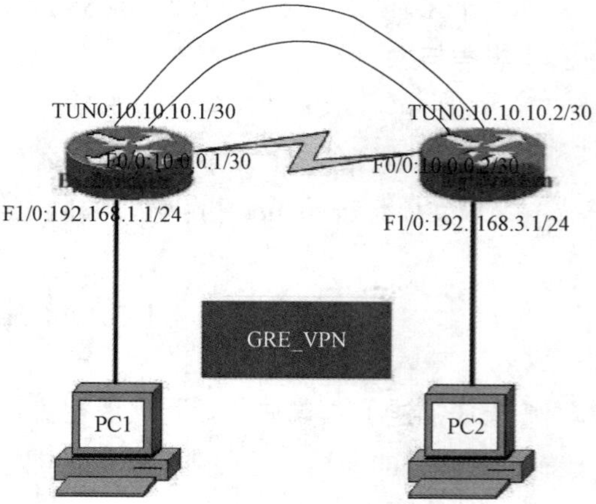

图 13–8–6　GRE VPN

（1）创建虚拟 Tunnel 接口。

在 R1 上：

R1(config)#interface tunnel 0

R1(config–if)#ip address 10.10.10.1 255.255.255.252

在 R2 上：

R2(config)# interface tunnel 0

R2(config–if)#ip address 10.10.10.1 255.255.255.252

（2）指定 Tunnel 的源端。

在 R1 上：

R1(config–if)#tunnel source 10.0.0.1

在 R2 上：

R2(config–if)#tunnel source 10.0.0.2

（3）指定 Tunnel 的目的端。

在 R1 上：

R1(config–if)#tunnel destination 10.0.0.2

在 R2 上：

R2(config–if)#tunnel destination 10.0.0.1

（4）设置 Tunnel 接口的网络地址。

在 R1 上：

R1(config)#interface FastEthernet0/0

R1(config–if)#ip address 10.0.0.1 255.255.255.252

在 R2 上：

R2(config)#interface FastEthernet0/0

R2(config–if)#ip address 10.0.0.2 255.255.255.252

（5）配置通过 Tunnel 的路由。

在 R1 上：

R1(config)#ip route 192.168.3.0 255.255.255.0 Tunnel0

在 R2 上：

R2(config)#ip route 192.168.1.0 255.255.255.0 Tunnel0

【思考与练习】

1. GRE 可以实现哪几种服务类型？
2. GRE VPN 的配置步骤分别是什么？
3. 报文要想在 tunnel 中传输，如何加封装和解封装？

模块 9 防火墙配置（Z37G3009Ⅲ）

【模块描述】本模块包括防火墙配置。通过对典型防火墙的基本配置和网络访问控制配置步骤的介绍，掌握典型防火墙配置的方法。

【模块内容】

一、防火墙配置基础知识

1. 防火墙配置的工具

防火墙的初始配置需要通过防火墙上的 Console 接口进行，所需要的工具是一台计算机或笔记本电脑和厂家提供的 Console 线。具体的使用方法，可参见本教材 Z37G1001Ⅰ模块“交换机的基本配置”中的介绍。

2. 防火墙的启动及对话式配置

防火墙本质上是一台专用的计算机系统，开机后防火墙会自动完成启动过程进入到正常运行状态。初次开机时，防火墙启动完成后会自动运行一个对话式设置程序，根据提问输入必要的配置参数可以对防火墙进行最基本的简单配置。

3. 防火墙配置 CLI 命令行模式

对防火墙进行配置和管理，最经常使用的是命令行（Command Line Interface，CLI）模式，在这里可以设置任何可以设置的东西，几乎没有任何的限制。

4. 防火墙的基本配置

同一个品牌的防火墙的默认主机名都是一样的，当网络中存在有多台防火墙时，为便于区分，最好对每台防火墙都重新命名。另外还要设置密码，以防止对防火墙的非法访问。

对防火墙网络端口配置，内容包括端口的名称、类型（外部接口、内部接口和 DMZ 接口）、安全等级。

应用协议端口侦听配置。对于 Http、Ftp 等网络应用层防火墙会在默认的协议端口上进行侦听。如果某个网络应用采用的是自定义的协议端口，则要设置防火墙对该端口进行侦听。

为了使数据包能够正确转发，还要进行必要的路由配置。

5. 网络访问控制配置

在默认情况下，防火墙禁止所有数据包从安全等级低的接口流向安全等级高的接口。而对于从安全等级高的接口到安全等级低的接口之间的数据包，可以设置访问列表（ACL）进行控制，实现网络访问控制策略。关于 ACL 的基本知识，参见模块 Z37G3009Ⅲ“利用访问控制列表进行访问控制”中的介绍。

6. 网络地址转换配置

网络地址转换（NAT）能够屏蔽内网结构和把个别 IP 地址隐藏，对内部网络起到保护作用。NAT 将内网的私有 IP 转换为外网的合法 IP，使内部用户具备连接到外部网络的可能性（是否能访问外网还要受到访问策略的控制）。关于 NAT 的基本知识，参见模块 Z37G1011Ⅱ“网络地址转换”中的介绍。

使用静态 IP 地址转换为一个特定的内部 IP 地址设置一个合法的公网 IP 地址。这样就能够为具有较低安全级别的接口创建一个入口，使其可以进入到具有较高安全级别的指定接口。

下面，我们以 Cisco 公司 PIX 防火墙为例，来介绍防火墙的基本方法。

二、Cisco PIX 防火墙的启动及命令行模式

PIX 防火墙提供了两种配置和管理的界面，一种是传统的命令行（CLI）方式，另一种是便于使用的基于 Web 的浏览器方式，即防火墙内置的 PIX 设备管理界面（简称 PDM）。PDM 是一个 GUI 工具，对管理维护用计算机提供 http 服务，用来对 PIX 防火墙自身进行配置和管理。PDM 提供了一个友好的界面，足够用来配置和管理单个 PIX 防火墙。要使用 PDM，首先要在配置模式下输入 setup 命令进入对话式配置向导，对

PIX 防火墙进行一些必要的配置，以便管理维护用计算机能够和 PIX 内置的设备管理器（PDM）进行通信。考虑到通过 CLI 方式更有助于对基础知识的理解，本模块的讲解以 CLI 命令为主。

1. Cisco PIX 防火墙的连接和启动

Cisco PIX 防火墙 515E 的外观，正面有 3 个指示灯，从背板看有三个以太口、一个配置（Console）口、2 个 USB、一个 15 针的 Failover 口，还有 PCI 扩展口。PIX 防火墙内部接口（Ethernet 1）用于连接内网（Inside），外部接口（Ethernet 0）用于连接外网络（Outside），连接如图 13–9–1 所示。

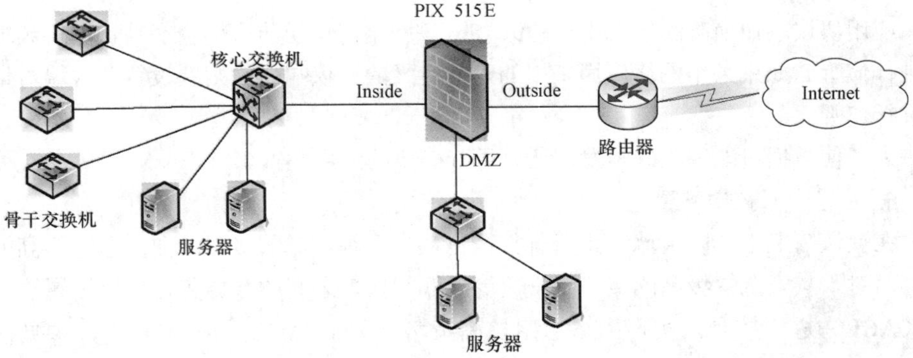

图 13–9–1 PIX 防火墙连接示意图

将 Console 口连接到 PC 的串口上，PC 上运行超级终端程序。打开 PIX 防火墙电源开关，系统提示如图 13–9–2 所示：

如果是第一次启动，系统会提示“Pre–configure PIX Firewall now through interactive prompts［yes］?”，输入“no”，按 Enter 键后进入 PIX 命令行的用户模式，此时提示符为 pixfirewall>。

2. PIX 防火墙 CLI 命令工作模式

PIX 防火墙支持基于 Cisco IOS 的命令集，并提供了 4 种管理访问模式：

（1）用户模式（非特权模式）：如上所述，PIX 防火墙开机自检后就是处于这种模式，系统提示为 pixfirewall>。

（2）特权模式：在用户模式下输入 enable 命令，在 Password：提示符下直接按 Enter 键（默认密码为空）即可进入特权模式，此时系统提示为 pixfirewall#。使用 exit 或者 quit 命令返回到用户模式。

（3）全局配置模式：在特权模式下，输入 configure terminal 命令进入此模式，绝大部分的系统配置都在这里进行，系统提示为 pixfirewall（config）#。使用 exit 或者

quit 命令返回到特权模式。

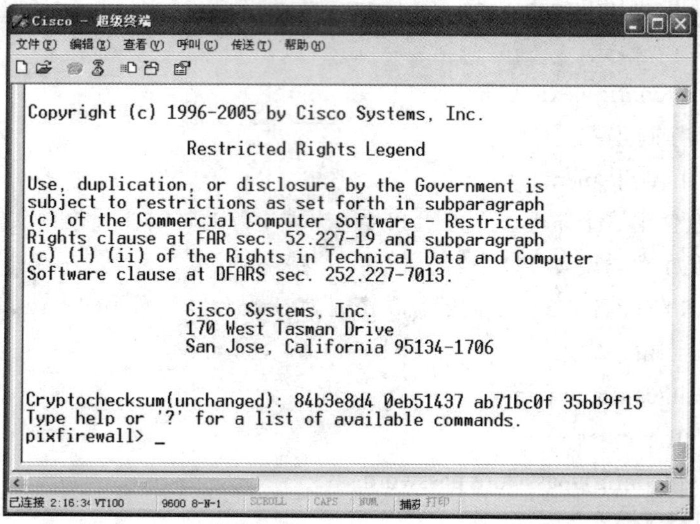

图 13–9–2 PIX 防火墙启动时的系统显示

（4）监视模式：在 PIX 防火墙开机或重启过程中，按住 Escape 键或发送一个“Break”字符，即可进入监视模式。此时可以更新操作系统映像和口令恢复，系统提示为 monitor＞。

3. CLI 命令的使用

在各种模式下，可以把命令缩写成最少但必须是唯一的字符串。例如，输入 co t 可以代替 configure terminal，进入配置模式。

在 PIX 防火墙命令行中可以获得帮助信息，输入 help 或？能够列出所有的命令。如果在一个命令后面输入“？”，则会列出这个命令的说明和语法。如果在一个命令的前面输入 help，会列出这个命令的语法和说明。另外，在命令行中只输入命令本身，然后按 Enter 键，可以查看这个命令的语法。

和 Cisco IOS 路由器相比，在 PIX 防火墙 CLI 环境的配置模式下可以执行所有的功能，不必从配置模式退出来，例如，可以列出正在运行的配置、保存当前的配置，可以使用所有的 show 和 debug 命令。

三、Cisco PIX 防火墙的基本配置

1. 密码设置

（1） Enable 密码设置。

1）进入全局配置模式。

pixfirewall#config terminal

2）设置 Telnet 密码。

pixfirewall(config)#enable password password

3）返回特权模式。

pixfirewall(config)#exit

4）保存当前配置。

pixfirewall#write memory

如果没有使用这个命令，当关闭 PIX 防火墙电源的时候，所做的设置就会丢失。

（2） Telnet 密码设置。

Cisco PIX 防火墙 Telnet 访问的默认密码为 cisco，修改密码的步骤如下：

1）进入全局配置模式。

pixfirewall#config terminal

2）设置 Telnet 密码。

pixfirewall(config)#password password

3）返回特权模式。

pixfirewall(config)#exit

4）检查当前设置。

pixfirewall#show telnet

5）保存当前配置。

pixfirewall#write memory

2. 设置以太端口速率并激活该端口

在默认情况下，PIX 上的以太端口 ethernet0 是默认的外部接口（outside），ethernet1 是默认的内部接口（inside）。Inside 接口在初始化配置成功的情况下自动被激活生效了，但是 Outside 及其他接口只有在使用了 interface 命令配置后才能进入激活状态。

1）进入特权模式。

pixfirewall＞enable

password：（按 Enter 键）

2）进入全局配置模式。

pixfirewall#config terminal

3）激活以太端口。

pixfirewall(config)#interface ethernet0 auto

其中，auto 选项表明网卡类型为自适应网卡。若带有 shutdown 选项，则表示关闭这个接口；再启用该接口时，去掉 shutdown 即可。

4）返回特权模式。

pixfirewall(config)#exit

5）校验当前设置。

pixfirewall#show interface

6）保存当前配置。

pixfirewall#write memory

3. 接口命名并设定其安全级别

防火墙的每一个接口都要设置一个名字。在默认配置中，以太端口 ethernet0 的默认名称是 outside，为外部接口，安全等级是 0，安全级别最低；以太端口 ethernet1 的默认名字是 inside，为内部接口，其安全等级是 100，安全级别最高。如果还有其他端口，则要为其命名并设定其安全等级，安全等级可设置为 security10、security20 等，取值范围为 1～99，数字越大安全级别越高。一般情况下应有一个以太端口作为 DMZ（demilitarized zones 非军事化区）。如果没有规则许可，任何通信都不得从低等级接口（如外部接口）流向高等级接口（如内部接口）。

用 nameif 命令可以重新命名接口或修改接口的安全级别，配置步骤如下：

1）进入全局配置模式。

pixfirewall#config terminal

2）命名接口并设定接口的安全级别。

pixfirewallconfig）#nameif ethernet2 dmz security50

3）返回特权模式。

pixfirewall(config)#exit

4）校验当前设置。

pixfirewall#show nameif

5）保存当前配置。

pixfirewall#write memory

4. 以太端口的 IP 地址配置

配置以太端口的 IP 地址采用命令 ip address

1）进入全局配置模式。

pixfirewall#config terminal

2）设置内部接口的 IP 为 192.168.1.1 255.255.255.0。

pixfirewall(config)#ip address inside 192.168.1.1 255.255.255.0

3）设置外部接口的 IP 为 222.20.16.1 255.255.255.0。

pixfirewall(config)#ip address outside 222.20.16.1 255.255.255.0

4）设置外部接口的 IP 为 172.16.0.1 255.255.255.0。

pixfirewall(config)#ip address dmz 172.16.0.1 255.255.255.0

5）返回特权模式。

pixfirewall(config)#exit

6）校验当前设置。

pixfirewall#show ip address

7）保存当前配置。

pixfirewall#write memory

5. 应用协议端口侦听配置

对于 Http、Ftp 等应用层协议相应的端口，PIX 都有默认的配置。实际应用中根据需要，可以使用 Fixup 命令对应用层协议所使用的端口进行调整和增加。使用 clear fixup 命令可以恢复默认设置。

1）进入全局配置模式。

pixfirewall#config terminal

2）为 http 协议指定 1080 端口。

pixfirewall(config)#fixup protocol http 1080

注意：该设置并没有改变 http 协议默认的 80 端口，通过 show fixup 可以看到 pix 在端口 80、1080 这两个端口侦听 http 流量。

3）返回特权模式。

pixfirewall(config)#exit

4）校验当前设置。

pixfirewall#show fixup protocol

5）保存当前配置。

pixfirewall#write memory

6. 静态路由和默认路由的配置

使用 route 命令可以为 PIX 防火器的每个接口设置静态路由或默认路由。

（1） 内部接口静态路由配置

假设内网中有两个网段 10.1.2.0 和 10.1.3.0，它们通过一台路由器连接到 PIX 上，路由器接口的 IP 地址是 172.16.0.1，设置指向内网的静态路由，设置步骤如下：

1）进入全局配置模式。

pixfirewall#config terminal

2）设置指向内网 10.1.2.0 的静态路由。

pixfirewall(config)#route inside 10.1.2.0 255.255.255.0 172.16.0.1 1

其中，最后面的“1”表示到路由器的跳数是 1。

3）设置指向内网 10.1.3.0 的静态路由。

pixfirewall(config)#route inside 10.1.3.0 255.255.255.0 172.16.0.1 1

3）返回特权模式。

pixfirewall(config)#exit

4）校验当前设置。

pixfirewall#show route

5）保存当前配置。

pixfirewall#write memory

注意：如果内部网络只有一个网段，只需设置一条默认路由即可；如果内部存在多个网段，则需要配置多条静态路由。

（2） 外部接口静态路由配置

假设 PIX 的外部接口与 Internet 接入路由器相连，路由器接口的 IP 地址 61.144.51.168，设置一条指向边界路由器的默认路由，配置步骤如下：

1）进入全局配置模式。

pixfirewall#config terminal

2）设置指向外网的静态路由。

pixfirewall(config)#route outside 0 0 61.144.51.168 1

其中，两个“0”表示所有 IP 地址，即 0.0.0.0 0.0.0.0.0。

3）返回特权模式。

pixfirewall(config)#exit

4）校验当前设置。

pixfirewall#show route

5）保存当前配置。

pixfirewall#write memory

四、网络访问控制配置

PIX 防火墙使用 access–list 和 access–group 这两条命令实现访问列表控制。

Access–list 命令用来创建 ACL，访问列表有 permit 和 deny 两个关键字，可以指明允许或拒绝某 IP 地址访问某端口或协议，网络协议包括 ip、tcp、udp、icmp 等。默认情况下，访问列表中的所有访问都是被拒绝。因此，需要允许访问时必须明确指出。ACL 在最后由一条隐含的 deny 规则。

Access–group 命令用来把 ACL 应用到防火墙的特定接口上，在一个接口上只能绑定一个 ACL。

如图 13–9–3 所示的网络，在 PIX 防火墙的 inside 接口上使用名为 acl–out（可任意指定）的 ACL，该 ACL 拒绝内网用户访问外网的 web 网站，而允许其他应用的 IP 数据包通过。

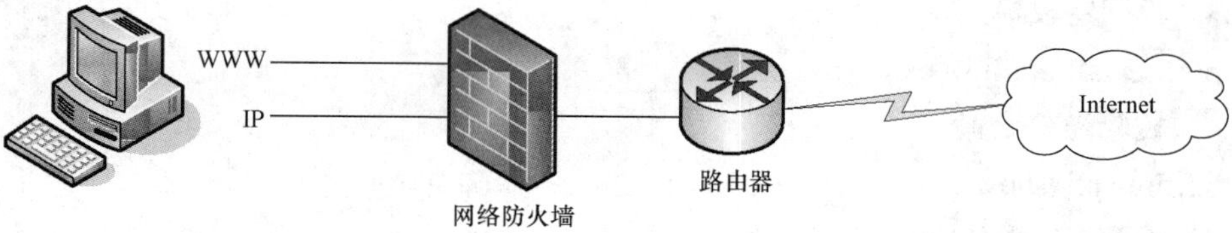

图 13–9–3 ACL 应用实例

为允许出站连接，内部网络地址（10.0.0.0）被动态转换为从 192.168.0.20 到 192.168.0.254 之间的地址。配置步骤如下：

1）进入全局配置模式。

pixfirewall#config terminal

2）创建名为 acl–out 的 ACL 表，拒绝内网用户访问外网的 web 网站。

pixfirewall(config)#access–list acl–out deny tcp any any eq www

其中，第一个 any 表示所有的源 IP 地址，第二个 any 表示所有的目的 IP 地址，运算符 eq 表示等于。

3）添加一条 ACL 表条目（策略），允许其他应用的 IP 数据包通过。

pixfirewall(config)#access–list acl–out permit ip any any

4）将 ACL 列表应用（绑定）到内网接口。

pixfirewall(config)#access–group acl–out in interface inside

5）网络地址转换，指定内部地址。

pixfirewall(config)#nat(inside)1 10.0.0.0 255.255.255.0

6）网络地址转换，指定外部地址。

pixfirewall(config)#global(outside)1 192.168.0.20–192.168.0.254 netmask 255.255.255.0

7）返回特权模式。

pixfirewall（config）#exit

8）校验当前设置。

pixfirewall#show access–list

pixfirewall#show access–group

pixfirewall#show nat

pixfirewall#show global

9）保存当前配置。

pixfirewall#write memory

五、网络地址转换配置

PIX 的地址转换是由 nat 命令和 global 两个命令配合完成的，nat 命令指定要访问外网的内网 IP 地址或网段，global 指定访问外网时可以使用的地址池。

1. 将内部私有地址转换为合法 IP 地址

将内部网段 192.168.0.0 转换为公网地址段 222.20.16.100–222.20.16.200，配置步骤如下：

1）进入全局配置模式。

pixfirewall#config terminal

2）指定内部地址。

pixfirewall(config)#nat(inside)1 192.168.0.0 255.255.255.0

其中，“1”为 nat 序列号

3）指定外部地址。

pixfirewall(config)#global(outside)1 222.20.16.100–222.20.16.200 netmask 255.255.255.0

其中 netmask 表示公网 IP 地址的网络掩码。

注意：“1”为 nat 序列号，必须与上一步中的序列号相对应，特别是在对内网中不同的地址段转换为不同的公网地址端的情况下。

4）返回特权模式。

pixfirewall(config)#exit

5）校验当前设置。

pixfirewall#show nat

pixfirewall#show global

6）保存当前配置。

pixfirewall#write memory

2. 配置从低安全级别接口访问高安全级别接口内的单个主机

利用静态 IP 地址转换，在内部 IP 地址 192.168.0.8 和外部 IP 地址 61.144.51.62 之间建立静态映射，即 IP 地址为 192.168.0.8 的内部主机，对于通过 PIX 防火墙建立的每个会话，都被翻译成 61.144.51.62 这个合法地址，配置步骤如下：

1）进入全局配置模式。

pixfirewall#config terminal

2）配置静态 IP 地址转换。

pixfirewall(config)#static(inside,outside)61.144.51.62 192.168.0.8

3）返回特权模式。

pixfirewall(config)#exit

4）校验当前设置。

pixfirewall#show static

5）保存当前配置。

pixfirewall#write memory

【思考与练习】

1. 在网络的边界，为了发挥防火墙的网络安全作用，应对其进行哪些必要的配置？

2. NAT 在防火墙中有哪些应用？

3. 如下图所示的网络，在 PIX 防火墙的 outside 接口上使用名为 acl–in–dmz 的 ACL 来控制入站流量。该 ACL 只允许从 Internet Web 服务器通过 80 端口的 web 连接，而拒绝其他所有到 DMZ 或内部网络的 IP 访问。

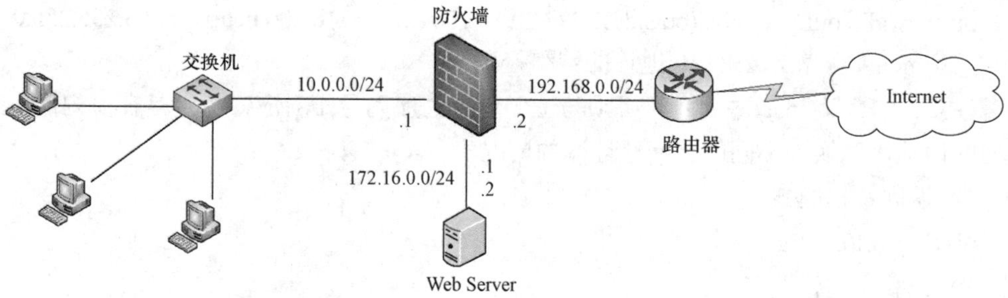

当从外部网络访问 DMZ 上的 web 服务器时，需要将外部地址（192.168.0.11）静态转换成 DMZ web 服务器的地址（172.16.0.2）。

请列出实现上述功能的配置语句。

模块 10 IDS 配置（Z37G3010Ⅲ）

【模块描述】本模块介绍了常见 IDS/IPS 系统的安装和配置，包含网络设置、硬件安装、软件安装和软件配置。通过现场操作介绍和界面操作介绍，掌握 IDS/IPS 的安装和配置。

【模块内容】

以国内市场上常见的启明星辰公司的产品为例简要说明 IDS/IPS 的安装及

配置。

一、天阗 V6.0 入侵检测与管理系统的安装配置

（一）通常部署方式

天阗网络 IDS 系统通常被部署在从外部网接入内部网的第一台网络设备（交换机或路由器）上，用以对外部的入侵进行实时检测。同时其探测引擎也被部署在内网交换机上，同样可以对内网的服务器或主机进行入侵检测。其典型部署方式如图 13–10–1 所示。

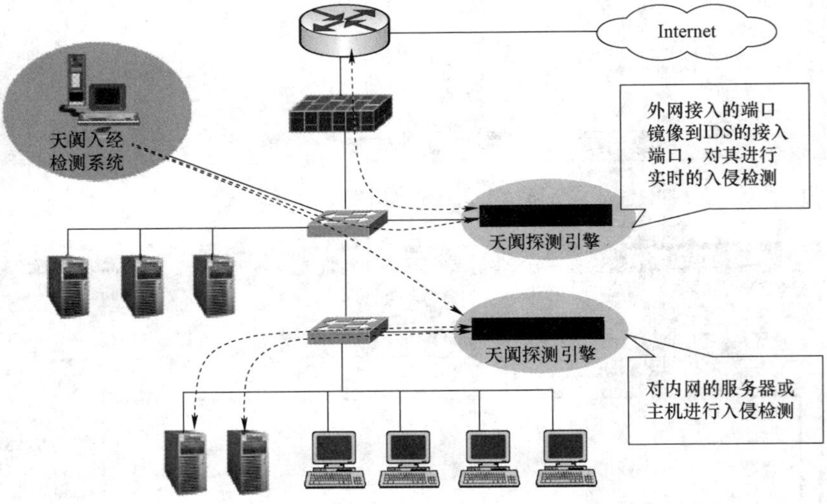

图 13–10–1　天阗网络 IDS 通常部署方式

（二）安装过程

1. 网络设置

IDS 安装前，应首先做好规划，明确引擎的监控范围，并为探测引擎以及管理组件分配相应的 IP 地址。除此之外还需做好相关网络设备的配置，如交换机的端口镜像以及网络 TAP 部署等。

2. 安装探测引擎

将探测引擎的机箱正确上架后，按产品说明书要求安装超级终端。天阗网络引擎利用超级终端进行基本设置，配置好超级终端以后，按 Enter 键进入探测引擎启动界面，如图 13–10–2 所示。

输入用户名 venus 及初始密码 1234567 后进入图 13–10–3 所示配置界面。

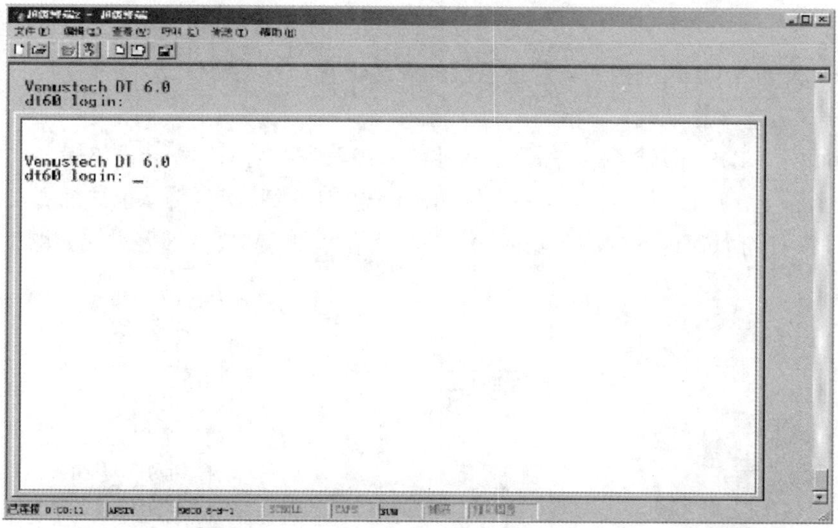

图 13–10–2 探测引擎登录界面

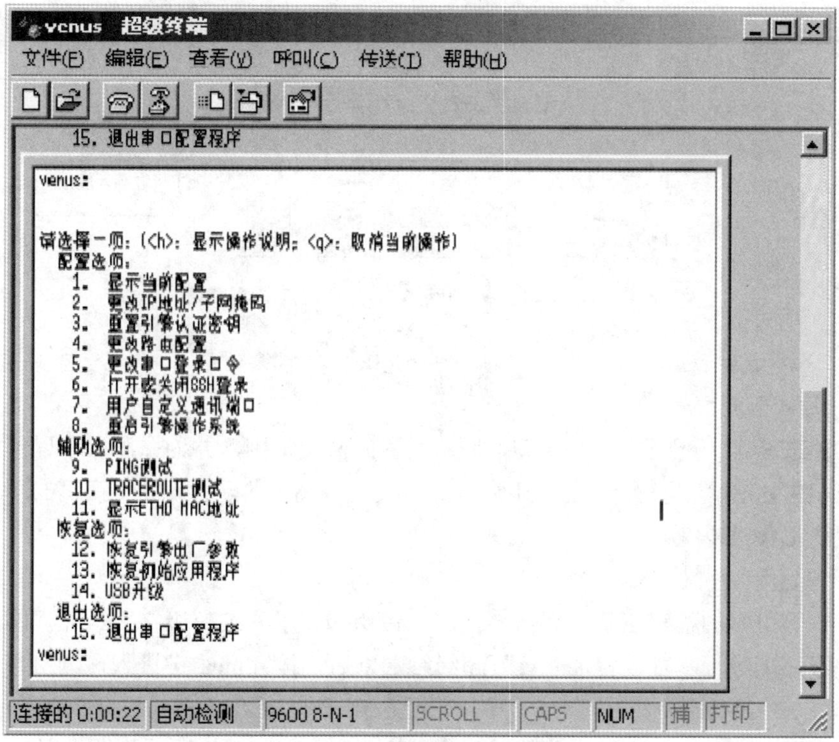

图 13–10–3 超级终端配置界面

可以通过菜单选项进行相应的配置，配置完成后退出超级终端。需要注意的是配置选项 3 和配置选项 15 的使用。当重新安装了控制中心或更改了控制中心的主机地址时，需要使用“重置引擎认证密钥”来清除原来的认证信息保证和新的控制中心建立认证关系。另外，超级终端不能使用窗口右上角的关闭按钮直接关闭，因为这样只关闭了“超级终端”的界面，而超级终端与探测引擎的通讯并未关闭。因此，每次更改探测引擎的基本参数后，必须用选项 15 退出。

3. 安装管理组件

使用天阗网络 IDS 随机附带的安装光盘可以完成相关管理组件的安装。安装光盘分两部分：MSDE 数据库和网络入侵检测。

（1） 安装数据库。

如果用户的机器上没有安装过 MSDE 或其他 SQL Server 的客户端软件，也没有安装过 Oracle 客户端软件，天阗系统将无法正常运行。可以单击“MSDE 数据库”选项来安装 MSDE。安装完成后用户需要重启操作系统。

（2） 安装网络入侵检测。

1）安装的第一步会判断本机是否有 SQL SERVER 或 MSDE 或 Oracle，并要求系统先安装数据库。

2）在安装完数据库或数据库客户端后将进入天阗入侵检测系统的主安装界面，如图 13–10–4 所示。

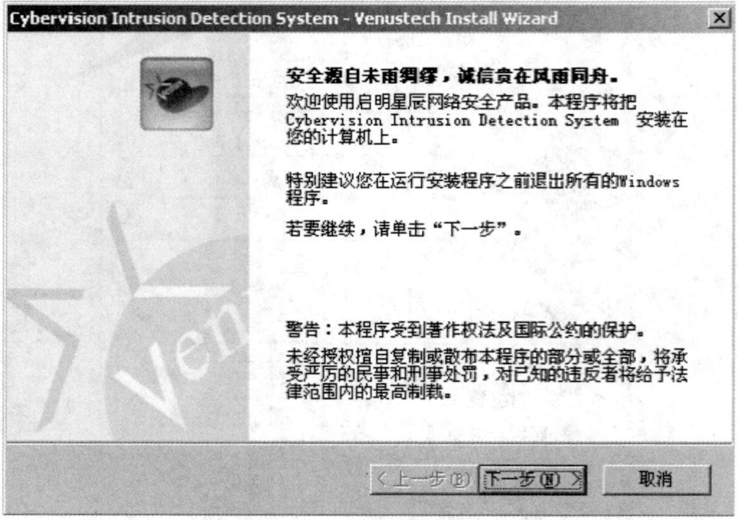

图 13–10–4 主安装界面

3）按照安装向导要求进行进一步安装，如图 13–10–5 所示。

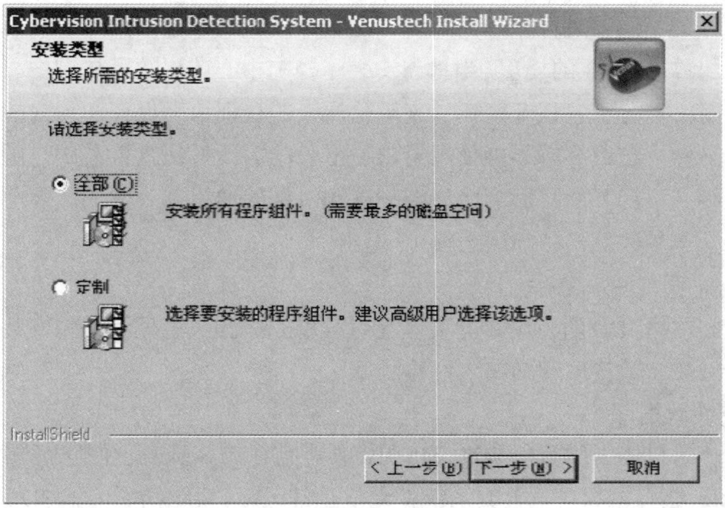

图 13–10–5 安装向导

4）需要注意的是安装过程中数据库的建立。可以分别依说明书所示建立 SQL SERVER 或 Oracle 数据库，如图 13–10–6 所示。

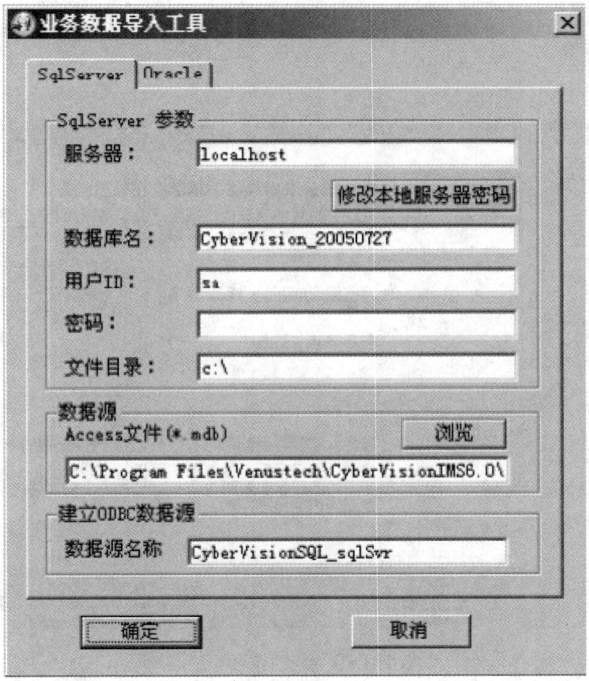

图 13–10–6 建立 SQL SERVER 数据库时的配置界面

数据库导入成功后，系统会给出成功的提示，如图 13–10–7 所示，之后安装可以继续进行。

图 13–10–7　数据库导入成功

5）安装水晶报表组件，如图 13–10–8 所示。水晶报表组件为管理报表运行时的必需组件，在天阗网络 IDS 上水晶报表组件为必须安装的选项。

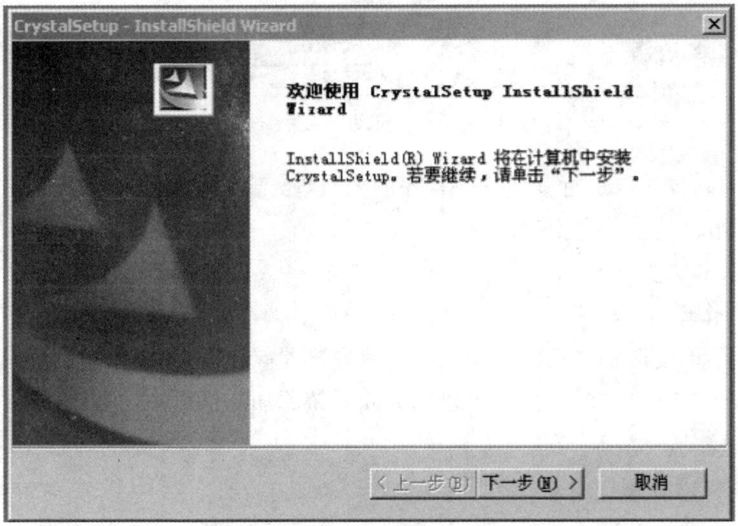

图 13–10–8　水晶报表组件安装向导

按照安装向导完成水晶报表组件的安装即可。

6）安装启明星辰自动升级系统。如果机器上还未安装启明星辰的自动升级系统，安装程序会继续安装升级系统。选择全部安装即可，升级系统会自动安装在用户的系统分区上，如图 13–10–9 所示。

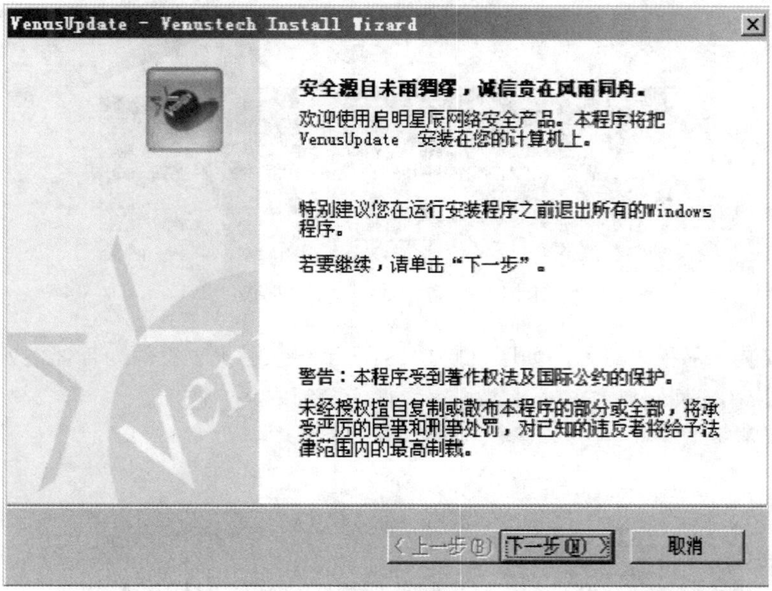

图 13-10-9　自动升级系统安装

7）按照向导接着进行其他相关程序的安装。安装完成后系统会给出提示，至此网络入侵检测组件的安装全部完成。

（三）基本配置

1. 用户管理

在开始菜单中选择“启明星辰”→“用户管理审计”，利用用户管理员 Admin 登录（默认口令为 venus60），然后可以为天阗系统添加其他用户，如图 13-10-10 所示，并设置可以登录。

2. 进入管理控制中心

添加完管理员以后，就可以使用管理员登录管理控制中心，如图 13-10-11 所示。第一次登录需要输入序列号授权。

3. 添加模块

天阗 IDS 自带一个显示中心模块，可以选择添加用户需要的组件。

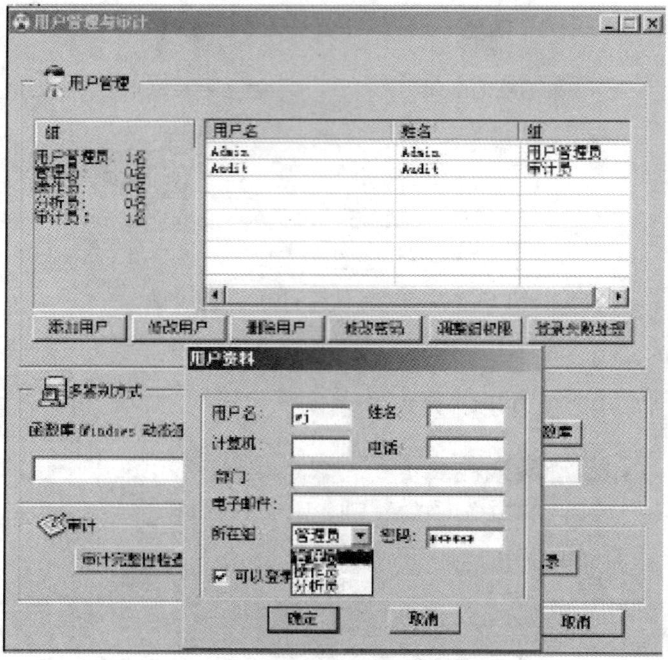

图 13–10–10　添加新用户

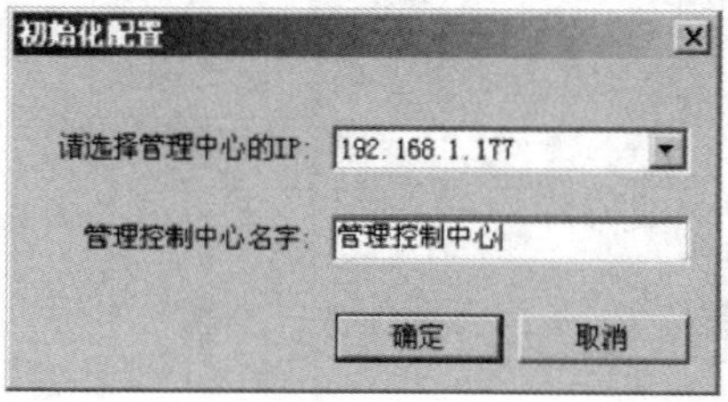

图 13–10–11　登录管理控制中心

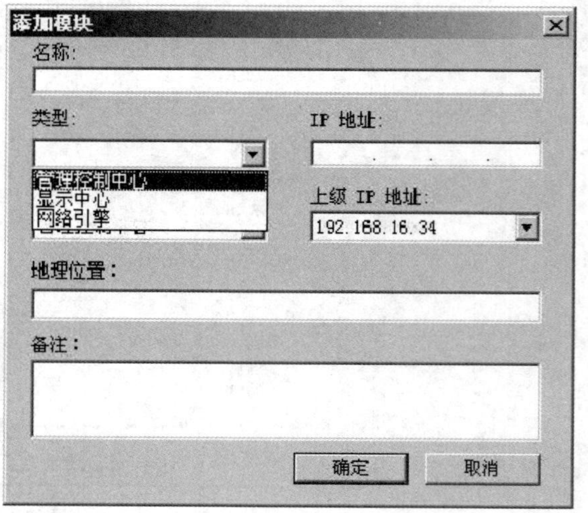

图 13–10–12　添加模块

在上图所示的窗口中可以选择添加组件的类型，输入组件的 IP 地址后即可添加相应组件。添加的组件在管理控制中心显示，如图 13–10–13 所示。

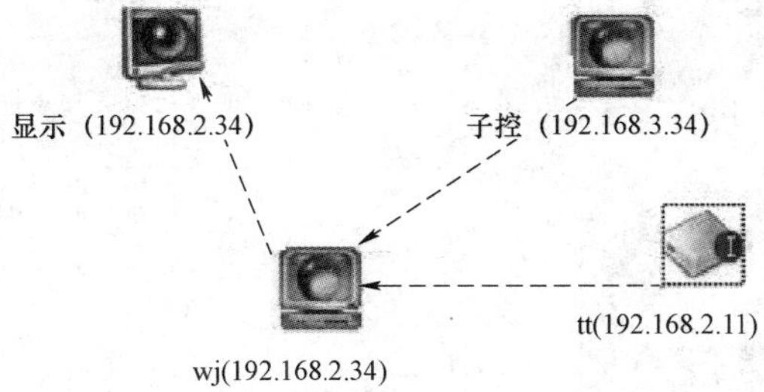

图 13–10–13 管理控制中心图标显示

4. 显示中心配置通信参数

可以配置控制中心的 IP 地址及端口号。

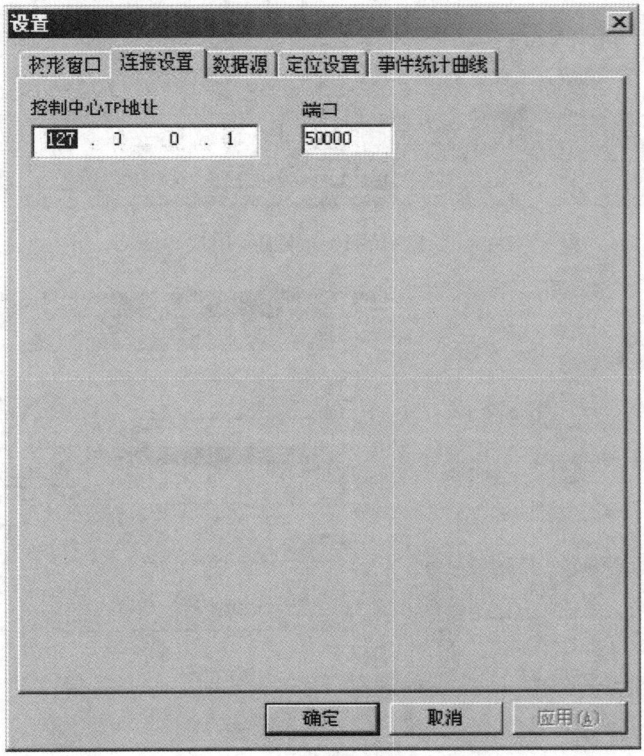

图 13–10–14 通信参数配置

5. 启动连接组件

在管理控制中心（见图 13–10–15）单击“组件管理”→“启动连接”可以启动连接相关组件。在默认情况下系统会自动连接组件。

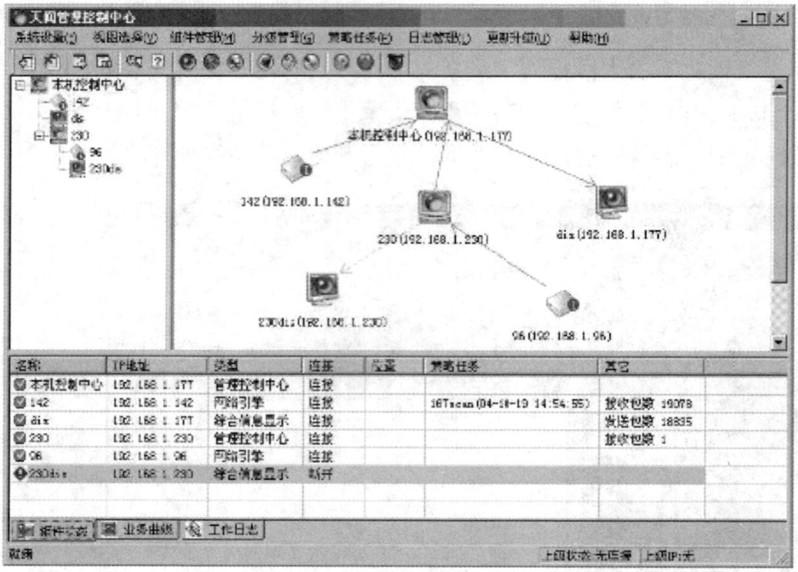

图 13–10–15　天阗管理控制中心主界面

6. 导入引擎授权文件

探测引擎授权文件的试用期为 3 个月。在此期间用户需要导出授权文件（见图 13–10–16）发送给启明星辰，在经过认证后，用户会收到一个正式授权文件，将其导入后就可以拥有较长时间的使用权限。

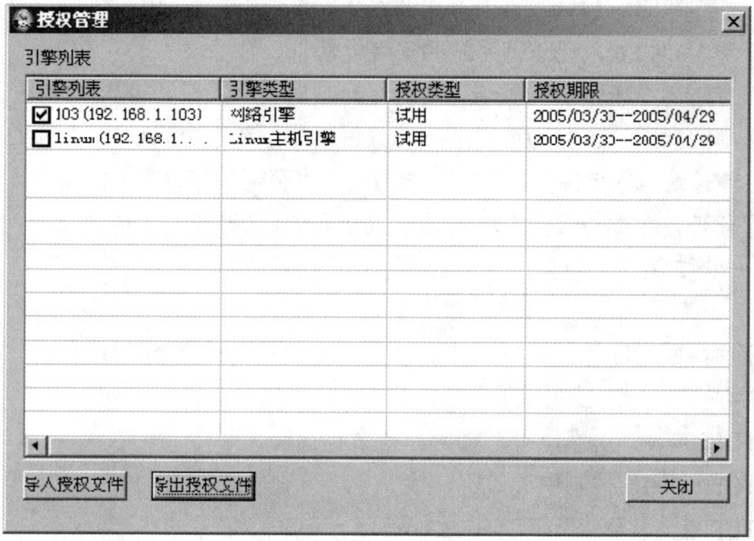

图 13–10–16　导入/导出授权文件

7. 升级事件库

启明星辰针对新的入侵行为定义新的事件，只有将这些时间更新到事件库中（见图 13–10–17），并将其相应的策略应用到引擎上，才能检测出这种入侵行为。因此事件库要及时更新。事件库的升级同样可以分为自动和手动两种方式。

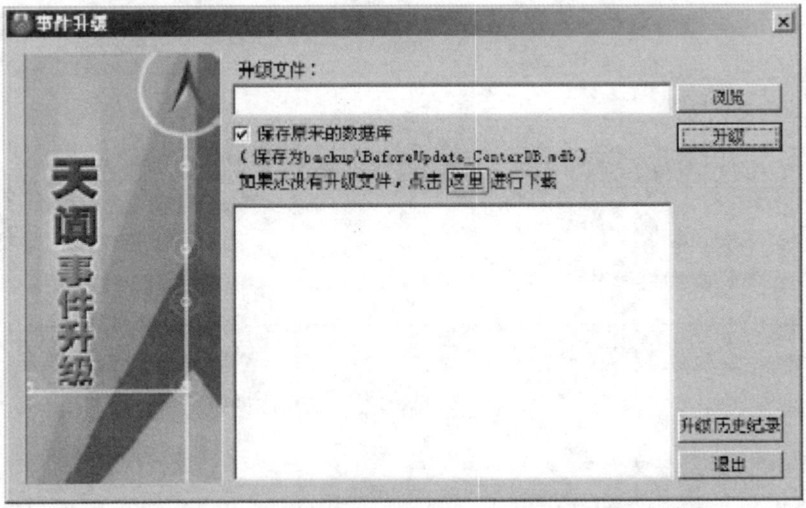

图 13–10–17　事件库升级

8. 下发策略

该部分操作在第一章第二节中有详细叙述，这里不再重复。

二、天清 V6.0.2.6 入侵防御系统的安装配置

天清入侵防御系统是启明星辰公司自行开发研制的入侵防御类网络安全产品。它可以对网络中的深层攻击行为进行准确的分析判断，在判定为攻击行为后立即予以阻断，从而主动有效地保护网络的安全。作为同一家公司的产品，天清 IPS 无论在部署、安装还是配置等方面都与天阗 IDS 有诸多类似之处，这里在上文基础上加以简单说明。

（一）安装过程

1. 网络设置

在安装前，同样应该做好相应的规划工作。需要给引擎分配 IP 地址及路由信息；如果网络中存在防火墙，则需要开放如下一些常用端口：

（1） TCP20001—引擎监听，接受控制中心管理。

（2） TCP50000—控制中心监听，接受上级控制中心、显示中心的连接。

（3） TCP22—引擎监听，SSH 远程管理。

（4） TCP1433—SQL Server 监听，采用远程数据库作为管理控制中心、日志分析

中心的后台数据库时，需要防火墙开放本端口。

（5）TCP25—Mail Server，发送报警邮件。

（6）UDP162—SNMP Trap，接受 SNMP 报警消息。

（7）UDP161—控制中心监听，SNMP 查询。

（8）未知—防火墙联动。

2. 安装探测引擎

与天阗 IDS 类似，天清 IPS 在完成引擎箱体的物理安装之后同样需要安装超级终端。在完成超级终端配置后按 Enter 键进入探测引擎启动画面，如图 13-10-18 所示。

图 13-10-18　天清 IPS 探测引擎登录界面

输入用户名：venus，按 Enter 键后再输入正确的密码（出厂密码设置为 1234567）后进入相应配置界面，如图 13-10-19 所示。

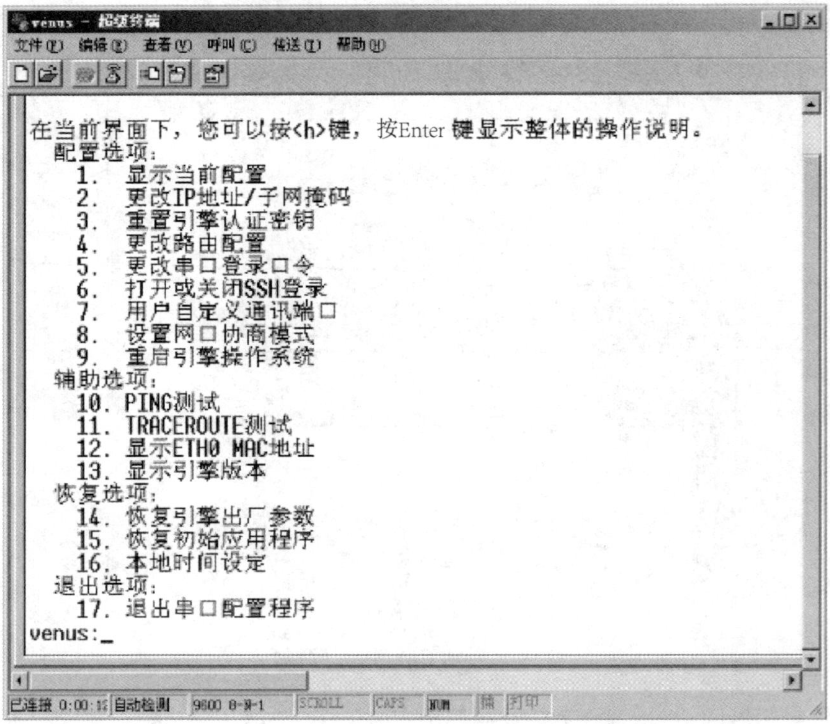

图 13-10-19　探测引擎配置界面

可以通过菜单选项进行相应的配置。同样需要注意，配置完成后需使用选项 17 退出。

3. 安装控制中心

类似于天阗 IDS 的管理组件安装。运行安装光盘中的 setup 程序后出现安装界面。

安装同样分为 MSDE 数据库与天清入侵防御两部分。其安装界面与过程都与天阗 IDS 完全类似，这里不再赘述。

（二）基本配置

1. 用户管理

在开始菜单中选择“启明星辰”→“用户管理审计”，利用用户管理员 Admin 登录（默认口令为：venus60），然后可以为天清入侵防御系统添加其他用户，并设置可以登录。

2. 添加网络引擎

启动菜单–管理控制中心，第一次启动需要输入控制中心使用序列号，然后输入用户名密码（默认用户名：adm，密码：venus60）登录，之后可以添加组件，添加网络引擎，如图 13–10–20 所示。

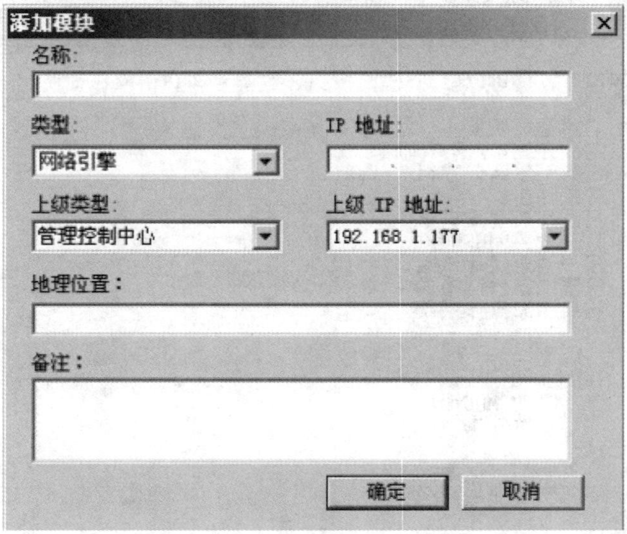

图 13–10–20 添加网络引擎

3. 检查引擎连通状况

设置好引擎的 IP 地址和上级管理控制中心的 IP 地址（默认是本级控制中心即总部的 IP 地址）单击确定即可。同样的方法可以为此控制中心添加多个引擎。连接引擎

前须检查网络是否连通，如果连接不上引擎，则可以使用引擎的串口配置程序清空认证密钥。

4. 导入引擎授权

正式销售的产品，在连接上引擎后要导入厂家提供的引擎授权文件或授权序列号（一般放在产品包装箱的软件盒中）。

5. 打开显示中心

显示中心是所有事件的显示窗口。选择控制中心–视图选择–综合信息显示，即可打开本地综合显示中心。若需要使用远程的显示中心，则需要在控制中心添加一个显示中心组件。

单击“控制中心”→“组件管理”→“增加组件”打开添加模块界面，如图 13–10–21 所示。在 IP 地址栏写入运行显示中心的机器的 IP 地址，在类型栏选择“显示中心”，单击“确定”即可。同样的方法可以为一个控制中心添加多个显示中心，这些显示中心可以运行在网络中其他的机器上，目的是为了实现多点的监控。

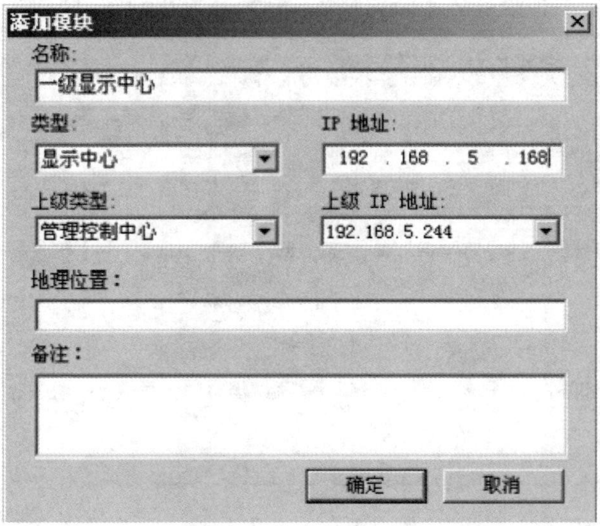

图 13–10–21　添加显示中心组件

需要注意的是，只在这里设置还不能使显示中心和控制中心连接，还需要启动显示中心，然后在显示中心的系统–系统设置菜单中的连接设置页设置控制中心的 IP 地址以及数据源（如果是显示中心在本机上，无需设置数据源，使用默认即可；如果显示中心在远程计算机上，需要建立一个系统 DSN 指向控制中心连接的数据库，然后显示中心使用这个数据源），这样两者才能成功连接进行通讯。

6. 事件库更新

为了保证产品具备最新攻击的防御能力，需要进行事件库的更新。具体操作如下：进入天清管理控制中心，单击菜单栏中的“更新升级”→“手工更新”，可以从启明星辰网站手工下载事件更新包进行导入或选择直接从网站获取，完成事件库更新。

7. 策略定制和下发

根据网络状况，选择一个合适的策略集下发给所属引擎。也可以在主控直接下发策略集给子控和子控的引擎。如果是首次使用天清控制中心，最好衍生一个用户自定义策略集。可以使用策略向导模式，方法如下：

在控制中心的菜单策略任务–入侵防御–策略编辑中打开策略编辑界面（见图 13–10–22），单击策略向导按钮调用策略向导。

选择需要检测的事件，生成一个初始策略集。选择需要应用到的网络引擎，进行策略下发和应用。

通过显示中心或日志分析中心可以看到相应的报警信息。

在使用过程中要根据环境不断调整优化策略集，以获得良好的防御效果。

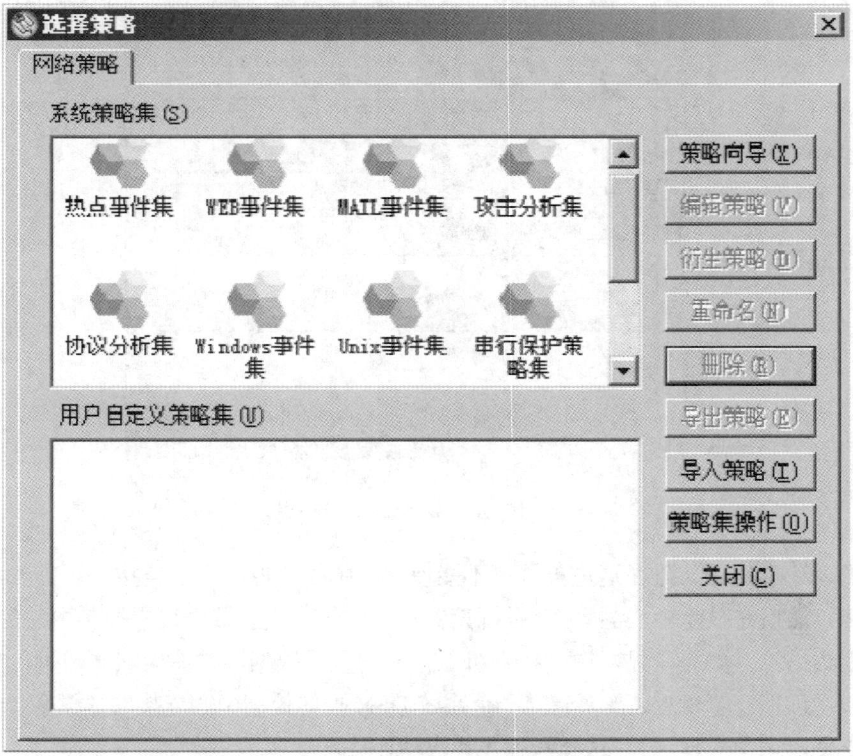

图 13–10–22 策略向导界面

8. 设置数据库自动维护

设置数据库自动维护可以防止日志量过大造成系统维护困难。

数据库维护工具可实现数据库日志的自动删除、自动备份、手动删除和手动备份的工作。选择菜单“日志管理”→“日志维护”或单击工具栏的可以执行的日志维护工具进行自动维护设置或进行手动维护。

在这里可以设置数据库的自动备份的时间（自动备份后会删除数据库中一些陈旧的数据），到达设置的时间时系统就会自动调用数据库维护程序来对数据库进行维护。

（三）产品部署

当产品安装配置完毕并通过可用性检查后，即可部署到真实环境中。天清 IPS 的部署分为两个部分：控制中心部署和引擎部署。

1. 控制中心部署

（1）将安装好天清入侵防御系统管理控制中心的服务器接入到用户网络中，确保控制中心服务器可以正常访问引擎 IP 的 TCP20001 端口。

（2）打开管理控制中心，添加网络引擎组件（IP 地址为引擎地址）。

2. 引擎部署

（1）先将引擎设备放置到指定位置，加电启动。

（2）引擎启动完全后，将引擎的管理口接入到用户网络中。

（3）直接切换网线，将引擎串接到用户网络中。一般情况下 IPS 部署在网络总出口的交换机和防火墙之间，所以只需将 IPS 引擎串接在交换机和防火墙之间即可。

【思考与练习】

1. 天阗网络 IDS 探测引擎的初始登录用户名和登录密码是什么？
2. 怎样退出天阗 IDS 的超级终端？
3. 在安装天阗网络 IDS 时是否可以跳过 MSDE 数据库安装环节？
4. 在安装天阗网络 IDS 时可以不安装水晶报表组件吗？
5. 在安装天清 IPS 时，如果网络中存在防火墙，那么需要开放哪些端口才可以使系统能够正常工作？
6. 在配置天清 IPS 时如何使新增加的显示中心组件与控制中心相连接？
7. 天清 IPS 一般部署在什么位置？

第四部分

通信基础设施的维护

第十四章

整流配电设备的运维检修

◢ 模块 1　双路交流的切换功能试验（Z37H1001Ⅰ）

【模块描述】本模块包含双路交流切换的方法。通过对双路交流切换方式、控制方式的介绍，了解主备用切换和互为主备用切换方式的区别，掌握双路交流切换的操作方法。

【模块内容】

一、装置介绍

1. 法国溯高美 ATYS–3S 系列电源自动切换装置介绍

法国溯高美 ATYS–3S 系列电源自动切换装置包含 ATS 切换开关本体和 HAT500 智能切换控制器，ATS 切换开关本体具有两路输入，一路输出。自动切换装置如图 14–1–1 所示。

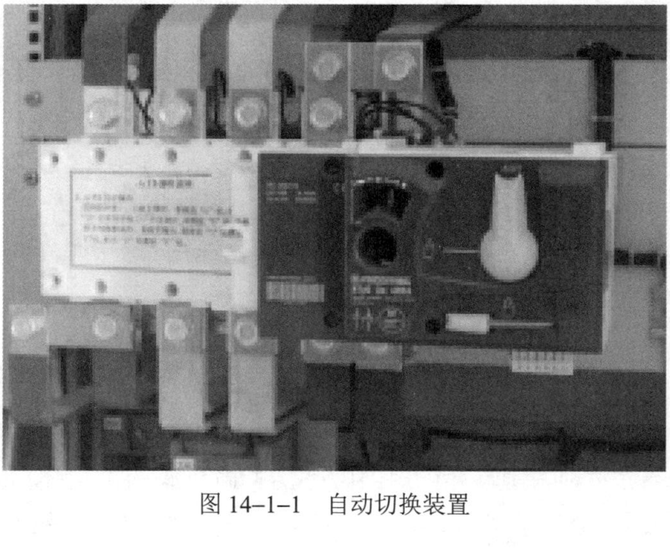

图 14–1–1　自动切换装置

2. 控制方式

法国溯高美 ATYS–3S 系列电源自动切换装置，根据输入的两路市电是否分为主用和备用，可以配置为主从控制方式和无主从控制方式两种。

（1）主从控制方式。当主用电源故障时，切换到备用电源；当主用电源恢复时，系统自动再返回到主用电源。

（2）无主从控制方式。当一路电源故障时，自动切换到另一路电源；当先前使用的一路电源恢复时，系统继续使用当前市电，不再返回到先前的电源。

二、测试目的

定期测试交流自动切换装置的工作状态，检查能否正常完成自动切换功能，避免因切换装置故障而造成蓄电池长时间放电及造成设备供电中断的情况发生，提高设备供电的可靠性。

三、测试前准备工作（包括仪器、材料、场地、试验条件）

（1）了解被测装置的切换控制原理及操作方法。

（2）办理工作票并做好试验现场安全和技术措施。

试验前交代试验内容、试验方法、注意事项以及安全防护等内容，并在现场做好防护标识牌，避免其他人员入内。

四、危险点分析及控制措施

（1）检查两路市电供电电压。在试验前，检查两路市电输入电压是否正常（正常范围 185～265V）。

（2）检查蓄电池回路连接。在试验前，检查蓄电池工作状态及回路连接情况，避免因蓄电池回路故障而造成切换时负荷中断。

五、现场测试步骤及要求

（1）断开第一路市电电源，观察自动切换装置工作状态。

（2）闭合第一路市电电源，观察自动切换装置工作状态。

（3）断开第二路市电电源，观察自动切换装置工作状态。

（4）闭合第二路市电电源，观察自动切换装置工作状态。

六、测试结果分析及测试报告编写

（1）如果系统控制方式为主从控制方式，则断开第一路电源，系统应该能自动切换到第二路电源，第一路电源恢复时，系统再切换到第一路电源，上述切换功能正常即合格。

（2）如果系统控制方式为无主从控制方式，则断开第一路（假设原第一路电源投用）电源，系统应该能自动切换到第二路电源，第一路恢复时，系统不再切换到第一路电源上，当断开第二电源时，系统自动切换到第一路电源上，上述切换功能正常即

为合格。

七、测试注意事项

测试前应注意检查交流输入电压是否在 185～265V 范围内，电压不在此范围时切换装置不会工作。

八、测试结果分析案例

以溯高美 ATYS–3S 系列电源自动切换装置试验为例，交流切换配电单元见图 14–1–2。

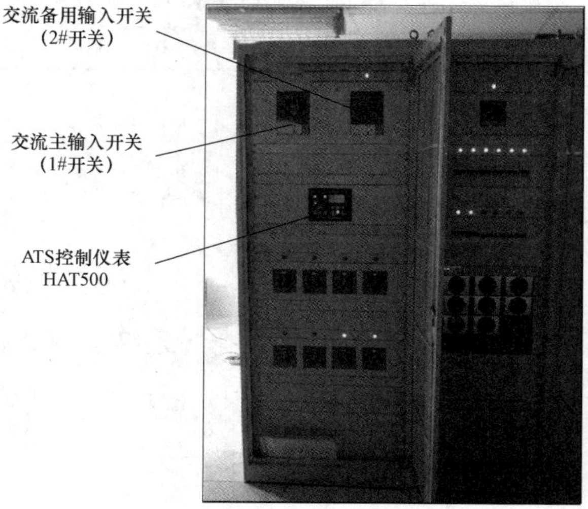

图 14–1–2　交流切换配电单元

以溯高美 ATYS–3S 系列电源自动切换装置试验为例，分别进行了主从控制方式、无主从控制方式切换操作，测试结果如表 14–1–1 所示，测试结果正常。

表 14–1–1　　双路交流自动切换测试表

序号	作业内容	测试方法及标准	测试结果	测试结论
1	ATS 自动切换模式操作（1#主用控制方式）	1. 断开 ATS1#主输入开关（塑壳开关），ATS 控制仪表显示 1#主用电断电，检测 2#备用电是否正常，2#备用电检测正常，ATS 开关自动切换至 2#备用电回路。同时 ATS 控制仪表告警灯亮，显示屏显示 1#主用电告警	ATS 自动切换至 2#备用电回路，HAT500 控制仪表告警灯亮，显示屏显示 1#主用电告警，工作状态为 2#备用电回路供电	测试结果正常
		2. 还原 1#主用电输入开关，ATS 控制仪表显示：检测 1#主用电是否正常，1#主用电检测正常，ATS 自动切换回 1#主用电供电状态，ATS 控制仪表告警消除	HAT500 控制仪表显示 1#主用电工作正常，ATS 自动切换回 1#主用电，ATS 控制仪表告警消除	测试结果正常

续表

序号	作业内容	测试方法及标准	测试结果	测试结论
2	ATS 自动切换模式操作（无主用控制方式）	1. 断开 ATS1#主输入开关（塑壳开关），ATS 控制仪表显示 1#断电，检测 2#备用电是否正常，2#检测正常，ATS 开关自动切换至 2#回路。同时 ATS 控制仪表告警灯亮，显示屏显示 1#告警	ATS 自动切换至 2#备用电回路，HAT500 控制仪表告警灯亮，显示屏显示 1#主用电告警，工作状态为 2#备用电回路供电	测试结果正常
		2. 还原 1#输入开关，ATS 控制仪表显示：检测 1#是否正常，1#主用电检测正常，ATS 仍然工作在 2#状态，不会还原至 1#工作状态，ATS 控制仪表告警消除	HAT500 控制仪表显示 1#主用电工作正常，ATS 仍然工作在 2#主用电，没有还原至 1#工作状态，ATS 控制仪表告警消除	测试结果正常

【思考与练习】

1. 为什么要进行双路交流切换试验？
2. 切换装置的控制方式有哪两种？
3. 切换装置对输入电压要求的范围是多少？

模块 2 模块均流的检查（Z37H1002 Ⅰ）

【模块描述】本模块包含模块均流的检查方法。通过对模块均流技术和均流检查方法的介绍，掌握检查整流模块均流性能的方法。

【模块内容】

一、装置介绍

挪威易达 Flatpack2 整流模块是热插拔数字控制开关电源。该模块用于向蓄电池充电和向通信设备提供高质量的–48V 直流电源。整流模块可以单独工作也可以与其他整流器一起并联均流工作，整流模块之间或整流模块与监控器可以通过 CAN 总线进行通信。Flatpack2 整流模块如图 14–2–1 所示。

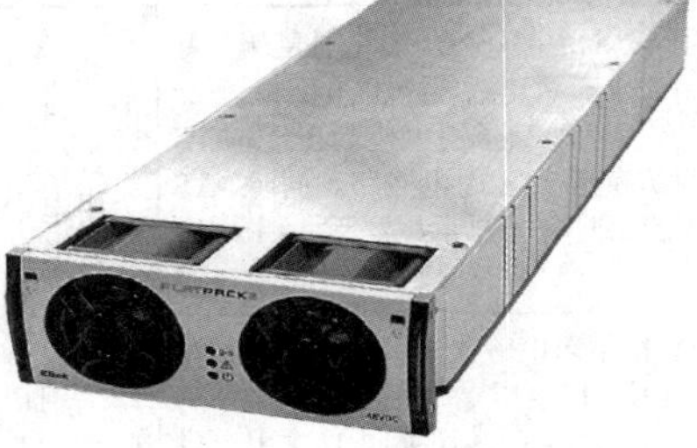

图 14–2–1 Flatpack2 整流模块

二、测试目的

在一个通信电源系统中，一般都配置多个电源模块，但是多个电源模块并联工作时，如果不采取一定的均流措施，每个模块的输出电流将出现分配不均的情况，有的电源模块将承担更多的电流，甚至过载，降低了模块的可靠性，分担电流小的模块可能处在效率不高的工作状态。通过电源模块的均流检查，了解整个电源系统各模块的均流特性，依据测试结果，将各模块的均流特性调整一致。

三、测试前准备工作

（1）熟悉通信电源模块的接线及电压、电流调整设置。查阅通信电源的使用手册等资料，充分了解该通信电源的使用与调整方法。

（2）测试用仪器设备准备。准备钳形电流表（可测量直流电流）、数字万用表、–48V直流可调电子负荷或放电仪、安全帽、电工常用工具、试验临时安全遮栏、标示牌等。

（3）办理工作票并做好试验现场安全和技术措施。向其余试验人员交代工作内容、带电部位、现场安全措施、现场作业危险点，明确人员分工及试验程序。

四、危险点分析及控制措施

（1）防止人员触电。通信电源机柜内部既有交流市电，又有直流–48V，防止碰触到带电部位。

（2）防止直流 48V 正负母线短路。直流 48V 正负母线短路将引起设备供电中断，所有金属工具应做好绝缘措施。

五、现场测试步骤及要求

（一）模块均流控制技术及输出电流检测方法简介

1. 均流控制技术简介

目前常用的均流方法有输出阻抗法、主从设置法、平均电流法、最大电流法和采用均流控制器的方法等。

（1）输出阻抗法。

通过调整电源输出阻抗以获得负荷均流。负荷电流较小时，该方法的均流效果不很理想，电流逐渐增大后，均流作用有所改善，但各电源单元之间电流仍不平衡。

（2）主从设置法。

它是用主控电源模块作为控制模块，让被控模块充当电流源。在该系统中，由于误差电压与负荷电流成正比，通过电流控制，可简化均流电路，若电源单元的结构相似，那么输出端的给定误差电压将使所有单元输出相同的负荷电流。采用这种均流法时，一旦主模块失灵，整个系统将瘫痪。

（3）平均电流法。

平均电流法不需外部控制器，用均流线连接所有电源单元，用可调放大器比较共

用线的电流和各单元的电流，然后用两电流差去调整电压放大器的基准，以实现负荷均流。采用该方法时，负荷电流分配比较精确，但也有一些问题：当电源处于限流状态时，会导致均流线负荷降低，输出电压被调到下限值；若共用线短路或线上任何单元失效，也将产生类似故障。

（4）最大电流法。

在 *n* 个并联模块中，以输出电流最大的模块为主模块，而以其余的模块为从模块。由于 *n* 个并联模块中，一般都没有事先人为设定哪个模块为主模块，而是通过电流的大小自动排序，电流大的自然成为主模块。通过比较最大电流模块与各个电源单元的电流，并据此调整基准电压以保证负载电流均匀分配。最大均流法以其均流精度高、动态响应好、可以实现冗余技术等特点，越来越受到产品开发人员的青睐。

（5）采用均流控制器的方法。

通过外加均流控制器来实现均流。输出电压由高阻抗电压放大器检测，每个电源单元的电流由另一个差分电流放大器检测，从而实现负荷均流。缺点是外加均流控制器法使系统变得过于复杂。

为了提高电源系统的可靠性和可维护性，采用的均流方法最好有如下特点：单个模块的故障不影响整个系统的正常运行；模块之间自动实现均流，无需人为的调整和设定，无需模块之外控制器的介入。

2. 模块输出电流检测方法

（1）有的通信电源模块本身配置有数字电流表或指针式电流表或液晶显示屏，可以直观的读出电流值。

（2）有的电源模块本身无电流表，但是可以通过监控器查询每个模块的电流，或者通过监控软件来查看。

（3）还有的电源模块外置电流数字量的检测端子，输出 0～5V 的电压值，5V 相当于模块的额定电流值，通过检测电压值，再折算成电流值。

（4）使用钳型电流表测量各模块的输出电流。

3. 该通信电源的使用与调整方法

（1）测试用仪器设备准备。准备钳形电流表（可测量直流电流）、数字万用表、–48V 直流可调电子负荷或放电仪、安全帽、电工常用工具、试验临时安全遮栏、标示牌等。

（2）办理工作票并做好试验现场安全和技术措施。向其余试验人员交代工作内容、带电部位、现场安全措施、现场作业危险点，明确人员分工及试验程序。

（二）现场测试步骤及要求

1. 测试接线

（1）将48V直流可调电子负荷或放电仪的电流调节旋钮或设定值调至最小。

（2）将该可调负荷或放电仪接至通信电源机柜上大容量输出开关或输出熔丝上，必要时也可以与蓄电池组正负极两端连接。

2. 测试步骤

（1）记录通信电源正常工作时的系统总电流和各个模块的输出电流。计算当前的系统输出电流占整个系统额定电流的百分比。

（2）开启可调负荷或放电仪，调整电流值，使当前的系统输出电流占整个系统额定电流的50%，记录各模块的输出电流值。

（3）调整可调负荷或放电仪电流值，使当前的系统输出电流占整个系统额定电流的75%，记录各模块的输出电流值。

（4）调整可调负荷或放电仪电流值，使当前的系统输出电流占整个系统额定电流的100%，记录各模块的输出电流值。

六、测试结果分析及测试报告编写

1. 测试结果

（1）测试标准及要求。根据信息产业部YD/T 731—2002标准，并机工作整流模块自主工作或受控于监控单元应做到均分负载。在单机50%～100%额定输出电流范围，其均分负载的不平衡度不超过直流输出电流额定值的±5%。

（2）测试结果分析。在50%～100%额定输出电流范围情况下的各模块输出电流数据进行计算，求其所有模块的平均值，再用每个模块的输出电流减去平均值后除以模块的额定电流，计算各模块电流的不平衡度。

2. 测试报告

测试报告编写应包括以下项目：测试时间、测试人员、环境温度、湿度、站点名称、通信电源型号与序列号、电源模块型号与数量、测试仪器设备型号与序列号、测试结果、测试结论、试验性质（交接、预试、检查、例行试验或诊断试验）、备注栏写明其他需要注意的内容。

七、测试注意事项

（1）测量仪表如钳型电流表、数字万用表应是经过校验的，并在有效期之内。

（2）钳型电流表在测试前，应先测试闭合导线，减小测试误差。

（3）注意区分系统总电流、负荷电流、蓄电池充电电流的关系。各电流之间关系如下：

系统总电流=各模块输出电流之和=负荷电流+蓄电池充电电流+可调负荷或放电

仪电流

八、测试结果分析案例

以某个通信站通信电源 PRS 2000（–48V/200A）为例，电源满载额定容量为200A，负载容量为110A，检测结果如表14–2–1所示，根据计算各模块均流测试都满足标准要求。

表14–2–1　　模块均流测试表

<table>
<tr><td colspan="6">设备名称：通信电源 PRS 2000（–48V/200A）</td><td>机柜序号：</td></tr>
<tr><td colspan="7">负载电流：110A，通信电源满载容量为200A，带载百分比为55%</td></tr>
<tr><td>序号</td><td>检测项目</td><td colspan="4">标准要求</td><td>检测结果</td></tr>
<tr><td>1</td><td>模块均流检查</td><td colspan="4">模块能并机工作，额定电流为50%～100%时，不平衡度小于额定电流的±5%</td><td></td></tr>
<tr><td colspan="6">模块型号：Flatpack 2000（–48V/40A），注：单个模块额定电流为40A</td><td></td></tr>
<tr><td>模块编号</td><td>模块1</td><td>模块2</td><td>模块3</td><td>模块4</td><td>模块5</td><td></td></tr>
<tr><td>模块电流</td><td>21.7A</td><td>22.2A</td><td>21.9A</td><td>22.4A</td><td>21.8A</td><td>–0.75%～+1.0%
经检测模块并机均流特性满足要求</td></tr>
</table>

注：计算方法：在50%～100%额定输出电流范围情况下的各模块输出电流数据进行计算，求其所有模块的平均值，再用每个模块的输出电流减去平均值后除以模块的额定电流，计算各模块电流的不平衡度。

【思考与练习】

1. 简述通信电源常见的均流方法。
2. 通信电源模块输出电流检查的方法有哪几种？
3. 请详细描述模块均流的检查步骤。

模块3　整流设备开关接线端子温度的检查（Z37H1003Ⅰ）

【模块描述】本模块包含通信电源内部开关接线端子温度的检查方法。通过对红外温度测试仪的使用方法的介绍，掌握检查开关接线端子温度的方法。

【模块内容】

一、红外温度测试仪介绍

使用红外温度测试仪，可以从一段距离之外进行快速、非接触式温度测量，在电力系统可作为测量温度的首选仪器。

红外温度测试仪之间区分的关键因素是距离与光点直径比，或者距离多远测温仪可以能够精确测量一个特定目标区域。高性能测温仪，离目标的距离与测量光点直径之比要尽可能地大。

FLUKE 66 测试仪如图 14–3–1 所示。使用 FLUKE 66 可以瞄准 5m 范围内的指定目标。距离越大，被测量区域将越大（大约为距离除以 30）。

FLUKE 68 测试仪如图 14–3–2 所示。使用 FLUKE 68 可以瞄准 8m 范围内的指定目标。距离越大，被测量区域将越大（大约为距离除以 50）。

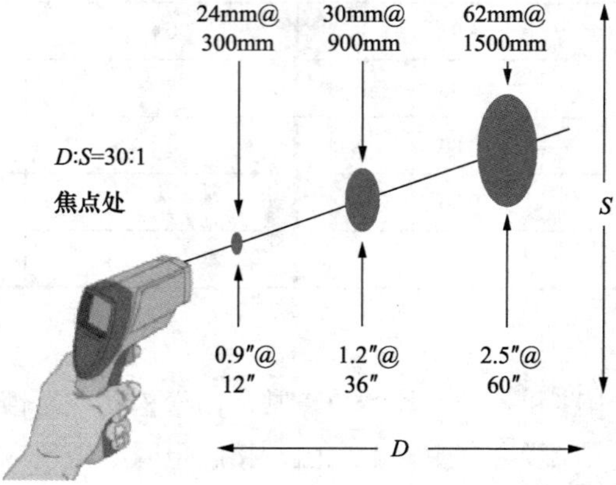

图 14–3–1　FLUKE 66 测试仪

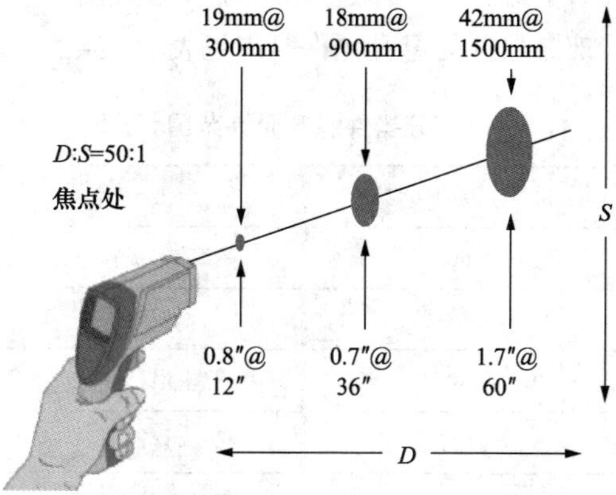

图 14–3–2　FLUKE 68 测试仪

一般红外温度测试仪获得精确测量值与目标物体的表面状况有关，需要根据被测物体的类型正确选择红外线反射率系数。红外温度测试仪常见物体反射率系数见表 14–3–1。

表 14–3–1 红外温度测试仪常见物体反射率系数表

被 测 物	反射率系数	被 测 物	反射率系数
铅	0.50	氧化的铅	0.43
抛光黄铜	0.03	氧化的黄铜	0.61
黑色氧化的铜	0.78	铝	0.30
铁	0.70	生锈的铁	0.78
氧化的铁	0.84	塑料	0.95
橡胶	0.95	石棉	0.95
黑色油漆	0.96	陶瓷	0.95
钢	0.80	纸	0.95
木头	0.94	水	0.93
沥青	0.95	油	0.94

二、测试目的

供电系统的传输电路和各种器件的故障常常由于松动或腐蚀的接头以及压接不良所引起。这些不良接头一般会产生接触电阻，接触电阻将消耗电能产生热量，这部分热能使得线路、设备或器件的温度升高，可能会引起电气火灾或其他危险。因此电力维护人员应高度重视设备的温升值。通过对设备温升的测量和分析，我们可以间接地判断设备的运行情况。部分器件的温升允许范围见表 14–3–2。

表 14–3–2 部分器件温升允许范围

测 点	温升允许范围（℃）	测 点	温升允许范围（℃）
A 级绝缘线圈	≤60	整流二极管外壳	≤85
E 级绝缘线圈	≤75	晶闸管外壳	≤65
B 级绝缘线圈	≤80	铜螺钉连接处	≤55
F 级绝缘线圈	≤100	熔断器	≤80
H 级绝缘线圈	≤125	珐琅涂面电阻	≤135
变压器铁心	≤85	电容外壳	≤35
扼流圈	≤80	塑料绝缘导线表面	≤20
铜导线	≤35	铜排	≤35

三、测试前准备工作

（1）了解被测物体的材质，选择合适的反射系数。

（2）了解被测物体允许的温升值。

（3）准备合适的红外温度测试仪。

四、危险点分析及控制措施

（1）防止人员触电。在测试过程中，不要接触任何带电部位。

（2）不要用眼睛直视红外温度测试仪的光源。

五、现场测试步骤及要求

（1）在一个离目标尽可能近的安全位置进行测量。在离开一段距离进行测量时，要根据距离与光点直径比来了解被测目标的尺寸（见图 14–3–1、图 14–3–2）。

（2）根据被测物体的类型正确设置红外线反射率系数，见表 14–3–1。

（3）扣动红外温度测试仪测试开关，使红外线打在被测物体表面，待显示数值稳定后，便可以从其液晶屏上读出被测物体的温度。

六、测试结果分析及测试报告编写

1. 测试结果分析

根据开关接线端子的材质，将所测得的试验数据与表 14–3–2 进行比对，判断物体的温升是否在正常范围内。

如果发现开关接线端子的温度过高，要尽快进行处理：重新拧紧端子；必要时更换开关和接线端子。

2. 测试报告编写

测试报告编写应包括以下项目：测试时间、测试人员、天气情况、环境温度、湿度、使用地点、检查的位置、测试结果、测试结论、试验性质（交接、预试、检查、施行状态检修的填明例行试验或诊断试验）、红外温度测试仪的型号、出厂编号，备注栏写明其他需要注意的内容。

七、测试注意事项

（1）被测点与仪表的距离不宜太远，仪表应垂直于测试点表面。

（2）红外温度测试仪仅能测量表面温度，不能测量内部温度。

（3）注意环境的影响。蒸汽、尘土和烟雾等可能会阻碍光路，影响测量精度。镜头变脏也会影响读数。

（4）红外温度测试仪无法透过玻璃来读取温度，另外测量光亮表面或抛光的金属表面，结果将不准确。

八、测试结果分析案例

采用 FLUKE 66 测试仪对某通信站通信电源开关接线端子进行温度测量，测试结

果如表 14–3–3 所示，测试结果均正常。

表 14–3–3　　整流设备开关接线端子检查表

测试站点：×××通信站				
环境温度：20　℃		湿度：55%		
测试用红外温度测试仪的型号：		红外温度测试仪出厂编号：		
设备名称：PRS2000 整流设备开关及端子				
测试位置	温度测量值℃（最高值）	温升值℃	温升允许范围℃	测试结论
端子螺丝连接处	26	6	≤55	正常
铜排	23	3	≤35	正常
熔断器	27	7	≤80	正常
塑料绝缘导线表面	26	6	≤20	正常
测试人员：				
测试时间：				

注：测量要求和方法说明：所有的各项温度测量都需多点测量，取最高值记录。如铜排的温度测量需测量铜排的起点、终点、中间点及铜排上有固定螺丝的连接点处。

【思考与练习】

1. 简述红外线温度测试仪的正确使用方法。
2. 检查开关接线端子温升的目的是什么？
3. 参照表 14–3–3，使用红外线温度测试仪对整流开关接线端子测温并记录。

模块 4　整流设备电流、电压指示的查看（Z37H1004Ⅰ）

【模块描述】本模块包含通信电源系统中各项电流、电压的查看方法。通过对通信电源系统巡视要求和电流、电压指示查看方法的介绍，掌握查看通信电源系统各项电压、电流值的方法。

【模块内容】

一、通信电源巡视查看的目的

通信电源系统由交流配电单元、直流配电单元、整流模块、监控器、蓄电池组等组成。在交流配电单元，我们需要了解交流市电电压是否稳定、是否在正常范围内。交流电流的指示可以让我们了解当前的交流负荷有多大。直流系统中直流输出电压、整流器总电流、负荷电流是通信电源的重要运行参数，直流输出电压的稳定可靠是保障通信设备正常运行的首要条件；蓄电池组的电压和充放电电流值在维护蓄电池工作中是必不可少的，合适的浮充均充电压和充电电流是确保蓄电池正常使用寿命的重要参数。

二、通信电源巡视查看的方法和要求

1. 巡视的基本方法

巡视人员在巡视中一般通过看、听、嗅、测的方法对设备进行检查。其中：

看：查看通信电源的表计、指示灯显示，如交流电压、直流输出电压、告警指示等。通过观察设备运行情况判断其有无异常。

听：主要通过声音判断设备运行是否正常，如电源模块的散热风扇转动是否正常。

嗅：通过气味判断设备有无过热、焦煳味等异常气味。

测：通过测量的方法，掌握各项运行数据，如直流输出电压、负荷电流等。

2. 巡视的要求和注意事项

（1）设备巡视应遵循相关安全规定。

（2）值班人员应熟悉通信电源的正常运行参数。

（3）值班人员应按规定认真巡视检查设备，对通信电源的异常状态和缺陷做到及时发现，认真分析，及时处理。

3. 通信电源的巡视周期

对设备巡视检查的次数应严格按有关规程、规定执行，并将检查结果记录在监控巡视记录表或巡检卡上。

4. 通信电源巡视的分类

一次设备巡视一般分为交接班巡视、正常（全面）巡视。

（1）交接班巡视。在交接班时进行，由接班人员会同交班人员共同进行。

（2）正常（全面）巡视。正常巡视是按规定时间、路线和项目进行的定期巡视。

5. 通信电源巡视项目及要求

电压、电流的指示一般通过数字表或指针表来显示，在通信电源系统中，监控器

和监控软件大多都可以显示和查询上述各项参数。

（1） 交流市电电压、电流指示的查看。

交流市电电压、电流的指示一般是由数字表（早期大多是指针式表头）直接显示，直观易读。交流电压一般是测量每相的电压，有的可以通过转换开关分别显示每相电压和相与相之间的电压。

交流电流一般通过互感器线圈进行测量，再接入数字电流表显示。

（2） 直流输出电压、整流器总电流、负荷电流的查看。

直流输出电压的显示主要是直流数字电压表。有的电源模块上也带有数字表或指针表，可以显示直流电压。

整流器总电流指的是所有电源模块输出的总电流，它包含负荷电流和电池充电电流。通过查看总电流，我们可以了解当前模块的负荷情况。当负荷较重时，我们要加强巡视，或者增加电源模块，预防 1～2 台模块发生故障时，确保电源系统仍然能正常工作。

负荷电流指示的是接入的通信设备负荷情况，通过负荷电流指示，我们可以知道通信设备正常工作的电流值。当通信设备发生故障时，此电流显示也可以作为检查故障的辅助参考。

（3） 蓄电池的电压和充放电电流的查看。

蓄电池电压表主要显示电池电压，当市电正常时，它和直流输出电压表的读数应一致；当电池放电时，它指示电池组总电压。

蓄电池电流表在市电正常时显示的是电池充电电流。当电池处于充满电的状况时，电流很小；当电池放电后再次充电时，电流会比较大，但最大不应超过充电限流值。

当市电掉电或停电时，蓄电池电流表显示放电电流，电流的大小主要取决于负载的大小。通过查看电池电压表和电池电流表，我们大致可以判断蓄电池可以维持多久的供电。

三、危险点分析

（1）通信电源机柜内部既有交流市电，又有–48V 直流电，设备巡视人员应防止人身触电。

（2）检测用仪器仪表、工具应做好绝缘措施。

四、设备巡视案例

以易达 PRS2000 通信电源为例，通信电源系统中各项电流、电压的查看可通过监控模块的显示表头查看。监控模块的显示界面如图 14–4–1 所示。

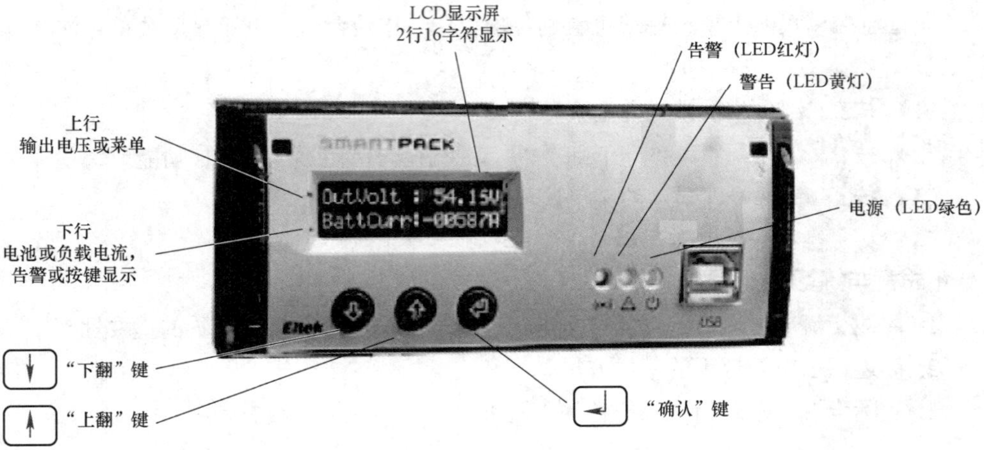

图 14–4–1　监控模块显示界面

监控模块显示内容或是“状态模式”（显示系统的状态）或是“菜单模式”（显示菜单结构）。依据不同的显示模式，在上一行显示输出电压或菜单选项，而在下一会则显示电池和负载电流、告警信息或者按键指示信息。利用监控模块前面板的按键通过树状菜单操作来实现对 Smartpack 运用的直流电源系统的控制。具体操作如下：

（1） 按 键从状态模式转换为菜单模式。

（2） 按 或 键上下翻屏，并查找菜单选项（功能或者参数）。

（3） 按 键选择功能。

前面板上的按键未操作时，显示屏显示下列信息：

（1） 上一行持续显示电池电压。

（2） 下一行持续滚动下列信息：

○电池电流。

○负载电流。

○告警信息。

○其他信息。

Smartpack 软件编号：402084.012 V2.0

第二层	第三层
用户选项	
告警复位→	
电压信息→	浮充电压 均充电压 电池低电压2（过低） 电池低电压1（低） 电池高电压2（过高） 电池高电压1（高） LVBD（二次下电） LVLD（一次下电）
显示记录→	信息↑↓
软件信息→	
系列号→	
整流模块信息→	模块数量 nn 模块电流 模块系列号 模块输入电压 模块状态 模块温度 模块输出电压 模块软件版本
交流信息→	交流相数 nn 交流输入状况 交流电压
电池温度信息→	温度信息↑↓
电池信息→	电池组数Nn 电池电流 电流温度 电池块电压

图 14–4–2　菜单结构

对前面板上的按任意键进行操作时，显示屏内容进入菜单模式，菜单结构如图 14–4–2 所示。

通过监控模块的上下按键就可看到各项电压、电流参数，浏览显示菜单方法与步骤如下：

（1）按 键从状态模式转至菜单模式。

（2）按 键在同级菜单向下翻屏，并查找出所需要的菜单选项（功能或者参数）。

（3）按 键选择所显示的菜单选项或者参数。

（4）按 键在上一级菜单中向上翻屏，并跳至上一级菜单。

【思考与练习】

1. 简述交流电压电流、直流电压电流、蓄电池电压电流指示查看的重要性。
2. 简述通信电源巡视的基本方法。
3. 实际查看一套通信电源的各种电压电流读数，记录并归类。

第十五章

蓄电池设备的运维检修

模块1　蓄电池组的放电试验（Z37H2001Ⅱ）

【模块描述】本模块包含蓄电池组进行放电试验的方法和步骤的介绍。通过对蓄电池放电仪放电电流、放电截止电压、放电时间等参数设置方法的介绍，掌握使用放电仪进行蓄电池组的放电试验的方法。

【模块内容】

一、装置介绍

蓄电池组放电一般采用假负荷来进行，假负荷可以设置放电终止电压阀值、放电容量、放电时间、单节蓄电池放电阀值、放电电流等参数。当起动放电时，蓄电池电压阈值或放电容量以及放电时间达到设定指标时，自动停止放电。

DCLT–4810 蓄电池组容量监测放电仪（简称充放电仪）同时具有恒流放电功能、单体电压监测功能和容量快速分析功能，主要在放电的过程中自动监测各单节电池的端电压、温度及放电电流，根据预定设置自动停止放电，然后自动分析出电池组的容量和单体性能优劣。DCLT–4810 蓄电池组容量监测放电仪见图 15–1–1。

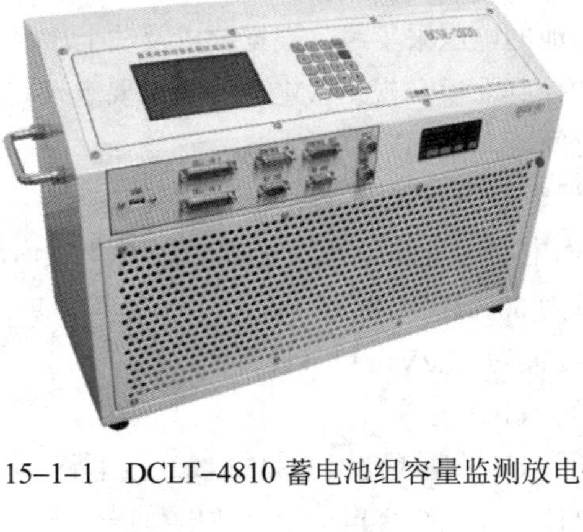

图 15–1–1　DCLT–4810 蓄电池组容量监测放电仪

二、测试目的

按照电池的使用规程，定期实施对蓄电池进行核对性放电程序，并在放电的过程中监测电池的端电压、温度及电流等，分析出电池的优劣及容量大小，找出落后单体电池以使电池能够保证一定的储电能力。

三、测试前准备工作（包括仪器、材料、场地、试验条件）

（1）了解被测蓄电池的容量、品牌、使用年限等，以及室内温度等现场情况。

（2）放电仪准备。放电仪应放置在通风良好的场地。

（3）办理工作票并做好试验现场安全和技术措施。

试验前交代试验内容、试验方法、注意事项以及安全防护等内容，并在现场做好防护标识牌，避免其他人员入内。

四、危险点分析及控制措施

（1）防止蓄电池短路。在对蓄电池进行操作时，在蓄电池回路中应串接保护开关，防止蓄电池短路。

（2）放置蓄电池极性接反。在对蓄电池进行连线操作时，注意蓄电池和放电仪应正极对正极、负极对负极，不可接反，避免损坏设备。

（3）放电仪应保持通风。放电仪在工作时，内部的风扇会排放出大量的热量，应保持通风，密封热量聚集引发火灾。

五、现场测试步骤及要求

（1）先根据要求对被测电池组进行均充，时间根据蓄电池厂家要求。

（2）如现场电源系统仅配置一组蓄电池，则根据需要将一组备用蓄电池（4 节 12V 100Ah 蓄电池）接入系统，防止意外停电发生。

（3）将被测的电池组脱离系统。

（4）电池组接入放电仪，放电仪正极接电池正极，负极接电池负极。

（5）连接每节蓄电池的电压采集线，根据要求及线上序号一一连接。

（6）调整放电仪的控制面板，根据蓄电池容量及要求设置放电电流、放电容量、放电终止电压、放电时间等。

1）放电电流按电池容量的 0.1C 设置；

2）放电容量设置为电池容量的 30%（电池运行 6 年以内放电容量为 30%，电池运行 6 年以上放电容量为 60%）；

3）放电终止电压设置为 43.2V，单节设置为 1.8V；

4）放电时间设置为 10h。

（7）在放电仪内插入 USB 盘或使用 RS232 线连接电脑。

（8）起动自动放电按钮，系统会自动记录放电数据。

（9）放电时工作人员在旁监护，知道放电仪自动终止放电即可。

六、测试结果分析及测试报告编写

放电结束后，用专用软件分析 USB 盘放电数据，可以直接得出蓄电池组容量、每节电池容量、内阻、终止放电电压等。

七、测试注意事项

蓄电池放电前应注意近 24h 内通信电源系统是否有停电及蓄电池放电现象发生，避免影响测试的准确性。

八、测试结果分析案例

以某个通信站的一组 700AH/2V 蓄电池组放电记录为例，测试记录如图 15–1–2、图 15–1–3、图 15–1–4、图 15–1–5、图 15–1–6 所示。

测试结果：

运行时间 3 小时 0 分钟

总电压开始电压：54.0V　结束电压：46.7V

放电电流：–70.0A

结束时最低单体#19 电压 1.988V

结束时最高单体#6 电压 2.011V

放电容量：210.0Ah

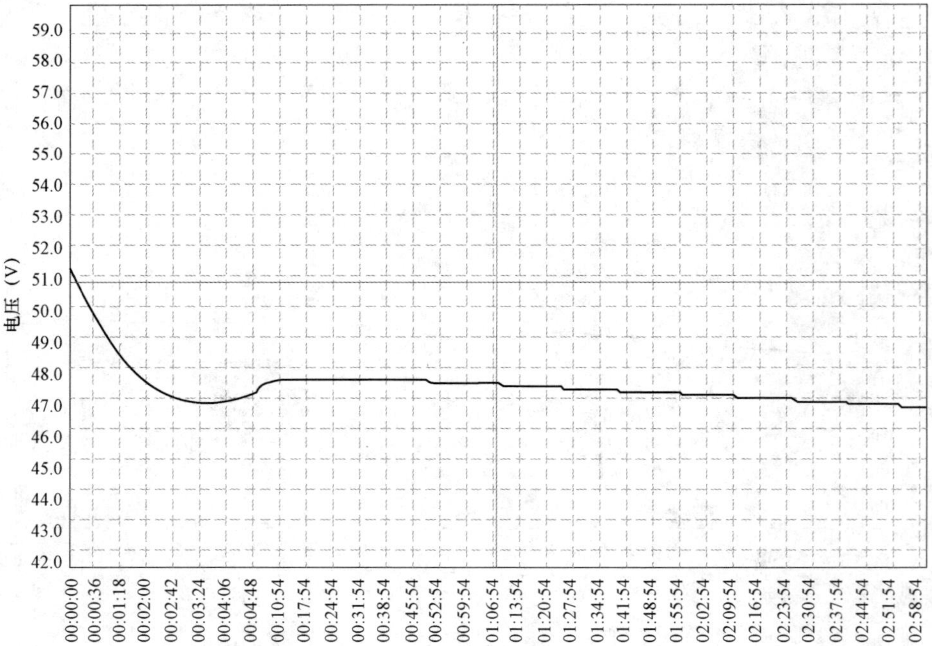

图 15–1–2　蓄电池组放电电压曲线

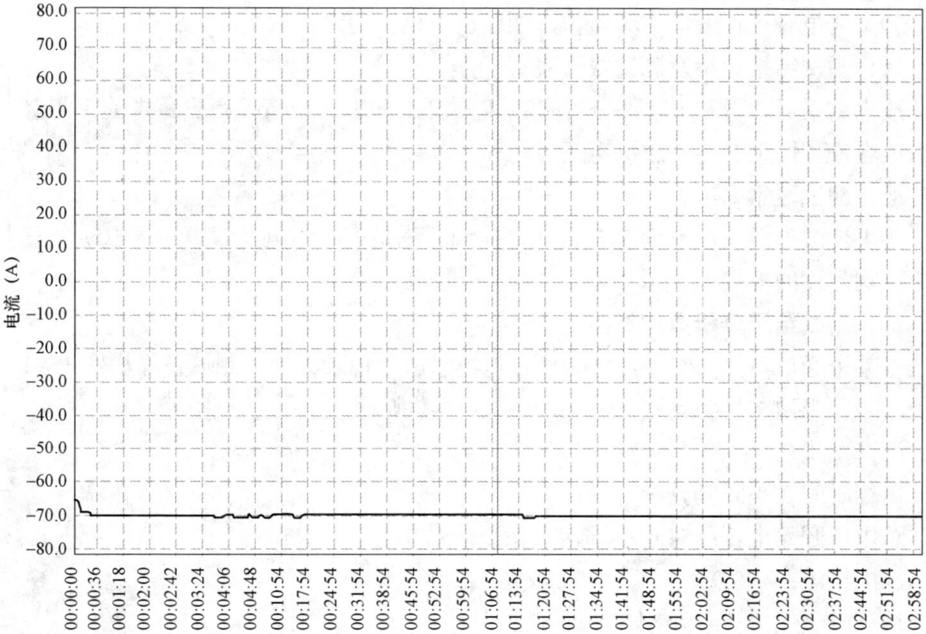

图 15–1–3 蓄电池组放电电流曲线

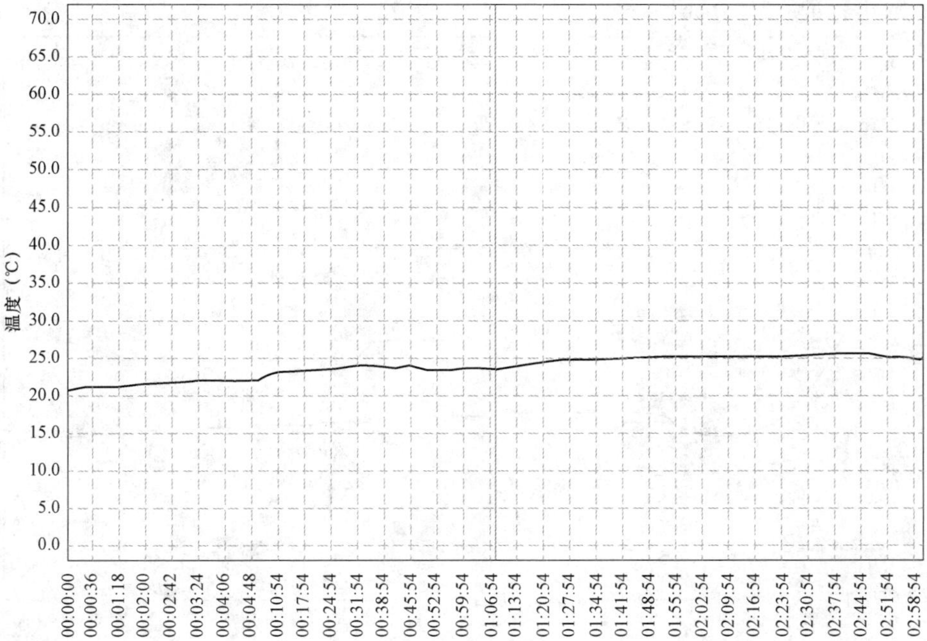

图 15–1–4 蓄电池组放电温度曲线

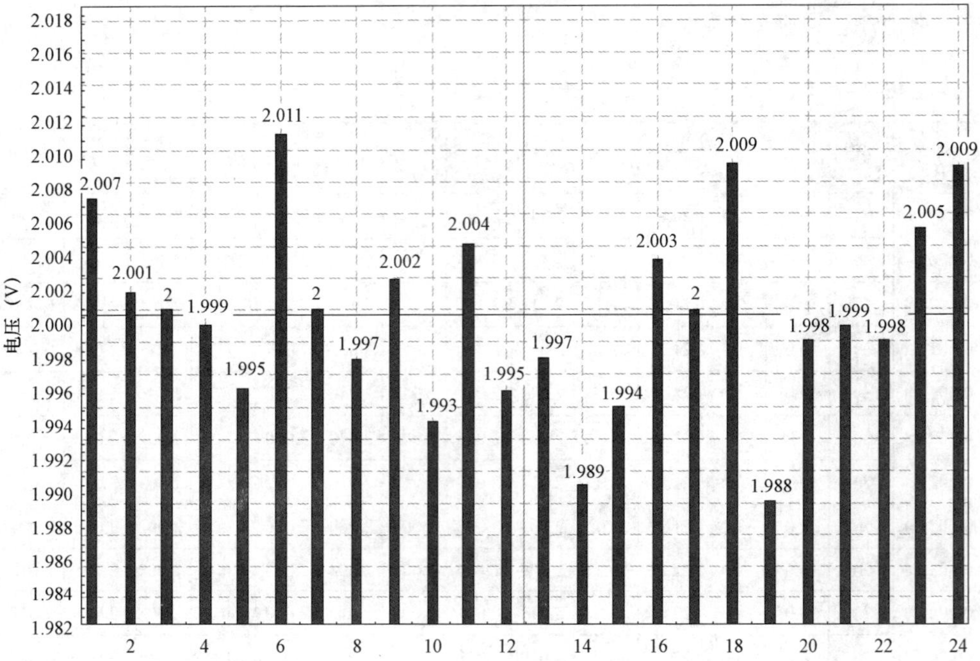

图 15–1–5　蓄电池组放电单体条形图

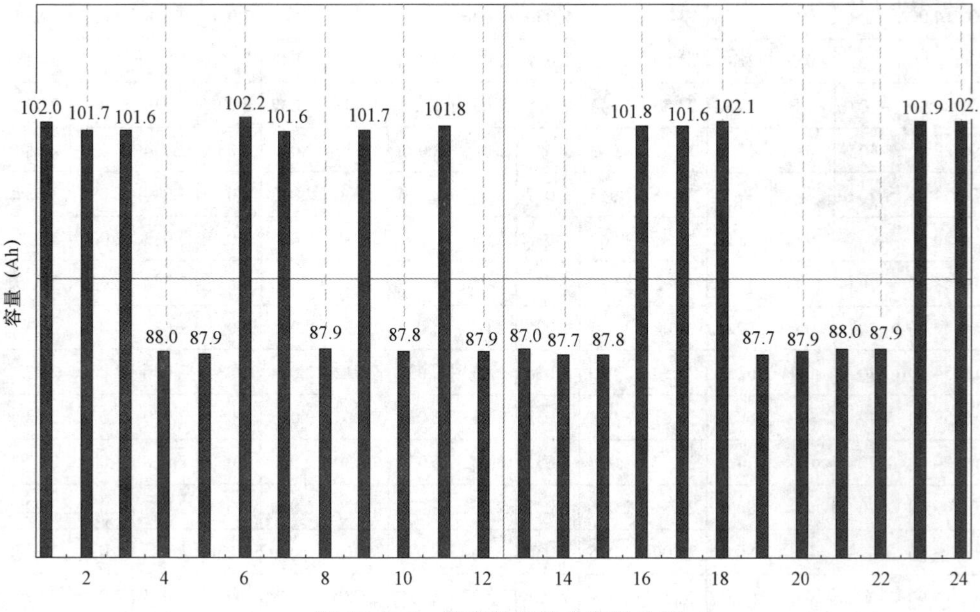

图 15–1–6　蓄电池组放电容量分析

放电测试记录见表 15–1–1

表 15–1–1　　放电测试记录

测试时间	电流1	电流2	容量	温度	Bt1	Bt2	Bt3	Bt4	Bt5	Bt6	Bt7	Bt8	Bt9	Bt10
00:00:00	0.0	0.0	0.0	20.87	2.255	2.246	2.248	2.244	2.248	2.253	2.237	2.237	2.237	2.247
00:00:24	–69.1	0.0	0.0	21.00	2.169	2.162	2.165	2.167	2.152	2.167	2.151	2.151	2.151	2.165
00:00:54	–69.8	0.0	0.0	21.25	2.116	2.111	2.113	2.113	2.110	2.131	2.100	2.106	2.102	0.000
00:01:24	–69.7	0.0	1.0	21.37	2.081	2.066	2.069	2.069	2.063	2.087	2.077	2.083	2.078	0.000
00:01:54	–69.8	0.0	2.0	21.56	2.054	2.043	2.045	2.044	2.040	2.060	2.051	2.046	2.051	2.038
00:02:24	–70.0	0.0	2.0	21.68	2.054	2.043	2.045	2.044	2.040	2.060	2.027	2.022	2.026	2.019
00:02:54	–70.0	0.0	3.0	21.81	2.017	2.012	2.013	2.012	2.010	2.022	2.014	2.009	2.014	2.011
00:03:24	–70.0	0.0	3.0	21.93	2.011	2.005	2.005	2.004	2.004	2.016	2.007	2.002	2.006	2.007
00:03:54	–70.1	0.0	4.0	22.06	2.011	2.006	2.005	2.004	2.008	2.014	2.005	2.002	2.006	2.012
00:04:24	–70.1	0.0	5.0	22.18	2.018	2.013	2.011	2.010	2.015	2.020	2.011	2.008	2.013	2.017
00:04:54	–70.1	0.0	5.0	22.31	2.025	2.019	2.018	2.017	2.019	2.025	2.016	2.015	2.020	2.022
00:09:00	–70.0	0.0	10.0	23.06	2.038	2.033	2.033	2.032	2.033	2.042	2.033	2.029	2.034	2.035
00:14:00	–70.0	0.0	16.0	23.37	2.041	2.036	2.036	2.035	2.036	2.045	2.036	2.033	2.037	2.037
00:19:00	–70.0	0.0	22.0	23.50	2.043	2.037	2.037	2.036	2.037	2.047	2.038	2.034	2.038	2.038
00:24:00	–70.0	0.0	27.0	23.56	2.044	2.038	2.038	2.036	2.037	2.047	2.038	2.034	2.039	2.038
00:29:00	–70.0	0.0	33.0	23.87	2.043	2.038	2.038	2.036	2.037	2.047	2.038	2.034	2.039	2.038
00:34:00	–70.0	0.0	39.0	23.75	2.043	2.037	2.037	2.036	2.036	2.047	2.037	2.034	2.038	2.037
00:39:00	–70.0	0.0	45.0	23.81	2.042	2.036	2.037	2.035	2.035	2.046	2.037	2.033	2.037	2.036
00:44:00	–70.0	0.0	51.0	23.93	2.041	2.036	2.036	2.034	2.035	2.046	2.036	2.032	2.037	2.035
00:49:00	–70.0	0.0	57.0	23.68	2.041	2.035	2.035	2.033	2.034	2.045	2.035	2.032	2.036	2.034
00:54:00	–70.0	0.0	62.0	23.50	2.039	2.034	2.034	2.032	2.032	2.044	2.034	2.030	2.035	2.033
00:59:00	–70.0	0.0	68.0	23.81	2.038	2.033	2.033	2.031	2.033	2.043	2.033	2.029	2.034	2.032
01:04:00	–70.0	0.0	74.0	23.87	2.037	2.032	2.032	2.030	2.030	2.042	2.032	2.028	2.033	2.030
01:09:00	–70.0	0.0	80.0	23.81	2.036	2.031	2.031	2.029	2.029	2.040	2.031	2.027	2.032	2.029
01:14:00	–69.9	0.0	86.0	24.06	2.035	2.030	2.030	2.028	2.027	2.039	2.030	2.026	2.031	2.027
01:19:00	–70.0	0.0	92.0	24.37	2.034	2.028	2.029	2.027	2.026	2.039	2.029	2.025	2.029	2.026
01:24:00	–70.0	0.0	97.0	24.56	2.032	2.027	2.027	2.025	2.024	2.037	2.027	2.024	2.028	2.024

续表

测试时间	电流1	电流2	容量	温度	Bt1	Bt2	Bt3	Bt4	Bt5	Bt6	Bt7	Bt8	Bt9	Bt10
01:29:00	−70.0	0.0	103.0	24.75	2.031	2.025	2.026	2.024	2.023	2.036	2.026	2.022	2.027	2.023
01:34:00	−70.0	0.0	109.0	24.81	2.030	2.024	2.024	2.023	2.021	2.035	2.025	2.021	2.026	2.021
01:39:00	−70.0	0.0	115.0	24.87	2.029	2.023	2.023	2.022	2.020	2.033	2.023	2.020	2.024	2.019
01:44:00	−69.9	0.0	121.0	24.93	2.028	2.022	2.022	2.020	2.018	2.032	2.022	2.018	2.023	2.018
01:49:00	−70.0	0.0	127.0	25.06	2.026	2.020	2.021	2.019	2.017	2.030	2.020	2.017	2.022	2.016
01:54:00	−70.0	0.0	132.0	25.12	2.025	2.019	2.019	2.017	2.015	2.029	2.019	2.016	2.020	2.015
01:59:00	−70.0	0.0	138.0	25.18	2.024	2.018	2.018	2.016	2.014	2.027	2.018	2.014	2.019	2.013
02:04:00	−70.0	0.0	144.0	25.31	2.022	2.016	2.016	2.015	2.012	2.026	2.016	2.013	2.018	2.012
02:09:00	−70.0	0.0	150.0	25.37	2.021	2.015	2.015	2.014	2.011	2.025	2.015	2.012	2.016	2.010
02:14:00	−70.0	0.0	156.0	25.37	2.020	2.013	2.013	2.012	2.009	2.024	2.013	2.010	2.015	2.008
02:19:00	−70.0	0.0	162.0	25.50	2.018	2.012	2.012	2.011	2.008	2.022	2.012	2.009	2.014	2.007
02:24:00	−70.0	0.0	167.0	25.50	2.017	2.011	2.010	2.009	2.006	2.021	2.011	2.008	2.012	2.005
02:29:00	−70.0	0.0	173.0	25.50	2.016	2.009	2.009	2.008	2.005	2.019	2.009	2.006	2.011	2.004
02:34:00	−70.0	0.0	179.0	25.56	2.014	2.008	2.007	2.006	2.003	2.018	2.008	2.005	2.009	2.002
02:39:00	−70.0	0.0	185.0	25.56	2.013	2.006	2.006	2.005	2.001	2.017	2.006	2.003	2.008	2.000
02:44:00	−70.0	0.0	191.0	25.50	2.011	2.005	2.005	2.003	2.000	2.015	2.005	2.002	2.006	1.999
02:49:00	−70.0	0.0	197.0	25.50	2.010	2.004	2.003	2.002	1.999	2.014	2.003	2.000	2.005	1.997
02:54:00	−70.0	0.0	202.0	25.12	2.009	2.002	2.002	2.000	1.997	2.012	2.002	1.999	2.004	1.995
02:59:00	−70.0	0.0	208.0	25.18	2.007	2.001	2.000	1.999	1.995	2.011	2.001	1.997	2.002	1.994
03:00:04	−70.0	0.0	210.0	25.25	2.007	2.001	2.000	1.999	1.995	2.011	2.000	1.997	2.002	1.993

测试设定参数
测试时间:2013–4–11 11:15:51
运行方式:放电
电池类型:2 伏
标称容量:700 安时
放电电流:70 安
放电容量:210 安时
电压下限:45 伏
单体下限:0 伏
放电时间:3 小时 0 分钟
记录周期:60 秒
停机方式:容量到

测试结果
运行时间 3 小时 0 分钟
总电压开始电压：54.0V　结束电压：46.7V
放电电流：−70.0A
结束时最低单体#19 电压 1.988V
结束时最高单体#6 电压 2.011V
放电容量：210.0Ah

续表

测试时间	Bt11	Bt12	Bt13	Bt14	Bt15	Bt16	Bt17	Bt18	Bt19	Bt20	Bt21	Bt22	Bt23	Bt24
00:00:00	2.243	2.239	2.245	2.241	2.245	2.244	2.240	2.248	2.245	2.242	2.244	2.251	2.252	2.257
00:00:24	2.154	2.151	2.156	2.154	2.158	2.160	2.149	2.161	2.144	2.152	2.157	2.164	2.169	2.179
00:00:54	2.117	2.110	2.101	2.099	2.103	2.113	2.110	2.122	2.102	2.113	2.107	2.113	2.121	2.130
00:01:24	2.093	2.086	2.067	2.053	2.060	2.069	2.066	2.078	2.056	2.067	2.074	2.079	2.077	2.086
00:01:54	2.047	2.039	2.035	2.029	2.036	2.040	2.036	2.047	2.028	2.036	2.041	2.045	2.053	2.060
00:02:24	2.025	2.016	2.017	2.011	2.016	2.026	2.022	2.029	2.015	2.022	2.022	2.025	2.031	2.038
00:02:54	2.016	2.007	2.006	2.000	2.005	2.014	2.010	2.020	2.005	2.010	2.013	2.015	2.018	2.024
00:03:24	2.008	2.000	2.002	1.995	1.999	2.007	2.004	2.014	2.002	2.003	2.005	2.007	2.012	2.017
00:03:54	2.009	2.002	2.005	1.998	2.001	2.008	2.006	2.017	2.007	2.006	2.005	2.006	2.008	2.012
00:04:24	2.014	2.009	2.012	2.005	2.008	2.016	2.012	2.023	2.014	2.012	2.010	2.012	2.013	2.016
00:04:54	2.022	2.014	2.017	2.011	2.014	2.022	2.018	2.029	2.019	2.018	2.016	2.017	2.018	2.023
00:09:00	2.036	2.028	2.031	2.023	2.027	2.036	2.032	2.043	2.030	2.032	2.032	2.033	2.036	2.040
00:14:00	2.039	2.031	2.034	2.026	2.030	2.039	2.035	2.046	2.033	2.035	2.035	2.036	2.040	2.045
00:19:00	2.040	2.033	2.035	2.027	2.031	2.040	2.037	2.047	2.034	2.036	2.036	2.038	2.041	2.046
00:24:00	2.041	2.033	2.035	2.027	2.031	2.041	2.037	2.047	2.034	2.036	2.037	2.038	2.041	2.046
00:29:00	2.041	2.033	2.035	2.027	2.032	2.040	2.037	2.047	2.033	2.036	2.036	2.037	2.041	2.046
00:34:00	2.040	2.032	2.034	2.027	2.031	2.040	2.036	2.046	2.033	2.036	2.036	2.037	2.041	2.046
00:39:00	2.039	2.031	2.034	2.026	2.031	2.039	2.036	2.046	2.032	2.035	2.035	2.036	2.041	2.045
00:44:00	2.039	2.031	2.033	2.025	2.030	2.039	2.035	2.045	2.030	2.034	2.035	2.036	2.040	2.045
00:49:00	2.038	2.030	2.032	2.024	2.029	2.038	2.034	2.044	2.029	2.034	2.034	2.035	2.039	2.044
00:54:00	2.037	2.029	2.031	2.023	2.028	2.037	2.033	2.043	2.028	2.032	2.033	2.034	2.038	2.043
00:59:00	2.036	2.028	2.030	2.022	2.027	2.036	2.032	2.042	2.027	2.031	2.032	2.033	2.037	2.042
01:04:00	2.035	2.026	2.029	2.021	2.026	2.035	2.031	2.041	2.025	2.030	2.031	2.031	2.037	2.041
01:09:00	2.034	2.025	2.028	2.020	2.024	2.034	2.030	2.040	2.024	2.029	2.029	2.030	2.035	2.040
01:14:00	2.033	2.024	2.026	2.019	2.023	2.032	2.029	2.039	2.022	2.028	2.028	2.029	2.034	2.039
01:19:00	2.032	2.023	2.025	2.017	2.022	2.031	2.027	2.037	2.020	2.026	2.027	2.028	2.033	2.037
01:24:00	2.030	2.022	2.024	2.016	2.021	2.030	2.026	2.036	2.019	2.025	2.026	2.026	2.032	2.036
01:29:00	2.029	2.020	2.023	2.015	2.019	2.029	2.025	2.035	2.017	2.024	2.024	2.025	2.030	2.035
01:34:00	2.028	2.019	2.022	2.014	2.018	2.027	2.024	2.034	2.016	2.023	2.023	2.024	2.029	2.033

续表

测试时间	Bt11	Bt12	Bt13	Bt14	Bt15	Bt16	Bt17	Bt18	Bt19	Bt20	Bt21	Bt22	Bt23	Bt24
01:39:00	2.026	2.018	2.020	2.012	2.017	2.026	2.022	2.032	2.014	2.021	2.022	2.022	2.028	2.032
01:44:00	2.025	2.017	2.019	2.011	2.016	2.025	2.021	2.031	2.013	2.020	2.021	2.021	2.027	2.031
01:49:00	2.024	2.015	2.016	2.010	2.014	2.023	2.020	2.029	2.011	2.019	2.019	2.019	2.025	2.029
01:54:00	2.022	2.014	2.017	2.008	2.013	2.022	2.018	2.028	2.009	2.017	2.018	2.018	2.024	2.028
01:59:00	2.021	2.012	2.015	2.007	2.012	2.021	2.017	2.029	2.008	2.016	2.016	2.017	2.022	2.027
02:04:00	2.020	2.011	2.013	2.005	2.010	2.019	2.016	2.025	2.006	2.014	2.015	2.015	2.021	2.025
02:09:00	2.018	2.010	2.012	2.004	2.009	2.018	2.014	2.024	2.005	2.012	2.014	2.014	2.020	2.024
02:14:00	2.017	2.008	2.011	2.003	2.007	2.017	2.013	2.023	2.003	2.012	2.012	2.012	2.018	2.022
02:19:00	2.016	2.007	2.009	2.001	2.006	2.015	2.011	2.021	2.001	2.011	2.011	2.011	2.017	2.021
02:24:00	2.014	2.006	2.008	2.000	2.005	2.014	2.010	2.020	2.000	2.010	2.010	2.009	2.015	2.020
02:29:00	2.013	2.004	2.006	1.998	2.003	2.012	2.009	2.018	1.998	2.008	2.008	2.008	2.014	2.018
02:34:00	2.012	2.003	2.005	1.997	2.002	2.011	2.007	2.017	1.996	2.006	2.007	2.006	2.013	2.017
02:39:00	2.010	2.001	2.004	1.995	2.000	2.010	2.006	2.015	1.995	2.005	2.005	2.005	2.011	2.015
02:44:00	2.009	2.000	2.002	1.994	1.999	2.008	2.004	2.014	1.993	2.003	2.004	2.003	2.010	2.014
02:49:00	2.007	1.998	2.000	1.993	1.997	2.007	2.003	2.013	1.991	2.002	2.002	2.002	2.008	2.012
02:54:00	2.006	1.997	1.999	1.991	1.996	2.005	2.001	2.011	1.990	2.000	2.001	2.000	2.007	2.011
02:59:00	2.004	1.995	1.998	1.990	1.994	2.004	2.000	2.010	1.988	1.999	1.999	1.999	2.006	2.009
03:00:04	2.004	1.995	1.997	1.989	1.994	2.003	2.000	2.009	1.988	1.998	1.999	1.998	2.005	2.009

【思考与练习】

1. 放电前需要对放电仪进行哪些参数设置？
2. 蓄电池跟放电仪如何连接？
3. 蓄电池放电有哪些步骤？

模块 2　蓄电池组的充电试验（Z37H2002Ⅱ）

【模块描述】本模块包含蓄电池组充电试验方法。通过对蓄电池充电过程的介绍，掌握监控器中设置均充、浮充、充电限流和充电时间的方法。

【模块内容】

一、装置介绍

蓄电池放电维护后，需要对蓄电池进行充电，充电装置一般采用通信电源设备或专用充电设备进行充电。充电时，需要检查或重新设置充电装置的充电参数，如均充

电压、均充时间、均充转浮充条件（如充电电流小于蓄电池容量的 1%后转浮充）、充电限流等。进行正确设置后，将蓄电池接入充电机装置，然后手动起动均充即可。

DCLT–4810 蓄电池组容量监测充电仪可以手动或自动的对蓄电池进行均充。手动均充可通过监控面板进行，充电参数可通过监控器面板或使用专用软件来设置。DCLT–4810 蓄电池组容量监测充电仪见图 15–2–1。

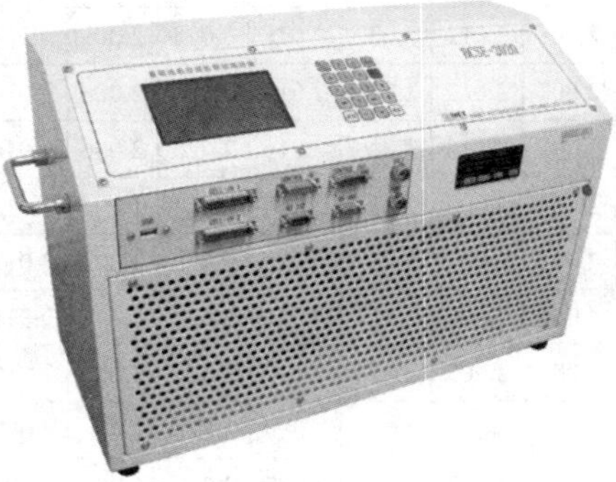

图 15–2–1 CLT–4810 蓄电池组容量监测充电仪

二、测试目的

按照电池的使用规程，定期实施对蓄电池进行核对性放电后需对蓄电池进行充电，并在充电过程中持续监测电池的端电压、温度及充电电流等，当蓄电池充电充满以后，自动转为浮充状态。

三、测试前准备工作

1. 了解被测蓄电池的容量、品牌、使用年限等，以及室内温度等现场情况。

2. 充电机设置。充电前，应设置好均充电压、充电限流、均浮充转换控制。

3. 办理工作票并做好试验现场安全和技术措施。试验前交代试验内容、试验方法、注意事项以及安全防护等内容，并在现场做好防护标识牌，避免其他人员入内。

四、危险点分析及控制措施

防止蓄电池大电流充电：在对蓄电池进行充电操作时，应提前设置好蓄电池的最大充电电流不得超过蓄电池允许的最大充电限流值，避免过充烧坏电池极板，减少蓄电池寿命。

五、现场测试步骤及要求

1. 检查及调整充电机的设置，根据蓄电池容量及要求设置浮充电压、均充电压、最大限流、均浮充转换时间等。

（1） 充电参数设置：

1）浮充电压按照每单体 2.23～2.27V 设置。

2）均充电压按照每单体 2.35V 设置。

3）最大充电电流按照电池容量的 0.1C 设置。

（2） 均充转浮充条件：

1）均充时间最大 10h，超过 10h 后自动转浮充。

2）充电电流小于 0.01C 后继续均充 2h 后自动转浮充。

2. 将放电后的蓄电池接入充电机。

3. 手动起动均充。

4. 检查充电电压及充电电流是否符合要求。记录各单体蓄电池的充电电压、电池温度等。

六、测试结果分析及测试报告编写

给电池充电时，记录蓄电池充电电压和充电电流以及各单体蓄电池的充电电压和表面温度等。

七、测试注意事项

如发现某单体蓄电池表面温度异常升高，应立即停止充电。

八、测试结果分析案例

以某个通信站的 700AH/2V 蓄电池充电记录为例，测试记录见图 15–2–2～图 15–2–7 所示。

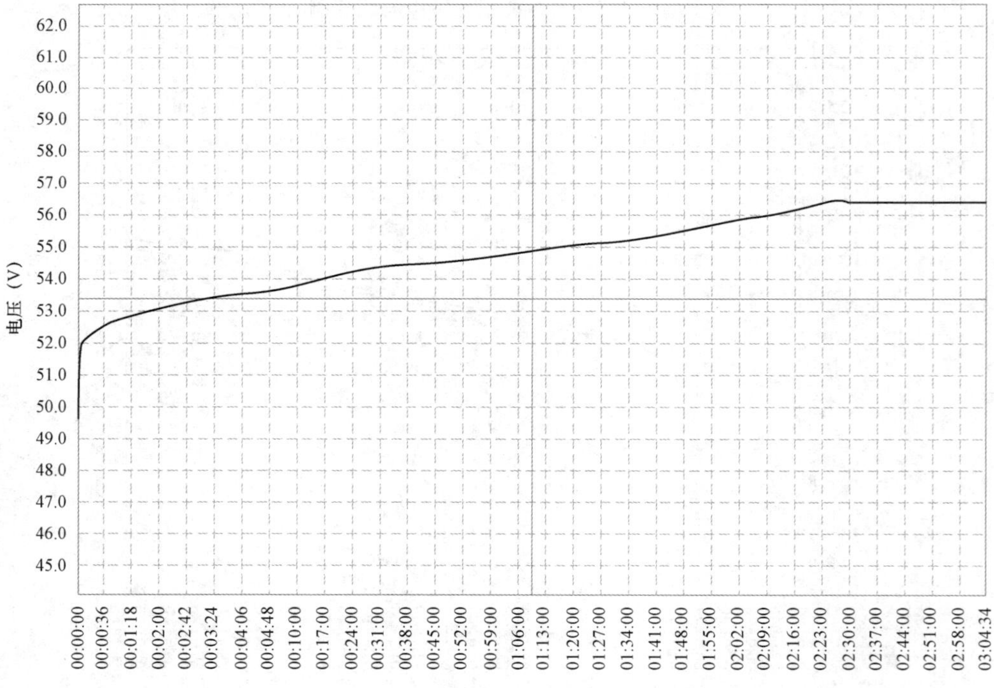

图 15–2–2　蓄电池组充电电压曲线图

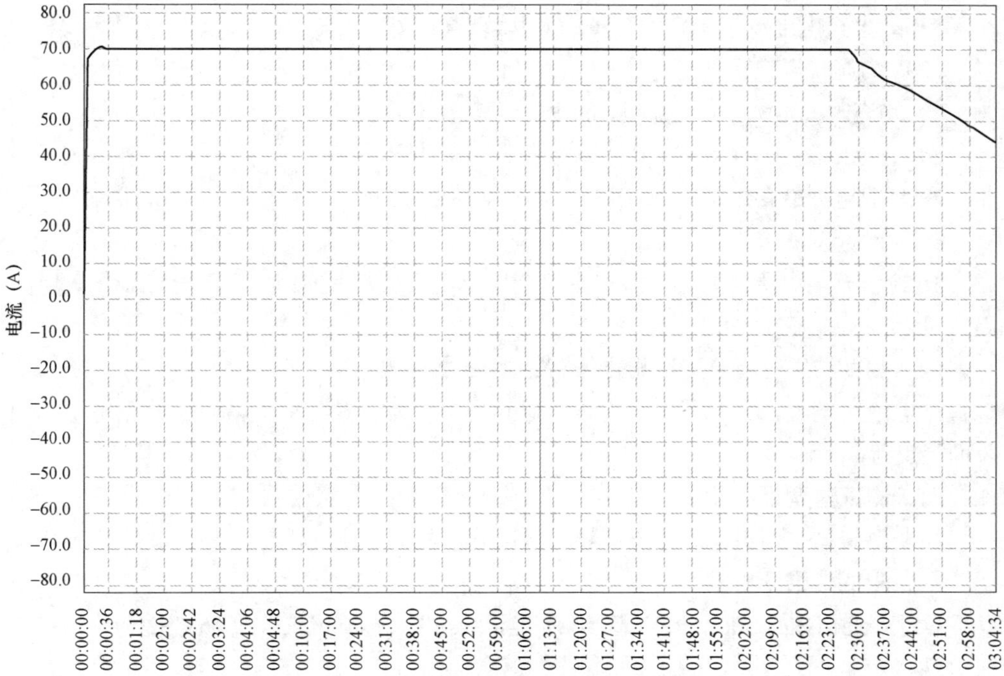

图 15–2–3　蓄电池组充电电流曲线图

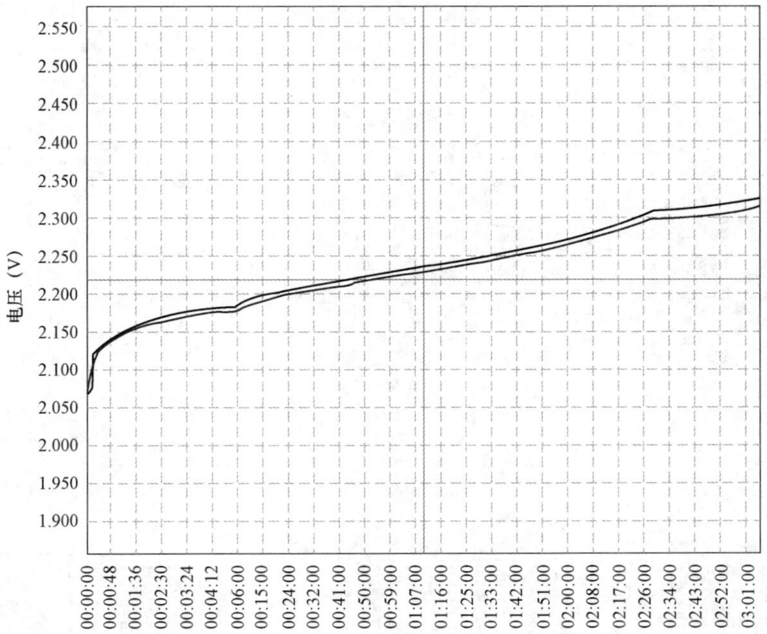

图 15–2–4　蓄电池组充电单体曲线图

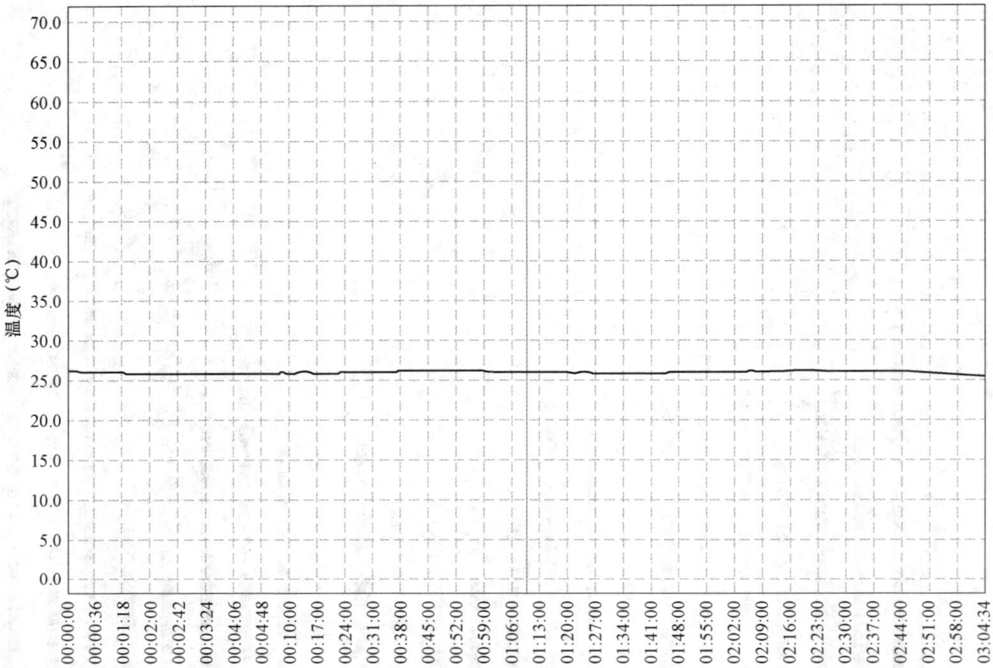

图 15–2–5　蓄电池组充电温度曲线图

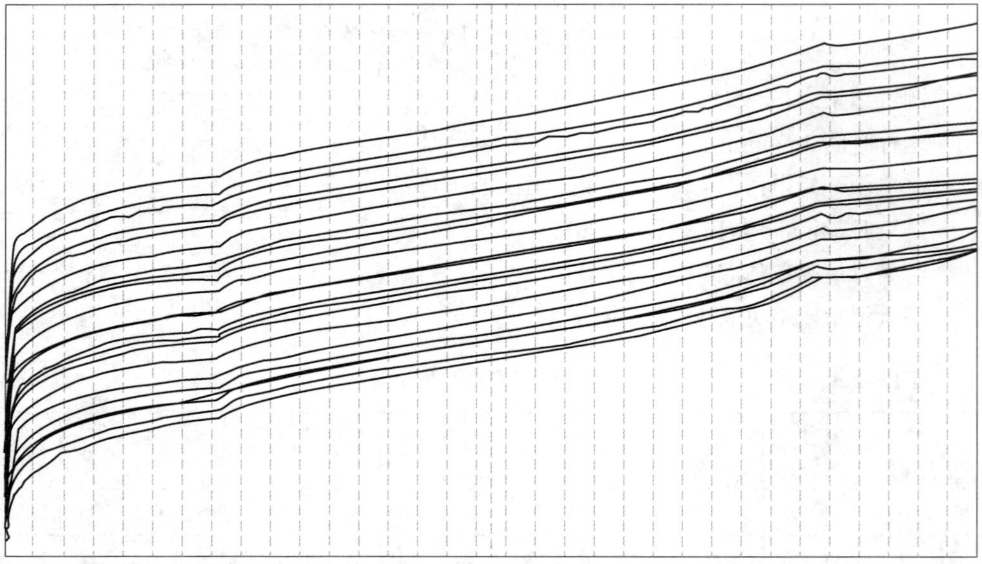

图 15–2–6　蓄电池组充电特性比较图

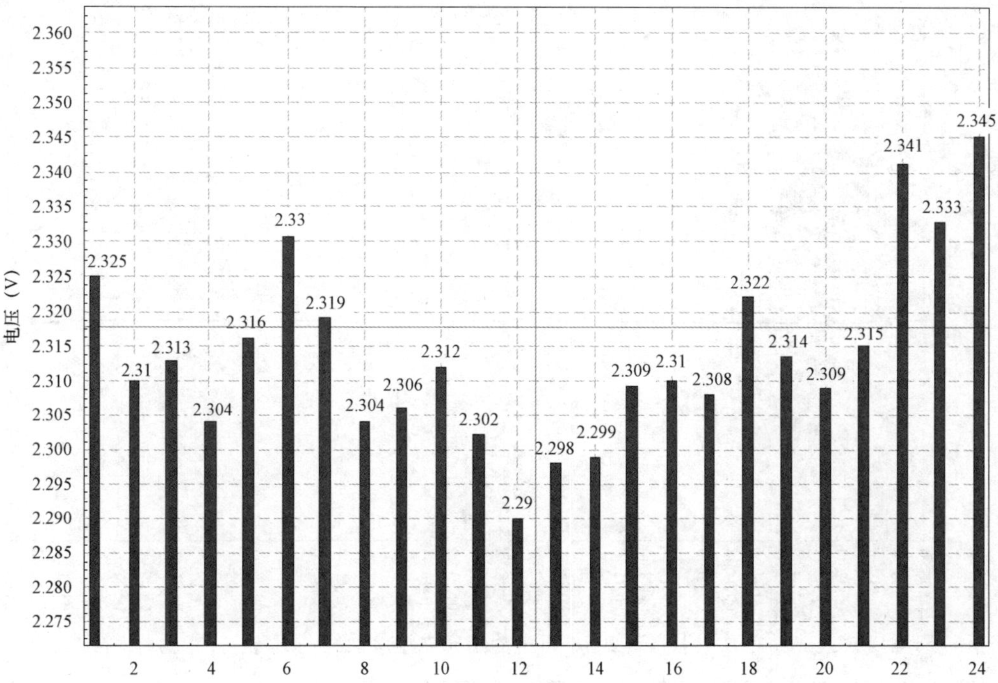

图 15–2–7 蓄电池组充电单体条形图

测试结果：

运行时间 3h 4min

总电压开始电压：49.6V 结束电压：56.4V

结束时最低单体#12 电压 2.290V

结束时最高单体#24 电压 2.345V

测量记录表格见表 15–2–1 所示。

表 15–2–1 **蓄电池组充电测量记录**

测试时间	电流		容量	温度	Bt1	Bt2	Bt3	Bt4	Bt5	Bt6	Bt7	Bt8	Bt9	Bt10
00:00:00	1.7	0.0	0.0	26.31	2.071	2.066	2.066	2.064	2.065	2.075	2.066	2.062	2.066	2.066
00:00:24	70.7	0.0	0.0	26.06	2.126	2.126	2.127	2.121	2.127	2.130	2.124	2.118	2.122	2.128
00:00:54	70.0	0.0	1.0	25.93	2.142	2.137	2.141	2.135	2.142	2.146	2.139	2.133	2.137	2.144
00:01:24	70.0	0.0	1.0	25.87	2.152	2.147	2.148	2.143	2.151	2.156	2.147	2.144	2.147	2.154

续表

测试时间	电流		容量	温度	Bt1	Bt2	Bt3	Bt4	Bt5	Bt6	Bt7	Bt8	Bt9	Bt10
00:01:54	70.0	0.0	2.0	25.81	2.160	2.155	2.156	2.150	2.157	2.162	2.155	2.149	2.152	2.159
00:02:24	70.0	0.0	2.0	25.81	2.165	2.161	2.162	2.156	2.162	2.168	2.161	2.155	2.158	2.164
00:02:54	70.0	0.0	3.0	25.75	2.170	2.164	2.165	2.160	2.166	2.173	2.164	2.160	2.163	2.169
00:03:24	70.0	0.0	3.0	25.75	2.174	2.168	2.168	2.163	2.169	2.176	2.169	2.163	2.166	2.172
00:03:54	70.0	0.0	4.0	25.75	2.177	2.171	2.172	2.167	2.172	2.180	2.172	2.166	2.169	2.174
00:04:24	70.0	0.0	5.0	25.81	2.179	2.173	2.174	2.169	2.174	2.182	2.174	2.169	2.172	2.176
00:04:54	70.0	0.0	5.0	25.75	2.181	2.175	2.176	2.171	2.176	2.184	2.176	2.171	2.174	2.177
00:09:00	70.0	0.0	10.0	25.87	2.190	2.184	2.185	2.180	2.184	2.194	2.186	2.181	2.183	2.185
00:14:00	70.0	0.0	16.0	26.00	2.196	2.190	2.191	2.186	2.189	2.200	2.192	2.186	2.189	2.190
00:19:00	69.9	0.0	22.0	25.87	2.201	2.194	2.195	2.191	2.193	2.205	2.197	2.191	2.193	2.194
00:24:00	70.0	0.0	27.0	25.93	2.205	2.198	2.199	2.194	2.197	2.209	2.201	2.195	2.197	2.198
00:29:00	70.0	0.0	33.0	25.93	2.208	2.201	2.203	2.198	2.201	2.212	2.204	2.198	2.201	2.202
00:34:00	70.0	0.0	39.0	26.12	2.212	2.204	2.206	2.201	2.205	2.216	2.208	2.202	2.204	2.206
00:39:00	70.0	0.0	45.0	26.12	2.215	2.208	2.209	2.205	2.208	2.219	2.211	2.205	2.207	2.209
00:44:00	70.0	0.0	51.0	26.25	2.218	2.211	2.213	2.208	2.212	2.222	2.214	2.208	2.211	2.213
00:49:00	70.0	0.0	57.0	26.25	2.222	2.214	2.216	2.211	2.215	2.225	2.217	2.211	2.214	2.216
00:54:00	70.0	0.0	62.0	26.25	2.225	2.217	2.219	2.214	2.218	2.228	2.220	2.214	2.217	2.220
00:59:00	70.0	0.0	68.0	26.12	2.228	2.220	2.222	2.217	2.222	2.231	2.223	2.217	2.220	2.223
01:04:00	70.0	0.0	74.0	26.06	2.231	2.223	2.225	2.220	2.225	2.234	2.226	2.220	2.223	2.226
01:09:00	70.0	0.0	80.0	26.00	2.234	2.226	2.228	2.223	2.228	2.237	2.229	2.223	2.226	2.230
01:14:00	70.0	0.0	86.0	25.93	2.237	2.229	2.231	2.226	2.232	2.240	2.232	2.226	2.229	2.233
01:19:00	70.0	0.0	92.0	26.06	2.240	2.233	2.234	2.229	2.235	2.243	2.235	2.229	2.232	2.237
01:24:00	70.0	0.0	97.0	25.93	2.244	2.236	2.238	2.233	2.239	2.246	2.238	2.232	2.235	2.240
01:29:00	70.0	0.0	103.0	25.81	2.247	2.239	2.241	2.236	2.242	2.249	2.242	2.235	2.238	2.244
01:34:00	70.0	0.0	109.0	25.81	2.251	2.242	2.244	2.239	2.246	2.253	2.246	2.239	2.241	2.248
01:39:00	70.0	0.0	115.0	25.75	2.254	2.246	2.248	2.243	2.250	2.256	2.249	2.242	2.245	2.251

续表

测试时间	电流		容量	温度	Bt1	Bt2	Bt3	Bt4	Bt5	Bt6	Bt7	Bt8	Bt9	Bt10
01:44:00	70.0	0.0	121.0	25.81	2.258	2.250	2.252	2.246	2.254	2.260	2.253	2.246	2.248	2.255
01:49:00	70.0	0.0	127.0	25.87	2.262	2.254	2.256	2.250	2.258	2.264	2.257	2.250	2.252	2.259
01:54:00	70.0	0.0	132.0	25.93	2.266	2.258	2.260	2.254	2.262	2.268	2.261	2.253	2.256	2.264
01:59:00	70.0	0.0	138.0	26.06	2.271	2.262	2.264	2.258	2.267	2.272	2.265	2.258	2.260	2.268
02:04:00	70.0	0.0	144.0	26.06	2.276	2.267	2.269	2.263	2.272	2.277	2.270	2.262	2.265	2.273
02:09:00	70.0	0.0	150.0	26.00	2.281	2.272	2.274	2.268	2.277	2.282	2.275	2.268	2.270	2.279
02:14:00	70.0	0.0	156.0	26.12	2.287	2.277	2.280	2.273	2.283	2.287	2.281	2.273	2.275	2.284
02:19:00	70.0	0.0	162.0	26.12	2.293	2.283	2.286	2.279	2.289	2.293	2.288	2.279	2.281	2.291
02:24:00	70.1	0.0	167.0	26.12	2.300	2.290	2.293	2.285	2.296	2.301	2.295	2.285	2.287	2.297
02:29:00	69.0	0.0	173.0	26.06	2.307	2.296	2.299	2.291	2.303	2.307	2.302	2.291	2.293	2.303
02:34:00	64.6	0.0	179.0	26.00	2.307	2.296	2.299	2.291	2.302	2.307	2.301	2.291	2.293	2.303
02:39:00	60.8	0.0	184.0	26.06	2.308	2.297	2.300	2.292	2.303	2.309	2.303	2.292	2.294	2.304
02:44:00	57.9	0.0	189.0	25.87	2.311	2.300	2.302	2.294	2.306	2.312	2.305	2.294	2.296	2.306
02:49:00	54.9	0.0	194.0	25.68	2.314	2.302	2.305	2.297	2.308	2.315	2.308	2.297	2.298	2.308
02:54:00	51.7	0.0	198.0	25.62	2.317	2.305	2.308	2.299	2.310	2.319	2.311	2.299	2.301	2.309
02:59:00	48.3	0.0	202.0	25.37	2.320	2.307	2.310	2.301	2.313	2.324	2.315	2.301	2.303	2.311
03:04:00	44.7	0.0	206.0	25.25	2.324	2.310	2.313	2.304	2.315	2.329	2.319	2.304	2.306	2.312
03:04:34	44.3	0.0	207.0	25.25	2.325	2.310	2.313	2.304	2.316	2.330	2.319	2.304	2.306	2.312

测试设定参数
测试时间:2013–4–11 14:21:45
运行方式:在线充电
电池类型:2V
充电电流:70A
充电容量:210Ah
电压上限:56.7V
单体上限:3V
充电时间:3h 4min
记录周期:60s
停机方式:手动停机

测试结果
运行时间 3h 4s
总电压开始电压：49.6V 结束电压：56.4V
结束时最低单体#12 电压 2.290V
结束时最高单体#24 电压 2.345V

续表

测试时间	Bt11	Bt12	Bt13	Bt14	Bt15	Bt16	Bt17	Bt18	Bt19	Bt20	Bt21	Bt22	Bt23	Bt24
00:00:00	2.068	2.059	2.064	2.057	2.062	2.069	2.064	2.073	2.061	2.064	2.064	2.067	2.070	2.073
00:00:24	2.126	2.117	2.121	2.120	2.123	2.128	2.122	2.129	2.129	2.123	2.121	2.128	2.126	2.126
00:00:54	2.136	2.128	2.137	2.131	2.134	2.142	2.136	2.144	2.140	2.134	2.135	2.142	2.142	2.142
00:01:24	2.146	2.138	2.147	2.142	2.145	2.149	2.144	2.154	2.150	2.145	2.143	2.151	2.152	2.153
00:01:54	2.153	2.145	2.154	2.149	2.153	2.157	2.152	2.160	2.157	2.152	2.151	2.159	2.158	2.159
00:02:24	2.158	2.151	2.158	2.154	2.158	2.163	2.158	2.166	2.161	2.158	2.157	2.165	2.165	2.166
00:02:54	2.162	2.155	2.163	2.158	2.162	2.166	2.162	2.171	2.165	2.162	2.161	2.170	2.170	2.171
00:03:24	2.166	2.158	2.166	2.162	2.166	2.170	2.165	2.174	2.168	2.166	2.165	2.173	2.172	2.174
00:03:54	2.168	2.161	2.168	2.164	2.169	2.173	2.168	2.177	2.170	2.169	2.168	2.175	2.176	2.178
00:04:24	2.171	2.163	2.171	2.166	2.171	2.175	2.171	2.179	2.172	2.171	2.170	2.179	2.179	2.181
00:04:54	2.173	2.165	2.173	2.168	2.173	2.177	2.172	2.181	2.174	2.173	2.172	2.181	2.181	2.183
00:09:00	2.182	2.174	2.181	2.177	2.181	2.186	2.181	2.190	2.181	2.182	2.182	2.191	2.192	2.194
00:14:00	2.188	2.179	2.187	2.183	2.187	2.191	2.187	2.196	2.186	2.188	2.188	2.197	2.198	2.200
00:19:00	2.193	2.184	2.191	2.187	2.191	2.196	2.191	2.200	2.191	2.192	2.193	2.202	2.203	2.205
00:24:00	2.196	2.188	2.195	2.191	2.195	2.199	2.195	2.204	2.195	2.196	2.197	2.206	2.207	2.209
00:29:00	2.200	2.191	2.199	2.195	2.199	2.203	2.198	2.207	2.199	2.200	2.201	2.210	2.210	2.211
00:34:00	2.203	2.195	2.202	2.198	2.203	2.206	2.202	2.211	2.203	2.203	2.204	2.213	2.214	2.216
00:39:00	2.207	2.198	2.205	2.202	2.206	2.210	2.205	2.214	2.206	2.207	2.207	2.217	2.217	2.220
00:44:00	2.210	2.201	2.209	2.205	2.209	2.213	2.208	2.217	2.210	2.210	2.210	2.220	2.220	2.223
00:49:00	2.213	2.204	2.212	2.208	2.212	2.216	2.211	2.220	2.214	2.213	2.214	2.223	2.223	2.226
00:54:00	2.216	2.207	2.215	2.211	2.216	2.219	2.214	2.223	2.217	2.216	2.217	2.226	2.226	2.229
00:59:00	2.219	2.210	2.218	2.214	2.219	2.222	2.217	2.226	2.221	2.219	2.220	2.230	2.229	2.232
01:04:00	2.222	2.214	2.221	2.217	2.222	2.225	2.220	2.229	2.224	2.222	2.223	2.233	2.232	2.235
01:09:00	2.225	2.216	2.224	2.221	2.225	2.228	2.223	2.233	2.228	2.225	2.226	2.236	2.235	2.238
01:14:00	2.228	2.219	2.227	2.224	2.228	2.231	2.226	2.236	2.231	2.228	2.229	2.239	2.238	2.241
01:19:00	2.230	2.222	2.230	2.227	2.231	2.234	2.229	2.239	2.235	2.231	2.232	2.242	2.241	2.245
01:24:00	2.234	2.226	2.234	2.230	2.235	2.237	2.233	2.242	2.239	2.235	2.235	2.246	2.244	2.248
01:29:00	2.237	2.229	2.237	2.234	2.238	2.241	2.237	2.245	2.242	2.238	2.239	2.249	2.248	2.252
01:34:00	2.240	2.232	2.240	2.237	2.242	2.244	2.239	2.248	2.246	2.241	2.242	2.253	2.251	2.255
01:39:00	2.243	2.236	2.243	2.240	2.245	2.248	2.243	2.252	2.250	2.245	2.246	2.257	2.255	2.259
01:44:00	2.247	2.239	2.247	2.244	2.249	2.251	2.246	2.256	2.254	2.248	2.249	2.261	2.258	2.263

续表

测试时间	Bt11	Bt12	Bt13	Bt14	Bt15	Bt16	Bt17	Bt18	Bt19	Bt20	Bt21	Bt22	Bt23	Bt24
01:49:00	2.251	2.243	2.251	2.248	2.253	2.255	2.250	2.260	2.258	2.252	2.253	2.265	2.262	2.267
01:54:00	2.254	2.247	2.255	2.252	2.257	2.259	2.254	2.264	2.263	2.256	2.257	2.269	2.266	2.271
01:59:00	2.258	2.251	2.259	2.256	2.261	2.263	2.259	2.268	2.268	2.261	2.262	2.274	2.271	2.276
02:04:00	2.263	2.255	2.263	2.260	2.266	2.268	2.263	2.273	2.273	2.265	2.267	2.279	2.275	2.281
02:09:00	2.267	2.260	2.268	2.266	2.272	2.272	2.268	2.278	2.279	2.270	2.272	2.286	2.281	2.287
02:14:00	2.273	2.265	2.273	2.271	2.277	2.278	2.274	2.284	2.284	2.276	2.277	2.291	2.287	2.293
02:19:00	2.278	2.270	2.279	2.277	2.283	2.284	2.280	2.290	2.291	2.282	2.284	2.299	2.294	2.300
02:24:00	2.285	2.277	2.285	2.284	2.290	2.290	2.285	2.297	2.298	2.289	2.291	2.307	2.301	2.308
02:29:00	2.290	2.282	2.291	2.289	2.296	2.297	2.293	2.304	2.305	2.295	2.298	2.315	2.308	2.316
02:34:00	2.290	2.282	2.290	2.289	2.296	2.296	2.293	2.303	2.304	2.294	2.298	2.315	2.308	2.317
02:39:00	2.291	2.283	2.291	2.290	2.297	2.297	2.294	2.305	2.305	2.296	2.299	2.316	2.310	2.318
02:44:00	2.293	2.284	2.293	2.292	2.299	2.299	2.297	2.308	2.307	2.298	2.302	2.320	2.313	2.322
02:49:00	2.295	2.286	2.294	2.294	2.301	2.302	2.299	2.311	2.309	2.300	2.305	2.324	2.317	2.327
02:54:00	2.298	2.288	2.296	2.296	2.303	2.305	2.302	2.314	2.311	2.303	2.308	2.329	2.321	2.331
02:59:00	2.300	2.289	2.297	2.297	2.305	2.307	2.304	2.318	2.312	2.305	2.311	2.334	2.326	2.337
03:04:00	2.302	2.290	2.298	2.299	2.307	2.310	2.308	2.321	2.313	2.308	2.315	2.340	2.332	2.344
03:04:34	2.302	2.290	2.298	2.299	2.309	2.310	2.308	2.322	2.314	2.309	2.315	2.341	2.333	2.345

【思考与练习】

1. 蓄电池充电有哪些步骤？
2. 蓄电池充电时需要进行哪些设置？
3. 蓄电池充电电流过大会有什么影响？

第十六章

UPS 设备的运维检修

模块 1　UPS 电流、电压指示的查看（Z37H3001 Ⅰ）

【模块描述】本模块包含 UPS 电源系统中各项电流、电压的查看方法。通过对 UPS 电源系统巡视要求和电流、电压指示查看方法的介绍，掌握查看 UPS 电源系统各项电压、电流值的方法。

【模块内容】

一、UPS 电源巡视查看的目的

UPS 是不间断电源（Uninterruptible PowerSystem）的英文名称的缩写，由于电压浪涌、电压尖峰、电压瞬变、电压跌落、持续过压或者欠压甚至电压中断等电网质量问题，使计算机等设备的电子系统受到干扰，造成敏感元件受损、信息丢失、磁盘程序被冲掉等严重后果，引起巨大的经济损失。因此，UPS 日益受到重视，并逐渐发展成一种具备稳压、稳频、滤波、抗电磁和射频干扰、防电压浪涌等功能的电力保护系统。UPS 电源需给机房设备提供高质量可靠的不间断电源，所以 UPS 电源安全可靠运行就显得尤为重要，对 UPS 电源的巡视查看的目的就是为了保证 UPS 的安全稳定运行。

二、UPS 电源巡视查看的方法和要求

1. 巡视的基本方法

巡视人员在巡视中一般通过看、听、嗅、测的方法对设备进行检查。其中：

看：查看 UPS 电源的显示屏、指示灯显示，如交流主输入电压、交流输入电流、旁路输入电压、蓄电池母排电压、UPS 交流输出电压、UPS 交流输出电流、告警指示等。通过观察设备运行情况判断其有无异常。

听：主要通过声音判断设备运行是否正常，如 UPS 风扇、逆变器等运行的声音来判断 UPS 是否运行正常。

嗅：通过气味判断设备有无过热、焦煳味等异常气味。

测：通过测量的方法，掌握各项运行数据，如交流输入输出电压、负荷电流等。

2. 巡视的要求和注意事项

（1）设备巡视应遵循相关安全规定。

（2）值班人员应熟悉UPS电源的正常运行参数。

（3）值班人员应按规定认真巡视检查设备，对UPS电源的异常状态和缺陷做到及时发现，认真分析，及时处理。

3. UPS电源的巡视周期

对设备巡视检查的次数应严格按有关规程、规定执行，并将检查结果记录在监控巡视记录表或巡检卡上。

4. UPS电源巡视的分类

一次设备巡视一般分为交接班巡视、正常（全面）巡视。

（1）交接班巡视。在交接班时进行，由接班人员会同交班人员共同进行。

（2）正常（全面）巡视。正常巡视是按规定时间、路线和项目进行的定期巡视。

5. UPS电源巡视项目及要求

电压、电流的指示一般通过UPS主机液晶屏显示，在UPS电源系统中，监控器和监控软件大多都可以显示和查询上述各项参数。

（1）交流主输入（整流器交流输入）电压、输入电流指示的查看。

交流主输入（整流器交流输入）电压、交流主输入电流的指示一般是由UPS主机液晶显示屏直接显示，直观易读。对于部分早期的UPS电源和小型UPS电源没有配置显示屏或显示表头，那只能在输入端直接测量输入电压（万用表）和电流（钳形电流表）。

（2）UPS旁路输入电压和电流的查看。

UPS旁路输入电压和电流的指示一般也可由UPS主机液晶显示屏直接显示，直观易读。对于部分早期的UPS电源和小型UPS电源没有配置显示屏或显示表头，那只能在输入端直接测量输入电压（万用表）和电流（钳形电流表）。

（3）UPS直流母排电压（蓄电池电压），电池电流（充电或放电电流）的查看。

通过UPS主机液晶显示屏可以直接查看UPS电池组电压，电池电流，通过电流的正负值判断电池是充电还是在放电状态。如UPS电源没有显示屏或显示表计，则只能用万用表测量电池电压，用钳形电流表测量电池组的电流，通过钳形电流表测量显示的正负值来判断电池是充电还是放电状态。

蓄电池电流在市电正常时显示的是电池充电电流。当电池处于充满电的状况时，电流很小；当电池放电后再次充电时，电流会比较大，但最大不应超过充电限流值。当市电掉电或停电时，蓄电池电流显示放电电流，电流的大小主要取决于负载的大小。通过查看UPS显示屏或电池电压表和电池电流表，我们大致可以判断蓄电池可以维持多久的供电。

（4）UPS输出电压、输出电流（负载电流）的查看。

UPS电源的输出电压、输出电流（负载电流）同样可以通过UPS电源显示屏或

UPS 电源配套的显示表计直接查看，如没有显示屏或显示表计，那只能在输出端直接测量输出电压（万用表）和电流（钳形电流表）。

三、危险点分析

（1） UPS 电源机柜内部既有交流市电，又有 384V 直流电（不同型号和不同容量等级的 UPS 电源直流电压等级都各不相同），设备巡视人员应防止人身触电。

（2） 检测用仪器仪表、工具应做好绝缘措施。

四、设备巡视案例

以伊顿 PW9390UPS 电源为例，UPS 电源显示屏的菜单项如图 16-1-1 所示。

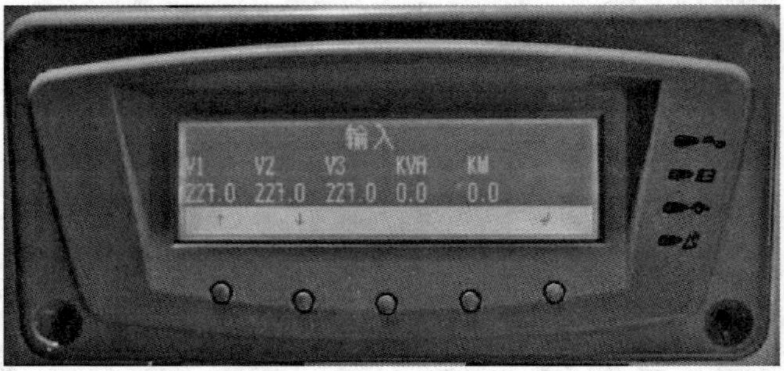

可分别显示输入、旁路、电池和输出的参数

图 16-1-1　UPS 电源显示屏的菜单

通过单击“图 16-1-1”中显示屏的上下按键可查看 UPS 的各类电压、电流数值。

【思考与练习】

1. 简述交流电压电流、直流电压电流、蓄电池电压电流指示查看的重要性。
2. 简述交流电压电流、直流电压电流、蓄电池电压电流指示查看的方法。
3. 实际查看一套 UPS 电源的各种电压电流读数，记录并归类。

模块 2　UPS 开关接线端子温度的检查（Z37H3002Ⅰ）

【模块描述】本模块包含 UPS 电源内部开关接线端子温度的检查方法，通过对红外温度测试仪的使用方法的介绍，掌握检查开关接线端子温度的方法。

【模块内容】

一、红外温度测试仪介绍

使用红外温度测试仪，可以从一段距离之外进行快速、非接触式温度测量，在电力系统可作为测量温度的首选仪器。

红外温度测试仪之间区分的关键因素是距离与光点直径比，或者距离多远测温仪可以能够精确测量一个特定目标区域。高性能测温仪，离目标的距离与测量光点直径之比要尽可能地大。

FLUKE 66 测试仪如图 16–2–1 所示。使用 FLUKE 66 可以瞄准 5m 范围内的指定目标。距离越大，被测量区域将越大（大约为距离除以 30）。

FLUKE 68 测试仪如图 16–2–2 所示。使用 FLUKE 68 可以瞄准 8m 范围内的指定目标。距离越大，被测量区域将越大（大约为距离除以 50）。

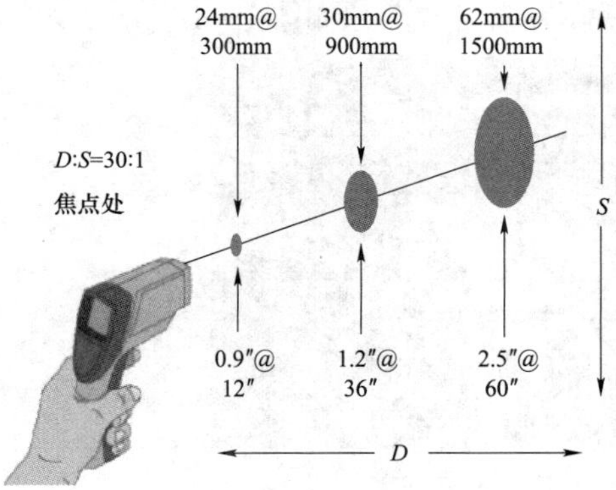

图 16–2–1 FLUKE 66 测试仪

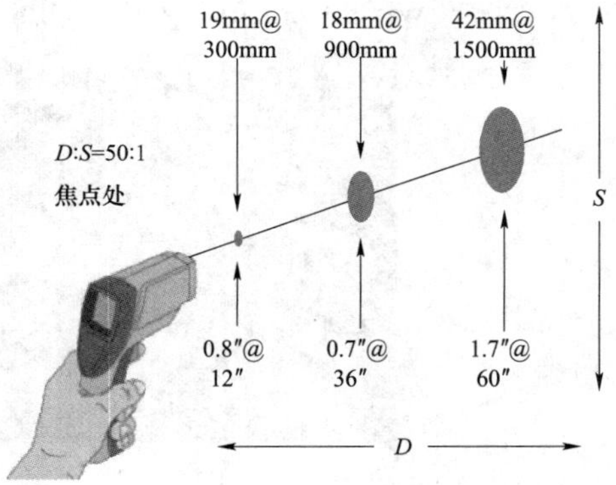

图 16–2–2 FLUKE 68 测试仪

一般红外温度测试仪获得精确测量值与目标物体的表面状况有关，需要根据被测物体的类型正确选择红外线反射率系数。红外温度测试仪常见物体反射率系数见表 16–2–1。

表 16–2–1 红外温度测试仪常见物体反射率系数表

被测物	反射率系数	被测物	反射率系数
铅	0.50	氧化的铅	0.43
抛光黄铜	0.03	氧化的黄铜	0.61
黑色氧化的铜	0.78	铝	0.30
铁	0.70	生锈的铁	0.78
氧化的铁	0.84	塑料	0.95
橡胶	0.95	石棉	0.95
黑色油漆	0.96	陶瓷	0.95
钢	0.80	纸	0.95
木头	0.94	水	0.93
沥青	0.95	油	0.94

二、测试目的

供电系统的传输电路和各种器件的故障常常由于松动或腐蚀的接头以及压接不良所引起。这些不良接头一般会产生接触电阻，接触电阻将消耗电能产生热量，这部分热能使得线路、设备或器件的温度升高，可能会引起电气火灾或其他危险。因此电力维护人员应高度重视设备的温升值。通过对设备温升的测量和分析，我们可以间接地判断设备的运行情况。部分器件的温升允许范围见表 16–2–2。

表 16–2–2 部分器件温升允许范围

测　点	温升允许范围（℃）	测　点	温升允许范围（℃）
A 级绝缘线圈	≤60	整流二极管外壳	≤85
E 级绝缘线圈	≤75	晶闸管外壳	≤65
B 级绝缘线圈	≤80	铜螺钉连接处	≤55
F 级绝缘线圈	≤100	熔断器	≤80
H 级绝缘线圈	≤125	珐琅涂面电阻	≤135
变压器铁心	≤85	电容外壳	≤35
扼流圈	≤80	塑料绝缘导线表面	≤20
铜导线	≤35	铜排	≤35

三、测试前准备工作

（1） 了解被测物体的材质，选择合适的反射系数。

（2） 了解被测物体允许的温升值。

（3） 准备合适的红外温度测试仪。

四、危险点分析及控制措施

（1） 防止人员触电。在测试过程中，不要接触任何带电部位。

（2） 不要用眼睛直视红外温度测试仪的光源。

五、现场测试步骤及要求

（1） 在一个离目标尽可能近的安全位置进行测量。在离开一段距离进行测量时，要根据距离与光点直径比来了解被测目标的尺寸（见图 16–2–1、图 16–2–2）。

（2） 根据被测物体的类型正确设置红外线反射率系数，见表 16–2–1。

（3） 扣动红外温度测试仪测试开关，使红外线打在被测物体表面，待显示数值稳定后，便可以从其液晶屏上读出被测物体的温度。

六、测试结果分析及测试报告编写

1. 测试结果分析

根据开关接线端子的材质，将所测得的试验数据与表 16–2–2 进行比对，判断物体

的温升是否在正常范围内。

如果发现开关接线端子的温度过高，要尽快进行处理：重新拧紧端子；必要时更换开关和接线端子。

2. 测试报告编写

测试报告编写应包括以下项目：测试时间、测试人员、天气情况、环境温度、湿度、使用地点、检查的位置、测试结果、测试结论、试验性质（交接、预试、检查、施行状态检修的填明例行试验或诊断试验）、红外温度测试仪的型号、出厂编号，备注栏写明其他需要注意的内容。

七、测试注意事项

（1）被测点与仪表的距离不宜太远，仪表应垂直于测试点表面。

（2）红外温度测试仪仅能测量表面温度，不能测量内部温度。

（3）注意环境的影响。蒸汽、尘土和烟雾等可能会阻碍光路，影响测量精度。镜头变脏也会影响读数。

（4）红外温度测试仪无法透过玻璃来读取温度，另外测量光亮表面或抛光的金属表面，结果将不准确。

八、测试结果分析案例

采用 FLUKE 66 测试仪对某通信站 UPS 电源开关接线端子进行温度测量，测试结果如表 16–2–3 所示，测试结果均正常。

表 16–2–3 UPS 电源开关端子温度测量记录表

测试站点：×××通信站				
环境温度：20 ℃		湿度：55%		
测试用红外温度测试仪的型号：		红外温度测试仪出厂编号：		
设备名称：UPS 电源设备开关及端子				
测试位置	温度测量值℃	温升值℃	温升允许范围℃	测试结论
端子螺丝连接处	26	6	≤55	正常
铜排	23	3	≤35	正常
熔断器	27	7	≤80	正常
塑料绝缘导线表面	26	6	≤20	正常
变压器铁芯	87	67	≤85	正常
测试人员：				
测试时间：				

注：所有的各项温度测量都需多点测量，取最高值记录。如铜排的温度测量需测量铜排的起点，终点，中间点及铜排上有固定螺丝的连接点处。

【思考与练习】

1. 简述红外线温度测试仪的正确使用方法。
2. 检查开关接线端子温升的目的是什么？
3. 参照表 16–2–3，使用红外线温度测试仪对 UPS 电源开关接线端子测温并记录。

第十七章

同步时钟系统的运维检修

模块1 同步时钟系统的构成（Z37H4001Ⅰ）

【模块描述】本模块介绍了同步时钟系统中GPS时钟源、时钟保持分配单元的功能，通过结构分析和功能介绍，了解GPS时钟源、时钟保持分配单元设备的硬件组成和同步时钟系统的架构。

【模块内容】

一、数字同步网概念

1. 同步的概念

数字同步网是现代通信网的一个必不可少的重要组成部分，它的作用是保证网络定时性能。数字同步网将同步信息从基准时钟向同步网各同步节点传递，调节网中的时钟，建立并保持同步，以满足电信网传递业务信息所需的传输和交换性能要求。

同步是指信号之间在频率或相位上保持某种严格的特定关系。数字通信网中传递的是对信息进行编码后得到的PCM离散脉冲，若两个数字交换设备之间的时钟频率不一致，或者由于数字比特流在传输中经受损伤，叠加了相位漂移和抖动，就会在数字交换系统的缓冲存储器中产生码元的丢失或重复，导致在传输的比特流中出现滑动损伤。为了降低滑码率，减少滑动损伤对各种业务的影响，使达到网内各交换节点的数字码流都能实现有效的交换和传输，就要使网内各数字设备使用某个共同的基准时钟频率，即实现时钟间的同步。

在数字同步网中，同步的目的是限制和减少网元指针调整的次数。

2. 同步网的组织结构

数字通信网的同步方式可分为：准同步方式、主从同步方式、互同步方式和混合同步方式。

（1）准同步方式。

准同步方式是指在网内各个节点上，都设立高精度的独立时钟，这些时钟具有统一的标称频率和频率容差，各时钟独立运行，互不控制。虽然各个时钟的频率不可能

绝对相等，但由于频率精度足够高，产生的滑动可以满足指标要求。其优点是简单、灵活，缺点是对时钟性能要求高、成本高，存在周期性的滑动。采用这种同步方式的数字网称为准同步网。

（2）主从同步方式。

主从同步方式是指在网内设置基准时钟和若干从钟，以主基准时钟控制从钟的信号频率。主从同步方式又分为直接主从同步方式和等级主从同步方式。在等级主从同步网中，定时信号从基准时钟向下级从钟逐级传送，各从钟直接从其上级钟获取同步信号。同步信号可以从传送业务的数字信号中提取，也可以使用专用链路传送定时信号。从钟使用锁相技术将其输出信号的相位锁定到输入信号的相位上，正常锁定时其输出信号具有与基准信号相同的频率准确度，但有可能叠加相位噪声。主从同步的优点是，正常情况下不存在周期性滑动，且对从钟性能要求低，建网费用低。其缺点是传输链路的不可靠会影响时钟传送；由于相位噪声的叠加，传输链路的长度是有限制的；同时存在产生定时环路的可能。

（3）互同步方式。

互同步方式是指网内不存在主基准时钟，每个时钟接收其他节点时钟送来的定时信号，将自己的频率锁定在所接收到的定时信号频率的加权平均值上。如果网络参数选择恰当，全网时钟将趋于一个稳定的频率，达到全网时钟同步。优点是有高的可靠性，同时对从钟性能要求不高。缺点是稳态频率取决于网络参数，难以事先确定，网络参数的变换会导致系统性能变换，甚至进入不稳定状态。

（4）混合同步方式。

混合同步方式将全网划分为若干个同步区，在区内设置主基准钟，各同步节点配置从钟，同步区内为主从同步网，同步区间为准同步方式。这样可以减少时钟级数，缩短定时信号传送距离，而且由于传输距离及外界扰动对同步基准信号的影响减少，使混合同步网比一个单纯的主从同步网的可靠性更高。当同步区主基准时钟精度较高时，区间链路的周期性滑动很少。GNSS（GLOBAL NAVIGATION SATELLITES SYSTEM，全球导航卫星系统）的出现，为获得高精度频率基准提供了条件，GNSS系统具有铯钟级别的高精度长期频率准确度，再配合本地短期稳定度好的高稳受控铷钟，可以获得满意的区内基准时钟。我国现阶段采用较多的同步方式是混合同步方式。

3. 定时环路

在同步网内采用基准传输链路时，要避免产生定时环路。为了防止出现环路，在规划同步网时，要分层次、分级别进行规划，避免出现低级时钟同步高级时钟的情况出现。同时要求同步时钟设备和传输设备应具备完善的同步状态字（SSM）功能。

4. 时钟类型

常见的时钟有原子钟（主要是铯钟、铷钟）、晶体钟等，如表 17–1–1 所示。

表 17–1–1 常见的时钟

铯钟	铷钟	晶体钟
优点：稳定性能最好，配低相位噪声、短稳性能好的 PLL 可输出 2048kHz、2048kbit/s、10MHz 等基准源频率。如配上 GPS（或 GPS/GLONASS）其时间精度可校准到 20ns～25ns	性能价格比应是最好的，输出频率的稳定度一般为 3×10^{-12}/天或 4×10^{-13}/周，具有受控功能，配备优良的 GPS 或 GPS/GLONASS 接收机伺服的铷钟可达 1×10^{-12}/天或 2.5×10^{-13}/周，因此 GPS+铷钟的性能可与铯钟相似，但价格却只有铯钟的 1/5	普通恒温晶体钟价格也比较便宜，受控精度比较好，但受温度影响较大，保持性能差，通常用于设备时钟（SEC）和三级时钟。双恒温槽晶体钟价格相对较高，但受控精度和温度性能都比较高，通常用于二级、三级时钟系统

二、同步时钟设备组成

下面以大唐 GNSS–97 设备为例进行介绍，同步时钟设备可分为五个基本功能部分：参考定时输入部分；受控时钟部分；定时输出部分；性能监测部分和监控管理部分（同步网网管系统的网元部分）。总体方框图见图 17–1–1（TSG 为时钟再生子系统，TSD 为时钟分配扩展子系统）。

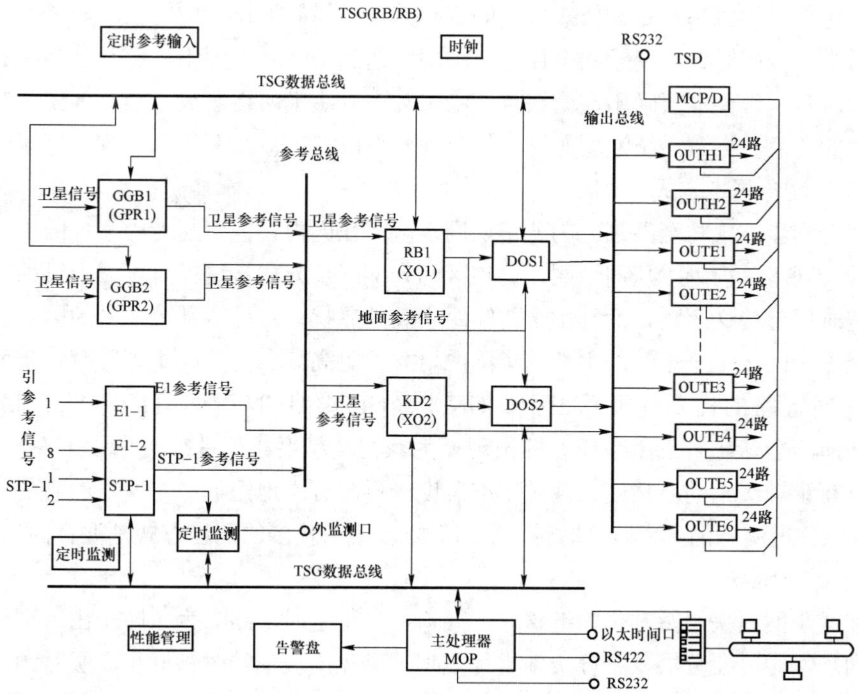

图 17–1–1 同步时钟系统的总体结构

1. 输入模块。输入模块接收适用的参考信号并测试所有参考信号。输入模块进行输入信号和时钟振荡器之间相位的测量。输入模块端口可利用类型可以任意组合。输入模块通常支持如下几种类型：

（1）GPS 输入模块。GPS 输入模块配置 GPS 接收机，从 GPS 卫星接收准确的时频信息，作为频率基准参考。

（2）北斗输入模块。北斗输入模块配置北斗接收机，从北斗卫星接收准确的时频信息，作为频率基准参考。

（3）E1 输入模块。从 E1 定时链路中提供更高级别的时钟，作为频率基准参考。

（4）STM–1 输入模块。从 STM–1 链路中提供更高级别的时钟，作为频率基准参考。

2. 时钟模块。时钟模块为产生 TSG 输出定时信号提供内部参考信号。它们还是输入参考信号失效时的备用源。时钟模块可以是不同类型的，允许选择低成本的备用时钟模块，因为只有在主用时钟模块失效时才使用。每个时钟振荡器的相位锁定到有效的输入参考信号。有效输入信号是无失效的信号，并且满足可接受频率和 MTIE 的规范。内部时钟振荡器的选择有：2 级铷钟、2 级钟和加强型 3 级钟。

TSG 通过控制值来控制时钟振荡器频率。处理器采用选择的输入信号和时钟信号之间的相位测量来计算每个振荡器的控制值。当时钟进入保持时，操作员还可以高速其控制值。在处理器不工作的情况下，设置的控制值将保持在每个时钟模块中。

3. 帧发生器模块。帧发生器模块产生带帧的定时信号，以便驱动分配模块。帧发生器模块必须与每个时钟模块相连。当使用两块帧发生器模块时，能够使它们的输出达到同步，并在冗余模块转换时仍能提供最小相位变化的输出。T1 / E1 帧发生器模块提供两路输出和两个时钟信号。输出 1 要么是带帧的 T1 信号，要么是带帧的 E1 信号。输出 2 可以设置为带帧的 E1 信号或者 2048kHz 信号。两个时钟信号输出可以设置成 1.544MHz 或者 2.048MHz。

4. 输出模块。TSG 接受两对分配模块。这些模块形成来自帧发生器格式化的定时信号。每个模块提供多路输出。每对模块提供多路 1+1 冗余输出。可以使用不同类型的输出模块对，这只取决于选择帧发生器所提供的信号。

5. 处理器模块。处理器模块控制和监测同步时钟的工作。该模块与提供给操作员控制 TSG 的辅助设备进行通信。处理器实现的功能主要有：

（1）读取配置数据、识别安装的模块类型和设置工作参数。

（2）收集和储存数据（配置、收集的测量、告警和操作员控制设置等数据）。可以通过两个 RS–232 端口输出这些数据。

（3）分析输入信号并选择基于其分析结果激活的参考信号。

（4）测量所有输入信号的相位和频率。

（5）计算 MTIE 和频率。

（6）调整每个时钟模块的频率，基于所选择的输入参考信号的相位变化。

（7）完成激活严重、主要和次要告警的逻辑功能。触发告警继电器、报告事件和进行校正激活。

（8）设置 TSG 工作方式（预热、跟踪、锁定和保持）。

（9）监视系统和模块的状态，识别和报告模块是否失效。

【思考与练习】

1. 时钟同步网和 SDH 传输网是什么关系？
2. 同步时钟系统由哪部分组成？
3. 同步时钟系统中的时钟单元通常由哪几部分组成？

模块 2 同步时钟系统的日常运维工作（Z37H4002 Ⅰ）

【模块描述】本模块介绍同步时钟系统天线馈线、GPS、时钟保持分配设备的日常巡视、现场告警查看、检查和维护工作，通过操作过程和对 GPS、时钟保持分配设备的告警灯状态详细介绍，掌握同步时钟系统日常运维技能。

【模块内容】

通用同步时钟系统日常维护步骤主要包括：检查前面板状态灯状况，记录不正常的情况；分析记录的数据；根据分析结果采取相应措施；当遇到疑难问题确实没有把握时，可以咨询厂家或由厂家派技术人员现场指导。若有告警指示发生，可以根据产品说明书初步定位或排除故障，常见的情形如以下几点：

（1）查看是否是供电问题。

（2）查看电源供电线缆是否正常。

（3）查看是否有异味，排除有无板卡烧坏现象。

（4）查看卫星基准收入是否故障，设备是否进入守时保持状态。

（5）查看处理器板运行指示是否正常。

（6）查看其他板子的告警指示，分析原因。

下面以美国迅腾公司、大唐公司同步时钟设备为例进行介绍。

一、迅腾设备

1. TSG3800 系统的构成如下：

（1）一个主机框（包括底座 PCB）。

（2）一个或两个分配扩展机框（任选）。

（3）模块组件。

所有模块都是插入组件，并可以用固定螺钉固定在机框上。其电连接是通过“金指”卡刀式连接器连接到后面板底座上。每个组件包括有状态指示和外部连接器，如图 17–2–1 所示。

在主机框后面提供如下外部连接：

（1） 4 个输入信号线绕连接器。

（2） 50 针输出信号连接器，每个冗余对配一个。

（3） 电源终端块连接器。TSG 接受主、备用电源输入。

（4） 告警（主要和次要）终端块。对于本地、远端和声音告警，每块有 3 组 C 型告警连接。

（5） 用于远端监视和控制的 RS–232 端口（25 针 D 型连接器）。第二个 RS–232 连接器在处理器模块前面板也可利用。

（6） 扩展机框连接器。

（7） 用于以太网 10 Base–T 的 15 针 D 型连接器或 RJ45。

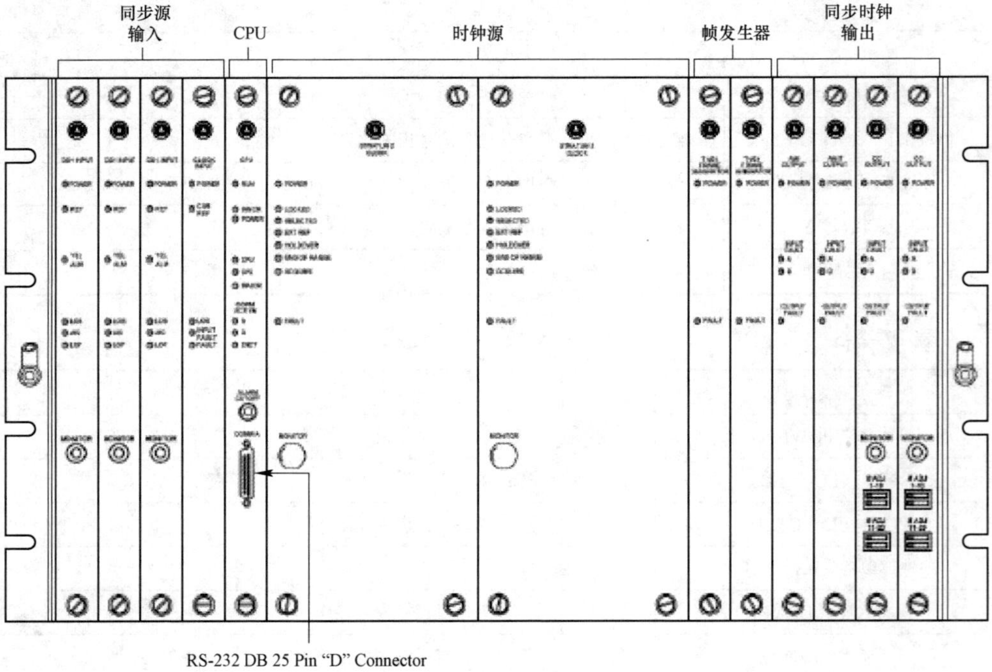

图 17–2–1　TSG3800 面板图

日常对设备的维护主要是查看各种面板指示灯，表 17–2–1～表 17–2–6 分别介绍这些指示灯及其含义。

表 17-2-1 CPU 模块面板灯描述

指示灯	颜色	说　明
运行（RUN）	绿	亮：模块正常供电，处理器运行；灭：处理器不工作
监控（MINOR）	黄	亮：存在故障
电源（Power）	黄	亮：一个-48V 电源故障
CPU	红	亮：处理器功能异常，这时会产生一个主要告警
系统（SYS）	红	亮：TSG 系统硬件故障，这时会产生一个主要告警
主要（MAJOR）	红	亮：同步丢失
通信活动 A	绿	亮：前面板 RS232 端口在使用
通信活动 B	绿	亮：后面板 RS232 端口在使用
网络（ENET）	绿	亮：以太网数据包正在传输

表 17-2-2 同步源输入模块面板灯描述

指示灯	颜色	描　述	在端口 1	在端口 3
电源	绿	亮：供电正常	是	是
参考（REF）	绿	亮：时钟模块锁定	是	是
模块错误（MOD FLT）	红	亮：存在非输入信号相关故障	是	是
端口故障 1	红	亮：端口 1 存在故障	是	是
端口故障 2	红	亮：端口 2 存在故障	否	是
端口故障 2	红	亮：端口 2 存在故障	否	是

表 17-2-3 时钟模块面板灯描述

指示灯	颜色	描　述
电源（POWER）	绿色	亮：模块供电正常
锁定（LOCKED）	绿色	亮：单元正常模式工作
选择（SELECTED）	绿色	亮：模块选择提供输出
外部参考（EXT REF）	绿色	未用
保持（HOLDOVER）	黄色	亮：单元以保持模式工作
接近范围端点	黄色	亮：调整接近满刻度上下限（＜25%，＞75%）
跟踪（ACQUIRE）	黄色	亮：单元以跟踪模式工作
故障	红色	亮：模块内故障；闪：模块禁用

表 17–2–4 帧发生器模块面板灯描述

指示灯	颜色	描述
电源（POWER）	绿色	亮：模块供电正常
故障	红色	亮：模块内故障；闪：模块禁用

表 17–2–5 AMI 输出模块面板灯描述

指示灯	颜色	描述
电源（POWER）	绿色	亮：模块供电正常 灭：模块供电异常
输入 A 故障	黄色	亮：输入 A 无参考信号，或输入缓冲模块故障 灭：输入 A 参考信号正常
输入 B 故障	黄色	亮：输入 B 无参考信号，或输入缓冲模块故障 灭：输入 B 参考信号正常
输出故障	红色	亮：输出故障（1 个或更多） 灭：所有输出正常

表 17–2–6 2MHz 输出模块面板灯描述

指示灯	颜色	描述
电源（POWER）	绿色	亮：模块供电正常
输入 A 故障	黄色	亮：输入 A 无参考信号
输入 B 故障	黄色	亮：输入 B 无参考信号
输出故障	红色	亮：输出故障（1 个或更多信道）

2. Super STR 2000（B 型）超级卫星定时基准源主要由主板、GPS/GLONASS 双系统卫星接收板、时钟源选择电路（10M 本振电路板、内置铷钟电路或内置晶振电路）、前面灯板六部分组成。

前面灯板显示主要包括下面几个部分的显示：–48V 电源 A、–48V 电源 B、告警状态、跟踪状态、GPS 卫星状态、GLONASS 卫星状态。表 17–2–7 中对各个指示灯进行描述。

表 17–2–7 前面板指示灯描述

指示灯	颜色	描述
–48V 电源 A	绿色	On=–48V 电源 A 存在
	熄灭	Off=–48V 电源 A 不存在

续表

指示灯	颜色	描　述
–48V 电源 B	绿色	On=–48V 电源 B 存在
	熄灭	Off=–48V 电源 B 不存在
告警状态	绿色	正常
	黄色	次要告警
	红色	主要告警
跟踪状态	绿色	跟踪状态
	黄色	保持状态
	红色	快捕状态和输出性能降质状态
GPS 卫星状态	绿色	GPS 时基可用且主用
	黄色	GPS 时基可用但是备用
	红色	GPS 时基不可用
	熄灭	GPS 时基闭塞
GLO 卫星状态	绿色	GPS 时基可用且主用
	黄色	GPS 时基可用但是备用
	红色	GPS 时基不可用
	熄灭	GPS 时基闭塞

二、大唐 GNSS–97

GNSS–97 主要由五个基本功能部分组成：参考定时输入部分、受控时钟部分、定时输出部分、性能监测部分和监控管理部分。下面详细描述不同模块的系统维护告警指示。

1. 卫星参考输入盘

表 17–2–8　　卫星参考输入盘指示灯描述

指示灯	颜色	描　述
运行（RUN）	绿色	每秒闪烁一次。用于监视 CPU 运行是否正常。如果长亮或长灭则是该板异常
卫星跟踪状态（SAT_S）	双色	绿色长亮表示进入位置保持模式，绿色闪烁表示已定位但未能稳定进入保持模式；黄色表示收到卫星但由于收星数量少，未定位，红色表示无可见卫星
时钟输入告警（CIN_A）	双色	绿色表示两路时钟输入都正常，黄色长亮表示第一路时钟输入丢失，黄色闪烁（每秒闪烁一次）表示第二路时钟输入丢失，红色表示两路同时丢失
通信故障（COM_A）	黄色	黄色长亮表示与 MCP 盘通信故障，熄灭正常

2. REF–2M 地面参考盘

表 17–2–9　REF–2M 地面参考盘指示灯描述

指示灯	颜色	描　述
运行（RUN）	绿色	每秒闪烁一次。用于监视 CPU 运行是否正常。如果长亮或长灭则是该板异常
地面参考告警（RIN_A）	双色	绿色表示各路地面参考输入信号都无告警，黄色表示未屏蔽的地面参考部分告警，红色表示未屏蔽的地面参考全部告警
时钟输入告警（CIN_A）	双色	绿色表示两路时钟输入都正常，黄色长亮表示第一路时钟输入丢失，黄色闪烁（每秒闪烁一次）表示第二路时钟输入丢失，红色表示两路同时丢失
输出告警（EOT_A）	红色	红色表示成帧 E1 信号输出告警，熄灭表示正常
通信故障（COM_A）	黄色	黄色长亮表示与 MCP 盘通信故障，熄灭正常

3. REF–STM1 地面参考输入盘

表 17–2–10　REF–STM1 地面参考输入盘指示灯描述

指示灯	颜色	描　述
运行（RUN）	绿色	每秒闪烁一次。用于监视 CPU 运行是否正常。如果长亮或长灭则是该板异常
地面参考告警（RIN_A）	双色	绿色表示各路地面参考输入信号都无告警，黄色表示未屏蔽的地面参考部分告警，红色表示未屏蔽的地面参考全部告警
通信故障（COM_A）	黄色	黄色长亮表示与 MCP 盘通信故障，熄灭正常

4. 主备铷钟（晶体钟）盘

表 17–2–11　主备铷钟（晶体钟）盘指示灯描述

指示灯	颜色	描　述
运行（RUN）	绿色	每秒闪烁一次。用于监视 CPU 运行是否正常。如果长亮或长灭则是该板异常
主用灯（M/S）	双色	绿色表示主用，熄灭表示备用
卫星参考丢失（SRE_A）	双色	绿色表示两路卫星参考输入都正常，黄色长亮表示第一路卫星参考输入丢失，黄色闪烁（每秒闪烁一次）表示第二路卫星参考输入丢失，红色表示两路同时丢失
地面参考丢失告警（GRE_A）	双色	绿色表示地面参考输入都正常，黄色表示未屏蔽的地面参考部分丢失，红色表示未屏蔽的地面参考全部丢失
跟踪状态指示灯（STATE）	双色	绿色表示跟踪，黄色长亮表示保持或判源，绿色闪烁表示快捕，红色表示自由运行、不可用
输出告警（COT_A）	红色	红色表示输出告警
通信故障（COM_A）	黄色	黄色长亮表示与 MCP 盘通信故障，熄灭正常

5. OUTH（24 路 2048kHz 输出盘）

表 17–2–12 OUTH（24 路 2048kHz 输出盘）指示灯描述

指示灯	颜色	描 述
运行（RUN）	绿色	每秒闪烁一次。用于监视 CPU 运行是否正常。如果长亮或长灭则是该板异常
主用灯（M/S）	双色	绿色表示主用，熄灭表示备用
时钟输入告警（HIN_A）	双色	绿色表示两路时钟输入都正常，黄色长亮表示第一路时钟输入丢失，黄色闪烁（每秒闪烁一次）表示第二路时钟输入丢失，红色表示两路同时丢失
输出告警（COT_A）	红色	红色表示输出告警
通信故障（COM_A）	黄色	黄色长亮表示与 MCP 盘通信故障，熄灭正常

6. OUTE（24 路 2048kb/s 输出盘）

表 17–2–13 OUTE（24 路 2048kb/s 输出盘）指示灯描述

指示灯	颜色	描 述
运行（RUN）	绿色	每秒闪烁一次。用于监视 CPU 运行是否正常。如果长亮或长灭则是该板异常
主用灯（M/S）	双色	绿色表示主用，熄灭表示备用
成帧信号输入告警（EIN_A）	双色	绿色表示两路成帧输入信号都正常，黄色长亮表示第一路成帧输入信号丢失，黄色闪烁（每秒闪烁一次）表示第二路成帧输入信号丢失，红色表示两路同时丢失
时钟输入告警（HIN_A）	双色	绿色表示两路时钟输入都正常，黄色长亮表示第一路时钟输入丢失，黄色闪烁（每秒闪烁一次）表示第二路时钟输入丢失，红色表示两路同时丢失
输出告警（COT_A）	红色	红色表示输出告警
通信故障（COM_A）	黄色	黄色长亮表示与 MCP 盘通信故障，熄灭正常

7. OUTO（10MHz 输出盘）

表 17–2–14 OUTO（10MHz 输出盘）指示灯描述

指示灯	颜色	描 述
运行（RUN）	绿色	每秒闪烁一次。用于监视 CPU 运行是否正常。如果长亮或长灭则是该板异常
时钟输出告警（COT_A）	红色	红色表示输出故障，熄灭正常
成帧信号输出告警（EOT_A）	红色	红色表示输出故障，熄灭正常
10MHz 输出告警（OUT_A）	红色	红色表示任意一路输出故障或失锁告警，熄灭正常

8. 定时监测盘

表 17-2-15　　定时监测盘指示灯描述

指示灯	颜色	描　述
运行（RUN）	绿色	每秒闪烁一次。用于监视 CPU 运行是否正常。如果长亮或长灭则是该板异常
时钟输入告警（CIN_A）	双色	绿色表示两路时钟输入都正常，黄色长亮表示第一路时钟输入丢失，黄色闪烁（每秒闪烁一次）表示第二路时钟输入丢失，红色表示两路同时丢失
通信故障（COM_A）	黄色	黄色长亮表示与 MCP 盘通信故障，熄灭正常

9. MCP 盘

表 17-2-16　　MCP 盘指示灯描述

指示灯	颜色	描　述
运行（RUN）	绿色	每秒闪烁一次。用于监视 CPU 运行是否正常。如果长亮或长灭则是该板异常
主用（M/S）	双色	绿色表示主用，熄灭表示备用
时钟输入告警（CIN_A）	双色	绿色表示两路时钟输入都正常，黄色长亮表示第一路时钟输入丢失，黄色闪烁（每秒闪烁一次）表示第二路时钟输入丢失，红色表示两路同时丢失
TOD 输入告警（TOD_A）	双色	绿色表示两路 TOD 输入都正常，黄色长亮表示第一路 TOD 丢失，黄色闪烁（每秒闪烁一次）表示第二路 TOD 丢失，红色表示两路同时丢失
通信故障（COM_A）	黄色	黄色长亮表示与 MCP 盘通信故障，熄灭正常

10. 告警监测盘 MCP/Dx

表 17-2-17　　告警监测 MCP/Dx 盘指示灯描述

指示灯	颜色	描　述
运行（RUN）	绿色	每秒闪烁一次。用于监视 CPU 运行是否正常。如果长亮或长灭则是该板异常
主用（M/S）	双色	绿色表示主用，熄灭表示备用
时钟输出告警（COT_A）	红色	红色表示输出故障，熄灭正常
成帧信号输出告警（EOT_A）	红色	红色表示输出故障，熄灭正常
通信故障（COM_A）	双色	黄色长亮表示与扩展框内各单盘通信故障，黄色闪烁表示与 MCP 盘通信故障，红色长亮表示两个方向同时故障，绿色正常

11. 告警监测盘 WRN

表 17-2-18 告警监测盘指示灯描述

指示灯	颜色	描述
电源（PWR）	绿色	长亮
次要告警（MJ_ALM）	黄色	黄色表示有次要告警，熄灭正常
主要告警或严重告警（MN_ALM）	红色	红色表示系统有主要告警或严重告警，熄灭正常
切铃开关		关闭时，铃一直不响；打开时，当新产生主要告警时，铃响

【思考与练习】

1. 通用同步时钟系统日常维护步骤有哪些？
2. 卫星参考输入故障，应该查看哪些指示灯？
3. 大唐 GNSS-97 设备 M/S 灯亮，表示什么意思？

模块 3 同步时钟系统的软件配置和日志查看（Z37H4003Ⅱ）

【模块描述】本模块包含同步时钟系统中 GPS、时钟保持分配单元的软件配置和日志查看，通过操作过程详细介绍和技能训练，掌握 GPS、时钟保持分配单元的软件配置和日志查看技能。

【模块内容】

本模块以迅腾、大唐设备为例，介绍软件配置与日志查看方法。

一、迅腾设备

使用计算机超级终端或 Telnet 软件通过 RS232 通讯口连接迅腾设备，参数如下：

波特率	9600
数据位	8
停止位	1
奇偶校验	无
流控制	无

登录、修改用户口令及退出系统的操作方法：

登录用户名	->LOGIN 用户名 password：口令
修改用户 ADMIN 的口令	->USER MODIFY ADMIN password：口令（自己设定） access level：4
退出	->BYE

这里以 help、status 命令为例，示范命令的使用，详细的命令列表见附录 1。help 是查看可用指令的命令；status 是查看系统状态信息命令

1. help 命令使用示例

```
NAME->help
The following commands are available.
Alarm           Bye        Clk         Comm
Configuration   Date       Disable     Enable
Event           Fg         Frequency   Help
Id              Input      Login       Msg
MTIE            Name       Phase       Reference
Restart         Setup      Status      TDEV
Time            User       Who
```

2. status 命令使用示例

```
NAME->status
A B C L O
MTIE          Freq        I P R O O
Port Type     Status   Phase   100/1K /10K   100/1K /10K   S V C S F   SSM
1.1   3Port/E1   Ref      20   Ok /Ok /Ok   Ok /Ok /Ok   / / / /   PRS
1.2   3Port/E1   Ok     2121   Ok /Ok /Ok   Ok /Ok /Ok   / / / /   STU
1.3   3Port/E1   Mon     638   Ok /Ok /Ok   Ok /Ok /Ok   / / / /   STU
2.1   3Port/E1   Ok       82   Ok /Ok /Ok   Ok /Ok /Ok   / / / /   PRS
2.2   3Port/E1   Ok      220   Ok /Ok /Ok   Ok /Ok /Ok   / / / /   STU
2.3   3Port/E1   Mon   14933   Ok /Ok /Ok   Ok /Ok /Ok   / / / /   STU
3.1   3Port/E1   Dis       0   Ok /Ok /Ok   Ok /Ok /Ok   / / / /   STU
3.2   3Port/E1   Dis       0   Ok /Ok /Ok   Ok /Ok /Ok   / / / /   STU
3.3   3Port/E1   Dis       0   Ok /Ok /Ok   Ok /Ok /Ok   / / / /   STU
4.1   Not Installed
```

二、大唐设备

这里，重点介绍大唐设备管理终端的启动，以及性能、告警和时钟同步的检查。

在网元管理终端（即网元管理 PC）上电前，应将该 PC 接入设备的 MCP 盘的 RS232 串口或以太口，进行设备的网元配置（此操作在出厂前已完成）。确认网元管理 PC 已与系统的数据口连接无误后，打开 PC 电源，启动网元管理终端网管软件。系统安装后第一次运行时，默认建立了一个超级用户，其用户名为：Admin，口令为：admin。为安全起见，用户在登录后应修改其口令或建立新用户，以后用新的用户名和密码登录。登录完成后，按软件使用说明进行操作，网管界面如图 17–3–1 所示。

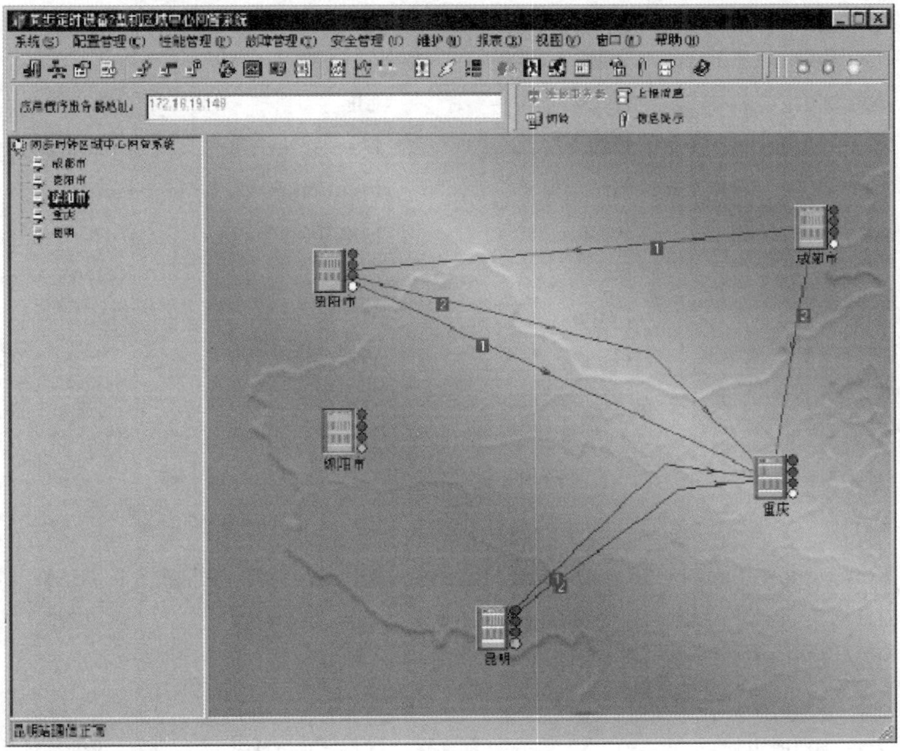

图 17–3–1　区域中心网管系统客户端主界面

GNSS–97 设备的任何告警状态的变化都主动上报给网管系统，并做历史记录。用户可以在任何时候通过网管查看设备的当前或历史告警情况。GNSS–97 还实时监测卫星的跟踪情况、卫星参考信号的定时性能直方图，用户可以通过网管性能部分的卫星性能查看卫星信噪比及定时性能。用户还可以通过网管的告警查询功能，主动从设备获取告警信息。告警查看界面如图 17–3–2 所示。

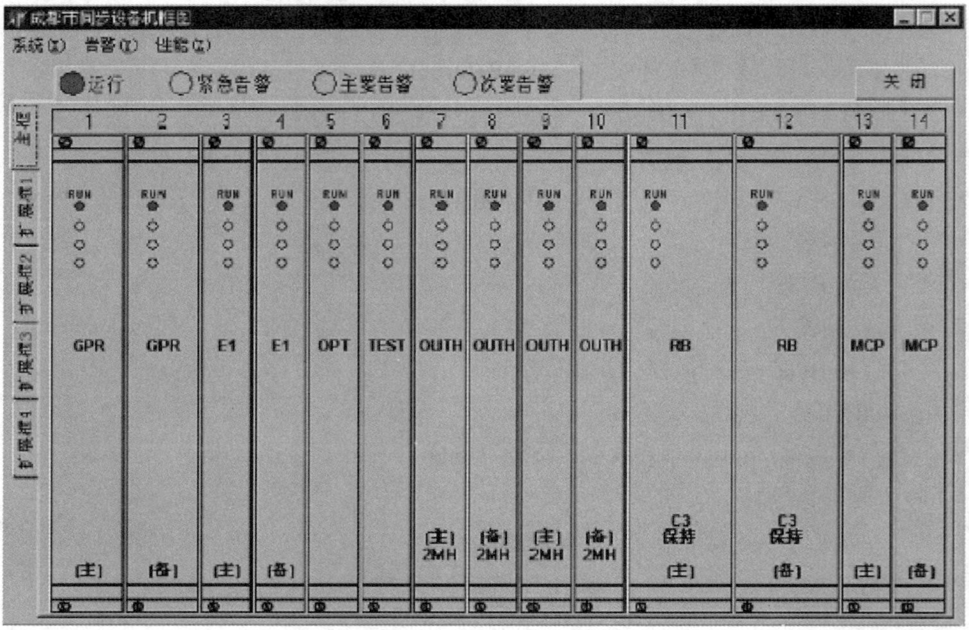

图 17–3–2 查看告警界面

GNSS–97 设备有性能监测盘，可以监测 10 路 2M 地面参考的定时质量，同时还能监测 2 路 STM–1 信号的输出时钟信号。设置频偏门限后，可以使系统自动监测输入信号，在输入参考频偏太大时（超过所设的门限值），系统提示有频偏超门限告警，并根据情况自动进行输入信号的倒换。

附录 1：迅腾设备的软件命令主要有：

（1） Alarm 命令。

ALARM

显示当前的告警。

ALARM CLEAR [CRITICAL | MAJOR | MINOR | AUDIO | ALL]:Level 2

清除指定的告警。

（2） Bye 命令。

BYE

从通信端口登出。

（3） Clock 命令。

CLK ［A| B］

显示 clock 参数。

CLK AR [OFF| ON]

显示/设置自动按 Enter 键模式（AutoReturn）。

CLK [A| B]MODE [WARMUP| ACQUIRE| LOCKED| HOLDOVER]

显示/设置 clock 工作模式。

CLK [A| B]CV [T1| T100][1–100| 1–1000]]

显示控制输出。

CLK [A| B]SET [number]

设置控制输出。

CLK [A| B]TC [number| MIN| MAX]

显示/设置时间常量。

CLK [A | B]TC {number | MIN | MAX}:Level 3

设置时钟模块时间常量。

（4） 通信端口命令。

COMM [A| B]

显示 RS232 配置。

COMM [A| B]BAUD [300| 1200| 2400| 4800| 9600| 19200]

显示/设置波特率。

COMM [A| B]ECHO [OFF| ON]

显示/设置 Echo 模式。

COMM [A|B]TIMEOUT [5 – 43200]

指定通信端口自动登出超时时间（秒）。

COMM [A| B]RESET

复位通信端口。

{A | B} EOL {CR | LF | CRLF}:Level 1 & Level 3 Saves

显示/设置通信端口行结束符。

{A | B} HAND {OFF | HARDWARE | SOFTWARE}:Level 2 & Level 3 Saves

显示/设置通信端口握手模式。

{A | B} MODE {BINARY | ASCII | TL1 | PASSTHRU}:Level 3

显示/设置通信端口模式。

（5） 配置命令。

CONFIG {start input | NONE} {stop input}

显示/设置模块配置。

（6） 日期和时间命令。

DATE：

显示当前日期。

DATE XX/XX/XX：Level 3

设置当前日期。

TIME：

显示当前日期和时间。

TIME XX：XX：XX：Level 3

设置当前时间。

（7）禁能命令。

DISABLE {CLK| FG} {A | B}

禁能帧产生模块的时钟。

DISABLE {input}

禁能输入模块或端口。

DISABLE PASSTHRU

禁能 passthru 端口。

DISABLE EVENT [port][MESSAGE| INPUT| EQUIPMENT| ALL]

禁能自动事件日志。

DISABLE LOGOFF [A | B]

禁能/显示自动登出模式。

（8）使能命令。

ENABLE {CLK| FG} {A | B}

使能时钟或帧生成模块。

ENABLE {input}

使能输入模块或端口。

ENABLE EVENT [port][MESSAGE| INPUT| EQUIPMENT| ALL]

使能自动事件记录。

ENABLE LOGOFF [A | B]

使能/显示自动登出模式。

（9）事件命令。

EVENT {MESSAGE | INPUT | EQUIPMENT | ALL} {start} {number}

显示事件起始编号（默认为 1）。

EVENT CLEAR：Level 3

清除所有事件。

EVENT {MESSAGE | INPUT | EQUIPMENT | ALL} {start date} {start time} {stop date} {stop time}

显示指定时期、指定类型的事件。

（10）FG 命令。

FG {A | B}

显示帧生成数据。

FG [A | B]SET [T1 | E1]{$(SSM in hex)}:Set – Level 3

设置帧生成器输出 SSM(手工模式)。

FG [A | B]MODE {AUTO | MANUAL}:Set – Level 3

显示/设置帧产生器工作模式。

（11）Frequency 命令。

FREQ [input][T100 | T1000 | T10000][1–50]

显示 FREQ 数据。

FREQ [input]INHIBIT

禁止一测试周期内的 FREQ 告警(T100,T1000,T10000)。

FREQ [input][T100 | T1000 | T10000]LIMIT [L1 [1 – 1000000]| L2 [1 – 1000000]]

显示/设置告警限制。

FREQ [input]MODE [L1 [alarm mode]| L2 [alarm mode]]

显示/设置告警模式。

（12）Help 命令。

HELP {command}

显示命令的帮助信息。

（13）ID 命令。

ID

显示单元 id，软件版本和产品支持编号。

（14）Input 命令。

INPUT [input]

显示输入模块状态和统计信息。

INPUT [input | ALL]{AIS | BPV | CRC | LOS | OOF} MODE [IGNORE | REPORT | ALARM | FAIL]

显示/设置信息故障告警模式。

INPUT [input | ALL]{AIS | BPV | CRC | LOS | OOF} {ERROR | CLEAR} [threshold]

显示/设置信号故障错误计数。

INPUT [input | ALL]{AIS | BPV | CRC | LOS | OOF} ZERO
清除信号故障计数。
INPUT [input | ALL]{T1 [ESF | D4]| E1 [CCS | CAS]}
设置 T1 和 E1 成帧类型。
INPUT [input | ALL]CLK [1MHZ | 1.544MHZ | 2.048MHZ | 5MHZ | 10MHZ]
设置输入频率。
INPUT [input | ALL]{T1 | E1} {ZS [OFF | ON]| CRC [OFF | ON]| SSM [OFF | ON]}
设置 T1 和 E1 零压缩，CRC 和 SSM 禁能和使能。
INPUT [input | ALL]TERMINATION [3300 | 120 | 100 | 75 | 50]
设置输入终结。
INPUT [input | ALL]SET {PRS | OCN | MCD}
设置频率和 MTIE 限制。
INPUT [input | ALL]SSM [ST1 | ST2 | ST3 | DUS | STU]
设置预分配的 SSM(SQL)。
INPUT [input | ALL]SSM MODE [AUTO | PROV]
设置接收的 SSM 或预分配的 SSM 并且清除无效的 SSM 故障。
INPUT [input | ALL]MODE [IGNORE | REPORT | ALARM | FAIL]
设置 SSM 告警模式（当接收的 SSM 小于预分配的 SSM）。
INPUT [input | ALL]{PRIORITY [0 – 4]| SSM BIT [4 – 8]}
设置优先级，设置 E1 SSM 比特位置。
INPUT {AR | AS} [ON | OFF]
设置显示自动返回和自动切换（autoreturn and autoswitch）。
（15）IP 命令。
IP
显示 IP 地址。
IP [ADDR | MASK | GATEWAY][ip address]:Level 3
设置 IP 地址。
（16）Log in 命令。
LOGIN {username}
登录。
（17）MTIE 命令。
MTIE [input][T100 | T1000 | T10000][CURRENT | [1 – 50]]
显示 MTIE 数据。

MTIE [input]INHIBIT

禁止 MTIE 告警。

MTIE [input][T100 | T1000 | T10000]LIMIT [L1 [1 – 1000000]| L2 [1 – 1000000]]

显示/设置告警限制。

MTIE [input]MODE [L1 [alarm mode]| L2 [alarm mode]]

显示/设置告警模式。

MTIE {input} {[start date][start time]} [stop date][stop time]

Note：date format = MM/DD/YY，time = HH：MM：SS

显示 MITE 图形数据。

（18）Network 命令。

NETWORK：Level 4 – Must have Ethernet Capability

显示本单元网络性能统计信息。

（19）Phase 命令。

PHASE [input][T1 | T100][1 – 100 | 1 – 1000]

显示相位数据。

PHASE [input]ZERO

清除相位数据。

（20）Ping Command。

PING [ip address]:Level 2 – Must have Ethernet Capability

检测网络连通性。

（21）Reference 命令。

REF

显示当前输入参考。

REF [input]:Level 3

设置当前输入参考。

REF MODE {PRIORITY | BEST | SSM}：Set – Level 3

设置输入选择模式。

REF LASTSWITCH

显示最后一次切换的时间和日期。

（22）复位系统命令。

RESTART [5 – 600]

RESTART -

几秒以后复位。

（23）Setup 命令。

SETUP {start input | NONE} {stop input}

显示本单元设置。

SETUP {SAVE | DEFAULT | FACTORY}：Level 3

保存或初始化本单元设置。

（24）Status 命令。

STATUS {start input NONE} {stop input}

显示状态屏。

（25）TDEV 命令。

TDEV {input} [start date][start time][stop date][stop time]

Note：date format = MM/DD/YY，time format = HH：MM：SS

显示 TDEV 图形数据。

（26）User 命令。

USER：View Passwords – Level 4

允许操作员查看用户名。

USER INITUSERTABLE：Level 4

允许操作员初始化用户列表。

USER ［ADD | MODIFY］{username}：Level 4

允许操作员增加或更改一个用户。

USER DELETE {username}：Level 4

从用户列表中删除一个存在的用户。

USER LOGOFF ［port | username］：Level 4

把用户从一个端口登出。

（27）Who 命令。

WHO

显示端口登录的用户。

【思考与练习】

1. 同步时钟系统的时钟模式有哪些？用软件如何设置？
2. 大唐设备管理终端如何启动？
3. 迅腾 Alarm 命令如何使用，有何功能？

模块4 同步时钟系统的故障处理（Z37H4004Ⅱ）

【模块描述】本模块包含同步时钟系统天线馈线、GPS、时钟保持分配设备的故障处理方法。通过天馈线、GPS 模块、时钟保持分配设备的故障分析和消除方法的详细介绍和技能训练，掌握天线调整、现场板卡更换消除故障的技能。

【模块内容】

本模块以迅腾、大唐设备为例，介绍同步时钟系统故障处理方法。

一、迅腾设备

1. 设备维护步骤

（1） 记录各卡板指示灯的状况（黄色与红色）。

（2） 利用监控终端获取相应信息。

1）系统状态信息（STATUS、CONFIG、SET、INPUT）。

2）告警信息（ALARM）。

3）事件（EVENT 500）。

4）原始相位数据（PHASE 输入口 1000）。

（3） 分析所采集的数据（必要时可向厂家咨询）。

（4） 根据分析结果采取相应的措施。

2. GPS 常见故障

（1） 天馈线没有连接好。

（2） 接头松动（共有四个 N 型连接头）。

（3） 避雷器损坏。

（4） 天线损坏。

（5） GPS 接收单元损坏。

注意：以（1）到（4）部分只用一个万用表即可判断，请注意 GPS 天馈线接口输出电平为+5VDC。请经常检查楼顶天线与馈线的状况。

3. TSG 常见故障

（1） 输入单元告警。

（2） 输入信号质量不好（LOS、OOF、AIS、BPV、MTIE 超门限、频偏超门限等）。

（3） 输入端口配置不对（2Mb/s、2Mhz、阻抗）。

（4） 输入卡板故障（MOD FLT）。

（5） 时钟单元告警。

（6） 输入信号不好引起 End of Range。

（7）时钟卡板故障。

（8）帧产生器单元告警。

1）对应时钟单元无输出。

2）帧卡故障。

（9）输出单元告警。

1）时钟或帧单元无输出。

2）输出卡板故障。

4. TSG3800 故障处理指南（见表 17–4–1）

表 17–4–1　　一般故障处理指南

指示灯	告警	模块	告警可能的原因	正确方法
无	主告	所有	无供电	检查电源保险丝和馈电
CPU	主告	处理器	处理器故障	更换处理器板
保持	次告	时钟	进入保持模式	从串口获取错误消息
LOS	次告或主告	输入	输入信号丢失	检查输入信号，如果没有就更换输入信号板
无 LOS	次告或主告	处理器	MTIE 错误	更换处理器板
NEW REF		处理器	使用新参考	按 ACO 按钮清除指示
OOF	次告或主告	输入	丢帧	检查输入信号，跳线，更换模块
OOF 和 AIS	次告或主告	输入	告警指示信号	检查输入信号，如果没有就更换输入信号板
POWER	次告	处理器	丢失一个 48V 电源	检查保险丝和馈电
RUN 灭	主告	处理器	处理器故障	更换处理器模块
SYS	主告	处理器	系统故障	更换处理器模块

二、大唐 GNSS97 告警及故障处理

1. 定位丢失告警

可能是系统预热，外部干扰，天线安装或接收机盘的问题。先判断系统是否刚开机不久，如果是该情况请耐心等待 15min（初次安装需要 30～60min 的定位时间）。在排除外部干扰后，检查天线安装及各个接头、避雷器、放大器是否正常。若不能解决则需要更换接收机盘。

2. 授时丢失告警

可能是系统预热，外部干扰，天线安装或接收机盘的问题。先判断系统是否刚开机不久，如果是该情况请耐心等待 15min（初次安装需要 30～60min 的定位时间）。

在排除外部干扰后，检查天线安装及各个接头、避雷器、放大器是否正常。若不能解决则需要更换接收机盘。

3. 时钟输入丢失告警

可能是系统预热或接收机盘输入接口损坏。先判断系统是否刚开机不久，如果开机后长时间不恢复则需要更换接收机盘。

4. 通信故障

可能是接收机盘死机或通信接口芯片损坏；也可能是 MCP 死机或通信接口芯片损坏。根据通信故障产生点是单点还是多点来判断。单点的通信故障，可以判断是告警产生点的盘（此处是 GGR、GPR）故障。否则是 MCP 故障。如果是死机，可以通过拔插相应的盘解决；如果是 MCP 盘故障，还可以通过倒换主备 MCP 通常可以解决；否则替换相应的盘。由于各盘设计都有可靠方案避免死机，若有死机现象，请排除电源不稳定因素，从根本上解决问题。

5. 时钟输入丢失告警

可能是系统预热或测试盘输入接口损坏。先判断系统是否刚开机不久，如果开机后长时间不恢复则需要更换测试盘。

6. 参考输入告警

可能是未接入参考信号；也可能是 STM1 参考输入盘的输入接口芯片损坏。若是未使用的端口，应利用网管屏蔽此路信号。否则检查输入信号是否正常。在排除外界因素后，考虑更换此盘。

7. 成帧信号输出告警

可能是系统预热、2M 地面参考盘两路输入接口同时损坏或两块 RB/XO 盘输出盘同时损坏。如果两个 2M 地面参考盘同时产生此告警，可以判断两块 RB/XO 盘同时损坏；否则是 2M 地面参考盘损坏。先判断系统是否刚开机不久，如果开机后长时间不恢复则需要更换相应的机盘。由于系统有多重冗余保护，此告警极少产生；产生原因也比较复杂。故建议由厂方提供技术支持，排除故障。

8. 成帧信号输入丢失告警

可能是系统预热、2048kb/s 输出盘输入接口损坏或 2M 地面参考盘输出盘接口损坏。如果多个 2048kb/s 输出盘同时产生此告警，可以判断 2M 地面参考盘损坏；否则是 2048kb/s 输出盘损坏。先判断系统是否刚开机不久，如果开机后长时间不恢复则需要更换相应的机盘。

9. TOD 输入告警

可能是系统预热，TOD 输入接口损坏或相应的 GGR/GPR 输出接口损坏。故障的查找应该采用替换法。用备份的 MCP 替换当前工作的 MCP，如果告警继续存在，可

以判断是 GGR/GPR 盘故障；否则是 MCP 故障。作出正确判断后，更换故障盘。

【思考与练习】

1. 如何判断时钟系统故障是天线馈线有故障？
2. 同步系统时钟的通信故障会有什么告警指示？
3. 如何排除电源故障？

第五部分

生产管理系统

第十八章

变电站工作票和通信检修票的流程与填报

模块1　变电站第一种工作票的填写（Z37D6001Ⅰ）

【模块描述】本模块包含变电站第一种工作票的填写要求、送交和接收、填写变电站第一种工作票时对工作许可人的要求、许可开始工作时间、工作班组人员签名、工作负责人变动情况、工作票延期、工作间断、工作终结及工作票终结、备注、盖章、填写注意事项、格式等内容，通过对本模块的学习，掌握变电站第一种工作票填写的内容。

以下着重介绍变电站第一种工作票填写的内容。

【模块内容】

一、变电站第一种工作票的填写要求

1. 单位、班组

（1）单位：应填写工作班组主管单位的名称。

（2）班组：应填写参加工作班组的全称。

2. 工作负责人

若几个班同时工作时，填写总工作负责人的姓名。

3. 工作班人员

填写的工作班人员不包括工作负责人在内。

4. 工作的变配电站名称及设备双重名称

此栏应填写进行工作的变电站、开关站、配电室名称和电压等级，要填写双重名称。

5. 工作任务

（1）工作地点及设备双重名称。

工作地点及设备双重名称应填写实际工作现场的位置和地点名称以及设备的双重名称。

（2）工作内容。

工作内容栏应填写该工作的设备检修、试验清扫、保护校验、设备更改、安装、

拆除等项目，工作内容应对照工作地点及工作设备来填写。

6. 计划工作时间

填写应在调度批准的设备停电检修时间范围内。

7. 安全措施

（1） 应拉断路器、隔离开关。

应拉开的断路器、隔离开关和跌落式熔断器，应取下的熔断器、应拉开的快分开关或电源刀开关等均应填入此栏。

（2） 应装接地线、应合接地开关。

应写明装设接地线的具体位置和确切地点，接地线的编号可以留出空格，待变电站值班运行人员做好安全措施后，由工作许可人填写装设接地线编号。

（3） 应设遮栏、应挂标示牌。

填写应装设遮栏，应挂标示牌的名称和地点。

填写防止二次回路误碰的具体措施。填写要装设的绝缘挡板，应注明现场实际装设处的位置。

1）小范围停电检修工作时，遮（围）栏应包围停电设备，并留有出入口，遮（围）栏内没有“在此工作”的标示牌，在遮（围）栏上悬挂适当数量的“止步，高压危险!”标示牌，标示牌应朝向遮（围）栏里面。围栏开口处设置“由此出入”标示牌。在开口式遮（围）栏内不得有带电设备，出口朝向通道。在大范围停电检修工作时，装设围栏应包围带电设备，即带电设备四周装设全封闭围栏，并在全封闭围栏上悬挂适当数量的“止步，高压危险!”标示牌，标示牌应朝向全封闭围栏外面。

2）室内一次设备上的工作，应悬挂“在此工作”标示牌，并设置遮（围）栏，留有出入口。应在检修设备两侧、检修设备对面间隔的遮（围）栏上、禁止通行的过道处悬挂“止步，高压危险!”标示牌。室内二次设备上的工作，应悬挂 “在此工作”标示牌，并在检修屏（盘）两侧屏（盘）前后悬挂红布幔。手车断路器拉出断路器柜外后，隔离带电部位的挡板封闭后禁止开启，手车断路器柜门应闭锁，并悬挂“止步，高压危险!”标示牌。

（4） 工作地点保留带电部分或注意事项。

要求工作地点保留带电部分应写明停电设备上、下、左、右第一个相邻带电间隔和带电设备的名称和编号。线路停电，接地开关需要拉开进行修试，由工作负责人监护工作人员装设临时接地线，先装设临时接地线后拉开接地开关，试验结束应先合上接地开关，后拆除临时接地线。

8. 工作票签发人签名

工作票签发人填好工作票或由工作负责人填写工作票，应经工作票签发人审核无

误后，由工作票签发人在一式两联工作票的“工作票签发人签名”栏签名，并填写签发日期。

二、送交和接收变电站第一种工作票

第一种工作票应在工作前一日送达运行人员，变电站运行值班人员应在工作前一日审查工作票所列安全措施是否正确、完备，是否符合现场条件。确认无问题后，在一式两联的变电站第一种工作票上填写收到工作票时间并在运行值班人员签名栏签名。

三、填写变电站第一种工作票时对工作许可人的要求

1. 已拉开断路器和隔离开关

根据现场已经执行的拉开断路器和隔离开关对照工作票上应拉开断路器和隔离开关的逐项内容，在“已执行”栏逐项打“√”。

2. 已装接地线、应合接地开关

根据现场已经执行的装设接地线、合上接地开关对照工作票上应装接地线、应合上接地开关的逐项内容，在“已执行”栏逐项打“√”，由工作许可人在“应装接地线、应合接地开关”栏填写现场已经装设接地线的编号。

3. 已设遮栏、已挂标示牌

根据现场已经布置的安全措施对照工作票上应设遮栏、应挂标示牌、防止二次回路误碰措施的逐项内容，在“已执行”栏逐项打“√”。

4. 补充工作地点保留带电部分和安全措施

补充安全措施是指工作许可人认为有必要补充的其他安全措施和要求，该栏是运行值班人员向检修、试验人员交代补充工作地点保留带电部分和安全措施的书面依据。此栏不允许空白。

四、许可开始工作时间

工作许可人应确认变电站运行值班人员所作的安全措施与工作要求一致，工作地点相邻的带电或运行设备及提醒工作人员工作期间有关安全注意事项等已经填写清楚，在确认变电站第一种工作票各项内容全部完成后，由工作许可人会同工作负责人到现场再次检查所做的安全措施，确认检修设备确无电压。双方认为无问题后，由工作许可人填上许可开始工作时间。许可开始工作时间由工作许可人在工作现场填写。上述工作完成后，工作许可人在一式两联工作票中“工作许可人签名”栏签名，工作负责人在一式两联工作票中“工作负责人签名”栏签名。

五、工作班组人员签名

工作负责人接到工作许可命令后，应向全体工作人员交待工作票中所列工作任务、安全措施完成情况、保留或邻近的带电设备和其他注意事项，并询问是否有疑问。工作班组全体人员确认工作负责人布置的任务和本工作项目安全措施交代清楚并确认无

疑问后，工作班成员应逐一在签名栏签名。

六、工作负责人变动情况

1. 工作负责人变动

工作期间，若工作负责人因故长时间离开工作现场时，应由原工作票签发人变更工作负责人，履行变更手续，并告知全体工作人员及工作许可人，同时在工作票上填写离去和变更的工作负责人姓名，并填写工作票签发人姓名以及工作负责人变动时间。

2. 工作人员变动

工作人员变动应经工作负责人同意，在工作票上注明变动人员姓名、变动日期和时间，并简要写明工作人员变动的原因。

七、工作票延期

应在工期尚未结束以前由工作负责人向运行值班负责人提出申请，由运行值班负责人通知工作许可人给予办理。运行值班负责人得到调度值班员的工作票延期许可后，方可将延期时间填在一式两联工作票的“有效期延长到”栏内，同时与工作负责人在工作票上分别签名、分别填入签名时间后执行。

八、工作间断

使用一天的工作票不必填写“每日开工和收工时间”，使用多日的工作票应填写“每日开工和收工时间”。每日收工，应清扫工作地点，开放已封闭的通路，并将工作票交回工作许可人，在工作票上填写收工时间，工作负责人与工作许可人分别在工作票“每日收工时间”栏内签名。次日复工时，应得到工作许可人的许可。

九、工作终结及工作票终结

1. 工作终结

全部工作完毕后，工作班应清扫、整理现场。工作负责人应先做周密地检查，待全体工作人员撤离工作地点后，再向运行人员交待所检修项目、发现的问题、试验结果和存在问题等，并与运行人员共同检查设备已恢复至开工前状态，然后在工作票上填明工作结束时间。经双方签名后，工作终结。

2. 工作票终结

待工作票上的临时遮栏已拆除，标示牌已取下，已恢复常设遮栏，未拆除的接地线、未拉开的接地开关已汇报调度。安全措施全部清理完毕，运行值班负责人对工作票审查无问题并在两联工作票上签名，填写工作票终结时间后，工作票方告终结。

十、备注

填写工作票签发人、工作负责人、工作许可人在办理工作票过程中需要双方交代的工作及注意事项。

十一、变电站第一种工作票盖章

"已执行"章和"作废"章应盖在变电站第一种工作票的编号上方。工作结束后工作负责人从现场带回下联工作票，向工作票签发人汇报工作完成情况，并交回工作票，工作票签发人认为无问题时，在下联工作票的编号上方盖上"已执行"章，然后将工作票收存以备检查。工作结束后工作许可人将上联工作票交给运行值班负责人，并向值班负责人汇报工作完成情况，运行值班负责人认为无问题时，在上联工作票的编号上方盖上"已执行"章，然后将工作票收存。

变电站第一种工作票的编号由各单位统一编号，使用时应按编号顺序依次使用。

【思考与练习】

1. 试述变电站第一种工作票工作终结的规定。
2. 试述变电站第一种工作票工作票终结的规定。
3. 试述变电站第一种工作票工作票延期的规定。

◢ 模块2　变电站第二种工作票的填写（Z37D6002Ⅰ）

【模块描述】本模块包含填写变电站第二种工作票的要求、工作许可、工作班组人员签名、工作负责人变动情况、工作票延期、工作票终结、备注、盖章、填写注意事项、格式等内容，通过对本模块的学习，掌握变电站第二种工作票填写的内容。

以下着重介绍变电站第二种工作票填写的内容。

【模块内容】

一、填写变电站第二种工作票的要求

1. 单位、班组

（1）单位：应填写工作班组主管单位的名称。

（2）班组：应填写参加工作班组的全称。

2. 工作负责人

工作负责人是组织工作人员安全的完成工作票上所列工作任务的负责人，也是对本工作班完成工作的监护人。若几个班同时工作时，填写总工作负责人的姓名。

3. 工作班人员

填写的工作班人员不包括工作负责人在内。

4. 工作的变配电站名称及设备双重名称

此栏应填写进行工作的变电站、开关站、配电室名称和电压等级，变电站、开关站、配电室名称要写全称。要填写变电站、开关站、配电室内工作的设备双重名称。

5. 工作任务

（1）工作地点或地段。

工作地点及设备双重名称应填写实际工作现场的位置和地点名称以及设备的双重名称，其中断路器、隔离开关、电力电容器等电气设备应写双重名称，构架、母线等应写电压等级和设备名称，填写设备名称必须与现场实际相符。

（2）工作内容。

工作内容栏应填写该工作的设备检修、试验及设备更改、安装、拆除等项目，工作内容应对照工作地点或地段来填写。

6. 计划工作时间

计划工作时间可以由工作票签发人根据工作性质来确定。

7. 工作条件

填写停电或不停电的条件是指对检修对象要求的工作条件，即检修对象需要停电时则填写停电，不需要停电时则填写不停电。需要停电时，应在“注意事项”栏内写明需要停电的电源设备。要在此栏中填写邻近及保留带电设备名称，带电设备要写双重名称。

8. 注意事项

继电保护定期校验、检查工作时，应写明退出保护的具体名称，切换断路器选择开关的“遥控”/“就地”状态。在临近带电运行的一次设备上工作时应注明设备运行情况及工作人员与带电设备保持的安全距离。在高处作业时，应注明下层设备及周围设备运行情况。在蓄电池室内工作，应提醒工作人员注意“禁止烟火”等。

二、工作票签发人签发变电站第二种工作票

工作票签发人填好工作票或由工作负责人填好工作票后，必须经工作票签发人审核无误，由工作票签发人在一式两联工作票的“工作票签发人签名”栏签名，并填写工作票签发时间。变电站运行值班负责人收到变电站第二种工作票后，应对工作票的全部内容作仔细审查确认无问题后，按照工作票内容做好安全措施。

三、补充安全措施

除工作票签发人填写的安全措施外，工作许可人认为有必要补充说明的安全措施也要在此栏中写明。

四、工作许可

在填写许可开始工作时间前，工作许可人必须认真仔细审查工作票签发人填好工作票各项内容。对于进入变电站或发电厂工作，必须经过当值运行人员许可，工作负责人应确认变电站或发电厂运行值班人员所作的安全措施与工作票安全措施要求一致，工作地点相邻的带电或运行设备及提醒工作人员工作期间有关安全注意事项均已

填写清楚。工作许可人会同工作负责人到现场，对照工作票指明工作任务、工作地点、带电部分以及注意事项，工作负责人确认无问题后，由工作许可人填写许可开始工作时间。许可工作时间由工作许可人在工作现场填写。工作许可人在填写许可工作时间时应注意许可工作时间应在计划工作时间之后。工作许可人在一式两联工作票中“工作许可人签名”栏签名，并填写许可工作时间。工作负责人在一式两联工作票中“工作负责人签名”栏签名工作许可手续办理完毕。

五、工作班组人员签名

工作负责人带领工作班组全体人员到达工作现场后，应向全体工作人员交待工作票中所列工作任务、人员分工、工作条件及现场安全措施、计划工作时间、进行危险点告知等，并询问是否有疑问，如果工作人员有疑问或没有听清楚，工作负责人有义务向其重申，直到清楚为止。工作班组全体人员确认工作负责人布置的任务和本工作项目安全措施交代清楚并确认无疑问后，工作班组全体人员应逐一在“工作班组人员签名”栏填入自己的姓名，工作班人员必须是本人亲自签名。

六、工作票延期

应在工期尚未结束以前由工作负责人向运行值班负责人提出申请，运行值班负责人得到调度值班员的工作票延期许可后，方可将延期时间填在一式两联工作票的“有效期延长到”栏内，由运行值班负责人通知工作许可人给予办理。工作许可人与工作负责人在工作票上分别签名、分别填入签名时间后执行。

七、工作票终结

工作结束时间应与计划结束时间相同或在计划结束时间之前。在工作结束后和未填写工作结束时间前，由工作负责人会同工作许可人一起到现场进行验收，经验收合格，递交必须的检查试验报告，填写有关记录，清理现场后工作许可人方可在一式两联工作票上填写工作结束时间。工作负责人与工作许可人在一式两联工作票上分别签名并填写签名时间，工作票方告终结。

八、备注

由于变电站第二种工作票无工作负责人变更栏，当遇到此种情况时可由工作票签发人电话传达并由工作许可人写明“×××电话传达”并签名。此栏还应填写非正常工作间断的原因。增减工作人员的原因、工作中需要注明的内容等。

九、变电站第二种工作票盖章

“已执行”章和“作废”章应盖在变电站第二种工作票的编号上方。工作结束后工作负责人从现场带回下联工作票，向工作票签发人汇报工作完成情况，并交回工作票，工作票签发人认为无问题时，在下联工作票的编号上方盖上“已执行”章，然后将工作票收存以备检查。工作结束后工作许可人将上联工作票交给值班负责人，并向运行

值班负责人汇报工作完成情况，运行值班负责人认为无问题时，在上联工作票的编号上方盖上“已执行”章，然后将工作票收存以备检查。

变电站第二种工作票的编号由各单位统一编号，使用时应按编号顺序依次使用。

【思考与练习】

1. 试述变电站第二种工作票工作许可的规定。
2. 试述变电站第二种工作票工作票终结的规定。
3. 试述变电站第二种工作票工作票延期的规定。

模块3 电气工作票的填写实例（Z37D6003Ⅰ）

【模块描述】本模块包含电力线路第一种和第二种工作票等内容，通过对本模块的学习，掌握电气工作票填写实例的内容。

以下着重介绍电气工作票填写实例的内容。

【模块内容】

一、电力线路第一种工作票实例

电力线路第一种工作票

单位____________ 编号____________

1. 工作负责人（监护人）周×× 班组

2. 工作班人员（不包括工作负责人）

张××，刘××，徐××，王××，李××等共 12 人

3. 工作的线路或设备双重名称（双回路应注明双重称号）

10kV 金源线停电，位置在下线，色标为蓝色。

4. 工作任务

工作地点或地段（注明分、支线路名称、线路的起止杆号）	工作内容
10kV 金源线 10 号杆至 45 号杆	对 10kV 金源线 32 杆 32 分段断路器、32–1 隔离开关、32–2 隔离开关检修预试
	10kV 金源线 14 号杆横担消缺工作
	对 10kV 金源线 26 号杆更换绝缘子
	对 10kV 金源线 10 号杆至 45 号杆耐张杆登杆检查

5. 计划工作时间

自____年__月__日__时__分

至____年__月__日__时__分

6. 安全措施（必要时可附页绘图说明）

6.1 应改为检修状态的线路间隔名称和应拉开的断路器（开关）、隔离开关（刀闸）、熔断器（包括分支线、用户线路和配合停电线路）：

应拉开 110kV 光荣变电站 10kV 金源线 65 断路器、65–1 隔离开关、65–3 隔离开关，在 65–3 隔离开关线路侧装设接地线，在 65–3 隔离开关操作把手上悬挂“禁止合闸，有人工作！”标示牌。应拉开 10kV 金源线 32 分段断路器、32–1 隔离开关、32–2 隔离开关。

6.2 保留或邻近的带电线路、设备：

10kV 水源线、10kV 硅谷线、10kV 机场线均带电。

6.3 其他安全措施和注意事项：

（1）工作负责人必须在接到工作许可人许可工作命令后，工作人员方可在监护人的监护下在 10kV 金源线 10 号杆线路验电确无电压，装设 1 号接地线，在 10kV 金源线 45 号杆线路验电确无电压，装设 2 号接地线。工作人员确已知道工作地段接地线装设好并接到工作负责人当面许可后，方可开始工作。

（2）由于 10kV 金源线 45 号杆与带电的 10kV 机场线 21 号杆邻近，工作时必须派专人监护，监护人：周××。

（3）由于停电的 10kV 金源线 10 号杆至 20 号杆线路（位置在下线）与带电的 10kV 硅谷线线路（位置在右上线）、带电的 10kV 水源线线路（位置在左上线）同杆架设，因此 10kV 金源线 14 号杆横担消缺工作时，必须派专人监护，监护人：张××。

（4）10kV 金源线线路图见图 18–3–1。

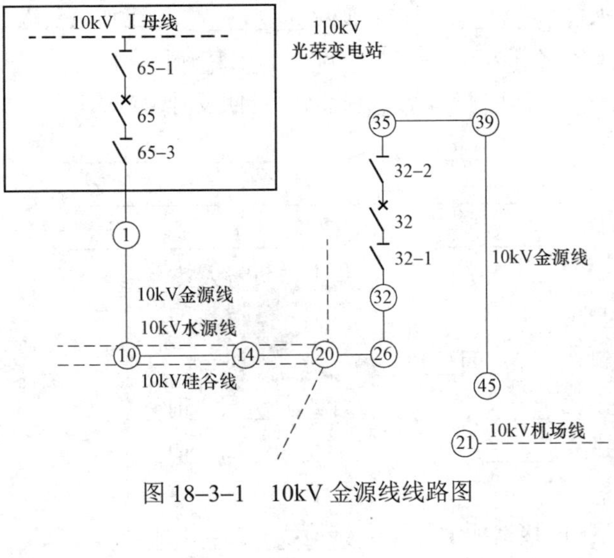

图 18–3–1 10kV 金源线线路图

6.4 应挂的接地线

线路名称及杆号	10kV 金源线 10 号杆	10kV 金源线 45 号杆				
接地线编号	1 号接地线	2 号接地线				

工作票签发人签名郭××　　____年__月__日__时__分

工作负责人签名周××　　____年__月__日__时__分收到工作票

7. 确认本工作票 1～6 项，许可工作开始

许可方式	许可人	工作负责人签名	许可工作的时间
电话	王××	周××	年　月　日 时　分
			年　月　日 时　分
			年　月　日 时　分

8. 确认工作负责人布置的工作任务和安全措施

工作班组人员签名：

____

____

____

9. 工作负责人变动情况

原工作负责人__________离去，变更__________为工作负责人。

工作票签发人签名郭××　　____年__月__日__时__分

10. 工作人员变动情况（变动人员姓名、日期及时间）

____

____

____

工作负责人签名周××

11. 工作票延期

有效期延长到____年__月__日__时__分

工作负责人签名周××　　____年__月__日__时__分

工作许可人签名王××　　____年__月__日__时__分

12. 工作票终结

12.1 现场所挂的接地线编号 1 号接地线、2 号接地线　　共　2　组，已全部

拆除、带回。

12.2　工作终结报告

终结报告的方式	许可人	工作负责人签名	终结报告时间
电话	刘××	周××	年　月　日时　分
			年　月　日时　分
			年　月　日时　分

13. 备注

（1）指定专责监护人＿＿＿＿＿＿＿＿　负责监护＿＿＿＿＿＿＿＿＿＿＿＿

＿＿＿＿＿＿＿＿＿＿＿＿＿＿＿＿＿＿＿＿＿＿＿＿＿（人员、地点及具体工作）

（2）其他事项＿＿＿＿＿＿＿＿＿＿＿＿＿＿＿＿＿＿＿＿＿＿＿＿＿＿

＿＿＿＿＿＿＿＿＿＿＿＿＿＿＿＿＿＿＿＿＿＿＿＿＿＿＿＿＿＿＿＿

＿＿＿＿＿＿＿＿＿＿＿＿＿＿＿＿＿＿＿＿＿＿＿＿＿＿＿＿＿＿＿＿

二、电力线路第二种工作票实例

电力线路第二种工作票

单位＿＿＿＿＿＿＿＿　编号＿＿＿＿＿＿＿

1. 工作负责人（简化人）浦××　班组＿＿＿＿＿＿＿

2. 工作班人员（不包括工作负责人）

袭××，邓××，董××等共 4 人

3. 工作任务

线路或设备名称	工作地点、范围	工作内容
10kV 城西线	10kV 城西线 64 号杆	10kV 城西线 64 号杆配电台区跌落式熔断器带电接三相引线工作

4. 计划工作时间：

自＿＿年＿月＿日＿时＿分

至＿＿年＿月＿日＿时＿分

5. 注意事项（安全措施）

（1）工作前工作负责人应与调度值班员联系，停用 10kV 城西线重合闸装置后，方可工作。工作结束后，汇报调度。

（2）带电断、接空载线路时，应采取防止引流线摆动的措施。

（3）工作地点设专人监护，监护人：浦××。

工作票签发人签名<u>肖××</u>　　____年__月__日__时__分

工作负责人签名<u>浦××</u>　　____年__月__日__时__分

6. 确认工作负责人布置的工作任务和安全措施

工作班组人员签名：

____

7. 工作开始时间：___年__月__日__时__分　工作负责人签名<u>浦××</u>

工作完工时间：___年__月__日__时__分　工作负责人签名<u>浦××</u>

8. 工作票延期

有效期延长到____年__月__日__时__分

9. 备注

____

____

____

【思考与练习】

1. 如图 18–3–1 所示，试写出对 10kV 金源线 32 杆 32 分段断路器、32–1 隔离开关、32–2 隔离开关检修预试的工作票。

2. 试写出10kV城西线64号杆配电台区跌落式熔断器带电接三相引线工作的工作票。

3. 工作票中工作班组人员应在什么时候签字？

模块 4　通信检修计划的流程与填报（Z37D6004Ⅰ）

【模块描述】本模块介绍了月度检修计划的流程以及在 TMS 系统中进行月度检修计划申报和审批的流转方式。通过流程介绍、操作讲解、系统演练，掌握与 TMS 系统月度检修计划相关操作的方法。

【模块内容】

一、通信设备月度检修计划介绍

检修计划分为年度检修计划和月度检修计划。检修计划的编制应基于通信设备的运行状况及一次系统变更对通信系统的影响。检修计划管理功能包括查询、审批、统计等。

检修计划中对上级单位设备的检修需要得到上级单位的批准。

二、月度检修计划流程

月度检修计划目前由国网信通启动下发，下级单位依据管理要求来填报各单位的月检修计划。填报的月度检修计划项目，经过各级单位汇总、审核、审批，最终获得批准的项目将确认归档。

月度检修计划填报流程如图 18–4–1 所示。

月度检修计划填报流程的基本步骤如下：

（1）国网信通每月初自动启动下发月度检修计划填报流程。

（2）各下级单位登录查看、填报本单位的月检修计划项目。

（3）各单位按照规定汇总审核本单位管理权限范围内的所有月检修计划项目。

（4）各单位需将汇总审核后的月检修计划提交领导审批，并按管理规定准时提交上报给上级单位。

（5）最终将所有通过批准的月度检修计划项目确认归档。

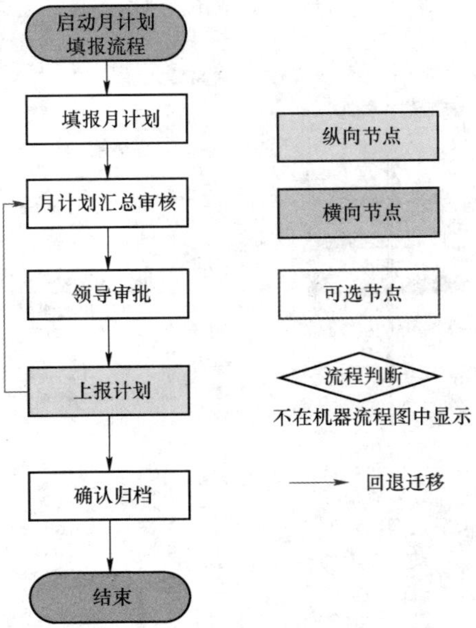

图 18–4–1　月计划填报流程图

月度检修计划填报流程的方法：

各级单位操作人员登录系统后可以在月度检修计划中查看本单位的待办月度检修计划项，并依据自身角色权限对相应的检修计划项目进行填报/编辑、审核、上报等操作，完成之后单击操作转至下一流程节点。

三、操作实例

在浏览器中输入 http：//系统 IP 地址：7001/MWWebSite 并按 Enter 键进入 TMS 系统登录页面，使用具备当前流程节点操作权限的账户登录系统，打开“检修管理–检修计划流程–月度检修计划”菜单项，在代办工单中可以看到需要处理的检修计划填报流程，如图 18–4–2 所示。

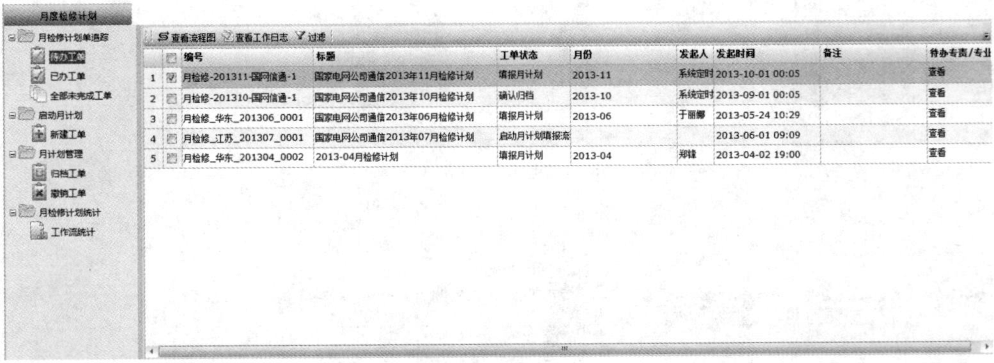

图 18–4–2　月度检修计划管理界面

双击当月需填报的月计划工单将弹出月计划填报页面，如图 18–4–3 所示。

图 18–4–3 月计划填报页面

月计划填报过程都在此界面中完成，下面详细介绍月计划填报流程操作。

1. 填报月计划

此节点操作角色：检修专责。

此节点操作员主要工作为管理本单位检修计划，通过双击月工作项目统计中的选项或单击“管理工作项”按钮来实现，如图 18–4–4 所示。

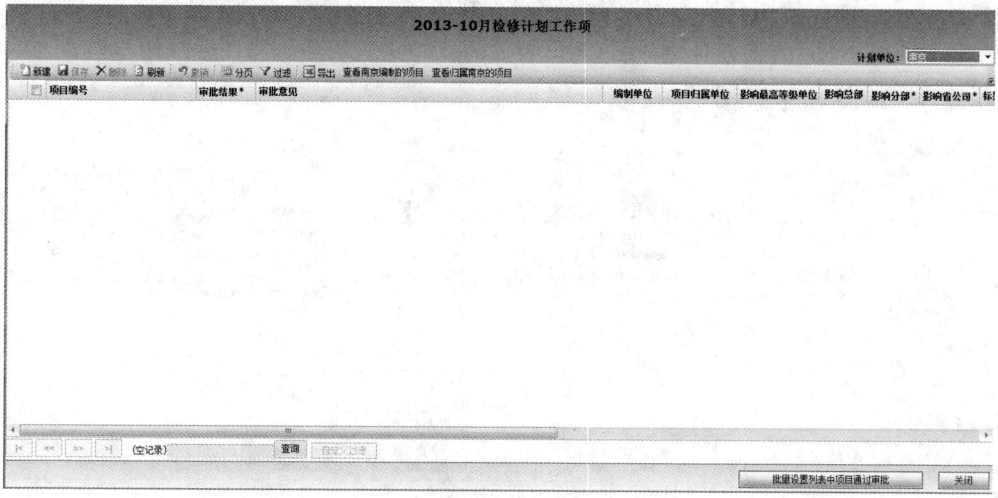

图 18–4–4 月检修计划工作项管理

单击“新建”按钮，进入工作项填写的页面，需要按国网要求详细填写此页面中的相关字段，最后单击“保存”按钮保存成功后关闭次页面，至此一条检修项填报完成，如图 18–4–5 所示。

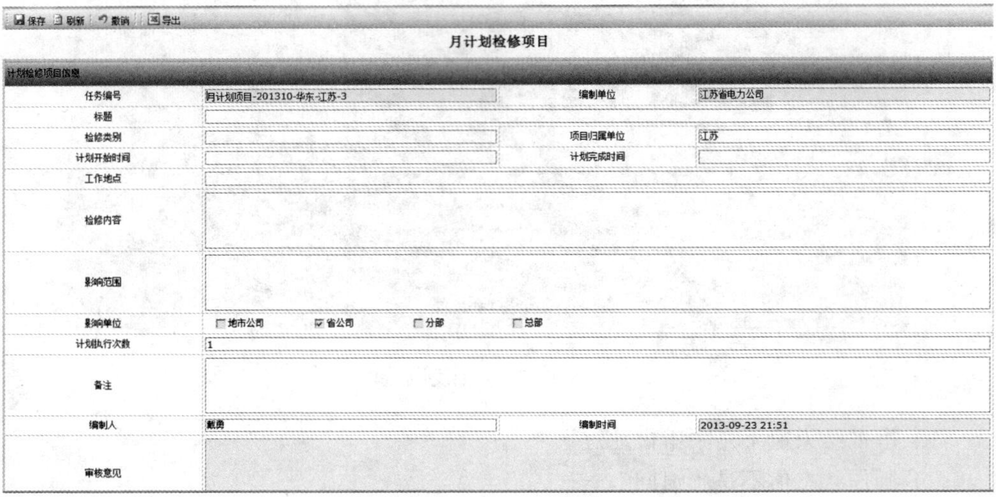

图 18–4–5　月计划项目内容填写

在完成所有月检修计划项的填写工作后，回到月度检修计划工单页面，单击操作按钮，流转下一步进行汇总并审核，如图 18–4–6 所示。

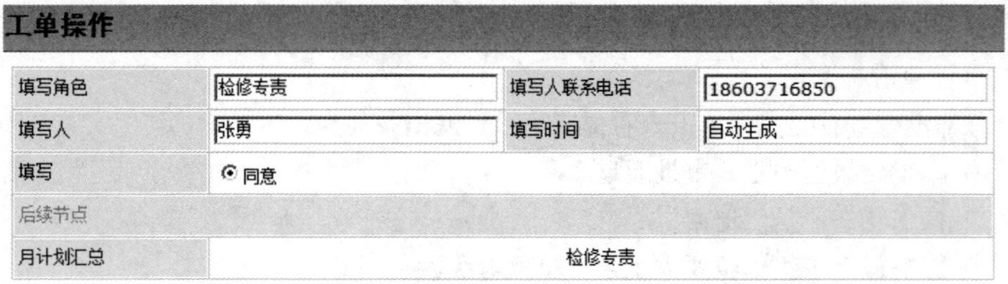

图 18–4–6　节点流转操作

2. 月计划汇总

此节点操作角色：检修专责。

此节点操作员主要工作为审核本单位及下级单位填报信息，对于审批通过的计划项将其状态设置为“审批通过”，“可选”添加月检修项目，如图 18–4–7 所示。

相关操作说明：

（1） 查看退回。

地市公司没有查看退回功能，单击查看退回可以过滤出条件为：

图 18-4-7 月计划汇总

1）审批结果值不是“审批通过”。

2）操作状态值不是“退回”。

3）编制单位要小于当前单位。

4）编制单位不能是当前单位。

（2） 退回。

1）地市公司没有退回功能。

2）选中符合上诉查看退回条件即可退回给下级单位。

（3） 查看提交。

总部没有查看提交；单击查看提交可以过滤出条件为：

1）审批结果值不是“审批通过”。

2）操作状态值是“退回”。

3）影响最高等级单位要大于当前单位等级。

4）编制单位必须是当前单位。

（4） 提交。

选中符合上诉查看提交条件即可提交给上级单位，总部没有查看提交功能。

注意事项：

1）月检修计划项目补录只能在当月的最后三天新增。

2）省、分部月检修计划流程流转到“上报计划”节点或者已归档节点后，想再次添加月检修计划项目可以用“填报月计划”节点的角色用户来新增月计划项目。

3）如修改的影响单位大于当前单位等级，则不能再修改。

4）在此处“上级单位”新建月计划项目，修改项目归属单位为“下级单位”的时候基本信息填写完后保存该数据就会发送到“下级单位”。

完成月计划汇总操作后，单击“操作”按钮，弹出节点流转界面，单击“确认”按钮，可完成此节点的操作，并流转至领导审批节点。

3. 领导审批

此节点操作角色：通信领导。

此节点操作员主要工作为审核工单信息，是否符合实际情况，通过单击“查看工作项”完成；

通信领导审核完成后，单击“操作”按钮将工单流转至下一流程节点，单击“确认”按钮，系统会自动将工单流转至上级单位。

4. 上报计划

月检修计划流转至上级单位，由上级单位的专责及通信领导进行审批，当总部审批完成后，月度检修计划会流转回各单位，此时可以进行月检修计划的归档。

5. 确认归档

此节点操作角色：检修专责。

此节点操作员主要工作为审核工单信息是否符合实际情况，在工单界面下方可以查看工单流转足迹，如图 18–4–8 所示。

启动月计划填报流程			
国网信通	国网信通	电话	
审核结果	同意	审核时间	2013-08-01 00:02:28
填报月计划			
检修专责	戴勇	电话	412-3532
填写时间	2013-08-19 17:44:40		
月计划汇总审核			
检修专责	张云翔	电话	412-3533
审核结果	同意	审核时间	2013-08-19 17:46:52
领导审批			
通信领导	李伟	电话	412-3538
审批结果	同意	审批时间	2013-08-19 17:48:44
- 华东			上报计划:庄自超(18611394337) 审核结果： 同意
上报计划			
国网信通	庄自超	电话	18611394337
审核结果	同意	审核时间	2013-09-02 10:14:43

图 18–4–8　流程足迹

单击“操作”按钮，并单击“确认”按钮，此工单节点操作完成。至此，月检修计划填报流程完毕。

【思考与练习】

1. 检修计划的编制受哪些因素制约？

2. 系统中，各级单位操作人员对检修计划的操作权限的设定依据是什么？

3. 请简述检修计划流程。

模块5 通信检修票的流程与填报（Z37D6005Ⅰ）

【模块描述】本模块介绍了检修票的流程以及在TMS系统中进行计划检修、临时检修申报和审批的流转方式。通过流程介绍、操作讲解、系统演练，掌握TMS系统检修票的操作方法。

【模块内容】

一、检修票功能简介

TMS系统中提供计划检修和临时检修功能，可以从计划检修项按预定执行日期启动检修票，也可以直接创建新检修票，启动临时检修流程。

目前，系统根据适用范围提供2种检修票处理流程：

（1）本局，适用于省公司、分部、国网信通。

（2）地调，适用于地市公司。

其中，如果申请的检修项目影响到上级单位业务的正常运行，需要提交上级单位审批确认。

本局检修票流程如图18-5-1所示。

二、系统中检修票流转的基本步骤

1. 检修票的创建（启动）

从计划检修项启动：计划检修项将在预期执行的日期自动进入待办事项列表，直接在计划检修项上右键启动检修票，将根据计划检修项自动生成新的检修票。

直接创建检修票：在检修票管理界面全新创建新的检修票，根据工作要求填写检修票的各项内容。

2. 检修票的流转

在检修票流转的各节点，各节点操作人员登录时可以在待办事项内看到自己权限范围内的检修票，按照要求为检修票填写必要的内容，确认内容无误后可以选择“同意”进入下一环节，或者选择“不同意”将检修票退回至上一节点并填写退回意见。

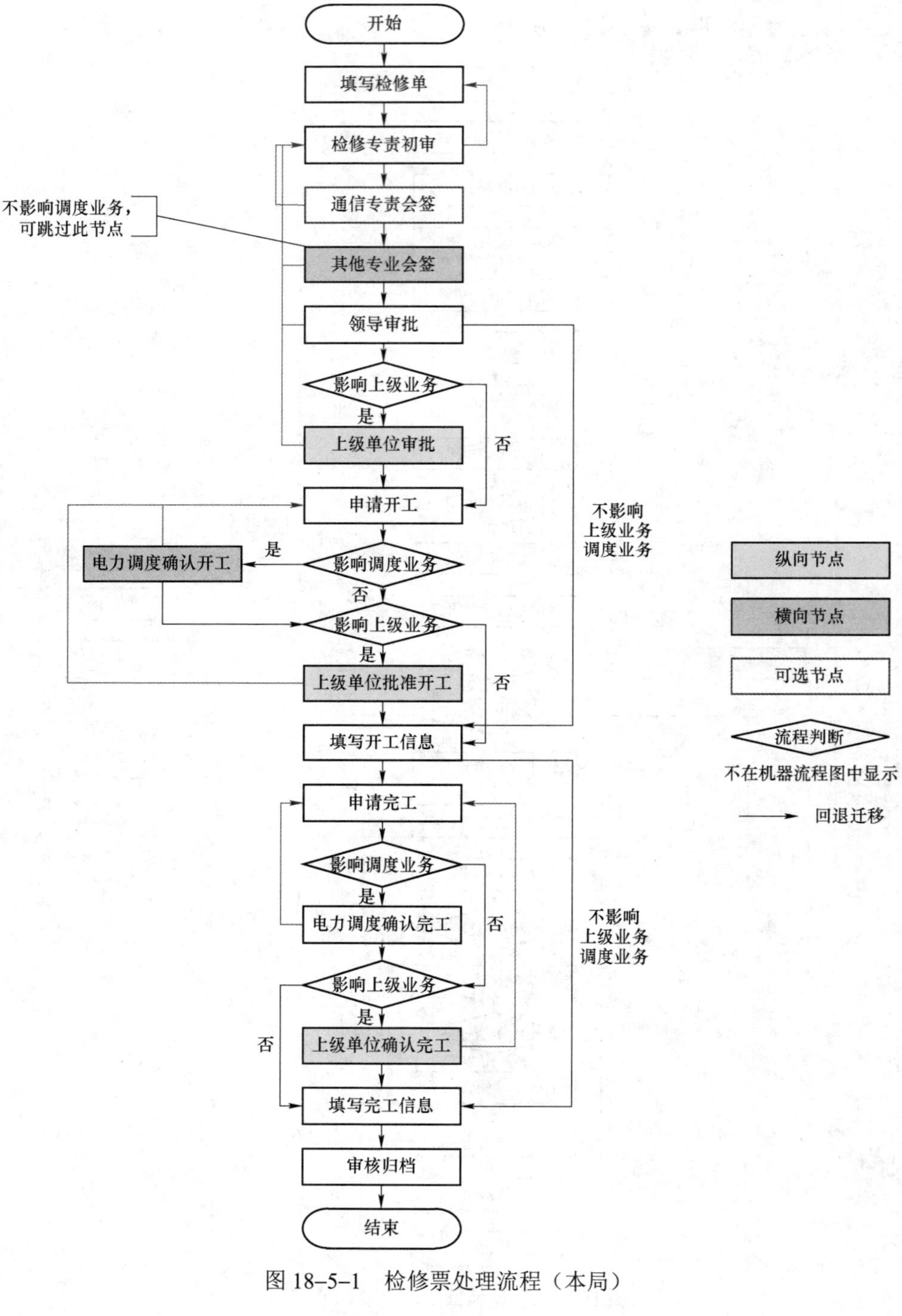

图 18-5-1　检修票处理流程（本局）

地调检修票流程如图 18–5–2 所示。

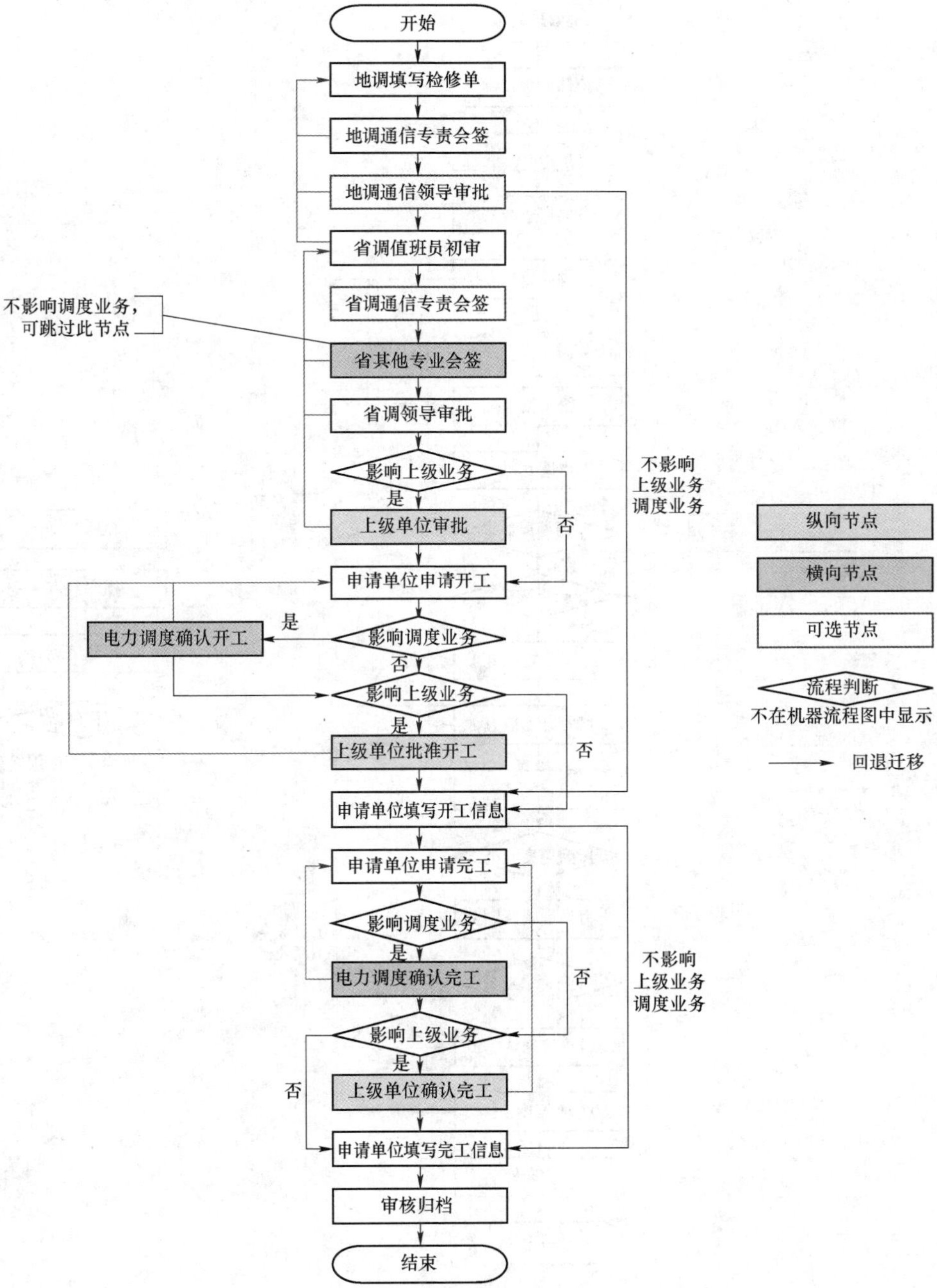

图 18–5–2 检修票处理流程（地调）

3. 检修票的归档

当检修工作完工，检修票流转至申请完工状态，经审核确认完工后就转入归档状态，检修票的流转至此结束。

另外，检修票在填写完成后，如果因某种原因需要放弃，在此环节可以选择“撤销”操作，将会把该检修票撤销归档，结束流转。

三、操作实例

1. 操作界面功能介绍

单击“检修管理　通信检修票”菜单项，进入检修票管理界面，如图 18–5–3 所示。

图 18–5–3　检修票管理界面

查看流程图：选择工单单击即可显示当前工单的流程示意图，如图 18–5–4 所示。

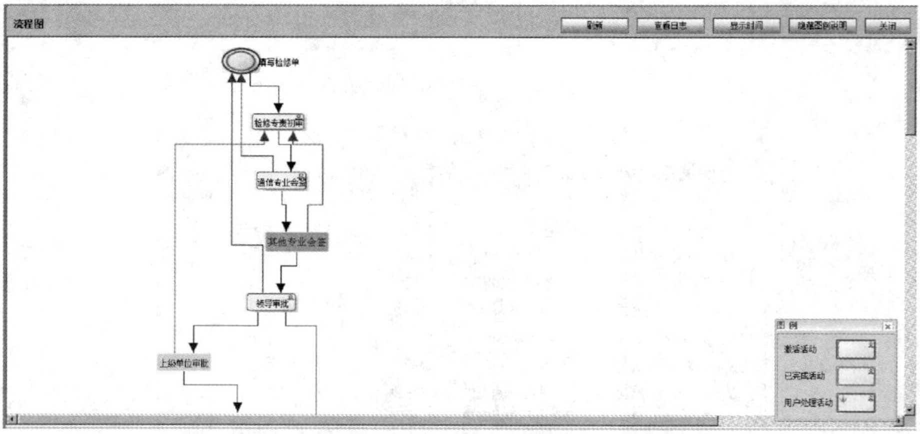

图 18–5–4　检修票流程图界面

查看工作日志：单击后可查看当前工单处理的流程信息，如图 18–5–5 所示。

流程日志 刷新 查看流程图 关闭

序号	处理人	处理时间	内容
1.	赵厚滨	2013-09-04 17:05:18	启动工作流。
2.	赵厚滨	2013-09-04 17:42:38	完成填写检修票。 提交给张云翔，进行检修专责初审。完成流程工作项。
3.	张云翔	2013-09-05 17:53:49	完成检修专责初审。完成流程工作项。完成流程工作项。
4.	李伟	2013-09-05 17:58:37	跳转到领导审批。 完成领导审批。 回退给赵厚滨，进行填写检修票。完成流程工作项。
5.	赵厚滨	2013-09-05 18:04:53	完成填写检修票。 提交给张云翔，进行检修专责初审。完成回退的工作项。
6.	张云翔	2013-09-05 18:06:39	完成检修专责初审。 提交给费平，进行通信专业会签。完成流程工作项。
7.	费平	2013-09-05 18:08:07	完成通信专业会签。完成流程工作项。完成流程工作项。
8.	李伟	2013-09-05 18:08:59	跳转到领导审批。 完成领导审批。 提交给华东，进行上级单位审批。完成流程工作项。
9.	华东	2013-09-10 18:10:24	完成上级单位审批。完成流程工作项。完成流程工作项。
10.	赵厚滨	2013-09-11 07:38:08	跳转到申请开工。 完成申请开工。 提交给华东，进行上级单位批复开工。完成流程工作项。
11.	华东	2013-09-11 07:40:26	完成上级单位批复开工。完成流程工作项。完成流程工作项。
12.	汪大洋	2013-09-11 07:45:25	跳转到填写开工信息。 完成填写开工信息。 提交给费平，进行申请完工。完成流程工作项。
13.	费平	2013-09-11 17:36:22	完成申请完工。 提交给华东，进行上级单位批准完工。完成流程工作项。
14.	华东	2013-09-11 17:51:48	完成上级单位批准完工。完成流程工作项。完成流程工作项。
15.	费平	2013-09-11 18:30:06	跳转到填写完工信息。 完成填写完工信息。 提交给费平，进行审核归档。完成流程工作项。
16.	费平	2013-09-11 18:30:34	完成审核归档。 提交进行完成。完成流程工作项。

图 18–5–5　检修票流程当前处理情况

全部 | 本局 | 纵向下级 | 过滤：根据不同条件进行工单信息筛选。

待办：显示当前用户所有代办的工单。

已办：显示当前用户所有已办工单。

全部未完成：显示所有未完成的工单。

单击检修票列表最右侧的“查看”按钮可以显示该工单下一节点代办人信息，如图 18–5–6 和图 18–5–7 所示。

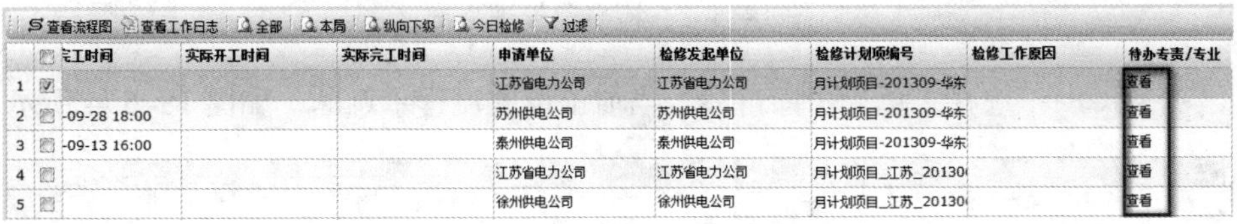

查看流程图 查看工作日志 全部 本局 纵向下级 今日检修 过滤

	完工时间	实际开工时间	实际完工时间	申请单位	检修发起单位	检修计划项编号	检修工作原因	待办专责/专业
1				江苏省电力公司	江苏省电力公司	月计划项目-201309-华东		查看
2	-09-28 18:00			苏州供电公司	苏州供电公司	月计划项目-201309-华东		查看
3	-09-13 16:00			泰州供电公司	泰州供电公司	月计划项目-201309-华东		查看
4				江苏省电力公司	江苏省电力公司	月计划项目_江苏_20130		查看
5				徐州供电公司	徐州供电公司	月计划项目_江苏_20130		查看

图 18–5–6　检修票列表界面

“申请单位申请开工”的待办人信息

	单位	角色	姓名	联系方式
1	苏州供电公司	苏州通信调度员	徐燕	暂无
2	苏州供电公司	苏州通信调度员	任望	暂无
3	苏州供电公司	苏州通信调度员	许忠毅	暂无
4	苏州供电公司	苏州通信调度员	郭晗刚	暂无
5	苏州供电公司	苏州通信调度员	褚鸣	暂无
6	苏州供电公司	苏州通信调度员	程晓翀	暂无
7	苏州供电公司	苏州通信调度员	张军	暂无

图 18–5–7　检修票代办人界面

新建：弹出工单填写页面，填写页面左侧为流程步骤及处理人和处理时间，页面最下方为工单流程足迹，如图 18–5–8 所示。

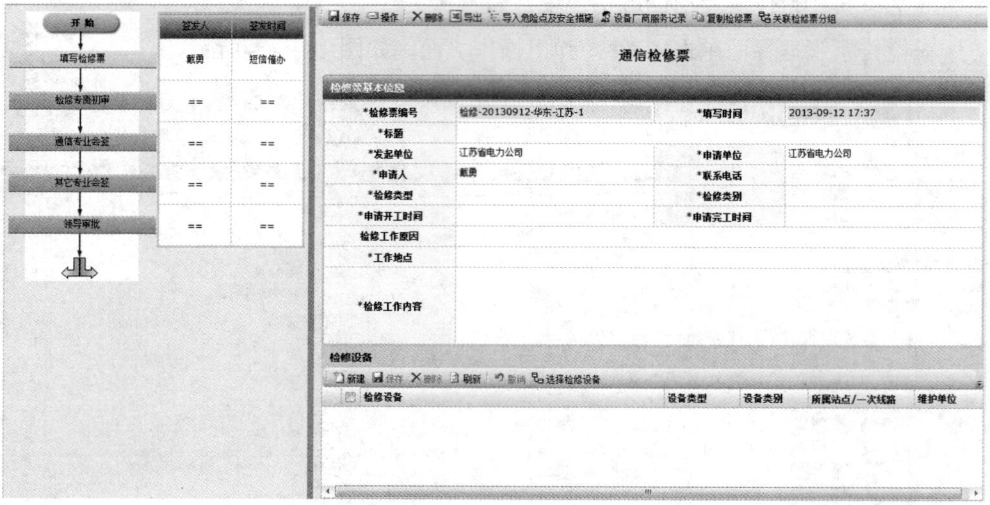

图 18–5–8　检修票工单界面

检修票界面说明：

填写检修票信息，带*标记项为必填项。

操作：将检修票向下流转。

导出：将整个工单信息全部导出为 EXCEL 文档。

导入危险点及安全措施：在操作此按钮前需要填写检修票基本信息，此处将导入系统中已添加的危险点或安全措施。

设备厂商服务记录：添加此工单的需要的厂商信息。

复制检修票：将当前工单拷贝另启检修票。

关联检修票分组：将当前工单分类管理。

流程节点颜色为黄色：当前状态。

流程节点颜色为绿色：已完成。

流程节点颜色为灰色：跳过或未执行。

归档：此处主要为查询当前系统中已归档的工单，双击可查看其详细信息，不能对其进行修改。

撤销：此处主要为查询当前系统中已撤销的工单，双击可查看其详细信息，不能对其进行修改。

全部：查看全部工单。

2. 检修票处理流程（本局）

（1） 填写检修票。

此节点操作角色：通信调度员、检修专责。

在检修票管理界面单击新建，弹出操作页面，如图 18–5–9 所示。

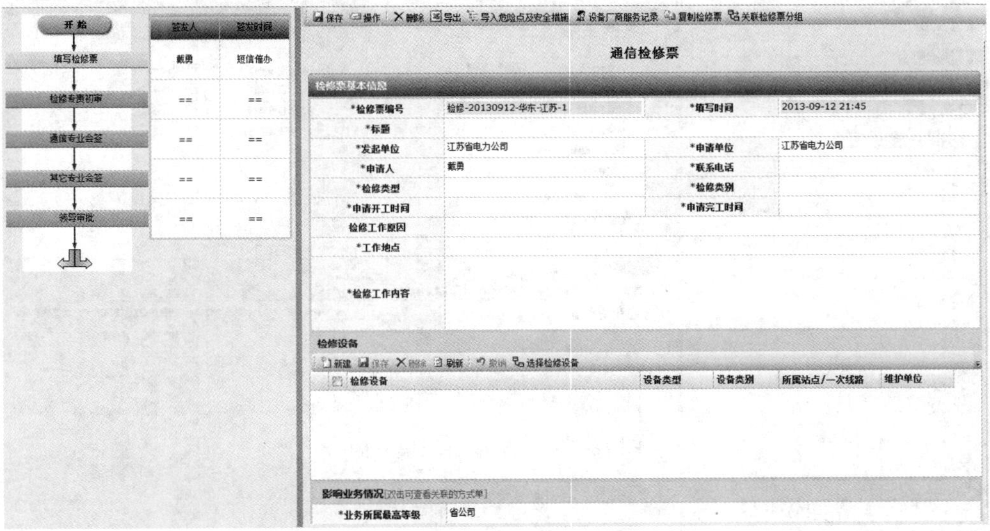

图 18–5–9　创建新检修票界面

此处操作员所需进行的操作主要包括以下几方面。

1）填写基本信息（见图 18–5–10）。

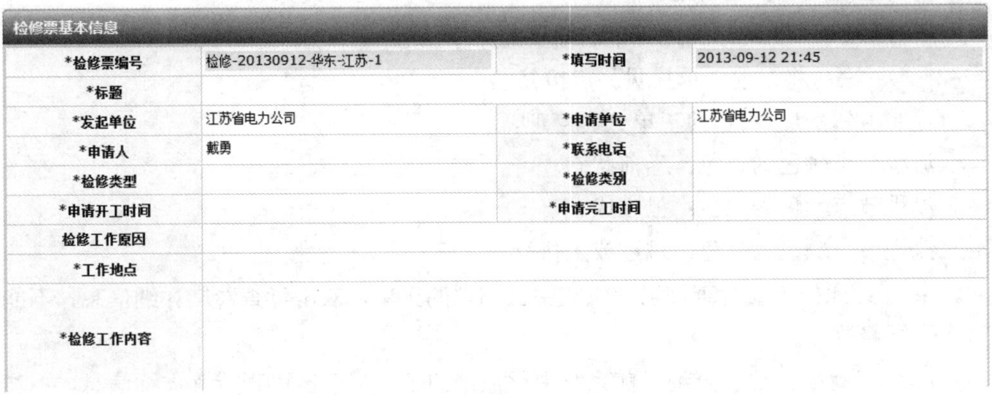

图 18–5–10　检修票基本信息填写

填写时有以下几处注意点：

（a）*标记项为必填项；

（b）联系电话长度在 9～12 位；

（c）检修类型可选择“临时检修”和“计划检修”，当选择“计划检修”时，系统会自动弹出本单位当月所有未执行的检修计划项，此时需要选择相应的检修计划项进行关联。

2）添加检修设备，有以下两种方式：

（a）单击 选择检修设备 按钮，选择本单位检修设备，若该设备上承载了业务，系统将自动导入对应业务信息。

（b）单击 新建 添加设备信息，此时影响业务信息需要手动添加，如图 18-5-11 所示。

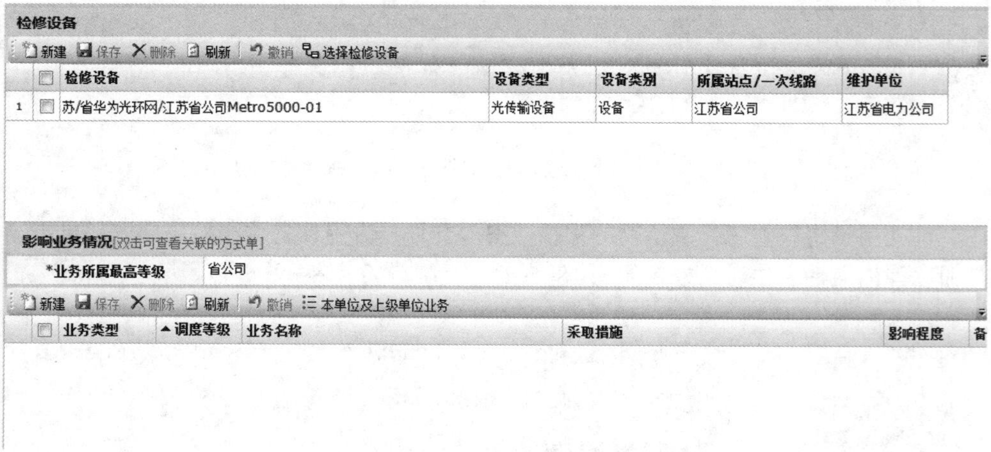

图 18-5-11　为检修票添加检修设备

3）选择业务所属最高等级（见图 18-5-12）。

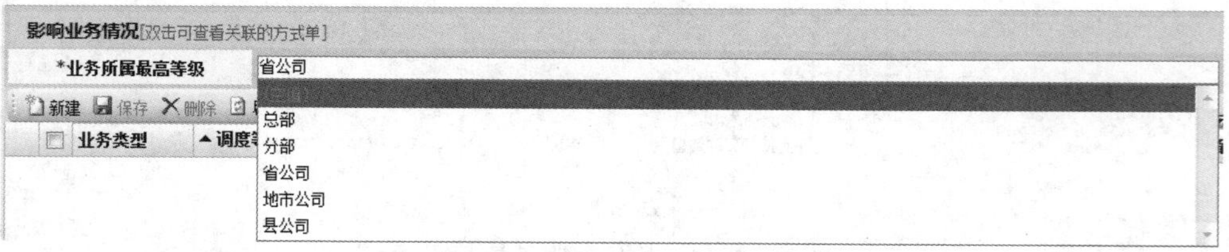

图 18-5-12　检修设备影响的业务等级选择

业务影响等级分为：总部、分部、省公司、地市公司和县公司，系统会根据所添加的业务所影响的最高等级来自动选择，若检修无影响业务，则需要根据实际情况手动选择。当此处业务影响上级单位时，检修票会自动流转至上级单位进行审批。

4）添加现场工作单位（见图 18–5–13）。

图 18–5–13　检修现场工作单位添加

现场工作单位为必填信息。

5）附件上传（见图 18–5–14）。

图 18–5–14　为检修票添加附件（三措一案等文件）

此处用于将检修工作中所需的三措一案等文件作为附件上传至检修票中，单击…按钮以弹出文件上传对话框，如图 18–5–15 所示。

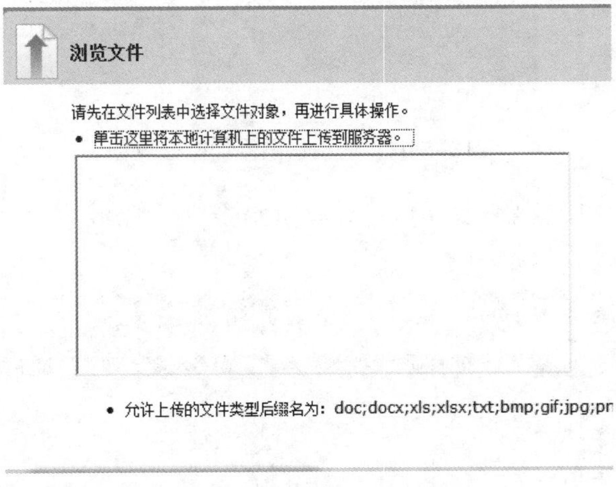

图 18–5–15　检修票附件选择界面

选择文件路径后单击上传，系统会显示上传成功。

6）工单流转。

填写完检修票相关信息后，单击检修票界面上方操作按钮，会弹出图 18–5–16 所示工单操作界面。

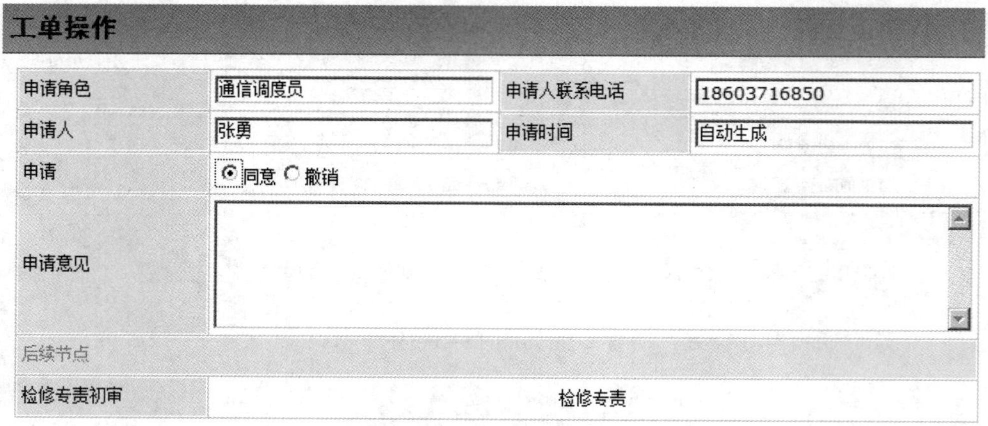
工单操作

申请角色	通信调度员	申请人联系电话	18603716850
申请人	张勇	申请时间	自动生成
申请	⦿同意 ○撤销		
申请意见			
后续节点			
检修专责初审	检修专责		

图 18–5–16　工单操作界面–提交检修票

此处申请状态包括“同意”和“撤销”，当选择同意时单击确定按钮，工单会流转至下一节点，否则此工单将会被撤销归档。

（2） 检修专责初审。

此节点操作角色：检修专责。

此流程节点操作人员工作主要包括：

1）审核检修票是否符合要求。

2）填写检修批准时间，如图 18–5–17 所示。

检修批准情况

*批准开工时间	2013-01-16 10:16	*批准完工时间	2013-01-31 10:16

图 18–5–17　检修批准情况填写

审核并填写完相关信息后，单击“操作”按钮，弹出操作界面，如图 18–5–18 所示。

“注意”审核状态：同意，不同意（此工单流程将返回上一节点处理），且都要填写意见。

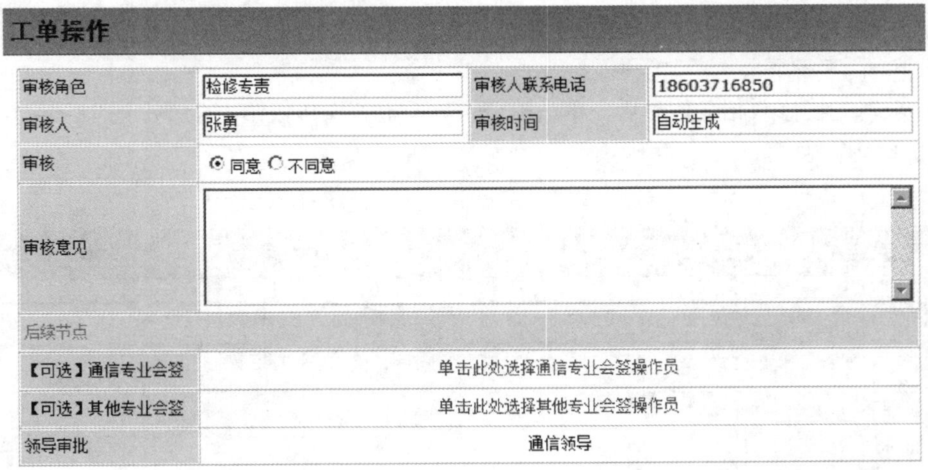

图 18–5–18 工单操作界面–检修专责初审

“可选”通信专业会签，所含专业如图 18–5–19 所示。

图 18–5–19 通信专业会签专业选择

“可选”其他专业会签，所含专业如图 18–5–20 所示。

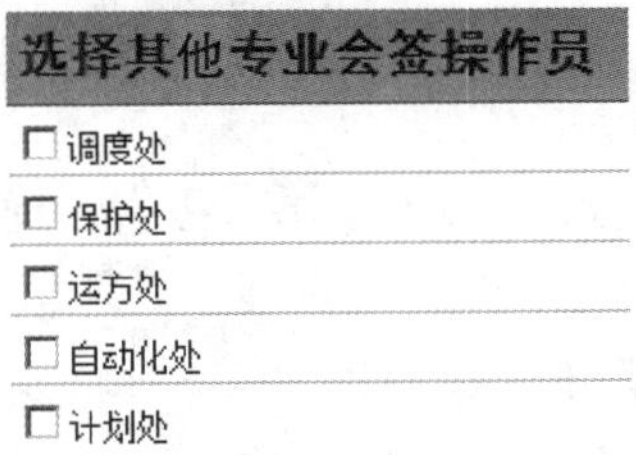

图 18–5–20 其他专业会签专业选择

填写好相关信息后，单击“确认”按钮，可完成此节点操作。

“注意”如此节点没有选择专业会签，检修票将直接转入到领导审批，如选择某个会签将执行后，必须执行会签才能到领导审批节点。

（3）通信专业会签。

此节点操作角色：检修专责初审节点选择的通信专业会签角色，如光缆专责。

此节点操作人员主要工作如下：

1）审核检修票信息。

2）完成安全措施方法的填写。

3）“可选”导入危险点及安全措施，单击右侧上方“导入危险点及安全措施”按钮，可完成。

4）“可选”编辑设备影响的业务情况。

5）“可选”导入设备厂商服务记录。

填写完相关信息后，单击“操作”按钮，弹出操作界面如图 18–5–21 所示。

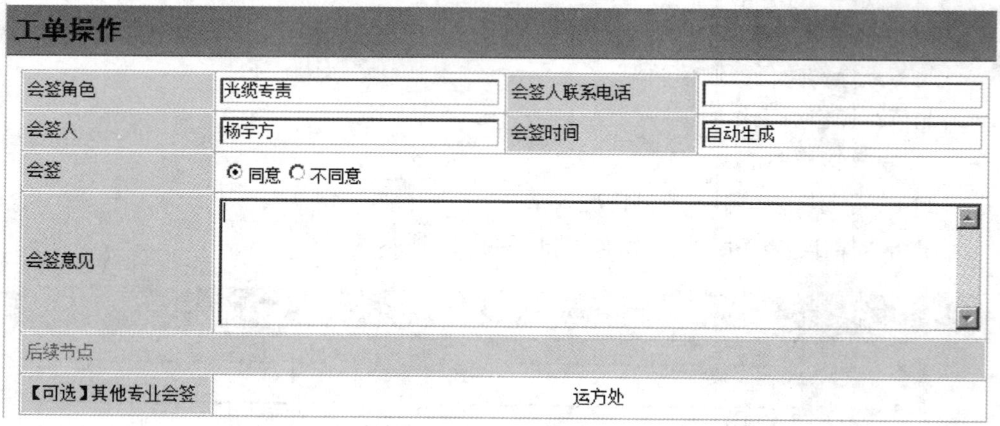

图 18–5–21　工单操作界面–通信专业会签

会签状态：同意，不同意（此流程节点将返回上一节点），且都要填写意见。单击“确认”按钮，完成此流程节点的操作。

（4）其他专业会签。

此节点操作角色：前一节点选择的其他专业会签角色，如远方专业。

此节点操作员工作如下：

1）审核检修票信息。

2）“可选”导入设备厂家服务记录。

单击“操作”按钮，弹出操作界面如图 18–5–22 所示。

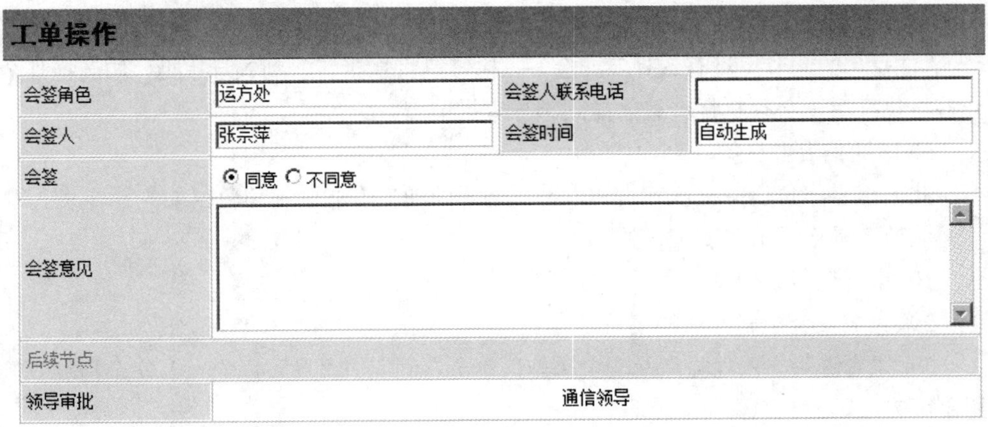

图 18–5–22 工单操作界面–其他专业会签

会签状态：同意，不同意（此流程节点将返回上一节点），且都要填写意见。单击“确认”按钮，完成此流程节点的操作。

（5） 领导审批。

此节点操作角色：通信领导。

此节点操作员工作如下：

1）审核检修票信息。

2）“可选”编辑影响业务情况。

单击“操作”按钮，弹出界面如图 18–5–23 所示。

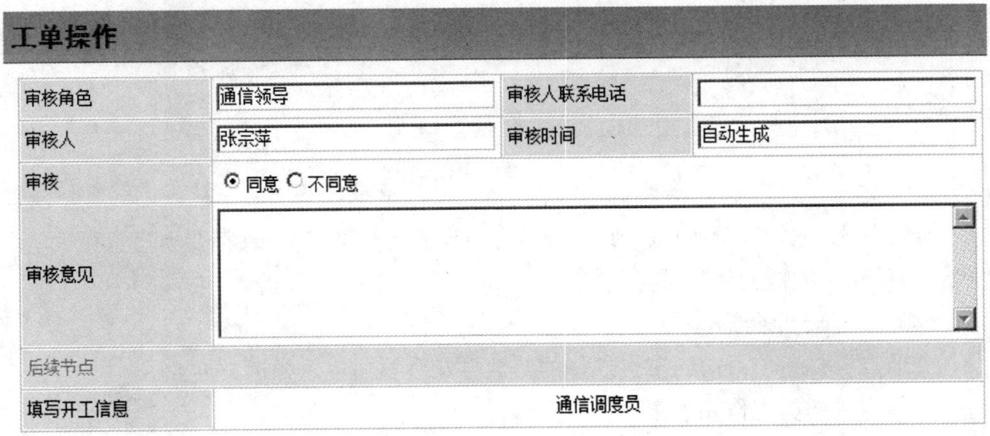

图 18–5–23 工单操作界面–领导审批

审核状态：同意，不同意（此流程节点将返回上一节点），且都要填写意见。填写

完成后，单击“确认”按钮，将完成此节点的操作。

（6）申请开工。

此节点操作角色：通信调度员。

在检修工作开展前，通信调度员需要进行开工申请，进入工单页面单击“操作”按钮，可流转至下一节点，开工申请批准之后可填写开工信息。

（7）填写开工信息（见图 18–5–24）。

此节点操作角色：通信调度员。

此处通信调度员主要工作为填写实际开工时间。

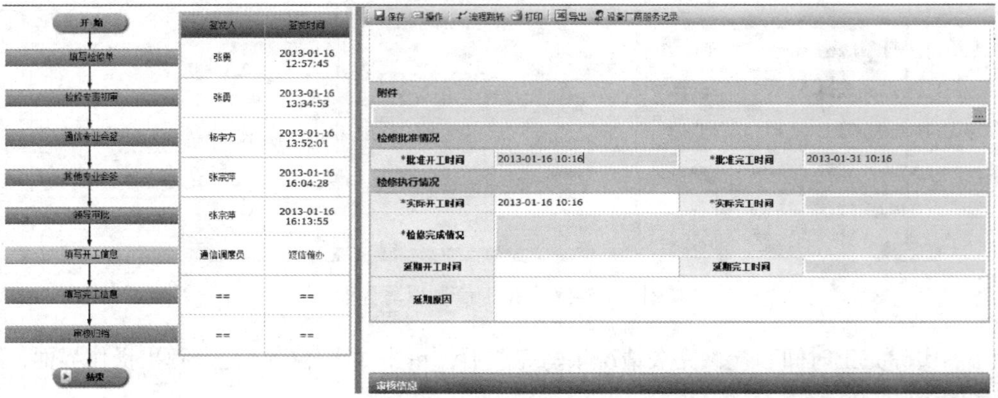

图 18–5–24　开工信息填写界面

实际开工时间填写完成后，单击“操作”按钮，弹出操作界面，如图 18–5–25 所示。

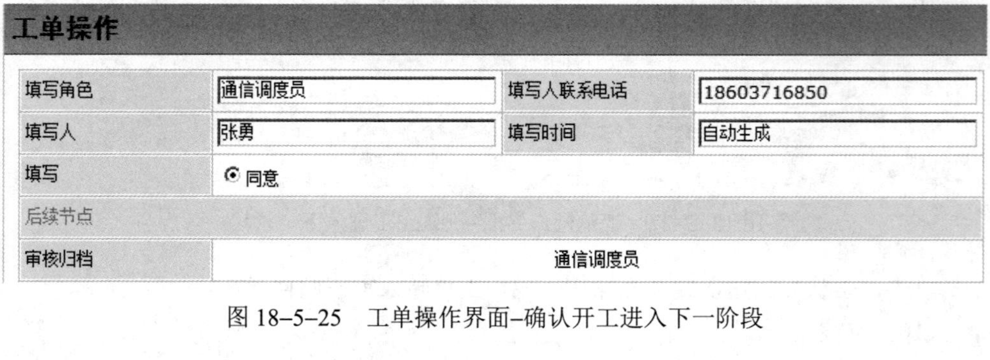

工单操作

填写角色	通信调度员	填写人联系电话	18603716850
填写人	张勇	填写时间	自动生成
填写	⊙ 同意		
后续节点			
审核归档	通信调度员		

图 18–5–25　工单操作界面–确认开工进入下一阶段

单击“确认”按钮，此节点操作完成。

（8）申请完工。

此节点操作角色：通信调度员。

在检修工作结束时，通信调度员需要进行完工申请，进入工单页面单击“操作”

按钮，可流转至下一节点，完工申请批准之后可填写开完工信息。

（9）填写完工信息。

此节点操作角色：通信调度员。

此节点通信调度员主要工作为填写实际完工时间与检修完成情况，如图 18–5–26 所示。

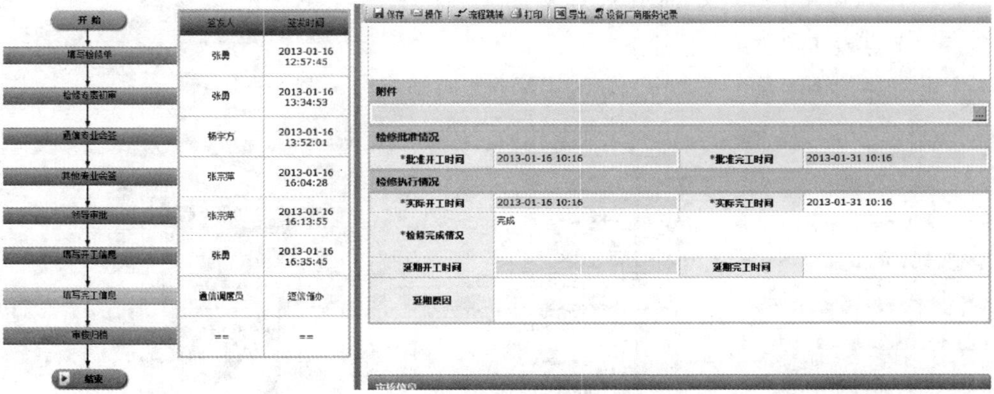

图 18–5–26　完工信息填写界面

实际完工时间和检修完成情况填写完成后，单击“操作”按钮，弹出操作界面，如图 18–5–27 所示。

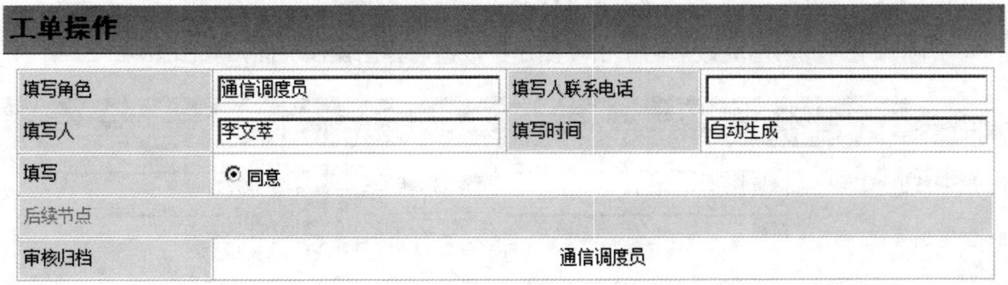

图 18–5–27　工单操作界面–确认完工进入下一阶段

单击“确认”按钮，此节点操作完成，工单转入审核归档状态。

（10）审核归档。

此节点操作角色：通信调度员。

此节点通信调度员主要工作为审核相关检修票信息是否完整，并可通过“设置计划检修”功能将检修类型由临时检修转为计划检修。审核完成后单击“操作”按钮，弹出如图 18–5–28 所示操作界面。

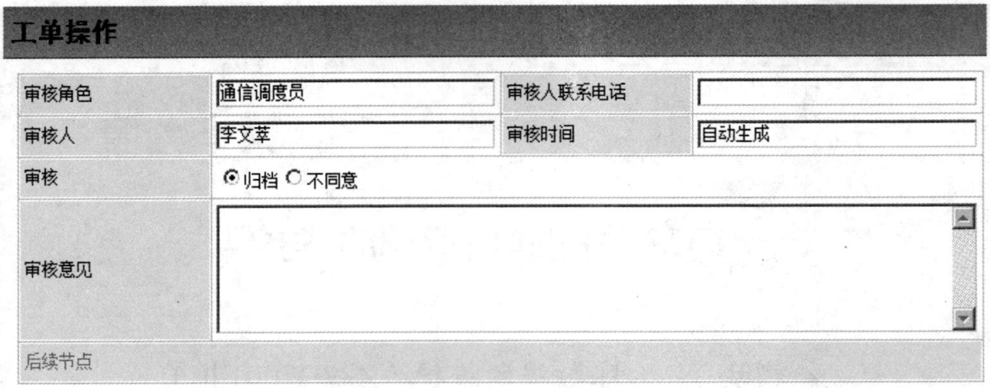

图 18-5-28　工单操作界面-审核归档

选择“归档”并确定后，该检修票将被归档。若选择“不同意”，此工单将被打回至上一节点。

检修票处理流程（地调）、系统工单操作可参考本局流程。

【思考与练习】

1. 请说明临时检修和计划检修启动的方式。

2. 请说明目前系统提供的检修票流程处理方式有几种？

3. 检修票基本信息填写时有哪些注意事项？

第十九章

TMS 系统通信资源的维护

模块 1　台账数据的维护（Z37D7001Ⅱ）

【模块描述】本模块介绍如何在 TMS 系统中进行资源台账数据的录入和维护，主要包括空间资源、光缆资源、业务资源、设备资源、配线资源等。通过功能介绍、操作讲解、系统演练，掌握 TMS 系统台账数据维护的方法。

【模块内容】

一、TMS 系统资源管理模块介绍

1. 概述

TMS 系统资源管理模块提供通信网络各种通信资源数据的规范、常态管理功能，实现面向通信网络、通信设备、通信业务等各类通信资源的规范化管理，使资源的使用更加便利、资源数据的查询更加准确，并为通信资源的建设和规划提供依据。

2. 功能说明

（1）空间设备资源信息管理。

依照区域、站点、机房、机柜的层次关系对这些空间基本信息逐层进行管理。系统支持区域嵌套，以导航树形式分层显示空间资源的节点信息，并依照一定的规则对每个层次中各节点进行排序，同时系统提供节点搜索功能，便于数据维护人员迅速定位相关资源。

（2）配线资源信息管理。

对配线架（ODF、DDF、VDF）、配线模块、配线端子等配线资源提供基础数据维护功能，包括数据的增加、修改、删除、查询、导出等。提供配线架内部和配线架之间的跳接和连接管理，提供配线端子连接关系的维护管理功能，具备单个端子跳配功能及批量接线功能。台账信息的维护及展示方式同空间设备资源。

（3）光缆资源信息管理。

对光缆、光缆段、纤芯及其附属设备资源（光接头盒、光接线箱等）提供基

础数据维护管理功能，包括增加、修改、删除、查询、导出等功能，台账信息依照区域、接头盒/光缆、光缆段、纤芯的层次关系逐层进行管理，展示方式同空间设备资源。

（4）传输网资源信息管理。

对通信网络中的SDH、载波、微波、PCM等各类传输设备及网络连接进行管理。对传输网络提供图形化的逻辑拓扑管理，实现网络拓扑节点（网元）和连接关系（传输段）的展现维护；对传输网络的设备、机框、机槽、机盘、端口、连接等资源信息进行管理，提供增加、修改、删除、查询等管理维护功能；对通道和传输电路提供创建、展现、维护界面。其中台账信息依照传输系统、设备网元的层次关系进行树状结构管理，展示方式同空间设备资源。

（5）数据网资源信息管理。

对数据网中的路由器、三层交换机的基本信息及逻辑拓扑进行维护管理，对数据网设备从机框、槽位、板卡、端口的层次进行管理，提供增加、修改、删除、查询、导出等管理维护功能。提供数据中IP地址等资源的管理。其中台账信息依照数据网传输系统、数据网设备的层次关系逐层进行管理，展示方式同空间设备资源。

（6）交换网资源信息管理。

对交换网中的行政交换机和调度交换机的基本信息及逻辑拓扑进行维护管理，提供增加、修改、删除、查询、导出等管理维护功能，依照交换网系统、交换网网元的层次关系逐层进行管理，展示方式同空间设备资源。

（7）支撑网信息管理。

对通信电源、电视电话会议系统、通信监控系统、时钟同步系统、网管系统和应急通信系统进行管理，提供增加、修改、删除、查询、导出等管理维护功能，依照支撑网系统、支撑网网元的层次关系逐层进行管理，展示方式同空间设备资源。

（8）业务网资源信息管理。

对继电保护、安全自动装置、调度自动化、调度电话、行政电话、电视电话会议、综合数据网等各类通信业务管理。对通信业务网络提供逻辑拓扑管理，实现网络拓扑节点和连接关系的展现维护；对业务的起始站点、终止站点、开通日期、带宽、端口类型等信息进行管理，提供增加、修改、删除、查询、导出等管理维护功能；以导航树和列表两种方式对业务提供创建、展现、维护界面，导航树模式下依照业务系统、业务的层次关系逐层进行管理，而列表模式下则提供了条件查询和业务通道关联等功能。

（9）光路资源信息管理。

对光路的起止站点、设备、端口、纤芯占用情况等基本信息进行维护和管理，以列表形式提供增加、修改、删除、查询、导出、查看光路路由等管理维护功能。

二、台账数据维护一般步骤

台账数据维护是指利用通信管理系统所提供的资源管理功能，在系统中对各类通信资源的基本属性信息进行新增、修改和删除等操作，以保证系统资源数据的新鲜度和准确性，从而为系统应用提供准备的数据支撑，并保证系统的可持续化使用。台账数据的维护只能由具备资源管理专责权限的系统用户来进行，其余用户角色没有修改系统资源数据的权限。

台账数据的维护一般遵循以下几个步骤：

（1）收集最新的台账数据，确保台账数据的完备性和准确性。

（2）若需对系统中的通信资源信息进行更新，则在相应功能模块找到需要修改的资源，根据所收集的台账信息对资源的各项属性字段进行修改并保存。

（3）若需在系统中添加新投运的通信资源，则使用系统的新建功能，在各功能模块完成相应资源的创建，并填写资源的属性信息，确保必填字段的完整性。资源的新建应遵循一定的层次顺序，优先以区域、站点、机房、机柜的顺序完成空间资源的创建，因为业务、光缆、设备等其他资源的创建都需关联相应的空间资源，即空间资源缺失的情况下无法完成其余资源的创建，因此在新增资源时应注意这一点。

（4）在完成资源的创建或修改后，需检查资源属性填写的正确性及完整性，同时在系统图形管理模块查看该资源的图形化展示是否正确。

三、操作实例

下面我们以在 TMS 系统中创建新投运的 500kV 三汊湾变及其相关通信资源台账信息为例，来介绍维护 TMS 台账数据的实际操作方法。

首先在浏览器中输入 http://系统 IP 地址:7001/MWWebSite 并按 Enter 键进入 TMS 系统登录页面，数据维护人员在登录页面输入账号和密码后进入系统，单击右上方的“资源管理”按钮以进入系统资源管理模块，所有台账数据的维护都是在此功能模块实现，如图 19–1–1 所示。

1. 空间设备资源信息创建

空间资源是建立其余通信资源的基础，因此首先需要完成 500kV 三汊湾变空间资源的创建。展开资源首页上方菜单栏的“资源信息管理”，打开其中的“空间设备资源信息管理”菜单项（其余资源管理功能模块采用类似的方式进入），如图 19–1–2 所示。

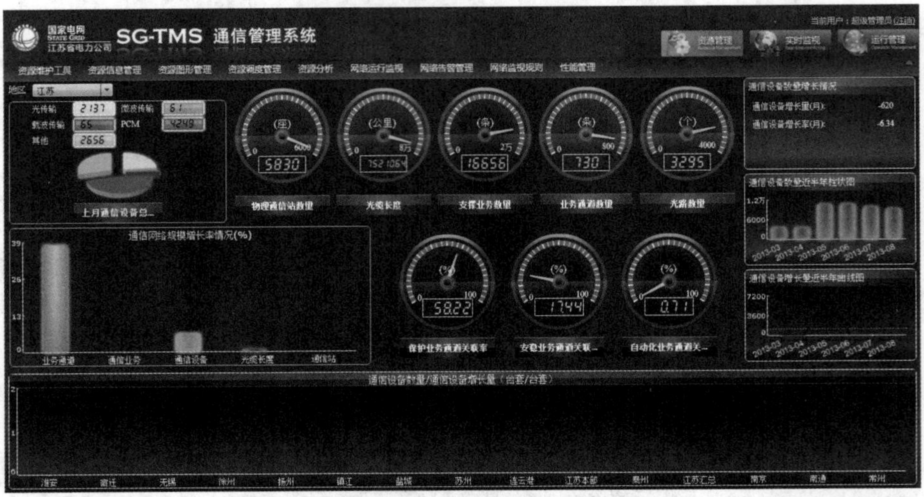

图 19–1–1　TMS 系统资源管理页面

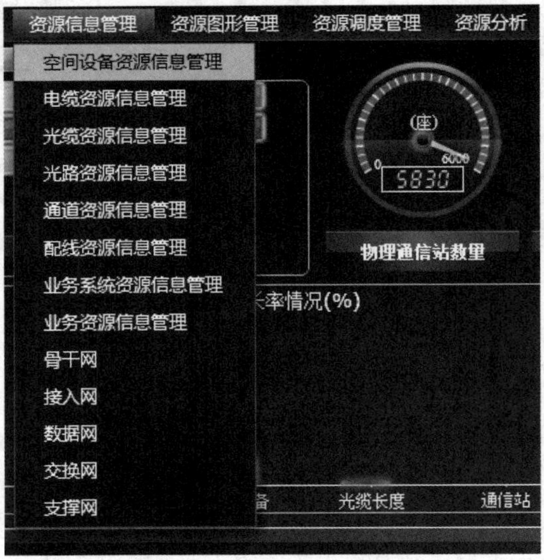

图 19–1–2　打开空间设备资源信息管理模块

在打开的界面中，展开左侧的导航树，选择 500kV 三汉湾变所在的区域“南京”，右击并在弹出的菜单中选择“新建站点”，如图 19–1–3 所示。

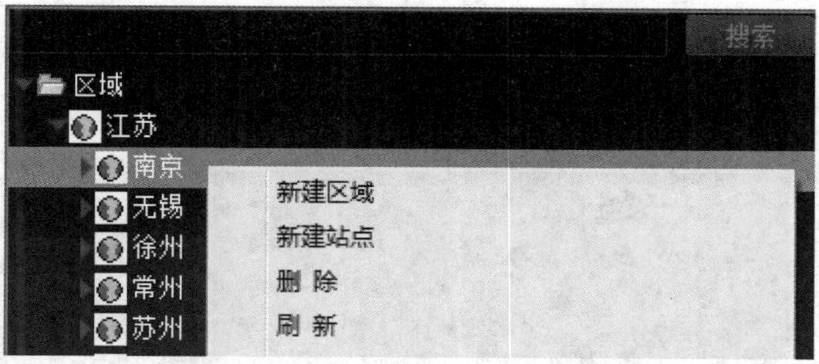

图 19–1–3 新建站点

页面右侧会显示所新建站点的基本信息，此时需要根据实际情况完成各项属性字段的填写并保存，如图 19–1–4 所示。

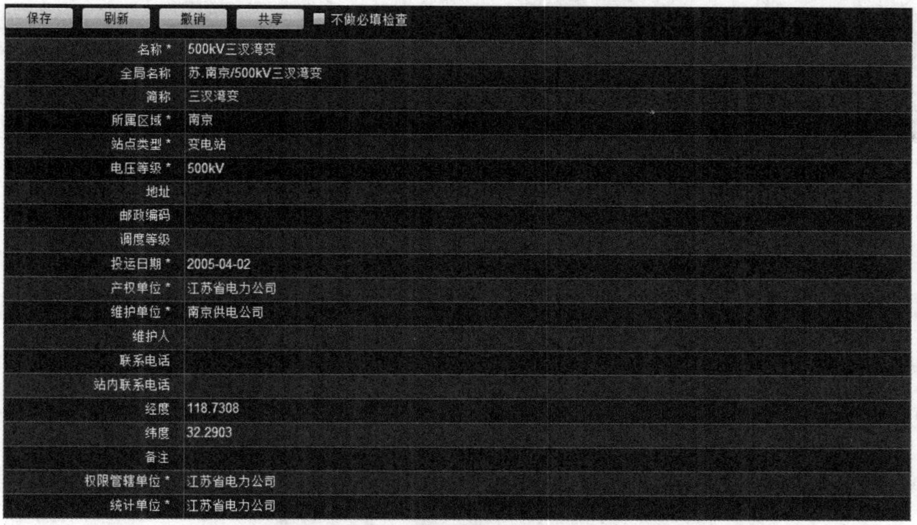

图 19–1–4 站点基本信息填写

说明：

（1）带“*”的属性为必填字段。

（2）若站点为非变电站，电压等级选择“其他”。

（3）全局名称是通信资源在全网范围内的唯一名称，通过在某一特定范围内的通信资源名称前逐层增加上层资源名称作为前缀而成。系统支持自动全局命名，故此处可不填写，当完成其他必填项的填写并保存后，系统会根据资源命名规范自动生成全局名称。

（4）系统会对所填信息的字段完整性进行检查，若存在必填字段未填写时，系统

是不允许对所填信息进行保存的，当有特殊情况需要先保存一部分信息时，可以勾选上方“不做必填检查”，此时系统不会对字段完整性进行检查。

完成站点的创建后，在左侧导航树中选择刚刚新建的“500kV 三汊湾变”节点，右击并选择“新建机房”，如图 19–1–5 所示。

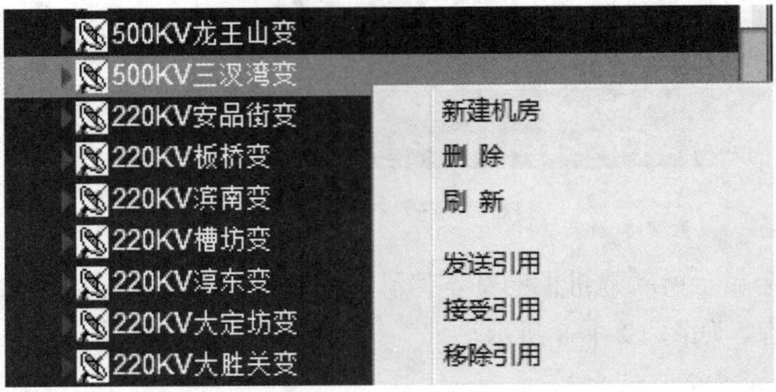

图 19–1–5　新建机房

页面右侧会显示所新建机房的基本信息，此时需要根据实际情况完成各项属性字段的填写并保存，如图 19–1–6 所示。

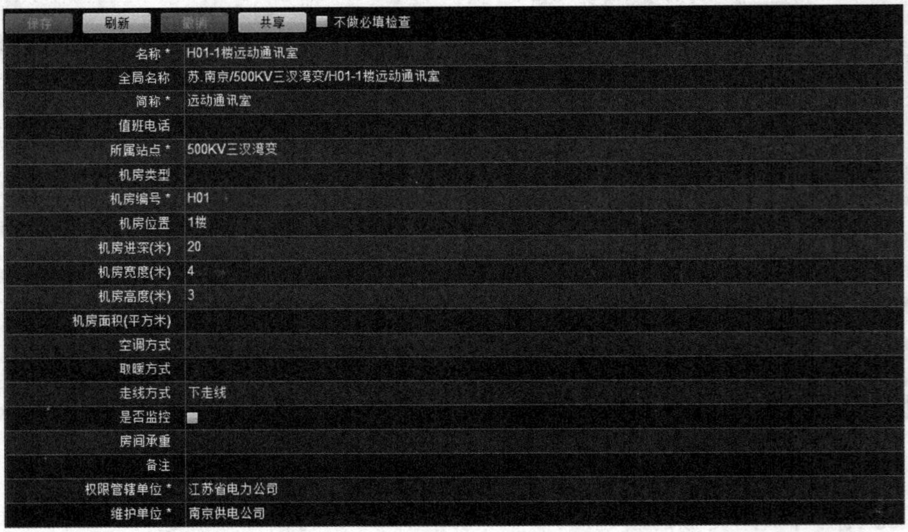

图 19–1–6　机房基本信息填写

完成机房的创建后，在左侧导航树中选择刚刚新建的“H01–1 楼远动通讯室”节点，右击并选择“新建机柜”，如图 19–1–7 所示。

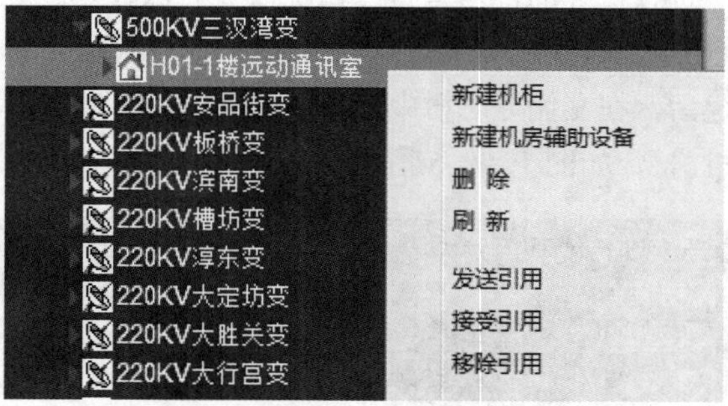

图 19–1–7　新建机柜

页面右侧会显示所新建机柜的基本信息，此时需要根据实际情况完成各项属性字段的填写并保存，如图 19–1–8 所示。

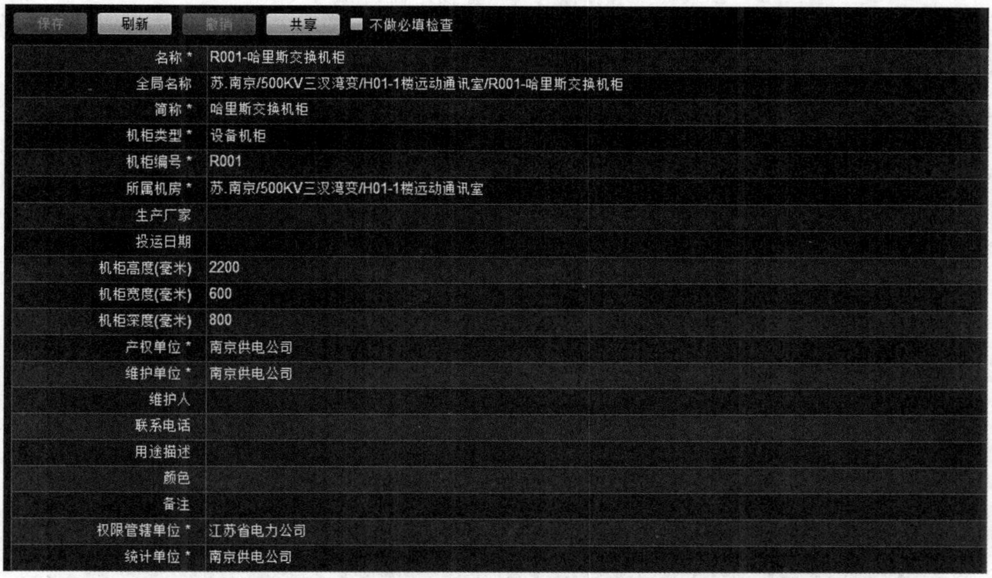

图 19–1–8　机柜基本信息填写

完成所有空间资源的创建后，可以展开左侧导航树及在右侧选择各资源列表来查看所创建资源的情况，如图 19–1–9 所示，同时可以开始其余通信资源台账信息的创建。

2. 配线资源信息创建

打开“资源信息管理–配线资源信息管理”菜单，进入如图 19–1–10 所示的界面，

配线资源的展示和维护方式类似于空间设备资源，若能熟练地完成空间资源的创建和维护，此处也能够得心应手地完成操作。

图 19–1–9 新创建的空间资源

图 19–1–10 配线资源信息管理界面

在此我们需要将 500kV 三汊湾变中的相应音配资源信息添加进系统，首先展开左侧导航树至新创建的三汊湾机房下的 R002–音频配线柜节点，右击该机柜并选择“新建配线模块”，如图 19–1–11 所示。

页面右侧会显示所新建配线模块的基本信息，此时需要根据实际情况完成各项属性字段的填写并保存，如图 19–1–12 所示。

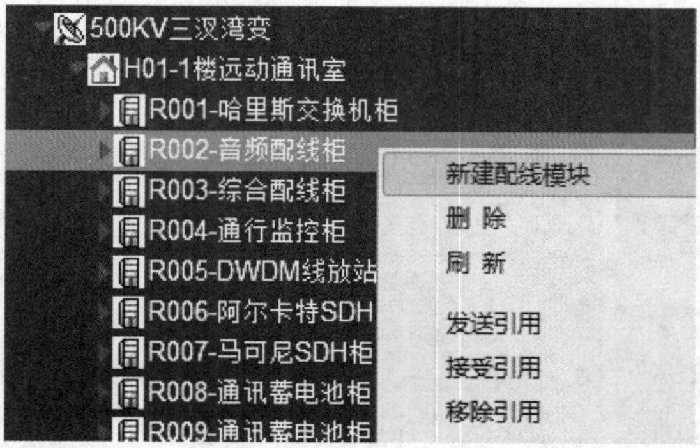

图 19–1–11 新建配线模块

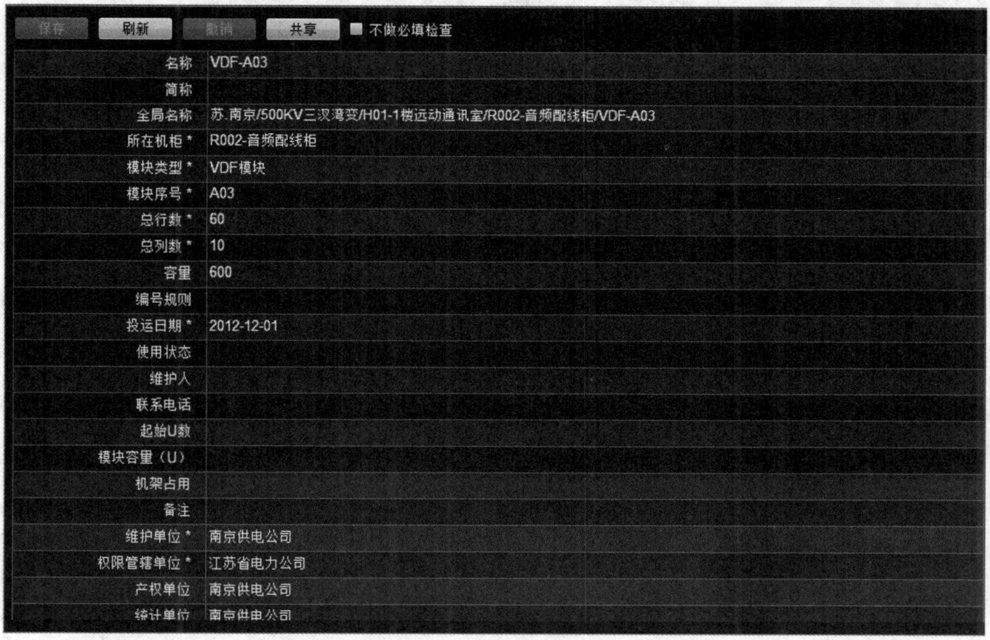

图 19–1–12 配线模块基本信息填写

3. 光缆资源信息创建

打开“资源信息管理–光缆资源信息管理”菜单，进入如图 19–1–13 所示的界面。

此处我们要完成新投运站点 500kV 三汉湾变至 220kV 汉河变光缆资源台账的创建，首先展开左侧导航树，右击区域“南京”选择“新建光缆”，如图 19–1–14 所示。

图 19–1–13　光缆资源信息管理界面

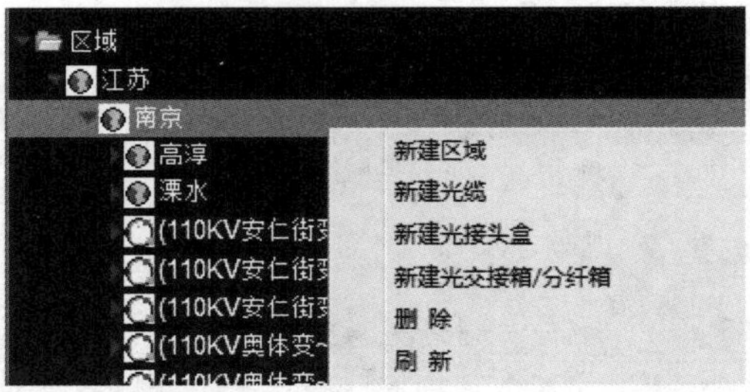

图 19–1–14　新建光缆

页面右侧会显示所新建光缆的基本信息，此时需要根据实际情况完成各项属性字段的填写并保存，如图 19–1–15 所示。

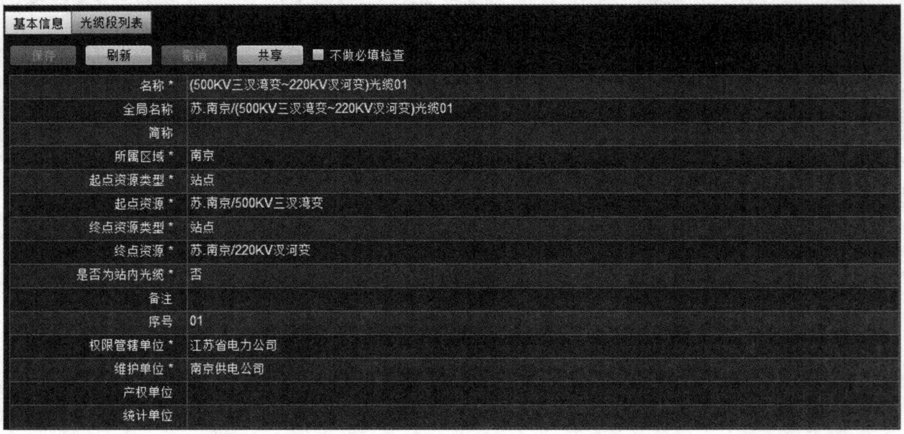

图 19–1–15　光缆基本信息填写

完成光缆的创建后，在左侧导航树中选择刚刚新建的“（500kV 三汊湾变～220kV 汊河变）光缆 01”节点，右击并选择“新建光缆段”，如图 19–1–16 所示。

图 19–1–16　新建光缆段

页面右侧会显示所新建光缆段的基本信息，此时需要根据实际情况完成各项属性字段的填写并保存，如图 19–1–17 所示。

图 19–1–17　光缆段基本信息填写

此处系统会根据所填的芯数自动生成相应数量的纤芯，因此光缆段纤芯不需要手动去创建。

4. 设备资源信息创建

各类通信设备台账的创建及维护方式类似，在此仅以 PCM 设备为例进行说明。打开“资源信息管理–骨干网–PCM 资源信息管理”菜单项，进入如图 19–1–18 所示的界面。

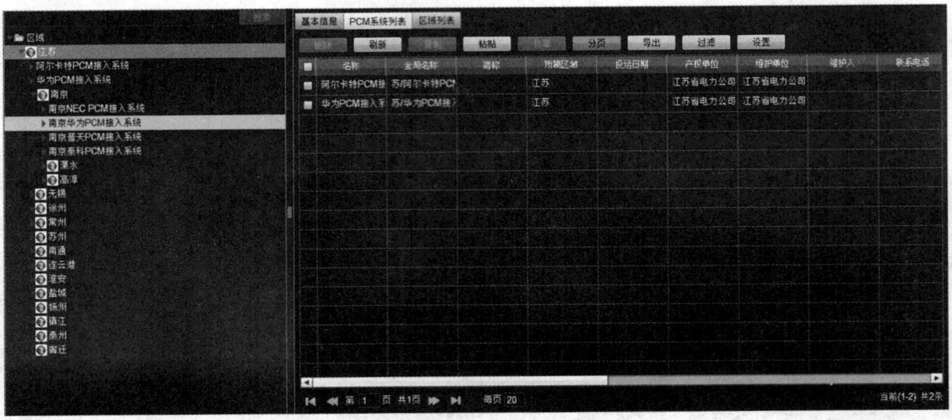

图 19–1–18　PCM 资源信息管理界面

此处我们要完成 500kV 三汊湾变中新投运的一台 PCM 设备台账的添加，展开左侧导航树至相应的传输系统，右击该传输系统并选择“新建 PCM 网元”，如图 19–1–19 所示。

图 19–1–19　新建 PCM 网元

页面右侧会显示所新建 PCM 设备的基本信息，此时需要根据实际情况完成各项属性字段的填写并保存，如图 19–1–20 所示。

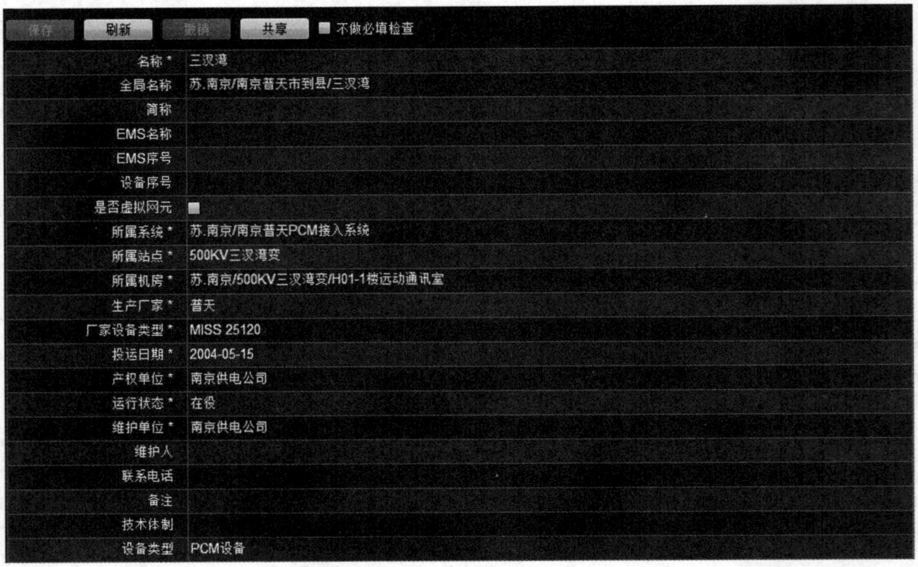

图 19–1–20　PCM 网元基本信息填写

5. 业务资源信息管理

打开“资源信息管理–业务系统信息管理”菜单，进入如图 19–1–21 所示的界面。

图 19–1–21　业务系统资源管理界面

此处我们要完成南京市公司至 500kV 三汊湾变一条新开通的行政电话业务的添加，展开左侧导航树至区域南京下的行政电话业务系统，右击该业务系统下的“行政电话业务”并选择“新建行政电话业务”，如图 19–1–22 所示。

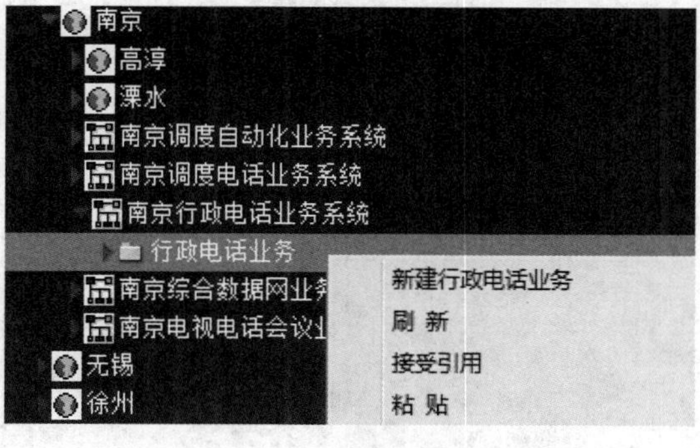

图 19–1–22　新建行政电话业务

页面右侧会显示所新建业务的基本信息，此时需要根据实际情况完成各项属性字段的填写并保存，如图 19–1–23 所示。

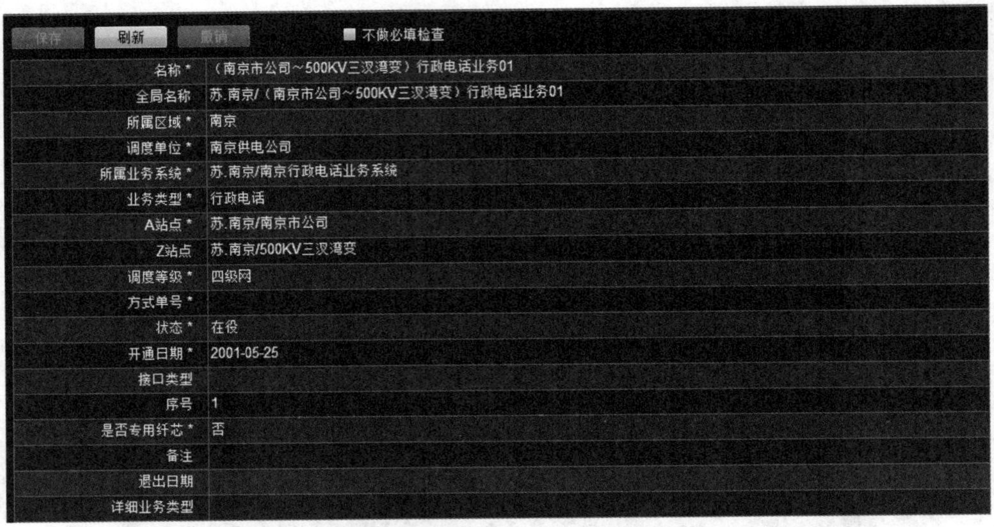

图 19–1–23 业务基本信息填写

6. 光路资源信息管理

打开“资源管理–光路资源信息管理”菜单项，其操作界面如图 19–1–24 所示。

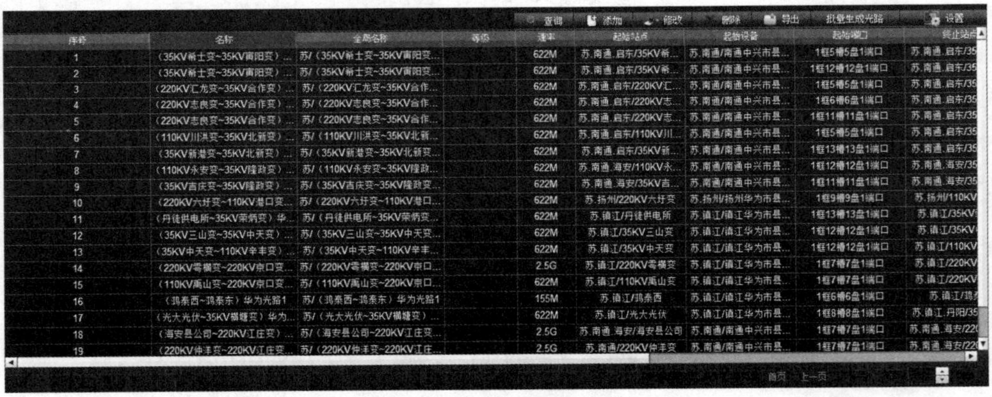

图 19–1–24 光路资源信息管理界面

由于光路资源界面不同于之前各类资源的树状结构展示方式，而是采用列表的形式进行展现和维护，因此首先对该界面下的各项功能进行简单的介绍。

（1）查询：通过名称、速率、原宿站点、设备、端口等字段属性进行条件检索。

（2）添加：新增一条光路台账。

（3）修改：修改选中的光路台账基本信息。

（4）删除：删除当前选中的光路。

（5）导出：将列表中所有的光路台账以 Excel 格式导出。

（6）批量生成光路：此功能将根据所有已上架设备，批量自动生成光路台账信息。

（7）查看路由图：查看当前光路的详细路由图信息。

此处我们要完成一条三汊湾至都梁变光路的创建，单击界面中的添加按钮，弹出如图 19–1–25 所示的界面。

图 19–1–25　新建光路

根据业务需求将必填字段填写完整，在选择站点之后，设备与端口方能进行选择。当填写完成各字段信息并单击“添加”按钮后，光路台账也就创建完成。

【思考与练习】

1. 请描述空间资源的层次关系。
2. 请简述如何在系统中添加一个机房。
3. 进行台账数据的维护有何意义？

◢ 模块 2　动静态数据的关联（Z37D7002Ⅱ）

【模块描述】本模块介绍如何在 TMS 系统中进行动态采集的配置数据与静态录入数据的绑定，主要包括设备上架、光路制作、业务与通道关联等。通过功能介绍、操作讲解、系统演练，掌握 TMS 系统动静态数据关联的方法。

【模块内容】

一、动静态数据关联模块介绍

1. 概述

动静态数据的关联是通过从设备网管采集的配置信息和手工录入的静态信息，建

立机房与设备、设备端口与配线端子、光路与传输段、电路与业务、电路与方式等多种资源之间的关联关系。动静态数据的关联维护通过全手工和半自动两种方式实现。全手工维护由用户手工指定动静态资源的关联关系，系统不参与关联关系的分析，只是提供关联关系的维护界面；半自动维护是指通过对动静态资源数据的相关性分析，初步获取动静资源之间的关联关系，用户可以对分析结果进行部分调整，最终确定动静态资源之间的关联关系。与静态台账维护相同，动静态数据的关联也仅能由具备资源管理专责权限的用户进行操作。

2. 相关定义

动态数据是指系统通过北向接口采集获取的通信设备资源实时配置信息，包括传输网元、槽位、板卡、端口、时隙交叉、拓扑等。这些数据用来串接电路、创建通道、承载业务，作为系统的业务支撑基础；

静态数据是指用户在 TMS 系统各资源管理模块中手动创建的通信资源台账，相关内容可参见模块 Z37D7001Ⅱ 台账数据的维护。

3. 功能说明

（1） 设备网元关联功能。

设备网元关联是将动态采集的设备网元配置信息与手动录入的空间资源台账数据进行关联的操作，从而实现将设备告警定位至站点、机房、机柜中，并通过资源图形管理界面进行告警展示。设备网元关联是进行光路制作和业务通道关联的前提条件，应优先完成。

（2） 业务与通道关联功能。

业务与通道关联是将系统中业务台账数据与动态采集获取的传输通道信息进行关联的操作，从而实现告警影响业务分析等实时监视功能。

（3） 光路制作功能。

光路制作是通过完成设备端口、配线端子和光缆段纤芯之间的连接关系，将光路与传输段相关联，并通过光路台账数据展现光路路由图。完成光路连接关系制作后系统会自动将其与传输段及光路台账数据进行关联。

二、动静态数据关联的一般步骤

（1） 确保静态资源数据录入的正确性及字段完整性。

（2） 确保动态数据采集入库的完整性及新鲜度。由于采集入库的设备网元的某些必填字段属性值为空，因此需要先完成动态数据必填字段的填补。

（3） 优先完成设备网元关联，完成后在机房平面图中查看机柜图标能否成功展现告警。

（4） 完成业务通道的关联，完成后在传输拓扑图中检查能否查看告警影响业务的

情况。

（5）完成光路制作，完成后在传输拓扑图的传输段上检查能否看到光路路由图信息。

三、操作实例

使用资源管理专责的账户登录 TMS 系统，进入资源管理模块，动静态数据的关联操作都是在此功能模块下进行，相关操作方式参见模块 Z37D7001Ⅱ 台账数据的维护。

1. 设备网元关联

设备网元关联需要在机柜视图中完成，首先打开“资源图形管理–机房平面图”，在左侧树状结构中双击选择相应的机房，右侧将展示所选的机房平面图，如图 19–2–1 所示。

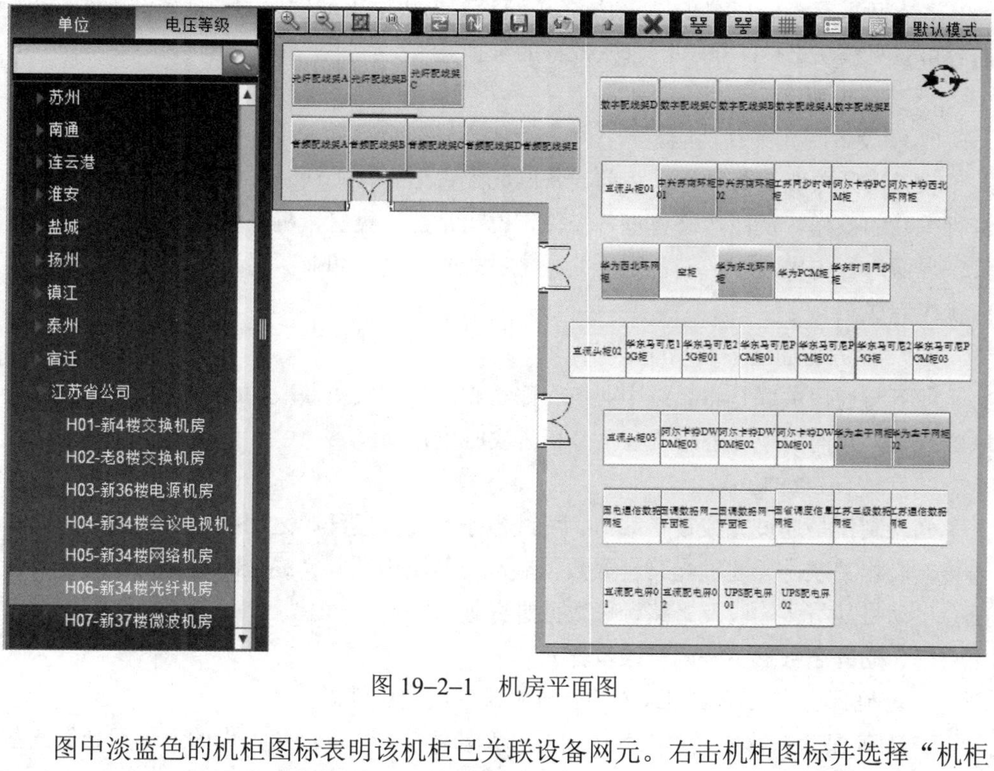

图 19–2–1　机房平面图

图中淡蓝色的机柜图标表明该机柜已关联设备网元。右击机柜图标并选择“机柜视图”进入当前机柜的视图模式，如图 19–2–2 所示。

右键机柜面板选择“设备机框上架”，如图 19–2–3 所示。

选择机框需要关联网元，此处支持模糊查询，如图 19–2–4 所示。

图 19–2–2　机柜视图

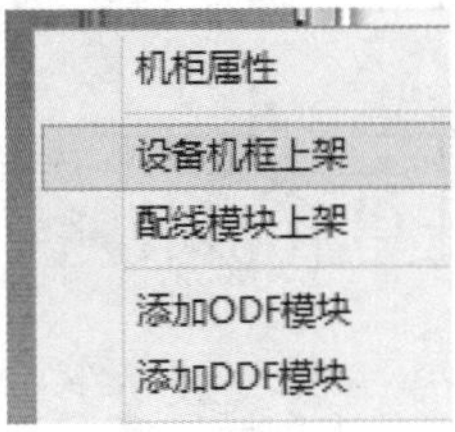

图 19–2–3　右键菜单

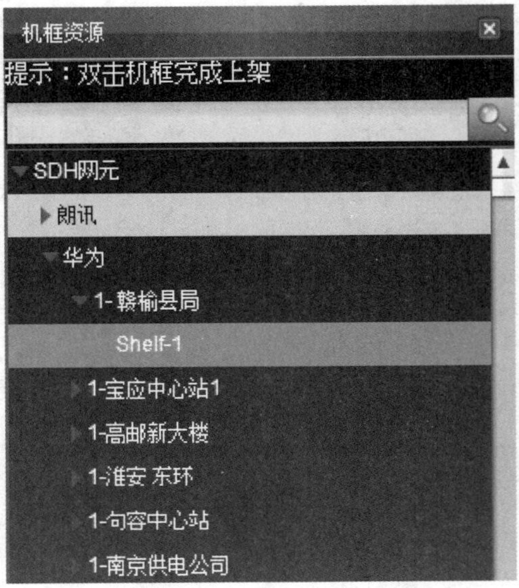

图 19–2–4　设备机框上架

双击网元下机框以完成设备网元关联工作。

2. 业务与通道关联

业务通道关联分为 SDH 通道和光纤通道的关联，两者的关联方式并不相同。

（1） 业务与 SDH 通道关联。

由通道侧进行关联：打开“资源图形管理–设备面板图”菜单项，勾选传输系统下

的网元以查看该网元的设备面板图，如图 19–2–5 所示。

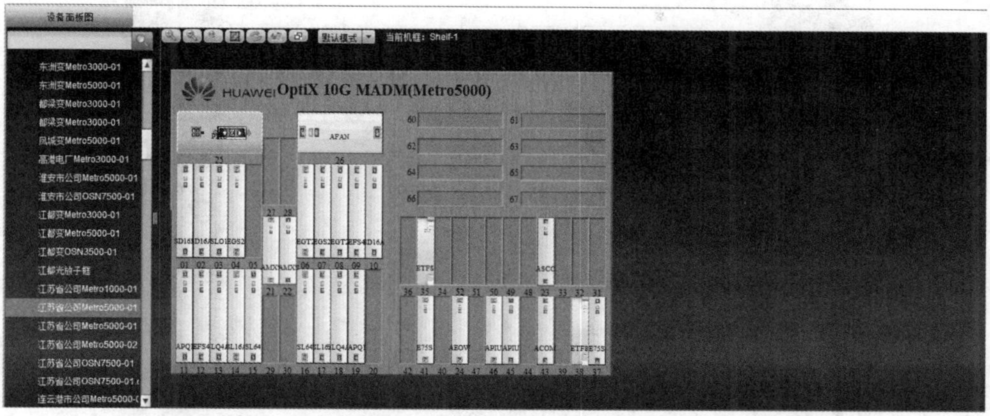

图 19–2–5 设备面板图

双击某块板卡进入板卡视图，如图 19–2–6 所示。

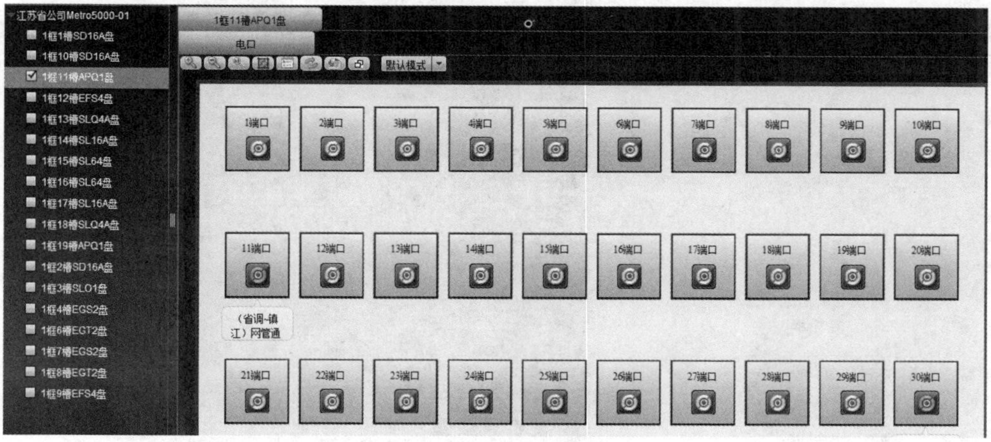

图 19–2–6 板卡视图

说明：

绿色表示端口为使用状态。

灰色表示端口未使用。

右键使用状态端口，选择串接电路，如图 19–2–7 所示。

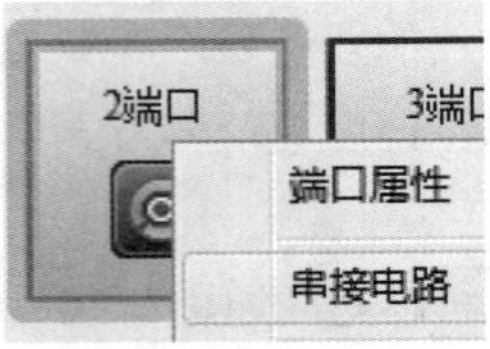

图 19–2–7　右键端口菜单

串接电路后，系统将展示通道路由图，如图 19–2–8 所示。

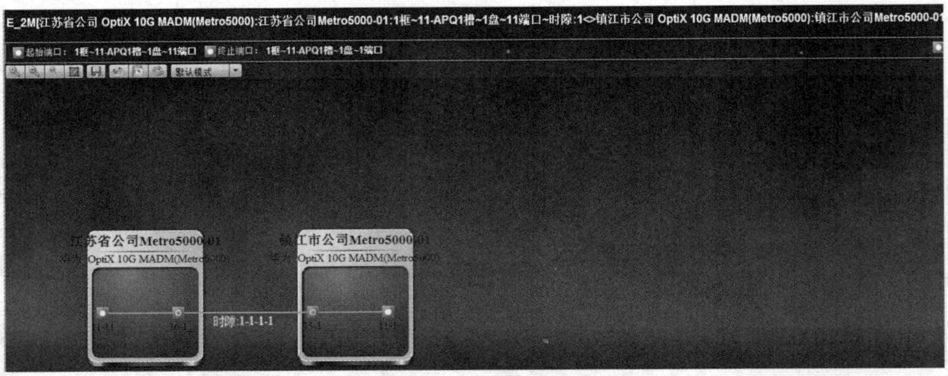

图 19–2–8　通道路由图

右键通道路由图界面空白处选择，弹出关联业务界面，单击“选择关联”项，如图 19–2–9 所示。

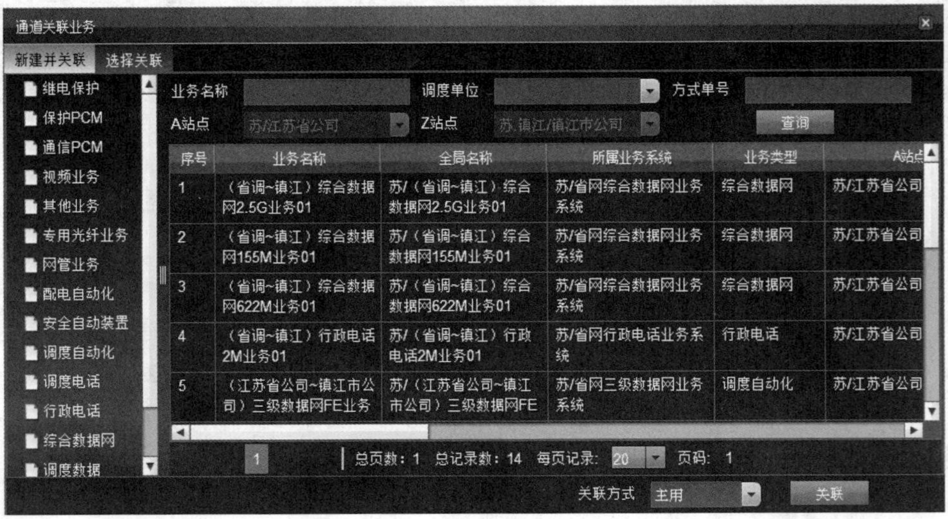

图 19–2–9　通道关联业务界面

此处会将原宿站点与通道一致的业务显示在列表中，也可通过过滤查询需要关联的业务，过滤项包括：业务名称，调度单位，方式单号；选择需要关联的业务与关联方式

，单击

以完成通道与业务的关联。

由业务侧进行关联：打开“资源信息管理–业务资源信息管理”菜单项，右击需要关联通道的业务，选择“关联通道”，在通道关联界面选择“SDH 通道关联”项，如图 19–2–10 所示。

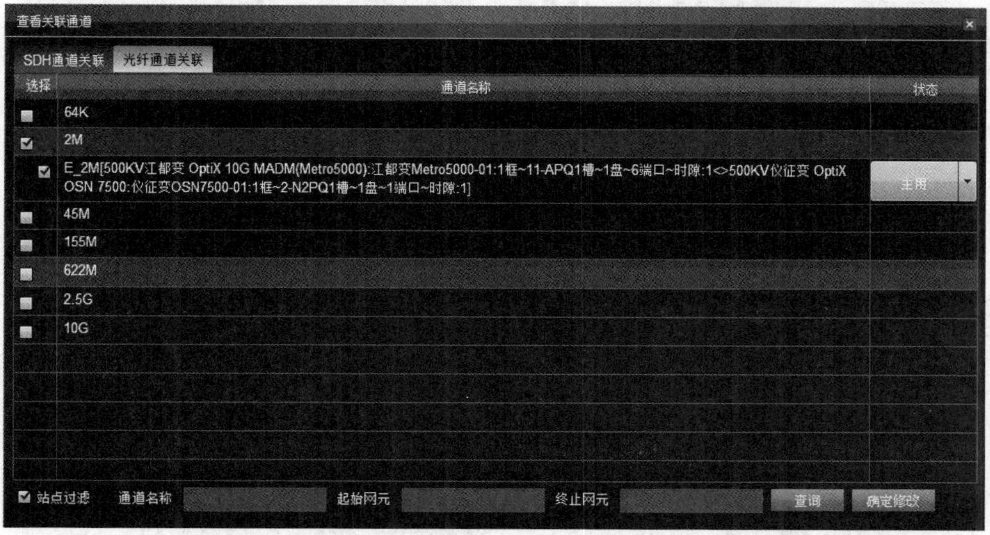

图 19–2–10 业务关联通道界面

根据业务速率查看通道，系统默认会过滤出与业务原宿站点一致的通道，勾选需要关联的通道并单击“确定修改”按钮以完成业务与通道的关联。

（2）业务与光纤通道关联。

打开“资源信息管理–业务资源信息管理”菜单项，右击需要关联通道的业务，选择“关联通道”，在通道关联界面选择“光纤通道关联”项，如图 19–2–11 所示。

系统会自动过滤出与业务原宿站点一致的光缆，展开光缆可查看该光缆下的光缆段及其纤芯占用情况，勾选相应光缆段并选择业务所占用的光缆段纤芯，如图 19–2–12 所示。

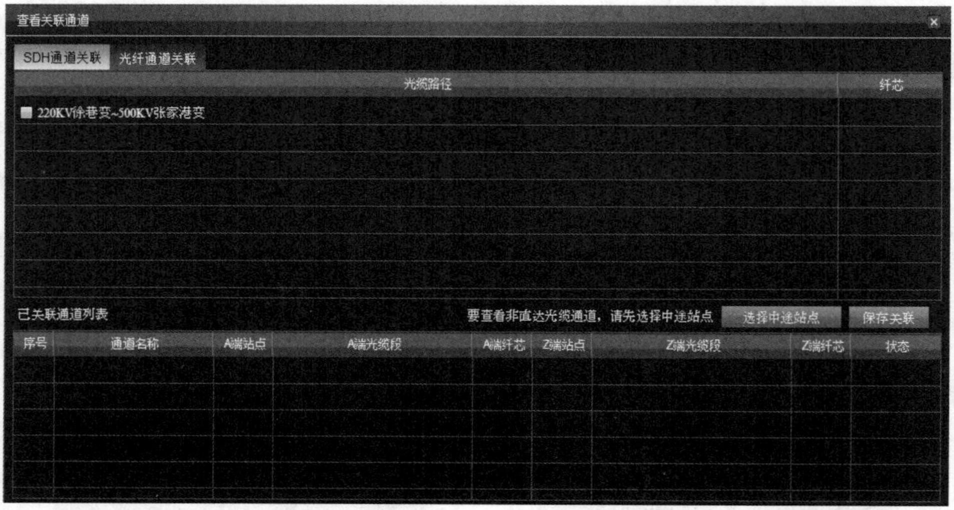

图 19–2–11　光纤通道关联界面

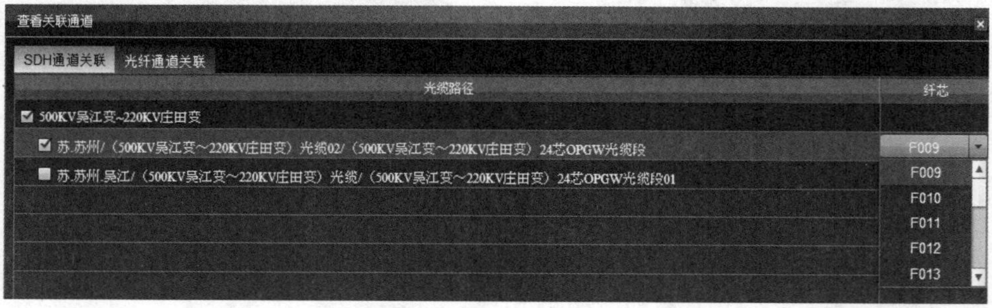

图 19–2–12　纤芯选择

单击“保存关联”按钮后完成业务与光纤通道的关联，关联后的结果会在下方已关联通道列表中显示，如图 19–2–13 所示。

已关联通道列表　要查看非直达光缆通道，请先选择中途站点　选择中途站点　保存关联

序号	通道名称	A端站点	A端光缆段	A端纤芯	Z端站点	Z端光缆段	Z端纤芯	状态
1	(500KV吴江变~220KV庄田变)光纤通道	500KV吴江变	（500KV吴江变~220KV庄田变）24芯OPGW光缆段	F003	220KV庄田变	（500KV吴江变~220KV庄田变）24芯OPGW光缆段	F003	主用
2	(500KV吴江变~220KV庄田变)光纤通道	500KV吴江变	（500KV吴江变~220KV庄田变）24芯OPGW光缆段	F004	220KV庄田变	（500KV吴江变~220KV庄田变）24芯OPGW光缆段	F004	主用

图 19–2–13　已关联通道列表

若需要关联的光缆段是非直达光缆，则需要单击“选择中途站点”按钮以添加中途站点，中途站点可以是多个，如图 19–2–14 所示。

完成中途站点的添加后，系统会将包含这些站点的光缆段列出来，此时再根据需求进行添加即可。

3. 光路制作

打开“资源图形管理–配线连接图”菜单项，进入配线连接功能页面，界面左侧显示区域下所有站点，展开站点可显示站点下的网元、光缆段及配线模块，如图 19–2–15 所示。

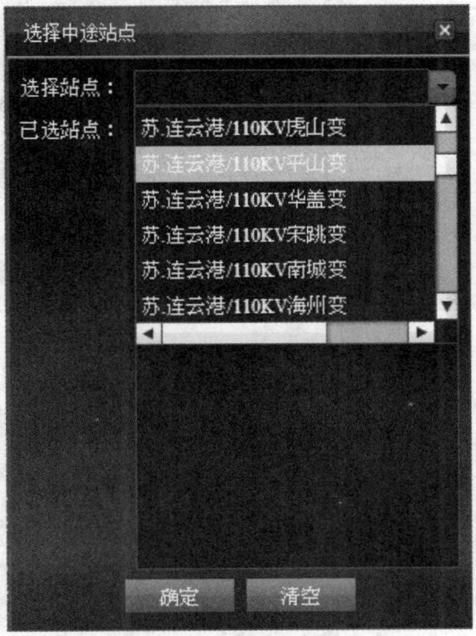

图 19–2–14 选择中途站点

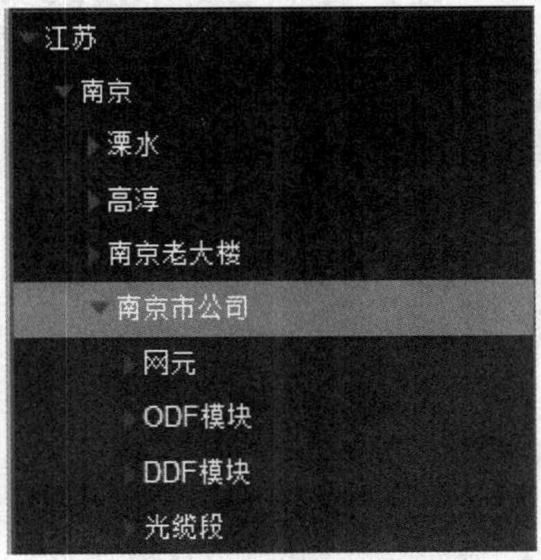

图 19–2–15 配线连接图左侧界面

右侧显示配线连接操作界面，如图 19–2–16 所示。

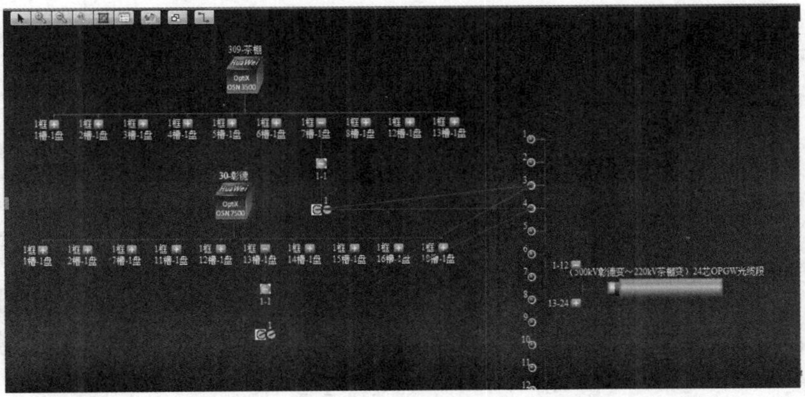

图 19–2–16 配线连接右侧界面

工具栏功能说明：

：鼠标默认状态。

：界面放大。

：界面缩小。

：界面修改为默认大小。

：界面下平均化显示。

：解释界面网元与光缆段状态，默认界面如下侧，如图 19–2–17 所示。

：导出整个图形。

：展开/重叠左侧菜单。

：实现网元、光缆段、配线模块之间的连接。

注意：当鼠标放置在光缆段上时，将提示光缆段名称。

光路制作步骤：

（1） 在左侧勾选光路制作所涉及的网元、光缆段和配线模块，如图 19–2–18 所示。

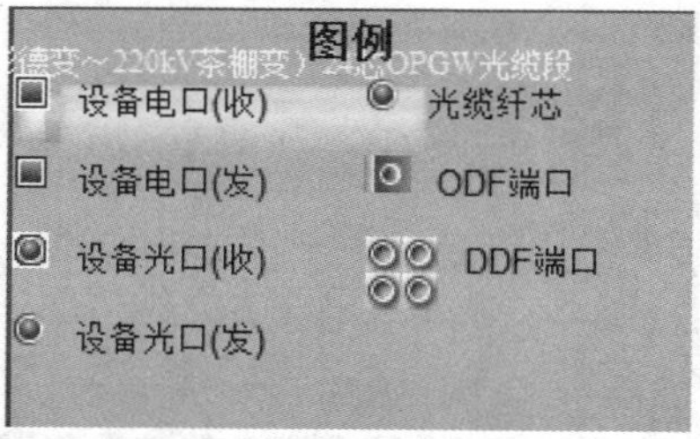

图 19–2–17　图例

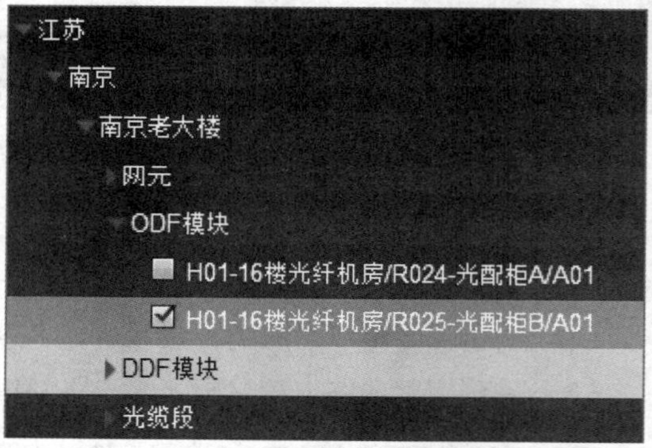

图 19–2–18　勾选相应资源

这些被选择的资源都会在右侧展示出来，如图 19–2–19 所示。

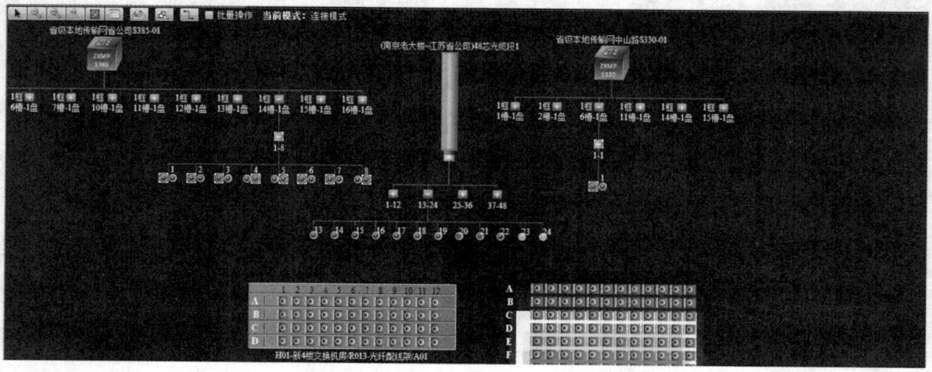

图 19–2–19　光路所涉及所有资源展示

（2）单击，鼠标置于网元端口或光缆段纤芯，出现如下状态表选中。

（3）根据光路实际连接关系将连接线另一端连接到光缆段纤芯、配线端口或网元端口上。

（4）根据实际情况依次完成光路中所有的连接关系，如图 19–2–20 所示。

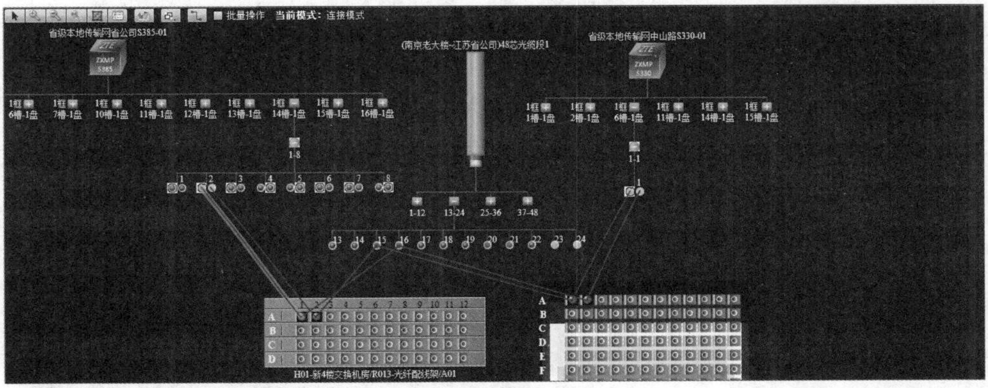

图 19–2–20 光路连接完成图

（5）光路制作完成后会与光路台账自动关联，此时可在光路台账中查看光路通道路由。

（6）右击该光路所对应的台账并选择“查看路由图”，如图 19–2–21 所示。

（7）看到完整的路由信息则表明光路制作成功。

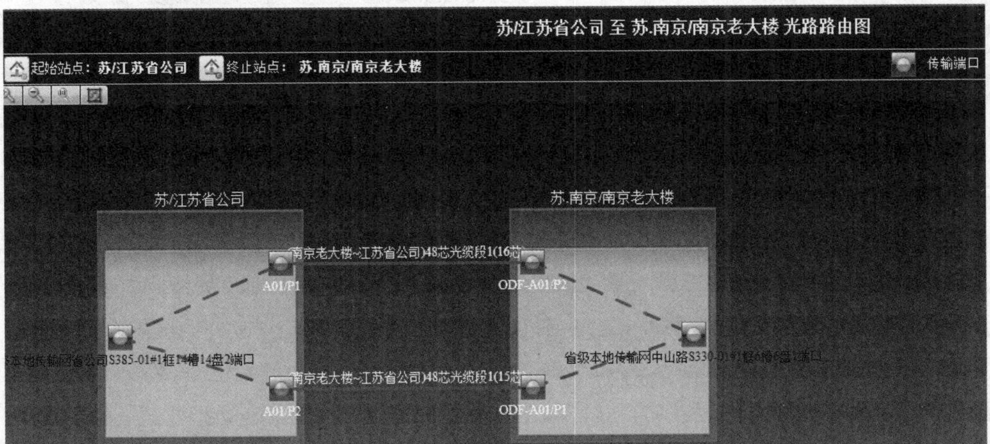

图 19–2–21 光路路由图展示

【思考与练习】

1. 请分别阐述静态数据与动态数据的含义。
2. 如果不进行设备网元关联会有什么影响？
3. 如何操作能够将业务关联到某条通道上？

模块 3 资源数据的查询统计（Z37D7003Ⅱ）

【模块描述】本模块介绍如何在 TMS 系统中进行资源查询与统计，主要包括空间资源、光缆资源、业务资源、设备资源等数据的多维度查询以及统计分析。通过功能介绍、操作讲解、系统演练，掌握 TMS 系统资源查询统计的方法。

【模块内容】

一、资源数据查询统计模块的介绍

1. 概述

资源数据的查询统计模块为用户提供资源数据查询和资源数据统计两部分功能。资源数据查询支持多维度、多角度、多条件的动态查询，可以满足多种组合条件下的查询需求，并提供图表形式对查询结果进行直观的展示。资源数据统计提供表格图形相结合的统计方式，将资源信息管理模块的数据进行分析统计，并支持以 Excel、Word、图片等多种文件格式导出统计结果。本模块是资源管理专责进行系统资源台账数据分析的辅助工具。

2. 功能说明

（1）光缆查询统计。

电力通信网络中光缆资源的类型包括：跳纤、OPGW、ADSS 和普通光缆四类，系统根据通信管理人员对光缆资源查询统计的需求，提供针对光缆所属区域、光缆类型进行查询统计的功能，以列表形式显示光缆查询结果，以饼图和柱形图形式显示光缆类型纤芯数量、区域纤芯数量、纤芯类型光缆长度和区域光缆长度的统计结果。

（2）通道查询统计。

本模块所针对的通道分为 EPON 通道、数据网通道、SDH 通道、光纤通道和 PCM 链路 5 种类型，通信管理人员可针对通道所处的状态、通道类型和通道速率三种条件，进行查询统计所关注的通道情况。系统以列表形式显示通道的查询结果，以饼图和柱形图形式显示通道使用状态、通道类型或通道速率的统计结果。此模块可使用户直观地从通道查询统计结果中获得通道的使用情况，为用户开通业务、进行网络优化、进行系统扩容等提供数据支持，为领导决策提供参考。

（3）业务查询统计。

电力通信网所承载的业务类型包括：保护 PCM、通信 PCM、视频业务、配电自动化、调度自动化、继电保护、专用光纤业务、网管业务、安全自动装置、调度电话、行政电话、综合数据网、调度数据和电视电话会议。此模块提供以具体业务类型和业务所属系统为条件进行查询统计的功能。系统以列表形式展现业务查询结果，以饼图和柱状图形式展现业务类型统计结果或接口类型统计结果。

（4）站点查询统计。

本模块提供以站点所属区域为条件进行查询的功能，系统以列表形式展现所要查询区域内所有站点的信息，包括：中心站、变电站、独立通信站、电厂、用户变、供电所等类型的站点；系统以饼图和柱状图形式展现所属区域的站点统计图或不同站点类型的统计图，以及不同电压等级的统计图。

（5）设备查询统计。

本模块提供针对所属区域为条件进行查询设备的功能，系统以列表形式展现所要查询区域内所有设备的信息，包括：调度交换机、通信监控设备、调度数据网设备、光传输网设备、载波传输设备等类型的设备；系统以饼图或柱状图形式展现所属区域内的设备统计图或不同设备类型的统计图。

二、资源数据查询统计的一般步骤

资源数据的查询统计一般遵循以下几个步骤：

（1）资源数据的查询。通信管理人员需明确所要查询的资源，如：光缆资源、通道资源、业务资源、站点资源、设备资源，以及所需查询资源所属的区域或资源类型等具体条件。

（2）资源数据的统计。在资源数据查询的基础上，统计出资源的总数量及不同分类条件下的分布情况，并展现出统计结果图。

三、操作实例

使用资源管理专责的账户登录 TMS 系统，进入资源管理模块，打开“资源信息管理–资源查询统计”菜单项，相关操作方式参见模块 Z37D7001Ⅱ台账数据的维护。

1. 站点查询统计

界面如图 19–3–1 所示。

操作介绍：

所属区域：实现按区域查询。单击下拉菜单将显示系统中所有区域，如图 19–3–2 所示。

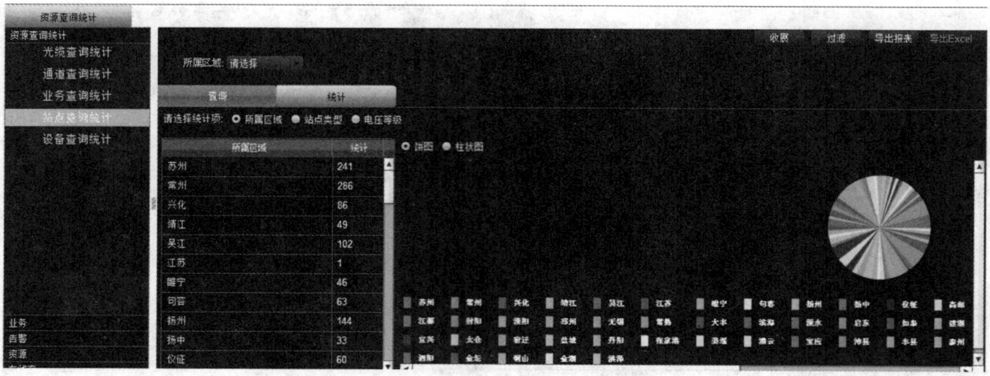

图 19–3–1　站点查询统计

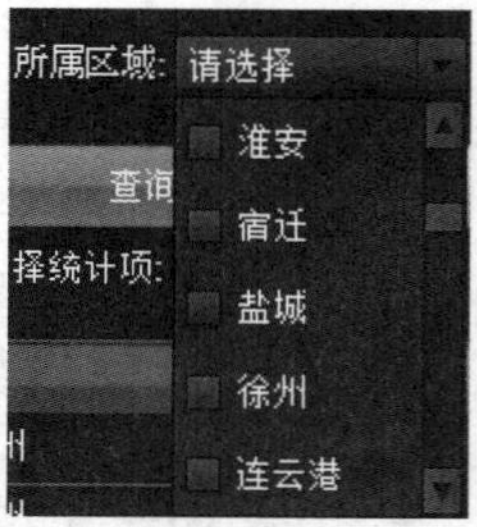

图 19–3–2　区域选择

收展：收起/展开过滤查询的条件选项。

过滤：为设定的条件，提供查询功能。

统计：以表格及图表的形式展现统计结果，如上图 19–3–1 所示。

请选择统计项：按不同类型进行数据分析统计，包含所属区域、站点类型、电压等级。

查询：以表格形式显示结果，如图 19–3–3 所示。

单击查询统计结果标题栏可实现升降序排列。

选择饼图或柱形图可以不同形式对统计结果进行直观展示。

图 19–3–3　查询结果

2. 设备查询统计

功能作用：查询系统所有设备（SDH、PCM、微波等），根据设备类型、设备所属区域统计，界面如图 19–3–4 所示。

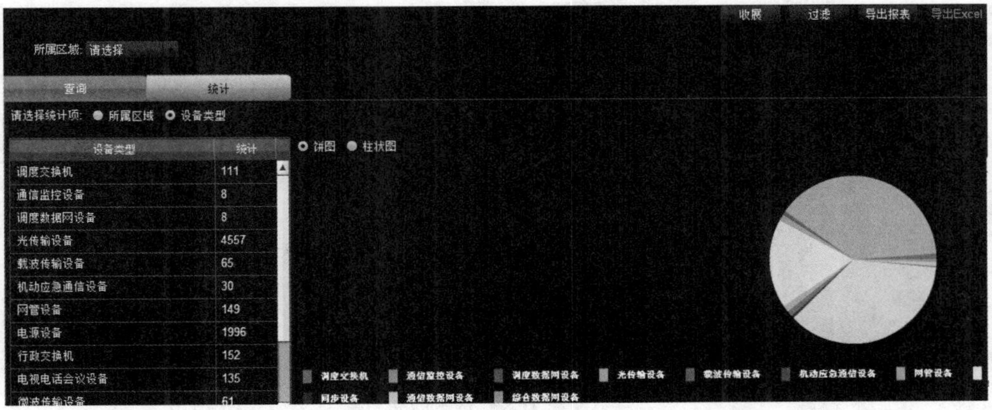

图 19–3–4 设备查询统计

使用方法参见站点查询统计。

3. 光缆查询统计

功能作用：查询系统所有光缆，根据其类型纤芯数量、纤芯类型光缆长度、区域纤芯数量、区域光缆长度统计，界面如图 19–3–5 所示。

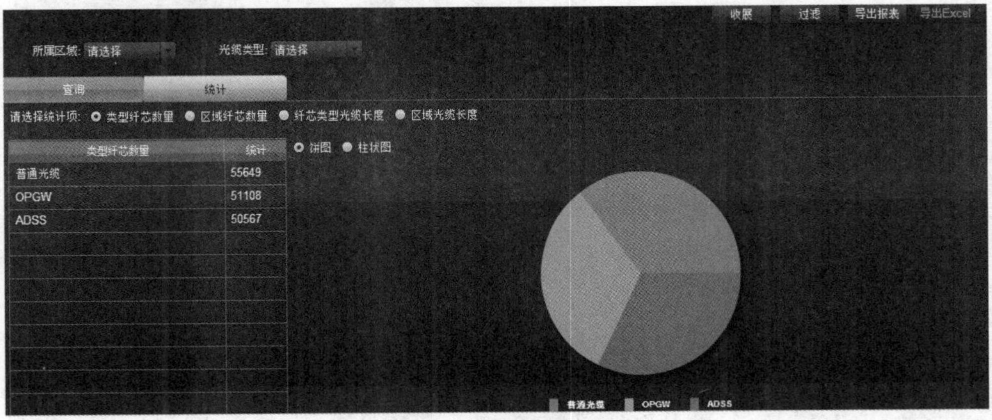

图 19–3–5 光缆查询统计

使用方法参见站点查询统计。

4. 通道查询统计

功能作用：查询系统所有通道，根据其使用状态、通道类型、通道速率统计，界面如图 19–3–6 所示。

使用方法参见站点查询统计。

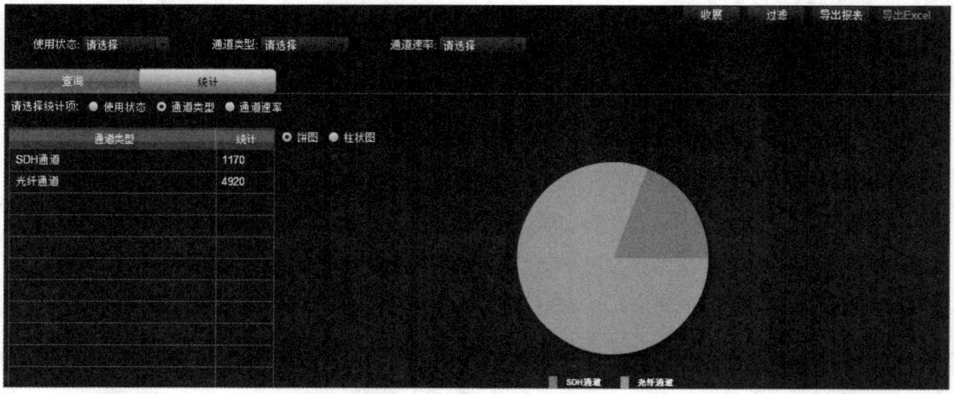

图 19–3–6　通道查询统计

5. 业务查询统计

功能作用：查询系统所有业务，根据其业务、接口类型统计，界面如图 19–3–7 所示。

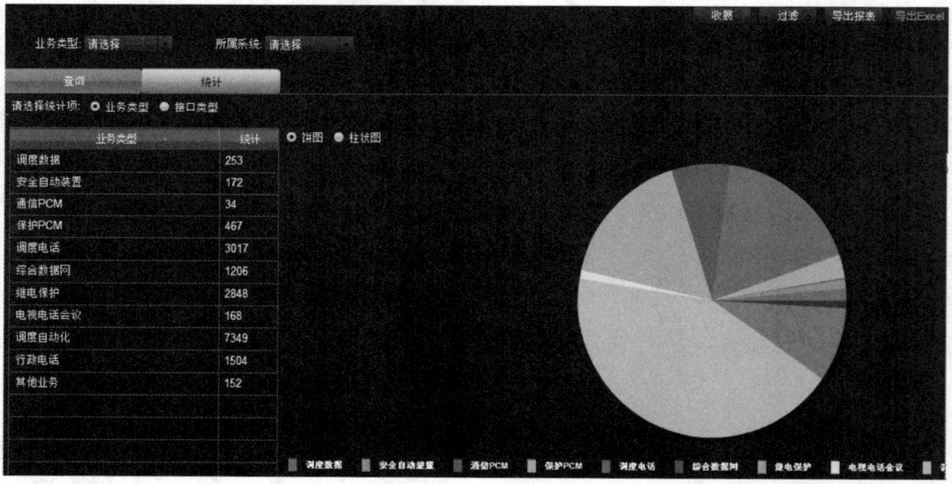

图 19–3–7　业务查询统计

使用方法参见站点统计。

【思考与练习】

1. 资源查询统计功能模块为系统资源数据管理带来怎样的便利？
2. 光缆查询统计模块可以根据哪几类条件进行统计？
3. 系统可以针对哪几类资源进行查询统计？

第六部分

通信运维检修规程规范

第二十章

设 备 安 装 规 范

模块 1 SDH 光传输设备的安装（Z37B7001Ⅰ）

【模块描述】本模块包含 SDH 光传输设备的安装。通过对 SDH 光传输设备安装前机房环境和设备器材的检查要点以及槽道和列柜的安装、电缆布放和成端处理、电源线布放等工作规范的介绍，掌握 SDH 光传输设备安装的规范要求。

本模块侧重介绍了 SDH 光传输设备的安装流程中各项工作的基本要求。

【模块内容】

一、安装准备

为保证整个设备安装的顺利进行，需要准备以下相关技术资料及工具。

1. 施工技术资料包括：

（1） 合同协议书、设备配置表。

（2） 机房设计书、施工详图。

（3） 安装手册。

2. 除常用工具和仪表外，还需准备好 2M 误码仪、光连接器、卡线钳、防静电手腕、光功率计、光衰减器、专用拔纤器等。仪表必须经过严格校验，证明合格后方能使用。

二、施工条件的检查

1. 机房建筑条件检查

按照传输机房建筑要求，对机房的面积、高度、承重、门窗、墙面、沟槽布置等有关项目进行检查。如果有不符合要求的地方，建议用户进行工程改造，以免给工程安装和日后的运行维护工作留下隐患。

2. 环境条件检查

（1） 机房的照明条件包括日常照明、备用照明、事故照明，三套照明系统要达到满足设备维护的要求。

（2） 空调通风系统足以保证机房环境满足设备温、湿度要求。

（3）有效的防静电、防干扰、防雷措施和良好的接地系统。

（4）机房应配备足够的消防设备。

（5）机房设计达到规定的抗震等级。机房地面应坚固，确保机柜的紧固安装。

3. 机房供电条件检查

（1）交流电供电设施齐全，满足通信电源的交流电压及其波动范围要求和传输设备功率要求。除了市电引入线外，应提供备用电源。

（2）直流配电设备满足要求，供电电压满足设备直流电源电压指标。

（3）有足够容量的蓄电池，保证在供电事故发生时，传输设备能继续运行。

4. 配套设备、其他设施检查

（1）应检查与其对接的交换设备和其他设备（如附属的数字配线架 DDF、光配线架 ODF）是否正常连接。

（2）施工现场需配备必要的交流电源及延伸插座。

三、机柜安装

机柜安装的基本要求包括：

（1）机柜的排列、安装位置及方向应符合设计要求。

（2）机柜前后左右，与地面垂直，偏差不应大于 3mm。

（3）主走道侧对齐成直线，误差不大于 5mm，相邻机柜紧密靠拢，整列机柜平齐。

（4）机柜固定方式符合厂家规定，防震加固措施符合设计要求，各紧固部分牢固无松动。

（5）机柜有可靠接地。

（6）保护地、电源地分开接入机柜。

（7）机柜各种标志应正确、清晰、齐全。

（8）防静电手腕插入机柜上的防静电安装孔内。

（9）机柜上方的声光告警系统工作正常。

四、结构件安装

结构件安装的基本要求包括：

（1）各结构件如子架、风机盒等不能存在变形或碰伤等现象。

（2）机柜各结构件安装螺丝都需加平垫、弹垫并拧紧。

（3）母板上的插针应平直、整齐、清洁。

（4）子架按设计线路正确接地，连接牢靠。

（5）内部电缆布放应便于维护扩容。

（6）风扇电源开关正常，风扇转动正常。

五、单板安装

1. 插入单板

插入单板时，按以下步骤进行：

（1）如果子架相应槽位上装有假拉手条，先用螺丝刀松开该拉手条的松不脱螺钉，将假拉手条从插框中拆除。

（2）双手向外翻动单板拉手条上的扳手，沿着插槽导轨平稳滑动插入单板，当该单板的拉手条上的扳手与子架接触时停止向前滑动。

（3）双手向内翻动单板拉手条上的扳手，靠扳手与子架定位孔的作用力，将单板插入子架，直到拉手条的扳手内侧贴住拉手条面板。

（4）用螺丝刀拧紧松不脱螺钉，固定单板。

2. 拔出单板

拔出单板时，按以下步骤进行：

（1）首先要松开拉手条上的松不脱螺钉。

（2）双手抓住拉手条上的扳手，然后朝外拉扳手，使单板和背板上的接插件分离，缓慢拉出单板。

（3）拔出单板后，把拉扳手向内翻，固定单板上的拉扳手。

（4）如果需要，要把假拉手条装上。

3. 注意事项

（1）拔插单板时不可过快，要缓缓推入或拔出。

（2）插入单板时注意对准上下的导轨，沿着导轨推入才能与背板准确对接。

（3）单板插入槽位后，要拧紧单板拉手条上的两颗松不脱螺钉，保证单板拉手条与插框的可靠接触。

（4）插拔单板时要佩戴防静电手腕，或者戴上防静电手套。

（5）在未插单板的槽位处，需安装假拉手条，以保证良好的电磁兼容性及防尘要求。

六、线缆安装布放和布放

参见模块“Z37D3001Ⅰ 布线”

七、安装完成后检查

（1）采取防静电措施后，对业务盘上的拨码开关、跳针等进行设置。

（2）核查设备外观、连线、位置等，测量直流电源屏相应分路电压、极性是否符合要求。

（3）按照机柜、子架、机盘的先后顺序，对设备逐级加电。通电后，检查设备的指示灯、告警灯、风扇装置等是否工作正常。

【思考与练习】

1. SDH 光传输设备的安装时应准备好哪些专用工具和仪表？
2. 安装机柜有哪些基本要求？
3. 简述 SDH 单板插拔的步骤及注意事项。
4. SDH 设备通电时，应按照什么顺序对设备加电？

模块 2 PCM 设备的安装（Z37B7002Ⅰ）

【模块描述】本模块包含 PCM 设备的安装。通过对 PCM 设备安装过程中机架设备的安装、配线架和槽道的安装以及电缆和电源线的布放等工作规范的介绍，掌握 PCM 设备安装的规范要求。

本模块侧重介绍了 PCM 设备的安装流程中各项工作的基本要求。

【模块内容】

一、工程准备

（1）为保证整个设备安装的顺利进行，需要准备施工技术资料及工具。

（2）熟悉待安装设备的硬件总体结构及技术参数，熟悉设备安装的必备条件，准备安装工具。

二、施工条件的检查

参见模块“Z37B7001Ⅰ SDH 光传输设备的安装”中的“施工条件的检查”。

三、机柜安装

划线打孔并安装支架系统，根据工程设计文件依次安装各个机柜并完成机柜的连接。参见模块“Z37B7001Ⅰ SDH 光传输设备的安装”中的“机柜安装。

四、单板安装

参见模块 Z37B7001Ⅰ SDH 光传输设备的安装中的“单板安装”

五、安装走线架

如果有必要，根据工程设计文件，结合机房具体情况，安装为设备配套的走线架和防震系统。

六、电源线、地线安装

在设备机柜安装完毕后，首先安装地线和电源线，保证设备良好接地，以防止后续工作中静电对设备的影响。电源线安装完毕后不能直接供电。

七、线缆安装

PCM 设备的内部线缆是用来连接机柜内部的设备，这类电缆配置、数量都比较固定。外部线缆包括：外部光纤、中继电缆、用户电缆。参见模块 Z37D3001Ⅰ 布线。

八、硬件安装检查

在硬件安装完成、准备开始软件安装的时候，需要对设备硬件安装情况进行检查，不合格之处必须进行整改，直至完全符合标准。

【思考与练习】

1. 简述 PCM 设备的安装流程。
2. 电源线安装完毕后是否可以直接供电，为什么？
3. 工程准备阶段应完成哪些工作？

模块 3 程控交换设备的安装（Z37B7003Ⅰ）

【模块描述】本模块包含程控交换设备的安装。通过对程控交换设备的安装过程中机架设备、配线架和槽道的安装以及电缆和电源线的布放等工作规范的介绍，掌握程控交换设备安装的规范要求。

【模块内容】

一、程控交换设备的安装

（1）交换机机柜定位时，按照正确顺序将各机柜排列好，按列取平对直，并对每个机架调直量平，用地脚螺丝固定。

（2）将机柜外壳与机房接地线可靠连接，接地电阻应满足技术要求。

（3）连接交换机机柜内部及各机柜之间的连线，要求走线整齐美观。

（4）从交换机机柜到配线架布放设备电缆，布放电缆必须排列整齐。电缆转弯处最小曲率应大于 60mm。做好标记，防止混乱。

（5）安装维护终端、数据设备、计费系统等外围设备，进行相关布线，并与交换机连接。

（6）从交换机各机柜到直流配电屏布放直流电源线，并进行接线。导线的规格、材料的绝缘强度及直流配电屏相应分路的熔丝容量要满足交换机的需要。

（7）布放交流电源线，并与各外围设备连接。

（8）采取防静电措施后，将电路板插放到交换机相应的槽位，设备的各种选择开关置于指定位置上。

（9）检查各机柜外观、连线、板件插放位置，测量直流电源屏相应分路电压，确答正常后，按照厂家提供的顺序，对硬件设备逐级加电。通电后，检查设备的指示灯、告警灯、风扇装置等是否工作正常。

二、走线架、槽道的安装

（1）水平走线架、槽道安装位置高度符合施工图规定，左右偏差≤50mm，水平

偏差≤2mm/m，每列槽道或走线架应成一条直线，偏差不大于 30mm，垂直走道、槽道位置应与上下楼孔或走线路由相适应，穿墙走道位置与墙洞相适应，垂直偏差≤3mm。

（2）列槽道端正牢固并与大列保持垂直，列间槽道应成一直线，偏差不大于 3mm，列槽道拼接处水平度偏差不超过 2mm。

（3）槽道的盖板侧板、底板安装应完整、缝隙均匀，零件齐全。立柱安装位置符合设计要求，稳固、与地面垂直，允许偏差垂直度为 0.1%，同一侧立柱应在同一直线上。

三、线缆的布放与连接

（1）各类线缆的型号应符合设计要求，外观完好无破损，中间没有接头。

（2）电源线缆与信号线缆布放路由应尽可能远离，如有交叉，信号线缆应布放在上方。

（3）线缆的排列应该整齐、无扭绞、交叉。拐角圆滑，线缆弯曲半径应大于 20mm。绑扎间隔均匀，松紧适度，同一路由的一组线缆布放完毕后一次完成绑扎。

（4）线缆的两端应有相同或相对应的标示牌。

四、配线架安装

（1）配线架底座位置应与成端电缆上线槽或上线孔相对应。

（2）配线架滑梯安装应牢固可靠，滑梯轨道拼接平整。

（3）各配线架的各直列上下两端垂直误差应不大于 3mm，底座水平误差每米不大于 2mm。

（4）配线架跳线环安装位置应平直整齐。

（5）配线架各种标志完整齐全。

（6）配线架保护地、防雷地等地线连接牢固，线径符合设计要求。

五、电源线的布放与连接

（1）机房直流电源线的安装路由、路数及布放位置应符合施工图的规定。电源线的规格、熔丝的容量均应符合设计要求。

（2）电源线必须采用整段线料，中间无接头。

（3）系统用的交流电源线必须有接地保护线。

（4）直流电源线的成端接续连接牢靠，接触良好，电压降指标及对地电位符合设计要求。

（5）采用胶皮绝缘线作直流馈电线时，每对馈电线应保持平行，正负线两端应有统一红蓝标志。安装好的电源线末端必须有胶带等绝缘物封头，电缆剖头处必须用胶带和护套封扎。

【思考与练习】

1. 简述安装程控交换设备的基本方法。

2. 简述电源线布放的基本要求。

3. 走线架、槽道、配线架的安装要注意哪些问题？

模块4　数据网络设备的安装（Z37B7004Ⅰ）

【模块描述】本模块包含数据网络设备的安装。通过对数据网络设备的安装前机房环境和设备器材的检查要点以及设备安装、电缆和电源线的布放等工作规范的介绍，掌握数据网络设备安装的规范要求。

本模块侧重介绍了数据网络设备的安装流程中各项工作的基本要求。

【模块内容】

一、安装前的准备

1. 安全注意事项

为避免使用不当造成设备损坏以及对人身的伤害，应注意以下事项：

（1）在清洁网络设备前，应先将网络设备的电源插头拔出，不得用湿润的布料擦拭网络设备，也不得用液体清洗网络设备。

（2）不得将网络设备放在水边或潮湿的地方，并防止水或湿气进入网络设备机壳。

（3）确认工作电压同网络设备所标示的电压相符。

（4）为减少受电击的危险，在网络设备工作时不得打开外壳；即使在不带电的情况下，也不得随意打开网络设备机壳。

2. 检查安装场所

（1）确认网络设备的入风口及通风口处留有空间，以利于网络设备机箱的散热。

（2）确认机柜和工作台自身有良好的通风散热系统。

（3）确认机柜及工作台足够牢固，能够支撑网络设备及其安装附件的重量。

（4）确认机柜及工作台的良好接地。

（5）为保证网络设备正常工作和使用寿命，机房内需维持一定的温度和湿度，并满足洁净度要求。

（6）满足网络设备抗干扰要求。应注意：对供电系统采取有效的防电网干扰措施；网络设备工作地最好不要与电力设备的接地装置或防雷接地装置合用，并尽可能相距远一些；远离强功率无线电发射台、雷达发射台、高频大电流设备；必要时采取电磁屏蔽的方法。

3. 安装工具和设备准备

（1） 需要工具包括：一字螺丝刀、十字螺丝刀、防静电手腕等。

（2） 连接用电缆包括：电源线、配置口 Console 电缆、接地线等。

（3） 配置终端，可以是 PC。

二、设备安装

1. 机械安装

（1） 检查机柜的接地与稳定性，用螺钉将固定角铁固定在网络设备前面板两侧。

（2） 将网络设备放置到机柜内，并沿机柜导槽移动网络设备至合适位置。

（3） 用螺钉将固定角铁固定在机柜两端的固定导槽上。

2. 电源线及地线连接

（1） 交流电源线。

1）检查交流电源输入范围是否满足网络设备的要求。

2）建议使用有中性点接头的单相三线电源插座或多功能微机电源插座。电源的中性点在建筑物中要可靠接地，用户需要确认本楼电源是否已经接地。

（2） 交流电源线连接。

1）将网络设备随机附带的机壳接地线一端接到网络设备后面板的接地柱上，另一端就近良好接地。

2）将网络设备的电源线一端插到网络设备的电源插座上，另一端插到外部的供电交流电源插座上。

3）检查网络设备的电源指示灯是否变亮 灯亮则表示电源连接正确。

（3） 直流电源及电源线。

连接方法和要求与交流电源线类似，常用–48V 直流电源给网络设备供电。

（4） 地线。

1）用接地电缆将网络设备的机壳接地点与大地连接起来，接地电阻满足要求。

2）安装网络设备的机柜同样要接地。

3. 安装、拆卸可选接口模块

（1） 可选接口模块安装。

1）佩戴防静电手腕，将网络设备断电。

2）拆下模块插槽上的假拉手条。

3）将需要安装的模块接口板远端边角与网络设备插槽上的开口边缘对齐，将接口板向网络设备内部推进，直到接口板与网络设备后面板紧密接触为止。

4）用模块接口板的紧固螺钉将接口板固定在网络设备上。

（2） 可选接口模块的拆卸。

1）佩戴防静电手腕，将交换机断电。

2）拧开可选接口模块两侧的紧固螺钉。

3）将接口板向操作者身前方向拖动，直到接口板完全脱离模块插槽。

（3） 安装、拆卸可选接口模块注意事项。

1）拆卸/安装模块时，不要用力过猛，也不要用手直接触摸模块表面元件。

2）若模块拆卸完成后无须安装新的模块，要及时安装好假拉手条，以防止灰尘进入，保证交换机的正常通风。

三、线缆安装布放和布放

参见模块 Z37D3001 Ⅰ布线。

四、安装完成后检查

（1）检查选用电源与交换机的标识电源是否一致。

（2）检查地线是否连接。

（3）检查配置口电缆、电源输入电缆连接关系是否正确。

【思考与练习】

1. 为满足网络设备抗干扰要求，通常采取哪些措施和方法？

2. 网络设备接地有哪些基本要求？

3. 简述安装、拆卸网络设备可选接口模块的步骤及注意事项。

第二十一章

通 信 规 程

模块1　电力系统光纤通信运行管理规程（Z37B10001Ⅰ）

【模块描述】本模块包括《电力系统光纤通信运行管理规程》。通过对规程条文的讲解，掌握规程条文的内容及相关要求。

【模块内容】

光纤通信是目前电力系统通信的主要方式，随着电网建设的飞速发展，电力通信网络特别是其中的光纤通信网络与一次电网的结合也更加紧密，通信网成为电网运行不可分割的有机组成部分。《电力系统光纤通信运行管理规程》（DL/T 547—2010）规定了电力系统光纤通信的运行、维护和管理的要求，明确了各级通信机构所负责的运行维护工作、运行和安全管理的具体内容、统计项目和报表类型等，适用于电力系统光纤通信的运行维护和管理。

一、电力光纤通信网的概念

电力光纤通信网是以光波作为信息载体，以光导纤维作为传输媒介的通信方式，满足电力生产调度、运行管理和经营，为电力系统服务的专用光纤通信网络，是电力通信网的主要组成部分。电力系统光纤通信网是电力系统通信网的主要组成部分，应予统一管理。

二、专业管理

建设电力系统光纤通信网应符合电力系统通信网的规划；光纤通信网的主干网络应采用数字同步体系；光纤电路的建设应充分利用输电线路的特有资源，优先采用光纤复合架空地线（OPGW）和全介质自承式光缆（ADSS）等电力特种光缆；在同一输电线路上有多个业主方需建设电力系统的特种光缆时，应采用共建缆路、合理分配纤芯的方式，以保护有限的杆路资源和节约工程投资。同时还应满足以下技术要求。

（1）光纤通信网应能满足继电保护、安全稳定控制装置、调度自动化及调度电话等信息通信的要求。

（2）采用电力特种光缆应符合输电线路的安全要求和技术要求。

（3）同一条输电线只有一条光缆时，两套以上继电保护或安全自动装置的信号应安排在不同纤芯传送。

（4）光纤通信设备与其他通信设备安装在同一通信站内时，应采用统一设置的通信专用电源系统。

（5）当同一输电线路采用两套通信设备传输继电保护信号时，对通信设备应配置不同的电源。

（6）通信站内只有光纤通信设备时，应设置专用的电源系统，该电源系统应由两路输入电源、整流器和蓄电池组成，蓄电池的配置容量不应低于设计规定值。并符合以下规定：

1）采用高频开关组合电源。

— 设在发电厂、变电站内具有可靠交流供电的通信站的蓄电池持续供电时间应不少于 8 小时。

— 独立通信站的蓄电池持续供电时间应不少于 24 小时。

2）采用太阳能供电组合电源。

— 太阳能供电组合电源有交流供电时，太阳能光伏电池在满负载状态下的持续供电时间应不少于 48 小时。

— 太阳能供电组合电源没有交流供电时，蓄电池的配置容量，在满负载状态下的持续供电时间应不少于 84 小时。

3）在供电薄弱或重要通信站中可配备柴油发电机，其持续供电时间应满足以上要求。

4）不宜采用以厂站的直流电源加以逆变的方式为通信设备供电。

三、运行维护

各级通信机构负责调度管辖范围内光纤通信设备和光纤通信电路的运行维护工作。

如光纤通信电路跨越两个以上区域，相关通信机构各自负责自己调度管辖区域内设备、电路的运行维护工作。

1. 接口界面划分

（1）连接至发电厂、变电站的 OPGW、ADSS 等电力特种光缆的分界点，在发电厂、变电站为门型构架的光缆终端接续箱，见图 21-1-1。在水电厂一般为第一基杆塔，特殊情况另行商定。分界点的线路侧由送电线路部门负责，通信机房侧由通信机构负责。

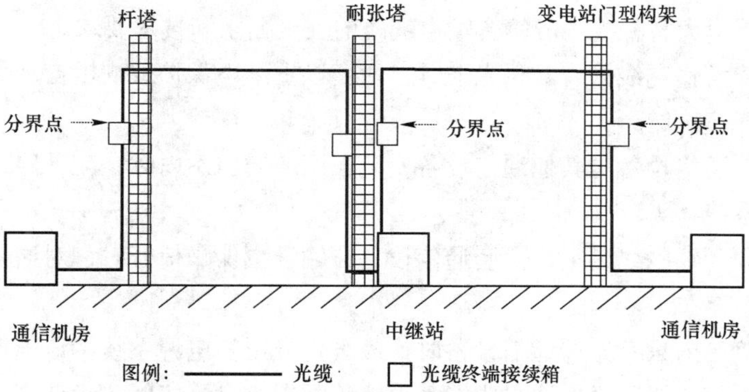

图 21–1–1 电力特种光缆维护界面

（2） 中继站的电力特种光缆的分界点为引下塔的光缆终端接续箱，见图 21–1–1。分界点的线路侧由送电线路部门负责，光缆终端接续箱本身及引入机房的光缆由通信机构负责。

（3） 与二次系统其他专业的界面划分。

与二次系统其他相关专业的维护分界点见图 21–1–2。通过通信机房音频配线架连接的业务电路，分界点为音频配线架；通过通信机房数字配线架连接的业务电路，分界点为数字配线架。

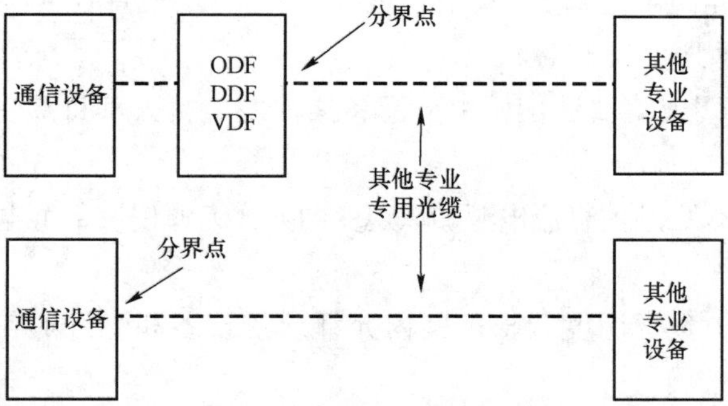

图 21–1–2 通信机构与二次系统其他专业的维护界面

通过通信机房光纤配线架连接的业务电路，分界点为光纤配线架；不通过通信机房配线架而通过通信设备连接至二次系统的其他专业设备的分界点为通信设备的输入输出端口。

2. 电力特种光缆的运行维护

光纤复合架空地线（OPGW）和全介质自承式光缆（ADSS）（包括线路、预绞丝、耐张线夹、悬垂线夹、防震锤等线路金具，线路中的光缆接续箱）的巡视、维护、检修

工作，由线路运行维护部门负责。通信机构负责进行纤芯接续、光纤性能检测等工作。

进行春检、秋检时应重点检查电力特种光缆线路。必要时，应对安装光缆接续箱的杆塔及可能发生光缆磨损的杆塔登塔检查。

光缆线路巡视工作的主要内容：

（1）OPGW 的外护层、ADSS 的金具予绞丝是否有断股或松股，加绑光缆的捆绑金属丝是否已断开。

（2）光缆的垂度是否超过正常范围。

（3）线路金具是否完整。

（4）光缆接续箱及预留光缆盘所放位置是否有变化。

（5）每年春检、秋检时，应重点检查在施工中磨损处的光缆磨损部位。

如在光缆线路巡视中发现异常，应查明原因及时处理。遇汛期、较大覆冰天气等特殊情况，应加强光缆线路巡视检查。

3. 光缆测试

光缆中的空闲纤芯应进行定期测试，每年不应少于一次。光缆主要测试项目为每个中继段间每根光纤的衰减值。每次测试的结果应与工程竣工验收测试及上次测试结果比较。如发现异常，应分析查找原因。主干光缆光纤的测试由光缆管理部门安排计划，提出测试要求和完.成时间，各维护部门按要求负责本单位所辖光缆光纤的测试工作，测试结果应报光缆管理部门备案。

4. 电路管理

光纤通信系统的各项技术性能和指标应符合国家有关标准及电力系统通信网组网要求。共用光纤电路的传输速率分配由各级通信机构协商确定，并明确各级通信机构对电路的使用权。光纤通信电路的组织应满足重要业务传输的可靠性要求。网络拓扑应以网形网和环形网或网形网与环形网构成的混合网为主。在链路情况下，可将电路设置为 1+1 或 1∶N 保护方式。传输继电保护信息的电路不宜采用单向光纤自愈环方式。各级通信机构需使用上级主干光纤电路时，应先报请上级通信机构批准。各级通信调度有权在其调度管辖范围内按通信调度规程调用光纤通信电路。

四、运行管理

1. 运行条件

光纤通信机房的环境条件应符合《电力系统通信设计技术规定》（DL/T 5391—2018）要求。

无人值守的光纤通信站应符合以下要求：

（1）光纤通信电路运行稳定，有冗余配置，能可靠地自动切换。

（2）供电电源可靠，设置有不停电电源系统。

（3） 有可靠的迂回电路，不会因本站发生故障而影响信息的传输。

（4） 配置有监控系统和公务信道，能将本站故障信息及时传送到有人值守的通信站。

2. 仪器仪表

各级通信机构应配置必要的仪器、仪表，按规定进行计量检定，保证必要的计量精度。仪器、仪表应设专人保管，注意防潮、防震。常用仪器、仪表应具有专用箱、柜。一般仪器、仪表的借出和归还，应办理相关手续并按规定交验，专用仪器、仪表一般不应外借。仪器、仪表在使用前应熟悉其性能和操作规程，使用高级精密仪器时应有人监护。

五、安全管理

各级通信人员应树立预防为主，安全第一的思想，严格执行电力安全工作规程及有关规章制度，切实做好通信站的防雷、防火、防洪、防虫鼠、防震、防盗等工作，确保人身和设备的安全。

与电力线路同杆架挂的特种光缆的巡视、检修，应符合架空送电线的有关规定。在酒后及雷雨、大风等恶劣环境条件下，严禁在架挂特种光缆的线路上作业。如光缆与电力线同杆架挂，在线路带电情况下，严禁光缆人员独自上杆作业。

光纤通信站的过电压保护应符合《电力系统通信站防雷运行管理规程》（DL/T 548—2012）的要求。电力特种光缆应具有良好的防雷接地措施，接地电阻应符合有关规定。每年雷雨季节前应进行一次全面检查，发现问题及时处理。

在鼠害、白蚁活动频繁地区敷设的光缆，应考虑防鼠、防白蚁措施，并定期检查，确保光缆不致损坏。

严禁在通信机房内存放易燃、易爆和腐蚀性物品，应配备适用于电气设备的消防器材，专人负责，定期检查，保持在完好状态。

通信人员应接受消防知识的培训，熟悉有关消防器材的使用和操作。

六、统计分析

1. 运行统计

光纤通信系统的运行统计包括电路运行率、设备运行率、线路运行率和可用率等项目。

（1） 电路运行率的计算公式：

$$\text{电路运行率}=\left\{1-\frac{\sum[\text{中断电路数(路)}\times\text{电路故障时间(min)}]}{\text{实用电路数(路)}\times\text{全月日历时间(min)}}\right\}\times 100\%$$

（2） 设备运行率的计算公式：

$$设备运行率=\left\{1-\frac{\sum[中断电路数(路)\times设备故障时间(min)]}{配置电路数(路)\times全月日历时间(min)}\right\}\times100\%$$

（3）线路运行率的计算公式：

$$线路运行率=\left\{1-\frac{\sum[光纤故障芯数(芯)\times故障时间(min)]}{实用光纤芯数(芯)\times全月日历时间(min)}\right\}\times100\%$$

（4）可用率的计算公式：

$$可用率=\left\{1-\frac{\sum[业务中断路数(路)\times故障时间(min)]}{实用路数(芯)\times全月日历时间(min)}\right\}\times100\%$$

2. 故障分类

通信电路或设备的故障分为事故和障碍两类。

凡发生下列情况之一者，计为事故1次：

（1）因通信电路和设备故障而造成电力系统事故延长或扩大。

（2）因通信电路和设备故障引起保护或安全稳定控制装置不正确动作而造成电力系统事故。

（3）因操作违反规程而造成人身伤亡事故或直接经济损失达10万元以上。

凡发生下列情况之一者，计为障碍1次：

（1）因通信电路或设备故障，影响发电、供电或变电设备的运行操作和电力调度，或造成继电保护、安全稳定控制装置不正确动作，但未酿成电力系统事故。

（2）因光缆故障而使通信电路运行指标劣化，影响发电、供电或变电设备的运行操作和电力调度，或造成继电保护、安全稳定控制装置不正确动作，但未酿成电力系统事故。

（3）多路通信设备中的1条（模拟电路4kHz算1条，数字电路64kbit/s算1条）或设备连续停运时间超过4小时。

（4）通信设备供电电源全部中断。

3. 故障分析

通信电路或设备发生故障的原因有以下几种：

（1）设备、元器件本身缺陷。

（2）维护不良、设备失修或调整不当。

（3）误操作或操作违反规程规定。

（4）大风、雨雪、洪水、冰雹或地震等自然灾害影响。

（5）设计不合理、施工不良或配套设施不全。

（6）其他因素的影响。

通信电路或设备的故障责任分属以下方面：

（1）运行维护人员的责任：如误操作、设备维护不良、处理方法不当、未执行规章制度等。

（2）运行管理部门的责任：如规章制度不健全、调度指挥不当，仪表、工具、备品、配件不齐全等。

（3）直接领导的责任：如领导失职，对反应的问题没能及时采取措施，致使故障扩大等。

（4）设计、施工及设备研制部门的责任：如设计不合理、施工质量不良、设备元器件质量低劣等。

（5）其他方面的原因：如外力破坏、不可抗拒的自然灾害等。

七、报表制度

1. 年报

年报以统计资料为主，其范围为各级通信机构本部及所属通信机构的上报资料，内容包括报表目录、表格、填表说明、有关建议、年终小结及下一年度工作要点等。

年报应按各级通信机构调度管辖范围内的通信网或线路的范围填写，分别由各级通信机构负责，逐级汇总上报，防止报表重复或遗漏。

年报统计应由专人负责，做到准确、及时、统一，符合规定要求。

年报统计的截止日期为每年 12 月 31 日。各级通信机构年报上报时限如下：

（1）地区级公司于次年 1 月底以前上报。

（2）省公司于次年 2 月底以前上报。

（3）区域网公司或直属省公司于次年 3 月底以前上报。

2. 月报

月报以运行分析资料为主，其范围为各级通信机构本部及所属通信机构的运行情况，内容包括光纤通信电路和设备的运行率、故障分析等。

月报应按各通信机构调度管辖范围内的光纤通信电路和设备填写，分别由各级通信机构负责，逐级汇总上报，防止报表重复或遗漏。

【思考与练习】

1. 电力光纤通信网的定义是什么？

2. 现阶段常用的电力特种光缆有哪两种？

3. 无人值守的光纤通信站应符合哪些要求？

4. 光缆线路巡视工作的主要内容是什么？

5. 光纤通信系统的运行统计包括哪些项目？

模块 2　电力光纤通信工程验收规范（Z37B10002 Ⅰ）

【模块描述】本模块介绍了《电力光纤通信工程验收规范》。通过规范条文讲解，掌握规范条文的内容及相关要求。

【模块内容】

光纤通信目前已成为我国电力系统主要的通信传输手段。为了保证电力光纤通信工程建设的质量，规范光纤通信工程验收、移交生产行为，国家发展和改革委员会于 2006 年 9 月发布了 DL/T 5344—2006《电力光纤通信工程验收规范》（以下简称《验收规范》）。《验收规范》对电力光纤通信工程中的验收组织和管理、光缆线路、光通信设备、通信电源系统、机房环境和工程文件等验收工作提出了具体的要求。

一、范围

《验收规范》适用于新建、扩建和改建电力光纤通信工程，作为光缆线路、光通信设备、辅助设备和设施验收的依据。

二、工程验收组织和管理

《验收规范》明确规定了工程验收的主要内容及依据。

验收工作可分为工厂验收、随工验收、阶段性（预）验收、竣工验收等 4 个阶段，其中工厂验收可以根据工程实际情况选做。针对单独立项和随电网一次系统配套建设的光纤通信工程，《验收规范》明确了工程验收各阶段的组织单位和参加单位。

1. 工程厂验

光缆及光通信设备出厂前应根据合同安排工厂验收，工厂验收按抽样检验规则进行。

2. 随工验收

随工验收应在光缆、附件、设备和材料运抵现场后，按工程实施顺序对工程施工进度、施工质量、施工文件进行检查和验收。隐蔽工程和特殊工程项目随工验收时，应保留影像资料。

3. 阶段性（预）验收

满足阶段性（预）验收应具备条件，根据验收内容进行阶段性（预）验收合格后，系统进入试运行。

4. 竣工验收

试运行结束、遗留问题已有协商一致的处理意见、工程文件整理齐全、技术培训完成后根据竣工验收的内容可进行竣工验收，验收合格后系统投入正式运行。

三、光缆线路验收

本规范适用于光纤复合架空地线（OPGW）和全介质自承式光缆（ADSS）线路工程的验收。其他类型光缆线路工程的验收可参照本规范及国家有关标准执行。

光缆线路中直接影响通信质量部分是指光缆本体（包括光纤），对于光缆的承载体，可按照输电线路工程验收的有关规定执行。

工程验收范围：两端机房内光缆成端的第一个活动连接器之间的导引光缆、OPGW、ADSS 等线路部分的工程质量及工程文件。

光缆线路验收分工厂检验、随工验收、阶段性（预）验收和竣工验收四部分。

1. 工厂检验和到货送验

光缆可视工程项目情况进行工厂验收和到货送检。工厂检验和到货送检方法及技术指标执行 DL/T 788—2001、DL/T 832—2003。光缆生产过程中可视工程情况安排工厂监造。

2. 随工验收

主要有光缆及金具现场开箱检验、光缆架设前的单盘测试、光缆、金具、接续盒及余缆架安装质量检查、分流线安装质量检查、导引光缆敷设安装质量检查、机房内光纤配线设备安装质量检查、区段光路全程指标。

3. 阶段性（预）验收

检查随工验收的各项质量记录及有关问题的处理情况、根据施工图设计，复核光缆走向、敷设方式、接头盒设置和环境条件（如 ADSS 跨越建、构筑物安全距离）等、中继段（指相邻光通信站之间的光缆线路）光纤指标进行抽测、检查光缆线路配盘图（表）、检查工程文件的完整性、准确性。

4. 竣工验收

检查中继段光纤指标测试记录，验收合格后进行工程移交。

四、光通信设备验收

本规范适用于光纤传输系统中具备多业务传输功能（MSTP）的同步数字体系（SDH）设备、SDH 网管系统、波分复用（WDM）设备、光放大器（OA）、脉冲编码调制（PCM）设备、数字配线架（DDF）、音频配线架（VDF）的验收。

设备验收分为工厂验收、随工验收、阶段性（预）验收、竣工验收四个阶段。

1. 工厂验收

为了减少工程施工中携带仪表的数量和难度，对测试中需要使用高、精、尖仪表的技术指标，将这些指标的检验放在设备生产过程中和设备出厂检验时进行。在工程现场只需核查工厂对这些指标检验的记录，查看检验结果是否满足规定的指标要求。光通信设备可视工程情况安排工厂验收。工厂验收可采用单机技术指标抽查、系统功

能及指标抽查。

2. 随工验收

随工验收包括设备开箱检验、设备安装质量检查、单机技术指标测试。验收应逐站、逐台、逐项进行。

3. 阶段性（预）验收

阶段性（预）验收包括系统功能检查、系统技术指标测试、检查工程文件的完整性和准确性。

4. 竣工验收

竣工验收包括系统主要功能抽查、重要技术指标抽测（复核）、工程文件移交。

测试与功能检查：

（1）SDH 设备单机技术指标测试及功能检查。

电源及设备告警功能检查、SDH 光接口检查与测试，电接口检查与测试，以太网接口检查与测试。

1）电源及设备告警功能检查包括：直流电源供电电压、依据设备出厂检验报告，检查设备告警功能、检查冗余机盘保护倒换功能，倒换时设备应能正常工作。

2）SDH 光接口检查与测试：根据设备出厂检验报告，检查光接口指标测试记录、平均发送光功率测试、接收灵敏度测试、过载光功率。

3）电接口检查与测试：根据设备出厂检验报告，检查电接口指标测试记录、输入口允许频偏指标测试。测试时每块 2M 支路板只须测两个 2M 口，每个 STM–1 电接口均须检查测试。

4）以太网接口检查与测试项目包括：最大传送距离、平均发送光功率、收信灵敏度、过载光功率。

5）SDH 单机以太网接口透传功能测试项目包括：最小帧长度、最大帧长度、异常帧检测、VLAN 支持的 ID 范围、统计计数、自协商、流量控制。

（2）SDH 系统性能测试及功能检查。

1）SDH 系统性能测试包括：系统误码性能测试、系统抖动性能测试、光通道储备电平复核。

2）SDH 系统功能检查包括：时钟选择倒换功能、公务电话功能、系统保护倒换功能、信号环回功能。

（3）SDH 网管系统检查。

1）根据采购合同软件、硬件配置清单，核对网管软、硬件配置情况。

2）分别对网管的告警管理功能、故障管理功能、安全管理功能、配置管理功能以及性能管理功能进行检查。

3）检查远方操作终端（X 终端）网络管理功能，检查维护终端（LCT）管理功能。

（4）光放大器验收。

对于独立于 SDH 机架以外、单独安装的光放大器，其技术指标测试项目包括：输入/输出功率（增益）、增益平坦度。测试结果应满足设备订货合同技术协议的要求。

（5）光波分复用设备验收。

本规范中明确了集成式 WDM 系统收/发信机 Sn、Rn 参考点技术指标检查与测试项目、主光通道测试项目、光监控通路（O、SC）测试项目、波长转换器测试项目、WDM 系统传输性能测试、WDM 网元级网管系统功能检查项目。

（6）脉冲编码调制设备验收。

1）脉冲编码调制（PCM）设备验收时，除了需要单独检查 PCM 设备的单机技术指标、系统技术指标测试及功能、智能化 PCM 设备特殊功能外，其余验收项目均可参照本规范前述相关章节执行。

2）根据 PCM 设备合同技术协议书规定的网管系统检查项目和指标，检查 PCM 设备网管系统的安装调试质量。

（7）机架安装验收。

1）机架安装的位置、垂直偏差、以及机架的固定应符合施工设计要求。

2）子架与机架连接符合设备装配要求应符合施工设计要求。

3）机架内所布放的各种缆线（包括电源线、接地线、通信线缆等）规格及技术指标应符合设计要求。线缆布放与成端整齐、统一。

（8）配线架安装验收。

1）配线架为单独机架时，机架安装及架内缆线布放质量标准应按本上述规范执行。

2）数字配线架应根据设备 2M 接口板的 2M 通道数量进行全额配线，2M 接线端子应加装编号标识。

3）带金属铠装的缆线从机房外部接入配线架时，缆线外铠装必须与机架地线相连接，音频电缆芯线必须经过过流、过压保护装置后方能接入设备。

五、通信电源系统验收

本规范内容适用于光纤通信工程交直流配电、高频开关整流、蓄电池组及电源系统监控等配套设备的验收。

光通信站电源系统的配置应满足工程设计要求。

电源系统验收可分为随工验收、阶段性（预）验收、竣工验收三部分。

（1） 随工验收包括开箱检验、设备安装质量检查、功能检查及技术指标测试。

（2） 阶段性（预）验收包括对随工验收测试检查结果进行检查和抽测，检查工程

文件的完整性、准确性。

（3）竣工验收包括在试运行通过后，检查阶段性（预）验收记录，进行工程文件移交。

功能检查与技术指标测试：

1. 配电设备

（1）检查两路交流输入自动切换功能，当一路交流失电时应能自动切换到另一路。

（2）交、直流配电出现输出电压过高、过低、熔断器熔断时，应送出遥信信号。

（3）监控及表计显示单元的供电应取自直流系统。

（4）电缆穿墙、电缆竖井及电缆沟道盖板应符合设计要求。

（5）每台设备均通过专用的分路开关或熔断器供电。

2. 高频开关整流设备

浮充电压和均充电压的设定值应与所用蓄电池的相应参数相匹配。

3. 蓄电池组

阀控式全密封铅酸蓄电池安装后应进行充放电试验，并检查蓄电池电缆连接处的紧固情况。

4. 通信电源监控系统

检查电源监控模块各项功能、交流配电监控功能、直流配电监控功能、高频开关整流设备监控功能，以及遥信、遥测信号能够准确、可靠地传送到监控中心。

六、机房环境验收

1. 接地要求

（1）通信设备（含电源设备）的防雷和过电压能力应满足 DL 548—2012《电力系统通信站防雷运行管理规程》的要求。

（2）新建通信站应采用联合接地装置，接地装置位置、接地体埋深及尺寸应符合施工图设计规定。

（3）接地体各部件连接、接地引入线、接地汇集装置安装位置符合设计规定。

（4）规范详细阐述了设备接地、出入通信站交流电力线的接地与防雷、出入通信站通信电缆的接地与防雷措施。

2. 机房要求

（1）通信机房应具有防火、防尘、防潮、防小动物等措施。

（2）机房室内温度和事故照明应符合设计要求。

（3）防火重点部位应有明显标志，按规定配置防火器材，电缆竖井防火措施应符合规定。

（4）无人站配备具有来电自启动功能的商用空调器。

七、工程文件验收

验收范围包括整个工程全过程中形成的、应当归档保存的文件。包括工程的立项、可行性研究、设计、招投标、采购、施工、调试、试运行及工验收全过程中形成的文字、图像、声像材料等形式为载体的文件。

工程文件包括工程前期文件、施工文件、监理文件及竣工验收文件。

（1）工程前期文件：工程开工以前在立项、审批、招投标、设计以及工程准备过程中形成的文件。

（2）工程施工文件：工程施工过程中形成的反应工程建设、安装调试等情况的文件。

（3）工程监理文件：监理单位对工程质量、进度等进行控制的文件。

（4）竣工验收文件：在试运行中以及工程竣工验收时形成的文件。

规范中明确了各参建单位在收集、整理和归档工程文件各环节中的职责，并对归档文件的质量、竣工图和图章、案卷质量以及文件载体提出了具体要求。并对工程文件的移交时间、移交数量、以及移交时必须履行的手续作了明确规定。

规范提供了《电力光纤通信工程竣工验收证书》（范本）。

《验收规范》是推进电力光纤工程建设管理规范化的重要行业标准，只有严格按照行业标准对工程进行验收，才能有效保证整个光纤工程的质量，从而保障电力系统的安全稳定运行。

【思考与练习】

1. 工程验收程序有哪些？
2. SDH 系统功能检查包括哪些内容？
3. 对电源系统进行随工验收的项目有哪些？
4. 应当归档保存的工程文件包括哪些？

模块 3 电力系统通信管理规程（Z37B10003 Ⅰ）

【模块描述】 本模块包括《电力系统通信管理规程》（DL/T 544—2012）。通过对规程条文的讲解，掌握规程条文的内容及相关要求。

【模块内容】

一、《电力系统通信管理规程》（DL/T 544—2012）编制的意义

电力通信网是经国家批准的、依法建设的专用通信网络，是电网调度、生产、经营管理的基础支撑平台。电力通信管理实行统一领导、分级管理、下级服从上级、局部服从整体、支线服从干线、属地化运行维护的基本原则。公司通信网由三级组成。

即国家电网公司总部至各网公司、至其直调发电厂和变电站（换流站）、各网公司之间、公司至南方电网为一级通信网；网公司至所属省公司、至其直调发电厂和变电站（换流站）、各省公司之间为二级通信网；省公司至所属地（市）公司、至其直调发电厂和变电站（换流站）、各地（市）公司之间为三级通信网。一、二级通信网为公司骨干通信网〔除二级通信网中连接直调发电厂和变电站（换流站）的通信网部分〕。目前在国际上，没有相关的标准化组织进行过有关电力通信管理的标准制定。1994 年电力行业组织制订了行业标准《电力系统通信管理规程》并一直沿用多年。随着电力行业体制的改革，厂网分开，南北电网分开，公司电力通信管理的模式及内容都与之前相比有了较大变化。按照国家电网公司管理集团化、集约化、精细化管理的要求，需要从公司层面统一制定电力通信管理的有关标准，明确各级单位职责、分工，实现公司电力通信管理的规范化。并进一步理顺公司各级通信机构之间的上下级关系，明确各自的职责与分工，建立规范、高效的工作流程，加强公司通信专业和通信网的科学化、规范化管理，充分发挥电力通信网的基础支撑作用，确保电网安全、可靠、经济运行。

通信管理规程对电力通信网、通信机构、通信资源、通信调度、通信调度管辖范围、通信电路等术语进行明确定义。电力系统通信管理规程的编写阐述了电力系统通信的作用、服务范畴，电力系统专用通信网的发展目标及发展电力系统通信的技术政策要点，明确各级通信机构的职责，采用专业技术手段实施科学管理，不断提高通信质量和服务水平。

二、通信管理规程管理体系及通信机构职责

公司通信管理体系由公司总部、公司相关直属单位、网公司、省公司及其相关直属单位、地（市）公司、县公司的通信机构组成，下级通信机构接受上级通信机构管理。

国家电力调度通信中心（以下简称国调中心）是公司通信管理归口部门，国网信息通信有限公司（以下简称国网信通公司）是公司直属信息通信企业，受公司委托承担相关通信运行管理、维护及工程建设等工作；公司相关直属单位（包括电网运行维护单位、科研单位）、网公司、省公司、地（市）公司及其相关直属单位（包括电网运行维护、科研单位）均应按照公司的有关规定和要求，设立通信机构，并设置通信管理、运行岗位和人员；县公司及并网发电企业可根据实际需要，设置通信机构或通信专责。各级通信机构的主要职责如下：

1. 国调中心

（1）贯彻公司颁发的各项管理制度和工作规定，负责指导、监督、检查各级通信机构工作。

（2）负责组织公司通信发展规划制定和网、省公司通信发展规划审核。

（3）负责组织公司通信管理制度、通信标准计划制定，通信标准修编和评审。

（4）负责组织通信发展技术政策制定，公司系统重大通信基建、技改工程和科技项目指导和审核。

（5）负责组织召开公司通信专业管理（工作）会议，组织公司通信专业调考、竞赛和培训工作。

（6）负责通信网运行安全管理、技术监督和重大事故调查工作。

（7）负责组织公司系统通信管理工作和通信网运行情况的统计、分析和评价。

（8）负责管理、指导和协调公司无线电和电力线载波频率管理工作。

（9）负责公司与南方电网公司、并网发电企业之间的通信工作联系。

2. 国网信通公司

（1）贯彻公司颁发的通信管理制度和标准，开展公司委托的相关通信工作。

（2）负责公司骨干通信网的运行、维护和管理。

（3）负责公司骨干通信网基建、技改通信工程项目建设工作。

（4）协助组织编制公司通信发展规划，制定技术政策和通信标准。

（5）负责组织骨干通信网技术培训，参与公司科技项目研究和技术监督工作。

（6）负责组织骨干通信网反事故预案编制，通信反事故演习，组织和参与通信事故调查。

（7）负责开展公司系统通信网运行情况的统计、分析和评价。

3. 网、省公司

（1）贯彻公司颁发的管理规定和标准，执行公司各项通信工作要求。

（2）负责本级通信管理工作，指导、监督、检查下级通信机构工作。

（3）依据公司通信发展规划和技术政策，负责组织编制本级通信发展规划。

（4）依据公司通信标准和管理要求，制定相应的通信管理细则和规定。

（5）负责本级通信网基建、技改工程建设和项目评审工作。

（6）参与公司总部和本级通信科技项目研究，参与下级通信科技项目评审。

（7）负责组织本级通信专业管理（工作）会议，组织本级通信网技术培训工作。

（8）负责本级通信网运行、维护管理工作。

（9）负责本级通信网技术监督和安全监督、检查工作，编制反事故预案，开展反事故演习，组织和参与通信事故调查。

（10）负责组织、开展本级通信网通信管理工作和通信网运行情况的统计、分析和评价。

（11）负责本级通信网无线电频率和电力线载波频率管理和协调。

4. 地（市）、县公司

（1）贯彻上级颁发的管理规定和标准，执行上级各项通信工作要求，负责本级通信管理工作。

（2）配合上级通信机构编制通信规划，负责本级通信网基建、技改通信工程建设。

（3）负责所属通信站运行、维护工作，参与反事故演习和通信事故调查。

（4）协助上级通信机构开展通信管理工作和通信网运行情况的统计、分析。

5. 电网运行维护单位

（1）贯彻公司颁发的管理规定和标准，执行公司各项通信工作要求。

（2）依据公司通信标准和管理要求，制定相应的通信管理细则和规定。

（3）负责所辖范围内通信设备的运行、维护管理工作。

（4）负责所辖范围内通信设备的安全检查，编制反事故预案，参与通信反事故演习和事故调查。

（5）负责所辖范围内通信管理工作和通信设备运行情况的统计、分析。

6. 科研单位

（1）贯彻公司颁发的管理规定和标准，执行公司各项通信工作要求。

（2）负责开展公司通信技术服务工作，协助通信技术培训工作。

（3）协助制定公司通信网发展规划、技术政策和通信标准。

（4）开展通信新技术研究和试验工作，参与公司科技项目研究。

7. 并网发电企业

（1）遵守公司颁发的管理规定和标准，接受所并网的通信机构指导和考核。

（2）按照并网协议的有关通信要求，负责并网通信设备的运行维护、技改、大修等工作。

（3）服从所并网的通信机构下达的通信运行方式和通信调度指令。

（4）协助所并网的通信机构开展并网通信设备运行情况统计、分析，协助反事故演习和事故调查。

三、通信管理规程的主要内容

1. 总则

包括电力通信网的定义、管理基本原则及通信网的组成等。

2. 管理体系与职责

包括管理体系的组成、各级通信机构的职责及岗位设置要求。

3. 通信规划

包括通信规划编制遵循原则、编制、审查及滚动修订周期等。根据电网需求和特点，通信规划是一个整体，各级通信规划在规划原则、技术政策、总体目标、专业管

理工作、网络建设等方面必须协调一致。通信发展规划的编制和滚动修订周期应与公司电网发展规划一致，与电网规划同步开展。通信规划以五年为一个编制周期，一般两至三年滚动修订一次。规定了通信规划应包括前期规划总结、现状及存在问题、规划目标、需求分析、技术政策、通信网（包括传送网、业务网、支撑网等）规划方案、专业管理、专项研究、投资估算、规划成效、远景目标展望等内容。

4. 通信标准

规定了公司系统通信标准体系和通信标准应遵循唯一性原则，避免标准不统一或重复制定。公司通信标准体系建设、标准计划、标准编制、评审工作由公司统一组织实施和审批。公司通信标准体系包括技术标准、管理标准和工作标准。通用技术标准应优先选择适用的国际标准、国家标准和行业标准。同时规定了公司通信标准体系及现行标准复审周期等。

5. 科技项目

规定了通信科技项目管理应符合《国家电网公司科技项目管理办法》等有关要求。通信科技项目研究应以同期通信规划制定的技术政策和总体目标为指导，关注通信技术的发展动态和趋势，研究适合于电网通信的新技术。通信科技项目应采取先试点、后总结、再推广的原则。通信科技项目管理工作采取逐级上报、逐级审查、合同管理的方式等。

6. 通信工程

规定了通信工程项目的种类、通信工程建设应遵循有关工程建设程序及规定。规定了通信工程各阶段实施流程以及通信工程竣工验收的主要内容。重大通信工程投产后的通信工程后评估要求原则上应在1～3年内进行后评估，并规定了后评估工作所应包括的内容等。

7. 频率管理

电力通信频率管理分为两类，分别为无线电频率管理和电力线载波频率管理，规定了各级通信机构无线电管理工作应严格执行《中华人民共和国无线电管理条例》等国家无线电管理的要求以及有关报备手续。规定了各级通信机构应设置专职或兼职岗位，负责本级通信网无线电和电力线载波频率的管理工作，并制定相关管理细则。规定了电力线载波频率资源使用、审批、报备手续等。

8. 技术监督

规定了技术监督工作应严格执行的有关规定、贯彻的方针、原则和全过程管理要求。明确各级通信机构应建立通信技术监督机制，会同归口管理机构定期进行技术监督专项检查，实行监督报告、签字验收和责任处理制度及技术监督档案制度，规定了通信技术监督工作应以档案形式进行备案等。

9. 安全管理

规定了各级通信机构应严格执行各项安全管理制度。规定了公司总部、网、省通信机构应建立通信安全分析会制度以及会议应包括的主要内容。要求配合电网和通信网进行反事故演习和事故调查工作，建立健全电力应急通信机制。规定了网、省通信机构应按年度将通信安全工作情况报送国调中心。各级通信机构应针对所辖通信网的薄弱环节，组织编制应急预案和反事故演习方案，并报上一级通信机构审核、备案。规定了应急预案应包括的内容等。

10. 岗位与培训

规定了各级通信机构在满足和适应各项通信业务的开展应设置通信基本岗位。各级通信机构的专业设置和专业技术人员的配备应保持人员结构合理及相对稳定，运行人员均须经考核后方可上岗。公司系统各单位应根据通信技术发展状况和通信网建设、运行的要求，每年编制培训及人才培养计划并组织实施，培训内容应包括通信网规划、通信标准、运行设备、通信应急和反事故、通信新技术、职业技能、现场作业、专业交叉培训等。

11. 汇报制度

规定了各级通信机构应建立健全通信工作汇报制度。将本单位通信工作情况（包括通信专业重大工作活动、重要会议等）、人事或机构变动、通信故障情况（影响电网运行的通信故障、重大通信故障等）逐级上报，并对汇报内容的要求和时限进行规范。

12. 通信资源

规定了通信资源使用要求，明确通信资源采取分级管理方式。通信资源统计应按照公司统一要求采用电子化方式进行管理。各级通信机构是所属管辖范围内通信固定资产的管理和使用部门，应严格按照《国家电网公司固定资产管理办法》的要求做好通信固定资产的管理工作等。

13. 运行方式

规定了编制本级通信调度管辖范围内的通信网年度运行方式和日常运行方式的原则、编制电力通信网运行方式优化调整需要考虑的因素以及年度运行方式编制包括的主要内容等。

14. 通信调度

规定了通信调度职责范围，明确下级通信调度必须服从上级通信调度的指挥，严格执行通信调度指令。承担通信光缆线路运行维护的单位，不论行政隶属关系，必须接受同级和上级通信运行管理机构的业务指导和运行管理，服从通信调度指挥。规定了地（市）级及以上通信机构应设置通信调度机构，并实行 24 小时有人值班。各级通信调度人员应具备较强的责任心和判断、指挥能力，能够掌握所管辖的通信网状况、运行方式和设备原理，同时要求上岗前应经本单位通信机构培训和考核。

15. 通信站

规定了通信站分类及要求、通信站机房设置原则、机房通信电源、空调、防火、防雷、设备监测、动力环境监视系统等基础设施要求以及测试仪表、工器和备件配置要求。规定了通信站应具备基本的运行维护资料，包括上级颁发的有关规程、规定、岗位责任制、值班制度、设备运行记录、设备操作手册、设备接线图等。

16. 通信检修

规定了通信检修的管理原则，要求必须严格按照电力通信设备检修工作有关规程、规定执行，涉及通信业务的电网检修工作应纳入通信检修管理范围。通信检修工作分级管理、逐级审批的规定。各级通信机构应按照要求编制检修计划，涉及承载上级部门通信业务的检修计划，应报上级通信机构部门批准。各级通信机构和运行维护单位应严格按照检修计划开展工作。

17. 故障处理

规定了各级通信调度是通信网故障处理的指挥和协调中心，运行维护单位应在本级和上级通信调度的统一指挥下开展故障修复工作。规定了通信调度故障处理流程、上报机制、故障经验总结、应急预案编制等。

18. 维护界面

规定了通信设备运行维护界面的种类，明确了与一次系统和二次系统具体运行维护界面和运行维护原则。

19. 设备并网

规定了接入电力通信网的并网发电企业的通信设备技术指标和运行条件必须符合电力通信网运行要求，并网发电企业通信设备一经接入电力通信网，即纳入所属通信机构的管理范围，必须服从通信机构的统一调度和管理。并网发电企业的接入电力通信网的通信方案应经所属通信机构审核，其通信站应符合标准通信站的有关要求等。

20. 统计分析

规定了各级通信机构应组织开展通信统计和分析工作，以及通信统计和分析工作体系由公司总部、网、省、地（市）通信机构组成，各级通信机构应设置专职岗位，负责通信统计和分析工作。规定了通信统计和分析工作主要分类、周期等。规定了各通信机构应统计分析职责、应包括内容、通信统计和分析工作填报数据的要求、各类统计和分析报告（月报）的报送方式等。

【思考与练习】

1. 网、省公司通信机构的主要职责是什么？
2. 通信规划编制周期及滚动修订周期是多少？
3. 通信站需要具备哪些运行维护资料？

模块4 电力通信现场标准化作业规范（Z37B10004 Ⅰ）

【模块描述】本模块介绍了电力通信现场标准化作业规范。通过规范条文讲解，掌握规范条文的内容及相关要求。

【模块内容】

电力通信现场标准化作业是电力生产标准化作业的组成部分，但由于通信网生产运行机制相对于电网一次专业的特殊性，使得电力通信现场作业按照电力一次专业标准化作业程序实施，其针对性和可操作性不强。2010年，为进一步贯彻落实国网公司有关开展现场标准化作业指导意见精神，进一步强化现场作业风险管理，规范作业环节和步骤，细化、优化作业程序，指导现场开展通信作业工作，实现对作业过程危险点、关键环节以及关键流程的有效控制，确保作业安全和质量，国网信通部组织编制了本标准。

一、范围

本标准在国网公司有关标准化作业的基本原则指导下，以《安全生产规程》和相关通信标准、规范为纲，规范了不同作业类型在前期准备工作、作业文本、作业流程、作业终结等方面的具体要求和内容，适用于国家电网公司电力通信网运行、检修工作的现场作业。

二、总则

电力通信现场标准化作业是电力生产标准化作业的组成部分，规定了通信现场标准化作业的基本原则，与国网公司有关现场标准化作业的基本要求相统一。

三、基本要求

按照《安全生产规程》及有关规定，明确了通信作业人员的一般要求、工器具及仪器仪表要求、安全要求以及工作负责人、工作班成员、工作票签发人与工作许可人的职责分工。

四、作业分类

根据通信专业作业特点，将通信作业分为巡视、检修、业务通道投入/退出三个大类。

（1）通信巡视作业：对运行中通信线路、通信设备等进行的巡查，分为通信设备巡视作业、利用网管系统进行的周期巡视作业和通信光缆巡视作业。巡视作业一般不改变设备、网络运行状态且不引发设备告警。

（2）通信检修作业：对运行中通信线路、通信设备等进行修理、测试、试验等，分为通信光缆检修、通信设备检修和通信电源检修作业。检修作业需要进行设备软件、

硬件操作和业务数据配置操作，通常会改变设备、网络运行状态。检修作业分为大型作业和小型作业，中心站、枢纽通信站的通信设备更换、软硬件升级、光缆配线更换、电影设备更换、蓄电池核对性放电、业务割接等属于大型作业。

（3）业务通道投入/退出作业：新增加通信业务通道或停役通信业务通道，需要对设备硬件进行操作或数据配置，但不影响通信网络的结构、不影响相关业务正常运行的作业。分为通道投入作业、通道退出作业。对已运行通道进行变更的作业视为通道投入作业。

五、作业文本类型

对通信作业各类型的作业文本内容、应用场合进行了说明，首次提出了通信工作票、通信操作票的概念。

（一）作业文本的分类

（1）“三措一案”：作业任务的布置者或组织者为了协调参与工作各方而编写的作业文本，包含组织措施、安全措施、技术措施和施工方案等内容。通信现场大型检修作业应编制“三措一案”。

（2）作业指导书：为保证作业过程的安全、质量制订的程序，按照全过程控制的要求，对作业计划、准备、实施、总结等各个环节，明确具体的操作方法、步骤、措施、标准和人员责任，用以规范现场作业的执行文件。

（3）作业指导卡：对于大量小型和比较简单的作业，为简化现场作业程序，便于现场实际使用，把作业指导书中最核心的部分提取出来，形成的一种简化的作业指导书。

（4）巡视卡：在各类巡视作业时用来记录巡视结果的文件，分为通信设备巡视卡和通信线路巡视卡。

（5）变电站（线路）工作票：根据工作地点、性质和内容，应按照国家电网有关规定办理相应的工作票。

（6）通信工作票：准许进行通信现场工作的书面命令，是执行保证安全技术措施的依据，一般在独立通信站、中心站、通信管道、通信杆路等通信专用设施进行通信作业时使用。

（7）通信操作票：为防止误操作，在通信网络中对设备硬件和网络管理系统进行操作时，由操作人按照操作内容和顺序填写，并按此操作的书面依据。

（8）应急抢修单：通信系统发生故障，需要在短时间内恢复、排除故障时按照相关规定使用。

（二）作业文本的应用

（1）大型检修作业的作业文本包括：三措一案、作业指导书、变电站（线路）工

作票或通信工作票、通信操作票。

（2）小型检修作业的作业文本包括：作业指导卡、变电站（线路）工作票或通信工作票、通信操作票。

（3）通信巡视作业的作业文本包括：通信设备（线路）巡视卡，日常巡视外还需变电站（线路）工作票或通信工作票。

（4）业务通道投入/退出作业的作业文本包括：作业指导卡、通信操作票。

（三）作业文本的管理

现场标准化作业文本的管理应符合国网公司有关要求，现场使用的标准化文本应有唯一编号，并保存一年以上。

六、巡视作业规范

按照巡视作业对象、巡视周期，将通信巡视作业分为通信设备巡视、利用网管对通信网络和设备进行周期性巡视、通信光缆线路周期性巡视（特殊巡视）等。

（一）一般要求

（1）巡视人员应有实际工作经验，熟悉巡视内容、现场情况，并掌握相关的操作技能。

（2）日常巡视可以一人进行，周期巡视和特殊巡视应至少两人进行。

（3）巡视人员应提前准备好巡视使用的仪器仪表和工具，并确保工具出于可用状态。

（4）恶劣天气或发生自然灾害时，如需进行现场特殊巡视，应制定必要的安全措施，做好防护措施，并至少两人一组，巡视人员应与派出部门保持通信联络。

（二）通信设备巡视作业

1. 作业流程

通信设备巡视作业流程见图 21–4–1。

2. 通信设备日常巡视作业规范

（1）通信设备日常巡视内容应主要侧重于通信设备运行状态可见信号的检查，中心站还应包括网管系统的查看。

（2）巡视单位应按照站内设备，分设备列出设备主要板卡直观的指示灯信号正常运行状态指示信号，需要记录数值的应给出正确数值范围，巡视人按照巡视卡内容，检查后以“√”确认或记录数值。

（3）日常巡视中发现异常问题，巡视人员应及时报告通信主管部门。

3. 通信设备周期巡视、特殊巡视作业规范

（1）通信专业应定期对无人值班通信站（含有人值班的变电站通信站）进行现场周期巡视，巡视周期根据需要安排。

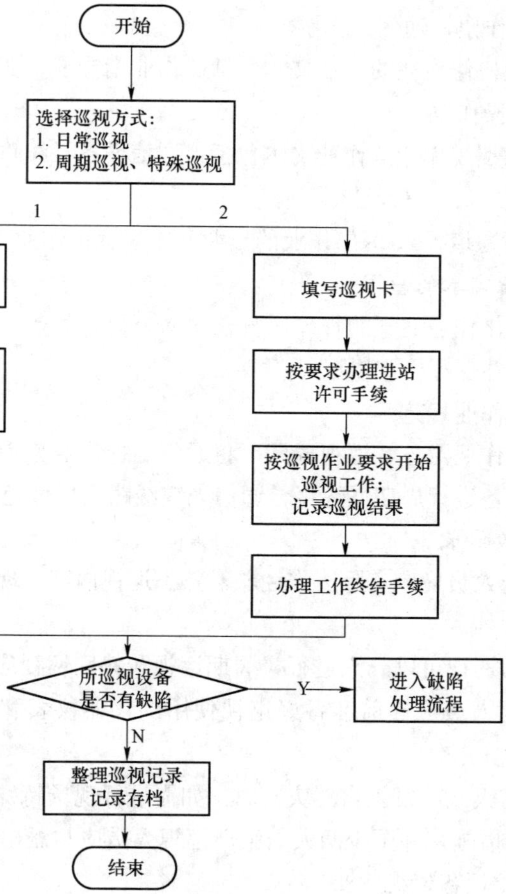

图 21–4–1 通信设备巡视流程

（2）巡视人员应提前熟悉巡视内容，准备巡视使用的仪器仪表和工具。

（3）通信设备周期巡视卡内容应根据站点设备类型，分站点列出巡视内容，巡视人按照巡视卡内容，检查后以“√”确认或记录数值。

（4）通信设备特殊巡视内容原则上同周期巡视，也可以仅对某一个具体设备进行特殊巡视。

4. 作业终结的要求

（1）办理工作终结手续。

（2）完整填写通信设备巡视卡并归档。

（3）对巡检中发现的故障或异常，应进行分析，及时上报通信主管部门，并提出整改方案。

（三）利用网管对通信网络和设备进行周期性巡视

1. 作业流程

作业流程见图 21-4-2。

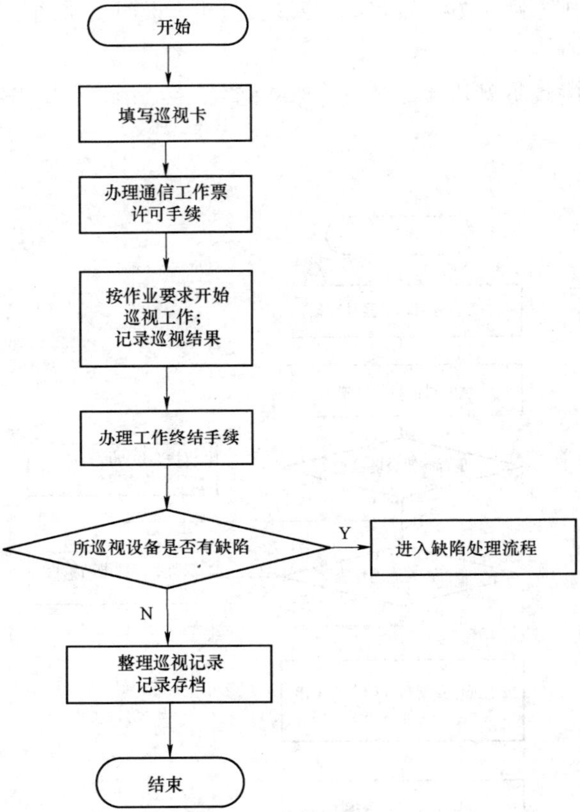

图 21-4-2　利用网管对通信网络和设备进行周期性巡视流程

2. 作业规范

（1）巡视人员进行作业时，应采用具有网管维护员级别的用户进行登录，不应采用系统管理员级别或者系统业务配置人员级别的用户登录。

（2）巡视人员应填写通信设备巡视卡，严格按照拟定的网管巡视内容进行操作，不得进行电路数据和网元数据的修改、删除工作，巡视作业不得对通信网络正常运行造成影响。

（3）巡视人员按照巡视卡内容，应逐项作业，每项作业检查以“√”确认或记录数值后，进行下一项作业，作业时不宜同时打开多个任务栏。

3. 作业终结的要求

（1）检查巡视作业项目，防止遗漏项目。

（2）确认本次巡视未对网元进行数据配置、修改。

（3）检查网管告警信息，确认本次巡视未产生有关告警。

（4）完整填写通信设备巡视卡并归档。

（5）对巡检中发现的故障或异常，应进行分析，及时上报通信主管部门，并提出整改方案。

（四）通信光缆线路周期性巡视、特殊巡视

1. 作业流程

作业流程见图 21–4–3。

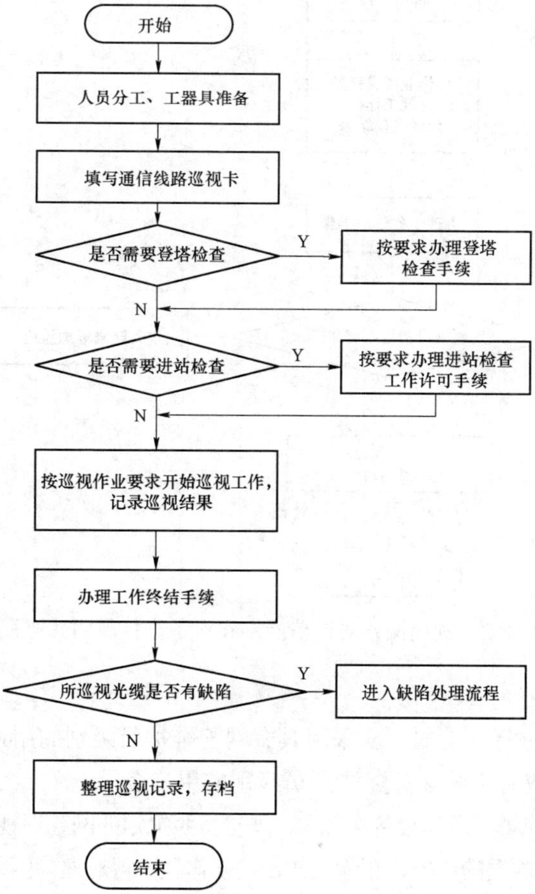

图 21–4–3 通信光缆线路周期性巡视、特殊巡视流程

2. 作业规范

（1）对加挂在电力杆塔上的光缆巡视不宜进行登杆检查。确需登高检查时，登高

人员应具有资格，并确保工作位置与带电部位有足够的安全距离，做好登高安全措施，并应对钢绞线进行验电。

（2）光缆和电力电缆同管道时，当进入电力电缆井中巡视光缆时，打开人井盖应充分通风，进入电缆井前，还应验电。

（3）进入通信专用电缆井中对光缆进行巡视时，打开人井盖应充分通风后，方可进入电缆井中进行作业。

（4）打开电缆人井盖，周围应设立围栏，悬挂警示标志。

3. 作业终结的要求

（1）办理工作终结手续。

（2）完整填写通信线路巡视卡并归档。

对巡视中发现的故障或异常，及时上报通信主管部门，并提出整改方案。

七、检修作业规范

按照检修作业对象不同，将通信检修作业分为通信光缆检修、通信设备检修、通信电源检修。检修作业主要侧重于作业过程中行为规范。

（一）检修作业准备

（1）确定检修作业类型及规模，大型作业应编写作业指导书和“三措一案”，小型作业编写作业指导卡。

（2）分析检修作业中存在的危险点，并做好与控措施。

（3）依据检修内容，安排相应的检修人员，并准备好工作所需材料、工器具和仪器仪表等。

（4）组织工作班成员学习作业指导书（卡）、三措一案等，熟悉作业内容及安全注意事项。

（5）根据电网需要和通信系统现状，必要时实施业务转移。

（6）根据需要，办理检修工作相关手续等。

（二）现场作业资源配置

（1）大型作业工作成员不少于 3 人，小型作业工作成员不少于 2 人，其中至少 1 人具备工作负责人资格。

（2）进行通信光缆检修时，大型作业工作成员不少于 4 人，小型作业工作成员不少于 3 人，其中至少 1 人具备工作负责人资格。

（3）根据工作需要携带必要的工器具和材料。

（三）通信光缆检修

1. 检修流程

通信光缆检修流程见图 21–4–4。

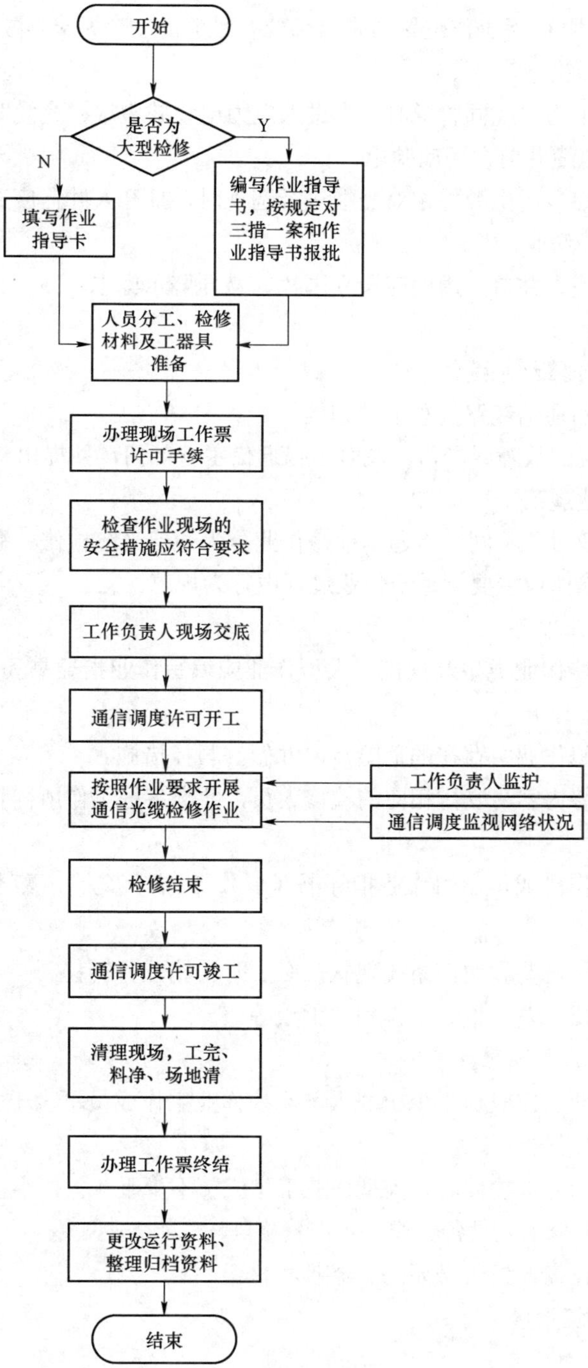

图 21-4-4 通信光缆检修流程图

2. 作业规范

（1）光缆敷设前应认真勘查光缆路由，包括核对路由走向、敷设位置和接续点环境等是否符合安全要求、便于施工维护等。

（2）光缆施工时不允许过度弯曲，弯曲半径应符合规定值。

（3）普通架空光缆吊线应良好接地，架空吊线与电力线的水平与垂直距离要符合规定值。

（4）光缆敷设时，牵引力应符合其额定张力（拉力）限制。

（5）光缆接续一般在地面进行。纤芯接续应按出厂色谱顺序或设计要求对应相接，并作好记录。

（6）用熔接机进行纤芯接续时，光纤熔接的全部过程应采用 OTOR 监测，测出接头损耗，同时记录接头点到测试点纤芯距离，应确保光纤接续平均损耗达到设计文件的规定，保证光缆传输质量。

3. 作业终结的要求

（1）检验故障或缺陷等恢复情况，确认恢复良好。

（2）清理施工现场，清点工器具、回收材料。

（3）做好现场检修、测试等记录。

（4）办理工作票、申请票的终结手续。

（5）整理检修资料，修改运行资料，保证修改后的资料与实际运行状况一致。

（四）通信设备检修

1. 检修流程

通信设备检修流程见图 21–4–5。

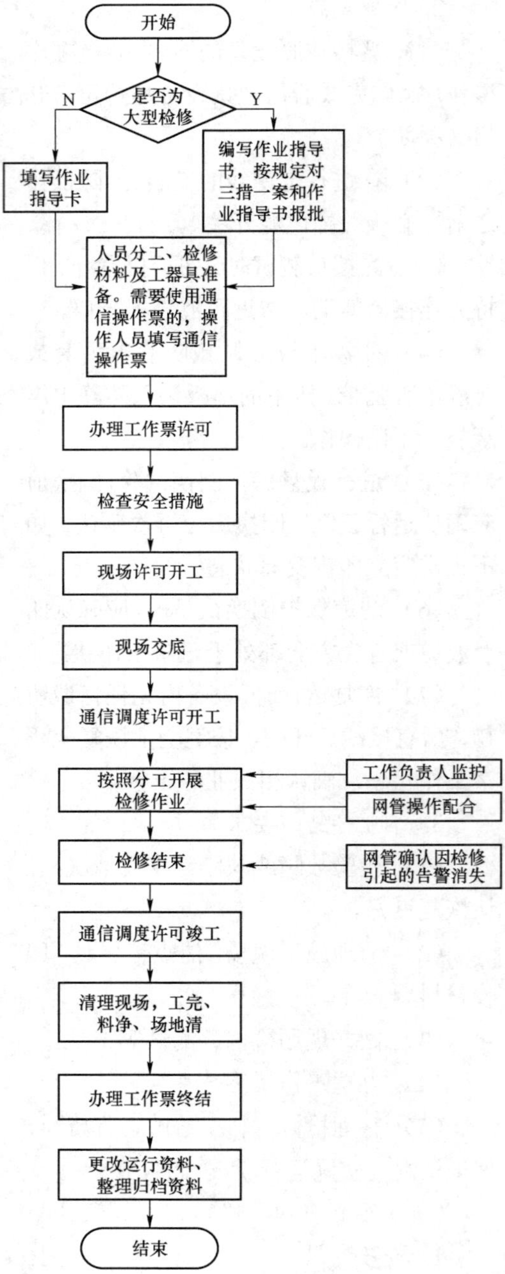

图 21–4–5　通信设备检修流程

2. 作业规范

（1）严格按照设备的通电、断电顺序操作，操作完成后需观察设备是否正常开启（关闭）。

（2）在进行电源线的安装、拆除操作之前，必须关掉电源开关。

（3）光接口测试时，勿折扭尾纤、保持光连接器清洁、勿近距离直视光口。

（4）插拔单板应佩戴防静电手套或防静电手腕带，拔下的单板装入防静电屏蔽袋，正确操作。

（5）进行板盘保护倒换试验，倒换前应确认运行正常；倒换后应再次确认，如不正常应立即恢复原状态。

（6）通道保护倒换试验前，应确认两个波道或者光方向都处于正常工作状态。

（7）恢复运行时，设备内无任何遗留物，所有接线、开关、按键全部恢复至正常工作状态，确认相关业务正常。

3. 作业终结的要求

（1）检验故障或缺陷等恢复情况，确认恢复良好。

（2）清理施工现场，清点工器具、回收材料。

（3）做好现场检修、测试等记录。

（4）办理工作票终结手续。

（5）整理检修资料，修改运行资料，保证资料与实际运行状况一致。

（五）通信电源检修

1. 检修流程

通信电源检修流程见图 21–4–6。

2. 作业规范

（1）作业前，应核对图纸、标识，操

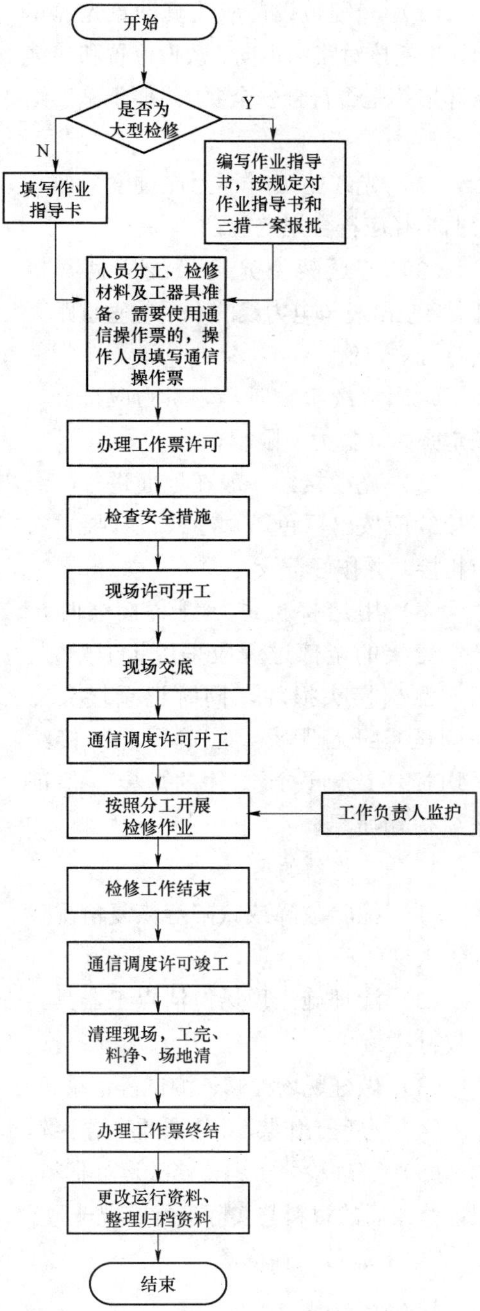

图 21–4–6 通信电源检修流程

作前应进行验电，并有人监护。

（2）工具应有绝缘措施，防止滑脱伤人或触及带电部位。

（3）对拆除后的电缆应做好标识与绝缘处理。

（4）拆、装蓄电池时，应先断开蓄电池与开关电源设备的熔断器或开关。

（5）蓄电池放电过程中，作业人员不得离开现场；放电后，应立即对蓄电池进行充电。

（6）清洁蓄电池时，不得使用有机溶剂和化纤类织物。

3. 作业终结的要求

（1）完整填写通信电源检修记录，验收工程施工工艺，标签标识清楚，设备封堵严密。

（2）清理施工现场，清点工器具、回收材料。

（3）办理工作终结手续。

（4）整理检修资料，修改运行资料，保证资料与实际运行状况一致。

八、业务通道投入/退出作业

业务通道投入/退出作业是通信专业日常工作中频率最高的作业，其作业涉及到中心站网管操作、设备板盘投入/退出、现场线缆连接、标识修正等，有时涉及相关单位的配合，关键环节多，通信专业主要依据业务投入/退出通知单进行工作。

（一）作业准备

（1）工作负责人及工作班成员应熟悉作业内容、进度要求、以及安全注意事项。

（2）工作前应分析作业中存在的危险点，并做好与控措施。

（3）根据作业内容，完成作业必需的材料、仪器仪表、设备板盘的准备工作。

（4）根据需要，办理相关工作手续等。

（二）现场作业资源配置

（1）工作成员不少于 2 人，其中至少 1 人具备工作负责人资格。

（2）根据工作需要携带必要的工器具和材料。

（三）作业流程

业务通道投入/退出作业流程见图 21–4–7。

（四）作业规范

（1）作业人员应核对现场实际情况与业务通道投入/退出通知单的安排是否一致，若有冲突，不能擅自修改和变更方式单，应立即向业务通道投入/退出方式单下发单位反馈。

（2）网管作业人员应严格按照操作票拟定内容执行。

（3）投入/退出的业务通道工作完成后，作业人员应做好现场标签标识、资料记录更新工作。

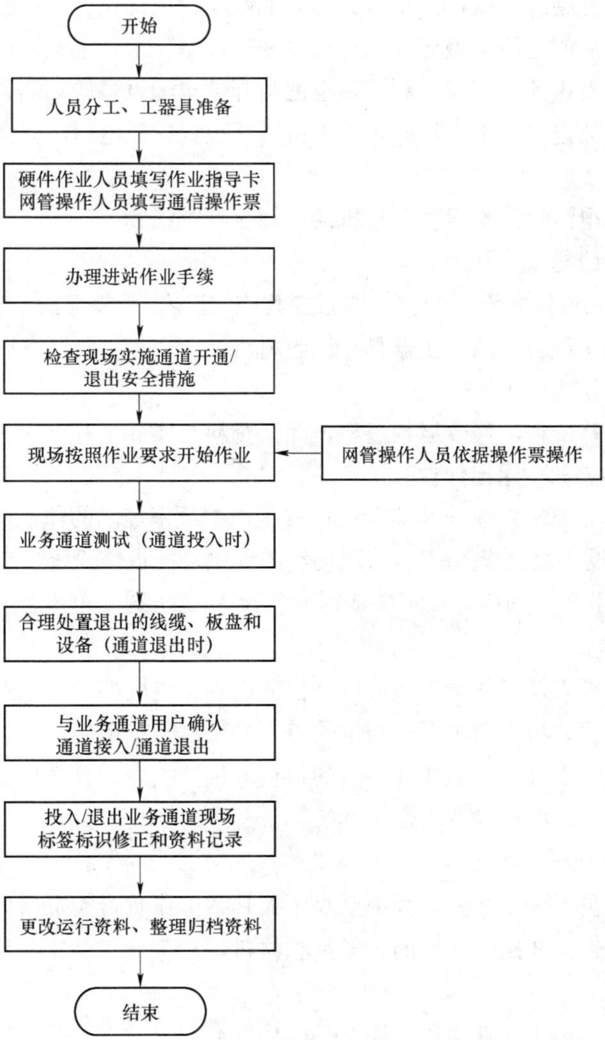

图 21–4–7 业务通道投入/退出作业

（4）业务投入/退出工作完成后，应向业务需求单位反馈实施结果。

（5）插拔单板前，须先带上防静电手环，将人体与机柜屏蔽地相连，正确均匀用力。

（6）工作间断、结束、变更时，照明、电动工具、仪器仪表等的电源必须停电。

（五）作业终结的要求

（1）检查设备运行状态，从网管上检查系统运行状态和通道运行状态，并与业务部门确认业务通道运行正常。

（2）验收工程施工工艺，确认缆线走向规范，标签标识清楚，设备封堵严密。

（3）办理站内工作终结手续。

（4）办理业务通道投入/退出通知单工作终结手续。

（5）更新运行资料，各类资料归档。

模块5 电力系统通信光缆安装工艺规范（Z37B10005Ⅰ）

【模块描述】本模块包括《电力系统通信光缆安装工艺规范》（Q/GDW 758—2012）。通过对规程条文的讲解，掌握规程条文的内容及相关要求。

【模块内容】

为使国家电网公司系统电力通信站建设实现规范化、标准化建设，规范光缆线路安装工艺，保障电力光缆线路安全、可靠运行，使电力通信更好地满足电网和企业高度现代化、高度自动化和高可靠性、高效率的要求，为电网调度和电力生产提供良好的通信服务和支持，充分发挥电力通信网的基础支撑作用，确保电网安全、可靠、经济运行，2009年国家电网公司科技信通部组织制定了本规范，并于2012年作为企业标准发布。

一、范围

本标准规定了光缆线路安装应遵循的基本原则，明确了电力特种光缆（OPGW、ADSS和OPPC光缆）、普通架空光缆、管道光缆和直埋光缆的安装工艺要求。

本标准适用于国家电网公司系统新建、扩建和改建的光缆线路工程，以及利用电力杆路、管道资源敷设的非电力系统光缆线路工程。

二、光缆安装基本流程

光缆安装一般分为三个阶段：光缆敷设准备阶段、施工阶段和验收阶段。其中光缆敷设准备阶段包括路由复核、开箱检验、单盘测试；施工阶段包括光缆敷设安装、光缆接续、全程测试、标识标牌。

三、光缆敷设准备阶段

规范明确了光缆敷设前应进行的准备工作内容及要求，包括：路由复核、开箱检验、单盘测试。

（1）路由复核：光缆敷设前依据批准的设计施工图进行路由复核。

（2）开箱检验：对缆盘、光缆外观、光缆端头进行检查；检查光缆、金具及附件

的型号、规格、数量是否符合设计规定和订货合同要求；收集出厂检测报告、合格证等资料，以备验收所需。

（3）单盘测试；对每盘光缆的所有光纤进行盘长、光纤衰减指标测试，测试结果应符合设计规定和订货合同要求。供货方代表应到现场确认测试结果。

四、光缆敷设施工阶段

（一）光缆敷设安装

1. 本规范根据电力光缆建设特点以及电力系统主要光缆种类，明确了电力特种光缆（OPGW、ADSS 和 OPPC 光缆）、普通架空光缆、管道光缆和直埋光缆敷设安装的一般工艺要求、光缆敷设和附件安装工艺的内容及要求。

规范根据变电站 OPGW 引下光缆接地方式的习惯作法，考虑通用性，结合 OPGW 运行经验、有关规范要求和最新研究结果，对变电站内构架 OPGW 引下光缆的接地方式和封堵方式作了明确的规定：

（1）变电站 OPGW 引下光缆应与构架可靠地电气连接，OPGW 与构架连接至少两点：构架顶端和余缆头部位置；另外，考虑可靠性 OPGW 末端宜与构架可靠地电气连接。

（2）为满足分流要求和良好的导电性能，便于变电所接地电阻测量时解开接地线，OPGW 应采用匹配的专用接地线连接至构架接地端子，OPGW 侧宜采用并沟线夹连接，构架侧宜采用螺栓连接，不得焊接。

（3）根据线路设计相关要求，地线绝缘间隙为 8～20mm，OPGW 既是光缆又是地线，同时 OPGW 经上述方式与构架可靠连接后两者间的电压差很小，因此 OPGW 引下光缆与构架构件的最近间距可按不小于 20mm。

（4）为了防止 OPGW 引下光缆保护管进水结冰挤压光缆造成光缆断纤的故障，OPGW 引下光缆保护管应采用追随性好、粘结性强、适用温度范围宽的防火泥进行严密封堵，对封堵部位要做专项巡检工作。

2. 普通架空光缆

（1）规范对杆路架设过程中的杆洞开挖、角杆挖洞、回填土、直线杆的放置等要求作了详细的介绍。

（2）规范对拉线抱箍与吊线抱箍的间距、拉线盘与拉线的位置、吊线夹板线槽朝向、吊线架设的注意事项、吊线与拉线的防锈处理以及吊线的接地保护措施等作了具体的规定。

（3）规范对光缆线路与架空电力线路交叉跨越时的安全距离及绝缘处理、光缆线路过配电变压器时的安全距离及应采取的保护措施、吊线安装的位置等提出了相应的要求。

（4）规范对光缆架设的牵引方式、牵引力施加的位置、牵引力不应超过光缆允许张力百分比、光缆挂钩间距、光缆的预留、余缆的长度、光缆与地面和其他建筑物的距离、引下的光缆的保护、光缆在电缆沟内的保护与固定作了明确的规定。

3. 管道光缆

（1）管道路由和管孔位置应符合设计规定。

（2）光缆敷设前应对敷设光缆的管孔进行通畅检查，必要时对管孔进行清洗。

（3）电力沟体中敷设光缆，保护管敷设应平直，沿沟壁安装、固定，不应与电力电缆扭绞；电力管道中敷设光缆，管孔位置应全线一致，不应任意变换。光缆接头和余缆应在专用通信接头孔中存放。

（4）规范对塑料子管布放时的注意事项、光缆敷设采用的牵引、光缆在人孔内采用的保护、光缆采取塑料管道敷设时应符合的规定等作了明确的要求。

（5）光缆采用光纤复合低压电缆时，光缆敷设应符合 Q/GDW 543 的相关规定。

4. 直埋光缆

（1）规范对直埋光缆沟上宽度、光缆沟底部宽度、光缆沟的深度、接头坑的位置等作了具体的规定。

（2）规范明确了直埋光缆布放时的注意事项、光缆敷设后回填以及排流线铺设的方法。

（3）直埋光缆与其他建筑设施间的最小净距应符合 YD 5121 相关规定。

（4）规范明确了直埋光缆路由标识设置的位置、朝向、埋深。

（二）光缆接续工艺

规范从光缆开剥及固定、光纤熔接、盘纤及接续盒封装、接续盒安装及余缆整理四个方面明确了光缆接续的工作内容及要求。

1. 光缆开剥及固定

（1）去除光缆前端牵引时直接受力的部位，根据光缆在接续盒的固定位置及盘纤余量需要确定开剥的光缆外护层（或外层绞线）的长度并做好标记，采用滚刀等专业工具切除光缆外护层（或外层绞线）。

（2）仔细辨认并切除内层光缆填充管（或绞线），保留光纤套管（或光单元管）并及时清理光纤套管（或光单元管）上的油膏。

（3）根据光缆加强件固定位置预留加强件长度并切除多余的光缆加强件。

（4）在熔接台上将光缆固定，避免光缆扭转。用专业工具切除光纤套管（或光单元管）并及时清理光纤上的油膏，应避免在去除光纤套管（或光单元管）过程中损伤光纤。

2. 光纤熔接

（1）正确区分两侧光缆中光纤排列顺序，确定光纤熔接顺序，并符合设计规定。

（2）在光纤上加套带有钢丝的热缩套管，除去光纤涂覆层，用被覆钳垂直钳住光纤快速剥除 20～30mm 长的一次涂覆和二次涂覆层，用酒精棉球或镜头纸将纤芯擦拭干净。剥除涂覆层时应避免损伤光纤。

（3）制备的端面应平整，无毛刺、无缺损，与轴线垂直，呈现一个光滑平整的镜面区，并保持清洁。

（4）取光纤时，光纤端面不应碰触任何物体。端面制作好的光纤应及时放入熔接机V 型槽内，并及时盖好熔接机防尘盖，放入熔接机V 型槽时光纤端面不应触及V 型槽底和电极，避免损伤光纤端面。

（5）光纤熔接时，根据自动熔接机上显示的熔接损耗值判断光纤熔接质量，熔接损耗应小于 0.05dB，不合格应重新熔接。

（6）全部纤芯接续完毕后，用 OTDR 对接续性能进行复测及评定，符合接续指标后立即热融热缩套管，热缩套管收缩应均匀、管中无气泡。

3. 盘纤及接续盒封装

（1）光缆进入接续盒应固定牢靠，加强件牢固固定，避免光缆扭转。光纤套管（或光单元管）进入余纤盘应固定牢靠。

（2）光纤接头应固定，排列整齐。接续盒内余纤盘绕应正确有序，且每圈大小基本一致，弯曲半径不应小于 40mm。余纤盘绕后应可靠固定，不应有扭绞受压现象。

（3）接续盒应密封良好，做好防水、防潮措施，封装方法按照厂家使用说明。

4. 接续盒安装及余缆整理

（1）普通架空光缆接续盒应可靠固定在电杆上或挂在吊线上；管道光缆接续盒应牢固固定在人孔壁上；ADSS 光缆及 OPGW 光缆接续盒应用连接件直接固定在铁塔内侧，安装在铁塔的第一级平台上方；OPPC 光缆接续盒用绝缘子固定在接续盒平台或悬挂在铁塔上，中间接续盒封装好后，用带有并沟线夹的电力跳线跨接接续盒两端的 OPPC 光缆。接续盒安装应可靠固定、无松动，宜安装在余缆架上方。

（2）余缆盘绕应整齐有序，不应交叉扭曲受力，捆绑点不应少于 4 处。每条光缆盘留量不应小于光缆放至地面加 5m，并符合设计规定。

（3）光缆接续盒安装固定完毕，应用 OTDR 进行光纤复测，不合格应重新接续。

（三）全程测试

光缆安装后应进行全程测试，测试结果应及时记录，并作为竣工资料一起移交。

（四）标识、标牌

（1）线路标识规格、质量应符合设计要求，应标明线路名称、编号以及联系电话

（95598）等，标识内容应为白底红色正楷字，字体端正。

（2）光缆在线路及接头、沟道、转弯、交跨处应有醒目标识，自立杆全线应统一编号。

（3）杆号牌的最低一个字符或下边缘应距地面 2.5m；杆号面向街道或公路。杆号应整齐、美观、清晰。

（4）光缆线路应每隔一定距离装设一块线路标识，一般线路间隔 100m，田野、山区可增加间隔，最大不宜超过 500m。

（5）同类型线路较多或线路复杂处、光缆接头处及余缆处应挂线路标识，标识应悬挂在光缆上。

（6）电力管沟或共用管道中敷设的光缆在每只手孔处都应挂设线路标识，标识一般挂在子管或保护管上，其他管道中至少应每 500m 设一块标识。

（7）光缆在人孔中应挂设标识。拉线、撑杆等应有醒目的拉线标识。

（8）线路光缆易遭人为外力破坏的薄弱处应加挂警示标识，并做相应安全防护措施。

五、验收阶段

光缆线路工程中应对光缆安装工艺进行验收，验收主要内容应包括：光缆敷设、附件安装、光缆接续、标识标牌、施工工艺及质量控制工程管理文件等。其中光缆安装工艺应符合本标准及 DL/T 5344、Q/GDW 543 相关规定。

【思考与练习】

1. 光缆安装分哪几个阶段？
2. 变电站 OPGW 引下光缆的接地如何处理？
3. 本模块从哪四个方面对光缆接续的工艺提出了要求？

模块 6 电力系统通信站安装工艺规范（Z37B10006 Ⅰ）

【模块描述】本模块包括《电力系统通信站安装工艺规范》（Q/GDW 759—2012）。通过对规程条文的讲解，掌握规程条文的内容及相关要求。

【模块内容】

为使国家电网公司系统电力通信站建设实现规范化、标准化建设，规范通信站安装工艺，使电力通信更好地满足电网和企业高度现代化、高度自动化和高可靠性、高效率的要求，为电网调度和电力生产提供良好的通信服务和支持，充分发挥电力通信网的基础支撑作用，确保电网安全、可靠、经济运行，2009 年国家电网公司科技信通部组织制定了本标准，并于 2012 年作为企业标准发布。

一、范围

本标准的对象为国家电网公司通信站的安装工艺，规定了国家电网公司系统通信站及设备安装原则，明确了通信站基础和辅助系统安装工艺、通信站内主要设备安装工艺、通信站标识要求。本标准适用于国家电网公司通信站，接入电力通信网的通信站的标准化建设、安装和验收。

二、标准的结构和内容

本标准依据 GB/T 1.1—2009 的编写要求进行标准编制，包括目次、前言、正文和附录四大部分。标准的主要结构和内容如下：

（1）目次。

（2）前言。

（3）标准正文共设 8 章：范围；规范性引用文件；术语和定义；通信站基础设施要求；通信站辅助系统安装工艺；通信站内主要设备安装工艺；通信站标识要求；验收。

（4）标准附录：附录 A（资料性附录）屏体内部前后及配件布置参考图；附录 B（资料性附录）单只光配、数配、音配结构和安装参考图；附录 C（资料性附录）通信站设备安装流程示意图；附录 D（资料性附录）大中型音配、光配、数配屏结构参考图。

三、标准主要条款解读

（一）通信站基础设施要求

明确了通信设备安装前机房基础设施应具备的条件。主要包括门窗应完好、装修已完成；走线槽（架）路由、规格应符合施工图设计要求；室内温度、湿度应符合设备要求；防雷接地和保护接地、工作接地体及引线已经完工并验收合格；应具备有效的消防设施等。

（二）通信站辅助系统安装工艺

明确了包括屏体安装、通信管线、配线系统、线缆成端、接地、过电压保护六个方面的辅助系统安装的工作内容及要求。

1. 屏体安装

屏体的安装位置应符合施工图的设计要求。同一机房的屏体尺寸、颜色宜统一。屏体安装主要工艺要求如下：

（1）屏体的安装应端正牢固，用吊垂测量，垂直偏差不应大于 3mm。

（2）列内屏体应相互靠拢，屏体间隙不应大于 3mm，列内机面平齐，无明显差异。

（3）屏体内侧面设置 30mm×4mm 及以上规格的镀锡扁铜排作为屏内接地母排。母排应每隔约 50mm、预设Φ6mm～10mm（中心孔宜选Φ12mm）的孔，并配置

铜螺栓。

（4）屏体抗震加固应符合通信设备安装抗震加固要求，加固方式应符合施工图设计要求。

（5）屏体应避免安装在空调出风口正下方。

2. 通信管线

（1）引入线缆。

1）光、电缆在进入通信站时，应采用沟（管）道方式，经 2 条及以上不同路由引入。

2）通信站的引入光缆的余缆应放入余缆箱（架），变电站的余缆箱一般设在电缆层，其他通信站的余缆宜放在井道或机房入口的专用余缆架内。

3）线缆穿过楼板孔或墙洞应加装子口保护，在电缆沟内部穿阻燃子管保护，并分段固定在支架上，保护管外径不应小于 35mm，做好封堵和防小动物措施。

（2）内走线。

1）屏内所有连接走线均采用向下（上），经走线框向后，再向两侧走线，余线排（盘）放在余线框中。所有连线应从设备下部的走线/余线框向后走，不应从设备的侧面、顶部、正面走线。前出线设备的接线先向下（上）走到底部，经专设的走线框引到设备背后出线。

2）屏内除光缆尾纤外，各种连线应按类别扎成圆形、方形或扁形的线把。每台设备连接线经走线框后部两侧开口走线进入垂直走线区，信号小线走靠屏左和右内两列走线区（环）上下走线，电源线经右外走线区（环）上下走线，并按照线色分开扎把。

3）进入屏内电缆的外层护套宜在进屏后 150～300mm 的高度统一剥去。

4）所有缆线在水平、垂直走线过程中，均应与周围的线缆排列整齐、成排，每排缆线在同一平面或纵面，线线或缆缆之间应平行靠紧，没有交叉缠绕。每处扎结用的材料，扎结的位置、方向和式样应一致。

5）所有连接线均应采用规范的线缆，不应使用护套线、裸露线。

6）所有缆线均应挂好标志牌、加标记套管，屏体内缆线的标记套管或标记牌应设置在电缆头紧靠热缩套管末端。

（3）室内走线。

1）强、弱电电缆应分开布放，弱电电缆宜分类布放。

2）机房内尾纤应穿保护子管。

3）所有线缆在室内走线应绑扎。线缆水平方向间隔 500mm，终端线把间隔 50mm。每处扎结用的材料，扎结的位置、方向和式样应一致。绑扎后的线缆应互相紧密靠拢，外观平直整齐。线扣间距均匀，松紧适度。

4）在活动地板下布放的线缆，应注意顺直不凌乱，尽量避免交叉，并且不应堵住送风通道。

3. 配线系统

（1）光缆配线宜采用 1 缆 1 配（模块），光配宜采用 24 芯、48 芯、72 芯等规格。大中型机房的光配与光通信设备间宜装设走线桥架。

（2）数字配线宜采用 19″（或 21″）结构的模块化条形单元，每单元配置 10 对同轴接续组件。主备接入设备应通过不同的数配单元接在不同的 2M 接口板上。

（3）网络配线宜采用 19″（或 21″）结构的模块化 RJ45 插座条形单元，每个单元配置 12～24 对 RJ45 插座模块，按照纵列、横排布置。

（4）音频配线宜采用 19″（或 21″）结构的 10 回线模块单元。音频电缆采用标准色谱线缆。

4. 线缆成端

（1）电缆成端。

1）电缆成端线头的绝缘护套剥离长度应使露出的金属刚好与端子可靠连接，没有多余裸露。

2）电缆所有接线均采用压接、焊接、接插件或端子接线（卡接）方式，其外护套、连接线绝缘护套剥离处、压接头子的压接处均应加匹配的热缩套管，热缩套长度宜统一适中，热缩均匀。

3）电缆焊接时，芯线焊接端正、牢固，焊锡适量，焊点光滑、不带尖、不成瘤形。

（2）光缆成端。

1）正确区分两侧光缆中光纤排列顺序，确定光纤熔接顺序，并符合设计规定。

2）在光纤上加套带有钢丝的热缩套管。

3）除去光纤涂覆层，用被覆钳垂直钳住光纤快速剥除 20～30mm 长的一次涂覆和二次涂覆层，用酒精棉球或镜头纸将纤芯擦拭干净。剥除涂覆层时应避免损伤光纤。

4）光纤切割时应长度准、动作快、用力巧，制备后的端面应平整，呈现一个光滑平整的镜面区，并保持清洁。

5）光纤端面不应碰触任何物体以避免损伤。端面制作好的光纤应及时放入熔接机 V 型槽内，并及时盖好熔接机防尘盖。

6）光纤熔接时，根据自动熔接机上显示的熔接损耗值判断光纤熔接质量，不合格应重新熔接。

7）用 OTDR 对接续性能进行复测及评定，符合接续指标后立即热融热缩套管，热缩套管收缩应均匀、管中无气泡。

5. 接地

接地应满足 DL/T 548 要求，接地装置的位置、接地体的埋设深度及接地体和接地线的尺寸应符合设计规定。

（1）所有电气设备（含数配、音配、屏体），均应装设接地线接至地母。通信屏内接地母排至机房地母的接地线规格不应小于 25～95mm²，屏内设备至接地母排的接地线不应小于 2.5～6mm²，其他屏体的接地线可选用 1.5～2.5mm² 规格，过压保护地线不应小于 4～6mm² 规格的地线。

（2）接地线连接宜采用螺栓方式固定连接，其工作接触面应涂导电膏。扁钢接头搭接长度应大于宽度的两倍。扁钢与扁钢或扁钢与地体连接处至少有三面满焊，焊接牢固，焊缝处涂沥青。

（3）引入扁钢涂沥青，并用麻布条缠扎，然后在麻布条外面涂沥青保护。

（4）通信电源的正极应在直流电源屏处单点接地。

6. 过电压保护

过电压保护要求满足 DL/T 548，具体工艺要求如下：

（1）交流电源系统的各级过电压保护器件间连线距离小于 15m 时应设置有过压起阻隔作用的装置。

（2）引入机房的各种电气线路应在进入机房处将其屏蔽层接地，必要时加装过压保护器件。

（3）户外架空交流供电线路接入通信站除采用多级避雷器外，还应采用至少 10m 以上电缆直埋或穿钢管管道方式引入。

（4）音频配线的防过电压除常规的电缆屏蔽层接地、户外引入电缆穿钢管外，主要采用音频保安器、空线对接地方式。

（三）通信站内主要设备安装工艺

1. 通信站内主要设备应遵循：工程准备、设备安装、通电测试的工作流程。流程示意图如下。

2. 工程准备

工程准备包括通信站基础设施检查、辅助系统检查和设备检查，检查结果应符合施工图设计要求。

3. 设备安装

（1）子架设备安装。

1）配电单元安装。

电源分配单元安装于机架顶部的适当位置上并固定在机架上。

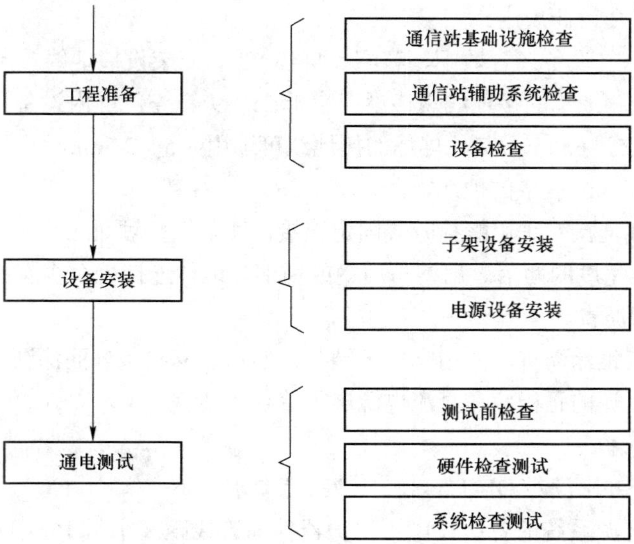

图 21–6–1 通信站内主要设备安装流程示意图

2）子架安装。

子架在屏体内宜按自上而下的顺序安装。子架安装应牢固、排列整齐、插接件接触良好。

3）机盘安装。

a）确认各站点设备配置需求和安插槽位。

b）安插机盘前先戴上防静电手镯，以免静电损坏机盘。

c）机盘安插到相应槽位前，仔细检查每块机盘是否有明显的损坏。如发现有损坏的机盘应及时与工厂联系。

d）在不加电的状态下，把机盘安插到位。

（2） 电源设备安装。

通信电源设备的安装步骤：开箱检查、屏体安装、电池上架、安装充电模块、屏间连线、交流电源接入。

1）电池上屏体前，应用万用表检测各节电池端电压是否正常，按照电池屏内布置把电池上架就位。按照图纸用厂家所配电缆连接各电池及电池巡检仪（分管），紧固各连接螺栓，贴上各蓄电池的标号标签。

2）按图纸进行屏间连线。连接电池母线前，应先把电池回路熔断器拔出。

3）安装充电模块时，将模块缓缓推入，位置对准，模块插头和屏体上的插座接触良好。将模块放置端正，不倾斜，并固定模块。模块之间没有大的空隙或相互重叠。

4）检查屏内及屏间连线是否正确。把屏体上的各断路器全部断开，把双路或单路交流输入侧的刀闸或断路器切断，用电缆线把交流引入屏内对应接线端子，用黄绿线连接各层的接地螺栓到接地排上。

4. 通电测试

（1）通电测试前检查。

1）各种电路板数量、规格及安装位置与施工文件相符。

2）设备的各种选择开关应置于指定位置。

3）设备的各级熔丝规格符合要求。

4）屏体及各种配线架接地良好。

5）设备内部的电源布线无接地现象。

6）机房主电源输入端子的电源电压正常。

（2）硬件检查测试。

1）按厂家提供的操作程序，逐级加上电源。

2）设备通电后，检查所有变换器，确认输出电压符合规定。

3）设备无可闻、可见告警信号或异味等异常现象，设备内风扇装置应运转良好。

4）装入测试程序，通过人机命令或自检，对设备进行测试检查，确认硬件系统无故障，并提供测试报告。

（3）系统检查测试。

系统检查测试按照 DL/T 544 的规定执行。

5. 设备安装注意事项

（1）对于需要接地的设备，安装时应先接地。拆除设备时，应最后拆地线。操作设备前，应检查设备的电气连接，确保设备已可靠接地。

（2）禁止裸眼直视光纤出口，以防止激光束灼伤眼睛。

（3）操作设备前，应佩戴防静电腕套，并将防静电手腕的另一端良好接地。应去除首饰和手表等易导电物体，以免被电击或灼伤。

（四）通信站标识要求

（1）各类标签、标识可根据设备和屏体的尺寸、大小进行统一规范。同一种型号设备标识应粘贴或悬挂在设备的同一位置，要求平整、美观、统一。

（2）通信线缆在进出管孔、沟道、房间及拐弯处应加挂标识，直线布放段应根据现场情况适当增加标识。所有涉及保护、安稳及系统业务的专用设备、专用传输设备接口板、线缆、配线端口等标识应采用与其他标识不同的醒目颜色。

（五）验收

通信站安装工艺验收内容包括：机房环境、屏体及子架安装、通信管线、配线系统、接地系统、过电压保护系统、通信设施、通信设备、通信电源、通信站标识等内容。通信站安装工艺应符合本标准相关内容要求，按照 DL/T 5344—2018 执行。

【思考与练习】

1. 通信设备安装前机房基础设施应具备的条件有哪些？
2. 通信站内设备安装需要哪些安全事项？
3. 简述通信站内主要设备的安装流程。
4. 屏体安装主要工艺要求有哪些？

模块 7 电力通信运行方式管理规定（Z37B10007Ⅰ）

【模块描述】本模块包括《电力通信运行方式管理规定》。通过对规程条文的讲解，掌握规程条文的内容及相关要求。

【模块内容】

《电力通信运行方式管理规定》（Q/GDW 760—2012）是国家电网公司系统电力通信运行方式管理的基本原则和工作要求。适用于国家电网公司各级通信机构的运行方式管理。并入国家电网运行的发电企业、电网使用者和电网企业的通信运行方式的管理参照本标准执行。

一、规定简介

1. 规范性引用文件

下列文件对于本文件的应用是必不可少的。凡是注日期的引用文件，仅注日期的版本适用于本文件。凡是不注日期的引用文件，其最新版本（包括所有的修改单）适用于本文件。

DL/T 364—2019 光纤通道传输保护信息通用技术条件

DL/T 544—2012 电力通信运行管理规程

DL/T 547—2010 电力系统光纤通信运行管理规程

DL/T 1040—2007 电网运行准则

2. 术语和定义

（1）通信资源：具有直接或间接构建通信能力的通信设备、通信缆线、通信专用杆塔、管（沟）道设施、通信机房、无线电频率、微波通道、电力线载波频率、通信带宽、通信号码、IP 地址等。

（2）通信运行方式：通信机构对通信资源进行安排，确定通信设备（设施）的工

作状态和业务传输模式的技术方案，包括年度运行方式和日常运行方式。

（3）年度运行方式：通信机构按年度对所辖通信网络的建设、运行状况进行分析、总结和预安排，用于指导全年通信网 运行的资料和方案汇编。

（4）日常运行方式：在通信网的日常运行中，通信机构根据网络建设发展以及用户业务需求，对新建和现有的通信资源 进行安排的技术方案。

（5）通信业务申请单：用户申请使用、退出和变更通信资源时使用的一种格式化表单（以下简称申请单）。

（6）通信业务方式单：通信机构安排通信网日常运行方式时使用的一种格式化表单（以下简称方式单）。

（7）通道：传输设备两个支路端口之间（端到端）的逻辑连接。

（8）业务电路：用于提供指定服务的通道。

（9）业务“N–1”原则：在正常运行方式下，通信系统内任何站点的单一设备故障或线路上的单点设施故障，不会造成系统内任一站点的某种电力生产业务全部中断。

3. 各级通信机构的职责

（1）各级通信机构负责所辖通信网年度运行方式和日常运行方式的编制、管理。

（2）地（市）级及以上通信机构应编制通信网年度运行方式，并报上一级通信机构备案。

（3）各级通信机构负责受理日常通信业务的申请和通信运行方式的编制与实施。

（4）各级通信机构应根据通信网络运行维护职责的划分执行下达的方式单，对方式单进行归档管理，并根据方式单及时更新相关运行资料。

（5）各级通信机构应负责编制和审核所辖通信网通信设备检修、故障抢修情况下的运行方式。

二、《电力通信运行方式管理规定》的主要内容

（一）运行方式编制原则

年度运行方式编制应遵循以下原则：

（1）通信网年度运行方式应与通信网规划以及电网年度运行方式相结合。

（2）通信网年度运行方式应与通信网年度检修计划和技改/大修相结合。

（3）下级单位的通信网年度运行方式原则上应服从上级单位的通信网年度运行方式。

日常运行方式编制应遵循以下原则：

（1）通信设备（设施）及业务电路的接入、变更、退出应编制方式单。

（2）通道组织应优先使用本级电力通信机构管辖范围内的通信网络资源，并优先使用电力光纤通信网。若本级所辖通信网络资源无法满足需求时，应与上级或下级电

力通信机构协商使用对方通信网络资源，必要时可租用公网网络资源。

（3）涉及 220 千伏及以上线路、厂站的电网继电保护及安全稳定控制装置、调度电话、自动化信息等重要业务电路的运行方式应满足业务“N–1”的原则。

（4）继电保护及安全稳定控制装置业务电路的运行方式编制应以工程设计资料或相关部门申请要求为依据。

（5）在光纤通道上传输的继电保护信息，其运行方式应满足 DL/T 364 中对于继电保护通道的技术要求。

各级通信机构在通信运行方式编制时应使用统一规范的命名规则，涉及电网一次、二次设备时，应与一次线路、厂（站）的命名和二次系统命名保持一致。

（二）年度运行方式管理

（1）各级通信机构应于每年 1 月底之前完成所辖通信网年度运行方式的编制工作，年度运行方式的上年度统计数据截止时间为上一年 12 月 31 日。

（2）年度运行方式经审核、批准后，报送上一级通信机构备案，同时下发至下一级通信机构执行。

（3）各级通信机构应为上、下级通信机构提供编制年度运行方式所需的基础资料。

（4）各级通信机构在实施年度通信检修计划和年度技改项目计划时应参考当年的通信网年度运行方式。

（5）年度运行方式应统一管理并妥善保管。

（三）日常运行方式管理

1. 接入（退出）申请

（1）新、改、扩建的发、输、变电工程所涉及的通信设备接入和业务电路申请按照 DL/T 1040—2007 第 5.1.3 的规定执行。通信专项工程所涉及的新设备接入和业务电路的使用应提前 10 个工作日由项目建 设单位向对应的通信机构提出申请，提交申请单，申请单的格式参见附录 B，同时提供相关工程设计资料。

（2）现有通信资源的使用、退出和变更应提前 10 个工作日由用户向对应的通信机构提出申请，提交申请单，如涉及其他通信机构所辖通信资源，由本级通信机构向其他通信机构提出申请。

2. 方式安排

（1）新、改、扩建的发、输、变电工程所涉及的通信方式安排应按照 DL/T 1040—2007 第 5.1.8 的规定执行。

（2）通信机构在使用其直接管理的通信资源时，由通信运行方式人员编制方式单。如需使用其他通信机构所辖通信资源，由其他通信机构通信运行方式人员编制所

辖通信网的方式单，方式单应报业务使用单位通信机构备案。

（3）通信运行方式人员根据工程设计资料和通信网络资源现状编制方式单，经通信主管部门审批后下发至相关通信机构。

（4）各级通信机构应在收到申请单后的5个工作日之内下发相应的方式单。若现有通信网络资源无法满足用户提出的需求，由受理申请的通信机构在收到申请单后的5个工作日之内，以书面形式告知用户。

（5）经用户确认不再使用的通信资源，通信机构可下达退出业务的方式单，释放通信网络资源。

（6）各级通信机构可根据所辖通信网络运行情况调整优化运行方式，提高通信网安全运行水平和资源分配的合理性。

3. 方式执行

（1）各级通信机构应对方式单的执行实施闭环管理，按照方式单完成本级通信机构所承担的工作，并在工作完成后 2 个工作日之内将执行结果以工作回执的方式及时反馈给方式单下达单位的通信调度，工作回执的格式参见附录 D。

（2）方式单因故无法执行，应立即向下达方式单的通信调度汇报，由下达方式单的通信调度下令终止或变更方式单的执行。

（3）正常运行中，严禁在无方式单的情况下，调整通信业务的运行方式。紧急情况下，经所属通信 机构的通信调度许可后可对运行方式进行临时调整，应急处理结束后，应及时恢复原方式运行；若不能恢复原方式运行，通信运行方式人员应补充下达方式单。

（四）运行方式编制内容

年度运行方式应包含下列内容。

（1）上一年度新（改、扩）建及退役通信系统情况。

（2）上一年度通信网现状。

（3）上一年度通信运行情况及分析。

（4）上一年度通信系统运行存在问题、提出改进措施和建议。

（5）本年度通信年度运行方式编制的依据和需求预测。

（6）本年度新（改、扩）建通信项目。

（7）本年度通信系统运行要求。

（8）本年度通信检修工作计划。

（9）本年度通信系统运行方式安排。

（10）通信系统网络图。

（11）各类通信通道电路配置表。

申请单应包含下列内容。

（1） 申请类型（接入/更改/退出）。

（2） 申请单编号。

（3） 申请时间。

（4） 申请单位/部门。

（5） 申请原因。

（6） 业务要求（包括业务用途、起始和终止站点、带宽、数量、接口、使用期限等）。

（7） 申请开通时间。

（8） 申请人及联系电话。

（9） 受理单位/受理人意见。

（10）通信主管部门意见。

方式单应包含下列内容。

（1） 方式单类型（接入/更改/退出）。

（2） 方式单编号。

（3） 申请单编号。

（4） 业务电路的名称及用途。

（5） 业务电路带宽、端口、路由。

（6） 要求完成时间。

（7）编制人、审核人、签发人。

（8） 编制日期。

【思考与练习】

1. 年度运行方式的编制应遵循哪些原则？
2. 什么是电力通信运行方式？
3. 编制年度运行方式应包含哪些内容？

模块 8 电力通信检修管理规程（Z37B10008Ⅰ）

【模块描述】本模块包含《电力通信检修管理规程》。通过对规程条文的讲解，掌握规程条文的内容及相关要求。

【模块内容】

为加强和规范国家电网公司系统通信检修管理工作，确保通信网安全可靠运行，按照公司管理集团化、集约化、精益化、标准化管理的要求，明确公司各级通信机构通信检修管理职责和通信检修工作中的关键管理流程，编制《电力通信检修管理规程》

（Q/GDW 720—2012）。

一、电力通信检修管理的原则、职责与分工

1. 原则

（1）通信检修的目的是确保通信设施安全稳定运行，满足各级电网通信业务质量要求。

通信检修实行统一管理、分级调度、逐级审批、规范操作的原则，实施闭环管理。

（2）未经批准，任何单位和个人不得对运行中的通信设施（含光、电缆线路）进行操作。

（3）通信检修划分为计划检修、临时检修、紧急检修。计划检修应按编制的年度、月度检修计划执行。计划检修、临时检修应提前办理检修申请。紧急检修可先向有关通信调度口头申请，后补相关手续。

（4）对运行中的通信设施及电网通信业务开展以下检修工作，应履行通信检修申请程序：

1）影响电网通信业务正常运行、改变通信设施的运行状态或引起通信设备故障告警的检修工作。

2）电网一次系统影响光缆和载波等通信设施正常运行的检修、基建和技改等工作。

（5）各级通信机构应加强通信检修工作管理，制定通信检修计划，做好组织、技术和安全措施，严格按照发起、申请、审批、开工、施工、竣工流程进行。

（6）通信检修应按电网检修工作标准进行管理。涉及电网的通信检修应纳入电网检修统一管理；涉及通信设施的电网基建、技改、检修等工作应经通信机构会签，并启动通信检修流程。通信机构与调度机构应对检修工作开展协调会商，并制定相应的安全协调机制和管理规定。

（7）通信检修工作应遵守生产区域现场管理相关规定的各项要求。

（8）紧急检修应遵循先抢通，后修复；先电网调度通信业务，后其他业务；先上级业务，后下级业务的原则。

2. 职责与分工

（1）国网信息通信部（以下简称国网信通部）承担以下职责：

1）制定公司系统通信检修管理工作标准、规程。

2）审批涉及公司总部电网通信业务的通信检修计划。

3）审批涉及管辖范围内电网调度通信业务以及重大的通信检修申请。

4）监督、协调和考核公司系统通信检修管理工作。

（2）各级电力调度控制中心承担以下职责：

1）会签涉及调度控制管辖范围内电网调度通信业务的通信检修申请。

2）将涉及通信设施的电网检修申请单提交本级通信机构会签。

3）定期召开通信机构参加的电网检修计划、协调会。

4）对通信检修工作进行监督。

（3）国网信息通信有限公司（以下简称国信通）承担以下职责：

1）制定、审核及上报涉及公司总部电网通信业务的通信检修计划。

2）受理、审核、上报管辖范围内涉及电网调度通信业务以及其他重大通信检修申请。

3）审批管辖范围内不涉及电网调度通信业务的通信检修申请。

4）指挥、监督、协调、指导或实施管辖范围内通信检修工作。

5）协助国网信通部开展公司系统通信检修统计、分析、评价及考核工作。

（4）分部、省公司、地（市）公司通信机构承担以下职责：

1）制定、审批管辖范围内通信检修计划。

2）审核、上报涉及上级电网通信业务的通信检修计划和申请。

3）受理、审批管辖范围内不涉及上级电网通信业务的通信检修申请。

4）指挥、监督、协调、指导或实施管辖范围内通信检修工作。

5）协助上级开展管辖范围内通信检修统计、分析、评价及考核工作。

6）对涉及电网通信业务的电网检修计划和申请进行通信专业会签。

7）协助、配合线路运维单位开展涉及通信设施的检修工作。

（5）各级线路运维单位承担以下职责：

1）制定、上报涉及光缆、电缆线路的通信检修计划和申请。

2）实施、监督光缆、电缆线路通信检修工作。

3）协助、配合通信机构开展通信检修工作。

（6）并网企业和用户承担以下职责：

1）制定、上报涉及电网通信业务的通信检修计划和申请。

2）实施运行维护范围内通信检修工作。

3）协助、配合通信机构开展通信检修工作。

（7）通信检修工作中发起、申请、审批、施工、配合等单位应根据不同的分工，承担各自工作。

1）检修发起单位负责通信检修的组织策划。

2）检修申请单位负责提交通信检修申请票。

3）检修审批单位负责对通信检修申请票的逐级受理、审核、审批。

4）检修施工单位负责通信检修的开工、施工、竣工。

5）检修配合单位负责根据通信检修申请票和通信检修通知单的要求配合进行通

信检修。

3. 术语和定义

（1）电网通信业务。

为电网调度、生产运行和经营管理提供数据、语音、图像等服务的通信业务。

（2）电网调度通信业务。

电网通信业务中为电网调度继电保护及安全自动装置、自动化系统和指挥提供数据、语音、图像等服务的通信业务。

（3）电力通信设施。

承载电网通信业务的通信设备和通信线路，简称为通信设施。主要包括但不限于：传输设备、交换设备、接入设备、数据网络设备、电视电话会议设备、机动应急通信设备、时钟同步设备、通信电源设备、通信网管设备、通信光缆电缆和配线架等。

（4）计划检修。

为检查、试验、维护、检修电力通信设施，电力通信机构根据国家及行业有关标准，参照设施技术参数、运行经验及供应商的建议，列入计划安排的检修。

（5）临时检修。

计划检修以外需适时安排的检修工作。

（6）紧急检修。

计划检修以外需立即处理的检修工作。

（7）通信检修申请票。

计划检修和临时检修的工作申请、审批单。

（8）通信检修通知单。

指上级单位委托下级单位发起检修申请或进行检修配合的工作通知单。

（9）大型检修作业。

通信检修作业中，作业过程复杂，关键环节多，对通信网络影响范围大且安全风险高的作业。

（10）线路运维单位。

对所辖光缆、电缆等通信线路承担运行维护职责的单位。

二、电力通信检修管理的程序和要求

（1）计划：各级通信机构应根据所辖范围内通信设备运行状况，结合通信专业特点，通信设施的状态评价、风险评估，以及电网检修计划，制定通信检修计划。

（2）申请：检修发起单位应委托通信设备运行维护单位作为检修申请单位提出检修申请。两者可为同一单位；当两者为不同单位时，检修发起单位应将通信检修工作的原因、依据、性质、影响范围、工作内容、时间以及对通信系统的要求等通过通信

检修通知单告知检修申请单位。

（3）审批：检修审批应按照通信调度管辖范围及下级服从上级的原则进行，以最高级通信调度批复为准。

（4）开工、施工与竣工：通信检修开、竣工时间以通信检修申请票最终批复时间为准。

（5）安全管理：通信机构应对各类通信检修工作及检修运行方式进行运行风险评估，并实施相应预控措施。

（6）延期与改期：通信检修应严格按照批复时间进行。影响电网调度通信业务的检修延期和改期，应报电力调控中心同意。因通信自身原因未能按时开、竣工，检修施工单位应向所属通信调度提出延期申请，经逐级申报、批准后，相关通信调度予以批复；因其他专业工作、恶劣天气等原因造成延期，检修施工单位应向所属通信调度报告，通信调度进行备案。通信检修申请票只能延期一次。因通信自身原因开工延期，应在批复开工时间前 2 小时向所属通信调度提出申请，通信调度根据规定批准并进行备案。

（7）紧急检修：当通信调度发现需要立即进行检修的通信故障或接到此类故障报告后，应初步判断故障现象、影响范围，通知相关单位，立即组织紧急检修。

（8）统计与考核：各级通信机构应对所辖范围内通信检修工作进行统计并纳入通信月报。

【思考与练习】

1. 通信检修分为哪几类？有什么具体要求？
2. 紧急检修应遵循什么原则？
3. 通信检修工作中发起、申请、审批、施工、配合等单位应承担哪些工作？

模块 9 电力通信运行管理规程（Z37B10009Ⅰ）

【模块描述】本模块包括《电力通信运行管理规程》。通过对规程条文的讲解，掌握规程条文的内容及相关要求。

【模块内容】

电力通信网是国家专用通信网之一，是电力系统重要组成部分，是电力生产、调度、管理、营销等基础支撑系统。电力通信网运行管理以服务于电力系统安全、优质、经济运行为基本准则。电力通信运行管理实行统一调度、分级管理、下级服从上级、局部服从整体、支线服从干线、属地化运行维护的基本原则。《电力通信运行管理规程》（DL/T 544—2012）是为进一步明确电力通信运行管理职责与分工，规范管理工作与流

程，促进电力通信运行的科学化、规范化管理，充分发挥电力通信网的基础支撑作用，为确保电网安全稳定运行提供保障。

一、规程简介

1. 术语和定义

（1）电力系统通信：利用有线电、无线电、光或其他电磁系统，对电力系统运行、经营和管理等活动中需要的各种符号、信号、文字、图像、声音、数据或任何性质的信息进行传输与交换，满足电力系统要求的专用通信。

（2）电力系统通信网：服务于电力系统运行和管理的所有通信设施的集合，简称电力通信网。

（3）电力系统通信站：安装有为电力生产服务的各类通信设施（光纤、微波、载波、交换及网络等）及其辅助设备（供电电源、线缆、环境监控等）的建筑物和构筑物的统称，简称通信站。

（4）通信机构：负责电力通信网管理、运行和维护的机构或单位，包括：通信管理、通信调度、通信运行维护机构。

（5）通信运行维护机构：负责电力通信网运行和维护的机构或单位。

（6）通信调度：为保障电力通信网安全、优质、经济运行，通信机构中负责监视通信网运行状态、组织通信网资源、协调指挥故障处理的部门。

（7）检修：对通信电路、设备等进行的计划、非计划维护，非计划检修包括临时检修、紧急检修。

（8）计划检修：为检查、试验、维护、检修电力通信设备，电力通信机构根据国家及行业有关标准，参照设备技术参数、运行经验及供应商的建议，列入计划安排的设备检修。

（9）临时检修：计划检修以外需适时安排的检修工作。

（10）紧急检修：计划检修以外需立即处理的检修工作。

（11）属地化维护：通信机构以所辖通信网及通信调度管辖为基础，按照地域来确定其维护范围及维护职责的工作形式。

（12）通信调度管辖范围：通信机构拥有通信调度指挥权限的所有通信网资源，一般指承载本级电网通信业务的通信网资源。

（13）通信资源：具有直接或间接构建通信能力的硬体或软体，包括：设备、线路或管（沟）道设施、通信机房、无线电频率、电力线载波频率、通信带宽、通信号码、IP 地址及相关通信软件等。

（14）通信电路：电力通信网中各种资源组成的承载通信业务的物理实体，包括无线通信电路（含微波、特高频、卫星通信等电路）和有线通信电路（含光纤、电力线

载波、电缆通信等电路）。

（15）通信运行方式：通信机构对各类通信资源进行合理安排的技术方案，包括年度运行方式和日常运行方式。

（16）通信业务申请单：用户申请使用、退出和变更通信资源时使用的一种格式化表单。

（17）通信业务方式单：通信机构安排通信网日常运行方式时使用的一种格式化表单。

（18）运行统计：对电力通信网、通信电路、通信设备及业务运行状况进行的汇总与分析工作。

2. 运行管理体系与职责

（1） 运行管理体系。

1）电力通信运行维护管理机构由电网通信机构、发电厂通信机构组成。

2）电网通信机构由总部通信机构，网、省公司通信机构，地（市）、县公司通信机构，各级电网运行维护单位的通信机构组成，下级通信机构接受上级通信机构管理。

3）总部通信机构是电力通信管理的归口部门，承担相关通信运行管理、维护等工作。

4）各单位均应按照电力通信运行管理的有关规定和要求，设立通信机构。

（2） 运行管理职责。

1）贯彻国家及电力行业颁发的各项运行管理制度和工作规定，负责指导、监督、检查所属下级。

2）负责组织制定所管辖电力通信网运行有关的各项规章制度、标准规范。

3）负责组织编制所管辖电力通信网年度运行方式。

4）负责所管辖电力通信网的调度管理工作。

5）负责所管辖电力通信网的检修管理工作。

6）负责所管辖电力通信网运行情况的统计、分析和评价。

7）负责所管辖电力通信网资源及协调无线电和电力线载波频率管理工作。

8）负责所管辖通信网反事故预案编制，组织开展反事故演习和事故调查。

9）负责与并网发电企业之间的通信工作联系。

二、《电力通信运行管理规程》的主要内容

（一）通信调度

（1） 总体要求：电力通信网实行统一调度、分级管理。各级通信机构在电力通信的调度管理活动中是上、下级关系，下级通信调度应服从上级通信调度的指挥，严格执行通信调度指令（以下简称调度令）。所有并入通信网的通信资源应接受电网通信机构调度。

（2） 通信调度管辖范围：通信调度管辖范围包括承载本级电网通信业务的通信网

资源，以及受上级通信机构委托调度的通信资源。并网发电企业与通信网互连的通信资源，不论其产权或隶属关系，均属于通信调度管辖范围。

（3）通信调度员：通信调度员是通信网运行、操作和事故处理的指挥员，在事故情况下，通信调度员可越级指挥。

（4）值班：值班日志应按规定记录当值期间通信网主要运行事件，包括：设备巡视记录，故障（缺陷）受理及处理记录，通信检修工作执行情况，通信网运行情况等相关信息。

（5）运行汇报：下级通信调度应在规定的时段向上级通信调度汇报所辖通信网前24h 的运行情况。遇有重大问题时，通信调度应立即向上级通信机构逐级汇报，同时向所在单位通信主管领导汇报。

（6）故障处理：通信调度是电力通信网故障处理的指挥和协调中心，各级通信运行维护机构应在本级和上级通信调度的统一指挥下开展故障抢修工作。

（二）运行方式

（1）总体要求：通信机构应按照“统一协调、分级负责、优化资源、安全运行”的要求，编制本级通信调度管辖范围内的通信网年度运行方式和日常运行方式。

（2）日常运行方式管理：日常运行方式管理应按照申请、审核、编制、审批、下发、执行、监督、归档的流程执行。

（3）年度运行方式管理：年度运行方式应包括上年度系统规模、运行分析、危险点、存在问题、各类系统图及业务配置表等，本年度方式预安排、处置预案、各类系统图及业务配置表等相关资料。年度运行方式应由通信主管部门进行审核，并由所在公司主管通信的领导批准。批准后的通信网年度运行方式应报送上一级通信机构备案，同时下发至下一级通信机构执行。

（三）通信检修

（1）总体要求：通信检修分为计划检修、非计划检修。计划检修包括年度计划检修和月度计划检修；非计划检修包括临时检修和紧急检修。检修工作按照申请、审核、审批、开（竣）工、延期、终结等流程进行。通信检修工作实行检修票制度，禁止无票操作。

（2）检修计划：各级通信运行维护机构应编制月度检修计划，并逐级上报、审批。

（3）检修申请和批复：通信检修申请由检修责任单位以检修票的方式提出，各检修责任单位、各级通信调度及通信主管部门应对检修内容、影响范围、安全措施等内容进行审核，收到检修申请后，应及时批复。计划检修、临时检修均应提前提出申请。

（4）检修执行：通信检修应按照检修票批准的时间进行。如因故未能按时开、竣工，检修责任单位应以电话方式向所属通信调度提出延期申请，经逐级申报批准后，

相关通信调度视情况予以批复。检修票只能延期一次。

（5）开、竣工：当通信检修准备工作或检修工作项目完成并确认具备开、竣工条件后，向通信调度逐级申请开、竣工。通信调度确认具备开、竣工条件后，下达开、竣工调度命令，各级通信调度及检修责任单位须严格按通信调度令执行。

（6）紧急检修：紧急检修应遵循先调度生产业务，后其他业务；先上级业务，后下级业务；先抢通，后修复的原则。紧急检修工作应先征得当值通信调度员的口头许可后方可执行，检修结束后应补齐相关手续。

（四）通信网管理

（1）总体要求：通信网的管理应以保障电力通信网安全、稳定运行为首要任务。电力通信网应实行统一、规范化管理，通信机构应做好所辖通信网的基础数据和资料的管理工作。

（2）通信网管：通信机构应制定网管系统运行管理规定，内容应包括日常运行管理及巡视、系统软硬件维护、数据备份及恢复、系统管理员职责等。网管系统设备应采取二次安全防护措施。网管系统应有专人负责管理，并分级设置密码和权限。网管系统数据应定期备份。

（3）通信资源管理：通信资源的使用应严格履行申请、审批等程序。并做好资源统计与管理系统建设工作。

（五）通信站管理

（1）总体要求：通信站运行管理的方式包括属地化管理和委托管理。通信站管理的主要内容包括制度管理、资料管理、设备管理等。

（2）通信站运行要求：设备运行稳定，故障率低，设备电源可靠并能自动投入。防火、防盗、防雷、防洪、防震、防鼠、防虫等安全措施完备。应具备远方监视手段及远方控制部分通信设备的能力。

（3）通信机构应建立健全相关的管理制度及基本运行资料

（六）设备管理

1. 通信设备与电路

（1）通信设备与电路运行要求：同一条线路的两套继电保护和同一系统的两套安全自动装置应配置两套独立的通信设备，并分别由两套独立的电源供电，两套通信设备和电源在物理上应完全隔离。电力调度机构与变电站和大（中）型发电厂的调度自动化实时业务信息的传输应同时具备两条不同物理路由的通道。

（2）通信设备与电路的维护要求：通信设备的运行维护管理应实行专责制，应落实设备维护责任人并进行定期维护。

（3）通信设备与电路的测试内容及要求：通信运行维护机构应定期组织人员对通

信电路、通信设备进行测试，保证电路、设备、运行状态良好。

（4）通信设备与电路的巡视要求：设备巡视应明确巡检周期、巡检范围、巡检内容，并编制巡检记录表。

2. 光缆

（1）光缆维护要求：通信机构和相应线路运行维护部门应制定运行维护规定或细则，并做好运行维护的专项记录。运行维护应落实维护责任人。

（2）光缆测试要求：通信运行维护机构应定期组织人员对光缆线路进行测试，保证光缆线路运行状态良好。应对测试结果进行分析，发现存在的问题，及时进行整改。

（3）光缆巡视要求：通信运行维护机构应落实光缆线路巡视的责任人。巡视内容应包括光缆线路运行情况、线路接头盒情况等。

3. 光缆巡视要求：通信运行维护机构应落实光缆线路巡视的责任人。巡视内容应包括光缆线路运行情况、线路接头盒情况等。

（七）备品备件

通信系统应配备满足系统故障处理、检修所需的备品备件，备品备件应定期进行检测，确保性能指标满足运行要求。

（八）安全管理

通信机构应执行电监会 1 号令、电监会 2 号令和各项安全管理制度等的有关规定，制定本级通信设施安全生产责任制度，建立和健全保密制度。针对所辖通信网的薄弱环节，组织编制应急预案和反事故演习方案。

（九）统计分析

（1）总体要求：通信机构应由专人负责电力通信运行统计和分析工作。通信机构应采用统一的统计标准与规范，统计数据应准确详实。

（2）统计范围：包括各级单位接入电力通信网的通信电路、设备、自建、合建、租用的通信线路的相关通信设施；接入电力通信网的发电企业通信资源。

（3）运行统计分析内容：通信运行统计和分析工作主要包括通信电路、通信设备、光缆线路、业务保障等统计和分析。

（4）统计指标：通信电路运行统计指标、通信设备运行统计指标、光缆线路运行统计指标、业务保障统计指标、平均故障处理时间指标。

【思考与练习】

1. 电力系统通信的概念是什么？

2. 电力通信运行管理职责是什么？

3. 电力通信运行统计分析有哪些内容？

模块 10 电力系统通信站过电压防护规程（Z37B10010Ⅰ）

【模块描述】本模块包括《电力系统通信站过电压防护规程》。通过对规程条文的讲解，掌握规程条文的内容及相关要求。

【模块内容】

雷电过电压严重影响通信系统的安全，甚至会带来灾难性的损坏。加强过电压保护，是防止和减少过电压对通信站的危害，确保人身和设备安全的重要技术手段，也是保障通信线路、通信设备及通信设施安全运行不可缺少的、极为重要的技术环节。严格按照规程的要求，完善过电压防护技术措施，加强运行管理，对保证电力通信系统安全稳定运行有着十分重要的意义。

一、相关规程简介

为加强电力系统通信站防雷措施和运行管理，减少雷电过电压及电磁干扰对通信系统的危害，保证电力通信系统安全稳定运行，与其他行业的通信站所不同的是，电力系统通信站不仅要考虑雷电过电压保护，还要考虑电力系统暂态过电压、操作过电压的保护问题。规程中，不仅包括雷电过电压的保护，而且考虑到了电力系统引起的过电压保护问题。

二、《电力系统通信站过电压保护规程》的主要内容

《电力系统通信站过电压保护规程》（DL/T 548—2012 以下简称为“过电压保护规程”）条文包括五章和一个附录。

1. 范围

概括说明了过电压保护规程的主要内容和适用范围。主要内容包括两大方面：一是规定了电力系统通信站过电压保护所必须采取的技术措施；二是对电力系统通信站过电压保护的运行管理提出了要求。

该规程的应用范围：适用于电力系统通信站过电压保护系统的建设、施工、验收和运行管理。电力系统通信站的过电压保护设计也可参照本标准执行。

2. 规范性引用文件

列出了过电压保护规程中所引用的标准和规范清单。对于被引用的条款，在应用本规程时也必须遵照执行。引用的标准和规范有：

（1） GB 50057 建筑物防雷设计规范

（2） GB 50343 建筑物电子信息系统防雷技术要求

（3） DL/T 475 接地装置特性参数测量导则

（4） DL/T 544 电力通信运行管理规程

（5）DL/T 620　交流电气装置的过电压保护和绝缘配合

（6）DL/T 621　交流电气装置的接地

（7）YD 5098　通信局（站）防雷与接地工程设计规范

（8）YD/T　1235.1　通信局（站）低压配电系统用电涌保护器技术要求

（9）YD/T　1235.2　通信局（站）低压配电系统用电涌保护器测试方法

3. 术语和定义

本章对规范中用到的术语给出了准确的定义，主要术语和定义如下：

（1）电力系统通信站：安装有为电力系统服务的各类通信设备（光纤、微波、载波、交换及网络等）及其辅助设备（供电电源、环境监控等）的建筑物和构筑物的统称，简称通信站。通信站可以是一座独立的建筑物（或构筑物），如设置在电厂内的通信楼；或仅拥有部分面积和空间用于通信机房的建筑物（或构筑物），如电力调度通信综合楼及设在变电所控制楼内的通信机房等。

（2）接地线：各种通信设备及不带电金属体与环形接地母线（或接地汇流排）之间的连接导线。

（3）环形接地母线：围绕机房（或墙内）敷设的闭合接地汇流排。

（4）均压网：利用建筑物各层房梁或地板内的主钢筋焊接成的周边为闭合的网格体。

（5）接地网：由垂直和水平接地体组成，供通信站使用的兼有泄流和均压作用的网状接地装置。

（6）接地体：埋入土壤中或混凝土基础中作散流用的导体。

（7）接地系统：通信站的接地线、环形接地母线、均压网、接地网以及接地体的总称。

（8）环形接地体（网）：围绕通信站按规定深度埋设在地下的闭合形接地体（含垂直接地体）。

（9）接地装置：接地极与接地线的总称。

（10）浪涌保护器：至少包含一个非线性电压限制元件，用于限制暂态过电压和分流浪涌电流的装置。按其使用功能，又分为电源浪涌保护器、天馈线浪涌保护器和信号浪涌保护器。

（11）电源防雷器：当遭受雷电磁波冲击时能够迅速将其导入接地体，使得残压降低到被保护电源设备允许承受的安全水平内的元器件。

4. 过电压保护技术要求

本章对过电压保护应采取的技术措施和应具备的技术参数进行了规定，包括通用规定、通信站的接地与均压、独立微波站的防雷接地、光中继站的防雷接地、屏蔽和隔离、限幅等方面。本章为强制性条文，必须严格执行。

5. 运行管理

本章对过电压保护的运行管理提出了要求，包括管理原则、各级防雷主管部门职责、竣工验收、运行维护、雷害分析与统计等方面，具体内容在下一节进行详细介绍。

三、防雷运行管理

1. 管理原则及组织机构

电力系统通信站防雷工作采用分级管理的原则。各级通信主管部门为所辖范围内通信站防雷的主管部门，负有所辖通信站防雷的运行管理。各级通信主管部门要设防雷安全负责人和专责人。负责人一般应由主管通信的领导担任，专责人必须经过防雷技术培训，具有必备的防雷专业知识。

2. 管理职责

各级防雷主管部门职责的主要职责是：

（1）贯彻执行上级颁发的通信防雷规程、规范及有关技术措施要求，结合实际情况制定相应的通信防雷规定及措施。

（2）负责编制通信防雷工作计划，经相应的主管部门审批后，组织实施。

（3）负责或参加所辖范围新建、改建、扩建通信站的防雷设计审查，防雷工程施工检查及竣工验收。

（4）指导和协调所辖通信站的防雷工作，下达工作任务，监督检查各通信站防雷工作情况。

（5）负责所辖通信站的防雷运行统计，雷害调查分析，逐级上报统计报表。

（6）组织、参加防雷技术培训、经验交流及技术攻关，采用和推广先进实用的新技术。

3. 防雷工程竣工的验收

防雷工程施工单位应按照设计精心施工，工程建设管理部门应有专人负责监督，对于隐蔽工程应进行随工验收，重要部位应拍照并做专项记录。

工程竣工时，应由通信工程建设管理部门组织验收，通信防雷主管部门和防雷专责人参加。对于通信站防雷系统未达到设计要求或防雷系统资料、记录不齐全的，不予验收。

设计资料和施工记录应由相应的防雷主管部门妥善存档备查，通信站应备有本站防雷设计资料。

4. 防雷运行维护工作

通信站应建立专门的防雷接地档案，包括通信站防雷系统接地线、接地网、接地电阻及防雷装置安装的原始记录及日常防雷检查记录。

每年雷雨季节前应对通信站接地系统进行检查和维护，主要检查连接处是否紧固，

接触是否良好、接地引下线是否锈蚀、接地体附近地面有无异常，必要时应挖开地面抽查地下隐蔽部分的锈蚀情况，如果发现问题应及时处理。

每年雷雨季节前应对运行中的防雷装置进行一次检测，雷雨季节中要加强外观巡视，发现异常应及时理。

接地网接地电阻的测量每五年不得少于一次，独立通信站要每年测量一次。每年进行一次接地装置的完整性测试。

5. 雷害分析与措施改进

设备遭受雷击后，应根据实际情况及时组织有关专家对损坏情况进行调查分析，写出调查分析报告，制订改进措施。

雷害现场调查的主要内容包括：

（1）设施损毁及损失情况。

（2）各种电气绝缘部分有无击穿闪络的痕迹，有无烧焦痕迹，设备元件损坏部位，设备的电气参数变化情况。

（3）各种防雷元件损坏情况，参数变化情况。

（4）安装了雷电测量装置的，应记录测量数据，计算出雷电流幅值。

（5）了解雷害事故地点附近的情况，分析附近地质、地形和周围环境特点及当时的气象情况。

（6）保留雷击损坏部件，必要时对现场进行拍照或录像，做好各种记录。

6. 雷害统计与上报

各级通信主管部门要对雷害进行统计，建立本地区的雷电活动档案，以便于了解雷电活动规律、强度、雷击概率，掌握设备损坏情况及雷电入侵途径等，积累必要的资料。

通信站发生雷害后应及时将初步情况逐级上报上级通信主管部门。各级通信部门应在次年一月底前，将本年度通信站雷害统计汇总报表上报上一级通信主管部门。

【思考与练习】

1. 产生过电压的原因有哪些？过电压对通信安全运行会造成什么危害？
2. 严格执行过电压保护规程，对保证电力通信系统安全稳定运行有哪些重要意义？
3. 防雷运行管理的主要工作有哪些？
4. 简述把好防雷工程竣工验收关的重要意义。

模块 11　电力系统微波通信运行管理规程（Z37B10011 Ⅰ）

【模块描述】本模块包括《电力系统微波通信运行管理规程》。通过对规程条文的

讲解，掌握规程条文的内容及相关要求。

【模块内容】

微波通信是电力系统专用通信网的重要组成部分，是确保电网安全、优质、经济运行，实现电网调度自动化和管理现代化的重要通信手段。《电力系统微波通信运行管理规程》（DL/T 545—2012）规定了电力系统微波通信的电路管理、设备管理、电源系统管理、频率管理、资料管理、检修管理、安全管理、运行统计与评价的要求。适用于电力系统 SDH、PDH 微波电路、设备的运行管理。

一、术语和定义

1. 微波通信

使用波长为 1～0.001m（频率为 0.3G～300GHz）的电磁波进行的通信。在本标准内指地面接力微波通信。

2. 无人值守微波站

本站不配备专职通信人员，有关运行工况及环境监控量能够远传至有人值守站的微波通信站。在本标准内简称无人站。

二、主要内容

1. 电路管理

（1）微波电路在并网前应经过正式竣工验收后才能正式投入运行。

（2）微波电路的启用、停运和检修，应经过逐级申报并得到批准后方可实施。

（3）通信机构应按属地化管理要求，实施微波电路的运行管理。

（4）通信机构应定期进行微波电路质量分析，及时解决影响通信质量的各类问题。

（5）对列为应急通信和备用通信通道的微波电路应加强其运行监控和维护，使其处于正常的工作状态。

2. 设备管理

（1）微波设备的运行管理应按 DL/T 544《电力系统通信管理规程》的规定执行。

（2）微波网管、监控设备应由专人管理，并根据不同岗位设定不同的权限。网管、实时监控信息应接入通信调度值班室或有人值守区域。

（3）进行网管系统的电路调配、数据更改等操作前，应根据工作性质提前办理工作票或检修票，并经批准后方可执行。操作结束后，应做详细记录。

（4）定期检测管理。

1）微波设备应进行定期检测，定期检测周期为季检和年检。

2）季检项目包括：微波设备发信功率、收信电平测试；E1 通道 24h 误码率抽测；交/直流电压指标测试；天馈线系统（含充气机）检查。

3）年检项目包括：微波设备发信功率、收信电平测试；E1 通道 24h 误码率抽测；

交/直流电压指标测试；天馈线系统（含充气机）检查；发信、收信本振的频率、稳定度测试；无损保护开关的倒换试验；网管系统检查；公务电话试话；接地电阻测试。

4）微波设备的定期检测项目可利用设备网管、监控、本地维护终端（LCT）等进行，也可利用设备本身附带的测试表头及相关仪器仪表（包括功率计、频率计、误码仪、SDH 数字传输分析仪等）进行。

5）定期检测中一般不应引起设备承载的电路中断。进行 E1 通道 24h 误码率指标测试应选取未承载通信业务的通道进行抽测。在承载通信业务的微波电路上进行倒换试验时，应按相关检修管理要求履行检修申请批复手续。

6）微波设备的季检、年检均应填写通信设备定期检测记录。

3. 天馈线系统的管理

（1）应定期对天馈线系统和场区巡视检查，清除天线附近的杂物，天线正前方不应有阻碍微波信号正常传输的障碍物。

（2）应定期对天馈线铁塔部件进行检查、紧固，并可根据实际情况对塔体进行防锈、防腐处理。

（3）维护微波铁塔、天馈线系统的登高作业人员应具有登高作业资质。

（4）通信运行维护单位应组织对铁塔接地点、机房接地网及接地电阻的检测，检测周期为每年一次。

（5）微波馈线系统应不漏气，充气机干燥剂应干燥有效。

4. 电源系统管理

（1）通信运行维护单位应与相关供电单位建立沟通联系机制。供电单位应把微波站列为重点保证供电用户单位。

（2）微波站宜具有两路不同进线的交流供电电源。在不具备双路交流电源的条件下，应配备发电机或太阳能电源，并确保可随时投入正常工作。当主供电源故障时，备用电源应能自动切换。高频开关电源的交流输入应采取防止雷击及过电压保护措施。

（3）微波站宜配备两套独立的通信直流电源系统。每一套通信直流电源系统均可对全部负载供电。

（4）在发电厂、变电所内具有可靠交流供电的微波站，蓄电池持续供电时间不少于 1～3h；一般的独立微波站，视交流电源供电的可靠性及故障恢复时间等因素，持续供电时间不少于 8～12h。不具备交流供电的太阳能供电组合电源，蓄电池组的配置容量应满足在满负载状态下，持续供电时间不少于 7 天。

（5）新安装或大修后的阀控蓄电池每隔 2～3 年做一次核对性试验，运行 6 年以后的阀控蓄电池应每年作一次核对性放电试验，并填写相应记录。

（6）对经过三次全核对性放充电仍达不到额定容量的 80%的蓄电池组应安排更换。

（7）充放电试验结束后，应及时对蓄电池组进行均衡充电。充放电试验结果均应建立专项记录，并存档备查。

（8）微波站专用供电电源（包括各种供电方式的组合）的运行工况信息应远传至通信调度值班室或有人值守区域。

5. 频率管理

（1）微波电路的频率管理应按国务院令第 128 号的规定执行。

（2）通信机构应设置专职或兼职岗位，负责微波电路频率管理工作，并制定相关管理细则。

（3）新建、改建微波电路的频率应按有关规定报请无线电管理委员会批准。批复件副本应报当地建设规划部门备案。

6. 资料管理

应具备下列资料和记录：

（1）微波频率、方位、使用范围资料。

（2）无线电台执照。

（3）微波铁塔设计资料。

7. 检修管理

（1）微波电路检修工作分为两类：计划检修和非计划检修，非计划检修分为临时检修和紧急检修。

（2）微波电路检修工作应按 DL/T 544《电力系统通信管理规程》的有关规定执行。

8. 安全管理

（1）通信运行维护单位应结合实际编制微波电路反事故预案，每年至少进行一次反事故演练。

（2）微波铁塔上不应装设影响铁塔安全和通信质量的设备。凡需装设航空障碍标志者，应根据当地航空部门的有关规定设置。

（3）在大风、雷雨天气或作业人员酒后不应进行登天线铁塔作业。登塔作业人员应具备登高作业证，每次工作不应少于两人。

（4）通信人员进行微波作业时（天馈线调测、检修）应穿微波防护服，带防护帽和防护眼镜。

（5）通信人员操作位容许微波辐射的平均功率密度应符合 GB 10436 的规定。否则应采取有效的屏蔽措施，减少漏能对人体的影响。

（6）微波工作人员应每一至两年进行健康状况检查，并建立健康状况档案。

（7）无人站所属通信运行维护单位应与当地公安部门、地方政府加强联系，搞好联防，做好安全教育宣传工作。无人站可配备看站人员，负责站内安全保卫工作。

（8）无人站内铁塔、天线应设置防盗等保护设施，并在醒目地方悬挂“严禁攀登”等标识。

（9）对容易被盗的无人站，应装设金属护栏，使用合格的金属防盗门。门禁开关信号应远传至相应的通信调度值班室或有人值守区域。

（10）通信运行维护单位应定期检查防雷措施，保证防雷器件良好，所有连接正确、紧固、无缺陷，接地电阻合格。

【思考与练习】

1. 微波设备的年度检测项目有哪些？

2. 对微波天馈线系统的管理有什么规定？

3. 微波站应具备哪些资料？

模块 12　电力线载波通信运行管理规程（Z37B10012 Ⅰ）

【模块描述】本模块包括《电力线载波通信运行管理规程》。通过对规程条文的讲解，掌握规程条文的内容及相关要求。

【模块内容】

载波通信是电力系统专用通信网的重要组成部分，是实现电网调度自动化和管理现代化的基本通信手段之一。《电力线载波通信运行管理规程》（DL/T 546—2012）规定了电力线载波通信的管理职责与分工、技术管理、运行维护、质量指标、安全管理、运行统计与评价的要求。适用于高压交、直流输电线路的电力线载波通信的运行管理。

一、术语与定义

1. 电力线载波通信

将模拟信号或数字信号经合适的调制方式调制到电力线载波频段，通过交流或直流输电线路传送信号的通信方式。

2. 容许信噪比

在规定的总传输速率及符合比特差错率要求情况下，载波机接收信号的平均功率电平与实际接收频带内白噪声干扰电平的最低容许差值。

二、电力线载波通信运行管理规程的主要内容

1. 运行管理职责与分工

（1）电力线载波通信实施属地化管理，由各级通信机构负责管辖范围内的电力线载波设备及电路的管理和运行维护。各级通信机构应根据管辖范围内电力线载波通信的实际情况，制定必要的管理制度及运行维护实施细则。

（2）各级通信机构应负责管辖范围内的电力线载波（包括复用有继电保护和安全

稳定控制装置等信号的传输通道）频率管理和分配，及跨区域电网的电力线载波频率协调。

（3） 各级通信机构应定期对管辖范围内的电力线载波通信设置情况（包括通道名称、电压等级、线路长度、加工相别、设备编号、设备型号、使用频率、桥路和业务类型等）进行统计核查，并存档备案。

2. 电路管理

（1） 电力线载波电路的启用、停运和检修，应向所属通信机构申报，得到批准后方可实施。

（2） 电力线载波电路在并网之前应经过正式竣工验收。

（3） 各级通信机构应在电力线载波通信工程设计、设备选型、安装调试和运行维护等方面实施全过程的技术监督，以保证新、改、扩建电力线载波电路联网可靠和安全运行。

（4） 各级通信机构应定期进行电力线载波通信电路质量分析，及时解决影响通信质量的各类问题，确保电路的技术性能符合标准。

3. 设备管理

（1） 电力线载波设备及其附属设备的备品、备件和专用工具等，应妥善保管，并随设备一起调动。

（2） 各级通信机构负责办理所辖电力线载波设备的调拨、更新、移设和改造的审批手续。

（3） 各级通信机构应储备一定数量的结合滤波器和高频电缆作为备品备件，并定期补充，妥善保管。备品备件的种类和数量可依实际情况而定。

4. 频率管理

（1） 各级通信机构应根据管辖范围内电力线载波通信的实际情况，制定频率管理办法。

（2） 电力线载波通道的频率安排应遵循先长通道、后短通道，先高频、后低频，先高压、后低压的分配原则，优先满足继电保护和安全稳定控制装置信号的传输。

（3） 跨区域电力线载波通道的频率应由上一级通信机构协调安排。

（4） 使用电力线载波频率应事先向相关通信机构提出申请，办理使用手续。

（5） 电力线载波频率应依据经过审定的电力线载波设计进行安排。

（6） 凡未经批准使用各种电力线载波设备（含电话、远动、继电保护和安全稳定控制装置信号的复用电力线载波设备）以及继电保护高频收、发信机等设备的行为，通信机构应予以制止。

（7） 已经批准使用的电力线载波设备，如需更换运行地点以及改变运行方式和设

备参数，即与原使用申请不符时，则原使用频率自动失效，应重新办理使用申请。

5. 资料管理

电力线载波通信应具备下列资料和记录：

（1）标有线路名称、电压等级、结合相序、设备型号、通道编号和工作频率的电力线载波通信系统图。

（2）电力线载波设备和通道的测试记录。

（3）电路及设备的安装、调试、检测、改进、维修及缺陷记录。

6. 运行维护

（1）电力线载波设备应进行计划检修应结合线路检修同步进行，并履行通信检修手续。

（2）线路阻波器、耦合电容器和结合滤波器应定期进行测试。

（3）当电力线载波通道衰减明显增加或遭受强烈干扰时，应查找原因，发现问题及时处理。

（4）复用有继电保护及安全稳定控制装置信号的电力线载波设备在运行中不得随意操作。当设备发生故障时，应立即向相关通信机构报告，并按照调度程序申请退出运行，并及时检修。

（5）电力线载波设备每年应进行一次定期检测。

7. 安全管理

（1）在高压设备范围内工作，应执行 DL 409 的有关规定。

（2）在耦合电容器下工作，应采取安全措施，应有监护人，应使用绝缘工具操作接地开关。耦合电容器下端应先接到接地刀闸，再引到结合滤波器，并不得对地开路。

（3）为防止测试电力线载波通信时引起继电保护装置误动，测试通道时，只能发送测试频点的信号，不应连续变换频率。在确定测试频点时，应避开被测线路及临近线路上的继电保护信号频率。

（4）装设有电力线载波设备的通信站应有良好的防雷接地措施，并符合 DL/T 548 的有关规定。

8. 质量指标

（1）单边带电力线载波通道。

1）容许信噪比：

a）话音通路信噪比：≥26dB（最恶劣气候时测量）。

b）远动通路信噪比：≥16dB（FSK 调制方式）。

2）传送继电保护和安全稳定控制装置信号的复用电力线载波设备，在正常条件下接收机入口的功率电平不得低于下列数值：110kV、220kV、330kV 线路为 15～16dBm

（重冰区和严重污染区可取为19dBm）；500kV线路为17～18dBm（重冰区和严重污染区可取为21dBm）。

注：凡复用有继电保护和安全稳定控制装置信号的电力线载波通道其传输质量指标均应遵守本条要求。

（2） 数字电力线载波通道。

1）容许信噪比。

当数字载波机总传输速率为19.2kbit/s，两端保持同步，比特差错率不大于1×10^{-6}时，信噪比应高于24dB。

2）传输速率及比特差错率。

数字电力线载波设备的传输速率及比特差错率应满足以下要求：

a）数据口通信模式为异步或同步。

b）数据口类型符合ITU–T V.24 或ITU–T V.28建议书。

c）数据口传输速率一般为300bit/s、600bit/s、1.2kbit/s、2.4kbit/s、4.8kbit/s和9.6kbit/s等。

d）各种总传输速率情况下，数据口在最高数据传输速率时的比特差错率应不大于1×10^{-6}。

3）通道储备电平。

不同用途、不同地区条件下的通道储备电平不应低于表21–12–1所列值。

表21–12–1　　通道储备电平

通道性质	储备电平（dB）
一般通道	4
重要通道	6～9
结冰或严重污染地区的通道	9～13

4）通道传输的其他要求。

通道传输的回波损耗和接口规范等其他技术要求应符合《单边带电力线载波机》（GB/T 7255—2007）、《单边带电力线载波系统设计导则》（GB/T 14430—1993）和《数字电力线载波机》（DL/T 1124—2009）的有关规定。

【思考与练习】

1. 什么是电力线载波通信的容许信噪比？

2. 数字电力线载波设备的传输速率及比特差错率应满足哪些要求？

3. 载波通信应具备哪些资料？

参 考 文 献

1. SDH 设备运维检修

[1] 中华人民共和国信息产业部. SDH 本地网光缆传输工程设计规范（YD/T 5024—2005）. 北京：北京邮电大学出版社，2006.

[2] 中华人民共和国信息产业部. SDH 长途光缆传输系统工程设计规范(YD/T 5095—2005). 北京：人民邮电出版社，2006.

[3] 中华人民共和国信息产业部. 基于 SDH 的多业务传送节点（MSTP）本地网光缆传输工程设计规范（YD/T 5119—2005）. 北京：北京邮电大学出版社，2006.

[4] 中华人民共和国信息产业部. SDH 光缆通信工程网管系统设计规范（YD/T 5080—2005）. 北京：北京邮电大学出版社，2006.

[5] 中华人民共和国信息产业部. 自动交换光网络（ASON）工程设计暂行规定（YD/T 5144—2007）. 北京：北京邮电大学出版社，2007.

[6] 中华人民共和国信息产业部. 数字同步网工程设计规范（YD/T 5089—2005）. 北京：北京邮电大学出版社，2005.

[7] 中华人民共和国信息产业部. SDH 本地网光缆传输工程验收规范（YD/T 5149—2007）. 北京：北京邮电大学出版社，2007.

[8] 中华人民共和国信息产业部. SDH 长途光缆传输系统工程验收规范(YD/T 5044—2005). 北京：北京邮电大学出版社，2006.

[9] 中华人民共和国信息产业部. 基于 SDH 的多业务传送节点（MSTP）本地网光缆传输工程验收规范（YD/T 5150—2007）. 北京：北京邮电大学出版社，2007.

[10] 中华人民共和国信息产业部. 自动交换光网络（ASON）工程验收暂行规定（YD/T 5145—2007）. 北京：北京邮电大学出版社，2007.

[11] 中华人民共和国信息产业部. 数字同步网设备安装工程验收规范（YD/T 5090—2005）. 北京：北京邮电大学出版社，2005.

[12] 乔桂红. 光纤通信. 北京：人民邮电出版社，2005.

[13] 樊昌信，等. 通信原理. 北京：国防工业出版社，2001.

[14] 华为 OSN3500 硬件安装手册.

[15] 华为 OSN3500 技术手册.

[16] 华为 OSN3500 业务配置手册.

[17] 华为 OSN3500 故障维护手册.

[18] 华为 T2000 网管操作手册.

2. PCM 设备运维检修

[1] 高小玲，吴刚，刘作学. 数字通信技术. 北京：科学出版社，2006.

[2] 方致霞，尚勇，杨文山. 数字通信. 北京：人民邮电出版社，2005.

[3] 《64kbit/s 和 Nx64kbit/s 数字交叉连接设备 FMX4/12》白皮书.

3. OTN

4. 微波通信设备运维检修

[1] 中华人民共和国电力工业部. 电力系统通信管理规程（DL/T 544—1994）. 北京：中国电力出版社，1994.

[2] 国家能源局. 电力系统微波通信运行管理规程（DL/T 545—2012）. 北京：中国电力出版社，2012.

[3] 江苏省网微波传输系统应急预案.

[4] 江苏省网微波设备突发事件现场处置方案.

[5] NEC 3000S 数字微波通信设备维护手册.

[6] 数字微波通信设备说明书 TRP-2/7/8/13GHz 34MB-2500 型.

5. 载波通信设备运维检修

[1] 国家能源局. 电力线载波机接口技术要求（DL/T 1173—2012）. 北京：中国电力出版社，2012.

[2] 国家能源局. 电力线载波机接口技术要求（DL/T 1124—2009）. 北京：中国电力出版社，2009.

[3] 国家能源局. 电力线载波通信运行管理规程（DL/T 546—2012）. 北京：中国电力出版社，2012.

6. 光缆运维检修

[1] 尹树华，等. 光纤通信工程与工程管理. 北京：人民邮电出版社，2005.

[2] 刘世春. 通信线路维护实用手册. 北京：人民邮电出版社，2007.

[3] 李立高. 光缆通信工程. 北京：人民邮电出版社，2007.

[4] 张开栋，等. 通信光缆施工. 北京：人民邮电出版社，2008.

7. 交换系统运维检修

[1] 陈建亚，余浩，王振凯. 现代交换原理. 北京：北京邮电大学出版社，2006.

[2] 叶敏. 程控数字交换与交换网. 北京：北京邮电学院出版社，1993.

[3] 广州广哈通信有限公司. Harris 调度交换机随机资料.

[4] 广州广哈通信有限公司. TeleARK 调度台操作手册.

[5] 广州广哈通信有限公司. TeleARK 调度台工程安装手册.

[6] 广州广哈通信有限公司. ADV–64 调度台操作手册.

[7] 广州广哈通信有限公司. ADV–64 调度台工程安装手册.

[8] 华为技术有限公司华为 IAD 安装配置维护.

8. 会议电视核心设备运维检修、电视电话外围设备运维检修

[1] 中华人民共和国住房和城乡建设部. 电子会议系统工程设计规范（GB 50799—2012）. 中国计划出版社，2013.

[2] 段震霞，刘三久. 多媒体会议系统设计技术与应用. 北京：中国建筑工业出版社，2009.

[3] 梁华. 音视频会议系统与大屏幕显示技术. 北京：中国建筑工业出版社，2012.

[4] 王宏伟. 大屏幕投影与智能系统集成技术. 北京：国防工业出版社，2010.

[5] 黄春克. 舞台灯光与音响技术. 北京：中国广播电视出版社，2005.

[6] 中国录音师协会教育委员会、中国传媒大学信息工程学院、北京恩维特声像技术中心. 初级音响师速成实用教程（第 3 版）. 北京：人民邮电出版社，2013.

[7] 江苏省电力公司信息通信分公司. 流媒体系统安装配置使用说明.

[8] 华为智真 RP 系列_系统安装指导书（V100R001C01B026_2012.09.16）.

[9] HUAWEI 9000 高清视讯终端 V100R011C03 管理员指南 10.

[10] HUAWEI 9000 高清视讯终端 触摸屏 V100R11C02 用户指南 02.

[11] HUAWEI VP9660 V200R001 产品描述 01.

[12] HUAWEI VP9660 V200R001 快速入门 03.

[13] HUAWEI VP9660&VP9650&VP9630 V200R001 配置指南 02.

[14] 华为视讯高清终端 VP9000 系列_产品配置手册_2013–05–27.

[15] CEXTRON MAV PLUS 3232 RGB 矩阵用户手册.

[16] 舒尔 ULX® 无线传声器系统用户手册.

[17] 声艺 LX9 调音台用户手册.

[18] 索尼 EVI–HD1 高清会议摄像头用户手册.

9. 网络系统运行检修

[1] 刘晓辉，李利军. 局域网组网技术大全. 北京：人民邮电出版社，2007.

[2] 梁广民，王隆杰. 思科网络实验室路由、交换试验指南. 北京：电子工业出版社，2007.

[3] 姜大庆，吴强. 网络互联及路由器技术. 北京：清华大学出版社，2008.

[4] 张国清，等. 网络设备配置与调试项目实训. 北京：电子工业出版社，2008.

[5] 胡文启，徐军，张伍荣. 网络安全大全. 北京：清华大学出版社，2008.

10. 通信电源系统运维检修

[1] 张雷霆. 通信电源. 北京：人民邮电出版社，2005.

[2] 王鸿麟等. 现代通信电源（修订本）. 北京：人民邮电出版社，1998.

［3］中华人民共和国信息产业部. 通信用阀控式密封铅酸蓄电池技术要求和检验方法（YD/T 799—2002）. 北京：人民邮电出版社，2002.
［4］中华人民共和国信息产业部. 通信用高频开关整流器（YD/T 731—2002）. 北京：人民邮电出版社，2002.
［5］美国 GNB 电池安装使用手册.
［6］泰坦通信电源远程测控系统中文使用说明书.
［7］德国北宁服务程序用户手册.
［8］德国北宁 MCU2500 用户操作手册.
［9］使用 FLUKE 66 和 68 型红外测温仪进行电气检修和预测预防性维护.

11. 同步时钟系统运维检修

［1］中华人民共和国信息产业部. 数字同步网接口要求（GB/T 15837—2008）. 北京：中国标准出版社，2008.
［2］中华人民共和国国家发展和改革委员会. 电力系统数字同步网工程设计规范，2007
［3］杨武军，等. 现代通信网概论. 陕西：西安电子科技大学出版社，2004.
［4］唐宝民，等. 通信网技术基础. 北京：人民邮电出版社，2009.
［5］季仲梅，等. 通信中的同步技术及应用. 北京：清华大学出版社，2008.
［6］刘颖. 同步数字传输技术. 北京：科学出版社，2012.
［7］李孝辉. 时间频率信号的精密测量. 北京：科学出版社，2010.